수질환경
기사 필기
문제풀이

예문사

PREFACE 머리말

최근 들어 사람들의 주목을 받기 시작한 단어들이 있습니다. 바로 '지구의 환경문제'에 관한 단어들입니다. 앞으로도 이런 용어들은 전 세계적으로 계속 주목될 것인데, 그 이유는 현재와 미래에서 인류에게 가장 절실하고 심각한 문제는 지구환경과 관련된 것이기 때문입니다.

수질환경기사는 환경 분야는 물론 타 분야에서도 매우 유용하고 절실한 자격으로서, 관련 분야를 공부하거나 실무를 준비하는 분들이라면 반드시 취득해야 합니다.

본 교재는 최소한의 시간 투자로 수질환경기사를 가장 효율적으로 취득할 수 있도록 하였습니다.

◉ 이 책의 특징

1. 다년간 출제된 기출문제들을 한데 모아 상세한 풀이와 함께 제공함으로써 수험생들의 이해도를 높이고자 하였습니다.
2. 최근 기출문제를 수록함으로써 최신 출제경향을 익힐 수 있도록 하였습니다.
3. 또한, 수정·보완할 부분은 주경야독 홈페이지(www.yadoc.co.kr)를 통해 실시간으로 업데이트할 수 있습니다.
4. 이 책 한 권으로 수질환경기사 자격증을 누구나 쉽게 취득할 수 있도록 하였습니다.

17년간 학교, 산업체, 학원 강의 및 온라인 동영상 강의를 하면서 나름대로 누구나 쉽게 접근할 수 있는 교재가 되도록 노력을 하였으나 부족함이 있으리라 사료됩니다. 여러 선배·제현들의 지도·편달과 아낌없는 후원을 부탁드립니다.

마지막으로 이 책이 완성되기까지 물심양면으로 도와주신 주경야독 윤동기 이사님과 주경야독 식구들, 예문사 정용수 사장님과 장충상 전무님, 예문사 관계자분들, 서영민 교수님, 최원덕 교수님, 박수호 교수님, 그리고 항상 옆에서 집필에 도움을 주신 장유화 님과 이준명, 이호정 님께도 감사드립니다.

저자 **이 철 한**

INFORMATION
최신 출제기준

직무분야	환경·에너지	중직무분야	환경	자격종목	수질환경기사	적용기간	2025.1.1~2029.12.31
직무내용 : 수질오염상태를 조사·평가 및 실험·분석하여 수질오염에 대한 관리대책을 강구하고 수질오염물질을 제거 또는 감소시키기 위한 오염방지시설을 설계, 시공, 운영하는 직무이다.							
필기검정방법	객관식		문제수	80		시험시간	2시간

필기 과목명	출제 문제수	주요항목	세부항목	세세항목
수질 오염 개론	20	1. 수질 오염원의 관리	1. 점오염원 및 비점오염원 관리	1. 점오염원 특성 및 관리 2. 비점오염원 특성 및 관리 3. 배출 부하량 관리
		2. 수질환경예측	1. 수질환경 모델링	1. 유역모델링 2. 하천수질 모델링 3. 호소수질 모델링
		3. 수생태계 및 물환경 특성	1. 수생태계 및 물환경 조사	1. 수중 미생물의 종류 및 특성 2. 수중 조류 및 물환경 특성
			2. 하천·호소 수질 관리	1. 오염물질 부하량 산정방법 2. 하천의 자정능력 3. 부영양화 파악 및 대책 수립
		4. 물환경보전법령	1. 물환경보전법	1. 물환경보전법 2. 물환경보전법 시행령 3. 물환경보전법 시행규칙
		5. 수질화학	1. 화학양론	1. 화학적 단위 2. 물질수지
			2. 화학평형	1. 화학평형의 개념 2. 이온적, 용해도적 등의 산출
			3. 화학반응	1. 산-염기 반응 2. 중화반응 3. 산화-환원반응
			4. 계면화학현상	1. 계면화학 반응 2. 물질이동
			5. 반응속도	1. 반응속도 개념 2. 반응차수 3. 반응조의 종류와 특성
			6. 수질오염의 지표	1. 화학적 지표 2. 물리학적 지표 3. 생물학적 지표

필기 과목명	출제 문제수	주요항목	세부항목	세세항목
상하 수도 계획	20	1. 상·하수도 기본계획	1. 기본계획의 수립	1. 상수도 기본계획 2. 하수도 기본계획
		2. 상수도 시설	1. 취·도수 및 송수시설	1. 취·도수 및 송수시설의 설계요소 2. 취·도수 및 송수시설의 유지관리
			2. 정수시설(추가)	1. 정수시설의 설계요소 2. 정수시설의 유지관리
			3. 배수 및 급수시설	1. 배수 및 급수시설의 설계요소 2. 배수 및 급수시설의 유지관리
			4. 기타 상수관리시설 및 설비(추가)	1. 기타 상수관리시설 및 설비의 설계요소 2. 기타 상수관리시설 및 설비의 유지관리
		3. 하수도 시설	1. 관로시설	1. 관로의 종류 및 특성 2. 관로 시설의 설계요소 3. 관로 시설의 유지관리
			2. 하수처리시설(추가)	1. 하수처리시설의 설계요소 2. 하수처리시설의 유지관리
			3. 기타 하수관리 시설 및 설비(추가)	1. 기타 하수관리 시설 및 설비의 설계요소 2. 기타 하수관리 시설 및 설비의 유지관리
수질 오염 방지 기술	20	1. 생물학적 처리공정 운전	1. 일반 생물학적 처리공정	1. 생물학적 처리 원리 2. 활성슬러지법공정 3. 살수여상법공정 4. 회전원판법공정 5. 산화구법공정 6. 기타 생물학적 처리공정
		2. 생물학적 질소·인 제거 고도처리공정 운전	1. 생물학적 고도처리(질소·인 제거) 공정	1. 생물학적 고도처리 원리 2. 생물학적 질소 제거공정 3. 생물학적 인 제거공정 4. 생물학적 질소·인 동시 제거공정
		3. 물리적 처리공정 운전	1. 물리적 처리공정	1. 스크린 4. 막분리 2. 침사지 5. 흡착 3. 침전 및 부상 6. 여과
		4. 화학적 처리공정 운전	1. 화학적 처리공정	1. 중화 2. 약품응집처리 3. 고도산화(AOP)처리 4. 공정의 산화·환원 5. 이온교환

INFORMATION
최신 출제기준

필기 과목명	출제 문제수	주요항목	세부항목	세세항목
		5. 슬러지 처리공정 운전	1. 슬러지 처리공정	1. 농축조 및 소화조 2. 탈수시설 3. 슬러지 최종처분시설 4. 바이오가스
		6. 단위공정별 운전 및 시설 유지관리	1. 하·폐수 성상 및 시설 유지관리	1. 유입원수 및 단위공정별 특성 2. 분석자료 관리 3. TMS 시설 관리
수질 오염 공정 시험 기준	20	1. 공정시험기준 일반사항	1. 총칙 및 용액 제조	1. 적용범위 2. 단위 및 기호 3. 용어의 정의 4. 정도보증/정도관리 5. 분석 관련 용액 제조
		2. 일반 항목 분석	1. 시료 채취·운반·보관	1. 시료 채취 2. 시료 운반 3. 시료 전처리 및 시료 보관
			2. 일반 항목 분석 방법	1. 관능법 분석 2. 무게차법 분석 3. 적정법 분석 4. 전극법 분석 5. 흡광광도법 분석 6. 연속흐름법 분석
		3. 무기물질 (기기)분석	1. 시료 채취·운반·보관	1. 무기물질 시료 전처리 및 보관
			2. 무기물질 분석 방법	1. 무기물질 전처리 2. IC 분석 3. AAS 분석 4. ICP-AES 분석 5. ICP-MS 분석
		4. 유기물질 (기기)분석	1. 시료 채취·운반·보관	1. 유기물질 시료 전처리 및 보관
			2. 유기물질 분석 방법	1. 유기물질 전처리 2. GC 분석 3. GC-MS 분석 4. HPLC 분석 5. LC-MS 분석 6. TOC 측정기 분석

필기 과목명	출제 문제수	주요항목	세부항목	세세항목
		5. 안전 관리	1. 실험실 안전 및 환경관리	1. 위험요인 파악 2. MSDS의 개념 3. 안전시설 관리 4. 실험실 폐기물 관리
		6. 미생물·생태독성 분석	1. 시료 채취·운반·보관	1. 미생물·생태독성 시료 전처리 및 보관
			2. 미생물·생태독성 검사 및 평가 방법	1. 세균 검사 2. 바이러스 및 원생동물 검사 3. 식물성 플랑크톤 검사 4. 생태독성 평가

CONTENTS
이책의 차례

제1편 핵심요점 정리

01 | 수질오염개론

01. 수질오염물질-발생원-영향 ··· 2
02. 수자원 ·· 2
03. 지하수의 수질특성 ··· 3
04. 해수의 특징 ··· 3
05. 콜로이드 ·· 4
06. 용해도적과 전리이온의 관계 ··· 4
07. K_{LA} (총괄물질 전이계수 : T^{-1})의 산정 ····························· 5
08. 반응속도 ·· 5
09. 반응조 ··· 6
10. 환경 미생물의 종류 ·· 7
11. 수자원의 관리 ··· 8
12. 조류번식 억제방법 ·· 9
13. 호소의 부영양화 평가방법 ·· 9
14. 적조의 대책 ·· 9

02 | 상하수도계획

01. 오수관거계획 ·· 10
02. 관거별 계획하수량 ··· 10
03. 계획오수량 ··· 11
04. 합리식 ·· 11
05. 상수의 급수계통 ··· 11
06. 펌프의 비회전도 ··· 12
07. Manning 공식 ·· 12
08. 천정호(자유수면 우물)의 경우 양수량 ····························· 12
09. Marston의 식 ··· 12

ENGINEER WATER POLLUTION ENVIRONMENTAL ■ ■ ■

  10. 덕타일 주철관의 장단점 ·································· 13
  11. 경질염화비닐관의 장단점 ······························ 13
  12. 원형관거의 장단점 ··· 13
  13. 공동현상(cavitation) ····································· 14
  14. 펌프장시설의 계획하수량 ······························ 14

03 | 수질오염방지기술

  01. 예비처리장치의 설치목적과 설계요소 ············ 15
  02. 침전지의 설계요소 계산 ······························· 15
  03. 입자의 침강형태 ·· 16
  04. A/S비(기고비) ·· 16
  05. 알루미늄염의 장단점 ····································· 16
  06. 철염의 장단점 ·· 17
  07. 속도경사 ··· 17
  08. 소독방식의 장단점 및 효과 비교 ··················· 17
  09. 미생물 체류시간 ·· 18
  10. BOD-MLSS 부하 ·· 18
  11. 잉여슬러지 생산량 ··· 18
  12. 용적지표(SVI) ·· 18
  13. 반송비 ·· 18
  14. 활성슬러지법과 생물막공법 비교 시 공통적인 장단점 ·········· 19
  15. 살수여상법의 장단점 ····································· 19
  16. 혐기성 처리법의 장단점 ······························· 19
  17. 물리적 흡착과 화학적 흡착의 비교 ··············· 20
  18. 등온흡착식 Freundlich형 ······························ 20

19. 생물활성탄(BAC)의 특징과 일반 활성탄의 비교 ·················· 20
20. 막의 유출수량($L/m^2 \cdot day$ as 25℃) ························· 21
21. 막분리 메커니즘 ··· 21

04 | 수질오염공정시험기준

01. 온도 ·· 22
02. 용기 ·· 22
03. 용어 ·· 22
04. 감응계수와 정량한계 ··· 23
05. 시료의 최대보존기간 ··· 23
06. 3각·4각 웨어의 유량계산식 ··· 23
07. 전처리방법 ·· 24
08. 흡광광도법 ·· 24
09. pH 표준액 ·· 24
10. 총대장균군 시험방법 ··· 24

05 | 수질환경관계법규

01. 사람의 건강보호기준(하천) ··· 25
02. 수질 및 수생태계 상태별 생물학적 특성 이해표 ·············· 26
03. 수생태계(해역)의 생활환경기준 ····································· 26
04. 화학적 처리시설 ·· 26
05. 물리적 처리시설 ·· 27
06. 생물학적 처리시설 ··· 27
07. 자연형 비점오염저감시설의 종류 ··································· 27
08. 오염총량관리기본방침 ··· 27
09. 오염총량관리기본계획에 포함되는 사항 ·························· 28
10. 국립환경과학원장이 설치할 수 있는 측정망의 종류 ·········· 28

11. 대권역계획 ·· 28
12. 항목별 배출허용기준 ··· 29
13. 초과배출부과금 부과대상 수질오염물질의 종류 ············ 29
14. 사업장 규모별 구분 ·· 29

제2편 과년도 기출문제

2013 | 수질환경기사
- 제1회(2013. 3. 2. 시행) ·· 32
- 제2회(2013. 6. 2. 시행) ·· 50
- 제3회(2013. 8. 18. 시행) ·· 69

2014 | 수질환경기사
- 제1회(2014. 3. 2. 시행) ·· 85
- 제2회(2014. 5. 25. 시행) ·· 103
- 제3회(2014. 8. 17. 시행) ·· 121

2015 | 수질환경기사
- 제1회(2015. 3. 8. 시행) ·· 140
- 제2회(2015. 5. 31. 시행) ·· 159
- 제3회(2015. 8. 16. 시행) ·· 178

2016 | 수질환경기사
- 제1회(2016. 3. 6. 시행) ·· 196
- 제2회(2016. 5. 8. 시행) ·· 214
- 제3회(2016. 8. 21. 시행) ·· 231

CONTENTS
이책의 차례

2017 | 수질환경기사
- 제1회(2017. 3. 5. 시행) ········· 250
- 제2회(2017. 5. 7. 시행) ········· 267
- 제3회(2017. 8. 26. 시행) ········ 284

2018 | 수질환경기사
- 제1회(2018. 3. 5. 시행) ········· 302
- 제2회(2018. 5. 7. 시행) ········· 319
- 제3회(2018. 8. 19. 시행) ········ 336

2019 | 수질환경기사
- 제1회(2019. 3. 3. 시행) ········· 353
- 제2회(2019. 4. 27. 시행) ········ 370
- 제3회(2019. 8. 4. 시행) ········· 387

2020 | 수질환경기사
- 제1·2회(2020. 6. 6. 시행) ······ 404
- 제3회(2020. 8. 22. 시행) ········ 422
- 제4회(2020. 9. 26. 시행) ········ 440

2021 | 수질환경기사
- 제1회(2021. 3. 7. 시행) ········· 459
- 제2회(2021. 5. 15. 시행) ········ 478
- 제3회(2021. 8. 14. 시행) ········ 496

2022 | 수질환경기사
- 제1회(2022. 3. 5. 시행) ········· 515
- 제2회(2022. 4. 24. 시행) ········ 533
- 제3회(2022. 7. 2. 시행) ········· 552

2023 | 수질환경기사
- 제1회 CBT 기출복원문제 ················· 571

2024 | 수질환경기사
- 제1회 CBT 기출복원문제 ················· 590

제3편 CBT 실전모의고사

- 제1회 CBT 실전모의고사 ················· 610
  - 정답 및 해설 ························· 634
- 제2회 CBT 실전모의고사 ················· 641
  - 정답 및 해설 ························· 666
- 제3회 CBT 실전모의고사 ················· 672
  - 정답 및 해설 ························· 698

수질환경기사 필기 문제풀이
WATER POLLUTION ENVIRONMENTAL

PART

01

핵심요점 정리

01 | 수질오염개론
02 | 상하수도계획
03 | 수질오염방지기술
04 | 수질오염공정시험기준
05 | 수질환경관계법규

01 과목 수질오염개론

TOPIC 01 수질오염물질-발생원-영향

오염물질	발생원	영향
수은(Hg)	제련, 살충제, 온도계, 압력계 제조	미나마타병, 신경장애, 지각장애
PCB	변압기, 콘덴서 공장	카네미유증
비소(As)	비소광산, 농약, 유리공장	피부염, 색소침착
카드뮴(Cd)	아연제련, 건전지, 플라스틱, 안료	이타이이타이병, 골연화, 빈혈증
크로뮴(Cr)	도금, 피혁재료, 염색공업	폐암, 피부염, 피부궤양
납(Pb)	축전지, 인쇄, 페인트, 휘발유	다발성 신경염, 관절염
구리(Cu)	전기용품, 합금	간경변, 구토

TOPIC 02 수자원

1) 물의 순환(강수 → 증발 → 유출)
원동력은 태양에너지

2) 수자원의 분포
① 전체 수자원 중 가장 많은 양 : 해양(97.2%)
② 지표수 중 가장 많은 양 : 담수호(총 수자원의 0.009%)
③ 인간이 이용할 수 있는 수자원 : 총 수자원의 3%(담수), 쉽게 이용할 수 있는 지표수 → 0.01% 이하
④ 전체 담수량 중 실제 생활에 바로 이용 가능한 비율 : 11%
⑤ 우리나라의 수자원 이용현황 : 농업용수 > 유지용수 > 생활용수 > 공업용수

TOPIC 03 지하수의 수질특성

① 지표수보다 수질변동이 적으며, 유속이 느리고, 수온변화가 적다.
② 무기물 함량이 높으며, 공기 용해도가 낮고, 알칼리도 및 경도가 높다.
③ 자정작용 속도가 느리고, 유량변화가 적다.
④ 염분함량이 지표수보다 약 30% 이상 높다.
⑤ 미생물이 거의 없고 오염물이 적다.
⑥ 주로 세균(혐기성 세균)에 의한 유기물 분해작용이 일어난다.
⑦ 낮은 곳의 지하수일수록 경도가 낮다.
⑧ SS 및 탁도가 낮고, 환원상태이다.

TOPIC 04 해수의 특징

① pH는 8.2로서 약알칼리성을 가진다.
② 해수의 Mg/Ca비는 3~4 정도로 담수의 0.1~0.3에 비하여 월등하게 크다.
③ 해수의 밀도는 $1.02~1.07g/cm^3$ 범위로서 수온, 염분, 수압의 함수이며 수심이 깊을수록 증가한다.
④ 해수는 강전해질로서 1L당 35g(35,000ppm)의 염분을 함유한다.
⑤ 염분은 적도해역에서는 높고, 남·북 양극 해역에서는 다소 낮다.
⑥ 해수는 다량의 염분을 함유하고 있어 산업용·냉각용으로서는 사용할 수 없다.
⑦ 해수는 HCO_3^-를 포화시킨 상태로 되어 있다.
⑧ 해수의 주요 성분 농도비는 항상 일정하다.
⑨ 해수는 Cl^-농도(≒19,000ppm)만 정량하면 다른 주요 성분 농도를 산출할 수 있다.
⑩ 해수는 염분 외에 온도만 측정하면 해수의 비중을 알 수 있다.
⑪ 해수 내 전체질소 중 35% 정도는 NH_3-N, 유기질소 형태이다.

TOPIC 05 콜로이드

1) 특징
① 크기가 미세하고(0.001~0.1μm), 비표면적이 크며, 전하를 띤다.
② 브라운효과, 틴들효과

2) 콜로이드의 분류와 특징

비교	소수성 콜로이드	친수성 콜로이드
존재 형태	현탁상태(suspensoid)로 존재	유탁상태(에멀션)로 존재
일례	점토, 석유, 금속입자	단백질, 박테리아 등
물과의 친화성	물과 반발하는 성질	물과 쉽게 반응

3) 콜로이드에 작용하는 힘
인력, 척력, 중력에 의해서 전기역학적으로 평행되어 있다.
① 인력 : 분자 간의 당김력 – 반데르발스 힘
② 척력 : 콜로이드 입자 간의 반발력 – 지표 → 제타전위(효과적인 응집을 위해서는 제타전위가 작아야 함)

TOPIC 06 용해도적과 전리이온의 관계

① $MA \rightleftharpoons [M^+][A^-]$일 때

   용해도적$(K_{SP}) = [M^+][A^-]$, mol 용해도$(L_m) = \sqrt{K_{SP}}$

② $M_2A \rightleftharpoons 2[M^+][A^{-2}]$일 때

   용해도적$(K_{SP}) = [M^+]^2[A^-]^2$, mol 용해도$(L_m) = \sqrt[3]{\dfrac{K_{SP}}{4}}$

TOPIC 07 | K_{LA}(총괄물질 전이계수 : T^{-1})의 산정

1) 확산계수를 이용한 계산방법

$$K_{LA} = K_L \times \left(\frac{A}{V}\right) = 2 \times \sqrt{\frac{D}{\pi \cdot t}} \times \left(\frac{A}{V}\right)$$

2) 폭기실험에 의한 방법

① 정상폭기법 : $K_{LA} = \dfrac{\gamma}{(C_s - C)}$

② 비정상폭기법 : $K_{LA} = \dfrac{1}{(t_2 - t_1)} \times \ln\dfrac{(C_s - C_1)}{(C_s - C_2)}$

3) K_{LA}의 보정

K_{LA}의 영향인자는 수온, 폐수의 특성(계면활성제, 용해성 유기물, 무기물의 조성 등), 수심, 폭기조의 형상·형식, 혼합 교반강도이다.

① 폐수의 특성보정 : $K_{LA}(\text{폐수}) = \alpha \times K_{LA}(\text{순수})$

② 온도보정 : $K_{LA(T)} = K_{LA(20)} \times 1.024^{(T-20)}$

TOPIC 08 | 반응속도

반응에 참여하는 반응물질 또는 생성물질의 단위시간에 대한 농도변화

$\gamma = \dfrac{dC}{dt} = -KC^m$

여기서, m : 반응차수로서 반드시 실험에 의해 구해지는 값이다.

1) 영향인자

반응물의 농도에 비례하고 촉매작용과 반응온도에 대체로 비례한다. 또한 표면적이 클수록 반응속도도 빨라진다.

[주의] 평형상태(정반응과 역반응이 거의 일어나지 않는 속도가 같은 상태)에서는 촉매작용을 무시

2) 반응형태에 따른 반응속도

① 0차 : 반응속도가 농도와 무관한 반응 $\dfrac{dC}{dt} = -K \cdot [C]^0 \Rightarrow C_t - C_o = -K \times t$

② 1차 : 반응속도가 농도에 비례하는 반응 $\dfrac{dC}{dt} = -K \cdot [C]^1 \Rightarrow \ln \dfrac{C_t}{C_o} = -K \times t$

③ 2차 : 반응속도가 농도의 제곱에 비례하는 반응 $\dfrac{dC}{dt} = -K \cdot [C]^2 \Rightarrow \dfrac{1}{C_t} - \dfrac{1}{C_o} = -K \times t$

TOPIC 09 반응조

완전혼합흐름(CSTR)의 특징	플러그흐름(PFR)의 특징
• 유입과 동시에 즉시 혼합된다. • 유입된 액체의 일부분은 즉시 유출된다. • 충격부하 및 부하변동에 강하다. • 반응조를 빠져나오는 입자는 통계학적인 농도로 유출된다. • 단로흐름으로 dead space를 동반할 수 있다. • 동일 용량의 PFR에 비해 제거효율이 낮다. • 통계학적인 분산이 1이면 이상적인 완전혼합상태이다. • 분산수는 무한대의 값을 갖는다. 　− 1차 반응 : $Q(C_o - C_t) = KVCt$ 　− 2차 반응 : $Q(C_o - C_t) = KVCt^2$ ※ K가 없는 1차 반응 $\ln \dfrac{C_t}{C_o} = -\dfrac{Q}{V}t$	• 반응조 내에서 흐름상태는 혼합이 없거나 최소이다. • 길이 방향의 분산은 최소이거나 없는 상태이다. • 유체입자는 도입순서대로 반응기를 거쳐 유출된다. • 지체시간과 이론적 체류시간은 동일하다. • 포기에 필요한 동력이 작다. • 제거효율이 높아 동일한 제거효율을 얻기 위한 필요 반응조 용량이 작다. • 충격부하, 부하변동, 독성물질 등에 취약하다. 　− 1차 반응 : $\ln \dfrac{C_t}{C_o} = -Kt \leftarrow t = \dfrac{V}{Q}$ 　− 2차 반응 : $\dfrac{1}{C_t} - \dfrac{1}{C_o} = Kt \leftarrow t = \dfrac{V}{Q}$

TOPIC 10 환경 미생물의 종류

1) 탄소원과 에너지

① 탄소원

ⓐ CO_2 등의 무기물 : 독립영양 미생물(autotrophs)

ⓑ 유기탄소 등의 유기물 : 종속영양 미생물(heterotrophs)

② 에너지

ⓐ 빛(光) : 광영양 미생물(phototrophs)

ⓑ 산화에너지 : 화학영양 미생물(chemotrophs)

2) 분자식

① 박테리아의 경험적 분자식 : $C_5H_7NO_2$

② 조류의 경험적 분자식 : $C_5H_8NO_2$

③ 균류의 경험적 분자식 : $C_{10}H_{17}NO_6$

④ 원생동물의 경험적 분자식 : $C_7H_{14}NO_3$

3) 수인성 전염병

① 종류 : 장티푸스, 파라티푸스, 콜레라, 세균성 이질, 살모넬라병, 병원성 대장균에 의한 장염, 아메바성 이질, 간염

② 특징

ⓐ 전염병의 원인균은 세균 바이러스, 원생동물에 이르기까지 매우 다양하다.

ⓑ 환자가 도시전역에서 발생한다.

ⓒ 특정지역의 집단급수지역을 중심으로 발생된다.

ⓓ 모든 계층과 연령에서 발생된다.

ⓔ 정수과정을 통하여 그 영향을 최소화할 수 있다.

TOPIC 11 수자원의 관리

1) 하천의 정화단계(4단계)

분해지대 → 활발한 분해지대(부패지대) → 회복지대 → 정수지대

4단계	DO 변화, 가스 발생	미생물종 변화
분해지대	• DO 감소 현저 • 여름철 포화도에 45%까지 CO_2 농도 증가	• 아메바 등 육질류가 출현했다가 사라짐 • 식물성 플랑크톤이 동물성 플랑크톤으로 바뀜 • 곰팡이류 급증, 박테리아 출현, 조류는 사라짐
활발한 분해지대 (부패지대)	• DO 감소가 바닥상태 → 임계점 • $NH_3-N\uparrow$, $H_2S\uparrow$, 혐기성 상태	• 곰팡이 사라짐, 박테리아 개체수 급증 • 끝부분에서 자유유영형 섬모충류 출현
회복지대	• $NO_2-N > NO_3-N$ • 붕어, 잉어, 메기 서식	• 태양충 출현, 고착형 섬모충류, 흡곤충 ↑ • 조류 증가 개시, NO_3-N 존재
정수지대	• 유기물질의 분해완료 • DO가 포화도에 근접	• 원생동물에서 후생동물, 윤충류 등으로 종의 변화 • 송어 등의 청수성 어종이 서식, 조류 증가

2) BOD 공식

① 잔류 BOD : $BOD_t = BOD_u \times e^{-K_1 \cdot t}$

$BOD_t = BOD_u \times 10^{-K_1 \cdot t}$

② 소모 BOD : $BOD_t = BOD_u(1 - e^{-K_1 \cdot t})$

$BOD_t = BOD_u(1 - 10^{-K_1 \cdot t})$

3) BOD – DO의 관계에 영향을 미치는 환경인자

① CBOD

② NBOD

③ SOD

④ 광합성 및 호흡

4) 재폭기계수의 온도보정

$$K_{2(T)} = K_{2(20℃)} \times 1.024^{(T-20)}$$

5) 자정계수의 온도보정

$$f = \frac{K_2}{K_1} = \frac{K_{2(20℃)} \times 1.0241^{(T-20)}}{K_{1(20℃)} \times 1.047^{(T-20)}}$$

6) DO 부족량 계산

$$D_t = \frac{K_1 \cdot L_o}{K_2 - K_1}(10^{-K_1 \cdot t} - 10^{-K_2 \cdot t}) + D_o \cdot 10^{-K_2 \cdot t}$$

TOPIC 12 조류번식 억제방법

① 일광차단, 활성탄 분말 살포, 황산동·염화동, 염소 살포
② 황산동 주입 농도 : 0.5~1ppm

TOPIC 13 호소의 부영양화 평가방법

① 모델을 이용한 평가 : Vollenweider 모델, Dillon 모델, Larsen & Mercier 모델
② 부영양화 지수(TSI, 칼슨지수)를 이용한 평가
③ 조류생산 잠재능력(AGP)에 의한 평가

TOPIC 14 적조의 대책

① 황산동 살포　　② 황토 살포　　③ 해면 여과
④ 오존처리　　　⑤ 초음파처리　　⑥ biocontrol법

02 과목 　상하수도계획

TOPIC 01 　오수관거계획

① 오수관거 : 계획시간 최대오수량을 기준으로 한다.
② 차집관거 : 합류식에서 하수의 차집관거는 우천 시 계획오수량을 기준으로 계획한다.
③ 합류식 관거 : 계획우수량 + 계획시간 최대오수량
④ 관거는 원칙적으로 암거로 하며 수밀한 구조로 해야 한다.
⑤ 관거배치는 지형, 지질, 도로폭 및 지하매설물 등을 고려하여 정한다.
⑥ 관거단면, 형상 및 경사는 관거 내에 침전물이 퇴적하지 않도록 적당한 유속을 확보할 수 있도록 한다.
⑦ 관거의 역사이펀은 가능한 한 피하도록 한다.
⑧ 오수관거와 우수관거가 교차하여 역사이펀을 피할수 없는 경우에는 오수관거를 역사이펀으로 하는 것이 바람직하다.

TOPIC 02 　관거별 계획하수량

① 오수관거 : 계획시간 최대오수량으로 한다.
② 우수관거 : 계획우수량으로 한다.
③ 합류관거 : 계획시간 최대오수량 + 계획우수량
④ 차집관거 : 우천 시 계획오수량
⑤ 지역의 설정에 따라 계획하수량에 여유를 둔다.

TOPIC 03 계획오수량

① 생활오수량 : 생활오수량의 1인 1일 최대오수량은 계획목표연도에서 계획지역 내 상수도계획상의 1인 1일 최대급수량을 감안하여 결정하며, 용도지역별로 가정오수량과 영업오수량의 비율을 고려한다.
② 지하수량 : 지하수량은 1인 1일 최대오수량의 10~20%로 한다.
③ 계획 1일 최대오수량 : 계획 1일 최대오수량은 1인 1일 최대오수량에 계획인구를 곱한 후, 여기에 공장폐수량, 지하수량 및 기타 배수량을 더한 것으로 한다.
④ 계획 1일 평균오수량 : 계획 1일 평균오수량은 계획 1일 최대오수량의 70~80%를 표준으로 한다.
⑤ 계획시간 최대오수량 : 계획시간 최대오수량은 계획 1일 최대오수량의 1시간당 수량의 1.3~1.8배를 표준으로 한다.
⑥ 합류식에서 우천 시 계획오수량은 원칙적으로 계획시간최대오수량의 3배 이상으로 한다.

TOPIC 04 합리식

$$Q = \frac{1}{360}CIA$$

여기서, C : 유출계수=전 강우량에 대한 하수관거에 유입되는 우수 유출량의 비
        I : 강우강도(mm/hr) ⇒ 단위시간에 내린 비의 깊이
        A : 유역면적(ha) ⇒ 1km² = 100ha

TOPIC 05 상수의 급수계통

수원 – 취수(집수) – 도수 – 정수 – 송수 – 배수 – 급수 – 소비자

TOPIC 06 펌프의 비회전도

펌프의 비회전도$(N_s) = N \times \dfrac{Q^{1/2}}{H^{3/4}}$

TOPIC 07 Manning 공식

Manning 공식$(V) = \dfrac{1}{n} R^{\frac{2}{3}} I^{\frac{1}{2}}$

TOPIC 08 천정호(자유수면 우물)의 경우 양수량

양수량$(Q) = \dfrac{\pi k (H^2 - h^2)}{2.3 \log(R/r)}$

TOPIC 09 Marston의 식

Marston식$(W) = C_1 \cdot \gamma \cdot B^2$

TOPIC 10 | 덕타일 주철관의 장단점

장점	단점
• 강도가 크고 내구성이 있다. • 강인성이 뛰어나고 충격에 강하다. • 이음에 신축 휨성이 있고, 관이 지반의 변동에 유연하다. • 시공성이 좋다. • 이음의 종류가 풍부하다.	• 중량이 비교적 무겁다. • 이음의 종류에 따라서는 이형관 보호공을 필요로 한다. • 내외의 방식면이 손상되면 부식되기 쉽다.

TOPIC 11 | 경질염화비닐관의 장단점

장점	단점
• 내식성이 뛰어나다. • 중량이 가볍고 시공성이 좋다. • 가공성이 좋다. • 내면조도가 변화하지 않는다. • 고무윤형은 조인트의 신축성이 있고, 관의 지반 변동에 유연하게 대응할 수 있다.	• 저온 시에 내충격성이 저하된다. • 특정 유기용제 및 열, 자외선에 약하다. • 표면에 상처가 생기면 강도가 저하된다. • 조인트의 종류에 따라 이형관 보호공을 필요로 한다.

TOPIC 12 | 원형관거의 장단점

장점	단점
• 수리학적으로 유리하다. • 역학계산이 간단하다. • 내경 3,000mm까지 제조품을 사용할 수 있어 공기를 단축할 수 있다.	• 안전하게 지지시키기 위해 모래기초 외에 별도로 적당한 기초공을 필요로 한다. • 공장제품이므로 접합부가 많아 지하수의 침투량이 많아질 염려가 있다.

TOPIC 13 | 공동현상(cavitation)

공동현상(cavitation)은 펌프의 임펠러 입구에서 특정 요인에 의해 물이 증발하거나 흡입관으로부터 공기가 혼입됨으로써 공동이 발생하는 현상으로 방지방법은 다음과 같다.

① 펌프의 설치위치를 가능한 한 낮추어 흡입양정을 짧게 한다.
② 펌프의 회전수를 감소시킨다.
③ 성능에 크게 영향을 미치지 않는 범위 내에서 흡입관의 직경을 증가시킨다.
④ 두 대 이상의 펌프를 사용하거나 회전차를 수중에 완전히 잠기게 한다.
⑤ 양흡입 펌프 · 압축형 펌프 · 수중펌프의 사용을 검토한다.

TOPIC 14 | 펌프장시설의 계획하수량

하수배제방식	펌프장의 종류	계획하수량
분류식	중계펌프장 처리장 내 펌프장	계획시간최대오수량
	빗물펌프장	계획우수량
합류식	중계펌프장 처리장 내 펌프장	강우 시 계획오수량
	빗물펌프장	계획하수량 − 강우 시 계획오수량

03 과목 수질오염방지기술

TOPIC 01 예비처리장치의 설치목적과 설계요소

종류	설치목적	주요 설계요소
스크린	• 나뭇조각, 플라스틱, 천조각, 종이, 협잡물 제거 • 펌프보호, 관로막힘 방지	• 유속 : 스크린 접근유속(0.45m/sec↑), 통과유속(1m/sec) • 스크린 간격/각도 : 스크린 간격(50mm 정도), 각도(70°)
침사지	• 모래, 자갈, 뼈조각, grit 제거 • 펌프보호, 관로막힘 방지, 산기관 폐쇄방지	• 폭기식 : 체류시간 1~3분, 수심 2~3m, 송기량 $1\sim3m^3/m^3 \cdot hr$ • 수로형 : 체류시간 30~60초, 길이 20m 이하, 유속 0.3m/sec
착수정	• 상수도에서 정수처리 전의 예비시설 • 자연유하식으로 정수가 가능하도록 유지하는 기능	• 체류시간 : 1.5분↑ • 위어 : 정류장치의 거리 2m 이상 • 수심 : 3~5m
유량 조정조	• 유량균등, 수질균질, 완충기능 • In-line 방식(전량 유량조정) → 균질효과↑ • Off-line 방식(일 최대 초과량만 조정) → 균질효과↑	• 용량 : 계획 1일 최대오수량을 넘지 않게 경제성 고려 • 교반/포기 : 침전물의 발생방지, 포기공기량 $1.0m^3/m^3 \cdot hr$ • 유효수심 : 3~5m
예비 포기조	• 처리시설 저해요소 제거 • 처리효율 향상을 위한 전처리	• 용량 : 계획 1일 최대오수량을 넘지 않게 경제성 고려 • 포기시간 : BOD 제거(30~40분), 악취 억제(10~15분) • 유로의 폭 : 수심의 1~2배(산기식)

TOPIC 02 침전지의 설계요소 계산

① 수면적부하$(m^3/m^2 \cdot day) = \dfrac{유입유량(m^3/day)}{수면적(m^2)} \rightarrow V_o = \dfrac{Q}{A_v}$

② 월류위어 부하율$(m^3/m \cdot day) = \dfrac{월류유량(m^3/day)}{위어의 길이(m)} \rightarrow V_w = \dfrac{Q}{L_w}$

③ 체류시간(hr) = $\dfrac{\text{침전조의 용적}(m^3)}{\text{유입유량}(m^3/hr)}$ → $t = \dfrac{\forall}{Q}$

④ 수평유속(m/sec) = $\dfrac{\text{유입유량}(m^3/sec)}{\text{침전조의 단면적}(m^2)}$ → $V = \dfrac{Q}{WH}$

⑤ 제거효율 $\eta_d(\%) = \dfrac{\text{대상입자의 침강속도}(V_g)}{\text{수면적부하}(V_o)} \times 100$

TOPIC 03 입자의 침강형태

① 독립침전(Ⅰ형 침전) : 이웃입자들의 영향을 받지 않고 자유롭게 일정한 속도로 침강
② 플록침전(Ⅱ형 침전) : 침강하는 입자들이 서로 접촉되면서 응집된 플록을 형성하여 침전하는 형태
③ 간섭침전(Ⅲ형 침전) : 플록을 형성하여 침강하는 입자들이 서로 방해를 받아 침전속도가 감소하는 침전
④ 압축침전(Ⅳ형 침전) : 고농도 입자들의 침전으로 침전된 입자군이 바닥에 쌓일 때 일어나는 침전

TOPIC 04 A/S비(기고비)

$$\text{A/S비(기고비)} = \dfrac{1.3 C_{air}(fP-1)}{SS} \times \dfrac{Q_R}{Q} \quad \cdots\cdots \text{ (무차원량)}$$

TOPIC 05 알루미늄염의 장단점

장점	단점
• 다른 응집제에 비하여 가격이 저렴하다. • 거의 모든 현탁성 물질, 부유물 제거에 유효하다. • 독성이 없으므로 대량으로 주입할 수 있다. • 결정은 부식성이 없어 취급이 용이하다. • 철염과 같이 시설을 더럽히지 않는다.	• 생성된 플록의 비중이 가볍다. • 적정 pH 폭이 좁다.(pH 4.5~8.0) • 저수온 시 응집효과가 떨어진다. • 알칼리 조제, 응집보조제의 첨가가 필요하다.

TOPIC 06 철염의 장단점

장점	단점
• 플록이 무겁고 침강이 빠르다. • 황산알루미늄보다 가격이 저렴하다. • 응집 적정범위가 pH 4~12로 넓다. • 알칼리 영역에서도 플록이 용해하지 않는다. • pH 9 이상에서 망간제거가 가능하다. • 황화수소의 제거가 가능하다.	• 철이온이 잔류한다. • 철이온은 처리수에 색도를 유발할 수 있다. • 부식성이 강하다. • 휴민질 등의 물질에 대하여는 철화합물을 생성하게 되어 제거하기 어렵다.

TOPIC 07 속도경사

$$속도경사(G) = \sqrt{\frac{P}{\mu \forall}}$$

TOPIC 08 소독방식의 장단점 및 효과 비교

비교항목	Cl_2	Br_2	ClO_2	O_3	UV
박테리아 사멸	좋음	좋음	좋음	좋음	좋음
바이러스 사멸	나쁨	아주 좋음	좋음	좋음	좋음
THM 생성	있음	있음	있음	가능성 없음	없음
잔류성	길다	짧다	보통	없음	없음
접촉시간	길다(0.5~1hr)	보통	보통-길다	보통	짧다(1~5초)
TDS의 증가	증가	증가	증가	증가 안 됨	증가 안 됨
pH 영향	있음	있음	없음	거의 없음	없음
부식성	있음	있음	있음	있음	없음

TOPIC 09 | 미생물 체류시간

$$\text{SRT, MCRT or } \theta_c \text{ (day)} = \frac{\text{포기조 내의 미생물량}}{\text{폐슬러지량} + \text{유출미생물량}} = \frac{X \cdot \forall}{Q_w \cdot X_w + Q_o \cdot X_o}$$

TOPIC 10 | BOD-MLSS 부하

$$F/M\,(day^{-1}) = \frac{\text{유입 BOD량}}{\text{포기조 내의 미생물량}} = \frac{S_i \cdot Q_i}{X \cdot \forall} = \frac{S_i}{\theta \cdot X} = \frac{L_v \times 10^3}{X}$$

TOPIC 11 | 잉여슬러지 생산량

$$Q_w X_w = Y \cdot S_i \cdot \eta \cdot Q - K_d \cdot \forall \cdot X$$

TOPIC 12 | 용적지표(SVI)

$$SVI = \frac{SV(\%)}{MLSS(mg/L)} \times 10^4 = \frac{SV(mL/L)}{MLSS(mg/L)} \times 10^3$$

TOPIC 13 | 반송비

$$R = \frac{MLSS - SS_i}{SS_r - MLSS} \quad \cdots\cdots \text{유입수의 SS를 무시하면}$$

$$\frac{X}{X_r - X} = \frac{X}{(10^6/SVI) - X}$$

TOPIC 14 활성슬러지법과 생물막공법 비교 시 공통적인 장단점

장점	단점
• 반응조 내의 생물량을 조절할 필요가 없다. • 슬러지 반송을 필요로 하지 않는다. • 운전조작이 비교적 간단하다. • 벌킹현상(팽화현상)이 발생되지 않는다. • 하수량의 증가에 비교적 대응하기 쉽다. • 반응조를 다단화함으로써 반응효율, 처리의 안전성의 향상을 쉽게 도모할 수 있다.	• 이차 침전지로부터 미세한 SS가 유출되기 쉽고, 그에 따라 처리수의 투시도 저하와 수질악화를 일으킬 수 있다. • 처리과정에서 질산화반응이 진행되기 쉽고, 그에 따라 처리수의 pH가 낮아지게 되며, BOD가 높게 유출될 수 있다. • 운전조작의 유연성에 결점이 있으며, 문제가 발생할 경우 운전방법의 변경 등 적절한 대처가 곤란하다.

TOPIC 15 살수여상법의 장단점

장점	단점
• 슬러지 팽화가 발생하지 않는다. • 운전이 용이하다. • 슬러지량 및 공기량의 조절이 불필요하다. • 슬러지량이 적게 발생된다. • 조건의 변동에 따른 내구성이 있다.	• 여재의 비표면적이 작다. • 활성슬러지법에 비해 정화능력이 낮다. • 생물막의 공기유동 저항이 커 산소공급 능력에 한계가 있다.

TOPIC 16 혐기성 처리법의 장단점

장점	단점
• 유기물 농도가 높은 폐수에 유리 • 슬러지 발생량이 적다. • 소화 후 슬러지의 탈수성이 좋다. • 질소, 인 등의 영양염류의 요구량이 적다. • 포기장치가 불필요하다. • 부산물로 CH_4를 회수할 수 있다. • 호기성 공정에 비하여 중금속 독성에 덜 민감하다. • 호기성 공정에 비하여 처리비용이 적게 든다. • 소화 슬러지는 배료로서 가치가 있다. • 호기성 공정에서 제거하기 힘든 물질도 일부 제거된다.	• 초기 순응시간이 오래 걸린다. • 처리수의 수질이 나쁘므로 호기성 후처리가 요구된다. • 상징액의 질소, 인 함량이 높다. • 독성물질의 충격을 받을 경우 장시간 회복하기 어렵다. • 초기 건설비가 많이 들고, 부지면적이 넓어야 한다. • 운전이 비교적 어렵다. • 초기성에 비해 체류시간이 길다.

TOPIC 17 | 물리적 흡착과 화학적 흡착의 비교

구분	물리적 흡착	화학적 흡착
흡착열	적음(40kJ/mol 이하)	많음(80kJ/mol)
흡착 특성	비점 이하에서만 흡착 가능	고온에서 일어날 수 있음
흡착량의 증가	피흡착물의 압력에 따라 증가	피흡착물의 압력에 따라 감소
표면 흡착량	피흡착물질의 함수	피흡착물, 흡착제 모두의 함수
활성화 에너지	흡착과정에서 포화되지 않음	흡착과정에서 포화될 수 있음
분자층	다분자 흡착이 일어남	단분자 흡착이 일어남

TOPIC 18 | 등온흡착식 Freundlich형

$$\frac{X}{M} = K \cdot C^{\frac{1}{n}}$$

TOPIC 19 | 생물활성탄(BAC)의 특징과 일반 활성탄의 비교

활성탄명	특징	용도
생물활성탄 (BAC)	• 용존성 유기물질의 제거율이 높다. • 저온 시 제거율이 낮으므로 계절적인 고려가 필요하다. • 재생 없이 수년간 이용 가능하므로 건설비 및 운전비용이 절감된다. • GAC 공정 운전상의 변형공정이다.	• 정수장 등 상수처리용 • 하·폐수 처리용
입상활성탄 (GAC)	• 분말에 비해 흡착속도는 느리지만 취급이 용이하다. • 물과 분리가 쉽고, 재생하기 쉽다. • 흡착탑에 충진하든지 유동상에 사용한다.	• 유동층, 이동층 • 유동컬럼형 • 상수, 하·폐수처리용
분말활성탄 (PAC)	• 흡착속도가 빠르나 분말의 비산이 있고, 취급이 불편하다. • 사용할 때 복잡한 장치가 필요하지 않고 접촉여과에 의해 흡착이 된다.	• 접촉여과용 • 하·폐수처리용, 기타

TOPIC 20 | 막의 유출수량(L/m² · day as 25℃)

$$Q_F = K(\Delta P - \Delta \pi)(L/m^2 \cdot day\ as\ 25℃)$$

여기서, K : 막의 확산계수($L/m^2 \cdot day \cdot kPa$)
　　　　ΔP : 압력차(유입 측 − 유출 측)(kPa)
　　　　$\Delta \pi$: 삼투압차(유입 측 − 유출 측)(kPa)

TOPIC 21 | 막분리 메커니즘

공정	메커니즘	추진력	대표적인 분리공정
투석	선택적 투과막을 이용하여 농도에 따른 확산계수의 차에 의해 분리한다.	농도차	• 고분자/저분자 분리 • H^+/OH^- 분리
전기투석	선택성 이온교환막을 사이에 두고 전류를 흘려 이온전하의 크기에 따라 선택적으로 투과시킨다.	전위차	• 해수의 담수화 • 식염 제조 • 방사성 폐액처리 • 금속회수 • 무기염류 제거
역삼투	반투과성 멤브레인막과 정수압을 이용하여 염용액으로부터 물과 같은 용매를 분리한다.	정압차	• 해수의 담수화 • 용존성 물질 제거 • 콜로이드, 염 제거
나노여과	역삼투의 변형	정압차	조대 유기분자
한외여과	다공성막을 통과시켜 공경(0.001~0.02 μm)보다 큰 입자를 분리한다.	정압차	분자량 5,000 이상의 고분자량 제거
정밀여과	• 다공성막을 통과시켜 공경(0.03~10μm)보다 큰 입자를 분리한다. • 분리입경이 가장 크다.	정압차	• 부유물 제거 • 콜로이드 제거

04 과목 수질오염공정시험기준

TOPIC 01 온도

용어	온도(℃)	용어	온도(℃)
표준온도	0	냉수	15 이하
상온	15~25	온수	60~70
실온	1~35	열수	약 100
찬 곳	0~15		

TOPIC 02 용기

구분	정의
밀폐용기	취급 또는 저장하는 동안에 **이물질이 들어가거나** 또는 **내용물이 손실**되지 아니하도록 보호하는 용기를 말한다.
기밀용기	취급 또는 저장하는 동안에 밖으로부터의 **공기** 또는 **다른 가스**가 침입하지 아니하도록 내용물을 보호하는 용기를 말한다.
밀봉용기	취급 또는 저장하는 동안에 **기체** 또는 **미생물**이 침입하지 아니하도록 내용물을 보호하는 용기를 말한다.
차광용기	광선이 투과하지 않는 용기

TOPIC 03 용어

구분	정의	구분	정의
즉시	30초	정밀히 단다.	화학저울, 미량저울로 측량
감압 또는 진공	15mmHg	정확히 단다.	0.1mg까지
방울수	20℃, 20방울, 1mL	정확히 취하여	부피피펫으로 눈금까지
항량으로 될 때까지 건조	g당 0.3mg 이하	약	±10%

TOPIC 04 감응계수와 정량한계

감응계수 $= \dfrac{R}{C}$

정량한계 $= 10 \times$ 표준편차(s)

TOPIC 05 시료의 최대보존기간

최대보존기간	항목
즉시	pH, 온도, 용존산소(전극법)
6시간	냄새, 총대장균군(배출허용기준)
8시간	용존산소(적정법)
24시간	전기전도도, 6가크로뮴, 총대장균군(환경기준), 분원성대장균군, 대장균
48시간	색도, BOD, 탁도, 아질산성질소, 암모니아성질소, 음이온계면활성제, 인산염인, 질산성질소
72시간	물벼룩 급성독성
7일	부유물질, 클로로필-a, 다이에틸헥실프탈레이트, 석유계총탄화수소, 유기인, PCB, 휘발성유기화합물
14일	시안, 14-다이옥산, 염화비닐, 아크릴로, 브로모폼
28일	노말헥산추출물질, 총유기탄소, COD, 불소, 브롬, 염소이온, 총인, 총질소, 페클로레이트, 페놀류, 황산이온, 수은
1개월	알킬수은
6개월	금속류, 비소, 셀레늄, 식물성플랑크톤

TOPIC 06 3각·4각 웨어의 유량계산식

① 3각 웨어 유량계산식 $Q = K \cdot h^{5/2}$

② 4각 웨어의 유량계산식 $Q(\dfrac{m^3}{min}) = K \cdot b \cdot h^{\frac{3}{2}}$

TOPIC 07 전처리방법

전처리방법	적용시료
질산법	유기함량이 비교적 높지 않은 시료
질산-염산법	유기물 함량이 비교적 높지 않고 금속의 수산화물, 산화물, 인산염 및 황화물을 함유하고 있는 시료
질산-황산법	유기물 등을 함유하고 있는 대부분의 시료
질산-과염소산법	유기물을 다량 함유하고 있으면서 산분해가 어려운 시료
질산-과염소산-불화수소산	다량의 점토질 또는 규산염을 함유한 시료

TOPIC 08 흡광광도법

① 대상 : 중금속류 전부, 암모니아성질소, 인, 시안, 계면활성제, PCB
② 파장범위 : 200~900nm, 램버트비어의 법칙을 적용
③ 흡광도(Abs) = $\log \dfrac{1}{t} = \varepsilon$(흡광계수) · C(농도) · L(셀길이)
④ 흡광도는 층장 두께, 용액 농도에 비례함, 투과도는 반비례함
⑤ 장치의 구성 : 광원부 - 파장선택부 - 시료부 - 측광부
⑥ 광원부 : 가시부와 근적외부의 광원 → 텅스텐 램프, 자외부의 광원 → 중수소 방전관

TOPIC 09 pH 표준액

명칭	농도	pH	명칭	농도	pH
수산염 표준액	0.05M	1.68	붕산염 표준액	0.01M	9.22
프탈산염 표준액	0.05M	4.00	탄산염 표준액	0.025M	10.07
인산염 표준액	0.025M	6.88	수산화칼슘 표준액	0.02M	12.68

TOPIC 10 총대장균군 시험방법

① 막여과법 ② 시험관법 ③ 평판집락법

05 과목 수질환경관계법규

TOPIC 01 사람의 건강보호기준(하천)

항목	기준값(mg/L)
카드뮴(Cd)	0.005 이하
비소(As)	0.05 이하
시안(CN)	검출되어서는 안 됨(검출한계 0.01)
수은(Hg)	검출되어서는 안 됨(검출한계 0.001)
유기인	검출되어서는 안 됨(검출한계 0.0005)
폴리클로리네이티드비페닐(PCB)	검출되어서는 안 됨(검출한계 0.0005)
납(Pb)	0.05 이하
6가크로뮴(Cr^{6+})	0.05 이하
음이온 계면활성제(ABS)	0.5 이하
사염화탄소	0.004 이하
1,2-디클로로에탄	0.03 이하
테트라클로로에틸렌(PCE)	0.04 이하
디클로로메탄	0.02 이하
벤젠	0.01 이하
클로로포름	0.08 이하
디에틸헥실프탈레이트(DEHP)	0.008 이하
안티몬	0.02 이하
1,4-다이옥세인	0.05 이하
포름알데히드	0.5 이하
헥사클로로벤젠	0.00004 이하

TOPIC 02 | 수질 및 수생태계 상태별 생물학적 특성 이해표

생물등급	생물 지표종	
	저서생물(底棲生物)	어류
매우 좋음~좋음	옆새우, 가재, 뿔하루살이, 민하루살이, 강도래, 물날도래, 광택날도래, 띠무늬우묵날도래, 바수염날도래	산천어, 금강모치, 열목어, 버들치 등 서식
좋음~보통	다슬기, 넓적거머리, 강하루살이, 동양하루살이, 등줄하루살이, 등딱지하루살이, 물삿갓벌레, 큰줄날도래	쉬리, 갈겨니, 은어, 쏘가리 등 서식
보통~약간 나쁨	물달팽이, 턱거머리, 물벌레, 밀잠자리	피라미, 끄리, 모래무지, 참붕어 등 서식
약간 나쁨~매우 나쁨	왼돌이물달팽이, 실지렁이, 붉은깔따구, 나방파리, 꽃등에	붕어, 잉어, 미꾸라지, 메기 등 서식

TOPIC 03 | 수생태계(해역)의 생활환경기준

항목	수소이온농도 (pH)	총대장균군 (총대장균군수/100mL)	용매 추출유분 (mg/L)
기준	6.5~8.5	1,000 이하	0.01 이하

TOPIC 04 | 화학적 처리시설

① 화학적 침강시설 ② 중화시설 ③ 흡착시설
④ 살균시설 ⑤ 이온교환시설 ⑥ 소각시설
⑦ 산화시설 ⑧ 환원시설 ⑨ 침전물 개량시설

TOPIC 05 물리적 처리시설

① 스크린
② 분쇄기
③ 침사(沈砂)시설
④ 유수분리시설
⑤ 유량조정시설(집수조)
⑥ 혼합시설
⑦ 응집시설
⑧ 침전시설
⑨ 부상시설
⑩ 여과시설
⑪ 탈수시설
⑫ 건조시설
⑬ 증류시설
⑭ 농축시설

TOPIC 06 생물학적 처리시설

① 살수여과상
② 폭기(瀑氣)시설
③ 산화시설(산화조(酸化槽) 또는 산화지(酸化池)를 말한다)
④ 혐기성 · 호기성 소화시설
⑤ 접촉조
⑥ 안정조
⑦ 돈사톱밥발효시설

TOPIC 07 자연형 비점오염저감시설의 종류

① 저류시설
② 인공습지
③ 침투시설
④ 식생형 시설

TOPIC 08 오염총량관리기본방침

① 오염총량관리의 목표
② 오염총량관리의 대상 수질오염물질 종류
③ 오염원의 조사 및 오염부하량 산정방법
④ 오염총량관리기본계획의 주체, 내용, 방법 및 시한
⑤ 오염총량관리시행계획의 내용 및 방법

TOPIC 09 | 오염총량관리기본계획에 포함되는 사항

① 해당 지역 개발계획의 내용
② 지방자치단체별 · 수계구간별 오염부하량(汚染負荷量)의 할당
③ 관할 지역에서 배출되는 오염부하량의 총량 및 저감계획
④ 해당 지역 개발계획으로 인하여 추가로 배출되는 오염부하량 및 그 저감계획

TOPIC 10 | 국립환경과학원장이 설치할 수 있는 측정망의 종류

① 비점오염원에서 배출되는 비점오염물질 측정망
② 수질오염물질의 총량관리를 위한 측정망
③ 대규모 오염원의 하류지점 측정망
④ 수질오염경보를 위한 측정망
⑤ 대권역 · 중권역을 관리하기 위한 측정망
⑥ 공공수역 유해물질 측정망
⑦ 퇴적물 측정망
⑧ 생물 측정망
⑨ 그 밖에 국립환경과학원장이 필요하다고 인정하여 설치 · 운영하는 측정망

TOPIC 11 | 대권역계획

대권역계획에는 다음 각 호의 사항이 포함되어야 한다.
① 물환경의 변화 추이 및 물환경목표기준
② 상수원 및 물 이용현황
③ 점오염원, 비점오염원 및 기타 수질오염원의 분포현황
④ 점오염원, 비점오염원 및 기타 수질오염원에서 배출되는 수질오염물질의 양
⑤ 수질오염 예방 및 저감 대책
⑥ 물환경 보전조치의 추진방향
⑦ 「저탄소 녹색성장 기본법」에 따른 기후변화에 대한 적응대책
⑧ 그 밖에 환경부령으로 정하는 사항

TOPIC 12 항목별 배출허용기준

대상규모 지역구분	1일 폐수배출량 2천 세제곱미터 이상			1일 폐수배출량 2천 세제곱미터 미만		
	생물화학적 산소요구량 (mg/L)	총유기 탄소량 (mg/L)	부유 물질량 (mg/L)	생물화학적 산소요구량 (mg/L)	총유기 탄소량 (mg/L)	부유 물질량 (mg/L)
청정지역	30 이하	25 이하	30 이하	40 이하	30 이하	40 이하
가지역	60 이하	40 이하	60 이하	80 이하	50 이하	80 이하
나지역	80 이하	50 이하	80 이하	120 이하	75 이하	120 이하
특례지역	30 이하	25 이하	30 이하	30 이하	25 이하	30 이하

TOPIC 13 초과배출부과금 부과대상 수질오염물질의 종류

① 유기물질
② 부유물질
③ 카드뮴 및 그 화합물
④ 시안화합물
⑤ 유기인화합물
⑥ 납 및 그 화합물
⑦ 6가크로뮴화합물
⑧ 비소 및 그 화합물
⑨ 수은 및 그 화합물
⑩ 폴리염화비페닐(polychlorinated biphenyl)
⑪ 구리 및 그 화합물
⑫ 크로뮴 및 그 화합물
⑬ 페놀류
⑭ 트리클로로에틸렌
⑮ 테트라클로로에틸렌
⑯ 망간 및 그 화합물
⑰ 아연 및 그 화합물
⑱ 총 질소
⑲ 총 인

TOPIC 14 사업장 규모별 구분

종류	배출규모
제1종 사업장	1일 폐수배출량이 2,000m^3 이상인 사업장
제2종 사업장	1일 폐수배출량이 700m^3 이상, 2,000m^3 미만인 사업장
제3종 사업장	1일 폐수배출량이 200m^3 이상, 700m^3 미만인 사업장
제4종 사업장	1일 폐수배출량이 50m^3 이상, 200m^3 미만인 사업장
제5종 사업장	위 제1종부터 제4종까지의 사업장에 해당하지 아니하는 배출시설

수질환경기사 필기 문제풀이
ENGINEER WATER POLLUTION ENVIRONMENTAL

PART

02

과년도 기출문제

01 | 2013년도 기출문제
02 | 2014년도 기출문제
03 | 2015년도 기출문제
04 | 2016년도 기출문제
05 | 2017년도 기출문제
06 | 2018년도 기출문제
07 | 2019년도 기출문제
08 | 2020년도 기출문제
09 | 2021년도 기출문제
10 | 2022년도 기출문제
11 | 2023년도 기출문제
12 | 2024년도 기출문제

2013년 1회 수질환경기사

SECTION 01 수질오염개론

01 산(Acid)과 염기(Base)의 관한 설명으로 틀린 것은?
① 산은 활성을 띤 금속과 반응하여 원소상태의 수소를 내어 놓는다.
② 산의 용액을 전기분해하면 음극에서 원소상태의 수소가 발생한다.
③ 대부분의 비금속은 염기성 산화물로서 산에 녹아 염기성 용액을 형성한다.
④ 염기는 전자쌍을 주는 화학종으로, 산은 전자쌍을 받는 화학종으로 구분할 수 있다.

해설 대부분의 금속산화물은 염기성 산화물이며, 비금속은 물에 녹아 산성을 나타내고 염기와 반응한다.

02 다음의 이상적 완전혼합형 반응조 내 흐름(혼합)에 관한 설명 중 틀린 것은?
① 분산수(Dispersion NO)가 0에 가까울수록 완전혼합 흐름상태라 할 수 있다.
② Morrill 지수의 값이 클수록 이상적인 완전혼합 흐름상태에 가깝다.
③ 분산(Variance)이 1일 때 완전혼합 흐름상태라 할 수 있다.
④ 지체시간(Lag Time)이 0이다.

해설 분산수(Dispersion No)는 무한대에 가까울수록 완전혼합 흐름상태라 할 수 있다.

03 호소수의 성층현상을 설명한 것으로 틀린 것은?
① 성층현상의 결과 생긴 층을 수면으로부터 표수층, 수온약층, 심수층이라고 부른다.
② 여름철 성층현상은 봄철의 기상조건에 따라 달라지는데 봄철 기온이 높고 바람이 약할 경우에는 성층이 늦게 이루어진다.
③ Hypolimnion 층은 깊이에 따라 온도변화가 심한 층을 말하며 통상 수심이 1m 내려감에 따라 약 1℃ 이상의 수온차가 생긴다.
④ 성층현상은 주로 봄, 가을에 전도현상이 발생하여 수직혼합이 활발히 진행되므로 호소수의 수질이 악화된다.

해설 Thermicline(수온약층)은 깊이에 따라 온도변화가 심한 층을 말하며 통상 수심이 1m 내려감에 따라 약 1℃ 이상의 수온차가 생긴다.

04 다음 수질을 가진 농업용수의 SAR 값으로 판단할 때 Na^+가 흙에 미치는 영향은 어떻다고 할 수 있는가? (단, 수질농도는 Na^+=230mg/L, Ca^{2+}=60mg/L, Mg^{2+}=36mg/L, PO_4^{3-}=1,500mg/L, Cl^-=200mg/L이다. 원자량: 나트륨 23, 칼슘 40, 마그네슘 24, 인 31)
① 영향이 적다. ② 영향이 중간 정도이다.
③ 영향이 비교적 높다. ④ 영향이 매우 높다.

해설 $SAR = \dfrac{Na^+}{\sqrt{\dfrac{Mg^{2+}+Ca^{2+}}{2}}}$

㉠ $Na^+ = \dfrac{230mg}{L} \bigg| \dfrac{1meq}{23mg} = 10(meq/L)$

㉡ $Ca^{2+} = \dfrac{60mg}{L} \bigg| \dfrac{2meq}{40mg} = 3(meq/L)$

㉢ $Mg^{2+} = \dfrac{36mg}{L} \bigg| \dfrac{2meq}{24mg} = 3(meq/L)$

㉣ $SAR = \dfrac{10}{\sqrt{\dfrac{3+3}{2}}} = 5.77$

관개용수의 SAR이 10 이하이면 식물에 영향이 적다.

05 지표수와 비교하여 지하수의 일반적인 특성인 것은?
① 유기물의 함량이 비교적 높다.
② 용해된 염류의 농도가 비교적 낮다.
③ 자정작용의 속도가 빠르다.
④ 온도가 비교적 균일하다.

1.③ 2.① 3.③ 4.① 5.④ | ANSWER

해설 지하수는 지표수보다 수질변동이 적으며 유속이 느리고, 수온변동이 적다.

06 최종 BOD가 500mg/L이고, 탈산소계수(자연대수를 base로 함)가 0.1/day인 물의 5일 소모 BOD는?

① 175mg/L ② 197mg/L
③ 224mg/L ④ 255mg/L

해설 $BOD_5 = BOD_u(1-e^{-k_1 \cdot t})$
$BOD_5 = 500(1-e^{-0.1 \times 5})$
$= 196.73(mg/L)$

07 다음의 수질 분석결과표 내의 경도유발물질로 인한 경도(mg/L as $CaCO_3$)는?(단, 원자량 : Ca는 40, Mg는 24, Na는 23, Sr는 88)

mg/L		mg/L	
Na^+	25	Mg^{2+}	9
Ca^{2+}	16	Sr^{2+}	1

① 약 63 ② 약 79
③ 약 87 ④ 약 93

해설 $TH = \sum M_c^{2+} \times \frac{50}{Eq}$
$TH = \sum M_c^{2+} \times \frac{50}{Eq} = \left(16 \times \frac{50}{40/2}\right)$
$+ \left(9 \times \frac{50}{24/2}\right) + \left(1 \times \frac{50}{88/2}\right)$
$= 78.64(mg/L \text{ as } CaCO_3)$

08 하천 및 호수의 부영양화를 고려한 생태계모델로 정적 및 동적인 하천의 수질 및 수문학적 특성을 광범위하게 고려한 수질관리모델은?

① Vollenwider
② QUALE 모델
③ WQRRS 모델
④ WASPO 모델

해설 WQRRS 모델을 설명하고 있다.

09 다음은 Graham의 기체법칙에 관한 내용이다. ( ) 안에 맞는 내용은?(단, Cl_2 분자량은 71.5이다.)

수소의 확산속도에 비해 산소는 약 (㉠), 염소는 약 (㉡) 정도의 확산속도를 나타낸다.

① ㉠ 1/8, ㉡ 1/4 ② ㉠ 1/8, ㉡ 1/9
③ ㉠ 1/4, ㉡ 1/8 ④ ㉠ 1/4, ㉡ 1/6

해설 Graham의 기체법칙은 일정한 온도와 압력상태에서 기체의 확산속도는 그 기체분자량의 제곱근(밀도의 제곱근)에 반비례한다는 법칙이다.

10 어느 공장폐수의 BOD를 측정하였을 때 초기 DO는 8.4mg/L이고, 이를 20℃에서 5일간 보관한 후 측정한 DO는 3.6mg/L이었다. 이 폐수를 BOD제거율이 90%가 되는 활성슬러지 처리시설에서 처리하였을 경우 방류수의 BOD(mg/L)는?(단, BOD 측정시의 희석배율은 50배이다.)

① 12 ② 16
③ 21 ④ 24

해설 $BOD = (DO_1 - DO_2) \times P$
$BOD = (8.4 - 3.6) \times 50 = 240(mg/L)$
∴ 방류수의 $BOD(mg/L) = 240 \times (1-0.9)$
$= 24(mg/L)$

11 반감기가 3일인 방사성 폐수의 농도가 10mg/L라면 감소속도정수(day^{-1})는?(단, 1차 반응속도 기준, 자연대수 기준)

① 0.132 ② 0.231
③ 0.326 ④ 0.430

해설 $\ln\frac{C_t}{C_o} = -K_1 \cdot t$
$\ln\frac{0.5C_o}{C_o} = -K \cdot t$
$\ln 0.5 = -K \times 3day$
∴ $K = 0.231(day^{-1})$

ANSWER | 6. ② 7. ② 8. ③ 9. ④ 10. ④ 11. ②

12 어떤 하천수의 수온은 10℃이다. 20℃의 탈산소계수 K(상용대수)가 0.1/day일 때 최종 BOD에 대한 BOD_6의 비는?(단, $K_T = K_{20} \times 1.047^{(T-20)}$, BOD_6/최종 BOD)

① 0.42 ② 0.58
③ 0.63 ④ 0.83

해설 ㉠ K값 온도보정
$K_{(T)} = K_{20} \times 1.047^{(10-20)}$
$= 0.1(\text{day}^{-1}) \times 1.047^{(10-20)}$
$= 0.063(\text{day}^{-1})$

㉡ $BOD_t = BOD_u(1 - 10^{-K \cdot t})$
$BOD_6 = BOD_u(1 - 10^{-0.063 \times 6})$
$\dfrac{BOD_6}{BOD_u} = (1 - 10^{-0.063 \times 6}) = 0.58$

13 식초산(CH_3COOH) 1,500mg/L 용액의 pH가 3.4이라면 이 용액의 전리상수는?

① 5.14×10^{-6} ② 6.34×10^{-6}
③ 7.74×10^{-6} ④ 8.54×10^{-6}

해설 $CH_3COOH \rightleftharpoons CH_3COO^- + H^+$ 에서
1M : 1M : 1M

K_a(산해리상수) $= \dfrac{[H^+][CH_3COO^-]}{[CH_3COOH]}$

㉠ $[H^+] = 10^{-pH} = 10^{-3.4}(\text{mol/L})$
㉡ $[CH_3COO^-] = 10^{-3.4}(\text{mol/L})$
㉢ $[CH_3COOH] = \dfrac{1,500\text{mg}}{L} \Big| \dfrac{1\text{g}}{10^3\text{mg}} \Big| \dfrac{1\text{mol}}{60\text{g}}$
$= 0.025(\text{mol/L})$

∴ $K_a = \dfrac{10^{-3.4} \times 10^{-3.4}}{0.025} = 6.34 \times 10^{-6}$

14 적조현상에 의해 어패류가 폐사하는 원인과 가장 거리가 먼 것은?

① 적조생물이 어패류의 아가미에 부착하여
② 적조류의 광범위한 수역만 형성으로 인해
③ 치사성이 높은 유독물질을 분비하는 조류로 인해
④ 적조류의 사후분해에 의한 수중 부패 독의 발생으로 인해

15 거주 인구가 10,000명인 신시가지의 오수를 처리장에서 처리 후 인접 하천으로 방류하고 있다. 하천으로 배출되는 평균오수유량은 60m³/hr, BOD 농도는 20mg/L라 할 때, 오수처리장의 처리효율은?(단, BOD 인구당량은 50g/인·일로 가정)

① 약 92.5% ② 약 94.2%
③ 약 96.5% ④ 약 98.1%

해설 ㉠ BOD부하 $= \dfrac{50\text{g}}{\text{인} \cdot \text{일}} \times 10,000\text{명}$
$= 500,000(\text{g/일})$

㉡ 유출BOD $= \dfrac{60\text{m}^3}{\text{hr}} \Big| \dfrac{24\text{hr}}{\text{day}} \Big| \dfrac{20\text{g}}{\text{m}^3}$
$= 28,800(\text{m}^3/\text{day})$

㉢ 유출BOD $= \dfrac{1,440\text{m}^3}{\text{day}} \Big| \dfrac{20\text{g}}{\text{m}^3} = 28,800(\text{g/day})$

㉣ 처리효율$(\eta) = \dfrac{\text{유입량}(C_i) - \text{유출량}(C_o)}{\text{유입량}(C_i)} \times 100$
$= \dfrac{500,000 - 28,800}{500,000} \times 100$
$= 94.24(\%)$

16 콜로이드에 관한 설명으로 틀린 것은?

① 콜로이드 입자의 질량은 매우 작아서 중력의 영향은 중요하지 않다.
② 일부 콜로이드 입자들의 크기는 가시광선 파장보다 크기 때문에 빛의 투과를 간섭한다.
③ 콜로이드 입자들은 모두 전하를 띠고 있다.
④ 콜로이드의 입자는 매우 작아 보통의 반투막을 통과한다.

해설 콜로이드 입자는 반투막을 통과하지 못한다.

17 다음 중 박테리아 세포에서 발견되는 기관으로 호흡에 관여하는 효소가 존재하는 것은?

① 메소좀(Mesosome)
② 볼루틴 과립(Volutin Granules)
③ 협막(Capsule)
④ 리보좀(Ribosomes)

12. ② 13. ② 14. ② 15. ② 16. ④ 17. ① | ANSWER

해설 메소좀은 박테리아에만 존재하는 기관으로서 호흡 효소, 에너지 생산 효소를 함유하고 있고, 세포외 효소를 방출하는 기관으로서 활동하고 있다.

18 μ(세포비 증가율)가 μ_{max}의 80%일 때 기질농도(S_{80})와 μ_{max}의 20%일 때의 기질농도(S_{20})와의 (S_{80}/S_{20})비는?(단, 배양기 내의 세포비 증가율은 Monod 식이 적용)

① 4 ② 8
③ 16 ④ 32

해설 $\mu = \mu_{max} \times \dfrac{[S]}{K_s + [S]}$

㉠ μ가 μ_{max}의 80%일 경우 → $80 = 100 \times \dfrac{[S]_{80}}{K_s + [S]_{80}}$

$100[S]_{80} = 80(K_s + [S]_{80})$
$80K_s = 20[S]_{80} \rightarrow [S]_{80} = 4K_s$

㉡ μ가 μ_{max}의 20%일 경우 → $20 = 100 \times \dfrac{[S]_{20}}{K_s + [S]_{20}}$

$100[S]_{20} = 20(K_s + [S]_{20})$
$20K_s = 80[S]_{20} \rightarrow [S]_{20} = 0.25K_s$

∴ $\dfrac{[S]_{80}}{[S]_{20}} = \dfrac{4K_s}{0.25K_s} = 16$

19 박테리아($C_5H_7O_2N$) 10g/L을 COD로 환산하면 몇 g/L인가?(단, 질소는 암모니아로 전환됨)

① 10.3g/L ② 12.1g/L
③ 14.2g/L ④ 16.8g/L

해설 $C_5H_7O_2N + 5O_2 \rightarrow 5CO_2 + 2H_2O + NH_3$
  113(g) : 5×32(g)
  10(g/L) : X(g/L)
∴ X(=COD) = 14.16(g/L)

20 시중에 판매되는 농황산의 비중이 약 1.84, 농도는 96%(중량기준) 정도이다. 이 농황산의 몰(mole/L) 농도는?

① 56 ② 32
③ 26 ④ 18

해설 $H_2SO_4\left(\dfrac{mol}{L}\right) = \dfrac{1.84kg}{L} \Big| \dfrac{1mol}{98g} \Big| \dfrac{10^3 g}{1kg} \Big| \dfrac{96}{100}$
$= 18.02(mol/L)$

SECTION 02 상하수도계획

21 하수 원형 단면 관거의 장단점으로 틀린 것은?

① 안전하게 지지시키기 위한 모래기초 외의 별도의 기초공이 필요 없다.
② 공사기간이 단축된다.(일반적으로 내경 3,000mm 정도까지는 공장제품 사용 가능)
③ 역학계산이 간단하다.
④ 공장제품 사용으로 접합부가 많아져 지하수의 침투량이 많아질 염려가 있다.

해설 하수 원형 단면 관거의 단점으로는 안전하게 지지시키기 위한 모래기초 외에 별도로 기초공이 필요로 한다.

22 정수시설 중 완속여과지에 관한 설명으로 틀린 것은?

① 여과지의 깊이는 하부집수장치의 높이에 자갈층 두께, 모래층 두께, 모래면 위의 수심과 여유고를 더하여 2.5~3.5m를 표준으로 한다.
② 완속여과의 여과속도는 4~5m/day를 표준으로 한다.
③ 완속여과지의 모래층 두께는 70~90cm를 표준으로 한다.
④ 여과지의 모래면 위의 수심은 0.3~0.6m를 표준으로 한다.

해설 여과지의 모래면 위의 수심은 90~120cm를 표준으로 한다.

ANSWER | 18. ③ 19. ③ 20. ④ 21. ① 22. ④

23 다음은 정수시설의 계획정수량과 시설능력에 관한 내용이다. ( ) 안에 옳은 내용은?

> 소비자에게 고품질의 수도 서비스를 중단 없이 제공하기 위하여 정수시설은 유지보수, 사고대비, 시설개량 및 확장 등에 대비하여 적절한 예비용량을 갖춤으로써 수도시스템으로서의 안정성을 높여야 한다. 이를 위하여 예비용량을 감안한 정수시설의 가동률은 ( ) 내외가 적당하다.

① 55% ② 65%
③ 75% ④ 85%

해설 정수시설의 계획정수량과 시설능력의 조건
㉠ 계획정수량은 계획 1일 최대급수량을 기준으로 하고, 여기에 작업용수와 기타 용수를 고려하여 결정한다.
㉡ 소비자에게 고품질의 수도 서비스를 중단없이 제공하기 위하여 정수시설은 유지보수, 사고대비, 시설 개량 및 확장 등에 대비하여 적절한 예비용량을 갖춤으로써 수도시스템으로서의 안정성을 높여야 한다. 이를 위하여 예비용량을 감안한 정수시설의 가동률은 75% 내외가 적정하다.

24 관거별 계획하수량을 정할 때 고려할 사항으로 틀린 것은?

① 오수관거에서는 계획 1일 최대오수량으로 한다.
② 우수관거에서는 계획우수량으로 한다.
③ 합류식 관거에서는 계획시간최대오수량에 계획 우수량을 합한 것으로 한다.
④ 차집관거는 우천 시 계획오수량으로 한다.

해설 오수관거에서는 계획시간 최대오수량으로 한다.

25 하수관거시설인 우수토실의 우수월류위어의 위어길이(L)를 계산하는 식으로 맞는 것은?[단, L(m) : 위어길이, Q(m³/sec) : 우수월류량, H(m) : 월류수심(위어길이 간의 평균값)]

① $L = [Q/1.2H^{1/2}]$
② $L = [Q/1.8H^{1/2}]$
③ $L = [Q/1.2H^{3/2}]$
④ $L = [Q/1.8H^{3/2}]$

26 펌프의 토출유량은 1,800m³/hr, 흡입구의 유속은 4m/sec일 때 펌프의 흡입구경(mm)은?

① 약 350 ② 약 400
③ 약 450 ④ 약 500

해설 Q=AV
$$\frac{1,800\text{m}^3}{\text{hr}} = A \times \frac{4\text{m}}{\text{sec}} \left| \frac{3,600\text{sec}}{1\text{hr}} \right.$$
$A = 0.125\text{m}^2$, $A = \frac{\pi D^2}{4}$
∴ D = 0.3989m = 398.9mm

27 용해성 성분으로 무기물인 불소(처리대상물질)를 제거하기 위해 유효한 고도정수처리방법과 가장 거리가 먼 것은?

① 응집침전 ② 골탄
③ 이온교환 ④ 전기분해

해설 용해성 성분으로 무기물인 불소(처리대상물질)를 제거하기 위해 유효한 고도정수처리방법에는 응집침전, 활성알루미나, 골탄, 전기분해, 막처리가 있다.

28 상수처리를 위한 응집지의 플록형성지에 대한 설명 중 틀린 것은?

① 플록형성지는 혼화지와 침전지 사이에 위치하고 침전지에 붙여서 설치한다.
② 플록형성시간은 계획정수량에 대하여 20~40분간을 표준으로 한다.
③ 플록형성지 내의 교반강도는 하류로 갈수록 점차 감소시키는 것이 바람직하다.
④ 플록형성지에 저류벽이나 정류벽 등을 설치하면 단락류가 생겨 유효저류시간을 줄일 수 있다.

해설 플록형성지는 단락류나 정체부가 생기지 않으면서 충분하게 교반될 수 있는 구조로 한다.

29 계획취수량은 계획 1일 최대급수량의 몇 % 정도의 여유를 두고 정하는가?

① 5% 정도 ② 10% 정도
③ 15% 정도 ④ 20% 정도

23. ③ 24. ① 25. ④ 26. ② 27. ③ 28. ④ 29. ② | ANSWER

③ 지의 상단높이는 고수위보다 0.6~1m의 여유고를 둔다.
④ 지의 유효수심은 3~4를 표준으로 하고, 퇴사심도를 0.5~1m로 한다.

해설 계획취수량은 계획 1일 최대급수량의 10% 정도 여유를 두는 것이 바람직하다.

30 $I = \frac{3,660}{t+15}$ mm/hr, 면적 3.0km², 유입시간 6분, 유출계수 C=0.65, 관내유속이 1m/sec인 경우 관 길이 600m인 하수관에서 흘러나오는 우수량은? (단, 합리식 적용)

① 64m³/sec ② 76m³/sec
③ 82m³/sec ④ 91m³/sec

해설 합리식 = $\frac{1}{360} \cdot C \cdot I \cdot A$, C=0.65

㉠ t = 유입시간 + 유하시간
= 6min + $\frac{600m}{1m/sec} \times \frac{min}{60sec}$ = 16min

㉡ I = $\frac{3,660}{16min + 15}$ = 118.06mm/hr

㉢ A = 3.0km² = 3.0km² × $\frac{100ha}{km^2}$ = 300ha

∴ 우수량(m³/sec) = $\frac{1}{360} \times 0.65 \times 118.06 \times 300$
= 63.95(m³/sec)

31 하수의 배제방식인 합류식, 분류식을 비교한 내용으로 틀린 것은?
① 관거오접 : 분류식의 경우 철저한 감시가 필요하다.
② 관거 내 퇴적 : 분류식의 경우 관거 내의 퇴적이 적으며 수세효과는 기대할 수 없다.
③ 처리장으로의 토사유입 : 분류식의 경우 토사의 유입은 있으나 합류식 정도는 아니다.
④ 관거 내의 보수 : 분류식의 경우 측구가 있는 경우는 관리시간이 단축되고 충분한 관리가 가능하다.

해설 관거 내의 보수 : 분류식의 경우 측구가 있는 경우는 관리시간이 걸리고 불충분한 경우가 많다.

32 취수시설인 침사지에 관한 설명으로 틀린 것은?
① 표면부하율은 500~800mm/min을 표준으로 한다.
② 지내 평균유속은 2~7cm/sec를 표준으로 한다.

해설 침사지의 표면부하율은 200~500mm/min을 표준으로 한다.

33 취수시설에 대한 설명으로 틀린 것은?(단, 하천수를 수원으로 하는 경우)
① 취수보는 안정된 취수와 침사효과가 큰 것이 특징이다.
② 취수보는 하천을 막아 계획취수위를 확보하여 안정된 취수를 가능하게 하기 위한 시설이다.
③ 취수탑은 유황이 안정된 하천에서 대량으로 취수할 때 특히 유리한다.
④ 일반적으로 취수보가 취수탑에 비해 경제적이다.

해설 일반적으로 취수탑이 취수보에 비해 경제적이다.

34 하수관로에서 조도계수 0.014, 동수경사 1/100이고 관경이 400mm일 때 이 관로의 유량은?(단, 만관기준, Manning 공식에 의함)

① 약 0.08m³/sec ② 약 0.12m³/sec
③ 약 0.15m³/sec ④ 약 0.19m³/sec

해설 Q = A(단면적) × V(유속) = A × $\frac{1}{n} R^{\frac{2}{3}} I^{\frac{1}{2}}$

㉠ A = $\frac{\pi D^2}{4} = \frac{\pi \times (0.4m)^2}{4}$ = 0.1257(m²)

㉡ n = 0.014

㉢ R(경심) = $\frac{A(단면적)}{P(윤변)} = \frac{D}{4} = \frac{0.4}{4}$ = 0.1

㉣ I = $\frac{1}{100}$

㉤ V(m/sec) = $\left(\frac{1}{0.014}\right) \times (0.1)^{\frac{2}{3}} \times \left(\frac{1}{100}\right)^{\frac{1}{2}}$
= 1.539(m/sec)

∴ Q = A(단면적) × V(유속)
= 0.1257 × 1.539 = 0.19(m³/sec)

ANSWER | 30. ① 31. ④ 32. ① 33. ④ 34. ④

35 하수처리시설인 1차 침전지의 표면부하율 기준으로 옳은 것은?

① 계획 1일 최대오수량에 대하여 분류식의 경우 25~20m³/m²·day로 한다.
② 계획 1일 최대오수량에 대하여 분류식의 경우 15~50m³/m²·day로 한다.
③ 계획 1일 최대오수량에 대하여 합류식의 경우 15~25m³/m²·day로 한다.
④ 계획 1일 최대오수량에 대하여 합류식의 경우 25~50m³/m²·day로 한다.

해설 1차 침전지의 표면부하율은 계획 1일 최대오수량에 대하여 합류식의 경우 25~50m³/m²·day로 한다. (분류식의 경우 35~70m³/m²·day로 한다.)

36 다음은 취수탑의 위치에 관한 내용이다. ( ) 안에 옳은 것은?

> 취수탑은 탑의 설치 위치에서 갈수수심이 최소 ( ) 이상이 아니면 계획취수량의 취수에 필요한 취수구의 설치가 곤란하다.

① 1m ② 2m
③ 3m ④ 4m

해설 취수탑은 탑의 설치 위치에서 갈수수심이 최소 2m 이상이 아니면 계획취수량의 취수에 필요한 취수구의 설치가 곤란하다.

37 상수도 펌프의 설치와 부속설비에 대한 설명으로 틀린 것은?

① 펌프의 흡입관은 공기가 갇히지 않도록 배관한다.
② 펌프의 토출관은 마찰손실이 작도록 고려하고 체크밸브와 제어밸브를 설치한다.
③ 펌프의 흡수정은 펌프의 설치위치에 가급적 가까이 만들고 난류나 와류가 일어나지 않는 현상으로 한다.
④ 흡입관은 가능한 한 길이를 짧게 하고 경사를 두지 않도록 한다.

해설 펌프와 부속설비의 설치 시 고려사항
㉠ 펌프의 흡입관은 공기가 갇히지 않도록 배관한다.
㉡ 펌프의 토출관은 마찰손실이 작도록 고려하고 펌프의 토출관에는 체크밸브와 제어밸브를 설치한다.
㉢ 펌프 흡수정은 펌프의 설치위치에 가급적 가까이 만들고 난류나 와류가 일어나지 않는 형상으로 한다.
㉣ 펌프의 기초는 펌프의 하중과 진동에 대하여 충분한 강도를 가져야 한다.
㉤ 흡상식 펌프에서 풋밸브(Foot Valve)를 설치하지 않는 경우에는 마중물용의 진공펌프를 설치한다.
㉥ 펌프의 운전상태를 알기 위한 설비를 설치한다.
㉦ 필요에 따라 축봉용, 냉각용, 윤활용 등의 급수설비를 설치한다.

38 1분당 300m³의 물을 150m 양정(전양정)할 때 최고효율점에 달하는 펌프가 있다. 이 때의 회전수가 1,500rpm이라면 이 펌프의 비속도(비교회전도)는?

① 약 512 ② 약 554
③ 약 608 ④ 약 658

해설 $N_s = N \times \dfrac{Q^{1/2}}{H^{3/4}}$

㉠ N = 펌프의 회전수 = 1,500(회/min)
㉡ Q = 펌프의 규정토출량 = 300(m³/min)
㉢ H = 전양정 = 150(m)

∴ $N_s = 1,500 \times \dfrac{300^{1/2}}{150^{3/4}} = 606.15$(회)

39 지하수의 취수지점 선정에 관련한 설명 중 틀린 것은?

① 연해부의 경우에는 해수의 영향을 받지 않아야 한다.
② 얕은 우물인 경우에는 오염원으로부터 5m 이상 떨어져서 장래에도 오염의 영향을 받지 않는 지점이어야 한다.
③ 복류수인 경우에는 오염원으로부터 15m 이상 떨어져서 장래에도 오염의 영향을 받지 않는 지점이어야 한다.
④ 복류수인 경우에 장래에 일어날 수 있는 유로변화 또는 하상저하 등을 고려하고 하천개수계획에 지장이 없는 지점을 선정한다.

해설 얕은 우물이나 복류수인 경우에는 오염원으로부터 15m 이상 떨어져서 장래에도 오염의 영향을 받지 않는 지점이어야 한다.

40 다음 중 불용해성 성분 중 처리대상 항목이 조류인 경우 이를 처리하기 위한 고도정수처리방법과 가장 거리가 먼 것은?

① 활성탄
② 막여과
③ 마이크로스트레이너
④ 부상분리

해설 불용해성 성분 중 처리대상 항목이 조류인 경우의 처리방법에는 막여과 방식, 마이크로스트레이너, 부상분리가 있다.

SECTION 03 수질오염방지기술

41 활성슬러지 공법을 이용한 폐수처리장에서 반송슬러지 농도가 8,000mg/L이고, 폭기조에 MLSS 농도를 3,000mg/L로 유지시키고자 한다면 슬러지반송률(%)은?(단, 유입수 SS 농도는 고려하지 않음)

① 약 50%
② 약 55%
③ 약 60%
④ 약 65%

해설 $R_p = \dfrac{X}{X_r - X} \times 100$

$R_p = \dfrac{3,000}{8,000 - 3,000} \times 100 = 60(\%)$

42 하수처리에 관련된 침전현상(독립, 응집, 간섭, 압밀)의 종류 중 "간섭침전"에 관한 설명과 가장 거리가 먼 것은?

① 생물학적 처리시설과 함께 사용되는 2차 침전시설 내에서 발생한다.
② 입자 간에 작용하는 힘에 의해 주변 입자들의 침전을 방해하는 중간 정도 농도의 부유액에서의 침전을 말한다.
③ 입자 등은 서로 간의 간섭으로 상대적 위치를 변경시켜 전체 입자들이 한 개의 단위로 침전한다.
④ 함께 침전하는 입자들의 상부에 고체와 액체의 경계면이 형성된다.

해설 간섭침전
입자 등은 서로 간의 간섭으로 상대적 위치를 변경시키려 하지 않고 전체 입자들이 한 개의 단위로 침전한다.

43 활성슬러지 방식으로 유량 Q(m³/일), BOD농도 C(mg/L)의 침출수를 MLSS 농도 3,000mg/L, BOD-MLSS 부하 0.2(kg/kg·일)로 처리할 계획을 세웠으나 실제 침출수가 유량 1.1Q(m³/일), BOD 농도는 2C(mg/L)가 되어 MLSS 농도를 6,000mg/L로 처리하였다면 이때의 BOD-MLSS부하는?(단, 반응조 부피는 변화 없음)

① 0.14kg/kg·일
② 0.22kg/kg·일
③ 0.32kg/kg·일
④ 0.41kg/kg·일

해설 $F/M = \dfrac{BOD_i \cdot Q_i}{\forall \cdot X}$

㉠ $0.2 = \dfrac{BOD_i \cdot Q_i}{\forall \cdot X}$, $\dfrac{BOD_i \cdot Q_i}{\forall}$ 를 K라 놓으면
K = 0.2 × 3000 = 600
㉡ F/M = 2.2K/6,000 = 2.2 × 600/6,000
= 0.22(kg/kg·일)

44 1일 폐수배출량이 500m³이고 BOD가 300mg/L, 질소(N)가 5mg/L, SS가 100mg/L인 폐수를 활성슬러지법으로 처리하고자 한다. 공급해야 할 요소[CO(NH₂)₂]의 부족량은 하루에 몇 kg인가?(단, BOD : N : P의 비율은 100 : 5 : 1로 가정)

① 약 8.4
② 약 10.7
③ 약 13.2
④ 약 16.3

해설 BOD : N = 100 : 5 = 300 : 15
부족한 질소의 양은 10mg/L

$(NH_2)_2CO = \dfrac{10mg \cdot N}{L} \left| \dfrac{60g \cdot (NH_2)_2CO}{14 \times 2g \cdot N} \right| \dfrac{1kg}{10^6 mg} \left| \dfrac{500m^3}{1} \right| \dfrac{10^3 L}{1m^3}$

= 10.71(kg)

45 Freundlich 등온흡착식($X/M=KC_e^{1/n}$)에 대한 설명으로 틀린 것은?

① X는 흡착된 용질의 양을 나타낸다.
② K, n은 상수값으로 평형농도는 적용한 단위에 상관없이 동일하다.
③ C_e는 용질의 평형농도(질량/체적)를 나타낸다.
④ 한정된 범위의 용질농도에 대한 흡착 평형값을 나타낸다.

해설 K, n은 온도에 따라 변하는 상수값이다.

---

46 3%(V/V%) 고형물 함량의 슬러지 30m³을 10%(V/V%) 고형물 함량의 슬러지 케이크로 탈수하면 탈수 케이크의 용적은?(단, 슬러지 비중은 1.0)

① 3.4m³   ② 8.2m³
③ 9.0m³   ④ 14.5m³

해설 $V_1(1-W_1) = V_2(1-W_2)$
$30 \times 0.03 = X \times 0.1$
∴ $X = 9m^3$

---

47 다음은 생물학적 3차 처리를 위한 A/O 공정을 나타낸 것이다. 각 반응조 역할을 가장 적절하게 설명한 것은?

① 혐기조에서는 유기물 제거와 인의 방출이 일어나고 폭기조에서는 인의 과잉섭취가 일어난다.
② 포기조에서는 유기물 제거가 일어나고 혐기조에서는 질산화 및 탈질이 동시에 일어난다.
③ 제거율을 높이기 위해서는 외부탄소원인 메탄올 등을 포기조에 주입한다.
④ 혐기조에서는 인의 과잉섭취가 일어나며 폭기조에서는 질산화가 일어난다.

---

48 유기물을 포함하는 유체가 완전혼합 연속 반응조를 통과할 때 유기물의 농도가 200mg/L에서 20mg/L로 감소한다. 반응조 내의 반응이 일차반응이고 반응조 체적이 20m³이고 반응속도상수가 $0.2day^{-1}$이라면 유체의 유량은?

① 0.11m³/day   ② 0.22m³/day
③ 0.33m³/day   ④ 0.44m³/day

해설 완전혼합반응조(CFSTR)의 1차 반응식
$Q(C_o - C_t) = K \cdot \forall \cdot C_t^m$
(여기서, m=반응차수=1차)
$Q(C_o - C_t) = K \cdot \forall \cdot C_t^1$
$Q(m^3/day) = \dfrac{K \cdot \forall \cdot C_t}{C_o - C_t} = \dfrac{0.2 \times 20 \times 20}{(200-20)}$
$= 0.44(m^3/day)$

---

49 역삼투장치로 하루에 380,000L의 3차 처리된 유출수를 탈염시키고자 한다. 요구되는 막 면적은?(단, 25℃에서 물질전달계수=0.2068L/(day-m²)kPa, 유입수와 유출수 사이의 압력차=2,400kPa, 유입수와 유출수의 삼투압차=310kPa, 최저 운전온도=10℃, $A_{10}=1.6A_{25}$)

① 약 1,407m²   ② 약 1,621m²
③ 약 1,813m²   ④ 약 1,963m²

해설 $Q_F = K(\Delta P - \Delta \pi)$
여기서, K : 막의 물질 전달계수($m^3/m^2 \cdot day \cdot atm$)
ΔP : 압력차(유입측-유출측)(atm)
$\Delta \pi$: 삼투압차(유입측-유출측)(atm)

$\dfrac{380,000L}{day} \bigg| \dfrac{1}{A(m^2)} \bigg| \dfrac{1m^3}{10^3 L} = \dfrac{0.2068L}{day \cdot m^2 \cdot kPa} \bigg|$
$(2,400-310)kPa \bigg| \dfrac{1m^3}{10^3 L}$

∴ $A_{25℃} = 879.20m^2$
최저 운전온도(10℃) 상태로 막의 소요면적을 온도 보정하면
∴ $A_{10℃} = A_{25℃} \times 1.6 = 879.20 \times 1.6$
$= 1,406.72(m^2)$

50 1차 처리결과 생성되는 슬러지를 분석한 결과 함수율이 80%, 고형물 중 무기성 고형물질이 30%, 유기성 고형물질이 70%, 유기성 고형물질의 비중이 1.1, 무기성 고형물질의 비중이 2.2로 판정되었다. 이때 슬러지의 비중은?

① 1.017 ② 1.023
③ 1.032 ④ 1.048

해설
$$\frac{W_{SL}}{\rho_{SL}} = \frac{W_{TS}}{\rho_{TS}} + \frac{W_w}{\rho_w} = \frac{W_{VS}}{\rho_{VS}} + \frac{W_{FS}}{\rho_{FS}} + \frac{W_w}{\rho_w}$$

$$\frac{100}{\rho_{SL}} = \frac{100 \times (1-0.8) \times 0.7}{1.1}$$
$$+ \frac{100 \times (1-0.8) \times 0.3}{2.2} + \frac{80}{1.0}$$

$$\therefore \rho_{SL} = 1.048$$

51 부피가 4,000m³인 포기조의 MLSS 농도가 2,000 mg/L이다. 반송슬러지의 SS 농도가 8,000 mg/L, 슬러지 체류시간(SRT)이 5일이면 폐슬러지의 유량은?(단, 2차 침전지 유출수 중의 SS는 무시한다.)

① 125m³/day ② 150m³/day
③ 175m³/day ④ 200m³/day

해설
$$SRT = \frac{X \cdot \forall}{Q_w \cdot X_w}$$
$$5(day) = \frac{2,000 \times 4,000}{Q_w \times 8,000}$$
$$\therefore Q_w(=슬러지\ 폐기량) = 200(m^3/day)$$

52 NO_3^-가 박테리아에 의하여 N_2로 환원되는 경우 폐수의 pH는?

① 증가한다. ② 감소한다.
③ 변화 없다. ④ 감소하다가 증가한다.

해설 탈질산화 과정에서는 질산화 과정과 반대로 알칼리도가 생성되어 pH는 증가하게 된다.

53 활성슬러지법인 심층포기법에 관한 설명으로 틀린 것은?

① 심층포기법은 수심이 깊은 조를 이용하여 용지이용률을 높이고자 고안된 공법이다.
② 산기수심을 깊게 할수록 단위 송풍량당 압축동력이 증대하여 소비동력이 증가된다.
③ 용존질소의 재기포화에 따른 대책이 필요하다.
④ 포기조를 설치하기 위해서 필요한 단위 용량당 용지면적은 조의 수심에 비례하여 감소한다.

해설 심층포기법은 산기수심을 깊게 할수록 단위 송풍량당 압축동력은 증대하지만, 산소용해도가 증가함에 따라 송풍량이 감소하기 때문에 소비동력은 증가하지 않는다.

54 연속회분식(SBR)의 운전단계에 관한 설명으로 틀린 것은?

① 주입 : 주입단계 운전의 목적은 기질(원폐수 또는 1차 유출수)을 반응조에 주입하는 것이다.
② 주입 : 주입단계는 총 Cycle 시간의 약 25% 정도이다.
③ 반응 : 반응단계는 총 Cycle 시간의 약 65% 정도이다.
④ 침전 : 연속흐름식 공정에 비하여 일반적으로 더 효율적이다.

해설 반응단계는 총 Cycle 시간의 약 35% 정도이다.

55 염분농도가 평균 40mg/L인 폐수에 시간당 40kg의 소금을 첨가시킨 후 측정한 염분의 농도가 60mg/L이었다면 이때의 폐수 유량은?

① 1,500m³/시간 ② 2,000m³/시간
③ 2,500m³/시간 ④ 3,000m³/시간

해설
$$Q(m^3/hr) = \frac{40kg}{hr} \left| \frac{L}{(60-40)mg} \right| \frac{10^6 mg}{1kg} \left| \frac{1m^3}{10^3 L} \right.$$
$$= 2,000(m^3/hr)$$

56 폐수량이 10,000m³/day, SS가 400mg/L, 침전지의 SS제거율이 80%이며 침전슬러지의 함수율이 98%일 때 슬러지의 부피는?(단, 슬러지 비중은 1.0으로 가정함)

① 140m³/day ② 160m³/day
③ 180m³/day ④ 200m³/day

해설 $X(m^3/day) = \dfrac{10,000m^3}{day} \Big| \dfrac{0.4kg}{m^3} \Big| \dfrac{80}{100} \Big| \dfrac{m^3}{1,000kg} \Big| \dfrac{100}{100-98}$

$= 160(m^3/day)$

57 표면적이 50m²인 침전탱크에 폐수 2,500m³/day가 유입된다. 이 폐수 중의 입자상 물질이 Stokes식에 따라 90% 제거되는 고형물 입자의 크기는?(단, 폐수의 밀도는 1,000kg/m³, 점도는 0.1kg/m·sec, 현탁 고형물 입자의 밀도는 1.25g/cm³)

① 6.19×10^{-2} m
② 6.19×10^{-2} cm
③ 5.80×10^{-4} m
④ 5.80×10^{-4} cm

해설 부분제거율$(\eta) = \dfrac{V_g}{V_o}$

$V_g = \dfrac{d_p^2(\rho_p - \rho)g}{18\mu}$

㉠ $V_o = \dfrac{2,500m^3}{day} \Big| \dfrac{1}{50m^2} = 50(m/day)$

㉡ $V_g = 0.9 \times 50(m/day)$

㉢ $dp = \left[\dfrac{V_g \times 18 \times \mu}{(\rho_p - \rho_w) \times g}\right]^{1/2}$

$= \left[\dfrac{0.9 \times 50/86,400 \times 18 \times 0.1}{(1,250 - 1,000) \times 9.8}\right]^{1/2}$

$= 6.186 \times 10^{-4}(m) = 6.19 \times 10^{-2}(cm)$

58 농도 5,500mg/L인 폭기조 활성 슬러지 1L를 30분간 정치시켰을 때 침강 슬러지의 부피가 45%를 차지하였다. 이때의 SDI는?

① 1.22
② 1.48
③ 1.61
④ 1.83

해설 $SVI = \dfrac{SV_{30}(\%) \times 10^4}{MLSS} = \dfrac{45(\%) \times 10^4}{5,500mg/L}$

$= 81.82(mL/g)$

$SDI = \dfrac{100}{SVI} = \dfrac{100}{81.82(mL/g)} = 1.22$

59 수중의 암모니아(NH₃)를 포기하여 제거(Air Stripping)하고자 할 때 가장 중요한 인자는?

① pH와 온도
② pH와 용존산소 농도
③ 온도와 용존산소 농도
④ 온도와 공기공급량

해설 수중의 암모니아(NH₃)를 포기하여 제거(Air Stripping)하고자 할 때 가장 중요한 인자는 pH와 온도이다.

60 활성슬러지의 혼합액을 0.2%에서 4%로 부상 농축시키기 위한 조건이 A/S비=0.008, 온도=20℃, 공기의 용해도=18.7mL/L, 포화도=0.5, 표면부하율=8L/m²·min, 슬러지유량=500m³/day일 때 요구되는 압력(p : atm)은?

① 3.32
② 4.97
③ 5.24
④ 6.75

해설 $A/S비 = \dfrac{1.3 \cdot S_a(f \cdot P - 1)}{SS}$

$0.008 = \dfrac{1.3 \times 18.7 \times (0.5 \times P - 1)}{2,000}$

∴ $P = 3.32(atm)$

SECTION 04 수질오염공정시험기준

61 개수로 유량측정에 관한 설명으로 틀린 것은?(단, 수로의 구성, 재질, 단면의 형상, 기울기 등이 일정하지 않은 개수로의 경우)

① 수로는 가능한 한 직선적이며 수면이 물결치지 않는 곳을 고른다.
② 10m를 측정구간으로 하여 2m마다 유수의 횡단면적을 측정하고, 산출평균값을 구하여 유수의 평균 단면적으로 한다.
③ 유속의 측정은 부표를 사용하여 100m 구간을 흐르는 데 걸리는 시간을 스톱워치로 재며 이때 실측 유속을 표면 최대유속으로 한다.
④ 총 평균 유속(m/s)은 [0.75×표면 최대유속(m/s)] 식으로 계산된다.

57. ② 58. ① 59. ① 60. ① 61. ③ | ANSWER

[해설] 유속의 측정은 부표를 사용하여 10m 구간을 흐르는 데 걸리는 시간을 스톱워치로 재며 이때 실측 유속을 표면 최대유속으로 한다.

62 식물성 플랑크톤 시험방법으로 옳은 것은?(단, 수질오염공정시험 기준)
① 현미경계수법
② 최적확수법
③ 평판집락계수법
④ 시험관정량법

[해설] 식물성 플랑크톤은 현미경 계수법으로 분석한다.

63 유속 면적법을 이용하여 하천유량을 측정할 때 적용 적합지점에 관한 내용으로 틀린 것은?
① 가능하면 하상이 안정되어 있고 식생의 성장이 없는 지점
② 합류나 분류가 없는 지점
③ 교량 등 구조물 근처에서 측정할 경우 교량의 상류 지점
④ 대규모 하천을 제외하고 가능한 부자(浮子)로 측정할 수 있는 지점

[해설] 대규모 하천을 제외하고 가능하면 도섭으로 측정할 수 있는 지점으로 도섭은 물을 걸어서 건널 수 있는 것이다.

64 투명도 측정에 관한 내용을 틀린 것은?
① 투명도판의 지름은 30cm이다.
② 투명도판에 뚫린 구멍의 지름은 5cm이다.
③ 투명도판에는 구멍이 8개 뚫려 있다.
④ 투명도판의 무게는 약 2kg이다.

[해설] 투명도판의 무게는 약 3kg이다.

65 다음은 효소이용정량법을 적용하여 대장균을 분석하는 내용이다. ( ) 안에 옳은 내용은?

> 물속에 존재하는 대장균을 분석하기 위한 것으로 효소기질 시약과 시료를 혼합하여 배양한 후 ( )로 측정하는 방법이다.

① 무균 검출기
② 자외선 검출기
③ 색도 검출기
④ 시험관 검출기

[해설] 물속에 존재하는 대장균을 분석하기 위한 것으로 효소기질 시약과 시료를 혼합하여 배양한 후 자외선 검출기로 측정하는 방법이다.

66 자외선/가시선 분광법으로 시안을 분석할 때 시료에 함유된 황화합물을 제거하기 위해 사용하는 시약은?
① 아세트산아연용액
② L-아스코빈산
③ 아비산나트륨
④ 수산나트륨

[해설] 자외선/가시선 분광법으로 시안을 분석할 때 황화합물이 함유된 시료는 아세트산아연용액(10%) 2mL를 넣어 제거한다.

67 유입부의 직경이 100cm, 목(Throat)부 직경이 50cm 인 벤투리미터로 폐수가 유입되고 있다. 이 벤투리미터 유입부 관 중심부에서의 수두는 100cm, 목(Throat)부의 수두는 10cm일 때 유량(cm^3/sec)은?(단, 유량계수는 1.0이다.)
① 약 850,000
② 약 658,000
③ 약 862,000
④ 약 868,000

[해설] $Q = \dfrac{A \cdot C}{\sqrt{1-\left(\dfrac{D_2}{D_1}\right)^4}} \times \sqrt{2g \cdot H}$

㉠ A : 목(Throat) 부분의 단면적 $= \dfrac{\pi}{4}D^2$
$= \dfrac{\pi}{4} \times 50^2$
$= 1,963.50(cm^2)$

㉡ $d_2/d_1 = 50/100 = 0.5$

㉢ H : 수두차($H_1 - H_2$) = 100 - 10 = 90cm

∴ $Q = \dfrac{1963.50}{\sqrt{1-0.5^4}} \times \sqrt{2 \times 980 \times 90}$
$= 851,713.5(cm^3/sec)$

ANSWER | 62. ① 63. ④ 64. ④ 65. ② 66. ① 67. ①

68 냄새역치(TON)의 계산식으로 옳은 것은?[단, A : 시료부피(mL), B : 무취 정제수 부피(mL)]
① (A+B)/B
② (A+B)/A
③ A/(A+B)
④ B/(A+B)

69 자외선/가시선 분광법을 적용하여 페놀류를 측정할 때 사용되는 시약은?
① 4-아미노 안티피린
② 인도 페놀
③ O-페난트로린
④ 디티존

70 불소화합물의 분석방법과 가장 거리가 먼 것은?(단, 수질오염공정시험 기준)
① 자외선/가시선 분광법
② 이온전극법
③ 이온크로마토그래피
④ 불꽃 원자흡수분광광도법

해설 불소화합물의 분석방법에는 자외선/가시선 분광법, 이온전극법, 이온크로마토그래피가 있다.

71 알킬수은을 기체크로마토그래피법으로 측정할 때 알킬수은화합물의 추출용액으로 사용되는 것은?
① 벤젠
② 사염화탄소
③ 헥산
④ 클로로포름

해설 알킬수은을 기체크로마토그래피법으로 측정할 때 알킬수은화합물의 추출용액은 벤젠이다.

72 자외선/가시선 분광법을 적용한 니켈 측정에 관한 설명으로 옳은 것은?
① 황갈색 니켈착염의 흡광도를 측정한다.
② 적갈색 니켈착염의 흡광도를 측정한다.
③ 청색 니켈착염의 흡광도를 측정한다.
④ 적자색 니켈착염의 흡광도를 측정한다.

해설 니켈이온을 암모니아 약알칼리성에서 디메틸글리옥심과 반응시켜 생성된 니켈 착염을 클로로포름으로 추출하고 이것을 묽은 염산으로 역추출한다. 추출물에 브롬과 암모니아수를 넣어 니켈을 산화시키고 다시 암모니아 알칼리성에서 디메틸글리옥심과 반응시켜 생성한 적갈색 니켈착염의 흡광도를 측정한다.

73 시료의 보존방법으로 틀린 것은?
① 아질산성 질소 : 4℃ 보관, H_2SO_4로 pH 2 이하
② 총 질소(용존질소) : 4℃ 보관, H_2SO_4로 pH 2 이하
③ 화학적 산소요구량 : 4℃ 보관, H_2SO_4로 pH 2 이하
④ 암모니아성 질소 : 4℃ 보관, H_2SO_4로 pH 2 이하

해설 아질산성 질소 : 4℃ 보관

74 시료의 전처리 방법 중 유기물을 다량 함유하고 있으면서 산분해가 어려운 시료에 적용하는 방법은?
① 질산-염산 산분해법
② 질산 산분해법
③ 마이크로파 산분해법
④ 질산-황산 산분해법

75 다음의 불꽃 원자흡수분광광도법 분석절차 중 가장 먼저 수행되는 것은?
① 최적의 에너지 값을 얻도록 선택파장을 최적화한다.
② 버너헤드를 설치하여 위치를 조정한다.
③ 바탕시료를 주입하여 영점조정을 한다.
④ 공기와 아세틸렌을 공급하면서 불꽃을 발생시키고 최대 강도를 얻도록 유량을 조절한다.

해설 불꽃 원자흡수분광광도법 분석절차
㉠ 최적 에너지 값(Gain)을 얻도록 선택파장을 최적화한다.
㉡ 버너헤드를 설치하고 위치를 조정한다.
㉢ 공기와 아세틸렌을 공급하면서 불꽃을 발생시키고, 최대 감도를 얻도록 유량을 조절한다.
㉣ 바탕시료를 주입하여 영점조정을 하고, 시료 분석을 수행한다.

68. ② 69. ① 70. ④ 71. ① 72. ② 73. ① 74. ③ 75. ① | ANSWER

76 자외선/가시선 분광법을 적용한 음이온 계면활성제 시험방법에 관한 설명으로 틀린 것은?
① 메틸렌블루와 반응시켜 생성된 청색의 착화합물을 추출하여 흡광도를 측정한다.
② 컬럼을 통과시켜 시료 중의 계면활성제를 종류별로 구분하여 측정할 수 있다.
③ 메틸렌블루와 반응시켜 생성된 착화합물을 추출할 때 클로로폼을 사용한다.
④ 약 1,000mg/L 이상의 염소이온 농도에서 양의 간섭을 나타내며 따라서 염분농도가 높은 시료의 분석에는 사용할 수 없다.

해설 자외선/가시선 분광법을 적용한 음이온 계면활성제 시험방법은 시료 중의 계면활성제를 종류별로 구분하여 측정할 수 없다.

77 자외선/가시선 분광법으로 아연을 측정할 때에 관한 설명으로 틀린 것은?
① 청색 킬레이트 화합물의 흡광도를 620nm에서 측정하는 방법이다.
② 정량한계는 0.010mg/L이다.
③ 아스코빈산나트륨은 2가 철이 공존하지 않는 경우에는 넣지 않는다.
④ 시료 내 아연이온은 pH 약 9에서 진콘과 반응한다.

해설 자외선/가시선 분광법으로 아연을 측정할 때 망간이 공존하지 않는 경우에는 아스코빈산나트륨을 넣지 않는다.

78 공장폐수 및 하수유량(관내의 유량측정방법)의 측정방법에 관한 설명으로 틀린 것은?
① 오리피스는 설치비용이 적고 유량측정이 정확하나 목부분의 단면조절을 할 수 없어 유량조절이 어렵다.
② 피토관의 유속은 마노미터에 나타나는 수두차에 의하여 계산한다.
③ 자기식 유량측정기의 측정원리는 패러데이의 법칙을 이용하여 자장의 직각에서 전도체를 이동시킬 때 유발되는 전압을 전도체의 속도에 비례한다는 원리를 이용한 것이다.
④ 피토관으로 측정할 때는 반드시 일직선상의 관에서 이루어져야 한다.

해설 오리피스는 설치비용이 적고 유량측정이 정확하며, 단면이 축소되는 목 부분을 조절함으로써 유량이 조절된다.

79 취급 또는 저장하는 동안에 이물질이 들어가거나 또는 내용물이 손실되지 아니하도록 보호하는 용기는?
① 밀봉용기   ② 밀폐용기
③ 기밀용기   ④ 압밀용기

80 폐수 중의 비소를 자외선/가시선 분광법으로 측정할 때 황화수소 기체는 비소의 정량을 방해 한다. 이를 제거할 때 사용되는 시약은?
① 몰리브덴산나트륨   ② 나트륨붕소
③ 안티몬수은   ④ 아세트산납

해설 황화수소 기체는 비소 정량에 방해하므로 아세트산납을 사용하여 제거해야 한다.

SECTION 05 수질환경관계법규

81 환경기준인 수질 및 수생태계 상태별 생물학적 특성 이해표 내용 중 생물등급이 "좋음~보통"일 때의 생물지표 중(어류)으로 틀린 것은?
① 버들치   ② 쉬리
③ 갈겨니   ④ 은어

해설 생물등급이 "좋음~보통" : 쉬리, 갈겨니, 은어, 쏘가리 등이 서식한다.

82 환경부장관이 설치·운영하는 측정망의 종류와 가장 거리가 먼 것은?
① 퇴적물 측정망
② 점오염원 배출 오염물질 측정망
③ 공공수역 유해물질 측정망
④ 생물 측정망

[해설] 환경부장관이 설치·운영하는 측정망의 종류
㉠ 비점오염원에서 배출되는 비점오염물질 측정망
㉡ 오염총량목표수질 측정망
㉢ 대규모 오염원의 하류지점 측정망
㉣ 수질오염경보를 위한 측정망
㉤ 대권역·중권역을 관리하기 위한 측정망
㉥ 공공수역 유해물질 측정망
㉦ 퇴적물 측정망
㉧ 생물 측정망

83 비점오염저감계획서에 포함되어야 할 사항과 가장 거리가 먼 것은?
① 비점오염원 관련 현황
② 비점오염원 저감방안
③ 비점오염저감시설 설치계획
④ 비점오염원 관리 및 모니터링 방안

[해설] 비점오염저감계획서에 포함되어야 할 사항
㉠ 비점오염원 관련 현황
㉡ 비점오염원 저감방안
㉢ 비점오염저감시설 설치계획
㉣ 비점오염저감시설 유지관리 및 모니터링 방안

84 설치허가 대상 폐수배출시설의 범위 기준으로 옳은 것은?
① 상수원보호구역에 설치하거나 그 경계구역으로부터 상류로 유하거리 5킬로미터 이내에 설치하는 배출시설
② 상수원보호구역에 설치하거나 그 경계구역으로부터 상류로 유하거리 10킬로미터 이내에 설치하는 배출시설
③ 상수원보호구역에 설치하거나 그 경계구역으로부터 상류로 유하거리 15킬로미터 이내에 설치하는 배출시설
④ 상수원보호구역에 설치하거나 그 경계구역으로부터 상류로 유하거리 20킬로미터 이내에 설치하는 배출시설

85 중점관리저수지의 지정기준으로 옳은 것은?
① 총저수용량이 1만세제곱미터 이상인 저수지
② 총저수용량이 10만세제곱미터 이상인 저수지
③ 총저수용량이 1백만세제곱미터 이상인 저수지
④ 총저수용량이 1천만세제곱미터 이상인 저수지

[해설] 중점관리저수지의 지정기준은 총저수용량이 1천만세제곱미터 이상인 저수지이다.

86 오염총량관리기본방침에 포함되어야 할 사항과 가장 거리가 먼 것은?
① 오염총량관리의 목표
② 오염부하량 저감대책
③ 오염총량관리의 대상 수질오염물질 종류
④ 오염원의 조사 및 오염부하량 산정방법

[해설] 오염총량관리기본방침에 포함되어야 할 사항
㉠ 오염총량관리의 목표
㉡ 오염총량관리의 대상 수질오염물질 종류
㉢ 오염원의 조사 및 오염부하량 산정방법
㉣ 법 제4조의3에 따른 오염총량관리기본계획의 주체, 내용, 방법 및 시한
㉤ 법 제4조의4에 따른 오염총량관리시행계획의 내용 및 방법

87 환경부장관이 수질 수생태계를 보전할 필요가 있어 지정, 고시하고 수질 및 수생태계를 정기적으로 조사 측정하여야 하는 호소의 지정 기준으로 옳은 것은?
① 1일 5만 톤 이상의 원수를 취수하는 호소
② 1일 10만 톤 이상의 원수를 취수하는 호소
③ 1일 20만 톤 이상의 원수를 취수하는 호소
④ 1일 30만 톤 이상의 원수를 취수하는 호소

[해설] 환경부장관이 수질 및 수생태계를 정기적으로 조사 측정하여야 하는 호소의 지정 기준
㉠ 1일 30만 톤 이상의 원수(原水)를 취수하는 호소
㉡ 동식물의 서식지·도래지이거나 생물다양성이 풍부하여 특별히 보전할 필요가 있다고 인정되는 호소
㉢ 수질오염이 심하여 특별한 관리가 필요하다고 인정되는 호소

88 환경부장관이 폐수처리업자에게 등록을 취소하거나 6개월 이내의 기간을 정하여 영업정지를 명할 수 있는 경우에 대한 기준으로 틀린 것은?

① 고의 또는 중대한 과실로 폐수처리영업을 부실하게 한 경우
② 영업정지 처분기준 중에 영업행위를 한 경우
③ 1년에 2회 이상 영업정지처분을 받은 경우
④ 등록 후 1년 이상 계속하여 영업실적이 없는 경우

해설 등록을 취소하거나 6개월 이내의 기간을 정하여 영업정지를 명할 수 있는 경우
㉠ 다른 사람에게 등록증을 대여한 경우
㉡ 1년에 2회 이상 영업정지처분을 받은 경우
㉢ 고의 또는 중대한 과실로 폐수처리영업을 부실하게 한 경우
㉣ 영업정지 처분기간 중에 영업행위를 한 경우

89 기타 수질오염원의 시설구분으로 틀린 것은?

① 수산물 양식시설
② 농축수산물 단순가공시설
③ 금속 도금 및 세공시설
④ 운수장비정비 또는 폐차장 시설

해설 기타 수질오염원의 시설구분
㉠ 수산물 양식시설
㉡ 골프장
㉢ 운수장비 정비 또는 폐차장 시설
㉣ 농축수산물 단순가공시설
㉤ 사진 처리 또는 X-Ray 시설
㉥ 금은판매점의 세공시설이나 안경점
㉦ 복합물류터미널 시설

90 대권역 수질 및 수생태계 보전계획의 수립시 포함되어야 할 사항과 가장 거리가 먼 것은?

① 상수원 및 물 이용현황
② 수질 및 수생태계 변화 추이 및 목표기준
③ 수질 및 수생태계 보전조치의 추진방향
④ 수질 및 수생태계 관리 우선순위 및 대책

해설 대권역계획에 포함되어야 할 사항
㉠ 수질 및 수생태계 변화 추이 및 목표기준
㉡ 상수원 및 물 이용현황
㉢ 점오염원, 비점오염원 및 기타 수질오염원의 분포현황
㉣ 점오염원, 비점오염원 및 기타 수질오염원에 의한 수질오염물질 발생량
㉤ 수질오염 예방 및 저감대책
㉤의2. 수질 및 수생태계 보전조치의 추진방향
㉥ 그 밖에 환경부령이 정하는 사항

91 수질오염경보의 종류별, 경보단계별 조치사항에 관한 내용 중 수질오염감시경보(경계단계)시 수면관리자의 조치사항으로 틀린 것은?

① 수체변화 감시 및 원인 조사
② 방어막 설치 등 오염물질 방제조치
③ 주변 오염원 단속 강화
④ 사고발생 시 지역사고대책본부 구성, 운영

해설 수질오염경보의 종류별, 경보단계별 조치사항에 관한 내용 중 수질오염감시경보(경계단계)시 수면관리자의 조치사항은 ㉠ 수체변화 감시 및 원인 조사, ㉡ 방어막 설치 등 오염물질 방제 조치, ㉢ 사고 발생시 지역사고대책본부 구성·운영이다.

92 수질 및 수생태계 환경기준 중 하천에서의 사람의 건강보호기준으로 틀린 것은?

① 1,4-다이옥세인 : 0.05mg/L 이하
② 6가 크롬 : 0.05mg/L 이하
③ 수은 : 0.05mg/L 이하
④ 납 : 0.05mg/L 이하

해설 수은은 검출되어서는 안 된다.

93 다음의 수질오염방지시설 중 물리적 처리시설이 아닌 것은?

① 혼합시설　　② 흡수시설
③ 응집시설　　④ 유수분리시설

해설 흡수시설은 화학적 처리시설에 해당한다.

ANSWER | 88. ④　89. ③　90. ④　91. ③　92. ③　93. ②

94 수질오염경보의 종류별 경보단계 및 그 단계별 발령, 해제기준에 관한 설명으로 틀린 것은?

① 측정소별 측정항목과 측정항목별 경보기준 등 수질오염감시경보에 관하여 필요한 사항은 환경부장관이 고시한다.
② 용존산소, 전기전도도, 총 유기탄소 항목이 경보기준을 초과하는 것은 그 기준초과 상태가 30분 이상 지속되는 경우를 말한다.
③ 수소이온농도 항목이 경보기준을 초과하는 것은 4 이하 또는 11 이상이 30분 이상 지속되는 경우를 말한다.
④ 생물감시장비 중 물벼룩감시장비가 경보기준을 초과하는 것은 양쪽 모든 시험조에서 30분 이상 지속되는 경우를 말한다.

해설 수소이온농도 항목이 경보기준을 초과하는 것은 5 이하 또는 11 이상이 30분 이상 지속되는 경우를 말한다.

95 정당한 사유 없이 공공수역에 특정수질유해물질을 누출, 유출시키거나 버린 자에 대한 벌칙기준은?

① 2년 이하의 징역 또는 1천만 원 이하의 벌금
② 2년 이하의 징역 또는 2천만 원 이하의 벌금
③ 3년 이하의 징역 또는 3천만 원 이하의 벌금
④ 5년 이하의 징역 또는 3천만 원 이하의 벌금

96 사업자 및 배출시설과 방지시설에 종사하는 자는 배출시설과 방지시설의 정상적인 운영, 관리를 위한 환경기술인의 업무를 방해하여서는 아니 되며, 그로부터 업무수행에 필요한 요청을 받은 때에는 정당한 사유가 없는 한 이에 응하여야 한다. 이 규정을 위반하여 환경기술인의 업무를 방해하거나 환경기술인의 요청을 정당한 사유 없이 거부한 자에 대한 벌칙기준은?

① 100만 원 이하의 벌금
② 200만 원 이하의 벌금
③ 300만 원 이하의 벌금
④ 500만 원 이하의 벌금

97 환경부장관이 수질원격감시체계 관제센터를 설치, 운영할 수 있는 기관은?

① 한국환경공단
② 지방환경청
③ 국립환경과학원
④ 시도보건환경연구원

해설 환경부장관이 수질원격감시체계 관제센터를 설치, 운영할 수 있는 기관은 한국환경공단이다.

98 물놀이 등의 행위제한 권고기준으로 옳은 것은?

① 수영 등 물놀이 : 대장균 – 5,000(개체수/100mL) 이상
② 수영 등 물놀이 : 대장균 – 500(개체수/100mL) 이상
③ 어패류 등 섭취 : 어패류 체내 총 수은 – 0.03mg/kg 이상
④ 어패류 등 섭취 : 어패류 체내 총 수은 – 검출되어서는 안 됨

해설 물놀이 등의 행위제한 권고기준

대상 행위	항목	기준
수영 등 물놀이	대장균	500(개체수/100mL) 이상
어패류 등 섭취	어패류 체내 총 수은(Hg)	0.3(mg/kg) 이상

99 폐수종말처리시설의 방류수 수질기준으로 틀린 것은?(단, Ⅰ지역 기준, ( )는 농공단지 폐수종말처리시설의 방류수 수질기준임)

① BOD : 10(10)mg/L 이하
② COD : 20(30)mg/L 이하
③ 총 질소(T-N) : 20(20)mg/L 이하
④ 생태독성(TU) : 1(1) 이하

해설 COD : 20(40)mg/L 이하이다.

94. ③ 95. ③ 96. ① 97. ① 98. ② 99. ②

100 수질 및 수생태계 보전에 관한 법률에서 사용하는 용어의 정의로 틀린 것은?

① 수질오염방지시설 : 점오염원 및 기타 수질오염원으로부터 배출되는 수질오염물질을 제거하거나 감소하게 하는 시설로서 환경부령이 정하는 것을 말한다.
② 기타 수질오염원 : 점오염원 및 비점오염원으로 관리되지 아니하는 수질오염물질을 배출하는 시설 또는 장소로서 환경부령이 정하는 것을 말한다.
③ 강우유출수 : 비점오염원이 수질오염물질이 섞여 유출되는 빗물 또는 눈녹은 물 등을 말한다.
④ 비점오염저감시설 : 수질오염방지시설 중 비점오염원으로부터 배출되는 수질오염물질을 제거하거나 감소하게 하는 시설로서 환경부령이 정하는 것을 말한다.

해설 "수질오염방지시설"이라 함은 점오염원, 비점오염원 및 기타 수질오염원으로부터 배출되는 수질오염물질을 제거하거나 감소하게 하는 시설로서 환경부령이 정하는 것을 말한다.

ANSWER | 100. ①

2013년 2회 수질환경기사

SECTION 01 수질오염개론

01 어느 하천의 BOD_u가 8mg/L이고, 탈산소계수(K_1)가 0.1/day일 때, 4일 후 남아 있는 하천의 BOD 농도는?

① 3.2mg/L   ② 3.6mg/L
③ 4.1mg/L   ④ 4.3mg/L

해설 BOD 잔류공식을 사용한다.
$BOD_t = BOD_u \times 10^{-K \cdot t} = 8 \times 10^{-0.1 \times 4}$
$= 3.18(mg/L)$

02 수분 함량 97%의 슬러지에 응집제를 가하니 [상등액 : 침전슬러지] 용적비가 2 : 1로 되었다. 이때 침전슬러지의 수분함량은?(단, 비중은 1.0, 응집제의 양은 무시, 상등액은 고형물이 없음)

① 91%   ② 93%
③ 95%   ④ 97%

해설 SL = TS + W
100 = 5 + 95
∴ $V_1(100 - W_1) = V_2(100 - W_2)$
$3(100 - 97) = 3 \times \dfrac{1}{3}(100 - W_2)$
∴ $W_2 = 91(\%)$

03 어느 배양기의 제한기질농도(S)가 1,000 mg/L, 세포의 최대 비증식계수(μ_{max})가 0.2/hr일 때 Monod 식에 의한 세포의 비증식계수(μ)는?(단, 제한기질 반포화농도(K_s)=20mg/L)

① 0.098/hr   ② 0.196/hr
③ 0.296/hr   ④ 0.392/hr

해설 Monod식을 이용한다.
$\mu = \mu_{max} \times \dfrac{S}{K_s + S}$
$= 0.2(hr^{-1}) \times \dfrac{1,000}{20 + 1,000} = 0.196(hr^{-1})$

04 물의 이온화적(K_w)에 관한 설명으로 옳은 것은?

① 25℃에서 물의 K_w가 1.0×10^{-14}이다.
② 물은 강전해질로서 거의 모두 전리된다.
③ 수온이 높아지면 감소하는 경향이 있다.
④ 순수의 pH는 7.0이며 온도가 증가할수록 pH는 높아진다.

해설 순수한 물은 비전해질이며, 물의 이온화적(K_w)은 수온에 비례하고, pH는 반비례한다.

05 반감기가 2일인 방사성 폐수의 농도가 100 mg/L라면 감소속도상수는?(단, 1차 반응기준)

① $0.128day^{-1}$ ② $0.242day^{-1}$
③ $0.347day^{-1}$ ④ $0.423day^{-1}$

해설 1차 반응식을 이용한다.
$\ln \dfrac{0.5 C_o}{C_o} = -K_1 \cdot t$
$\ln \dfrac{50}{100} = -K_1 \cdot 2day$
∴ $K_1 = 0.3466(day^{-1})$

06 0℃에서 DO 8.0mg/L인 물의 DO 포화도는 몇 %인가?(단, 대기의 화학적 조성 중 O_2는 21%(V/V), 0℃에서 순수한 물의 공기 용해도는 38.46mL/L)

① 50.7   ② 60.7
③ 63.5   ④ 69.3

해설 DO 포화도(%) = $\dfrac{\text{현재 DO}}{\text{포화 DO}} \times 100$

① 현재 DO = 8mg/L
② 포화 DO = $\dfrac{38.46mL}{L} \bigg| \dfrac{21}{100} \bigg| \dfrac{32mg}{22.4mL}$
$= 11.58mg/L$
∴ DO 포화도(%) = $\dfrac{8}{11.58} \times 100 = 69.34(\%)$

1. ① 2. ① 3. ② 4. ① 5. ③ 6. ④ | ANSWER

07 1차 방응식이 적용된다고 할 때 완전혼합반응기(CFSTR) 체류시간은 압출형 반응기(PFR) 체류시간의 몇 배가 되는가?(단, 1차 반응에 의해 초기농도의 70%가 감소되었고, 자연지수로 계산하며 속도상수는 같다고 가정함)

① 1.34
② 1.51
③ 1.72
④ 1.94

해설 ㉠ PFR의 경우
$$t = \ln\frac{C_t}{C_o}/(-K) = \ln\frac{0.3C_o}{C_o}/(-K)$$
$$= 1.204/K$$
㉡ CFSTR의 경우
$$t = \frac{C_o - C_t}{K \cdot C_t} = \frac{C_o - 0.3C_o}{K \cdot 0.3C_o} = 2.33/K$$
∴ 체류시간의 비 $\frac{t_{CFSTR}}{t_{PFR}} = \frac{2.33/K}{1.204/K} = 1.94$

08 해수의 특성으로 틀린 것은?

① 해수는 HCO_3^-를 포화시킨 상태로 되어 있다.
② 해수의 밀도는 염분비 일정법칙에 따라 항상 균일하게 유지된다.
③ 해수 내 전체 질소 중 약 35% 정도는 암모니아성 질소와 유기 질소의 형태이다.
④ 해수의 Mg/Ca 비는 3~4 정도로 담수에 비하여 크다.

해설 해수의 밀도는 수온, 염분, 수압의 영향을 받는다.

09 원생동물(Protozoa)의 종류에 관한 내용으로 옳은 것은?

① Paramecia는 자유롭게 수영하면서 고형물질을 섭취한다.
② Vorticella는 불량한 활성슬러지에서 주로 발견된다.
③ Sarcodina는 나팔의 입에서 물흐름을 일으켜 고형물질만 걸러서 먹는다.
④ Suctoria는 몸통을 움직이면서 위족으로 고형물질을 몸으로 싸서 먹는다.

해설 원생동물(Protozoa)의 분류
㉠ 육질충류(Sarcodina) : 위족으로 아메바 운동을 하여 이동한다. 예 : Amoeba, Enatmoeba
㉡ 편모충류(Mastigophora) : 편모운동을 하며 광합성을 하는 것이 다수 있다.
예 : Englena, Volvox, Giardia
㉢ 섬모충류(Cilliophora) : 많은 섬모에 의한 동일 운동을 한다. 예 : Paramecium
㉣ 포자충강(Sporozoa) : 보통 비운동성이며 기생성이다.

10 다음의 유기물 1mole이 완전 산화될 때 이론적인 산소요구량(ThOD)이 가장 적은 것은?

① C_6H_6
② $C_6H_{12}O_6$
③ C_2H_5OH
④ CH_3COOH

해설 이론적인 산소요구량(ThOD)을 계산하면,
㉠ $C_6H_6 : 7.5O_2 \rightarrow$
1mol(78g) : 240g = 1g : 3.08g(ThOD)
㉡ $C_6H_{12}O_5 : 6O_2 \rightarrow$
1mol(164g) : 192g = 1g : 1.171g(ThOD)
㉢ $C_2H_5OH : 3O_2 \rightarrow$
1mol(46g) : 96g = 1g : 2.087g(ThOD)
㉣ $CH_3COOH : 2O_2 \rightarrow$
1mol(60g) : 64g = 1g : 1.067g(ThOD)

11 μ(세포비증가율)가 μ_{max}(세포최대증가율)의 60%일 때의 기질농도(S_{60})와 20%일 때의 기질농도(S_{20})의 비(S_{60})/(S_{20})는?(단, 배양기 내의 세포비 증가율은 Monod식 적용)

① 32
② 16
③ 8
④ 6

해설 $\mu = \mu_{max} \times \frac{[S]}{K_s + [S]}$
㉠ μ가 μ_{max}의 60%일 경우
$\rightarrow 60 = 100 \times \frac{[S_{60}]}{K_s + [S_{60}]}$
$100[S_{60}] = 60(K_s + [S_{60}])$
$60K_s = 40[S_{60}] \rightarrow [S_{60}] = 1.5K_s$
㉡ μ가 μ_{max}의 20%일 경우
$\rightarrow 20 = 100 \times \frac{[S_{20}]}{K_s + [S_{20}]}$
$100[S_{20}] = 20(K_s + [S_{20}])$

$$20K_s = 80[S_{20}] \rightarrow [S_{20}] = 0.25K_s$$
$$\therefore \frac{[S_{60}]}{[S_{20}]} = \frac{1.5K_s}{0.25K_s} = 6$$

12 다음 중 적조현상에 관한 설명으로 틀린 것은?
① 수괴의 연직안정도가 작을 때 발생한다.
② 강우에 따른 하천수의 유입으로 해수의 염분량이 낮아지고 영양염류가 보급될 때 발생한다.
③ 적조조류에 의한 아가미 폐색과 어류의 호흡장애가 발생한다.
④ 수중 용존산소 감소에 의한 어패류의 폐사가 발생한다.

해설 적조현상은 수괴의 연직안정도가 클 때 잘 발생한다.

13 Glycine($CH_2(NH_2)COOH$) 7몰을 분해하는 데 필요한 이론적 산소 요구량은?(단, 최종산물은 HNO_3, CO_2, H_2O 이다.)
① 724g O_2
② 742g O_2
③ 768g O_2
④ 784g O_2

해설 $CH_2(NH_2)COOH + 3.5O_2 \rightarrow 2CO_2 + HNO_3 + 2H_2O$
　　1mol : $3.5 \times 32(g \cdot O_2)$
　　7mol : $X(g \cdot O_2)$
$\therefore X = 784g\ O_2$

14 다음의 각종 용액 중 몰(mole) 농도가 가장 큰 것은? (단, Na, Cl의 원자량은 각각 23, 35.5)
① 300g 수산화나트륨/4L
② 3.6g 황산/30mL
③ 0.4kg 염화나트륨/10L
④ 5.2g 염산/0.1L

해설 각 항목의 M농도를 구해보면 다음과 같다.
㉠ $X(mol/L) = \frac{300g}{4L} \Big| \frac{1mol}{40g} = 1.875(mol/L)$
㉡ $X(mol/L) = \frac{3.6g}{30mL} \Big| \frac{10^3 mL}{1L} \Big| \frac{1mol}{98g} = 1.22(mol/L)$
㉢ $X(mol/L) = \frac{0.4kg}{10L} \Big| \frac{10^3 g}{1kg} \Big| \frac{1mol}{58.5g} = 0.68(mol/L)$
㉣ $X(mol/L) = \frac{5.2g}{0.1L} \Big| \frac{1mol}{36.5g} = 1.42(mol/L)$

15 용존산소 농도가 9.0mg/L인 물 1,000리터가 있다. 이 물의 용존산소를 완전히 제거하기 위해 이론적으로 필요한 Na_2SO_3 양은?(단, Na : 23, S : 32이다.)
① 14.2g
② 35.5g
③ 45.5g
④ 70.9g

해설 $Na_2SO_3 + 0.5O_2 \rightarrow Na_2SO_4$
　　126(g) : $0.5 \times 32(g)$
　　X(g) : $\frac{9mg}{L} \Big| \frac{1,000L}{} \Big| \frac{1g}{10^3 mg}$
$\therefore X = 70.875(g)$

16 다음 중 CSOs, SSOs에 대한 설명으로 옳지 않은 것은?
① CSOs(Combined Sewer Overflows)는 도시지역 비점오염부하 중 큰 비중을 차지한다.
② SSOs(Sanitary Sewer Overflows)는 합류식 하수도에서 우천 시 하수관거를 통해 공공수역으로 방류 처리된 하수를 말한다.
③ CSOs는 합류식 하수관거의 용량을 초과하여 처리되지 못하고 유출되는 오수를 말한다.
④ 도시하천의 수질개선을 위해서는 CSOs에 대한 처리대책이 필요하다.

해설 ㉠ CSOs(Combined Sewer Overflows) : 합류식 하수관거 월류수
㉡ SSOs(Sanitary Sewer Overflows) : 분류식 하수관거 월류수

17 0.02N 약산이 1.0% 해리되어 있다면 이 수용액의 pH는?
① 3.1
② 3.4
③ 3.7
④ 3.9

해설 약산이 1.0% 해리되어 있다면 수소이온의 농도는 $0.02 \times 0.01(mol/L)$이다.
$\therefore pH = -\log[H^+] = -\log(0.02 \times 0.01)$
　　　$= 3.699$

12. ① 13. ④ 14. ① 15. ④ 16. ② 17. ③ | **ANSWER**

18 생태계에서 질소의 순환을 설명한 내용으로 옳지 않은 것은?

① 대기 중의 질소는 질소고정박테리아와 특정한 조류에 의해 단백질로 전환된다.
② 질산화 미생물은 호기성 미생물이며 독립영양미생물에 속한다.
③ Nitrosomonas균은 호기성 상태에서 암모니아를 아질산염으로 전환시킨다.
④ 소변 속의 질소는 요소로서 효소 Urease에 의하여 질산성 질소로 가수 분해된다.

해설 우레아제(Urease)는 요소를 가수분해하여 암모니아와 이산화탄소를 생성하는 반응에 관계하는 효소이다.

19 지구에서 물(담수)의 저장 형태 중 가장 많은 양을 차지하는 것은?

① 만년설과 빙하   ② 담수호
③ 토양수   ④ 대기

20 미생물의 분류에서 탄소원이 CO_2이고 에너지원을 무기물질의 산화·환원으로부터 얻는 미생물은?

① Photoautotrophics
② Chemoautotrophics
③ Photoheterotrphics
④ Chemheterotrphics

SECTION 02 상하수도계획

21 하수도 계획의 목표연도는 원칙적으로 몇 년으로 설정하는가?

① 15년   ② 20년
③ 25년   ④ 30년

해설 하수도계획의 목표연도는 원칙적으로 20년 정도로 한다.

22 원심력 펌프의 규정회전수는 2회/sec, 규정토출량이 32m³/min, 규정양정(H)이 8m이다. 이때 이 펌프의 비교 회전도는?

① 약 143
② 약 164
③ 약 182
④ 약 201

해설 $N_s = N \times \dfrac{Q^{1/2}}{H^{3/4}}$

$N_s = (2 \times 60) \times \dfrac{(32)^{1/2}}{(8)^{3/4}} = 142.70(회)$

23 정수시설인 플록형성지에 관한 설명으로 틀린 것은?

① 혼화지와 침전지 사이에 위치하고 침전지에 붙여서 설치한다.
② 플록형성시간은 계획정수량에 대하여 20~40분간을 표준으로 한다.
③ 플록형성지 내의 교반강도는 하류로 갈수록 점차 감소시키는 것이 바람직하다.
④ 야간근무자도 플록형성 상태를 감시할 수 있는 투명도 게이지를 설치하여야 한다.

해설 야간근무자가 플록형성 상태를 감시할 수 있는 적절한 조명장치를 설치한다.

24 하천수를 수원으로 하는 경우에 사용하는 취수시설인 취수보에 관한 설명으로 틀린 것은?

① 일반적으로 대하천에 적당하다.
② 안정된 취수가 가능하다.
③ 침사 효과가 적다.
④ 하천의 흐름이 불안정한 경우에 적합하다.

해설 취수보는 안정된 취수와 큰 침사효과가 특징이며 개발이 진행된 하천 등에서 정확한 취수조정이 필요한 경우, 대량 취수할 경우, 하천의 흐름이 불안정한 경우에 적합하다.

25 하수관의 맨홀 설치에 관한 설명으로 틀린 것은?
① 맨홀은 관거의 기점, 방향, 경사 및 관경 등이 변하는 곳에 설치한다.
② 관거 직선부에서는 맨홀의 최대 간격은 600mm 이하관에서 최대 간격 75m이다.
③ 맨홀의 상판높이(인버트의 상단~맨홀상판)는 유지관리상 작업원이 서서 작업할 수 있도록 1.8~2.0m 정도로 하는 것이 바람직하다.
④ 맨홀 부속물인 인버트의 발디딤부는 5~7%의 횡단경사를 둔다.

해설 맨홀 부속물인 인버트(Invert)의 발디딤부는 10~20%의 횡단경사를 둔다.

26 계획우수량을 정할 때 고려하는 빗물펌프장의 확률연수로 옳은 것은?
① 5~10년   ② 10~20년
③ 20~30년 ④ 30~50년

해설 계획우수량을 정할 때 고려하는 확률연수는 10~30년이고, 빗물펌프장의 확률연수는 30~50년이다.

27 하수 펌프장 시설인 스크류펌프(Screw Pump)의 일반적인 장단점으로 틀린 것은?
① 회전수가 낮기 때문에 마모가 적다.
② 수중의 협잡물이 물과 함께 떠올라 폐쇄 가능성이 크다.
③ 기동에 필요한 물채움장치나 밸브 등 부대시설이 없어 자동운전이 쉽다.
④ 토출 측의 수로를 압력관으로 할 수 있다.

해설 수중의 협잡물이 물과 함께 떠올라 폐쇄가 작은 것이 스크류 펌프의 장점이다.

28 하수처리에 사용되는 생물학적 처리공정 중 부유미생물을 이용한 공정이 아닌 것은?
① 산화구법   ② 접촉산화법
③ 질산화내생탈질법 ④ 막분리활성슬러지법

해설 접촉산화법은 부착미생물을 이용한 공법이다.

29 펌프의 토출량이 0.1m³/sec, 토출구의 유속이 2m/sec일 때 펌프의 구경은?
① 약 255mm   ② 약 365mm
③ 약 475mm   ④ 약 545mm

해설 유량계산식을 이용한다.
$$Q = A \times V$$
$$A = \frac{Q}{V} = \frac{0.1m^3}{sec} \bigg| \frac{sec}{2m} = 0.05m^2$$
$$A = \frac{\pi D^2}{4} = 0.05(m^2)$$
$$D = 0.2523(m) = 252.1(mm)$$

30 하수처리에서 막분리 활성슬러지법(MBR)의 장단점 및 설계·유지관리상의 유의점이 아닌 것은?
① 2차침전지의 침강성과 관련된 문제가 없다.
② 완벽한 고액분리가 가능하며 높은 MLSS 유지가 가능하다.
③ 적은 소요부지로 부지이용성이 탁월하다.
④ 분리막 파울링에 대한 대처가 용이하다.

해설 막분리 활성슬러지법의 장단점 및 설계·유지관리상의 유의점
㉠ 생물학적 공정에서 문제시되는 2차 침전지의 침강성과 관련된 문제가 없다.
㉡ 완벽한 고액분리가 가능하며 높은 MLSS 유지가 가능하므로 지속적인 안정된 처리수질을 획득할 수 있다.
㉢ 긴 SRT로 인하여 슬러지발생량이 적다.
㉣ 적은 소요부지로 부지이용성이 탁월하다.
㉤ 분리막의 유지보수비용, 특히 분리막의 교체비용 등이 과다하다.
㉥ 분리막의 파울링에 대처가 곤란하며, 높은 에너지비용 소비로 유지관리 비용이 증대된다.
㉦ 분리막을 보호하기 위한 전처리로 1mm 이하의 스크린 설비가 필요하다.

25. ④ 26. ④ 27. ② 28. ② 29. ① 30. ④ **ANSWER**

31 펌프운전 시 발생할 수 있는 비정상현상 중 펌프운전 중에 토출량과 토출압이 주기적으로 숨이 찬 것처럼 변동하는 상태를 일으키는 현상으로 펌프 특성 곡선이 산형에서 발생하며 큰 진동을 발생하는 경우를 무엇이라 하는가?

① 캐비테이션(Cavitation)
② 서징(Surging)
③ 수격작용(Water Hammer)
④ 크로스케넥션(Cross Connection)

해설 밸브의 급작스런 개폐 또는 공동현상 등에 의해 관로 내의 유체흐름이 일정하지 못하고 토출압력과 토출유량이 주기적으로 변동하는 현상을 서징(Surging)현상이라고 한다.

32 지하수 취수 시 적용되는 적정 양수량의 정의로 옳은 것은?

① 최대양수량의 80% 이하의 양수량
② 한계양수량의 80% 이하의 양수량
③ 최대양수량의 70% 이하의 양수량
④ 한계양수량의 70% 이하의 양수량

해설 지하수(우물)의 양수량 결정 시 적정 양수량은 한계양수량의 70% 이하의 양수량으로 구한다.

33 하수 슬러지의 혐기성 소화가스의 포집과 저장시설을 정할 때 고려하여야 할 사항으로 틀린 것은?

① 가스포집관은 내경 100~300mm 정도로 한다.
② 하루에 발생하는 가스부피의 1/2 정도를 저장할 수 있는 용량의 가스저장조를 설치한다.
③ 관 부식 방지를 위한 탈염소장치를 설치한다.
④ 슬러지 소화조 지붕의 가스돔 및 가스포집관에 안전장치를 설치한다.

해설 슬러지 소화가스의 포집과 저장을 위한 시설 결정 시 고려사항
㉠ 소화가스의 포집은 슬러지의 소화상태, 슬러지의 유입, 소화슬러지 및 상징수의 제거에 따른 소화가스 발생량과 가스압의 변동을 고려한다.
㉡ 슬러지 소화조 지붕의 가스돔 및 가스포집관에 안전장치를 설치한다.
㉢ 가스포집관은 내경 100~300mm 정도로 한다.

㉣ 탈황장치를 설치한다.
㉤ 하루에 발생하는 가스부피의 1/2 정도를 저장할 수 있는 용량의 가스저장조를 설치한다.
㉥ 가스저장조의 구조는 관계법규에 준하여 설계한다.
㉦ 잉여가스의 가스연소장치를 준비한다.

34 저수시설을 형태적으로 분류할 때의 구분과 거리가 먼 것은?

① 지하댐   ② 하구둑
③ 유수지   ④ 저류지

해설 저수시설을 형태적으로 분류하면 댐, 호소, 유수지, 하구둑, 저수지, 지하댐 등의 형식이 있다.

35 계획 오수량 산정 시 우리나라 하수도시설기준상 지하수량 범위 기준으로 옳은 것은?

① 1인 1일 최대오수량의 5~8%
② 1인 1일 최대오수량의 10~20%
③ 시간 최대오수량의 5~8%
④ 시간 최대오수량의 5~8%

해설 지하수량은 1인 1일 최대오수량의 10~20%이다.

36 상수관로에서 조도계수 0.014, 동수경사 1/100이고, 관경이 400mm일 때 이 관로의 유량은?(단, 만관 기준, Manning 공식에 의함)

① 3.8m³/min   ② 6.2m³/min
③ 9.3m³/min   ④ 11.6m³/min

해설 Manning 공식을 사용한다.

$$Q = A \times V = A \times \frac{1}{n} R^{\frac{2}{3}} I^{\frac{1}{2}}$$

① $A = \frac{\pi D^2}{4} = \frac{\pi \times (0.4m)^2}{4} = 0.1257(m^2)$

② $V = \frac{1}{n} \cdot R^{\frac{2}{3}} \cdot I^{\frac{1}{2}}$ 에서

$R(경심) = \frac{A(단면적)}{P(윤변)} = \frac{D}{4} = \frac{0.4}{4} = 0.1 \quad I = \frac{1}{100}$

$\therefore Q = 0.1257 \times \frac{1}{0.014} \times (0.1)^{\frac{2}{3}} \times \left(\frac{1}{100}\right)^{\frac{1}{2}}$

$= 0.1934(m^3/sec)$
$= 11.61(m^3/min)$

ANSWER | 31. ② 32. ④ 33. ③ 34. ④ 35. ② 36. ④

37 상수처리를 위한 급속여과지의 형식 중 여과유량의 조절방식에 따른 구분으로 틀린 것은?(단, 정속여과방식의 정속여과 제어방식 기준)

① 유량제어형 ② 수위제어형
③ 정압제어형 ④ 자연평형형

해설 상수처리를 위한 급속여과지의 형식 중 여과유량의 조절방식에는 유량제어형, 수위제어형, 자연평형형이 있다.

38 하수 슬러지의 수송관경에 관한 내용으로 옳은 것은?

① 관내유속은 0.3~0.5m/sec를 표준으로 한다.
② 관내유속은 0.5~1.0m/sec를 표준으로 한다.
③ 관내유속은 1.0~1.5m/sec를 표준으로 한다.
④ 관내유속은 1.5~2.0m/sec를 표준으로 한다.

해설 슬러지 수송관 설계 시 고려사항
㉠ 관은 스테인리스, 주철관 등 견고하고 내식성 및 내구성 있는 것을 사용한다.
㉡ 관내유속은 1.0~1.5m/s를 표준으로 하고, 관경은 관경 폐쇄를 피하기 위하여 150mm 이상으로 한다.
㉢ 필요에 따라서는 세척장치를 설치한다.
㉣ 배관은 다음과 같이 한다.
  • 동수경사선 이하로 배관한다.
  • 가능하면 직선으로 하고, 급격한 굴곡은 피한다.
  • 곡관 및 T자관 등은 콘크리트 블록 등을 설치하여 이탈을 방지한다.
㉤ 필요에 따라 안전설비를 한다.

39 하수처리방법인 장기포기법에 관한 설명으로 틀린 것은?

① 활성슬러지법의 변법으로 플러그 흐름 형태의 반응조에 HRT와 SRT를 길게 유지하고 동시에 MLSS 농도를 높게 유지하면서 오수를 처리하는 방법이다.
② 형상은 장방형 또는 정방형으로 하며 장방형의 경우 유로의 폭은 유효수심의 1~2배 범위에서 결정한다.
③ 유효수심은 2~4m를 표준으로 한다.
④ 질산화가 진행되면서 pH의 저하가 발생한다.

해설 장기포기법의 유효수심은 4~6m를 표준으로 한다.

40 하수처리시설에서 중력식 침사지에 대한 설명으로 틀린 것은?

① 평균 유속은 0.30m/sec를 표준으로 한다.
② 체류시간은 2~3분을 표준으로 한다.
③ 수심은 유효수심에 모래퇴적부의 깊이를 더한 것으로 한다.
④ 침사지 표면부하율은 오수침사지의 경우 1,800 $m^3/m^2 \cdot d$ 정도로 한다.

해설 중력식 침사지의 체류시간은 30~60초를 표준으로 한다.

SECTION 03 수질오염방지기술

41 비중 1.7, 입경 0.05mm인 입자가 침전지에서 침강할 때 침강속도가 0.36m/hr이었다면 비중 2.7, 입경 0.06mm인 입자의 침강속도는?(단, 물의 온도, 점성도 등 조건은 같고, Stokes법칙을 따르며, 물의 비중은 1.0이다.)

① 약 0.63m/hr
② 약 0.87m/hr
③ 약 1.12m/hr
④ 약 1.26m/hr

해설 $V_g = \dfrac{d_p^2(\rho_p-\rho)g}{18\mu} \rightarrow V_g = Kd_p^2(\rho_p-\rho)$
$0.36(m/hr) = K \times (0.05)^2 \times (1.7-1)$
$K = 205.71$(일정)
$\therefore V_g(m/hr) = 205.71 \times (0.06)^2 \times (2.7-1)$
$= 1.26(m/hr)$

42 36mg/L의 암모늄 이온(NH_4^+)을 함유한 5,000m^3의 폐수를 50,000g $CaCO_3/m^3$의 처리용량을 가지는 양이온 교환수지로 처리하고자 한다. 이때 소요되는 양이온 교환수지의 부피(m^3)는?

① 6   ② 8
③ 10 ④ 12

해설 ㉠ 암모늄 이온의 당량(eq)
$= \dfrac{36mg}{L} \Big| \dfrac{5,000m^3}{} \Big| \dfrac{10^3L}{1m^3} \Big| \dfrac{1g}{10^3mg} \Big| \dfrac{1eq}{(18/1)g}$
$= 10,000(eq)$

㉡ 이온교환수지의 능력(eq/m³)
$= \dfrac{50,000g\ CaCO_3}{m^3} \Big| \dfrac{1eq\ CaCO_3}{50g\ CaCO_3}$
$= 1,000(eq/m^3)$

㉢ 양이온 교환수지의 부피(m³)
$= \dfrac{10,000eq}{} \Big| \dfrac{1m^3}{1,000eq} = 10(m^3)$

43 Phostrip 공정에 관한 설명으로 옳지 않은 것은?

① Stripping을 위한 별도의 반응조가 필요하다.
② 인 제거 시 BOD/P 비에 의하여 조절되지 않는다.
③ 기존 활성슬러지 처리장에 쉽게 적용 가능하다.
④ 인 제거를 위한 약품(석회 등) 주입이 필요 없다.

해설 Phostrip 공정은 인 제거를 위해 Lime 주입이 필요하다.

44 1차 처리된 분뇨의 2차 처리를 위해 폭기조, 2차침전지로 구성된 표준 활성슬러지를 운영하고 있다. 운영조건이 다음과 같을 때 고형물 체류시간(SRT)은?

- 유입유량 : 1,000m³/day
- 폭기조의 수리학적 체류시간 : 6시간
- MLSS 농도 : 3,000mg/L
- 잉여슬러지 배출량 : 30m³/day
- 잉여슬러지 SS 농도 : 10,000mg/L
- 2차 침전지 유출수 SS 농도 : 5mg/L

① 약 2일   ② 약 2.5일
③ 약 3일   ④ 약 3.5일

해설 $SRT = \dfrac{\forall \cdot X}{Q_w X_w + Q_o X_o}$

㉠ $\forall (m^3) = Q \times t = \dfrac{1,000m^3}{day} \Big| \dfrac{6hr}{} \Big| \dfrac{1day}{24hr}$
$= 250(m^3)$
㉡ $X = 3,000(mg/L)$
㉢ $Q_w X_w = 300(kg/day)$
㉣ $Q_o = Q_i - Q_w = 1,000 - 30 = 970(m^3/day)$

㉤ $Q_o X_o = \dfrac{970m^3}{day} \Big| \dfrac{5mg}{L} \Big| \dfrac{1kg}{10^6mg} \Big| \dfrac{10^3L}{1m^3}$
$= 4.85(kg/day)$
∴ $SRT = \dfrac{\forall \cdot X}{Q_w X_w + Q_o X_o} = \dfrac{250 \times 3}{(300 + 4.85)}$
$= 2.46(day)$

45 비소(As) 함유 폐수처리방법으로 가장 일반적인 것은?

① 아말감법   ② 황화물 침전법
③ 수산화물 공침법   ④ 알칼리 염소법

해설 비소는 수산화물 공침법을 이용한다.

46 방류하기 전의 폐수에 염소소독을 하였다. 6분 동안 99%의 세균이 살균되었고 이때 잔류염소 농도는 0.1mg/L이었다. 동일 조건에서 시간을 반으로 줄이면 몇 %의 세균이 살균되는가?(단, 세균의 사멸은 1차 반응 속도식 기준)

① 90%   ② 92%
③ 94%   ④ 96%

해설 $\ln \dfrac{C_t}{C_o} = -K \cdot t$

㉠ $\ln \dfrac{1}{100} = -K \times 6min$
$K = 0.7675(min^{-1})$
㉡ $\ln \dfrac{X}{100} = \dfrac{-0.7675}{min} \Big| 3(min)$
$X = 10$
∴ 시간을 반으로 줄이면 90%가 살균된다.

47 100mg/L의 에탄올(C_2H_5OH)만을 함유하는 20,000m³/day의 공장폐수를 재래식 활성슬러지 공법으로 처리할 경우, 적합한 처리를 위하여 요구되는 영양염류(질소, 인)의 첨가량(kg/day)은 약 얼마인가?(단, 에탄올은 생물학적으로 100% 분해되며, BOD : N : P=100 : 5 : 1이다.)

① 질소-209, 인-42
② 질소-239, 인-48
③ 질소-253, 인-51
④ 질소-285, 인-57

ANSWER | 43. ④ 44. ② 45. ③ 46. ① 47. ①

해설 ㉠ 에탄올의 산화반응을 이용하여 BOD를 구한다.
  $C_2H_5OH + 3O_2 \rightarrow 2CO_2 + 3H_2O$
  $46(g)$: $3 \times 32(g)$
  $100(mg/L)$: X
  $X(BOD) = 208.696(mg/L)$

  $BOD(kg/day) = \dfrac{208.696mg}{L} \Big| \dfrac{20,000m^3}{day} \Big|$
  $\dfrac{1kg}{10^6 mg} \Big| \dfrac{10^3 L}{1m^3} = 4,173.92(kg/day)$

㉡ 영양 밸런스를 이용하여 질소의 양을 구한다.
  BOD : N
  100 : 5
  4,173.92 : 208.7

㉢ 영양 밸런스를 이용하여 인의 양을 구한다.
  BOD : P
  100 : 1
  4,173.92 : 41.739

48 1차 침전지로 유입되는 하수는 300mg/L의 부유 고형물을 함유하고 있다. 1차 침전지를 거쳐 방류되는 유출수 중의 부유 고형물 농도는 120mg/L이다. 처리 유량이 50,000m³/day이면 1차 침전지에서 제거되는 슬러지의 양은?(단, 1차 슬러지 고형물 함량은 2%, 비중은 1.0이다.)

① 300m³/day ② 350m³/day
③ 400m³/day ④ 450m³/day

해설 $SL(m^3/day)$
$= \dfrac{(300-120)mg \cdot TS}{L} \Big| \dfrac{50,000m^3}{day} \Big|$
$\Big| \dfrac{10^3 L}{1m^3} \Big| \dfrac{1kg}{10^6 mg} \Big| \dfrac{100 \cdot SL}{2 \cdot TS} \Big| \dfrac{m^3}{1,000kg} \Big|$
$= 450(m^3/day)$

49 MLSS 농도 1,500mg/L의 혼합액을 1,000 mL 메스실린더 취해 30분간 정치했을 때의 침강 슬러지가 차지하는 용적이 220mL였다면 이 슬러지의 SDI는?

① 0.68 ② 0.86
③ 1.21 ④ 1.36

해설 $SDI = \dfrac{100}{SVI}$

$SVI = \dfrac{SV_{30}(mL/L)}{MLSS(mg/L)} \times 10^3 = \dfrac{220}{1,500} \times 10^3$
$= 146.667$
$\therefore SDI = \dfrac{100}{146.667} = 0.6818$

50 하수 슬러지의 감량시설인 소화조의 소화효율은 일반적으로 슬러지의 VS 감량률로 표시된다. 소화조로 유입되는 슬러지의 VS/TS 비율이 70%, 소화슬러지의 VS/TS 비율이 50%일 경우 소화조의 효율은 몇 %인가?

① 42.7% ② 48.1%
③ 51.7% ④ 57.1%

해설 소화율(%) $= \left(1 - \dfrac{\text{소화 후 VS/FS}}{\text{소화 전 VS/FS}}\right) \times 100$

㉠ 소화 전 : $TS1 = VS1 + FS1$
  $100(\%) = 70(\%) + X(\%)$
  $X = 30(\%)$
㉡ 소화 후 : $TS2 = VS2 + FS2$
  $100(\%) = 50(\%) + X'(\%)$
  $X' = 50(\%)$

$\therefore$ 소화율(%) $= \left(1 - \dfrac{50/50}{70/30}\right) \times 100 = 57.14(\%)$

51 생활하수를 처리하는 활성슬러지 공정에 다량의 유기물을 함유하는 폐수가 유입되어 충격부하를 유발시켰을 때 가장 신속히 다루어야 할 조작 인자는?

① 영양염류(N, P 등)의 투입량 증가
② 벌킹(Bulking) 현상 제어
③ 슬러지 반송률의 증가
④ 폭기량 및 체류시간 감소

52 유량이 20,000m³/day, BOD 2mg/L인 하천에 유량이 500m³/day, BOD 500mg/L인 공장폐수를 폐수처리시설로 유입하여 처리 후 하천으로 방류시키고자 한다. 완전히 혼합된 후 합류지점의 BOD를 3mg/L 이하로 하고자 한다면 폐수처리시설의 BOD 제거율은 몇 % 이상이어야 하는가?(단, 혼합 후의 기타 변화는 없다고 가정한다.)

① 61.8% ② 76.9%
③ 87.2% ④ 91.4%

48. ④ 49. ① 50. ④ 51. ③ 52. ④ | **ANSWER**

해설 $C_m = \dfrac{Q_1C_1 + Q_2C_2}{Q_1 + Q_2}$

㉠ $3(mg/L) = \dfrac{20,000 \times 2 + 500C_2}{20,000 + 500}$

∴ $C_2 = 43(mg/L)$

㉡ $\eta = \left(1 - \dfrac{C_o}{C_i}\right) \times 100 = \left(1 - \dfrac{43}{500}\right) \times 100$

　　$= 91.4(\%)$

53 폐수유량이 1,000m³/day, 고형물농도가 2,700mg/L인 슬러지를 부상법에 의해 농축시키고자 한다. 압축탱크의 압력이 4기압이며 공기의 밀도가 1.3g/L, 공기의 용해량이 29.2cm³/L일 때 Air/Solid 비는? (단, f는 0.5이며 비순환방식이다.)

① 0.009　② 0.014
③ 0.019　④ 0.025

해설 $A/S비 = \dfrac{1.3 \cdot S_a(f \cdot P - 1)}{SS}$

$A/S비 = \dfrac{1.3 \times 29.2(0.5 \times 4 - 1)}{2700} = 0.014$

54 생물학적 인·질소제거 공정에서 호기조, 무산소조, 혐기조 공정의 주된 역할을 가장 옳게 설명한 것은? (단, 유기물 제거는 고려하지 않으며, 호기조 – 무산소조 – 혐기조 순서임)

① 질산화 및 인의 과잉흡수 – 탈질소 – 인의 용출
② 질산화 – 탈질소 및 인의 과잉흡수 – 인의 용출
③ 질산화 및 인의 용출 – 인의 과잉흡수 – 탈질소
④ 질사화 및 인의 용출 – 탈질소 – 인의 과잉흡수

해설 ㉠ 호기조 : 질산화 및 인의 과잉흡수
㉡ 무산소조 : 탈질작용
㉢ 혐기조 : 유기물 제거 및 용해성 인(P)의 용출

55 미처리 폐수에서 냄새를 유발하는 화합물과 냄새의 특징으로 가장 거리가 먼 것은?

① 황화수소 – 썩은 달걀냄새
② 유기 황화물 – 썩은 채소냄새
③ 스카톨 – 배설물 냄새
④ 디아민류 – 생선 냄새

해설 수중 냄새물질의 분류

냄새물질	화학식	냄새묘사
아민류(Amines)	$CH_3(CH_2)_nNH_2$	비린내
암모니아(Ammonia)	NH_3	암모니아 냄새
디아민류(Damines)	$NH_2(CH_2)_nNH_2$	고기 썩는 냄새
황화수소(Hydrogen sulfide)	H_2S	달걀 썩는 냄새
머캅탄류(Mercaptans)	CH_3SH ; $CH_3(CH_2)_nSH$	스컹크 분비물 냄새
유기황(Organic sulfide)	$(CH_3)_2S$; CH_3SSCH_3	채소 썩는 냄새
스카톨(Skatole)	$C_8H_5NHCH_3$	분변 냄새

56 MLSS 농도 3,000mg/L, F/M비가 0.4인 포기조에 BOD 350mg/L의 폐수가 3,000 m³/day로 유입되고 있다. 포기조 체류시간(hr)은?

① 5　② 7
③ 9　④ 11

해설 $F/M비 = \dfrac{BOD_i \times Q_i}{MLSS \times \forall} = \dfrac{BOD_i}{MLSS \times t}$

$t = \dfrac{BOD_i}{MLSS \times F/M}$

$t = \dfrac{350}{3,000 \times 0.4} = 0.29167(day) = 7(hr)$

57 다음 조건하에서 대략적인 잉여 활성 슬러지 생산량(m³/일)은?

- 포기조 용적 = 1,000m³
- MLSS 농도 = 2.5kg/m³
- 고형물의 포기조 체류시간 = 6day
- 반송슬러지 농도 = 10kg/m³
- 기타 조건은 고려하지 않음

① 약 28m³/day　② 약 36m³/day
③ 약 42m³/day　④ 약 56m³/day

해설 $SRT = \dfrac{\forall \cdot X}{Q_w X_w}$

$Q_w(m^3/day) = \dfrac{\forall \cdot X}{SRT \cdot X_w}$

$= \dfrac{1,000m^3}{} \bigg| \dfrac{2.5kg}{m^3} \bigg| \dfrac{}{6day} \bigg| \dfrac{m^3}{10kg}$

$= 41.66(m^3/day)$

ANSWER | 53. ②　54. ①　55. ④　56. ②　57. ③

58 상수처리를 위한 사각 침전조에 유입되는 유량은 30,000m³/day이고 표면부하율은 24 m³/m²·day이며 체류시간은 6시간이다. 침전조의 길이와 폭의 비가 2:1이라면 조의 크기는?

① 폭 : 20m, 길이 : 40m, 깊이 : 6m
② 폭 : 20m, 길이 : 40m, 깊이 : 4m
③ 폭 : 25m, 길이 : 50m, 깊이 : 6m
④ 폭 : 25m, 길이 : 50m, 깊이 : 4m

해설 표면부하율 = $\dfrac{\text{유량}(Q)}{\text{표면적}(A)}$

㉠ 표면적(A) = $\dfrac{\text{유량}}{\text{표면부하율}} = \dfrac{30,000\text{m}^3/\text{day}}{24\text{m}^3/\text{m}^2\cdot\text{day}}$
= 1,250m²
1,250m² = 2W × W
∴ W(폭) = 25m, L(길이) = 50m

㉡ 체적(V) = 유량(Q) × 시간(t)
= 30,000m³/day × day/24hr × 6hr
= 7,500m³

㉢ 깊이(D) = $\dfrac{\forall}{A} = \dfrac{L\cdot W\cdot D}{L\cdot W} = \dfrac{7,500\text{m}^3}{1,250\text{m}^2}$
= 6m

59 1일 10,000m³의 폐수를 급속혼화지에서 체류시간 60sec, 평균속도경사(G) 400$^{\text{sec}-1}$인 기계식 고속 교반장치를 설치하여 교반하고자 한다. 이 장치의 필요한 소요 동력은?(단, 수온은 10℃, 점성계수(μ)는 1.307×10⁻³kg/m·sec)

① 약 2,621W
② 약 2,226W
③ 약 1,842W
④ 약 1,452W

해설 $G = \sqrt{\dfrac{P}{\mu\cdot\forall}}$, $P = G^2\cdot\mu\cdot\forall$

P(watt) = $\dfrac{(400)^2}{\text{sec}^2} \left|\dfrac{10,000\text{m}^3}{\text{day}}\right| \dfrac{60\text{sec}}{}$

$\left|\dfrac{1\text{day}}{(24\times 3,600)\text{sec}}\right| \dfrac{1.307\times 10^{-3}\text{kg}}{\text{m}\cdot\text{sec}}$

= 1,452.22(W)

60 농축조에 함수율 99%인 1차 슬러지를 투입하여 함수율 96%의 농축슬러지를 얻었다. 농축 후의 슬러지량은 초기 1차 슬러지량의 몇 %로 감소하였는가? (단, 비중은 1.0 기준)

① 50%   ② 33%
③ 25%   ④ 20%

해설 $V_1(1-W_1) = V_2(1-W_2)$
100(1-0.99) = V_2(1-0.96)
∴ V_2 = 25
∴ $\dfrac{V_2}{V_1}\times 100 = \dfrac{25}{100}\times 100 = 25(\%)$

SECTION 04 수질오염공정시험기준

61 노말헥산 추출물질 시험방법에서 노말헥산 추출을 위한 시료의 pH 기준은?

① pH 2 이하   ② pH 4 이하
③ pH 9 이상   ④ pH 10 이상

62 시료의 보존방법이 [4℃ 보관, H_2SO_4로 pH 2 이하]에 해당되지 않는 항목은?

① 암모니아성 질소   ② 아질산성 질소
③ 화학적 산소요구량 ④ 노말헥산 추출물질

해설 아질산성 질소의 보존방법은 4℃ 보관이다.

63 다음은 페놀류(자외선/가시선 분광법) 측정 시 간섭물질에 관한 내용이다. ( ) 안의 내용으로 옳은 것은?

> 황 화합물의 간섭을 받을 수 있는데 이는 ( )을 사용하여 pH 4로 산성화하여 교반하면 황화수소나 이산화황으로 제거할 수 있다.

① 황산   ② 인산
③ 질산   ④ 염산

[해설] 황 화합물의 간섭을 받을 수 있는데 이는 인산(H_3PO_4)을 사용하여 pH4로 산성화하여 교반하면 황화수소(H_2S)나 이산화황(SO_2)으로 제거할 수 있다. 황산구리($CuSO_4$)를 첨가하여 제거할 수도 있다.

64 물벼룩을 이용한 급성 독성 시험법에 관한 내용으로 틀린 것은?

① 물벼룩은 배양 상태가 좋을 때 7~10일 사이에 첫 부화된 건강한 새끼를 시험관에 사용한다.
② 시험하기 2시간 전에 먹이를 충분히 공급하여 시험 중 먹이가 주는 영향을 최소화 한다.
③ 시험생물은 물벼룩인 Daphnia Magna Straus를 사용하며, 출처가 명확하고 건강한 개체를 사용한다.
④ 보조먹이로 YCT(Yeast, Chlorophyll, Trout chow)를 첨가하여 사용할 수 있다.

[해설] 물벼룩은 배양 상태가 좋을 때 7~10일 사이에 첫 새끼를 부화하게 되는데, 이때 부화된 새끼는 시험에 사용하지 않고 같은 어미가 약 네 번째 부화한 새끼부터 시험에 사용하여야 한다.

65 다음은 총 질소-연속흐름법 측정에 관한 내용이다. ( ) 안의 내용으로 옳은 것은?

> 시료 중 모든 질소화합물을 산화분해하여 질산성질소 형태로 변화시킨 다음, ( )을 통과시켜 아질산성 질소의 양을 550nm 또는 기기에서 정해진 파장에서 측정하는 방법이다.

① 수산화나트륨(0.025N)용액 칼럼
② 무수황산나트륨 환원 칼럼
③ 환원증류·킬달 칼럼
④ 카드뮴-구리환원 칼럼

[해설] 시료 중 모든 질소화합물을 산화분해하여 질산성 질소(NO_3^-) 형태로 변화시킨 다음 카드뮴-구리환원 칼럼을 통과시켜 아질산성 질소의 양을 550nm 또는 기기에서 정해진 파장에서 측정하는 방법이다.

66 시료의 전처리 방법에 관한 내용으로 틀린 것은?

① 마이크로파 산분해법 : 전반적인 처리 절차 및 원리는 산분해법과 같으나 마이크로파를 이용해서 시료를 가열하는 것이 다르다.
② 마이크로파 산분해법 : 마이크로파를 이용하여 시료를 가열할 경우 고온, 고압하에서 조작할 수 있어 전처리 효율이 좋아진다.
③ 용매추출법 : 시료에 적당한 착화제를 첨가하여 시료 중의 금속류와 착화합물을 형성시킨 다음, 형성된 착화합물을 유기용매로 추출하여 분석하는 방법이다.
④ 용매추출법 : 시료 중에 분석 대상물의 농도가 높거나 단순한 물질을 추출 분석할 때 사용한다.

[해설] 시료에 적당한 착화제를 첨가하여 시료 중의 금속류와 착화합물을 형성시킨 다음 형성된 착화합물을 유기용매로 추출하여 분석하는 방법이다. 이 방법은 시료 중의 분석대상물의 농도가 낮거나 복잡한 매질 중에서 분석대상물만을 선택적으로 추출하여 분석하고자 할 때 사용한다.

67 크롬-원자흡수분광광도법의 정량한계에 관한 내용으로 옳은 것은?

① 357.9nm에서 산처리법은 0.1mg/L, 용매추출법은 0.01mg/L이다.
② 357.9nm에서 산처리법은 0.01mg/L, 용매추출법은 0.1mg/L이다.
③ 357.9nm에서 산처리법은 0.01mg/L, 용매추출법은 0.001mg/L이다.
④ 357.9nm에서 산처리법은 0.001mg/L, 용매추출법은 0.01mg/L이다.

[해설]

크롬	정량한계(mg/L)
원자흡수분광광도법	• 산처리법 : 0.01mg/L • 용매추출법 : 0.001mg/L

68 물벼룩 급성 독성 항목을 분석하기 위한 시료의 최대 보존기간은?

① 6시간
② 24시간
③ 36시간
④ 48시간

해설 물벼룩 급성 독성 항목을 분석하기 위한 시료의 최대 보존기간은 36시간이다.

69 식물성 플랑크톤 측정에 관한 설명으로 틀린 것은?
① 시료가 육안으로 녹색이나 갈색으로 보일 경우 정제수로 적절한 농도로 희석한다.
② 물속의 식물성 플랑크톤은 평판집락법을 이용하여 면적당 분포하는 개체수를 조사한다.
③ 식물성 플랑크톤은 운동력이 없거나 극히 적어 수체의 유동에 따라 수체 내에 부유하면서 생활하는 단일개체, 집락성, 선상형태의 광합성 생물을 총칭한다.
④ 시료의 개체수는 계수면적당 10~40 정도가 되도록 희석 또는 농축한다.

해설 현미경 계수법
물속의 부유생물인 식물성 플랑크톤을 현미경계수법을 이용하여 개체수를 조사하는 정량분석 방법이다.

70 다음은 시안(자외선/가시선 분광법) 측정에 관한 내용이다. ( ) 안에 내용으로 옳은 것은?

> 물속에 존재하는 시안을 측정하기 위하여 시료를 pH 2 이하의 산성에서 가열 증류하여 시안화물 및 시안착화합물의 대부분을 시안화수소로 유출시켜 포집한 다음, 포집된 시안이온을 중화하고 ( )을(를) 넣어 생성된 염화시안이 피리딘-피라졸론 등의 발색 시약과 반응하여 나타나는 청색을 620nm에서 측정하는 방법이다.

① 클로라민-T
② 설퍼민 아마이드산
③ 염화제이철
④ 하이포염소산

해설 물속에 존재하는 시안을 측정하기 위하여 시료를 pH 2 이하의 산성에서 가열 증류하여 시안화물 및 시안착화합물의 대부분을 시안화수소로 유출시켜 포집한 다음 포집된 시안이온을 중화하고 클로라민-T를 넣어 생성된 염화시안이 피리딘-피라졸론 등의 발색시약과 반응하여 나타나는 청색을 620nm에서 측정하는 방법이다.

71 4각 웨어에 의하여 유량을 측정하려고 한다. 웨어의 수두 0.5m, 절단의 폭이 4m이면 유량(m³/분)은? (단, 유량 계수는 4.8이다.)
① 약 4.3
② 약 6.8
③ 약 8.1
④ 약 10.4

해설 4각 위어의 유량
$Q(m^3/min) = K \cdot b \cdot h^{3/2} = 4.8 \times 4 \times 0.5^{3/2}$
$= 6.788(m^3/min)$

72 벤투리미터(Venturi Meter)의 유량 측정공식 $Q = \dfrac{C \cdot A}{\sqrt{1-[(ㄱ)]^4}} \cdot \sqrt{2g \cdot H}$ 에서 (ㄱ)에 들어갈 내용으로 옳은 것은?[단, Q : 유량(cm³/sec), C : 유량계수, A : 목 부분의 단면적(cm²), g : 중력가속도(980cm/sec²), H : 수두차(cm)]
① 유입부의 직경/목(Throat)부 직경
② 목(Throat)부 직경/유입부의 직경
③ 유입부 관 중심부에서의 수두/목(Throat)부의 수두
④ 목(Throat)부의 수두/유입부 관 중심부에서의 수두

해설 벤투리미터의 측정공식은
$Q = \dfrac{C \cdot A}{\sqrt{1-\left(\dfrac{D_2}{D_1}\right)^4}} \cdot \sqrt{2g \cdot H}$ 이다.
여기서, D_2/D_1에서 D_1 : 유입관의 직경
D_2 : Throat부의 직경

73 다음 유량계 중 최대유량/최소유량 비가 가장 큰 것은?
① 벤투리미터
② 오리피스
③ 자기식 유량 측정기
④ 피토관

69. ② 70. ① 71. ② 72. ② 73. ③ | ANSWER

해설 유량계에 따른 정밀/정확도 및 최대유속과 최소유속의 비율

유량계	범위(최대유량 : 최소유량)	정확도(실제유량에 Z대한, %)	정밀도(최대유량에 대한, %)
벤투리미터	4 : 1	±1	±0.5
유량측정용 노즐	4 : 1	±0.3	±0.5
오리피스	4 : 1	±1	±1
피토관	3 : 1	±3	±1
자기식 유량측정기	10 : 1	±1~2	±0.5

74 양극벗김전압전류법으로 분석할 수 있는 금속과 거리가 먼 것은?(단, 공정시험기준)

① 구리　　② 납
③ 비소　　④ 아연

해설 양극벗김전압전류법으로 분석할 수 있는 금속에는 납, 비소, 수은, 아연이 있다.

75 부유물질 측정 시 간섭물질에 관한 설명과 거리가 먼 것은?

① 유지(Oil) 및 혼합되지 않는 유기물도 여과지에 남아 부유물질 측정값을 높게 할 수 있다.
② 철 또는 칼슘이 높은 시료는 금속 침전이 발생하며 부유물질 측정에 영향을 줄 수 있다.
③ 나무조각, 큰 모래입자 등과 같은 큰 입자들은 부유물질 측정에 방해를 주며, 이 경우 직경 2mm 금속망에 먼저 통과시킨 후 분석을 실시한다.
④ 증발잔유물이 1,000mg/L 이상인 공장폐수 등은 여과지에 의한 측정 오차를 최소화하기 위해 여과지 세척을 하지 않는다.

해설 증발잔류물이 1,000mg/L 이상인 경우의 해수나 공장폐수 등은 특별히 취급하지 않을 경우 높은 부유물질 값을 나타낼 수 있다. 이 경우 여과지를 여러 번 세척한다.

76 정도관리 요소 중 정밀도를 옳게 나타낸 것은?(단, n : 연속적으로 측정한 횟수)

① 정밀도(%)＝(n회 측정한 결과의 평균값/표준편차)×100
② 정밀도(%)＝(표준편차/n회 측정한 결과의 평균값)×100
③ 정밀도(%)＝(상대편차/n회 측정한 결과의 평균값)×100
④ 정밀도(%)＝(n회 측정한 결과의 평균값/상대편차)×100

해설 정밀도는 시험분석 결과의 반복성을 나타내는 것으로 반복 시험하여 얻은 결과를 상대표준편차로 나타내며, 연속적으로 n회 측정한 결과의 평균값($\bar{x}$)과 표준편차(s)로 구한다.

77 공정시험기준의 내용으로 옳지 않은 것은?

① 온수는 60~70℃, 냉수는 15℃ 이하를 말한다.
② 방울 수는 20℃에서 정제수 20방울을 적하할 때 그 부피가 약 1mL가 되는 것을 말한다.
③ "정밀히 단다."라 함은 규정된 수치의 무게를 0.1mg까지 다는 것을 말한다.
④ 각각의 시험은 따로 규정이 없는 한 상온에서 조작하고 조작 직후에 그 결과를 관찰한다. 단, 온도의 영향이 있는 것의 판정은 표준온도를 기준으로 한다.

해설 "정확히 단다."라 함은 규정된 양의 시료를 취하여 분석용 저울로 0.1mg까지 다는 것을 말한다.

78 폐수 내 불소화합물 측정에 적용 가능한 시험방법과 거리가 먼 것은?(단, 공정시험기준을 기준)

① 자외선/가시선 분광법
② 불꽃원자흡수분광광도법
③ 이온전극법
④ 이온크로마토그래피

해설 불소화합물은 자외선/가시선 분광법, 이온전극법, 이온크로마토그래피법으로 분석한다.

ANSWER | 74. ① 75. ④ 76. ② 77. ③ 78. ②

79 다음은 총대장균군-시험관법에 관한 설명이다. ( ) 안의 내용으로 옳은 것은?

> 물속에 존재하는 총대장균군을 측정하는 방법으로 ( )으로 나뉘며 추정시험이 양성일 경우 확정시험을 시행한다.

① 배지를 이용하는 추정시험과 배양시험관을 이용하는 확정시험 방법
② 배양시험관을 이용하는 추정시험과 배지를 이용하는 확정시험 방법
③ 백금이를 이용하는 추정시험과 다람시험관을 이용하는 확정시험 방법
④ 다람시험관을 이용하는 추정시험과 백금이를 이용하는 확정시험 방법

해설 물속에 존재하는 총대장균군을 측정하는 방법으로 다람시험관을 이용하는 추정시험과 백금이를 이용하는 확정시험 방법으로 나뉘며, 추정시험이 양성일 경우 확정시험을 시행한다.

80 시료의 보존방법과 최대보존기간에 관한 내용으로 틀린 것은?

① 탁도 측정대상 시료는 4℃ 냉암소에 보존하고 최대 보존기간은 48시간이다.
② 시안 측정대상 시료는 4℃에서 NaOH로 pH 12 이상으로 하여 보존하고 최대 보존기간은 14일이다.
③ 냄새 측정대상 시료는 4℃로 보존하며 최대 보존기간은 12시간이다.
④ 전기전도도 측정대상 시료는 4℃로 보존하며 최대보존기간은 24시간이다.

해설 냄새 항목을 측정하기 위한 시료의 최대보존기간은 6시간이다.

SECTION 05 수질환경관계법규

81 수질 및 수생태계 환경기준 중 해역의 생활환경 기준 항목이 아닌 것은?

① 음이온계면활성제
② 용매추출유분
③ 총대장균군
④ 수소이온농도

해설 수질 및 수생태계 환경기준 중 해역의 생활환경 기준 항목은 수소이온 농도(pH), 총대장균군, 용매추출유분이다.

82 수질 및 수생태계 환경기준 중 하천에서의 사람의 건강보호 기준으로 옳은 것은?

① 사염화탄소 : 0.05mg/L
② 디클로로메탄 : 0.05mg/L
③ 벤젠 : 0.01mg/L
④ 카드뮴 : 0.01mg/L

해설 ㉠ 사염화탄소 : 0.004mg/L
㉡ 디클로로메탄 : 0.02mg/L
㉢ 카드뮴 : 0.005mg/L

83 위임업무 보고 업무내용 중 보고횟수가 연 1회에 해당되는 것은?

① 기타 수질오염원 현황
② 환경기술인의 자격별·업종별 신고상황
③ 폐수무방류배출시설의 설치허가 현황
④ 폐수처리업에 대한 등록, 지도단속 실적 및 처리실적

해설 ㉠ 기타 수질오염원 현황 : 연 2회
㉡ 폐수무방류배출시설의 설치허가 현황 : 수시
㉢ 폐수처리업에 대한 등록, 지도단속실적 및 처리실적 : 연 2회

84 폐수의 처리능력과 처리 가능성을 고려하여 수탁하여야 하는 준수사항을 지키지 아니한 폐수처리업자에 대한 벌칙기준은?

① 100만 원 이하의 벌금
② 200만 원 이하의 벌금
③ 300만 원 이하의 벌금
④ 500만 원 이하의 벌금

85 수질 및 수생태계 정책심의위원회에 관한 내용으로 틀린 것은?

① 환경부장관의 소속으로 수질 및 수생태계 정책심의위원회를 둔다.
② 위원회는 위원장과 부위원장 각 1인을 포함한 20인 이내의 위원으로 구성한다.
③ 위원회의 운영 등에 관한 필요한 사항은 환경부령으로 정한다.
④ 위원회의 위원장은 환경부장관으로 하고, 부위원장은 위원 중에서 위원장이 임명 또는 위촉하는 자로 한다.

해설 위원회의 운영 등에 관한 필요한 사항은 대통령령으로 정한다.

86 환경부장관이 수질원격감시체계 관제센터를 설치·운영할 수 있는 곳은?

① 유역환경청
② 한국환경공단
③ 국립환경과학원
④ 시·도 보건환경연구원

87 시장, 군수, 구청장(자치구의 구청장을 말한다.)이 낚시금지구역 또는 낚시제한구역을 지정하려는 경우 고려할 사항과 거리가 먼 것은?

① 용수의 목적
② 오염원 현황
③ 낚시터 인근에서의 쓰레기 발생 현황 및 처리여건
④ 계절별 낚시 인구의 현황

해설 낚시금지구역 또는 낚시제한구역을 지정하려는 경우 고려할 사항
㉠ 용수의 목적
㉡ 오염원 현황
㉢ 수질오염도
㉣ 낚시터 인근에서의 쓰레기 발생 현황 및 처리 여건
㉤ 연도별 낚시 인구의 현황
㉥ 서식 어류의 종류 및 양 등 수중생태계의 현황

88 폐수종말처리시설의 방류수 수질기준으로 틀린 것은?(단, Ⅳ지역 기준, ( )는 농공단지 폐수종말처리시설의 방류수 수질기준임)

① BOD : 10(10)mg/L 이하
② COD : 40(40)mg/L 이하
③ 총 질소(T-N) : 20(20)mg/L 이하
④ 총 인(T-P) : 1(1)mg/L 이하

해설 총 인(T-P) : 2(2)mg/L 이하

89 수질 및 수생태계 보전에 관한 법률에서 사용하는 용어정의 내용 중 호소에 해당되지 않는 지역은?(단, 만수위(댐의 경우에는 계획홍수위를 말한다.) 구역 안의 물과 토지를 말한다.)

① 제방(「사방사업법」에 의한 사방시설 포함)에 의해 물이 가두어진 곳
② 댐, 보를 쌓아 하천 또는 계곡에 흐르는 물을 가두어 놓은 곳
③ 하천에 흐르는 물이 자연적으로 가두어진 곳
④ 화산활동 등으로 인하여 함몰된 지역에 물이 가두어진 곳

해설 호소
㉠ 댐·보 또는 제방(사방시설을 제외한다.) 등을 쌓아 하천 또는 계곡에 흐르는 물을 가두어 놓은 곳
㉡ 하천에 흐르는 물이 자연적으로 가두어진 곳
㉢ 화산활동 등으로 인하여 함몰된 지역에 물이 가두어진 곳

90 비점오염저감시설 중 자연형 시설인 인공습지의 설치기준으로 틀린 것은?

① 인공습지의 유입구에서 유출구까지의 유로는 최대한 길게 하고 길이 대 폭은 5 : 1 이상으로 한다.
② 유입부에서 유출구까지의 경사는 0.5퍼센트 이상 1.0퍼센트 이하의 범위를 초과하지 아니하도록 한다.
③ 습지에는 물이 연중 항상 있을 수 있도록 유량공급대책을 마련하여야 한다.
④ 생물의 서식 공간을 창출하기 위하여 5종부터 7종까지의 다양한 식물을 심어 생물다양성을 증가시킨다.

해설 인공습지 설치기준
㉠ 인공습지의 유입구에서 유출구까지의 유로는 최대한 길게 하고, 길이 대 폭의 비율은 2 : 1 이상으로 한다.
㉡ 다양한 생태환경을 조성하기 위하여 인공습지 전체 면적 중 50퍼센트는 얕은 습지(0~0.3미터), 30퍼센트는 깊은 습지(0.3~1.0미터), 20퍼센트는 깊은 못(1~2미터)으로 구성한다.
㉢ 유입부에서 유출부까지의 경사는 0.5퍼센트 이상 1.0퍼센트 이하의 범위를 초과하지 아니하도록 한다.
㉣ 물이 습지의 표면 전체에 분포할 수 있도록 적당한 수심을 유지하고, 물 이동이 원활하도록 습지의 형상 등을 설계하며, 유량과 수위를 정기적으로 점검한다.
㉤ 습지는 생태계의 상호작용 및 먹이사슬로 수질정화가 촉진되도록 정수식물, 침수식물, 부엽식물 등의 수생식물과 조류, 박테리아 등의 미생물, 소형 어패류 등의 수중생태계를 조성하여야 한다.
㉥ 습지에는 물이 연중 항상 있을 수 있도록 유량공급대책을 마련하여야 한다.
㉦ 생물의 서식 공간을 창출하기 위하여 5종부터 7종까지의 다양한 식물을 심어 생물다양성을 증가시킨다.
㉧ 부유성 물질이 습지에서 최종 방류되기 전에 하류수역으로 유출되지 아니하도록 출구 부분에 자갈쇄석, 여과망 등을 설치한다.

91 오염총량관리기본계획에 포함되어야 하는 사항과 거리가 먼 것은?

① 관할 지역에서 배출되는 오염부하량의 총량 및 저감계획
② 당해 지역 개발계획으로 인하여 추가로 배출되는 오염부하량 및 그 저감계획
③ 당해 지역별 및 개발계획에 따른 오염부하량의 할당
④ 당해 지역 개발계획의 내용

해설 오염총량관리기본계획에 포함되어야 하는 사항
㉠ 당해 지역 개발계획의 내용
㉡ 지방자치단체별·수계구간별 오염부하량(汚染負荷量)의 할당
㉢ 관할 지역에서 배출되는 오염부하량의 총량 및 저감계획
㉣ 당해 지역 개발계획으로 인하여 추가로 배출되는 오염부하량 및 그 저감계획

92 폐수배출시설에서 배출되는 수질오염물질인 부유물질의 배출허용기준은?(단, 나지역, 1일 폐수배출량 2천세제곱미터 미만 기준)

① 80mg/L 이하 ② 90mg/L 이하
③ 120mg/L 이하 ④ 130mg/L 이하

93 다음은 초과배출부과금 산정에 적용되는 배출허용기준 위반횟수별 부과계수에 관한 내용이다. ( ) 안에 옳은 내용은?

> 폐수무방류배출시설에 대한 위반횟수별 부과계수는 처음 위반한 경우 (　)로 하고 다음 위반부터는 그 위반 직전의 부과계수에 1.5를 곱한 것으로 한다.

① 1.3 ② 1.5
③ 1.8 ④ 2.0

해설 처음 위반한 경우 1.8로 하고, 다음 위반부터는 그 위반 직전의 부과계수에 1.5를 곱한 것으로 한다.

94 물놀이 등의 행위제한 권고기준으로 옳은 것은?

① 수영 등 물놀이 : 대장균-500(개체수/mL) 이상
② 수영 등 물놀이 : 대장균-100(개체수/mL) 이상
③ 어패류 등 섭취 : 어패류 체내 총 수은-0.3mg/kg 이상
④ 어패류 등 섭취 : 어패류 체내 카드뮴-0.3mg/kg 이상

90. ① 91. ③ 92. ③ 93. ③ 94. ③ | ANSWER

해설 물놀이 등의 행위제한 권고기준

대상 행위	항목	기준
수영 등 물놀이	대장균	500(개체수/100mL) 이상
어패류 등 섭취	어패류 체내 총 수은(Hg)	0.3(mg/kg) 이상

95 업무상 과실 또는 중대한 과실로 인하여 공공수역에 특정 수질유해물질을 누출, 유출시킨 자에 대한 벌칙 기준은?

① 1년 이하의 징역 또는 1천만 원 이하의 벌금
② 2년 이하의 징역 또는 1천5백만 원 이하의 벌금
③ 3년 이하의 징역 또는 2천만 원 이하의 벌금
④ 5년 이하의 징역 또는 3천만 원 이하의 벌금

96 수질오염경보의 종류별·경보단계별 조치사항에 관한 내용 중 조류경보(조류대발생경보 단계) 시 취수장, 정수장, 관리자의 조치사항으로 틀린 것은?

① 정수의 독소 분석 실시
② 정수 처리 강화(활성탄 처리, 오존 처리)
③ 취수구와 조류 우심지역에 대한 방어막 설치
④ 조류증식 수심 이하로 취수구 이동

해설 수질오염경보의 종류별·경보단계별 조치사항(조류대발생경보 단계)
㉠ 조류증식 수심 이하로 취수구 이동
㉡ 정수 처리 강화(활성탄 처리, 오존 처리)
㉢ 정수의 독소 분석 실시

97 수질오염경보의 종류별 경보단계 및 그 단계별 발령, 해제기준에 관한 내용 중 조류경보의 해제기준으로 옳은 것은?

① 2회 연속 채취 시 클로로필-a 농도가 5mg/L 미만이거나 남조류의 세포수가 500세포/mL 미만인 경우
② 2회 연속 채취 시 클로로필-a 농도가 15mg/L 미만이거나 남조류의 세포수가 500세포/mL 미만인 경우
③ 2회 연속 채취 시 클로로필-a 농도가 5mg/m³ 미만이거나 남조류의 세포수가 500세포/mL 미만인 경우
④ 2회 연속 채취 시 클로로필-a 농도가 15mg/m³ 미만이거나 남조류의 세포수가 500세포/mL 미만인 경우

98 다음은 총량관리 단위유역의 수질 측정방법에 관한 내용이다. ( ) 안에 옳은 내용은?

목표수질 지점별로 연간 ( ) 이상 측정하여야 한다.

① 10회   ② 15회
③ 20회   ④ 30회

해설 총량관리 단위유역의 수질 측정방법
㉠ 목표수질지점에 대한 수질 측정은 기본방침 및 「환경분야 시험·검사 등에 관한 법률」제6조제1항제5호에 따른 환경오염공정시험기준에 따른다.
㉡ 목표수질지점별로 연간 30회 이상 측정하여야 한다.
㉢ 제2호에 따른 수질 측정 주기는 8일 간격으로 일정하여야 한다. 다만, 홍수, 결빙, 갈수(渴水) 등으로 채수(採水)가 불가능한 특정 기간에는 그 측정 주기를 늘리거나 줄일 수 있다.
㉣ 제1호부터 제3호까지에 따른 수질 측정 결과를 토대로 다음과 같이 평균수질을 산정하여 해당 목표수질지점의 수질 변동을 확인한다.

• 평균수질 $= e^{(변환평균수질 + \frac{변환분산}{2})}$

• 변환평균수질 $= \dfrac{\ln(측정수질) + \ln(측정수질) + \cdots}{측정횟수}$

• 변환분산 $= \dfrac{\{\ln(측정수질) - 변환평균수질\}^2 + \cdots}{측정횟수 - 1}$

99 다음은 폐수종말처리시설의 유지·관리기준에 관한 내용이다. ( ) 안에 옳은 내용은?

처리시설의 가동시간, 폐수방류량, 약품투입량, 관리·운영자, 그 밖에 처리시설의 운영에 관한 주요사항을 사실대로 매일 기록하고 이를 최종 기록한 날부터 ( ) 보전하여야 한다.

① 1년간   ② 2년간
③ 3년간   ④ 5년간

ANSWER | 95. ① 96. ③ 97. ④ 98. ④ 99. ①

100 다음의 수질오염방지시설 중 생물화학적 처리시설이 아닌 것은?

① 접촉조 ② 살균시설
③ 폭기시설 ④ 살수여과상

해설 살균시설은 화학적 처리시설이다.

2013년 3회 수질환경기사

SECTION 01 수질오염개론

01 바닷물 중에는 0.054M의 $MgCl_2$가 포함되어 있다. 바닷물 250mL에는 몇 g의 $MgCl_2$가 포함되어 있는가?(단, Mg 및 Cl의 원자량은 각각 24.3 및 35.5이다.)

① 약 0.8g ② 약 1.3g
③ 약 2.6g ④ 약 3.9g

해설 $X(g) = \dfrac{0.054\,mol}{L} \Big| \dfrac{250\,mL}{} \Big| \dfrac{1L}{10^3 mL} \Big| \dfrac{95.3g}{1mol}$
$= 1.29(g)$

02 최종 BOD농도가 250mg/L인 글루코스($C_6H_{12}O_6$) 용액을 호기성 처리할 때 필요한 이론적 질소(N)농도는?(단, BOD_5 : N : P = 100 : 5 : 1, 탈산소계수 ($0.01hr^{-1}$), 상용대수 기준)

① 약 11.7mg/L ② 약 13.6mg/L
③ 약 15.4mg/L ④ 약 17.4mg/L

해설 ㉠ $BOD_5 = BOD_u \times (1 - 10^{-k \cdot t})$
$= 250(1 - 10^{-0.01 \times 5 \times 24})$
$= 234.226 (mg/L)$
㉡ BOD_5 : N
  100 : 5
  234.226(mg/L) : X
∴ X(=N) = 11.71(mg/L)

03 5g의 $Ca(OH)_2$를 $Ca(HCO_3)_2$와 완전히 반응시킨다면 $CaCO_3$의 이론적 생성량은?(단, Ca 원자량 : 40)

① 6.3g ② 9.8g
③ 11.4g ④ 13.5g

해설 $Ca(OH)_2 + Ca(HCO_3)_2 \to 2CaCO_3 + 2H_2O$
  74(g)   :   2×100(g)
  5(g)   :   X(g)
∴ X(=$CaCO_3$) = 13.51(g)

04 액체 내의 콜로이드들을 응집시키는 데 기본적 메커니즘과 가장 거리가 먼 것은?

① 이중층의 압축 완화
② 전하의 중화
③ 침전물에 의한 포착
④ 입자 간의 가교 형성

해설 콜로이드 입자의 응집 메커니즘은 전해질 또는 반대 이온의 주입에 따른 이중층의 압축이다.

05 산업폐수의 BOD_5가 235mg/L이며, BOD_u는 350mg/L이라면 BOD_3은?(단, 기타 조건은 같음, base는 상용대수)

① 약 141mg/L
② 약 151mg/L
③ 약 161mg/L
④ 약 171mg/L

해설 $BOD_5 = BOD_u(1 - 10^{-k_1 \cdot t})$
$235 = 350(1 - 10^{-k_1 \cdot 5})$
$k_1 = 0.0967$
$BOD_3 = 350(1 - 10^{-0.0967 \times 3})$
$= 170.54(mg/L)$

06 약산인 $0.01N - CH_3COOH$가 18% 해리되어 있다면 이 수용액의 pH는?

① 약 2.15 ② 약 2.25
③ 약 2.45 ④ 약 2.75

해설 $CH_3COOH \rightleftarrows CH_3COO^- + H^+$
전리 전 0.01M : 0M : 0M
전리 후 0.01 - (0.01×0.18)M : 0.01×0.18M
       : 0.01×0.18M
∴ $pH = \log\dfrac{1}{[H^+]} = \log\dfrac{1}{0.01 \times 0.18} = 2.745$

ANSWER | 1. ② 2. ① 3. ④ 4. ① 5. ④ 6. ④

07 부영양화의 영향으로 틀린 것은?

① 부영양화가 진행되면 상품가치가 높은 어종들이 사라져 수산업의 수익성이 저하된다.
② 부영양화된 호수의 수질은 질소와 인 등 영양염류의 농도가 높으나 이에 과잉공급은 농작물의 이상 성장을 초래하고 병충해에 대한 저항력을 약화시킨다.
③ 부영양호의 pH는 중성 또는 약산성이나 여름철에는 일시적으로 강산성을 나타내어 저니층의 용출을 유발한다.
④ 조류로 인해 정수공정의 효율이 저하된다.

해설 부영양호의 pH는 중성에서 약알칼리성을 띤다.

08 자당(Sucrose, $C_{12}H_{22}O_{11}$)이 완전히 산화될 때 이론적인 ThOD/ThOC 비는?

① 2.67　　② 3.83
③ 4.43　　④ 5.68

해설
㉠ $C_{12}H_{22}O_{11} + 12O_2 \rightarrow 12CO_2 + 11H_2O$
　1mol　:　12×32(g)
　ThOD $= 12 \times 32$(g)
㉡ $C_{12}H_{22}O_{11} \rightarrow 12C$
　1mol　:　12×12(g)
　ThOC $= 12 \times 12$(g)
∴ $\dfrac{\text{ThOD}}{\text{ThOC}} = \dfrac{12 \times 32(g)}{12 \times 12(g)} = 2.67$

09 $Ca(OH)_2$ 농도가 50mg/L인 용액의 pH는?(단, $Ca(OH)_2$는 완전 해리되며, Ca의 원자량은 40이다.)

① 11.1　　② 11.3
③ 11.5　　④ 11.7

해설 〈반응식〉 $Ca(OH)_2 \rightarrow Ca^{2+} + 2OH^-$
$Ca(OH)_2(\text{mol/L}) = \dfrac{50\text{mg}}{\text{L}} \left| \dfrac{\text{g}}{10^3\text{mg}} \right| \dfrac{1\text{mol}}{74\text{g}}$
$\qquad\qquad\qquad = 6.76 \times 10^{-4}$ (mol/L)
$\text{pH} = 14 - \log \dfrac{1}{2 \times 6.76 \times 10^{-4}} = 11.13$

10 지하수 오염의 특징으로 틀린 것은?

① 지하수의 오염경로는 단순하여 오염원에 의한 오염범위를 명확하게 구분하기가 용이하다.
② 지하수는 흐름을 눈으로 관찰할 수 없기 때문에 대부분의 경우 오염원원의 흐름방향을 명확하게 확인하기 어렵다.
③ 오염된 지하수층을 제거, 원상 복구하는 것은 매우 어려우며 많은 비용과 시간이 소요된다.
④ 지하수는 대부분 지역에서 느린 속도로 이동하여 관측정이 오염원으로부터 원거리에 위치한 경우 오염원의 발견에 많은 시간이 소요될 수 있다.

해설 지하수의 오염경로는 여러 가지가 있을 수 있으며 오염원에 의한 오염범위를 명확하게 구분하기가 용이하지 못하다.

11 용액을 통해 흐르는 전류의 특성으로 틀린 것은?

① 전류는 전자에 의해 운반된다.
② 온도의 상승은 저항을 감소시킨다.
③ 대체로 전기저항이 금속의 경우보다 크다.
④ 용액에서 화학변화가 일어난다.

해설 금속을 통해 흐르는 전류는 전자에 의해 운반되지만, 용액 내에서는 전류는 이온에 의해 운반된다.

12 어떤 A도시에 유량 4.2m³/sec, 유속 0.4m/sec, BOD 7mg/L인 하천이 흐르고 있다. 이 하천에 유량이 25.2m³/min, BOD 500mg/L인 공장폐수가 유입되고 있다면 하천수와 공장폐수의 합류지점의 BOD는?(단, 완전 혼합이라 가정함)

① 약 33mg/L　　② 약 45mg/L
③ 약 52mg/L　　④ 약 67mg/L

해설 혼합공식
$C(\text{mg/L}) = \dfrac{Q_1 \cdot C_1 + Q_2 \cdot C_2}{Q_1 + Q_2}$
$\qquad\quad = \dfrac{4.2 \times 7 + 0.42 \times 500}{4.2 + 0.42} = 51.82 \text{(mg/L)}$

13 생분뇨의 BOD는 19,500ppm, 염소이온 농도는 4,500ppm이다. 정화조 방류수의 염소이온 농도가 225ppm이고 BOD농도가 30ppm 일 때, 정화조의 BOD 제거 효율은?(단, 희석 적용, 염소는 분해되지 않음)

① 96%   ② 97%
③ 98%   ④ 99%

해설 $\eta = \left(1 - \dfrac{C_o}{C_i}\right) \times 100$

㉠ 염소이온의 농도를 이용하여 희석배수를 구하면
$\dfrac{4,500}{225} = 20$배
㉡ $C_i = 19,500$ppm
㉢ $C_o = 30 \times 20 = 600$ppm
∴ $\eta = \left(1 - \dfrac{C_o}{C_i}\right) \times 100 = \left(1 - \dfrac{600}{19,500}\right) \times 100$
$= 96.92(\%)$

14 진핵세포 또는 원핵세포 내 기관 중 단백질 합성이 주요 기능인 것은?

① 미토콘드리아
② 리보솜
③ 액포
④ 리소좀

해설 리보솜은 아미노산을 연결하여 단백질 합성을 담당하는 세포소기관이다.

15 탈산소계수가 0.15/day이면 BOD_5와 BOD_u의 비는?(단, BOD_5/BOD_u, 밑수는 상용대수이다.)

① 약 0.69
② 약 0.74
③ 약 0.82
④ 약 0.91

해설 $BOD_5 = BOD_u(1 - 10^{-K_1 \cdot 5})$
∴ $\dfrac{BOD_5}{BOD_u} = (1 - 10^{-0.15 \times 5}) = 0.822$

16 어떤 시료의 생물학적 분해가능 유기물질의 농도가 35mg/L이며, 시료에 함유된 물질의 경험적인 분자식을 $C_6H_{11}ON_2$라고 할 때 이 물질이 완전 산화되는데 소요되는 산소농도(mg/L)는?(단, 분해 최종산물은 CO_2, H_2O, NH_3이다.)

① 40mg/L   ② 50mg/L
③ 60mg/L   ④ 70mg/L

해설 $C_6H_{11}ON_2 + 6.75O_2 \rightarrow 6CO_2 + 2.5H_2O + 2NH_3$
127(g) : 6.75×32(g)
35(mg/L) : X
∴ X = 59.53(mg/L)

17 최종 BOD가 15mg/L, DO가 5mg/L인 하천의 상류지점으로부터 6일 유하거리의 하류지점에서의 DO 농도는 몇 mg/L인가?(단, DO 포화농도는 9mg/L, 탈산소 계수는 0.1/day, 재폭기 계수는 0.2/day이다. 상용대수 기준, 온도영향 고려하는 않음)

① 3.1   ② 4.3
③ 5.9   ④ 6.3

해설 '용존산소 농도=포화농도－산소부족량'으로 계산된다.
$DO(mg/L) = C_s - D_t$
㉠ C_s(포화농도)=9(mg/L)
㉡ D_t(산소부족량)의 계산
$D_t = \dfrac{K_1 \cdot L_o}{K_2 - K_1}(10^{-K_1 \cdot t} - e^{-K_2 \cdot t}) + D_o \cdot 10^{-K_2 \cdot t}$
$= \dfrac{0.1 \times 15}{0.2 - 0.1}(10^{-0.1 \times 6} - 10^{-0.2 \times 6})$
$+ 4 \times 10^{-0.2 \times 6}$
$= 3.07(mg/L)$
∴ 용존산소농도(DO) = 9 - 3.07
   = 5.93(mg/L)

18 0.1ppb Cd 용액 1L 중에 들어 있는 Cd의 양(g)은?

① 1×10^{-6} ② 1×10^{-7}
③ 1×10^{-8} ④ 1×10^{-9}

해설 $Cd(g) = \dfrac{0.1\mu g}{L} \left| \dfrac{1L}{} \right| \dfrac{1g}{10^6 \mu g} = 1.0 \times 10^{-7}(g)$

ANSWER | 13. ② 14. ② 15. ③ 16. ③ 17. ③ 18. ②

19 에탄올(C_2H_5OH) 300mg/L가 함유된 폐수의 이론적 COD 값은?(단, 기타 오염물질은 고려하지 않음)
① 312mg/L ② 453mg/L
③ 578mg/L ④ 626mg/L

해설 $C_2H_5OH + 3O_2 \rightarrow 2CO_2 + 3H_2O$
46(g) : 3×32(g)
300(mg/L) : X(=COD)
∴ X(=COD) = 626.09(mg/L)

20 다음의 기체 법칙 중 옳은 것은?
① Boyle의 법칙 : 일정한 압력에서 기체의 부피는 절대온도에 정비례한다.
② Henry의 법칙 : 기체가 관련된 화학반응에서는 반응하는 기체와 생성되는 기체의 부피 사이에 정수관계가 있다.
③ Graham의 법칙 : 기체의 확산속도(조그마한 구멍을 통한 기체의 탈출)는 기체 분자량의 제곱근에 반비례한다.
④ Gay-Lussac의 결합 부피 법칙 : 혼합 기체 내의 각 기체의 부분압력은 혼합물 속의 기체의 양에 비례한다.

해설 ㉠ Boyle의 법칙 : 일정온도에서 기체의 압력과 그 부피는 서로 반비례한다.
㉡ Henry의 법칙 : 일정한 온도에서 일정 부피의 액체 용매에 녹는 기체의 질량, 즉 용해도는 용매와 평형을 이루고 있는 그 기체의 부분압력에 비례한다.
㉢ Gay-Lussac의 결합 부피 법칙은 동일한 온도와 압력 하에서 기체들이 반응할 때 반응에 관여한 기체와 생성된 기체들의 부피 사이에는 간단한 정수비가 성립된다는 법칙이다.

SECTION 02 상하수도계획

21 계획급수인구 결정 시 시계열경향분석에 의한 장래인구의 추계방법이 아닌 것은?
① 변동곡선식에 의한 방법
② 수정지수곡선식에 의한 방법
③ 배기곡선식에 의한 방법
④ 이론곡선식에 의한 방법

해설 시계열경향분석에 의한 장래인구의 추계방법
㉠ 연평균 인구증감수와 증감률에 의한 방법
㉡ 수정지수곡선식에 의한 방법
㉢ 배기곡선식에 의한 방법
㉣ 이론곡선식(Logistic Curve)에 의한 방법

22 상수도시설인 배수지 용량에 대한 설명으로 옳은 것은?
① 유효용량은 시간변동조정용량과 비상대처용량을 합하여 급수구역의 계획시간최대급수량의 8시간 분 이상을 표준으로 한다.
② 유효용량은 시간변동조정용량과 비상대처용량을 합하여 급수구역의 계획시간최대급수량의 12시간 분 이상을 표준으로 한다.
③ 유효용량은 시간변동조정용량과 비상대처용량을 합하여 급수구역의 계획1일최대급수량의 8시간 분 이상을 표준으로 한다.
④ 유효용량은 시간변동조정용량과 비상대처용량을 합하여 급수구역의 계획1일최대급수량의 12시간 분 이상을 표준으로 한다.

23 예비용량을 감안한 정수시설의 적정 가동률은?
① 55% 내외가 적정하다.
② 65% 내외가 적정하다.
③ 75% 내외가 적정하다.
④ 85% 내외가 적정하다.

해설 정수시설의 계획정수량과 시설능력
㉠ 계획정수량은 계획1일최대급수량을 기준으로 하고, 여기에 작업용수와 기타용수를 고려하여 결정한다.
㉡ 소비자에게 고품질의 수도 서비스를 중단 없이 제공하기 위하여 정수시설은 유지보수, 사고대비, 시설 개량 및 확장 등에 대비하여 적절한 예비용량을 갖춤으로써 수도시스템으로서의 안정성을 높여야 한다. 이를 위하여 예비용량을 감안한 정수시설의 가동률은 75% 내외가 적정하다.

19. ④ 20. ③ 21. ① 22. ④ 23. ③ | ANSWER

24 펌프의 토출량이 12m³/min, 펌프의 유효흡인수두 8m, 규정회전수 2,000회/분인 경우, 이 펌프의 비교 회전도는?(단, 양흡입의 경우가 아님)

① 892　　② 1,045
③ 1,286　　④ 1,457

해설 $N_s = N \times \dfrac{Q^{1/2}}{H^{3/4}}$

㉠ N = 펌프의 회전수 = 2,000(회/min)
㉡ Q = 펌프의 규정토출량 = 12m³/min
㉢ H = 8(m)

$N_s = N \times \dfrac{Q^{1/2}}{H^{3/4}} = 2,000 \times \dfrac{12^{1/2}}{8^{3/4}}$
　　= 1,456.48(회)

25 정수시설인 용존공기부상 공정 중 플록형성지에 관한 설명으로 틀린 것은?

① 약품침전지의 플록형성지에 비하여 상대적으로 낮은 교반강도를 갖는다.
② 교반시간, 즉 체류시간은 일반적으로 15~20분 정도이다.
③ 기포플럭덩어리가 부상지 수면 쪽으로 향하도록 부상지 유입구에 경사진 저류벽을 설치한다.
④ 플록형성지 폭은 부상지의 폭과 같도록 한다.

해설 약품침전지의 플록형성지에 비하여 상대적으로 높은 교반강도를 갖는다.

26 배수지의 고수위와 저수위와의 수위차, 즉 배수지의 유효수심의 표준으로 적절한 것은?

① 1~2m　　② 2~4m
③ 3~6m　　④ 5~8m

해설 배수지의 유효수심은 3~6m 정도를 표준으로 한다.

27 하수처리, 재이용계획에서 계획오염부하량 및 계획유입수질에 관한 설명으로 틀린 것은?

① 계획유입수질 : 하수의 계획유입수질은 계획오염부하량을 계획 1일 평균오수량으로 나눈 값으로 한다.
② 공장폐수에 의한 오염부하량 : 폐수배출부하량이 큰 공장은 업종별 오염부하량 원단위를 기초로 추정하는 것이 바람직하다.
③ 생활오수에 의한 오염부하량 : 1인 1일당 오염부하량 원단위를 기초로 하여 정한다.
④ 관광오수에 의한 오염부하량 : 당일 관광과 숙박으로 나누고 각각의 원단위에서 추정한다.

해설 공장폐수에 의한 오염부하량
폐수배출부하량이 큰 공장은 부하량을 실측하는 것이 바람직하며, 실측치를 얻기 어려운 경우에 대해서는 업종별의 출하액당 오염부하량 원단위에 기초를 두고 추정한다.

28 하천수를 수원으로 하는 경우, 취수시설인 취수문에 대한 설명으로 틀린 것은?

① 취수지점은 일반적으로 상류부의 소하천에 사용하고 있다.
② 하상변동이 작은 지점에서 취수할 수 있어 복단면의 하천 취수에 유리하다.
③ 시공조건에서 일반적으로 가물막이를 하고 임시 하도설치 등을 고려해야 한다.
④ 기상조건에서 파랑에 대하여 특히 고려할 필요는 없다.

해설 하상변동이 작은 지점에서만 취수할 수 있다. 하상이 저하되는 지점에서는 취수불능으로 된다. 또한 복단면의 하천에는 적당하지 않다.

29 다음은 상수 급수시설의 급수관의 배관에 관한 내용이다. ( ) 안에 옳은 내용은?

급수관을 공공도로에 부설할 경우에는 도로 관리자가 정한 점용위치와 깊이에 따라 배관해야 하며 다른 매설물과의 간격을 ( ) 이상 확보한다.

① 0.3m　　② 0.5m
③ 1.0m　　④ 1.5m

해설 급수관을 공공도로에 부설할 경우에는 도로관리자가 정한 점용위치와 깊이에 따라 배관해야 하며 다른 매설물과의 간격을 30cm 이상 확보한다.

30 펌프 수격작용(Water Hammer)의 방지대책으로 틀린 것은?(단, 수주분리 발생의 방지법 기준)
① 펌프의 플라이휠을 제거하여 관성을 최소화한다.
② 토출 측 관로에 압력조절수조를 설치해서 부압발생장소에 물을 보급하여 부압을 방지함과 아울러 압력상승도 흡수한다.
③ 토출 측 관로에 일방향 압력조절수조를 설치하여 압력강하시에 물을 보급해서 부압 발생을 방지한다.
④ 관내유속을 낮추거나 관거상황을 변경한다.

해설 펌프 수격작용(Water hammer)의 방지대책으로 펌프에 플라이휠을 붙인다.

31 상수도시설인 정수시설 중 급속 여과지의 여과모래에 대한 기준으로 틀린 것은?
① 강열감량은 0.75% 이하일 것
② 균등계수는 2.7 이하일 것
③ 비중은 2.55~2.65의 범위일 것
④ 마모율은 3% 이하일 것

해설 균등계수는 1.7 이하일 것

32 하수처리시설 중 소독시설에서 사용하는 오존의 장단점으로 틀린 것은?
① 병원균에 대하여 살균작용이 강하다.
② 철 및 망간의 제거능력이 크다.
③ 경제성이 좋다.
④ 바이러스의 불활성화 효과가 크다.

해설 경제성이 좋지 않은 것은 오존의 단점이다.

33 취수지점으로부터 정수장까지 원수를 공급하는 시설 배관은?
① 취수관   ② 송수관
③ 도수관   ④ 배수관

34 상수도관 부식의 종류 중 매크로셀 부식으로 분류되지 않는 것은?(단, 자연 부식 기준)
① 콘크리트·토양   ② 이종금속
③ 산소농담(통기차)   ④ 박테리아

해설 박테리아 부식은 마이크로셀 부식에 해당한다.

35 배수시설인 배수관의 최소동수압 및 최대정수압 기준으로 옳은 것은?(단, 급수관을 분기하는 지점에서 배수관 내 수압 기준)
① 100kPa 이상을 확보함, 500kPa를 초과하지 않아야 함
② 100kPa 이상을 확보함, 600kPa를 초과하지 않아야 함
③ 150kPa 이상을 확보함, 700kPa를 초과하지 않아야 함
④ 150kPa 이상을 확보함, 800kPa를 초과하지 않아야 함

36 하수 고도처리(잔류 SS 및 잔류 용존유기물 제거)방법인 막 분리법에 적용되는 분리막 모듈 형식과 가장 거리가 먼 것은?
① 중공사형   ② 투사형
③ 판형   ④ 나선형

해설 분리막의 형태에는 판형, 관형, 나선형, 중공사형 등 4가지의 분리막이 있다.

37 계획오수량에 관한 설명으로 틀린 것은?
① 지하수량은 1인 1일 최대오수량의 5~10%를 표준으로 한다.
② 계획 1일 최대오수량은 1인 1일 최대오수량에 계획인구를 곱한 후, 여기에 공장 폐수량, 지하수량 및 기타 배수량을 더한 것으로 한다.
③ 계획 1일 평균오수량은 계획 1일 최대오수량의 70~80%를 표준으로 한다.
④ 계획시간최대오수량은 계획 1일 최대오수량의 1시간당 수량의 1.3~1.8배를 표준으로 한다.

해설 지하수량은 1인 1일 최대오수량의 10~20%를 표준으로 한다.

38 하수슬러지 농축방법 중 잉여슬러지 농축에 부적합한 것은?

① 부상식 농축
② 중력식 농축
③ 원심분리 농축
④ 중력벨트 농축

해설 중력식 농축은 잉여슬러지 농축에 부적합하다.

39 막여과 정수시설의 막을 약품 세척할 때 사용되는 약품과 제거 가능 물질을 나열한 것 중 잘못된 것은?

① 수산화나트륨 : 유기물
② 황산 : 무기물
③ 옥살산 : 유기물
④ 산 제거 : 무기물

해설 약품세척에 사용되는 주된 약품과 제거 가능 물질

약품		제거 가능한 물질	
		유기물	무기물
수산화나트륨		○	
무기산	염산		○
	황산		○
산화제	차아염소산나트륨	○	
유기산	구연산		○
	옥살산		○
세제	알칼리 세제	○	
	산 세제		○

40 하수관거의 접합방법 중 굴착 깊이를 얕게 함으로써 공사비용을 줄일 수 있으며 수위상승을 방지하고 양정고를 줄일 수 있어 펌프로 배수하는 지역에 적합하나 상류부에서는 동수경사선이 관정보다 높이 올라갈 우려가 있는 것은?

① 수면접합 ② 관중심접합
③ 관저접합 ④ 관정접합

해설 카드뮴의 처리방법에는 수산화물 침전법, 황화물 응집침전법, 침전부상 또는 이온부상법, 흡착법, 이온교환법 등이 있다.

SECTION 03 수질오염방지기술

41 다음의 중금속과 그 처리방법으로 가장 거리가 먼 것은?

① 카드뮴 – 아말감 침전법
② 납 – 황화물 침전법
③ 시안 – 알칼리염소법
④ 비소 – 수산화물 공침법

42 BOD 150mg/L의 폐수 800m³/day를 깊이 2m, 표면적 300m²의 살수여상조로 처리하는 공장에서 면적 절약을 위해 기존의 살수여상조를 깊이 4m, BOD 부하 0.6kg/m³·day의 활성슬러지법 폭기조로 개조하였다면 살수여상조 및 폭기조의 각 표면적만을 비교하였을 때 약 몇 m²가 절약되는가?

① 100m² ② 150m²
③ 200m² ④ 250m²

해설 $0.6\text{kg/m}^3 \cdot \text{day} = \dfrac{0.15\text{kg}}{\text{m}^3} \left| \dfrac{800\text{m}^3}{\text{day}} \right| \dfrac{1}{4\text{m} \times X\text{m}^2}$

$X = 50\text{m}^2$

∴ 표면적이 (300m² − 50m² = 250m²) 250m² 절약되었다.

43 처리인구 5,200명인 2차 하수처리시설로 폭기식 라군 공정을 설계하고자 한다. 유량은 380L/cap·day, 유입 BOD₅는 200mg/L, 유출 BOD₅ 20mg/L, K(반응속도상수)=2.1/day이며 kgBOD₅당 1.6kg 산소가 필요하다면 필요 반응시간에 따른 총 라군 부피는?(단, 1차 반응, 1차 침전지에서 유입 BOD₅의 33% 제거된다.)

① 3,360m³ ② 4,360m³
③ 5,360m³ ④ 6,360m³

ANSWER | 38.② 39.③ 40.③ 41.① 42.④ 43.③

44 활성슬러지 처리시설의 유출수에 대장균 10^7마리/100mL가 있다고 할 때 이를 200마리/100mL 이하로 낮추기 위해 필요한 염소잔류량(C_t)은?(단, 접촉시간은 20분으로 규정한다.)

$$\frac{N_t}{N_o} = (1+0.23C_t \cdot t)^{-3}$$

① 3.1mg/L ② 5.6mg/L
③ 7.8mg/L ④ 9.4mg/L

해설 주어진 공식을 이용한다.
$\frac{200}{10^7} = (1+0.23 \times C_t \times 20)^{-3}$
∴ $C_t = 7.79(mg/L)$

45 직사각형 급속여과지를 설계하고자 한다. 설계조건이 다음과 같을 때, 급속여과지의 지수는 몇 개가 필요한가?

유량 30,000m³/day, 여과속도 120m/day, 여과지 1지의 길이 10m, 폭 7m, 기타 조건은 고려하지 않음

① 2 ② 4
③ 6 ④ 8

해설 여과지 수 = $\frac{여과\ 유량}{1지\ 유량}$
여과지 수 = $\frac{30,000m^3/day}{10m \times 7m \times 120m/day}$
= 3.57 ≒ 4(지)

46 BOD 200mg/L, 유량 25m³/hr인 폐수를 활성슬러지법으로 처리하고자 한다. BOD용적부하를 0.6kg BOD/m³·day로 유지하려면 폭기조의 수리학적 체류시간은?

① 4시간 ② 6시간
③ 8시간 ④ 10시간

해설 $L_v = \frac{BOD_i \times Q_i}{\forall} = \frac{BOD_i}{t}$
∴ $t(hr) = \frac{BOD_i}{L_v}$
= $\frac{200mg}{L} \left| \frac{m^3 \cdot day}{0.6kg} \right| \frac{10^3L}{1m^3} \left| \frac{1kg}{10^6mg} \right| \frac{24hr}{1day}$
= 8(hr)

47 BOD 200mg/L인 폐수가 1,200m³/day로 폭기조에 유입되고 있다. 폭기조 부피는 400m³, MLSS 농도는 2,000mg/L이다. F/M비를 0.15 kgBOD/kgMLSS·day로 유지하자면 MLSS 농도를 얼마만큼 증가시켜야 되겠는가?

① 500mg/L ② 1,000mg/L
③ 1,500mg/L ④ 2,000mg/L

해설 $F/M = \frac{BOD_i \cdot Q_i}{X \cdot \forall}$
$X(mg/L) = \frac{BOD_i \cdot Q_i}{F/M \cdot \forall}$
$X(mg/L) = \frac{200mg}{L} \left| \frac{1,200m^3}{day} \right| \frac{day}{0.15} \left| \frac{1}{400m^3} \right.$
= 4,000(mg/L)
∴ 2,000mg/L 증가시켜야 한다.

48 역삼투 장치로 하루에 20,000L의 3차 처리된 유출수를 탈염시키고자 한다. 25℃에서의 물질전달 계수는 0.2068L/{(day−m²)(kPa)}, 유입수와 유출수의 압력차는 2,400kPa, 유입수와 유출수의 삼투압차는 310kPa, 최저운전온도는 10℃이다. 요구되는 막면적은?(단, $A_{10℃} = 1.2A_{25℃}$)

① 약 39m² ② 약 56m²
③ 약 78m² ④ 약 94m²

해설 $Q_F = K(\Delta P - \Delta \pi)$
$\frac{20,000L}{day} \left| \frac{1}{A(m^2)} \right. = \frac{0.2068L}{m^2 \cdot day \cdot kPa} \left| (2,400-310)kPa \right.$

∴ $A_{25℃} = 46.27(m^2)$
최저운전온도(10℃)상태로 막의 소요면적을 온도보정하면
∴ $A_{10℃} = 1.2 \times A_{25℃} = 1.2 \times 46.27 = 55.5(m^2)$

49 생물학적 질소, 인 제거공정에서 폭기조의 기능과 가장 거리가 먼 것은?

① 질산화　　② 유기물 제거
③ 탈질　　　④ 인 과잉섭취

해설 폭기조에서는 유기물 제거, 질산화, 인의 과잉흡수가 일어난다.

50 속도경사(Velocity Gradient)에 대한 설명으로 틀린 것은?

① 속도경사는 점성계수가 클수록 커진다.
② 속도경사는 동력이 클수록 커진다.
③ 일반적으로 속도경사의 단위는 sec^{-1}이다.
④ 속도경사는 반응조 용적이 클수록 작아진다.

해설 속도경사$(G) = \sqrt{\dfrac{P}{\forall \cdot \mu}}$

여기서, μ : 물의 점성계수
$\forall$: 반응조 체적
P : 동력
※ 속도경사는 점성계수가 클수록 작아진다.

51 폭기조 내의 MLSS 3,000mg/L, 폭기조 용적이 500m³인 활성슬러지 처리공법에서 최종 침전지에서 유출하는 SS를 무시할 경우 매일 20m³ 슬러지를 배출시키면 세포 평균 체류시간(SRT)은?(단, 배출 슬러지 농도는 1%)

① 3.5일　　② 5.5일
③ 7.5일　　④ 9.5일

해설 $SRT = \dfrac{\forall \cdot X}{Q_w X_w}$

$\therefore SRT(day) = \dfrac{500m^3}{} \bigg| \dfrac{3,000mg}{L} \bigg| \dfrac{day}{20m^3} \bigg| \dfrac{L}{10^4 mg}$
$= 7.5(day)$

52 플록을 형성하여 침강하는 입자들이 서로 방해를 받으므로 침전속도는 점차 감소하게 되며 침전하는 부유물과 상등수 간에 뚜렷한 경계면이 생기는 침전형태로 가장 적합한 것은?

① 지역침전　　② 압축침전
③ 압밀침전　　④ 응집침전

해설 지역(간섭, 방해)침전을 설명하고 있다.

53 슬러지 개량을 위한 열처리의 장점으로 틀린 것은?

① 고온 분해에 따라 악취가 발생되지 않는다.
② 일반적으로 약품처리가 필요 없다.
③ 슬러지를 안정화시키고 병원균을 사멸시킨다.
④ 슬러지의 성분 변화에 민감하지 않다.

해설 상징수의 수질이 나쁘며, 가열 중에 악취가 발생하는 것은 열처리법의 단점이다.

54 폭기조 혼합액을 30분간 침전시킨 후 침전물의 부피가 600mL/L이고, 이때 MLSS가 3,000mg/L이면 SVI는?

① 140　　② 160
③ 180　　④ 200

해설 $SVI = \dfrac{SV(mL/L)}{MLSS(mg/L)} \times 10^3 = \dfrac{600}{3,000} \times 10^3$
$= 200$

55 생물학적 인 제거 공정 중 A/O 공법의 장단점으로 틀린 것은?

① 폐슬러지 내의 인의 함량(1% 이하)이 낮다.
② 타 공법에 비하여 운전이 비교적 간단하다.
③ 높은 BOD/P 비가 요구된다.
④ 비교적 수리학적 체류시간이 짧다.

해설 A/O 공법은 폐슬러지 내의 인의 함량이 비교적 높고 비료의 가치가 있다.

56 어떤 폐수의 암모니아성 질소가 10mg/L이고 동화작용에 충분한 유기탄소(CH_3OH)를 공급한다. 처리장의 유량이 3,000m³/day라면 미생물에 의한 완전한 동화작용 결과 생성되는 미생물생산량은?(단, $20CH_3OH + 15O_2 + 3NH_3 \rightarrow 3C_5H_7NO_2 + 5CO_2 + 34H_2O$를 적용한다.)

① 242kg/day　　② 314kg/day
③ 434kg/day　　④ 513kg/day

ANSWER | 49.③ 50.① 51.③ 52.① 53.① 54.④ 55.① 56.①

해설
$20CH_3OH \equiv 3NH_3-N$
$20 \times 32(g) : 3 \times 14(g)$

$X(kg/day) = \dfrac{10mg}{L} \Big| \dfrac{3,000m^3}{day} \Big| \dfrac{1,000L}{1m^3}$
$\qquad\qquad\quad \Big| \dfrac{1kg}{10^6 mg} \Big| \dfrac{20 \times 32(g)}{3 \times 14(g)}$
$\qquad\quad = 457.14(kg/day)$

$20CH_3OH \equiv 3C_5H_7NO_2$
$20 \times 32(g) : 3 \times 113(g)$
$457.14(kg/day) : X$
$\therefore X = 242.14(kg/day)$

57 포기조의 MLSS농도를 3,000mg/L로 유지하기 위한 슬러지 반송비는?(단, SVI=120, 유입수 내 SS는 무시한다.)
① 0.43 ② 0.56
③ 0.62 ④ 0.74

해설
$R = \dfrac{X}{\dfrac{10^6}{SVI} - X} = \dfrac{3,000mg/L}{\dfrac{10^6}{120} - 3,000mg/L}$
$\quad = 0.5625$

58 폭기조의 유입수 BOD=150mg/L, 유출수 BOD=10mg/L, MLSS=2,500mg/L, 미생물성장계수(Y)=0.7kgMLSS/kgBOD, 내생호흡계수(k)=0.01day^{-1}, 폭기시간(Δ_t)=6시간이다. 미생물체류시간(θ)은?
① 5.4일 ② 6.8일
③ 7.4일 ④ 8.7일

해설
$\dfrac{1}{SRT} = \dfrac{Y \cdot Q \cdot (S_i - S_o)}{\forall \cdot X} - K_d$
$\qquad\quad = \dfrac{Y \cdot (S_i - S_o)}{t \cdot X} - K_d$

$\dfrac{1}{SRT} = \dfrac{0.7}{} \Big| \dfrac{(150-10)mg}{L} \Big| \dfrac{}{6hr} \Big| \dfrac{L}{2,500mg}$
$\qquad\quad \Big| \dfrac{24hr}{1day} - \dfrac{0.01}{day}$

$\therefore SRT = 6.8(day)$

59 최종 BOD 5kg을 혐기성 조건에서 안정화 시킬 때 생산되는 이론적 메탄의 양은?(단, 유기물은 $C_6H_{12}O_6$로 가정함)
① 0.4kg ② 1.25kg
③ 2.15kg ④ 3.65kg

해설
$CH_4 + 2O_2 \rightarrow CO_2 + 2H_2O$
$16(g) : 2 \times 32(g)$
$X(kg) : 5(kg)$
$\therefore X(CH_4) = 1.25(kg)$

60 함수율이 98%이고 고형물 내 VS함량이 65%인 축산폐수 200m^3/day를 혐기성 소화로 처리하고자 한다. 혐기성 소화조의 고형물 부하를 7.5kgVS/m^3-day로 설계하고자 할 때 소화조의 용량은?(단, 축산폐수 내 고형물의 비중은 1.0 이다.)
① 238m^3 ② 347m^3
③ 436m^3 ④ 583m^3

해설
$X(m^3) = \dfrac{200m^3}{day} \Big| \dfrac{(100-98)}{100} \Big| \dfrac{65 \cdot VS}{100}$
$\qquad\qquad \Big| \dfrac{m^3 \cdot day}{7.5kg \cdot VS} \Big| \dfrac{1,000kg}{m^3} = 346.667(m^3)$

SECTION 04 수질오염공정시험기준

61 총유기탄소 분석기기 내 산화부에서 유기탄소를 이산화탄소로 산화하는 방법으로 옳게 짝지은 것은?
① 고온연소 산화방법, 저온연소 산화방법
② 고온연소 산화방법, 전기전도도 산화방법
③ 고온연소 산화방법, 자외선-과황산 산화방법
④ 고온연소 산화방법, 비분산적외선 산화방법

해설 유기탄소를 이산화탄소로 산화하는 방법으로는 고온연소 산화방법과 자외선-과황산 산화방법의 두 가지 방법이 있다.

62 음이온 계면활성제를 자외선/가시선 분광법으로 측정할 때 사용되는 시약으로 옳은 것은?

① 메틸 레드 ② 메틸 오렌지
③ 메틸렌 블루 ④ 메틸렌 옐로

해설 음이온 계면활성제를 측정하기 위하여 메틸렌블루와 반응시켜 생성된 청색의 착화합물을 클로로포름으로 추출하여 흡광도를 650nm에서 측정하는 방법이다.

63 자외선/가시선 분광법을 적용한 불소측정에 관한 설명으로 틀린 것은?

① 란탄알리자린 콤플렉손의 착화합물의 흡광도를 620nm에서 측정한다.
② 정량한계는 0.03mg/L이다.
③ 알루미늄 및 철의 방해가 크나 증류하면 영향이 없다.
④ 전처리법으로 직접증류법과 수증기증류법이 있다.

해설 자외선/가시선 분광법을 적용한 불소측정의 정량한계는 0.15mg/L이다.

64 부유물질 측정 시 간섭물질에 관한 설명으로 틀린 것은?

① 증발잔류물이 1,000mg/L 이상인 경우의 해수, 공장폐수 등은 특별히 취급하지 않을 경우, 높은 부유물질값을 나타낼 수 있다.
② 큰 모래입자 등과 같은 큰 입자들은 부유물질 측정에 방해를 주며, 이 경우 직경 1mm 여과지에 먼저 통과시킨 후 분석을 실시한다.
③ 철 또는 칼슘이 높은 시료는 금속침전이 발생하며 부유물질에 영향을 줄 수 있다.
④ 유지 및 혼합되지 않는 유기물도 여과지에 남아 부유물질 측정값을 높게 할 수 있다.

해설 나무조각, 큰 모래입자 등과 같은 큰 입자들은 부유물질 측정에 방해를 주며, 이 경우 직경 2mm 금속망에 먼저 통과시킨 후 분석을 실시한다.

65 다음 금속류 분석 시료 중 최대 보존기간이 가장 짧은 것은?

① 비소 ② 셀레늄
③ 알킬수은 ④ 6가 크롬

해설 최대 보존기간
비소(6개월), 셀레늄(6개월), 알킬수은(1개월), 6가 크롬(24시간)

66 온도 측정 시 사용되는 용어 중 '담금'에 관한 내용으로 옳은 것은?

① 온도 측정을 위해 대상 시료에 담그는 것으로 온담금과 반담금이 있다.
② 온도 측정을 위해 대상 시료에 담그는 것으로 온담금과 부분담금이 있다.
③ 온도 측정을 위해 대상 시료에 담그는 것으로 온담금과 55mm 담금이 있다.
④ 온도 측정을 위해 대상 시료에 담그는 것으로 온담금과 76mm 담금이 있다.

해설 담금
온도 측정을 위해 대상 시료에 담그는 것으로 온담금과 76mm 담금이 있다. 온담금이란 감온액주의 최상부까지를 측정하는 대상 시료에 담그는 것을 말하며, 76mm 담금이란 구상부 하단으로부터 76mm까지를 측정 대상 시료에 담그는 것을 말한다.

67 다음은 자외선/가시선 분광법을 적용하여 페놀류를 측정할 때 간섭물질에 관한 설명이다. ( ) 안에 옳은 내용은?

> 황 화합물의 간섭을 받을 수 있는데 이는 ( )을 사용하여 pH 4로 산성화하여 교반하면 황화수소, 이산화황으로 제거할 수 있다.

① 염산 ② 질산
③ 인산 ④ 과염소산

해설 황 화합물의 간섭을 받을 수 있는데 이는 인산(H_3PO_4)을 사용하여 pH 4로 산성화하여 교반하면 황화수소(H_2S)나 이산화황(SO_2)으로 제거할 수 있다. 황산구리($CuSO_4$)를 첨가하여 제거할 수도 있다.

68 적정법으로 염소이온을 측정할 때 정량한계로 옳은 것은?

① 0.1mg/L ② 0.3mg/L
③ 0.5mg/L ④ 0.7mg/L

해설 이온크로마토그래피 정량한계는 0.1mg/L, 적정법 : 0.7 mg/L, 이온전극법 : 5mg/L

69 웨어의 수두가 0.8m, 절단의 폭이 5m인 4각 웨어를 사용하여 유량을 측정하고자 한다. 유량계수가 1.6 일 때 유량(m^3/day)은?

① 약 4,345 ② 약 6,925
③ 약 8,245 ④ 약 10,370

해설 $Q(m^3/min) = K \cdot b \cdot h^{\frac{3}{2}} = 1.6 \times 5 \times 0.8^{\frac{3}{2}}$
$= 5.72(m^3/min) = 8,243(m^3/day)$

70 다음은 대장균(효소이용정량법) 측정에 관한 내용이다. ( ) 안에 옳은 내용은?

> 물속에 존재하는 대장균을 분석하기 위한 것으로 효소기질 시약과 시료를 혼합하여 배양한 후 ( ) 검출기로 측정하는 방법이다.

① 자외선   ② 적외선
③ 가시선   ④ 기전력

해설 물속에 존재하는 대장균을 분석하기 위한 것으로, 효소기질 시약과 시료를 혼합하여 배양한 후 자외선 검출기로 측정하는 방법이다.

71 냄새 측정 시 잔류염소 제거를 위해 첨가하는 용액은?

① L-아스코빈산나트륨
② 티오황산나트륨
③ 과망간산칼륨
④ 질산은

해설 잔류염소가 존재하면 티오황산나트륨 용액을 첨가하여 잔류염소를 제거한다.

72 다음은 관 내의 압력이 필요하지 않는 측정용 수로에서 유량을 측정하는 데 적용하는 방법 중 용기에 의한 측정에 관한 내용이다. ( ) 안에 옳은 내용은?

> 최대 유량이 1m^3/분 미만인 경우 : 유수를 용기에 받아서 측정하면 용기는 용량 ( )를 사용하여 유수를 채우는 데에 요하는 시간을 스톱워치로 잰다.

① 100L~200L ② 200L~300L
③ 300L~400L ④ 400L~500L

해설 용기는 용량 100~200L인 것을 사용하여 유수를 채우는 데에 요하는 시간을 스톱워치(Stop Watch)로 잰다. 용기에 물을 받아 넣는 시간을 20초 이상이 되도록 용량을 결정한다.

73 총질소 실험방법과 가장 거리가 먼 것은?(단, 수질오염공정시험기준 적용)

① 연속흐름법
② 자외선/가시선 분광법 – 활성탄흡착법
③ 자외선/가시선 분광법 – 카드뮴·구리 환원법
④ 자외선/가시선 분광법 – 환원증류·킬달법

해설 총 질소 실험방법
자외선/가시선 분광법(산화법), 자외선/가시선 분광법(카드뮴·구리 환원법), 자외선/가시선 분광법(환원증류·킬달법), 연속흐름법

74 금속류인 바륨의 시험방법과 가장 거리가 먼 것은? (단, 수질오염공정시험기준 적용)

① 불꽃원자흡수분광도법
② 자외선/가시선 분광법
③ 유도결합플라스마 원자발광분광법
④ 유도결합플라스마 질량분석법

해설 바륨의 시험방법
불꽃원자흡수분광광도법, 유도결합플라스마 원자발광분광법, 유도결합플라스마 질량분석법

75 수질오염공정시험기준 총칙에 관한 설명을 옳지 않은 것은?

① 분석용 저울은 0.1mg까지 달 수 있는 것이어야 한다.
② 시험결과의 표시는 정량한계의 결과 표시 자리수를 따르며, 정량한계 미만은 불검출된 것으로 간주한다.
③ "바탕시험을 하여 보정한다."라 함은 시료를 사용하여 같은 방법으로 조작한 측정치를 보정하는 것을 말한다.
④ "정확히 취하여"라 하는 것은 규정한 양의 액체를 부피피펫으로 눈금까지 취하는 것을 말한다.

해설 "바탕시험을 하여 보정한다."라 함은 시료에 대한 처리 및 측정을 할 때, 시료를 사용하지 않고 같은 방법으로 조작한 측정치를 빼는 것을 뜻한다.

76 다음 항목 중 시료 보존 방법이 나머지와 다른 것은?

① 전기전도도
② 아질산성 질소
③ 잔류염소
④ 음이온계면활성제

해설 잔류염소의 시료 보존방법은 즉시 분석이며 나머지는 4℃ 보관이다.

77 수질오염공정시험기준상 이온전극법으로 측정할 수 있는 대상 항목과 가장 거리가 먼 것은?

① 브롬
② 시안
③ 암모니아성 질소
④ 염소이온

해설 브롬은 이온크로마토그래피로 분석한다.

78 다음은 자외선/가시선 분광법을 적용한 니켈의 측정방법에 관한 내용이다. ( ) 안에 옳은 내용은?

> 니켈이온을 암모니아의 약 알칼리성에서 다이메틸글리옥심과 반응시켜 생성한 니켈착염을 클로로폼으로 추출하고 이것을 묽은 염산으로 역추출 한다. 추출물에 브롬과 암모니아수를 넣어 니켈을 산화시키고 다시 암모니아 알칼리성에서 다이메틸글리옥심과 반응하여 생성한 (   )의 흡광도를 측정한다.

① 적색 니켈착염
② 청색 니켈착염
③ 적갈색 니켈착염
④ 황갈색 니켈착염

79 다음은 크롬 분석에 관한 내용이다. ( ) 안에 옳은 내용은?(단, 크롬-자외선/가시선 분광법 기준)

> 물속에 존재하는 크롬을 자외선/가시선 분광법으로 측정할 때 3가 크롬은 (   )을/를 첨가하여 6가 크롬으로 산화시킨다.

① 과망간산칼륨
② 염화제일주석
③ 과염소산나트륨
④ 사염화탄소

80 파샬수로(Parshall Flume)에 대한 설명으로 옳은 것은?

① 수두차가 작은 경우에는 유량 측정의 정확도가 현저히 떨어진다.
② 부유물질 또는 토사 등이 많이 섞여 있는 경우에는 목(Throat)부분에 부유물질의 침전이 다량 발생되어 자연유하가 어렵다.
③ 재질은 부식에 대한 내구성이 강한 스테인리스 강관, 염화비닐합성수지 등을 이용하며 면처리는 매끄럽게 처리하여 가급적 마찰로 인한 수두손실을 적게 한다.
④ 관형 및 장방형으로 구분되며 패러데이(Faraday)의 법칙을 이용한다.

해설 파샬수로(Parshall flume)는 수두차가 작아도 유량측정의 정확도가 양호하며 측정하려는 폐수 중에 부유물질 또는 토사 등이 많이 섞여 있는 경우에도 목(Throat)부분에서의 유속이 상당히 빠르므로 부유물질의 침전이 적고 자연유하가 가능하다. 패러데이(Faraday)의 법칙을 이용하는 것은 자기식 유량측정기이다.

ANSWER | 75. ③ 76. ③ 77. ① 78. ③ 79. ① 80. ③

SECTION 05 수질환경관계법규

81 시도지사가 골프장의 맹독성·고독성 농약의 사용 여부를 확인하기 위해 골프장별로 농약사용량을 조사하고 농약 잔류량을 검사하여야 하는 주기 기준은?
① 월마다 ② 분기마다
③ 반기마다 ④ 연마다

82 다음은 환경부장관이 지정할 수 있는 비점오염원관리지역의 지정기준에 관한 내용이다. ( ) 안에 옳은 내용은?

| 인구 ( ) 이상인 도시로서 비점오염원관리가 필요한 지역 |

① 10만 명 ② 30만 명
③ 50만 명 ④ 100만 명

83 다음은 오염총량관리 조사·연구반에 관한 내용이다. ( ) 안에 옳은 내용은?

| 법에 따른 오염총량관리 조사·연구반은 ( )에 둔다. |

① 한국환경공단 ② 국립환경과학원
③ 유역환경청 ④ 수질환경 원격조사센터

해설 오염총량관리 조사·연구반은 국립환경과학원에 둔다.

84 환경부장관이 수립하는 대권역별 수질 및 수생태계 보전을 위한 기본계획(대권역계획)에 포함되어야 하는 사항과 가장 거리가 먼 것은?
① 상수원 및 물 이용현황
② 수질 및 수생태계 보전조치의 추진방향
③ 수질오염 예방 및 저감대책
④ 수질오염에 대한 환경영향평가

해설 대권역계획에 포함되어야 할 사항
㉠ 수질 및 수생태계 변화 추이 및 목표기준
㉡ 상수원 및 물 이용현황
㉢ 점오염원, 비점오염원 및 기타 수질오염원의 분포현황
㉣ 점오염원, 비점오염원 및 기타 수질오염원에 의한 수질오염물질 발생량
㉤ 수질오염 예방 및 저감대책
㉤의2. 수질 및 수생태계 보전조치의 추진방향
㉥ 그 밖에 환경부령이 정하는 사항

85 다음은 환경부장관이 수변생태구역 매수 등을 하기 위한 기준에 관한 내용이다. ( ) 안에 옳은 것은?

| 하천, 호소 등의 경계부터 ( ) 이내의 지역일 것 |

① 200미터 ② 300미터
③ 500미터 ④ 1킬로미터

86 특별시장·광역시장·특별자치도지사가 오염총량관리시행계획을 수립할 때 포함하여야 하는 사항과 가장 거리가 먼 것은?
① 해당 지역 개발계획의 내용
② 수질예측 산정자료 및 이행 모니터링 계획
③ 연차별 오염부하량 삭감목표 및 구체적 삭감 방안
④ 오염원 현황 및 예측

해설 오염총량관리시행계획을 수립할 때 포함하여야 하는 사항
㉠ 오염총량관리시행계획 대상 유역의 현황
㉡ 오염원 현황 및 예측
㉢ 연차별 지역 개발계획으로 인하여 추가로 배출되는 오염부하량 및 해당 개발계획의 세부 내용
㉣ 연차별 오염부하량 삭감 목표 및 구체적 삭감 방안
㉤ 오염부하량 할당 시설별 삭감량 및 그 이행 시기
㉥ 수질예측 산정자료 및 이행 모니터링 계획

87 사업자가 배출시설 또는 방지시설의 설치를 완료하여 당해 배출시설 및 방지시설을 가동하고자 하는 때에는 환경부령이 정하는 바에 의하여 미리 환경부장관에게 가동개시신고를 하여야 한다. 이를 위반하여 가동개시신고를 하지 아니하고 조업한 자에 대한 벌칙 기준은?
① 2백만 원 이하의 벌금
② 3백만 원 이하의 벌금
③ 5백만 원 이하의 벌금
④ 1년 이하의 징역 또는 1천만 원 이하의 벌금

---

81. ③ 82. ④ 83. ② 84. ④ 85. ④ 86. ① 87. ④ | ANSWER

88 시도지사는 공공수역의 수질보전을 위하여 환경부령이 정하는 해발고도 이상에 위치한 농경지 중 환경부령이 정하는 경사도 이상의 농경지를 경작하는 자에 대하여 경작방식의 변경, 농약·비료의 사용량 저감, 휴경 등을 권고할 수 있다. 위에서 언급한 환경부령이 정하는 해발고도와 경사도 기준으로 옳은 것은?

① 400미터, 15퍼센트 ② 400미터, 25퍼센트
③ 600미터, 15퍼센트 ④ 600미터, 25퍼센트

89 다음의 수질오염방지시설 중 물리적 처리시설이 아닌 것은?

① 혼합시설   ② 침전물 개량시설
③ 응집시설   ④ 유수분리시설

해설 침전물 개량시설은 화학적 처리시설이다.

90 다음은 수질 및 수생태계 하천 환경기준 중 생활환경기준에 적용되는 등급에 따른 수질 및 수생태계 상태를 나타낸 것이다. 어떤 등급의 수질 및 수생태계의 상태인가?

> 상당량의 오염물질로 인하여 용존산소가 소모되는 생태계로 농업용수로 사용하거나 여과, 침전, 활성탄 투입, 살균 등 고도의 정수처리 후 공업용수로 사용할 수 있음

① 약간 나쁨   ② 나쁨
③ 상당히 나쁨   ④ 매우 나쁨

91 다음은 호소수 이용 상황 등의 조사 측정에 관한 내용이다. ( ) 안에 옳은 내용은?

> 시도지사는 환경부장관이 지정, 고시하는 호소 외의 호소로서 만수위일 때의 면적이 ( ) 이상인 호소의 수질 및 수생태계 등을 정기적으로 조사, 측정하여야 한다.

① 10만 제곱미터   ② 20만 제곱미터
③ 30만 제곱미터   ④ 50만 제곱미터

92 환경부장관이 설치할 수 있는 측정망의 종류와 가장 거리가 먼 것은?

① 비점오염원에서 배출되는 비점오염물질 측정망
② 퇴적물 측정망
③ 도심하천 측정망
④ 공공수역 유해물질 측정망

해설 도심하천 측정망은 시·도지사가 설치할 수 있는 측정망이다.

93 비점오염원의 변경신고 기준으로 옳은 것은?

① 총 사업면적·개발면적 또는 사업장 부지면적이 처음 신고면적의 100분의 15 이상 증가하는 경우
② 총 사업면적·개발면적 또는 사업장 부지면적이 처음 신고면적의 100분의 20 이상 증가하는 경우
③ 총 사업면적·개발면적 또는 사업장 부지면적이 처음 신고면적의 100분의 30 이상 증가하는 경우
④ 총 사업면적·개발면적 또는 사업장 부지면적이 처음 신고면적의 100분의 50 이상 증가하는 경우

94 수질오염경보 중 수질오염감시경보 단계가 '관심'인 경우 한국환경공단이사장의 조치 사항으로 옳은 것은?

① 수체변화 감시 및 원인 조사
② 지속적 모니터링을 통한 감시
③ 관심경보 발령 및 관계기관 통보
④ 원인조사 및 오염물질 추적 조사 지원

해설 수질오염감시경보 단계가 '관심' 시 조치사항
㉠ 측정기기의 이상 여부 확인
㉡ 유역·지방환경청장에게 보고
㉢ 상황 보고, 원인 조사 및 관심경보 발령 요청
㉣ 지속적 모니터링을 통한 감시

95 제조업의 배출시설(폐수무방류배출시설 제외)을 설치, 운영하는 사업자에 대하여 환경부장관이 조업정지처분에 갈음하여 부과할 수 있는 과징금의 최대 액수는?

① 1억   ② 2억
③ 3억   ④ 5억

ANSWER | 88.① 89.② 90.① 91.④ 92.③ 93.① 94.② 95.③

96 오염총량관리 기본방침에 포함되어야 하는 사항과 가장 거리가 먼 것은?

① 오염총량관리 대상지역
② 오염원의 조사 및 오염부하량 산정방법
③ 오염총량관리의 대상 수질오염물질 종류
④ 오염총량관리의 목표

해설 오염총량관리기본방침에 포함되어야 할 사항
㉠ 오염총량관리의 목표
㉡ 오염총량관리의 대상 수질오염물질 종류
㉢ 오염원의 조사 및 오염부하량 산정방법
㉣ 법 제4조의3에 따른 오염총량관리기본계획의 주체, 내용, 방법 및 시한
㉤ 법 제4조의4에 따른 오염총량관리시행계획의 내용 및 방법

97 폐수종말처리시설의 방류수 수질기준으로 틀린 것은?(단, I 지역 기준, ( )는 농공단지 폐수종말처리시설의 방류수 수질기준임)

① BOD : 10(10)mg/L 이하
② COD : 20(40)mg/L 이하
③ 총 질소(T-N) : 10(10)mg/L 이하
④ 총 인(T-P) : 0.2(0.2)mg/L 이하

해설 총 질소(T-N) : 20(20)mg/L 이하

98 환경기술인 등이 교육기관·대상자 등에 관한 내용으로 틀린 것은?

① 최초 교육 : 환경기술인 등이 최초로 업무에 종사한 날부터 1년 이내의 실시하는 교육
② 보수교육 : 최초 교육 후 3년마다 실시하는 교육
③ 환경기술인 교육기관 : 환경관리협회
④ 기술요원 교육기관 : 국립환경인력개발원

해설 환경기술인 교육기관 : 환경보전협회

99 수질 및 수생태계 환경기준 중 하천의 수질 및 수생태계 상태별 생물학적 특성 이해표 내용 중 생물등급이 [좋음~보통]인 경우, 생물지표종(저서생물)이 아닌 것은?

① 붉은 깔다구
② 다슬기
③ 넓적거머리
④ 동양하루살이

해설 생물등급이 [좋음~보통]인 경우, 생물지표종(저서생물) : 다슬기, 넓적거머리, 강하루살이, 동양하루살이, 등줄하루살이, 등딱지하루살이, 물삿갓벌레, 큰줄날도래

100 다음은 폐수무방류배출시설의 세부설치기준에 관한 내용이다. ( ) 안에 옳은 내용은?

> 특별대책지역에 설치되는 폐수무방류배출시설의 경우 1일 24시간 연속하여 가동되는 것이면 배출 폐수를 전량 처리할 수 있는 예비 방지시설을 설치하여야 하고 ( ) 이상이면 배출 폐수의 무방류 여부를 실시간으로 확인할 수 있는 원격유량감시장치를 설치하여야 한다.

① 1일 최대 폐수발생량이 100세제곱미터
② 1일 최대 폐수발생량이 200세제곱미터
③ 1일 최대 폐수발생량이 300세제곱미터
④ 1일 최대 폐수발생량이 500세제곱미터

96. ① 97. ③ 98. ③ 99. ① 100. ②

2014년 1회 수질환경기사

SECTION 01 수질오염개론

01 다음 수질을 가진 농업용수의 SAR값은?(단, Na$^+$=460mg/L, PO$_4^{3-}$=1,500mg/L, Cl$^-$=108mg/L, Ca^{++}=600mg/L, Mg^{++}=240mg/L, NH$_3$-N=380mg/L, Na 원자량 : 23, P 원자량 : 31, Cl 원자량 : 35.5, Ca 원자량 : 40, Mg 원자량 : 24)

① 2 ② 4
③ 6 ④ 8

해설 SAR(Sodium Adsorption Ratio)은 관개용수의 Na$^+$ 함량 기준으로 다음과 같이 계산된다.

$$SAR = \frac{Na^+}{\sqrt{\frac{Mg^{2+} + Ca^{2+}}{2}}}$$

(단, 모든 단위는 meq/L이다.)

㉠ $Na^+\left(\frac{meq}{L}\right) = \frac{460mg}{L} \left| \frac{1meq}{(23/1)mg} \right. = 20(meq/L)$

㉡ $Ca^{2+}\left(\frac{meq}{L}\right) = \frac{600mg}{L} \left| \frac{1meq}{(40/2)mg} \right. = 30(meq/L)$

㉢ $Mg^{2+}\left(\frac{meq}{L}\right) = \frac{240mg}{L} \left| \frac{meq}{(24/2)mg} \right. = 20(meq/L)$

∴ $SAR = \frac{20}{\sqrt{\frac{20+30}{2}}} = 4$

02 호수나 저수지의 여름철 성층현상에 관한 설명 중 옳지 않은 것은?

① 수온차에 따라 표수층, 수온약층, 심수층의 성층을 이룬다.
② 하층의 물은 표층으로 잘 순환(Turn Over)되지 않고 수직운동은 상층에만 국한된다.
③ 완충작용을 하는 수온약층의 깊이에 따른 수온 차이는 표층수에 비해 매우 적다.
④ 수심에 따른 온도변화로 인해 발생되는 물의 밀도차에 의해 발생된다.

해설 Thermocline(수온약층)은 수심에 따른 수온차이는 표층수에 비해 매우 크다.

03 20% NaOH 용액은 몇 N 용액인가?

① 2.0N ② 3.0N
③ 4.0N ④ 5.0N

해설 $X\left(\frac{eq}{L}\right) = \frac{20g}{100mL} \left| \frac{10^3 mL}{1L} \right| \frac{1eq}{(40/1)g}$
$= 5N$

04 어느 하천수의 단위시간당 산소전달률 K_{LA}를 측정하고자 용존산소농도를 측정하였더니 10mg/L이었다. 이때 용존산소농도를 0mg/L로 만들기 위해 필요한 Na$_2$SO$_3$의 이론첨가량은?(단, 원자량은 Na : 23, S : 32)

① 104mg/L ② 92mg/L
③ 85mg/L ④ 79mg/L

해설 무수황산나트륨의 산화반응을 이용한다.
Na$_2$SO$_3$ + 0.5O$_2$ → Na$_2$SO$_4$
126(g) : 0.5×32(g)
X(mg/L) : 10(mg/L)
∴ X(=Na$_2$SO$_3$)=78.75(mg/L)

05 적조(Red Tide)에 관한 설명으로 틀린 것은?

① 갈수기로 인하여 염도가 증가된 정체 해역에서 주로 발생한다.
② 수중 용존산소 감소에 의한 어패류의 폐사가 발생된다.
③ 수괴의 연직안정도가 크고 독립해 있을 때 발생한다.
④ 해저에 빈산소층이 형성할 때 발생한다.

해설 적조현상은 강우에 따른 하천수의 유입으로 염분량이 낮아지고, 물리적 자극물질이 보급될 때 발생한다.

ANSWER | 1.② 2.③ 3.④ 4.④ 5.①

06 해수의 특성으로 옳지 않은 것은?
① 해수의 밀도는 수온, 염분, 수압에 영향을 받는다.
② 해수는 강전해질로서 1L당 평균 35g의 염분을 함유한다.
③ 해수 내 전체 질소 중 35% 정도는 잘산성 질소 등 무기성 질소 형태이다.
④ 해수의 Mg/Ca비는 3~4 정도이다.

해설 해수 내 전체질소 중 약 35% 정도는 암모니아성 질소와 유기질소의 형태이다.

07 글리신($CH_2(NH_2)COOH$)의 이론적 COD/TOC의 비는?(단, 글리신의 최종 분해산물은 CO_2, HNO_3, H_2O이다.)
① 2.83
② 3.76
③ 4.67
④ 5.38

해설 Glycine($CH_2(NH_2)COOH$)의 이론적 산화반응을 이용한다.
㉠ $C_2H_5NO_2 + 3.5O_2 \rightarrow 2CO_2 + 2H_2O + HNO_3$
　　1mol　　: 3.5×32(g)
　　ThOD=COD=112(g)
㉡ $C_2H_5NO_2 \rightarrow 2C$
　　1mol　　: 2×12(g)
　　TOC=24(g)
$\therefore \dfrac{COD}{TOC} = \dfrac{112(g)}{24(g)} = 4.67$

08 지하수의 특성에 관한 설명으로 옳지 않은 것은?
① 염분함량이 지표수보다 낮다.
② 주로 세균(혐기성)에 의한 유기물 분해작용이 일어난다.
③ 국지적인 환경조건의 영향을 크게 받는다.
④ 빗물로 인하여 광물질이 용해되어 경도가 높다.

해설 지하수는 염분함량이 지표수보다 약 30% 이상 높다.

09 지구상에 분포하는 수량 중 빙하(만년설 포함) 다음으로 가장 많은 비율을 차지하고 있는 것은?(단, 담수 기준)
① 하천수
② 지하수
③ 대기습도
④ 토양수

해설 지구상에 분포하는 수량 중 가장 많은 비율을 차지하는 순으로 구분하면 해수(97.2%) > 빙하(2.15%) > 지하수(0.62%) > 담수호(0.009%) > 염수호(0.008%) > 토양수(0.005%) > 대기(0.001%) > 하천수(0.00009%) 순이다.

10 다음은 Graham의 기체법칙에 관한 내용이다. ( ) 안에 알맞은 것은?

수소의 확산속도에 비해 염소는 약 (㉠), 산소는 (㉡) 정도의 확산속도를 나타낸다.

① ㉠ 1/6, ㉡ 1/4
② ㉠ 1/6, ㉡ 1/9
③ ㉠ 1/4, ㉡ 1/6
④ ㉠ 1/9, ㉡ 1/6

해설 Graham의 법칙은 일정한 온도와 압력상태에서 기체의 확산속도는 그 기체분자량의 제곱근(밀도의 제곱근)에 반비례한다는 법칙이다.
따라서, 염소의 확산속도 = $\dfrac{1}{\sqrt{\dfrac{71}{2}}} \fallingdotseq \dfrac{1}{6}$,
수소의 확산속도에 비해 산소의 확산속도 = $\dfrac{1}{\sqrt{\dfrac{32}{2}}} = \dfrac{1}{4}$
정도의 확산속도를 나타낸다.

11 다음이 설명하는 일반적 기체 법칙은?

여러 물질이 혼합된 용액에서 어느 물질의 증기압(분압)은 혼합액에서 그 물질의 몰 분율에 순수한 상태에서 그 물질의 증기압을 곱한 것과 같다.

① 라울의 법칙
② 게이-루삭의 법칙
③ 헨리의 법칙
④ 그레함의 법칙

해설 라울의 법칙(Raoult's Law)은 용액의 증기압력내림은 용액 속에 녹아 있는 용질의 몰분율에 비례한다는 법칙으로 다음 식으로 계산한다.
$P = X \times P^o$
여기서, P : 용액에 있는 용매의 증기압
　　　　X : 용액에 있는 용매의 몰분율
　　　　P^o : 순수한 용매의 증기압

12 탈산소계수(K_1)가 $0.20day^{-1}$의 하천의 BOD_5 농도가 $100mg/L$이었다. BOD_1은?(단, 상용대수 기준)

① 36mg/L ② 41mg/L
③ 46mg/L ④ 51mg/L

해설 1일 BOD는 다음과 같이 소모 BOD계산식을 적용할 수 있다.
$BOD_5 = BOD_u(1-10^{-K_1 \cdot t})$
$100 = BOD_u(1-10^{-0.2 \times 5})$
$BOD_u = 111.11(mg/L)$
$BOD_1 = 111.11 \times (1-10^{-0.2 \times 1})$
$= 41(mg/L)$

13 $Ca(OH)_2$ 500mg/L 용액의 pH는?(단, $Ca(OH)_2$는 완전해리, Ca 원자량 : 40)

① 11.43 ② 11.73
③ 12.13 ④ 12.53

해설 pH의 정의는 수소이온 역수의 log 값으로 다음 식으로 계산된다.
$pH = \log\dfrac{1}{[H^+]}$ or $pH = 14 - \log\dfrac{1}{[OH^-]}$

$Ca(OH)_2 \Leftrightarrow Ca^{2+} + 2OH^-$
1M   2M

㉠ $X\left(\dfrac{mol}{L}\right) = \dfrac{500mg}{L}\left|\dfrac{g}{10^3mg}\right|\dfrac{1mol}{74g}$
$= 6.757 \times 10^{-3}(mol/L)$

㉡ $pH = 14 - \log\dfrac{1}{2 \times 6.757 \times 10^{-3}} = 12.13$

14 pH 7인 물에서 CO_2의 해리상수는 4.3×10^{-7}이고 $[HCO_3^-] = 8.6 \times 10^{-3} mol/L$일 때 CO_2 농도는?

① 68mg/L ② 78mg/L
③ 88mg/L ④ 98mg/L

해설 $H_2O + CO_2 = HCO_3^- + H^+$
$k = \dfrac{[HCO_3^-][H^+]}{[CO_2][H_2O]} = \dfrac{[HCO_3^-][H^+]}{[CO_2]}$,
$k = 4.3 \times 10^{-7}$,
$HCO_3^- = 8.6 \times 10^{-3}M$,
$H^+ = pH가 7이므로 10^{-7}M$

$[4.3 \times 10^{-7}] = \dfrac{[8.6 \times 10^{-3}][10^{-7}]}{[CO_2]}$

$[CO_2] = \dfrac{[8.6 \times 10^{-3}][10^{-7}]}{[4.3 \times 10^{-7}]} = 0.002M$

CO_2 농도$(mg/L) = \dfrac{0.002mol}{L}\left|\dfrac{44g}{1mol}\right|\dfrac{10^3 mg}{g}$
$= 88mg/L$

15 Glucose 500mg/L가 완전 산화하는 데 필요한 이론적 산소요구량은?

① 533mg/L ② 633mg/L
③ 733mg/L ④ 833mg/L

해설 글루코스의 이론적 산화반응을 이용한다.
$C_6H_{12}O_6 + 6O_2 \rightarrow 6CO_2 + 6H_2O$
180(g)   : 6×32(g)
500(mg/L) : X(mg/L)
$\therefore X(=COD) = 533.33(mg/L)$

16 하천모델의 종류 중 DO SAG - I, II, III에 관한 설명으로 틀린 것은?

① 2차원 정상상태 모델이다.
② 점오염원 및 비점오염원이 하천의 용존산소에 미치는 영향을 나타낼 수 있다.
③ Streeter-Phelps 식을 기본으로 한다.
④ 저질의 영향이나 광합성 작용에 의한 용존산소반응을 무시한다.

해설 DO SAG - I, II, III모델은 1차원 정상모델로 점오염원 및 비점오염원이 하천의 DO에 미치는 영향을 나타낼 수 있다.

17 1차 반응에 있어 반응 초기의 농도가 100mg/L이고, 4시간 후에 10mg/L로 감소되었다. 반응 2시간 후의 농도(mg/L)는?

① 17.8 ② 24.8
③ 31.6 ④ 42.8

해설 1차 반응식을 이용한다.
$\ln\dfrac{C_t}{C_o} = -K \cdot t$ $\ln\dfrac{10}{100} = -K \cdot 4hr$
$K = 0.5756(hr^{-1})$

ANSWER | 12. ② 13. ③ 14. ③ 15. ① 16. ① 17. ③

$$\therefore \ln\frac{C_t}{100} = \frac{-0.5756}{hr}\bigg|\frac{2hr}{}$$

$$\therefore C_t = 100 \times e^{-0.5756 \times 2} = 31.63 (mg/L)$$

18 지하수의 수질을 분석한 결과 다음과 같았다. 이 지하수의 이온강도(I)는?

- Ca^{2+} : 3×10^{-4} mole/L
- Na^+ : 5×10^{-4} mole/L
- Mg^{2+} : 5×10^{-5} mole/L
- $CO_3{}^{2-}$: 2×10^{-5} mole/L

① 0.0099   ② 0.00099
③ 0.0085   ④ 0.00085

해설 이온강도(Ionic Strength : μ)는 용액 중에 있는 이온의 전체 농도를 나타내는 척도로서 다음 식으로 계산된다.

$$\mu = \frac{1}{2}\sum_i C_i \cdot Z_i^2$$

여기서, C_i : 이온의 몰농도
Z_i : 이온의 전하

$\therefore \mu = \frac{1}{2}[(3 \times 10^{-4}) \times (+2)^2$
$\quad + (5 \times 10^{-4}) \times (+1)^2 + (5 \times 10^{-5})$
$\quad \times (+2)^2 + (2 \times 10^{-5}) \times (-2)^2]$
$\quad = 9.9 \times 10^{-4}$

19 어떤 하천수의 분석 결과이다. 총경도(mg/L as $CaCO_3$)는?(단, 원자량 : Ca 40, Mg 24, Na 23, Sr 88)

[분석 결과]
- Na^+(25mg/L),   • Mg^{+2}(11mg/L),
- Ca^{+2}(8mg/L),   • Sr^{+2}(2mg/L)

① 약 68   ② 약 78
③ 약 88   ④ 약 98

해설 $TH = \sum M_C^{2+} \times \frac{50}{Eq}$

$= 8(mg/L) \times \frac{50}{40/2} + 11(mg/L) \times \frac{50}{24/2}$
$\quad + 2(mg/L) \times \frac{50}{88/2}$
$= 68.11(mg/L \text{ as } CaCO_3)$

20 어느 하천에 다음과 같은 하수가 유입될 때 혼합지점으로부터 10km 하류 지점에서의 용존산소농도는? (단, 혼합수의 K_1과 K_2(밑이 e)는 0.2/일과 0.3/일이며 20℃에서의 포화산소농도는 9.2mg/l 이다.)

구분	하천	하수
유량	4.5m³/s	0.9m³/s
BOD₅	2.4mg/L	75mg/L
온도	20℃	20℃
DO	8.0mg/L	0.8mg/L
유속	0.3m/s	

① 약 5.0mg/L   ② 약 5.5mg/L
③ 약 6.0mg/L   ④ 약 6.5mg/L

해설 DO 부족량(mg/L)의 계산공식을 이용하되 탈산소계수와 재폭기계수의 밑이 e, 즉 자연대수 베이스임을 유의하여야 한다.

㉠ $L_o(BOD_u)$의 계산
$BOD_5 = BOD_u \times (1 - e^{-K_1 \times 5})$
$BOD_5 = \frac{C_1Q_1 + C_2Q_2}{Q_1 + Q_2} = \frac{2.4 \times 4.5 + 75 \times 0.9}{4.5 + 0.9}$
$= 14.5(mg/L)$
$14.5 = BOD_u \times (1 - e^{-0.2 \times 5})$
$\therefore L_o(BOD_u) = 22.94(mg/L)$

㉡ D_o(초기 부족량) $= C_s - C$
$C(= 혼합수\ DO) = \frac{C_1Q_1 + C_2Q_2}{Q_1 + Q_2}$
$= \frac{8 \times 4.5 + 0.8 \times 0.9}{4.5 + 0.9}$
$= 6.8(mg/L)$
$\therefore D_o = 9.2 - 6.8 = 2.4(mg/L)$

㉢ 유하시간(t)의 계산
$t = \frac{L}{V} = \frac{10 \times 10^3 (m)}{0.3m}\bigg|\frac{sec}{3,600sec}\bigg|\frac{1hr}{24hr}\bigg|\frac{day}{}$
$= 0.386(day)$

이를 위의 계산식에 대입하면
$D_t = \frac{K_1 \cdot L_o}{K_2 - K_1}(e^{-K_1 \cdot t} - e^{-K_2 \cdot t}) + D_o \cdot e^{-K_2 \cdot t}$
$= \frac{0.2 \times 22.94}{0.3 - 0.2}(e^{-0.2 \times 0.386} - e^{-0.3 \times 0.386})$
$\quad + 2.4 \times e^{-0.3 \times 0.386} = 3.746(mg/L)$

$\therefore$ 용존산소농도$(D_o) = 9.2 - 3.746$
$= 5.45(mg/L)$

SECTION 02 상하수도계획

21 정수시설인 배수관의 수압에 관한 내용으로 옳은 것은?

① 급수관을 분기하는 지점에서 배수관 내의 최대 정수압은 150kPa(dir 1.6kgf/cm²)을 초과하지 않아야 한다.
② 급수관을 분기하는 지점에서 배수관 내의 최대 정수압은 250kPa(약 2.6kgf/cm²)을 초과하지 않아야 한다.
③ 급수관을 분기하는 지점에서 배수관 내의 최대 정수압은 450kPa(약 4.6kgf/cm²)을 초과하지 않아야 한다.
④ 급수관을 분기하는 지점에서 배수관 내의 최대 정수압은 700kPa(약 7.1kgf/cm²)을 초과하지 않아야 한다.

해설 급수관을 분기하는 지점에서 배수관 내의 최대 정수압은 700kPa을 초과하지 않아야 한다.

22 말굽형 하수관거의 장점으로 옳지 않은 것은?

① 대구경 관거에 유리하며 경제적이다.
② 수리학적으로 유리하다.
③ 단면형상이 간단하여 시공성이 우수하다.
④ 상반부의 아치작용에 의해 역학적으로 유리하다.

해설 말굽형 하수관거는 대구경관에 유리하며, 경제적이고, 수리학적으로 유리하며 상반부의 아치작용으로 역학적으로 유리하다. 말굽형은 개수로 터널에 가장 많이 채용된다. 그러나 단면형상이 복잡하여 시공성이 떨어지는 단점이 있다.

23 펌프의 규정토출량 50m³/min, 펌프의 규정회전수 900회/min, 펌프의 규정양정 15m 일 때 비교 회전도는?

① 약 835   ② 약 926
③ 약 1,048 ④ 약 1,135

해설 $N_s = N \times \dfrac{Q^{1/2}}{H^{3/4}} = 900 \times \dfrac{(50)^{1/2}}{(15)^{3/4}} = 834.9(회)$

24 다음은 정수시설의 시설능력에 관한 내용이다. ( ) 안에 내용으로 옳은 것은?

> 소비자에게 고품질의 수도 서비스를 중단 없이 제공하기 위하여 정수시설은 유지보수, 사고대비, 시설 개량 및 확장 등에 대비하여 적절한 예비용량을 갖춤으로써 수도시스템으로의 안정성을 높여야 한다. 이를 위하여 예비용량을 감안한 정수시설의 가동률은 ( ) 내외가 적정하다.

① 70%   ② 75%
③ 80%   ④ 85%

25 상수처리를 위한 침사지 구조에 관한 내용으로 옳지 않은 것은?

① 표면부하율은 200~500mm/min을 표준으로 한다.
② 지내 평균유속은 2~7m/min을 표준으로 한다.
③ 지의 상단높이는 고수위보다 0.6~1m의 여유고를 둔다.
④ 지의 유효수심은 3~4m를 표준으로 한다.

해설 지내 평균유속은 2~7cm/sec를 표준으로 한다.

26 계획오염부하량 및 계획유입수질에 관한 내용으로 옳지 않은 것은?

① 관광오수에 의한 오염부하량은 당일 관광과 숙박으로 나누고 각각의 원단위에서 추정한다.
② 영업오수에 의한 오염부하량은 업무의 종류 및 오수의 특징 등을 감안하여 결정한다.
③ 생활오수에 의한 오염부하량은 1인 1일당 오염부하량 원단위를 기초로 하여 정한다.
④ 하수의 계획유입수질은 계획오염부하량을 계획 1일 최대오수량으로 나눈값으로 한다.

해설 하수의 계획유입수질은 계획오염부하량을 계획 1일 평균오수량으로 나눈값으로 한다.

ANSWER | 21. ④ 22. ③ 23. ① 24. ② 25. ② 26. ④

27 다음은 하수관거의 접합에 관한 내용이다. ( ) 안에 옳은 내용은?

> 2개의 관거가 합류하는 경우의 중심교각은 되도록 (㉠) 이하로 하고 곡선을 갖고 합류하는 경우의 곡률 반경은 내경의 (㉡) 이상으로 한다.

① ㉠ 45° ㉡ 5배 ② ㉠ 45° ㉡ 10배
③ ㉠ 60° ㉡ 5배 ④ ㉠ 60° ㉡ 10배

해설 하수관거 접합 시 2개의 관거가 합류하는 경우 중심교각은 되도록 60° 이하로 하고, 곡선을 갖고 합류하는 경우의 곡률 반경은 내경의 5배 이상으로 한다.

28 하수도시설인 우수조정지의 여수토구에 관한 내용으로 옳은 것은?

① 여수토구는 확률연수 10년 강우의 최대우수유출량의 1.2배 이상의 유량을 방류시킬 수 있는 것으로 한다.
② 여수토구는 확률연수 10년 강우의 최대우수유출량의 1.44배 이상의 유량을 방류시킬 수 있는 것으로 한다.
③ 여수토구는 확률연수 100년 강우의 최대우수유출량의 1.2배 이상의 유량을 방류시킬 수 있는 것으로 한다.
④ 여수토구는 확률연수 100년 강우의 최대우수유출량의 1.44배 이상의 유량을 방류시킬 수 있는 것으로 한다.

해설 여수토구(餘水吐口)는 다음 사항을 고려하여 정한다.
㉠ 여수토구는 확률연수 100년 강우의 최대우수유출량의 1.44배 이상의 유량을 방류시킬 수 있는 것으로 한다.
㉡ 계획홍수위는 댐의 천단고(天端高)를 초과하여서는 안 된다.

29 자연부식 중 매크로셀부식에 해당되는 것은?

① 산소농담(통기차)
② 특수토양부식
③ 간섭
④ 박테리아부식

해설 관의 부식
㉠ 자연부식
• 미크로셀부식 : 일반토양부식, 특수토양부식, 박테리아부식
• 매크로셀부식 : 콘크리트·토양, 산소농담(통기차), 이종금속
㉡ 전식 : 전철의 미주전류, 간섭

30 다음 중 막모듈의 열화 내용과 가장 거리가 먼 것은?

① 장기적인 압력부하에 의한 막 구조의 압밀화
② 건조되거나 수축으로 인한 막 구조의 비가역적인 변화
③ 원수 중의 고형물이나 진동에 의한 막 면의 상처나 마모, 파단
④ 막의 다공질부의 흡착, 석출, 포착 등에 의한 폐색

해설 막의 열화는 막 자체의 변질로 생긴 비가역적인 막성능 저하이다.

31 해수담수화방식의 상변화방식 중 결정법인 것은?

① 다중효용법   ② 투과기화법
③ 가스수화물법   ④ 증기압축법

해설 해수담수화방식
㉠ 상변화방식
• 증발법(다단플래시법, 다중효용법, 증기압축법, 투과기화법)
• 결정법(냉동법, 가스수화물법)
㉡ 상불변방식
• 막법(역삼투법, 전기투석법)
• 용매추출법

32 하수도 배제방식 중 분류식에 관한 설명으로 옳지 않은 것은?(단, 합류식과 비교 기준)

① 관거오접 : 없다.
② 관거 내 퇴적 : 관거 내의 퇴적이 적다.
③ 처리장으로의 토사유입 : 토사의 유입이 있지만 합류식 정도는 아니다.
④ 건설비 : 오수관거와 우수관거의 2계통을 건설하는 경우는 비싸지만 오수관거만을 건설하는 경우는 가장 저렴하다.

27. ③ 28. ④ 29. ① 30. ④ 31. ④ 32. ① | ANSWER

해설 관거오접 : 분류식의 경우 철저한 감시가 필요하다.

33 도수관을 설계할 때 평균유속 기준으로 옳은 것은?
① 자연유하식인 경우, 허용최대한도는 1.5m/s, 도수관의 평균유속은 최소한도 0.3m/s로 한다.
② 자연유하식인 경우, 허용최대한도는 1.5m/s, 도수관의 평균유속은 최소한도 0.6m/s로 한다.
③ 자연유하식인 경우, 허용최대한도는 3.0m/s, 도수관의 평균유속은 최소한도 0.3m/s로 한다.
④ 자연유하식인 경우, 허용최대한도는 3.0m/s, 도수관의 평균유속은 최소한도 0.6m/s로 한다.

해설 자연유하식인 경우에는 허용최대한도를 3m/sec로 하고, 도수관의 평균유속의 최소한도는 0.3m/sec로 한다.

34 정수시설인 착수정의 용량 기준은?
① 체류시간 1.5분 이상
② 체류시간 3.0분 이상
③ 체류시간 15분 이상
④ 체류시간 30분 이상

해설 착수정의 용량은 체류시간을 1.5분 이상으로 한다.

35 정수시설인 완속여과지에 관한 내용으로 옳지 않은 것은?
① 주위벽 상단은 지반보다 60cm 이상 높여 여과지 내로 오염수나 토사 등의 유입을 방지한다.
② 여과속도는 4~5m/d를 표준으로 한다.
③ 모래층의 두께는 70~90cm를 표준으로 한다.
④ 여과면적은 계획정수량을 여과속도로 나누어 구한다.

해설 주위벽 상단은 지반보다 15cm 이상 높여 여과지 내로 오염수나 토사 등의 유입을 방지해야 한다.

36 호소, 댐을 수원으로 하는 경우, 취수시설에 관한 설명으로 옳지 않은 것은?
① 취수탑(가동식) : 일반적인 철근콘크리트조로 축조하고 수심이 특히 깊은 저수지 등에서 사용된다.
② 취수문 : 일반적으로 중·소량 취수에 사용된다.
③ 취수틀 : 구조가 간단하고 시공도 비교적 용이하다.
④ 취수틀 : 수중에 설치되므로 호소의 표면수는 취수할 수 없다.

해설 호소, 댐을 수원으로 하는 경우 취수탑(가동식)은 저수지 등 수심이 특히 깊고, 일반적인 철근콘크리트조의 취수탑을 축조하기 곤란한 경우에 많이 사용된다.

37 우수관거 및 합류관거의 최소관경에 관한 내용으로 옳은 것은?
① 200mm를 표준으로 한다.
② 250mm를 표준으로 한다.
③ 300mm를 표준으로 한다.
④ 350mm를 표준으로 한다.

해설 하수관거의 최소관경은 오수관거는 200mm, 우수관거 및 합류관거는 250mm를 표준으로 한다.

38 하수도시설인 유량조정조에 관한 내용으로 옳지 않은 것은?
① 조의 용량은 체류시간 6시간을 표준으로 한다.
② 유효수심은 3~5m를 표준으로 한다.
③ 유량조정조의 유출수는 침사지에 반송하거나 펌프로 일차침전지 혹은 생물반응조에 송수한다.
④ 조 내에 침전물의 발생 및 부패를 방지하기 위해 교반장치 및 산기장치를 설치한다

해설 유량조정조의 조의 용량은 유입하수량 및 유입부하량의 시간변동을 고려하여 설정수량을 초과하는 수량을 일시 저류하도록 정한다.

ANSWER | 33. ③ 34. ① 35. ① 36. ② 37. ② 38. ①

39 관거별 계획하수량을 정할 때 고려사항으로 옳지 않은 것은?

① 오수관거에서는 계획시간최대오수량으로 한다.
② 차집관거는 계획시간최대오수량과 계획우수량을 합한 것으로 한다.
③ 지역의 실정에 따라 계획하수량에 여유율을 둘 수 있다.
④ 우수관거에서는 계획우수량으로 한다.

해설 차집관거에서 계획하수량은 우천 시 계획우수량으로 한다.

40 경사가 2‰인 하수관거의 길이가 6,000m일 때 상류관과 하류관의 고저차는?(단, 기타 조건은 고려하지 않음)

① 3m
② 6m
③ 9m
④ 12m

해설 고저차(H) = I(경사) × L(유로길이)
∴ $H = \dfrac{2}{1,000} \times 6,000 = 12(m)$

SECTION 03 수질오염방지기술

41 유기물에 의한 최종 BOD_L 2kg을 안정화시킬 때 이론적으로 발생되는 메탄양은?(단, 유기물은 Glucose로 가정할 것, 완전분해 기준)

① 약 0.4kg
② 약 0.5kg
③ 약 0.6kg
④ 약 0.7kg

해설 글루코스의 산화반응으로 글루코스(유기물)의 양을 구하고, 글루코스의 혐기성 분해 반응식을 이용하여 메탄생성량을 구한다.
㉠ $C_6H_{12}O_6 + 6O_2 \rightarrow 6CO_2 + 6H_2O$
180(g) : 6 × 32(g)
X_1(kg) : 2kg(BOD)
∴ $X_1(=C_6H_{12}O_6) = 1.875$(kg)

㉡ $C_6H_{12}O_6 \rightarrow 3CH_4 + 3CO_2$
180(g) : 3 × 16(g)
1.875(kg) : X_2(kg)
∴ $X_2(=CH_4) = 0.5$(kg)

42 200mg/L의 에탄올(C_2H_5OH)만을 함유하는 4,000 m^3/day의 공장폐수를 활성슬러지 공법으로 처리하는 경우에 이론적으로 첨가되어야 하는 질소의 양(kg/day)은?(단, 에탄올은 완전 생물학적으로 분해된다고 가정함 BOD : N = 100 : 5)

① 약 24
② 약 42
③ 약 62
④ 약 84

해설 $C_2H_5OH + 3O_2 \rightarrow 2CO_2 + 3H_2O$
46(g) : 3 × 32(g)
200(mg/L) : X
∴ X(=BOD=COD) = 417.39(mg/L)
BOD : N
100 : 5
$\dfrac{417.39mg}{L} \Big| \dfrac{4,000m^3}{day} \Big| \dfrac{10^3L}{1m^3} \Big| \dfrac{1kg}{10^6mg}$: X
∴ X(=N) = 83.478(kg/day)

43 양이온 교환수지를 이용하여 암모늄이온 9mg/L를 포함하고 있는 물 10,000m^3를 처리하고자 한다. 이 교환수지의 교환능력이 100kg $CaCO_3/m^3$이라면 필요한 이론적 교환수지의 부피는?

① 1.5m^3
② 2.5m^3
③ 3.5m^3
④ 4.5m^3

해설 ㉠ 암모늄이온(NH_4^+) 당량(eq)
= $\dfrac{9mg}{L} \Big| \dfrac{10,000m^3}{1m^3} \Big| \dfrac{10^3L}{1m^3} \Big| \dfrac{1g}{10^3mg} \Big| \dfrac{1eq}{(18/1)g}$
= 5,000(eq)
㉡ 이온교환수지의 능력(eq/m^3)
= $\dfrac{100,000g}{m^3} \Big| \dfrac{1eq}{50g}$ = 2,000(eq/m^3)
㉢ 이온교환수지의 체적(m^3)
= $\dfrac{5,000eq}{} \Big| \dfrac{1m^3}{2,000eq}$ = 2.5m^3

44 슬러지 내 고형물 무게의 1/3이 유기물질, 2/3가 무기물질이며 이 슬러지 함수율은 80%, 유기물질 비중이 1.0, 무기물질 비중은 2.5라면 슬러지 전체의 비중은?

① 1.072
② 1.087
③ 1.095
④ 1.112

해설 슬러지의 밀도(비중) 수지식을 이용한다.

$$\frac{W_{SL}}{\rho_{SL}} = \frac{W_{TS}}{\rho_{TS}} + \frac{W_W}{\rho_W} = \frac{W_{FS}}{\rho_{FS}} + \frac{W_{VS}}{\rho_{VS}} + \frac{W_W}{\rho_W}$$

$$\frac{100}{\rho_{SL}} = \frac{100 \times (1-0.8) \times (2/3)}{2.5} + \frac{100 \times (1-0.8) \times (1/3)}{1.0} + \frac{80}{1.0}$$

$$\therefore \rho_{SL} = 1.087$$

45 하수처리과정에서 소독 방법 중 염소와 자외선 소독의 장단점을 비교할 때 염소소독의 장단점으로 틀린 것은?

① 암모니아 첨가에 의해 결합잔류염소가 형성된다.
② 염소접촉조로부터 휘발성 유기물이 생성된다.
③ 처리수의 총용존고형물이 생성된다.
④ 처리수의 잔류독성이 탈염소과정에 의해 제거되어야 한다.

해설 염소소독은 처리 후 처리수의 총용존고형물이 증가하고, 하수의 염화물 함유량이 증가하는 단점이 있다. 또한 안전상 화학적 제거시설이 필요할 수도 있다.

46 어느 1차 반응에 있어서 반응 물질의 농도가 300mg/L이고 반응개시 2시간 후에 30mg/L로 되었다. 반응개시 3시간 후 반응 물질 농도(mg/L)는?

① 7.5
② 9.5
③ 11.5
④ 15.5

해설 1차 반응식을 이용한다.

$$\ln\frac{C_t}{C_o} = -K \cdot t$$

$$\ln\frac{30}{300} = -K \cdot 2hr$$

$$K = 1.15(hr^{-1})$$

$$\therefore \ln\frac{C_t}{300} = \frac{-1.15}{hr} \Big| \frac{3hr}{}$$

$$\therefore C_t = 100 \times e^{-1.15 \times 3} = 9.52(mg/L)$$

47 살수여상 공정으로부터 유출되는 유출수의 부유 물질을 제거하고자 한다. 유출수의 평균 유량은 12,300 m³/day, 여과지의 여과속도는 17L/m²·min이고 4개의 여과지(병렬기준)를 설계하고자 할 때 여과지 하나의 면적은?

① 약 75m²
② 약 100m²
③ 약 125m²
④ 약 150m²

해설 Q = AV

$$A = \frac{Q}{V}$$

$$= \frac{12,300m^3}{day} \Big| \frac{m^2 \cdot min}{17L} \Big| \frac{day}{1,440min} \Big| \frac{10^3 L}{m^3} \Big| \frac{1}{4}$$

$$= 125.61m^2$$

48 직경이 1.0×10^{-2}cm인 원형 입자의 침강속도(m/hr)는?(단, Stokes 공식 사용, 물의 밀도=1.0g/cm³, 입자의 밀도=2.1g/cm³, 물의 점성계수=1.0087×10^{-2}g/cm·sec)

① 21.4m/hr
② 24.4m/hr
③ 28.4m/hr
④ 32.4m/hr

해설 Stoke's 법칙을 이용한다.

$$V_g = \frac{d_p^2(\rho_p - \rho)g}{18\mu}$$

$$\therefore V_g = \frac{(1.0 \times 10^{-4})^2 \times (2,100 - 1,000) \times 9.8}{18 \times 1.0087 \times 10^{-3}}$$

$$= 5.937 \times 10^{-3}(m/s)$$

$$= 21.37(m/hr)$$

49 연속회분(Sequencing Batch) 활성슬러지법의 특징으로 틀린 것은?

① 침전 및 배출공정 시 보통의 연속식 침전지에 비해 스컴의 잔류 가능성이 낮다.
② 운전방식에 따라 사상균 벌킹을 방지할 수 있다.
③ 오수의 양과 질에 따라 포기시간과 침전시간을 비교적 자유롭게 설정할 수 있다.
④ 유입오수의 부하변동이 규칙성을 갖는 경우 비교적 안정된 처리를 행할 수 있다.

ANSWER | 44. ② 45. ③ 46. ② 47. ③ 48. ① 49. ①

해설 연속회분식 활성슬러지법에서 침전 및 배출공정은 포기가 이루어지지 않은 상황에서 이루어지므로 보통의 연속식 침전지와 비교해 스컴 등의 잔류 가능성이 높다.

50 지름이 0.05mm이고 비중이 0.6인 기름방울은 비중이 0.8인 기름방울보다 수중에서의 부상속도가 얼마나 더 큰가?(단, 물의 비중은 1.0, 기타 조건은 같다고 함)

① 1.5배　　② 2.0배
③ 2.5배　　④ 3.0배

해설 $V_F = \dfrac{d_p^2(\rho_w - \rho_p)g}{18\mu} \Rightarrow V_F = K(\rho_w - \rho_p)$

$V_{F0.6} = K(\rho_w - \rho_p) = K(1-0.6) = 0.4K$
$V_{F0.8} = K(\rho_w - \rho_p) = K(1-0.8) = 0.2K$
$\therefore \dfrac{V_{F0.6}}{V_{F0.8}} = \dfrac{0.4K}{0.2K} = 2$

51 잉여슬러지를 부상 농축조를 이용하여 농축시키고자 한다. 잉여 슬러지의 부피는 1,000 m³/day이고, 이 슬러지의 부유물질 농도는 1.5%이다. 고형물 부하량이 10kg/m²·hr이고 하루 24시간 가동되는 부상농축조로 처리하고자 할 때 필요한 수면적(Surface Area)은?(단, 슬러지 비중은 1.0으로 가정함)

① 32.5m²　　② 42.5m²
③ 52.5m²　　④ 62.5m²

해설 $X(m^2) = \dfrac{m^2 \cdot hr}{10kg} \left| \dfrac{1day}{24hr} \right| \dfrac{1,000m^3}{day} \left| \dfrac{1,000kg}{m^3} \right| \dfrac{1.5}{100}$
$= 62.5(m^2)$

52 유량 4,000m³, 부유물질 농도 220mg/L인 하수를 처리하는 1차 침전지에서 발생되는 슬러지의 양은? (단, 슬러지 단위 중량(비중) 1.03, 함수율 94%, 1차 침전지 체류시간 2시간, 부유물질 제거효율 60%, 기타 조건은 고려하지 않음)

① 6.32m³　　② 8.54m³
③ 10.72m³　　④ 12.53m³

해설 부유물질의 유입량과 제거효율을 이용한다.
$SL(m^3) = \dfrac{220mg \cdot TS}{L} \left| \dfrac{4,000m^3}{1} \right| \dfrac{60}{100} \left|$
$\left| \dfrac{100 \cdot SL}{(100-94) \cdot TS} \right| \dfrac{10^3 L}{1m^3} \left| \dfrac{1kg}{10^6 mg} \right| \dfrac{m^3}{1,030kg}$
$= 8.54(m^3)$

53 다음 그림은 하수 내 질소, 인을 효과적으로 제거하기 위한 어떤 공법을 나타낸 것인가?

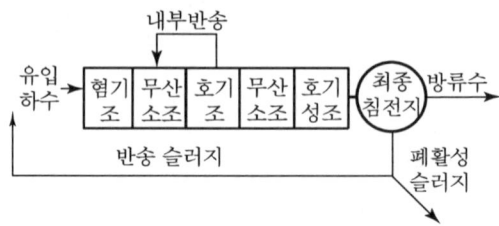

① VIP Process
② A²/O Process
③ M-Bardenpho Process
④ Phostrip Process

54 유입하수의 BOD 농도가 200mg/L이고 포기조 내 체류시간이 4시간이며 포기조의 F/M비를 0.3kg BOD/kgMLSS-day로 유지한다고 하면 포기조의 MLSS 농도는?

① 2,500mg/L
② 3,000mg/L
③ 3,500mg/L
④ 4,000mg/L

해설 정리된 F/M비 계산식을 이용한다.
$F/M(day^{-1}) = \dfrac{S_i \cdot Q_i}{\forall \cdot X}$

$0.3(day^{-1}) = \dfrac{200mg}{L} \left| \dfrac{L}{MLSS\,mg} \right| \dfrac{1}{4hr} \left| \dfrac{24hr}{day} \right.$
$\therefore MLSS = 4,000(mg/L)$

55 인구 8,000명의 도시하수를 RBC(회전원판법)로 처리한다. 평균유입하수량은 380L/cap · day, 유입 BOD_5는 300mg/L, 1차 침전조에서 BOD_5는 30% 제거되며, 총 유출 BOD_5는 20mg/L, 단수는 4이다. 실험에서 K는 45L/day · m²이라면 대수적 방법으로 구한 설계 수력학적 부하(Q/A)는?(단, 성능식 : $\dfrac{S_n}{S_o} = \left[\dfrac{1}{\left(1+\dfrac{K}{Q/A}\right)}\right]^n$)

① 28.1L/day · m²   ② 48.0L/day · m²
③ 56.2L/day · m²   ④ 72.6L/day · m²

해설 제시된 공식을 이용한다.
$\dfrac{S_n}{S_o} = \left[\dfrac{1}{\left(1+\dfrac{K}{Q/A}\right)}\right]^n$

여기서, S_o = RBC로 유입되는 BOD 농도
= 300 × 0.7 = 210(mg/L)
S_n = RBC에서 유출되는 BOD 농도
= 20(mg/L)
N = 단수 = 4
K = 45L/day · m²

$\dfrac{20}{210} = \left[\dfrac{1}{\left(1+\dfrac{45}{Q/A}\right)}\right]^4$

∴ Q/A = 56.12(L/day · m²)

56 포기조 내의 혼합액 1리터를 30분간 정치했을 때 슬러지 용량이 250mL였다면 슬러지 반송률은 약 몇 %인가?(단, 유입수 SS 고려하지 않음)

① 23   ② 28
③ 33   ④ 38

해설 반송률(%) = $\dfrac{SV(\%)}{100-SV(\%)} \times 100$

$SV(\%) = \dfrac{250mL}{1L} \left| \dfrac{1L}{1,000mL} \times 100 = 25(\%) \right.$

∴ 반송률(%) = $\dfrac{25}{100-25} \times 100 = 33.33(\%)$

57 G=200/sec, V=50m³, 교반기 효율 80%, μ=1.35 × 10⁻²g/cm · sec일 때 소요동력 P(kW)는?

① 1.43kW   ② 2.75kW
③ 3.38kW   ④ 4.12kW

해설 $G = \sqrt{\dfrac{P}{\mu \cdot \forall}}$

$200(sec^{-1}) = \sqrt{\dfrac{P(watt)}{1.35 \times 10^{-3} \cdot 50}}$

$P = \dfrac{2,700watt}{} \left| \dfrac{1kW}{1,000watt} \right| \dfrac{100}{80} = 3.375kW$

58 평균 유입하수량 10,000m³/day인 도시하수처리장의 1차 침전지를 설계하고자 한다. 1차 침전지의 표면부하율을 50m³/m² - day로 하여 원형침전지를 설계한다면 침전지의 직경은?

① 약 14m   ② 약 16m
③ 약 18m   ④ 약 20m

해설 수면적 부하 계산식을 이용한다.
표면부하율(V_o) = $\dfrac{처리유량}{침전지\ 표면적}$

$\dfrac{50m^3}{m^2 \cdot day} = \dfrac{10,000m^3}{day} \left| \dfrac{1}{Am^2} \right.$

∴ A = 200m² = $\dfrac{\pi D^2}{4}$

∴ D(침전지의 직경) = 15.96(m)

59 유량이 3,000m³/일이고, BOD 농도가 400mg/L인 폐수를 활성슬러지법으로 처리하고 있다. 다음 조건을 이용한 내호흡률(K_d)은?

• 포기시간 : 8시간
• 처리수 농도 : BOD 30mg/L, SS 30mg/L
• MLSS 농도 : 4,000mg/L
• 잉여슬러지 발생량 : 50m³/일
• 잉여슬러지 농도 : 0.9%
• 세포증식 계수 : 0.8

① 약 0.052/일   ② 약 0.087/일
③ 약 0.123/일   ④ 약 0.183/일

해설 SRT = $\dfrac{\forall \cdot X}{Q_w \cdot X_w + Q_o X_o}$

$\forall = Q \cdot t = \dfrac{3,000m^3}{day} \left| \dfrac{day}{24hr} \right| \dfrac{8hr}{} = 1,000m^3$

$X_W = X_r = 0.9\% \times 10^4 = 9,000mg/L$

ANSWER | 55. ③ 56. ③ 57. ③ 58. ② 59. ②

$$SRT = \frac{1{,}000m^3 \times 4{,}000mg/L}{(50m^3/day \times 0.9 \times 10^4 mg/L) + (2{,}950m^3/day \times 30mg/L)}$$
$$= 7.428\,day$$

$$\frac{1}{SRT} = \frac{Y \cdot Q(S_i - S_o)}{\forall \cdot X} - K_d$$

$$\frac{1}{7.428} = \frac{0.8 \times 3{,}000 \times (400-30)}{1{,}000 \times 4{,}000} - K_d$$

$$\therefore K_d = 0.087/day$$

60 하수고도처리를 위한 A/O공정의 특징으로 옳은 것은?(단, 일반적인 활성슬러지공법과 비교 기준)

① 혐기조에서 인의 과잉흡수가 일어난다.
② 포기조 내에서 탈질이 잘 이루어진다.
③ 잉여슬러지 내의 인 농도가 높다.
④ 표준 활성슬러지공법의 반응조 전반 10% 미만을 혐기반응조로 하는 것이 표준이다.

SECTION 04 수질오염공정시험기준

61 유기인을 용매추출/기체크로마토그래피법으로 측정할 경우, 각 성분별 정량한계는?

① 0.5mg/L ② 0.05mg/L
③ 0.005mg/L ④ 0.0005mg/L

해설 유기인을 용매추출/기체크로마토그래피법으로 측정할 경우의 정량한계는 0.0005mg/L이다.

62 4각 위어로 유량을 측정하는 계산식으로 옳은 것은? [단, Q : 유량(m^3/min), K : 유량계수, b : 절단의 폭(m), h : 웨어의 수두(m)]

① $Q = Kbh^{5/2}$ ② $Q = Kbh^{3/2}$
③ $Q = Kh^{5/2}$ ④ $Q = Kh^{3/2}$

해설 4각 위어의 유량
$$Q(m^3/min) = K \cdot b \cdot h^{\frac{3}{2}}$$

63 시료채취 시 유의사항으로 옳지 않은 것은?

① 유류 또는 부유물질 등이 함유된 시료는 시료의 균일성이 유지될 수 있도록 채취해야 하며 침전물 등이 부상하여 혼입되어서는 안 된다.
② 퍼클로레이트를 측정하기 위한 시료를 채취할 때 시료의 공기접촉이 없도록 시료병에 가득 채운다.
③ 시료채취량은 시험항목 및 시험횟수에 따라 차이가 있으니 보통 3~5L 정도이어야 한다.
④ 휘발성유기화합물 분석용 시료를 채취할 때에는 뚜껑의 격막을 만지지 않도록 주의하여야 한다.

해설 퍼클로레이트를 측정하기 위한 시료채취 시 시료 용기를 질산 및 정제수로 씻은 후 사용하며, 시료채취 시 시료병의 2/3를 채운다.

64 총칙의 내용 중 온도에 관한 내용으로 옳지 않은 것은?

① 찬 곳은 따로 규정이 없는 한 0~15℃의 곳을 뜻한다.
② 냉수는 15℃ 이하를 말한다.
③ 온수는 60~80℃를 말한다.
④ 상온은 15~25℃를 말한다.

해설 온수는 60~70℃를 말한다.

65 시료의 최대보존기간이 다른 측정 항목은?

① 시안 ② 불소
③ 염소이온 ④ 노말헥산추출물질

해설 시안(14일), 불소(28일), 염소이온(28일), 노말헥산추출물질(28일)

66 공장폐수 및 하수의 관 내 유량측정을 위한 측정장치 중 관 내의 흐름이 완전히 발달하여 와류에 영향을 받지 않고 실질적으로 직선적인 흐름을 유지하기 위해 난류 발생의 원인이 되는 관로상의 점으로부터 충분히 하류지점에 설치하여야 하는 것은?

① 오리피스 ② 벤투리미터
③ 피토관 ④ 자기식 유량측정기

60. ③ 61. ④ 62. ② 63. ② 64. ③ 65. ① 66. ② | ANSWER

67 다음의 표준용액 중 pH가 가장 높은 것은?(단, 0℃ 기준)

① 탄산염 표준용액 ② 붕산염 표준용액
③ 수산염 표준용액 ④ 프탈산염 표준용액

해설 pH 표준액의 종류와 농도

명칭	농도	pH
수산염 표준용액	0.05M	1.68
프탈산염 표준용액	0.05M	4.00
인산염 표준용액	0.025M	6.88
붕산염 표준용액	0.01M	9.22
탄산염 표준용액	0.025M	10.07
수산화칼슘 표준용액	0.02M	12.68

68 전기전도도의 정밀도 기준으로 옳은 것은?

① 측정값의 % 상대표준편차(RSD)로 계산하여 측정값이 15% 이내이어야 한다.
② 측정값의 % 상대표준편차(RSD)로 계산하여 측정값이 20% 이내이어야 한다.
③ 측정값의 % 상대표준편차(RSD)로 계산하여 측정값이 25% 이내이어야 한다.
④ 측정값의 % 상대표준편차(RSD)로 계산하여 측정값이 30% 이내이어야 한다.

해설 측정값의 % 상대표준편차(RDS)로 계산하여 측정값이 20% 이내이어야 한다.

69 분원성 대장균군을 측정하기 위한 시료의 보존방법 기준으로 옳은 것은?

① 저온(4℃ 이하) ② 저온(10℃ 이하)
③ 4℃ 보관 ④ 4℃ 냉암소에 보관

해설 분원성 대장균군은 저온(10℃ 이하)에서 보존한다.

70 수질오염공정시험기준상 양극벗김전압전류법을 적용하여 측정하는 금속류는?

① 아연 ② 주석
③ 카드뮴 ④ 크롬

해설 양극벗김전압전류법으로 측정이 가능한 중금속의 종류에는 납, 비소, 수은, 아연이다.

71 수질오염공정시험기준상 탁도 측정에 관한 설명으로 옳지 않은 것은?

① 파편과 입자가 큰 침전이 존재하는 시료를 빠르게 침전시킬 경우, 탁도값이 낮게 측정된다.
② 물에 색깔이 있는 시료는 잠재적으로 측정값이 높게 분석된다.
③ 시료 속에 거품은 빛을 산란시키고 높은 측정값을 나타낸다.
④ 탁도를 측정하기 위해서는 탁도계를 이용하여 물의 흐림 정도를 측정한다.

해설 물에 색깔이 있는 시료는 색이 빛을 흡수하기 때문에 잠재적으로 측정값이 낮게 분석된다.

72 다음은 분원성 대장균군-막여과법의 측정방법이다. ( ) 안에 옳은 내용은?

> 물속에 존재하는 분원성 대장균군을 측정하기 위하여 페트리접시에 배지를 올려놓은 다음 배양 후 여러 가지 색조를 띠는 ( )의 집락을 계수하는 방법이다.

① 황색 ② 녹색
③ 적색 ④ 청색

해설 물속에 존재하는 분원성 대장균군을 측정하기 위하여 페트리접시에 배지를 올려놓은 다음 배양 후 여러 가지 색조를 띠는 청색의 집락을 계수하는 방법이다.

73 시안을 자외선/가시선 분광법으로 분석할 때 아세트산아연용액을 넣어 제거하는 시료 내 물질은?

① 황화합물 ② 철, 망간
③ 잔류염소 ④ 질소화합물

해설 황화합물이 함유된 시료는 아세트산아연용액(10%) 2mL를 넣어 제거한다. 이 용액 1mL는 황화물이온 약 14mg에 대응한다.

ANSWER | 67.① 68.② 69.② 70.① 71.② 72.④ 73.①

74 수질오염공정시험기준상 냄새 측정에 관한 내용으로 옳지 않은 것은?

① 물속의 냄새를 측정하기 위하여 측정자의 후각을 이용하는 방법이다.
② 잔류염소의 냄새는 측정에서 제외한다.
③ 냄새 역치는 냄새를 감지할 수 있는 최대 희석배수를 말한다.
④ 각 판정요원의 냄새의 역치를 산술평균하여 결과로 보고한다.

해설 냄새 역치(TON ; Threshold Odor Number)를 구하는 경우 사용한 시료의 부피와 냄새 없는 희석수의 부피를 사용하여 다음과 같이 계산한다.

냄새 역치(TON) = $\dfrac{A+B}{A}$

여기서, A : 시료 부피(mL)
B : 무취 정제수 부피(mL)

75 자외선/가시선 분광법을 적용하여 음이온계면활성제를 측정할 때 음이온계면활성제가 메틸렌블루와 반응하여 생성된 청색의 착화합물 추출에 사용되는 것은?

① 사염화탄소   ② 헥산
③ 클로로폼   ④ 아세톤

해설 음이온계면활성제를 측정하기 위하여 메틸렌블루와 반응시켜 생성된 청색의 착화합물을 클로로폼으로 추출하여 흡광도를 650nm에서 측정하는 방법이다.

76 다음은 구리를 자외선/가시선 분광법으로 정량하는 방법이다. ( ) 안에 옳은 내용은?

> 물속에 존재하는 구리이온이 알칼리성에서 다이에틸다이티오카르바민산나트륨과 반응하여 생성하는 (   )을 아세트산부틸로 추출하여 측광도를 측정한다.

① 적색의 킬레이트 화합물
② 청색의 킬레이트 화합물
③ 적갈색의 킬레이트 화합물
④ 황갈색의 킬레이트 화합물

해설 물속에 존재하는 구리이온이 알칼리성에서 다이에틸다이티오카르바민산나트륨과 반응하여 생성하는 황갈색의 킬레이트 화합물을 아세트산부틸로 추출하여 흡광도를 440nm에서 측정하는 방법이다.

77 배출허용기준 적합 여부 판정을 위한 시료채취 기준으로 옳은 것은?(단, 자동시료채취기를 사용하여 복수시료채취)

① 2시간 이내에 30분 이상 간격으로 2회 이상 채취하여 일정량의 단일 시료로 한다.
② 4시간 이내에 30분 이상 간격으로 2회 이상 채취하여 일정량의 단일 시료로 한다.
③ 6시간 이내에 30분 이상 간격으로 2회 이상 채취하여 일정량의 단일 시료로 한다.
④ 8시간 이내에 30분 이상 간격으로 2회 이상 채취하여 일정량의 단일 시료로 한다.

해설 자동시료채취기로 시료를 채취할 경우에는 6시간 이내에 30분 이상 간격으로 2회 이상 채취(Cmposite Sample)하여 일정량의 단일 시료로 한다.

78 다음은 자외선/가시선 분광법으로 아연을 정량하는 방법이다. ( ) 안에 옳은 내용은?

> 물속에 존재하는 아연을 측정하기 위하여 아연이온이 (   )에서 진콘과 반응하여 생성하는 청색 킬레이트 화합물의 흡광도를 측정한다.

① pH 약 4
② pH 약 9
③ pH 약 10
④ pH 약 12

해설 물속에 존재하는 아연을 측정하기 위하여 아연이온이 pH 약 9에서 진콘(2-카르복시-2'-하이드록시(Hydroxy)-5' 술포포마질-벤젠·나트륨염)과 반응하여 생성하는 청색 킬레이트 화합물의 흡광도를 620nm에서 측정하는 방법이다.

74.④ 75.③ 76.④ 77.③ 78.② | ANSWER

79 다음은 알킬수은을 기체크로마토그래피로 측정하는 방법이다. ( ) 안에 내용으로 옳은 것은?

> 알킬수은화합물을 ( )(으)로 추출하여 L-시스테인 용액에 선택적으로 역추출하고 다시 ( )(으)로 추출하여 기체크로마토그래피로 측정한다.

① 아세톤
② 벤젠
③ 메탄올
④ 사염화탄소

해설 물속에 존재하는 알킬수은 화합물을 기체크로마토그래피에 따라 정량하는 방법이다. 알킬수은화합물을 벤젠으로 추출하여 L-시스테인용액에 선택적으로 역추출하고 다시 벤젠으로 추출하여 기체크로마토그래피로 측정하는 방법이다.

80 다음 총칙에 대한 설명 중 옳은 것은?
① '항량으로 될 때까지 건조한다'라 함은 같은 조건에서 1시간 더 건조할 때 전후 무게차가 g당 0.1mg 이하일 때를 말한다.
② '감압 또는 진공'이라 함은 따로 규정이 없는 한 15mmH₂O 이하를 말한다.
③ '기밀용기'라 함은 취급 또는 저장하는 동안에 밖으로부터의 공기 또는 다른 가스가 침입하지 아니하도록 내용물을 보호하는 용기를 말한다.
③ '방울수'라 함은 0℃에서 정제수 20방울을 적하할 때 그 부피가 약 1mL 되는 것을 뜻한다.

해설 ① '항량으로 될 때까지 건조한다'라 함은 같은 조건에서 1시간 더 건조할 때 전후 무게의 차가 g당 0.3mg 이하일 때를 말한다.
② '감압 또는 진공'이라 함은 따로 규정이 없는 한 15mmHg 이하를 뜻한다.
④ '방울수'라 함은 20℃에서 정제수 20방울을 적하할 때, 그 부피가 약 1mL 되는 것을 뜻한다.

SECTION 05 수질환경관계법규

81 폐수처리업을 등록할 수 없는 결격사유로 틀린 것은?
① 폐수처리업의 등록이 취소된 후 2년이 지나지 아니한 자
② 파산신고를 받고 복권된 지 2년이 지나지 아니한 자
③ 피성년후견인
④ 피한정후견인

해설 폐수처리업을 등록할 수 없는 결격사유
㉠ 피성년후견인 또는 피한정후견인
㉡ 파산선고를 받고 복권되지 아니한 자
㉢ 폐수처리업의 등록이 취소된 후 2년이 지나지 아니한 자
㉣ 이 법 또는 대기환경보전법, 소음진동관리법을 위반하여 징역의 실형을 선고받고 그 형의 집행이 끝나거나 집행을 받지 아니하기로 확정된 후 2년이 지나지 아니한 사람
㉤ 임원 중에 제1호부터 제4호까지의 어느 하나에 해당하는 사람이 있는 법인

82 비점오염저감시설 중 장치형 시설에 해당되는 것은?
① 저류형 시설
② 침투형 시설
③ 생물학적 처리형 시설
④ 인공습지형 시설

해설 비점오염저감시설중 장치형 시설 : 여과형시설, 와류형 시설, 스크린형 시설, 응집·침전시설, 생물학적 처리형 시설

83 다음 중 법에서 규정하고 있는 기타 수질오염원의 기준으로 틀린 것은?
① 취수능력 10m³/일 이상인 먹는 물 제조시설
② 면적 30,000m² 이상인 골프장
③ 면적 1,500m² 이상인 자동차 폐차장 시설
④ 면적 200,000m² 이상인 복합물류터미널 시설

해설 먹는 물 제조시설은 기타 수질오염원으로 분류하지 않는다.

ANSWER | 79. ② 80. ③ 81. ② 82. ③ 83. ①

84 법에서 사용하는 용어의 뜻으로 틀린 것은?
① '점오염원'이란 폐수처리시설, 하수발생시설, 축사 등 특정장소에서 특정하게 수질오염물질을 배출하는 배출원을 말한다.
② '기타 수질오염원'이란 점오염원 및 비점오염원으로 관리되지 아니하는 수질오염물질을 배출하는 시설 또는 장소로서 환경부령으로 정하는 것을 말한다.
③ '강우유출수'란 비점오염원의 수질오염물질이 섞여 유출되는 빗물 또는 눈 녹은 물 등을 말한다.
④ '수질오염물질'이란 수질오염의 요인이 되는 물질로서 환경부령으로 정하는 것을 말한다.

해설 '점오염원'이라 함은 폐수배출시설, 하수발생시설, 축사 등으로서 관거 · 수로 등을 통하여 일정한 지점으로 수질오염물질을 배출하는 배출원을 말한다.

85 사업자 및 배출시설과 방지시설에 종사하는 사람은 배출시설과 방지시설의 정상적인 운영저 · 관리를 위한 환경기술인의 업무를 방해하여서는 아니 되며, 그로부터 업무 수행에 필요한 요청을 받았을 때에는 정당한 사유가 없으면 이에 따라야 한다. 이를 위반하여 환경기술인의 업무를 방해하거나 환경기술인의 요청을 정당한 사유 없이 거부한 자에 대한 벌칙기준은?
① 100만 원 이하의 벌금
② 200만 원 이하의 벌금
③ 300만 원 이하의 벌금
④ 500만 원 이하의 벌금

86 해당 배출부과금의 부과기간의 시작일 전 1년 6개월간 방류수수질기준을 초과하는 수질오염물질을 배출하지 아니한 사업자에게 기본배출부과금 100만 원이 부과된 경우, 감경되는 금액은?
① 20만 원 ② 30만 원
③ 40만 원 ④ 50만 원

해설 기간별 기본배출부과금 감경률
㉠ 6개월 이상 1년 내 : 100분의 20
㉡ 1년 이상 2년 내 : 100분의 30
㉢ 2년 이상 3년 내 : 100분의 40
㉣ 3년 이상 : 100분의 50

87 수질오염방제센터에서 수행하는 사업과 가장 거리가 먼 것은?
① 수질오염 수역 수계 · 호소 등의 관리 우선순위 및 관리대책
② 수질오염사고에 대비한 장비, 자재, 약품 등의 비치 및 보관을 위한 시설의 설치운영
③ 수질오염 방제기술 관련 교육 · 훈련, 연구개발 및 홍보
④ 공공수역의 수질오염사고 감시

해설 환경부장관은 공공수역의 수질오염사고에 신속하고 효과적으로 대응하기 위하여 수질오염방제센터를 운영하여야 한다. 이 경우 환경부장관은 대통령령으로 정하는 바에 따라 한국환경공단에 방제센터의 운영을 대행하게 할 수 있다. 방제센터는 다음의 사업을 수행한다.
㉠ 공공수역의 수질오염사고 감시
㉡ 방제조치의 지원
㉢ 수질오염사고에 대비한 장비, 자재, 약품 등의 비치 및 보관을 위한 시설의 설치 · 운영
㉣ 수질오염 방제기술 관련 교육 · 훈련, 연구개발 및 홍보
㉤ 그 밖에 수질오염사고 발생 시 수질오염물질의 수거 · 처리

88 다음은 과징금 처분에 관한 내용이다. ( ) 안에 옳은 내용은?

> 환경부장관은 폐수처리업의 등록을 한 자에 대하여 영업정지를 명하여야 하는 경우로서 그 영업정지가 주민의 생활이나 그 밖의 공익에 현저한 지장을 줄 우려가 있다고 인정되는 경우에는 영업정지처분을 갈음하여 ( ) 이하의 과징금을 부과할 수 있다.

① 1억 ② 2억
③ 3억 ④ 5억

89 수질 및 수생태계 환경기준 중 해역의 생활환경 항목인 용매추출유분(mg/L) 기준값은?
① 0.01 이하 ② 0.1 이하
③ 1.0 이하   ④ 10.0 이하

84. ① 85. ① 86. ② 87. ① 88. ② 89. ① | ANSWER

해설 해역의 생활환경기준 중 용매추출유분의 기준값은 0.01(mg/L) 이하이다.

90 비점오염 저감계획서에 포함되어야 하는 사항과 가장 거리가 먼 것은?
① 비점오염원 저감방안
② 비점오염원 관리 및 모니터링 방안
③ 비점오염저감시설 설치계획
④ 비점오염원 관련 현황

해설 비점오염 저감계획서에 포함되어야 하는 사항
㉠ 비점오염원 관련 현황
㉡ 비점오염원 저감방안
㉢ 비점오염저감시설 설치계획
㉣ 비점오염저감시설 유지관리 및 모니터링 방안

91 비점오염원관리지역의 지정기준으로 옳은 것은?
① 인구 5만 명 이상인 도시로서 비점오염원관리가 필요한 지역
② 인구 10만 명 이상인 도시로서 비점오염원관리가 필요한 지역
③ 인구 50만 명 이상인 도시로서 비점오염원관리가 필요한 지역
④ 인구 100만 명 이상인 도시로서 비점오염원관리가 필요한 지역

해설 관리지역의 지정기준
㉠ 하천 및 호소의 수질 및 수생태계에 관한 환경기준에 미달하는 유역으로 유달부하량(流達負荷量) 중 비점오염 기여율이 50퍼센트 이상인 지역
㉡ 비점오염물질에 의하여 자연생태계에 중대한 위해가 초래되거나 초래될 것으로 예상되는 지역
㉢ 인구 100만 명 이상인 도시로서 비점오염원관리가 필요한 지역
㉣ 국가산업단지, 일반산업단지로 지정된 지역으로 비점오염원관리가 필요한 지역
㉤ 지질이나 지층 구조가 특이하여 특별한 관리가 필요하다고 인정되는 지역
㉥ 그 밖에 환경부령으로 정하는 지역

PART 02 | 과년도 기출문제(2014. 3. 2. 시행)

92 정당한 사유 없이 공공수역에 분뇨, 가축분뇨, 동물의 사체, 폐기물(지정폐기물 제외) 또는 오니를 버리는 행위를 하여서는 아니 된다. 이를 위반하여 분뇨·가축분뇨 등을 버린 자에 대한 벌칙 기준은?
① 6월 이하의 징역 또는 5백만 원 이하의 벌금
② 1년 이하의 징역 또는 1천만 원 이하의 벌금
③ 2년 이하의 징역 또는 1천5백만 원 이하의 벌금
④ 3년 이하의 징역 또는 2천만 원 이하의 벌금

93 다음은 호소수 이용 상황 등의 조사 측정 등에 관한 내용이다. ( ) 안에 옳은 내용은?

> 시·도지사는 환경부장관이 지정·고시하는 호소 외의 호소로서 만수위일 때의 (   )인 호소의 수질 및 수생태계 등을 정기적으로 조사·측정하여야 한다.

① 면적이 30만 제곱미터 이상
② 면적이 50만 제곱미터 이상
③ 용적이 30만 세제곱미터 이상
④ 용적이 50만 세제곱미터 이상

해설 시·도지사는 환경부장관이 지정·고시하는 호소 외의 호소로서 만수위(滿水位)일 때의 면적이 50만 제곱미터 이상인 호소의 수질 및 수생태계 등을 정기적으로 조사·측정하여야 한다.

94 위임업무 보고사항 중 '골프장 맹·고독성 농약 사용 여부 확인 결과'의 보고횟수 기준으로 옳은 것은?
① 수시
② 연 4회
③ 연 2회
④ 연 1회

해설 골프장 맹·고독성 농약 사용 여부 확인 결과의 보고횟수는 연 2회이다.

ANSWER | 90.② 91.④ 92.② 93.④ 94.③

95 다음은 폐수종말처리시설의 유지·관리기준에 관한 내용이다. ( ) 안에 옳은 내용은?

> 처리시설의 가동시간, 폐수방류량, 약품투입량, 관리·운영자, 그 밖에 처리시설의 운영에 관한 주요사항을 사실대로 매일 기록하고 이를 최종 기록한 날부터 ( ) 보존하여야 한다.

① 1년간 ② 2년간
③ 3년간 ④ 5년간

해설 사업자 또는 수질오염방지시설을 운영하는 자는 폐수배출시설 및 수질오염방지시설의 가동시간, 폐수배출량, 약품투입량, 시설관리 및 운영자, 그 밖에 시설운영에 관한 중요사항을 운영일지에 매일 기록하고, 최종 기록일부터 1년간 보존하여야 한다. 다만, 폐수무방류배출시설의 경우에는 운영일지를 3년간 보존하여야 한다.

96 물놀이 등의 행위제한 권고기준 중 대상 행위가 '어패류 등 섭취'인 경우의 권고기준으로 옳은 것은?

① 어패류 체내 총 카드뮴(Cd) : 0.3(mg/kg) 이상
② 어패류 체내 총 카드뮴(Cd) : 0.03(mg/kg) 이상
③ 어패류 체내 총 수은(Hg) : 0.3(mg/kg) 이상
④ 패류 체내 총 수은(Hg) : 0.03(mg/kg) 이상

해설 물놀이 등의 행위제한 권고기준

대상 행위	항목	기준
수영 등 물놀이	대장균	500(개체수/100mL) 이상
어패류 등 섭취	어패류 체내 총 수은(Hg)	0.3(mg/kg) 이상

97 오염총량관리기본방침에 포함되어야 할 사항과 가장 거리가 먼 것은?

① 오염원의 조사 및 오염부하량 산정방법
② 오염총량관리시행 대상 유역 현황
③ 오염총량관리의 대상 수질오염물질 종류
④ 오염총량관리의 목표

해설 오염총량관리기본방침에 포함되어야 할 사항
㉠ 오염총량관리의 목표
㉡ 오염총량관리의 대상 수질오염물질 종류
㉢ 오염원의 조사 및 오염부하량 산정방법
㉣ 오염총량관리기본계획의 주체, 내용, 방법 및 시한
㉤ 오염총량관리시행계획의 내용 및 방법

98 수질 및 수생태계 환경기준에서 하천에서의 사람의 건강보호 기준 중 기준값이 '검출되어서는 안 됨(검출한계 0.01mg/L)'에 해당되는 항목은?

① 카드뮴 ② 시안
③ 비소   ④ 유기인

해설 검출되어서는 안 됨에 해당되는 항목은 보기 중 시안과 유기인이지만 검출한계가 0.01mg/L인 것은 시안이다.

99 조류경보 단계인 '조류경보' 발령 시 조치사항이 아닌 것은?

① 정수의 독소분석 실시
② 황토 등 흡착제 살포 등을 이용한 조류 제거조치 실시
③ 주변 오염원에 대한 단속 강화
④ 어패류 어획, 식용 및 가축방목의 자제 권고

해설 황토 등 흡착제 살포, 조류 제거선 등을 이용한 조류 제거조치를 실시하는 단계는 조류대발생경보단계이다.

100 폐수배출시설에서 배출되는 수질오염물질의 배출 허용 기준으로 옳은 것은?(단, 1일 폐수배출량 $2,000m^3$ 미만인 사업장, 특례 지역, 단위 : mg/L) (기준변경)

① BOD 30 이하, COD 40 이하, SS 30 이하
② BOD 40 이하, COD 50 이하, SS 40 이하
③ BOD 80 이하, COD 90 이하, SS 80 이하
④ BOD 120 이하, COD 130 이하, SS 120 이하

해설 항목별 배출허용기준

지역 구분 \ 항목	1일 폐수배출량 2천 세제곱미터 미만		
	생물화학적 산소요구량 (mg/L)	총유기 탄소량 (mg/L)	부유물질량 (mg/L)
청정지역	40 이하	30 이하	40 이하
가 지역	80 이하	50 이하	80 이하
나 지역	120 이하	75 이하	120 이하
특례 지역	30 이하	25 이하	30 이하

95. ① 96. ③ 97. ② 98. ② 99. ② 100. ① | ANSWER

2014년 2회 수질환경기사

SECTION 01 수질오염개론

01 농업용수의 수질을 분석할 때 이용되는 SAR(Sodium Adsorption Ration)과 관계없는 것은?
① Na^+ ② Mg^{2+}
③ Ca^{2+} ④ Fe^{2+}

[해설] $SAR = \dfrac{Na^+}{\sqrt{\dfrac{Ca^{2+} + Mg^{2+}}{2}}}$ 이므로

Na^+, Ca^{2+}, Mg^{2+}

02 하천의 자정단계와 오염의 정도를 파악하는 Whipple의 자정단계(지대별 구분)에 대한 설명으로 틀린 것은?
① 분해지대 : 유기성 부유물의 침전과 환원 및 분해에 의한 탄산가스의 방출이 일어난다.
② 분해지대 : 용존산소의 감소가 현저하다.
③ 활발한 분해지대 : 수중환경은 혐기성상태가 되어 침전 저니는 흑갈색 또는 황색을 띤다.
④ 활발한 분해지대 : 오염에 강한 실지렁이가 나타나고 혐기성 곰팡이가 증식한다.

[해설] 오염에 강한 실지렁이가 나타나고 혐기성 곰팡이가 증식하는 단계는 분해단계이다.

03 아세트산(CH_3COOH) 120mg/l 용액의 pH는?(단, 아세트산 K_a는 1.8×10^{-5})
① 4.65 ② 4.21
③ 3.72 ④ 3.52

[해설] $CH_3COOH \rightarrow CH_3COO^- + H^+$

$CH_3COOH\left(\dfrac{mol}{L}\right) = \dfrac{120mg}{L} \left|\dfrac{1mol}{60g}\right| \dfrac{1g}{10^3 mg}$
$= 2.0 \times 10^{-3} (mol/L)$

$K_a = \dfrac{[CH_3COO^-][H^+]}{[CH_3COOH]}$

$1.8 \times 10^{-5} = \dfrac{[CH_3COO^-][H^+]}{[CH_3COOH]}$

$= \dfrac{[CH_3COO^-][H^+]}{0.002M}$

$[CH_3COO^-] = [H^+] = X$

$1.8 \times 10^{-5} = \dfrac{X^2}{0.002M}$, $X = 1.897 \times 10^{-4} M$

$pH = \log \dfrac{1}{[H^+]}$, $pH = \log \dfrac{1}{1.897 \times 10^{-4}} \fallingdotseq 3.72$

04 어느 시료의 대장균 수가 5,000/mL이라면 대장균 수가 100/mL가 될 때까지 필요한 시간은?(단, 1차 반응 기준, 대장균의 반감기는 1시간이다.)
① 약 4.8시간
② 약 5.6시간
③ 약 6.7시간
④ 약 7.9시간

[해설] 1차 반응식을 이용한다.
$\ln \dfrac{N_t}{N_o} = -K \cdot t$

㉠ $\ln \dfrac{2,500}{5,000} = -K \cdot 1hr \rightarrow K = 0.693(hr^{-1})$

㉡ $\ln \dfrac{100}{5,000} = \dfrac{-0.693}{hr} \bigg| t(hr)$

∴ $t = 5.64(hr)$

05 0.01M - KBr과 0.02M - $ZnSO_4$ 용액의 이온강도는?(단, 완전 해리 기준)
① 0.08
② 0.09
③ 0.12
④ 0.14

[해설] $\mu = \dfrac{1}{2}[0.01 \times (+1)^2 + 0.01 \times (+1)^2$
$+ 0.02 \times (2)^2 + 0.02 \times (2)^2] = 0.09$

ANSWER | 1. ④ 2. ④ 3. ③ 4. ② 5. ②

06 하천 수질모델 중 WQRRS에 관한 설명과 가장 거리가 먼 것은?
① 하천 및 호수의 부영양화를 고려한 생태계 모델이다.
② 유속, 수심, 조도계수에 의해 확산계수를 결정한다.
③ 호수에는 수심별 1차원 모델이 적용된다.
④ 정적 및 동적인 하천의 수질, 수문학적 특성이 광범위하게 고려된다.

해설 유속, 수심, 조도계수 등에 의한 확산계수를 산출하고 유체와 대기 간의 열교환 고려한 모델은 QUAL-Ⅰ이다.

07 용존산소농도가 9.0mg/L인 물 100L가 있다면, 이 물의 용존산소를 완전히 제거하려 할 때 필요한 이론적 Na_2SO_3의 량(g)은?(단, 원자량 Na : 23)
① 약 6.3g   ② 약 7.1g
③ 약 9.2g   ④ 약 11.4g

해설 $Na_2SO_3 + 0.5O_2 \rightarrow Na_2SO_4$
126(g) : 0.5×32(g)
X(mg/L) : 9(mg/L)
∴ X(=Na_2SO_3)
= 70.875(mg/L)×100L = 7.085(g)

08 어느 배양기(培養基)의 제한기질농도(S)가 100mg/L, 세포 최대비증식계수(μ_{max})가 0.35/hr일 때 Monod식에 의한 세포의 비증식계수(μ)는?(단, 제한기질 반포화농도(K_s)는 30mg/L이다.)
① 0.27/hr   ② 0.34/hr
③ 0.42/hr   ④ 0.54/hr

해설 Monod식을 이용한다.
$\mu = \mu_{max} \times \dfrac{S}{K_s + S}$
$= 0.35(hr^{-1}) \times \dfrac{100}{30+100} = 0.27(hr^{-1})$

09 적조 발생 요인과 가장 거리가 먼 것은?
① 수괴의 연직 안정도가 작다.
② 영양염의 공급이 충분하다.
③ 하천수 유입으로 해수의 염분량이 저하된다.
④ 해저의 산소가 고갈된다.

해설 수괴(水塊)의 안정도보다 연직안정도가 클 때 자정능력이 저하되어 적조현상이 발생된다.

10 물의 특성에 관한 설명으로 옳지 않은 것은?
① 물은 2개의 수소원자가 산소원자를 사이에 두고 104.5°의 결합각을 가진 구조로 되어 있다.
② 물은 극성을 띠지 않아 다양한 물질의 용매로 사용된다.
③ 물은 유사한 분자량의 다른 화합물보다 비열이 매우 커 수온의 급격한 변화를 방지해 준다.
④ 물의 밀도는 4°C에서 가장 크다.

해설 물(액체)분자는 H^+와 OH^-의 극성을 형성하므로 다양한 용질에 유효한 용매이다.

11 하수에 유입된 어떤 유해 물질을 제거하기 위해 사전에 pH 3에서 pH 7까지 올려야 한다면 다른 영향이 없고 계산대로 반응할 경우 공업용 수산화나트륨(순도 95%)을 하수 1L에 몇 g 정도 투입하여야 하는가?(단, 완전해리 기준, Na=23)
① 0.42g   ② 0.042g
③ 0.0042g   ④ 0.00042g

해설 $NaOH(g) = \dfrac{10^{-3}mol}{L} \Big| \dfrac{40g}{1mol} \Big| \dfrac{100}{95} = 0.042(g)$

12 최종 BOD가 200mg/L, 탈산소계수(자연대수를 Base로 함)가 $0.2day^{-1}$인 오수의 5일 소모 BOD는?
① 약 126mg/L   ② 약 136mg/L
③ 약 146mg/L   ④ 약 156mg/L

해설 BOD 소모공식을 이용한다.
$BOD_5 = BOD_u(1-e^{-K \cdot t})$
$= 200 \times (1-e^{-0.2 \times 5}) = 126.42(mg/L)$

13 Glycine($C_2H_5O_2N$)이 호기성 조건에서 CO_2, H_2O 와 HNO_3로 분해된다면 Glycine 30g 분해에 소요되는 산소량은?

① 약 35g ② 약 45g
③ 약 55g ④ 약 65g

해설 $C_2H_5O_2N + 3.5O_2 \rightarrow 2CO_2 + 2H_2O + HNO_3$
75g : 3.5×32g
30g : X(g)
∴ 이론적 산소요구량(ThOD)=44.8(g)

14 최종 BOD가 20mg/L, DO가 5mg/L인 하천의 상류지점으로부터 3일 유하 거리의 하류지점에서의 DO 농도(mg/L)는?(단, 온도 변화는 없으며 DO 포화농도는 9mg/L이고, 탈산소계수는 0.1/day, 재폭기 계수는 0.2/day, 상용대수 기준임)

① 약 4.0 ② 약 4.5
③ 약 3.0 ④ 약 3.5

해설 용존산소 농도=포화농도−산소부족량으로 계산된다.
$DO(mg/L) = C_s - D_t$
㉠ C_s(포화농도)=9(mg/L)
㉡ D_t(산소부족량)의 계산
$D_t = \frac{K_1 \cdot L_o}{K_2 - K_1}(e^{-K_1 \cdot t} - e^{-K_2 \cdot t}) + D_o \cdot e^{-K_2 \cdot t}$
$= \frac{0.1 \times 20}{0.2 - 0.1}(10^{-0.1 \times 3} - 10^{-0.2 \times 3}) + 4$
$\times 10^{-0.2 \times 3} = 6.004 (mg/L)$
∴ 용존산소농도(DO)=9−6.004
=2.995(mg/L)

15 기체의 법칙 중 Graham의 법칙에 관한 설명으로 가장 적절한 것은?

① 기체가 관련된 화학반응에서는 반응하는 기체와 생성된 기체의 부피 사이에는 정수관계가 성립한다.
② 기체의 확산속도(조그마한 구멍을 통한 기체의 탈출)는 기체 분자량의 제곱근에 반비례한다.
③ 일정한 온도에서 일정한 부피의 액체에 용해되면 기체의 양은 그 액체 위에 미치는 기체 압력에 비례한다.
④ 공기와 같은 혼합기체 속에서 각 성분기체는 서로 독립적으로 압력을 나타낸다.

해설 Graham의 법칙
일정한 온도와 압력상태에서 기체의 확산속도는 그 기체분자량의 제곱근(밀도의 제곱근)에 반비례한다는 법칙

16 25℃, 4atm의 압력에 있는 메탄가스 15kg을 저장하는데 필요한 탱크의 부피는?[단, 이상기체의 법칙 적용, R=0.082L·atm/mol·°K(표준 상태기준)]

① 4.42m^3 ② 5.72m^3
③ 6.54m^3 ④ 7.45m^3

해설 이상기체방정식(Ideal Gas Equation)을 이용한다.
$PV = n \cdot R \cdot T$
$V(L) = \frac{n \cdot R \cdot T}{P} = 937.5mol \left| \frac{0.082L \cdot atm}{mol \cdot K} \right|$
$\left| \frac{(273+25)K}{4atm} \right| = 5,727.19(L)$
$= 5.72(m^3)$
여기서, $n(mol) = \frac{M}{M_w}$
$= \frac{15kg}{16g} \left| \frac{1mol}{1kg} \right| \frac{10^3 g}{1kg}$
$= 937.5(mol)$

17 수질분석 결과가 다음과 같다. 이 시료의 경도 값은?

〈수질분석결과〉
· Ca^{2+}=520mg/L
· Mg^{2+}=48mg/L
· Na^+=40.6mg/L
(단, Ca=40, Mg=24, Na=23이다.)

① 1,100mg/L as $CaCO_3$
② 1,200mg/L as $CaCO_3$
③ 1,300mg/L as $CaCO_3$
④ 1,500mg/L as $CaCO_3$

해설 경도 유발물질은 Fe^{2+}, Mg^{2+}, Ca^{2+}, Mn^{2+}, Sr^{2+}이며, 각각의 당량(eq)은 Ca^{2+}=40/2, Mg^{2+}=24/2이다.
$TH = \sum M_C^{2+} \times \frac{50}{Eq}$
$= 520(mg/L) \times \frac{50}{40/2} + 48(mg/L) \times \frac{50}{24/2}$
$= 1,500(mg/L as CaCO_3)$

ANSWER | 13. ② 14. ③ 15. ② 16. ② 17. ④

18 2,000mg/L Ca(OH)$_2$ 용액의 pH는?(단, Ca(OH)$_2$는 완전 해리되며 Ca의 원자량은 40)

① 12.13　　② 12.43
③ 12.73　　④ 12.93

해설 $pH = \log\dfrac{1}{[H^+]}$ or $pH = 14 - \log\dfrac{1}{[OH^-]}$

$Ca(OH)_2 \rightarrow Ca^{2+} + 2OH^-$

$X\left(\dfrac{mol}{L}\right) = \dfrac{2,000mg}{L}\left|\dfrac{g}{10^3 mg}\right|\dfrac{1mol}{74g}$

$= 0.027(mol/L)$

$pH = 14 - \log\dfrac{1}{2 \times 0.027} = 12.73$

19 생물체 내에서 일어나는 에너지 대사에 적용되는 열역학법칙 내용과 거리가 먼 것은?

① 에너지의 총량은 일정하다.
② 자연적인 반응은 질서도가 커지는 방향으로 진행한다.
③ 엔트로피는 끊임없이 증가하고 있다.
④ 절대온도 0°K(−273.16℃)에서는 분자운동이 없으며 엔트로피는 0이다.

해설 자연계에서 에너지는 항상 무질서한 방향으로 진행한다. (열역학 제2법칙)

20 유량 30,000m³/day, BOD 1mg/L인 하천에 유량 1,000m³/day, BOD 220mg/L의 생활오수가 처리되지 않고 유입되고 있다. 하천수와 생활오수가 합류 직후 완전 혼합 된다고 가정할 때, 합류 후 하천의 BOD를 3mg/L로 유지하기 위해서 필요한 생활오수의 최소 BOD 제거율(%)은?

① 60.2　　② 71.4
③ 82.4　　④ 95.5

해설 $C_m = \dfrac{Q_1C_1 + Q_2C_2}{Q_1 + Q_2}$

$3(mg/L) = \dfrac{30,000 \times 1 + 1,000 \times C_2}{30,000 + 1,000}$

→ ∴ $C_2 = 63(mg/L)$

$\eta = \left(1 - \dfrac{C_o}{C_i}\right) \times 100 = \left(1 - \dfrac{63}{220}\right) \times 100 = 71.36(\%)$

SECTION 02 상하수도계획

21 해수담수화를 위해 해수를 취수할 때 취수위치에 따른 장단점으로 틀린 것은?

① 해중취수(10m 이상) : 기상변화, 해조류의 영향이 적다.
② 해안취수(10m 이내) : 계절별 수질, 수온변화가 심하다.
③ 염지하수 취수 : 추가적 전처리 비용이 발생한다.
④ 해안취수(10m 이내) : 양적으로 경제적이다.

해설 취수위치에 따른 장·단점

구분	장점	단점
해안취수 (10m 이내)	• 양적으로 가장 경제적이다. • 비교적 시공이 단순하다.	• 기상변화, 해조류 등에 영향이 크다. • 계절별 수질, 수온 변화 심하다.
해중취수 (10m 이상)	• 기상변화, 해조류의 영향이 적다. • 수질, 수온이 비교적 안정적이다.	• 건설비용이 많이 소요된다. • 시공이 어렵다.
염지 하수취수	• 수질, 수온에 매우 안정적이다. • 전처리 비용을 절감할 수 있다.	• 지역적인 영향을 받는다. • 양적인 제한을 받는다.

22 펌프 흡입구의 유속이 4m/sec이고 펌프의 토출량은 840m³/hr일 때, 하수 이송에 사용되는 이 펌프의 흡입구경은?

① 223mm　　② 273mm
③ 326mm　　④ 357mm

해설 유량계산식을 이용한다.

$Q = A \times V$

$A = \dfrac{Q}{V} = \dfrac{840m^3}{hr}\left|\dfrac{sec}{4m}\right|\dfrac{1hr}{3,600sec} = 0.058m^2$

$A = \dfrac{\pi D^2}{4} = 0.058(m^2)$

$D = 0.27253(m) = 272.53(mm)$

18. ③　19. ②　20. ②　21. ③　22. ②　| ANSWER

23 관거별 계획하수량을 정할 때 고려해야 할 사항 중 틀린 것은?
① 오수관거에서는 계획시간최대오수량으로 한다.
② 우수관거에서는 계획우수량으로 한다.
③ 차집관거에서는 계획1일최대오수량으로 한다.
④ 합류식 관거에서는 계획시간최대오수량에 계획우수량을 합한 것으로 한다.

해설 차집관거에서는 우천 시 계획오수량으로 한다.

24 해수담수화시설 중 역삼투설비에 관한 설명으로 옳지 않은 것은?
① 해수담수화시설에서 생산된 물은 pH나 경도가 낮기 때문에 필요에 따라 적절한 약품을 주입하거나 다른 육지의 물과 혼합하여 수질을 조정한다.
② 막모듈은 플러싱과 약품세척 등을 조합하여 세척한다.
③ 고압펌프를 정지할 때에는 드로백(Draw-Back)이 유지되도록 체크 벨브를 설치하여야 한다.
④ 고압펌프는 효율과 내식성이 좋은 기종으로 하며 그 형식은 시설규모 등에 따라 선정한다.

해설 고압펌프를 정지할 때에는 드로백(Draw-Back)에 대처하기 위하여 필요에 따라 도로백수조(담수수조겸용의 경우도 있다.)를 설치한다.

25 하수관거 배수설비의 설명 중 옳지 않은 것은?
① 배수설비는 공공하수도의 일종이다.
② 배수설비중의 물받이의 설치는 배수구역 경계지점 또는 배수구역 안에 설치하는 것을 기본으로 한다.
③ 결빙으로 인한 우·오수 흐름의 지장이 발생되지 않도록 하여야 한다.
④ 배수관은 암거로 하며, 우수만을 배수하는 경우에는 개거도 가능하다.

해설 배수설비란 하수를 공공하수도에 유입시키기 위하여 필요한 배관, 받이 및 기타의 설비를 말한다.

26 상수시설 중 배수시설을 설계하고 정비할 때에 설계상의 기본적인 사항 중 옳은 것은?
① 배수지의 용량은 시간변동조정용량, 비상시대처용량, 소화용수량 등을 고려하여 계획시간최대급수량의 24시간 분 이상을 표준으로 한다.
② 배수관을 계획할 때에 지역의 특성과 상황에 따라 직결급수의 범위를 확대하는 것 등을 고려하여 최대정수압을 결정하며, 수압의 기준점은 시설물의 최고높이로 한다.
③ 배수본관은 단순한 수지상 배관으로 하지 말고 가능한 한 상호 연결된 관망형태로 구성한다.
④ 배수지관의 경우 급수관을 분기하는 지점에서 배수관 내의 최대정수압은 150kPa(약 1.53kgf/cm^2)를 넘지 않도록 한다.

해설 ① 유효용량은 시간변동조정용량, 비상대처용량을 합하여 급수구역의 계획 1일 최대급수량의 12시간분 이상을 표준으로 한다.
② 배수관을 계획할 때에 지역의 특성과 상황에 따라 직결급수의 범위를 확대하는 것 등을 고려하여 최소동수압을 결정하며, 수압의 기준점은 지표면상으로 한다.
④ 배수지관의 경우 급수관을 분기하는 지점에서 배수관 내의 최소동수압은 150kPa(약 1.53 kgf/cm^2)이상의 적정한 수압을 확보한다.

27 정수방법인 완속여과방식에 관한 설명으로 틀린 것은?
① 약품처리가 필요 없다.
② 완속여과의 정화는 주로 생물작용에 의한 것이다.
③ 비교적 양호한 원수에 알맞은 방식이다.
④ 부지면적 소요가 적다.

해설 완속여과방식은 부지면적의 소요가 크다.

28 최근 정수장에서 응집제로서 많이 사용되고 있는 폴리염화 알루미늄(PACl)에 대한 설명으로 옳은 것은?

① 일반적으로 황산알루미늄보다 적정주입 pH의 범위가 넓으며 알칼리도의 감소가 적다.
② 일반적으로 황산알루미늄보다 적정주입 pH의 범위가 좁으며 알칼리도의 감소가 적다.
③ 일반적으로 황산알루미늄보다 적정주입 pH의 범위가 좁으며 알칼리도의 감소가 크다.
④ 일반적으로 황산알루미늄보다 적정주입 pH의 범위가 넓으며 알칼리도의 감소가 크다.

해설 폴리염화알루미늄(PACl)은 액체로서 그 액체 자체가 가수분해되어 중합체로 되어 있으므로 일반적으로 황산알루미늄보다 응집성이 우수하고 적정주입 pH의 범위가 넓으며 알칼리도의 저하가 적다는 점 등의 특징이 있다.

29 상수도관에서 발생되는 부식 중 자연부식(마이크로셀 부식)에 해당되는 것은?

① 산소농담(통기차) ② 간섭
③ 박테리아부식 ④ 이종금속

해설 관의 부식
㉠ 자연부식
 • 미크로셀부식 : 일반토양부식, 특수토양부식, 박테리아부식
 • 매크로셀부식 : 콘크리트·토양, 산소농담(통기차), 이종금속
㉡ 전식 : 전철의 미주전류, 간섭

30 하수배제방식이 합류식인 경우 중계펌프장의 계획하수량으로 가장 옳은 것은?

① 우천 시 계획오수량
② 계획우수량
③ 계획시간최대오수량
④ 계획1일최대오수량

해설 중계펌프장과 처리장 내 펌프장의 계획하수량은 우천 시 계획오수량으로 한다.

31 상수도시설인 주요 저수시설에 대한 설명으로 틀린 것은?

① 전용댐 : 개발수량이 작은 규모가 많다.
② 전용댐 : 양호한 수질을 유지하기가 어렵다.
③ 하구둑 : 둑의 조작으로 하류의 유지용수를 확보한다.
④ 하구둑 : 염소이온 농도에 주의를 요한다.

해설 전용댐의 저류수의 수질은 자체관리로 비교적 양호한 수질을 유지할 수 있다.

32 정수시설인 하니콤방식에 관한 설명으로 틀린 것은?(단, 회전원판방식과 비교 기준)

① 체류시간 : 2시간 정도
② 손실수두 : 거의 없음
③ 폭기설비 : 필요 없음
④ 처리수조의 깊이 : 5~7m

해설 폭기시설 : 물을 순환시키기 위해 필요
※ 참고
 하니콤 방식 : 반응조에 벌집모양의 집합체(하니콤)를 두고 그 안에 부착된 생물막과 접촉하도록 물을 순환시켜 처리하는 방식

33 다음은 상수도시설인 착수정에 관한 내용이다. ( ) 안에 내용으로 옳은 것은?

착수정의 용량은 체류시간을 ( )으로 한다.

① 0.5분 이상
② 1.0분 이상
③ 1.5분 이상
④ 3.0분 이상

해설 착수정의 용량은 체류시간을 1.5분 이상으로 한다.

34 하수관거시설인 우수토실에 관한 설명 중 잘못된 것은?

① 우수월류량은 계획하수량에서 우천시 계획오수량을 뺀 양으로 한다.
② 오수토실의 오수 유출관거에는 소정의 유량 이상이 흐르도록 하여야 한다.
③ 우수토실은 위어형 이외에 수직오리피스, 기계식 수동수문 및 자동수문, 볼텍스 밸브류 등을 사용할 수 있다.
④ 우수토실을 설치하는 위치는 차집관거의 배치, 방류수면 및 방류지역의 주변환경 등을 고려하여 선정한다.

해설 오수토실의 오수 유출관거에는 소정의 유량 이상이 흐르지 않도록 하여야 한다.

35 상수도 기본계획수립 시 기본사항에 대한 결정 중 계획(목표)년도에 관한 내용으로 옳은 것은?

① 기본계획의 대상이 되는 기간으로 계획수립시부터 10~15년간을 표준으로 한다.
② 기본계획의 대상이 되는 기간으로 계획수립시부터 15~20년간을 표준으로 한다.
③ 기본계획의 대상이 되는 기간으로 계획수립시부터 20~25년간을 표준으로 한다.
④ 기본계획의 대상이 되는 기간으로 계획수립시부터 25~30년간을 표준으로 한다.

36 화학적 처리를 위한 응집시설 중 급속혼화시설에 관한 설명이다. ( ) 안에 옳은 내용은?

> 기계식 급속혼화시설을 채택하는 경우에는 (   )을 갖는 혼화지에 응집제를 주입한 다음 즉시 급속교반 시킬 수 있는 혼화장치를 설치한다.

① 30초 이내의 체류시간
② 1분 이내의 체류시간
③ 3분 이내의 체류시간
④ 5분 이내의 체류시간

해설 기계식 급속혼화시설을 채택하는 경우에는 1분 이내의 체류시간을 갖는 혼화지에 응집제를 주입한 다음 즉시 급속교반 시킬 수 있는 혼화장치를 설치한다.

37 관경 1,100mm, 역사이펀 관거 내의 유속에 대한 동수경사 2.4‰, 유속 2.15m/sec, 역사이펀 관거의 길이 L=76m일 때, 역사이펀의 손실수두는?(단, β=1.5, α=0.05m이다.)

① 0.29m   ② 0.39m
③ 0.49m   ④ 0.59m

해설 $H = i \cdot L + \dfrac{1.5V^2}{2 \cdot g} + \alpha$

$H = \dfrac{2.4}{1,000} \times 76 + \dfrac{1.5 \times 2.15^2}{2 \times 9.8} + 0.05$
$= 0.5816(m)$

38 다음은 하수관거의 접합방법을 정할 때의 고려사항이다. ( ) 안에 가장 적합한 것은?

> 2개의 관거가 합류하는 경우의 중심교각은 되도록 (㉠) 이하로 하고, 곡선을 갖고 합류하는 경우의 곡률반경은 내경의 (㉡) 이상으로 한다.

① ㉠ 60°, ㉡ 5배
② ㉠ 60°, ㉡ 3배
③ ㉠ 45°, ㉡ 5배
④ ㉠ 45°, ㉡ 3

39 하수관거시설이 황화수소에 의하여 부식되는 것을 방지하기 위한 대책으로 틀린 것은?

① 관거를 청소하고 미생물의 생식 장소를 제거한다.
② 염화 제2철을 주입하여 황화물을 고정화한다.
③ 염소를 주입하여 ORP를 저하시킨다.
④ 환기에 의해 관내 황화수소를 희석한다.

해설 염화제2철을 주입하여 ORP의 저하를 방지한다.

40 상수시설인 배수시설중 배수지의 유효수심범위(표준)로 적절한 것은?

① 6~8m   ② 3~6m
③ 2~3m   ④ 1~2m

해설 배수지의 유효수심은 배수관의 동수압이 적절하게 유지될 수 있도록 3~6m 정도로 한다.

ANSWER | 34. ② 35. ② 36. ② 37. ④ 38. ① 39. ③ 40. ②

SECTION 03 수질오염방지기술

41 역삼투 장치로 하루에 1,710m³의 3차 처리된 유출수를 탈염시키고자 한다. 요구되는 막면적(m²)은? (단, 유입수와 유출수 사이의 압력차=2,400kPa, 25℃에서 물질전달계수=0.2068L/(day-m²)(kPa), 최저 운전 온도=10℃, $A_{10℃}=1.58A_{25℃}$, 유입수와 유출수의 삼투압 차=310kPa)

① 약 5,351 ② 약 6,251
③ 약 7,351 ④ 약 8,121

해설 $Q_F = K(\Delta P - \Delta \pi)$
여기서, K : 막의 물질전달계수(L/(day-m²)(kPa))
ΔP : 유입수와 유출수 사이의 압력차(kPa)
$\Delta \pi$: 유입수와 유출수의 삼투압차(kPa)

$$\frac{1,710m^3}{day} \bigg| \frac{1}{A(m^2)} = \frac{0.2068L}{m^2 \cdot day \cdot kPa}$$
$$\bigg| \frac{(2,400-310)kPa}{} \bigg| \frac{1m^3}{10^3L} \bigg|$$
$A_{25℃} = 3,956.39(m^2)$
∴ $A_{10℃} = 1.58 \times A_{25℃}$
$= 1.58 \times 3,956.39 = 6,251.1(m^2)$

42 생물막법 처리방식인 접촉산화법의 장단점으로 옳지 않은 것은?

① 부하, 수량변동에 대하여 완충능력이 있다.
② 미생물량과 영향인자를 정상상태로 유지하기 위한 조작이 어렵다.
③ 분해속도가 낮은 기질제거에 효과적이며 수온의 변동에 강하다.
④ 반응조 내 매체를 균일하게 포기 교반하는 조건설정이 용이하다.

해설 반응조 내 매체를 균일하게 포기 교반하는 조건설정이 어렵고 사수부가 발생할 우려가 있으며 포기비용이 약간 높다.

43 생물학적 질소제거공정에서 질산화로 생성된 $NO_3^- - N$ 40mg/L가 탈질되어 질소로 환원될 때 필요한 이론적인 메탄올(CH_3OH)의 양(mg/L)은?

① 17.2mg/L ② 36.6mg/L
③ 58.4mg/L ④ 76.2mg/L

해설 $6NO_3^- + 5CH_3OH \rightarrow 5CO_2 + 3N_2 + 7H_2O + 6OH^-$
$6NO_3^-$: $5CH_3OH$
6×62 : 5×32
40mg/L : X
X ≒ 17.2mg/L

44 농축슬러지를 혐기성 소화를 통해 안정화시키고 있다. 조건이 다음과 같을 때 메탄 생성량(kg/day)은?

[조건]
- 농축슬러지에 포함된 유기성분은 모두 글로코오스($C_6H_{12}O_6$)이며 미생물에 의해 100% 분해
- 소화조에서 모두 메탄과 이산화탄소로 전환된다고 가정함
- 농축슬러지 BOD 480mg/L, 유입유량 200 m³/day

① 18 ② 24
③ 32 ④ 41

해설 $CH_4 + 2O_2 \rightarrow CO_2 + H_2O$
16(g) : 2×32(g)
$X : \frac{200m^3}{day} \bigg| \frac{0.48kg}{m^3}$
∴ X = 24(kg/day)

45 CSTR 반응조를 일차반응조건으로 설계하고, A의 제거 또는 전환율이 90%가 되게 하고자 한다. 만일, 반응상수, k가 0.35/hr이면 이 CSTR 반응조의 체류시간은?

① 12.5hr ② 25.7hr
③ 32.5hr ④ 43.7hr

해설 $t = \frac{(C_o - C_t)}{K \cdot C_t}$
$t = \frac{(100-10)}{0.35 \times 10} = 25.71(hr)$

41. ② 42. ④ 43. ① 44. ② 45. ②

46 폭기조 내의 혼합액의 SVI가 100이고, MLSS 농도를 2,200mg/L로 유지하려면 적정한 슬러지의 반송률은?(단, 유입수의 SS는 무시한다.)

① 23.6% ② 28.2%
③ 33.6% ④ 38.3%

해설 $R = \dfrac{X}{X_r - X} \times 100 = \dfrac{X}{(10^6/SVI) - X} \times 100$

$R = \dfrac{2,200}{(10^6/100) - 2,200} \times 100 = 28.2(\%)$

47 폐수량 500m³/일, BOD 300mg/L인 폐수를 표준활성슬러지공법으로 처리하여 최종방류수 BOD 농도를 20mg/L 이하로 유지하고자 한다. 최초침전지 BOD 제거효율이 30%일 때 포기조와 최종침전지, 즉 2차 처리 공정에서 유지되어야 하는 최저 BOD 제거효율은?

① 약 82.5% ② 약 85.5%
③ 약 90.5% ④ 약 94.5%

해설 300mg/L × (1−0.3) × (1−X) = 20mg/L
300mg/L × 0.7 × (1−X) = 20mg/L

$1 - X = \dfrac{20mg/L}{300mg/L \times 0.7}$

$X = 1 - \dfrac{20mg/L}{300mg/L \times 0.7} = 0.90476 = 90.48\%$

48 슬러지의 소화율(消化率)이란 생슬러지 중의 VS가 가스화 및 액화되는 비율을 말한다. 생슬러지와 소화슬러지의 VS/TS가 각각 80% 및 50%일 경우 소화율은?

① 38% ② 46%
③ 63% ④ 75%

해설 소화율(%) = $\left(1 - \dfrac{소화\ 후\ VS/FS}{소화\ 전\ VS/FS}\right) \times 100$

㉠ 소화 전 : $TS_1 = VS_1 + FS_1$
    100(%) = 80(%) + X(%)
    X = 20(%)
㉡ 소화 후 : $TS_2 = VS_2 + FS_2$
    100(%) = 50(%) + X′(%)
    X′ = 50(%)

∴ 소화율(%) = $\left(1 - \dfrac{50/50}{80/20}\right) \times 100 = 75(\%)$

49 하수 소독 시 적용되는 오존소독방법에 관한 일반적 장단점으로 옳지 않은 것은?(단, 염소소독 방법 등과 비교)

① Cl_2 보다 더 강력한 산화제이다.
② 저장시스템 파괴 사고의 위험이 있다.
③ 모든 박테리아와 바이러스를 살균시킨다.
④ 초기 투자비와 부속설비가 비싸다.

50 하루 유량 5,000m³인 폐수를 용량이 1,500m³인 활성슬러지 폭기조로 처리한다. 이때 K_d=0.03/일 Y=0.6 MLSSmg/BODmg, MLSS는 6,000mg/L로 유지되고 있고 유입 BOD 500mg/L는 활성슬러지 폭기조에서 BOD 90% 제거된다면 SRT는?(단, 활성슬러지 공법의 폭기조만 고려함)

① 11.1일 ② 10.2일
③ 8.3일 ④ 7.4일

해설 $\dfrac{1}{SRT} = \dfrac{Y \cdot Q(S_i - S_o)}{\forall \cdot X} - K_d$

$\dfrac{1}{SRT} = \dfrac{1}{1,500m^3} \left| \dfrac{L}{6,000mg} \right| \dfrac{0.6}{} \left| \dfrac{5,000m^3}{day} \right| \dfrac{(500 \times 0.9)mg}{L} - \dfrac{0.03}{day}$

∴ SRT = 8.33(day)

51 생물학적 원리를 이용하여 질소, 인을 제거하는 공정인 5단계 Bardenpho 공법에 관한 설명으로 옳지 않은 것은?

① 인 제거를 위해 혐기성조가 추가된다.
② 조 구성은 혐기조, 무산소조, 호기조 무산소조, 호기조 순이다.
③ 내부반송률은 유입유량 기준으로 100~200% 정도이며 2단계 무산소조로부터 1단계 무산소조로 반송된다.
④ 마지막 호기성 단계는 폐수 내 잔류 질소가스를 제거하고 최종 침전지에서 인의 용출을 최소화하기 위하여 사용한다.

해설 5단계 Bardenpho 공법에서는 내부반송을 유입유량 기준으로 400% 정도이며, 1단계 호기조에서 1단계 무산소조로 반송된다.

ANSWER | 46. ② 47. ③ 48. ④ 49. ② 50. ③ 51. ③

52 막공법에 관한 내용으로 옳지 않은 것은?
① 투석은 선택적 투과막을 통해 용액 중에 다른 이온, 혹은 분자의 크기가 다른 용질을 분리시키는 것이다.
② 투석에 대한 추진력은 막을 기준으로 한 용질의 농도차이다.
③ 한외여과 및 미여과의 분리는 주로 여과작용에 의한 것으로 역삼투현상에 의한 것이 아니다.
④ 역삼투는 한외여과 및 미여과와 상이하게 반투막으로 용매를 통과시키기 위해 정수압을 이용한다.

해설 한외여과는 반투막을 이용하여 용액내의 물질 크기에 따라 분리하는 방법이며, 구동력도 정수압차이다.

53 물리, 화학적으로 질소제거 공정인 파괴점 염소주입에 관한 내용으로 옳지 않은 것은?(단, 기타 방법과 비교 내용임)
① 수생생물에 독성을 끼치는 잔류 염소농도가 높아진다.
② pH에 영향이 없어 염소투여요구량이 일정하다.
③ 기존 시설에 적용이 용이하다.
④ 고도의 질소제거를 위하여 여타 질소제거 공정 다음에 사용 가능하다.

해설 파괴점 염소주입은 pH에 영향을 받아 염소요구량이 달라진다.

54 혐기성 소화법과 비교한 호기성 소화법의 장단점으로 옳지 않은 것은?
① 운전이 용이하다.
② 소화슬러지 탈수가 용이하다.
③ 가치 있는 부산물이 생성되지 않는다.
④ 저온시의 효율이 저하된다.

해설 슬리지의 탈수가 불량한 것이 호기성 소화법의 단점이다.

55 폐수 유량이 3,000m³/d, 부유 고형물의 농도가 150mg/l이다. 공기부상 시험에서 공기와 고형물의 비가 0.05mg-air/mg-solid일 때 최적의 부상을 나타낸다. 설계온도 20℃, 이때의 공기용해도는 18.7 mL/L이다. 흡수비 0.5, 부하율이 0.12m³/m²·min일 때 반송이 있으며 운전압력이 3.5 기압인 부상조 표면적은?
① 18.5m²   ② 24.5m²
③ 32.5m²   ④ 41.5m²

해설
$$A/S = \frac{1.3 \cdot S_a \cdot (f \cdot P - 1)}{SS} \times \left(\frac{Q_r}{Q}\right)$$
$$0.05 = \frac{1.3 \times 18.7 \times (0.5 \times 3.5 - 1)}{150} \times \left(\frac{Q_r}{3,000}\right)$$
$$\therefore Q_r = 1,234.06 (m^3/day)$$
$$\therefore 수면적(A_a) = \frac{1,234.06 + 3,000}{day} \frac{m^3}{} \left|\frac{m^2 \cdot min}{0.12m^3}\right|$$
$$\left|\frac{1day}{1,440min}\right| = 24.50(m^2)$$

56 1,000m³의 하수로부터 최초침전지에서 생성되는 슬러지 양은?
- 최초침전지 체류시간은 2시간, 부유물질 제거효율 60%
- 부유물질농도 220mg/L, 부유물질 분해 없음
- 슬러지 비중 1.0
- 슬러지 함수율 97%

① 2.4m³/1,000m³   ② 3.2m³/1,000m³
③ 4.4m³/1,000m³   ④ 5.2m³/1000m³

해설
$$SL(m^3/1,000m^3) = \frac{0.22kg \cdot TS}{m^3} \left|\frac{60}{100}\right|$$
$$\left|\frac{100 \cdot SL}{(100-97) \cdot TS}\right| \left|\frac{1,000m^3}{}\right|$$
$$\left|\frac{m^3}{1,000kg}\right| = 4.4(m^3/1,000m^3)$$

57 암모니아성 질소가 25mg/L인 폐수의 완전 질산화에 필요한 이론적 산소요구량(mg/L)은?
① 약 115   ② 약 125
③ 약 135   ④ 약 145

52. ④ 53. ② 54. ② 55. ② 56. ③ 57. ①

해설 $NH_4^+ - N + 2O_2 \rightarrow NO_3^- + 2H^+ + H_2O$
      14   :   2×32
      25mg/L :   X
      ∴ X = 114.28mg/L

58 어느 특정한 산화지 내에 1일 BOD 부하를 30kg/day·m²으로 설계하였다. 평균 유량이 2.5m³/min 이고 BOD 농도가 270mg/L일 때 필요한 면적(m²)은?(단, 기타 조건은 고려하지 않음)

① 30.5m²   ② 32.4m²
③ 36.2m²   ④ 40.8m²

해설 BOD면적부하 = $\dfrac{BOD \cdot Q}{A}$

$A(m^2) = \dfrac{270mg}{L} \left| \dfrac{g}{10^3 mg} \right| \dfrac{kg}{10^3 g} \left| \dfrac{10^3 L}{m^3} \right| \dfrac{2.5m^3}{min}$
$\left| \dfrac{m^2 \cdot day}{30kg} \right| \dfrac{1,440min}{day} = 32.4m^2$

59 생물학적 질소, 인제거를 위한 A²/O 공정 중 호기조의 역할로 옳게 짝지은 것은?

① 질산화, 인방출
② 질산화, 인흡수
③ 탈질화, 인방출
④ 탈질화, 인흡수

60 슬러지를 진공 탈수시켜 부피가 50% 감소되었다. 유입슬러지 함수율이 98%이었다면 탈수 후 슬러지의 함수율은?(단, 슬러지 비중은 1.0 기준)

① 90%
② 92%
③ 94%
④ 96%

해설 $V_1(100 - W_1) = V_2(100 - W_2)$
      $100(100 - 98) = 50(100 - W_2)$
      ∴ $W_2 = 96(\%)$

SECTION 04 수질오염공정시험기준

61 공장, 하수 및 폐수 종말처리장 등의 원수, 공정수, 배출수 등의 개수로 유량을 측정하는데 사용하는 웨어의 정확도 기준은?(단, 실제유량에 대한 %)

① ±5%   ② ±10%
③ ±15%   ④ ±25%

해설 유량계에 따른 정밀/정확도 및 최대유속과 최소유속의 비율

유량계	범위(최대유량 : 최소유량)	정확도(실제유량에 대한, %)	정밀도(최대유량에 대한, %)
웨어 (Weir)	500 : 1	± 5	± 0.5
파샬수로 (Flume)	10 : 1 ~ 75 : 1	± 5	± 0.5

62 시험과 관련된 총칙에 관한 설명으로 옳지 않은 것은?

① "방울수"라 함은 0℃에서 정제수 20방울을 적하할 때 그 부피가 약 1mL 되는 것을 뜻한다.
② "찬 곳"은 따로 규정이 없는 한 0~15℃의 곳을 뜻한다.
③ "감압 또는 진공"이라 함은 따로 규정이 없는 한 15mmHg 이하를 말한다.
④ "약"이라 함은 기재된 양에 대하여 ±1% 이상의 차가 있어서는 안 된다.

해설 "방울수"라 함은 20℃에서 정제수 20방울을 적하할 때 그 부피가 약 1mL 되는 것을 뜻한다.

63 하천유량 측정을 위한 유속 면적법의 적용범위로 틀린 것은?

① 대규모 하천을 제외하고 가능하면 도섭으로 측정할 수 있는 지점
② 교량 등 구조물 근처에서 측정할 경우 교량의 상류지점
③ 합류나 분류되는 지점
④ 선정된 유량측정 지점에서 말뚝을 박아 동일 단면에서 유량측정을 수행할 수 있는 지점

ANSWER | 58. ② 59. ② 60. ④ 61. ① 62. ① 63. ③

해설 유속 면적법의 적용범위
㉠ 균일한 유속분포를 확보하기 위한 충분한 길이(약 100m 이상)의 직선 하도(河道)의 확보가 가능하고 횡단면상의 수심이 균일한 지점
㉡ 모든 유량 규모에서 하나의 하도로 형성되는 지점
㉢ 가능하면 하상이 안정되어있고, 식생의 성장이 없는 지점
㉣ 유속계나 부자가 어디에서나 유효하게 잠길 수 있을 정도의 충분한 수심이 확보되는 지점
㉤ 합류나 분류가 없는 지점
㉥ 교량 등 구조물 근처에서 측정할 경우 교량의 상류지점
㉦ 대규모 하천을 제외하고 가능하면 도섭으로 측정할 수 있는 지점
㉧ 선정된 유량측정 지점에서 말뚝을 박아 동일 단면에서 유량측정을 수행할 수 있는 지점

64 다음은 퇴적물 완전연소가능량 측정에 관한 내용이다. ( ) 안에 옳은 내용은?

> 110℃에서 건조시킨 시료를 도가니에 담고 무게를 측정한 다음 ( ) 가열한 후 다시 무게를 측정한다.

① 550℃에서 1시간 ② 550℃에서 2시간
③ 550℃에서 3시간 ④ 550℃에서 4시간

65 웨어의 수두가 0.25m, 수로의 폭이 0.8m, 수로의 밑면에서 절단 하부점까지의 높이가 0.7m인 직각 3각 웨어의 유량은?(단, 유량계수 $k=81.2+\dfrac{0.24}{h}+\left(8.4+\dfrac{12}{\sqrt{D}}\right)\times\left(\dfrac{h}{B}-0.09\right)^2$

① 1.4m³/min ② 2.1m³/min
③ 2.6m³/min ④ 2.9m³/min

해설 $Q(\mathrm{m^3/min}) = Kh^{\frac{5}{2}}$

$K = 81.2 + \dfrac{0.24}{0.25} + \left(8.4 + \dfrac{12}{\sqrt{0.7}}\right) \times \left(\dfrac{0.25}{0.8} - 0.09\right)^2 = 83.526$

∴ $Q\left(\dfrac{\mathrm{m^3}}{\mathrm{min}}\right) = 83.526 \times 0.25^{(5/2)} = 2.6(\mathrm{m^3/min})$

66 시료의 최대 보존기간이 다른 측정항목은?
① 페놀류   ② 인산염인
③ 화학적산소요구량 ④ 황산이온

해설 인산염인의 최대보존기간은 48시간이며, 나머지는 28일이다.

67 다음은 니켈의 자외선/가시선 분광법 측정에 관한 내용이다. ( ) 안에 내용으로 옳은 것은?

> 니켈이온을 암모니아의 약 알칼리성에서 다이메틸글리옥심과 반응시켜 생성한 니켈착염을 클로로폼으로 추출하고 이것을 ( )으로 역추출 한다.

① 벤젠   ② 노말헥산
③ 묽은 염산   ④ 사염화탄소

해설 니켈이온을 암모니아의 약 알칼리성에서 다이메틸글리옥심과 반응시켜 생성한 니켈착염을 클로로폼으로 추출하고 이것을 묽은 염산으로 역추출한다.

68 효소이용정량법을 활용한 대장균 분석시 사용되는 검출기는?
① 자외선 검출기
② 적외선 검출기
③ 마이크로파 검출기
④ 초음파 검출기

해설 효소이용정량법을 이용한 대장균 분석방법은 효소기질, 효소기질 시약과 시료를 혼합하여 배양한 후 자외선 검출기로 측정하는 방법이다.

69 다음의 측정항목 중 시료 보존 방법이 다른 것은?
① 물벼룩 급성독성
② 생물화학적 산소요구량
③ 전기전도도
④ 황산이온

해설 황산이온은 6℃ 이하 보관이며, 나머지는 4℃ 보관이다.

70 암모니아성 질소의 분석방법과 가장 거리가 먼 것은?(단, 수질오염공정시험기준 기준)

① 자외선/가시선 분광법
② 연속흐름법
③ 이온전극법
④ 적정법

해설 암모니아성 질소의 분석방법에는 자외선/가시선 분광법, 이온전극법, 적정법이 있다.

71 다음은 자외선/가시선 분광법을 적용한 크롬 측정에 관한 내용이다. ( ) 안에 옳은 내용은?

3가 크롬은 (가)을 첨가하여 6가 크롬으로 산화시킨 후 산성용액에서 다이페닐카바자이드와 반응하여 생성되는 (나) 착화합물의 흡광도를 측정한다.

① 가 : 과망간산칼륨, 나 : 황색
② 가 : 과망간산칼륨, 나 : 적자색
③ 가 : 티오황산나트륨, 나 : 적색
④ 가 : 티오황산나트륨, 나 : 황갈색

해설 3가 크롬은 과망간산칼륨을 첨가하여 6가 크롬으로 산화시킨 후 산성용액에서 다이페닐카바자이드와 반응하여 생성되는 적자색 착화합물의 흡광도를 측정한다.

72 다음은 수질연속자동측정기의 설치방법 중 시료채취 지점에 관한 내용이다. ( ) 안에 옳은 내용은?

취수구의 위치는 수면하 10cm 이상, 바닥으로부터 ( )를 유지하여 동절기의 결빙을 방지하고 바닥퇴적물이 유입되지 않도록 하되 불가피한 경우는 수면하 5cm에서 채수할 수 있다.

① 10cm   ② 15cm
③ 20cm   ④ 30cm

73 0.025N-KMnO₄ 400mL를 조제하려면 KMnO₄ 약 몇 g을 취해야 하는가?(단, 원자량 : K=39, Mn=55)

① 약 0.32   ② 약 0.63
③ 약 0.84   ④ 약 0.98

해설 $KMnO_4(g) = \frac{0.025eq}{L} \Big| \frac{400mL}{1} \Big| \frac{1L}{10^3 mL} \Big| \frac{(158/5)g}{1eq} = 0.316(g)$

74 총 유기탄소 측정 시 적용되는 용어 정의로 옳지 않은 것은?

① 비정화성 유기탄소 : 총 탄소 중 pH 5.6 이하에서 포기에 의해 정화 되지 않는 탄소를 말한다.
② 부유성 유기탄소 : 총 유기탄소 중 공극 $0.45\mu m$의 막여지를 통과하지 못한 유기탄소를 말한다.
③ 무기성 탄소 : 수중에 탄산염, 중탄산염, 용존 이산화탄소 등 무기적으로 결합된 탄소의 합을 말한다.
④ 총 탄소 : 수중에서 존재하는 유기적 또는 무기적으로 결합된 탄소의 합을 말한다.

해설 비정화성 유기탄소
총 탄소 중 pH 2 이하에서 포기에 의해 정화 되지 않는 탄소를 말한다.

75 노말헥산 추출물질의 정량한계는?

① 0.1mg/L   ② 0.5mg/L
③ 1.0mg/L   ④ 5.0mg/L

해설 노말헥산 추출물질의 정량한계는 0.5mg/L이다.

76 기체크로마토그래피에 의해 유기인 측정에 관한 내용 중 간섭물질에 대한 설명으로 틀린 것은?

① 폴리테트라플루오로에틸렌(PTFE) 재질이 아닌 튜브, 봉합제 및 유속조절제의 사용을 피해야 한다.
② 검출기는 불꽃광도 검출기(FPD) 또는 질소인검출기(NPD)를 사용한다.
③ 높은 농도를 갖는 시료와 낮은 농도를 갖는 시료를 연속하여 분석할 때에 오염이 될 수 있으므로 높은 농도의 시료를 분석한 후에는 바탕시료를 분석하는 것이 좋다.
④ 플로리실 컬럼 정제는 산, 염화페놀, 폴리클로로페녹시페놀 등의 극성화합물을 제거하기 위해 수행한다.

ANSWER | 70. ② 71. ② 72. ② 73. ① 74. ① 75. ② 76. ④

해설 실리카겔 컬럼 정제는 산, 염화페놀, 폴리클로로페녹시페놀 등의 극성화합물을 제거하기 위해 수행한다.

77 유기물 함량이 비교적 높지 않고 금속의 수산화물, 산화물, 인산염 및 황화물을 함유하는 시료의 전처리 (산분해법)방법으로 가장 적합한 것은?
① 질산법
② 황산법
③ 질산-황산법
④ 질산-염산법

78 물속에 존재하는 비소의 측정방법으로 거리가 먼 것은?(단, 수질오염공정시험기준 기준)
① 수소화물생성 – 원자흡수분광도법
② 자외선/가시선 분광법
③ 양극벗김전압전류법
④ 이온크로마토그래피법

해설 비소의 측정방법
㉠ 수소화물생성 – 원자흡수분광도법
㉡ 자외선/가시선 분광법
㉢ 유도결합플라스마 – 원자발광분광법
㉣ 유도결합플라스마 – 질량분석법
㉤ 양극벗김전압전류법

79 분원성대장균군(막여과법) 분석 시험에 관한 내용으로 틀린 것은?
① 분원성대장균군이란 온혈동물의 배설물에서 발견되는 그람음성 · 무아포성의 간균이다.
② 물속에 존재하는 분원성대장균군을 측정하기 위하여 페트리접시에 배지를 올려놓은 다음 배양 후 여러 가지 색조를 띠는 청색의 집락을 계수하는 방법이다.
③ 배양기 또는 항온수조는 배양온도를 (25±0.5)℃로 유지할 수 있는 것을 사용한다.
④ 실험결과는 "분원성대장균군수/100mL"로 표기한다.

해설 배양기 또는 항온수조는 배양온도를 (44.5±0.2)℃로 유지할 수 있는 것을 사용한다.

80 고형물질이 많아 관을 메울 우려가 있는 폐 · 하수의 관내 유량을 측정하는 방법으로 가장 옳은 것은?
① 자기식 유량측정기(Magnetic Flow Meter)
② 유량측정용 노즐(Nozzle)
③ 파샬플룸(Parshall Flume)
④ 피토(Pitot)관

SECTION 05 수질환경관계법규

81 공공수역의 수질보전을 위하여 고랭이 경작지에 대한 경작방법을 권고할 수 있는 기준(환경부령으로 정함)이 되는 해발고도와 경사도가 바르게 연결된 것은?
① 300m 이상, 10% 이상
② 300m 이상, 15% 이상
③ 400m 이상, 10% 이상
④ 400m 이상, 15% 이상

해설 "환경부령으로 정하는 해발고도"란 해발 400미터를 말하고 "환경부령으로 정하는 경사도"란 경사도 15퍼센트를 말한다.

82 다음은 기타 수질오염원의 설치 · 관리자가 하여야 할 조치에 관한 내용이다. ( ) 안에 옳은 내용은?

[수산물 양식시설 : 가두리 양식 어장]
시료를 준 후 2시간 지났을 때 침전되는 양이 ( )미만인 부상(浮上)시료를 사용한다. 다만 10센티미터 미만의 치어 또는 종묘에 대한 시료는 제외한다.

① 10%
② 20%
③ 30%
④ 40%

77. ④ 78. ④ 79. ③ 80. ① 81. ④ 82. ① | ANSWER

83 1일기준초과 배출량 및 일일유량 산정 방법에 관한 내용으로 옳지 않은 것은?

① 배출농도의 단위는 리터당 밀리그램(mg/L)으로 한다.
② 특정수질유해물질의 배출허용기준 초과 1일오염물질배출량은 소수점 이하 넷째 자리까지 계산한다.
③ 1일유량 산정을 위한 측정유량의 단위는 m^3/min 으로 한다.
④ 1일유량 산정을 위한 1일조업시간은 측정하기 전 최근 조업한 30일간의 배출시설 조업시간의 평균치로서 분(min)으로 표시한다.

해설 1일유량 산정을 위한 측정유량의 단위는 L/min으로 한다.

84 수질 및 수생태계 환경기준 중 하천에서의 사람의 건강보호 기준으로 옳은 것은?

① 6가크롬 − 0.5mg/L 이하
② 비소 − 0.05mg/L 이하
③ 음이온계면활성제 − 0.1mg/L 이하
④ 테트라클로로에틸렌 − 0.02mg/L 이하

해설 6가크롬 − 0.05mg/L 이하, 음이온계면활성제 − 0.5 mg/L 이하, 테트라클로로에틸렌 − 0.04 mg/L 이하

85 공공수역의 수질 및 수생태계 보전을 위하여 특정농작물의 경작 권고를 할 수 있는 자는?

① 대통령 ② 유역 · 지방환경청장
③ 환경부장관 ④ 시 · 도지사

해설 시 · 도지사는 공공수역의 수질 및 수생태계 보전을 위하여 필요하다고 인정하는 경우에는 하천 · 호소 구역에서 농작물을 경작하는 사람에게 경작대상 농작물의 종류 및 경작방식의 변경과 휴경(休耕) 등을 권고할 수 있다.

86 다음은 폐수종말처리시설의 유지 · 관리기준 중 처리시설의 관리 · 운영자가 실시하여야 하는 방류수 수질검사에 관한 내용이다. ( ) 안에 옳은 내용은?(단, 방류수 수질은 현저하게 악화되지 않음)

처리시설의 적정운영 여부를 확인하기 위하여 방류수 수질검사를 (가) 실시하되, 1일당 2천세제곱미터 이상인 시설은 (나) 실시하여야 한다. 다만, 생태독성(TU)검사는 (다) 실시하여야 한다.

① 가 : 월 1회 이상, 나 : 주 1회 이상, 다 : 월 2회 이상
② 나 : 월 1회 이상, 나 : 주 2회 이상, 다 : 월 1회 이상
③ 가 : 월 2회 이상, 나 : 주 1회 이상, 다 : 월 1회 이상
④ 가 : 월 2회 이상, 나 : 월 1회 이상, 다 : 주 1회 이상

해설 처리시설의 관리 · 운영자는 방류수수질검사를 다음과 같이 실시하여야 한다.
㉠ 처리시설의 적정 운영 여부를 확인하기 위하여 방류수수질검사를 월 2회 이상 실시하되, 1일당 2천 세제곱미터 이상인 시설은 주 1회 이상 실시하여야 한다. 다만, 생태독성(TU) 검사는 월 1회 이상 실시하여야 한다.
㉡ 방류수의 수질이 현저하게 악화되었다고 인정되는 경우에는 수시로 방류수질검사를 하여야 한다.

87 다음 중 초과부과금 산정기준으로 적용되는 수질오염물질 1킬로그램당 부과 금액이 가장 높은(많은) 것은?

① 카드뮴 및 그 화합물 ② 6가 크롬 화합물
③ 납 및 그 화합물 ④ 수은 및 그 화합물

해설 카드뮴 및 그 화합물(500,000원), 6가 크롬 화합물(300,000원), 납 및 그 화합물(150,000원), 수은 및 그 화합물(1,250,000원)

88 중점관리저수지(농업용의 경우)의 해제 조건에 대한 설명으로 옳은 것은?

① 호소의 생활환경기준 중 약간 나쁨(IV)등급 기준 이하로 1년 이상 계속 유지하는 경우
② 호소의 생활환경기준 중 약간 나쁨(IV)등급 기준 이하로 2년 이상 계속 유지하는 경우
③ 호소의 생활환경기준 중 보통(III)등급 기준 이하로 1년 이상 계속 유지하는 경우
④ 호소의 생활환경기준 중 보통(III)등급 기준 이하로 2년 이상 계속 유지하는 경우

ANSWER | 83. ③ 84. ② 85. ④ 86. ③ 87. ④ 88. ②

해설 중점관리저수지의 해제 조건
　㉠ 농업용 저수지 : 호소의 생활환경 기준 중 약간 나쁨(Ⅳ) 등급
　㉡ 그 밖의 저수지 : 호소의 생활환경 기준 중 보통(Ⅲ) 등급

89 다음 중 수질자동측정기기 및 부대시설을 모두 부착하지 아니할 수 있는 시설의 기준으로 옳은 것은?
① 연간 조업일수가 60일 미만인 사업장
② 연간 조업일수가 90일 미만인 사업장
③ 연간 조업일수가 120일 미만인 사업장
④ 연간 조업일수가 150일 미만인 사업장

해설 다음 어느 하나에 해당하는 시설에는 수질자동측정기기 및 부대시설을 모두 부착하지 아니할 수 있다.
　㉠ 폐수가 최종 방류구를 거치기 전에 일정한 관로를 통하여 생산공정에 폐수를 순환시키거나 재이용하는 등의 경우로서 최대 폐수배출량이 1일 200 세제곱미터 미만인 사업장 또는 공동방지시설
　㉡ 사업장에서 배출되는 폐수를 법 제35조제4항에 따른 공동방지시설에 모두 유입시키는 사업장
　㉢ 폐수종말처리시설 또는 공공하수처리시설에 폐수를 모두 유입시키거나 대부분의 폐수를 유입시키고 1일 200 세제곱미터 미만의 폐수를 공공수역에 직접 방류하는 사업장 또는 공동방지시설(기본계획의 승인을 받거나 공공하수도 설치인가를 받은 폐수종말처리시설이나 공공하수처리시설에 배수설비를 연결하여 처리할 예정인 시설을 포함한다.)
　㉣ 방지시설설치의 면제기준에 해당되는 사업장
　㉤ 배출시설의 폐쇄가 확정·승인·통보된 시설 또는 시·도지사가 제35조제2항에 따른 측정기기의 부착 기한으로부터 1년 이내에 폐쇄할 배출시설로 인정한 시설
　㉥ 연간 조업일수가 90일 미만인 사업장
　㉦ 사업장에서 배출하는 폐수를 회분식(Batch type, 2개 이상 회분식 처리시설을 설치·운영하는 경우에는 제외한다)으로 처리하는 수질오염방지시설을 설치·운영하고 있는 사업장
　㉧ 그 밖에 자동측정기기에 의한 배출량 등의 측정이 어려워 부착을 면제할 필요가 있다고 환경부장관이 인정하는 시설

90 환경부장관은 비점오염원관리지역을 지정, 고시한 때에는 비점오염원관리대책을 수립하여야 한다. 다음 중 관리대책에 포함되어야 할 사항과 가장 거리가 먼 것은?
① 관리대상 지역의 개발현황 및 계획
② 관리대상 수질오염물질의 종류 및 발생량
③ 관리대상 수질오염물질의 발생 예방 및 저감방안
④ 관리목표

해설 비점오염원관리대책 수립
　㉠ 관리목표
　㉡ 관리대상 수질오염물질의 종류 및 발생량
　㉢ 관리대상 수질오염물질의 발생 예방 및 저감 방안
　㉣ 그 밖에 관리지역을 적정하게 관리하기 위하여 환경부령으로 정하는 사항

91 총량관리 단위 유역의 수질 측정방법 중 측정수질에 관한 내용으로 옳은 것은?
① 산정 시점으로부터 과거 1년간 측정한 것으로 하며, 그 단위는 리터당 밀리그램(mg/L)으로 표시한다.
② 산정 시점으로부터 과거 2년간 측정한 것으로 하며, 그 단위는 리터당 밀리그램(mg/L)으로 표시한다.
③ 산정 시점으로부터 과거 3년간 측정한 것으로 하며, 그 단위는 리터당 밀리그램(mg/L)으로 표시한다.
④ 산정 시점으로부터 과거 5년간 측정한 것으로 하며, 그 단위는 리터당 밀리그램(mg/L)으로 표시한다.

해설 측정수질은 산정 시점으로부터 과거 3년간 측정한 것으로 하며, 그 단위는 리터당 밀리그램(mg/L)으로 표시한다.

92 폐수배출시설에 대한 배출부과금을 부과하는 경우, 배출부과금 부과기간의 시작일 전 6개월 이상 방류수 수질기준을 초과하는 수질오염물질을 배출하지 아니한 사업자에 대한 감면율을 적용하여 기본배출부과금을 감경할 수 있다. 1년 이상 2년 내에 방류수 수질기준을 초과하여 오염물질을 배출하지 아니한 경우에 적용되는 감면율로 옳은 것은?
① 100분의 30　② 100분의 40
③ 100분의 50　④ 100분의 60

해설 기본배출부과금을 감경
ㄱ) 6개월 이상 1년 내 : 100분의 20
ㄴ) 1년 이상 2년 내 : 100분의 30
ㄷ) 2년 이상 3년 내 : 100분의 40
ㄹ) 3년 이상 : 100분의 50

93 대권역별 수질 및 수생태계 보전을 위한 기본계획에 포함되어야 할 사항과 가장 거리가 먼 것은?
① 상수원 및 물 이용현황
② 점오염원, 비점오염원 및 기타 수질오염원의 분포현황
③ 점오염원, 비점오염원 및 기타 수질오염원의 수질오염 저감시설 현황
④ 점오염원, 비점오염원 및 기타 수질오염원에서 배출되는 수질오염물질의 양

해설 대권역계획에 포함되어야 할 사항
ㄱ) 수질 및 수생태계 변화 추이 및 목표기준
ㄴ) 상수원 및 물 이용현황
ㄷ) 점오염원, 비점오염원 및 기타수질오염원의 분포현황
ㄹ) 점오염원, 비점오염원 및 기타수질오염원에서 배출되는 수질오염물질의 양
ㅁ) 수질오염 예방 및 저감 대책
ㅂ) 수질 및 수생태계 보전조치의 추진방향
ㅅ) 기후변화에 대한 적응대책
ㅇ) 그 밖에 환경부령으로 정하는 사항

94 다음은 중점관리저수지의 관리자와 그 저수지의 소재지를 관할하는 시도지사가 수립하는 중점관리저수지의 수질오염방지 및 수질개선에 관한 대책에 포함되어야 하는 사항이다. ( ) 안의 내용으로 옳은 것은?

| 중점관리저수지의 경계로부터 반경 ( )의 거주인구 등 일반현황 |

① 500m 이내
② 1km 이내
③ 2km 이내
④ 5km 이내

해설 중점관리저수지의 수질오염방지 및 수질개선에 관한 대책에 포함되어야 하는 사항
ㄱ) 중점관리저수지의 설치목적, 이용현황 및 오염현황
ㄴ) 중점관리저수지의 경계로부터 반경 2킬로미터 이내의 거주인구 등 일반현황

ㄷ) 중점관리저수지의 수질 관리목표
ㄹ) 중점관리저수지의 수질 오염 예방 및 수질 개선방안
ㅁ) 그 밖에 중점관리저수지의 적정관리를 위하여 필요한 사항

95 비점오염저감시설을 자연형과 장치형 시설로 구분할 때 다음 중 장치형 시설에 해당하지 않는 것은?
① 생물학적 처리형 시설
② 여과형 시설
③ 와류형 시설
④ 저류형 시설

해설 장치형 시설
여과형 시설, 와류형 시설, 스크린형 시설, 응집 · 침전 시설, 생물학적 처리시설

96 수질 및 수생태계 보전에 관한 법률에 사용하는 용어의 뜻으로 틀린 것은?
① "점오염원"이라 함은 폐수배출시설, 하수발생시설, 축사 등으로서 관거 · 수로 등을 통하여 일정한 지점으로 수질오염물질을 배출하는 배출원을 말한다.
② "공공수역"이라 함은 하천, 호소, 항만, 연안해역 그밖에 공공용으로 사용되는 환경부령이 정하는 수역을 말한다.
③ "폐수"라 함은 물에 액체성 또는 고체성 수질오염물질이 섞여 있어 그대로는 사용할 수 없는 물을 말한다.
④ "폐수무방류배출시설"이라 함은 폐수배출시설에서 발생하는 폐수를 해당 사업장에서 수질오염방지시설을 이용하여 처리하거나 동일 배출시설에 재이용하는 등 공공수역으로 배출하지 아니하는 폐수배출시설을 말한다.

해설 "공공수역"이란 하천, 호소, 항만, 연안해역, 그 밖에 공공용으로 사용되는 수역과 이에 접속하여 공공용으로 사용되는 환경부령으로 정하는 수로를 말한다.

ANSWER | 93. ③ 94. ③ 95. ④ 96. ②

97 시·도지사가 오염총량관리기본계획의 승인을 받으려는 경우 오염총량관리기본계획에 첨부하여 환경부장관에게 제출하여야 하는 서류와 가장 거리가 먼 것은?

① 유역환경의 조사·분석 자료
② 오염부하량의 저감계획을 수립하는 데에 사용한 자료
③ 오염총량목표수질을 수립하는 데에 사용한 자료
④ 오염부하량의 산정에 사용한 자료

해설 오염총량관리기본계획의 승인 시 필요 서류
㉠ 유역환경의 조사·분석 자료
㉡ 오염원의 자연증감에 관한 분석 자료
㉢ 지역개발에 관한 과거와 장래의 계획에 관한 자료
㉣ 오염부하량의 산정에 사용한 자료
㉤ 오염부하량의 저감계획을 수립하는 데에 사용한 자료

98 비점오염원 관리지역의 지정 기준이 옳은 것은?

① 하천 및 호소의 수생태계에 관한 환경기준에 미달하는 유역으로 유달부하량 중 비점오염 기여율이 50% 이하인 지역
② 관광지구 지점으로 비점오염원 관리가 필요한 지역
③ 인구 50만 이상인 도시로서 비점오염원 관리가 필요한 지역
④ 지질이나 지층구조가 특이하여 특별한 관리가 필요하다고 인정되는 지역

해설 관리지역의 지정기준
㉠ 하천 및 호소의 수질 및 수생태계에 관한 환경기준에 미달하는 유역으로 유달부하량(流達負荷量) 중 비점오염 기여율이 50퍼센트 이상인 지역
㉡ 비점오염물질에 의하여 자연생태계에 중대한 위해가 초래되거나 초래될 것으로 예상되는 지역
㉢ 인구 100만 명 이상인 도시로서 비점오염원관리가 필요한 지역
㉣ 국가산업단지, 일반산업단지로 지정된 지역으로 비점오염원 관리가 필요한 지역
㉤ 지질이나 지층 구조가 특이하여 특별한 관리가 필요하다고 인정되는 지역
㉥ 그 밖에 환경부령으로 정하는 지역

99 환경부장관이 수질 등의 측정자료를 관리·분석하기 위하여 측정기기 부착사업자 등이 부착한 측정기기와 연결, 그 측정결과를 전산 처리할 수 있는 전산망 운영을 위한 수질원격감시체계 관제센터를 설치·운영할 수 있는 곳은?

① 국립환경과학원   ② 유역환경청
③ 한국환경공단   ④ 시·도 보건환경연구원

100 위임업무 보고사항 중 보고 횟수가 다른 업무내용은?

① 폐수처리업에 대한 등록, 지도단속실적 및 처리실적 현황
② 폐수위탁, 사업장 내 처리현황 및 처리실적
③ 기타 수질오염원 현황
④ 과징금 부과실적

해설 폐수위탁, 사업장 내 처리현황 및 처리실적 : 연 1회, 나머지는 연 2회

2014년 3회 수질환경기사

SECTION 01 수질오염개론

01 25℃, 2기압의 압력에 있는 메탄가스 40kg 을 저장하는 데 필요한 탱크의 부피는?(단, 이상기체의 법칙, R=0.082L · atm/mol · k 적용)

① 20.6m³ ② 25.3m³
③ 30.6m³ ④ 35.3m³

해설 이상기체방정식(Ideal Gas Equation)을 이용한다.
$PV = n \cdot R \cdot T$

$V(m^3) = \dfrac{n \cdot R \cdot T}{P}$

$= \dfrac{2,500 mol}{} \Big| \dfrac{0.082L \cdot atm}{mol \cdot K} \Big| \dfrac{(273+25)K}{}$

$\Big| \dfrac{}{2atm} \Big| \dfrac{1m^3}{10^3 L} = 30.545 (m^3)$

여기서, $n(mol) = \dfrac{M}{M_w} = \dfrac{40kg}{} \Big| \dfrac{1mol}{16g} \Big| \dfrac{10^3 g}{1kg}$
$= 2,500 (mol)$

02 어떤 폐수의 BOD_5가 300mg/L, COD가 400mg/L 이었다. 이 폐수의 난분해성 COD (NBDCOD)는? (단, 탈산소계수, k_1=0.01hr^{-1}이다. 상용대수기준 BDCOD=BOD_u)

① 60mg/L ② 70mg/L
③ 80mg/L ④ 90mg/L

해설 NBDCOD = COD − BDCOD
= COD − BOD_u
㉠ COD = 400mg/L
㉡ BDCOD = BOD_u
$BOD_5 = BOD_u (1-10^{-K_1 \cdot t})$
$300 = BOD_u (1-10^{-0.24 \times 5})$
∴ BOD_u = 320(mg/L)
∴ NBDCOD = COD − BDCOD
= COD − BOD_u
= 400 − 320 = 80(mg/L)

03 호수 내의 성층현상에 관한 설명으로 옳지 않은 것은?

① 여름성층의 연직 온도경사는 분자확산에 의한 DO구배와 같은 모양이다.
② 성층의 구분 중 약층(Thermocline)은 수심에 따른 수온변화가 적다.
③ 겨울성층은 표층수 냉각에 의한 성층이어서 역성층이라고도 한다.
④ 전도현상은 가을과 봄에 일어나며 수괴의 연직혼합이 왕성하다.

해설 Thermocline(수온약층)은 수심에 따른 수온이 심하게 변한다고 붙여진 이름이다. 따라서 약층 또는 순환층과 정체층의 중간이라 하여 '중간층'이라고도 하며, 수온이 수심 1m당 최대 ±0.9℃ 이상 변화하기 때문에 변온층 또는 변화수층이라고도 한다. 따라서 깊이에 따른 수온차이는 표층수에 비해 매우 크다.

04 수질분석결과 Na$^+$=10mg/L, Ca^{+2}=20 mg/L, Mg^{+2}=24mg/L, Sr^{+2}=2.2mg/L일 때 총 경도는?(단, Na : 23, Ca : 40, Mg : 24, Sr : 87.6)

① 112.5mg/L as $CaCO_3$
② 132.5mg/L as $CaCO_3$
③ 152.5mg/L as $CaCO_3$
④ 172.5mg/L as $CaCO_3$

해설 경도 유발물질은 Fe^{2+}, Mg^{2+}, Ca^{2+}, Mn^{2+}, Sr^{2+}이다.

$TH = \sum M_C^{2+} \times \dfrac{50}{Eq}$

$= 20(mg/L) \times \dfrac{50}{40/2} + 24(mg/L) \times \dfrac{50}{24/2} + 2.2$

$\times \dfrac{50}{87.6/2} = 152.51(mg/L as\ CaCO_3)$

05 20℃에서 k_1이 0.16/day(Base 10)이라 하면, 10℃에 대한 BOD_5/BOD_u 비는?(단, θ = 1.047)

① 0.63 ② 0.69
③ 0.73 ④ 0.76

ANSWER | 1.③ 2.③ 3.② 4.③ 5.②

해설 소모 BOD 공식을 이용한다.
① 온도변화에 따른 K값을 보정하면
$K_{(T)} = K_{20} \times 1.047^{(10-20)}$
$= 0.16(\text{day}^{-1}) \times 1.047^{(10-20)}$
$= 0.101(\text{day}^{-1})$
② $BOD_t = BOD_u(1 - 10^{-K \cdot t})$
→ $BOD_5 = BOD_u(1 - 10^{-0.101 \times 5})$
$\dfrac{BOD_5}{BOD_u} = (1 - 10^{-0.101 \times 5}) = 0.687$

06 해수의 Holy Seven에서 가장 농도가 낮은 것은?
① Cl^- ② Mg^{2+}
③ Ca^{2+} ④ HCO_3^-

해설 해수의 Holy Seven은 주성분이 가장 많이 함유된 순으로 나열하면 $Cl^- > Na^+ > SO_4^{2-} > Mg^{2+} > Ca^{2+} > K^+ > HCO_3^-$ 이다.

07 유기화합물이 무기화합물과 다른 점으로 옳지 않은 내용은?
① 유기화합물들은 일반적으로 녹는 점과 끓는 점이 낮다.
② 유기화합물들은 하나의 분자식에 대하여 여러 종류의 화합물이 존재할 수 있다.
③ 유기화합물들은 대체로 이온반응보다는 분자반응을 하므로 반응속도가 빠르다.
④ 대부분의 유기화합물은 박테리아의 먹이가 될 수 있다.

해설 유기화합물들은 대체로 이온반응보다는 분자반응을 하므로 반응속도가 느리다.

08 물의 물리적 특성으로 옳지 않은 것은?
① 물의 표면장력이 낮을수록 세탁물의 세정효과가 증가한다.
② 물이 얼게 되면 액체상태보다 밀도가 커진다.
③ 물의 융해열은 다른 액체보다 높은 편이다.
④ 물의 여러 가지 특성은 물분자의 수소결합 때문에 나타나는 것이다.

해설 물의 밀도는 4℃에서 1g/mL로 가장 크며, 이보다 온도가 높아지거나 낮아지면 밀도는 작아진다.

09 원핵세포와 진핵세포에 관한 설명으로 옳지 않은 것은?
① 원핵세포는 핵막이 없고 진핵세포는 있다.
② 원핵세포의 세포소기관은 리보좀 70S로 진핵세포에 비해 크기가 작다.
③ 모든 진핵세포가 가지고 있는 세포소기관은 미토콘드리아이다.
④ 미토콘드리아는 호흡대사와 ATP 생산, 즉 에너지 생산기능을 수행한다.

해설 원핵세포는 세포소기관이 없다.

10 어느 배양기의 제한기질농도(S)가 100 mg/L, 세포 비증식 계수 최대값(μ_{max})이 0.3 /hr일 때 Monod 식에 의한 세포 비증식계수(μ)는?(단, 제한기질 반포화농도(Ks)=20 mg/L)
① 0.21/hr ② 0.23/hr
③ 0.25/hr ④ 0.27/hr

해설 Monod식을 이용한다.
$\mu = \mu_{max} \times \dfrac{S}{K_s + S} = 0.3(\text{hr}^{-1}) \times \dfrac{100}{20+100}$
$= 0.25(\text{hr}^{-1})$

11 글루코오스($C_6H_{12}O_6$) 1,000mg/L를 혐기성 분해시킬 때 생산되는 이론적 메탄량(mg/L)은?
① 227 ② 247
③ 267 ④ 287

해설 $C_6H_{12}O_6 \rightarrow 3CH_4 + 3CO_2$
180g : 3×16g
1,000mg/L : X(mg/L)
∴ X = 266.667(mg/L)

6.④ 7.③ 8.② 9.② 10.③ 11.③ | **ANSWER**

12 어느 시료의 대장균 수가 5,000/mL라면 대장균 수가 20/mL가 될 때까지 소요되는 시간은?(단, 1차 반응기준, 대장균의 반감기는 2시간)

① 약 16hr ② 약 18hr
③ 약 20hr ④ 약 22hr

해설 1차 반응식을 이용한다.
$\ln\frac{N_t}{N_o} = -K \cdot t$

㉠ $\ln\frac{2,500}{5,000} = -K \cdot 2hr \rightarrow K = 0.3466(hr^{-1})$

㉡ $\ln\frac{20}{5,000} = \frac{-0.3466}{hr}\Big|\frac{t(hr)}{}$

∴ t = 15.93(hr)

13 아세트산(CH_3COOH) 3,000mg/L 용액의 pH가 3.0이었다면 이 용액의 해리정수(K_a)는?

① 2×10^{-5} ② 2×10^{-6}
③ 2×10^{-7} ④ 2×10^{-8}

해설 $CH_3COOH \rightleftharpoons CH_3COO^- + H^+$ 에서
 1M : 1M : 1M

K_a(산해리상수) $= \frac{[H^+][CH_3COO^-]}{[CH_3COOH]}$

㉠ $[H^+] = 10^{-pH} = 10^{-3}(mol/L)$
㉡ $[CH_3COO^-] = 10^{-3}(mol/L)$
㉢ $[CH_3COOH] = \frac{3000mg}{L}\Big|\frac{1g}{10^3mg}\Big|\frac{1mol}{60g}$
  $= 0.05(mol/L)$

∴ $K_a = \frac{10^{-3} \times 10^{-3}}{0.05} = 2.0 \times 10^{-5}$

14 적조에 의해 어패류가 폐사하는 원인과 가장 거리가 먼 것은?

① 강한 독성을 갖는 편모류에 의한 적조 발생
② 고밀도로 존재하는 적조생물의 사후분해에 의해 다량의 용존산소가 소비
③ 적조생물이 어패류의 아가미 등에 부착
④ 다량의 적조생물 호흡에 의해 수중의 탄산염성분의 과다 배출

해설 다량의 적조생물의 호흡에 의해 수중 용존산소를 소비하여 수중의 다른 생물의 생존이 어렵다.

15 호수의 수리특성을 고려하여 부영양화도와 인부하량의 관계를 경험적으로 예측 평가하는 모델은?

① Streeter-Phelps 모델
② WASP 모델
③ Vollenweider 모델
④ DO-SAG 모델

해설 부영양화평가모델은 P 부하모델인 Vollenwei-der 모델과 P-엽록소 모델인 사카모토모델, Dillan 모델, Larsen & Mercier 모델 등이 대표적이다.

16 BOD 1kg의 제거에 보통 1kg의 산소가 필요하다면 1.45ton의 BOD가 유입된 하천에서 BOD를 완전히 제거하고자 할 때 요구되는 공기량은?(단, 물의 공기 흡수율은 7%(부피기준)이며, 공기 $1m^3$은 0.236kg의 O_2를 함유한다고 하고 하천의 BOD는 고려하지 않음)

① 약 84,773m^3 air ② 약 85,773m^3 air
③ 약 86,773m^3 air ④ 약 87,773m^3 air

해설 BOD 1kg당 1kg의 산소가 필요하다면, BOD 1.45ton당 필요한 산소는 1.45ton이다.

$Air(m^3) = \frac{1.45ton \cdot O_2}{1ton}\Big|\frac{10^3kg}{}\Big|\frac{1m^3 \cdot Air}{0.236kg \cdot O_2}$
$\Big|\frac{100}{7} = 87,772.4(m^3)$

17 유출유입량 5,000m^3/d, 저수량 500,000m^3인 호수에 A공장의 폐수가 일시적으로 방류되어 호수의 BOD가 100mg/L로 되었다. 이 호수의 BOD 농도가 10mg/L로 저하되려면 얼마의 기간이 필요한가? (단, 공장폐수 외 BOD 유입은 없으며 호수는 완전혼합반응조이다. 1차 반응, 정상상태 기준)

① 230일 ② 250일
③ 270일 ④ 290일

ANSWER | 12.① 13.① 14.④ 15.③ 16.④ 17.①

해설 1차 반응식을 이용하여 계산하면
$$\ln\frac{C_t}{C_o} = -\left(\frac{Q}{\forall}\right) \times t$$
$$\ln\frac{10}{100} = -\left(\frac{500m^3}{day} \middle| \frac{1}{500,000m^3}\right) \times t$$
∴ t = 230.25(day)

18 어떤 도시에서 DO 0mg/L, BOD_u 200mg/L, 유량 $1.0m^3/sec$, 온도 20℃의 하수를 유량 $6m^3/sec$인 하천에 방류하고자 한다. 방류지점에서 몇 km 하류에서 가장 DO 농도가 작아지겠는가?(단, 하천의 온도 20℃, BOD_u 1mg/L, DO 9.2mg/L, 방류 후 혼합된 유량의 유속 3.6km/hr이며 혼합수의 K_1= 0.1 /d, K_2=0.2/d, 20℃에서 산소포화농도는 9.2mg/L이다. 상용대수 기준)

① 약 243 ② 약 258
③ 약 273 ④ 약 292

해설 L = V(유속)×t(임계점 도달시간)
㉠ V = 3.6km/hr
㉡ $t_c = \dfrac{1}{K_1(f-1)}\log\left[f\left\{1-(f-1)\dfrac{D_a}{L_a}\right\}\right]$

$f = 자정계수 = \dfrac{K_2}{K_1} = \dfrac{0.2/day}{0.1/day} = 2$

D_a = 초기산소부족량
= Cs − DO
= 9.2 − 7.89 = 1.31(mg/L)

$DO = \dfrac{(1.0\times 0)+(6.0\times 9.2)}{1.0+6.0} = 7.89(mg/L)$

$L_a = \dfrac{(1.0\times 200)+(6\times 9.2)}{1+6} = 29.43(mg/L)$

∴ $t_c = \dfrac{1}{0.1\times(2-1)}\log\left[2\left\{1-(2-1)\times\dfrac{(9.2-7.89)}{29.43}\right\}\right]$
= 2.81(day)

∴ $L = V\times t = \dfrac{3.6km}{hr}\left|\dfrac{2.81day}{1}\right|\dfrac{24hr}{1day}$
= 242.78(km)

19 전자쌍을 받는 화학종을 산, 전자쌍을 주는 화학종을 염기라고 정의하고 있는 것은?
① Arrhenius의 정의
② Bronsted−Lowry의 정의
③ Lewis의 정의
④ Graham의 정의

해설 Lewis는 전자쌍을 받는 화학종을 산, 전자쌍을 주는 화학종을 염기라고 정의하였다.

20 Glycine($C_2H_5O_2N$)이 호기성 조건하에서 CO_2, H_2O, NH_3로 변화되고, 다시 NH_3가 H_2O, HNO_3로 변화된다면 50g의 Glycine이 CO_2, H_2O, HNO_3로 변화될 때 이론적으로 소요되는 산소총량(g)은?
① 약 45   ② 약 55
③ 약 65   ④ 약 75

해설 글리신의 이론적 산화반응을 이용한다.
$C_2H_5O_2N + 3.5O_2 \rightarrow 2CO_2 + 2H_2O + HNO_3$
75g : 3.5×32g
50g : X(g)
∴ 이론적 산소요구량(ThOD) = 74.67(g)

SECTION 02 상하수도계획

21 '계획오수량'에 관한 설명으로 옳지 않은 것은?
① 합류식에서 우천시 계획오수량은 원칙적으로 계획시간 최대오수량의 3배 이상으로 한다.
② 계획시간 최대오수량은 계획 1일 최대오수량의 1시간당 수량의 1.3∼1.8배를 표준으로 한다.
③ 계획 1일 평균오수량은 계획 1일 최대오수량의 60∼70%를 표준으로 한다.
④ 지하수량은 1인 1일 최대오수량의 10∼20%로 한다.

해설 계획 1일 평균오수량은 계획 1일 최대오수량의 70∼80%를 표준으로 한다.

22 막여과법을 정수처리에 적용하는 주된 선정 이유로 옳지 않은 것은?

① 응집제를 사용하지 않거나 또는 적게 사용한다.
② 막의 특성에 따라 원수 중의 현탁물질, 콜로이드, 세균류, 크립토스포리디움 등 일정한 크기 이상의 불순물을 제거할 수 있다.
③ 부지면적이 종래보다 적을 뿐 아니라 시설의 건설 공사기간도 짧다.
④ 막의 교환이나 세척 없이 반영구적으로 자동운전이 가능하여 유지관리 측면에서 에너지를 절약할 수 있다.

해설 막여과법은 정기점검이나 막의 약품세척, 막의 교환 등이 필요하지만, 자동운전이 용이하고 다른 처리법에 비하여 일상적인 운전과 유지관리에서 에너지를 절약할 수 있다.

23 상수처리를 위한 침사지 구조에 관한 기준으로 옳지 않은 것은?

① 지의 상단높이는 고수위보다 0.3~0.6m의 여유고를 둔다.
② 지내 평균유속은 2~7cm/s를 표준으로 한다.
③ 표면부하율은 200~500mm/min을 표준으로 한다.
④ 지의 유효수심은 3~4m를 표준으로 하고 퇴사심도를 0.5~1m로 한다.

해설 지의 상단높이는 고수위보다 0.6~1m의 여유고를 둔다.

24 빗물펌프장의 계획우수량 결정을 위해 원칙적으로 적용되는 확률연수의 기준은?

① 20~30년 ② 20~40년
③ 30~40년 ④ 30~50년

해설 확률연수는 원칙적으로 10~30년으로 한다(빗물 펌프장의 계획확률연수는 30~50년이다).

25 전식의 위험이 있는 철도 가까이에 금속관을 매설하는 경우, 금속관을 매설하는 측의 대책(전식방지방법)으로 틀린 것은?

① 이음부의 절연화
② 강제배류법
③ 내부전원법
④ 유전양극법(또는 희생양극법)

해설 매설하는 금속관의 전식방지방법으로 다음과 같은 방법을 들 수 있다.
㉠ 외부전원법
㉡ 선택배류법
㉢ 강제배류법
㉣ 유전(流電)양극법(또는 희생양극법)
㉤ 이음부의 절연화
㉥ 차단

26 하수처리수 재이용 시설계획으로 옳은 것은?

① 재이용수 공급관거는 계획일최대유량을 기준으로 계획한다.
② 재이용수 공급관거는 계획시간최대유량을 기준으로 계획한다.
③ 재이용수 공급관거는 계획일평균유량을 기준으로 계획한다.
④ 재이용수 공급관거는 계획시간평균유량을 기준으로 계획한다.

27 계획취수량을 확보하기 위하여 필요한 저수용량의 결정에 사용하는 계획기준년은?

① 원칙적으로 5개년에 제1위 정도의 갈수를 표준으로 한다.
② 원칙적으로 7개년에 제1위 정도의 갈수를 표준으로 한다.
③ 원칙적으로 10개년에 제1위 정도의 갈수를 표준으로 한다.
④ 원칙적으로 15개년에 제1위 정도의 갈수를 표준으로 한다.

ANSWER | 22. ④ 23. ① 24. ④ 25. ③ 26. ② 27. ③

해설 저수지 유효용량은 과거의 기록 중 최대 갈수년을 기준으로 하는 것이 이상적이지만 이는 저수용량을 너무 크게 하기 때문에 비경제적이다. 따라서 일반적인 저수용량은 대체적으로 10년 빈도의 갈수년으로 산정하고 있으며 하천 표류수를 수원으로 하는 경우도 이 갈수량이 기준이 된다.

28 해수담수화방식 중 상(相) 변화방식인 증발법에 해당되는 것은?
① 가스수화물법 ② 다중효용법
③ 냉동법 ④ 전기투석법

해설 해수담수화 방식 중 상(相)변화방식으로는 증발법과 결정법이 있으며, 증발법에는 다단플래시법, 다중효용법, 증기압축법, 투과기화법이 있고, 결정법으로는 냉동법, 가스수화물법이 있다.

29 하수관거 설계 시 오수관거의 최소관경에 관한 기준은?
① 150mm를 표준으로 한다.
② 200mm를 표준으로 한다.
③ 250mm를 표준으로 한다.
④ 300mm를 표준으로 한다.

해설 최소관경은 오수관거에서 200mm, 우수관거 및 합류관거는 250mm로 한다.

30 상수처리를 위한 용존공기부상 공정 중 플록형성지에 관한 설명으로 틀린 것은?
① 플록형성지는 2지 이상으로 구분한다.
② 플록형성지 유출부에 수평면에 대하여 60~70°인 경사 저류벽을 설치한다.
③ 플록형성지 폭은 부상지의 폭과 같도록 하며 10m 정도로 한다.
④ 교반시간 즉 체류시간은 일반적으로 3~5분 정도이다.

해설 교반시간, 즉 체류시간은 일반적으로 15~20분 정도이다.

31 회전수 20회/sec, 토출량 23m³/min, 전양정 8m의 터빈펌프의 비속도는?
① 약 610 ② 약 810
③ 약 1,210 ④ 약 1,610

해설 펌프의 비회전도는 다음 식으로 계산된다. 이때 주의사항은 초당 회전수를 분당 회전수(rpm)로 전환시켜야 한다는 것이다.

$$N_s = N \times \frac{Q^{1/2}}{H^{3/4}}$$
$$= (20 \times 60) \times \frac{(23)^{1/2}}{(8)^{3/4}} = 1,209.8(회)$$

32 하수도계획의 목표연도로 옳은 것은?
① 원칙적으로 10년으로 한다.
② 원칙적으로 15년으로 한다.
③ 원칙적으로 20년으로 한다.
④ 원칙적으로 25년으로 한다.

해설 하수도계획의 목표연도는 원칙적으로 20년 정도로 한다.

33 복류수나 자유수면을 갖는 지하수를 취수하기 위한 집수매거에 관한 내용으로 틀린 것은?
① 일반적으로 집수매거는 복류수의 흐름방향에 대하여 평행으로 설치하는 것이 효율적이다.
② 가능한 한 직접 지표수의 영향을 받지 않도록 하기 위하여 매설깊이는 5m 이상으로 하는 것이 바람직하다.
③ 집수매거의 길이는 시험우물 등에 의한 양수시험 결과에 따라 정한다.
④ 철근콘크리트조의 유공관 또는 권선형 스크린관을 표준으로 한다.

해설 집수매거는 복류수의 흐름방향에 대하여 지형이나 용지 등을 고려하여 가능한 한 직각으로 설치하는 것이 효율적이다.

34 정수처리시설인 응집지 내의 플록형성지에 관한 설명 중 틀린 것은?

① 플록형성지는 혼화지와 침전지 사이에 위치하고 침전지에 붙어서 설치한다.
② 플록 형성은 응집된 미소플록을 크게 성장시키기 위해 적당한 기계식 교반이나 우류식 교반이 필요하다.
③ 플록형성지 내의 교반강도는 하류로 갈수록 점차 증가시키는 것이 바람직하다.
④ 플록형성지는 단락류나 정체부가 생기지 않으면서 충분하게 교반될 수 있는 구조로 한다.

해설 플록형성지 내의 교반강도는 하류로 갈수록 점차 감소시키는 것이 바람직하다.

35 상수처리를 위한 정수시설인 급속여과지에 관한 설명으로 틀린 것은?

① 여과속도는 120~150m/d를 표준으로 한다.
② 플록의 질이 일정한 것으로 가정하였을 때 여과층의 필요두께는 여재입경에 반비례한다.
③ 균등계수가 1에 가까울수록 탁질억류가능량은 증가한다.
④ 세립자의 여과모래를 사용할수록 플록 저지율은 높지만, 표면여과의 경향이 강해진다.

해설 플록의 질을 일정한 것으로 가정하였을 경우에 플록의 여과층 침입깊이, 즉 여과층의 필요두께는 여재입경과 여과속도에 비례한다.

36 계획취수량이 10m³/s, 유입수심이 5m, 유입속도가 0.4m/s인 지역에 취수구를 설치하고자 할 때 취수구의 폭(B)은?(단, 취수보 설계 기준)

① 0.5m ② 1.25m
③ 2.5m ④ 5.0m

해설 $\text{폭(m)} = \dfrac{10\text{m}^3}{\sec} \Big| \dfrac{\sec}{0.4\text{m}} \Big| \dfrac{}{5\text{m}}$
  $= 5(\text{m})$

37 정수시설인 고속응집침전지를 선택할 때에 고려하여야 하는 조건과 구조 기준으로 틀린 것은?

① 원수 탁도는 10NTU 이상이어야 한다.
② 용량은 계획정수량의 1.5~2.0시간분으로 한다.
③ 최고 탁도는 1,000NTU 이하인 것이 바람직하다.
④ 표면부하율은 60~120mm/min을 표준으로 한다.

해설 고속응집침전지의 표면부하율은 40~60mm/min을 표준으로 한다.

38 하수관거의 단면형상이 계란형인 경우에 관한 설명으로 가장 거리가 먼 것은?

① 유량이 적은 경우 원형거에 비해 수리학적으로 유리하다.
② 수직방향의 시공에 정확도가 요구되므로 면밀한 시공이 필요하다.
③ 재질에 따라 제조비가 늘어나는 경우가 있다.
④ 원형거에 비해 관폭이 커도 되므로 수평방향의 토압에 유리하다.

해설 원형거에 비해 관폭이 작아도 되므로 수직방향의 토압에 유리하다.

39 도수시설인 도수관로의 매설깊이에 관한 기준으로 옳은 것은?(단, 도로하중은 고려함)

① 관종 등에 따라 다르지만 일반적으로 관경 900mm 이하 관로의 매설깊이는 30cm 이상으로 한다.
② 관종 등에 따라 다르지만 일반적으로 관경 900mm 이하 관로의 매설깊이는 60cm 이상으로 한다.
③ 관종 등에 따라 다르지만 일반적으로 관경 1,000mm 이상 관로의 매설깊이는 150cm 이상으로 한다.
④ 관종 등에 따라 다르지만 일반적으로 관경 1,000mm 이상 관로의 매설깊이는 200cm 이상으로 한다.

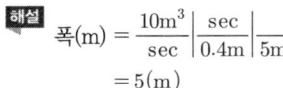

40 다음은 상수의 소독(살균)설비 중 저장설비에 관한 내용이다. ( ) 안에 가장 적합한 것은?

> 액화염소의 저장량은 항상 1일 사용량의 ( ) 이상으로 한다.

① 5일분 ② 10일분
③ 15일분 ④ 30일분

SECTION 03 수질오염방지기술

41 Langmuir 등온 흡착식을 유도하기 위한 가정으로 옳지 않은 것은?

① 한정된 표면만이 흡착에 이용된다.
② 표면에 흡착된 용질물질은 그 두께가 분자 한 개 정도이다.
③ 흡착은 비가역적이다.
④ 평형조건이 이루어졌다.

해설 Langmuir 등온흡착식은 다음과 같은 가정하에 식이 유도된다.
㉠ 한정된 표면만이 흡착에 이용
㉡ 표면에 흡착된 용질물질은 그 두께가 분자 한 개 정도의 두께
㉢ 흡착은 가역적
㉣ 평형조건에 이루어진다는 가정

42 일반적인 양이온 교환물질에 있어 일반적인 양이온에 대한 선택성의 순서로 가장 적합한 것은?

① $Ba^{+2} > Pb^{+2} > Sr^{+2} > Ni^{+2} > Ca^{+2}$
② $Ba^{+2} > Pb^{+2} > Ca^{+2} > Ni^{+2} > Sr^{+2}$
③ $Ba^{+2} > Pb^{+2} > Ca^{+2} > Sr^{+2} > Ni^{+2}$
④ $Ba^{+2} > Pb^{+2} > Sr^{+2} > Ca^{+2} > Ni^{+2}$

43 CFSTR에서 물질을 분해하여 효율 95%로 처리하고자 한다. 이 물질은 0.5차 반응으로 분해되며, 속도상수는 $0.05(mg/L)^{1/2}/h$이다. 유량은 500L/h이고 유입농도는 250mg/L로서 일정하다면 CFSTR의 필요 부피는?(단, 정상상태 가정)

① 약 $520m^3$ ② 약 $570m^3$
③ 약 $620m^3$ ④ 약 $670m^3$

해설 CFSTR의 물질수지식을 이용한다.
$$Q_o(C_o - C_t) = K \forall C_t^m$$
$$\forall = \frac{Q_o(C_o - C_t)}{K \cdot C_t^{0.5}}$$
$$= \frac{500(L/hr) \times (250 - 12.5)(mg/L)}{0.05(mg/L)^{0.5}/hr \times (12.5mg/L)^{0.5} \times 10^3 L/m^3}$$
$$= 671.75(m^3)$$

44 분리막을 이용한 다음의 폐수처리방법 중 구동력이 농도차에 의한 것은?

① 역삼투(Reverse Osmosis)
② 투석(Dialysis)
③ 한외여과(Ultrafiltration)
④ 정밀여과(Microfiltration)

해설 투석의 구동력은 농도차이다.

45 하수 내 함유된 유기물질뿐 아니라 영양물질까지 제거하기 위하여 개발된 A^2/O 공법에 관한 설명으로 틀린 것은?

① 인과 질소를 동시에 제거할 수 있다.
② 혐기조에서는 인의 방출이 일어난다.
③ 폐 Sludge 내의 인 함량은 비교적 높아서(3~5%) 비료의 가치가 있다.
④ 무산소조에서는 인의 과잉섭취가 일어난다.

해설 A^2/O공법에서 무산소조의 역할은 탈질화이다.

40. ② 41. ③ 42. ④ 43. ④ 44. ② 45. ④ | ANSWER

46 폭기조 내 MLSS 농도가 4,000mg/L이고 슬러지 반송률이 55%인 경우 이 활성슬러지의 SVI는?(단, 유입수 SS 고려하지 않음)

① 69　　② 79
③ 89　　④ 99

해설 $R = \dfrac{X}{\dfrac{10^6}{SVI} - X}$

$0.55 = \dfrac{4,000\text{mg/L}}{\dfrac{10^6}{SVI} - 4,000\text{mg/L}}$

$\therefore SVI = 88.7$

47 폐수처리장의 완속교반기 동력을 부피 1,000m³인 탱크에서 G값으로 50/s를 적용하여 설계하고자 한다면 이론적으로 소요되는 동력은?(단, 폐수의 점도는 $1.139 \times 10^{-3} N \cdot s/m^2$)

① 약 2.15kW　　② 약 2.45kW
③ 약 2.85kW　　④ 약 3.25kW

해설 점도단위 $1N \cdot sec/m^2 = 1kg/m \cdot sec$임을 알아두자.
속도경사 계산식을 활용하면 다음과 같이 계산된다.

〈계산식〉 $G = \sqrt{\dfrac{P}{\mu \forall}}$ 에서

동력(P) $= G^2 \times \mu \times \forall$
$= (50)^2 \times (1.139 \times 10^{-3}) \times 1,000$
$= 2,847.5W \fallingdotseq 2.85(kW)$

48 1차 침전지의 유입 유량은 1,000m³/day이고 SS 농도는 350mg/L이다. 1차 침전지에서의 SS 제거효율이 60%일 때 하루에 1차 침전지에서 발생되는 슬러지 부피(m³)는?(단, 슬러지의 비중은 1.05, 함수율은 94%, 기타 조건은 고려하지 않음)

① 2.3m³　　② 2.5m³
③ 2.7m³　　④ 3.3m³

해설 $SL = \dfrac{1,000m^3 \cdot 폐수}{day} \left| \dfrac{0.35kg \cdot TS}{m^3 \cdot 폐수} \right| \dfrac{60}{100}$

$\left| \dfrac{100 \cdot SL}{(100-94) \cdot TS} \right| \dfrac{m^3}{1.05 \times 1,000kg}$

$= 3.33(m^3/day)$

49 함수율 96%인 생분뇨가 분뇨처리장에 150m³/day의 율로 투입되고 있다. 이 분뇨에는 휘발성 고형물(VS)이 총고형물(TS)의 50%이고, VS의 60%가 소화가스로 발생되었다. VS 1kg당 0.5m³의 소화가스가 발생되었다면, 분뇨의 소화가스 총발생량(m³/day)은?(단, 분뇨의 비중은 1로 한다.)

① 700m³/day　　② 900m³/day
③ 1,100m³/day　　④ 1,300m³/day

해설 소화 $gas\left(\dfrac{m^3}{day}\right) = \dfrac{150m^3 \cdot SL}{day} \left| \dfrac{(100-96) \cdot TS}{100 \cdot SL} \right|$

$\left| \dfrac{50 \cdot VS}{100 \cdot TS} \right| \dfrac{60 \cdot Gas}{100 \cdot VS} \left| \dfrac{1,000kg}{m^3} \right|$

$\left| \dfrac{0.5m^3}{1kg} \right| = 900(m^3/day)$

50 슬러지 함수율이 90%인 슬러지 15m³/hr를 가압 탈수기로 탈수하고자 할 때 탈수기의 소요 면적(m²)은?(단, 비중은 1.0 기준, 탈수기의 탈수속도는 3kg(건조고형물)/m² · hr 이다.)

① 400　　② 450
③ 500　　④ 550

해설 $A(m^2) = \dfrac{15m^3}{hr} \left| \dfrac{(100-90) \cdot TS}{100 \cdot SL} \right| \dfrac{m^2 \cdot hr}{3kg}$

$\left| \dfrac{1,000kg}{m^3} \right| = 500(m^2)$

51 Chick's Law에 의하면 염소소독에 의한 미생물 사멸률은 1차 반응에 따른다고 한다. 미생물의 80%가 0.1mg/L, 잔류 염소로 2분 내에 사멸된다면 99.9%를 사멸시키기 위해서 요구되는 접촉시간은?

① 5.7분　　② 8.6분
③ 12.7분　　④ 14.2분

해설 1차 반응식을 이용한다.

$\ln \dfrac{N_t}{N_o} = -k \cdot t$

$\ln \dfrac{20}{100} = -k \cdot 2min \;\cdots\; k = 0.8047min^{-1}$

$\ln \dfrac{0.1}{100} = -0.8047 \cdot t$

$\therefore t = 8.58(min)$

ANSWER | 46. ③ 47. ③ 48. ④ 49. ② 50. ③ 51. ②

52 하수처리를 위한 회전 원판법에 관한 설명으로 틀린 것은?

① 질산화가 일어나기 쉬우며 pH가 저하되는 경우가 있다.
② 원판의 회전으로 인해 부착생물과 회전판 사이에 전단력이 생긴다.
③ 살수여상과 같이 여상에 파리는 발생하지 않으나 하루살이가 발생하는 수가 있다.
④ 활성슬러지법에 비해 2차침전지 SS 유출이 적어 처리수의 투명도가 좋다.

해설 회전원판법은 활성슬러지법에 비해 2차 침전지에서 미세한 SS가 유출되기 쉽고, 처리수의 투명도가 나쁘다.

53 BOD 250mg/L인 폐수를 살수여상법으로 처리할 때 처리수의 BOD는 80mg/L이었고 이때의 온도가 20℃였다. 만일 온도가 23℃로 된다면 처리수의 BOD 농도는?(단, 온도 이외의 처리조건은 같고, E : 처리효율, $E_t = E_{20} \times C_i^{T-20}$, $C_i = 1.035$이다.)

① 약 46mg/L ② 약 53mg/L
③ 약 62mg/L ④ 약 71mg/L

해설 효율공식을 이용한다.
$$\eta = \left(1 - \frac{C_o}{C_i}\right) \times 100$$

㉠ 20℃에서 살수여상의 효율을 알아보면
$$\eta = \left(1 - \frac{C_o}{C_i}\right) \times 100$$
$$= \left(1 - \frac{80}{250}\right) \times 100 = 68(\%)$$

주어진 식을 토대로 23℃에서의 효율로 환산한다.
$E_t = E_{20} \times C_i^{T-20}$
$= 68 \times 1.035^{(23-20)}$
$= 75.39(\%)$

㉡ 효율이 75.39%일 때 처리수의 BOD농도는
$$75.39(\%) = \left(1 - \frac{C_o}{250}\right) \times 100$$
∴ $C_o = 61.525$(mg/L)

54 수면부하율(또는 표면부하율)이 $75m^3/m^2 \cdot d$인 침전지에서 100% 제거될 수 있는 입자의 직경은 얼마 이상부터인가?(단, 폐수와 입자의 비중은 각각 1.0과 1.35이며 폐수의 점성계수는 $0.098 kg/m \cdot s$이고, 입자의 침전은 Stokes 공식을 따른다.)

① 0.37mm 이상 ② 0.47mm 이상
③ 0.57mm 이상 ④ 0.67mm 이상

해설 부분제거율$(\eta) = \dfrac{V_g}{V_o}$

$$V_g = \frac{d_p^2(\rho_p - \rho)g}{18\mu}$$

$$75/86,400 (m/sec) = \frac{dp^2(1,350 - 1,000) \times 9.8}{18 \times 0.098}$$

∴ $dp = 6.68 \times 10^{-4}(m) = 0.668mm$

55 2차 처리 유출수에 포함된 25mg/L의 유기물을 분말 활성탄 흡착법으로 3차 처리하여 2mg/L될 때까지 제거하고자 할 때 폐수 $3m^3$ 당 몇 g의 활성탄이 필요한가?(단, 오염물질의 흡착량과 흡착제거량의 관계는 Freundlich 등온식에 따르며 k=0.5, n=1이다.)

① 69g ② 76g
③ 84g ④ 91g

해설 Freundlich 등온흡착식을 이용한다.
$$\frac{X}{M} = K \cdot C^{\frac{1}{n}}$$

$$\frac{(25-2)}{M} = 0.5 \times 2^{\frac{1}{1}}$$

$M = 23$(mg/L)

∴ $M(g/3m^3) = \dfrac{23mg}{L} \left| \dfrac{g}{10^3 mg} \right| \dfrac{3 \times 10^3 L}{1 \times m^3}$
$= 69(g/3m^3)$

56 직경이 다른 두 개의 원형 입자를 동시에 20℃의 물에 떨어뜨려 침강실험을 했다. 입자 A의 직경은 2×10^{-2}cm이며 입자 B의 직경은 5×10^{-2}cm라면 입자 A와 입자 B의 침강속도의 비율(V_A/V_B)은?(단, 입자 A와 B의 비중은 같으며, Stokes 공식을 적용, 기타 조건은 같음)

① 0.28 ② 0.23
③ 0.16 ④ 0.12

52. ④ 53. ③ 54. ④ 55. ① 56. ③ | ANSWER

해설 ㉠ 먼저 중력침강속도 계산식을 이용한다.
$$V_g = \frac{d_p^2(\rho_p - \rho) \cdot g}{18 \cdot \mu}$$
㉡ 문제의 조건은 단지 입자직경만 제시되어 있으므로 직경을 제외한 나머지를 상수로 취급하면
침강속도(m/hr) = $K \times d_p^2$
㉢ 이제 (A)와 (B)입자에 대한 조건을 ㉡식에 대입하고 정리해 보면
V_A (m/sec) = $K \times (2 \times 10^{-2})^2$
V_B (m/sec) = $K \times (5 \times 10^{-2})^2$
$\dfrac{V_A}{V_B} = \dfrac{(2 \times 10^{-2})^2}{(5 \times 10^{-2})^2} = 0.16$

57 질산화 반응에 관한 내용으로 옳은 것은?
① 질산균의 에너지원은 유기물이다.
② 질산균의 증식속도는 활성슬러지 내 미생물보다 빠르다.
③ 질산균의 질산화 반응 시 알칼리도가 생성된다.
④ 질산균의 질산화 반응 시 용존산소는 2mg/L 이상이어야 한다.

해설 질산화 미생물은 독립영양미생물로 질소화합물을 산화하여 얻은 에너지를 이용하여 성장하는 균으로서, 증식속도는 일반적으로 활성슬러지 공정의 종속영양미생물보다 더디기 때문에 질산화 미생물을 위해서는 비교적 긴 체류시간이 요구된다.

58 건조된 슬러지 무게의 1/5이 유기물질, 4/5가 무기물질이며 건조 전 슬러지 함수율은 90%, 유기물질 비중은 1.0, 무기물질 비중이 2.5라면 건조 전 슬러지 전체의 비중은?
① 1.031　② 1.041
③ 1.051　④ 1.061

해설 슬러지의 밀도(비중) 수지식을 이용한다.
$$\frac{W_{SL}}{\rho_{SL}} = \frac{W_{TS}}{\rho_{TS}} + \frac{W_w}{\rho_w} = \frac{W_{FS}}{\rho_{FS}} + \frac{W_{VS}}{\rho_{VS}} + \frac{W_w}{\rho_w}$$

$$\frac{100}{\rho_{SL}} = \frac{100 \times (1-0.9) \times \frac{4}{5}}{2.5} + \frac{100 \times (1-0.9) \times \frac{1}{5}}{1.0} + \frac{90}{1.0}$$

$\therefore \rho_{SL} = 1.051$

59 역삼투장치로 하루에 200,000L의 3차 처리된 유출수를 탈염시키고자 한다. 25℃에서 물질전달계수 =0.2068L/(d−m²)(kPa), 유입수와 유출수 사이의 압력차는 2,400kPa, 유입수와 유출수 사이의 삼투압차는 310kPa, 최저운전온도는 10℃, $A_{10℃}$ = 1.58$A_{25℃}$라면 요구되는 막 면적은?
① 약 730m²　② 약 830m²
③ 약 930m²　④ 약 1,030m²

해설 $Q_r = K(\Delta P - \Delta \pi)$
여기서, K : 막의 물질전달계수(L/(day−m²)(kPa)
ΔP : 유입수와 유출수 사이의 압력차(kPa)
$\Delta \pi$: 유입수와 유출수의 삼투압차(kPa)

$$\frac{200,000L}{day} \bigg| \frac{1}{A(m^2)} = \frac{0.2068L}{m^2 \cdot day \cdot kPa} \bigg| (2,400-310)kPa$$

$\therefore A_{25℃} = 462.736(m^2)$
최저운전온도(10℃) 상태로 막의 소요면적을 온도보정하면
$\therefore A_{10℃} = 1.58 \times A_{25℃}$
$= 1.58 \times 462.736 = 731.12(m^2)$

60 회분식 반응조를 일차반응의 조건으로 설계하고, A 성분의 제거 또는 전환율이 95%가 되게 하고자 한다. 만일, 반응속도상수 k가 0.40/hr이면 이 회분식 반응조의 체류(반응)시간은?
① 약 4.7hr　② 약 5.8hr
③ 약 6.4hr　④ 약 7.5hr

해설 $\ln \dfrac{C_t}{C_o} = -k \cdot t$

$\ln \dfrac{5}{100} = -0.4 \cdot t$　$\therefore t = 7.49(hr)$

ANSWER | 57. ④　58. ③　59. ①　60. ④

SECTION 04 수질오염공정시험기준

61 다음은 총유기탄소 시험에 적용되는 용어의 정의이다. ( ) 안의 내용으로 옳은 것은?

> 용존성 유기탄소는 총 유기탄소 중 공극 (㉮)의 막여지를 통과하는 유기탄소를 말하며, 비정화성 유기탄소는 총 탄소 중 (㉯) 이하에서 포기에 의해 정화되지 않는 탄소를 말한다.

① ㉮ $0.35\mu m$, ㉯ pH 2
② ㉮ $0.35\mu m$, ㉯ pH 4
③ ㉮ $0.45\mu m$, ㉯ pH 2
④ ㉮ $0.45\mu m$, ㉯ pH 4

해설
㉠ 용존성 유기탄소(DOC ; Dissolved Organic Carbon) : 총 유기탄소 중 공극 $0.45\mu m$의 막 여과지를 통과하는 유기탄소를 말한다.
㉡ 비정화성 유기탄소(NPOC ; Nonpurgeable Organic Carbon) : 총 탄소 중 pH 2 이하에서 포기에 의해 정화(Purging)되지 않는 탄소를 말한다.

62 총칙에 관한 설명으로 가장 거리가 먼 것은?

① 시험에 사용하는 시약은 따로 규정이 없는 한 1급 이상 또는 이와 동등한 규격의 시약을 사용한다.
② "항량으로 될 때까지 건조한다"라는 의미는 같은 조건에서 1시간 더 건조할 때 전후 무게의 차가 g당 0.3mg 이하일 때를 말한다.
③ 기체 중의 농도는 표준상태(0℃, 1기압)로 환산 표시한다.
④ "정확히 취하여"라 하는 것은 규정된 양의 시료를 부피피펫으로 0.1mL까지 취하는 것을 말한다.

해설 "정확히 취하여"는 규정한 양의 액체를 부피피펫으로 눈금까지 취하는 것을 말한다.

63 사각 웨어에 의하여 유량을 측정하려고 한다. 웨어의 수두가 90cm, 절단 폭이 5m이면 이 사각 웨어의 유량은 몇 m^3/min인가?(단, 유량계수는 1.5이다.)

① 5.2
② 5.6
③ 6.0
④ 6.4

해설 사각 웨어의 유량
$Q(m^3/min) = K \cdot b \cdot h^{3/2}$
$= 1.5 \times 5 \times 0.9^{3/2}$
$= 6.4(m^3/min)$

64 냄새 측정을 위한 시료의 최대보존기간은?

① 즉시
② 6시간
③ 24시간
④ 48시간

해설 냄새 측정을 위한 시료의 최대보존기간은 6시간이다.

65 식물성 플랑크톤을 현미경계수법으로 측정할 때 저배율 방법(200배율 이하) 적용에 관한 내용으로 틀린 것은?

① 세즈윅-라프터 챔버는 조작은 어려우나 재현성이 높아서 중배율 이상에서도 관찰이 용이하여 미소 플랑크톤의 검경에 적절하다.
② 시료를 챔버에 채울 때 피펫은 입구가 넓은 것을 사용하는 것이 좋다.
③ 계수 시 스트립을 이용할 경우, 양쪽 경계면에 걸린 개체는 하나의 경계면에 대해서만 계수한다.
④ 계수 시 격자의 경우 격자 경계면에 걸린 개체는 4면 중 2면에 걸린 개체는 계수하고 나머지 2면에 들어온 개체는 계수하지 않는다.

해설 세즈윅-라프터 챔버는 조작이 편리하고 재현성이 높은 반면 중배율 이상에서는 관찰이 어렵기 때문에 미소 플랑크톤(Nano Plankton)의 검경에는 적절하지 않다.

66 다음은 인산염인(자외선/가시선 분광법 – 아스코르빈산환원법) 측정방법에 관한 내용이다. ( ) 안에 옳은 내용은?

> 물속에 존재하는 인산염인을 측정하기 위하여 몰리브덴산암모늄과 반응하여 생성된 몰리브덴산인암모늄을 아스코빈산으로 환원하여 생성된 몰리브덴산 ( )에서 측정하여 인산염인을 정량하는 방법이다.

① 적색의 흡광도를 460nm
② 적색의 흡광도를 540nm
③ 청의 흡광도를 660nm
④ 청의 흡광도를 880nm

ANSWER 61. ③ 62. ④ 63. ④ 64. ② 65. ① 66. ④

해설 물속에 존재하는 인산염인을 측정하기 위하여 몰리브덴산암모늄과 반응하여 생성된 몰리브덴산인암모늄을 아스코르빈산으로 환원하여 생성된 몰리브덴산 청의 흡광도를 880nm에서 측정하여 인산염인을 정량하는 방법이다.

67 총 질소의 측정방법과 가장 거리가 먼 것은?
① 자외선/가시선 분광법(산화법)
② 자외선/가시선 분광법(카드뮴 – 구리 환원법)
③ 자외선/가시선 분광법(연속흐름법)
④ 자외선/가시선 분광법(환원증류 – 킬달법)

해설 총 질소의 측정방법
㉠ 자외선/가시선 분광법(산화법)
㉡ 자외선/가시선 분광법(카드뮴 – 구리 환원법)
㉢ 자외선/가시선 분광법(환원증류 – 킬달법)
㉣ 연속흐름법

68 취급 또는 저장하는 동안에 기체 또는 미생물이 침입하지 아니하도록 내용물을 보호하는 용기는?
① 밀봉용기   ② 밀폐용기
③ 기밀용기   ④ 차폐용기

69 개수로에 의한 유량 측정시 수로의 구성, 재질, 형상, 기울기 등이 일정하지 않은 경우에 관한 설명으로 틀린 것은?
① 수로는 될수록 직선적이며, 수면이 물결치지 않는 곳을 고른다.
② 10m를 측정구간으로 하여 5m마다 유수의 횡단면적을 측정한다.
③ 유속의 측정은 부표를 사용하여 10m 구간을 흐르는 데 걸리는 시간을 스톱워치(Stop Watch)로 잰다.
④ 수로의 수량은 Q=60V · A, V=0.75Ve로 한다 (Q : 유량[m³/분], V : 총 평균유속[m/s], Ve : 표면 최대 유속[m/s], A : 평균단면적[m²]).

해설 10m를 측정구간으로 하여 2m마다 유수의 횡단면적을 측정한다.

70 메틸렌블루와 반응하여 생성된 청색의 착화합물을 클로로폼으로 추출하여 흡광도를 650nm에서 측정하여 정량하는 수질오염물질은?(단, 자외선/가시선 분광법 기준)
① 음이온 계면활성제
② 유기인
③ 인산염인
④ 폴리클로리네이티드 비페닐

71 자외선/가시선 분광법에 의한 페놀류의 측정원리를 설명한 내용 중 옳지 않은 것은?
① 수용액에서는 510nm에서 흡광도를 측정한다.
② 클로로폼 용액에서는 460nm에서 흡광도를 측정한다.
③ 추출법의 정량한계는 0.1mg/L이다.
④ 황화합물의 간섭이 있는 경우 인산(H_3PO_4)이 사용된다.

해설 자외선/가시선 분광법에 의한 페놀류의 측정원리
물속에 존재하는 페놀류를 측정하기 위하여 증류한 시료에 염화암모늄-암모니아 완충용액을 넣어 pH 10으로 조절한 다음 4-아미노안티피린과 헥사시안화철(Ⅱ)산칼륨을 넣어 생성된 붉은색의 안티피린계 색소의 흡광도를 측정하는 방법으로 수용액에서는 510nm, 클로로폼 용액에서는 460nm에서 측정한다.

72 다음은 용기에 의한 유량 측정에 관한 내용이다. ( ) 안에 옳은 내용은?

- 최대 유량 1m³/분 이상인 경우
  수조가 큰 경우는 유입시간에 있어서 유수의 부피는 상승한 수위와 상승수면의 평균표면적의 계측에 의하여 유량을 산출한다. 이 경우 측정시간은 (가), 수위의 상승속도는 적어도 (나)이어야 한다.

① 가 : 1분 정도, 나 : 매분 1cm 이상
② 가 : 1분 정도, 나 : 매분 5cm 이상
③ 가 : 5분 정도, 나 : 매분 1cm 이상
④ 가 : 5분 정도, 나 : 매분 5cm 이상

ANSWER | 67. ③ 68. ① 69. ② 70. ① 71. ③ 72. ③

73 측정항목별 시료보전방법과 최대보존기간을 옳게 짝지은 것은?

① 부유물질 : 4℃ 보관, 28일
② 전기전도도 : 4℃ 보관, 즉시
③ 음이온계면활성제 : 4℃ 보관, 48시간
④ 질산성 질소 : 4℃ 보관, 6시간

해설 측정항목별 시료보전방법과 최대보존기간
㉠ 부유물질 : 4℃ 보관, 7일
㉡ 전기전도도 : 4℃ 보관, 24시간
㉢ 질산성질소 : 4℃ 보관, 48시간

74 분석 시 다음 그림의 장치가 필요한 항목은?

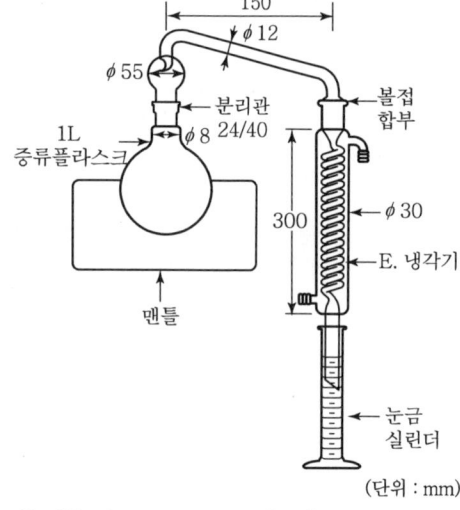

① 페놀류
② 색도
③ 총 유기탄소
④ 클로로필-a

75 물벼룩을 이용한 급성 독성 시험법에 적용되는 용어 정의로 옳지 않은 것은?

① 치사 : 일정 비율로 준비된 시료에 물벼룩을 투입하고 24시간 경과 후 시험용기를 살며시 움직여 주고, 15초 후 관찰했을 때 아무 반응이 없는 경우를 치사라 판정한다.
② 유영저해 : 독성물질에 의해 영향을 받아 일부 기관(촉각, 후복부 등)의 움직임이 없을 경우를 유영저해로 판정한다. 이때 촉수를 움직인다 하더라도 유영을 하지 못한다면 유영저해로 판정한다.
③ 반수영향농도 : 투입 시험생물의 50%가 치사 혹은 유영저해를 나타낸 농도이다.
④ 생태독성값 : 통계적 방법을 이용하여 계산한 반수영향농도에 생체축적 정도를 반영한 값이다.

해설 생태독성값(TU ; Toxic Unit)
통계적 방법을 이용하여 반수영향농도 EC_{50}을 구한 후 이를 100으로 나눠준 값을 말한다.

76 수질의 색도 측정에서 이용되는 색도표준원액 제조에 사용되는 시약이 아닌 것은?

① 육염화백금칼륨
② 염화코발트6수화물
③ 염화아연분말
④ 염산

해설 색도표준원액 제조에 사용되는 시약
㉠ 염산
㉡ 육염화백금칼륨
㉢ 염화코발트·6수화물

77 다음은 비소-수소화물생성-원자흡수분광광도법에 관한 내용이다. ( ) 안에 옳은 내용은?

물속에 존재하는 비소를 측정하는 방법으로 아연 또는 ( )을 넣어 수소화 비소로 포집하여 아르곤(또는 질소)-수소 불꽃에서 원자화시켜 흡광도를 측정한다.

① 다이에틸디티오카바민산은수화물
② 염화제이철수화물
③ 요오드화칼륨수화물
④ 나트륨붕소수화물

78 잔류염소(비색법) 측정할 때 크롬산(2mg/L 이상)으로 인한 종말점 간섭을 방지하기 위해 가하는 시약은?

① 염화바륨
② 황산구리
③ 염산용액(25%)
④ 과망간산칼륨

해설 2mg/L이상의 크롬산은 종말점에서 간섭을 하는데, 이때 염화바륨을 가하여 침전시켜 제거한다.

79 시료 채취 시 유의사항으로 틀린 것은?
① 채취 용기는 시료를 채우기 전에 시료로 3회 이상 씻은 다음 사용한다.
② 시료 채취 용기에 시료를 채울 때에는 어떠한 경우에도 시료의 교란이 일어나서는 안 된다.
③ 지하수 시료는 취수정 내에 고여 있는 물과 원래 지하수의 성상이 달라질 수 있으므로 고여 있는 물을 충분히 퍼낸 다음 새로 나온 물을 채취한다.
④ 시료 채취량은 시험항목 및 시험 횟수의 필요량의 3~5배 채취를 원칙으로 한다.

해설 시료채취량은 시험항목 및 시험횟수에 따라 차이가 있으나 보통 3~5L 정도이어야 한다. 다만, 시료를 즉시 실험할 수 없어 보존하여야 할 경우 또는 시험항목에 따라 각각 다른 채취용기를 사용하여야 할 경우에는 시료채취량을 적절히 증감할 수 있다.

80 복수시료채취방법에 대한 설명으로 옳은 것은?(단, 배출허용기준 적합 여부 판정을 위한 시료채취 시)
① 자동시료채취기로 시료를 채취할 경우에는 6시간 이내에 30분 이상 간격으로 2회 이상 채취하여 일정량의 단일 시료로 한다.
② 자동시료채취기로 시료를 채취할 경우에는 6시간 이내에 30분 이상 간격으로 4회 이상 채취하여 일정량의 단일 시료로 한다.
③ 자동시료채취기로 시료를 채취할 경우에는 8시간 이내에 30분 이상 간격으로 2회 이상 채취하여 일정량의 단일 시료로 한다.
④ 자동시료채취기로 시료를 채취할 경우에는 8시간 이내에 30분 이상 간격으로 4회 이상 채취하여 일정량의 단일 시료로 한다.

SECTION 05 수질환경관계법규

81 다음의 비점오염저감시설 중 자연형 시설에 해당되는 것은?
① 생물학적 처리형 시설
② 여과시설
③ 침투시설
④ 와류시설

해설 자연형 비점오염저감시설의 종류
㉠ 저류시설
㉡ 인공습지
㉢ 침투시설
㉣ 식생형 시설

82 수질오염방지시설 중 화학적 처리시설에 속하는 것은?
① 응집시설   ② 접촉조
③ 폭기시설   ④ 살균시설

해설 화학적 처리시설
㉠ 화학적 침강시설   ㉡ 중화시설
㉢ 흡착시설   ㉣ 살균시설
㉤ 이온교환시설   ㉥ 소각시설
㉦ 산화시설   ㉧ 환원시설
㉨ 침전물 개량시설

83 대통령령이 정하는 처리용량 이상의 방지시설(공동방지시설 포함)을 운영하는 자는 배출되는 수질오염물질이 배출허용기준, 방류수 수질기준에 맞는지를 확인하기 위하여 적산전력계 또는 적산유량계 등 대통령령이 정하는 측정기기를 부착하여야 한다. 이를 위반하여 적산전력계 또는 적산유량계를 부착하지 아니한 자에 대한 벌칙 기준은?
① 1,000만 원 이하의 벌금
② 500만 원 이하의 벌금
③ 300만 원 이하의 벌금
④ 100만 원 이하의 벌금

84 다음은 폐수처리업자의 준수사항에 관한 설명이다. ( ) 안의 내용으로 옳은 것은?

> 수탁한 폐수는 정당한 사유 없이 (㉮)보관할 수 없으며, 보관폐수의 전체량이 저장시설 저장능력의 (㉯) 이상 되게 보관하여서는 아니 된다.

① ㉮ : 10일 이상, ㉯ : 80%
② ㉮ : 10일 이상, ㉯ : 90%
③ ㉮ : 30일 이상, ㉯ : 80%
④ ㉮ : 30일 이상, ㉯ : 90%

해설 수탁한 폐수는 정당한 사유 없이 10일 이상 보관할 수 없으며, 보관폐수의 전체량이 저장시설 저장능력의 90퍼센트 이상 되게 보관하여서는 아니 된다.

85 수질 및 수생태계 상태를 등급으로 나타내는 경우, '좋음' 등급에 대한 설명으로 가장 옳은 것은?(단, 수질 및 수생태계 하천의 생활 환경기준)

① 용존산소가 풍부하고 오염물질이 거의 없는 청정상태에 근접한 생태계로 침전 등 간단한 정수처리 후 생활용수로 사용할 수 있음
② 용존산소가 풍부하고 오염물질이 거의 없는 청정상태에 근접한 생태계로 여과·침전 등 간단한 정수처리 후 생활용수로 사용할 수 있음
③ 용존산소가 많은 편이고 오염물질이 거의 없는 청정상태에 근접한 생태계로 여과·침전·살균 등 일반적인 정수처리 후 생활용수로 사용할 수 있음
④ 용존산소가 많은 편이고 오염물질이 거의 없는 청정상태에 근접한 생태계로 활성탄 투입 등 일반적인 정수처리 후 생활용수로 사용할 수 있음

해설 등급별 수질 및 수생태계 상태
㉠ 매우 좋음 : 용존산소가 풍부하고 오염물질이 없는 청정상태의 생태계로 여과·살균 등 간단한 정수처리 후 생활용수로 사용할 수 있다.
㉡ 좋음 : 용존산소가 많은 편이고 오염물질이 거의 없는 청정상태에 근접한 생태계로 여과·침전·살균 등 일반적인 정수처리 후 생활용수로 사용할 수 있다.
㉢ 약간 좋음 : 약간의 오염물질은 있으나 용존산소가 많은 상태의 다소 좋은 생태계로 여과·침전·살균 등 일반적인 정수처리 후 생활용수 또는 수영용수로 사용할 수 있다.
㉣ 보통 : 보통의 오염물질로 인하여 용존산소가 소모되는 일반 생태계로 여과, 침전, 활성탄 투입, 살균 등 고도의 정수처리 후 생활용수로 이용하거나 일반적 정수처리 후 공업용수로 사용할 수 있다.

86 시·도지사가 측정망을 이용하여 수질오염도를 상시 측정하거나 수생태계 현황을 조사한 경우에 그 조사 결과를 며칠 이내에 환경부장관에게 보고하여야 하는가?

① 수질오염도 : 측정일이 속하는 달의 다음 달 5일 이내, 수생태계 현황 : 조사 종료일부터 1개월 이내
② 수질오염도 : 측정일이 속하는 달의 다음 달 5일 이내, 수생태계 현황 : 조사 종료일부터 3개월 이내
③ 수질오염도 : 측정일이 속하는 달의 다음 달 10일 이내, 수생태계 현황 : 조사 종료일부터 1개월 이내
④ 수질오염도 : 측정일이 속하는 달의 다음 달 10일 이내, 수생태계 현황 : 조사 종료일부터 3개월 이내

해설 시·도지사가 수질오염도를 상시 측정하거나 수생태계 현황을 조사한 경우에는 다음 각 호의 구분에 따른 기간 내에 그 결과를 환경부장관에게 보고하여야 한다.
㉠ 수질오염도 : 측정일이 속하는 달의 다음 달 10일 이내
㉡ 수생태계 현황 : 조사 종료일부터 3개월 이내

87 비점오염원의 설치신고 또는 변경신고를 할 때 제출하는 비점오염 저감계획서에 포함되어야 하는 사항과 가장 거리가 먼 것은?

① 비점오염원 관련 현황
② 비점오염 저감시설 설치계획
③ 비점오염원 관리 및 모니터링 방안
④ 비점오염원 저감방안

해설 비점오염저감계획서에는 다음 각 호의 사항이 포함되어야 한다.
㉠ 비점오염원 관련 현황
㉡ 비점오염원 저감방안
㉢ 비점오염저감시설 설치계획
㉣ 비점오염저감시설 유지관리 및 모니터링 방안

88 다음의 위임업무 보고사항 중 보고 횟수가 연 4회에 해당되는 것은?
① 측정기기 부착 사업자에 대한 행정처분 현황
② 측정기기 부착사업장 관리현황
③ 비점오염원의 설치신고 및 방지시설 설치 현황 및 행정처분현황
④ 과징금 부과 실적

89 수질오염경보(조류경보) 단계 중 다음 발령기준에 해당하는 단계는?

> 2회 연속채취 시 클로로필-a 농도 25mg/m³ 이상이고, 남조류 세포수가 5,000 세포/mL 이상인 경우

① 조류관심 ② 조류경보
③ 조류경계 ④ 조류심각

해설 조류경보

경보단계	발령·해제기준
조류 주의보	2회 연속 채취 시 클로로필-a 농도 15mg/m³ 이상이고, 남조류의 세포 수가 500 세포/mL 이상인 경우
조류 경보	2회 연속 채취 시 클로로필-a 농도 25mg/m³ 이상이고, 남조류의 세포 수가 5,000 세포/mL 이상인 경우
조류 대발생	2회 연속 채취 시 클로로필-a 농도 100mg/m³ 이상이고, 남조류의 세포 수가 1,000,000 세포/mL 이상인 경우
해제	2회 연속 채취 시 클로로필-a 농도 15mg/m³ 미만이거나, 남조류의 세포 수가 500 세포/mL 미만인 경우

90 환경부장관이 수질 및 수생태계를 보전할 필요가 있다고 지정, 고시하고 수질 및 수생태계를 정기적으로 조사, 측정하여야 하는 호소의 기준으로 틀린 것은?
① 1일 30만톤 이상의 원수를 취수하는 호소
② 만수위일 때 면적이 50만 제곱미터 이상인 호소
③ 수질오염이 심하여 특별한 관리가 필요하다고 인정되는 호소
④ 동식물의 서식지, 도래지이거나 생물다양성이 풍부하여 특별히 보전할 필요가 있다고 인정되는 호소

해설 호소수 이용상황 등의 조사·측정 등
㉠ 1일 30만 톤 이상의 원수(原水)를 취수하는 호소
㉡ 동식물의 서식지·도래지이거나 생물다양성이 풍부하여 특별히 보전할 필요가 있다고 인정되는 호소
㉢ 수질오염이 심하여 특별한 관리가 필요하다고 인정되는 호소

91 다음은 수변생태구역의 매수·조성 등에 관한 내용이다. ( ) 안의 내용으로 옳은 것은?

> 환경부장관은 하천, 호소 등의 수질 및 수생태계보전을 위하여 필요하다고 인정하는 때에는 (㉮)으로 정하는 기준에 해당하는 수변생태구역을 매수하거나 (㉯)으로 정하는 바에 따라 생태적으로 조성·관리할 수 있다.

① ㉮ : 환경부령, ㉯ : 대통령령
② ㉮ : 대통령령, ㉯ : 환경부령
③ ㉮ : 환경부령, ㉯ : 국무총리령
④ ㉮ : 국무총리령, ㉯ : 환경부령

해설 환경부장관은 하천·호소 등의 수질 및 수생태계 보전을 위하여 필요하다고 인정할 때에는 대통령령으로 정하는 기준에 해당하는 수변습지 및 수변토지(이하 "수변생태구역"이라 한다)를 매수하거나 환경부령으로 정하는 바에 따라 생태적으로 조성·관리할 수 있다.

92 다음은 폐수종말처리시설의 유지·관리기준에 관한 사항이다. ( ) 안의 옳은 내용은?

> 처리시설의 관리, 운영자는 처리시설의 적정 운영 여부를 확인하기 위하여 방류수수질검사를 (㉮) 실시하되, 1일당 2천 세제곱미터 이상인 시설은 주 1회 이상 실시하여야 한다. 다만, 생태독성(TU) 검사는 (㉯) 실시하여야 한다.

① ㉮ : 월 2회 이상, ㉯ : 월 1회 이상
② ㉮ : 월 1회 이상, ㉯ : 월 2회 이상
③ ㉮ : 월 2회 이상, ㉯ : 월 2회 이상
④ ㉮ : 월 1회 이상, ㉯ : 월 1회 이상

해설 처리시설의 관리·운영자는 방류수 수질검사를 다음과 같이 실시하여야 한다.
㉠ 처리시설의 적정 운영 여부를 확인하기 위하여 방류수 수질검사를 월 2회 이상 실시하되, 1일당 2천 세제곱미터 이상인 시설은 주 1회 이상 실시하여야 한다. 다만, 생태독성(TU) 검사는 월 1회 이상 실시하여야 한다.
㉡ 방류수의 수질이 현저하게 악화되었다고 인정되는 경우에는 수시로 방류수 수질검사를 하여야 한다.

93 오염총량관리시행계획에 포함되어야 하는 사항과 가장 거리가 먼 것은?

① 오염원 현황 및 예측
② 오염도 조사 및 오염부하량 산정방법
③ 연차별 오염부하량 삭감목표 및 구체적 삭감 방안
④ 수질 예측 산정자료 및 이행 모니터링 계획

해설 오염총량관리시행계획에 포함되어야 하는 사항
㉠ 오염총량관리시행계획 대상 유역의 현황
㉡ 오염원 현황 및 예측
㉢ 연차별 지역 개발계획으로 인하여 추가로 배출되는 오염부하량 및 해당 개발계획의 세부 내용
㉣ 연차별 오염부하량 삭감 목표 및 구체적 삭감 방안
㉤ 오염부하량 할당 시설별 삭감량 및 그 이행 시기
㉥ 수질예측 산정자료 및 이행 모니터링 계획

94 다음은 배출시설의 설치허가를 받은 자가 배출시설의 변경허가를 받아야 하는 경우에 대한 기준이다. ( ) 안의 내용으로 옳은 것은?

> 폐수배출량이 허가 당시보다 100분의 50(특정수질유해물질이 배출되는 시설의 경우에는 100분의 30) 이상 또는 ( ) 이상 증가하는 경우

① 1일 500세제곱미터   ② 1일 600세제곱미터
③ 1일 700세제곱미터   ④ 1일 800세제곱미터

해설 배출시설의 설치허가를 받은 자가 배출시설의 변경허가를 받아야 하는 경우
㉠ 폐수배출량이 허가 당시보다 100분의 50(특정수질유해물질이 배출되는 시설의 경우에는 100분의 30) 이상 또는 1일 700세제곱미터 이상 증가하는 경우
㉡ 배출허용기준을 초과하는 새로운 수질오염물질이 발생되어 배출시설 또는 법 제35조제1항에 따른 수질오염방지시설의 개선이 필요한 경우
㉢ 허가를 받은 폐수무방류배출시설로서 고체상태의 폐기물로 처리하는 방법에 대한 변경이 필요한 경우

95 중점관리 저수지의 지정기준으로 옳은 것은?

① 총 저수 용량이 1백만세제곱미터 이상인 저수지
② 총 저수 용량이 1천만세제곱미터 이상인 저수지
③ 총 저수 면적이 1백만세제곱미터 이상인 저수지
④ 총 저수 면적이 1천만세제곱미터 이상인 저수지

해설 중점관리 저수지의 지정기준
㉠ 총저수용량이 1천만세제곱미터 이상인 저수지
㉡ 오염 정도가 대통령령으로 정하는 기준을 초과하는 저수지
㉢ 그 밖에 환경부장관이 상수원 등 해당 수계의 수질보전을 위하여 필요하다고 인정하는 경우

96 골프장의 잔디 및 수목 등에 맹·고독성 농약을 사용한 자에 대한 벌금 또는 과태료 부과 기준은?

① 3백만 원 이하의 벌금
② 5백만 원 이하의 벌금
③ 1천만 원 이하의 과태료
④ 3백만 원 이하의 과태료

97 1일 폐수배출량이 2,000m³ 미만인 규모의 지역별, 항목별 배출허용기준이 틀린 것은? (기준변경)

①
	BOD (mg/L)	COD (mg/L)	SS (mg/L)
청정지역	30 이하	40 이하	30 이하

②
	BOD (mg/L)	COD (mg/L)	SS (mg/L)
가지역	80 이하	90 이하	80 이하

③
	BOD (mg/L)	COD (mg/L)	SS (mg/L)
나지역	120 이하	130 이하	120 이하

④
	BOD (mg/L)	COD (mg/L)	SS (mg/L)
특례지역	30 이하	40 이하	30 이하

해설 항목별 배출허용기준

구분	1일 폐수배출량 2,000m³ 이상			1일 폐수배출량 2,000m³ 미만		
	BOD (mg/L)	TOC (mg/L)	SS (mg/L)	BOD (mg/L)	TOC (mg/L)	SS (mg/L)
청정지역	30 이하	25 이하	30 이하	40 이하	30 이하	40 이하
가지역	60 이하	40 이하	60 이하	80 이하	50 이하	80 이하
나지역	80 이하	50 이하	80 이하	120 이하	75 이하	120 이하
특례지역	30 이하	25 이하	30 이하	30 이하	25 이하	30 이하

ANSWER 93. ② 94. ③ 95. ② 96. ③ 97. ①

98 폐수처리업의 등록기준에 관한 내용으로 틀린 것은?
① 하나의 시설 또는 장비가 두 가지 이상의 기능을 가질 경우에는 각각의 해당 시설 또는 장비를 갖춘 것으로 본다.
② 폐수수탁처리업, 폐수재이용업을 함께 하려는 때에는 같은 요건이라도 업종별로 따로 갖추어야 한다.
③ 수질오염물질 각 항목을 측정, 분석할 수 있는 실험기기, 기구 및 시약을 보유한 측정대행업자 또는 대학부설 연구기관 등과 측정대행계약 또는 공동사용계약을 체결한 경우에는 해당 실험기기, 기구 및 시약을 갖추지 아니할 수 있다.
④ 기술능력이 환경기술인의 자격요건 이상이고 폐수처리시설과 폐수배출시설이 동일한 시설인 경우에는 환경기술인을 중복하여 임명하지 아니하여도 된다.

해설 폐수수탁처리업, 폐수재이용업을 함께 하려는 때는 같은 요건을 중복하여 갖추지 아니할 수 있다.

99 수질오염경보(조류경보) 발령 단계 중 조류경보 시 취수장·정수장 관리자의 조치사항은?
① 주 2회 이상 시료채취·분석
② 정수의 독소분석 실시
③ 발령기관에 대한 시험분석결과의 신속한 통보
④ 취수구 및 조류가 심한 지역에 대한 방어막 설치 등 조류 제거조치 실시

해설 조류경보 단계 발령 시 조치사항(단, 취수장, 정수장 관리자 기준)
㉠ 조류증식 수심 이하로 취수구 이동
㉡ 정수처리 강화(활성탄처리, 오존처리)
㉢ 정수의 독소분석 실시

100 수질오염감시경보의 발령, 해제 기준에 관한 내용으로 옳은 것은?
① 생물감시장비 중 물벼룩감시장비가 경보기준을 초과하는 것은 한쪽 시험조에서 15분 이상 지속되는 경우를 말함
② 생물감시장비 중 물벼룩감시장비가 경보기준을 초과하는 것은 한쪽 시험조에서 30분 이상 지속되는 경우를 말함
③ 생물감시장비 중 물벼룩감시장비가 경보기준을 초과하는 것은 양쪽 모든 시험조에서 15분 이상 지속되는 경우를 말함
④ 생물감시장비 중 물벼룩감시장비가 경보기준을 초과하는 것은 양쪽 모든 시험조에서 30분 이상 지속되는 경우를 말함

2015년 1회 수질환경기사

SECTION 01 수질오염개론

01 미생물 영양원 중 유황(Sulfur)에 관한 설명으로 틀린 것은?

① 황산화 세균은 편성 혐기성 세균이다.
② 유황을 함유한 아미노산은 세포 단백질의 필수 구성원이다.
③ 미생물 세포에서 탄소 대 유황의 비는 100 : 1 정도이다.
④ 유황고정, 유황화물, 산화·환원 순으로 변환된다.

해설 황산화 박테리아는 호기성이며 pH 2 부근에서 활성이 강한 호산성 박테리아이다. 미생물 영양원 중 유황(Sulfur)은 유황화합물의 환원·산화, 유황고정 순으로 변화된다.

02 호소의 수질관리를 위하여 일반적으로 사용할 수 있는 예측모형으로 틀린 것은?

① WASP5 모델
② WQRRS 모델
③ POM 모델
④ Vollenweider 모델

해설 POM 모델은 미국 프린스톤 대학의 Mellor와 Blumberg 박사가 개발한 수직적으로 시그마 축을 사용한 해양대순환모델이다.

03 해수의 함유 성분들 중 가장 적게 함유된 것은?

① SO_4^{2-}
② Ca^{2+}
③ Na^+
④ Mg^{2+}

해설 해수의 주성분 7가지의 함유 순서는 $Cl^- > Na^+ > SO_4^{2-} > Mg^{2+} > Ca^{2+} > K^+ > HCO_3^-$ 이다.

04 다음 수질을 가진 농업용수의 SAR 값으로부터 Na^+가 흙에 미치는 영향은 어떻다고 할 수 있는가?(단, 수질농도는 Na^+=1,150mg/L, Ca^{2+}=60mg/L, Mg^{2+}=36mg/L, PO_4^-=1,500mg/L, Cl^-=200mg/L, 원자량은 Na : 23, Mg : 24.3, P : 31, Ca : 40)

① 영향이 적다.
② 영향이 중간 정도이다.
③ 영향이 비교적 크다.
④ 영향이 매우 크다.

해설 $SAR = \dfrac{Na^+}{\sqrt{\dfrac{Mg^{2+} + Ca^{2+}}{2}}}$

(단, 모든 단위는 meq/L이다.)

㉠ $Na^+ = \dfrac{1,150mg}{L} \bigg| \dfrac{1meq}{23mg} = 50meq/L$

㉡ $Ca^{2+} = \dfrac{60mg}{L} \bigg| \dfrac{2meq}{40mg} = 3meq/L$

㉢ $Mg^{2+} = \dfrac{36mg}{L} \bigg| \dfrac{2meq}{24.3mg} = 2.963meq/L$

$SAR = \dfrac{50}{\sqrt{\dfrac{3+2.963}{2}}} = 28.96$

관개용수의 SAR이 26 이상이면 식물에 많은 영향을 미치게 된다.

05 Glucose($C_6H_{12}O_6$) 500mg/L 용액을 호기성 처리 시 필요한 이론적 인(P) 농도(mg/L)는?(단, BOD_5 : N : P=100 : 5 : 1, K_1=0.1day^{-1}, 상용대수기준, 완전분해기준, BOD_5=COD)

① 약 3.7
② 약 5.6
③ 약 8.5
④ 약 12.8

해설 Glucose의 이론적 산화반응을 이용하여 BOD_5를 구하고, 영양물질의 비율을 구한다.

㉠ $C_6H_{12}O_6$ + $6O_2$ → $6CO_2$ + $6H_2O$
  180g : 6×32g
  500(mg/L) : X
  X(=BOD_u)=533.33(mg/L)

1. ①, ④ 2. ③ 3. ② 4. ④ 5. ① | ANSWER

ⓒ BOD 소모공식을 이용한다.
$BOD_t = BOD_u(1-10^{-Kt}) \rightarrow BOD_5$
$= 533.33 \times (1-10^{-0.1 \times 5})$
$\rightarrow BOD_5 = 364.68(mg/L)$
∴ 호기성 처리 시 필요한 인의 양을 구하면
$BOD_5 : P = 100 : 1 = 364.68 : P$
$P ≒ 3.65(mg/L)$

06 정화조로 유입된 생 분뇨의 BOD가 21,500mg/L, 염소이온 농도가 5,500mg/L, 방류수의 염소이온 농도가 200mg/L이라면 방류수의 BOD 농도가 30mg/L일 때 정화조의 BOD 제거율(%)은?

① 99.6
② 96.2
③ 93.4
④ 89.8

해설 BOD 제거효율은 다음 식으로 구할 수 있다.
$BOD \text{ 제거효율}(\%) = \left(1 - \frac{BOD_o}{BOD_i}\right) \times 100$

BOD_i : 21,500ppm
BOD_o : 분뇨 정화조 생폐수를 희석했으므로 염소농도로 희석배수를 구하여 계산하면

희석배수 $= \frac{5,500}{200} = 27.5$

∴ 방류수의 BOD 농도 $= 30 \times 27.5 = 825(mg/L)$

RM BOD 제거효율(%) $= \left(1 - \frac{BOD_o}{BOD_i}\right) \times 100$
$= \left(1 - \frac{825}{21,500}\right) \times 100$
$= 96.16 ≒ 96.2(\%)$

07 반응조 혼합에 관한 내용을 기술한 것으로 틀린 것은?

① Morrill 지수가 1인 경우 이상적인 플러그 흐름 상태이다.
② 분산 수가 무한대가 되면 이상적인 플러그 흐름 상태이다.
③ 분산이 1이면 이상적인 완전혼합 흐름 상태이다.
④ Morrill 지수의 값이 클수록 완전혼합 흐름 상태 이다.

해설 분산수가 무한대가 되면 완전혼합 흐름상태이다.

08 유해물질로 인해서 발생하는 대표적인 질환으로 맞는 것은?

① PCB : 파킨슨씨 증후군과 유사한 증상
② 수은 : 중추신경계의 마비와 콩팥 기능 장해
③ 아연 : 윌슨씨병
④ 구리 : 카네미유증

해설 ㉠ PCB : 카네미유증
ⓒ Mn : 파킨슨씨 증후군과 유사한 증상
ⓒ 구리 : 윌슨씨병
ⓔ 아연 : 소인증, 구토, 설사 등

09 산화와 환원반응에 대한 설명으로 틀린 것은?

① 전자를 준 쪽은 산화된 것이고 전자를 얻는 쪽은 환원이 된 것이다.
② 산화수가 증가하면 산화, 감소하면 환원반응이라 한다.
③ 산화제는 전자를 주는 물질이며 전자를 주는 힘이 클수록 더 강한 산화제이다.
④ 상대방을 산화시키고 자신을 환원시키는 물질을 산화제라 한다.

해설 환원제는 전자를 주는 물질이며 전자를 주는 힘이 클수록 강한 환원제이다.

10 아래와 같은 반응에 관여하는 미생물은?

$2NO_3^- + 5H_2 \rightarrow N_2 + 2OH^- + 4H_2O$

① Pseudomonas
② Sphaerotillus
③ Acinetobacter
④ Nitrosomonas

해설 반응물에 N_2 형태로 배출되기 때문에 탈질반응이다. 탈질에 관여하는 미생물은 Pseudomonas, Micrococcus, Bacillus, Acromobacter이다.

11 용량이 6,000m³인 수조에 200m³/hr의 유량이 유입된다면 수조 내 염소이온 농도가 200mg/L에서 20mg/L가 될 때까지의 소요시간(hr)은?(단, 유입수 내 BOD=0이며, 완전혼합형, 희석효과만 고려함)

① 약 34 ② 약 48
③ 약 57 ④ 약 69

해설 CFSTR에서 반응속도상수 K값이 없을 경우는 반응을 무시한 1차 반응에 따르는 희석공식을 적용한다. 1차 반응형 희석공식을 이용하면

$$\ln\frac{C_t}{C_o} = -\frac{Q}{\forall} \cdot t$$

$$\therefore t(hr) = \frac{\ln(20/200)}{-(200/6,000)} = 69.08(hr)$$

---

12 탈질에 관한 생물반응에 대한 설명으로 틀린 것은?

① 관련 미생물 : 통성혐기성균
② 증식 속도 : 2~8mg $NO_3^- - N$/MLSS · hr
③ 알칼리도 : $NO_3^- - N$, $NO_2^- - N$ 환원에 따라 알칼리도 생성
④ 용존산소 : 0mg/L에 가까움

해설 탈질의 분해속도가 2~8mg$NO_3^- - N$/MLSS · hr이고 증식속도는 0.21~1.08day^{-1} 범위 정도이다.

---

13 하천의 자정작용에 관한 설명으로 틀린 것은?

① 생물학적 자정작용인 혐기성 분해는 중간 화합물이 휘발성이므로 유해한 경우가 많으며 호기성 분해에 비하여 장시간이 요구된다.
② 자정작용 중 가장 큰 비중을 차지하는 것은 생물학적 작용이라 할 수 있다.
③ 자정계수는 탈산소계수/재폭기계수를 뜻한다.
④ 화학적 자정작용인 응집작용은 흡수된 산소에 의해 오염물질이 분해될 때 발생되는 탄산가스가 물의 pH를 증가시켜 수산화물의 생성을 촉진시키므로 용해되어 있는 철이나 망간 등을 침전시킨다.

해설 자정계수(f)는 재폭기계수/탈산소계수이다.

---

14 직경 3mm인 모세관의 표면장력이 0.0037kg$_f$/m³이라면 물기둥의 상승높이는?

(단, $h = \frac{4 \cdot r \cdot \cos\beta}{w \cdot D}$, 접촉각 $\beta=5°$)

① 0.26cm ② 0.38cm
③ 0.49cm ④ 0.57cm

해설 관(毛管)의 높이는 다음 식에 의해 계산된다.

$$h = \frac{4 \cdot r \cdot \cos\beta}{w \cdot D}$$

$$\Delta H(cm) = 4 \left|\frac{0.0037 kg_f}{m}\right| \cos 5 \left|\frac{m^3}{1,000 kg_f}\right|$$

$$\left|\frac{1}{3mm}\right|\left|\frac{10^3 mm}{1m}\right|\left|\frac{100cm}{1m}\right|$$

$$= 0.49(cm)$$

---

15 친수성 콜로이드에 관한 설명으로 틀린 것은?

① 유탁상태(에멀션)로 존재한다.
② 물에 쉽게 분산된다.
③ 친수성 콜로이드의 대부분은 소수성 콜로이드를 보호하는 작용을 한다.
④ 틴달(Tyndall)효과가 크다.

해설 친수성 콜로이드는 틴달효과가 약하거나, 거의 없다. 틴달효과가 현저한 것은 소수성 콜로이드의 특징이다.

---

16 수온 20℃, 유량 20m³/sec, BOD$_u$ 5mg/L인 하천에 점오염원으로부터 유량 3m³/sec, 수온 20℃, 부하량 50gBOD$_u$/sec의 오염물질이 유입되어 완전혼합될 때 0.5일 유하 후의 잔류 BOD는?(단, 하천의 20℃의 탈산소계수는 0.2/day(자연대수)이고, BOD 분해에 필요한 만큼의 충분한 DO가 하천 내에 존재함)

① 약 7mg/L ② 약 6mg/L
③ 약 5mg/L ④ 약 4mg/L

해설 ㉠ 오염원에서 → 하천으로 방류되는 BOD 농도를 구하면

$$C_1(mg/L) = \frac{50g}{sec}\left|\frac{sec}{3m^3}\right|\frac{1m^3}{10^3 L}\left|\frac{10^3 mg}{1g}\right|$$

$$= 16.67(mg/L)$$

ⓒ 혼합농도(BOD_u)를 구하면
$$C_m = \frac{(5 \times 20) + (16.67 \times 3)}{20 + 3}$$
$$= 6.52(mg/L \text{ as } BOD_u)$$
ⓒ 잔류 BOD계산식을 활용하여 0.5일 유하한 이후의 잔류 BOD_u를 구하면
$$BOD_t = BOD_u \times e^{-K \cdot t} = 6.52 \times e^{-0.2 \times 0.5}$$
$$= 5.9(mg/L)$$

$$D_t = \frac{K_1 \cdot L_o}{K_2 - K_1}(10^{-K_1 \cdot t} - 10^{-K_2 \cdot t})$$
$$+ D_o \cdot 10^{-K_2 \cdot t}$$
$$= \frac{0.1 \times 20}{0.2 - 0.1}(10^{-0.1 \times 6} - 10^{-0.2 \times 6})$$
$$+ (8 - 5) \times 10^{-0.2 \times 6}$$
$$= 3.95(mg/L)$$

17 분뇨의 일반적인 설명으로 틀린 것은?
① 하수 슬러지에 비해 염분농도와 질소농도가 높다.
② 다량의 유기물과 협잡물을 함유하나 고액분리가 용이하다.
③ 분뇨에 함유된 질소화합물이 pH 완충작용을 한다.
④ 일반적으로 수집·처분계획을 수립 시, 1인 1일 1L를 기준으로 한다.

해설 분뇨는 다량의 유기물을 함유하며 고액분리가 어렵다.

18 크롬에 관한 설명으로 틀린 것은?
① 만성크롬중독인 경우에는 미나마타병이 발생한다.
② 3가 크롬은 비교적 안정하나 6가 크롬화합물은 자극성이 강하고 부식성이 강하다.
③ 3가 크롬은 피부흡수가 어려우나 6가 크롬은 쉽게 피부를 통과한다.
④ 만성중독현상으로는 비점막염증이 나타난다.

해설 크롬의 만성중독증상은 황달을 거쳐 간암으로 나타난다. 미나마타병은 수은의 영향이다.

19 DO 포화농도가 8mg/L인 하천에서 t=0일 때 DO가 5mg/L이라면 6일 유하했을 때의 DO 부족량은? (단, BOD_u=20mg/L, K_1=0.1/day, K_2=0.2/day, 상용대수)
① 약 2mg/L ② 약 3mg/L
③ 약 4mg/L ④ 약 5mg/L

해설 DO 부족량 공식을 이용한다.

20 콜로이드 응집의 기본 메커니즘이 아닌 것은?
① 전하의 중화
② 이중층의 압축
③ 입자 간의 가교 형성
④ 중력에 의한 전단력 강화

해설 콜로이드 응집의 기본 메커니즘
㉠ 전하의 중화
㉡ 이중층의 압축
㉢ 침전물에 의한 포착
㉣ 입자 간의 가교 형성

SECTION 02 상하수도계획

21 기존의 하수처리시설에 고도처리시설을 설치하고자 할 때 검토사항으로 틀린 것은?
① 표준활성슬러지법이 설치된 기존 처리장에 고도처리시설을 도입할 경우에는 개선대상 오염물질별 처리특성을 감안하여 효율적인 설계가 되도록 하여야 한다.
② 시설개량은 시설개량방식을 우선 검토하되 방류수 수질기준 준수가 곤란한 경우에 한해 운전개선방식을 함께 추진하여야 한다.
③ 기본설계 과정에서 처리장의 운영실태 정밀분석을 실시한 후 이를 근거로 사업추진방향 및 범위 등을 설계에 반영해야 한다.
④ 기존 시설물 및 처리공정을 최대한 활용하여야 한다.

ANSWER | 17. ② 18. ① 19. ③ 20. ④ 21. ②

해설 고도처리시설 설치 시 다음 사항에 대해서 검토를 하여야 한다.
- ㉠ 기본설계 과정에서 처리장의 운영실태 정밀분석을 실시한 후 이를 근거로 사업추진방향 및 범위 등을 설계에 반영해야 한다.
- ㉡ 하수처리장 부지 여건을 충분히 고려하여 고도처리시설을 수립하여야 한다.
- ㉢ 기존 시설물 및 처리공정을 최대한 활용하여 중복투자가 발생되지 않도록 한다.
- ㉣ 표준활성슬러지법이 설치된 기존 처리장에 고도처리시설을 도입할 경우에는 개선 대상 오염물질별 처리특성을 감안하여 효율적인 설계가 되도록 하여야 한다.

22 하수도시설기준의 우수배제계획에서 계획우수량을 정할 때 빗물펌프장 확률년수 기준으로 옳은 것은?
① 15~20년 ② 20~30년
③ 30~50년 ④ 50~100년

해설 빗물펌프장의 계획 확률연수는 30~50년이다.

23 하수처리시설인 순산소활성슬러지법에 관한 설명으로 틀린 것은?
① 잉여슬러지 발생량은 슬러지의 체류시간에 의해서 큰 차이가 나므로 표준활성슬러지에 비해서 일반적으로 적다.
② MLSS 농도는 표준활성슬러지법의 2배 이상으로 유지 가능하다.
③ 포기조 내의 SVI는 보통 100 이하로 유지되고 슬러지 침강성은 양호하다.
④ 이차침전지에서 스컴이 거의 발생하지 않는다.

해설 순산소활성슬러지법의 특징은 다음과 같다.
- ㉠ 이 처리방법은 표준활성슬러지법의 $\frac{1}{2}$ 정도의 포기시간으로도 처리수의 BOD, SS, COD 및 투시도 등을 표준활성슬러지법과 비슷한 결과로 얻을 수 있다.
- ㉡ MLSS 농도는 표준활성슬러지법의 2배 이상으로 유지 가능하므로, BOD용 적부하를 $1.0~2.0 kgBOD/m^3 \cdot$ 일 및 F/M비를 $0.3~0.6 kgBOD/kgMLSS \cdot$ 일로 운전할 수 있다.
- ㉢ 순산소활성슬러지법의 포기조 내의 SVI는 보통 100 이하로 유지되고 슬러지의 침강성은 양호하다. 또 잉여슬러지발생량은 슬러지의 체류시간에 의해서 큰 차이가 나므로 표준활성슬러지법에 비해서 일반적으로 적다. 또한 슬러지의 농축성도 양호하지만 탈수할 때의 여과속도는 표준활성슬러지법과 거의 동일하다.
- ㉣ 이차침전지에서 스컴이 발생하는 경우가 많다.

24 우물의 양수량 결정 시 적용되는 "적정 양수량"의 정의로 옳은 것은?
① 최대양수량의 70% 이하
② 최대양수량의 80% 이하
③ 한계양수량의 70% 이하
④ 한계양수량의 80% 이하

해설 적정 양수량은 한계양수량의 70% 이하의 양수량을 말한다.

25 분류식 하수배제방식에서, 펌프장 시설의 계획하수량 결정 시 유입·방류펌프장 계획하수량으로 옳은 것은?
① 계획시간최대오수량
② 계획우수량
③ 우천시계획오수량
④ 계획일최대오수량

해설 펌프장시설의 계획하수량

하수배제방식	펌프의 종류	계획하수량
분류식	중계펌프장 처리장내 펌프장	계획시간 최대오수량
	빗물펌프장	계획우수량

26 막여과 정수처리설비에 대한 내용으로 옳은 것은?
① 막여과유속은 경제성 및 보수성을 종합적으로 고려하여 최저치를 설정한다.
② 회수율은 취수조건 등과 상관없이 일정하게 운영하는 것이 효율적이고 경제적이다.
③ 구동압방식과 운전제어방식은 구동압이나 막의 종류, 배수조건 등을 고려하여 최적방식을 선정한다.
④ 막여과방식은 막공급수질을 제외한 막여과수량과 막의 종별 등의 조건을 고려하여 최적 방식을 선정한다.

[해설] 막여과설비
  ㉠ 막여과의 유속은 경제성 및 보수성을 종합적으로 고려하여 적절한 값을 설정한다.
  ㉡ 회수율은 취수조건이나 막공급수질, 역세척, 세척배출 수처리 등의 여러 조건을 고려하여 효율성과 경제성 등을 종합적으로 검토하여 설정한다.
  ㉢ 막여과방식은 막공급수질이나 막의 종별 등의 조건을 고려하여 최적의 방식을 선정한다.
  ㉣ 막여과설비의 운전은 자동운전을 원칙으로 한다.
  ㉤ 구동압방식과 운전제어방식은 구동압이나 막의 종류, 배수조건 등을 고려하여 최적 방식을 선정한다.

27 정수시설의 착수정 구조와 형상에 관한 설계기준으로 틀린 것은?

① 착수정은 분할을 원칙으로 하며 고수위 이상으로 유지되도록 월류관이나 월류위어를 설치한다.
② 형상은 일반적으로 직사각형 또는 원형으로 하고 유입구에는 제수밸브 등을 설치한다.
③ 착수정의 고수위와 주변 벽체의 상단 간에는 60cm 이상의 여유를 두어야 한다.
④ 부유물이나 조류 등을 제거할 필요가 있는 장소에는 스크린을 설치한다.

[해설] 착수정의 구조와 형상은 다음 각 항에 따른다.
  ㉠ 착수정은 2지 이상으로 분할하는 것이 원칙이나 분할하지 않는 경우에는 반드시 우회관을 설치하며 배수설비를 설치한다.
  ㉡ 형상은 일반적으로 직사각형 또는 원형으로 하고 유입구에는 제수밸브 등을 설치한다.
  ㉢ 수위가 고수위 이상으로 올라가지 않도록 월류관이나 월류위어를 설치한다.
  ㉣ 착수정의 고수위와 주변 벽체의 상단 간에는 60cm 이상의 여유를 두어야 한다.
  ㉤ 부유물이나 조류 등을 제거할 필요가 있는 장소에는 스크린을 설치한다.

28 하수시설에서 우수조정지 구조형식이 아닌 것은?

① 댐식(제방높이 15m 미만)
② 저하식(관내 저류 포함)
③ 굴착식
④ 유하식(자연 호소 포함)

[해설] 우수조정지의 구조형식은 댐식, 굴착식, 저하식으로 한다.

29 펌프의 토출량이 $1.0m^3$/sec, 토출구의 유속이 3.55 m/sec일 때 펌프의 구경(mm)은?

① 500 ② 600
③ 700 ④ 800

[해설] 유량계산식을 이용할 수 있다.
  $Q = A \times V$
  $A = \dfrac{Q}{V} = \dfrac{1.0m^3}{sec} \Big| \dfrac{sec}{3.55m} = 0.2817m^2$
  $A = \dfrac{\pi D^2}{4} = 0.2817(m^2)$
  $D = 0.6(m) = 600(mm)$

30 상수도시설의 등급별 내진설계 목표에 대한 내용이다. ( ) 안에 옳은 내용은?

> 상수도시설물의 내진성능 목표에 따른 설계지진강도는 붕괴방지수준에서 시설물의 내진등급이 I등급인 경우에는 재현주기 (가), II등급인 경우에는 (나)에 해당되는 지진지반운동으로 한다.

① 가 : 100년, 나 : 50년
② 가 : 200년, 나 : 100년
③ 가 : 500년, 나 : 200년
④ 가 : 1,000년, 나 : 500년

[해설] 설계거동한계 및 등급별 내진설계 목표
  ㉠ 설계거동한계는 설계지진 시 구조부재의 과도한 소성변형, 지반의 액상화, 지반 및 기초의 파괴 등의 원인으로 부분적인 급수기능 유지가 불가능하게 되지 않아야 하고, 쉽게 조기 복구가 가능하여야 한다.
  ㉡ 상수도시설물의 내진성능 목표에 따른 설계지진강도는 붕괴방지수준에서 시설물의 내진등급이 I등급인 경우에는 재현주기 1,000년, II등급인 경우에는 500년에 해당되는 지진지반운동으로 한다.

ANSWER | 27. ① 28. ④ 29. ② 30. ④

31 구경 400mm인 직렬펌프의 토출량이 $10m^3/min$, 규정 전양정이 40m, 규정 회전속도가 4,200rpm일 때 비회전속도(N_s)는?

① 609   ② 756
③ 835   ④ 957

해설 $N_s = N \times \dfrac{Q^{1/2}}{H^{3/4}}$

$N_s = (4,200) \times \dfrac{(10)^{1/2}}{(40)^{3/4}} = 835.03$(회/분)

32 계획오수량을 정할 때 고려되는 지하수량에 대한 설명으로 옳은 것은?

① 1인 1일 평균오수량의 5~10%로 한다.
② 1인 1일 최대오수량의 5~10%로 한다.
③ 1인 1일 평균오수량의 10~20%로 한다.
④ 1인 1일 최대오수량의 10~20%로 한다.

해설 지하수량은 1인 1일 최대오수량의 10~20%로 한다.

33 하수처리공법 중 접촉산화법에 대한 설명으로 틀린 것은?

① 반송슬러지가 필요하지 않으므로 운전관리가 용이하다.
② 생물상이 다양하여 처리효과가 안정적이다.
③ 부착생물량의 조정이 어려워 조작조건 변경에 대응하기 쉽지 않다.
④ 접촉재가 조 내에 있기 때문에 부착생물량의 확인이 어렵다.

해설 접촉산화법의 특징은 다음과 같다.
㉠ 반송슬러지가 필요하지 않으므로 운전관리가 용이하다.
㉡ 비표면적이 큰 접촉재를 사용하여, 부착생물량을 다량으로 보유할 수 있기 때문에, 유입기질의 변동에 유연히 대응할 수 있다.
㉢ 생물상이 다양하여 처리효과가 안정적이다.
㉣ 슬러지의 자산화가 기대되어, 잉여슬러지량이 감소한다.
㉤ 부착생물량을 임의로 조정할 수 있어서 조작조건의 변경에 대응하기 쉽다.
㉥ 접촉재가 조 내에 있기 때문에, 부착생물량의 확인이 어렵다.
㉦ 고부하에서 운전하면 생물막이 비대화되어 접촉재가 막히는 경우가 발생한다.

34 용존공기부상(DAF)에 관한 내용이다. ( ) 안에 옳은 것은?

> DAF를 운영하는 정수장에서 고탁도 ( )의 원수가 유입되는 경우에는 DAF 전에 전처리시설로 예비침전지를 두어야 한다.

① 100 NTU 이상   ② 1,000 NTU 이상
③ 2,000 NTU 이상   ④ 5,000 NTU 이상

해설 DAF를 운영하는 정수장에서 고탁도(100 NTU 이상)의 원수가 유입되는 경우에는 DAF 전에 전처리시설로 예비침전지를 두어야 한다.

35 상수도시설인 집수매거의 구조에 대한 설명으로 틀린 것은?

① 집수매거의 경사는 수평으로 하거나 1/500 이하의 완만한 경사로 한다.
② 집수매거는 지형 등을 고려하여 가능한 한 복류수 흐름방향과 수평으로 설치하는 것이 효율적이다.
③ 집수매거의 매설깊이는 5m 이상으로 하는 것이 바람직하다.
④ 집수매거의 길이는 시험우물 등에 의한 양수시험 결과에 따라 정한다.

해설 집수매거는 복류수의 흐름방향에 대하여 지형이나 용지 등을 고려하여 가능한 한 직각으로 설치하는 것이 효율적이다.

36 상수도시설 중 저수시설인 하구둑에 관한 설명으로 틀린 것은?(단, 전용댐, 다목적댐과 비교)

① 개발수량 : 중소규모의 개발이 기대된다.
② 경제성 : 일반적으로 댐보다 저렴하다.
③ 설치지점 : 수요지 가까운 하천의 하구에 설치하여 농업용수에 바닷물의 침해방지기능을 겸하는 경우가 많다.
④ 저류수의 수질 : 자체관리로 비교적 양호한 수질을 유지할 수 있어 염소이온 농도에 대한 주의가 필요 없다.

해설 저류수의 수질은 하구둑의 경우 염소이온 농도에 주의를 요한다.

37 하수처리시설의 계획유입수질 산정방식으로 옳은 것은?
① 계획오염부하량을 계획1일평균오수량으로 나누어 산정한다.
② 계획오염부하량을 계획시간평균오수량으로 나누어 산정한다.
③ 계획오염부하량을 계획1일최대오수량으로 나누어 산정한다.
④ 계획오염부하량을 계획시간최대오수량으로 나누어 산정한다.

해설 하수의 계획유입수질은 계획오염부하량을 계획 1일 평균오수량으로 나눈 값으로 한다.

38 도수관 설계 시 접합정에 대한 설명으로 틀린 것은?
① 구조상 안전한 것으로 충분한 수밀성과 내구성을 지니며 용량은 계획도수량의 3분 이상으로 한다.
② 유입속도가 큰 경우에는 접합정 내에 월류벽 등을 설치하여 유속을 감쇄시킨 다음 유출관으로 유출되는 구조로 한다.
③ 유출관의 유출구 중심높이는 저수위에서 관경의 2배 이상 낮게 하는 것을 원칙으로 한다.
④ 필요에 따라 양수장치, 배수설비, 월류장치를 설치하고 유출구와 배수설비에는 제수밸브 또는 제수문을 설치한다.

해설 도수관 설계 시 접합정은 원형 또는 각형의 콘크리트 또는 철근콘크리트로 축조한다. 아울러 구조상 안전한 것으로 충분한 수밀성과 내구성을 지니며 용량은 계획도수량의 1.5분 이상으로 한다.

39 길이 1.2km의 하수관이 2‰의 경사로 매설되어 있을 경우, 이 하수관 양 끝단 간의 고저차는?(단, 기타 사항은 고려하지 않음)
① 0.24m ② 2.4m
③ 0.6m ④ 6.0m

해설 고저차(H)=I(경사)×L(유로길이)
$$\therefore H = \frac{2}{1,000} \times 1,200m = 2.4(m)$$

40 상수도 시설용량의 계획에 대한 설명 중 틀린 것은?
① 취수시설의 계획취수량은 계획1일 최대급수량을 기준으로 한다.
② 도수시설의 계획도수량은 계획취수량을 기준으로 한다.
③ 정수시설의 계획정수량은 계획1일 최대급수량을 기준으로 한다.
④ 배수시설의 계획배수량은 계획1일 최대급수량을 기준으로 한다.

해설 계획배수량은 원칙적으로 해당 배수구역의 계획시간최대배수량으로 한다.

SECTION 03 수질오염방지기술

41 아래의 조건에서 탈질반응조(Anoxic Basin) 체류시간은?

- 반응조로의 유입수 질산염농도(S_i)=35mg/L
- 반응조로의 유출수 질산염농도(S_o)=5mg/L
- MLVSS 농도(X)=1,500mg/L
- 온도=10℃, DO=0.1mg/L
- 20℃에서의 탈질률(R_{DN})=0.2/day
- K=1.09

① 3.3hr ② 4.3hr
③ 5.3hr ④ 6.3hr

해설 무산소조의 체류시간 계산식을 이용한다.
$$체류시간(\theta) = \frac{S_i - S_o}{R_{DN} \cdot X}$$
㉠ R_{DN} : 10℃에서의 탈질화율(mgNO$_3$-N/mg VSS·day)
$$R_{DN(10℃)} = R_{DN(20℃)} \times K^{(10-20)}(1-DO)$$
$$= 0.2 \times 1.09^{(10-20)}(1-0.1)$$
$$= 0.076(day^{-1})$$

ANSWER | 37.① 38.① 39.② 40.④ 41.④

ⓒ $S_i=35mg/L$, $S_o=5mg/L$, $X=2,000mg/L$
이를 계산식에 대입하면
$$\frac{35-5}{0.076 \times 1,500} = 0.263(day) = 6.32(hr)$$

42 하수에서의 생물학적 질소 제거에 대한 설명으로 틀린 것은?
① 탈질을 위해서는 유기탄소가 필요하다.
② 부유성장 탈질 반응기에서의 전형적인 수리학적 체류시간은 5~6시간이다.
③ 질산화 미생물의 성장속도는 온도와 기타의 환경적 변수에 강하게 의존한다.
④ 탈질화는 알칼리도의 순생성을 나타내며 탈질을 위한 최적 pH는 6~8이다.

43 아래의 공정은 A^2/O 공정을 나타낸 것이다. 각 반응조의 주요 기능에 대하여 옳은 것은?

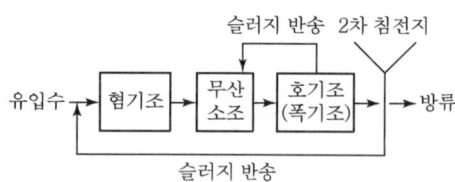

① 혐기조 : 인방출, 무산소조 : 질산화, 폭기조 : 탈질
② 혐기조 : 인방출, 무산소조 : 탈질, 폭기조 : 인 과잉섭취
③ 혐기조 : 탈질, 무산소조 : 질산화, 폭기조 : 인 방출 및 과잉섭취
④ 혐기조 : 탈질, 무산소조 : 인 과잉섭취, 폭기조 : 질산화, 인 방출

44 포기조의 MLSS 농도를 3,000mg/L로 유지하기 위한 재순환율은?(단, SVI=120, 유입 SS 고려하지 않고, 방류수 SS는 0mg/L임)
① 36.3% ② 46.3%
③ 56.3% ④ 66.3%

해설 $R = \dfrac{X}{\dfrac{10^6}{SVI}-X} = \dfrac{3,000mg/L}{\dfrac{10^6}{120}-3,000mg/L} = 0.5625$
$R(\%) = 0.5625 \times 100 = 56.25\%$

45 수량 $36,000m^3/day$의 하수를 폭 15m, 길이 30m, 깊이 2.5m의 침전지에서 표면적 부하 $40m^3/m^2 \cdot day$의 조건으로 처리하기 위한 침전지 수는?(단, 병렬 기준)
① 2 ② 3
③ 4 ④ 5

해설 침전지 수 $= \dfrac{36,000m^3}{day} \left| \dfrac{m^2 \cdot day}{40m^3} \right| \left| \dfrac{개}{15 \times 30m^2} \right|$
$= 2(개)$

46 G=200/sec, V=150m³, 교반기 효율 80%, $\mu=1.35 \times 10^{-2} g/cm \cdot sec$일 때 소요 동력 P(kW)는?
① 20.8kW ② 15.8kW
③ 10.1kW ④ 5.1kW

해설 $G = \sqrt{\dfrac{P}{\mu \forall}}$ 에서
동력(P) $= G^2 \times \mu \times \forall$
$= 200^2 \times 1.35 \times 10^{-3} \times 150 \times \dfrac{100}{80}$
$= 10,125(W) = 10.1(kW)$

47 염소소독의 장단점으로 틀린 것은?
① 소독력 있는 잔류염소를 수송관거 내에 유지시킬 수 있다.
② 처리수의 총용존고형물이 감소한다.
③ 염소접촉조로부터 휘발성 유기물이 생성된다.
④ 처리수의 잔류독성이 탈염소 과정에 의해 제거되어야 한다.

해설 처리수의 총용존고형물이 증가한다.

48 9.0kg의 글루코스(Glucose)로부터 발생 가능한 0℃, 1atm에서의 CH_4 가스의 용적은?(단, 혐기성 분해 기준)
① 3,160L ② 3,360L
③ 3,560L ④ 3,760L

[해설] $C_6H_{12}O_6 \rightarrow 3CH_4 + 3CO_2$
180(g) : 3×22.4(L)
9,000(g) : X(L)
∴ X(=CH_4)=3,360(L, STP)

49 $NO_3^- - N$ 15mg/L가 탈질균에 의해 질소가스화될 때 소요되는 이론적 메탄올의 양(mg/L)은?(단, 기타 유기 탄소원은 고려하지 않음)

① 5.5
② 6.5
③ 7.5
④ 8.5

[해설] $6NO_3^- + 5CH_3OH \rightarrow 5CO_2 + 3N_2 + 7H_2O + 6OH^-$
$6NO_3^-$: $5CH_3OH$
6×62 : 5×32
15mg/L : X
X = 6.45mg/L

50 폐수 내 함유된 NH_4^+ 36mg/L를 제거하기 위하여 이온교환능력이 100g $CaCO_3/m^3$인 양이온 교환수지를 이용하여 1,000m^3의 폐수를 처리하고자 할 때 필요한 양이온 교환수지의 부피는?

① 1,000m^3
② 2,000m^3
③ 3,000m^3
④ 4,000m^3

[해설] 암모늄이온의 당량(eq) = $\dfrac{36\text{mg}}{\text{L}} \left| \dfrac{1,000\text{m}^3}{} \right|$
$\left| \dfrac{1\text{meq}}{(18/1)\text{mg}} \right| \dfrac{10^3\text{L}}{1\text{m}^3} \left| \dfrac{1\text{eq}}{10^3\text{meq}} \right|$
= 2,000(eq)

이온교환수지의 능력(eq/m^3) = $\dfrac{100\text{g}}{\text{m}^3} \left| \dfrac{1\text{eq}}{(100/2)\text{g}} \right|$
= 2(eq/m^3)

∀(m^3) = $\dfrac{2,000(\text{eq})}{2(\text{eq/m}^3)}$ = 1,000(m^3)

51 살수여상 처리공정에서 생성되는 슬러지의 농도는 4.5%이며 하루에 생성되는 고형물의 양은 1,000kg이다. 이 슬러지를 중력을 이용하여 농축시키고자 할 때 중력농축조의 직경은?(단, 농축조의 형태는 원형이며 깊이는 3m, 중력농축조의 고형물 부하량은 25kg/$m^2 \cdot$day, 비중은 1.0이다.)

① 3.55m
② 5.10m
③ 6.72m
④ 7.14m

[해설] $A\left(\dfrac{\pi \cdot D^2}{4}\right) = \dfrac{1,000\text{kg}}{\text{day}} \left| \dfrac{m^2 \cdot \text{day}}{25\text{kg}} \right| = 40m^2$

$D = \sqrt{\dfrac{40m^2 \times 4}{\pi}} = 7.14(m)$

52 도시 하수처리장 1차 침전지의 SS 제거율이 약 38%이다. 유입수의 SS가 260mg/L이고, 유량이 8,000 m^3/day라면 1차 침전지에서 제거되는 슬러지의 양은?(단, 1차 슬러지는 5%의 고형물을 함유하며, 슬러지의 비중은 1.1이다.)

① 약 6.4m^3/day
② 약 9.4m^3/day
③ 약 12.4m^3/day
④ 약 14.4m^3/day

[해설] SL(m^3/day) = $\dfrac{0.26 \times 0.38\text{kg} \cdot \text{TS}}{m^3}$

$\left| \dfrac{8,000m^3}{\text{day}} \right| \dfrac{1m^3}{1,100\text{kg}} \left| \dfrac{100 \cdot \text{SL}}{5 \cdot \text{TS}} \right| = 14.37(m^3/\text{day})$

53 펜톤산화처리방법에 관한 설명으로 틀린 것은?

① 일반적인 적정 반응 pH는 3~4.5이다.
② 펜톤시약은 철염과 과산화수소를 말한다.
③ 과산화수소수를 과량으로 첨가하면 수산화철의 침전율을 향상시킬 수 있다.
④ 폐수의 COD는 감소하지만 BOD는 증가할 수 있다.

[해설] 과산화수소수는 철염이 과량으로 존재할 때 조금씩 단계적으로 첨가하는 것이 효과적이다.

ANSWER | 49. ② 50. ① 51. ④ 52. ④ 53. ③

54 활성슬러지를 탈수하기 위하여 98%(중량비)의 수분을 함유하는 슬러지에 응집제를 가했더니 [상등액 : 침전슬러지]의 용적비가 2 : 1이 되었다. 이때 침전슬러지의 함수율은?(단, 응집제의 양은 매우 적고, 비중은 1.0으로 가정)

① 92% ② 93.%
③ 94% ④ 95%

해설 SL = TS + W
100 = 2 + 98
$V_1(100-W_1) = V_2(100-W_2)$
$100(100-98) = 100 \times \frac{1}{3}(100-W_2)$
∴ $W_2 = 94(\%)$

55 활성슬러지 공정에서 포기조 유입 BOD가 180mg/L, SS가 180mg/L, BOD-슬러지부하가 0.6kg BOD/kg MLSS·day일 때 MLSS농도는?(단, 폭기조 수리학적 체류시간은 6시간이다.)

① 1,100mg/L ② 1,200mg/L
③ 1,300mg/L ④ 1,400mg/L

해설 F/M 비로부터 MLSS 농도를 구한다.
$F/M = \dfrac{BOD_i \cdot Q_i}{\forall \cdot X}$

$\dfrac{0.6}{day} = \dfrac{180mg}{L} \bigg| \dfrac{24hr}{6hr} \bigg| \dfrac{L}{1day} \bigg| \dfrac{L}{MLSSmg}$

∴ X(= MLSS) = 1,200(mg/L)

56 역삼투 장치로 하루에 500m³의 3차 처리된 유출수를 탈염시키고자 한다. 요구되는 막면적(m²)은?

- 25℃에서 물질전달계수 : 0.2068L/(day-m²)(kPa)
- 유입수와 유출수 사이의 압력차 : 2,400kPa
- 유입수와 유출수의 삼투압차 : 310kPa
- 최저 운전온도 : 10℃
- $A_{10℃} = 1.28 A_{25℃}$, A : 막면적

① 약 1,130 ② 약 1,280
③ 약 1,330 ④ 약 1,480

해설 막의 단위면적당 유출수량(Q_F)은 압력과 다음의 관계식이 성립된다.

$Q_F = K(\Delta P - \Delta \pi)$
여기서, K : 막의 물질전달계수(m³/m²·day·atm)
ΔP : 압력차(유입측-유출측)(atm)
$\Delta \pi$: 삼투압차(유입측-유출측)(atm)

㉠ 조건을 대입하여 관계식을 만들면
$\dfrac{500m^3}{day} \bigg| \dfrac{1}{A(m^2)} = \dfrac{0.2068L}{day \cdot m^2 \cdot kPa} \bigg|$
$\bigg| (2,400-310)kPa \bigg| \dfrac{1m^3}{10^3L} \bigg|$
∴ $A_{25℃} = 1,156.84 m^2$

㉡ 최저 운전 온도(10℃) 상태로 막의 소요 면적을 온도 보정하면
∴ $A_{10℃} = A_{25℃} \times 1.28 = 1,156.84 \times 1.28$
   $= 1,480.75(m^2)$

57 하수고도처리공법 중 생물학적 방법으로 질소와 인을 동시에 제거하기 위한 것은?

① Phostrip ② 4단계 Bardenpho
③ A/O ④ A^2/O

해설 Phostrip, 4단계 Bardenpho, A/O는 인만 제거하는 공법이다.

58 활성슬러지 공정의 포기조 내 MLSS 농도 2,000 mg/L, 포기조의 용량 5m³, 유입폐수의 BOD 농도 300mg/L, 폐수 유량 15m³/day일 때 F/M 비(kg BOD/kg MLSS·day)는?

① 0.35 ② 0.45
③ 0.55 ④ 0.64

해설 $F/M = \dfrac{BOD_i \times Q}{\forall \cdot X} = \dfrac{300 \times 15}{5 \times 2,000}$
$= 0.45(kg \cdot BOD/kg \cdot MLSS \cdot day)$

59 총 잔류염소 농도(Cl_2)를 3.05mg/L에서 1.00mg/L로 탈염시키기 위해 유량 4,350m³/day인 물에 가해 주어야 할 아황산염(SO_3^{2-})의 양은?(단, Cl : 35.5, S : 32.1)

① 약 6kg/day ② 약 8kg/day
③ 약 10kg/day ④ 약 12kg/day

54. ③ 55. ② 56. ④ 57. ④ 58. ② 59. ③ | ANSWER

해설 $Cl_2 \equiv SO_3^{2-}$
71kg : 80kg
$\dfrac{2.05\text{mg}}{L} \Big| \dfrac{4,350\text{m}^3}{\text{day}} \Big| \dfrac{10^3 L}{1\text{m}^3} \Big| \dfrac{1\text{kg}}{10^6 \text{mg}}$: X
∴ X = 10.04(kg/day)

60 MLSS의 농도가 1,500mg/L인 슬러지를 부상법(Flotation)에 의해 농축시키고자 한다. 압축 탱크의 유효전달 압력이 4기압이며, 공기의 밀도가 1.3g/L, 공기의 용해량이 18.7mL/L일 때 Air/Solid(A/S)비는?(단, 유량은 300m³/day이며 처리수의 반송은 없고 f=0.5이다.)

① 0.008　　② 0.010
③ 0.016　　④ 0.020

해설 A/S비 = $\dfrac{1.3 \cdot S_a (f \cdot P - 1)}{SS}$
= $\dfrac{1.3 \times 18.7(0.5 \times 4 - 1)}{1,500}$ = 0.016

SECTION 04 수질오염공정시험기준

61 수질분석용 시료 채취 시 유의사항과 가장 거리가 먼 것은?
① 채취용기는 시료를 채우기 전에 깨끗한 물로 3회 이상 씻은 다음 사용한다.
② 유류 또는 부유물질 등이 함유된 시료는 시료의 균일성이 유지될 수 있도록 채취해야 하며, 침전물 등이 부상하여 혼입되어서는 안 된다.
③ 용존가스, 환원성 물질, 휘발성 유기화합물, 냄새, 유류 및 수소이온 등을 측정하기 위한 시료를 채취할 때에는 운반 중 공기와의 접촉이 없도록 시료 용기에 가득 채워야 한다.
④ 시료채취량은 보통 3~5L 정도이어야 한다.

해설 시료 채취 용기는 시료를 채우기 전에 시료로 3회 이상 씻은 다음 사용한다.

62 수은의 분석 시 냉증기-원자흡수분광광도법에 사용하는 환원기화장치의 환원용기에 주입하는 용액은?
① 이염화주석　　② 염화제일철용액
③ 황산제일철용액　　④ 염산히드록실아민용액

해설 전처리한 시료 전량을 환원용기에 옮기고 환원기화장치와 원자흡수분광분석장치를 연결한 다음 환원용기에 이염화주석용액 10mL를 넣고 송기펌프를 작동시켜 발생한 수은증기를 흡수셀로 보낸다.

63 다음은 기체크로마토그래피에 의한 알킬수은의 분석 방법이다. ( ) 안에 알맞은 것은?

알킬수은화합물을 (㉠)으로 추출하여 (㉡)에 선택적으로 역추출하고 다시 (㉠)으로 추출하여 기체크로마토그래프로 측정하는 방법이다.

① ㉠ 헥산, ㉡ 염화메틸수은용액
② ㉠ 헥산, ㉡ 크로모졸브용액
③ ㉠ 벤젠, ㉡ 펜토에이트용액
④ ㉠ 벤젠, ㉡ L-시스테인용액

해설 물속에 존재하는 알킬수은 화합물을 기체크로마토그래피에 따라 정량하는 방법이다. 알킬수은화합물을 벤젠으로 추출하여 L-시스테인용액에 선택적으로 역추출하고 다시 벤젠으로 추출하여 기체크로마토그래프로 측정하는 방법이다.

64 용존산소(DO) 측정 시 시료가 착색, 현탁된 경우에 사용하는 전처리시약은?
① 칼륨명반용액, 암모니아수
② 황산구리, 술퍼민산용액
③ 황산, 불화칼륨용액
④ 황산제이철용액, 과산화수소

해설 시료가 현저히 착색되어 있거나 현탁되어 있는 경우 : 칼륨명반용액 10mL와 암모니아수 1~2mL를 유리병의 위로부터 넣고, 공기(피펫의 공기)가 들어가지 않도록 주의하면서 마개를 닫고 조용히 상·하를 바꾸어 가면서 1분간 흔들어 섞고 10분간 정치하여 현탁물을 침강시킨다.

ANSWER | 60. ③　61. ①　62. ①　63. ④　64. ①

65 다음은 이온전극법에 관한 설명이다. ( ) 안에 옳은 내용은?

> 이온전극은 [이온전극 | 측정용액 | 비교전극]의 측정계에서 측정대상 이온에 감응하여 (　　)에 따라 이온활량에 비례하는 전위차를 나타낸다.

① 네른스트 식　　② 패러데이 식
③ 플레밍 식　　　④ 아레니우스 식

해설 이온전극은 측정 대상 이온에 감응하여 Nernst식에 따라 이온활량에 비례하는 전위차를 나타낸다.

66 자외선/가시선 분광법으로 폐수 중 크롬을 분석할 때 사용하지 않는 시약은?

① 과망간산칼륨　　② 암모니아수
③ 황산제이철암모늄　④ 아자이드화나트륨

해설 시약
과망간산칼륨용액(4%), 다이페닐카바자이드용액, 메틸오렌지 지시약(0.1%), 아자이드화나트륨용액, 암모니아수, 인산, 쿠페론용액, 클로로폼, 황산(1+1), 황산(1+9)

67 원자흡수분광광도법의 간섭에 관한 사항 중 틀린 것은?

① 분석에 사용되는 스펙트럼선이 다른 인접선과 완전히 분리되지 않은 경우에는 표준시료와 분석시료의 조성을 더욱 비슷하게 하면 간섭의 영향을 피할 수 있다.
② 화학적 간섭은 불꽃의 온도가 분자를 들뜬 상태로 만들기에 충분히 높지 않아서 해당 파장을 흡수하지 못하여 발생한다.
③ 물리적 간섭은 표준물질과 시료의 매질 차이에 의해 발생한다.
④ 이온화 간섭은 불꽃온도가 너무 높을 경우 중성원자에서 전자를 빼앗아 이온이 생성될 수 있으며 이 경우 음(-)의 오차가 발생하게 된다.

68 알킬수은 화합물을 기체크로마토그래피에 따라 정량할 때 사용하는 검출기로 가장 적절한 것은?

① 불꽃광도형 검출기(FPD)
② 전자포획형 검출기(ECD)
③ 불꽃이온화 검출기(FID)
④ 열전도도 검출기(TCD)

해설 검출기로 전자포획형 검출기(ECD, Electron Capture Detector)를 사용하고, 검출기의 온도는 140~200℃로 한다.

69 식물성 플랑크톤을 현미경계수법으로 측정할 때 분석기기 및 기구에 관한 내용으로 틀린 것은?

① 광학현미경 혹은 위상차 현미경 : 1,000배율까지 확대 가능한 현미경을 사용한다.
② 대물마이크로미터 : 눈금이 새겨져 있는 평평한 판으로, 현미경으로 물체의 길이를 측정하고자 할 때 쓰는 도구로 접안마이크로미터 한 눈금의 길이를 계산하는데 사용한다.
③ 혈구계수기 : 슬라이드글라스의 중앙에 격자모양의 계수 구역이 상하 2개로 구분되어 있으며, 계수 구역에는 격자모양으로 구분이 되어 있어 각 격자 구역 내의 침전된 조류를 계수한 후 mL 당 총 세포수를 환산한다.
④ 접안마이크로미터 : 평평한 유리에 새겨진 눈금으로 접안렌즈에 부착하여 대물마이크로미터 길이 환산에 적용한다.

해설 접안마이크로미터
둥근 유리에 새겨진 눈금으로 접안렌즈에 부착하여 사용한다. 현미경으로 물체의 길이를 측정할 때 사용한다.

70 다음 pH 표준액 중 0℃에서 가장 높은(큰) pH 값을 나타내는 표준액은?

① 프탈산염 표준액　② 수산염 표준액
③ 탄산염 표준액　　④ 붕산염 표준액

해설 0℃에서 가장 높은 pH 값을 나타내는 표준액은 수산염 표준액 < 프탈산염 표준액 < 인산염 표준액 < 붕산염 표준액 < 탄산염 표준액 < 수산화칼슘 표준액 순이다.

65. ① 66. ③ 67. ① 68. ② 69. ④ 70. ③ | ANSWER

71 수질측정항목과 시료 최대보존기간이 잘못 연결된 것은?

① 생물화학적 산소요구량 – 48시간
② 용존 총인 – 48시간
③ 6가 크롬 – 24시간
④ 분원성 대장균군 – 24시간

해설 용존 총인 – 28일

72 다음 측정항목 중 시료의 보존기간이 다른 것은?

① 유기인　　② 화학적 산소요구량
③ 암모니아성 질소　④ 노말헥산추출물질

해설 유기인
7일, 화학적 산소요구량, 암모니아성질소, 노말헥산추출물질 : 28일

73 시료의 전처리를 위해 회화로를 사용하여 시료 중의 유기물을 분해시키고자 한다. 회화로의 온도로 가장 적정한 것은?

① 350℃　　② 450℃
③ 550℃　　④ 650℃

해설 회화로의 온도는 400~500℃이다.

74 총 노말헥산추출물질 시험방법에서 시료에 넣어주는 지시약과 염산(1 + 1)을 넣어 조절해야 하는 pH 범위로 가장 적합한 것은?

① 메틸렌블루용액(0.1W/V%), pH 5.5 이하
② 메틸레드용액(0.1W/V%), pH 5.5 이하
③ 메틸오렌지용액(0.1W/V%), pH 4 이하
④ 메틸레드용액(0.1W/V%), pH 4 이하

해설 시료적당량(노말헥산추출물질로서 5~200mg 해당량)을 분별깔때기에 넣고 메틸오렌지용액(0.1 %) 2~3방울을 넣고 황색이 적색으로 변할 때까지 염산(1 + 1)을 넣어 시료의 pH를 4 이하로 조절한다.

75 전기전도도 측정계에 관한 내용으로 옳지 않은 것은?

① 전기전도도 셀은 항상 수중에 잠긴 상태에서 보존하여야 하며 정기적으로 점검한 후 사용한다.
② 전도도 셀은 그 형태, 위치, 전극의 크기에 따라 각각 자체의 셀 상수를 가지고 있다.
③ 검출부는 한 쌍의 고정된 전극(보통 백금 전극 표면에 백금흑도금을 한 것)으로 된 전도도 셀 등을 사용한다.
④ 지시부는 직류 휘트스톤브리지 회로나 자체 보상 회로로 구성된 것을 사용한다.

해설 지시부는 교류 휘트스톤브리지(Wheatstone – bridge) 회로나 연산 증폭기 회로 등으로 구성된 것을 사용한다.

76 유도결합플라스마 원자발광분광법에서 작용하는 정량방법과 가장 거리가 먼 것은?

① 넓이백분율법　② 표준첨가법
③ 내부표준법　　④ 검량선법

해설 유도결합플라스마 – 원자발광분광법에서 검정곡선의 작성방법
㉠ 검정곡선법
㉡ 표준물질첨가법
㉢ 내부표준법

77 0.1mgN/mL 농도의 $NH_3 – N$ 표준원액을 1L 조제하고자 할 때 요구되는 NH_4Cl의 양은?(단, NH_4Cl의 M.W=53.5)

① 227mg/L　　② 382mg/L
③ 476mg/L　　④ 591mg/L

해설 $NH_4Cl \left(\dfrac{mg}{L} \right) = \dfrac{0.1mg \cdot N}{mL} \left| \dfrac{10^3 mL}{1L} \right|$
$\left| \dfrac{53.5g \cdot NH_4Cl}{14g \cdot N} \right|$
$= 382.14 (mg/L)$

ANSWER | 71. ② 72. ① 73. ② 74. ③ 75. ④ 76. ① 77. ②

78 다이에틸다이티오카르바민산법을 적용한 구리 측정에 관한 설명으로 틀린 것은?

① 시료의 전처리를 하지 않고 직접 시료를 사용하는 경우, 시료 중에 시안화합물이 함유되어 있으면 염산 산성으로 하여서 끓여 시안화물을 완전히 분해 제거한 다음 시험한다.
② 비스머스(Bi)가 구리의 양보다 2배 이상 존재할 경우에는 청색을 나타내어 방해한다.
③ 무수황산나트륨 대신 건조거름종이를 사용하여 여과하여도 된다.
④ 추출용매는 초산부틸 대신 사염화탄소, 클로로포름, 벤젠 등을 사용할 수 있다.

해설 비스머스(Bi)가 구리의 양보다 2배 이상 존재할 경우에는 황색을 나타내어 방해한다.

79 수질오염물질의 농도표시 방법에 대한 설명으로 적절치 않은 것은?

① 백만분율을 표시할 때는 ppm 또는 mg/L의 기호를 쓴다.
② 십억분율을 표시할 때는 $\mu g/m^3$ 또는 ppb의 기호를 쓴다.
③ 용액의 농도를 %로만 표시할 때는 W/V을 말한다.
④ 십억분율은 1ppm의 1/1,000이다.

해설 십억분율을 표시할 때는 $\mu g/L$ 또는 ppb의 기호를 쓴다.

80 페놀류 측정 시 적색의 안티피린계 색소의 흡광도를 측정하는 방법 중 클로로폼 용액에서는 몇 nm에서 측정하는가?

① 460nm   ② 480nm
③ 510nm   ④ 540nm

해설 물속에 존재하는 페놀류를 측정하기 위하여 증류한 시료에 염화암모늄-암모니아 완충용액을 넣어 pH 10으로 조절한 다음 4-아미노안티피린과 헥사시안화철(Ⅱ)산칼륨을 넣어 생성된 붉은색의 안티피린계 색소의 흡광도를 측정하는 방법으로 수용액에서는 510nm, 클로로폼 용액에서는 460nm에서 측정한다.

SECTION 05 수질환경관계법규

81 배출시설의 설치를 제한할 수 있는 지역의 범위 기준으로 틀린 것은?

① 취수시설이 있는 지역
② 환경정책기본법 제38조에 따라 수질보전을 위해 지정·고시한 특별대책지역
③ 수도법 제7조의2제1항에 따라 공장의 설립이 제한되는 지역
④ 수질보전을 위해 지정·고시한 특별대책지역의 하류지역

해설 배출시설 설치 제한지역
㉠ 취수시설이 있는 지역
㉡ 「환경정책기본법」 제38조에 따라 수질보전을 위해 지정·고시한 특별대책지역
㉢ 「수도법」 제7조의2 제1항에 따라 공장의 설립이 제한되는 지역
㉣ 제1호부터 제3호까지에 해당하는 지역의 상류지역(제31조 제1항 제1호에 따른 배출시설의 경우만 해당한다.)

82 다음의 수질오염방지시설 중 물리적 처리시설에 해당되지 않는 것은?

① 유수분리시설   ② 혼합시설
③ 침전물 개량시설   ④ 응집시설

해설 침전물 개량시설은 화학적 처리시설에 해당한다.

83 규정에 의한 등록 또는 변경등록을 하지 아니하고 폐수처리업을 한 자에 대한 벌칙기준은?

① 5년 이하의 징역 또는 3천만 원 이하의 벌금
② 3년 이하의 징역 또는 2천만 원 이하의 벌금
③ 2년 이하의 징역 또는 1천5만 원 이하의 벌금
④ 1년 이하의 징역 또는 1천만 원 이하의 벌금

84 사업장의 규모별 구분에 관한 내용으로 옳지 않은 것은?

① 1일 폐수배출량이 800m³인 사업장은 제2종 사업장이다.
② 1일 폐수배출량이 1,800m³인 사업장은 제2종 사업장이다.
③ 사업장 규모별 구분은 최근 조업한 30일간의 평균배출량을 기준으로 한다.
④ 최초 배출시설 설치허가 시의 폐수배출량은 사업계획에 따른 예상용수 사용량을 기준으로 산정한다.

해설 사업장의 규모별 구분은 1년간 가장 많이 배출한 날을 기준으로 정한다.

85 수질 및 수생태계 환경기준(하천) 중 사람의 건강보호기준을 위한 기준값으로 옳은 것은?

① 카드뮴 : 0.02 mg/L 이하
② 사염화탄소 : 0.04 mg/L 이하
③ 6가크롬 : 0.01 mg/L 이하
④ 납(pb) : 0.05 mg/L 이하

해설 ① 카드뮴 : 0.005mg/L 이하
② 사염화탄소 : 0.004mg/L 이하
③ 6가크롬 : 0.05mg/L 이하

86 기본부과금의 지역별 부과계수로 적합하지 않은 것은?

① 청정지역 : 1.5   ② 가 지역 : 1
③ 나 지역 : 1   ④ 특례지역 : 1

해설 지역별 부과계수

청정지역 및 가 지역	나 지역 및 특례지역
1.5	1

87 폐수처리업자의 준수사항으로 틀린 것은?

① 증발농축시설, 건조시설, 소각시설의 대기오염물질 농도를 매월 1회 자가측정하여야 하며, 분기마다 악취에 대한 자가측정을 실시하여야 한다.
② 처리 후 발생하는 슬러지의 수분 함량은 85퍼센트 이하이어야 하며, 처리는 폐기물관리법에 따라 적정하게 처리하여야 한다.
③ 수탁한 폐수는 정당한 사유 없이 5일 이상 보관할 수 없으며, 보관폐수의 전체량이 저장시설 저장능력의 80퍼센트 이상 되게 보관하여서는 아니 된다.
④ 기술인력을 그 해당 분야에 종사하도록 하여야 하며, 폐수처리시설을 16시간 이상 가동할 경우에는 해당 처리시설의 현장근무 2년 이상의 경력자를 작업현장에 책임 근무하도록 하여야 한다.

해설 폐수처리업자의 준수사항
수탁한 폐수는 정당한 사유 없이 10일 이상 보관할 수 없으며, 보관폐수의 전체량이 저장시설 저장능력의 90퍼센트 이상 되게 보관하여서는 아니 된다.

88 사업장별 환경기술인의 자격기준에 관한 설명으로 틀린 것은?

① 대기환경기술인으로 임명된 자가 수질환경기술인의 자격을 함께 갖춘 경우에는 수질환경기술인을 겸임할 수 있다.
② 연간 90일 미만 조업하는 제1종부터 제3종까지의 사업장은 제4종 사업장, 제5종 사업장에 해당하는 환경기술인을 선임할 수 있다.
③ 공동방지시설의 경우에는 폐수배출량이 제4종 또는 제5종 사업장의 규모에 해당하면 제3종 사업장에 해당하는 환경기술인을 두어야 한다.
④ 제1종 또는 제2종 사업장 중 3개월간 실제 작업한 날만을 계산하여 1일 평균 17시간 이상 작업한 경우에는 환경기술인을 각각 2명 이상 두어야 한다.

해설 환경기술인의 자격기준
제1종 또는 제2종사업장 중 1개월간 실제 작업한 날만을 계산하여 1일 평균 17시간 이상 작업하는 경우 그 사업장은 환경기술인을 각각 2명 이상 두어야 한다. 이 경우 각각 1명을 제외한 나머지 인원은 제3종사업장에 해당하는 환경기술인으로 대체할 수 있다.

89 시·도지사가 오염총량관리기본계획의 승인을 받으려는 경우, 오염총량관리기본계획안에 첨부하여 환경부장관에게 제출하여야 하는 서류와 가장 거리가 먼 것은?
① 유역환경의 조사·분석 자료
② 오염원의 자연 증감에 관한 분석 자료
③ 오염총량관리계획 목표에 관한 자료
④ 오염부하량의 저감계획을 수립하는 데 사용한 자료

해설 시·도지사는 오염총량관리기본계획의 승인을 받으려는 경우에는 오염총량관리기본계획안에 다음 각 호의 서류를 첨부하여 환경부장관에게 제출하여야 한다.
㉠ 유역환경의 조사·분석 자료
㉡ 오염원의 자연증감에 관한 분석 자료
㉢ 지역개발에 관한 과거와 장래의 계획에 관한 자료
㉣ 오염부하량의 산정에 사용한 자료
㉤ 오염부하량의 저감계획을 수립하는 데 사용한 자료

90 수질 및 수생태계 보전에 관한 법률상 용어의 정의로 옳지 않은 것은?
① 폐수라 함은 물에 액체성 또는 고체성의 수질오염물질이 섞여 있어 그대로는 사용할 수 없는 물을 말한다.
② 수질오염물질이라 함은 수질오염의 요인이 되는 물질로서 환경부령이 정하는 것을 말한다.
③ 폐수무방류배출시설이라 함은 폐수배출시설에서 발생하는 폐수를 위탁하여 공공수역으로 배출하지 아니하는 시설을 말한다.
④ 기타 수질 오염원이라 함은 점오염원 및 비점오염원으로 관리되지 아니하는 수질오염물질을 배출하는 시설 또는 장소로서 환경부령이 정하는 것을 말한다.

해설 "폐수무방류배출시설"이란 폐수배출시설에서 발생하는 폐수를 해당 사업장에서 수질오염방지시설을 이용하여 처리하거나 동일 폐수배출시설에 재이용하는 등 공공수역으로 배출하지 아니하는 폐수배출시설을 말한다.

91 시·도지사가 오염총량관리기본계획 수립 시 포함하여야 하는 사항과 가장 거리가 먼 것은?
① 해당 지역 개발계획의 내용
② 관할 지역의 오염원 현황
③ 지방자치단체별·수계구간별 오염부하량의 할당
④ 관할 지역 개발계획으로 인하여 추가로 배출되는 오염부하량 및 그 저감계획

해설 오염총량관리지역을 관할하는 시·도지사는 오염총량관리기본방침에 따라 다음 각 호의 사항을 포함하는 기본계획을 수립하여 환경부령으로 정하는 바에 따라 환경부장관의 승인을 받아야 한다. 오염총량관리기본계획 중 대통령령으로 정하는 중요한 사항을 변경하는 경우에도 또한 같다.
㉠ 해당 지역 개발계획의 내용
㉡ 지방자치단체별·수계구간별 오염부하량(汚染負荷量)의 할당
㉢ 관할 지역에서 배출되는 오염부하량의 총량 및 저감계획
㉣ 해당 지역 개발계획으로 인하여 추가로 배출되는 오염부하량 및 그 저감계획

92 비점오염저감시설 중 장치형 시설이 아닌 것은?
① 생물학적 처리형 시설
② 응집·침전 처리형 시설
③ 와류형 시설
④ 침투형 시설

해설 비점오염저감시설 장치형 시설
㉠ 여과형 시설　㉡ 와류형 시설
㉢ 스크린형 시설　㉣ 응집·침전시설
㉤ 생물학적 처리형 시설

93 배출시설 변경신고에 따른 가동시작 신고의 대상과 가장 거리가 먼 것은?
① 폐수배출량이 신고 당시보다 100분의 50 이상 증가되는 경우
② 배출시설에 설치된 방지시설의 폐수처리방법을 변경하는 경우
③ 배출시설에서 배출허용기준보다 적게 발생한 오염물질로 인해 개선이 필요한 경우
④ 방지시설 설치면제기준에 따라 방지시설을 설치하지 아니한 배출시설에 방지시설을 새로 설치하는 경우

해설 변경신고에 따른 가동시작 신고의 대상
㉠ 폐수배출량이 신고 당시보다 100분의 50 이상 증가하는 경우
㉡ 배출시설에서 배출허용기준을 초과하는 새로운 수질오염물질이 발생되어 배출시설 또는 방지시설의 개선이 필요한 경우
㉢ 배출시설에 설치된 방지시설의 폐수처리방법을 변경하는 경우
㉣ 방지시설을 설치하지 아니한 배출시설에 방지시설을 새로 설치하는 경우

94 다음 중 특정 수질유해물질이 아닌 것은?
① 1.1-디클로로에틸렌
② 브로모포름
③ 아크릴로니트릴
④ 2.4-다이옥신

95 측정기기의 부착 대상 및 종류 중 부대시설에 해당되는 것으로 옳게 짝지은 것은?
① 자동시료채취기, 자료수집기
② 자동측정분석기기, 자동시료채취기
③ 용수적산유량계, 적산전력계
④ 하수, 폐수적산유량계, 적산전력계

해설 측정기기의 부착 대상 및 종류 중 부대시설의 종류
㉠ 자동시료채취기
㉡ 자료수집기

96 하천 수질 및 수생태계 상태의 생물등급이 [매우 좋음~좋음]인 경우, 생물 지표종(어류)으로 옳은 것은?
① 쉬리
② 쏘가리
③ 은어
④ 금강모치

해설 수질 및 수생태계 상태별 생물학적 특성 이해표

생물 등급	생물 지표종		서식지 및 생물 특성
	저서생물(底棲生物)	어류	
매우 좋음 ~ 좋음	엽새우, 가재, 뿔하루살이, 민하루살이, 강도래, 물날도래, 광택날도래, 띠무늬우묵날도래, 바수염날도래	산천어, 금강모치, 열목어, 버들치 등 서식	• 물이 매우 맑으며, 유속은 빠른 편임 • 바닥은 주로 바위와 자갈로 구성됨 • 부착 조류(藻類)가 매우 적음

97 일일기준 초과 배출량 산정 시 적용되는 일일유량의 산정방법은 [측정유량×일일조업시간]이다. 측정유량의 단위는?
① 초당 리터
② 분당 리터
③ 시간당 리터
④ 일당 리터

해설 일일유량의 산정방법
일일유량=측정유량 × 일일조업시간
㉠ 측정유량의 단위는 분당 리터(L/min)로 한다.
㉡ 일일조업시간은 측정하기 전 최근 조업한 30일간의 배출시설 조업시간의 평균치로서 분으로 표시한다.

98 다음은 과징금에 관한 내용이다. ( ) 안에 옳은 내용은?

> 환경부 장관은 폐수처리업의 등록을 한 자에 대하여 영업정지를 명하여야 하는 경우로서 그 영업정지가 주민의 생활 그 밖의 공익에 현저한 지장을 초래할 우려가 있다고 인정되는 경우에는 영업정지처분에 갈음하여 ( )의 과징금을 부과할 수 있다.

① 1억 원 이하
② 2억 원 이하
③ 3억 원 이하
④ 5억 원 이하

해설 폐수처리업의 등록을 한 자의 과징금 부과기준은 최대 2억 원이다.

99 사업자 및 배출시설과 방지시설에 종사하는 자는 배출시설과 방지시설의 정상적인 운영·관리를 위한 환경기술인의 업무를 방해하여서는 아니 되며, 그로부터 업무수행에 필요한 요청을 받은 때에는 정당한 사유가 없으면 이에 따라야 한다. 이 규정을 위반하여 환경기술인의 업무를 방해하거나 환경기술인의 요청을 정당한 사유가 없이 거부한 자에 대한 벌칙기준은?
① 100만 원 이하의 벌금
② 200만 원 이하의 벌금
③ 300만 원 이하의 벌금
④ 500만 원 이하의 벌금

100 배출시설에 대한 일일기준 초과배출량 산정 시 적용되는 일일유량 산정식 중 일일조업시간에 대한 내용으로 맞는 것은?

① 일일조업시간은 측정하기 전 최근 조업한 3개월간의 배출시설의 조업시간의 평균치로서 분으로 표시한다.
② 일일조업시간은 측정하기 전 최근 조업한 3개월간의 배출시설의 조업시간의 평균치로서 시간으로 표시한다.
③ 일일조업시간은 측정하기 전 최근 조업한 30일간의 배출시설의 조업시간의 평균치로서 분으로 표시한다.
④ 일일조업시간은 측정하기 전 최근 조업한 3개월간의 배출시설의 조업시간의 평균치로서 시간으로 표시한다.

해설 일일조업시간은 측정하기 전 최근 조업한 30일간의 배출시설 조업시간의 평균치로서 분으로 표시한다.

100. ③ | ANSWER

2015년 2회 수질환경기사

SECTION 01 수질오염개론

01 진핵세포에 대한 설명으로 틀린 것은?
① 세포핵에 1개의 염색체를 가지고 있다.
② 유사분열을 한다.
③ 몇 개의 DNA분자로 되어 있다.
④ 세포벽은 두껍거나 없다.

해설 진핵세포는 둘 또는 그 이상의 염색체를 갖고 있다.

02 다음 중 수질 모델링을 위한 절차에 해당하는 항목으로 거리가 먼 것은?
① 변수 추정   ② 수질예측 및 평가
③ 보정   ④ 감응도 분석

해설 수질모델링의 절차상의 주요내용
㉠ 모델의 설계 및 자료수집 : 대상수계의 지역특성, 형상, 수문학적 요소 등을 고려하여 모델을 설계한다.
㉡ 모델링 프로그램(CODE) 선택 및 운영 : 모델링 프로그램은 모델을 산술적으로 풀어나가기 위한 알고리즘을 포함한 컴퓨터 프로그램을 말한다.
㉢ 보정 : 모델에 의한 예측치가 실측치를 제대로 반영할 수 있도록 각종 매개변수의 값을 조정하는 과정을 말한다. 예측치와 실측치의 차이가 10~20%를 넘지 않도록 보정한다.
㉣ 검증 : 보정이 완료되면 보정 시에 사용되지 않았던 유입 지천의 유량과 수질 또는 오염부하량 본류수질 등의 입력 자료를 이용하여 모델을 검증한다. 이 과정에서 예측치와 실측치 간의 차이가 클 경우에는 모델의 보정과 검증을 반복하여 최종적으로 검증한다.
㉤ 감응도 분석 : 수질 관련 반응계수, 수리학적 입력계수, 유입 지천의 유량과 수질 또는 오염부하량 등의 입력자료의 변화 정도가 수질항목 농도에 미치는 영향을 분석하는 것이다. 어떤 수질항목의 변화율이 입력자료의 변화율보다 클 경우에는 그 수질항목은 입력자료에 대하여 민감하다고 볼 수 있다.
㉥ 수질예측 및 평가 : 완성된 모델에 대하여 미래에 발생이 예상되는 오염물질 관련자료를 입력함으로써 예측을 실시한다.

03 하천 모델 중 다음의 특징을 가지는 것은?

- 유심, 수심, 조도계수에 의한 확산계수 결정
- 하천과 대기 사이의 열복사, 열교환 고려
- 음해법으로 미분방정식의 해를 구함

① QUAL-1   ② WQRRS
③ DO SAG-1   ④ HSPE

해설 설명에 적합한 하천 모델은 QUAL-Ⅰ모델이다.

04 건조고형물량이 3,000kg/day인 생슬러지를 저율 혐기성소화조로 처리한다. 휘발성 고형물은 건조고형물의 70%이고 휘발성 고형물의 60%는 소화에 의해 분해된다. 소화된 슬러지의 총고형물은 몇 kg/day인가?
① 1,040kg/day   ② 1,740kg/day
③ 2,040kg/day   ④ 2,440kg/day

해설 $TS_{소화후} = FS_{소화후} + VS_{소화후}$
$= 3,000 \times 0.3 + 3,000 \times 0.7 \times (1-0.6)$
$= 1,740(kg/day)$

05 황산염에 관한 설명으로 틀린 것은?
① 황산이온은 자연수 속에 들어 있는 주요 음이온이다.
② 용존산소와 질산염이 존재하지 않는 환경에서 황산이온은 수소원(전자공여체)으로 사용된다.
③ 황산이온이 과다하게 포함된 수돗물을 마시면 설사를 일으킨다.
④ 황산이온이 혐기성 상태에서 환원되어 생성되는 황화수소로 인하여 악취문제가 발생한다.

ANSWER | 1.① 2.① 3.① 4.② 5.②

06 유출, 유입량이 5,000m³/day, 저수량이 500,000 m³인 호수에 A공장의 폐수가 일시적으로 방류되어 호수의 BOD 농도가 100mg/L로 되었다. 이 호수의 BOD 농도가 1.0mg/L로 저하되려면 얼마의 기간이 필요한가?(단, 일시적으로 유입된 공장폐수 외의 BOD 유입은 없으며 호수는 완전혼합반응조, 1차 반응으로 가정한다.)

① 230일 ② 330일
③ 460일 ④ 560일

해설 1차 반응식을 이용하여 계산하면
$\ln \frac{C_t}{C_o} = -\left(\frac{Q}{\forall}\right) \times t$
$\ln \frac{1.0}{100} = -\left(\frac{5,000\text{m}^3}{\text{day}} \Big| \frac{1}{500,000\text{m}^3}\right) \times t$
∴ t = 460.52(day)

07 해수의 성분에 관한 설명으로 틀린 것은?

① 해수의 염분은 무역풍대 해역보다 적도 해역이 낮다.
② Cl^-은 해수에 녹아 있는 성분 중 가장 많은 성분을 차지한다.
③ 해수 내 성분 중 나트륨 다음으로 가장 많은 성분을 차지하는 것은 칼륨이다.
④ 해수 내 전체 질소 중 35% 정도는 암모니아성 질소, 유기질소 형태이다.

해설 해수 내 성분 중 나트륨 다음으로 가장 많은 성분을 차지하는 것은 황산염(SO_4^{2-})이다.

08 수은(Hg)에 관한 설명으로 틀린 것은?

① 아연정련업, 도금공장, 도자기제조업에서 주로 발생한다.
② 대표적 만성 질환으로는 미나마타병, 헌터-루셀 증후군이 있다.
③ 유기수은은 금속상태의 수은보다 생물체 내에 흡수력이 강하다.
④ 상온에서 액체상태로 존재하며, 인체에 노출 시 중추신경계에 피해를 준다.

해설 수은(Hg)의 발생원은 제련, 살충제, 온도계·압력계 제조 공정에서 발생한다.

09 수원의 종류 중 지하수에 관한 설명으로 틀린 것은?

① 수온 변동이 적고 탁도가 높다.
② 미생물이 없고 오염물이 적다.
③ 유속이 빠르고, 광역적인 환경조건의 영향을 받아 정화되는 데 오랜 기간이 소요된다.
④ 무기염류 농도와 경도가 높다.

해설 지하수는 지표수보다 수질변동이 적으며 유속이 느리고, 국지적인 환경조건의 영향을 크게 받는다.

10 어떤 하수의 수온은 10℃이다. 20℃의 탈산소계수 K(상용대수)가 0.1/day일 때 최종 BOD에 대한 BOD_6의 비는?(단, $K_t = K_{20} \times 1.047^{(T-20)}$, BOD_6/최종 BOD)

① 0.42 ② 0.58
③ 0.63 ④ 0.83

해설 소모 BOD공식을 이용한다.
㉠ 온도변화에 따른 K값을 보정하면
$K_{(T)} = K_{20} \times 1.047^{(T-20)}$
$= 0.1 \times 1.047^{(10-20)}$
$= 0.0632(\text{day}^{-1})$
㉡ $BOD_t = BOD_u(1 - 10^{-K \cdot t})$
→ $BOD_6 = BOD_u(1 - 10^{-0.0632 \times 6})$
∴ $\frac{BOD_6}{BOD_u} = (1 - 10^{-0.0632 \times 6}) = 0.58$

11 어떤 시료의 생물학적 분해 가능 유기물질의 농도가 37mg/L이며, 경험적인 분자식이 $C_6H_{11}ON_2$라고 할 때, 이 물질의 이론적 최종 BOD는?

$C_6H_{11}ON_2 + (a)O_2 \rightarrow (b)CO_2 + (c)H_2O + (d)NH_3$

① 63mg/L ② 83mg/L
③ 103mg/L ④ 123mg/L

해설 $C_6H_{11}ON_2 + 6.75O_2 \rightarrow 6CO_2 + 2.5H_2O + 2NH_3$
　　　127(g)　　　：6.75×32(g)
　　　37(mg/L)　：X
　　　∴ X=62.93(mg/L)

12 pH 7인 물에서 CO_2의 해리 상수는 4.3×10^{-7}이고 $[HCO_3^-]=4.3 \times 10^{-2}$ mole/L일 때 CO_2의 농도는?

① 1mg/L　　② 10mg/L
③ 44mg/L　　④ 440mg/L

해설 $CO_2 + H_2O \rightleftarrows H_2CO_3$
　　　$H_2CO_3 \rightleftarrows HCO_3^- + H^+$
　　　위 반응식을 더하면
　　　$CO_2 + H_2O \rightleftarrows HCO_3^- + H^+$
　　　CO_2 해리상수 $= \dfrac{[HCO_3^-][H^+]}{[CO_2]} = 4.3 \times 10^{-7}$
　　　여기서, $[H^+]=10^{-pH}=10^{-7}$ (mol/L)
　　　　　　　$[HCO_3^-]=4.3 \times 10^{-2}$ (mol/L)
　　　$\dfrac{(4.3 \times 10^{-2}) \times 10^{-7}}{[CO_2]} = 4.3 \times 10^{-7}$
　　　$[CO_2]=0.01$ (mol/L)
　　　∴ CO_2(mg/L) $= \dfrac{0.01 \text{mol}}{L} \Big| \dfrac{44g}{1\text{mol}} \Big| \dfrac{10^3 \text{mg}}{1g}$
　　　　　　　　　　$= 440$(mg/L)

13 완충용액에 대한 설명으로 틀린 것은?

① 완충용액의 작용은 화학평형원리로 쉽게 설명된다.
② 완충용액은 한도 내에서 산을 가했을 때 pH에 약간의 변화만 준다.
③ 완충용액은 보통 약산과 그 약산의 짝염기의 염을 함유한 용액이다.
④ 완충용액은 보통 강염기와 그 염기의 강산의 염이 함유된 용액이다.

해설 완충용액은 보통 강염기와 그 염기의 약산의 염이 함유된 용액이다.

14 아래와 같은 폐수의 생물학적으로 분해가 불가능한 불용성 COD는?(단, $BOD_U/BOD_5=1.5$, COD=1,583 mg/L, SCOD=948mg/L, BOD_5=659mg/L, $SBOD_5$=484mg/L)

① 816.5mg/L　　② 574.5mg/L
③ 372.5mg/L　　④ 235.5mg/L

해설 NBDICOD = COD − BDCOD − NBDSCOD
　　　㉠ COD = 1,583(mg/L)
　　　㉡ BDCOD = BOD_u = $BOD_5 \times K$ = 659 × 1.5
　　　　　　　　　= 988.5(mg/L)
　　　㉢ NBDSCOD = SCOD − BDSCOD
　　　　　　　　　= SCOD − $SBOD_u$
　　　　　　　　　= SCOD − ($SBOD_5 \times K$)
　　　　　　　　　= 948 − (484 × 1.5)
　　　　　　　　　= 222(mg/L)
　　　∴ NBDICOD = 1,583 − 988.5 − 222
　　　　　　　　　= 372.5(mg/L)

15 완전혼합 흐름 상태에 관한 설명 중 옳은 것은?

① 분산이 1일 때 이상적 완전혼합상태이다.
② 분산수가 0일 때 이상적 완전혼합상태이다.
③ Morrill 지수의 값이 1에 가까울수록 이상적 완전혼합상태이다.
④ 지체시간이 이론적 체류시간과 동일할 때 이상적 완전혼합상태이다.

해설 반응조 혼합 정도의 척도는 분산(Variance), 분산수(Dispersion Number), Morill 지수로 나타낼 수 있다.

혼합 정도의 표시	완전혼합 흐름상태
분산(Variance)	1일 때
분산수(Dispersion Number)	d=∞ 무한대일 때
모릴지수(Morill Index)	Mo 값이 클수록 근접

16 반감기가 3일인 방사성 폐수의 농도가 10mg/L라면 감소속도 정수(day^{-1})는?(단, 1차반응속도 기준, 자연대수 기준)

① 0.132　　② 0.231
③ 0.326　　④ 0.430

ANSWER | 12. ④　13. ④　14. ③　15. ①　16. ②

해설 1차 반응식을 이용한다.
$\ln\dfrac{0.5C_o}{C_o} = -K \cdot t$
$\ln 0.5 = -K \times 3\text{day}$
$\therefore K = 0.231\text{day}^{-1}$

17 하천수의 단위시간당 산소전달계수(K_{La})를 측정코자 하천수의 용존산소(DO) 농도를 측정하니 12mg/L였다. 이때 용존산소의 농도를 완전히 제거하기 위하여 투입하는 Na_2SO_3의 이론적 농도는?(단, 원자량은 Na : 23, S : 32, O : 16)

① 약 63mg/L　　② 약 74mg/L
③ 약 84mg/L　　④ 약 95mg/L

해설 $Na_2SO_3 + 0.5O_2 \rightarrow Na_2SO_4$
126(g)　:　0.5×32(g)
X(mg/L)　:　12(mg/L)
$\therefore X(= Na_2SO_3) = 94.5(\text{mg/L})$

18 세균의 경험적 분자식으로 옳은 것은?

① $C_5H_8O_2N$　　② $C_5H_7O_2N$
③ $C_7H_8O_5N$　　④ $C_8H_9O_5N$

해설 박테리아(세균)의 경험적 분자식은 $C_5H_7O_2N$, 조류의 경험적 분자식은 $C_5H_8O_2N$이다.

19 지표수와 비교한 지하수 특성으로 틀린 것은?

① 수온변동이 적고 자정속도가 느리다.
② 지표수에 비해 염류의 함량이 크다.
③ 미생물이 없고, 오염물이 적다.
④ 지층 및 지역별로 수질차이가 크다.

해설 지층 및 지역별로 수질변동이 적다.

20 미생물의 세포증식과 관련한 Monod 형태의 식을 나타낸 것으로 틀린 것은?

$$\mu = \mu_m \dfrac{S}{K_s + S}$$

① μ는 비성장률로 단위는 시간$^{-1}$이다.
② μ_m는 최대 비성장률로 단위는 시간$^{-1}$이다.
③ S는 기질의 감소률(상수)로 단위는 무차원이다.
④ K_s는 반속도 상수로 최대 성장률이 1/2일 때의 기질의 농도이다.

해설 S는 제한기질 농도이고, 단위는 mg/L이다.

SECTION 02 상하수도계획

21 상수처리시설 중 플록형성지의 플록형성표준시간은?(단, 계획정수량 기준)

① 5~10분간　　② 10~20분간
③ 20~40분간　　④ 40~60분간

해설 플록형성시간은 원칙적으로 계획정수량에 대하여 20~40분간을 표준으로 한다.

22 상수 수원인 복류수에 관한 내용으로 틀린 것은?

① 취수량이 증가하면 자연여과효율이 높아져 취수량 변화에 따른 수질 변화는 적어진다.
② 원류인 하천이나 호소의 수질, 자연여과, 지층의 토질이나 그 두께 그리고 원류의 거리 등에 따라 수질이 변화한다.
③ 복류수는 반드시 가장 가까운 하천이나 호소의 물이 지하에 침투되었다고 할 수 없다.
④ 대체로 양호한 수질을 얻을 수 있어서 그대로 수원으로 사용되는 경우가 많다.

해설 복류수는 취수량이 증가하면 자연여과의 효과가 감소하여 복류수가 탁하게 되는 경우도 있다.

23 막여과시설에서 막모듈의 열화에 대한 내용으로 틀린 것은?

① 미생물과 막 재질의 자화 또는 분비물의 작용에 의한 변화
② 산화제에 의한 막 재질의 특성변화나 분해
③ 건조되거나 수축으로 인한 막 구조의 비가역적인 변화
④ 응집제 투입에 따른 막모듈의 공급유로가 고형물로 폐색

해설 막의 열화는 막 자체의 비가역적인 변질로 생기는 성능변화로 성능이 회복되지 않으며, 막의 열화의 종류는 다음과 같다.

분류	정의		내용
열화	막 자체의 변질로 생긴 비가역적인 막 성능의 저하	물리적 열화 압밀화 손상 건조	장기적인 압력부하에 의한 막 구조의 압밀화(Creep변형) 원수 중의 고형물이나 진동에 의한 막 면의 상처나 마모, 파단 건조되거나 수축으로 인한 막 구조의 비가역적인 변화
		화학적 열화 가수분해 산화	막이 pH나 온도 등의 작용에 의한 분해 산화제에 의하여 막 재질의 특성변화나 분해
		생물화학적 변화	미생물과 막 재질의 자화 또는 분비물의 작용에 의한 변화

24 직경 200cm 원형 관로에 물이 1/2 차서 흐를 경우, 이 관로의 경심은?

① 15cm ② 25cm
③ 50cm ④ 100cm

해설 경심(R) = $\dfrac{\text{유수단면적(A)}}{\text{윤변(S)}}$ = $\dfrac{\frac{\pi D^2}{4} \times \frac{1}{2}}{\pi D \times \frac{1}{2}}$

= $\dfrac{D}{4}$ = $\dfrac{200cm}{4}$ = 50cm

25 콘크리트조의 장방형 수로(폭 2m, 깊이 2.5m)가 있다. 이 수로의 유효수심이 2m인 경우의 평균유속은?(단, Manning 공식으로 계산, 동수경사: 1/2,000, 조도계수: 0.017이다.)

① 1.00m/sec ② 1.42m/sec
③ 1.53m/sec ④ 1.73m/sec

해설 Manning 공식 $V(m/sec) = \left(\dfrac{1}{n}\right) \times R^{\frac{2}{3}} \times I^{\frac{1}{2}}$

㉠ n = 0.017
㉡ I = 1/2000
㉢ R = $\dfrac{\text{단면적}}{\text{윤변}}$ = $\dfrac{2m \times 2m}{2 \times 2m + 2m}$ = 0.67m

∴ $V(m/s) = \dfrac{1}{0.017} \times (0.67)^{2/3} \times (1/2000)^{1/2}$
= 1.01 m/s

26 접촉산화법의 특징 및 장단점에 관한 내용으로 틀린 것은?

① 부착생물량을 임의로 조정하기 어려워 조작조건의 변경에 대응하기가 용이하지 않다.
② 슬러지의 자산화가 기대되어 잉여 슬러지량이 감소한다.
③ 반응조 내 매체를 균일하게 포기 교반하는 조건설정이 어렵고 사수부가 발생할 우려가 있다.
④ 반송슬러지가 필요하지 않으므로 운전관리가 용이하다.

해설 부착생물량을 임의로 조정할 수 있어 조작조건의 변경에 대응하기 쉽다.

27 호소, 댐을 수원으로 하는 취수문에 관한 설명으로 틀린 것은?

① 일반적으로 중·소량 취수에 쓰인다.
② 일반적으로 가물막이(Cofferdam)를 필요로 한다.
③ 파랑, 결빙 등의 기상조건에 영향이 거의 없다.
④ 갈수기에 호소에 유입되는 수량 이하로 취수할 계획이면 안정 취수가 가능하다.

해설 갈수 시, 홍수 시, 결빙 시에는 취수량 확보 조치 및 조정이 필요하다.

28 비교회전도가 700~1,200인 경우에 사용되는 하수도용 펌프형식으로 옳은 것은?

① 터빈펌프 ② 볼류트펌프
③ 축류펌프 ④ 사류펌프

ANSWER | 23. ④ 24. ③ 25. ① 26. ① 27. ③ 28. ④

해설 사류펌프의 비교회전도(Ns)는 700~1,200 범위이다.

29 정수처리 시 랑겔리아지수(RI)의 개선을 위한 방법으로 옳은 것은?(단, 용해성 성분)
① 알칼리제 처리　② 철세균 이용법
③ 전기분해　　　　④ 부상분리

해설 랑겔리아지수(RI)의 개선을 위한 방법
㉠ 알칼리제 처리
㉡ 탄산가스
㉢ 소석회 병용법

30 단면형태가 직사각형인 하수관거의 장단점으로 옳은 것은?
① 시공장소의 흙두께 및 폭원에 제한을 받는 경우에 유리하다.
② 만류가 되기까지는 수리학적으로 불리하다.
③ 철근이 해를 받았을 경우에도 상부 하중에 대하여 대단히 안정적이다.
④ 현장 타설의 경우, 공사기간이 단축된다.

해설 직사각형 관거는 철근이 해를 받았을 경우 상부하중에 대해 대단히 불안하게 되며, 현장 타설일 경우에는 공사기간이 지연된다. 따라서 공사의 신속성을 도모하기 위해 상부를 따로 제작해 나중에 덮는 방법을 사용할 수 있다.

31 캐비테이션(공동현상)의 방지대책에 관한 설명으로 틀린 것은?
① 펌프의 설치위치를 가능한 한 낮추어 가용 유효흡입 수두를 크게 한다.
② 흡입관의 손실을 가능한 한 작게 하여 가용 유효흡입 수두를 크게 한다.
③ 펌프의 회전속도를 낮게 선정하여 필요유효흡입 수두를 크게 한다.
④ 흡입 측 밸브를 완전히 개방하고 펌프를 운전한다.

해설 공동현상을 방지하려면 펌프의 회전수를 감소시켜야 한다.

32 하수 관거의 접합방법 중 유수는 원활한 흐름이 되지만 굴착 깊이가 증가됨으로써 공사비가 증대되고 펌프로 배수하는 지역에서는 양정이 높게 되는 단점이 있는 것은?
① 수면접합　② 관정접합
③ 중심접합　④ 관저접합

33 다음 표는 우수량을 산출하기 위해 조사한 지역분포와 유출계수의 결과이다. 이 지역의 전체 평균 유출계수는?

지역	분포	유출계수
상업	20%	0.6
주거	30%	0.4
공원	10%	0.2
공업	40%	0.5

① 0.30　② 0.35
③ 0.42　④ 0.46

해설 총괄유출계수$(C) = \dfrac{\sum_{i=1}^{\infty} 유출계수 \times 공종의\ 면적}{\sum_{i=1}^{\infty} 공종의\ 면적}$

$\dfrac{20 \times 0.6 + 30 \times 0.4 + 10 \times 0.2 + 40 \times 0.5}{100} = 0.46$

34 하수슬러지 개량방법과 특징으로 틀린 것은?
① 고분자응집제 첨가 : 슬러지 성상을 그대로 두고 탈수성, 농축성의 개선을 도모한다.
② 무기약품 첨가 : 무기약품은 슬러지의 pH를 변화시켜 무기질 비율을 증가시키고 안정화를 도모한다.
③ 열처리 : 슬러지 성분의 일부를 용해시켜 탈수 개선을 도모한다.
④ 세정 : 혐기성 소화 슬러지의 알칼리도를 증가시켜 탈수 개선을 도모한다.

해설 슬러지의 세정은 슬러지량의 2~4배의 물을 혼합해서 슬러지 중의 미세립자를 침전에 의해 제거하는 방법이다. 통상 세정작업만으로는 충분한 탈수특성을 높이기 어려우므로 응집제를 첨가해야 하는 경우가 생기는데 이때 세정작업에 의해 슬러지 중의 알칼리 성분이 씻겨져서 응집제량을 줄일 수 있는 효과가 있다.

35 정수 시 처리대상물질(항목)과 처리방법이 잘못 짝지어진 것은?

① 불용해성 성분 – 조류 – 부상분리
② 불용해성 성분 – 미생물(크립토스포리디움) – 활성탄
③ 불용해성 성분 – 탁도 – 완속여과방식
④ 용해성 성분 – 트리클로로에틸렌 – 폭기(스트리핑)

해설 불용해성 성분 – 미생물(크립토스포리디움) – 완속여과방식, 급속여과방식, 막여과방식, 오존

36 상수처리시설인 침사지의 구조기준으로 틀린 것은?

① 표면부하율은 200~500mm/min을 표준으로 한다.
② 지내 평균유속은 30cm/sec을 표준으로 한다.
③ 지의 상단높이는 고수위보다 0.6~1m의 여유고를 둔다.
④ 지의 유효수심은 3~4m를 표준으로 한다.

해설 지내 평균 유속은 2~7cm/sec을 표준으로 한다.

37 계획우수량을 정할 때 고려하여야 할 사항으로 틀린 것은?

① 하수관거의 확률연수는 원칙적으로 10~30년으로 한다.
② 유입시간은 최소단위배수구의 지표면특성을 고려하여 구한다.
③ 유출계수는 지형도를 기초로 답사를 통하여 충분히 조사하고 장래 개발 계획을 고려하여 구한다.
④ 유하시간은 최상류관거의 끝으로부터 하류관거의 어떤 지점까지의 거리를 계획유량에 대응한 유속으로 나누어 구하는 것을 원칙으로 한다.

해설 유출계수는 토지이용도별 기초유출계수로부터 총괄유출계수를 구하는 것을 원칙으로 한다.

38 하수도 계획의 목표연도는 원칙적으로 몇 년 정도로 하는가?

① 10년 ② 15년
③ 20년 ④ 25년

해설 하수도계획의 목표연도는 원칙적으로 20년 정도로 한다.

39 배수시설인 배수관의 수압에 관한 다음 설명 중 ( ) 안에 맞는 것은?

> 급수관을 분기하는 지점에서 배수관 내의 최대정수압은 ( )kPa를 초과하지 않아야 한다.

① 500 ② 700
③ 900 ④ 1,100

해설 급수관을 분기하는 지점에서 배수관 내의 최대정수압은 700kPa을 초과하지 않아야 한다.

40 상수도시설 일반구조의 설계하중 및 외력에 대한 고려사항으로 틀린 것은?

① 풍압은 풍량에 풍력계수를 곱하여 산정한다.
② 얼음 두께에 비하여 결빙면이 작은 구조물의 설계에는 빙압을 고려한다.
③ 지하수위가 높은 곳에 설치하는 지상 구조물은 비웠을 경우의 부력을 고려한다.
④ 양압력은 구조물의 전후에 수위차가 생기는 경우에 고려한다.

해설 풍압은 속도압에 풍력계수를 곱하여 산정한다.

SECTION 03 수질오염방지기술

41 설계부하가 37.6m³/m² · day이고, 처리할 폐수 유량이 9,568m³/day인 경우의 원형 침전조 직경은?

① 12m ② 14m
③ 16m ④ 18m

ANSWER | 35. ② 36. ② 37. ③ 38. ③ 39. ② 40. ① 41. ④

해설 $A = \dfrac{유량}{설계부하} = \dfrac{9,568m^3}{day} \Big| \dfrac{m^2 \cdot day}{37.6m^3}$
$= 254.47(m^2)$
$A = 254.47(m^2) = \dfrac{\pi D^2}{4}$
$\therefore D = 18(m)$

42 연속회분식 반응조(Sequencing Batch Reactor)에 관한 설명으로 틀린 것은?
① 하나의 반응조 안에서 호기성 및 혐기성 반응 모두를 이룰 수 있다.
② 별도의 침전조가 필요 없다.
③ 기본적인 처리 계통도는 5단계로 이루어지며 요구하는 유출수에 따라 운전 Mode를 채택할 수 있다.
④ 기존 활성 슬러지 처리에서의 시간개념을 공간개념으로 전환한 것이라 할 수 있다.

43 활성슬러지 처리시설에서 1차 침전 후의 BOD₅가 200mg/L인 폐수 2,000m³/day를 처리하려고 한다. 포기조 유기물부하는 0.2kg BOD/kg MLVSS·day 체류시간이 6hr일 때, MLVSS는?
① 1,000mg/L   ② 2,000mg/L
③ 3,000mg/L   ④ 4,000mg/L

해설 $F/M(day^{-1}) = \dfrac{유입\ BOD량}{포기조\ 내의\ 미생물량}$
$= \dfrac{BOD_i \cdot Q_i}{\forall \cdot X}$
$\dfrac{0.2}{day} = \dfrac{200mg}{L} \Big| \dfrac{2,000m^3}{day} \Big| \dfrac{1}{500m^3} \Big| \dfrac{L}{X\,mg}$
여기서 $\forall = Q \times t = \dfrac{2,000m^3}{day} \Big| \dfrac{6hr}{} \Big| \dfrac{1day}{24hr}$
$= 500(m^3)$
$\therefore X = 4,000(mg/L)$

44 수온 20℃에서 평균직경 1mm인 모래입자의 침전속도는?(단, 동점성 값은 1.003×10^{-6} 1.003×10^{-6} m²/sec, 모래비중은 2.5 Stoke's 법칙 이용)
① 0.414m/s   ② 0.614m/s
③ 0.814m/s   ④ 1.014m/s

해설 $V_g = \dfrac{d_p^2 \cdot (\rho_p - \rho_w) \cdot g}{18 \cdot \mu}$
㉠ $dp(m) = 1.0 \times 10^{-3}$
㉡ $\rho_p(kg/m^3) = 2,500$
㉢ 20℃ $\rho_w(kg/m^3) = 998$
㉣ $g(m/sec^2) : 9.8$
㉤ $\mu(kg/m \cdot sec) = \nu(동점도) \times \rho(밀도)$
$= 1.003 \times 10^{-6}(m^2/sec) \times 998(kg/m^3)$
$= 1.00 \times 10^{-3}$
$V_g = \dfrac{d_p^2 \cdot (\rho_p - \rho_w) \cdot g}{18 \cdot \mu}$
$= \dfrac{(1.0 \times 10^{-3})^2 (2,500 - 998) \times 9.8}{18 \times 1.00 \times 10^{-3}}$
$= 0.818(m/sec)$

45 기계적으로 청소되는 바(Bar)스크린의 바 두께는 5mm이고, 바 간의 거리는 20mm이다. 바를 통과하는 유속이 0.9m/s라고 한다면 스크린을 통과하는 수두손실은?(단, $H = [(V_b^2 - V_a^2)/2g[1/0.7]$)
① 0.0157m   ② 0.0212m
③ 0.0317m   ④ 0.0438m

해설 먼저 스크린 통과 후 유속(V_A)을 구한다.
$V_B \times A_A = V_A \times A_B$
0.9m/s × 20mm × D = V_A × 25mm × D
$V_A = 0.72$m/s
$h_L = \dfrac{V_B^2 - V_A^2}{2g} \times \dfrac{1}{0.7}$
$= \dfrac{(0.9m/s)^2 - (0.72m/s)^2}{2 \times 9.8m/s^2} \times \dfrac{1}{0.7}$
$= 0.02125m$

46 생물학적 처리공정에서 질산화반응은 다음의 총괄 반응식으로 나타낼 수 있다. NH₄⁺-N g/L가 질산화 되는 데 요구되는 산소(O₂)의 양(mg/L)은?

$NH_4^+ + 2O_2 \xrightarrow{질산화} NO_3^- + 2H^+ + H_2O$

① 11.2   ② 13.7
③ 15.3   ④ 18.4

해설 주어진 반응식을 이용한다.
$$NH_4^+ + 2O_2 \xrightarrow{질산화} NO_3^- + 2H^+ + H_2O$$
$14(g) : 2\times 32(g)$
$3(mg/L) : X(mg/L)$
∴ $X = 13.71(mg/L)$

47 활성슬러지 폭기조의 유효용적이 $1,000m^3$, MLSS 농도는 3,000mg/L이고 MLVSS는 MLSS 농도의 75%이다. 유입하수의 유량은 $4,000m^3/day$이고, 합성계수 Y는 0.63mg MLVSS/mg-$BOD_{removed}$, 내생분해계수 k는 $0.05day^{-1}$, 1차 침전조 유출수의 BOD는 200mg/L, 폭기조 유출수의 BOD는 20mg/L일 때, 슬러지 생성량은?

① 301kg/day ② 321kg/day
③ 341kg/day ④ 361kg/day

해설 $Q_w \cdot X_w = Y \cdot BOD \cdot \eta \cdot Q - K_d \cdot \forall \cdot X$
$= 0.63 \times 0.2 \times 0.9 \times 4,000 - 0.05$
$\quad \times 1,000 \times (3 \times 0.75)$
$= 341.1(kg/day)$

48 유입유량이 $500,000m^3/day$, BOD_5가 200mg/L인 폐수를 처리하기 위해 완전혼합형 활성 슬러지 처리장을 설계하려고 한다. 1차 침전지에서 제거된 유입수의 BOD_5는 34%이고, MLVSS는 3,000mg/L, 반응속도상수(K)는 1.0L/g MLVSS·hr이라면, 일차반응일 경우 F/M비는?(단, 유출수 BOD_5 10mg/L)

① 0.24kg BOD/kg MLVSS·d
② 0.28kg BOD/kg MLVSS·d
③ 0.32kg BOD/kg MLVSS·d
④ 0.36kg BOD/kg MLVSS·d

해설 $F/M = \dfrac{BOD_i \times Q}{\forall \cdot X}$
㉠ $BOD_i = 200 \times (1-0.34) = 132mg/L$
$\quad = 0.132kg/m^3$
㉡ $Q = 500,000m^3/day$
㉢ $QC_o - QC_t = K \cdot \forall \cdot C_t$
$\forall = \dfrac{Q(C_o - C_t)}{K \cdot C_t}$

$\forall = \dfrac{500,000m^3}{day} \left| \dfrac{(132-10)mg}{L} \right| \dfrac{g \cdot hr}{1.0L}$
$\left| \dfrac{L}{3g} \right| \dfrac{L}{10mg} \left| \dfrac{1day}{24hr} \right.$
$= 84,722.22(m^3)$
㉣ $X = 3,000mg/L = 3kg/m^3$
$F/M = \dfrac{0.132kg}{m^3} \left| \dfrac{500,000m^3}{day} \right.$
$\left| \dfrac{}{84,722.22m^3} \right| \dfrac{m^3}{3kg}$
$= 0.26(kg/kg \cdot day)$

49 하수종말처리장에서 30분 침강률 20%, SVI 100, 반송슬러지 SS 농도가 9,000mg/L일 때, 슬러지 반송률은?

① 약 30%   ② 약 50%
③ 약 70%   ④ 약 90%

해설 $SVI = \dfrac{SV(\%)}{MLSS} \times 10^4$
$= \dfrac{20(\%)}{MLSS(mg/L)} \times 10^4 = 100$
$MLSS = 2,000(mg/L)$
$R = \dfrac{X}{X_r - X} = \dfrac{2,000}{9,000 - 2,000}$
$= 0.2857$
$= 28.57(\%)$

50 유입 폐수량 $50m^3/hr$, 유입수 BOD 농도 $200g/m^3$, MLVSS 농도 $2kg/m^3$, F/M 비 0.5kg BOD/kg MLVSS·day일 때, 폭기조의 용적은?

① $240m^3$ ② $380m^3$
③ $430m^3$ ④ $520m^3$

해설 $F/M = \dfrac{BOD_i \times Q}{\forall \cdot X}$
$\forall(m^3) = \dfrac{0.2kg}{m^3} \left| \dfrac{50m^3}{hr} \right| \dfrac{m^3}{2kg} \left| \dfrac{kg \cdot day}{0.5kg} \right| \dfrac{24hr}{1dar}$
$= 240(m^3)$

51 하수의 인 제거 처리공정 중 인 제거율(%)이 가장 높은 것은?

① 역삼투   ② 여과
③ RBC   ④ 탄소흡착

ANSWER | 47. ③ 48. ① 49. ① 50. ① 51. ①

52 무기수은계 화합물을 함유한 폐수의 처리방법이 아닌 것은?

① 황화물 침전법   ② 활성탄 흡착법
③ 산화분해법   ④ 이온교환법

해설 무기수은계 화합물은 황화물 침전법, 활성탄 흡착법, 이온교환법 등으로 처리할 수 있다.

53 유해물질인 시안(CN) 처리방법에 관한 설명으로 틀린 것은?

① 오존산화법 : 오존은 알칼리성 영역에서 시안화합물을 N_2로 분해시켜 무해화한다.
② 전해법 : 유가(有價) 금속류를 회수할 수 있는 장점이 있다.
③ 충격법 : 시안을 pH 3 이하의 강산성 영역에서 강하게 폭기하여 산화하는 방법이다.
④ 감청법 : 알칼리성 영역에서 과잉의 황산알루미늄을 가하여 공침시켜 제거하는 방법이다.

해설 감청법(청침법)은 산성 영역에서 제거하는 방법이다.

54 정수처리 대상 항목의 처리방법으로 틀린 것은?

① 색도가 높은 경우에는 응집침전처리, 활성탄처리 또는 오존처리를 한다.
② 트리클로로에틸렌, 테트라클로로에틸렌, 1,1,1-트리클로로에탄 등을 함유한 경우에는 이를 저감시키기 위하여 폭기처리나 입상활성탄처리를 한다.
③ 음이온 계면활성제를 다량으로 함유한 경우에는 음이온계면활성제를 제거하기 위하여 활성탄처리나 생물처리를 한다.
④ 침식성유리탄산을 다량 포함한 경우에는 응집침전처리 또는 생물처리를 한다.

해설 침식성 유리탄산을 많이 포함한 경우에는 침식성 유리탄산을 제거하기 위하여 폭기처리나 알칼리처리를 한다.

55 인구 6,000명의 도시하수를 RBC로 처리한다. 평균유량 380L/cap·day, 유입 BOD_5 200 mg/L, 초기침전조에서 BOD_5는 33% 제거되며, 총 유출 BOD_5는 20mg/L, 단수는 4이다. 실험에서 K는 50.6 L/day·m^2이라면 대수적 방법으로 구한 설계 수력학적 부하는?(단, 성능식 : $\dfrac{S_n}{S_o} = \left[\dfrac{1}{1+\dfrac{K}{Q/A}}\right]^n$)

① Q/A : 65.4 L/day·m^2
② Q/A : 77.7 L/day·m^2
③ Q/A : 83.1 L/day·m^2
④ Q/A : 96.9 L/day·m^2

해설 제시된 공식을 이용한다.
$$\dfrac{S_n}{S_o} = \left[\dfrac{1}{1+\dfrac{K}{Q/A}}\right]^n$$
여기서, S_o = RBC로 유입되는 BOD 농도
 = 200 × 0.67 = 134(mg/L)
S_n = RBC에서 유출되는 BOD 농도
 = 20(mg/L)
N = 단수 = 4
K = 50.6L/day·m^2
$$\dfrac{20}{134} = \left[\dfrac{1}{1+\dfrac{50.6}{Q/A}}\right]^4$$
∴ Q/A = 83.11(L/day·m^2)

56 혐기성 소화 시 소화가스 발생량 저하의 원인이 아닌 것은?

① 저농도 슬러지 유입
② 소화슬러지 과잉배출
③ 소화가스 누적
④ 조내 온도 저하

해설 소화가스 발생량 저하의 원인
㉠ 저농도 슬러지 유입
㉡ 소화슬러지 과잉배출
㉢ 조내 온도저하
㉣ 소화가스 누출
㉤ 과다한 산 생성

57 하수관거가 매설되어 있지 않은 지역에 위치한 500개의 단독주택(정화조 설치)에서 생성된 정화조 슬러지를 소규모 하수 처리장에 운반하여 처리할 경우, 이로 인한 BOD 부하량 증가율(질량기준, 유입일 기준)은?

〈조건〉
- 정화조는 연 1회 슬러지 수거
- 각 정화조에서 발생되는 슬러지 : 3.8m³
- 연간 250일 동안 일정량의 정화조 슬러지를 수거, 운반, 하수처리장 유입 처리
- 정화조 슬러지 BOD 농도 : 6,000mg/L
- 하수처리장 유량 및 BOD 농도 : 3,800m³/day 및 220mg/L
- 슬러지 비중 1.0 가정

① 약 3.5% ② 약 5.5%
③ 약 7.5% ④ 약 9.5%

해설 BOD 부하량 증가율(%)
$= \dfrac{\text{정화조 BOD 부하량}}{\text{하수처리장 BOD 부하량}} \times 100$

㉠ 정화조 BOD 부하량(kg/day)
$= \dfrac{3.8\text{m}^3}{\text{년}} \left| \dfrac{500}{} \right| \dfrac{6\text{kg}}{\text{m}^3} \left| \dfrac{1\text{년}}{250\text{일}} \right.$
$= 45.6\,(\text{kg/day})$

㉡ 하수처리장 BOD 부하량(kg/day)
$= \dfrac{3,800\text{m}^3}{\text{day}} \left| \dfrac{0.22\text{kg}}{\text{m}^3} \right. = 836\,(\text{kg/day})$

∴ BOD 부하량 증가율(%) $= \dfrac{46.5}{836} \times 100$
$= 5.56(\%)$

58 역삼투법으로 하루에 760m³의 3차 처리 유출수를 탈염하기 위하여 요구되는 막의 면적(m²)은?

〈조건〉
- 물질전달계수 : 0.104L/(day·m²)(kPa)
- 유입, 유출수의 압력차 : 2,400kPa
- 유입, 유출수의 삼투압차 : 310kPa
- 운전온도는 고려하지 않음

① 약 3,200 ② 약 3,400
③ 약 3,500 ④ 약 3,600

해설 $Q_F = K(\Delta P - \Delta \pi) \cdots (\text{L/m}^2 \cdot \text{day as 25℃})$
조건을 대입하여 관계식을 만들면
$\dfrac{760(\text{m}^3/\text{day})}{A(\text{m}^2)} = \dfrac{0.104\text{L}}{\text{day}\cdot\text{m}^2\cdot\text{kPa}} \left| \dfrac{(2,400-310)\text{kPa}}{} \right| \dfrac{1\text{m}^3}{10^3\text{L}}$
∴ $A = 3,496(\text{m}^2)$

59 하수로부터 인 제거를 위한 화학제의 선택에 영향을 미치는 인자가 아닌 것은?
① 유입수의 인 농도
② 슬러지 처리 시설
③ 알칼리도
④ 다른 처리공정과의 차별성

60 하수처리에 생물막법의 효과적 적용이 필요한 경우가 아닌 것은?
① 특수한 기능을 가진 미생물을 반응조 내 고정화해야 할 필요가 있는 경우
② 증식속도가 빨라 고정화하지 않으면 미생물의 유출농도를 제어할 수 없는 경우
③ 활성슬러지로는 대응할 수 없는 정도의 큰 부하변동이 있는 경우
④ 생물반응의 저해물질이 유입되는 경우

SECTION 04 수질오염공정시험기준

61 직각 3각 웨어에서 웨어의 수두 0.2m, 수로폭 0.5m, 수로의 밑면으로부터 절단 하부점까지의 높이 0.9m일 때, 아래의 식을 이용하여 유량(m³/min)을 구하면?

$K = 81.2 + 0.24/h + [(8.4 + 12\sqrt{D}) \times (h/B - 0.09)^2]$

① 1.0 ② 1.5
③ 2.0 ④ 2.5

ANSWER | 57. ② 58. ③ 59. ④ 60. ② 61. ②

해설
$$K = 81.2 + \frac{0.24}{0.2} + \left(8.4 + \frac{12}{\sqrt{0.9}}\right)$$
$$\times \left(\frac{0.2}{0.5} - 0.09\right)^2$$
$$= 82.61$$

직각삼각위어 $= Q\left(\frac{m^3}{min}\right) = Kh^{\frac{5}{2}}$
$= 82.61 \times 0.2^{5/2}$
$= 1.48(m^3/min)$

62. 퇴적물 채취기 중 포나 그랩(Ponar Grab)에 관한 설명으로 틀린 것은?

① 모래가 많은 지점에서도 채취가 잘되는 중력식 채취기이다.
② 채취기를 바닥 퇴적물 위에 내린 후 메신저를 투하하면 장방형 형상의 밑판이 된다.
③ 부드러운 펄층이 두꺼운 경우에는 깊이 빠져 들어가기 때문에 사용하기 어렵다.
④ 원래의 모델은 무게가 무겁고 커서 윈치 등이 필요하지만 소형은 포나 그랩은 윈치 없이 내리고 올릴 수 있다.

해설 포나 그랩(Ponar Grab)
모래가 많은 지점에서도 채취가 잘되는 중력식 채취기로서, 조심스럽게 수면 아래로 내려 보내다가 채취기가 바닥에 닿아 줄의 장력이 감소하면 아래 날(Jaws)이 닫히도록 되어 있다. 부드러운 펄층이 두꺼운 경우에는 깊이 빠져 들어가기 때문에 사용하기 어렵다. 원래의 모델은 무게가 무겁고 커서 윈치 등이 필요하지만 소형의 포나 그랩은 윈치 없이 내리고 올릴 수 있다.

63. 전기전도도 측정에 관한 설명으로 틀린 것은?

① 정밀도는 측정값의 % 상대표준편차로 계산하며 측정값이 20% 이내이어야 한다.
② 정밀도 및 정확도는 연 1회 이상 산정하는 것을 원칙으로 한다.
③ 온도계는 0.1℃까지 측정 가능한 온도계를 사용한다.
④ 측정단위는 $\mu V/cm$이다.

해설 측정단위는 $\mu S/cm$이다.

64. 자외선/가시선 분광법(이염화주석환원법)을 이용한 인산염인 측정에서 시료가 산성인 경우 사용하는 지시약은?

① 메틸오렌지
② 페놀프탈레인
③ p-나이트로페놀용액
④ 메틸 레드

해설 시약
㉠ 과황산칼륨용액(4%)
㉡ p-나이트로페놀용액(0.1%)
㉢ 몰리브덴산 암모늄-아스코빈산 혼합용액
㉣ 수산화나트륨용액(4%)
㉤ 암모니아수(1+10)
㉥ 이염화주석용액(10%)

65. 자외선/가시선 분광법을 적용한 음이온계면활성제 측정에 관한 설명으로 틀린 것은?

① 정량한계는 0.02mg/L이다.
② 시료 중의 계면 활성제를 종류별로 구분하여 측정할 수 없다.
③ 시료 속에 미생물이 있는 경우 일부의 음이온 계면활성제가 신속히 변할 가능성이 있으므로 가능한 빠른 시간 안에 분석을 하여야 한다.
④ 양이온 계면활성제가 존재할 경우 양의 오차가 주로 발생한다.

해설 양이온 계면활성제 혹은 아민과 같은 양이온 물질이 존재할 경우 음의 오차가 발생할 수 있다.

66. 시료의 보존방법에 관한 다음 설명으로 옳은 것은?

① 노말헥산추출물질 측정용 시료는 염산(1+4)를 넣어 pH 4 이하로 하여 마개를 한다.
② 페놀류 측정용 시료는 인산을 가하여 pH 4로 조절하고 시료 1L당 황산동 0.5g을 가하고 5~10℃의 냉암소에 보관하며 채수 후 24시간 안에 분석하여야 한다.
③ 비소 측정용 시료는 염산을 가하여 pH 2 이하로 조절한다.
④ 6가 크롬 측정용 시료는 4℃에서 보관한다.

62. ② 63. ④ 64. ③ 65. ④ 66. ④ | ANSWER

67 실험 일반 총칙에 관한 내용과 가장 거리가 먼 것은?

① 공정시험기준 이외의 방법이라도 측정결과가 같거나 그 이상의 정확도가 있다고 국내·외에서 공인된 방법은 이를 사용할 수 있다.
② 하나 이상의 공정시험기준으로 시험한 결과가 서로 달라 제반 기준의 적부에 영향을 줄 경우 항목별 공정시험 기준의 주 시험법에 의한 분석 성적에 의하여 판정한다.
③ 연속측정 또는 현장측정의 목적으로 사용되는 측정기기는 표준물질에 대한 보정을 행한 후 사용할 수 있다.
④ 시험결과의 표시는 정량한계의 결과 표시 자릿수를 따르며 정량한계 미만은 불검출된 것으로 간주한다.

해설 연속측정 또는 현장측정의 목적으로 사용하는 측정기기는 공정시험기준에 의한 측정치와의 정확한 보정을 행한 후 사용할 수 있다.

68 공장폐수 및 하수 유량[관(Pipe) 내의 유량측정 방법] 측정방법 중 오리피스에 관한 설명으로 옳지 않은 것은?

① 설치에 비용이 적게 소요되며 비교적 유량측정이 정확하다.
② 오리피스판의 두께에 따라 흐름의 수로 내외에 설치가 가능하다.
③ 오리피스 단면에 커다란 수두손실이 일어나는 단점이 있다.
④ 단면이 축소되는 목 부분을 조절함으로써 유량이 조절된다.

해설 오리피스는 설치에 비용이 적게 들고 비교적 유량측정이 정확하여 얇은 판 오리피스가 널리 이용되고 있으며 흐름의 수로 내에 설치한다.

69 중금속 측정을 위한 시료 전처리 방법 중 용매추출법인 피로리딘 다이티오카르바민산 암모늄 추출법에 대한 설명으로 옳지 않은 것은?

① 시료 중의 구리, 아연, 납, 카드뮴, 니켈, 코발트 및 은 등의 측정에 이용되는 방법이다.
② 철의 농도가 높을 때에는 다른 금속 추출에 방해를 줄 수 있다.
③ 망간은 착화합물 상태에서 매우 안정적이기 때문에 추출되기 어렵다.
④ 크롬은 6가 크롬 상태로 존재할 경우에만 추출된다.

해설 피로리딘 다이티오카르바민산 암모늄 추출법
이 방법은 시료 중 구리, 아연, 납, 카드뮴, 니켈, 철, 망간, 6가 크롬, 코발트 및 은 등의 측정에 적용된다. 다만 망간은 착화합물 상태에서 매우 불안정하므로 추출 즉시 측정하여야 하며, 크롬은 6가 크롬 상태로 존재할 경우에만 추출된다. 또한 철의 농도가 높을 경우에는 다른 금속의 추출에 방해를 줄 수 있으므로 주의해야 한다.

70 냄새의 분석방법 및 절차에 관한 내용으로 틀린 것은?

① 잔류염소가 존재하면 티오황산나트륨 용액을 첨가하여 잔류염소를 제거한다.
② 측정자가 시료에 대한 선입견을 갖지 않도록 어둡게 처리된 플라스크 또는 갈색 플라스크를 사용한다.
③ 냄새를 정확하게 측정하기 위하여 측정자는 3명 이상으로 한다.
④ 시료 측정 시 탁도, 색도 등이 있으면 온도 변화에 따라 냄새가 발생할 수 있으므로 온도변화를 1℃ 이내로 유지한다.

해설 냄새를 정확하게 측정하기 위하여 측정자는 5명 이상으로 한다.

71 다음은 총대장균군(막여과법) 분석에 관한 설명이다. ( ) 안에 옳은 내용은?

> 물속에 존재하는 총대장균군을 측정하기 위하여 페트리접시에 배지를 올려놓은 다음 배양 후 금속성 광택을 띠는 ( )계통의 집락을 계수하는 방법이다.

① 적색이나 진한 적색
② 갈색이나 진한 갈색
③ 청색이나 진한 청색
④ 황색이나 진한 황색

ANSWER | 67.③ 68.② 69.③ 70.③ 71.①

72 불소를 자외선/가시선 분광법으로 분석할 경우, 간섭 물질로 작용하는 알루미늄 및 철의 방해를 제거할 수 있는 방법은?(단, 수질오염공정시험기준)
① 산화　　② 증류
③ 침전　　④ 환원

해설　알루미늄 및 철의 방해가 크나 증류하면 영향이 없다.

73 시료채취 시 유의사항 중 옳은 것은?
① 지하수의 심층부의 경우 고속정량펌프를 사용하여야 한다.
② 냄새 측정을 위한 시료채취 시 유리기구류는 사용 직전에 새로 세척하여 사용한다.
③ 퍼클로레이트를 측정하기 위한 경우는 시료병에 시료를 가득 채워야 한다.
④ 1,4-다이옥신, 염화비닐, 아크릴로니트릴 등을 측정하기 위한 경우는 시료용기를 스테인레스강 재질의 채취기를 사용하여야 한다.

해설　① 지하수의 심층부의 경우 저속정량펌프를 사용하여야 한다.
③ 퍼클로레이트를 측정하기 위한 시료채취 시 시료 용기를 질산 및 정제수로 씻은 후 사용하며, 시료채취 시 시료병의 2/3를 채운다.
④ 1,4-다이옥산, 염화비닐, 아크릴로니트릴, 브로모폼을 측정하기 위한 시료용기는 갈색 유리병을 사용한다.

74 투명도 측정에 관한 설명으로 틀린 것은?
① 측정시간은 오전 10시에서 오후 4시 사이에 측정한다.
② 측정결과는 0.1m 단위로 표기한다.
③ 투명도판(백색 원판)은 지름이 30cm로 무게가 약 3kg이 되는 원판에 지름 5cm의 구멍 8개가 뚫려 있다.
④ 흐름이 있어 줄이 기울어질 경우에는 5kg이상의 추를 달아 줄을 세워야 한다.

해설　흐름이 있어 줄이 기울어질 경우에는 2kg 정도의 추를 달아서 줄을 세워야 하고 줄은 10cm 간격으로 눈금표시가 되어 있어야 하며, 충분히 강도가 있는 것을 사용한다.

75 석유계총탄화수소를 용매추출/기체크로마토그래피로 분석할 때 정량한계(mg/L)는?
① 0.01　　② 0.02
③ 0.1　　④ 0.2

해설　석유계총탄화수소를 용매추출/기체크로마토그래피로 분석할 때 정량한계 0.2(mg/L)이다.

76 다음은 하천수의 시료 채취 지점에 관한 내용이다. (　) 안에 공통으로 들어갈 내용으로 가장 적합한 것은?

> 하천의 단면에서 수심이 가장 깊은 수면의 지점과 그 지점을 중심으로 하여 좌우로 수면폭을 2등분한 각각의 지점의 수면으로부터 수심 (　) 미만일 때에는 수심의 1/3에서 수심 (　) 이상일 때에는 수심 1/3 및 2/3에서 각각 채수한다.

① 2m　　② 3m
③ 5m　　④ 6m

77 물벼룩을 이용한 급성 독성 시험법에서 사용하는 용어의 정의로 옳지 않은 것은?
① 치사(Death) : 일정 비율로 준비된 시료에 물벼룩을 투입하고 12시간 경과 후 시험용기를 살며시 움직여 주고, 30초 후 관찰했을 때 아무 반응이 없는 경우를 판정한다.
② 유영저해(Immobilization) : 독성 물질에 의해 영향을 받아 일부 기관(촉각, 후복부 등)이 움직임이 없을 경우를 판정한다.
③ 생태독성값(Toxic Unit) : 통계적 방법을 이용하여 반수영향농도 EC_{50}(%)를 구한 후 이를 100으로 나눠준 값을 말한다.
④ 지수식 시험방법(Static Non-renewal Test) : 시험기간 중 시험용액을 교환하지 않는 시험을 말한다.

해설　치사(Death)
일정 비율로 준비된 시료에 물벼룩을 투입하고 24시간 경과 후 시험용기를 살며시 움직여주고, 15초 후 관찰했을 때 아무 반응이 없는 경우를 '치사'라 판정한다.

78 다음의 금속류 중 원자형광법으로 측정할 수 있는 것은?(단, 수질오염공정시험기준)
① 수은   ② 납
③ 6가크롬   ④ 비소

해설 금속류 중 원자형광법으로 측정할 수 있는 것은 수은이다.

79 시료의 분석항목별 최대 보존기간이 틀린 것은?(단, 적절한 보존방법 적용 기준)
① 냄새-즉시 측정   ② 색도-48시간
③ 불소-28일   ④ 시안-14일

해설 냄새-6시간

80 알킬수은 화합물의 분석방법으로서 옳은 것은?(단, 수질오염공정시험기준)
① 기체크로마토그래피법
② 자외선/가시선 분광법
③ 이온크로마토그래피법
④ 유도결합플라스마-원자발광분광법

해설 알킬수은 화합물의 분석방법
㉠ 기체크로마토그래피
㉡ 원자흡수분광광도법

SECTION 05 수질환경관계법규

81 자연공원법 규정에 의한 자연공원의 공원구역에 폐수배출시설에서 1일 폐수배출량이 1000m³ 발생하는 경우, 화학적 산소요구량(mg/L) 배출허용기준은? (기준변경)
① 40 이하   ② 50 이하
③ 70 이하   ④ 90 이하

해설 「자연공원법」에 따른 자연공원의 공원구역 및 「수도법」 따라 지정·공고된 상수원보호구역은 항목별 배출허용기준을 적용할 때에는 청정지역으로 본다.

항목별 배출허용기준

대상규모 지역구분 항목	1일 폐수배출량 2천 세제곱미터 이상		
	생물화학적 산소요구량 (mg/L)	총유기 탄소량 (mg/L)	부유물질량 (mg/L)
청정지역	30 이하	25 이하	30 이하
가 지역	60 이하	40 이하	60 이하
나 지역	80 이하	50 이하	80 이하
특례지역	30 이하	25 이하	30 이하

대상규모 지역구분 항목	1일 폐수배출량 2천 세제곱미터 미만		
	생물화학적 산소요구량 (mg/L)	총유기 탄소량 (mg/L)	부유물질량 (mg/L)
청정지역	40 이하	30 이하	40 이하
가 지역	80 이하	50 이하	80 이하
나 지역	120 이하	75 이하	120 이하
특례 지역	30 이하	25 이하	30 이하

82 배출부과금에 관한 설명으로 틀린 것은?
① 배출부과금 산정방법 및 산정기준 등에 관하여 필요사항은 환경부령으로 정한다.
② 폐수무방류 배출시설에서 수질오염물질이 공공수역으로 배출되는 경우는 초과배출 부과금을 부과한다.
③ 배출부과금을 부과할 때에는 배출되는 수질오염물질의 종류를 고려하여야 한다.
④ 배출시설(폐수무방류 배출시설을 제외)에서 배출되는 폐수 중 수질오염물질이 배출허용기준 이하로 배출되거나 방류수 수질기준을 초과하는 경우는 기본배출부과금을 부과한다.

해설 배출부과금 산정방법 및 산정기준 등에 관하여 필요사항은 대통령령으로 정한다.

ANSWER | 78. ① 79. ① 80. ① 81. ② 82. ①

83 사업장별 환경기술인의 자격기준에 관한 설명으로 틀린 것은?

① 방지시설 설치면제 사업장은 4, 5종 사업장의 환경기술인을 둘 수 있다.
② 배출시설에서 배출되는 수질오염물질 등을 공동방지시설에서 처리하게 하는 사업장은 4, 5 사업장의 환경기술인을 둘 수 있다.
③ 연간 90일 미만 조업하는 1, 2종 사업장은 3종 사업장의 환경기술인을 선임할 수 있다.
④ 3년 이상 수질분야 환경 관련 업무에 직접종사한 자는 3종사업장의 환경기술인이 될 수 있다.

[해설] 연간 90일 미만 조업하는 제1종부터 제3종까지의 사업장은 제4종사업장·제5종사업장에 해당하는 환경기술인을 선임할 수 있다.

84 수질오염방지시설 중 생물화학적 처리시설이 아닌 것은?

① 살균시설　　② 접촉조
③ 안정조　　　④ 폭기시설

[해설] 생물화학적 처리시설
㉠ 살수여과상
㉡ 폭기(瀑氣)시설
㉢ 산화시설(산화조(酸化槽) 또는 산화지(酸化池)를 말한다.)
㉣ 혐기성·호기성 소화시설
㉤ 접촉조
㉥ 안정조
㉦ 돈사 톱밥발효시설

85 비점오염원 관리지역에 대한 관리대책을 수립할 때 포함될 사항으로 가장 거리가 먼 것은?

① 관리목표
② 관리대상 수질오염물질의 종류
③ 관리대상 수질오염물질의 분석방법
④ 관리대상 수질오염물질의 저감방안

[해설] 비점오염원 관리지역에 대한 관리대책을 수립할 때 포함될 사항
㉠ 관리목표
㉡ 관리대상 수질오염물질의 종류 및 발생량
㉢ 관리대상 수질오염물질의 발생 예방 및 저감 방안
㉣ 그 밖에 관리지역을 적정하게 관리하기 위하여 환경부령으로 정하는 사항

86 공공수역의 전국적인 수질 및 수생태계의 실태를 파악하기 위해 환경부장관이 설치, 운영하는 측정망의 종류와 가장 거리가 먼 것은?

① 생물 측정망
② 토질 측정망
③ 공공수역 유해물질 측정망
④ 비점오염원에서 배출되는 비점오염물질 측정망

[해설] 환경부장관이 설치, 운영하는 측정망의 종류
㉠ 비점오염원에서 배출되는 비점오염물질 측정망
㉡ 수질오염물질의 총량관리를 위한 측정망
㉢ 대규모 오염원의 하류지점 측정망
㉣ 수질오염경보를 위한 측정망
㉤ 대권역·중권역을 관리하기 위한 측정망
㉥ 공공수역 유해물질 측정망
㉦ 퇴적물 측정망
㉧ 생물 측정망

87 수질 및 수생태계 보전에 관한 법률상 용어의 정의로 옳지 않은 것은?

① "비점오염저감시설"이란 수질오염방지시설 중 비점오염원으로부터 배출되는 수질오염물질을 제거하거나 감소하게 하는 시설로서 환경부령이 정하는 것을 말한다.
② "공공수역"이란 하천, 호소, 항만, 연안해역, 그 밖에 공공용에 사용되는 수역과 이에 접속하여 공공용으로 사용되는 환경부령이 정하는 수로를 말한다.
③ "비점오염원"이란 도시, 도로, 농지, 산지, 공사장 등으로서 불특정 장소에서 불특정하게 수질오염물질을 배출하는 배출원을 말한다.
④ "기타 수질오염원"이란 비점오염원으로 관리되지 아니하는 특정수질 오염물질을 배출하는 시설로서 환경부령이 정하는 것을 말한다.

[해설] "기타 수질오염원"이란 점오염원 및 비점오염원으로 관리되지 아니하는 수질오염물질을 배출하는 시설 또는 장소로서 환경부령으로 정하는 것을 말한다.

83. ③ 84. ① 85. ③ 86. ② 87. ④ | ANSWER

88 다음의 위임업무 보고사항 중 보고횟수가 다른 것은?
① 기타수질오염원 현황
② 과징금 부과 실정
③ 비점오염원 설치신고 및 방지시설 설치현황
④ 과징금 징수실적 및 체납처분현황

해설 ㉠ 기타수질오염원 현황(연 2회)
㉡ 과징금 부과 실정(연 2회)
㉢ 비점오염원 설치신고 및 방지시설 설치현황(연 4회)
㉣ 과징금 징수실적 및 체납처분현황(연 2회)

89 거짓이나 그 밖의 부정한 방법으로 폐수배출시설 설치허가를 받았을 때의 행정처분기준은?
① 개선명령
② 허가취소 또는 폐쇄명령
③ 조업정지 5일
④ 조업정지 30일

90 최종 방류구에서 방류하기 전에 배출시설에서 배출하는 폐수를 재이용하는 사업자는 재이용률별 감면율을 적용하여 해당 부과기간에 부과되는 기본 배출부과금을 감경받는다. 폐수 재이용률별 감면율 기준으로 옳은 것은?
① 재이용률 10% 이상 30% 미만 : 100분의 30
② 재이용률 30% 이상 60% 미만 : 100분의 50
③ 재이용률 60% 이상 90% 미만 : 100분의 60
④ 재이용률 90% 이상 100% 미만 : 100분의 80

해설 폐수 재이용률별 감면율 기준
㉠ 재이용률이 10퍼센트 이상 30퍼센트 미만인 경우 : 100분의 20
㉡ 재이용률이 30퍼센트 이상 60퍼센트 미만인 경우 : 100분의 50
㉢ 재이용률이 60퍼센트 이상 90퍼센트 미만인 경우 : 100분의 80
㉣ 재이용률이 90퍼센트 이상인 경우 : 100분의 90

91 수질오염경보인 조류경보 중 조류경보 단계 시 관계기관별 조치사항으로 옳지 않은 것은?
① 수면관리자 : 취수구와 조류가 심한 지역에 대한 방어막 설치 등 조류 제거 조치 실시
② 수면관리자 : 황토 등 흡착제 살포, 조류제거선 등을 이용한 조류제거 조치 실시
③ 취수장·정수장 관리자 : 조류증식 수심 이하로 취수구 이동
④ 취수장·정수장 관리자 : 정수처리 강화(활성탄 처리, 오존처리)

해설 조류대 발생경보
수면관리자 : 황토 등 흡착제 살포, 조류 제거선 등을 이용한 조류제거 조치 실시

92 수질 및 수생태계 정책심의위원회에 관한 설명으로 옳지 않은 것은?
① 수질 및 수생태계와 관련된 측정·조사에 관한 사항에 대하여 심의한다.
② 위원회의 위원장은 환경부장관으로 한다.
③ 환경부 장관이 위촉하는 수질 및 수생태계 관련 전문가 15명으로 구성된다.
④ 수질 및 수생태계 관리체계에 관한 사항에 대하여 심의한다.

해설 위원회는 위원장 및 부위원장 각 1명을 포함한 20명 이내의 위원으로 성별을 고려하여 구성한다.

93 폐수처리방법이 화학적 처리방법인 경우에 시운전기간 기준은?(단, 가동시작일은 1월 1일임)
① 가동시작일로부터 30일
② 가동시작일로부터 40일
③ 가동시작일로부터 50일
④ 가동시작일로부터 60일

해설 ㉠ 폐수처리방법이 생물화학적 처리방법인 경우 : 가동시작일부터 50일. 다만, 가동시작일이 11월 1일부터 다음 연도 1월 31일까지에 해당하는 경우에는 가동시작일부터 70일로 한다.
㉡ 폐수처리방법이 물리적 또는 화학적 처리방법인 경우 : 가동시작일부터 30일

ANSWER | 88. ③ 89. ② 90. ② 91. ② 92. ③ 93. ①

94 낚시제한구역에서의 낚시방법 제한사항에 관한 기준으로 틀린 것은?

① 1명당 4대 이상의 낚싯대를 사용하는 행위
② 낚시 바늘에 끼워서 사용하지 아니하고 떡밥 등을 3회 이상 던지는 행위
③ 1개의 낚싯대에 5개 이상의 낚시바늘을 떡밥과 뭉쳐서 미끼로 던지는 행위
④ 어선을 이용한 낚시행위 등 「낚시 관리 및 육성법」에 따른 낚시어선업을 영위하는 행위

해설 낚시제한구역에서의 제한사항
㉠ 낚시바늘에 끼워서 사용하지 아니하고 물고기를 유인하기 위하여 떡밥·어분 등을 던지는 행위
㉡ 어선을 이용한 낚시행위 등 「낚시 관리 및 육성법」에 따른 낚시어선업을 영위하는 행위
㉢ 1명당 4대 이상의 낚싯대를 사용하는 행위
㉣ 1개의 낚싯대에 5개 이상의 낚시바늘을 떡밥과 뭉쳐서 미끼로 던지는 행위
㉤ 쓰레기를 버리거나 취사행위를 하거나 화장실이 아닌 곳에서 대·소변을 보는 등 수질오염을 일으킬 우려가 있는 행위
㉥ 고기를 잡기 위하여 폭발물·배터리·어망 등을 이용하는 행위

95 대권역 수질 및 수생태계 보전계획을 수립하는 경우 포함되어야 할 사항 중 가장 거리가 먼 것은?

① 점오염원, 비점오염원 및 기타수질오염원에서 배출되는 수질오염물질의 양
② 상수원 및 물 이용현황
③ 점오염원, 비점오염원 및 기타 수질오염원 분포현황
④ 점오염원 확대계획 및 저감시설 현황

해설 대권역계획에는 다음의 사항이 포함되어야 한다.
㉠ 수질 및 수생태계 변화 추이 및 목표기준
㉡ 상수원 및 물 이용현황
㉢ 점오염원, 비점오염원 및 기타수질오염원의 분포현황
㉣ 점오염원, 비점오염원 및 기타수질오염원에서 배출되는 수질오염물질의 양
㉤ 수질오염 예방 및 저감 대책
㉥ 수질 및 수생태계 보전조치의 추진방향
㉦ 기후변화에 대한 적응대책
㉧ 그 밖에 환경부령으로 정하는 사항

96 환경기준(수질 및 수생태계) 중 하천의 사람의 건강보호 기준으로 옳은 것은?

① 안티몬 : 0.05mg/L 이하
② 벤젠 : 0.05mg/L 이하
③ 납 : 0.05mg/L 이하
④ 카드뮴 : 0.05mg/L 이하

해설 ① 안티몬 : 0.02mg/L 이하
② 벤젠 : 0.01mg/L 이하
④ 카드뮴 : 0.005mg/L 이하

97 다음 중 배출부과금 감면대상기준으로 틀린 것은?

① 사업장 규모가 제5종 사업장의 사업자
② 폐수종말처리시설에 폐수를 유입하는 사업자
③ 해당 부과기간의 시작일 전 3개월 이상 방류수 수질기준을 초과하여 오염물질을 배출하지 아니한 사업자
④ 최종방류구에 방류하기 전에 배출시설에서 배출하는 폐수를 재이용하는 사업자

해설 배출부과금 감면대상기준
㉠ 제5종사업장의 사업자
㉡ 폐수종말처리시설에 폐수를 유입하는 사업자
㉢ 공공하수처리시설에 폐수를 유입하는 사업자
㉣ 해당 부과기간의 시작일 전 6개월 이상 방류수 수질기준을 초과하는 수질오염물질을 배출하지 아니한 사업자
㉤ 최종방류구에 방류하기 전에 배출시설에서 배출하는 폐수를 재이용하는 사업자

98 규정에 의한 관계공무원의 출입·검사를 거부·방해 또는 기피한 폐수무방류배출시설을 설치·운영하는 사업자에게 처하는 벌칙기준은?

① 3년 이하의 징역 또는 3천만 원 이하의 벌금
② 2년 이하의 징역 또는 2천만 원 이하의 벌금
③ 1년 이하의 징역 또는 1천만 원 이하의 벌금
④ 500만 원 이하의 벌금

94. ② 95. ④ 96. ③ 97. ③ 98. ③ | ANSWER

99 폐수종말처리시설의 방류수 수질기준 중 Ⅲ지역의 화학적 산소요구량(mg/L)은 얼마 이하로 배출하여야 하는가?

① 20
② 30
③ 40
④ 50

해설 방류수 수질기준

구분	2013. 1. 1. 이후			
	Ⅰ지역	Ⅱ지역	Ⅲ지역	Ⅳ지역
생물화학적 산소요구량 (BOD)(mg/L)	10(10) 이하	10(10) 이하	10(10) 이하	10(10) 이하
화학적 산소요구량 (COD)(mg/L)	20(40) 이하	20(40) 이하	40(40) 이하	40(40) 이하

100 다음은 폐수무방류배출시설의 세부 설치기준에 관한 내용이다. ( ) 안에 옳은 내용은?

> 특별대책지역에 설치되는 폐수무방류배출시설의 경우 1일 24시간 연속하여 가동되는 것이면 배출 폐수를 전량 처리할 수 있는 예비 방지시설을 설치하여야 하고, 1일 최대 폐수발생량이 ( ) 이상이면 배출 폐수의 무방류 여부를 실시간으로 확인할 수 있는 원격 유량 감시장치를 설치하여야 한다.

① 100m³
② 200m³
③ 300m³
④ 500m³

ANSWER | 99. ③ 100. ②

2015년 3회 수질환경기사

SECTION 01 수질오염개론

01 3g의 아세트산(CH_3COOH)을 증류수에 녹여 1L로 하였다. 이 용액의 수소이온 농도는?(단, 이온화 상수값은 1.75×10^{-5}이다.)

① 6.3×10^{-4} mol/L ② 6.3×10^{-5} mol/L
③ 9.3×10^{-4} mol/L ④ 9.3×10^{-5} mol/L

해설 $CH_3COOH \left(\dfrac{mol}{L}\right) = \dfrac{3g}{L} \left| \dfrac{1mol}{60g} \right|$
$= 0.05(mol/L)$

$K = \dfrac{[CH_3COO^-][H^+]}{[CH_3COOH]}$

$1.75 \times 10^{-5} = \dfrac{X^2}{0.05}$

∴ $X(=CH_3COO^-=H^+) = 9.35 \times 10^{-4}$ (mol/L)

02 성층현상에 관한 설명으로 틀린 것은?
① 수심에 따른 온도변화로 발생되는 물의 밀도차에 의해 발생된다.
② 봄, 가을에는 저수지의 수직혼합이 활발하여 분명한 층의 구별이 없어진다.
③ 여름에 수심에 따른 연직 온도경사와 산소구배는 반대 모양을 나타내는 것이 특징이다.
④ 겨울과 여름에는 수직운동이 없어 정체현상이 생기며 수심에 따라 온도와 용존산소농도 차이가 크다.

해설 여름철 연직 온도경사는 분자 확산에 의한 산소구배(DO 구배)와 같은 모양을 나타내는 것이 특징이다.

03 아래와 같은 특징을 나타내는 하천 모델은?

- 하천 및 호수의 부영양화를 고려한 생태계 모델
- 정적 및 동적인 하천의 수질, 수문학적 특성 고려
- 호수에는 수심별 1차원 모델이 적용

① WASP ② DO-Sag
③ QUAL-I ④ WQRRS

해설 설명의 내용으로 맞는 하천 모델은 WQRRS이다.

04 25℃, 2atm의 압력에 있는 메탄가스 5kg을 저장하는 데 필요한 탱크의 부피는?(단, 이상기체의 법칙 적용, R=0.082 L·atm/mol·k)
① 약 $3.8m^3$ ② 약 $5.2m^3$
③ 약 $7.6m^3$ ④ 약 $9.2m^3$

해설 이상기체방정식(Ideal Gas Equation)을 이용한다.
$PV = n \cdot R \cdot T$

$V(m^3) = \dfrac{n \cdot R \cdot T}{P}$

$= \dfrac{312.5mol}{} \left| \dfrac{0.082L \cdot atm}{mol \cdot K} \right|$

$\left| \dfrac{(273+25)K}{} \right| \left| \dfrac{}{2atm} \right| \left| \dfrac{1m^3}{10^3 L} \right|$

$= 3.818(m^3)$

여기서, $n(mol) = \dfrac{M}{M_w} = \dfrac{5kg}{} \left| \dfrac{1mol}{16g} \right| \left| \dfrac{10^3 g}{1kg} \right|$
$= 312.5(mol)$

05 하수가 유입된 하천의 자정작용을 하천 유하거리에 따라 분해지대, 활발한 분해지대, 회복지대, 정수지대의 4단계로 분류하여 나타내는 경우, 회복지대의 특성으로 틀린 것은?
① 세균수가 감소한다.
② 발생된 암모니아성 질소가 질산화된다.
③ 용존산소의 농도가 포화될 정도로 증가한다.
④ 균조류가 사라지고 윤충류, 갑각류도 감소한다.

해설 회복지대는 광합성을 하는 조류가 번식하고 원생동물, 윤충류, 갑각류가 번식한다.

1. ③ 2. ③ 3. ④ 4. ① 5. ④ | ANSWER

06 크기가 2,000m³인 탱크 내 염소이온 농도가 250 mg/L이다. 탱크 내의 물은 완전혼합이며, 염소이온이 없는 물이 20m³/hr로 연속적으로 유입되어 염소이온 농도가 2.5mg/L로 낮아질 때까지의 소요시간(hr)은?

① 약 310 ② 약 360
③ 약 410 ④ 약 460

해설 CFSTR 반응조이지만 염소이온의 일시적 유입이 주어졌으므로 이 문제는 1차 반응식으로 풀어야 한다.

$$\ln \frac{C_t}{C_o} = -K \cdot t \quad \ln \frac{C_t}{C_o} = -\frac{Q}{\forall} \cdot t$$

$$\ln \frac{2.5\text{mg/L}}{250\text{mg/L}} = -\frac{20\text{m}^3/\text{hr}}{2000\text{m}^3} \times t$$

∴ t = 460.58hr

07 금속을 통해 흐르는 전류의 특성으로 틀린 것은?

① 금속의 화학적 성질은 변하지 않는다.
② 전류는 전자에 의해 운반된다.
③ 온도의 상승은 저항을 증가시킨다.
④ 대체로 전기저항이 용액의 경우보다 크다.

해설 용액 내에서는 전기저항이 금속보다 대체로 크다.

08 하천의 탈산소계수를 조사한 결과 20℃에서 0.19/day이었다. 하천수의 온도가 25℃로 증가되었다면 탈산소계수는?(단, 온도보정계수는 1.047이다.)

① 0.22/day ② 0.24/day
③ 0.26/day ④ 0.28/day

해설 $K_T = K_{20} \times 1.047^{(T-20)}$
$K_{25} = 0.19 \times 1.047^{(25-20)} = 0.239/\text{day}$

09 시료의 BOD₅가 200mg/L이고 탈산소계수값이 0.15/day(밑수는 10)일 때 최종 BOD는?

① 213mg/L
② 223mg/L
③ 233mg/L
④ 243mg/L

해설 BOD 소모공식을 이용한다.
$BOD_t = BOD_u(1 - 10^{-k \cdot t})$
$200 = BOD_u(1 - 10^{-0.15 \times 5})$
$BOD_u = 243.26(\text{mg/L})$

10 수은주로 높이 150mm는 수주로 몇 mm인가?

① 약 2,040 ② 약 2,530
③ 약 3,240 ④ 약 3,530

해설 1기압(atm) = 760mmHg = 10,332mmH₂O
760mmHg : 10,332mmH₂O
= 150mmHg : X(mmH₂O)
∴ X = 2,039.21(mmH₂O)

11 글루코스($C_6H_{12}O_6$) 300g을 35℃ 혐기성 소화조에서 완전 분해시킬 때 발생 가능한 메탄가스의 양은? (단, 메탄가스는 1기압, 35℃로 발생된다고 가정함)

① 약 112L ② 약 126L
③ 약 154L ④ 약 174L

해설 $C_6H_{12}O_6 \rightarrow 3CH_4 + 3CO_2$
180(g) : 3×22.4(L)(STP)
300(g) : X(L)
∴ X = 112(L) (STP)
35℃ 상태로 온도보정을 하면,
$X(L \text{ as } 35℃) = \frac{112L \mid (273+308)K}{273K} = 126.36(L \text{ as } 35℃)$

12 하천의 5일 BOD가 300mg/L이고 최종 BOD가 500mg/L이다. 이 하천의 탈산소계수(상용대수)는?

① 0.06/day ② 0.08/day
③ 0.10/day ④ 0.12/day

해설 BOD 소모공식을 이용한다.
$BOD_t = BOD_u(1 - 10^{-k \cdot t})$
$300 = 500(1 - 10^{(-K \times 5)})$
$\frac{300}{500} = 1 - 10^{-K \cdot 5}$
$10^{-K \cdot 5} = 0.4, \quad -K \cdot 5 = \log 0.4$
∴ K = 0.08/day

ANSWER | 6. ④ 7. ④ 8. ② 9. ④ 10. ① 11. ② 12. ②

13 균류(Fungi)의 경험적 화학 조성식으로 옳은 것은?

① $C_7H_{14}O_3N$ ② $C_8H_{12}O_2N$
③ $C_{10}H_{17}O_6N$ ④ $C_{12}H_9O_7N$

해설 Fungi : $C_{10}H_{17}O_6N$

14 콜로이드의 침전에 미치는 영향이 입자에 반대되는 전하를 가진 첨가된 전해질 이온이 지니고 있는 전하의 수에 따라 현저하게 증가한다는 법칙은?

① Schulze−Hardy 법칙
② Derjagin−Verwey 법칙
③ Vander−Brown 법칙
④ Landau−Owerbe 법칙

해설 Schulze−Hardy 법칙
콜로이드의 침전은 콜로이드 입자의 전하에 반대되는 부호의 전하를 가진 첨가된 전해질 이온에 영향을 받으며, 이 영향은 그 이온이 지니고 있는 전하의 수에 따라 현저하게 증가한다.

15 $Mg(OH)_2$ 290mg/L 용액의 pH는?

① 12.0 ② 12.3
③ 12.6 ④ 12.9

해설
$Mg(OH)_2 \rightarrow Mg^{2+} + 2OH^-$
$5.0 \times 10^{-3}M : 5.0 \times 10^{-3}M : 2 \times 5.0 \times 10^{-3}M$
$Mg(OH)_2 \left(\dfrac{mol}{L}\right) = \dfrac{290mg}{L} \left|\dfrac{1g}{10^3mg}\right| \dfrac{1mol}{58g}$
$= 5.0 \times 10^{-3} (mol/L)$
$pOH = \log \dfrac{1}{[OH^-]} = \log \dfrac{1}{2 \times 5 \times 10^{-3}} = 2$
∴ $pH = 14 - pOH = 14 - 2 = 12$

16 원핵세포와 진핵세포를 비교한 내용으로 틀린 것은?

구분	진핵세포	원핵세포
분열	㉠	㉡
핵막	㉢	㉣
세포크기	㉤	㉥
세포소기관	㉦	㉧

① ㉠ 유사분열을 함, ㉡ 유사분열 없음
② ㉢ 있음, ㉣ 없음
③ ㉤ 큼, ㉥ 작음
④ ㉦ 엽록체 등이 존재함, ㉧ 액포 등이 존재함

해설 진핵세포에는 세포소기관으로 미토콘드리아, 엽록체, 액포 등이 존재하며, 원핵세포에는 세포소기관이 없다.

17 소수성 콜로이드의 특성으로 틀린 것은?

① 물과 반발하는 성질을 가진다.
② 물속에 현탁상태로 존재한다.
③ 아주 작은 입자로 존재한다.
④ 염에 큰 영향을 받지 않는다.

해설 소수성 Colloid는 염에 아주 민감하다.

18 BOD_5가 270mg/L이고, COD가 450mg/L인 경우, 탈산소계수(K_1)의 값이 0.1/day일 때, 생물학적으로 분해 불가능한 COD는?(단, $BDCOD=BOD_u$, 상용대수 기준)

① 약 55mg/L ② 약 65mg/L
③ 약 75mg/L ④ 약 85mg/L

해설 생물학적으로 분해 불가능한 COD, 즉 NBDCOD는 다음 식에 의해 계산된다.
NBDCOD = COD − BDCOD
㉠ COD : 450mg/L
㉡ $BDCOD = BOD_u$
$BOD_5 = BOD_u \times (1 - 10^{-K_1 \cdot t})$
$270 = BOD_u \times (1 - 10^{-0.1 \times 5})$
∴ $BDCOD(BOD_u) = 394.87 (mg/L)$
∴ NBDCOD = COD − BDCOD
$= 450 - 394.87 = 55.13 (mg/L)$

19 Bacteria($C_5H_7O_2N$)의 호기성 산화과정에서 박테리아 50g당 소요되는 이론적 산소요구량은?

① 27g ② 43g
③ 71g ④ 96g

해설 박테리아의 자산화 반응을 이용한다.
$C_5H_7NO_2 + 5O_2 \rightarrow 5CO_2 + NH_3 + 2H_2O$
113g : 5×32g
50g : X
∴ X = 70.80(g)

20 유량이 50,000m³/day인 폐수를 하천에 방류하였다. 폐수방류 전 하천의 BOD는 4mg/L이며, 유량은 4,000,000m³/day이다. 방류한 폐수가 하천수와 완전혼합 되었을 때 하천의 BOD가 1mg/L 높아진다고 하면, 하천에 가해지는 폐수의 BOD 부하량은? (단, 폐수가 유입된 이후에 생물학적 분해로 인한 하천의 BOD량 변화는 고려하지 않음)

① 1,280kg/day ② 2,810kg/day
③ 3,250kg/day ④ 4,250kg/day

해설 혼합공식을 이용한다.
$C_m = \dfrac{Q_1C_1 + Q_2C_2}{Q_1 + Q_2}$

$5 = \dfrac{(4,000,000 \times 4) + 50,000 C_2}{4,000,000 + 50,000}$

$C_2 = 85(mg/L)$

∴ BOD부하량$\left(\dfrac{kg}{day}\right) = \dfrac{85mg}{L} \left| \dfrac{50,000m^3}{day} \right|$

$\left| \dfrac{10^3 L}{1m^3} \right| \dfrac{1kg}{10^6 mg} \right|$

$= 4,250(kg/day)$

SECTION 02 상하수도계획

21 상수관(금속관)의 부식은 자연부식과 전식으로 나누어진다. 다음 중 전식에 해당되는 것은?

① 간섭 ② 이종금속
③ 산소농담(통기차) ④ 특수토양부식

해설 관의 부식
㉠ 자연부식
 • 미크로셀부식 : 일반토양부식, 특수토양부식, 박테리아부식

 • 매크로셀부식 : 콘크리트·토양, 산소농담(통기차), 이종금속
㉡ 전식 – 전철의 미주전류, 간섭

22 수평으로 부설한 직경 300mm, 길이 3,000m의 주철관에 8640m³/day로 송수 시 관로 끝에서의 손실수두는? (단, 마찰계수 f=0.03, g= 9.8g/sec², 마찰손실만 고려)

① 약 10.8m ② 약 15.3m
③ 약 21.6m ④ 약 30.6m

해설 $H_L = f \times \dfrac{L}{D} \times \dfrac{V^2}{2g}$

$H_L = 0.03 \times \dfrac{3,000}{0.3} \times \dfrac{1.415^2}{2 \times 9.8} = 30.65(m)$

여기서, $V = \dfrac{Q}{A}$

$= \dfrac{8,640 m^3}{day} \left| \dfrac{4}{\pi \times 0.3^2} \right| \dfrac{1 day}{86,400 sec}$

$= 1.415(m/sec)$

23 호소, 댐을 수원으로 하는 경우의 취수시설인 취수틀에 관한 설명으로 틀린 것은?

① 수위변화에 대한 영향이 비교적 작다.
② 호소 등의 대소에는 영향을 받지 않는다.
③ 호소의 표면수를 안정적으로 취수할 수 있다.
④ 구조가 간단하고 시공도 비교적 용이하다.

해설 취수틀은 호소의 중소량 취수시설로 많이 사용되고 구조가 간단하며 시공도 비교적 용이하나 수중에 설치되므로 호소의 표면수는 취수할 수 없다.

24 상수처리를 위한 약품침전지의 구성과 구조로 틀린 것은?

① 슬러지의 퇴적심도로서 30cm 이상을 고려한다.
② 유효수심은 3~5.5m로 한다.
③ 침전지 바닥은 슬러지 배제에 편리하도록 배수구를 향하여 경사지게 한다.
④ 고수위에서 침전지 벽체 상단까지의 여유고는 10cm 정도로 한다.

ANSWER | 20. ④ 21. ① 22. ④ 23. ③ 24. ④

해설 약품침전지의 구성과 구조
㉠ 침전지의 수는 원칙적으로 2지 이상으로 한다.
㉡ 배치는 각 침전지에 균등하게 유출·입 될 수 있도록 수리적으로 고려하여 결정한다.
㉢ 각 지마다 독립하여 사용가능한 구조로 한다.
㉣ 침전지의 형상은 직사각형으로 하고 길이는 폭의 3~8배 이상으로 한다.
㉤ 유효수심은 3~3.5m로 하고 슬러지 퇴적심도로서 30cm 이상을 고려하되 슬러지 제거설비와 침전지의 구조상 필요한 경우에는 합리적으로 조정할 수 있다.
㉥ 고수위에서 침전지 벽체 상단까지의 여유고는 30cm 이상으로 한다.
㉦ 침전지 바닥은 슬러지 배제에 편리하도록 배수구를 향하여 경사지게 한다.
㉧ 필요에 따라 복개 등을 한다.

25 1분당 300m³의 물을 150m 양정(전양정)할 때 최고 효율점에 달하는 펌프가 있다. 이 때의 회전수가 1,500rpm이라면 이 펌프의 비속도(비교회전도)는?
① 약 512
② 약 554
③ 약 606
④ 약 658

해설 $N_s = N \times \dfrac{Q^{1/2}}{H^{3/4}} = 1,500 \times \dfrac{300^{1/2}}{150^{3/4}} = 606.15$

여기서, N : 펌프의 회전수=1,500(회/min)
Q : 펌프의 규정토출량=300m³/min
H : 150(m)

26 집수정에서 가정까지의 급수계통을 순서적으로 나열한 것으로 옳은 것은?
① 취수 → 도수 → 정수 → 송수 → 배수 → 급수
② 취수 → 도수 → 정수 → 배수 → 송수 → 급수
③ 취수 → 송수 → 도수 → 정수 → 배수 → 급수
④ 취수 → 송수 → 배수 → 정수 → 도수 → 급수

27 소규모 하수도 계획 시 고려하여야 하는 소규모지역 고유의 특성이 아닌 것은?
① 계획구역이 작고 처리구역 내의 생활양식이 유사하며 유입하수의 수량 및 수질의 변동이 거의 없다.
② 처리수의 방류지점이 유량이 작은 소하천, 소호소 및 농업용수로 등이므로 처리수의 영향을 받기가 쉽다.
③ 하수도 운영에 있어서 지역주민과 밀접한 관련을 갖는다.
④ 고장 및 유지·보수 시에 기술자의 확보가 곤란하고 제조업체에 의한 신속한 서비스를 받기 어렵다.

해설 유입하수의 수량의 변동이 커 수질의 변동을 가져올 수 있다.

28 응집시설 중 완속교반시설에 관한 설명으로 틀린 것은?
① 완속교반기는 패들형과 터빈형이 사용된다.
② 완속교반 시 속도경사는 40~100/초 정도로 낮게 유지한다.
③ 조의 형태는 폭 : 길이 : 깊이=1 : 1 : 1~1.2가 적당하다.
④ 체류시간은 5~10분이 적당하고 3~4개의 실로 분리하는 것이 좋다.

해설 체류시간은 통상 20~30분이 적당하며, 조는 3~4개의 실로 분리하는 것이 좋다.

29 $I = \dfrac{3,660}{t+15}$ mm/hr, 면적 2.0km², 유입시간 6분, 유출계수 C=0.65, 관내유속이 1m/sec인 경우, 관길이 600m인 하수관에서 흘러나오는 우수량은?(단, 합리식 적용)
① 31m³/sec
② 38m³/sec
③ 43m³/sec
④ 52m³/sec

해설 $Q = \dfrac{1}{360} \cdot C \cdot I \cdot A$

여기서, C=0.65
t=유입시간+유하시간
$= 6\text{min} + \dfrac{600\text{m}}{1\text{m/sec}} \times \dfrac{\text{min}}{60\text{sec}}$
$= 16\text{min}$

$I = \dfrac{3,660}{16\text{min}+15} = 118.06 \text{mm/hr}$

$A = 2.0\text{km}^2 = 2.0\text{km}^2 \times \dfrac{100\text{ha}}{\text{km}^2} = 200\text{ha}$

$Q = \dfrac{1}{360} C \cdot I \cdot A$
$= \dfrac{1}{360} \times 0.65 \times 118.06 \times 200$
$= 42.63 (\text{m}^3/\text{sec})$

25. ③ 26. ① 27. ① 28. ④ 29. ③ **| ANSWER**

30 지하수의 취수지점 선정에 관련한 설명 중 틀린 것은?
① 연해부의 경우에는 해수의 영향을 받지 않아야 한다.
② 얕은 우물인 경우에는 오염원으로부터 5m이상 떨어져서 장래에도 오염의 영향을 받지 않는 지점이어야 한다.
③ 복류수인 경우에는 오염원으로부터 15m 이상 떨어져서 장래에도 오염의 영향을 받지 않는 지점이어야 한다.
④ 복류수인 경우에 장래에 일어날 수 있는 유로변화 또는 하상저하 등을 고려하고 하천개수계획에 지장이 없는 지점을 선정한다.

해설 지하수의 취수지점 선정
㉠ 기존 우물 또는 집수매거의 취수에 영향을 주지 않아야 한다.
㉡ 연해부의 경우에는 해수의 영향을 받지 않아야 한다.
㉢ 얕은 우물이나 복류수인 경우에는 오염원으로부터 15m 이상 떨어져서 장래에도 오염의 영향을 받지 않는 지점이어야 한다.
㉣ 복류수인 경우에 장래 일어날 수 있는 유로변화 또는 하상저하 등을 고려하고 하천개수계획에 지장이 없는 지점을 선정한다. 그리고 하상 원래의 지질이 이토질(泥土質)인 지점은 피한다.

31 원심력 펌프의 규정 회전수는 2회/sec, 규정 토출량은 32m³/min, 규정양정(H)은 8m이다. 이때 이 펌프의 비교 회전도는?
① 약 143 ② 약 164
③ 약 182 ④ 약 201

해설 $N_s = N \times \dfrac{Q^{1/2}}{H^{3/4}} = (2 \times 60) \times \dfrac{(32)^{1/2}}{(8)^{3/4}}$
$= 142.70$

32 상수처리시설인 "착수정"에 관한 설명으로 틀린 것은?
① 형상은 일반적으로 직사각형 또는 원형으로 하고 유입구에는 제수밸브 등을 설치한다.
② 착수정의 고수위와 주변 벽체의 상단 간에는 60cm 이상의 여유를 두어야 한다.
③ 용량은 체류시간을 30~60분 정도로 한다.
④ 수심은 3~5m 정도로 한다.

해설 착수정의 용량은 체류시간을 1.5분 이상으로 하고 수심은 3~5m로 한다.

33 정수처리방법인 중간염소처리에서 염소의 주입지점으로 가장 적절한 것은?
① 혼화지와 침전지 사이
② 침전지와 여과지 사이
③ 착수정과 혼화지 사이
④ 착수정과 도수관 사이

해설 중간염소처리는 오염된 원수의 정수처리 대책의 일환(세균제거, 철·망간 제거, 맛·냄새 제거)으로 침전지와 여과지 사이에 주입하는 경우가 이에 해당한다.

34 집수매거에 관한 설명 중 틀린 것은?
① 복류수를 집수할 경우에는 매설의 방향은 복류수의 방향에 수평으로 한다.
② 집수매거의 경사는 1/500 이하의 완만한 경사로 하는 것이 좋다.
③ 매설깊이는 5m 이상으로 하는 것이 바람직하다.
④ 집수매관의 유출단에서 평균유속은 1m/sec이하로 한다.

해설 집수매거는 복류수의 흐름방향에 대하여 지형이나 용지 등을 고려하여 가능한 한 직각으로 설치하는 것이 효율적이다.

35 직경 2m인 하수관을 매설하려 한다. 성토에 의하여 관에 가해지는 하중을 Marston의 방법에 의해 계산하면?(단, 흙의 단위중량 1.9kN/m³, C_1=1.86, 관의 상부 90° 부분에서의 관매설을 위해 굴토한 도랑의 폭=3.3m)
① 약 25.7kN/m ② 약 38.5kN/m
③ 약 45.7kN/m ④ 약 52.9kN/m

해설 $W = C_1 \times \gamma \times B^2$
$= \dfrac{1.86}{} \Big| \dfrac{1.9\text{kN}}{\text{m}^3} \Big| \dfrac{(3.3\text{m})^2}{} = 38.5\text{kN/m}$

ANSWER | 30. ② 31. ① 32. ③ 33. ② 34. ① 35. ②

36 오수배제계획 시 계획오수량, 오수관거계획에 관하여 고려할 사항으로 틀린 것은?
① 오수관거는 계획 1일 최대오수량을 기준으로 계획한다.
② 합류식에서 하수의 차집관거는 우천시 계획오수량을 기준으로 계획한다.
③ 관거는 원칙적으로 암거로 하며 수밀한 구조로 하여야 한다.
④ 오수관거와 우수관거가 교차하여 역사이펀을 피할 수 없는 경우에는 오수관거를 역사이펀으로 하는 것이 바람직하다.

해설 오수관거는 계획시간 최대오수량을 기준으로 계획한다.

37 정수시설인 급속여과지 시설 기준에 관한 설명으로 틀린 것은?
① 여과면적은 계획정수량을 여과속도로 나누어 구한다.
② 여과지 1지의 여과면적은 200m² 이하로 한다.
③ 모래층의 두께는 여과모래의 유효경이 0.45~0.7mm의 범위인 경우에는 60~70cm를 표준으로 한다.
④ 여과속도는 120~150m/day를 표준으로 한다.

해설 급속여과지 1지의 여과면적은 150m² 이하로 한다.

38 상수관로에서 조도계수 0.014, 동수경사 1/100이고, 관경이 40mm일 때 이 관로의 유량은?(단, 만관 기준, Manning 공식에 의함)
① 3.8m³/min ② 6.2m³/min
③ 9.3m³/min ④ 11.6m³/min

해설 Manning 공식을 사용한다.
$Q = A(단면적) \times V(유속)$
$= A \times \frac{1}{n} \cdot R^{\frac{2}{3}} \cdot I^{\frac{1}{2}}$

㉠ $A = \frac{\pi D^2}{4} = \frac{\pi \times (0.04m)^2}{4}$
$= 1.257 \times 10^{-3}(m^2)$

㉡ $V = \frac{1}{n} \cdot R^{\frac{2}{3}} \cdot I^{\frac{1}{2}}$ 에서
→ $R(경심) = \frac{A(단면적)}{P(윤변)} = \frac{D}{4} = \frac{0.04}{4}$
$= 0.01$
→ $I = \frac{1}{100}$

∴ $Q = A \times \frac{1}{n} \cdot R^{\frac{2}{3}} \cdot I^{\frac{1}{2}}$
$= 0.1257(m^2) \times \frac{1}{0.014} \times (0.1)^{\frac{2}{3}} \times \left(\frac{1}{100}\right)^{\frac{1}{2}}$
$= 0.1934(m^3/sec) = 11.6(m^3/min)$

39 하수처리에 사용되는 생물학적 처리공정 중 부유미생물을 이용한 공정이 아닌 것은?
① 산화구법
② 접촉산화법
③ 질산화 내생탈질법
④ 막분리활성슬러지법

해설 접촉산화법은 부착생물막법이다.

40 배수지에 관한 설명 중 틀린 것은?
① 배수지는 급수지역의 중앙 가까이 설치하여야 한다.
② 배수지의 유효용량은 계획 1일 최대급수량으로 한다.
③ 배수지의 구조는 정수지(淨水池)의 구조와 비슷하다.
④ 자연유하식 배수지의 높이는 최소동수압이 확보되는 높이로 하여야 한다.

해설 배수지의 유효용량은 "시간변동조정용량"과 "비상대처용량"을 합하여 급수구역의 계획 1일 최대급수량의 12시간분 이상을 표준으로 하여야 하며, 지역특성과 상수도시설의 안정성 등을 고려하여 결정한다.

36. ① 37. ② 38. ④ 39. ② 40. ② | ANSWER

SECTION 03 수질오염방지기술

41 환원처리공법으로 크롬 함유 폐수를 수산화물 침전법으로 처리하고자 할 때 침전을 위한 적정 pH 범위는?(단, $Cr^{+3} + 3OH^- \rightarrow Cr(OH)_3 \downarrow$)
① pH 4.0~4.5 ② pH 5.5~6.5
③ pH 8.0~8.5 ④ pH 11.0~11.5

해설 크롬 함유 폐수를 수산화물 침전법으로 처리할 때에는 pH 8~10으로 한다.

42 폭기조 혼합액의 SVI가 170에서 130으로 감소하였다. 처리장 운전 시 대응방법은?
① 별다른 조치가 필요 없다.
② 반송슬러지 양을 감소시킨다.
③ 폭기시간을 증가시킨다.
④ 무기응집제를 첨가한다.

해설 SVI가 50~150 사이에서 운전되면 슬러지의 침강성이 좋은 상태이므로 운전에 적절하다.

43 수면적 55m²의 침전지에서 400m³/day의 폐수를 침전시킨다고 가정할 때, 이 침전지에서 98% 제거되는 입자의 침강속도(mm/min)는?
① 약 2mm/min ② 약 3mm/min
③ 약 4mm/min ④ 약 5mm/min

해설 부분제거율$(\eta) = \dfrac{V_g}{V_o}$

∴ $V_g(mm/min) = V_o \times \eta$
$= \dfrac{400m^3}{day} \Big| \dfrac{1}{55m^2} \Big| \dfrac{10^3 mm}{1m} \Big| \dfrac{1day}{24hr} \Big| \dfrac{1hr}{60min} \times 0.98$
$= 4.95(mm/min)$

44 표준 활성슬러지법에서 하수처리를 위해 사용되는 미생물에 관한 설명으로 맞는 것은?
① 지체기로부터 대수증식기에 걸쳐 존재하는 미생물에 의해 하수가 주로 처리된다.
② 대수증식기로부터 감쇠증식기에 걸쳐 존재하는 미생물에 의해 하수가 주로 처리된다.
③ 감쇠증식기로부터 내생호흡기에 걸쳐 존재하는 미생물에 의해 하수가 주로 처리된다.
④ 내생호흡기로부터 사멸기에 걸쳐 존재하는 미생물에 의해 하수가 주로 처리된다.

해설 활성슬러지 공법은 감소성장단계에서 내생성장단계로 전환되는 시기가 미생물 플록이 가장 단단하고, 침전효율이 양호하다.

45 수량이 30,000m³/day, 수심이 3.5m, 하수 체류시간이 2.5hr인 침전지의 수면부하율(또는 표면부하율)은?
① 67.1m³/m² · day ② 54.2m³/m² · day
③ 41.5m³/m² · day ④ 33.6m³/m² · day

해설 수면부하율 $= \dfrac{유입유량(m^3/day)}{수면적(m^2)} = \dfrac{Q}{A}$
㉠ 유입유량$(m^3/day) = 30,000 m^3/day$
㉡ 수면적$(m^2) = \dfrac{부피(m^3)}{수심(m)}$
$= \dfrac{30,000m^3}{day} \Big| \dfrac{2.5hr}{} \Big| \dfrac{1day}{24hr} \Big| \dfrac{1}{3.5m}$
$= 892.86(m^2)$
∴ 수면부하율$(m^3/m^2 day) = \dfrac{30,000(m^3/day)}{892.86(m^2)}$
$= 33.6(m^3/m^2 \cdot day)$

46 인구가 10,000명인 마을에서 발생되는 하수를 활성슬러지법으로 처리하는 처리장에 저율 혐기성 소화조를 설계하려고 한다. 생슬러지(건조고형물기준) 발생량은 0.11kg/인 · 일이며, 휘발성 고형물은 건조고형물의 70%이다. 가스발생량은 0.94m³/VSS · kg, 휘발성 고형물의 65%가 소화된다면 일일 가스발생량은?
① 약 345m³/day ② 약 471m³/day
③ 약 563m³/day ④ 약 644m³/day

해설 $X\left(\dfrac{m^3}{day}\right) = \dfrac{10,000명}{} \Big| \dfrac{0.11kg \cdot TS}{인 \cdot 일} \Big|$

ANSWER | 41. ③ 42. ① 43. ④ 44. ③ 45. ④ 46. ②

$$\left|\frac{0.94\text{m}^3}{\text{kg}\cdot\text{VS}}\right|\frac{70\cdot\text{VS}}{100\cdot\text{TS}}\left|\frac{65}{100}\right.$$
$$= 470.47\,(\text{m}^3/\text{day})$$

47 반송슬러지의 탈인 제거 공정에 관한 설명으로 틀린 것은?

① 탈인조 상징액은 유입수량에 비하여 매우 작다.
② 인을 침전시키기 위해 소요되는 석회의 양은 순수 화학처리방법보다 적다.
③ 유입수의 유기물 부하에 따른 영향이 크다.
④ 대표적인 인 제거공법으로는 Phostrip Process 가 있다.

해설 비교적 유입수의 유기물 부하에 영향을 받지 않는다.

48 회전원판법의 장단점에 대한 설명 중 틀린 것은?

① 단회로 현상의 제어가 어렵다.
② 폐수량 변화에 강하다.
③ 파리는 발생하지 않으나 하루살이가 발생하는 수가 있다.
④ 활성슬러지법에 비해 최종침전지에서 미세한 부유물질이 유출되기 쉽다.

해설 회전원판법은 단회로 현상을 제어하기 쉽다.

49 SBR 공법의 일반적인 운전단계 순서로 옳은 것은?

① 주입(Fill) → 휴지(Idle) → 반응(React) → 침전(Settle) → 제거(Draw)
② 주입(Fill) → 반응(React) → 휴지(Idle) → 침전(Settle) → 제거(Draw)
③ 주입(Fill) → 반응(React) → 침전(Settle) → 휴지(Idle) → 제거(Draw)
④ 주입(Fill) → 반응(React) → 침전(Settle) → 제거(Draw) → 휴지(Idle)

해설 연속 회분식 반응조(SBR ; Sequencing Batch Reactor)는 반응조에 시차를 두고 유입, 반응, 혼합액의 침전, 상징수의 배수, 침전슬러지의 배출 등 각 과정을 거치도록 되어 있다.

50 소화조 슬러지 주입률이 100m³/day이고, 슬러지의 SS 농도가 6.47%, 소화조 부피가 1250m³, SS 내 VS 함유율이 85%일 때 소화조에 주입되는 VS의 용적부하(kg/m³·day)는?(단, 슬러지의 비중은 1.0이다.)

① 1.4
② 2.4
③ 3.4
④ 4.4

해설 소화조에 유입되는 VS의 용적부하
$$\left(\frac{\text{kg}}{\text{m}^3\cdot\text{day}}\right) = \frac{\text{소화조로 유입되는 VS의 양(kg/day)}}{\text{소화조의 용적(m}^3)}$$
$$= \frac{100\text{m}^3\cdot\text{SL}}{\text{day}}\left|\frac{6.47\cdot\text{VS}}{100\cdot\text{SL}}\right|\frac{85\cdot\text{VS}}{100\cdot\text{TS}}\left|\frac{1,000\text{kg}}{\text{m}^3}\right.$$
$$= 4.4\,(\text{kg/m}^3\cdot\text{day})$$

51 정수처리 시 적용되는 랑겔리어 지수에 관한 내용으로 틀린 것은?

① 랑겔리어 지수란 물의 실제 pH와 이론적 pH(pHs : 수중의 탄산칼슘이 용해되거나 석출되지 않는 평형 상태로 있을 때의 pH)와의 차이를 말한다.
② 랑겔리어 지수가 양(+)의 값으로 절대치가 클수록 탄산칼슘 피막 형성이 어렵다.
③ 랑겔리어 지수가 음(-)의 값으로 절대치가 클수록 물의 부식성이 강하다.
④ 물의 부식성이 강한 경우의 랑겔리어 지수는 pH, 칼슘경도, 알칼리도를 증가시킴으로써 개선할 수 있다.

해설 랑겔리어가 정(+)의 값으로 절대치가 클수록 탄산칼슘의 석출이 일어나기 쉽다.

52 폐수처리에 관련된 침전현상으로 입자 간에 작용하는 힘에 의해 주변입자들의 침전을 방해하는 중간 정도 농도의 부유액에서의 침전은?

① 제1형 침전(독립입자침전)
② 제2형 침전(응집침전)
③ 제3형 침전(계면침전)
④ 제4형 침전(압밀침전)

해설 간섭침전이란 플록을 형성하여 침강하는 입자들이 서로 방해를 받아 침전속도가 감소하는 침전이다. 중간 정도의 농도로서 침전하는 부유물과 상징수 간에 경계면을 지키면서 침강한다. 일명 방해, 장애, 집단, 계면, 지역 침전 등으로 칭하며 상향류식 부유물 접촉 침전지, 농축조가 이에 해당한다.

53 물리·화학적으로 질소를 효과적으로 제거하는 방법이 아닌 것은?

① 금속염(Al, Fe) 첨가법
② 공기 탈기법(Air Stripping)
③ 선택적 이온교환법
④ 파괴점 염소주입법

해설 금속염(Al, Fe) 첨가법은 인 제거방법이다.

54 하수소독 시 적용되는 UV 소독방법에 관한 설명으로 틀린 것은?(단, 오존 및 염소소독 방법과 비교)

① pH 변화에 관계없이 지속적인 살균이 가능하다.
② 유량과 수질의 변동에 대해 적응력이 강하다.
③ 설치가 복잡하고, 전력 및 램프 수가 많이 소요되므로 유지비가 높다.
④ 물이 혼탁하거나 탁도가 높으면 소독능력에 영향을 미친다.

해설 자외선 소독은 소독비용이 저렴하고, 유지관리비가 적게 든다.

55 하수의 고도처리를 위한 생물학적 공법 중 인 제거만을 주목적으로 개발된 것은?

① Bardenpho Process
② A^2/O Process
③ 수정 Bardenpho Process
④ A/O Process

56 도시하수 중의 질소 제거를 위한 방법에 대한 설명으로 틀린 것은?

① 탈기법 : 하수의 pH를 높여 하수 중 질소(암모늄이온)를 암모니아로 전환시킨 후 대기로 탈기시킴

② 파괴점 염소처리법 : 충분한 염소를 투입하여 수중의 질소를 염소와 결합한 형태로 공침제거시킴
③ 이온교환수지법 : NH_4^+ 이온에 대해 친화성 있는 이온교환수지를 사용하여 NH_4^+를 제거시킴
④ 생물학적 처리법 : 미생물의 산화 및 환원반응에 의하여 질소를 제거시킴

해설 파괴점 염소주입법(Breakpoint Chlorination)은 대상폐수에 염소를 가하여 암모늄염을 질소가스로 변환시켜 제거하는 방법이다.

57 포기조의 유입수 BOD 150mg/L, 유출수 BOD 10mg/L, MLSS 3,000mg/L, 미생물 성장계수(Y) 0.7kg·MLSS/kg·BOD, 내생호흡계수(k_d) 0.03 day^{-1}, 포기시간(t) 6시간이다. 미생물 체류시간(θ_C)은?

① 약 10day   ② 약 12day
③ 약 14day   ④ 약 16day

해설
$$\frac{1}{SRT} = \frac{Y \cdot Q \cdot (S_i - S_o)}{\forall \cdot X} - K_d$$
$$= \frac{Y \cdot (S_i - S_o)}{t \cdot X} - K_d$$

$\therefore \dfrac{1}{SRT} = \dfrac{0.7}{1} \left| \dfrac{(150-10)mg}{L} \right| \dfrac{1}{6hr} \left| \dfrac{L}{3,000mg} \right| \dfrac{24hr}{1day} - \dfrac{0.03}{day}$

$\therefore SRT = 9.93(day)$

58 유량 2,000m³/day인 폐수를 탈질화하고자 한다. 다음 조건에서 탈질화에 사용되는 Anoxic반응조의 부피는?(단, 내부반송 등 기타 조건은 고려하지 않음)

- 반응조 유입수 질산염 농도 : 22mg/L
- 반응조 유출수 질산염 농도 : 3mg/L
- MLVSS : 2,000mg/L
- 용존산소 : 0.1mg/L
- 탈질률(U) : 0.1day^{-1}

① 105m³   ② 145m³
③ 175m³   ④ 190m³

ANSWER | 53. ① 54. ③ 55. ④ 56. ② 57. ① 58. ④

해설
$\forall = Q \times t$
㉠ $Q = 2,000(m^3/day)$
㉡ $t(= 무산소조 체류시간) = \dfrac{S_i - S_o}{R_{DN} \cdot X}$
$= \dfrac{(22-3)mg}{L} \Big| \dfrac{day}{0.1} \Big| \dfrac{L}{2,000mg}$
$= 0.095(day)$
∴ $\forall(m^3) = \dfrac{2,000m^3}{day} \Big| \dfrac{0.095day}{} = 190(m^3)$

59 1,000m³의 폐수 중에서 SS 농도가 210mg/L일 때 처리효율 70%인 처리장에서 발생하는 슬러지의 양은?(단, 처리된 SS 양과 발생슬러지 양은 같다고 가정함. 슬러지 비중 : 1.03, 함수율 94%)

① 약 2.4m³   ② 약 3.8m³
③ 약 4.2m³   ④ 약 5.1m³

해설
$SL(m^3) = \dfrac{210 \times 0.7mg}{L} \Big| \dfrac{1,000m^3}{} \Big| \dfrac{10^3 L}{1m^3}$
$\Big| \dfrac{1m^3}{1,030kg} \Big| \dfrac{100 \cdot SL}{(100-94) \cdot TS} \Big| \dfrac{1kg}{10^6 mg}$
$= 2.38(m^2)$

60 수질 성분이 부식에 미치는 영향으로 틀린 것은?

① 높은 알칼리도는 구리와 납의 부식을 증가시킨다.
② 암모니아는 착화물 형성을 통해 구리, 납 등의 금속용해도를 증가시킬 수 있다.
③ 잔류염소는 Ca와 반응하여 금속의 부식을 감소시킨다.
④ 구리는 갈바닉 전지를 이룬 배관상에 홈집(구멍)을 야기한다.

해설 염소는 병원성 미생물을 제어하는 데 가장 일반적으로 이용되는 소독제이다. 염소가 물에 유입되면 HOCl과 HCl로 되어 물의 pH를 저하시켜 부식성을 증가시키며, 이로 인해 많은 금속에 대해 부식 방지 피막의 형성을 방해하기도 한다.

SECTION 04 수질오염공정시험기준

61 알킬수은을 기체크로마토그래피법으로 분석하고자 한다. 이때 운반기체의 유속범위로 가장 적절한 것은?

① 3~8mL/분   ② 15~25mL/분
③ 30~80mL/분   ④ 150~250mL/분

해설 운반기체는 순도 99.999% 이상의 질소 또는 헬륨으로서 유속은 30~80mL/min, 시료주입부 온도는 140~240℃, 컬럼 온도는 130~180℃로 사용한다.

62 분원성 대장균군 – 막여과법의 배양온도 유지기준으로 옳은 것은?

① 25±0.2℃   ② 30±0.2℃
③ 35±0.2℃   ④ 44.5±0.2℃

해설 분원성 대장균군-막여과법은 배양온도를 44.5±0.2℃로 유지할 수 있는 것을 사용한다.

63 다음은 기체크로마토그래피법을 적용하여 석유계총탄화수소를 측정할 때의 원리이다. ( ) 안에 맞는 내용은?

시료 중의 제트유, 등유, 경유, 벙커C유, 윤활유, 원유 등을 ( )(으)로 추출하여 기체크로마토그래피법에 따라 확인 및 정량한다.

① 사염화탄소   ② 클로로포름
③ 다이클로로메탄   ④ 노말헥산+에탄올

해설 물속에 존재하는 비등점이 높은(150~500℃) 유류에 속하는 석유계총탄화수소(제트유, 등유, 경유, 벙커C, 윤활유, 원유 등)를 다이클로로메탄으로 추출하여 기체크로마토그래프에 따라 확인 및 정량하는 방법으로 크로마토그램에 나타난 피크의 패턴에 따라 유류 성분을 확인하고 탄소수가 짝수인 노말알칸(C_8~C_{40}) 표준물질과 시료의 크로마토그램 총 면적을 비교하여 정량한다.

64 예상 BOD 값에 대한 사전 경험이 없을 때, 희석하여 시료를 조제하는 기준으로 알맞은 것은?

① 강한 공장폐수 : 0.01~0.1%
② 오염된 하천수 : 15~50%
③ 처리하여 방류된 공장폐수 : 25~70%
④ 처리하지 않은 공장폐수 : 1~5%

해설 예상 BOD치에 대한 사전경험이 없을 때에는 다음과 같이 희석하여 검액을 조제한다.
㉠ 강한 공장폐수 : 시료를 0.1~1.0% 넣는다.
㉡ 처리하지 않은 공장폐수와 침전된 하수 : 시료를 1~5% 넣는다.
㉢ 처리하여 방류된 공장폐수 : 시료를 5~25% 넣는다.
㉣ 오염된 하천수 : 시료를 25~100% 넣는다.

65 기체크로마토그래피의 전자포획검출기에 대한 설명이다. ( ) 안에 알맞은 내용은?

> 방사선 동위원소로부터 방출되는 ( )이 운반기체를 전리하여 미소전류를 흘려보낼 때 시료 중의 할로겐이나 산소와 같이 전자포획력이 강한 화합물에 의하여 전자가 포착되어 전류가 감소하는 것을 이용하는 방법이다.

① α(알파)선   ② β(베타)선
③ γ(감마)선   ④ 중성자선

66 개수로 유량 측정에 관한 설명으로 틀린 것은?(단, 수로의 구성, 재질, 단면의 형상, 기울기 등이 일정하지 않은 개수로의 경우)

① 수로는 될수록 직선적이며, 수면이 물결치지 않는 곳을 고른다.
② 10m를 측정구간으로 하여 2m마다 유수의 횡단면적을 측정하고, 산출평균값을 구하여 유수의 평균 단면적으로 한다.
③ 유속의 측정은 부표를 사용하여 100m 구간을 흐르는 데 소요되는 시간을 스톱워치로 재며 이 때 실측유속을 표면 최대유속으로 한다.
④ 총 평균 유속(m/s)은 [0.75×표면 최대유속(m/s)]으로 계산된다.

해설 유속의 측정은 부표를 사용하여 10m 구간을 흐르는 데 소요되는 시간을 스톱워치(Stop Watch)로 재며, 이때 실측유속을 표면 최대유속으로 한다.

67 전기전도도 측정 시 전도도 표준용액 조제에 사용되는 시약은?

① 염화칼슘   ② 염화제이암모늄
③ 염화암모늄   ④ 염화칼륨

해설 염화칼륨 용액(0.01M) 100mL를 정확히 취하여 1L 부피플라스크에 넣고 25℃의 정제수(2μS/cm 이하)를 넣어 눈금까지 채운다. 이 액의 25℃에서의 전기전도도값은 147μS/cm이다. 이 용액은 폴리에틸렌병 또는 경질유리병에 밀봉하여 보존한다.

68 자외선/가시선 분광법으로 페놀류를 정량할 때 4-아미노안티피린과 함께 가하는 시약 이름과 그 때 가장 적당한 pH는?

① 초산이나트륨, pH 4
② 헥사시안화철(Ⅱ)산칼륨, pH 4
③ 초산이나트륨, pH 10
④ 헥사시안화철(Ⅱ)산칼륨, pH 10

해설 물속에 존재하는 페놀류를 측정하기 위하여 증류한 시료에 염화암모늄-암모니아 완충용액을 넣어 pH 10으로 조절한 다음 4-아미노안티피린과 헥사시안화철(Ⅱ)산칼륨을 넣어 생성된 붉은색의 안티피린계 색소의 흡광도를 측정하는 방법으로 수용액에서는 510nm, 클로로폼 용액에서는 460nm에서 측정한다.

69 막여과법에 의한 총 대장균군을 측정하기 위해, 시료를 10mL, 1mL, 0.1mL 취해 시험한 결과 40, 9 및 1로 집락이 계수되었을 경우 총 대장균군 수는?

① 390/100mL   ② 400/100mL
③ 410/100mL   ④ 440/100mL

해설 총 대장균군 수/100mL = $\dfrac{C}{V} \times 100$

여기서, C : 생성된 집락 수
V : 여과한 시료량(mL)
배양 후 금속성 광택을 띠는 적색이나 진한 적색 계통의 집락

ANSWER | 64. ④ 65. ② 66. ③ 67. ④ 68. ④ 69. ②

을 계수하며, 집락 수가 20~80의 범위에 드는 것을 선정하여 다음의 식에 의해 계산한다.

총 대장균군 수/100mL = $\frac{40}{10mL} \times 100$
= 400/100mL

70 I_0 단색 광이 정색액을 통과할 때 그 빛의 50%가 흡수된다면 이 경우 흡광도는?

① 0.6
② 0.5
③ 0.3
④ 0.2

해설 흡광도는 투과도 역수의 log 값이므로 다음 식으로 계산된다.
흡광도(A) = $\log \frac{1}{I_t/I_0} = \log \frac{1}{t} = \log \frac{1}{T/100}$
= εCL
∴ 흡광도(A) = $\log \frac{1}{t} = \log \frac{1}{0.5}$ = 0.523

71 시험할 때 사용되는 용어의 정의로 옳지 않은 것은?

① 감압 또는 진공 : 따로 규정이 없는 한 15 mmHg 이하를 뜻한다.
② 바탕시험 : 시료에 대한 처리 및 측정을 할 때 시료를 사용하지 않고 같은 방법으로 조작한 측정치를 더한 것을 뜻한다.
③ 용기 : 시험용액 또는 시험에 관계된 물질을 보존, 운반 또는 조작하기 위하여 넣어두는 것으로 시험에 지장을 주지 않도록 깨끗한 것을 뜻한다.
④ 정밀히 단다 : 규정된 양의 시료를 취하여 화학저울 또는 미량저울로 칭량함을 말한다.

해설 "바탕시험을 하여 보정한다"라 함은 시료에 대한 처리 및 측정을 할 때, 시료를 사용하지 않고 같은 방법으로 조작한 측정치를 빼는 것을 뜻한다.

72 자외선/가시선 분광법을 적용하여 페놀류를 측정할 때 사용되는 시약은?

① 4-아미노안티피린
② 인도페놀
③ O-페난트로린
④ 디티존

73 리클로리네이티드비페닐(PCBs)의 측정에서 기체크로마토그래피법을 적용할 때 기구 및 기기의 조건으로 틀린 것은?

① 검출기는 전자포획검출기
② 칼럼은 안지름이 0.20~0.35mm
③ 검출기 온도는 270~320℃
④ 시료도입부 온도는 50~200℃

해설 운반기체는 순도 99.999% 이상의 질소로서 유량은 0.5~3mL/min, 시료도입부 온도는 250~300℃, 컬럼 온도는 50~320℃, 검출기온도는 270~320℃로 사용한다.

74 물속에 존재하는 셀레늄 측정방법으로 옳은 것은?

① 자외선/가시선 분광법 - 산화법
② 자외선/가시선 분광법 - 환원 증류법
③ 수소화물생성법 - 원자흡수분광광도법
④ 양극벗김전압전류법

해설 셀레늄 측정방법
㉠ 수소화물생성 - 원자흡수분광광도법
㉡ 유도결합플라스마 - 질량분석법

75 다음 중 관 내의 유량 측정방법이 아닌 것은?

① 오리피스
② 자기식 유량 측정기(Magnetic Flow Meter)
③ 피토(Pitot)관
④ 위어(Weir)

해설 관(Pipe) 내의 유량 측정방법에는 벤투리미터(Venturi Meter), 유량측정용 노즐(Nozzle), 오리피스(Orifice), 피토(Pitot)관, 자기식 유량측정기(Magnetic Flow Meter)가 있다.

76 "정확히 취하여"라고 하는 것은 규정한 양의 액체를 무엇으로 눈금까지 취하는 것을 말하는가?

① 메스실린더
② 뷰렛
③ 부피피펫
④ 눈금 비커

해설 "정확히 취하여"는 규정한 양의 액체를 부피피펫으로 눈금까지 취하는 것을 말한다.

70. ③ 71. ② 72. ① 73. ④ 74. ③ 75. ④ 76. ③ **| ANSWER**

77 총인 측정에 관한 설명으로 옳지 않은 것은?

① 아스코르빈산 환원 흡광도법으로 정량하여 총인의 농도를 구한다.
② 분해되기 쉬운 유기물을 함유한 시료는 질산(시료 50mL, 질산 20mL)을 넣고 가열하여 전처리한다.
③ 시료 중 유기물을 산화 분해하여 용존 인화합물을 인산염(PO_4) 형태로 변화시킨다.
④ 여액이 혼탁할 경우에는 반복하여 재여과한다.

78 시료의 최대보존기간이 가장 짧은 항목은?

① 색도
② 셀레늄
③ 전기전도도
④ 클로로필a

해설 시료의 최대보존기간
㉠ 색도 : 48시간
㉡ 셀레늄 : 6개월
㉢ 전기전도도 : 24시간
㉣ 클로로필a : 7일

79 기준전극과 비교전극으로 구성된 pH 측정기를 사용하여 수소이온 농도를 측정할 때 간섭물질에 관한 내용으로 옳지 않은 것은?

① pH는 온도변화에 따라 영향을 받는다.
② pH 10 이상에서 나트륨에 의한 오차가 발생할 수 있는데 이는 낮은 나트륨 오차 전극을 사용하여 줄일 수 있다.
③ 일반적으로 유리전극은 산화 및 환원성 물질, 염도에 의해 간섭을 받는다.
④ 기름층이나 작은 입자상이 전극을 피복하여 pH 측정을 방해할 수 있다.

해설 일반적으로 유리전극은 용액의 색도, 탁도, 콜로이드성 물질들, 산화 및 환원성 물질들 그리고 염도에 의해 간섭을 받지 않는다.

80 폐수의 부유물질(SS)을 측정하였더니 1,312mg/L이었다. 시료 여과 전 유리섬유지의 무게가 1.2113g이고, 이때 사용된 시료 양이 100mL이었다면 시료 여과 후 건조시킨 유리섬유지의 무게는 얼마인가?

① 1.2242g
② 1.3425g
③ 2.5233g
④ 3.5233g

해설 $SS(mg/L) = (b-a) \times \dfrac{1,000}{V}$

여기서, a=시료 여과 전의 유리섬유지 무게(mg)
b=시료 여과 후의 유리섬유지 무게(mg)
V=시료의 양(mL)

$1,312 = (b-1,211.3) \times \dfrac{1,000}{100}$

∴ $b = 1,342.5(mg) = 1.3425(g)$

$= 131.2mg \times \dfrac{g}{10^3 mg} + 1.2113g = 1.3425g$

SECTION 05 수질환경관계법규

81 다음 중 수질오염측정망 설치계획에 포함되지 않는 사항은?

① 측정망 설치시기
② 측정망 배치도
③ 측정망을 설치할 토지 또는 건축물의 위치 및 면적
④ 측정망 설치기간

해설 수질오염측정망 설치계획에 포함되어야 할 사항
㉠ 측정망 설치시기
㉡ 측정망 배치도
㉢ 측정망을 설치할 토지 또는 건축물의 위치 및 면적
㉣ 측정망 운영기관
㉤ 측정자료의 확인방법

ANSWER | 77. ② 78. ③ 79. ③ 80. ② 81. ④

82 오염물질의 배출허용기준 중 "나지역"의 기준으로 옳은 것은? (기준변경)

① BOD 120mg/L 이하(1일 폐수배출량 2,000m³ 미만)
② BOD 90mg/L 이하(1일 폐수배출량 2,000m³ 이상)
③ COD 90mg/L 이하(1일 폐수배출량 2,000m³ 미만)
④ COD 80mg/L 이하(1일 폐수배출량 2,000m³ 이상)

해설 항목별 배출허용기준

대상규모 지역구분 \ 항목	1일 폐수배출량 2천 세제곱미터 이상		
	생물화학적 산소요구량 (mg/L)	총유기 탄소량 (mg/L)	부유물질량 (mg/L)
청정지역	30 이하	25 이하	30 이하
가 지역	60 이하	40 이하	60 이하
나 지역	80 이하	50 이하	80 이하
특례지역	30 이하	25 이하	30 이하

대상규모 지역구분 \ 항목	1일 폐수배출량 2천 세제곱미터 미만		
	생물화학적 산소요구량 (mg/L)	총유기 탄소량 (mg/L)	부유물질량 (mg/L)
청정지역	40 이하	30 이하	40 이하
가 지역	80 이하	50 이하	80 이하
나 지역	120 이하	75 이하	120 이하
특례 지역	30 이하	25 이하	30 이하

83 폐수처리방법이 생물화학적 처리방법인 경우 가동개시신고를 한 사업자의 시운전 기간은?(단, 가동개시일 : 11월 10일)

① 가동개시일로부터 30일
② 가동개시일로부터 50일
③ 가동개시일로부터 70일
④ 가동개시일로부터 90일

해설 시운전 기간
㉠ 폐수처리방법이 생물화학적 처리방법인 경우 : 가동시작일부터 50일. 다만, 가동시작일이 11월 1일부터 다음연도 1월 31일까지에 해당하는 경우에는 가동시작일부터 70일로 한다.
㉡ 폐수처리방법이 물리적 또는 화학적 처리방법인 경우 : 가동시작일부터 30일

84 배출부과금을 부과하는 경우, 당해 배출부과금 부과 기준일 전 6개월 동안 방류수 수질기준을 초과하는 수질오염물질을 배출하지 아니한 사업자에 대하여 방류수 수질기준을 초과하지 아니하고 수질오염물질을 배출한 기간별로, 당해 부과 기간에 부과하는 기본 배출부과금의 감면율로 옳은 것은?

① 6개월 이상 1년 내 : 100분의 10
② 1년 이상 2년 내 : 100분의 30
③ 2년 이상 3년 내 : 100분의 50
④ 3년 이상 : 100분의 60

해설 기본배출부과금의 감면율
㉠ 6개월 이상 1년 내 : 100분의 20
㉡ 1년 이상 2년 내 : 100분의 30
㉢ 2년 이상 3년 내 : 100분의 40
㉣ 3년 이상 : 100분의 50

85 다음 중 기본배출부과금 산정 시 적용되는 사업장별 부과계수로 옳은 것은?

① 제1종 사업장은 2.0
② 제2종 사업장은 1.5
③ 제3종 사업장은 1.3
④ 제4종 사업장은 1.1

해설 사업장별 부과계수

사업장 규모	제1종사업장(단위 : m³/일)					제2종 사업장	제3종 사업장	제4종 사업장
	10,000 이상	8,000 이상 10,000 미만	6,000 이상 8,000 미만	4,000 이상 6,000 미만	2,000 이상 4,000 미만			
부과 계수	1.8	1.7	1.6	1.5	1.4	1.3	1.2	1.1

86 다음은 초과배출부과금 산정에 적용되는 배출허용기준 위반횟수별 부과계수에 관한 내용이다. ( ) 안에 옳은 내용은?

폐수무방류시설에 대한 위반횟수별 부과계수 : 처음 위반한 경우 (   )(으)로 하고 다음 위반부터는 그 위반 직전의 부과계수에 1.5를 곱한 것으로 한다.

① 1.3   ② 1.5
③ 1.8   ④ 2.0

82. ① 83. ③ 84. ② 85. ④ 86. ③ | ANSWER

[해설] 폐수무방류시설에 대한 위반횟수별 부과계수
처음 위반한 경우 1.8로 하고, 다음 위반부터는 그 위반 직전의 부과계수에 1.5를 곱한 것으로 한다.

87 1일 폐수 배출량이 2천 세제곱미터 이상인 사업장에서 생물학적 산소요구량의 농도가 25mg/L인 폐수를 배출하였다면, 이 업체의 방류수수질기준 초과에 따른 부과계수는 얼마인가?(단, 배출허용기준에 적용되는 지역은 청정지역임)

① 2.0　　② 2.2
③ 2.4　　④ 2.6

[해설] 방류수 수질기준 초과율별 부과계수

초과율	부과계수	초과율	부과계수
10% 미만	1	50% 이상 60% 미만	2.0
10% 이상 20% 미만	1.2	60% 이상 70% 미만	2.2
20% 이상 30% 미만	1.4	70% 이상 80% 미만	2.4
30% 이상 40% 미만	1.6	80% 이상 90% 미만	2.6
40% 이상 50% 미만	1.8	90% 이상 100%까지	2.8

방류수 수질기준 초과율(%)
$= \frac{(배출\ 농도 - 방류수\ 수질기준)}{(배출허용기준 - 방류수\ 수질기준)} \times 100$

㉠ 배출 농도 : 25mg/L
㉡ 방류수 수질기준 : 10mg/L
㉢ 배출허용기준(청정지역) : 30mg/L

방류수 수질기준 초과율(%) $= \frac{(25-10)}{(30-10)} \times 100 = 75(\%)$

88 사업장별 환경기술인의 자격기준 중 제2종사업장에 해당하는 환경기술인은?

① 수질환경기사 1명 이상
② 수질환경산업기사 1명 이상
③ 환경기능사 1명 이상
④ 2년 이상 수질분야에 근무한 자 1명 이상

89 특정수질유해물질 등을 누출·유출하거나 버린 자에 해당되는 처벌은?

① 1년 이하의 징역 또는 1천만 원 이하의 벌금
② 3년 이하의 징역 또는 3천만 원 이하의 벌금
③ 5년 이하의 징역 또는 5천만 원 이하의 벌금
④ 7년 이하의 징역 또는 7천만 원 이하의 벌금

90 환경부장관이 수질환경보전법의 목적을 달성하기 위하여 필요하다고 인정하는 때에 관계기관의 장에게 조치를 요청할 수 있는 사항이 아닌 것은?

① 농업용수의 사용규제
② 해충구제방법의 개선
③ 수질오염원 등록규제
④ 농약·비료의 사용규제

[해설] 관계기관의 협조
환경부장관은 「수질환경보전법」의 목적을 달성하기 위하여 필요하다고 인정할 때에는 다음 각 호에 해당하는 조치를 관계 기관의 장에게 요청할 수 있다. 이 경우 관계 기관의 장은 특별한 사유가 없으면 이에 따라야 한다.
㉠ 해충구제방법의 개선
㉡ 농약·비료의 사용규제
㉢ 농업용수의 사용규제
㉣ 녹지지역 및 풍치지구(風致地區)의 지정
㉤ 폐수종말처리시설 또는 공공하수처리시설의 설치
㉥ 공공수역의 준설(浚渫)
㉦ 하천점용허가의 취소, 하천공사의 시행중지·변경 또는 그 인공구조물 등의 이전이나 제거
㉧ 공유수면의 점용 및 사용 허가의 취소, 공유수면 사용의 정지·제한 또는 시설 등의 개축·철거
㉨ 송유관, 유류저장시설, 농약보관시설 등 수질오염사고를 일으킬 우려가 있는 시설에 대한 수질오염 방지조치 및 시설현황에 관한 자료의 제출
㉩ 그 밖에 대통령령으로 정하는 사항

91 수질 및 수생태계 환경기준 중 하천(생활환경) Ⅱ등급의 기준으로 맞는 것은?

① 생물화학적 산소요구량(BOD) : 5mg/L 이하
② 부유물질량(SS) : 30mg/L 이하
③ 용존산소량(DO) : 5mg/L 이하
④ 대장균군 수(MPN/100mL) : 500 이하

[해설] 환경기준 중 하천(생활환경) Ⅱ등급의 기준
㉠ 생물화학적 산소요구량(BOD) : 3mg/L 이하
㉡ 부유물질량(SS) : 25mg/L 이하
㉢ 용존산소량(DO) : 5mg/L 이하
㉣ 대장균군 수(MPN/100mL) : 1,000 이하

ANSWER | 87. ③ 88. ② 89. ② 90. ③(전항정답) 91. ③

92 오염총량초과부과금 산정방법 및 기준에 관련된 내용으로 옳지 않은 것은?

① 일일초과오염배출량의 단위는 킬로그램(kg)으로 하되, 소수점 이하 첫째 자리까지 계산한다.
② 할당오염부하량과 지정배출량의 단위는 1일당 킬로그램(kg/일)과 1일당 리터(L/일)로 한다.
③ 일일조업시간은 측정하기 전 최근 조업한 30일간의 오수 및 폐수 배출시설의 조업시간 평균치로서 분으로 표시한다.
④ 측정유량의 단위는 시간당 리터(L/hr)로 한다.

해설 측정유량의 단위는 분당 리터(L/min)로 한다.

93 비점오염저감시설의 관리·운영기준으로 옳지 않은 것은?(단, 자연형 시설)

① 인공습지 : 동절기(11월부터 다음 해 3월까지를 말한다.)에는 인공습지에서 말라 죽은 식생을 제거·처리하여야 한다.
② 인공습지 : 식생대가 50퍼센트 이상 고사하는 경우에는 추가로 수생식물을 심어야 한다.
③ 식생형 시설 : 식생수로 바닥의 토적물이 처리용량의 25퍼센트를 초과하는 경우에는 침전된 토사를 제거하여야 한다.
④ 식생형 시설 : 전처리를 위한 침사지는 주기적으로 협잡물과 침전물을 제거하여야 한다.

해설 식생형 시설
토양의 여과·흡착 및 식물의 흡착(吸着)작용으로 비점오염물질을 줄임과 동시에, 동·식물 서식공간을 제공하면서 녹지경관으로 기능하는 시설로서 식생여과대와 식생수로 등을 포함한다.

94 수질 및 수생태계 정책심의위원회에 관한 내용으로 틀린 것은?

① 환경부장관의 소속으로 수질 및 수생태계 정책심의위원회를 둔다.
② 위원회는 위원장과 부위원장 각 1인을 포함한 20명 이내의 위원으로 성별을 고려하여 구성한다.
③ 위원회의 운영 등에 관한 필요한 사항은 환경부령으로 정한다.
④ 위원회의 위원장은 환경부장관으로 하고, 부위원장은 위원 중에서 위원장이 임명하거나 위촉하는 사람으로 한다.

해설 위원회의 운영 등에 관한 필요한 사항은 대통령령으로 정한다.

95 낚시금지구역 또는 낚시제한구역의 안내판의 규격기준 중 색상 기준으로 옳은 것은?

① 바탕색 : 청색, 글씨 : 흰색
② 바탕색 : 흰색, 글씨 : 청색
③ 바탕색 : 회색, 글씨 : 흰색
④ 바탕색 : 흰색, 글씨 : 회색

해설 안내판의 규격기준 중 색상 기준은 청색 바탕에 흰색 글씨를 사용한다.

96 다음 중 수질환경보전법상 수면관리자에 관한 정의로 옳은 것은?

① 수질환경법령의 규정에 의하여 호소를 관리하는 자를 말한다. 이 경우 동일한 호소를 관리하는 자가 둘 이상인 경우에는 상수도법에 따른 하천관리청의 자가 수면관리자가 된다.
② 수질환경법령의 규정에 의하여 호소를 관리하는 자를 말한다. 이 경우 동일한 호소를 관리하는 자가 둘 이상인 경우에는 상수도법에 따른 하천관리청 외의 자가 수면관리자가 된다.
③ 다른 법령의 규정에 의하여 호소를 관리하는 자를 말한다. 이 경우 동일한 호소를 관리하는 자가 둘 이상인 경우에는 하천법에 따른 하천관리청의 자가 수면관리자가 된다.
④ 다른 법령의 규정에 의하여 호소를 관리하는 자를 말한다. 이 경우 동일한 호소를 관리하는 자가 둘 이상인 경우에는 하천법에 따른 하천관리청 외의 자가 수면관리자가 된다.

해설 "수면관리자"란 다른 법령에 따라 호소를 관리하는 자를 말한다. 이 경우 동일한 호소를 관리하는 자가 둘 이상인 경우에는 「하천법」에 따른 하천관리청 외의 자가 수면관리자가 된다.

92. ④ 93. ④ 94. ③ 95. ① 96. ④(전항정답) | ANSWER

97 수질 및 수생태계 보전에 관한 법률 시행규칙에서 규정한 수질오염 방지시설 중 생물화학적 처리시설이 아닌 것은?

① 살균시설
② 폭기시설
③ 산화시설(산화조 또는 산화지)
④ 안정조

해설 수질오염 방지시설 중 생물화학적 처리시설
㉠ 살수여과상
㉡ 폭기(瀑氣)시설
㉢ 산화시설(산화조(酸化槽) 또는 산화지(酸化池)를 말한다)
㉣ 혐기성·호기성 소화시설
㉤ 접촉조
㉥ 안정조
㉦ 돈사톱밥발효시설

98 환경기술인의 업무를 방해하거나 환경기술인의 요청을 정당한 사유 없이 거부한 자에 대한 벌칙 기준은?

① 5백만 원 이하의 벌금
② 3백만 원 이하의 벌금
③ 2백만 원 이하의 벌금
④ 1백만 원 이하의 벌금

99 폐수의 처리능력과 처리가능성을 고려하여 수탁하여야 하는 준수사항을 지키지 아니한 폐수처리업자에 대한 벌칙기준은?

① 100만 원 이하의 벌금
② 200만 원 이하의 벌금
③ 300만 원 이하의 벌금
④ 500만 원 이하의 벌금

100 오염총량관리 기본계획에 포함되어야 하는 사항과 가장 거리가 먼 것은?

① 관할 지역에서 배출되는 오염부하량의 총량 및 저감계획
② 해당 지역 개발계획으로 인하여 추가로 배출되는 오염부하량 및 그 저감계획
③ 해당 지역별 및 개발계획에 따른 오염부하량의 할당
④ 해당 지역 개발계획의 내용

해설 오염총량관리 기본계획에 포함되어야 하는 사항
㉠ 해당 지역 개발계획의 내용
㉡ 지방자치단체별·수계구간별 오염부하량(汚染負荷量)의 할당
㉢ 관할 지역에서 배출되는 오염부하량의 총량 및 저감계획
㉣ 해당 지역 개발계획으로 인하여 추가로 배출되는 오염부하량 및 그 저감계획

2016년 1회 수질환경기사

SECTION 01 수질오염개론

01 곰팡이(Fungi)류의 경험적 화학 분자식은?
① $C_{12}H_7O_4N$
② $C_{12}H_8O_5N$
③ $C_{10}H_{17}O_6N$
④ $C_{10}H_{18}O_4N$

02 분뇨의 특징에 관한 설명으로 틀린 것은?
① 분뇨 내 질소화합물은 알칼리도를 높게 유지시켜 pH의 강하를 막아준다.
② 분과 요의 구성비는 약 1:8~1:10 정도이며 고액분리가 용이하다.
③ 분의 경우 질소산화물은 전체 VS의 12~20% 정도 함유되어 있다.
④ 분뇨는 다량의 유기물을 함유하며, 점성이 있는 반고상 물질이다.

해설 분과 요의 구성비는 약 1:8~10 정도이며 고액분리가 어렵다.

03 콜로이드의 성질과 특성에 대한 설명으로 틀린 것은?
① 제타전위는 콜로이드 입자의 전하와 전하의 효력이 미치는 분산매의 거리를 측정한다.
② 제타전위가 클수록 입자는 응집하기 쉬우므로 콜로이드를 완전히 응집시키는 데 제타전위를 5~10mV 이상으로 해야 한다.
③ 소수성 콜로이드는 전해질의 첨가에 따라 응집하며 응결시킬 때 필요한 이온에 대한 응결가는 이온가가 높은 쪽이 크다.
④ 친수성 콜로이드는 물에 대한 친화력이 대단히 크므로 소량의 전해질 첨가에는 영향을 받지 않고 대량의 전해질을 가하면 염석에 따라 침전한다.

해설 제타전위가 작을수록 응집성이 증가한다. 보통 제타전위는 10~200mV 정도이며 일반적으로 20~30mV 이하로 되면 응집하기 쉬우나 가장 유효한 응집 범위는 0±5mV로 조절하는 것이 좋다고 하며, 실제로는 10mV를 응집의 지표로 삼는 것이 좋다.

04 호수의 성층현상에 대해 틀린 것은?
① 수심에 따른 온도 변화로 인해 발생되는 물의 밀도차에 의하여 발생한다.
② Thermocline(약층)은 순환층과 정체층의 중간층으로, 깊이에 따른 온도 변화가 크다.
③ 봄이 되면 얼음이 녹으면서 수표면 부근의 수온이 높아지게 되고 따라서 수직운동이 활발해져 수질이 악화된다.
④ 여름이 되면 연직에 따른 온도 경사와 용존산소 경사가 반대모양을 나타낸다.

해설 여름이 되면 연직에 따른 온도 경사와 용존 산소 경사가 같은 모양을 나타내는 것이 특징이다.

05 경도가 $CaCO_3$로서 500mg/L이고 Ca^{+2} 100mg/L, Na^+ 46mg/L, Cl^- 1.3mg/L인 물에서의 Mg^{+2}의 농도(mg/L)는?(단, 원자량은 Ca 40, Mg 24, Na 23, Cl 35.5)
① 30
② 60
③ 120
④ 240

해설 $TH = \sum M_C^{2+} \times \dfrac{50}{Eq}$

$500 = 100(mg/L) \times \dfrac{50}{40/2} + X(mg/L) \times \dfrac{50}{24/2}$

$\therefore X(Mg^{+2}) = 60mg/L$

06 미생물을 진핵세포와 원핵세포로 나눌 때 원핵세포에는 없고 진핵세포에만 있는 것은?
① 리보솜
② 세포소기관
③ 세포벽
④ DNA

해설 세포소기관(미토콘드리아, 엽록체, 액포 등)은 진핵세포에만 존재한다.

1. ③ 2. ② 3. ② 4. ④ 5. ② 6. ② | ANSWER

07 물의 특성에 관한 설명으로 틀린 것은?

① 수소와 산소의 공유결합 및 수소결합으로 되어 있다.
② 수온이 감소하면 물의 점성도가 감소한다.
③ 물의 점성도는 표준상태에서 대기의 대략 100배 정도이다.
④ 물분자 사이의 수소결합으로 큰 표면장력을 갖는다.

해설 물의 여러 가지 특성은 물분자의 수소결합 때문에 나타나는데 표면장력 또한 물의 수소결합에 의해 다른 용매보다 큰 표면장력을 가지고 있다. 표면장력은 온도가 높을수록 감소한다.

08 부영양화가 진행되는 단계에서의 지표현상으로 틀린 것은?

① 심수층의 DO 농도가 점차적으로 감소한다.
② 플랑크톤 및 그 잔재물이 증가되고, 물의 투명도가 점차 낮아진다.
③ 퇴적된 저니의 용출이 현격하게 늘어나며 COD 농도가 증가한다.
④ 식물성 플랑크톤이 늘어나고 남조류, 녹조류 등이 규조류로 변화된다.

해설 식물성 플랑크톤이 늘어나고 규조류(Diatom)에서 편모충류(Flagellate)로 종구조를 변화시킨다.

09 알칼리도(Alkalinity)에 관한 설명으로 틀린 것은?

① 알칼리도가 낮은 물은 철(Fe)에 대한 부식성이 강하다.
② 알칼리도가 부족할 때는 소석회($Ca(OH)_2$)나 소다회(Na_2CO_3)와 같은 약제를 첨가하여 보충한다.
③ 자연수의 알칼리도는 주로 중탄산염(HCO_3^-)의 형태를 이룬다.
④ 중탄산염(HCO_3^-)이 많이 함유된 물을 가열하면 pH는 낮아진다.

해설 중탄산염(HCO_3^-)이 많이 함유된 물을 가열하면 pH는 높아진다.

10 유해물질-배출원-유해내용이 맞게 짝지어진 것은?

① 카드뮴-전해소다공장, 농약공장-수족의 지각장애
② 수은-금속광산, 정련공장, 원자로-동요성보행
③ 납-합금, 도금, 제련-피부궤양
④ 망간-광산, 합금, 유리착색-파킨스병 유사증세

해설 망간은 광산, 합금, 건전지, 유리착색, 화학공업(과망간산칼륨 제조)에서 배출되며 철과 함께 인체에 대한 생리적 장해는 적다. 경구섭취에 의한 중추신경계 진행의 악화, 기면현상을 일으킨다. 다량으로 섭취할 경우 파킨슨씨병 증후군과 유사한 증상을 나타내기도 한다.

11 아세트산(CH_3COOH) 1,000mg/L 용액의 pH가 3.0이었다면 이 용액의 해리상수(K_a)는?

① 2×10^{-5}
② 3×10^{-5}
③ 4×10^{-5}
④ 6×10^{-5}

해설 해리정수(K_a)

$$K_a = \frac{[CH_3COO^-][H^+]}{[CH_3COOH]}$$

$$= \frac{(10^{-3})^2}{0.0167}$$

$$= 6.0 \times 10^{-5}$$

여기서, ㉠ $[H^+] = 10^{-pH} = 10^{-3}$(mol/L)

㉡ $CH_3COOH \left(\frac{mol}{L}\right)$

$$= \frac{1,000mg}{L} \left| \frac{1g}{10^3 mg} \right| \frac{1mol}{60g}$$

$$= 0.0167(mol/L)$$

12 BOD가 2,000mg/L인 폐수를 제거율 85%로 처리한 후 몇 배 희석하면 방류수 기준에 맞는가?(단, 방류수 기준은 40mg/L라고 가정한다.)

① 4.5배
② 5.5배
③ 6.5배
④ 7.5배

해설 $C_o = C_i \times (1-\eta)$
$= 2,000(1-0.85)$
$= 300(mg/L)$

희석배수 $= \frac{300}{40} = 7.5$(배)

13 적조현상에 의해 어패류가 폐사하는 원인으로 가장 거리가 먼 것은?
① 적조생물이 어패류의 아가미에 부착하여
② 적조류의 광범위한 수면막 형성으로 인해
③ 치사성이 높은 유독물질을 분비하는 조류로 인해
④ 적조류의 사후 분해에 의한 수중 부패 독의 발생으로 인해

14 H_2SO_4의 비중이 1.84이며, 농도는 95중량%이다. N농도는?
① 8.9
② 17.8
③ 35.7
④ 71.3

해설 $N(eq/L) = \dfrac{1.84kg}{L} \left| \dfrac{1eq}{98/2g} \right| \dfrac{95}{100} \left| \dfrac{1,000g}{1kg} \right.$
$= 35.67(eq/L)$

15 지구상의 담수 존재량의 가장 많은 부분을 차지하고 있는 것은?
① 지하수
② 토양수분
③ 빙하
④ 하천수

해설 담수 중 가장 많은 양을 차지하는 것은 빙하나 극지방의 얼음이다.

16 지하수의 일반적 특성으로 가장 거리가 먼 것은?
① 수온 변동이 적고 탁도가 낮다.
② 미생물이 거의 없고 오염물질이 적다.
③ 무기염류 농도와 경도가 높다.
④ 자정속도가 빠르다.

해설 지하수는 수온 변동이 적고 자정속도가 느리다.

17 수질오염과 관련된 미생물에 대한 설명으로 틀린 것은?
① 박테리아는 용해된 유기물을 섭취한다.
② Fungi가 폐수처리 과정에서 많이 발생되면 유출 수로부터 분리가 잘 안 되며 이를 슬러지팽화라 한다.
③ Protozoa는 호기성이며 탄소동화작용을 하지 않고 박테리아 같은 미생물을 잡아먹는다.
④ 균류는 탄소동화작용을 하는 생물로, 무기물을 섭취하는 호기성 종속 미생물이다.

해설 균류(Fungi)는 흔히 곰팡이라고 불리는 다세포 식물로, 생물학적 오수처리장과 오탁하천에서 주로 발견되며, 탄소동화작용을 하지 않는 미생물로서 곰팡이류, 효모, 사상균 등이 여기에 속한다.

18 트리할로메탄(THM)에 관한 설명으로 틀린 것은?
① 일정 기준 이상의 염소를 주입하면 THM의 농도는 급감한다.
② pH가 증가할수록 THM의 생성량은 증가한다.
③ 온도가 증가할수록 THM의 생성량은 증가한다.
④ 수돗물에 생성된 트리할로메탄류는 대부분 클로로포름으로 존재한다.

해설 염소 주입량 20ppm까지는 트리할로메탄(THM) 생성이 급속히 증가하나 그 이후는 서서히 증가한다.

19 미생물의 종류를 분류할 때, 탄소 공급원에 따른 분류는?
① Aerobic, Anaerobic
② Thermophilic, Psychrophilic
③ Phytosynthetic, Chemosynthetic
④ Autotrophic, Heterotrophic

20 하천의 단면적이 $350m^2$, 유량이 $428,400m^3/hr$, 평균수심 1.7m일 때 탈산소계수가 0.12/day인 지점의 자정계수는?(단, $K_2 = 2.2 \times \dfrac{V}{H^{1.33}}$ 식에서 단위는 V[m/sec], H[m]이다.)
① 0.3
② 1.6
③ 2.4
④ 3.1

13. ② 14. ③ 15. ③ 16. ④ 17. ④ 18. ① 19. ④ 20. ④ | ANSWER

해설 $f = \dfrac{K_2}{K_1}$

$K_2 = 2.2 \times \dfrac{V}{H^{1.33}} = 2.2 \times \dfrac{0.34}{1.7^{1.33}}$
$= 0.3693/\text{day}$

$V(\text{m/sec}) = \dfrac{428,400\text{m}^3}{\text{hr}} \bigg| \dfrac{1}{350\text{m}^2} \bigg| \dfrac{1\text{hr}}{3,600\text{sec}}$
$= 0.34(\text{m/sec})$

$\therefore f = \dfrac{K_2}{K_1} = \dfrac{0.3693}{0.12} = 3.08$

SECTION 02 상하수도계획

21 원심력 펌프의 규정회전수 N=30회/sec, 규정토출량 Q=0.8m³/sec, 규정 양정 H=15m 일 때, 펌프의 비교 회전도는?(단, 양흡입이 아님)

① 약 1,050 ② 약 1,250
③ 약 1,410 ④ 약 1,640

해설 $N_s = N \times \dfrac{Q^{1/2}}{H^{3/4}}$

$= (30 \times 60) \times \dfrac{(0.8 \times 60)^{1/2}}{(15)^{3/4}}$
$= 1,636.16(회)$

22 침전지 침전효율과 관련된 내용으로 옳은 것은?

① 침전제거율 향상을 위해 침전지의 침강면적(A)을 작게 한다.
② 침전제거율 향상을 위해 플록의 침강속도(V)를 작게 한다.
③ 침전제거율 향상을 위해 유량(Q)을 크게 한다.
④ 가장 기본적인 지표는 표면부하율이다.

해설 침전지 침전효율은 침강면적이 클수록, 침강속도가 클수록, 유량이 작을수록 증가한다.

23 상수시설 중 배수지에 관한 설명으로 틀린 것은?

① 유효용량은 시간변동조정용량, 비상대처용량을 합하여 급수구역의 계획 1일 최대급수량의 12시간분 이상을 표준으로 한다.
② 부득이한 경우 외에는 배수지를 급수지역의 중앙 가까이 설치한다.
③ 유효수심은 1~2m 정도를 표준으로 한다.
④ 자연유하식 배수지의 표고는 최소동수압이 확보되는 높이여야 한다.

해설 배수지의 유효수심은 3~6m 정도를 표준으로 한다.

24 상수도 관종을 선정할 때 고려하여야 하는 기본사항이 아닌 것은?

① 관 재질에 의하여 물이 오염될 우려가 없어야 한다.
② 내압과 외압에 대하여 안전해야 한다.
③ 통수능력 감소에 따른 내용연수를 고려해야 한다.
④ 매설환경에 적합한 시공성을 지녀야 한다.

해설 통수능력 증가에 따른 내용연수를 고려해야 한다.

25 계획분뇨처리장의 기준으로 옳은 것은?

① 1일평균 분뇨발생량을 기준으로 한다.
② 연간 분뇨발생량을 기준으로 한다.
③ 계획지역 수거량을 기준으로 한다.
④ 지역별 분뇨처리시설 용량을 기준으로 한다.

해설 계획분뇨처리장은 계획지역 수거량을 기준으로 한다.

26 하수도계획의 목표연도로 옳은 것은?

① 원칙적으로 10년으로 한다.
② 원칙적으로 15년으로 한다.
③ 원칙적으로 20년으로 한다.
④ 원칙적으로 25년으로 한다.

해설 하수도계획의 목표연도는 원칙적으로 20년 정도로 한다.

ANSWER | 21. ④ 22. ④ 23. ③ 24. ③ 25. ③ 26. ③

27 배수탑에 대한 설명으로 틀린 것은?

① 배수탑은 총 수심은 20m 정도를 한계로 하여야 한다.
② 유출관의 유출구 중심고는 저수위보다 관경의 2배 이상 낮게 하여야 한다.
③ 배수탑에는 고수위에 벨 마우스를 갖는 월류관을 설치하여야 한다.
④ 배수탑의 유입관, 유출관, 월류관, 배출관에는 부등침하나 신축에는 관계없으므로 신축이음을 설치할 필요가 없다.

> **해설** 배수탑의 유입관, 유출관, 월류관, 배출관에는 부등침하나 신축에는 관계가 있으므로 신축이음관을 설치해야 한다.

28 하수도 시설인 중력식 침사지에 대한 설명으로 틀린 것은?

① 침사지의 평균유속은 0.3m/초를 표준으로 한다.
② 저부경사는 보통 1/500~1/1,000로 하며 그리트 제거설비의 종류별 특성에 따라 범위가 적용된다.
③ 침사지의 표면부하율은 오수침사지의 경우 1,800 $m^3/m^2 \cdot$ 일, 우수침사지의 경우 3,600$m^3/m^2 \cdot$ 일 정도로 한다.
④ 침사지 수심은 유효수심에 모래 퇴적부의 깊이를 더한 것으로 한다.

> **해설** 중력식 침사지의 저부경사는 보통 1/100~1/200로 하나, 그리트 제거설비의 종류별 특성에 따라서는 이 범위가 적용되지 않을 수도 있다.

29 펌프의 토출량을 0.1m³/sec, 토출구의 유속을 2m/sec로 할 때 펌프의 구경은?

① 약 255mm
② 약 365mm
③ 약 475mm
④ 약 545mm

> **해설** 유량계산식을 이용한다.
> $Q = A \times V$
> $A = \dfrac{Q}{V} = \dfrac{0.1m^3}{sec} \bigg| \dfrac{sec}{2m} = 0.05 m^2$
> $A = \dfrac{\pi D^2}{4} = 0.05(m^2)$
> $D = 0.2523m = 252.2(mm)$

30 상수시설의 도수관 중 공기밸브의 설치에 관한 설명으로 틀린 것은?

① 관로의 종단도상에서 상향 돌출부의 하단에 설치해야 하지만 제수밸브의 중간에 상향 돌출부가 없는 경우에는 높은 쪽의 제수밸브 바로 뒤쪽에 설치한다.
② 관경 400mm 이상의 관에는 반드시 급속공기밸브 또는 쌍구공기밸브를 설치하고, 관경 350mm 이하의 관에 대해서는 급속공기밸브 또는 단구공기밸브를 설치한다.
③ 공기밸브에는 보수용의 제수밸브를 설치한다.
④ 매설관에 설치하는 공기밸브에는 밸브실을 설치한다.

> **해설** 관로의 종단도상에서 상향 돌출부의 하단에 설치해야 하지만 제수밸브의 중간에 상향 돌출부가 없는 경우에는 높은 쪽의 제수밸브 바로 앞쪽에 설치한다.

31 하수처리를 위한 생물처리설비 중 회전원판장치에 관한 설명으로 틀린 것은?

① 접촉지의 용량은 액량면적비로 결정한다.
② 처리계열은 2계열 이상으로 하고 각 계열은 2개 이상의 접촉지를 직렬로 배치한다.
③ 회전원판의 주변속도는 15~20m/min을 표준으로 한다.
④ 접촉지의 내벽과 원판 끝부분의 간격은 원판 직경의 5~8%를 표준으로 한다.

> **해설** 원판과 접촉지 벽과의 간격은 교반효과 측면에서 경험적으로 원판 직경의 10~20%로 하고 있다.

32 하수도에 사용되는 펌프형식 중 전양정이 3~14m일 때 적용하고, 펌프 구경은 400mm 이상을 표준으로 하며 양정 변화에 대하여 수량의 변동이 적고, 또 수량 변동에 대해 동력의 변화도 적으므로 우수용 펌프 등 수위 변동이 큰 곳에 적합한 것은?
① 원심펌프
② 사류펌프
③ 원심사류펌프
④ 축류펌프

33 하수의 계획오염부하량 및 계획유입수질에 관한 내용으로 틀린 것은?
① 계획유입수질 : 계획오염부하량을 계획 1일 최대 오수량으로 나눈 값으로 한다.
② 생활오수에 의한 오염부하량 : 1인 1일당 오염부하량 원단위를 기초로 하여 정한다.
③ 관광오수에 의한 오염부하량 : 당일 관광과 숙박으로 나누고 각각의 원단위에서 추정한다.
④ 영업오수에 의한 오염부하량 : 업무의 종류 및 오수의 특징 등을 감안하여 결정한다.

[해설] 하수의 계획유입수질은 계획오염부하량을 계획 1일 평균오수량으로 나눈 값으로 한다.

34 도시 하수처리장의 원형 침전지에 3,000m³/day의 하수가 유입되고 위어의 월류부하를 12m³/m-day로 하고자 한다면, 최종 침전지 월류위어(Weir)의 길이는?
① 220m
② 230m
③ 240m
④ 250m

35 연평균 강우량이 1,135mm인 지역에 필요한 저수지의 용량(day)은?(단, 가정법 적용)
① 약 126
② 약 146
③ 약 166
④ 약 186

[해설] 저수용량(가정법)
$$C = \frac{5,000}{\sqrt{0.8 \times R}} = \frac{5,000}{\sqrt{0.8 \times 1,135}}$$
$$= 165.93(일)$$
여기서, R : 연평균 강우량(mm)

36 배수면적이 50km²인 지역의 우수량이 800m³/sec일 때 이 지역의 강우강도(I)는 몇 mm/hr인가?(단, 유출계수 : 0.83, 우수량의 산출은 합리식 적용)
① 약 70
② 약 75
③ 약 80
④ 약 85

[해설] 합리식을 이용한다.
$$Q(m^3/sec) = \frac{1}{360}CIA$$
여기서, $A(ha) = \frac{50km^2}{1} \Big| \frac{100ha}{1km^2}$
$= 5,000(ha)$
$\therefore 800(m^3/sec) = \frac{1}{360} \times 0.83 \times I \times 5,000$
$\therefore I = 69.40(mm/hr)$

37 천정호(얕은 우물)의 경우 양수량 $Q = \frac{\pi k(H^2 - h^2)}{2.3\log(R/r)}$으로 표시된다. 반경 0.5m의 천정호 시험정에서 H=6m, h=4m, R=50m의 경우에 Q=10L/sec의 양수량을 얻었다. 이 조건에서 투수계수 k는?
① 0.043m/분
② 0.073m/분
③ 0.086m/분
④ 0.146m/분

[해설] $Q = \frac{\pi k(H^2 - h^2)}{2.3\log(R/r)}$
$10 \times 10^{-3}(m^3/sec) = \frac{\pi k(6^2 - 4^2)m^2}{2.3\log(50/0.5)}$
$k = 7.32 \times 10^{-4}(m/sec) = 0.043(m/min)$

38 강우강도 $I = \frac{3,970}{t + 31}$ mm/hr, 유역면적 3km², 유입시간 180sec, 관거길이 1km, 유출계수 1.1, 하수관의 유속 33m/min일 경우 우수유출량은?(단, 합리식 적용)
① 약 29m³/sec
② 약 33m³/sec
③ 약 48m³/sec
④ 약 57m³/sec

[해설] $Q = \frac{1}{360}CIA$
㉠ C : 유출계수 = 1.1
㉡ A : 유역면적 = $\frac{3km^2}{1} \Big| \frac{100ha}{1km^2} = 300(ha)$

ANSWER | 32. ② 33. ① 34. ④ 35. ③ 36. ① 37. ① 38. ④

ⓒ $I = \dfrac{3,970}{t+31}$ mm/hr

$= \dfrac{3,970}{33.3+31}$ mm/hr

$= 61.74 \text{(mm/hr)}$

t = 유입시간 + 유하시간

$= t_i + \dfrac{L}{V}$

$= \dfrac{180\text{sec}}{} \left| \dfrac{1\text{min}}{60\text{sec}} \right| + \dfrac{\text{min}}{33\text{m}} \left| \dfrac{1\text{km}}{} \right| \dfrac{10^3\text{m}}{1\text{km}}$

$= 33.3 \text{(min)}$

∴ $Q = \dfrac{1}{360} CIA = \dfrac{1}{360} \times 1.1 \times 61.74 \times 300$

$= 56.60 \text{(m}^3/\text{sec)}$

39 하수도시설기준상 축류펌프의 비교회전도(Ns) 범위로 적절한 것은?

① 100~250 ② 200~850
③ 700~1,200 ④ 1,100~2,000

해설 펌프의 비교회전도(Ns)의 수치가 가장 큰 것은 축류펌프로 1,200~2,000 범위이다.

40 상수도시설의 내진설계 방법이 아닌 것은?

① 등가적정해석법 ② 다중회귀법
③ 응답변위법 ④ 동적 해석법

해설 수도시설의 내진설계법으로 진도법(등가적정해석법), 응답변위법 및 동적 해석법이 있다.

SECTION 03 수질오염방지기술

41 활성슬러지법과 비교하여 생물막 공법의 특징이 아닌 것은?

① 적은 에너지를 요구한다.
② 단순한 운전이 가능하다.
③ 2차 침전지에서 슬러지 벌킹의 문제가 없다.
④ 충격·독성부하로부터 회복이 느리다.

해설 충격부하 및 독성부하에 강한 것이 생물막법의 장점이다.

42 정수장 여과지의 여상 내부에 기포가 생기면 여과효율이 급격히 감소한다. 여상에 기포가 갇히게 되는 원인이 아닌 것은?

① 여상 내부의 수온 상승
② 여상 내부의 압력이 대기압보다 저하
③ 여상 내부에 조류가 증식하여 산소 발생
④ 여상 내부 수두손실의 급격한 변동

해설 공기결합(Air Binding)은 물에 녹아있는 공기가 여과 중에 기체상으로 되면서 여층 내에 기포를 생성시킴으로써 여과속도를 저감시키거나 모래입자를 유출시키는 현상을 말하며, 여과지가 부압(-)으로 운전될 때 발생하므로 운전 중 여층이 부압으로 되지 않도록 유의하여야 한다.

43 활성슬러지공법으로부터 1일 3,000kg(건조고형물 기준)이 발생되는 폐슬러지를 호기성으로 소화 처리하고자 할 때 소화조의 용적(m³)은?(단, 폐슬러지 농도 3%, 수온 20℃, 수리학적 체류시간 23일, 비중 1.03)

① 약 1,515
② 약 1,725
③ 약 1,945
④ 약 2,233

해설 소화조의 용적(∀) = 처리유량(Q) × 체류시간(t)
여기서,

$Q(\text{m}^3/\text{day}) = \dfrac{3,000\text{kg} \cdot \text{TS}}{\text{day}} \left| \dfrac{\text{m}^3}{1,030\text{kg}} \right|$

$\left| \dfrac{100 \cdot \text{SL}}{3 \cdot \text{TS}} \right|$

$= 97.09 (\text{m}^3/\text{day})$

∴ 소화조의 용적(∀)

∀ = 97.09(m³/day) × 23(day)

$= 2,233.07 (\text{m}^3)$

44 수질성분이 금속 하수도관의 부식에 미치는 영향으로 틀린 것은?

① 잔류염소는 용존산소와 반응하여 금속 부식을 억제시킨다.
② 용존산소는 여러 부식 반응속도를 증가시킨다.
③ 고농도의 염화물이나 황산염은 철, 구리, 납의 부식을 증가시킨다.
④ 암모니아는 착화물의 형성을 통하여 구리, 납 등의 용해도를 증가시킬 수 있다.

해설 잔류염소는 용존산소와 반응하여 금속 부식을 더욱 활성화시킨다.

45 기계적으로 청소가 되는 바 스크린의 바(bar) 두께는 5mm이고, 바 간의 거리는 30mm이다. 바를 통과하는 유속이 0.90m/s일 때, 스크린을 통과하는 수두손실(m)은? $\left[단, h_L = \left(\dfrac{V_B^2 - V_A^2}{2g} \right)\left(\dfrac{1}{0.7} \right) \right]$

① 0.0157
② 0.0238
③ 0.0325
④ 0.0452

해설 먼저 스크린 통과 후 유속(V_A)를 구한다.
$V_B \times A_A = V_A \times A_B$
$0.9 \text{m/s} \times 30\text{mm} \times D = V_A \times 35\text{mm} \times D$
$V_A = 0.77\text{m/s}$

$\therefore h_L = \dfrac{V_B^2 - V_A^2}{2g} \times \dfrac{1}{0.7}$
$= \dfrac{(0.9\text{m/s})^2 - (0.77\text{m/s})^2}{2 \times 9.8\text{m/s}^2} \times \dfrac{1}{0.7}$
$= 0.0157\text{m}$

46 펜톤 처리공정에 관한 설명으로 가장 거리가 먼 것은?

① 펜톤시약의 반응시간은 철염과 과산화수소수의 주입 농도에 따라 변화를 보인다.
② 펜톤시약을 이용하여 난분해성 유기물을 처리하는 과정은 대체로 산화반응과 함께 pH 조절, 펜톤산화, 중화 및 응집, 침전으로 크게 4단계로 나눌 수 있다.
③ 펜톤시약의 효과는 pH 8.3~10 범위에서 가장 강력한 것으로 알려져 있다.
④ 폐수의 COD는 감소하지만 BOD는 증가할 수 있다.

해설 펜톤산화의 최적 반응 pH는 3~4.5이다.

47 BAC(Biological Activated Carbon, 생물활성탄)의 단점에 관한 설명으로 틀린 것은?

① 활성탄이 서로 부착, 응집되어 수두손실이 증가될 수 있다.
② 정상상태까지의 기간이 길다.
③ 미생물 부착으로 일반 활성탄보다 사용기간이 짧다.
④ 활성탄에 병원균이 자랐을 때 문제가 야기될 수 있다.

해설 생물활성탄(BAC ; Biological Activated Carbon)은 일반 활성탄에 비하여 수명을 4배 이상 연장할 수 있다.

48 깊이가 2.75m인 조에서 물의 체류시간을 2분으로 할 때 G값을 500S-1로 유지하는 데 필요한 공기의 양은?(단, 수온이 5°C인 경우, Q=0.21m³/sec, μ =1.518×10⁻³N·S/m², P_a : 101.3×10³N/m², P=P_a×Q_a×ln[(10.3+h)/10.3]식 적용)

① 약 0.40m³/sec
② 약 0.55m³/sec
③ 약 0.86m³/sec
④ 약 1.21m³/sec

해설 $G = \sqrt{\dfrac{P}{\mu \cdot \forall}}$

$P = G^2 \cdot \mu \cdot \forall$
$= \dfrac{500^2}{\text{sec}^2} \left| \dfrac{1.518 \times 10^{-3}\text{N} \cdot \text{sec}}{\text{m}^2} \right|$
$\left| \dfrac{0.21\text{m}^3}{\text{sec}} \right| \dfrac{2\text{min}}{1} \left| \dfrac{60\text{sec}}{1\text{min}} \right| \dfrac{\text{kg} \cdot \text{m/sec}^2}{1\text{N}}$
$= 9,563.4(\text{watt})$
$= 9.56(\text{kW})$

$P = P_a \times Q_a \times \ln\left[\dfrac{10.3 + h}{10.3}\right]$ 에서

$Q_a = \dfrac{P}{P_a \times \ln\left[\dfrac{10.3 + h}{10.3}\right]}$
$= \dfrac{9.56}{101.3 \times \ln\left[\dfrac{10.3 + 2.75}{10.3}\right]}$
$= 0.3988(\text{m}^3/\text{sec})$

ANSWER | 44. ① 45. ① 46. ③ 47. ③ 48. ①

49 포기조 내의 혼합액 중 부유물 농도(MLSS)가 2,000 g/m³, 반송슬러지의 부유물 농도가 9,586g/m³라면 슬러지 반송률은?(단, 유입수내 SS는 고려하지 않음)

① 23.2% ② 26.4%
③ 28.6% ④ 32.8%

해설 $R = \dfrac{X}{X_r - X} \times 100 = \dfrac{2,000}{9,586 - 2,000} \times 100$
$= 26.36(\%)$

50 SBR의 장점이 아닌 것은?
① BOD 부하의 변동폭이 큰 경우에 잘 견딘다.
② 처리용량이 큰 처리장에 적용이 용이하다.
③ 슬러지 반송을 위한 펌프가 필요 없어 배관과 동력이 절감된다.
④ 질소와 인의 효율적인 제거가 가능하다.

해설 SBR은 소규모 처리장에 적합하다.

51 수은계 폐수 처리방법으로 틀린 것은?
① 수산화물 침전법 ② 흡착법
③ 이온교환법 ④ 황화물 침전법

해설 수은 함유 폐수를 처리하는 방법에는 황화물 침전법, 아말감법, 이온교환법, 흡착법 등이 있다. 수산화물 침전법은 주로 Pb, Cd, Cr_6^+ 처리에 이용한다.

52 인구가 145,000명인 도시에 완전혼합 활성슬러지 처리장을 설계하고자 한다. 다음과 같은 조건을 이용하여 유출수 BOD_5 : 10mg/L일 때 반응조 부피는?

- 유입수 유량 : 360L/인 · day
- 유입수 BOD_5 : 205mg/L
- 1차 침전지에서 제거된 유입수 BOD_5는 34%
- MLSS : 3,000mg/L
- MLVSS는 MLSS의 75%
- K : 0.926L/g · MLVSS · hr
- 1차 반응임
- $\theta = \dfrac{S_i - S_t}{KXS_t}$

① 약 12,000m³ ② 약 13,000m³
③ 약 14,000m³ ④ 약 15,000m³

해설 $\forall = Q \times t = Q \times \theta$

① $Q(m^3/day) = \dfrac{360L}{인 \cdot day} \Big| \dfrac{145,000인}{} \Big| \dfrac{1m^3}{10^3 L}$
$= 52,200(m^3/day)$

② $\theta(hr) = \dfrac{S_i - S_t}{KXS_t}$
$= \dfrac{(135.3 - 10)mg}{L} \Big| \dfrac{g \cdot MLVSS \cdot hr}{0.926L}$
$\Big| \dfrac{L}{2,250mg} \Big| \dfrac{L}{10mg} \Big| \dfrac{10^3 mg}{1g}$
$= 6.01(hr)$

여기서, $S_i = 205 \times 0.66 = 135.3(mg/L)$
$S_o = 10(mg/L)$
$X = MLVSS = MLSS \times 0.75$
$= 3,000 \times 0.75 = 2,250(mg/L)$
$K : 0.926L/g \cdot MLVSS \cdot hr$

∴ $\forall (m^3) = \dfrac{52,200m^3}{day} \Big| \dfrac{6.01hr}{} \Big| \dfrac{1day}{24hr}$
$= 13,071.75(m^3)$

53 고도 수처리를 하기 위한 방법인 정밀여과에 관한 설명으로 틀린 것은?
① 막은 대칭형 다공성 막 형태이다.
② 분리형태는 Pore Size 및 흡착현상에 기인한 체거름이다.
③ 추진력은 농도차이다.
④ 전자공업의 초순수제조, 무균수제조, 식품의 무균여과에 적용한다.

해설 정밀여과의 구동력(추진력)은 정수압차(0.1~1bar)이다.

54 분리막을 이용한 수처리 방법 중 추진력이 정수압차가 아닌 것은?
① 투석 ② 정밀여과
③ 역삼투 ④ 한외여과

해설 투석(Dialysis)의 추진력은 농도차이다.

55 부유입자에 의한 백색광 산란을 설명하는 Rayleigh의 법칙은?(단, I : 산란광의 세기, V ; 입자의 체적, λ : 빛의 파장, n : 입자의 수)

① $I \propto \dfrac{V^2}{\lambda^4}n$ ② $I \propto \dfrac{V}{\lambda^2}n$

③ $I \propto \dfrac{V}{\lambda}n^2$ ④ $I \propto \dfrac{V}{\lambda^2}n^2$

해설 레일리의 법칙
빛의 산란강도는 광선 파장의 4승에 반비례한다는 법칙이다. 파장이 작고 입자의 반경이 작을수록 산란이 더 잘 일어난다.

56 폐수 처리시설을 설치하기 위하여 다음 설계기준으로 처리하고자 한다. 필요한 활성슬러지 반응조의 수리학적 체류시간(HRT)은?(단, 설계기준 : 일 폐수량 40L, BOD 농도 20,000mg/L, MLSS 5,000 mg/L, F/M 1.5kgBOD/kg MLSS · day)

① 24hr   ② 48hr
③ 64hr   ④ 88hr

해설 $F/M = \dfrac{BOD_i \times Q_i}{\forall \cdot X}$

$\dfrac{\forall}{Q}(HRT) = \dfrac{BOD_i}{F/M \cdot X}$

$\dfrac{\forall}{Q} = \dfrac{20kg}{m^3} \Big| \dfrac{kg \cdot day}{1.5kg} \Big| \dfrac{m^3}{5kg} \Big| \dfrac{24hr}{1day} = 64(hr)$

57 Cd^{2+}가 함유된 폐수의 pH를 높여주면 수산화카드뮴의 침전물이 생성되어 제거된다. 20℃, pH 11에서 폐수 내 이론적 카드뮴 이온의 농도는?(단, 20℃, pH 11에서 수산화카드뮴의 용해도적은 4.0×10^{-14}이며 카드뮴 원자량은 112.4이다.)

① 3.5×10^{-5}mg/L   ② 4.5×10^{-5}mg/L
③ 3.5×10^{-3}mg/L   ④ 4.5×10^{-3}mg/L

해설 $Cd(OH)_2 \rightarrow Cd^{2+} + 2OH^-$
$Ksp = [Cd^{2+}][OH^-]^2$
$4.0 \times 10^{-14} = [Cd^{2+}][1 \times 10^{-14}/10^{-11}]^2$
$[Cd^{2+}] = 4.0 \times 10^{-8}$ mol/L

$Cd^{2+}(mg/L) = \dfrac{4.0 \times 10^{-8} mol}{L} \Big| \dfrac{112.4g}{1mol} \Big| \dfrac{1,000mg}{g}$
$= 4.5 \times 10^{-3}$

58 활성슬러지 처리변법별 F/M 비가 가장 높은 것은?
① 표준활성슬러지법   ② 순산소활성슬러지법
③ 장기포기법   ④ 산화구법

해설 각종 활성슬러지법

처리공법	F/M(kg/kg · day)
표준활성슬러지법	0.2~0.4
순산소활성슬러지법	0.3~0.6
장기포기법	0.03~0.05
산화구법	0.03~0.05
초심층포기법	1.0 이하

59 반지름이 8cm인 원형 관로에서 유체의 유속이 20m/sec일 때 반지름이 40cm인 곳에서의 유속(m/sec)은?(단, 유량은 동일하며, 기타 조건은 고려하지 않음)

① 0.8   ② 1.6
③ 2.2   ④ 3.4

해설 $Q_{8cm} = Q_{40cm}$
$\dfrac{\pi}{4} \times 0.16^2 \times 20 = \dfrac{\pi}{4} \times 0.8^2 \times V$
$\therefore V = 0.8$(m/sec)

60 BOD 250mg/L, 유입 폐수량 30,000m³/day, MLSS 농도 2,500mg/L이고 체류시간이 6시간인 폐수를 활성 슬러지법으로 처리한다면 BOD 슬러지 부하는?

① 0.4kg BOD/kg MLSS · day
② 0.3kg BOD/kg MLSS · day
③ 0.2kg BOD/kg MLSS · day
④ 0.1kg BOD/kg MLSS · day

ANSWER | 55. ①   56. ③   57. ④   58. ②   59. ①   60. ①

해설 $F/M = \dfrac{BOD_i \times Q_i}{\forall \cdot X} = \dfrac{BOD_i}{t \cdot X}$

$\therefore F/M = \dfrac{0.25\text{kg}}{\text{m}^3} \left| \dfrac{\text{m}^3}{2.5\text{kg}} \right| \dfrac{24\text{hr}}{6\text{hr}} \left| \dfrac{24\text{hr}}{1\text{day}} \right.$

$= 0.4(\text{kgBOD/kg MLSS} \cdot \text{day})$

SECTION 04 수질오염공정시험기준

61 수산화나트륨(NaOH) 10g을 물에 녹여서 500mL로 하였을 경우 몇 N 용액인가?

① 1.0N ② 0.25N
③ 0.5N ④ 0.75N

해설 $X(\text{eq/L}) = \dfrac{10\text{g}}{500\text{mL}} \left| \dfrac{1\text{eq}}{40\text{g}} \right| \dfrac{1,000\text{mL}}{1\text{L}}$

$= 0.5(\text{eq/L})$

62 현장에서 용존산소 측정이 어려운 경우에는 시료를 가득 채운 300mL BOD병에 황산망간용액 1mL, 알칼리성 요오드화칼륨 - 아지이드화나트륨 용액 1mL를 넣는다. 만약 시료 중 Fe(Ⅲ)이 함유되어 있을 때에 넣어주는 용액은?

① KF 용액 ② KI 용액
③ H_2SO_4 ④ 전분용액

해설 Fe(Ⅲ) 100~200mg/L가 함유되어 있는 시료의 경우, 황산을 첨가하기 전에 플루오린화칼륨 용액 1mL를 가한다.

63 흡광도 측정에서 투과율이 30%일 때 흡광도는?

① 0.37 ② 0.42
③ 0.52 ④ 0.63

해설 흡광도$(A) = \log\dfrac{1}{t} = \log\dfrac{1}{0.3} = 0.52$

64 정량한계(LOQ)를 옳게 표시한 것은?

① 정량한계 = 3 × 표준편차
② 정량한계 = 3.3 × 표준편차
③ 정량한계 = 5 × 표준편차
④ 정량한계 = 10 × 표준편차

해설 정량한계(LOQ ; Limit Of Quantification)란 시험분석 대상을 정량화할 수 있는 측정값으로서, 제시된 정량한계 부근의 농도를 포함하도록 시료를 준비하고 이를 반복 측정하여 얻은 결과의 표준편차(s)에 10배 한 값을 사용한다.
정량한계 = 10 × s

65 BOD 측정용 시료의 전처리 조작에 관한 설명으로 가장 거리가 먼 것은?

① 산성 시료는 수산화나트륨 용액(1M)으로 중화시킨다.
② 알칼리성 시료는 염산 용액(1M)으로 중화시킨다.
③ 일반적으로 잔류염소를 함유한 시료는 반드시 식종을 실시한다.
④ 수온이 20℃ 이상인 시료는 10℃ 이하로 식힌 후 통기시켜 산소를 포화시켜 준다.

해설 수온이 20℃ 이하일 때의 용존산소가 과포화되어 있을 경우에는 수온을 23~25℃로 상승시킨 이후에 15분간 통기한 후 방치하고 냉각하여 수온을 다시 20℃로 한다.

66 시료의 전처리 방법인 회화에 의한 분해방법의 설명으로 가장 거리가 먼 것은?

① 시료 중에 염화암모늄, 염화마그네슘 등이 다량 함유된 경우에는 납, 철, 주석, 아연 등이 휘산되어 손실을 가져오므로 주의하여야 한다.
② 시료 적당량(100~500mL)을 취하여 백금, 실리카 또는 자체증발접시에 넣고 물중탕 또는 열판에서 가열하여 증발건조한다.
③ 잔류물이 녹으면 냉수 100mL를 넣고 여과하여 거름종이를 냉수로 2회 씻어준다.
④ 목적성분이 400℃ 이상에서 휘산되지 않고 쉽게 회화될 수 있는 시료에 적용된다.

해설 잔류물이 녹으면 온수 20mL를 넣고 여과하여 거름종이를 온수로 3회 씻어준 다음 여액과 씻은 액을 합하고 물을 넣어 정확히 100mL로 한다.

67 폐수 중의 비소를 자외선/가시선분광법으로 측정하려고 한다. 비소 정량에 방해하는 황화수소 기체를 제거할 때 사용되는 시약은?

① 몰리브덴산나트륨 ② 나트륨붕소
③ 안티몬수은 ④ 아세트산납

해설 황화수소(H_2S) 기체는 비소 정량에 방해하므로 아세트산납을 사용하여 제거하여야 한다.

68 다이페닐카바지이드와 반응하여 생성하는 적자색 착화합물의 흡광도를 540nm에서 측정하는 중금속은?

① 6가 크롬 ② 인산염인
③ 구리 ④ 총인

해설 물속에 존재하는 6가 크롬을 자외선/가시선 분광법으로 측정하는 것으로, 산성 용액에서 다이페닐카바자이드와 반응하여 생성하는 적자색 착화합물의 흡광도를 540nm에서 측정한다.

69 음이온 계면활성제를 자외선/가시선 분광법으로 측정할 때 사용되는 시약으로 옳은 것은?

① 메틸레드 ② 메틸 오렌지
③ 메틸렌 블루 ④ 메틸렌 옐로

해설 음이온 계면활성제를 자외선/가시선 분광법으로 측정할 때 사용되는 시약
㉠ 메틸렌 블루 용액(0.03%)
㉡ 수산화나트륨 용액(0.4%)
㉢ 알칼리성 붕산나트륨 용액
㉣ 클로로폼
㉤ 페놀프탈레인 · 에탄올 용액(0.5%)
㉥ 황산 용액(1M)
㉦ 황산 용액(3M)

70 원자흡수분광광도법에서 일어나는 간섭의 설명으로 가장 거리가 먼 것은?

① 광학적 간섭 : 분석하고자 하는 원소의 흡수파장과 비슷한 다른 원소의 파장이 서로 겹쳐 비 이상적으로 높게 측정되는 경우
② 물리적 간섭 : 표준용액과 시료 또는 시료와 시료 간의 물리적 성질(점도, 밀도, 표면장력등)의 차이 또는 표준물질과 시료의 매질(Matrix) 차이에 의해 발생
③ 화학적 간섭 : 불꽃의 온도가 분자를 들뜬상태로 만들기에 충분히 높지 않아서, 해당 파장을 흡수하지 못하여 발생
④ 이온화 간섭 : 불꽃 온도가 너무 낮은 경우 중성원자에서 전자를 빼앗아 이온이 생성될 수 있으며 이 경우 양(+)의 오차가 발생

해설 이온화 간섭
불꽃온도가 너무 높을 경우 중성원자에서 전자를 빼앗아 이온이 생성될 수 있으며 이 경우 음(-)의 오차가 발생하게 된다.

71 원자흡수분광광도법에 의한 금속 측정에 관한 설명으로 가장 거리가 먼 것은?

① 아연검정에 있어서 디티존에 따라 선택 추출한 경우는 니켈이나 코발트를 억제하기 때문에 펠옥시소 이황산 칼륨을 가한다.
② 6가 크롬 측정에 있어서 공존 금속류에 의한 간섭을 억제하기 위해서는 황산나트륨을 첨가한다.
③ 용해성 철 측정에 있어서 다량의 실리카가 포함되어 있을 때는 칼슘을 첨가하여 그 간섭을 억제한다.
④ 용해성 망간 측정에 있어서 미량의 경우에는 철 공침법으로 농축한다.

ANSWER | 67. ④ 68. ① 69. ③ 70. ④ 71. ①

72 다이크롬산칼륨법에 의한 화학적 산소요구량에 관한 설명으로 가장 거리가 먼 것은?

① 2시간 이상 끓인 다음 최초에 넣은 중크롬산칼륨액의 60~70%가 남도록 취하여야 한다.
② 황산제일철암모늄 용액으로 적정하여 시료에 의해 소비된 다이크롬산칼륨을 계산하고 이에 상당하는 산소의 양을 측정하는 방법이다.
③ 지표수, 지하수, 폐수 등에 적용하며, COD 5~50 mg/L의 낮은 농도범위를 갖는 시료에 적용한다.
④ 염소이온의 농도가 1,000mg/L 이상일 때에는 COD 값이 최소한 250mg/L 이상의 농도이어야 한다.

73 하천의 수심이 0.5m일 때 유속을 측정하기 위해 각 수심의 유속을 측정한 결과 수심 20% 지점 1.7m/sec, 수심 40% 지점 1.5m/sec, 60% 지점 1.3m/sec, 80% 지점 1.0m/sec이었다. 평균 유속(m/sec, 소구간단면기준)은?

① 1.15   ② 1.25
③ 1.35   ④ 1.45

해설 수심이 0.4m 이상일 때 평균유속
$$V_m = \frac{V_{0.2} + V_{0.8}}{2} = \frac{1.7 + 1.0}{2} = 1.35(\text{m/sec})$$

74 웨어의 수두가 0.8m, 절단의 폭이 5m인 4각 웨어를 사용하여 유량을 측정하고자 한다. 유량계수가 1.6일 때 유량(m^3/day)은?

① 약 4,345
② 약 6,925
③ 약 8,245
④ 약 10,370

해설 4각 웨어 $Q = K \cdot b \cdot h^{3/2}$
$Q = K \cdot b \cdot h^{3/2} = 1.6 \times 5 \times 0.8^{3/2}$
$= 5.724(\text{m}^3/\text{min})$
$= 8,242(\text{m}^3/\text{day})$

75 기체크로마토그래피법으로 인 또는 유황화합물을 선택적으로 검출하려 할 때 사용되는 검출기는?

① ECD   ② FID
③ FPD   ④ TCD

76 다음 설명 중 틀린 것은?

① 연속측정 또는 현장측정의 목적으로 사용하는 측정기기는 공정시험방법에 의한 측정치와의 정확한 보정을 행한 후 사용할 수 있다.
② 검정곡선은 분석물질의 농도 변화에 따른 지시값을 나타낸 것을 말한다.
③ 표준편차율이라 함은 평균값을 표준편차로 나눈 값의 백분율로서 반복조작 시의 편차를 상대적으로 표시한 것을 말한다.
④ 기기검출한계(IDL)란 시험분석 대상물질을 기기가 검출할 수 있는 최소한의 농도 또는 양을 의미한다.

해설 표준편차율이라 함은 표준편차를 평균값으로 나눈 값의 백분율로서 반복조작 시의 편차를 상대적으로 표시한 것을 말한다.

77 아연(자외선/가시선 분광법) 정량에 관한 설명 중 ( ) 안의 내용으로 알맞은 것은?

> 물속에 존재하는 아연을 측정하기 위하여 아연이온이 pH 약 9에서 진콘과 반응하여 생성되는 ( )에서 측정하는 방법이다.

① 적갈색 킬레이트 화합물의 흡광도를 460nm
② 적색 킬레이트 화합물의 흡광도를 520nm
③ 황색 킬레이트 화합물의 흡광도를 560nm
④ 청색 킬레이트 화합물의 흡광도를 620nm

해설 물속에 존재하는 아연을 측정하기 위하여 아연이온이 pH 약 9에서 진콘과 반응하여 생성되는 청색 킬레이트 화합물의 흡광도를 620nm에서 측정하는 방법이다.

72. ① 73. ③ 74. ③ 75. ③ 76. ③ 77. ④ | ANSWER

78 시료 채취 시 유의사항에 관한 내용으로 가장 거리가 먼 것은?

① 채취용기는 시료를 채우기 전에 시료로 3회 이상 세척 후 사용한다.
② 수소이온을 측정하기 위한 시료를 채취할 때에는 운반 중 공기와 접촉이 없도록 용기에 가득 채운다.
③ 휘발성 유기화합물 분석용 시료를 채취할 때에는 뚜껑에 격막이 생성되지 않도록 주의한다.
④ 시료채취량은 시험항목 및 시험횟수에 따라 차이가 있으나 보통 3~5L 정도이다.

해설 휘발성 유기화합물 분석용 시료를 채취할 때에는 뚜껑의 격막을 만지지 않도록 주의하여야 한다.

79 물벼룩을 이용한 급성 독성시험법에서 사용하는 용어의 정의로 틀린 것은?

① 치사 : 일정비율로 준비된 시료에 물벼룩을 투입하고 24시간 경과 후 시험용기를 살며시 움직여 주고 15초 후 관찰했을 때 아무 반응이 없는 경우를 "치사"라 판정한다.
② 유영저해 : 독성물질에 의해 영향을 받아 일부 기관(촉각, 후복부 등)이 움직임이 없는 경우를 "유영저해"로 판정한다.
③ 반수영양농도 : 투입 시험생물의 50%가 치사 혹은 유영저해를 나타낸 농도이다.
④ 지수식 시험방법 : 지수적으로 계산하는 시험을 말한다.

해설 지수식 시험방법
시험기간 중 시험용액을 교환하지 않는 시험을 말한다.

80 부유물질 측정 시 간섭물질에 관한 설명으로 틀린 것은?

① 증발잔류물이 1,000mg/L 이상인 경우의 해수, 공장폐수 등은 특별히 취급하지 않을 경우, 높은 부유물질 값을 나타낼 수 있다.
② 큰 모래입자 등과 같은 큰 입자들은 부유물질 측정에 방해를 주며 이 경우 직경 1mm 여과지에 먼저 통과시킨 후 분석을 실시한다.
③ 철 또는 칼슘이 높은 시료는 금속침전이 발생하며 부유물질 측정에 영향을 줄 수 있다.
④ 유지 및 혼합되지 않는 유기물도 여과지에 남아 부유 물질 측정값을 높게 할 수 있다.

해설 나무 조각, 큰 모래입자 등과 같은 큰 입자들은 부유물질 측정에 방해를 주며, 이 경우 직경 2mm 금속망에 먼저 통과시킨 후 분석을 실시한다.

SECTION 05 수질환경관계법규

81 환경기술인 등의 교육기관을 맞게 짝지은 것은?

① 국립환경과학원 – 환경보전협회
② 국립환경과학원 – 한국환경공단
③ 국립환경인력개발원 – 환경보전협회
④ 국립환경인력개발원 – 한국환경공단

해설 환경기술인 등의 교육기관
㉠ 환경기술인 : 환경보전협회
㉡ 기술요원 : 국립환경인력개발원

82 일일기준 초과배출량의 산정방법으로 맞는 것은?

① 일일유량×배출허용기준농도×10^{-6}
② 일일유량×배출허용기준농도×10^{-3}
③ 일일유량×배출허용기준 초과농도×10^{-6}
④ 일일유량×배출허용기준 초과농도×10^{-3}

해설 일일기준 초과배출량
= 일일유량×배출허용기준 초과농도×10^{-6}

ANSWER | 78. ③ 79. ④ 80. ② 81. ③ 82. ③

83 다음 중 폐수종말처리시설 기본계획에 포함되어야 할 사항으로 틀린 것은?

① 폐수종말처리시설에서 배출허용기준 적합여부 및 근거에 관한 사항
② 폐수종말처리시설의 폐수처리계통도, 처리능력 및 처리방법에 관한 사항
③ 폐수종말처리시설의 설치 · 운영자에 관한 사항
④ 오염원 분포 및 폐수배출량과 그 예측에 관한 사항

해설 폐수종말처리시설 기본계획에 포함되어야 할 사항
㉠ 폐수종말처리시설에서 처리하려는 대상 지역에 관한 사항
㉡ 오염원분포 및 폐수배출량과 그 예측에 관한 사항
㉢ 폐수종말처리시설의 폐수처리계통도, 처리능력 및 처리방법에 관한 사항
㉣ 폐수종말처리시설에서 처리된 폐수가 방류수역의 수질에 미치는 영향에 관한 평가
㉤ 폐수종말처리시설의 설치 · 운영자에 관한 사항
㉥ 폐수종말처리시설 부담금의 비용부담에 관한 사항
㉦ 총사업비, 분야별 사업비 및 그 산출근거
㉧ 연차별 투자계획 및 자금조달계획
㉨ 토지 등의 수용 · 사용에 관한 사항
㉩ 그 밖에 폐수종말처리시설의 설치 · 운영에 필요한 사항

84 상수원 구간의 수질오염경보인 조류경보 단계 중 [관심] 단계의 발령 · 해제기준으로 옳은 것은?

① 2회 연속 채취 시 남조류 세포 수가 1,000세포/mL 미만인 경우
② 2회 연속 채취 시 남조류 세포 수가 1,000세포/mL 이상 10,000세포/mL 미만인 경우
③ 2회 연속 채취 시 남조류 세포 수가 5,000세포/mL 이상 50,000세포/mL 미만인 경우
④ 2회 연속 채취 시 남조류 세포 수가 10,000세포/mL 이상 1,000,000세포/mL 미만인 경우

해설 조류경보(상수원구간)

경보단계	발령 · 해제기준
관심	2회 연속 채취 시 남조류 세포 수가 1,000세포/mL 이상 10,000세포/mL 미만인 경우
경계	2회 연속 채취 시 남조류 세포 수가 10,000세포/mL 이상 1,000,000세포/mL 미만인 경우
조류 대발생	2회 연속 채취 시 남조류 세포 수가 1,000,000 세포/mL 이상인 경우
해제	2회 연속 채취 시 남조류 세포 수가 1,000세포/mL 미만인 경우

85 변경승인을 받아야 할 폐수종말처리시설 기본계획의 중요사항 중 "환경부령이 정하는 중요사항"의 변경(기준)으로 가장 적합한 것은?

① 총 사업비의 100분의 10 이상에 해당하는 사업비
② 총 사업비의 100분의 20 이상에 해당하는 사업비
③ 총 사업비의 100분의 25 이상에 해당하는 사업비
④ 총 사업비의 100분의 50 이상에 해당하는 사업비

해설 변경승인을 받아야 할 폐수종말처리시설 기본계획의 중요사항
㉠ 총 사업비의 100분의 25 이상에 해당하는 사업비
㉡ 폐수종말처리시설 설치 · 운영 부담금의 100분의 25 이상에 해당하는 부담금
㉢ 사업지역(변경되는 사업지가 같은 읍 · 면 또는 동에 있는 경우는 제외한다.)

86 수질환경기준(하천) 중 사람의 건강보호를 위한 전수역에서 각 성분별 환경기준으로 맞는 것은?

① 비소(As) : 0.1mg/L 이하
② 납(Pb) : 0.01mg/L 이하
③ 6가 크롬(Cr^{+6}) : 0.05mg/L 이하
④ 음이온계면활성제(ABS) : 0.01mg/L 이하

해설 사람의 건강보호기준(하천)

항목	기준값(mg/L)
카드뮴(Cd)	0.005 이하
비소(As)	0.05 이하
시안(CN)	검출되어서는 안 됨 (검출한계 0.01)
수은(Hg)	검출되어서는 안 됨 (검출한계 0.001)
유기인	검출되어서는 안 됨 (검출한계 0.0005)
폴리클로리네이티드비페닐(PCB)	검출되어서는 안 됨 (검출한계 0.0005)
납(Pb)	0.05 이하
6가 크롬(Cr^{6+})	0.05 이하
음이온 계면활성제(ABS)	0.5 이하
사염화탄소	0.004 이하
1,2-디클로로에탄	0.03 이하
테트라클로로에틸렌(PCE)	0.04 이하
디클로로메탄	0.02 이하
벤젠	0.01 이하
클로로포름	0.08 이하

항목	기준값(mg/L)
디에틸헥실프탈레이트(DEHP)	0.008 이하
안티몬	0.02 이하
1,4-다이옥세인	0.05 이하
포름알데히드	0.5 이하
헥사클로로벤젠	0.00004 이하

87 위임업무 보고사항 중 업무내용과 보고기일이 잘못 짝지어진 것은?

① 폐수처리업에 대한 등록·지도단속실적 및 처리실적 – 매반기 종료 후 15일 이내
② 폐수위탁·사업장 내 처리현황 및 처리실적 – 다음 해 1월 15일까지
③ 배출업소 등에 따른 수질오염사고 발생 및 조치사항 – 사고 발생 시
④ 과징금 부과 실적 – 매분기 종료 후 15일 이내

해설 과징금 부과 실적
매반기 종료 후 10일 이내

88 기타 수질오염원의 대상과 규모기준으로 틀린 것은?

① 자동차 폐차장 시설로서 면적 $1,500m^2$ 이상인 시설
② 조류의 알을 물세척만 하는 시설로서 물 사용량이 1일 $5m^3$ 이상인 시설
③ 농산물을 보관·수송 등을 위하여 소금으로 절임만 하는 시설로서 용량 $10m^3$ 이상인 시설
④ 「내수면 어업법」에 따른 가두리양식 어장으로서 수소 면적 합계 $500m^2$ 이상인 시설

해설 「내수면 어업법」에 따른 가두리양식 어장으로서 면허대상 모두

89 오염총량관리기본방침에 포함되어야 하는 사항으로 틀린 것은?

① 오염총량관리지역 현황
② 오염총량관리의 목표
③ 오염원의 조사 및 오염부하량 산정방법
④ 오염총량관리의 대상 수질오염물질의 종류

해설 오염총량관리기본방침에 포함되어야 하는 사항
㉠ 오염총량관리의 목표
㉡ 오염총량관리의 대상 수질오염물질 종류
㉢ 오염원의 조사 및 오염부하량 산정방법
㉣ 오염총량관리기본계획의 주체, 내용, 방법 및 시한
㉤ 오염총량관리시행계획의 내용 및 방법

90 기타 수질오염원 시설인 골프장의 규모기준은?(단, 골프장: 「체육시설의 설치·이용에 관한 법률 시행령」에 따른 골프장)

① 면적 10만m^2 이상이거나 3홀 이상
② 면적 10만m^2 이상이거나 9홀 이상
③ 면적 3만m^2 이상이거나 3홀 이상
④ 면적 3만m^2 이상이거나 9홀 이상

해설 골프장은 면적이 3만 m^2 이상이거나 3홀 이상인 시설은 기타 수질오염원으로 분류한다.

91 수질 및 수생태계 보전에 관한 법률에서 사용하는 용어 정의로 틀린 것은?

① 폐수란 액체성 또는 고체성의 수질오염물질이 혼입되어 그대로 사용할 수 없는 물로 환경부령이 정하는 것을 말한다.
② 수면관리자란 다른 법령에 따라 호소를 관리하는 자를 말한다. 이 경우 동일한 호소를 관리하는 자가 둘 이상인 경우에는 하천법에 따른 하천관리청 외의 자가 수면관리자가 된다.
③ 특정수질유해물질이란 사람의 건강, 재산이나 동식물의 생육에 직접 또는 간접으로 위해를 줄 우려가 있는 수질오염물질로서 환경부령으로 정하는 것을 말한다.
④ 수질오염 방지시설이란 점오염원, 비점오염원 및 기타 수질오염원으로부터 배출되는 수질오염물질을 제거하거나 감소하게 하는 시설로서 환경부령으로 정하는 것을 말한다.

해설 "폐수"란 물에 액체성 또는 고체성의 수질오염물질이 섞여 있어 그대로는 사용할 수 없는 물을 말한다.

ANSWER | 87. ④ 88. ④ 89. ① 90. ③ 91. ①

92 1일 800m³의 폐수가 배출되는 사업장의 환경기술인의 자격에 관한 기준은?
① 수질환경기사 1명 이상
② 수질환경산업기사 1명 이상
③ 환경기능사 1명 이상
④ 2년 이상 수질분야 환경 관련 업무에 직접 종사한 자 1명 이상

해설 사업장별 환경기술인의 자격기준

구분	환경기술인
제1종 사업장	수질환경기사 1명 이상
제2종 사업장	수질환경산업기사 1명 이상
제3종 사업장	수질환경산업기사, 환경기능사 또는 3년 이상 수질분야 환경 관련 업무에 직접 종사한 자 1명 이상
제4종 사업장 제5종 사업장	배출시설 설치허가를 받거나 배출시설 설치신고가 수리된 사업자가 그 사업장의 배출시설 및 방지시설 업무에 종사하는 피고용인 중에서 임명하는 자 1명 이상

93 측정망 설치계획 결정·고시 시 허가를 받은 것으로 볼 수 있는 사항이 아닌 것은?
①「하천법」규정에 의한 하천공사의 허가
②「하천법」규정에 의한 하천점용의 허가
③「농지관리법」규정에 의한 농지점용의 허가
④「도로법」규정에 의한 도로점용의 허가

해설 측정망 설치계획을 결정·고시한 경우에는 다음 각 호의 허가를 받은 것으로 본다.
①「하천법」에 따른 하천공사 시행의 허가, 같은 법에 따른 하천의 점용허가 및 같은 법에 따른 하천수의 사용허가
②「도로법」에 따른 도로점용의 허가
③「공유수면 관리 및 매립에 관한 법률」에 따른 공유수면의 점용·사용허가

94 방지시설 설치의 면제를 받을 수 있는 기준에 해당되는 경우가 아닌 것은?
① 배출시설의 기능 및 공정상 오염물질이 항상 배출허용기준 이하로 배출되는 경우
② 폐수처리업의 등록을 한 자에게 환경부령이 정하는 폐수를 전량 위탁처리하는 경우
③ 발생 폐수의 전량 재이용 등 방지시설을 설치하지 아니하고도 수질오염물질을 적정하게 처리할 수 있는 경우
④ 발생 폐수를 폐수종말처리시설에 재배출하여 처리하는 경우

해설 방지시설 설치의 면제기준
㉠ 배출시설의 기능 및 공정상 수질오염물질이 항상 배출허용기준 이하로 배출되는 경우
㉡ 폐수처리업의 등록을 한 자 또는 환경부장관이 인정하여 고시하는 관계 전문기관에 환경부령으로 정하는 폐수를 전량 위탁처리하는 경우
㉢ 폐수를 전량 재이용하는 등 방지시설을 설치하지 아니하고도 수질오염물질을 적정하게 처리할 수 있는 경우로서 환경부령으로 정하는 경우

95 초과배출부과금 산정 시 적용되는 위반횟수별 부과계수에 관한 내용이다. ( ) 안에 알맞은 것은?

> 폐수무방류배출시설에 대한 위반횟수별 부과계수는 처음 위반한 경우 (㉠)로 하고, 다음 위반부터는 그 위반 직전의 부과계수에 (㉡)를 곱한 것으로 한다.

① ㉠ 1.5, ㉡ 1.3 ② ㉠ 1.8, ㉡ 1.5
③ ㉠ 2.1, ㉡ 1.7 ④ ㉠ 2.4, ㉡ 1.9

해설 폐수무방류배출시설에 대한 위반횟수별 부과계수는 처음 위반한 경우 1.8로 하고, 다음 위반부터는 그 위반직전의 부과계수에 1.5를 곱한 것으로 한다.

96 배출시설의 설치를 제한할 수 있는 지역의 범위는 누구의 영(令)으로 정하는가?
① 시장, 군수, 구청장
② 시·도지사
③ 환경부장관
④ 대통령

해설 배출시설의 설치를 제한할 수 있는 지역의 범위는 대통령령으로 정하고, 환경부장관은 지역별 제한대상 시설을 고시하여야 한다.

97 오염물질 희석처리의 인정을 받으려는 자가 시·도지사에게 제출하여야 하는 서류가 아닌 것은?

① 처리하려는 폐수의 농도
② 희석처리의 불가피성
③ 희석처리방법 및 계통도
④ 처리하려는 폐수의 특성

해설 오염물질 희석처리의 인정을 받으려는 자가 시·도지사에게 제출하여야 하는 서류
㉠ 처리하려는 폐수의 농도 및 특성
㉡ 희석처리의 불가피성
㉢ 희석배율 및 희석량

98 오염총량 초과부과금에 관한 설명으로 틀린 것은?

① 할당오염부하량등을 초과하여 배출한 자로부터 오염총량 초과부과금을 부과·징수한다.
② 오염총량 초과부과금은 초과배출이익에 초과율별·위반횟수별·지역별 부과계수를 각각 곱하여 산정한다.
③ 오염총량 초과부과금 납부통지를 받은 자는 그 납부통지를 받은 날부터 15일 이내에 관제센터에 오염총량 초과부과금 조정을 신청할 수 있다.
④ 오염총량 초과부과금의 납부통지는 부과 사유가 발생한 날부터 60일 이내에 하여야 한다.

해설 오염총량 초과부과금 납부통지를 받은 자는 그 납부통지를 받은 날부터 30일 이내에 환경부장관이나 오염총량관리시행계획을 시행하는 특별시장·광역시장·특별자치시장·특별자치도지사·시장·군수(이하 "오염총량관리시행 지방자치단체장"이라 한다.)에게 오염총량 초과부과금 조정을 신청할 수 있다.

99 사업장별 환경기술인의 자격기준에 관한 설명으로 알맞지 않은 것은?

① 방지시설 설치면제대상 사업장과 배출시설에서 배출되는 오염물질 등을 공동방지시설에서 처리하게 하는 사업장은 4·5종 사업장에 해당하는 환경기술인을 두어야 한다.
② 연간 90일 미만을 조업하는 1·2·3종 사업장은 4·5종 사업장에 해당하는 환경기술인을 선임할 수 있다.
③ 공동방지시설에 있어서 폐수배출량이 4종 및 5종 사업장의 규모에 해당하는 경우에는 3종 사업장에 해당하는 환경기술인을 두어야 한다.
④ 1종 또는 2종 사업장 중 1개월 실제 작업한 날만을 계산하여 1일 평균 17시간 이상 작업하는 경우에 그 사업장은 환경기술인을 각 2인 이상 두어야 한다. 이 경우 각각 1인을 제외한 나머지 인원은 3종 사업장에 해당하는 환경기술인으로 대체할 수 있다.

해설 방지시설 설치면제 대상인 사업장과 배출시설에서 배출되는 수질오염물질 등을 공동방지시설에서 처리하게 하는 사업장은 제4종 사업장·제5종 사업장에 해당하는 환경기술인을 둘 수 있다.

100 환경부장관이 설치할 수 있는 측정망의 종류와 가장 거리가 먼 것은?

① 비점오염원에서 배출되는 비점오염물질 측정망
② 퇴적물 측정망
③ 도심하천 측정망
④ 공공수역 유해물질 측정망

해설 환경부장관이 설치할 수 있는 측정망의 종류
㉠ 비점오염원에서 배출되는 비점오염물질 측정망
㉡ 수질오염물질의 총량 관리를 위한 측정망
㉢ 대규모 오염원의 하류지점 측정망
㉣ 수질오염경보를 위한 측정망
㉤ 대권역·중권역을 관리하기 위한 측정망
㉥ 공공수역 유해물질 측정망
㉦ 퇴적물 측정망
㉧ 생물 측정망
㉨ 그 밖에 환경부장관이 필요하다고 인정하여 설치·운영하는 측정망

2016년 2회 수질환경기사

SECTION 01 수질오염개론

01 생물농축에 대한 설명으로 틀린 것은?

① 수생생물의 체내의 각종 중금속 농도는 환경수중의 농도보다는 높은 경우가 많다.
② 생물체중의 농도와 환경수중의 농도비를 농축비 또는 농축계수라고 말한다.
③ 수생생물의 종류에 따라서 중금속의 농축비가 다르게 되어 있는 것이 많다.
④ 농축비는 먹이사슬 과정에서 높은 단계의 소비자에 상당하는 생물일수록 낮게 된다.

해설 농축비는 먹이사슬 과정에서 높은 단계의 소비자에 상당하는 생물일수록 높게 된다.

02 유기화합물이 무기화합물과 다른 점을 옳게 설명한 것은?

① 유기화합물들은 대체로 이온반응보다는 분자반응을 하므로 반응속도가 느리다.
② 유기화합물들은 대체로 분자반응보다는 이온반응을 하므로 반응속도가 느리다.
③ 유기화합물들은 대체로 이온반응보다는 분자반응을 하므로 반응속도가 빠르다.
④ 유기화합물들은 대체로 분자반응보다는 이온반응을 하므로 반응속도가 빠르다.

03 염소가스를 물에 녹여 pH가 7이고 염소이온의 농도가 71mg/L이면 자유염소와 차아염소산간의 비 ([HOCl]/[Cl$_2$])는?[단, 차아염소산은 해리되지 않는 것으로 가정, 전리상수값 4.5×10^{-4}mol/L(25℃)]

① 3.57×10^7
② 3.57×10^6
③ 2.57×10^7
④ 2.25×10^6

해설 $Cl_2 + H_2O \rightleftarrows HOCl + H^+ + Cl^-$ 에서

평형상수(K) = $\dfrac{[HOCl][H^+][Cl^-]}{[Cl_2]}$

㉠ 자유염소[Cl^-]의 몰농도
= $\dfrac{71mg}{L} \left| \dfrac{1mol}{35.5 \times 10^3 mg} \right. = 2 \times 10^{-3}$ (mol/L)

㉡ 수소이온[H^+]의 몰농도
= $10^{-pH} = 10^{-7}$ (mol/L)

$4.5 \times 10^{-4} = \dfrac{[HOCl][10^{-7}][2 \times 10^{-3}]}{[Cl_2]}$

$\therefore \dfrac{[HOCl]}{[Cl_2]} = 2.25 \times 10^6$

04 지하수의 특성에 대한 설명으로 틀린 것은?

① 지하수는 국지적인 환경조건의 영향을 크게 받는다.
② 지하수의 염분농도는 지표수 평균농도보다 낮다.
③ 주로 세균에 의한 유기물 분해작용이 일어난다.
④ 지하수는 토양수 내 유기물질 분해에 따른 탄산가스의 발생과 약산성의 빗물로 인하여 광물질이 용해되어 경도가 높다.

해설 지하수의 염분농도는 지표수 평균농도보다 높다.

05 분뇨 특성에 관한 내용 중 틀린 것은?

① 분과 요의 양적 혼합비는 10 : 1이고, 고형물의 비는 약 7 : 1 정도이다.
② 우리나라 사람 1인당 BOD는 50g 정도 발생한다.
③ 분뇨의 발생가스 중 주 부식성 가스는 H$_2$S, NH$_3$ 등이다.
④ 분뇨의 비중은 약 1.02이다.

해설 분과 요의 양적 혼합비는 1 : 8~10이고, 고형물의 비는 약 7 : 1 정도이다.

1.④ 2.① 3.④ 4.② 5.① | ANSWER

06 수질관리 모델에 해당하지 않는 것은?
① WASP Model
② RAM Model
③ WQRRS Model
④ HSPF Model

07 그램음성 독립영양세균에 속하지 않는 것은?
① Nitrosomonas속
② Beggiatoa속
③ Micrococcus속
④ Thiobacillus속

해설 탈질산화 박테리아는 종속영양미생물이다.

08 수은(Hg) 중독과 관련이 없는 것은?
① 난청, 언어장애, 구심성 시야협착, 정신장애를 일으킨다.
② 이타이이타이병을 유발한다.
③ 유기수은은 무기수은보다 독성이 강하며 신경계통에 장해를 준다.
④ 무기수은은 황화물 침전법, 활성탄 흡착법, 이온 교환법 등으로 처리할 수 있다.

해설 수은은 제련공업, 살충제, 온도계·압력계 제조공업 등에서 사용되며 미나마타병, 신경장애, 지각 장애 등을 일으킨다.

09 우리나라의 하천에 대한 설명으로 옳은 것은?
① 최소유량에 대한 최대유량의 비가 작다.
② 유출시간이 길다.
③ 하천 유량이 안정되어 있다.
④ 하상계수가 크다.

해설 우리나라의 하천은 최대유량과 최소유량의 비인 하상계수가 크다.

10 하수 등의 유입으로 인한 하천 변화 상태를 Whipple의 4지대로 나타낼 수 있다. 다음 중 '활발한 분해지대'에 관한 내용으로 틀린 것은?
① 용존산소가 없이 부패상태이며 물리적으로 이 지대는 회색 내지 흑색으로 나타난다.
② 혐기성 세균과 곰팡이류가 호기성균과 교체되어 번식한다.
③ 수중의 CO_2 농도나 암모니아성 질소가 증가한다.
④ 화장실 냄새나 H_2S에 의한 달걀 썩는 냄새가 난다.

해설 활발한 분해지대에서는 혐기성 박테리아가 번성한다.

11 소수성(疏水性) 콜로이드 입자가 전기를 띠고 있는 것을 조사할 때 적합한 것은?
① 콜로이드 입자에 강한 빛을 조사하여 Tyndall 현상을 조사한다.
② 콜로이드 용액의 삼투압을 조사한다.
③ 한외현미경으로 입자의 Brown 운동을 관찰한다.
④ 전해질을 소량 넣고 응집을 조사한다.

해설 소수성 콜로이드는 염에 아주 민감하므로, 소량의 염을 첨가하여도 응결, 침전된다.

12 박테리아를 환경적인 조건에 따라 분류할 때, 바닷물과 비슷한 염 조건하에서 자라는 박테리아(호염균)는?
① Hyperthermophiles
② Microaerophiles
③ Halophiles
④ Chemotrophs

해설 Halophiles는 염(Salt)이 많은 물에서 서식하는 호기성 세균이다. Hyperthermophiles(초고열성균)는 뜨거운 온천, 석탄광산 등 특이한 환경에 서식하는 균이다. 또한 Microaerophiles는 미호기성 미생물, Chemotrophs는 화학영양 미생물이다.

ANSWER | 6. ② 7. ③ 8. ② 9. ④ 10. ② 11. ④ 12. ③

13 하천의 DO가 8mg/L, BOD$_u$가 10mg/L일 때, 용존산소곡선(DO Sag Curve)에서의 임계점에 도달하는 시간(day)은?(단, 온도는 20°C, DO 포화농도는 9.2 mg/L, K_1=0.1/day, K_2=0.2/day, $t_c = \dfrac{1}{K_1(f-1)} \log\left(f \times \left(1 - (f-1)\dfrac{D_o}{L_o}\right)\right)$이다. 상용대수 기준)

① 2.46
② 2.64
③ 2.78
④ 2.93

해설 f(자정계수)$= \dfrac{0.2/\text{day}}{0.1/\text{day}} = 2$

∴ t_c(임계시간)$= \dfrac{1}{K_1(f-1)} \log\left(f \times \left(1 - (f-1)\dfrac{D_o}{L_o}\right)\right)$

$= \dfrac{1}{0.1(2-1)} \log\left[2 \times \left\{1 - (2-1) \times \dfrac{(9.2-8)}{10}\right\}\right]$

$= 2.46(\text{day})$

14 저수지의 용량이 $2.8 \times 10^8 \text{m}^3$고 염분의 농도가 1.25%이며 유량은 $2.4 \times 10^9 \text{m}^3$/년 이라면 저수지 염분농도가 200mg/L로 될 때까지의 소요시간(개월)은?(단, 염분 유입은 없으며 저수지는 완전혼합 반응조, 1차 반응(자연대수)으로 가정한다.)

① 4.6
② 5.8
③ 6.9
④ 7.4

해설 $\ln \dfrac{C_t}{C_o} = -K \cdot t$

$K = \dfrac{Q}{\forall}$

$= \dfrac{2.4 \times 10^9 \text{m}^3}{\text{year}} \bigg| \dfrac{1}{2.8 \times 10^8 \text{m}^3} \bigg| \dfrac{1\text{year}}{12\text{month}}$

$= 0.714(\text{month}^{-1})$

∴ $\ln \dfrac{200}{1.25 \times 10^4} = \dfrac{-0.714}{\text{month}} \bigg| \dfrac{t(\text{month})}{}$

$t = 5.79(\text{month})$

15 분뇨의 특성에 관한 설명으로 틀린 것은?

① 분과 요의 구성비는 대략 부피비로 1 : 10 정도이고, 고형물의 비는 7 : 1 정도이다.
② 음식문화의 차이로 인하여 우리나라와 일본의 분뇨 특성이 다르다.
③ 1인 1일 분뇨생산량을 분이 약 0.12L, 요가 2L 정도로서 합계 2.14L이다.
④ 분뇨 내의 BOD와 SS는 COD의 1/3~1/2 정도를 나타낸다.

해설 1인 1일 분뇨생산량은 분이 약 0.14L, 요가 0.9L 정도로서 합계 1.04L이다.

16 지구상 담수의 존재량을 볼 때 그 양이 가장 큰 형태는?

① 빙하 및 빙산
② 하천수
③ 지하수
④ 수증기

17 수질오염물질별 인체영향(질환)이 틀리게 짝지어진 것은?

① 비소 : 범랑 반점
② 크롬 : 비중격 연골천공
③ 아연 : 기관지 자극 및 폐염
④ 납 : 근육과 관절의 장애

해설 비소 : 피부염, 불소 : 범랑 반점

18 물의 물리적 특성으로 틀린 것은?

① 고체상태인 경우 수소결합에 의해 육각형 결정구조를 형성한다.
② 액체상태의 경우 공유결합과 수소결합의 구조로 H^+, OH^-로 전리되어 전하적으로 양성을 가진다.
③ 동점성계수는 점성계수/밀도이며 포이즈(Poise) 단위를 적용한다.
④ 물은 물분자 사이의 수소결합으로 인하여 큰 표면장력을 갖는다.

해설 동점성계수는 점도를 밀도로 나눈 값을 말한다. SI 단위에서는 m^2/sec를 사용한다. cm^2/sec 등으로도 나타낼 수 있다.

13. ① 14. ② 15. ③ 16. ① 17. ① 18. ③ | ANSWER

19 물의 순환과 이용에 관한 설명으로 틀린 것은?
① 지구 전체의 강수량은 대략 $4 \times 10^{14} m^2$/년으로서 그중 약 1/4가량이 육지에 떨어진다.
② 지구상의 물의 전체량의 약 97%가 해수이다.
③ 담수 중 50%가 곧바로는 이용이 불가능하다.
④ 담수 중 하천수가 차지하는 비율은 약 0.32% 정도이다.

해설 담수 중 실제 생활에 바로 이용 가능한 물은 11% 정도이다.

20 콜로이드(Colloid)용액이 갖는 일반적인 특성으로 틀린 것은?
① 광선을 통과시키면 입자가 빛을 산란하며 빛의 진로를 볼 수 없게 된다.
② 콜로이드 입자가 분산매 및 다른 입자와 충돌하여 불규칙한 운동을 하게 된다.
③ 콜로이드 입자는 질량에 비해서 표면적이 크므로 용액 속에 있는 다른 입자를 흡착하는 힘이 크다.
④ 콜로이드 용액에서는 콜로이드 입자가 양이온 또는 음이온을 띠고 있다.

해설 콜로이드는 틴들현상을 가지고 있는 것이 특징이다. 틴들현상은 콜로이드 용액에 빛을 통과시키면, 콜로이드 입자가 빛을 산란시켜 빛의 진로가 보이는 현상을 말한다.

SECTION 02 상하수도계획

21 배수시설인 배수관의 최소동수압 및 최대정수압 기준으로 옳은 것은?(단, 급수관을 분기하는 지점에서 배수관 내 수압기준)
① 100kPa 이상을 확보함, 500kPa를 초과하지 않아야 함
② 100kPa 이상을 확보함, 600kPa를 초과하지 않아야 함
③ 150kPa 이상을 확보함, 700kPa를 초과하지 않아야 함
④ 150kPa 이상을 확보함, 800kPa를 초과하지 않아야 함

해설 최소동수압은 150kPa 이상을 확보하고, 최대정수압은 700kPa을 초과하지 않아야 한다.

22 하수관거 중 우수관거 및 합류관거의 유속 기준으로 옳은 것은?
① 계획우수량에 대하여 유속을 최소 0.6m/s, 최대 3.0m/s로 한다.
② 계획우수량에 대하여 유속을 최소 0.8m/s, 최대 3.0m/s로 한다.
③ 계획우수량에 대하여 유속을 최소 1.0m/s, 최대 3.0m/s로 한다.
④ 계획우수량에 대하여 유속을 최소 1.2m/s, 최대 3.0m/s로 한다.

해설 하수관거의 최대유속과 최소유속은 다음과 같이 설정된다.
㉠ 최대유속
 • 오수관거=3m/sec
 • 합류관거(우수, 오수)=3m/sec
㉡ 최소유속
 • 오수관거=0.6m/sec
 • 합류관거=0.8m/sec

23 용지이용률을 높이고자 고안된 심층포기조에 관한 설명으로 가장 거리가 먼 것은?
① 조의 용적은 계획 1일 최대오수량에 따라서 설정한다.
② 조의 수는 2조 이상으로 한다.
③ 형상은 정사각형으로 하고 폭은 수심에 대해 3배 정도로 한다.
④ 수심은 10m 정도로 한다.

해설 심층식 포기조의 형상은 직사각형으로 하고 폭은 수심에 대해 1배 정도로 한다.

ANSWER | 19. ③ 20. ① 21. ③ 22. ② 23. ③

24 유역면적이 1.2km², 유출계수가 0.2인 산림지역에 강우가 2.5mm/min일 때 우수유출량(m³/sec)은?

① 4　　② 6
③ 8　　④ 10

해설 합리식 = $\dfrac{1}{360} \cdot C \cdot I \cdot A$

$C = 0.2$
$I = 2.5\text{mm/min} \times 60\text{min/hr} = 150\text{mm/hr}$
$A = 1.2\text{km}^2 = 1.2\text{km}^2 \times \dfrac{100\text{ha}}{\text{km}^2} = 120\text{ha}$

우수유출량(m³/sec) $= \dfrac{1}{360} \times 0.2 \times 150 \times 120$
$= 10(\text{m}^3/\text{sec})$

25 상수시설인 침사지의 구조에 관한 설명으로 틀린 것은?

① 표면 부하율은 500~800mm/min을 표준으로 한다.
② 지내평균유속은 2~7cm/sec를 표준으로 한다.
③ 지의 길이는 폭의 3~8배를 표준으로 한다.
④ 지의 상단높이는 고수위보다 0.6~1m의 여유고를 둔다.

해설 침사지의 표면 부하율은 200~500mm/min을 표준으로 한다.

26 하수 슬러지 소각을 위한 유동층 소각로의 장단점으로 틀린 것은?

① 연소효율이 높고 소각되지 않는 양이 적기 때문에 노 잔사매립에 의한 2차 공해가 없다.
② 유동매체로 규소 등을 사용할 때에 손실이 발생하므로 손실보충을 연속적으로 하여야 한다.
③ 노 내 온도의 자동제어 및 열회수가 용이하다.
④ 노 내의 기계적 가동부분이 많아 유지관리가 어렵다.

해설 노 내의 기계적 가동부분이 없기 때문에 유지관리가 용이하다.

27 펌프 운전 시 발생할 수 있는 비정상현상에 대한 설명이다. 펌프 운전 중에 토출량과 토출압이 주기적으로 숨이 찬 것처럼 변동하는 상태를 일으키는 현상으로 펌프 특성 곡선이 산형에서 발생하며 큰 진동을 발생하는 경우는?

① 캐비테이션(Cavitation)
② 서징(Surging)
③ 수격작용(Water Hammer)
④ 크로스커넥션(Cross Connection)

28 펌프의 캐비테이션 발생을 방지하기 위한 대책으로 볼 수 없는 것은?

① 펌프의 설치위치를 가능한 한 높게 하여 펌프의 필요유효흡입수두를 작게 한다.
② 펌프의 회전수를 낮게 선정하여 펌프의 필요유효흡입수두를 작게 한다.
③ 흡입관의 손실을 가능한 한 작게 하여 펌프의 필요유효흡입수두를 크게 한다.
④ 흡입 측 밸브를 완전히 개방하고 펌프를 운전한다.

해설 펌프의 설치위치를 가능한 한 낮추어 가용유효흡입수두를 크게 한다. 가용유효흡입수두는 크고 필요유효흡입수두는 작을수록 캐비테이션의 발생을 방지할 수 있다.

29 계획오수량에 관한 설명으로 가장 거리가 먼 것은?

① 합류식에서 우천 시 계획오수량은 원칙적으로 계획 1일 최대오수량의 3배 이상으로 한다.
② 계획 1일 최대오수량은 1인 1일 최대오수량에 계획인구를 곱한 후, 여기에 고장 폐수량, 지하수량 및 기타 배수량을 더한 것으로 한다.
③ 지하수량은 1인 1일 최대오수량의 10~20%로 한다.
④ 계획 1일 평균오수량은 계획 1일 최대오수량의 70~80%를 표준으로 한다.

해설 합류식에서 우천 시 계획오수량은 원칙적으로 계획시간 오수량의 3배 이상으로 한다.

24. ④ 25. ① 26. ④ 27. ② 28. ①, ③ 29. ① **ANSWER**

30 하수시설인 중력식침사지에 대한 설명 중 옳은 것은?
① 체류시간은 3~6분을 표준으로 한다.
② 수심은 유효수심에 모래퇴적부의 깊이를 더한 것으로 한다.
③ 오수침사지의 표면부하율은 3,600m²/m² · day 정도로 한다.
④ 우수침사지의 표면부하율은 1,800m²/m² · day 정도로 한다.

해설 침사지의 표면부하율은 오수침사지의 경우 1,800m³/m² · d 정도로 하고, 우수침사지의 경우 3,600m³/m² · d 정도로 한다. 체류시간은 30~60초를 표준으로 한다.

31 상수의 급속여과지 설계기준에 대한 설명 중 틀린 것은?
① 단층의 여과속도는 200~350m/일을 표준으로 한다.
② 모래층의 두께는 여과사의 유효경이 0.45~0.7mm의 범위인 경우에는 60~70cm를 표준으로 한다.
③ 여과면적은 계획정수량을 여과속도로 나누어 구한다.
④ 1지의 여과면적은 150m² 이하로 한다.

해설 급속여과의 여과속도는 120~150m/day를 표준으로 한다.

32 상수처리를 위한 정수시설 중 착수정에 관한 내용으로 틀린 것은?
① 수위가 고수위 이상으로 올라가지 않도록 월류관이나 월류위어를 설치한다.
② 착수정의 고수위와 주변 벽체의 상단 간에는 60cm 이상의 여유를 두어야 한다.
③ 착수정의 용량은 체류시간을 30분 이상으로 한다.
④ 필요에 따라 분말활성탄을 주입할 수 있는 장치를 설치하는 것이 바람직하다.

해설 착수정의 용량은 체류시간을 1.5분 이상으로 한다.

33 직경 0.3m로 판 자유수면 정호에서 양수 전의 지하수위는 불투수층 위로 30m였다. 100m²/hr로 양수할 때 양수정으로부터 10m와 20m 떨어진 관측정의 수위는 3m와 1m 각각 저하하였다. 이때 대수층의 투수계수는?
① 약 0.20m/s
② 약 0.20m/hr
③ 약 0.25m/s
④ 약 0.25m/hr

해설
$$Q = \frac{\pi \cdot k(H^2 - h_o^2)}{2.3\log_{10}(R/r_o)}$$
$$k = \frac{Q \cdot 2.3\log(R/r)}{\pi(H^2 - h_o^2)}$$
$$= \frac{100 \times 2.3\log(20/10)}{\pi(29^2 - 27^2)} = 0.197(\text{m/hr})$$

34 상수시설인 배수지의 용량에 관한 내용으로 ( ) 안에 옳은 것은?

유효용량은 "시간변동조정용량"과 "비상대처용량"을 합하여 급수구역의 계획 1일 최대 급수량의 ( ) 이상을 표준으로 하여야 하며 지역특성과 상수도시설의 안정성 등을 고려하여 결정한다.

① 6시간분
② 8시간분
③ 10시간분
④ 12시간분

해설 유효용량은 "시간변동조정용량"과 "비상대처용량"을 합하여 급수구역의 계획 1일 최대급수량의 12시간분 이상을 표준으로 한다.

35 상수시설인 도수관을 설계할 때에 평균유속에 관한 내용으로 ( ) 안에 맞는 것은?

자연유하식인 경우에는 허용최대한도를 (㉠)로 하고 도수관의 평균유속의 최소한도는 (㉡)로 한다.

① ㉠ 1m/s ㉡ 0.3m/s
② ㉠ 2m/s ㉡ 0.5m/s
③ ㉠ 3m/s ㉡ 0.3m/s
④ ㉠ 5m/s ㉡ 0.5m/s

해설 자연유하식인 경우에는 허용최대한도를 (3.0m/s)로 하고, 도수관의 평균유속의 최소한도는 (0.3m/s)로 한다.

ANSWER | 30. ② 31. ① 32. ③ 33. ② 34. ④ 35. ③

36 상수도 관종 중 강관의 단점이 아닌 것은?
① 가공성이 나쁘다(약하다).
② 전식에 대하여 고려해야 한다.
③ 내외의 방식면이 손상되면 부식되기 쉽다.
④ 용접이음은 숙련공이나 특수한 공구를 필요로 한다.

해설 강관은 가공성이 좋다.

37 내경 1.0m인 강관에 내압 10MPa로 물이 흐른다. 내압에 의한 원주방향의 응력도가 1,500N/mm²일 때 강관두께(mm)은?
① 약 3.3   ② 약 5.2
③ 약 7.4   ④ 약 9.5

해설 $t = \dfrac{PD}{2\sigma_t}$
㉠ D(내경) = 1,000(mm)
㉡ P(관 수로 내 압력)
 $= 10MPa = 10 \times 10^6 Pa(10 \times 10^6 N/m^2)$
 $= 10(N/mm^2)$
㉢ σ_t(관의 허용응력) = 1,500N/mm²
$t = \dfrac{1,000 \times 10}{2 \times 1,500} = 3.33(mm)$

38 관거 직선부에서 하수도 맨홀의 최대 간격 표준은? (단, 600mm 이하의 관 기준)
① 50m   ② 75m
③ 100m   ④ 150m

해설 맨홀은 관거의 기점, 방향, 경사 및 관경 등이 변하는 곳, 단차가 발생하는 곳, 관거가 합류하는 곳이나 관거의 유지관리상 필요한 장소에 반드시 설치한다. 관거 직선부는 관경에 따라 적당한 간격마다 설치한다.

관경(mm)	600 이하	600~1,000	1,000~1,500	1,650 이상
최대간격(m)	75	100	150	200

39 토출량 20m³/min, 전양정 6m, 회전속도 1,200rpm인 펌프의 비교회전도는?
① 약 1,300   ② 약 1,400
③ 약 1,500   ④ 약 1,600

해설 $N_s = N \times \dfrac{Q^{1/2}}{H^{3/4}} = 1,200 \times \dfrac{20^{1/2}}{6^{3/4}} = 1,399.9$
여기서, N = 펌프의 회전수 = 1,200(회/min)
Q = 펌프의 규정토출량 = 20m³/min
H = 6(m)

40 펌프의 토출량이 1,200m²/hr, 흡입구의 유속이 2.0m/sec일 경우 펌프의 흡입구경(mm)은?
① 약 262   ② 약 362
③ 약 462   ④ 약 562

해설 $D_s = 146\sqrt{\dfrac{Q_m}{V_s}} = 146\sqrt{\dfrac{1,200/60}{2.0}}$
$= 461.69(mm)$
(다른 풀이)
$Q = AV$
$\dfrac{1,200m^3}{hr} = A \times \dfrac{2m}{sec} \left| \dfrac{3,600sec}{1hr} \right.$
$A = 0.1667m^2, \quad A = \dfrac{\pi D^2}{4}$
$D = 0.4606m = 460.4(mm)$

SECTION 03 수질오염방지기술

41 SS 3,600mg/L를 함유하고 있는 폐수 내 입자의 침강속도 분포가 그림과 같을 때 폐수 28,800m³/day를 보통 침전처리하여 SS 90% 이상을 제거하고자 한다. 필요한 침전지의 최소 소요면적(m²)은?

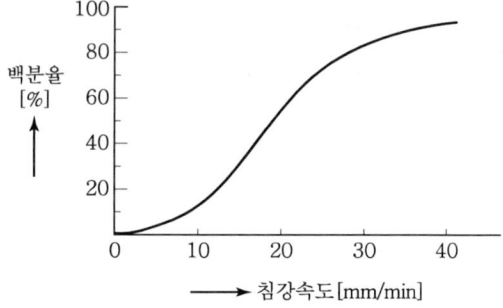

① 약 100   ② 약 200
③ 약 1,000 ④ 약 2,000

36. ① 37. ① 38. ② 39. ② 40. ③ 41. ④ | ANSWER

해설 설계 수면적 부하 = 침강속도
㉠ 그림에서 효율 90%일 때 제거되지 못하는 SS는 10%이고, 이때의 침강속도는 10mm/min(14.4m/day)이다.
㉡ 설계 수면적 부하 = 침강속도
이를 토대로 관계식을 만들면,
$V_o = \dfrac{Q}{A_a} \Rightarrow 14.4(m/day) = \dfrac{28,800}{A_a}$
∴ $A_a = 2,000(m^2)$

42 함수율 98%, 유기물함량이 62%인 슬러지 $100m^3$/day를 25일 소화하여 유기물의 2/3를 가스화 및 액화하여 함수율 95%의 소화슬러지로 추출하는 경우 소화조 용량(m^3)은?(단, 슬러지 비중은 1.0, 기타 조건은 고려하지 않음)

① 1,244 ② 1,344
③ 1,444 ④ 1,544

해설 $\forall (m^3) = \dfrac{Q_1 + Q_2}{2} \times t$

㉠ $Q_1 = 100m^3/day$

㉡ $Q_2(m^3/day) = \dfrac{100m^3}{day} \left| \dfrac{100-98}{100} \right| \dfrac{}{0.38+0.62\times 1/3} \left| \dfrac{100}{100-95} \right|$
$= 23.467(m^3/day)$

∴ $\forall (m^3) = \dfrac{100+23.467}{2} \times 25$
$= 1,544(m^3)$

43 침전하는 입자들이 너무 가까이 있어서 입자 간의 힘이 이웃입자의 침전을 방해하게 되고 동일한 속도로 침전하며 최종침전지 중간 정도의 깊이에서 일어나는 침전형태는?

① 지역침전 ② 응집침전
③ 독립침전 ④ 압축침전

해설 간섭침전이란 플록을 형성하여 침강하는 입자들이 서로 방해를 받아 침전속도가 감소하는 침전이다. 중간 정도의 농도로서 침전하는 부유물과 상징수 간에 경계면을 지키면서 침강한다. 일명 방해, 장애, 집단, 계면, 지역 침전 등으로 칭하며 상향류식 부유물 접촉 침전지, 농축조가 이에 해당한다.

44 생물학적으로 질소를 제거하기 위해 질산화 – 탈질 공정을 운영함에 있어, 호기성 상태에서 산화된 NO_3^- 60mg/L를 탈질시키는 데 소모되는 이론적인 메탄올 농도(mg/L)는?

$$\dfrac{5}{6}CH_3OH + NO_3^- + \dfrac{1}{6}H_2CO_3 \to \dfrac{1}{2}N_2 + HCO_3^- + \dfrac{4}{3}H_2O$$

① 약 14 ② 약 18
③ 약 22 ④ 약 26

해설 $6NO_3^- + 5CH_3OH \to 5CO_2 + 3N_2 + 7H_2O + 6OH^-$
$6NO_3^-$: $5CH_3OH$
6×62 : 5×32
60mg/L : X
X ≒ 25.8mg/L

45 완전혼합 활성슬러지 공법의 장점이 아닌 것은?

① 산소소모율(Oxygen Uptake Rate)에 있어서 최대 균등화
② 유입물질이 반응조 전체에 분산됨으로 인한 충격부하영향의 최소화
③ 호기성 생물학적 산화가 일어나는 동안 발생되는 CO_2의 적절한 중화
④ 독성물질 유입 시 플록(Floc) 형성의 안정성

46 수질성분이 금속하수도관의 부식에 미치는 영향으로 틀린 것은?

① 고농도의 칼슘은 침전물이 쌓이는 곳에 부식을 가속화한다.
② 마그네슘은 알칼리도와 pH 완충효과를 향상시킬 수 있다.
③ 구리는 갈바닉 전지를 이룬 배관상에 구멍을 야기한다.
④ 암모니아는 착화물의 형성을 통해 구리, 납 등의 금속 용해도를 증가시킬 수 있다.

ANSWER | 42. ④ 43. ① 44. ④ 45. ④ 46. ①

47 단면이 직사각형인 하천의 깊이가 0.2m이고 깊이에 비하여 폭이 매우 넓을 때 동수반경(m)은?
① 0.2   ② 0.5
③ 0.8   ④ 1.0

48 슬러지 개량법의 특징으로 가장 거리가 먼 것은?
① 고분자 응집제 첨가 : 슬러지 응결을 촉진한다.
② 무기약품 첨가 : 무기약품은 슬러지의 pH를 변화시켜 무기질 비율을 증가시키고 안정화를 도모한다.
③ 세정 : 혐기성 소화슬러지의 알칼리도를 감소시켜 산성금속염의 주입량을 감소시킨다.
④ 열처리 : 슬러지의 함수율을 감소시키고 응결핵을 생성시켜 탈수를 개선한다.

해설 열처리방법은 180~240℃, 1,700~2,760kN/m²의 압력에서 약 15~20분간 열처리하여 슬러지의 탈수성을 증대시키는 방법으로 응집제(Alum)를 주입하는 것보다 약 10배 이상 탈수효과가 증대되는 것으로 알려져 있다.

49 염소살균에 관한 설명으로 틀린 것은?
① HOCl의 살균력은 OCl⁻의 약 80배 정도 강한 것으로 알려져 있다.
② 수중 용존 염소는 페놀과 반응하여 클로로페놀을 형성하여 불쾌한 맛과 냄새를 유발한다.
③ pH 9 이상에서는 물에 주입된 염소는 대부분이 HOCl로 존재한다.
④ 유리잔류염소는 수중의 암모니아나 유기성 질소 화합물이 존재할 경우 이들과 반응하여 결합잔류염소를 형성한다.

해설 pH 4~6에서는 95% 이상이 HOCl로 존재하고, pH 9 이상에서는 95% 이상이 OCl⁻로 존재한다.

50 용해성 BOD_5가 250mg/L인 폐수가 완전혼합활성슬러지 공정으로 처리된다. 유출수의 용해성 BOD_5는 7.4mg/L이다. 유량이 18,925m³/day일 때 포기조 용적(m³)은?

〈조건〉
• MLVSS = 4,000mg/L
• Y = 0.65kg 미생물/kg 소모된 BOD_5
• k_d = 0.06/day
• 미생물 평균 체류시간 θ_c = 10day
• 24시간 연속폭기

① 3,330   ② 4,663
③ 5,330   ④ 6,270

해설 $\dfrac{1}{SRT} = \dfrac{Y \cdot Q(S_i - S_o)}{\forall \cdot X} - K_d$
㉠ $SRT(\theta_c)$ = 10day
㉡ Y = 0.65(kg 미생물/kg 소모된 BOD_5)
㉢ Q = 18,925(m³/day)
㉣ K_d = 0.06/day
이를 위의 계산식에 대입하면
$\dfrac{1}{10} = \dfrac{0.65 \times (250 - 7.4) \times 18,925}{\forall \times 4,000} - 0.06$
∴ 포기조 용적($\forall$) = 4,663(m³)

51 활성슬러지법 운전 중 슬러지부상 문제를 해결할 수 있는 방법이 아닌 것은?
① 폭기조에서 이차침전지로의 유량을 감소시킨다.
② 이차침전지 슬러지 수집장치의 속도를 높인다.
③ 슬러지 폐기량을 감소시킨다.
④ 이차침전지에서 슬러지 체류시간을 감소시킨다.

52 유량이 6,750m³/day, 부유물질농도(SS)가 55mg/L인 폐수에 황산제이철($Fe_2(SO_4)_3$) 100mg/L를 응집제로 주입한다. 이 물에 알칼리도가 없는 경우 매일 첨가해야 하는 석회의 양(kg/day)은?(단, 원자량 Fe=55.8, Ca=40)
① 315   ② 346
③ 375   ④ 386

47. ① 48. ④ 49. ③ 50. ② 51. ③ 52. ③ | ANSWER

해설 $Fe_2(SO_4)_3 + 3Ca(OH)_2 \rightarrow 2Fe(OH)_{3(s)} + 3CaSO_4$
$Fe_2(SO_4)_3 : 3Ca(OH)_2$
399.6g : 222g
$\dfrac{100mg}{L} \Big| \dfrac{6,750m^3}{day} \Big| \dfrac{1kg}{10^6mg} \Big| \dfrac{1,000L}{1m^3}$:
$X(kg/day)$
$X = 375(kg/day)$

53 산성조건하에서 $NaHSO_3$ 혹은 $FeSO_4$ 등을 사용하여 환원과정을 거친 후 중화시켜 침전물을 제거함으로써 처리할 수 있는 폐수는?
① 철, 망간 함유폐수   ② 시안 함유폐수
③ 카드뮴 함유폐수   ④ 6가 크롬 함유폐수

해설 6가 크롬을 3가 크롬으로 환원하기 위해서는 pH 2~3이 가장 적절하며, pH 2~3을 만들어주기 위해 산(H_2SO_4)을 주입하고, 환원시켜주기 위해 환원제($FeSO_4$, $NaHSO_3$ 등)도 주입한다.

54 회전원판접촉판(RBC)의 장점이 아닌 것은?
① 충격부하의 조절이 가능하다.
② 다단계 공정에서 높은 질산화율을 얻을 수 있다.
③ 활성슬러지 공법에 비하여 소요동력이 적다.
④ 반송에 따른 처리효율의 효과적 증대가 가능하다.

해설 회전원판접촉법(RBC)은 반송이 없으므로 동력비가 적게 들고 고도의 운전기술을 요하지 않는다.

55 5단계 Bardenpho 공법에 관한 설명으로 틀린 것은?
① 슬러지 생산량은 비교적 많으나 반응조의 규모가 작다.
② 호기조에서 1차 무산소조로 내부반송을 한다.
③ 효과적인 인 제거를 위해서는 혐기조에 질산성 질소가 유입되지 않아야 한다.
④ 인 제거는 과잉의 인을 섭취한 슬러지를 폐기함으로써 이루어진다.

해설 5단계 Bardenpho 공법은 슬러지 생산량이 가장 적고, 큰 규모의 반응조를 필요로 한다.

56 유량 10,000m²/d인 폐수를 처리하기 위한 정방형 skimming 탱크의 표면적 부하율(m³/m²·d)은? (단, 체류시간은 10분이고, 상승속도는 200mm/min임)
① 213   ② 233
③ 258   ④ 288

해설 V_o는 이론적 침강속도임과 동시에 이론적 부상속도라 볼 수 있다.
표면적 부하율$(V_o) = \dfrac{Q}{A} = \dfrac{m^3/d}{m^2} = m/d$
$= \dfrac{200min}{min} \Big| \dfrac{60min \times 24hr}{hr \times day} \Big| \dfrac{m}{10^3mm}$
$= 288m/d$
$= 288m^3/m^2 \cdot day$

57 하·폐수처리 시 슬러지 팽화(Bulking)현상을 조절하는 방법이 아닌 것은?
① 염소나 과산화수소를 반송슬러지에 유입한다.
② 선택반응조(Selector)를 이용한다.
③ Fungi를 성장시켜 F/M비를 감소시킨다.
④ 포기조 내의 용존산소의 농도를 변화시킨다.

58 폐수 유량의 첨두인자(Peaking Factor)란?
① 첨두유량과 최소유량의 비
② 첨두유량과 평균유량의 비
③ 첨두유량의 최대유량의 비
④ 첨두유량과 첨두유량의 1/3과의 비

해설 첨두인자=첨두유량/평균유량

59 기계식 봉 스크린을 0.64m/s로 흐르는 수로에 설치하고자 한다. 봉의 두께는 10mm이고, 간격이 30mm라면 봉 사이로 지나는 유속(m/s)은?
① 0.75   ② 0.80
③ 0.85   ④ 0.90

해설 $V_1 \times A_1 = V_2 \times A_2$
㉠ $V_1 = 0.64m/s$

ANSWER | 53. ④ 54. ④ 55. ① 56. ④ 57. ③ 58. ② 59. ③

ⓒ $A_1 = 40mm \times D$ (깊이) → 봉 설치 전 면적
ⓒ $A_2 = 30mm \times D$ (깊이) → 봉 설치 후 감소된 면적
$0.64m/s \times 40mm \times D = V_2 \times 30mm \times D$
$V_2 = \dfrac{0.64m/s \times 40mm \times D}{30mm \times D} ≒ 0.85m/s$

60 염소 소독에 의한 세균의 사멸은 1차 반응 속도식에 따른다. 잔류염소 농도 0.4mg/L에서 2분간에 85%의 세균이 살균되었다면 99.9% 살균을 위해 필요한 시간(분)은?
① 약 5.9 ② 약 7.3
③ 약 10.2 ④ 약 16.7

해설 $\ln\dfrac{C_t}{C_o} = -K \cdot t$
㉠ $\ln\dfrac{(100-85)}{100} = -K \times 2min$
$K = 0.9486(min^{-1})$
㉡ $\ln\dfrac{(100-99.9)}{100} = \dfrac{-0.9486}{min} \Big| t(min)$
∴ $t = 7.28(min)$

SECTION 04 수질오염공정시험기준

61 95% 황산(비중 1.84)이 있다면 이 황산의 N 농도는?
① 15.6N ② 19.4N
③ 27.8N ④ 35.7N

해설 $N(eq/L) = \dfrac{1.84kg}{L} \Big| \dfrac{1eq}{98/2g} \Big| \dfrac{10^3g}{1kg} \Big| \dfrac{95}{100}$
$= 35.67(eq/L)$

62 알킬수은 화합물을 기체크로마토그래피에 따라 정량하는 방법에 관한 설명으로 가장 거리가 먼 것은?
① 전자포획형 검출기(ECD)를 사용한다.
② 알킬수은화합물을 벤젠으로 추출한다.
③ 운반기체는 순도 99.999% 이상의 질소 또는 헬륨을 사용한다.
④ 정량한계는 0.05mg/L이다.

해설 정량한계는 0.0005mg/L이다.

63 구리를 자외선/가시선 분광법으로 정량하는 방법으로 ( ) 안에 옳은 내용은?

> 물속에 존재하는 구리이온이 알칼리성에서 다이에틸다이티오카르바민산나트륨과 반응하여 생성하는 ( )을 아세트산부틸로 추출하여 흡광도를 측정한다.

① 적색의 킬레이트 화합물
② 청색의 킬레이트 화합물
③ 적갈색의 킬레이트 화합물
④ 황갈색의 킬레이트 화합물

해설 물속에 존재하는 구리이온이 알칼리성에서 다이에틸다이티오카르바민산나트륨과 반응하여 생성하는 황갈색의 킬레이트 화합물을 아세트산부틸로 추출하여 흡광도를 측정한다.

64 유도결합플라스마 – 원자발광광도계의 측정 시 유도코일 상단으로부터 플라스마 발광부 관측 높이(mm)는?(단, 알칼리 원소인 경우 제외)
① 15~18 ② 20~25
③ 30~34 ④ 40~43

해설 유도결합플라스마발광부 관측높이는 유도코일 상단으로부터 15~18mm의 범위에 측정하는 것이 보통이나 알칼리 원소의 경우는 20~25mm의 범위에서 측정한다.

65 식물성 플랑크톤 측정에 관한 설명으로 틀린 것은?
① 시료가 육안으로 녹색이나 갈색으로 보일 경우 정제수로 적절한 농도로 희석한다.
② 물속에 식물성 플랑크톤은 평판집락법을 이용하여 면적당 분포하는 개체수를 조사한다.
③ 식물성 플랑크톤은 운동력이 없거나 극히 적어 수체의 유동에 따라 수체 내에 부유하면서 생활하는 단일개체, 집락성, 선상형태의 광합성 생물을 총칭한다.
④ 시료의 개체수는 계수면적당 10~40 정도가 되도록 희석 또는 농축한다.

60. ② 61. ④ 62. ④ 63. ④ 64. ① 65. ② | ANSWER

[해설] 물속에 식물성 플랑크톤은 현미경계수법을 이용하여 개체수를 조사하는 방법이다.

66 투명도 측정에 관한 내용으로 틀린 것은?
① 투명도판(백색원판)의 지름은 30cm이다.
② 투명도판에 뚫린 구멍의 지름은 5cm이다.
③ 투명도판에는 구멍이 8개 뚫려 있다.
④ 투명도판의 무게는 약 2kg이다.

[해설] 투명도판은 무게가 약 3kg인 지름 30cm의 백색원판에 지름 5cm의 구멍 8개가 뚫린 것을 사용한다.

67 예상 BOD치에 대한 사전 경험이 없을 때 오염된 하천수의 검액조제 방법은?
① 25~100%의 시료가 함유되도록 희석, 조제한다.
② 15~25%의 시료가 함유되도록 희석, 조제한다.
③ 5~15%의 시료가 함유되도록 희석, 조제한다.
④ 1~5%의 시료가 함유되도록 희석, 조제한다.

[해설] 예상 BOD치에 대한 사전경험이 없을 때 : 다음과 같이 희석하여 검액을 조제한다.
㉠ 강한 공장폐수 : 시료를 0.1~1.0% 넣는다.
㉡ 처리하지 않은 공장폐수와 침전된 하수 : 시료를 1~5% 넣는다.
㉢ 처리하여 방류된 공장폐수 : 시료를 5~25% 넣는다.
㉣ 오염된 하천수 : 시료를 25~100% 넣는다.

68 수질오염공정시험기준상 양극벗김전압전류법을 적용하여 측정하는 금속류는?
① 아연
② 주석
③ 카드뮴
④ 크롬

[해설] 양극벗김전압전류법을 적용하여 측정하는 금속류는 납, 비소, 수은, 아연이다.

69 폐수의 유량 측정법에 있어 $1m^3/min$ 이하로 폐수유량이 배출될 경우 용기에 의한 측정 방법에 관한 내용이다. ( ) 안에 옳은 내용은?

> 용기는 용량 100~200L인 것을 사용하여 유수를 채우는 데에 요하는 시간을 스톱워치로 잰다. 용기에 물을 받아 넣는 시간을 ( )이 되도록 용량을 결정한다.

① 10초 이상   ② 20초 이상
③ 30초 이상   ④ 40초 이상

[해설] 용기는 용량 100~200L인 것을 사용하여 유수를 채우는 데에 요하는 시간을 스톱워치로 잰다. 용기에 물을 받아 넣는 시간을 20초 이상이 되도록 용량을 결정한다.

70 기체크로마토그래프 검출기에 관한 설명으로 틀린 것은?
① 열전도도 검출기는 금속 필라멘트 또는 전기저항체를 검출소자로 한다.
② 수소염 이온화 검출기의 본체는 수소연소노즐, 이온수집기, 대극(對極), 배기구로 구성된다.
③ 알칼리 열이온화 검출기는 함유할로겐 화합물 및 함유황화물을 고감도로 검출할 수 있다.
④ 전자 포획형 검출기는 많은 니트로 화합물, 유기금속화합물 등을 선택적으로 검출할 수 있다.

[해설] 알칼리 열이온화 검출기는 불꽃이온화검출기에 알칼리 또는 알칼리토류 금속염의 튜브를 부착한 것으로 유기질소 화합물 및 유기염소 화합물을 선택적으로 검출할 수 있다.

71 암모니아성 질소의 측정방법이 아닌 것은?
① 자외선/가시선 분광법
② 이온전극법
③ 이온크로마토그래피
④ 적정법

[해설] 암모니아성 질소의 측정방법
㉠ 자외선/가시선 분광법
㉡ 이온전극법
㉢ 적정법

ANSWER | 66.④ 67.① 68.① 69.② 70.③ 71.③

72 항량으로 될 때까지 건조한다는 용어의 의미는?
① 같은 조건에서 1시간 더 건조하였을 때 전후 무게의 차가 거의 없을 때
② 같은 조건에서 1시간 더 건조하였을 때 전후 무게의 차가 g당 0.1mg 이하일 때
③ 같은 조건에서 1시간 더 건조하였을 때 전후 무게의 차가 g당 0.3mg 이하일 때
④ 같은 조건에서 1시간 더 건조하였을 때 전후 무게의 차가 g당 0.5mg 이하일 때

73 시료를 온도 4°C, H_2SO_4로 pH를 2 이하로 보존하여야 하는 측정대상 항목이 아닌 것은?
① 총질소
② 총인
③ 화학적 산소요구량
④ 유기인

해설 유기인은 온도 4°C, HCl로 pH 5~9로 보존한다.

74 다음 그림은 비소시험장치(비화수소 발생장치)이다. ( ) 안에 알맞은 물질은?(단, 흡광광도법 기준)

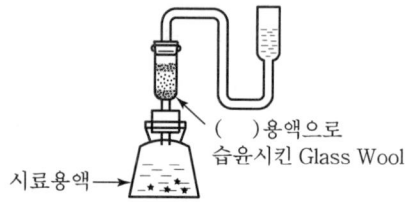

① AsH_3
② $SnCl_2$
③ $Pb(CH_3COO)_2$
④ $AgSCNS(C_2H_5)_2$

해설 아세트산납을 묻힌 유리섬유가 들어간다.

75 4각 위어에 의하여 유량을 측정하려고 한다. 위어의 수두 0.5m, 절단의 폭이 4m이면 유량(m^3/분)은? (단, 유량계수는 4.8이다.)
① 약 4.3
② 약 6.8
③ 약 8.1
④ 약 10.4

해설 $Q\left(\dfrac{m^3}{min}\right) = K \cdot b \cdot h^{\frac{3}{2}}$
$= 4.8 \times 4 \times 0.5^{\frac{3}{2}}$
$= 6.79(m^3/min)$

76 순수한 정제수 500mL, HCl(비중 1.18) 100mL를 혼합했을 경우 이 용액의 염산농도(중량%)는?
① 19.1
② 20.0
③ 23.4
④ 31.7

해설 $HCl(w/w\%) = \dfrac{염산(g)}{염산(g) + 정제수(g)} \times 100$
① 염산(g) $= \dfrac{1.18g}{mL} \Big| \dfrac{100mL}{} = 118(g)$
② 정제수(g) $= \dfrac{500mL}{} \Big| \dfrac{1g}{mL} = 500(g)$
∴ $HCl(w/w\%) = \dfrac{118(g)}{118(g) + 500(g)} \times 100$
$= 19.09(\%)$

77 이온전극법에 대한 설명으로 틀린 것은?
① 시료용액의 교반은 이온전극의 응답속도 이외의 전극범위, 정량한계값에는 영향을 미치지 않는다.
② 전극과 비교전극을 사용하여 전위를 측정하고 그 전위차로부터 정량하는 방법이다.
③ 이온전극법에 사용하는 장치의 기본구성은 비교전극, 이온전극, 자석교반기, 저항전위계, 이온측정기 등으로 되어 있다.
④ 이온전극의 종류는 유리막 전극, 고체막 전극, 격막형 전극으로 구분된다.

해설 시료용액의 교반은 이온전극의 전극범위, 응답속도, 정량한계값에 영향을 나타낸다.

78 산성 과망간산 칼륨법에 의해 COD를 측정할 때 0.050N 과망간산칼륨 용액 1mL은 산소 몇 mg에 상당하는가?
① 0.2mg
② 0.4mg
③ 0.8mg
④ 0.16mg

해설 산소(mg) = $\left|\dfrac{0.05eq}{L}\right|\dfrac{1mL}{}\left|\dfrac{1L}{10^3mL}\right|$

$\left|\dfrac{8g}{1eq}\right|\dfrac{10^3mg}{1g}$

= 0.4(mg)

79 유도결합플라스마 – 원자발광분광법에서 일반적으로 냉각가스의 유량(L/min)은?

① 0.1~2　　② 0.5~2
③ 5~10　　④ 10~19

해설 유도결합플라스마발광광도법의 분석장치 설정조건 중 일반적인 가스유량(L/min)은 냉각가스는 10~18(L/min), 보조가스는 0~2(L/min), 운반가스는 0.5~2(L/min)이다.

80 수질분석을 위한 시료 채취 시 유의사항과 가장 거리가 먼 것은?

① 채취용기는 시료를 채우기 전에 맑은 물로 3회 이상 씻은 다음 사용한다.
② 용존가스, 환원성 물질, 휘발성 유기물질 등의 측정을 위한 시료는 운반 중 공기와 접촉이 없도록 가득 채워져야 한다.
③ 지하수 시료는 취수정 내에 고여 있는 물을 충분히 퍼낸(고여 있는 물의 4~5배 정도나 pH 및 전기전도도를 연속적으로 측정하여 이 값이 평행을 이룰 때까지로 한다.) 다음 새로 나온 물을 채취한다.
④ 시료채취량은 시험항목 및 시험횟수에 따라 차이가 있으나 보통 3~5L 정도이어야 한다.

해설 시료채취용기는 시료를 채우기 전에 시료로 3회 이상 씻은 다음 사용한다.

SECTION 05 수질환경관계법규

81 정당한 사유 없이 공공수역에 다량의 토사를 유출하거나 버려 상수원 또는 하천, 호소를 현저히 오염되게 하는 행위를 한 자에게 부과되는 과태료는?

① 100만 원 이하의 과태료를 부과
② 300만 원 이하의 과태료를 부과
③ 500만 원 이하의 과태료를 부과
④ 1천만 원 이하의 과태료를 부과

82 다음 조건에서 적용되는 오염물질의 배출허용기준은?

- 1일 폐수배출량이 2,000m³ 미만
- 환경기준(수질) Ⅱ등급 정도의 수질을 보전하여야 한다고 인정하는 수역의 수질에 영향을 미치는 지역으로서 환경부장관이 정하여 고시하는 지역
- 단위 : mg/L

① BOD 80 이하, SS 80 이하
② BOD 70 이하, SS 70 이하
③ BOD 60 이하, SS 60 이하
④ BOD 50 이하, SS 50 이하

83 환경기술인 또는 기술요원이 관련 분야에 따라 이수하여야 할 교육과정의 교육기간 기준은?(단, 정보통신매체를 이용한 원격교육 제외)

① 16시간 이내
② 24시간 이내
③ 3일 이내
④ 5일 이내

해설 교육과정의 종류 및 기간
환경기술인 또는 기술요원이 관련 분야에 따라 이수하여야 할 교육과정은 다음과 같다.
㉠ 환경기술인과정
㉡ 폐수처리기술요원과정
　교육과정의 교육기간은 5일 이내로 한다. 다만, 정보통신매체를 이용하여 원격교육을 실시하는 경우에는 환경부장관이 인정하는 기간으로 한다.

ANSWER | 79. ④ 80. ① 81. [전항정답] 82. ① 83. ④

84 상수원의 수질보전을 위하여 상수원을 오염시킬 우려가 있는 물질을 수송하는 자동차의 통행을 제한하려고 한다. 해당되는 지역이 아닌 것은?
① 상수원보호구역
② 규정에 의하여 지정·고시된 수변구역
③ 상수원에 중대한 오염을 일으킬 수 있어 대통령령이 정하는 지역
④ 특별대책지역

해설 상수원의 수질보전을 위한 통행 제한지역
㉠ 상수원보호구역
㉡ 규정에 의하여 지정·고시된 수변구역
㉢ 상수원에 중대한 오염을 일으킬 수 있어 환경부령으로 정하는 지역
㉣ 특별대책지역

85 수질 및 수생태계 보전에 관한 법률에 적용되는 용어의 정의로 틀린 것은?
① 폐수무방류배출시설 : 폐수배출시설에 발생하는 폐수를 당해 사업장 안에서 수질오염방지시설을 이용하여 처리하거나 동일 배출시설에 재이용하는 등 공공수역으로 배출하지 아니하는 폐수배출시설을 말한다.
② 수면관리자 : 호소를 관리하는 자를 말하며, 이 경우 동일한 호소를 관리하는 자가 3인 이상인 경우에는 하천법에 의한 하천의 관리청의 자가 수면관리자가 된다.
③ 특정수질유해물질 : 사람의 건강, 재산이나 동·식물의 생육에 직접 또는 간접으로 위해를 줄 우려가 있는 수질오염물질로서 환경부령이 정하는 것을 말한다.
④ 공공수역 : 하천·호소·항만·연안해역 그밖에 공공용에 사용되는 수역과 이에 접속하여 공공용에 사용되는 환경부령이 정하는 수로를 말한다.

해설 "수면관리자"란 다른 법령에 따라 호소를 관리하는 자를 말한다. 이 경우 동일한 호소를 관리하는 자가 둘 이상인 경우에는 「하천법」에 따른 하천관리청 외의 자가 수면관리자가 된다.

86 사업장에서 1일 폐수 배출량이 150m³ 발생하고 있을 때 사업장의 규모별 구분으로 맞는 것은?
① 2종 사업장
② 3종 사업장
③ 4종 사업장
④ 5종 사업장

해설 사업장 규모별 구분

종류	배출규모
제1종 사업장	1일 폐수 배출량이 2,000m² 이상인 사업장
제2종 사업장	1일 폐수 배출량이 700m² 이상, 2,000m² 미만인 사업장
제3종 사업장	1일 폐수 배출량이 200m² 이상, 700m² 미만 사업장
제4종 사업장	1일 폐수 배출량이 50m² 이상, 200m² 미만 사업장
제5종 사업장	위 제1종부터 제4종까지의 사업장에 해당하지 아니하는 배출시설

87 폐수무방류배출시설의 운영일지의 보존기간은?
① 최종 기록일부터 6월
② 최종 기록일부터 1년
③ 최종 기록일부터 3년
④ 최종 기록일부터 5년

해설 폐수무방류배출시설의 경우에는 운영일지를 3년간 보존하여야 한다.

88 수질오염경보 중 수질오염감시경보 단계가 '관심'인 경우 한국환경공단이사장의 조치 사항으로 옳은 것은?
① 수체 변화 감시 및 원인 조사
② 지속적 모니터링을 통한 감시
③ 관심경보 발령 및 관계기관 통보
④ 원인조사 및 오염물질 추적 조사 지원

해설 수질오염 감시경보

단계	관계기관	조치사항
관심	한국환경공단 이사장	㉠ 측정기기의 이상 여부 확인 ㉡ 유역·지방 환경청장에게 보고 • 상황 보고, 원인 조사 및 관심경보 발령 요청 ㉢ 지속적 모니터링을 통한 감시
	수면관리자	수체 변화 감시 및 원인 조사
	취수장·정수장 관리자	정수처리 및 수질분석 강화
	유역·지방 환경청장	㉠ 관심경보 발령 및 관계기관 통보 ㉡ 수면관리자에게 원인 조사 요청 ㉢ 원인 조사 및 주변 오염원 단속 강화

84. ③ 85. ② 86. ③ 87. ③ 88. ② | ANSWER

89 특정수질 유해물질로 분류되어 있지 않은 것은?
① 1,4-다이옥산 ② 아세트알데히드
③ 아크릴아미드 ④ 브로모포름

90 위탁처리대상 폐수를 환경부령으로 정하고 있다. 폐수배출시설의 설치를 제한할 수 있는 지역에서 위탁처리할 수 있는 1일 폐수의 양은?
① 1m³ 미만 ② 5m³ 미만
③ 20m³ 미만 ④ 50m³ 미만

91 방지시설 설치의 면제기준에 관한 설명으로 틀린 것은?
① 수질오염물질이 항상 배출허용기준 이하로 배출되는 경우
② 새로운 수질오염물질이 발생되어 배출시설 또는 방지시설의 개선이 필요한 경우
③ 폐수를 전량 위탁처리하는 경우
④ 폐수를 전량 재이용하는 등 방지시설을 설치하지 아니하고도 수질오염물질을 적정하게 처리할 수 있는 경우

해설 방지시설 설치의 면제기준
㉠ 배출시설의 기능 및 공정상 수질오염물질이 항상 배출허용기준 이하로 배출되는 경우
㉡ 폐수처리업 등록을 한 자 또는 환경부장관이 인정하여 고시하는 관계 전문기관에 환경부령으로 정하는 폐수를 전량 위탁처리하는 경우
㉢ 폐수를 전량 재이용하는 등 방지시설을 설치하지 아니하고도 수질오염물질을 적정하게 처리할 수 있는 경우로서 환경부령으로 정하는 경우

92 낚시금지구역 또는 낚시제한구역을 지정하고자 하는 경우 고려하여야 할 사항으로 틀린 것은?
① 오염원 현황
② 지역별 낚시인구 현황
③ 수질오염도
④ 용수의 목적

해설 낚시금지구역 또는 낚시제한구역 지정 시 고려사항
㉠ 용수의 목적
㉡ 오염원 현황
㉢ 수질오염도
㉣ 낚시터 인근에서의 쓰레기 발생 현황 및 처리 여건
㉤ 연도별 낚시 인구의 현황
㉥ 서식 어류의 종류 및 양 등 수중생태계 현황

93 폐수종말처리시설의 방류수 수질기준 중 생태독성(TU)기준으로 옳은 것은?(단, 2013.1.1. 이후 수질기준, 보기 항의 ( ) 내 기준은 농공단지 폐수종말처리시설 방류수 수질기준)
① 1(1) 이하 ② 1(2) 이하
③ 2(2) 이하 ④ 2(3) 이하

해설 방류수 수질기준

구분	I 지역	II 지역	III 지역	IV 지역
생물화학적 산소요구량 (BOD)(mg/L)	10(10) 이하	10(10) 이하	10(10) 이하	10(10) 이하
화학적 산소요구량 (COD)(mg/L)	20(40) 이하	20(40) 이하	40(40) 이하	40(40) 이하
부유물질 (SS)(mg/L)	10(10) 이하	10(10) 이하	10(10) 이하	10(10) 이하
총질소 (T-N)(mg/L)	20(20) 이하	20(20) 이하	20(20) 이하	20(20) 이하
총인 (T-P)(mg/L)	0.2(0.2) 이하	0.3(0.3) 이하	0.5(0.5) 이하	0.2(0.2) 이하
총대장균 군수(개/mL)	3,000 (3,000)	3,000 (3,000)	3,000 (3,000)	3,000 (3,000)
생태독성(TU)	1(1) 이하	1(1) 이하	1(1) 이하	1(1) 이하

94 비점오염원관리지역의 지정기준으로 옳은 것은?
① 인구 5만 명 이상인 도시로서 비점오염원관리가 필요한 지역
② 인구 10만 명 이상인 도시로서 비점오염원관리가 필요한 지역
③ 인구 50만 명 이상인 도시로서 비점오염원관리가 필요한 지역
④ 인구 100만 명 이상인 도시로서 비점오염원관리가 필요한 지역

95 사람의 건강보호를 위한 수질 및 수생태계 하천의 환경기준으로 잘못된 것은?

① 유기인 : 검출되어서는 안 됨
② 6가 크롬 : 0.05mg/L 이하
③ 카드뮴(Cd) : 0.05mg/L 이하
④ 음이온계면활성제(ABS) : 0.5mg/L 이하

해설 카드뮴(Cd) : 0.005mg/L 이하

96 특별대책지역의 수질오염을 방지하기 위하여 해당 지역에 새로 설치되는 배출시설에 대해 적용할 수 있는 배출허용기준은?

① 별도배출허용기준
② 시 · 도배출허용기준
③ 특별배출허용기준
④ 엄격한 배출허용기준

해설 환경부장관은 특별대책지역의 수질오염을 방지하기 위하여 필요하다고 인정할 때에는 해당 지역에 설치된 배출시설에 대하여 기준보다 엄격한 배출허용기준을 정할 수 있고, 해당 지역에 새로 설치되는 배출시설에 대하여 특별배출허용기준을 정할 수 있다.

97 오염물질의 희석처리가 가능한 경우에 해당하지 않는 것은?

① 폐수의 염분 농도가 높아 원래의 상태로는 생물화학적 처리가 어려운 경우
② 폐수의 유기물의 농도가 높아 원래의 상태로는 생물화학적 처리가 어려운 경우
③ 폐수의 독성이 강해 원래의 상태로는 생물화학적 처리가 어려운 경우
④ 폭발의 위험 등이 있어 원래의 상태로는 화학적 처리가 어려운 경우에 희석처리 가능

해설 오염물질의 희석처리가 가능한 경우
㉠ 폐수의 염분이나 유기물의 농도가 높아 원래의 상태로는 생물화학적 처리가 어려운 경우
㉡ 폭발의 위험 등이 있어 원래의 상태로는 화학적 처리가 어려운 경우

98 환경기술인 등의 교육기간 · 대상자 등에 관한 내용으로 틀린 것은?

① 최초교육 : 환경기술인 등이 최초로 업무에 종사한 날부터 1년 이내에 실시하는 교육
② 보수교육 : 최초 교육 후 3년마다 실시하는 교육
③ 환경기술인 교육기관 : 환경관리협회
④ 기수요원 교육기관 : 국립환경인력개발원

해설 환경기술인 교육기관 : 환경보전협회

99 오염총량관리기본방침에 포함되어야 하는 사항이 아닌 것은?

① 오염총량관리의 목표
② 오염총량관리 대상 지역 및 시설
③ 오염총량관리의 대상 수질오염물질 종류
④ 오염원의 조사 및 오염부하량 산정방법

해설 오염총량관리기본방침에 포함되어야 하는 사항
㉠ 오염총량관리의 목표
㉡ 오염총량관리의 대상 수질오염물질 종류
㉢ 오염원의 조사 및 오염부하량 산정방법
㉣ 오염총량관리기본계획의 주체, 내용, 방법 및 시한
㉤ 오염총량관리시행계획의 내용 및 방법

100 수질오염방지시설 중 생물화학적 처리시설에 해당되는 것은?

① 살균시설
② 폭기시설
③ 환원시설
④ 침전물 개량시설

해설 생물화학적 처리시설
㉠ 살수여과상
㉡ 폭기(瀑氣)시설
㉢ 산화시설(산화조(酸化槽) 또는 산화지(酸化池)를 말한다.)
㉣ 혐기성 · 호기성 소화시설
㉤ 접촉조
㉥ 안정조
㉦ 돈사톱밥발효시설

95. ③ 96. ③ 97. ③ 98. ③ 99. ② 100. ② | ANSWER

2016년 3회 수질환경기사

SECTION 01 수질오염개론

01 150kL/day의 분뇨를 포기하여 BOD의 20%를 제거하였다. BOD 1kg을 제거하는 데 필요한 공기공급량이 60m³이라 했을 때 시간당 공기공급량(m³)은? (단, 연속포기, 분뇨의 BOD는 20,000mg/L이다.)
① 100 ② 500
③ 1,000 ④ 1,500

해설 공기공급량(m^3) = $\dfrac{150kL}{day} \Big| \dfrac{20,000mg}{L} \Big| \dfrac{10^3 L}{kL} \Big|$
$\Big| \dfrac{kg}{10^6 mg} \Big| \dfrac{60m^3}{1kg} \Big| \dfrac{20}{100} \Big| \dfrac{1day}{24hr}$
= 1,500(m^3)

02 물의 물리적 특성과 이와 관련된 용어의 설명으로 틀린 것은?
① 물의 비중은 4℃에서 1.0이다.
② 점성계수란 전단응력에 대한 유체의 거리에 대한 속도 변화율에 대한 비를 말한다.
③ 표면장력은 액체 표면의 분자가 액체 내부로 끌리는 힘에 기인된다.
④ 동점성계수는 밀도를 점성계수로 나눈 것을 말한다.

해설 동점성계수(Kinematic Viscosity; v)
점성계수(μ)를 밀도로 나눈 값을 말한다. SI단위에서는 m^2/sec를 사용한다. cm^2/sec 등으로도 나타낼 수 있다.

03 Streeter-Phelps 식의 기본가정이 틀린 것은?
① 오염원은 점오염원
② 하상퇴적물의 유기물분해를 고려하지 않음
③ 조류의 광합성은 무시, 유기물의 분해는 1차 반응
④ 하천의 흐름 방향 분산을 고려

해설 모든 방향에 대한 확산은 무시한다.

04 산성강우에 대한 설명으로 틀린 것은?
① 주요 원인물질은 유황산화물, 질소산화물, 염산을 들 수 있다.
② 대기오염이 극심한 지역에 국한되는 현상으로 비교적 정확한 예보가 가능하다.
③ 초목의 잎과 토양으로부터 Ca^{++}, Mg^{++}, K^+ 등의 용출 속도를 증가시킨다.
④ 보통 대기 중 탄산가스와 평형상태에 있는 물은 약 pH 5.6의 산성을 띠고 있다.

05 부조화형 호수가 아닌 것은?
① 부식 영양형 호수 ② 부영양형 호수
③ 알칼리 영양형 호수 ④ 산영양형 호수

해설 부(비)조화형 호수
㉠ 부식 영향형, ㉡ 산영향형, ㉢ 알칼리 영양형

06 섬유상 유황박테리아로 에너지원으로 황화수소를 이용하며 균체에 황입자를 축적하는 것은?
① Sphaerotilus ② Zoogloea
③ Cyanophyia ④ Beggiatoa

해설 $H_2S + \dfrac{1}{2}O_2$ 박테리아(Beggiatoa, Thiovulum, Thiothrix)
→ $S^{2-} + H_2O$

07 호소의 영양상태를 평가하기 위한 Carlson 지수를 산정하기 위해 요구되는 인자가 아닌 것은?
① Chlorophyll-a ② SS
③ 투명도 ④ T-P

해설 부영양화도 지수는 Carlson에 의해 개발되어 Carlson 지수라고도 하는데 Carlson 지수는 경험적으로 만든 연속적인 부영양화도 지수로서 투명도(SD)에 대한 부영양화도 지수[TSI(SD)]와 투명도(SD)-클로로필 농도(Chl-a)의 상관관계에 의한 부영양화도지수[TSI(Chl-a)], 클로로필 농도(Chl-a)-총인(T-P)의 상관관계를 이용한 부영양화도 지수[TSI(T-P)]가 있다.

ANSWER | 1.④ 2.④ 3.④ 4.② 5.② 6.④ 7.②

08 유량 400,000m³/day의 하천에 인구 20만명의 도시로부터 30,000m³/day의 유량으로 하수가 유입되고 있다. 하수가 유입되기 전 하천의 BOD는 0.5mg/L이고, 유입 후 하천의 BOD를 2mg/L로 하기 위해서 하수처리장을 건설하려고 한다면 이 처리장의 BOD 제거효율은?(단, 인구 1인당 BOD 배출량 20g/day)

① 약 84 ② 약 87
③ 약 90 ④ 약 93

해설 ㉠ 도시 → 하수처리장으로 유입되는 BOD 농도를 구하면

$$C_t = \frac{20g}{인 \cdot 일} \left| \frac{200,000인}{} \right| \frac{day}{30,000m^3}$$

$$\left| \frac{10^3 mg}{1g} \right| \frac{1m^3}{10^3 L}$$

$$= 133.33 (mg/L)$$

㉡ 혼합점의 2mg/L를 조건으로 하수처리장 방류구에서 → 하천으로 유입 가능한 허용 BOD 농도를 구하면

$$2(mg/L) = \frac{(400,000 \times 0.5) + (30,000 \times C_o)}{400,000 + 30,000}$$

$C_o = 22(mg/L)$

$$\therefore \eta = \left(1 - \frac{C_o}{C_t}\right) \times 100 = \left(1 - \frac{22}{133.33}\right) \times 100 = 83.5(\%)$$

09 glycine($CH_2(NH_2)COOH$) 7mol을 분해하는 데 필요한 이론적 산소 요구량(g O_2)은?(단, 최종산물은 HNO_3, CO_2, H_2O)

① 725 ② 742
③ 768 ④ 784

해설 glycine의 이론적인 산화반응을 이용한다.
$C_2H_5NO_2 + 3.5O_2 \rightarrow 2CO_2 + 2H_2O + HNO_3$
1mol : $3.5 \times 32g$
7mol : X(=ThOD)
∴ X(=ThOD) = 784g

10 해수의 특성에 대한 설명으로 옳은 것은?

① 염분은 적도해역과 극해역이 다소 높다.
② 해수의 주요 성분 농도비는 수온, 염분의 함수로 수심이 깊어질수록 증가한다.
③ 해수의 Na/Ca비는 3~4 정도로 담수보다 매우 높다.
④ 해수 내 전체 질소 중 35% 정도는 암모니아성 질소, 유기질소 형태이다.

해설 해수의 특징
㉠ pH는 8.2로서 약 알칼리성을 가진다.
㉡ 해수의 Mg/Ca비는 3~4 정도로 담수의 0.1~0.3에 비하여 월등하게 크다.
㉢ 해수의 밀도는 1.02~1.07g/cm³ 범위로서 수온, 염분, 수압의 함수이며 수심이 깊을수록 증가한다.
㉣ 해수는 강전해질로서 1L당 35g(35,000ppm)의 염분을 함유한다.
㉤ 염분은 적도해역에서는 높고, 남·북 양극 해역에서는 다소 낮다.
㉥ 해수는 다량의 염분을 함유하고 있어 산업용·냉각용으로서는 사용할 수 없다.
㉦ 해수는 HCO_3^-를 포화시킨 상태로 되어 있다.
㉧ 해수의 주요 성분 농도비는 항상 일정하다.
㉨ 해수는 Cl^- 농도(≒19,000ppm)만 정량하면 다른 주요 성분 농도를 산출할 수 있다.
㉩ 해수는 염분 외에 온도만 측정하면 해수의 비중을 알 수 있다.
㉪ 해수 내 전체 질소 중 35% 정도는 NH_3-N, 유기질소 형태이다.

11 미생물에 의한 영양대사과정 중 에너지 생성반응으로서 기질이 세포에 의해 이용되고, 복잡한 물질에서 간단한 물질로 분해되는 과정(작용)은?

① 이화 ② 동화
③ 동기화 ④ 환원

해설 이화작용은 에너지를 생산하는 작용으로 세포합성에 필요한 전구물질과 에너지를 얻기 위해 수행되는 화학반응을 말한다.

12 이상적인 완전혼합 흐름상태를 나타내는 반응조 혼합 정도의 표시로 틀린 것은?

① 분산이 1일 때
② 지체시간이 0일 때
③ Morrill 지수가 1에 가까울수록
④ 분산수가 무한대일 때

8. ① 9. ④ 10. ④ 11. ① 12. ③ | ANSWER

해설 반응조에 있어서 혼합 정도의 척도는 분산(Variance), 분산수(Dispersion Number), Morrill 지수로 나타낼 수 있으며, 이 3가지를 비교하여 나타내면 다음 표와 같다.

혼합 정도의 표시	완전혼합 흐름상태	플러그 흐름상태
분산(Variance)	1일 때	0일 때
분산수 (Dispersion Number)	d=∞ 무한대일 때	d=0일 때
모릴지수 (Morrill Index)	Mo값이 클수록 근접	Mo값이 1에 가까울수록

13 분뇨에 관한 설명으로 가장 거리가 먼 것은?

① 분뇨의 영양물질은 NH_4HCO_3, $(NH_4)_2CO_3$의 형태로 존재하며 소화조 내의 알칼리도 유지 및 pH 강하를 막아주는 완충역할을 담당한다.
② 분과 요의 구성비는 약 1 : 8~10 정도이며 고액 분리가 어렵다.
③ 요의 경우 질소화합물은 전체 VS의 10~20% 정도 함유하고 있다.
④ 분뇨의 비중은 1.02 정도이고, 점도는 비점도로서 1.2~2.2 정도이다.

해설 분의 경우 질소산화물은 전체 VS의 12~20% 정도 함유되어 있다.

14 확산의 기본법칙인 Fick's 제1법칙을 가장 알맞게 설명한 것은?(단, 확산에 의해 어떤 면적요소를 통과하는 물질의 이동속도 기준)

① 이동속도는 확산물질의 조성비에 비례한다.
② 이동속도는 확산물질의 농도경사에 비례한다.
③ 이동속도는 확산물질의 분자확산계수와 반비례한다.
④ 이동속도는 확산물질의 유입과 유출의 차이만큼 축적된다.

해설 Fick의 제1법칙(정상상태 확산)은 용액 속에서 용질의 확산이 일어나는 방향에 수직인 단위 넓이를 통하여 단위 시간에 확산하는 용질의 양은 그 장소에서의 농도의 기울기에 비례한다는 법칙이다.

15 카드뮴에 대한 내용으로 틀린 것은?

① 카드뮴은 흰 은색이며 아연 정련업, 도금공업 등에서 배출된다.
② 골연화증이 유발된다.
③ 만성폭로로 인한 흔한 증상은 단백뇨이다.
④ 윌슨씨병 증후군과 소인증이 유발된다.

해설 카드뮴은 식품에서 가장 많이 섭취되며 대표적인 질환으로 이타이이타이병이 있다. 칼슘 대사기능장해로 칼슘(Ca)의 소실·체내 칼슘(Ca)의 불균형에 의한 골연화증, 위장장애가 유발되며, 발암작용은 아직 알려진 바 없다.

16 생물학적 질화 중 아질산화에 관한 설명으로 틀린 것은?

① Nitrobacter에 의해 수행된다.
② 수율은 0.04~0.13mg VSS/mg $NH_4^+ - N$ 정도이다.
③ 관련 미생물은 독립영양성 세균이다.
④ 산소가 필요하다.

해설 단백질은 효소에 의해 가수분해되어 글리신 등의 아미노산이 된다. 아미노산은 암모니아성 질소(NH_3-N) 상태에서 질산화균(Nitrosomonas)에 의해 아질산성질소(NO_2-N)로 산화되고 다시 질산화균(Nitrobacter)에 의해 질산성 질소(NO_3-N)로 산화된다.

17 평균수온이 5℃인 저수지의 수심이 10m이고 수면적이 0.1km²이었다. 이 저수지의 수온차가 10℃라 할 때 정상상태에서의 열전달속도(kcal/hr)는?(단, 5℃에서의 열전도도 K_T=5.8kcal/[(hr·m²)(℃/m)])

① 2.9×10^5
② 5.8×10^5
③ 2.9×10^6
④ 5.8×10^6

해설 $X(kcal/hr) = \dfrac{5.8kcal}{m^2 \cdot hr} \left| \dfrac{m}{℃} \right| \dfrac{0.1km^2}{10m} \left| \dfrac{1,000^2 m^2}{1km^2} \right| \dfrac{10℃}{}$

$= 5.8 \times 10^5 (kcal/hr)$

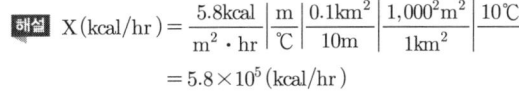

18 공중위생상 중요한 방사능 물질인 스트론튬(Sr^{90})은 29년의 반감기를 가지고 있다. 주어진 양의 스트론튬을 90% 감소시키기 위한 저장기간(년)은?(단, 1차 반응, 자연대수 기준)

① 약 37 ② 약 67
③ 약 97 ④ 약 113

해설 1차 반응식을 이용한다.
$\ln\dfrac{C_t}{C_o} = -K \cdot t$

㉠ t=29년일 때 $C_o=100$, $C_t=50$이므로 반응속도상수 K와의 관계식을 만들면
$\ln\dfrac{50}{100} = -K \cdot 29(\text{year})$
∴ $K=0.0239(\text{year}-1)$

㉡ 따라서 90%의 반감기를 구하면
$t = \dfrac{\ln(C_t/C_o)}{-K} = \dfrac{\ln(10/100)}{-0.0239} = 96.34$년

19 용존산소농도를 6mg/L로 유지하기 위하여 산소섭취속도가 40mg/L·hr인 포기기를 설치하였다. 이때 K_{LA}값(총괄산소전달계수, hr^{-1})은 약 얼마인가?(단, 20℃에서 용존산소 포화농도 9.07mg/L)

① 9.0 ② 10.5
③ 12.3 ④ 13.0

해설 $K_{LA}(hr^{-1}) = \dfrac{\gamma}{\alpha(\beta C_s - C)} = \dfrac{40\text{mg}}{L \cdot hr}\bigg|\dfrac{L}{(9.07-6)\text{mg}}$
$= 13.03(hr^{-1})$

20 진핵세포에 관한 설명으로 틀린 것은?

① 핵막이 있다.
② 분리분열을 한다.
③ 세포소기관으로 미토콘드리아, 엽록체, 액포 등이 존재한다.
④ 리보솜은 80S(예외 : 미토콘드리아와 엽록체는 70S)이다.

해설 진핵세포는 유사분열을 한다.

SECTION 02 상하수도계획

21 상향류식 경사판 침전지에 대한 설명으로 틀린 것은?

① 표면부하율은 4~9mm/min으로 한다.
② 경사각은 55~60°로 한다.
③ 침강장치는 1단으로 한다.
④ 침전지 내의 평균상승유속은 250mm/min이하로 한다.

해설 상향류식의 경사판을 설치하는 경우에는 다음을 표준으로 한다.
㉠ 표면부하율은 12~28mm/min로 한다.
㉡ 침강장치는 1단으로 한다.
㉢ 경사각은 55~60°로 한다.
㉣ 침전지 내의 평균상승유속은 250mm/min 이하로 한다.

22 정수시설 중 플록형성지에 관한 설명으로 틀린 것은?

① 기계식 교반에서 플록큐레이터(Flocculator)의 주변속도는 5~10cm/sec를 표준으로 한다.
② 플록형성시간은 계획정수량에 대하여 20~40분간을 표준으로 한다.
③ 직사각형이 표준이다.
④ 혼화지와 침전지 사이에 위치하고 침전지에 붙여서 설치한다.

해설 기계식 교반에서 플록큐레이터의 주변속도는 15~80cm/sec로 하고 우류식 교반에서는 평균유속을 15~30cm/sec를 표준으로 한다.

23 복류수를 취수하는 집수매거의 유출단에서 매거 내의 평균유속 기준은?

① 0.3m/sec 이하 ② 0.5m/sec 이하
③ 0.8m/sec 이하 ④ 1.0m/sec 이하

해설 집수매거는 수평 또는 흐름방향으로 향하여 완경사로 하고 집수매거의 유출단에서 매거 내의 평균유속은 1m/sec 이하로 한다.

18. ③ 19. ④ 20. ② 21. ① 22. ① 23. ④ | ANSWER

24 펌프의 비교회전도에 관한 설명으로 옳은 것은?
① 비교회전도가 크게 될수록 흡입성능이 나쁘고 공동현상이 발생하기 쉽다.
② 비교회전도가 크게 될수록 흡입성능은 나쁘나 공동현상이 발생하기 어렵다.
③ 비교회전도가 크게 될수록 흡입성능이 좋고 공동현상이 발생하기 어렵다.
④ 비교회전도가 크게 될수록 흡입성능이 좋으나 공동현상이 발생하기 쉽다.

해설 비교회전도(N_s)가 클수록 흡입성능이 나쁘고 공동현상이 발생하기 쉽다.

25 상수도관에 사용되는 관종 중 스테인리스강관에 관한 특징으로 틀린 것은?
① 강인성이 뛰어나고 충격에 강하다.
② 용접접속에 시간이 걸린다.
③ 라이닝이나 도장을 필요로 하지 않는다.
④ 이종금속과의 절연처리가 필요 없다.

해설 스테인리스강관의 특징
㉠ 장점
 • 강도가 크고 내구성이 있다.
 • 내식성이 우수하다.
 • 강인성이 뛰어나고 충격에 강하다.
 • 라이닝이나 도장을 필요로 하지 않는다.
㉡ 단점
 • 용접접속에 시간이 걸린다.
 • 이종금속과의 절연처리를 필요로 한다.
④ 이종금속과의 절연처리가 필요하다.

26 하수관거에 관한 내용으로 틀린 것은?
① 도관은 내산 및 내알칼리성이 뛰어나고 마모에 강하여 이형관을 제조하기 쉽다.
② 폴리에틸렌관은 가볍고 취급이 용이하여 시공성은 좋으나 산, 알칼리에 약한 단점이 있다.
③ 덕타일주철관은 내압성 및 내식성이 우수하다.
④ 파형강관은 용융아연도금된 강관을 스파이럴형으로 제작한 강판이다.

해설 폴리에틸렌관은 가볍고 시공성이 우수하며, 내산·내알칼리성이 우수하다. 또한, 연성관으로 허용변형률을 안지름의 5% 정도로 한다.

27 유역면적이 $2km^2$인 지역에서의 우수유출량을 산정하기 위하여 합리식을 사용하였다. 다음 같은 조건일 때 관거 길이 1,000m인 하수관의 우수유출량은? (단, 강우강도 $I(mm/hr) = \frac{3,660}{t+30}$, 유입시간은 6분, 유출계수는 0.7, 관내의 평균 유속은 1.5m/sec이다.)
① 약 25
② 약 30
③ 약 35
④ 약 40

해설 합리식에 의한 우수유출량을 계산한다.
$Q = \frac{1}{360}CIA$
㉠ C : 유출계수 = 0.7
㉡ A : 유역면적 = $2km^2 \left| \frac{100ha}{1km^2} \right. = 200(ha)$
㉢ $I = \frac{3,660}{t+30} = \frac{3,660}{17.11+30} = 77.69(mm/hr)$
 → t = 유입시간 + 유하시간
  $= 6min + \frac{1,000m}{1.5m} \left| \frac{sec}{} \right| \frac{1min}{60sec}$
  $= 17.11(min)$
∴ $Q = \frac{1}{360} C \cdot I \cdot A$
  $= \frac{1}{360} \times 0.7 \times 77.69 \times 200$
  $= 30.21(m^3/sec)$

28 폭 4m, 높이 3m인 개수로의 수심이 2m이고 경사가 4‰일 경우 Manning 공식에 의한 유속(m/sec)은 얼마인가? (단 n=0.014)
① 1.13
② 2.26
③ 4.52
④ 9.04

ANSWER | 24. ① 25. ④ 26. ② 27. ② 28. ③

해설
$$V(m/sec) = \left(\frac{1}{n}\right) \times R^{\frac{2}{3}} \times I^{\frac{1}{2}}$$
$$R = \frac{A}{P} = \frac{2 \times 4}{2+4+2} = 1$$
$$I = 4\permil = \frac{4}{1,000}$$
$$V(m/sec) = \left(\frac{1}{0.014}\right) \times 1^{\frac{2}{3}} \times \frac{4}{1,000}^{\frac{1}{2}}$$
$$= 4.52 m/sec$$

29 상수시설인 도수관을 설계할 때의 평균유속에 관한 설명이다. ( ) 안에 옳은 것은?

> 자연유하식인 경우에는 허용최대한도를 (㉠)로 하고 도수관의 평균유속의 최소한도는 (㉡)로 한다.

① ㉠ 3.0m/sec, ㉡ 0.3m/sec
② ㉠ 3.0m/sec, ㉡ 1m/sec
③ ㉠ 5.0m/sec, ㉡ 0.3m/sec
④ ㉠ 5.0m/sec, ㉡ 1m/sec

해설 자연유하식인 경우에는 허용최대한도를 3.0m/s로 하고, 도수관의 평균유속의 최소한도는 0.3m/s로 한다.

30 활성슬러지법에서 사용하는 수중형 포기기에 관한 설명으로 틀린 것은?

① 저속터빈과 압력튜브 혹은 보통관을 통한 압축공기를 주입하는 형식이다.
② 혼합 정도가 좋으며 결빙문제나 유체가 튀지 않는다.
③ 깊은 반응조에 적용하며 운전에 융통성이 있다.
④ 송풍조의 규모를 줄일 수 있어 전기료가 적게 소요된다.

해설 기아감속기와 송풍조가 소요되어 전기료가 많이 든다.

31 관경 1,100mm, 동수경사 2.4‰, 유속 1.63m/sec, 연장 L=30.6m일 때 역사이폰의 손실수두(m)는 약 얼마인가?(단, 손실수두에 관한 여유 α=0.042m)

① 0.42 ② 0.32
③ 0.25 ④ 0.16

해설 역사이펀의 손실수두
$$H = i \cdot L + \frac{1.5V^2}{2g} + \alpha$$
$$= 2.4 \times 30.6 + \frac{1.5 \times 1.63^2}{2 \times 9.8} + 0.042$$
$$= 0.32(m)$$

32 펌프 회전차나 동체 속에 흐르는 압력이 국소적으로 저하하여 그 액체의 포화 증기압 이하로 떨어져 발생하는 펌프 운전 시에 비정상 현상은?

① 캐비테이션 ② 서징
③ 수격작용 ④ 맥놀이 현상

33 상수시설인 착수정의 체류시간, 수심 기준으로 옳은 것은?

① 체류시간 : 1.5분 이상, 수심 : 2~3m 정도
② 체류시간 : 1.5분 이상, 수심 : 3~5m 정도
③ 체류시간 : 3.0분 이상, 수심 : 2~3m 정도
④ 체류시간 : 3.0분 이상, 수심 : 3~5m 정도

해설 착수정의 용량은 체류시간을 1.5분 이상으로 하고 수심은 3~5m로 한다.

34 취수시설 중 취수탑에 관한 설명으로 틀린 것은?

① 연간을 통해서 최소 수심이 2m 이상으로 하천에 설치하는 경우에는 유심이 제방에 되도록 근접한 지점으로 한다.
② 취수탑의 횡단면은 환상으로서 원형 또는 타원형으로 한다.
③ 취수탑의 상단 및 관리단의 하단은 하천, 호소 및 댐의 계획최고수위보다 높게 한다.
④ 취수탑을 하천에 설치하는 경우에는 장축방향을 흐름 방향과 직각이 되도록 설치한다.

해설 취수탑을 하천에 설치하는 경우, 계획고수유량에 따라 계획고수위보다 0.6~2m 정도 높게 한다. 이 밖에 관리교의 구조 또는 제방의 높이에 대한 배려도 필요하다. 호소 및 댐에 설치하는 경우에는 최고수위에 대하여 바람이나 지진에 의한 파랑의 높이를 고려한다.

35 상수도 취수 시 계획취수량의 기준은?

① 계획 1일 최대급수량의 10% 정도 증가된 수량으로 정함
② 계획 1일 평균급수량의 10% 정도 증가된 수량으로 정함
③ 계획 1시간 최대급수량의 10% 정도 증가된 수량으로 정함
④ 계획 1시간 평균급수량의 10% 정도 증가된 수량으로 정함

해설 계획취수량은 계획 1일 최대급수량을 기준으로 하며, 기타 필요한 작업용수를 포함하여 5~10%의 여유를 둔다.

36 하수도계획의 목표연도는 몇 년을 원칙으로 하는가?

① 10년　　② 20년
③ 30년　　④ 40년

해설 하수도계획의 목표연도는 원칙적으로 20년 정도로 한다.

37 하수처리시설의 이차침전지에 대한 설명으로 틀린 것은?

① 유효수심은 2.5~4m를 표준으로 한다.
② 이차침전지의 고형물부하율은 40~125kg/m² · day로 한다.
③ 침전시간은 계획 1일 최대오수량에 따라 정하며 일반적으로 6~8시간으로 한다.
④ 침전지 수면의 여유고는 40~60cm 정도로 한다.

해설 하수처리장의 이차침전지의 침전시간은 계획 1일 최대오수량에 따라 정하며 일반적으로 3~5시간으로 한다.

38 수격작용(Water Hammer)을 방지 또는 줄이는 방법이라 할 수 없는 것은?

① 펌프에 Fly Wheel을 붙여 펌프의 관성을 증가시킨다.
② 흡입 측 관로에 압력조절수조(Surge Tank)를 설치하여 부압을 유지시킨다.
③ 펌프 토출구 부근에 공기탱크를 두거나 부압 발생지점에 흡기밸브를 설치하여 압력강하 시 공기를 넣어준다.
④ 관내유속을 낮추거나 관거상황을 변경한다.

해설 수격작용은 관로의 밸브를 급히 제동하거나 펌프의 급제동으로 인하여 순간유속이 제로(0)가 되면서 압력파가 발생하게 되고, 이 압력파는 관내를 일정한 전파속도로 왕복하면서 충격을 주게 되는 현상을 말하며 방지방법은 다음과 같다.
㉠ 관내의 유속을 낮추거나 관경을 크게 한다.
㉡ 펌프의 속도가 급격히 변화하는 것을 방지한다.
㉢ 수압을 조절할 수 있는 수조를 관선에 설치한다.
㉣ 밸브를 펌프 송출구 가까이 설치하여 적절히 제어할 수 있도록 한다.

39 배수관로상에 유리관을 세웠을 때 다음 그림과 같은 상태였다. 이때 배수관 내의 유속(m/sec)은?(단, 수면의 차이는 10cm)

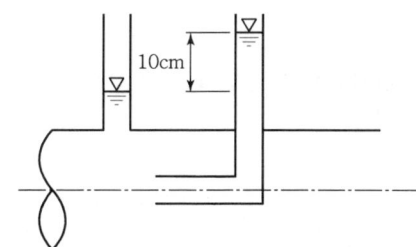

① 1.0　　② 1.4
③ 1.8　　④ 2.2

해설 $V = \sqrt{2 \cdot g \cdot H}$
$= \sqrt{(2 \times 9.8 \times 0.1)} = 1.4(\text{m/sec})$

40 내경 500mm의 강관 내압 1.0MPa으로 물이 흐르고 있다. 매설 강관의 최소 두께(mm)는 약 얼마인가? (단, 내압에 의한 원주방향의 응력도 110N/mm² 이다.)

① 2.27　　② 4.52
③ 6.54　　④ 9.08

해설 $t = \dfrac{PD}{2\sigma_t}$

$= \dfrac{500 \times 1.0}{2 \times 110} = 2.2727(\text{mm})$

ANSWER | 35. ① 36. ② 37. ③ 38. ② 39. ② 40. ①

SECTION 03 수질오염방지기술

41 폐수의 화학적 성분 중 무기물이 아닌 것은?
① 염화물
② 카드뮴
③ 질산성 질소
④ 계면활성제

42 브롬화염소 살균에 관한 설명으로 틀린 것은?
① 브롬화염소는 기화속도가 낮기 때문에 염소보다 덜 유해하다.
② 부식성이 높아 염소와 관련된 배관이나 용기에 철제를 쓸 수 없다.
③ 하수의 살균제로 쓰일 때 브롬화염소는 액화기체로서 주입된다.
④ 브롬화염소 잔류량은 접촉조 안에서 빨리 감소하므로 주입지점에서 하수와 잘 섞어줄 필요가 있다.

43 도금폐수 중 시안함유폐수의 처리에 관한 설명으로 틀린 것은?
① pH 3 이하의 산성으로 하여 공기를 격렬하게 주입시켜 HCN가스를 대기 중에 발산시켜 제거한다.
② 시안 착화합물로 변화시키는 방법은 크롬폐수와 혼합되어 있을 때의 처리에 적합하다.
③ 알칼리성으로 하여 염소화하는 방법이 가장 일반적이다.
④ 선택침전법은 여러 가지 폐수가 혼재되어 있을 때 적용하며 슬러지 발생량이 적은 장점이 있다.

해설 중금속류 물질은 침전시켜 제거한다.

44 생물화학적 인 및 질소 제거 공법 중 인 제거만을 주목적으로 개발된 공법은?
① Phostrip
② A^2/O
③ UCT
④ Bardenpho

해설 A/O 공정, Phostrip 공정은 인만 제거하는 공정이다.

45 MLSS 농도 3,000mg/L, F/M비가 0.4인 포기조에 BOD 350mg/L의 폐수가 3,000m³/day로 유입되고 있다. 포기조 체류시간(hr)은?
① 5
② 7
③ 9
④ 11

해설
$$F/M(day^{-1}) = \frac{BOD_i \cdot Q_i}{\forall \cdot X} = \frac{BOD_i}{t \cdot X}$$
$$t = \frac{BOD}{F/M \cdot X} = \frac{350(mg/L)}{0.4 \times 3,000(mg/L)}$$
$$= 0.292(day) = 7(hr)$$

46 입자형상계수가 0.75이고 평균입경이 1.7mm인 안트라사이트가 600mm로 구성된 여층에서 물이 180 L/m²·min의 속도로 흐를 때, Reynolds 수는?(단, 동점성계수는 $1.003 \times 10^{-6} m^2/sec$)
① 약 2.81
② 약 3.81
③ 약 4.81
④ 약 5.81

해설
$$Re = \frac{D \cdot V \cdot \rho}{\mu} = \frac{D \cdot V}{\nu}$$
$$= \frac{0.75(1.7 \times 10^{-3}m)}{} \left|\frac{180L}{m^2 \cdot min}\right|$$
$$\left|\frac{sec}{1.003 \times 10^{-6}m^2}\right|\frac{1m^3}{10^3 L}\left|\frac{1min}{60sec}\right|$$
$$= 3.81$$

47 수질성분이 금속도관의 부식에 미치는 영향으로 틀린 것은?
① 암모니아는 착화물의 형성을 통해 구리, 납 등의 금속 용해도를 증가시킬 수 있다.
② 칼슘은 $CaCO_3$로 침전하여 부식을 보호하고 부식속도를 감소시킨다.
③ 마그네슘은 갈바닉 전지를 이룬 배관 상에 구멍을 야기한다.
④ pH가 높으면 관을 보호하고 부식속도를 감소시킨다.

해설 수질성분 중 갈바닉 전지를 이룬 배관 상에 흠집(구멍)을 야기하는 것으로 가장 적절한 것은 구리이다.

41. ④ 42. ② 43. ④ 44. ① 45. ② 46. ② 47. ③ | ANSWER

48 용수 응집시설의 급속 혼합조를 설계하고자 한다. 혼합조의 설계유량은 18,480m³/day이며 정방형으로 하고 깊이는 폭의 1.25배로 한다면 교반을 위한 필요동력(kW)은?(단, μ=0.00131N·s/m², 속도 구배=900sec⁻¹, 체류시간 30초이다.)

① 약 4.3　　② 약 5.6
③ 약 6.8　　④ 약 7.3

해설 속도경사(G) 계산식을 이용한다.

$$G = \sqrt{\frac{P}{\mu \cdot \forall}}$$

$$P = G^2 \cdot \mu \cdot \forall$$

$$= \frac{900^2}{sec^2} \Big| \frac{0.00131N \cdot sec}{m^2} \Big| \frac{6.41m^3}{}$$

$$= 6,801.6(Watt) = 6.8(kW)$$

여기서, $\forall = \frac{18,480m^3}{day} \Big| \frac{30sec}{} \Big| \frac{1day}{24 \times 3,600sec}$

$$= 6.41(m^3)$$

49 혐기성 소화조 운전 중 이상발포가 발생되었을 때의 대책이 아닌 것은?

① 슬러지의 유입을 줄이고 배출을 일시 중지한다.
② 소화온도를 높인다.
③ 조내 교반을 중지한다.
④ 스컴을 파쇄·제거한다.

해설 소화조 운전상 문제점 및 대책

상태	원인	대책
이상발포 맥주모양의 이상발포	1) 과다배출로 조내 슬러지 부족 2) 유기물의 과부하 3) 1단계조의 교반 부족 4) 온도 저하 5) 스컴 및 토사의 퇴적	1) 슬러지의 유입을 줄이고 배출을 일시 중지한다. 2) 조내 교반을 충분히 한다. 3) 소화온도를 높인다. 4) 스컴을 파쇄·제거한다. 5) 토사의 퇴적은 준설한다.

50 3,000명의 주민이 살고 있는 도시의 우유제조공장에서 하루 평균 80m³씩의 폐수가 배출되고 있다. 폐수의 BOD가 1,000mg/L이며 인구 1인당 하루 70g의 BOD를 배출할 때 필요한 안정화지의 면적(m²)은? (단, 안정화지 설계 BOD부하량 2.5g/m²·day)

① 12,500　　② 65,500
③ 116,000　　④ 148,000

해설 ㉠ 인구 BOD(g/day) = $\frac{70g}{인 \cdot day} \Big| \frac{3,000인}{}$
　　　　　　= 210,000(g/day)

㉡ 우유 BOD(g/day) = $\frac{1,000mg}{L} \Big| \frac{80m^3}{day} \Big| \frac{10^3L}{1m^3} \Big| \frac{1g}{10^3mg}$
　　　　　　= 80,000(g/day)

∴ $A(m^2) = \frac{(210,000+80,000)g}{day} \Big| \frac{m^2 \cdot day}{2.5g}$
　　　= 116,000(m²)

51 역삼투장치로 하루에 600,000L의 3차 처리된 유출수를 탈염하고자 한다. 유출수를 탈염하고자 한다. 다음과 같을 때 요구되는 막 면적(m²)은?

- 25℃에서 물질전달계수=0.2068L/(day-m²)(kPa)
- 유입수와 유출수의 압력차=2,400kPa
- 유입수와 유출수의 삼투압차=310kPa
- 최저운전온도=10℃, $A_{10℃}=1.3 \times A_{25℃}$

① 약 1,200　　② 약 1,400
③ 약 1,600　　④ 약 1,800

해설 ㉠ 막의 단위면적당 유출수량[Q_F]은 압력과 다음의 관계식이 성립된다.

$$Q_F = K(\Delta P - \Delta \pi)$$

여기서, K : 막의 물질전달계수(L/(day-m²)(kPa))
　　　　ΔP : 유입수와 유출수 사이의 압력차(kPa)
　　　　$\Delta \pi$: 유입수와 유출수의 삼투압차(kPa)

㉡ 조건을 대입하여 관계식을 만들면

$$\frac{600,000L}{day} \Big| \frac{1}{A(m^2)} = \frac{0.2068L}{m^2 \cdot day \cdot kPa} \Big| (2,400-310)kPa$$

∴ $A_{25℃} = 1,388.2(m^2)$

㉢ 최저운전온도(10℃) 상태로 막의 소요면적을 온도보정하면

∴ $A_{10℃} = 1.3 \times A_{25℃} = 1.3 \times 1,388.2$
　　　= 1,804.7(m²)

ANSWER | 48. ③　49. ③　50. ③　51. ④

52 폐수유량이 2,000m³/day, 부유고형물의 농도가 200mg/L이다. 설계온도 20℃, 이때의 공기 용해도는 18.7mL/L, 흡수비 0.5, 표면부하율이 120(m³/m²·day), 운전압력이 3기압이라면 반송비와 부상조의 필요한 표면적(m²)은 약 얼마인가?(단, A/S비 0.05, 반송이 있는 공기 부상조 기준)

① 0.82, 25 ② 0.82, 30
③ 0.87, 25 ④ 0.87, 30

해설 부상조의 A/S비 계산식을 이용한다.

㉠ $A/S비 = \dfrac{1.3 \cdot S_a(fP-1)}{SS} \times R$

$0.05 = \dfrac{1.3 \times 18.7 \times (0.5 \times 3 - 1)}{200} \times R$

$\therefore R = 82.3(\%)$

㉡ $A(m^2) = \dfrac{2,000 + 2,000 \times 0.823 m^3}{day} \Big| \dfrac{m^2 \cdot day}{120 m^3}$

$= 30.38(m^2)$

53 슬러지 발생량이 3,000kg/day인 소화조가 있다. 슬러지는 70%의 휘발성 물질을 포함하고 있으며 이 중 60%가 분해된다. 슬러지 1kg이 분해될 때 50%의 메탄이 함유된 0.874m³/kg의 소화가스가 발생한다. 소화조 보온에 필요한 에너지는 530,000kJ/h이다. 발생된 에너지의 몇 %가 실질적으로 소화조의 가온에 사용되었는가?(단, 메탄의 열량은 35,850kJ/m³이고, 가온장치의 열효율은 70%이다. 24시간 연속 가온 기준)

① 65% ② 74%
③ 81% ④ 92%

해설 $X = \dfrac{소화조 가온에 사용된 에너지}{발생된 에너지} \times 100$

소화조 가온에 사용된 에너지 = 530,000kJ/h

발생된 에너지 $\left(\dfrac{kJ}{m^3}\right)$

$= \dfrac{3,000kg \cdot SL}{day} \Big| \dfrac{0.874m^3 \cdot 가스}{1kg} \Big| \dfrac{35,850kJ}{m^3 \cdot 메탄}$

$\Big| \dfrac{70 \cdot VS}{100 \cdot SL} \Big| \dfrac{60}{100} \Big| \dfrac{1day}{24hr} \Big| \dfrac{70}{100} \Big| \dfrac{50}{100}$

$= 575742.0375(kJ/day)$

$\therefore X = \dfrac{530,000}{575,742.0375} \times 100 = 92.06(\%)$

54 300m³/day의 폐수를 배출하는 도금공장이 있다. 이 폐수 중에는 CN^-이 150mg/L 함유되어 다음 반응식을 이용하여 처리하고자 할 때 필요한 NaOCl의 양(kg)은 약 얼마인가?

$$2NaCN + 5NaOCl + H_2O \rightarrow 2NaHCO_3 + N_2 + 5NaCl$$

① 180.4 ② 322.4
③ 344.8 ④ 300.5

해설
$2CN^-$: $5NaOCl$
$2 \times 26(g)$: $5 \times 74.5(g)$

$\dfrac{150mg}{L} \Big| \dfrac{300m^3}{day} \Big| \dfrac{10^3 L}{1m^3} \Big| \dfrac{1kg}{10^6 mg}$: X(kg/day)

$\therefore X(NaOCl) = 322.4(kg/day)$

55 침전지에서 입자의 침강 속도가 증대되는 원인이 아닌 것은?

① 입자 비중의 증가 ② 액체 점성계수 증가
③ 수온의 증가 ④ 입자 직경의 증가

해설 액체의 점성계수가 감소할 때 침강속도는 증가한다.

56 함수율 96%인 축산폐수 500m³/day가 혐기성 소화조에 투입되고 있다. VS/TS비는 50%이며 혐기성 소화 후 VS의 80%가 가스로 발생하고 있다. 이 소화조에서 하루 발생한 소화가스의 열량(kcal/day)은? (단, 축산폐수의 비중 1.0, VS 1ton은 25m³의 소화가스를 발생, 소화가스 1m³의 열량은 6,000kcal)

① 130,000 ② 400,000
③ 840,000 ④ 1,200,000

해설 $Gas(kcal/day) = \dfrac{500m^3}{day} \Big| \dfrac{4}{100} \Big| \dfrac{50}{100} \Big| \dfrac{80}{100} \Big| \dfrac{1,000kg}{m^3}$

$\Big| \dfrac{1ton}{1,000kg} \Big| \dfrac{25m^3}{1ton} \Big| \dfrac{6,000kcal}{1m^3}$

$= 1,200,000(kcal/day)$

52. ② 53. ④ 54. ② 55. ② 56. ④ | ANSWER

57 핀 플록(Pin floc)이나 플록파괴(Defloc-culation)가 발생하는 원인이 아닌 것은?

① 독성(Toxic)물질 유입
② 혐기성(Anaerobic) 상태
③ 유황(Sulfide)
④ 장기폭기(Extended Aeration)

58 막공법 중 물질 분리를 유발하는 추진력(Driving force)으로 틀린 것은?

① 전기투석(Electrodialysis) - 기전력
② 투석(Dialysis) - 정수압차
③ 역삼투(Reverse Osmosis) - 정수압차
④ 한외여과(Ultrafiltration) - 정수압차

해설 투석의 추진력은 농도차이다.

59 함수율이 90%인 슬러지 겉보기 비중이 1.02이었다. 이 슬러지를 탈수하여 함수율이 60%인 슬러지를 얻었다면 탈수된 슬러지가 갖는 비중은?(단, 물의 비중은 1.0으로 한다.)

① 약 1.09
② 약 1.19
③ 약 1.29
④ 약 1.39

해설 슬러지의 밀도(비중) 수지식을 이용한다.

$\frac{m_{SL}}{\rho_{SL}} = \frac{m_{TS}}{\rho_{TS}} + \frac{m_W}{\rho_W}$

㉠ 함수율이 90%일 때
$\frac{100}{1.02} = \frac{10}{\rho_{TS}} + \frac{90}{1.0}$ ∴ $\rho_{TS} = 1.244$

㉡ 함수율이 60%일 때
$\frac{100}{\rho_{SL}} = \frac{40}{1.244} + \frac{60}{1.0}$ ∴ $\rho_{SL} = 1.085$

60 Monod 식을 이용한 세포의 비증식속도(Specific growth rate, hr^{-1})는?(단, 제한기질농도 200mg/L, 1/2 포화농도(K_s) 50mg/L, 세포의 비증식속도 최대치 0.1hr^{-1})

① 0.08
② 0.12
③ 0.16
④ 0.24

해설 Michaelis-Menten의 비증식속도 계산식을 이용한다.

$\mu = \mu_{max} \times \frac{[S]}{K_s + [S]}$

$= 0.1 \times \frac{200}{50 + 200} = 0.08(\text{hr}^{-1})$

SECTION 04 수질오염공정시험기준

61 자외선/가시선 분광법을 적용한 음이온 계면활성제 시험방법에 관한 설명으로 틀린 것은?

① 메틸렌블루와 반응시켜 생성된 청색의 착화합물을 추출하여 흡광도를 측정한다.
② 컬럼을 통과시켜 시료 중의 계면활성제를 종류별로 구분하여 측정할 수 있다.
③ 메틸렌블루와 반응시켜 생성된 착화합물을 추출할 때 클로로폼을 사용한다.
④ 약 1,000mg/L 이상의 염소이온 농도에서 양의 간섭을 나타내며 따라서 염분농도가 높은 시료의 분석에는 사용할 수 없다.

해설 이 시험기준으로는 시료 중의 계면활성제를 종류별로 구분하여 측정할 수 없다.

62 유도결합플라스마 - 원자발광분광법에 대한 설명으로 가장 거리가 먼 것은?

① 토치는 2중으로 된 석영관을 사용한다.
② 냉각가스는 아르곤을 사용한다.
③ 운반가스는 아르곤을 사용한다.
④ 플라스마는 그 자체가 광원으로 이용된다.

해설 토치는 내부직경 18, 12, 1.5mm인 3개의 동심원 또는 동등한 규격의 석영관을 사용한다.

63 BOD 실험에서 시료를 희석함에 있어 예상 BOD 값에 대한 사전경험이 없을 때, 적용되는 경우에 대한 설명으로 옳은 것은?

① 오염이 심한 공장폐수는 1.0~5.0%의 시료가 함유되도록 희석, 조제한다.
② 침전된 하수는 5.0~10%의 시료가 함유되도록 희석, 조제한다.
③ 처리하여 방류된 공장폐수는 25~50%의 시료가 함유되도록 희석, 조제한다.
④ 오염된 하천수는 25.0~100%의 시료가 함유되도록 희석, 조제한다.

해설 예상 BOD 값에 대한 사전경험이 없을 때에는 다음과 같이 희석하여 시료용액을 조제한다. 강한 공장폐수는 0.1~1.0%, 처리하지 않은 공장폐수와 침전된 하수는 1~5%, 처리하여 방류된 공장폐수는 5~25%, 오염된 하천수는 25~100%의 시료가 함유되도록 희석, 조제한다.

64 유속-면적법에 의한 하천유량을 구하기 위한 소구간 단면에 있어서의 평균유속 V_m을 구하는 식으로 맞는 것은?(단, $V_{0.2}$, $V_{0.4}$, $V_{0.5}$, $V_{0.6}$, $V_{0.8}$은 각각 수면으로부터 전수심의 20%, 40%, 50%, 60% 및 80%인 점의 유속이다.)

① 수심이 0.4m 미만일 때 $V_m = V_{0.5}$
② 수심이 0.4m 미만일 때 $V_m = V_{0.8}$
③ 수심이 0.4m 이상일 때 $V_m = (V_{0.2} + V_{0.8}) \times 1/2$
④ 수심이 0.4m 이상일 때 $V_m = (V_{0.4} + V_{0.6}) \times 1/2$

해설 하천의 유속은 수심 0.4m를 기점으로 하여 다음과 같이 평균유속을 구한다.
㉠ 수심이 0.4m 이상일 때 $V_m = (V_{20\%} + V_{80\%})/2$
㉡ 수심이 0.4m 미만일 때 $V_m = V_{60\%}$

65 공장폐수나 하수의 관내 유량측정방법 중 공정수(Process Water)에 적용하지 않는 것은?

① 유량측정용 노즐
② 벤투리미터
③ 오리피스
④ 자기식 유량측정기

해설 벤투리미터는 공정수에 적용하지 않는다.

66 염소이온에 관한 측정법에 대한 설명으로 가장 거리가 먼 것은?

① 정량 범위는 질산은 적정법의 경우 0.1mg/L, 이온크로마토그래피법의 경우 0.7mg/L 이상이다.
② 질산은 적정법의 경우 시료가 심하게 착색되어 있으면 칼륨명반현탁액을 넣어 탈색시켜야 한다.
③ 질산은 적정법에 의한 종말점은 엷은 적황색 침전이 나타날 때이다.
④ 질산은 적정법은 질산은이 크롬산과 반응하여 크롬산은의 침전으로 나타나는 점을 적정의 종말점으로 한다.

해설 염소이온의 측정에서 적정법의 경우 정량범위는 0.7mg/L 이상이고 이온크로마토그래피법의 경우 0.1mg/L 이상이다.

67 하천의 BOD를 측정하기 위해 검수에 희석수를 가해 40배로 희석한 것을 BOD병에 채우고 20℃에서 5일간 부란시키기 전 희석 검수의 DO는 8.5mg/L, 5일간 부란 후 적정에 사용된 $0.025N - Na_2S_2O_3$ 용액이 1.5mL, BOD병 내용적이 303mL, 적정에 사용된 검수량이 100mL, $0.025N - Na_2S_2O_3$의 역가는 1이다. 이 하천수의 BOD(mg/L)는?(단, DO측정을 위해 투입된 $MnSO_4$와 알카리성 요오드화칼륨 아지드화나트륨 용액의 양은 각각 1mL로 한다.)

① 약 190
② 약 220
③ 약 250
④ 약 280

해설
$$DO(mg/L) = a \times f \times \frac{V_1}{V_2} \times \frac{1,000}{V_1 - R} \times 0.2$$
$$= 1.5 \times 1 \times \frac{303}{100} \times \frac{1,000}{303 - 2} \times 0.2$$
$$= 3.02(mg/L)$$
$$BOD(mg/L) = (D_1 - D_2) \times P = (8.5 - 3.02) \times 40$$
$$= 219.2(mg/L)$$

63. ④ 64. ③ 65. ② 66. ① 67. ②

68 자외선/가시선 분광법에 의한 페놀류 정량 측정에 관한 내용으로 ( )에 맞는 내용은?

> 증류한 시료에 염화암모늄-암모니아 완충용액을 넣어 ( )으로 조절한 다음 4-아미노안티피린과 헥사시안화철(II)산칼륨을 넣어 생성된 붉은색의 안티피린계 색소의 흡광도를 측정하는 방법이다.

① pH 8 ② pH 9
③ pH 10 ④ pH 11

69 수질시료를 보존할 때 반드시 유리용기에 넣어 보존해야 하는 측정항목이 아닌 것은?
① 폴리클로리네이티드비페닐
② 페놀류
③ 유기인
④ 불소

해설 불소는 폴리에틸렌에 넣어 시료를 보존한다.

70 공정시험기준의 내용으로 가장 거리가 먼 것은?
① 온수는 60~70℃, 냉수는 15℃ 이하를 말한다.
② 방울수는 20℃에서 정제수 20방울을 적하할 때 그 부피가 약 1mL가 되는 것을 뜻한다.
③ "정밀히 단다"라 함은 규정된 수치의 무게를 0.1mg까지 다는 것을 말한다.
④ 시험에 쓰는 물은 따로 규정이 없는 한 증류수 또는 정제수로 한다.

해설 "정밀히 단다"라 함은 규정된 양의 시료를 취하여 화학저울 또는 미량저울로 칭량함을 말한다.

71 시료 채취 시 유의사항으로 틀린 것은?
① 시료 채취 용기는 시료를 채우기 전에 시료로 3회 이상 씻은 다음 사용한다.
② 유류 또는 부유물질 등이 함유된 시료는 균질성이 유지될 수 있도록 채취하여야 하며, 침전물 등이 부상하여 혼입되어서는 안 된다.
③ 심부층의 지하수 채취 시에는 고속양수펌프를 이용하여 채취시간을 최소화함으로써 수질의 변질을 방지하여야 한다.
④ 용존가스, 환원성 물질, 휘발성 유기화합물, 냄새, 유류 및 수소이온 등을 측정하기 위한 시료를 채취할 때는 운반 중 공기와의 접촉이 없도록 시료 용기에 가득 채운 후 빠르게 뚜껑을 닫는다.

해설 지하수 시료 채취 시 심부층의 경우 저속양수펌프 등을 이용하여 반드시 저속시료 채취하여 시료 교란을 최소화하여야 한다.

72 6가 크롬 표준용액(0.5mg/mL) 1L를 조제하기 위하여 소요되는 표준시약(다이크롬산칼륨)의 양(g)은 약 얼마인가?(단, 원자량 : 칼륨 39, 크롬 52)
① 1.413 ② 2.826
③ 3.218 ④ 4.641

해설
$2Cr^{6+}$: $K_2Cr_2O_7$
$2 \times 52(g)$: $294(g)$
$\dfrac{0.5mg}{mL} \bigg| \dfrac{1L}{} \bigg| \dfrac{10^3 mL}{1L} \bigg| \dfrac{1g}{10^3 mg}$: X

∴ X = 1.413(g)

73 감응계수를 옳게 나타낸 것은?(단, 검정곡선 작성용 표준용액의 농도 : C, 반응값 : R)
① 감응계수=R/C ② 감응계수=C/R
③ 감응계수=R×C ④ 감응계수=R-C

해설 감응계수=R/C

74 부유물질 측정 시 간섭물질에 대한 설명으로 가장 거리가 먼 것은?
① 유지(oil) 및 혼합되지 않는 유기물도 여과지에 남아 부유물질 측정값을 높게 할 수 있다.
② 철 또는 칼슘이 높은 시료는 금속 침전이 발생하며 부유물질 측정에 영향을 줄 수 있다.
③ 나무 조각, 큰 모래입자 등과 같은 큰 입자들은 부유물질 측정에 방해를 주며, 이 경우 직경 2mm 금속망에 먼저 통과시킨 후 분석을 실시한다.
④ 증발잔류물이 1,000mg/L 이상인 공장폐수 등은 여과지에 의한 측정오차를 최소화하기 위해 여과지 세척을 하지 않는다.

ANSWER | 68. ③ 69. ④ 70. ③ 71. ③ 72. ① 73. ① 74. ④

해설 증발잔류물이 1,000mg/L 이상인 경우의 해수, 공장폐수 등은 특별히 취급하지 않을 경우, 높은 부유물질 값을 나타낼 수 있다. 이 경우 여과지를 여러 번 세척한다.

75 다이페닐카바자이드를 작용시켜 생성되는 착화합물의 흡광도를 540nm에서 측정하여 정량하는 항목은?
① 니켈
② 6가 크롬
③ 구리
④ 카드뮴

76 공장의 폐수 100mL를 취하여 산성 100℃에서 $KMnO_4$에 의한 화학적 산소 소비량을 측정하였다. 시료의 적정에 소비된 0.025N $KMnO_4$의 양이 7.5mL였다면 이 폐수의 COD(mg/L)는 약 얼마인가?(단, 0.025N $KMnO_4$ factor 1.02, 바탕시험 적정에 소비된 0.025N $KMnO_4$ 1.00mL)
① 13.3
② 16.7
③ 24.8
④ 32.2

해설 $COD(mg/L) = (b-a) \times f \times \dfrac{1,000}{V} \times 0.2$
㉠ a : 바탕시험(공시험) 적정에 소비된 0.025N $KMnO_4$ = 1.00(mL)
㉡ b : 시료의 적정에 소비된 0.025N $KMnO_4$ = 7.5(mL)
㉢ f : 0.025N $KMnO_4$ 역가(factor) = 1.02
㉣ V : 시료의 양(mL) = 100mL
$COD(mg/L) = (7.5-1.0) \times 1.02 \times \dfrac{1,000}{100} \times 0.2$
$= 13.26(mg/L)$

77 식물성 플랑크톤의 정량시험 중 저배율에 의한 방법은?(단, 200배율 이하)
① 스트립 이용 계수
② 팔머-말로니 챔버 이용 계수
③ 혈구계수기 이용 계수
④ 최적 확수 이용 계수

해설 식물성 플랑크톤의 정량시험 중 저배율(200배율 이하)에 의한 방법
㉠ 스트립 이용 계수
㉡ 격자 이용 계수

78 하천수의 시료채취에 관한 내용으로 가장 적절한 것은?(단, 수심 1.5m 기준)
① 하천 단면에서 수심이 가장 깊은 수면폭을 3등분한 각각의 지점의 수면으로부터 수심의 1/3 지점을 채수한다.
② 하천 단면에서 수심의 가장 깊은 수면의 지점과 그 지점을 중심으로 좌우로 수면폭을 3등분한 각각의 지점의 수면으로부터 수심의 1/2 지점을 채수한다.
③ 하천 단면에서 수심의 가장 깊은 수면의 지점과 그 지점을 중심으로 좌우로 수면폭을 2등분한 각각의 지점의 수면으로부터 수심의 1/3 지점을 채수한다.
④ 하천 단면에서 수심이 가장 깊은 수면폭을 2등분한 각각의 지점의 수면으로부터 수심의 1/2 지점을 채수한다.

해설 하천의 수심이 2m 미만일 때는 하천 단면에서 수심의 가장 깊은 수면의 지점과 그 지점을 중심으로 좌우로 수면폭을 2등분한 각각의 지점의 수면으로부터 수심의 1/3 지점을 채수한다.

79 취급 또는 저장하는 동안에 이물질이 들어가거나 또는 내용물이 손실되지 아니하도록 보호하는 용기는?
① 밀봉용기
② 밀폐용기
③ 기밀용기
④ 압밀용기

80 포기조 내의 폐수 DO를 측정하기 위하여 시료 300mL를 취하여 윙클러 아지드법에 의하여 처리하고 203mL를 분취하여 0.025N $Na_2S_2O_3$로 적정하니 3mL 소모되었다. 이 폐수의 DO(mg/L)는 약 얼마인가?(단, 0.025N $Na_2S_2O_3$의 역가 1.2, 전체 시료량에 넣은 시약 4mL)
① 3.2
② 3.6
③ 4.2
④ 4.6

해설 $DO(mg/L) = a \times f \times \dfrac{V_1}{V_2} \times \dfrac{1,000}{V_1 - R} \times 0.2$
$= 3 \times 1.2 \times \dfrac{300}{203} \times \dfrac{1,000}{300-4} \times 0.2$
$= 3.59(mg/L)$

SECTION 05 수질환경관계법규

81 위임업무 보고사항 중 보고 횟수가 연 4회에 해당되는 것은?
① 측정기기 부착 사업자에 대한 행정처분 현황
② 측정기기 부착사업장 관리 현황
③ 비점오염원의 설치신고 및 방지시설 설치 현황 및 행정처분 현황
④ 과징금 부과 실적

해설 위임업무 보고사항

업무내용	보고횟수	보고기일
측정기기 부착사업자에 대한 행정처분 현황	연 2회	매반기 종료 후 15일 이내
측정기기 부착사업장 관리 현황	연 2회	매반기 종료 후 15일 이내
비점오염원의 설치신고, 및 방지시설 설치 현황 및 행정처분 현황	연 4회	매분기 종료 후 15일 이내
과징금 부과 실적	연 2회	매반기 종료 후 10일 이내

82 수질오염방지시설 중 화학적 처리시설에 속하는 것은?
① 응집시설   ② 접촉조
③ 폭기시설   ④ 살균시설

해설 화학적 처리시설
㉠ 화학적 침강시설   ㉡ 중화시설
㉢ 흡착시설   ㉣ 살균시설
㉤ 이온교환시설   ㉥ 소각시설
㉦ 산화시설   ㉧ 환원시설
㉨ 침전물 개량시설

83 상수원 구간의 수질오염경보(조류기준) 중 다음 발령기준에 해당하는 경보단계는?

2회 연속 채취 시 남조류 세포 수가 5,000세포/mL 정도인 경우

① 관심   ② 경계
③ 조류 대발생   ④ 해제

해설 수질오염경보(조류경보)
㉠ 상수원 구간

경보단계	발령·해제 기준
관심	2회 연속 채취 시 남조류 세포 수가 1,000세포/mL 이상 10,000세포/mL 미만인 경우
경계	2회 연속 채취 시 남조류 세포 수가 10,000세포/mL 이상 1,000,000세포/mL 미만인 경우
조류 대발생	2회 연속 채취 시 남조류 세포 수가 1,000,000 세포/mL 이상인 경우
해제	2회 연속 채취 시 남조류 세포 수가 1,000세포/mL 미만인 경우

㉡ 친수활동 구간

경보단계	발령·해제 기준
관심	2회 연속 채취 시 남조류 세포 수가 20,000 세포/mL 이상 100,000 세포/mL 미만인 경우
경계	2회 연속 채취 시 남조류 세포 수가 100,000세포/mL 이상인 경우
해제	2회 연속 채취 시 남조류 세포 수가 20,000 세포/mL 미만인 경우

84 수질 및 수생태계 상태를 등급으로 나타내는 경우, "좋음" 등급에 대한 설명으로 옳은 것은?(단, 수질 및 수생태계 생활 환경기준)
① 용존산소가 풍부하고 오염물질이 거의 없는 청정상태에 근접한 생태계로 침전 등 간단한 정수처리 후 생활용수로 사용할 수 있음
② 용존산소가 풍부하고 오염물질이 거의 없는 청정상태에 근접한 생태계로 여과·침전 등 간단한 정수처리 후 생활용수 사용할 수 있음
③ 용존산소가 많은 편이고 오염물질이 거의 없는 청정상태에 근접한 생태계로 여과·침전·살균 등 일반적인 정수처리 후 생활용수로 사용할 수 있음
④ 용존산소가 많은 편이고 오염물질이 거의 없는 청정상태에 근접한 생태계로 활성탄 투입 등 일반적인 정수처리 후 생활용수로 사용할 수 있음

해설 등급별 수질 및 수생태계 상태
㉠ 매우 좋음 : 용존산소(溶存酸素)가 풍부하고 오염물질이 없는 청정상태의 생태계로 여과·살균 등 간단한 정수처리 후 생활용수로 사용할 수 있음
㉡ 좋음 : 용존산소가 많은 편이고 오염물질이 거의 없는 청정상태에 근접한 생태계로 여과·침전·살균 등 일반적인 정수처리 후 생활용수로 사용할 수 있음

ANSWER | 81. ③ 82. ④ 83. ① 84. ③

ⓒ 약간 좋음 : 약간의 오염물질은 있으나 용존산소가 많은 상태의 다소 좋은 생태계로 여과 · 침전 · 살균 등 일반적인 정수처리 후 생활용수 또는 수영용수로 사용할 수 있음
ⓔ 보통 : 보통의 오염물질로 인하여 용존산소가 소모되는 일반 생태계로 여과, 침전, 활성탄 투입, 살균 등 고도의 정수처리 후 생활용수로 이용하거나 일반적 정수처리 후 공업용수로 사용할 수 있음
ⓜ 약간 나쁨 : 상당량의 오염물질로 인하여 용존산소가 소모되는 생태계로 농업용수로 사용하거나 여과, 침전, 활성탄 투입, 살균 등 고도의 정수처리 후 공업용수로 사용할 수 있음
ⓗ 나쁨 : 다량의 오염물질로 인하여 용존산소가 소모되는 생태계로 산책 등 국민의 일상생활에 불쾌감을 주지 않으며, 활성탄 투입, 역삼투압 공법 등 특수한 정수처리 후 공업용수로 사용할 수 있음
ⓢ 매우 나쁨 : 용존산소가 거의 없는 오염된 물로 물고기가 살기 어려움

85. 배출시설의 설치허가를 받은 자가 배출시설의 변경허가를 받아야 하는 경우에 대한 기준으로 ( )에 내용으로 옳은 것은?

> 폐수배출량이 허가 당시보다 100분의 50(특정수질유해물질이 기준 이상으로 배출되는 배출시설의 경우에는 100분의 30) 이상 또는 ( ) 이상 증가하는 경우

① 1일 500세제곱미터
② 1일 600세제곱미터
③ 1일 700세제곱미터
④ 1일 800세제곱미터

해설 배출시설의 변경허가를 받아야 하는 경우
ⓐ 폐수배출량이 허가 당시보다 100분의 50(특정수질유해물질이 기준 이상으로 배출되는 배출시설의 경우에는 100분의 30) 이상 또는 1일 700세제곱미터 이상 증가하는 경우
ⓑ 배출허용기준을 초과하는 새로운 수질오염물질이 발생되어 배출시설 또는 수질오염방지시설의 개선이 필요한 경우
ⓒ 허가를 받은 폐수무방류배출시설로서 고체상태의 폐기물로 처리하는 방법에 대한 변경이 필요한 경우

86. 수질오염감시경보의 발령, 해제, 기준에 관한 내용으로 옳은 것은?

① 생물감시장비 중 물벼룩감시장비가 경보기준을 초과하는 것은 한쪽 시험조에서 15분 이상 지속되는 경우를 말한다.
② 생물감시장비 중 물벼룩감시장비가 경보기준을 초과하는 것은 한쪽 시험조에서 30분 이상 지속되는 경우를 말한다.
③ 생물감시장비 중 물벼룩감시장비가 경보기준을 초과하는 것은 양쪽 모든 시험조에서 15분 이상 지속되는 경우를 말한다.
④ 생물감시장비 중 물벼룩감시장비가 경보기준을 초과하는 것은 양쪽 모든 시험조에서 30분 이상 지속되는 경우를 말한다.

해설 수질오염감시경보의 발령, 해제, 기준
ⓐ 측정소별 측정항목과 측정항목별 경보기준 등 수질오염감시경보에 관하여 필요한 사항은 환경부장관이 고시한다.
ⓑ 용존산소, 전기전도도, 총 유기탄소 항목이 경보기준을 초과하는 것은 그 기준 초과 상태가 30분 이상 지속되는 경우를 말한다.
ⓒ 수소이온농도 항목이 경보기준을 초과하는 것은 5 이하 또는 11 이상이 30분 이상 지속되는 경우를 말한다.
ⓓ 생물감시장비 중 물벼룩감시장비가 경보기준을 초과하는 것은 양쪽 모든 시험조에서 30분 이상 지속되는 경우를 말한다.

87. 1일 폐수배출량이 2,000m³ 미만인 규모의 지역별, 항목별 배출허용기준이 틀린 것은?(단, 단위는 mg/L)

①

청정지역	BOD	COD	SS
	30 이하	40 이하	30 이하

②

가지역	BOD	COD	SS
	80 이하	90 이하	80 이하

③

나지역	BOD	COD	SS
	120 이하	130 이하	120 이하

④

특례지역	BOD	COD	SS
	30 이하	40 이하	30 이하

85. ③ 86. ④ 87. ①

해설 1일 폐수배출량이 2,000m³ 미만

	BOD	COD	SS
청정지역	40 이하	50 이하	40 이하

88 폐수처리업의 등록기준에 관한 내용으로 틀린 것은?

① 하나의 시설 또는 두 가지 이상의 기능을 가질 경우에는 각각의 해당 시설 또는 장비를 갖춘 것으로 본다.
② 폐수수탁처리업, 폐수재이용업을 함께 하려는 때는 같은 요건이라도 업종별로 따로 갖추어야 한다.
③ 수질오염물질 각 항목을 측정·분석할 수 있는 실험기기·기구 및 시약을 보유한 측정대행업자 또는 대학부설 연구기관 등과 측정대행계약 또는 공동사용계약을 체결한 경우에는 해당 실험기기·기구 및 시약을 갖추지 아니할 수 있다.
④ 기술능력이 환경기술인의 자격요건 이상이고 폐수 처리시설과 폐수배출시설이 동일한 시설인 경우에는 환경기술인을 중복하여 임명하지 아니하여도 된다.

해설 폐수처리업의 등록기준
㉠ 하나의 시설 또는 장비가 두 가지 이상의 기능을 가질 경우에는 각각의 해당 시설 또는 장비를 갖춘 것으로 본다.
㉡ 폐수수탁처리업, 폐수재이용업을 함께 하려는 때는 같은 요건을 중복하여 갖추지 아니할 수 있다.
㉢ 수질오염물질 각 항목을 측정·분석할 수 있는 실험기기·기구 및 시약을 보유한 측정대행업자 또는 대학부설 연구기관 등과 측정대행계약 또는 공동사용계약을 체결한 경우에는 해당 실험기기·기구 및 시약을 갖추지 아니할 수 있다.
㉣ 폐수처리업자 또는 폐수처리업을 하려는 자가 「환경기술개발 및 지원에 관한 법률」, 「폐기물관리법」, 「하수도법」, 「가축분뇨의 관리 및 이용에 관한 법률」, 「유해화학물질 관리법」에 따라 허가 또는 등록되는 환경관련 사업을 함께 하려는 경우에는 공통되는 실험실·실험기기 및 기구를 중복하여 갖추지 아니하여도 된다.
㉤ 기술능력이 환경기술인의 자격요건 이상이고 폐수처리시설과 폐수배출시설이 동일한 시설인 경우에는 환경기술인을 중복하여 임명하지 아니하여도 된다.

89 골프장의 잔디 및 수목 등에 맹·고독성 농약을 사용한 자에 대한 벌금 또는 과태료 부과 기준은?

① 3백만 원 이하의 벌금
② 5백만 원 이하의 벌금
③ 3백만 원 이하의 과태료 부과
④ 1천만 원 이하의 과태료 부과

해설 다음 각 호의 어느 하나에 해당하는 자에게는 1천만 원 이하의 과태료를 부과한다.
㉠ 측정기기를 부착하지 아니하거나 측정기기를 가동하지 아니한 자
㉡ 측정 결과를 기록·보존하지 아니하거나 거짓으로 기록·보존한 자
㉢ 방지시설의 설치면제 및 면제의 준수사항 규정에 의한 준수사항을 지키지 아니한 자
㉣ 환경기술인을 임명하지 아니하거나 임명에 대한 신고를 하지 아니한 자
㉤ 골프장의 잔디 및 수목 등에 맹·고독성 농약을 사용한 자
㉥ 폐수처리업의 규정에 의한 준수사항을 지키지 아니한 폐수처리업자

90 시·도지사가 측정망을 이용하여 수질오염도를 상시측정하거나 수생태계 현황을 조사한 경우에 그 조사 결과를 며칠 이내에 환경부장관에게 보고하여야 하는가?

① 수질오염도 : 측정일이 속하는 달의 다음 달 5일 이내, 수생태계 현황 : 조사 종료일부터 1개월 이내
② 수질오염도 : 측정일이 속하는 달의 다음 날 5일 이내, 수생태계 현황 : 조사 종료일부터 3개월 이내
③ 수질오염도 : 측정일이 속하는 달의 다음 날 10일 이내, 수생태계 현황 : 조사 종료일부터 13개월 이내
④ 수질오염도 : 측정일이 속하는 달의 다음 날 10일 이내, 수생태계 현황 : 조사 종료일부터 3개월 이내

해설 시·도지사가 수질오염도를 상시측정하거나 수생태계 현황을 조사한 경우에는 다음 각 호의 구분에 따른 기간 내에 그 결과를 환경부장관에게 보고하여야 한다.
㉠ 수질오염도 : 측정일이 속하는 달의 다음 달 10일 이내
㉡ 수생태계 현황 : 조사 종료일부터 3개월 이내

ANSWER | 88. ② 89. ④ 90. ④

91 환경부장관이 수질 및 수생태계를 보전할 필요가 있다고 지정·고시하고 수질 및 수생태계를 정기적으로 조사 측정하여야 하는 호소의 기준으로 틀린 것은?

① 1일 30만 톤 이상의 원수를 취수하는 호소
② 만수위일 때 면적이 30만 제곱미터 이상인 호소
③ 수질오염이 심하여 특별한 관리가 필요하다고 인정되는 호소
④ 동식물의 서식지·도래지이거나 생물다양성이 풍부하여 특별히 보전할 필요가 있다고 인정되는 호소

해설 환경부장관은 다음 각 호의 어느 하나에 해당하는 호소로서 수질 및 수생태계를 보전할 필요가 있는 호소를 지정·고시하고, 그 호소의 수질 및 수생태계를 정기적으로 조사·측정하여야 한다.
㉠ 1일 30만 톤 이상의 원수(原水)를 취수하는 호소
㉡ 동식물의 서식지·도래지이거나 생물다양성이 풍부하여 특별히 보전할 필요가 있다고 인정되는 호소
㉢ 수질오염이 심하여 특별한 관리가 필요하다고 인정되는 호소

92 중점관리 저수지의 지정 기준으로 옳은 것은?

① 총 저수용량이 1백만 세제곱미터 이상인 저수지
② 총 저수용량이 1천만 세제곱미터 이상인 저수지
③ 총 저수면적이 1백만 세제곱미터 이상인 저수지
④ 총 저수면적이 1천만 세제곱미터 이상인 저수지

해설 중점관리 저수지의 지정 기준
㉠ 총 저수용량이 1천만 세제곱미터 이상인 저수지
㉡ 오염 정도가 대통령령으로 정하는 기준을 초과하는 저수지
㉢ 그 밖에 환경부장관이 상수원 등 해당 수계의 수질보전을 위하여 필요하다고 인정하는 경우

93 대통령령으로 정하는 처리용량 이상의 방지시설(공동방지시설 포함)을 운영하는 자는 배출되는 수질오염물질이 배출허용기준, 방류수수질기준에 맞는지를 확인하기 위하여 적산전력계 또는 적산유량계 등 대통령령이 정하는 측정기기를 부착하여야 한다. 이를 위반하여 적산전력계 또는 적산유량계를 부착하지 아니한 자에 대한 벌칙 기준은?

① 1,000만 원 이하의 벌금
② 500만 원 이하의 벌금
③ 300만 원 이하의 벌금
④ 100만 원 이하의 벌금

해설 다음 각 호의 어느 하나에 해당하는 자는 100만 원 이하의 벌금에 처한다.
㉠ 적산전력계 또는 적산유량계를 부착하지 아니한 자
㉡ 환경기술인의 업무를 방해하거나 환경기술인의 요청을 정당한 사유 없이 거부한 자

94 폐수처리업자의 준수사항에 관한 설명으로 ( )에 옳은 것은?

수탁한 폐수는 정당한 사유 없이 (㉠) 보관할 수 없으며, 보관폐수의 전체량이 저장시설 저장능력의 (㉡) 이상 되게 보관하여서는 아니 된다.

① ㉠ 10일 이상, ㉡ 80%
② ㉠ 10일 이상, ㉡ 90%
③ ㉠ 30일 이상, ㉡ 80%
④ ㉠ 30일 이상, ㉡ 90%

해설 수탁한 폐수는 정당한 사유 없이 10일 이상 보관할 수 없으며, 보관폐수의 전체량이 저장시설 저장능력의 90퍼센트 이상 되게 보관하여서는 아니 된다.

95 폐수종말처리시설의 유지·관리기준에 관한 사항으로 ( )에 옳은 내용은?

처리시설의 관리·운영자는 처리시설의 적정 운영 여부를 확인하기 위하여 방류수 수질검사를 (㉠) 실시하되, 1일당 2천 세제곱미터 이상인 시설은 주 1회 이상 실시하여야 한다. 다만, 생태독성(TU)검사는 (㉡) 실시하여야 한다.

① ㉠ 월 2회 이상, ㉡ 월 1회 이상
② ㉠ 월 1회 이상, ㉡ 월 2회 이상
③ ㉠ 월 2회 이상, ㉡ 월 2회 이상
④ ㉠ 월 1회 이상, ㉡ 월 1회 이상

해설 처리시설의 적정 운영 여부를 확인하기 위하여 방류수수질검사를 월 2회 이상 실시하되, 1일당 2천 세제곱미터 이상인 시설은 주 1회 이상 실시하여야 한다. 다만, 생태독성(TU)검사는 월 1회 이상 실시하여야 한다.

96 비점오염저감시설 중 자연형 시설에 해당되는 것은?
① 생물학적 처리형 시설
② 여과시설
③ 침투시설
④ 여류시설

해설 자연형 시설
㉠ 저류시설
㉡ 인공습지
㉢ 침투시설
㉣ 식생형 시설

97 오염총량관리시행계획에 포함되어야 하는 사항으로 가장 거리가 먼 것은?
① 오염원 현황 및 예측
② 오염도 조사 및 오염부하량 산정방법
③ 연차별 오염부하량 삭감 목표 및 구체적 삭감 방안
④ 수질 예측 산정자료 및 이행 모니터링 계획

해설 오염총량관리 시행계획 시 포함사항
㉠ 오염총량관리시행계획 대상 유역의 현황
㉡ 오염원 현황 및 예측
㉢ 연차별 지역 개발계획으로 인하여 추가로 배출되는 오염 부하량 및 해당 개발계획의 세부 내용
㉣ 연차별 오염부하량 삭감 목표 및 구체적 삭감 방안
㉤ 오염부하량 할당 시설별 삭감량 및 그 이행 시기
㉥ 수질예측 산정자료 및 이행 모니터링 계획

98 수변생태구역의 매수·조성 등에 관한 내용으로 ( )에 옳은 것은?

> 환경부장관은 하천, 호소 등의 수질 및 수생태계 보전을 위하여 필요하다고 인정할 때에는 (㉠)으로 정하는 기준에 해당하는 수변습지 및 수변토지를 매수하거나 (㉡)으로 정하는 바에 따라 생태적으로 조성, 관리할 수 있다.

① ㉠ 환경부령, ㉡ 대통령령
② ㉠ 대통령령, ㉡ 환경부령
③ ㉠ 환경부령, ㉡ 총리령
④ ㉠ 총리령, ㉡ 환경부령

해설 수변생태구역의 매수·조성
환경부장관은 하천, 호소 등의 수질 및 수생태계 보전을 위하여 필요하다고 인정할 때에는 대통령령으로 정하는 기준에 해당하는 수변습지 및 수변토지(이하 "수변생태구역"이라 한다)를 매수하거나 환경부령으로 정하는 바에 따라 생태적으로 조성, 관리할 수 있다.

99 수질오염경보 중 조류경보 시 취수장·정수장 관리자의 조치사항에 해당하는 것은?
① 주 2회 이상 시료재취·분석
② 정수의 독소분석 실시
③ 발령기관에 대한 시험분석결과의 신속한 통보
④ 취수구 및 조류가 심한 지역에 대한 방어막 설치 등 조류 제거 조치 실시

해설 수질오염경보 중 조류경보 시 취수장·정수장 관리자의 조치사항

단계	관계기관	조치사항
관심	취수장·정수장 관리자	정수 처리 강화(활성탄 처리, 오존 처리)
경계	취수장·정수장 관리자	• 조류증식 수심 이하로 취수구 이동 • 정수처리 강화(활성탄 처리, 오존 처리)
대발생	취수장·정수장 관리자	• 조류증식 수심 이하로 취수구 이동 • 정수 처리 강화(활성탄 처리, 오존 처리) • 정수의 독소분석 실시

100 비점오염원의 설치신고 또는 변경신고를 할 때 제출하는 비점오염저감 계획서에 포함되어야 하는 사항으로 가장 거리가 먼 것은?
① 비점오염원 관련 현황
② 비점오염저감시설 설치계획
③ 비점오염원 관리 및 모니터링 방안
④ 비점오염원 저감방안

해설 비점오염저감계획서에는 다음 각 호의 사항이 포함되어야 한다.
㉠ 비점오염원 관련 현황
㉡ 비점오염원 저감방안
㉢ 비점오염저감시설 설치계획
㉣ 비점오염저감시설 유지관리 및 모니터링 방안

ANSWER | 96. ③ 97. ② 98. ② 99. ② 100. ③

2017년 1회 수질환경기사

SECTION 01 수질오염개론

01 생체 내에 필수적인 금속으로 결핍 시에는 인슐린의 저하를 일으킬 수 있는 유해물질은?
① Cd ② Mn
③ CN ④ Cr

해설 크롬은 피혁, 합금 제조업, 크롬 도금공업, 화학공업(안료, 촉매, 방청제), 금속제품제조업 등에서 배출되며, 크롬은 생체 내에 필수적인 금속으로 결핍 시 인슐린의 저하로 인한 것과 같은 탄수화물의 대사장해를 일으킨다.

02 우리나라 개인하수처리시설에서 발생되는 정화조 오니에 대한 설명으로 틀린 것은?
① BOD농도 8,000mg/L 내외
② SS농도 22,000mg/L 내외
③ 분뇨보다 생물학적 분해불가능 성분을 적게 포함한다.
④ 성상은 처리시설형식에 따라 현격한 차이를 보인다.

해설 정화조 오니의 COD_{Mn}/BOD 비는 약 1.9~4.7정도로 분뇨의 경우보다 훨씬 많은 양의 생물학적 분해 불가능 성질이 포함되어 있다.

03 하천의 BOD_5가 220mg/L이고, BOD_u가 470mg/L일 때 탈산소계수(k_1, day^{-1})값은?(단, 상용대수 기준)
① 0.045 ② 0.055
③ 0.065 ④ 0.075

해설 소모 BOD공식을 이용한다.
$BOD_t = BOD_u \times (1 - 10^{-k \cdot t})$
$BOD_5 = BOD_u \times (1 - 10^{-k \times 5})$
$220 = 470 \times (1 - 10^{-k \times 5})$
∴ k = 0.0548/day

04 알칼리도(Alkalinity)에 관한 설명으로 가장 거리가 먼 것은?
① P-알칼리도와 M-알칼리도를 합친 것을 총알칼리도라 한다.
② 알칼리도 계산은 다음 식으로 나타낸다. $Alk(CaCO_3 mg/L) = \dfrac{a \cdot N \cdot 50}{V} \times 1,000$ a : 소비된 산의 부피(mL), N : 산의 농도(eq/L), V : 시료의 양(mL)
③ 실용목적에서는 자연수에 있어서 수산화물, 탄산염, 중탄산염 이외, 기타 물질에 기인되는 알칼리도는 중요하지 않다.
④ 부식제어에 관련되는 중요한 변수인 Langelier 포화지수 계산에 적용된다.

해설 총알칼리도는 M-알칼리도(메틸오렌지 알칼리도)라 할 수 있다.

05 물에 관한 설명으로 틀린 것은?
① 수소결합을 하고 있다.
② 수온이 증가할수록 표면장력은 커진다.
③ 온도가 상승하거나 하강하면 체적은 증대한다.
④ 용융열과 증발열이 높다.

해설 수온이 증가할수록 표면장력은 작아진다.

06 지구상에 분포하는 수량 중 빙하(만년설 포함) 다음으로 가장 많은 비율을 차지하고 있는 것은?(단, 담수 기준)
① 하천수 ② 지하수
③ 대기습도 ④ 토양수

해설 지구상에 분포하는 수량 중 가장 많은 비율을 차지하는 순으로 구분하면 해수(97.2%) > 빙하(2.15%) > 지하수(0.62%) > 담수호(0.009%) > 염수호(0.008%) > 토양수(0.005%) > 대기(0.001%) > 하천수(0.00009%) 순이다.

1.④ 2.③ 3.② 4.① 5.② 6.② | ANSWER

07 하천의 수질관리를 위하여 1920년대 초에 개발된 수질예측모델로 BOD와 DO반응, 즉 유기물 분해로 인한 DO소비와 대기로부터 수면을 통해 산소가 재공급되는 재폭기만 고려한 것은?

① DO SAG Ⅰ 모델
② QUAL – Ⅰ 모델
③ WQRRS 모델(WQRRS)
④ Streeter – Phelps 모델

08 해수에서 영양염류가 수온이 낮은 곳에 많고 수온이 높은 지역에서 적은 이유로 틀린 것은?

① 수온이 낮은 바다의 표층수는 본래 영양염류가 풍부한 극지방의 심층수로부터 기원하기 때문이다.
② 수온이 높은 바다의 표층수는 적도 부근의 표층수로부터 기원하므로 영양염류가 결핍되어 있다.
③ 수온이 낮은 바다는 겨울에도 표층수 냉각에 따른 밀도 변화가 적어 심층수로의 침강작용이 일어나지 않기 때문이다.
④ 수온이 높은 바다는 수계의 안정으로 수직혼합이 일어나지 않아 표층수의 영양염류가 플랑크톤에 의해 소비되기 때문이다.

09 물질대사 중 동화작용을 가장 알맞게 나타낸 것은?

① 잔여영양분+ATP → 세포물질+ADP+무기인+배설물
② 잔여영양분+ADP+무기인 → 세포물질+ATP+배설물
③ 세포 내 영양분의 일부+ATP → ADP+ 무기인+배설물
④ 세포 내 영양분의 일부+ADP+무기인 → ATP+배설물

해설 동화작용(Anabolism)
세포를 합성하는 작용을 말한다.
잔여영양분+ADP → 세포물질+ATP+무기인+배설물

10 해수의 특성으로 가장 거리가 먼 것은?

① 해수의 밀도는 수온, 염분, 수압에 영향을 받는다.
② 해수는 강전해질로서 1L당 평균 35g의 염분을 함유한다.
③ 해수 내 전체질소 중 35% 정도는 질산성 질소 등 무기성 질소 형태이다.
④ 해수의 Mg/Ca비는 3~4 정도이다.

해설 해수 내 전체질소 중 약 35% 정도는 암모니아성 질소와 유기질소의 형태이다.

11 25℃, 2기압의 메탄가스 40kg을 저장하는데 필요한 탱크의 부피(m^3)는?(단, 이상기체의 법칙, R=0.082 L·atm/mol·K 적용)

① 20.6   ② 25.3
③ 30.6   ④ 35.3

해설 이상기체방정식(Ideal Gas Equation)을 이용한다.
$PV = n \cdot R \cdot T$

$V(m^3) = \dfrac{n \cdot R \cdot T}{P}$

$= \dfrac{2,500\text{mol}}{} \Big| \dfrac{0.082\text{L} \cdot \text{atm}}{\text{mol} \cdot \text{K}} \Big| \dfrac{(273+25)\text{K}}{}$

$\Big| \dfrac{}{2\text{atm}} \Big| \dfrac{1\text{m}^3}{10^3\text{L}}$

$= 30.6(m^3)$

여기서, $n(\text{mol}) = \dfrac{M}{M_w}$

$= \dfrac{40\text{kg}}{} \Big| \dfrac{1\text{mol}}{16\text{g}} \Big| \dfrac{10^3\text{g}}{1\text{kg}} = 2,500(\text{mol})$

12 자정상수(f)의 영향인자에 관한 설명으로 옳은 것은?

① 수심이 깊을수록 자정상수는 커진다.
② 수온이 높을수록 자정상수는 작아진다.
③ 유속이 완만할수록 자정상수는 커진다.
④ 바닥구배가 클수록 자정상수는 작아진다.

해설 자정계수(f)의 영향 인자
㉠ 수온이 높을수록 자정상수는 작아진다.
㉡ 수심이 얕을수록 자정계수는 커진다.
㉢ 유속이 빨라지면 자정계수는 커진다.
㉣ 바닥구배가 클수록 자정상수는 커진다.
㉤ 재폭기계수와 탈산소계수의 비로 정의된다.

ANSWER | 7. ④ 8. ③ 9. ① 10. ③ 11. ③ 12. ②

13 하천이나 호수의 심층에서 미생물의 작용에 관한 설명으로 가장 거리가 먼 것은?

① 수중의 유기물은 분해되어 일부가 세포합성이나 유지대사를 위한 에너지원이 된다.
② 호수심층에 산소가 없을 때 질산이온을 전자수용체로 이용하는 종속영양세균인 탈질화 세균이 많아진다.
③ 유기물이 다량 유입되면 혐기성 상태가 되어 H_2S와 같은 기체를 유발하지만 호기성 상태가 되면 암모니아성 질소가 증가한다.
④ 어느 정도 유기물이 분해된 하천의 경우 조류 발생이 증가할 수 있다.

해설 유기물이 다량 유입되면 혐기성 상태가 되어 H_2S와 같은 기체를 유발하지만 호기성 상태가 되면 질산성 질소가 증가한다.

14 다음 화합물($C_5H_7O_2N$)에 대한 이론적인 BOD_{10}/COD는?(단, 탈산소계수 0.1/day, base는 상용대수, 화합물은 100% 산화됨(최종산물은 CO_2, NH_3, H_2O), $COD=BOD_u$)

① 0.80   ② 0.85
③ 0.90   ④ 0.95

해설 $C_5H_7O_2N$의 산화반응식을 이용한다.
$C_5H_7O_2N + 5O_2 \rightarrow 5CO_2 + NH_3 + 2H_2O$
　1mol　: 5×32(g)
∴ $BOD_u = COD = 160(g)$
여기서, $BOD_{10} = BOD_u(1-10^{-kt})$
　　　　　　　$= 160 \times (1-10^{-0.1 \times 10})$
　　　　　　　$= 144(mg/L)$
∴ $BOD_{10}/COD = 144/160 = 0.9$

15 하수량에서 첨두율(Peaking Factor)이라는 것은?

① 하수량의 평균유량에 대한 비
② 하수량의 최소유량에 대한 비
③ 하수량의 최대유량에 대한 비
④ 최대유량의 최소유량에 대한 비

해설 첨두율 = $\dfrac{\text{최대급수량}}{\text{평균급수량}}$

16 하천수의 난류확산 방정식과 상관성이 적은 인자는?

① 유량   ② 침강속도
③ 난류확산계수   ④ 유속

해설 하천수의 난류확산 방정식
$$\frac{\partial C}{\partial t} + \frac{\partial(uC)}{\partial x} + \frac{\partial(vC)}{\partial y} + \frac{\partial(wC)}{\partial z}$$
$$= \frac{\partial}{\partial x}\left(D_x \frac{\partial C}{\partial x}\right) + \frac{\partial}{\partial y}\left(D_y \frac{\partial C}{\partial y}\right) + \frac{\partial}{\partial z}\left(D_z \frac{\partial C}{\partial z}\right)$$
$$+ w_o \frac{\partial C}{\partial z} - KC$$
여기서, C : 하천수의 오염물질 농도(mg/L),
　　　　u, v, w x(유하), y(수평), z(수직) 방향의 유속
　　　　D_x, D_y, D_z : x, y, z 방향의 확산계수
　　　　w_o : 대상오염물질의 침강속도(m/sec)
　　　　K : 대상오염물질의 자기감쇄계수

17 세포의 형태에 따른 세균의 종류를 올바르게 짝지은 것은?

① 구형 – Vibrio cholera
② 구형 – Spirillum volutans
③ 막대형 – Bacillus subtilis
④ 나선형 – Streptococcus

18 오염된 물속에 있는 유기성 질소가 호기성조건하에서 50일 정도 시간이 지난 후에 가장 많이 존재하는 질소의 형태는?

① 암모니아성 질소   ② 아질산성 질소
③ 질산성 질소   ④ 유기성 질소

19 하천 수질모델 중 WQRRS에 관한 설명으로 가장 거리가 먼 것은?

① 하천 및 호수의 부영양화를 고려한 생태계 모델이다.
② 유속, 수심, 조도계수에 의해 확산계수를 결정한다.
③ 호수에는 수심별 1차원 모델이 적용된다.
④ 정적 및 동적인 하천의 수질, 수문학적 특성이 광범위하게 고려된다.

해설 유속, 수심, 조도계수에 의해 확산계수를 결정하는 것은 QUAL-1모델이다.

20 글리신($CH_2(NH_2)COOH$)의 이론적 COD/TOC의 비는?(단, 글리신의 최종 분해산물은 CO_2, HNO_3, H_2O이다.)

① 2.83 ② 3.76
③ 4.67 ④ 5.38

해설 $CH_2(NH_2)COOH + 3.5O_2 \rightarrow 2CO_2 + 2H_2 + HNO_3$
　　75g　　　　：3.5×32g

㉠ $COD = \dfrac{3.5O_2}{C_2H_5NO_2} = \dfrac{3.5 \times 32}{75} = 1.493$

㉡ $TOC = \dfrac{2C}{C_2H_5NO_2} = \dfrac{2 \times 12}{75} = 0.32$

∴ $\dfrac{COD}{TOC} = \dfrac{1.49g}{0.32g} = 4.67$

SECTION 02 상하수도계획

21 공동현상(Cavitation)이 발생하는 것을 방지하기 위한 대책으로 틀린 것은?
① 흡입 측 밸브를 완전히 개방하고 펌프를 운전한다.
② 흡입관의 손실을 가능한 크게 한다.
③ 펌프의 위치를 가능한 한 낮춘다.
④ 펌프의 회전속도를 낮게 선정한다.

해설 흡입관의 손실을 가능한 한 작게 하여 가용유효흡입수두를 크게 한다.

22 정수시설인 배수지에 관한 내용으로 ( )에 맞는 내용은?

유효용량은 시간변동조정용량과 비상대처용량을 합하여 급수구역의 계획 1일최대급수량의 ( )을 표준으로 하여야 하며 지역특성과 상수도시설의 안정성 등을 고려하여 결정한다.

① 4시간분 이상　② 6시간분 이상
③ 8시간분 이상　④ 12시간분 이상

해설 유효용량은 시간변동조정용량, 비상대처용량을 합하여 급수구역의 계획 1일 최대급수량의 12시간분 이상을 표준으로 한다.

23 하수도 관거계획 시 고려할 사항으로 틀린 것은?
① 오수관거는 계획시간최대오수량을 기준으로 계획한다.
② 오수관거와 우수관거가 교차하여 역사이폰을 피할 수 없는 경우, 우수관거를 역사이폰으로 하는 것이 좋다.
③ 분류식과 합류식이 공존하는 경우에는 원칙적으로 양 지역의 관거는 분리하여 계획한다.
④ 관거는 원칙적으로 암거로 하며 수밀한 구조로 하여야 한다.

해설 오수관거와 우수관거가 교차하여 역사이폰을 피할 수 없는 경우, 오수관거를 역사이폰으로 하는 것이 좋다.

24 유역면적이 100ha이고 유입시간(time of inlet)이 8분, 유출계수(C)가 0.38일 때 최대계획우수유출량(m^3/sec)은?(단, 하수관거의 길이(L)=400m, 관유속=1.2m/sec로 되도록 설계, $I = \dfrac{655}{\sqrt{t}+0.09}$ (mm/hr), 합리식 적용)

① 약 18　② 약 24
③ 약 36　④ 약 42

해설 $Q = \dfrac{1}{360}CIA$

여기서, $I = \dfrac{655}{\sqrt{t}+0.09}$ 에서

$t = t_1 + \dfrac{L}{V}$

$= 8min + \dfrac{400m}{1.2m} \bigg| \dfrac{sec}{} \bigg| \dfrac{1min}{60sec} = 13.56min$

∴ $I = \dfrac{655}{\sqrt{t}+0.09}$

$= \dfrac{655}{\sqrt{13.56}+0.09} = 173.63(mm/hr)$

$$\therefore Q = \frac{1}{360}CIA$$
$$= \frac{1}{360} \times 0.38 \times 173.63 \times 100$$
$$= 18.33 (m^3/sec)$$

25 하수고도처리(잔류 SS 및 잔류 용존유기물제거) 방법인 막 분리법에 적용되는 분리막 모듈 형식으로 가장 거리가 먼 것은?

① 중공사형 ② 투사형
③ 판형   ④ 나선형

해설 분리막 모듈의 형식
㉠ 판형   ㉡ 관형
㉢ 나선형   ㉣ 중공사형

26 합류식에서 우천 시 계획오수량은 원칙적으로 계획시간 최대오수량의 몇 배 이상으로 고려하여야 하는가?

① 1.5배 ② 2.0배
③ 2.5배 ④ 3.0배

해설 합류식에서 우천 시 계획오수량은 원칙적으로 계획시간 최대오수량의 3배 이상으로 한다.

27 관거별 계획하수량을 정할 때 고려할 사항으로 틀린 것은?

① 오수관거에서는 계획1일 최대오수량으로 한다.
② 우수관거에서는 계획우수량으로 한다.
③ 합류식 관거에서는 계획시간최대오수량에 계획우수량을 합한 것으로 한다.
④ 차집관거는 우천 시 계획오수량으로 한다.

해설 오수관거의 계획오수량은 계획시간 최대오수량을 원칙으로 한다.

28 로지스틱(Logistic)인구 추정공식 $\left(y = \dfrac{K}{1+e^{a-bx}}\right)$에 관한 설명으로 틀린 것은?

① y : 추정치   ② K : 연평균 인구증가율
③ x : 경과연수   ④ a, b : 상수

해설 로지스틱(Logistic) 인구 추정공식
무한연도에 수렴치(최대값) k를 갖는 추정식으로 S형태의 곡선을 나타낸다. 초기의 급격한 증가 후 점점 그 추세가 완화되는 자료치에 잘 어울린다.
$$y = \frac{K}{1+e^{a-bx}}$$
여기서, y : 추정치, x : 경과연수,
K : 극한값, a, b, c : 매개변수

29 하천표류수 취수시설 중 취수문에 관한 설명으로 틀린 것은?

① 취수보에 비해서는 대량취수에도 쓰이나, 보통 소량취수에 주로 이용된다.
② 유심이 안정된 하천에 적합하다.
③ 토사, 부유물의 유입방지가 용이하다.
④ 갈수 시 일정수심 확보가 안 되면 취수가 불가능하다.

해설 취수문은 토사, 부유물의 유입방지가 용이하지 못하다.

30 막여과 정수시설의 막을 약품 세척할 때 사용되는 약품과 제거가능물질이 틀린 것은?

① 수산화나트륨 : 유기물
② 황산 : 무기물
③ 옥살산 : 유기물
④ 산 세제 : 무기물

해설 약품세척에 사용되는 주된 약품과 제거가능 물질

약품		제거가능한 물질	
		유기물	무기물
	수산화나트륨	○	
	염산		○
	황산		○
산화제	차아염소산나트륨	○	
유기산	구연산		○
	옥살산		○
세제	알칼리 세제	○	
	산 세제		○

31 상수의 배수시설인 배수지에 관한 설명으로 틀린 것은?
① 가능한 한 급수지역의 중앙 가까이 설치한다.
② 유효수심은 1~2m 정도를 표준으로 한다.
③ 유효용량은 "시간변동조정용량"과 "비상대처용량"을 합하여 급수구역의 계획1일 최대급수량의 12시간분 이상을 표준으로 한다.
④ 자연유하식 배수지의 표고는 최소동수압이 확보되는 높이여야 한다.

해설 배수지의 유효수심은 배수관의 동수압이 적절하게 유지될 수 있도록 3~6m 정도로 한다.

32 하수 관거시설에 대한 설명으로 틀린 것은?
① 오수관거의 유속은 계획시간최대오수량에 대하여 최소 0.6m/s, 최대 3.0m/s로 한다.
② 우수관거 및 합류관거에서의 유속은 계획우수량에 대하여 최소 0.8m/s, 최대 3.0m/s로 한다.
③ 오수관거의 최소관경은 200mm를 표준으로 한다.
④ 우수관거 및 합류관거의 최소관경은 350mm를 표준으로 한다.

해설 하수관거의 최소관경은 오수관거는 200mm, 우수관거 및 합류관거는 250mm를 표준으로 한다.

33 수돗물의 부식성 관련 지표인 랑게리아지수(포화지수, LI)의 계산식으로 옳은 것은?(단, pH=물의 실제 pH, pHs=수중의 탄산칼슘이 용해되거나 석출되지 않는 평형상태의 pH)
① LI=pH+pHs   ② LI=pH−pHs
③ LI=pH×pHs   ④ LI=pH/pHs

해설 랑게리아지수(포화지수, LI)는 물의 실제 pH와 이론적 pH (pHs : 수중의 탄산칼슘이 용해되거나 석출되지 않는 평형상태로 있을 때에 pH)와의 차이를 말한다.

34 상수도 시설인 도수시설의 도수노선에 관한 설명으로 틀린 것은?
① 원칙적으로 공공도로 또는 수도 용지로 한다.
② 수평이나 수직방향의 급격한 굴곡을 피한다.
③ 관로상 어떤 지점도 동수경사선보다 낮게 위치하지 않도록 한다.
④ 몇 개의 노선에 대하여 건설비 등의 경제성, 유지관리의 난이도 등을 비교, 검토하고 종합적으로 판단하여 결정한다.

해설 도수노선은 가능한 한 최소동수경사선 이상이 되도록 도수노선을 선정한다.

35 하천표류수를 수원으로 할 때 하천기준수량은?
① 평수량   ② 갈수량
③ 홍수량   ④ 최대홍수량

해설 하천표류수를 수원으로 할 때 하천기준수량은 갈수량이다.

36 정수시설인 플록형성지에 관한 설명으로 틀린 것은?
① 혼화지와 침전지 사이에 위치하고 침전지에 붙여서 설치한다.
② 플록형성시간은 계획정수량에 대하여 20~40분간을 표준으로 한다.
③ 플록형성지 내의 교반강도는 하류로 갈수록 점차 감소시키는 것이 바람직하다.
④ 야간근무자도 플록형성상태를 감시할 수 있는 투명도 게이지를 설치하여야 한다.

해설 야간근무자도 플록형성상태를 감시할 수 있는 적절한 조명장치를 설치한다.

37 하수도시설인 유량조정조에 관한 내용으로 틀린 것은?
① 조의 용량은 체류시간 3시간을 표준으로 한다.
② 유효수심은 3~5m를 표준으로 한다.
③ 유량조정조의 유출수는 침사지에 반송하거나 펌프로 일차침전지 혹은 생물반응조에 송수한다.
④ 조 내에 침전물의 발생 및 부패를 방지하기 위해 교반장치 및 산기장치를 설치한다.

해설 조의 용량은 유입하수량 및 유입부하량의 시간변동을 고려하여 설정수량을 초과하는 수량을 일시 저류하도록 정한다.

38 역사이펀 관로의 길이 500m, 관경은 500mm이고, 경사는 0.3%라고 하면 상기 관로에서 일어나는 손실수두(m)와 유량(m^3/sec)은?(단, Manning 조도계수 n값=0.013, 역사이펀 관로의 미소손실=총 5cm 수두, 역사이펀 손실수두(H)=i×L+(1.5×V^2/2g)+α, 만관이라 가정)

① 1.63, 0.207 ② 2.61, 0.207
③ 1.63, 0.827 ④ 2.61, 0.827

해설
$H(m) = i \times L + (1.5 \times V^2/2g) + \alpha$
$= 0.003 \times 500 + \left(\frac{1.5 \times 1.053^2}{2 \times 9.8}\right) + 0.05$
$= 1.63(m)$
$Q = A \times V = \frac{\pi}{4} \times 0.5^2 \times 1.053$
$= 0.207(m^3/sec)$
$V = \frac{1}{n} \cdot R^{2/3} \cdot I^{1/2}$
$= \frac{1}{0.013} \times \left(\frac{0.5}{4}\right)^{2/3} \times 0.003^{1/2}$
$= 1.053(m/sec)$

39 정수처리를 위한 막여과설비에서 적절한 막여과의 유속 설정 시 고려사항으로 틀린 것은?

① 막의 종류
② 막공급의 수질과 최고 수온
③ 전처리설비의 유무와 방법
④ 입지조건과 설치공간

해설 막여과의 유속 설정 시 고려사항
㉠ 막의 종류
㉡ 막공급의 수질과 최저 수온
㉢ 전처리설비의 유무와 방법
㉣ 입지조건과 설치공간

40 정수장에서 염소 소독 시 pH가 낮아질수록 소독효과가 커지는 이유는?

① OCl^-의 증가 ② HOCl의 증가
③ H^+의 증가 ④ O(발생기 산소)의 증가

해설 HOCl은 pH가 낮을수록 증가한다.

SECTION 03 수질오염방지기술

41 NO_3^-가 박테리아에 의하여 N_2로 환원되는 경우 폐수의 pH는?

① 증가한다. ② 감소한다.
③ 변화없다. ④ 감소하다가 증가한다.

해설 NO_3^-가 생물학적 환원작용에 의해 N_2로 환원되는 과정은 탈질과정이며, 탈질과정에서는 알칼리도가 생성되기 때문에 pH는 증가하게 된다.

42 활성슬러지 공정에서 폭기조나 침전지 표면에 갈색 거품을 유발시키는 방선균의 일종인 Nocardia의 과도한 성장을 유발시킬 수 있는 요인 또는 제어방법에 관한 내용으로 틀린 것은?

① 낮은 F/M 비가 유발 요인이 된다.
② 불충분한 슬러지 인출로 인한 MLSS 농도의 증가가 유발 요인이 된다.
③ 미생물 체류시간을 증가시킨다.
④ 화학약품을 투여하여 폭기조의 pH를 낮춘다.

해설 Nocardia의 제어방법
㉠ 미생물체류시간을 감소시킨다.
㉡ 사상균의 성장을 방해하기 위해 선택조를 설치한다.
㉢ 거품의 축적을 줄이기 위해서 포기량을 줄인다.
㉣ 반송슬러지에 염소를 주입한다.
㉤ 거품상부에 직접 염소수 또는 분말차염소산칼슘을 살포한다.
㉥ 질산화를 유도하거나 화학약품을 투여하여 포기조의 pH를 낮춘다.

43 생물학적 질소제거공정에서 질산화로 생성된 NO_3^- 40mg/L가 탈질되어 질소로 환원될 때 필요한 이론적인 메탄올(CH_3OH)의 양(mg/L)은?

① 17.2　　② 36.6
③ 58.4　　④ 76.2

해설 메탄올의 반응식은 다음과 같다.
$6NO_3^- + 5CH_3OH \rightarrow 5CO_2 + 3N_2 + 7H_2O + 6OH^-$
$6NO_3^- \equiv 5CH_3OH$
$6 \times 62 : 5 \times 32$
$40mg/L : X$
$X ≒ 17.2 mg/L$

44 하수관거 내에서 황화수소(H_2S)가 발생되는 조건으로 가장 거리가 먼 것은?

① 용존산소의 결핍　　② 황산염의 환원
③ 혐기성 세균의 증식　　④ 염기성 pH

45 미처리 폐수에서 냄새를 유발하는 화합물과 냄새의 특징으로 가장 거리가 먼 것은?

① 황화수소 – 썩은 달걀냄새
② 유기황화물 – 썩은 채소냄새
③ 스카톨 – 배설물 냄새
④ 디아민류 – 생선 냄새

해설 디아민류($NH_2(CH_2)_nNH_2$)는 고기 썩은 냄새가 난다.

46 어떤 물질이 1차 반응으로 분해되며, 속도상수는 $0.05d^{-1}$이다. 유량이 $395m^3/day$일 때, 이 물질의 90%를 제거하는 데 필요한 PFR부피(m^3)는?

① 17,250　　② 18,190
③ 19,530　　④ 20,350

해설 $\ln\dfrac{C_t}{C_o} = -K \cdot t$
$\ln\dfrac{0.1}{1} = -0.05 \times t, \quad t = 46.05(day)$
$\forall(m^3) = Q \times t$
$= \dfrac{395m^3}{day} \bigg| \dfrac{46.05day}{} = 18,190(m^3)$

47 슬러지를 진공 탈수시켜 부피가 50% 감소되었다. 유입슬러지 함수율이 98%이었다면 탈수 후 슬러지의 함수율(%)은?(단, 슬러지 비중은 1.0 기준)

① 90　　② 92
③ 94　　④ 96

해설 $V_1(1-W_1) = V_2(1-W_2)$
$1(1-0.98) = 0.5(1-W_2)$
$0.02 = 0.5(1-W_2)$
$\therefore W_2 = 0.96 = 96(\%)$

48 평균유량이 $20,000m^3/day$이고 최고유량이 $30,000 m^3/day$인 하수처리장에 1차 침전지를 설계하고자 한다. 표면월류는 평균유량 조건하에서 25m/day, 최대유량조건하에서 60m/day를 유지하고자 할 때 실제 설계하여야 하는 1차 침전지의 수면적(m^2)은? (단, 침전지는 원형침전지라 가정)

① 500　　② 650
③ 800　　④ 1300

해설 표면부하율$(V_o) = \dfrac{평균유량}{침전지\ 수면적}$
수면적$(m^2) = \dfrac{20,000m^3}{day} \bigg| \dfrac{day}{25m} = 800(m^2)$

49 1차 처리된 분뇨의 2차 처리를 위해 폭기조, 2차침전지로 구성된 표준 활성슬러지를 운영하고 있다. 운영조건이 다음과 같을 때 고형물 체류시간(SRT, day)은?(단, 유입유량=$1000m^3/day$, 폭기조 수리학적 체류시간=6시간, MLSS 농도=3,000mg/L, 잉여슬러지 배출량=$30m^3/day$, 잉여슬러지 SS농도=10,000 mg/L, 2차침전지 유출수 SS농도=5mg/L)

① 약 2　　② 약 2.5
③ 약 3　　④ 약 3.5

해설 $SRT = \dfrac{\forall \cdot X}{Q_wX_w + Q_oX_o}$
여기서, $\forall(m^3) = Q \times t = \dfrac{1,000m^3}{day}\bigg|\dfrac{6hr}{}\bigg|\dfrac{1day}{24hr}$
$= 250(m^3)$
$X = 3,000(mg/L)$

ANSWER | 43. ① 44. ④ 45. ④ 46. ② 47. ④ 48. ③ 49. ②

$$Q_w X_w = \frac{30m^3}{day}\left|\frac{10,000mg}{L}\right|\frac{1kg}{10^6 mg}\left|\frac{10^3 L}{1m^3}\right.$$
$$= 300(kg/day)$$
$$Q_o = Q_i - Q_w = 1,000 - 30 = 970(m^3/day)$$
$$Q_o X_o = \frac{970m^3}{day}\left|\frac{5mg}{L}\right|\frac{1kg}{10^6 mg}\left|\frac{10^3 L}{1m^3}\right.$$
$$= 4.85(kg/day)$$
$$\therefore SRT = \frac{\forall \cdot X}{Q_w X_w + Q_o X_o}$$
$$= \frac{day}{(300+4.85)kg}\left|\frac{250m^3}{}\right|\frac{3,000mg}{L}$$
$$\left|\frac{1kg}{10^6 mg}\right|\frac{10^3 L}{1m^3} = 2.46(day)$$

50 다음 물질 중 증기압(mmHg)이 가장 큰 것은?
① 물 ② 에틸 알코올
③ n-헥산 ④ 벤젠

51 역삼투장치로 하루 20,000L의 3차 처리된 유출수를 탈염시키고자 한다. 25℃에서의 물질전달계수는 0.2068L/{(day-m²)(kPa)}, 유입수와 유출수의 압력차는 2400kPa, 유입수와 유출수의 삼투압차는 310kPa, 최저운전온도는 10℃이다. 요구되는 막면적(m²)은?(단, $A_{10℃}=1.2A_{25℃}$)
① 약 39 ② 약 56
③ 약 78 ④ 약 94

해설 $Q_F = \frac{Q}{A} = k(\Delta p - \Delta \pi)$, $A = \frac{Q}{k(\Delta p - \Delta \pi)}$
㉠ 유출수의 양
$Q_F = k(\Delta P - \Delta \pi)$
$= 0.2068 \times (2,400 - 310)$
$= 432.21(L/m^2 \cdot day)$
㉡ 처리수의 양
$Q = 20,000(L/day)$
$A = \frac{20,000(L/day)}{432.2(L/m^2 \cdot day)} \times 1.2 = 55.53(m^2)$

52 2,000m³/day의 하수를 처리하는 하수처리장의 1차 침전지에서 침전고형물이 0.4ton/day, 2차 침전지에서 0.3ton/day이 제거되며 이때 각 고형물의 함수율은 98%, 99.5%이다. 체류시간을 3일로 하여 고형물을 농축시키려면 농축조의 크기(m³)은?(단, 고형물의 비중은 1.0으로 가정)
① 80 ② 240
③ 620 ④ 1860

해설 소화조의 용적(∀) = 처리유량(Q) × 체류시간(t)
$Q_1(m^3/day) = \frac{400kg}{day}\left|\frac{100}{2}\right|\frac{m^3}{1,000kg}$
$= 20(m^3/day)$
$Q_2(m^3/day) = \frac{300kg}{day}\left|\frac{100}{0.5}\right|\frac{m^3}{1,000kg}$
$= 60(m^3/day)$
∴ 소화조의 용적(∀) = (20+60)(m³/day) × 3day
$= 240(m^3)$

53 다음 그림은 하수 내 질소, 인을 효과적으로 제거하기 위한 어떤 공법을 나타낸 것인가?

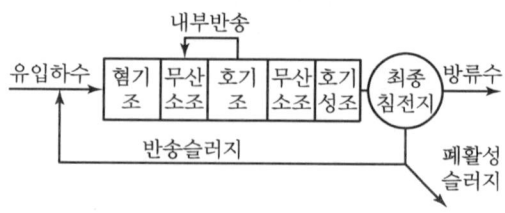

① VIP process
② A²/O process
③ 수정-Bardenpho process
④ phostrip process

54 플록을 형성하여 침강하는 입자들이 서로 방해를 받으므로 침전속도는 점차 감소하게 되며 침전하는 부유물과 상등수 간에 뚜렷한 경계면이 생기는 침전형태는?
① 지역침전 ② 압축침전
③ 압밀침전 ④ 응집침전

50. ③ 51. ② 52. ② 53. ③ 54. ① | ANSWER

55 여과에서 단일 메디아 여과상보다 이중 메디아 혹은 혼합 메디아를 사용하는 장점으로 가장 거리가 먼 것은?
① 높은 여과속도
② 높은 탁도를 가진 물을 여과하는 능력
③ 긴 운전시간
④ 메디아 수명 연장에 따른 높은 경제성

56 혼합에 사용되는 교반강도의 식에 대한 설명으로 틀린 것은?[단, 교반강도식 : $(G=(P/\mu V)^{1/2})$]
① G : 속도경사(1/sec)
② P : 동력(N/sec)
③ μ : 점성계수($N \cdot sec/m^2$)
④ V : 부피(m^3)

해설 교반강도 식에서 P는 동력을 의미하며, 단위는 watt이다.

57 염소의 살균력에 대한 설명으로 옳지 않은 것은?
① 살균강도는 HOCl > OCl⁻이다.
② 염소의 살균력은 반응시간이 길고 온도가 높을 때 강하다.
③ 염소의 살균력은 주입농도가 높고 pH가 낮을 때 강하다.
④ Chloramines은 살균력은 강하나 살균작용은 오래 지속되지 않는다.

해설 클로라민류는 살균력은 약하나 소독 후 이취미가 없고 살균작용이 오래 지속되는 장점이 있다.

58 급속 모래여과를 운전할 때 나타나는 문제점이라 할 수 없는 것은?
① 진흙덩어리(mud ball)의 축적
② 여재의 층상구조 형성
③ 여과상의 수축
④ 공기결합(air binding)

해설 여과 시 운전상 문제점으로 작용하는 것은 여과상의 수축과 공기결합, 부압의 형성, 진흙덩어리(mud ball)의 축적 등이 있다.

59 폐수 중 크롬이 함유되었을 경우의 설명으로 가장 거리가 먼 것은?
① 크롬은 자연수에서 3가 크롬 형태로 존재한다.
② 3가 크롬은 인체 건강에 그다지 해를 끼치지 않는다.
③ 3가 크롬은 자연수에서 완전 가수분해된다.
④ 6가 크롬은 합금, 도금, 페인트 생산공정에 이용된다.

해설 크롬은 자연수에서 6가 크롬 형태로 존재한다.

60 수처리 과정에서 부유되어 있는 입자의 응집을 초래하는 원인으로 가장 거리가 먼 것은?
① 제타 포텐셜의 감소
② 플록에 의한 체거름 효과
③ 정전기 전하작용
④ 가교현상

해설 응집의 원인
㉠ 이중층 압축   ㉡ 전하중화
㉢ 이질응집   ㉣ 가교현상
㉤ 체거름 효과

SECTION 04 수질오염공정시험기준

61 램버트-비어(Lambert-Beer)의 법칙에서 흡광도의 의미는?(단, I_o=입사광의 강도, I_t=투과광의 강도, t=투과도)
① $\dfrac{I_t}{I_o}$
② $t \times 100$
③ $\log \dfrac{1}{t}$
④ $I_t \times 10^{-1}$

62 0.005M-$KMnO_4$ 400mL를 조제하려면 $KMnO_4$ 약 몇 g을 취해야 하는가?(단, 원자량 K=39, Mn=55)
① 약 0.32
② 약 0.63
③ 약 0.84
④ 약 0.98

ANSWER | 55.④ 56.② 57.④ 58.② 59.① 60.③ 61.③ 62.①

해설 $X(g) = \dfrac{0.005\text{mol}}{\text{L}} \Big| \dfrac{0.4\text{L}}{} \Big| \dfrac{158\text{g}}{1\text{mol}} = 0.316(\text{g})$

63 배수로에 흐르는 폐수의 유량을 부유체를 사용하여 측정했다. 수로의 평균단면적 0.5m^2, 표면 최대속도 6m/sec일 때 이 폐수의 유량(m^3/min)은?(단, 수로의 구성, 재질, 수로단면적의 형상, 기울기 등이 일정하지 않은 개수로)

① 115 ② 135
③ 185 ④ 245

해설 단면형상이 불일정한 경우의 유량계산
$Q(\text{m}^3/\text{min}) = A_m \times 0.75 V_{max}$
$A_m = 0.5\text{m}^2$
$V_m = 0.75 \times V_{max} = 0.75 \times 6\text{m/sec} = 4.5\text{m/sec}$
$\therefore Q(\text{m}^3/\text{min}) = \dfrac{0.5\text{m}^2}{} \Big| \dfrac{4.5\text{m}}{\text{sec}} \Big| \dfrac{60\text{sec}}{1\text{min}}$
$= 135(\text{m}^3/\text{min})$

64 흡광광도계용 흡수셀의 재질과 그에 따른 파장범위를 잘못 짝지은 것은?(단, 재질 – 파장범위)

① 유리제 – 가시부 ② 유리제 – 근적외부
③ 석영제 – 자외부 ④ 플라스틱제 – 근자외부

해설 플라스틱제는 근적외부 파장범위에서 사용한다.

65 크롬 – 자외선/가시선 분광법에 관한 내용으로 틀린 것은?

① $KMnO_4$로 3가크롬을 6가크롬으로 산화시킨다.
② 적자색 착화합물의 흡광도를 430nm에서 측정한다.
③ 정량한계는 0.04mg/L이다.
④ 6가크롬을 산성에서 다이페닐카바자이드와 반응시킨다.

해설 크롬 – 자외선/가시선 분광법
물속에 존재하는 크롬을 자외선/가시선 분광법으로 측정하는 것으로, 3가 크롬은 과망간산칼륨을 첨가하여 6가 크롬으로 산화시킨 후, 산성 용액에서 다이페닐카바자이드와 반응하여 생성하는 적자색 착화합물의 흡광도를 540nm에서 측정한다.

66 수질연속자동측정기기의 설치방법 중 시료채취 지점에 관한 내용으로 ( )에 옳은 것은?

취수구의 위치는 수면하 10cm 이상, 바닥으로부터 ( )을 유지하여 동절기의 결빙을 방지하고 바닥 퇴적물이 유입되지 않도록 하되, 불가피한 경우는 수면하 5cm에서 채취할 수 있다.

① 5cm 이상 ② 15cm 이상
③ 25cm 이상 ④ 35cm 이상

해설 취수구의 위치는 수면하 10cm 이상, 바닥으로부터 15cm를 유지하여 동절기의 결빙을 방지하고 바닥 퇴적물이 유입되지 않도록 하되, 불가피한 경우는 수면하 5cm에서 채수할 수 있다.

67 유기물을 다량 함유하고 있으면서 산 분해가 어려운 시료에 적용되는 전처리법은?

① 질산 – 염산법 ② 질산 – 황산법
③ 질산 – 초산법 ④ 질산 – 과염소산법

해설 전처리 방법

전처리 방법	적용 시료
질산법	유기 함량이 비교적 높지 않은 시료의 전처리에 사용한다.
질산 – 염산법	유기물 함량이 비교적 높지 않고 금속의 수산화물, 산화물, 인산염 및 황화물을 함유하고 있는 시료에 적용된다.
질산 – 황산법	유기물 등을 많이 함유하고 있는 대부분의 시료에 적용된다.
질산 – 과염소산법	유기물을 다량 함유하고 있으면서 산분해가 어려운 시료에 적용된다.
질산 – 과염소산 – 불화수소산법	다량의 점토질 또는 규산염을 함유한 시료에 적용된다.

68 기체크로마토그래피법의 어떤 정량법에 대한 설명인가?

크로마토그램으로부터 얻은 시료 각 성분의 봉우리 면적을 측정하고 그것들의 합을 100으로 하여 이에 대한 각각의 봉우리 넓이비를 각 성분의 함유율로 한다.

① 내부표준 백분율법 ② 보정성분 백분율법
③ 성분 백분율법 ④ 넓이 백분율법

63. ② 64. ④ 65. ② 66. ② 67. ④ 68. ④ | ANSWER

69 백분율(W/V, %)의 설명으로 옳은 것은?
① 용액 100g 중의 성분무게(g)를 표시
② 용액 100mL 중의 성분용량(mL)을 표시
③ 용액 100mL 중의 성분무게(g)를 표시
④ 용액 100g 중의 성분용량(mL)을 표시

해설 백분율(W/V, %)은 용액 100mL 중의 성분무게(g)를 표시한다.

70 취급 또는 저장하는 동안에 이물질이 들어가거나 내용물이 손실되지 아니하도록 보호하는 용기는?
① 밀폐용기   ② 기밀용기
③ 밀봉용기   ④ 차광용기

71 유도결합플라스마 발광광도법에 대한 설명으로 틀린 것은?
① 플라스마는 그 자체가 광원으로 이용되기 때문에 매우 넓은 농도범위에서 시료를 측정한다.
② ICP의 토치는 제일 안쪽으로는 시료가 운반가스와 함께 흐르며, 가운데 관으로는 보조가스, 제일 바깥쪽 관에는 냉각가스가 도입된다.
③ 알곤플라스마는 토치 위에 불꽃형태로 생성되지만 온도, 전자 밀도가 가장 높은 영역은 중심축보다 안쪽에 위치한다.
④ ICP 발광광도 분석장치는 시료주입부, 고주파 전원부, 광원부, 분광부, 연산처리부 및 기록부로 구성되어 있다.

72 수질오염공정시험기준에서 암모니아성 질소의 분석방법으로 가장 거리가 먼 것은?
① 자외선/가시선 분광법
② 연속흐름법
③ 이온전극법
④ 적정법

해설 암모니아성 질소의 분석방법에는 자외선/가시선 분광법, 이온전극법, 적정법이 있다.

73 기체크로마토그래피법에 의한 PCB 정량법에서 실리카겔 칼럼의 역할은?
① 기체크로마토그래피의 정량물질을 고열로부터 보호하기 위한 칼럼이다.
② 기체크로마토그래피에 분석용 시료를 주입하기 전에 PCB 이외 극성화합물을 제거하는 칼럼이다.
③ 분석용 시료 중의 수분을 흡수시키는 칼럼이다.
④ 시료 중 가용성 염류를 분리시키는 이온교환 칼럼이다.

해설 실리카겔 컬럼 정제는 산, 염화페놀, 폴리클로로페녹시페놀 등의 극성화합물을 제거하기 위하여 수행하며, 사용 전에 정제하고 활성화시켜야 하거나 시판용 실리카 카트리지를 이용할 수 있다.

74 황산산성에서 과요오드산 칼륨으로 산화하여 생성된 이온을 흡광도 525nm에서 측정하여 정량하는 금속은?
① Mn^{++} ② Ni^{++}
③ Co^{++} ④ Pb^{++}

해설 망간 – 자외선/가시선 분광법
물속에 존재하는 망간이온을 황산산성에서 과요오드산칼륨으로 산화하여 생성된 과망간산 이온의 흡광도를 525nm에서 측정하는 방법이다.

75 분원성 대장균군 – 막여과법의 측정방법으로 ( )에 옳은 내용은?

> 물속에 존재하는 분원성 대장균군을 측정하기 위하여 페트리 접시에 배지를 올려놓은 다음 배양 후 여러 가지 색조를 띠는 ( )의 집락을 계수하는 방법이다.

① 황색   ② 녹색
③ 적색   ④ 청색

해설 분원성 대장균군 – 막여과법
물속에 존재하는 분원성대장균군을 측정하기 위하여 페트리 접시에 배지를 올려놓은 다음 배양 후 여러 가지 색조를 띠는 청색의 집락을 계수하는 방법이다.

ANSWER | 69. ③ 70. ① 71. ③ 72. ② 73. ② 74. ① 75. ④

76 원자흡수분광광도법의 일반적인 분석오차원인으로 가장 거리가 먼 것은?

① 계산의 잘못
② 파장선택부의 불꽃 역화 또는 과열
③ 검량선 작성의 잘못
④ 표준시료와 분석시료의 조성이나 물리적 화학적 성질의 차이

77 카드뮴을 자외선/가시선 분광법을 이용하여 측정할 때에 관한 설명으로 ( )에 내용으로 옳은 것은?

> 물속에 존재하는 카드뮴이온을 시안화칼륨이 존재하는 알칼리성에서 디티존과 반응하여 생성하는 카드뮴 착염을 사염화탄소로 추출하고, 추출한 카드뮴착염을 (㉠)으로 역추출한 다음 다시 (㉡)과(와) 시안화칼륨을 넣어 디티존과 반응하여 생성하는 (㉢)의 카드뮴착염을 사염화탄소로 추출하고 그 흡광도를 측정하는 방법이다.

① ㉠ 타타르산용액, ㉡ 수산화나트륨, ㉢ 적색
② ㉠ 아스코르빈산용액, ㉡ 염산(1+15), ㉢ 적색
③ ㉠ 타타르산용액, ㉡ 수산화나트륨, ㉢ 청색
④ ㉠ 아스코르빈산용액, ㉡ 염산(1+15), ㉢ 청색

78 70% 질산을 물로 희석하여 5% 질산으로 제조하려고 한다. 70% 질산과 물의 비율은?

① 1 : 9 ② 1 : 11
③ 1 : 13 ④ 1 : 15

79 용해성 망간을 측정하기 위해 시료를 채취 후 속히 여과해야 하는 이유는?

① 망간을 공침시킬 우려가 있는 현탁물질을 제거하기 위해
② 망간 이온을 접촉적으로 산화, 침전시킬 우려가 있는 이산화망간을 제거하기 위해
③ 용존상태에서 존재하는 망간과 침전상태에서 존재하는 망간을 분리하기 위해
④ 단시간 내에 석출, 침전할 우려가 있는 콜로이드 상태의 망간을 제거하기 위해

80 수질오염공정시험기준상 냄새 측정에 관한 내용으로 틀린 것은?

① 물속의 냄새를 측정하기 위하여 측정자의 후각을 이용하는 방법이다.
② 잔류염소의 냄새는 측정에서 제외한다.
③ 냄새 역치는 냄새를 감지할 수 있는 최대희석배수를 말한다.
④ 각 판정요원의 냄새의 역치를 산술평균하여 결과를 보고한다.

해설 냄새 역치(TON ; Threshold Odor Number)를 구하는 경우 사용한 시료의 부피와 냄새 없는 희석수의 부피를 사용하여 다음과 같이 계산한다.

냄새역치(TON) = $\frac{A+B}{A}$

여기서, A : 시료 부피(mL)
 B : 무취 정제수 부피(mL)

SECTION 05 수질환경관계법규

81 초과부과금 산정 시 1킬로그램당 부과금액이 가장 큰 수질오염물질은?

① 크롬 및 그 화합물
② 비소 및 그 화합물
③ 테트라클로로에틸렌
④ 납 및 그 화합물

해설 1킬로그램당 부과금액
㉠ 크롬 및 그 화합물(75,000원)
㉡ 비소 및 그 화합물(100,000원)
㉢ 테트라클로로에틸렌(300,000원)
㉣ 납 및 그 화합물(150,000원)

82 기본배출부과금 산정 시 적용되는 지역별 부과계수로 맞는 것은?

① 가 지역 : 1.2 ② 청정지역 : 0.5
③ 나 지역 : 1 ④ 특례지역 : 2

76. ② 77. ① 78. ③ 79. ③ 80. ④ 81. ③ 82. ③ | ANSWER

해설 지역별 부과계수

청정지역 및 가 지역	나 지역 및 특례 지역
1.5	1

83 하천, 호수에서 자동차를 세차하는 행위를 한 자에 대한 과태료 처분기준으로 적절한 것은?

① 100만 원 이하의 과태료
② 50만 원 이하의 과태료
③ 30만 원 이하의 과태료
④ 10만 원 이하의 과태료

84 비점오염저감계획서에 포함되어야 하는 사항으로 틀린 것은?

① 비점오염원 저감방안
② 비점오염원 관리 및 모니터링 방안
③ 비점오염저감시설 설치계획
④ 비점오염원 관련 현황

해설 비점오염저감계획서에는 다음 각 호의 사항이 포함되어야 한다.
㉠ 비점오염원 관련 현황
㉡ 비점오염원 저감방안
㉢ 비점오염저감시설 설치계획
㉣ 비점오염저감시설 유지관리 및 모니터링 방안

85 오염총량관리기본방침에 포함되어야 하는 사항으로 틀린 것은?

① 오염총량관리의 목표
② 오염총량관리의 대상 수질오염물질 종류
③ 오염원의 조사 및 오염부하량 산정방법
④ 오염총량 관리현황

해설 오염총량관리기본방침에 포함되어야 하는 사항
㉠ 오염총량관리의 목표
㉡ 오염총량관리의 대상 수질오염물질 종류
㉢ 오염원의 조사 및 오염부하량 산정방법
㉣ 오염총량관리기본계획의 주체, 내용, 방법 및 시한
㉤ 오염총량관리시행계획의 내용 및 방법

86 수질자동측정기기 및 부대시설을 모두 부착하지 아니할 수 있는 시설의 기준으로 옳은 것은?

① 연간 조업일수가 60일 미만인 사업장
② 연간 조업일수가 90일 미만인 사업장
③ 연간 조업일수가 120일 미만인 사업장
④ 연간 조업일수가 150일 미만인 사업장

해설 수질자동측정기기 및 부착시설을 모두 부착하지 아니할 수 있는 시설
㉠ 폐수가 최종 방류구를 거치기 전에 일정한 관로를 통하여 생산공정에 폐수를 순환시키거나 재이용하는 등의 경우로서 최대 폐수배출량이 1일 200 세제곱미터 미만인 사업장 또는 공동방지시설
㉡ 사업장에서 배출되는 폐수를 법 제35조 제4항에 따른 공동방지시설에 모두 유입시키는 사업장
㉢ 공공폐수처리시설 또는 「하수도법」 제2조 제9호에 따른 공공하수처리시설에 폐수를 모두 유입시키거나 대부분의 폐수를 유입시키고 1일 200세제곱미터 미만의 폐수를 공공수역에 직접 방류하는 사업장 또는 공동방지시설 (기본계획의 승인을 받거나 공공하수도 설치인가를 받은 공공폐수처리시설이나 공공하수처리시설에 배수설비를 연결하여 처리할 예정인 시설을 포함한다)
㉣ 방지시설 설치의 면제기준에 해당되는 사업장
㉤ 배출시설의 폐쇄가 확정 · 승인 · 통보된 시설 또는 시 · 도지사가 제35조 제2항에 따른 측정기기의 부착 기한으로부터 1년 이내에 폐쇄할 배출시설로 인정한 시설
㉥ 연간 조업일수가 90일 미만인 사업장
㉦ 사업장에서 배출하는 폐수를 회분식(Batch type, 2개 이상 회분식 처리시설을 설치 · 운영하는 경우에는 제외한다)으로 처리하는 수질오염방지시설을 설치 · 운영하고 있는 사업장
㉧ 그 밖에 자동측정기기에 의한 배출량 등의 측정이 어려워 부착을 면제할 필요가 있다고 환경부장관이 인정하는 시설

87 수질 및 수생태계 중 하천의 생활환경기준으로 틀린 것은?(단, 등급 : 약간 좋음, 단위 : mg/L)

① COD : 2 이하   ② BOD : 3 이하
③ SS : 25 이하   ④ DO : 5.0 이상

해설 수질 및 수생태계 중 하천의 생활환경기준 중 약간 좋음 단계의 COD는 5mg/L 이하이다.

ANSWER | 83. ① 84. ② 85. ④ 86. ② 87. ①

88 휴경 등 권고대상 농경지의 해발고도 및 경사도는?

① 해발고도 : 해발 200미터, 경사도 : 10%
② 해발고도 : 해발 400미터, 경사도 : 15%
③ 해발고도 : 해발 600미터, 경사도 : 20%
④ 해발고도 : 해발 800미터, 경사도 : 25%

해설 "환경부령으로 정하는 해발고도"란 해발 400미터를 말하고 "환경부령으로 정하는 경사도"란 경사도 15퍼센트를 말한다.

89 수질 및 수생태계 하천 환경기준 중 생활환경기준에 적용되는 등급에 따른 수질 및 수생태계 상태를 나타낸 것이다. 다음 설명에 해당하는 등급의 수질 및 수생태계 상태는?

> 상당량의 오염물질로 인하여 용존산소가 소모되는 생태계로 농업용수로 사용하거나 여과, 침전, 활성탄 투입, 살균 등 고도의 정수처리 후 공업용수로 사용할 수 있음

① 약간 나쁨   ② 나쁨
③ 상당히 나쁨   ④ 매우 나쁨

90 사업장별 환경기술인의 자격기준에 관한 설명으로 틀린 것은?

① 연간 90일 미만 조업하는 제1종부터 제3종까지의 사업장은 제4종사업장·제5종사업장에 해당하는 환경기술인을 선임할 수 있다.
② 공동방지시설의 경우에 폐수배출량이 제1종 또는 제2종사업장은 제3종사업장에 해당하는 환경기술인을 둘 수 있다.
③ 제1종 또는 제2종사업장 중 1개월간 실제 작업한 날만을 계산하여 1일 평균 17시간이상 작업하는 경우 그 사업장은 환경기술인을 각각 2명 이상 두어야 한다.
④ 방지시설 설치면제 대상인 사업장과 배출시설에서 배출되는 수질오염물질 등을 공동방지시설에서 처리하게 하는 사업장은 제4종사업장·제5종사업장에 해당하는 환경기술인을 둘 수 있다.

해설 공동방지시설의 경우에 폐수배출량이 제4종 또는 제5종사업장은 제3종사업장에 해당하는 환경기술인을 두어야 한다.
③번은 삭제된 내용

91 수질 및 수생태계 보전에 관한 법률상의 용어 정의가 틀린 것은?

① 폐수 : 물에 액체성 또는 고체성의 수질오염물질이 섞여 있어 그대로는 사용할 수 없는 물
② 수질오염물질 : 사람의 건강, 재산이나 동·식물 생육에 위해를 줄 수 있는 물질로 환경부령으로 정하는 것
③ 강우유출수 : 비점오염원의 수질오염물질이 섞여 유출되는 빗물 또는 눈 녹은 물 등
④ 기타수질오염원 : 점오염원 및 비점오염원으로 관리되지 아니하는 수질오염물질을 배출하는 시설 또는 장소로서 환경부령으로 정하는 것

해설 "수질오염물질"이란 수질오염의 요인이 되는 물질로서 환경부령으로 정하는 것을 말한다.

92 배출부과금을 부과할 때 고려하여야 하는 사항으로 틀린 것은?

① 배출허용기준 초과 여부
② 자가측정 여부
③ 수질오염물질 처리비용
④ 배출되는 수질오염물질의 종류

해설 배출부과금을 부과할 때 고려하여야 하는 사항
㉠ 배출허용기준 초과 여부
㉡ 배출되는 수질오염물질의 종류
㉢ 수질오염물질의 배출기간
㉣ 수질오염물질의 배출량
㉤ 자가측정 여부

93 호소수 이용 상황 등의 조사·측정에 관한 내용으로 ( )에 옳은 것은?

> 시·도지사는 환경부장관이 지정·고시하는 호소 외의 호소로서 만수위일 때의 면적이 ( ) 이상인 호소의 수질 및 수생태계 등을 정기적으로 조사·측정하여야 한다.

① 10만 제곱미터　② 20만 제곱미터
③ 30만 제곱미터　④ 50만 제곱미터

해설 시·도지사는 환경부장관이 지정·고시하는 호소 외의 호소로서 만수위일 때의 면적이 50만 제곱미터 이상인 호소의 수질 및 수생태계 등을 정기적으로 조사·측정하여야 한다.

94 공공폐수처리시설의 관리·운영자가 처리시설의 적정 운영 여부 확인을 위한 방류수 수질검사 실시기준으로 옳은 것은?(단, 시설규모는 $1,000m^3/day$이며, 수질은 현저히 악화되지 않았음)

① 방류수 수질검사 월 2회 이상
② 방류수 수질검사 월 1회 이상
③ 방류수 수질검사 매분기 1회 이상
④ 방류수 수질검사 매반기 1회 이상

해설 처리시설의 적정 운영 여부를 확인하기 위하여 방류수 수질검사를 월 2회 이상 실시하되, 1일당 2천 세제곱미터 이상인 시설은 주 1회 이상 실시하여야 한다. 다만, 생태독성(TU) 검사는 월 1회 이상 실시하여야 한다.

95 수질오염물질 총량관리를 위하여 시·도지사가 오염총량관리기본계획을 수립하여 환경부장관에게 승인을 얻어야 한다. 계획수립 시 포함되는 사항으로 거리가 먼 것은?

① 해당 지역 개발계획의 내용
② 시·도지사가 설치·운영하는 측정망 관리계획
③ 관할지역에서 배출되는 오염부하량의 총량 및 저감계획
④ 해당 지역 개발계획으로 인하여 추가로 배출되는 오염부하량 및 그 저감계획

해설 오염총량관리기본계획의 수립 시 포함되어야 하는 사항
㉠ 해당 지역 개발계획의 내용
㉡ 지방자치단체별·수계구간별 오염부하량의 할당
㉢ 관할지역에서 배출되는 오염부하량의 총량 및 저감계획
㉣ 해당 지역 개발계획으로 인하여 추가로 배출되는 오염부하량 및 그 저감계획

96 환경부장관이 설치·운영하는 측정망의 종류로 틀린 것은?

① 퇴적물 측정망
② 점오염원 배출 오염물질 측정망
③ 공공수역 유해물질 측정망
④ 생물 측정망

해설 환경부장관이 설치·운영하는 측정망의 종류
㉠ 비점오염원에서 배출되는 비점오염물질 측정망
㉡ 수질오염물질의 총량관리를 위한 측정망
㉢ 대규모 오염원의 하류지점 측정망
㉣ 수질오염경보를 위한 측정망
㉤ 대권역·중권역을 관리하기 위한 측정망
㉥ 공공수역 유해물질 측정망
㉦ 퇴적물 측정망
㉧ 생물 측정망
㉨ 그 밖에 환경부장관이 필요하다고 인정하여 설치·운영하는 측정망

97 대권역 수질 및 수생태계 보전계획에 포함되어야 할 사항으로 틀린 것은?

① 상수원 및 물 이용현황
② 점오염원, 비점오염원 및 기타수질오염원의 분포현황
③ 점오염원, 비점오염원 및 기타수질오염원의 수질오염 저감시설 현황
④ 점오염원, 비점오염원 및 기타수질오염원에서 배출되는 수질오염물질의 양

해설 대권역 수질 및 수생태계 보전계획에 포함되어야 할 사항
㉠ 수질 및 수생태계 변화 추이 및 목표기준
㉡ 상수원 및 물 이용현황
㉢ 점오염원, 비점오염원 및 기타수질오염원의 분포현황
㉣ 점오염원, 비점오염원 및 기타수질오염원에서 배출되는 수질오염물질의 양

ANSWER | 93. ④　94. ①　95. ②　96. ②　97. ③

㉤ 수질오염 예방 및 저감대책
㉥ 수질 및 수생태계 보전조치의 추진방향
㉦ 기후변화에 대한 적응대책
㉧ 그 밖에 환경부령으로 정하는 사항

98 폐수처리업자의 준수사항에 관한 설명으로 ( )에 옳은 것은?

> 수탁한 폐수는 정당한 사유 없이 (㉠)보관할 수 없으며, 보관폐수의 전체량이 저장시설 저장능력의 (㉡) 이상 되게 보관하여서는 아니 된다.

① ㉠ 10일 이상, ㉡ 80%
② ㉠ 10일 이상, ㉡ 90%
③ ㉠ 30일 이상, ㉡ 80%
④ ㉠ 30일 이상, ㉡ 90%

해설 수탁한 폐수는 정당한 사유 없이 10일 이상 보관할 수 없으며, 보관폐수의 전체량이 저장시설 저장능력의 90% 이상 되게 보관하여서는 아니 된다.

99 호소수 이용 상황 등의 조사·측정 등에 관한 설명으로 ( )에 알맞은 내용은?

> 환경부장관이나 시·도지사는 지정, 고시된 호소의 생성·조성 연도, 유역면적, 저수량 등 호소를 관리하는 데에 필요한 기초자료에 대하여 ( )마다 조사, 측정함을 원칙으로 한다.

① 2년 ② 3년
③ 5년 ④ 10년

해설 환경부장관이나 시·도지사는 지정, 고시된 호소의 생성·조성 연도, 유역면적, 저수량 등 호소를 관리하는 데에 필요한 기초자료에 대하여 3년마다 조사, 측정함을 원칙으로 한다.

100 폐수종말처리시설의 유지·관리기준에 관한 사항으로 ( )에 옳은 내용은?

> 처리시설의 관리, 운영자는 처리시설의 적정 운영여부를 확인하기 위하여 방류수수질검사를 (㉠)실시하되, 1일당 2천 세제곱미터 이상인 시설은 주 1회 이상 실시하여야 한다. 다만, 생태독성(TU)검사는 (㉡)실시하여야 한다.

① ㉠ 월 2회 이상, ㉡ 월 1회 이상
② ㉠ 월 1회 이상, ㉡ 월 2회 이상
③ ㉠ 월 2회 이상, ㉡ 월 2회 이상
④ ㉠ 월 1회 이상, ㉡ 월 1회 이상

해설 처리시설의 관리, 운영자는 처리시설의 적정 운영 여부를 확인하기 위하여 방류수 수질검사를 월 2회 이상 실시하되, 1일당 2천 세제곱미터 이상인 시설은 주 1회 이상 실시하여야 한다. 다만, 생태독성(TU)검사는 월 1회 이상 실시하여야 한다.

2017년 2회 수질환경기사

SECTION 01 수질오염개론

01 산소포화농도가 9mg/L인 하천에서 처음의 용존산소농도가 7mg/L라면 3일간 흐른 후 하천 하류지점에서의 용존산소농도(mg/L)는?(단, BOD_u=10mg/L, 탈산소계수=0.1day^{-1}, 재폭기계수=0.2day^{-1}, 상용대수기준)

① 4.5 ② 5.0
③ 5.5 ④ 6.0

해설
$$D_t = \frac{L_o \cdot K_1}{K_2 - K_1}(10^{-K_1 t} - 10^{-K_2 t}) + D_o \times 10^{-K_2 t}$$
D_o = 9mg/L − 7mg/L = 2mg/L
$$D = \frac{10 \times 0.1}{0.2 - 0.1}(10^{-0.1 \times 3} - 10^{-0.2 \times 3})$$
$\quad + 2 \times 10^{-0.2 \times 3}$
$D_t = 3.0$ mg/L
시간 흐른 뒤 산소농도
= 9mg/L − 3.0mg/L = 6.0mg/L

02 담수와 해수에 대한 일반적인 설명으로 틀린 것은?

① 해수의 용존산소 포화도는 담수보다 작은데 주로 해수 중의 염류 때문이다.
② up welling은 담수가 해수의 표면으로 상승하는 현상이다.
③ 해수의 주성분으로는 Cl^-, Na^+, SO_4^{2-} 등이 가장 많다.
④ 하구에서는 담수와 해수가 쐐기 형상으로 교차한다.

해설 상승류(upwelling current)는 바람에 의한 전단응력과 지구의 전향력에 의해 생긴다.

03 생물체 내에서 일어나는 에너지 대사에 적용되는 열역학법칙 내용과 거리가 먼 것은?

① 에너지의 총량은 일정하다.
② 자연적인 반응은 질서도가 커지는 방향으로 진행한다.
③ 엔트로피는 끊임없이 증가하고 있다.
④ 절대온도 0°K(−273.16℃)에서는 분자운동이 없으며 엔트로피는 0이다.

해설 자연계에서 에너지는 항상 무질서한 방향으로 진행한다.(열역학 제2법칙)

04 분변성 오염을 나타낼 때 사용되는 지표미생물이 갖추어야 할 조건 중 옳지 않은 것은?

① 사람의 대변에만 많은 수로 존재해야 한다.
② 자연환경에는 없거나 적은 수로 존재해야 한다.
③ 비병원성으로 간단한 방법에 의해 쉽고 빠르게 검출될 수 있어야 한다.
④ 병원균보다 적은 수로 존재하고 자연환경에서 병원균보다 생존력이 약해야 한다.

해설 분변성 오염을 나타낼 때 사용되는 지표미생물(대장균군)은 병원균보다 저항력이 강하고 바이러스보다 약해야 한다.

05 운동기관이 없으며, 먹이를 흡수에 의해 섭식하는 원생동물 종류는?

① 포자충류   ② 편모충류
③ 섬모충류   ④ 육질충류

06 0.01M − KBr과 0.02M − $ZnSO_4$ 용액의 이온강도는?(단, 완전 해리 기준)

① 0.08   ② 0.09
③ 0.12   ④ 0.14

ANSWER | 1.④ 2.② 3.② 4.④ 5.① 6.②

해설 $\mu = \frac{1}{2}\sum_i C_i Z_i^2$

C_i : 이온의 몰농도, Z_i : 이온의 전하

$\therefore \mu = \frac{1}{2}[0.01 \times (+1)^2 + 0.01 \times (-1)^2$
$\qquad + 0.02 \times (+2)^2 + 0.02 \times (-2)^2]$
$\qquad = 0.095$

07 지하수 오염의 특징으로 틀린 것은?

① 지하수의 오염경로는 단순하여 오염원에 의한 오염범위를 명확하게 구분하기가 용이하다.
② 지하수는 흐름을 눈으로 관찰할 수 없기 때문에 대부분의 경우 오염원의 흐름방향을 명확하게 확인하기 어렵다.
③ 오염된 지하수층을 제거, 원상 복구하는 것은 매우 어려우며 많은 비용과 시간이 소요된다.
④ 지하수는 대부분 지역에서 느린 속도로 이동하여 관측정이 오염원으로부터 원거리에 위치한 경우 오염원의 발견에 많은 시간이 소요될 수 있다.

해설 지하수의 오염경로는 복잡하고 오염원에 의한 오염범위를 명확하게 구분하기가 어렵다.

08 광합성에 대한 설명으로 틀린 것은?

① 호기성 광합성(녹색식물의 광합성)은 진조류와 청녹조류를 위시하여 고등식물에서 발견된다.
② 녹색식물의 광합성은 탄산가스와 물로부터 산소와 포도당(또는 포도당 유도산물)을 생성하는 것이 특징이다.
③ 세균활동에 의한 광합성은 탄산가스의 산화를 위하여 물 이외의 화합물질이 수소원자를 공여, 유리산소를 형성한다.
④ 녹색식물의 광합성 시 광은 에너지를, 그리고 물은 환원반응에 수소를 공급해 준다.

해설 세균활동에 의한 광합성은 필요한 수고를 물이 아니라 환원물질로부터 얻으므로 산소를 발생시키지 않는다.

09 생 하수 내에 주로 존재하는 질소의 형태는?

① 암모니아와 N_2
② 유기성 질소와 암모니아성 질소
③ N_2와 NO
④ NO_2^-와 NO_3^-

해설 생 하수 내에 존재하는 질소의 형태는 유기성 질소와 암모니아성 질소로 존재한다.

10 우리나라 근해의 적조(red tide) 현상의 발생조건에 대한 설명으로 가장 적절한 것은?

① 햇빛이 약하고 수온이 낮을 때 이상 균류의 이상 증식으로 발생한다.
② 수괴의 연직 안정도가 적어질 때 발생된다.
③ 정체수역에서 많이 발생된다.
④ 질소, 인 등의 영양분이 부족하여 적색이나 갈색의 적조 미생물이 이상적으로 증식한다.

해설 적조는 수괴의 연직안정도가 클 때, 정체성 수역일 때, 염분농도가 낮을 때 잘 발생한다.

11 호수 내의 성층현상에 관한 설명으로 가장 거리가 먼 것은?

① 여름성층의 연직 온도경사는 분자확산에 의한 DO구배와 같은 모양이다.
② 성층의 구분 중 약층(Thermocline)은 수심에 따른 수온변화가 작다.
③ 겨울성층은 표층수 냉각에 의한 성층이어서 역성층이라고도 한다.
④ 전도현상은 가을과 봄에 일어나며 수괴(水塊)의 연직혼합이 왕성하다.

해설 성층의 구분 중 약층(Thermocline)은 수심에 따른 수온변화가 매우 크다.

12 하천수에서 난류확산에 의한 오염물질의 농도분포를 나타내는 난류확산방정식을 이용하기 위하여 일차적으로 고려해야 할 인자와 가장 관련이 적은 것은?

① 대상 오염물질의 침강속도(m/sec)
② 대상 오염물질의 자기감쇠계수
③ 유속(m/sec)
④ 하천수의 난류지수(Re. No)

해설 하천수의 난류확산 방정식

$$\frac{\partial C}{\partial t} + \frac{\partial (uC)}{\partial x} + \frac{\partial (vC)}{\partial y} + \frac{\partial (wC)}{\partial z}$$
$$= \frac{\partial}{\partial x}\left(D_x \frac{\partial C}{\partial x}\right) + \frac{\partial}{\partial y}\left(D_y \frac{\partial C}{\partial y}\right) + \frac{\partial}{\partial z}\left(D_z \frac{\partial C}{\partial z}\right)$$
$$+ w_o \frac{\partial C}{\partial z} - KC$$

여기서, C : 하천수의 오염물질 농도(mg/L)
u, v, w : x(유하), y(수평), z(수직) 방향의 유속
D_x, D_y, D_z : x, y, z 방향의 확산계수
w_o : 대상오염물질의 침강속도(m/sec)
K : 대상오염물질의 자기감쇄계수

13 수질예측모형의 공간성에 따른 분류에 관한 설명으로 틀린 것은?

① 0차원 모형 : 식물성 플랑크톤의 계절적 변동사항에 주로 이용된다.
② 1차원 모형 : 하천이나 호수를 종방향 또는 횡방향의 연속교반반응조로 가정한다.
③ 2차원 모형 : 수질의 변동이 일방향성이 아닌 이방향성으로 분포하는 것으로 가정한다.
④ 3차원 모형 : 대호수의 순환 패턴분석에 이용된다.

해설 0차원 모형
식물성 플랑크톤의 계절적 변동사항에는 적용하기 곤란하다.

14 호소수의 전도현상(Turnover)이 호소수 수질환경에 미치는 영향을 설명한 내용 중 바르지 않은 것은?

① 수괴의 수직운동 촉진으로 호소 내 환경용량이 제한되어 물의 자정능력이 감소된다.
② 심층부까지 조류의 혼합이 촉진되어 상수원의 취수 심도에 영향을 끼치게 되므로 수도의 수질이 악화된다.
③ 심층부의 영양염이 상승하게 됨에 따라 표층부에 규조류가 번성하게 되어 부영양화가 촉진된다.
④ 조류의 다량 번식으로 물의 탁도가 증가되고 여과지가 폐색되는 등의 문제가 발생한다.

해설 호소수의 전도현상은 연직방향의 수온 차에 따른 순환 밀도류가 발생하거나 강한 수면풍의 작용으로 수괴의 연직안정도가 불안정하게 되는 현상을 말한다.

15 시료의 수질분석을 실시하여 다음 표와 같은 결과값을 얻었을 때 시료의 비탄산경도(mg/L as CaCO₃)는?(단, K=39, Na=23, Ca=40, Mg=24, C=12, O=16, H=1, Cl=35.5, S=32)

성분	농도(mg/L)	성분	농도(mg/L)
K^+	13	OH^-	32
Na^+	23	Cl^-	71
Ca^{2+}	20	SO_4^{2-}	96
Mg^{2+}	12	HCO_3^-	61

① 50   ② 100
③ 150 ④ 200

해설 ㉠ 총경도
$$TH = \sum M_C^{2+} \times \frac{50}{Eq}$$
$$= 20(mg/L) \times \frac{50}{40/2} + 12(mg/L)$$
$$\times \frac{50}{24/2} = 100(mg/L\ as\ CaCO_3)$$

㉡ 알칼리도
$$Alk = \sum Ca^{2+} \times \frac{50}{Eq}$$
$$= 61(mg/L) \times \frac{50}{61/1}$$
$$+ 32(mg/L) \times \frac{50}{17/1}$$
$$= 144.12(mg/L\ as\ CaCO_3)$$

16 하구(Estuary)의 혼합형식 중 하상구배와 조차(潮差)가 적어서 염수와 담수의 2층의 밀도류가 발생되는 것은?

① 강 혼합형   ② 약 혼합형
③ 중 혼합형   ④ 완 혼합형

17 Glucose($C_6H_{12}O_6$) 500mg/L 용액을 호기성 처리 시 필요한 이론적인 인(P) 농도(mg/L)는?(단, BOD_5 : N : P=100 : 5 : 1, K_1=0.1day^{-1}, 상용대수기준, 완전분해기준, BOD_u=COD)

① 약 3.7 ② 약 5.6
③ 약 8.5 ④ 약 12.8

해설
㉠ $C_6H_{12}O_6 + 6O_2 \rightarrow 6CO_2 + 6H_2O$
  180g : 6×32g
  500(mg/L) : X
  X(=BOD_u)=533.33(mg/L)
㉡ $BOD_t = BOD_u(1-10^{-K \cdot t})$
  →$BOD_5 = 533.33 \times (1-10^{-0.1 \times 5})$
  BOD_5=364.68(mg/L)
  BOD_5 : P=100 : 1=364.68 : P
  P=3.6468≒3.7(mg/L)

18 기상수(우수, 눈, 우박 등)에 관한 설명으로 틀린 것은?
① 기상수는 대기 중에서 지상으로 낙하할 때는 상당한 불순물을 함유한 상태이다.
② 우수의 주성분은 육수의 주성분과 거의 동일하다.
③ 해안 가까운 곳의 우수는 염분함량의 변화가 크다.
④ 천수는 사실상 증류수로서 증류단계에서는 순수에 가까워 다른 자연수보다 깨끗하다.

해설 우수의 주성분은 해수의 주성분과 거의 동일하다.

19 20℃의 하천수에 있어서 바람 등에 의한 DO공급량이 0.02mgO_2/L·day이고, 이 강이 항상 DO 농도가 7mg/L 이상 유지되어야 한다면 이 강의 산소전달계수(hr^{-1})는?(단, α와 β는 무시, 20℃ 포화 DO=9.17mg/L)

① 1.3×10^{-3} ② 3.8×10^{-3}
③ 1.3×10^{-4} ④ 3.8×10^{-4}

해설 $K_{LA}(hr^{-1}) = \dfrac{\gamma}{\alpha(\beta C_s - C)}$

$= \dfrac{0.02mg \cdot O_2}{L \cdot day} \left|\dfrac{L}{(9.17-7)mg}\right|\dfrac{1day}{24hr}$

$= 3.84 \times 10^{-4}(hr^{-1})$

20 호수의 수질관리를 위하여 일반적으로 사용할 수 있는 예측모형으로 틀린 것은?
① WASP5모델 ② WQRRS 모델
③ POM 모델 ④ Vollenweider 모델

해설 POM모델은 미국 프린스톤 대학의 Mellor와 Blumberg 박사가 개발한 수직적으로 시그마축을 사용한 해양 대순환모델이다.

SECTION 02 상하수도계획

21 정수시설의 시설능력에 관한 내용으로 ( )에 옳은 내용은?

> 소비자에게 고품질의 수도 서비스를 중단 없이 제공하기 위하여 정수시설은 유지보수, 사고대비, 시설 개량 및 확장 등에 대비하여 적절한 예비용량을 갖춤으로써 수도시스템으로서의 안정성을 높여야 한다. 이를 위하여 예비용량을 감안한 정수시설의 가동률은 ( ) 내외가 적당하다.

① 55% ② 65%
③ 75% ④ 85%

해설 소비자에게 고품질의 수도 서비스를 중단 없이 제공하기 위하여 정수시설은 유지보수, 사고대비, 시설 개량 및 확장 등에 대비하여 적절한 예비용량을 갖춤으로써 수도시스템으로서의 안정성을 높여야 한다. 이를 위해서 예비용량을 감안한 정수시설의 가동률은 75% 내외가 적당하다.

22 상수도관 부식의 종류 중 매크로셀 부식으로 분류되지 않는 것은?(단, 자연 부식 기준)
① 콘크리트 · 토양 ② 이종금속
③ 산소농담(통기차) ④ 박테리아

해설 매크로셀 부식
㉠ 콘크리트 · 토양
㉡ 산소농담(통기차)
㉢ 이종금속

23 경사가 2‰인 하수관거의 길이가 6,000m일 때 상류관과 하류관의 고저차(m)는?(단, 기타 조건은 고려하지 않음)

① 3
② 6
③ 9
④ 12

해설 고저차(m) = I(경사) × L(유로길이)

$$H = \frac{2}{1,000} \times 6,000 = 12(m)$$

24 지하수 취수 시 적용되는 양수량 중에서 적정 양수량의 정의로 옳은 것은?

① 최대양수량의 80% 이하의 양수량
② 한계양수량의 80% 이하의 양수량
③ 최대양수량의 70% 이하의 양수량
④ 한계양수량의 70% 이하의 양수량

해설 지하수(우물)의 양수량 결정 시 적정 양수량은 한계양수량의 70% 이하의 양수량으로 구한다.

25 펌프효율 η=80%, 전양정 H=16m인 조건하에서 양수량 Q=12L/sec로 펌프를 회전시킨다면 이때 필요한 축동력(kW)은?(단, 전동기는 직결, 물의 밀도 r=1,000kg/m³)

① 1.28
② 1.73
③ 2.35
④ 2.88

해설 $P_a(kW) = \frac{\gamma \cdot Q \cdot TDH}{102 \cdot \eta} \times \alpha$

$= \frac{1,000 \times 0.012 \times 16}{102 \times 0.8} = 2.353(kW)$

26 양수량(Q) 14m³/min, 전양정(H) 10m, 회전수(N) 1,100rpm인 펌프의 비교회전도(Ns)는?

① 412
② 732
③ 1,302
④ 1,416

해설 $N_s = N \times \frac{Q^{1/2}}{H^{3/4}}$

$= 1,100 \times \frac{14^{1/2}}{10^{3/4}} = 731.91(회/분)$

27 취수시설에서 침사지에 관한 설명으로 틀린 것은?

① 지의 위치는 가능한 한 취수구에 근접하여 제내지에 설치한다.
② 지의 상단높이는 고수위보다 0.3~0.6m의 여유고를 둔다.
③ 지의 고수위는 계획취수량이 유입될 수 있도록 취수구의 계획최저수위 이하로 정한다.
④ 지의 길이는 폭의 3~8배, 지내 평균 유속은 2~7cm/sec를 표준으로 한다.

해설 침사지의 유효수심은 3~4m가 표준이며, 0.5~1m의 여유를 둔다.

28 Cavitation 발생을 방지하기 위한 대책으로 틀린 것은?

① 펌프의 설치위치를 가능한 한 낮추어 가용유효흡입수두를 크게 한다.
② 펌프의 회전속도를 낮게 선정하여 필요유효흡입수두를 크게 한다.
③ 흡입 측 밸브를 완전히 개방하고 펌프를 운전한다.
④ 흡입관에 손실을 가능한 한 작게 하여 가용유효흡입수두를 크게 한다.

해설 Cavitation의 방지방법
㉠ 펌프의 설치위치를 가능한 한 낮추어 흡입양정을 짧게 한다.
㉡ 펌프의 회전수를 감소시킨다.
㉢ 성능에 크게 영향을 미치지 않는 범위 내에서 흡입관의 직경을 증가시킨다.
㉣ 두 대 이상의 펌프를 사용하거나 회전차를 수중에 완전히 잠기게 한다.
㉤ 양흡입 펌프·입축형 펌프·수중펌프의 사용을 검토한다.

29 정수시설인 급속여과지 시설기준에 관한 설명으로 옳지 않은 것은?

① 여과면적은 계획정수량을 여과속도로 나누어 구한다.
② 1지의 여과면적은 200m² 이상으로 한다.
③ 여과모래의 유효경이 0.45~0.7mm의 범위인 경우에는 모래층의 두께는 60~70cm를 표준으로 한다.
④ 여과속도는 120~150m/day를 표준으로 한다.

ANSWER | 23. ④ 24. ④ 25. ③ 26. ② 27. ② 28. ② 29. ②

해설 1지의 여과면적은 150m² 이하로 한다.

30 정수시설인 막여과시설에서 막모듈의 파울링에 해당되는 내용은?
① 막모듈의 공급유로 또는 여과수 유로가 고형물로 폐색되어 흐르지 않는 상태
② 미생물과 막 재질의 자화 또는 분비물의 작용에 의한 변화
③ 건조되거나 수축으로 인한 막 구조의 비가역적인 변화
④ 원수 중의 고형물이나 진동에 의한 막 면의 상처나 마모, 파단

해설 파울링
막 자체의 변질이 아닌 외적 인자로 생긴 막 성능의 저하를 말한다.

31 급수시설의 설계유량에 대한 설명으로 틀린 것은?
① 수원지, 저수지, 유역면적 결정에는 1일평균급수량이 기준
② 배수지, 송수관구경 결정에는 1일최대급수량을 기준
③ 배수본관의 구경결정에는 시간최대급수량을 기준
④ 정수장의 설계유량은 1일평균급수량을 기준

해설 계획정수량은 계획1일최대급수량 이외에 정수장 내의 작업수량 등이 감안되어 결정되어야 한다.

32 도시의 상수도 보급을 위하여 최근 7년간의 인구를 이용하여 급수인구를 추정하려고 한다. 최근 7년간 도시의 인구가 다음과 같은 경향을 나타낼 때 2018년도의 인구를 등차급수법으로 추정한 것은?

연도	2008	2009	2010	2011
인구	157,000	176,200	185,400	198,400
연도	2012	2013	2014	
인구	201,100	213,520	225,270	

① 약 265,324명 ② 약 270,786명
③ 약 277,750명 ④ 약 294,416명

해설 $P_n = P_o + n \times \alpha$
$\alpha = \dfrac{225,270 - 157,000}{6} = 11,378.33$
$P_n = 225,270 + 4 \times 11,378.33 = 270,783.32$

33 상수도시설의 계획기준으로 옳지 않은 것은?
① 계획취수량은 계획1일 최대급수량을 기준으로 한다.
② 계획배수량은 원칙적으로 해당 배수구역의 계획 1일 최대급수량으로 한다.
③ 도수시설의 계획도수량은 계획취수량을 기준으로 한다.
④ 계획정수량은 계획1일 최대급수량을 기준으로 한다.

해설 계획배수량은 원칙적으로 해당 배수구역의 계획시간최대배수량으로 한다.

34 최근 정수장에서 응집제로서 많이 사용되고 있는 폴리염화알루미늄(PACℓ)에 대한 설명으로 옳은 것은?
① 일반적으로 황산알루미늄보다 적정주입 pH의 범위가 넓으며 알칼리도의 감소가 적다.
② 일반적으로 황산알루미늄보다 적정주입 pH의 범위가 좁으며 알칼리도의 감소가 적다.
③ 일반적으로 황산알루미늄보다 적정주입 pH의 범위가 좁으며 알칼리도의 감소가 크다.
④ 일반적으로 황산알루미늄보다 적정주입 pH의 범위가 넓으며 알칼리도의 감소가 크다.

해설 폴리염화알루미늄(PACℓ)은 액체로서 그 액체 자체가 가수분해되어 중합체로 되어 있으므로 일반적으로 황산알루미늄보다 응집성이 우수하고 적정주입 pH의 범위가 넓으며 알칼리도의 저하가 적다는 점 등의 특징이 있다.

35 하수관거 설계 시 오수관거의 최소관경에 관한 기준은?
① 150mm를 표준으로 한다.
② 200mm를 표준으로 한다.
③ 250mm를 표준으로 한다.
④ 300mm를 표준으로 한다.

해설 관거의 최소관경
㉠ 오수관거 : 200mm를 표준으로 한다.
㉡ 우수관거 및 합류관거 : 250mm를 표준으로 한다.

36 도수거에 대한 설명으로 맞는 것은?
① 도수거의 개수로 경사는 일반적으로 1/100~1/300의 범위에서 선정된다.
② 개거나 암거인 경우에는 대개 30~50m 간격으로 시공조인트를 겸한 신축조인트를 설치한다.
③ 도수거에서 평균유속의 최대한도는 2.0m/s로 한다.
④ 도수거에서 최소유속은 0.5m/s로 한다.

해설 도수거의 구조와 형식
㉠ 개거와 암거는 구조상 안전하고 충분한 수밀성과 내구성을 가지고 있어야 한다.
㉡ 도수거는 한랭지에서뿐만 아니라 기타 장소에서도 될 수 있으면 암거로 설치한다. 부득이 개거로 할 경우에는 수질오염을 방지하고 위험을 방지하기 위한 조치를 강구해야 한다.
㉢ 개거나 암거인 경우에는 대개 30~50m 간격으로 시공조인트를 겸한 신축조인트를 설치한다.
㉣ 지층의 변화점, 수로교, 둑, 통문 등의 전후에는 플렉시블한 신축조인트를 설치한다.
㉤ 암거에는 환기구를 설치한다.

37 하수슬러지 소각을 위한 소각로 중에서 건설비가 가장 큰 것은?
① 다단소각로 ② 유동층소각로
③ 기류건조소각로 ④ 회전소각로

해설 기류건조소각로가 건설비가 가장 크다.

38 상수관로의 길이 800m, 내경 200mm에서 유속 2m/sec로 흐를 때 관마찰 손실수두(m)는?(단, Darcy–Weisbach 공식을 이용, 마찰손실계수=0.02)
① 약 16.3 ② 약 18.4
③ 약 20.7 ④ 약 22.6

해설 $H_L(m) = f \times \dfrac{L}{D} \times \dfrac{V^2}{2g}$
$= 0.02 \times \dfrac{800}{0.2} \times \dfrac{2^2}{2 \times 9.8} = 16.33(m)$

39 상수도 기본계획수립 시 기본사항에 대한 결정 중 계획(목표)연도에 관한 내용으로 옳은 것은?
① 기본계획의 대상이 되는 기간으로 계획수립 시부터 10~15년간을 표준으로 한다.
② 기본계획의 대상이 되는 기간으로 계획수립 시부터 15~20년간을 표준으로 한다.
③ 기본계획의 대상이 되는 기간으로 계획수립 시부터 20~25년간을 표준으로 한다.
④ 기본계획의 대상이 되는 기간으로 계획수립 시부터 25~30년간을 표준으로 한다.

40 계획취수량이 10m³/sec, 유입수심이 5m, 유입속도가 0.4m/sec인 지역에 취수구를 설치하고자 할 때 취수구의 폭(m)은?(단, 취수보 설계기준)
① 0.5 ② 1.25
③ 2.5 ④ 5.0

해설 취수구의 폭(B) = $\dfrac{Q}{H \times V}$
여기서, Q : 계획취수량(m³/sec)
H : 유입수심(m)
V : 유입속도(m/sec)
취수구의 폭(B) = $\dfrac{10}{5 \times 0.4}$ = 5.0(m)

SECTION 03 수질오염방지기술

41 직경이 1.0×10^{-2}cm인 원형 입자의 침강속도(m/hr)는?(단, Stokes 공식 사용, 물의 밀도=1.0g/cm³, 입자의 밀도 2.1g/cm³, 물의 점성계수=1.0087×10^{-2}g/cm·sec)
① 21.4 ② 24.4
③ 28.4 ④ 32.4

ANSWER | 36.② 37.② 38.① 39.② 40.④ 41.①

해설 $V_g = \dfrac{d_p^2(\rho_p - \rho)g}{18\mu}$

$\therefore V_g\left(\dfrac{m}{hr}\right) = \dfrac{(1.0 \times 10^{-2})^2 cm^2}{18}$

$\left|\dfrac{(2.1-1)g}{cm^3}\right|\dfrac{9.8m}{sec}$

$\dfrac{cm \cdot sec}{1.0087 \times 10^{-2} g}\left|\dfrac{3,600sec}{1hr}\right.$

$= 21.37 (m/hr)$

42 Michaelis – Menten 공식에서 반응속도(r)가 R_{max}의 80%일 때의 기질농도와 R_{max}의 20%일 때의 기질농도의 비($[S]_{80}/[S]_{20}$)는?

① 8　　　　　　② 16
③ 24　　　　　　④ 41

해설 $\mu = \mu_{max} \times \dfrac{[S]}{K_s + [S]}$

㉠ μ가 R_{max}의 80%일 경우

→ $80 = 100 \times \dfrac{[S]_{80}}{K_s + [S]_{80}}$

$100[S]_{80} = 80(K_s + [S]_{80})$

$80K_s = 20[S]_{80} \rightarrow [S]_{80} = 4K_s$

㉡ μ가 R_{max}의 20%일 경우

→ $20 = 100 \times \dfrac{[S]_{20}}{K_s + [S]_{20}}$

$100[S]_{20} = 20(K_s + [S]_{20})$

$20K_s = 80[S]_{20} \rightarrow [S]_{20} = 0.25K_s$

$\therefore \dfrac{[S]_{80}}{[S]_{20}} = \dfrac{4K_s}{0.25K_s} = 16$

43 분뇨의 생물학적 처리공법으로서 호기성 미생물이 아닌 혐기성 미생물을 이용한 혐기성처리공법을 주로 사용하는 근본적인 이유는?

① 분뇨에는 혐기성미생물이 살고 있기 때문에
② 분뇨에 포함된 오염물질은 혐기성미생물만이 분해할 수 있기 때문에
③ 분뇨의 유기물 농도가 너무 높아 포기에 너무 많은 비용이 들기 때문에
④ 혐기성처리공법으로 발생되는 메탄가스가 공법에 필수적이가 때문에

44 상수처리를 위한 사각 침전조에 유입되는 유량은 30,000m³/day이고 표면부하율은 24m³/m²·day이며 체류시간은 6시간이다. 침전조의 길이와 폭의 비는 2：1이라면 조의 크기는?

① 폭：20m, 길이：40m, 깊이：6m
② 폭：20m, 길이：40m, 깊이：4m
③ 폭：25m, 길이：50m, 깊이：6m
④ 폭：25m, 길이：50m, 깊이：4m

해설 ㉠ 침전지면적(A) $= \dfrac{30,000^3}{day}\left|\dfrac{m^2 \cdot day}{24m^3}\right.$

$= 1,250(m^2)$

㉡ 조의 부피($\forall$) $= Q \times t$

$= \dfrac{30,000m^3}{day}\left|\dfrac{6hr}{}\right|\dfrac{1day}{24hr}$

$= 7,500(m^3)$

45 수량 36,000m³/day의 하수를 폭 15m, 길이 30m, 깊이 2.5m의 침전지에서 표면적 부하 40m³/m²·day의 조건으로 처리하기 위한 침전지 수는?(단, 병렬기준)

① 2　　　　　　② 3
③ 4　　　　　　④ 5

해설 침전지 수 $= \dfrac{36,000m^3}{day}\left|\dfrac{m^2 \cdot day}{40m^3}\right|\dfrac{}{15 \times 30m^2}$

$= 2(개)$

46 생물학적 원리를 이용하여 하수 내 질소를 제거(3차 처리)하기 위한 공정으로 가장 거리가 먼 것은?

① SBR 공정　　　② UCT 공정
③ A/O 공정　　　④ Bardenpho 공정

해설 A/O 공정은 인(P)만 제거하는 공정이다.

47 NaOH를 1% 함유하고 있는 60m³의 폐수를 HCl 36% 수용액으로 중화하려 할 때 소요되는 HCl 수용액의 양(kg)은?

① 1,102.46　　　② 1,303.57
③ 1,520.83　　　④ 1,601.57

해설 NV = N'V'

$$\frac{1g}{100mL} \left| \frac{60m^3}{} \right| \frac{1eq}{40g} \left| \frac{10^6mL}{m^3} \right.$$

$$= \frac{36}{100} \left| \frac{1eq}{36.5g} \right| \frac{Xg}{} \left| \frac{1kg}{10^3g} \right.$$

∴ X(kg) = 1,520.83(kg)

48 A^2/O 공법에 대한 설명으로 틀린 것은?
① 혐기조 – 무산소조 – 호기조 – 침전조 순으로 구성된다.
② A^2/O 공정은 내부재순환이 있다.
③ 미생물에 의한 인의 섭취는 주로 혐기조에서 일어난다.
④ 무산소조에서는 질산성 질소가 질소가스로 전환된다.

해설 미생물에 의한 인의 섭취는 주로 호기조에서 일어난다.

49 질산화 반응에 관한 설명으로 옳은 것은?
① 질산균의 에너지원은 유기물이다.
② 질산균의 증식속도는 활성슬러지 내 미생물보다 빠르다.
③ 질산균의 질산화 반응 시 알칼리도가 생성된다.
④ 질산균의 질산화 반응 시 용존산소는 2mg/L 이상이어야 한다.

해설 질산화를 위한 적정 운전조건
pH 7.4~8.6, 온도 28~32℃, SRT 25일 이상, DO 2mg/L 이상이어야 한다.

50 역삼투장치로 하루에 $1,710m^3$의 3차 처리된 유출수를 탈염시킬 때 요구되는 막면적(m^2)은?(단, 유입수와 유출수 사이의 압력차=2,400kPa, 25℃에서 물질전달계수=$0.2068L/(day-m^2)(kPa)$, 최저 운전온도=10℃, $A_{10℃}=1.58A_{25℃}$, 유입수와 유출수의 삼투압차=310kPa)
① 약 5,351 ② 약 6,251
③ 약 7,351 ④ 약 8,121

해설 $Q_T = K(\Delta P - \Delta \pi)$

$$\frac{1,710m^3}{day} \left| \frac{}{A(m^2)} \right.$$

$$= \frac{0.2068L}{m^2 \cdot day \cdot kPa} \left| \frac{(2,400-310)kPa}{} \right| \frac{1m^3}{10^3L}$$

∴ $A_{25℃} = 3,956.4(m^2)$
최저운전온도(10℃)상태로 막의 소요면적을 온도보정하면
∴ $A_{10℃} = 1.58 \times A_{25℃}$
$= 1.58 \times 3,956.4 = 6,251.1(m^2)$

51 슬러지 건조상 면적을 결정하기 위한 건조 고형성분 중량치(건조 alum 슬러지)는 $73kg/m^2$, 평균 alum 주입량 10mg/L, 원수의 평균 탁도가 12NTU이라면 30일간의 슬러지를 저류하기 위한 정사각형 슬러지 건조상의 한 변의 길이(m)는?(단, 일일 평균 처리수 유량 $75,700m^3$)

1일당 건조 alum 슬러지 발생량(단위 : 처리수 1,000 m^3당 kg)은 [alum 주입량(mg/L)×0.26]+[원수 탁도(NTU)×1.3]의 공식으로 산정

① 약 12 ② 약 16
③ 약 20 ④ 약 24

해설 슬러지 발생량($kg/1,000m^3$)
$= 10 \times 0.26 + 12 \times 1.3 = 18.2(kg/1,000m^3)$

$$\frac{18.2kg}{1,000m^3} \left| \frac{75,700m^3}{일} \right| \frac{30일}{} = 41,332.2(kg)$$

면적(A) $= \frac{41,332.2kg}{} \left| \frac{m^2}{73kg} \right. = 566.19(m^2)$

$a \times a = 566.19$
∴ $a = 23.79(m)$

52 폭기조 내 MLSS 농도가 4,000mg/L이고 슬러지 반송률이 55%인 경우 이 활성슬러지의 SVI는?(단, 유입수 SS는 고려하지 않음)
① 약 69 ② 약 79
③ 약 89 ④ 약 99

해설 $R = \frac{X}{\frac{10^6}{SVI} - X}$ $0.55 = \frac{4,000}{\frac{10^6}{SVI} - 4,000}$

ANSWER | 48. ③ 49. ④ 50. ② 51. ④ 52. ③

$$\frac{10^6}{SVI} = \frac{4,000}{0.55} + 4,000$$
$$\therefore SVI = 88.71$$

53 연속회분식(SBR)의 운전단계에 관한 설명으로 틀린 것은?

① 주입 : 주입단계 운전의 목적은 기질(원폐수 또는 1차 유출수)을 반응조에 주입하는 것이다.
② 주입 : 주입단계는 총 cycle 시간의 약 25% 정도이다.
③ 반응 : 반응단계는 총 cycle 시간의 약 65% 정도이다.
④ 침전 : 연속흐름식 공정에 비하여 일반적으로 더 효율적이다.

해설 반응단계는 총 cycle 시간의 약 35% 정도이다.

54 하수고도처리를 위한 A/O공정의 특징으로 옳은 것은?(단, 일반적인 활성슬러지공법과 비교기준)

① 혐기조에서 인의 과잉흡수가 일어난다.
② 폭기조 내에서 탈질이 잘 이루어진다.
③ 잉여슬러지 내의 인 농도가 높다.
④ 표준 활성슬러지공법의 반응조 전반 10%미만을 혐기반응조로 하는 것이 표준이다.

해설 A/O공정의 특징
㉠ 혐기조에서 미생물에 의한 유기물의 흡수가 일어나면서 인이 방출된다.
㉡ 폭기조 내에서 인의 과잉흡수가 일어난다.
㉢ 잉여슬러지 내의 인 농도가 높아 비료의 가치가 있다.
㉣ 표준 활성슬러지공법의 반응조 전반 20~40% 정도를 혐기반응조로 하는 것이 표준이다.

55 생물학적 방법과 화학적 방법을 함께 이용한 고도처리 방법은?

① 수정 Bardenpho 공정
② Phostrip 공정
③ SBR 공정
④ UCT 공정

56 고농도의 유기물질(BOD)이 오염이 적은 수계에 배출될 때 나타나는 현상으로 가장 거리가 먼 것은?

① pH의 감소
② DO의 감소
③ 박테리아의 증가
④ 조류의 증가

57 혐기성 소화법과 비교한 호기성 소화법의 장단점으로 옳지 않은 것은?

① 운전이 용이하다.
② 소화슬러지 탈수가 용이하다.
③ 가치 있는 부산물이 생성되지 않는다.
④ 저온 시의 효율이 저하된다.

해설 소화슬러지 탈수가 용이한 것은 혐기성 소화법의 장점이다.

58 고도수처리에 이용되는 정밀여과 분리막 방법에 관한 설명으로 가장 거리가 먼 것은?

① 분리형태 : 용해, 확산
② 구동력 : 정수압차(0.1~1Bar)
③ 막형태 : 대칭형 다공성막(Pore size 0.1~10μm)
④ 적용분야 : 전자공업의 초순수 제조, 무균수 제조

해설 정밀여과는 정밀여과막을 사용하여 체거름 원리에 따라 입자를 분리하는 여과법이다.

59 회전원판법의 특징에 해당되지 않는 것은?

① 운전관리상 조작이 간단하고 소비전력량은 소규모 처리시설에서는 표준활성슬러지법에 비하여 적다.
② 질산화가 일어나기 쉬우며 이로 인하여 처리수의 BOD가 낮아진다.
③ 활성슬러지법에 비해 2차침전지에서 미세한 SS가 유출되기 쉽고 처리수의 투명도가 나쁘다.
④ 살수여상과 같이 파리는 발생하지 않으나 하루살이가 발생하는 수가 있다.

해설 질산화가 일어나기 쉬우며 이로 인하여 처리수의 BOD가 높아진다.

60 4L의 물은 0.3atm의 분압에서 CO_2를 포함하는 가스혼합물과 평형상태에 있다. $H_2CO_3^*$의 용해도에 대한 Henry 상수는 2.0g/L·atm이다. 물에서 용존된 CO_2는 몇 g이며 물의 pH는?(단, $H_2CO_3^*$의 1차 용해도적 $K_1=4.3\times10^{-7}$, 2차해리는 무시)

① 1.20g, pH=2.56　② 1.45g, pH=4.12
③ 2.23g, pH=2.56　④ 2.41g, pH=4.12

해설
$CO_2(g) = \dfrac{2.0g}{L\cdot atm}\Big|\dfrac{4L}{}\Big|\dfrac{0.3atm}{} = 2.4(g)$

$H_2CO_3 \rightarrow H^+ + HCO_3^-$

$K_1 = \dfrac{[H^+][HCO_3^-]}{[H_2CO_3]} = 4.3\times10^{-7}$

$C = H\cdot P = 2.0g/L\cdot atm \times 0.3atm$
  $= 0.6g/L \times 1mol/44g = 0.0136(mol/L)$

$H_2CO_3 \rightarrow H^+ + HCO_3^-$
0.0136mol/L : X : X

$4.3\times10^{-7} = \dfrac{X^2}{0.0136}$, $X = 7.647\times10^{-5}$

∴ $pH = -\log(7.647\times10^{-5}) = 4.12$

SECTION 04 수질오염공정시험기준

61 자외선/가시선 분광법(o–페난트로린법)을 이용한 철분석의 측정원리에 관한 내용으로 틀린 것은?

① 철 이온을 암모니아 알칼리성으로 하여 수산화제이철로 침전분리한다.
② 침전을 염산에 녹인 후 염산하이드록실아민으로 제일철로 환원한다.
③ o–페난트로린을 넣어 약알칼리성에서 나타나는 청색의 철착염의 흡광도를 측정한다.
④ 지표수, 지하수, 폐수 등에 적용할 수 있으며 정량한계는 0.08mg/L이다.

해설 물속에 존재하는 철 이온을 수산화제이철로 침전분리하고 염산하이드록실아민으로 제일철로 환원한 다음, o–페난트로린을 넣어 약산성에서 나타나는 등적색 철착염의 흡광도를 510nm에서 측정하는 방법이다.

62 수산화나트륨 1g을 증류수에 용해시켜 400mL로 하였을 때 이 용액의 pH는?

① 13.8　② 12.8
③ 11.8　④ 10.8

해설 $pH = 14 - pOH$, $pOH = -\log[OH^-]$
$NaOH(mol/L) = \dfrac{1g}{0.4L}\Big|\dfrac{1mol}{40g}$
  $= 0.0625(mol/L)$
$pOH = -\log[0.0625] = 1.204$
∴ $pH = 14 - 1.204 ≒ 12.8$

63 노말헥산 추출물질의 정량한계(mg/L)는?

① 0.1　② 0.5
③ 1.0　④ 5.0

해설 노말헥산 추출물질의 정량한계는 0.5mg/L이다.

64 산소전달률을 측정하기 위하여 실험 시작 초기에 물속에 존재하는 DO를 제거하기 위하여 첨가하는 시약은?

① $AgNO_3$　② Na_2SO_3
③ $CaCO_3$　④ NaN_3

65 공장폐수 및 하수의 관내 유량측정을 위한 측정장치 중 관내의 흐름이 완전히 발달하여 와류에 영향을 받지 않고 실질적으로 직선적인 흐름을 유지하기 위해 난류 발생의 원인이 되는 관로상의 점으로부터 충분히 하류지점에 설치하여야 하는 것은?

① 오리피스　② 벤투리미터
③ 피토관　④ 자기식 유량측정기

해설 벤투리미터 설치에서 관내의 흐름이 완전히 발달하여 와류에 영향을 받지 않고 실질적으로 직선적인 흐름을 유지해야 한다. 그러므로 벤투리미터는 난류 발생에 원인이 되는 관로상의 점으로부터 충분히 하류지점에 설치해야 하며, 통상 관 직경의 약 30~50배 하류에 설치해야 효과적이다.

ANSWER | 60. ④　61. ③　62. ②　63. ②　64. ②　65. ②

66 전기전도도 측정계에 관한 내용으로 옳지 않은 것은?
① 전기전도도 셀은 항상 수중에 잠긴 상태에서 보존하여야 하며 정기적으로 점검한 후 사용한다.
② 전도도 셀은 그 형태, 위치, 전극의 크기에 따라 각각 자체의 셀 상수를 가지고 있다.
③ 검출부는 한 쌍의 고정된 전극(보통 백금전극 표면에 백금흑도금을 한 것)으로 된 전도도셀 등을 사용한다.
④ 지시부는 직류 휘트스톤브리지 회로나 자체 보상 회로로 구성된 것을 사용한다.

[해설] 지시부는 교류 휘트스톤브리지(Wheatstone Bridge) 회로나 연산 증폭기 회로 등으로 구성된 것을 사용한다.

67 수질오염물질을 측정함에 있어 측정의 정확성과 통일성을 유지하기 위한 제반사항에 관한 설명으로 틀린 것은?
① 시험에 사용하는 시약은 따로 규정이 없는 한 1급 이상 또는 이와 동등한 규격의 시약을 사용한다.
② "항량으로 될 때까지 건조한다"라는 의미는 같은 조건에서 1시간 더 건조할 때 전후 무게의 차가 g당 0.3mg 이하일 때를 말한다.
③ 기체 중의 농도는 표준상태(0℃, 1기압)로 환산 표시한다.
④ "정확히 취하여"라 하는 것은 규정한 양의 시료를 부피피펫으로 0.1mL까지 취하는 것을 말한다.

[해설] "정확히 취하여"라는 말은 규정한 양의 액체를 부피피펫으로 눈금까지 취하는 것을 의미한다.

68 수질오염공정시험기준에서 시료의 최대 보존기간이 다른 측정항목은?
① 페놀류   ② 인산염인
③ 화학적 산소요구량   ④ 황산이온

[해설] 인산염인(48시간), 페놀류(28일), 화학적 산소요구량(28일), 황산이온(28일)

69 유도결합 플라스마 발광광도 분석장치를 바르게 배열한 것은?
① 시료주입부 – 고주파전원부 – 광원부 – 분광부 – 연산처리부 및 기록부
② 시료주입부 – 고주파전원부 – 분광부 – 광원부 – 연산처리부 및 기록부
③ 시료주입부 – 광원부 – 분광부 – 고주파전원부 – 연산처리부 및 기록부
④ 시료주입부 – 광원부 – 고주파전원부 – 분광부 – 연산처리부 및 기록부

70 수질오염공정시험기준에서 금속류인 바륨의 시험방법과 가장 거리가 먼 것은?
① 원자흡수분광광도법
② 자외선/가시선 분광법
③ 유도결합플라스마 원자발광분광법
④ 유도결합플라스마 질량분석법

[해설] 바륨에 적용 가능한 시험방법
㉠ 원자흡수분광광도법
㉡ 유도결합플라스마 원자발광분광법
㉢ 유도결합플라스마 질량분석법

71 배출허용기준 적합 여부 판정을 위한 시료채취 시 복수 시료채취방법 적용을 제외할 수 있는 경우가 아닌 것은?
① 환경오염사고, 취약시간대의 환경오염감시 등 신속한 대응이 필요한 경우
② 부득이 복수시료채취 방법으로 할 수 없을 경우
③ 유량이 일정하며 연속적으로 발생되는 폐수가 방류되는 경우
④ 사업장 내에서 발생하는 폐수를 회분식 등 간헐적으로 처리하여 방류하는 경우

[해설] 시료채취방법 적용을 제외할 수 있는 경우
㉠ 환경오염사고 또는 취약시간대(일요일, 공휴일 및 평일 18:00~09:00 등)의 환경오염 감시 등 신속한 대응이 필요한 경우 제외할 수 있다.
㉡ 수질 및 수생태계 보전에 관한 법률에 의한 비정상적인 행위를 할 경우 제외할 수 있다.

ⓒ 사업장 내에서 발생하는 폐수를 회분식(batch식) 등 간 헐적으로 처리하여 방류하는 경우 제외할 수 있다.
ⓓ 기타 부득이 복수시료채취 방법으로 시료를 채취할 수 없을 경우 제외할 수 있다.

72 수질오염공정시험기준에서 시료보존 방법이 지정되어 있지 않은 측정항목은?
① 용존산소(윙클러법)   ② 불소
③ 색도   ④ 부유물질

73 다음 중 시료의 보존방법이 다른 측정항목은?
① 화학적 산소요구량   ② 질산성 질소
③ 암모니아성 질소   ④ 총질소

74 원자흡수분광광도법에서 사용하고 있는 용어에 관한 설명으로 틀린 것은?
① 공명선은 원자가 외부로부터 빛을 흡수했다가 다시 먼저 상태로 돌아갈 때 방사하는 스펙트럼선이다.
② 역화는 불꽃의 연소속도가 작고 혼합기체의 분출속도가 클 때 연소현상이 내부로 옮겨지는 것이다.
③ 소연료불꽃은 가연성 가스와 조연성 가스의 비를 적게 한 불꽃. 즉 가연성 가스/조연성가스의 값을 적게 한 불꽃이다.
④ 멀티패스는 불꽃 중에서 광로를 길게 하고 흡수를 증대시키기 위하여 반사를 이용하여 불꽃 중에 빛을 여러 번 투과시키는 것이다.

해설 역화는 불꽃의 연소속도가 크고 혼합기체의 분출속도가 작을 때 연소현상이 내부로 옮겨지는 것이다.

75 생물화학적 산소요구량(BOD)을 측정할 때 가장 신뢰성이 높은 결과를 갖기 위해서는 용존산소 감소율이 5일 후 어느 정도이어야 하는가?
① 10~20   ② 20~40
③ 40~70   ④ 70~90

해설 5일 저장기간 동안 산소의 소비량이 40~70% 범위 안의 희석시료를 선택하여 초기 용존산소량과 5일간 배양한 다음 남아 있는 용존산소량의 차로부터 BOD를 계산한다.

76 NaOH 0.01M은 몇 mg/L인가?
① 40   ② 400
③ 4,000   ④ 40,000

해설 $X(mg/L) = \dfrac{0.01\,mol}{L} \left| \dfrac{40g}{1\,mol} \right| \dfrac{10^3\,mg}{1g}$
$= 400(mg/L)$

77 기체크로마토그래피법에 관한 설명으로 틀린 것은?
① 가스시료 도입부는 가스계량관(통상 0.5~5mL)과 유로변환기구로 구성된다.
② 검출기 오븐은 검출기 한 개를 수용하며, 분리관 오븐 온도보다 높게 유지되어서는 안 된다.
③ 열전도도형 검출기에서는 순도 99.9% 이상의 수소나 헬륨을 사용한다.
④ 수소염이온화 검출기에서는 순도 99.9% 이상의 질소 또는 헬륨을 사용한다.

해설 검출기 오븐은 검출기를 한 개 또는 여러 개 수용할 수 있고 분리관 오븐과 동일하거나 그 이상의 온도를 유지할 수 있는 가열기구, 온도조절기구 및 온도측정기구를 갖추어야 한다.

78 COD 값을 증가시키는 원인이 되지 않는 이온은?
① 염소 이온   ② 제1철 이온
③ 아질산 이온 ④ 크롬산 이온

79 흡광광도 분석장치의 구성순서로 옳은 것은?
① 광원부 – 파장선택부 – 시료부 – 측광부
② 시료부 – 광원부 – 파장선택부 – 측광부
③ 시료부 – 파장선택부 – 광원부 – 측광부
④ 광원부 – 시료부 – 파장선택부 – 측광부

80 수질오염공정시험기준의 원자흡수분광광도법에 의한 수은 측정 시 수은표준원액 제조를 위한 표준시약은?
① 염화수은   ② 이산화수은
③ 황화수은   ④ 황화제이수은

ANSWER | 72.② 73.② 74.② 75.③ 76.② 77.② 78.④ 79.① 80.①

해설 수은표준원액

염화수은(Mercury Chloride, $HgCl_2$, 분자량 : 271.50) 0.1354g을 정제수에 녹인다. 다시 질산 5mL를 넣고 정제수로 100mL를 만든다.

SECTION 05 수질환경관계법규

81 위임업무 보고사항 중 보고 횟수가 연 1회에 해당되는 것은?

① 기타 수질오염원 현황
② 폐수위탁·사업장 내 처리현황 및 처리실적
③ 과징금 징수 실적 및 체납처분 현황
④ 폐수처리업에 대한 등록·지도단속실적 및 처리실적 현황

82 비점오염저감시설의 설치기준에서 자연형 시설 중 인공습지의 설치기준으로 틀린 것은?

① 습지에는 물이 연중 항상 있을 수 있도록 유량공급대책을 마련하여야 한다.
② 인공습지의 유입구에서 유출구까지의 유로는 최대한 길게 하고, 길이 대 폭의 비율은 2 : 1 이상으로 한다.
③ 유입부에서 유출부까지의 경사는 1.0~5.0%를 초과하지 아니하도록 한다.
④ 생물의 서식공간을 창출하기 위하여 5종부터 7종까지의 다양한 식물을 심어 생물다양성을 증가시킨다.

해설 인공습지의 설치기준

㉠ 인공습지의 유입구에서 유출구까지의 유로는 최대한 길게 하고, 길이 대 폭의 비율은 2 : 1 이상으로 한다.
㉡ 다양한 생태환경을 조성하기 위하여 인공습지 전체 면적 중 50퍼센트는 얕은 습지(0~0.3미터), 30퍼센트는 깊은 습지(0.3~1.0미터), 20퍼센트는 깊은 못(1~2미터)으로 구성한다.
㉢ 유입부에서 유출부까지의 경사는 0.5퍼센트 이상 1.0퍼센트 이하의 범위를 초과하지 아니하도록 한다.
㉣ 물이 습지의 표면 전체에 분포할 수 있도록 적당한 수심을 유지하고, 물 이동이 원활하도록 습지의 형상 등을 설계하며, 유량과 수위를 정기적으로 점검한다.
㉤ 습지는 생태계의 상호작용 및 먹이사슬로 수질정화가 촉진되도록 정수식물, 침수식물, 부엽식물 등의 수생식물과 조류, 박테리아 등의 미생물, 소형 어패류 등의 수중생태계를 조성하여야 한다.
㉥ 습지에는 물이 연중 항상 있을 수 있도록 유량공급대책을 마련하여야 한다.
㉦ 생물의 서식공간을 창출하기 위하여 5종부터 7종까지의 다양한 식물을 심어 생물다양성을 증가시킨다.
㉧ 부유성 물질이 습지에서 최종 방류되기 전에 하류수역으로 유출되지 아니하도록 출구 부분에 자갈쇄석, 여과망 등을 설치한다.

83 환경기준 중 수질 및 수생태계에서 호소의 생활환경 기준항목에 해당하지 않는 것은?

① DO
② COD
③ T-N
④ BOD

84 간이공공하수처리시설에서 배출하는 하수찌꺼기 성분검사 주기는?

① 월 1회 이상
② 분기 1회 이상
③ 반기 1회 이상
④ 연 1회 이상

해설 하수도법 시행규칙 제12조
하수찌꺼기 성분검사 주기는 연 1회 이상이다.

85 공공폐수처리시설의 방류수 수질기준 중 잘못된 것은?(단, Ⅰ지역, 2013. 1.1. 이후)

① BOD 10mg/L 이내
② COD 20mg/L 이내
③ SS 20mg/L 이내
④ T-N 20mg/L 이내

81. ② 82. ③ 83. ②,④ 84. ④ 85. ③ | ANSWER

[해설] 방류수 수질기준

	2013.1.1. 이후			
	I 지역	II지역	III지역	IV지역
생물화학적 산소요구량 (BOD) (mg/L)	10(10) 이하	10(10) 이하	10(10) 이하	10(10) 이하
화학적 산소요구량 (COD) (mg/L)	20(40) 이하	20(40) 이하	40(40) 이하	40(40) 이하
부유물질 (SS) (mg/L)	10(10) 이하	10(10) 이하	10(10) 이하	10(10) 이하
총질소 (T-N) (mg/L)	20(20) 이하	20(20) 이하	20(20) 이하	20(20) 이하

86 환경부장관이 수질 및 수생태계를 보전할 필요가 있다고 지정·고시하고 수질 및 수생태계를 정기적으로 조사·측정하여야 하는 호소의 기준으로 틀린 것은?

① 1일 30만 톤 이상의 원수를 취수하는 호소
② 만수위일 때 면적이 10만 제곱미터 이상인 호소
③ 수질오염이 심하여 특별한 관리가 필요하다고 인정되는 호소
④ 동식물의 서식지·도래지이거나 생물다양성이 풍부하여 특별히 보전할 필요가 있다고 인정되는 호소

[해설] 정기적으로 조사·측정하여야 하는 호소의 기준
㉠ 1일 30만 톤 이상의 원수(原水)를 취수하는 호소
㉡ 동식물의 서식지·도래지이거나 생물다양성이 풍부하여 특별히 보전할 필요가 있다고 인정되는 호소
㉢ 수질오염이 심하여 특별한 관리가 필요하다고 인정되는 호소

87 7년 이하의 징역 또는 7천만 원 이하의 벌금에 처하는 자에 해당되지 않는 것은?

① 허가 또는 변경허가를 받지 아니하거나 거짓으로 허가 또는 변경허가를 받아 배출시설을 설치 또는 변경하거나 그 배출시설을 이용하여 조업한 자
② 방지시설에 유입되는 수질오염물질을 최종방류구를 거치지 아니하고 배출하거나 최종방류구를 거치지 아니하고 배출할 수 있는 시설을 설치하는 행위를 한 자
③ 폐수무방류배출시설에서 배출되는 폐수를 사업장 밖으로 반출하거나 공공수역으로 배출하거나 배출할 수 있는 시설을 설치하는 행위를 한 자
④ 배출시설의 설치를 제한하는 지역에서 제한되는 배출시설을 설치하거나 그 시설을 이용하여 조업한 자

88 배출시설 변경신고에 따른 가동시작 신고의 대상으로 틀린 것은?

① 폐수배출량이 신고 당시보다 100분의 50 이상 증가하는 경우
② 배출시설에 설치된 방지시설의 폐수처리방법을 변경하는 경우
③ 배출시설에서 배출허용기준보다 적게 발생한 오염물질로 인해 개선이 필요한 경우
④ 방지시설 설치면제기준에 따라 방지시설을 설치하지 아니한 배출시설에 방지시설을 새로 설치하는 경우

[해설] 배출시설 변경신고에 따른 가동시작 신고의 대상
㉠ 폐수배출량이 신고 당시보다 100분의 50 이상 증가하는 경우(법 제33조 제2항에 따라 변경허가를 받아야 하는 경우는 제외한다)
㉡ 폐수배출량이 증가하거나 감소하여 사업장 종류가 변경되는 경우
㉢ 폐수배출시설에서 새로운 수질오염물질이 배출되는 경우(법 제33조 제2항에 따라 변경허가를 받아야 하는 경우는 제외한다)
㉣ 폐수배출시설에 설치된 수질오염방지시설의 폐수처리방법 및 처리공정을 변경하는 경우
㉤ 수질오염방지시설을 설치하지 아니한 폐수배출시설에 수질오염방지시설을 새로 설치하는 경우
㉥ 폐수배출시설 또는 수질오염방지시설의 일부를 폐쇄하는 경우
㉦ 변경신고를 갈음할 수 있는 사항을 변경하는 경우

89 낚시제한구역에서의 제한사항이 아닌 것은?

① 1명당 3대의 낚싯대를 사용하는 행위
② 1개의 낚싯대에 5개 이상의 낚싯바늘을 떡밥과 뭉쳐서 미끼로 던지는 행위
③ 낚싯바늘에 끼워서 사용하지 아니하고 물고기를 유인하기 위하여 떡밥·어분 등을 던지는 행위
④ 어선을 이용한 낚시행위 등 「낚시 관리 및 육성법」에 따른 낚시어선업을 영위하는 행위(「내수면어업법 시행령」에 따른 외줄낚시는 제외한다.)

ANSWER | 86. ② 87. ② 88. ③ 89. ①

해설 낚시제한구역에서의 제한사항
㉠ 낚싯바늘에 끼워서 사용하지 아니하고 물고기를 유인하기 위하여 떡밥·어분 등을 던지는 행위
㉡ 어선을 이용한 낚시행위 등 「낚시 관리 및 육성법」에 따른 낚시어선업을 영위하는 행위(「내수면어업법 시행령」 제14조 제1항제1호에 따른 외줄낚시는 제외한다)
㉢ 1명당 4대 이상의 낚싯대를 사용하는 행위
㉣ 1개의 낚싯대에 5개 이상의 낚싯바늘을 떡밥과 뭉쳐서 미끼로 던지는 행위
㉤ 쓰레기를 버리거나 취사행위를 하거나 화장실이 아닌 곳에서 대·소변을 보는 등 수질오염을 일으킬 우려가 있는 행위
㉥ 고기를 잡기 위하여 폭발물·배터리·어망 등을 이용하는 행위(「내수면어업법」 제6조·제9조 또는 제11조에 따라 면허 또는 허가를 받거나 신고를 하고 어망을 사용하는 경우는 제외한다)

90 수질 및 수생태계 보전에 관한 법령상 호소 및 해당 지역에 관한 설명으로 틀린 것은?
① 제방(사방사업법의 사방시설 포함)을 쌓아 하천에 흐르는 물을 가두어 놓은 곳
② 하천에 흐르는 물이 자연적으로 가두어진 곳
③ 화산활동 등으로 인하여 함몰된 지역에 물이 가두어진 곳
④ 댐·보를 쌓아 하천에 흐르는 물을 가두어 놓은 곳

해설 호소 및 해당 지역
㉠ 댐·보(洑) 또는 둑(「사방사업법」에 따른 사방시설은 제외한다) 등을 쌓아 하천 또는 계곡에 흐르는 물을 가두어 놓은 곳
㉡ 하천에 흐르는 물이 자연적으로 가두어진 곳
㉢ 화산활동 등으로 인하여 함몰된 지역에 물이 가두어진 곳

91 수질오염방지시설 중 물리적 처리시설에 해당되는 것은?
① 폭기시설
② 산화시설(산화조 또는 산화지)
③ 이온교환시설
④ 부상시설

92 환경부장관이 수립하는 대권역 수질 및 수생태계 보전을 위한 기본계획에 포함되어야 하는 사항으로 틀린 것은?
① 수질오염관리 기본 및 시행계획
② 점오염원, 비점오염원 및 기타 수질오염원에 의한 수질오염물질의 양
③ 점오염원, 비점오염원 및 기타 수질오염원의 분포현황
④ 수질 및 수생태계 변화 추이 및 목표기준

해설 대권역 수질 및 수생태계 보전을 위한 기본계획에 포함되어야 하는 사항
㉠ 수질 및 수생태계 변화 추이 및 목표기준
㉡ 상수원 및 물 이용현황
㉢ 점오염원, 비점오염원 및 기타 수질오염원의 분포현황
㉣ 점오염원, 비점오염원 및 기타 수질오염원에서 배출되는 수질오염물질의 양
㉤ 수질오염 예방 및 저감 대책
㉥ 수질 및 수생태계 보전조치의 추진방향
㉦ 「저탄소녹색성장기본법」 제2조 제12호에 따른 기후변화에 대한 적응대책
㉧ 그 밖에 환경부령으로 정하는 사항

93 수변생태구역의 매수·조성 등에 관한 내용으로 ( )에 옳은 것은?

> 환경부장관은 하천·호소 등의 수질 및 수생태계 보전을 위하여 필요하다고 인정하는 때에는 (㉠)으로 정하는 기준에 해당하는 수변습지 및 수변토지를 매수하거나 (㉡)으로 정하는 바에 따라 생태적으로 조성·관리할 수 있다.

① ㉠ 환경부령, ㉡ 대통령령
② ㉠ 대통령령, ㉡ 환경부령
③ ㉠ 환경부령, ㉡ 국무총리령
④ ㉠ 국무총리령, ㉡ 환경부령

해설 환경부장관은 하천·호소 등의 물환경 보전을 위하여 필요하다고 인정할 때에는 대통령령으로 정하는 기준에 해당하는 수변습지 및 수변토지(이하 "수변생태구역"이라 한다)를 매수하거나 환경부령으로 정하는 바에 따라 생태적으로 조성·관리할 수 있다.

94 환경기술인에 대한 교육기관으로 옳은 것은?
① 국립환경인력개발원 ② 국립환경과학원
③ 환국환경공단 ④ 환경보전협회

해설 환경기술인에 대한 교육기관은 환경보전협회이다.

95 다음 중 특정수질유해물질이 아닌 것은?
① 1,1-디클로로에틸렌
② 브로모포름
③ 아크릴로니트릴
④ 2,4-다이옥산

96 수질오염경보의 종류별·경보단계별 조치사항 중 상수원 구간에서 조류경보의 [관심]단계일 때 유역·지방 환경청장의 조치사항인 것은?
① 관심경보 발령
② 대중매체를 통한 홍보
③ 조류 제거조치 실시
④ 주변 오염원 단속 강화

해설

단계	관계 기관	조치사항
관심	유역·지방 환경청장 (시·도지사)	1) 관심경보 발령 2) 주변 오염원에 대한 지도·단속

97 일 8,000톤의 폐수를 배출하고 있는 사업장으로 처음 위반한 경우 위반횟수별 부과계수는?
① 1.5 ② 1.6
③ 1.7 ④ 1.8

해설 사업장별 부과계수

사업장 규모		부과 계수
제1종사업장 (단위 : m³/일)	10,000 이상	1.8
	8,000 이상 10,000 미만	1.7
	6,000 이상 8,000 미만	1.6
	4,000 이상 6,000 미만	1.5
	2,000 이상 4,000 미만	1.4
제2종 사업장		1.3
제3종 사업장		1.2
제4종 사업장		1.1

98 수질오염물질의 배출허용기준의 지역구분에 해당되지 않는 것은?
① 나 지역 ② 다 지역
③ 청정지역 ④ 특례지역

해설 배출허용기준의 지역구분
㉠ 청정지역   ㉡ 가 지역
㉢ 나 지역   ㉣ 특례지역

99 수질 및 수생태계 환경기준 중 해역의 생활환경 기준 항목이 아닌 것은?
① 음이온계면활성제 ② 용매추출유분
③ 총대장균군 ④ 수소이온농도

해설 해역의 생활환경 기준항목
㉠ 수소이온농도
㉡ 총대장균군
㉢ 용매추출유분

100 배출시설에 대한 일일기준 초과배출량 산정에 적용되는 일일유량은 (측정유량×일일조업시간)이다. 일일유량을 구하기 위한 일일조업시간에 대한 설명으로 ( )에 맞는 것은?

> 측정하기 전 최근 조업한 30일간의 배출시설 조업시간의 (㉠)로서 (㉡)으로 표시한다.

① ㉠ 평균치, ㉡ 분(min)
② ㉠ 평균치, ㉡ 시간(HR)
③ ㉠ 최대치, ㉡ 분(min)
④ ㉠ 최대치, ㉡ 시간(HR)

해설 측정하기 전 최근 조업한 30일간의 배출시설 조업시간의 평균치로서 분(min)으로 표시한다.

ANSWER | 94. ④ 95. ④ 96. ① 97. ③ 98. ② 99. ① 100. ①

2017년 3회 수질환경기사

SECTION 01 수질오염개론

01 분뇨의 특성에 관한 설명으로 틀린 것은?
① 분의 경우 질소화합물을 전체 VS의 12~20% 정도 함유하고 있다.
② 뇨의 경우 질소화합물을 전체 VS의 40~50% 정도 함유하고 있다.
③ 질소화합물은 주로 $(NH_4)_2CO_3$, NH_4HCO_3 형태로 존재한다.
④ 질소화합물은 알칼리도를 높게 유지시켜 주므로 pH의 강하를 막아주는 완충작용을 한다.

해설 분뇨 내에는 다량의 질소화합물이 함유되어 있는데 분의 경우 질소화합물을 전체 VS의 12~20% 정도 함유하고 있고, 뇨의 경우 질소화합물을 전체 VS의 80~90% 정도 함유하고 있다.

02 식물과 조류세포의 엽록체에서 광합성의 명반응과 암반응을 담당하는 곳은?
① 틸라코이드와 스트로마
② 스트로마와 그라나
③ 그라나와 내막
④ 내막과 외막

해설 ㉠ 광합성 : 엽록체에서 일어나며, 이산화탄소와 물을 원료로 포도당과 산소를 합성하는 동화작용이다.
㉡ 명반응 : 빛을 필요로 하는 명반응은 빛에너지를 화학에너지로 전환하는 반응으로 엽록체의 틸라코이드 또는 그라나에서 일어난다.
㉢ 암반응 : 명반응에서 생성된 물질과 이산화탄소를 이용하여 포도당을 합성하는 반응으로 엽록체의 스트로마에서 일어난다.

03 하천의 자정단계와 오염의 정도를 파악하는 Whipple의 자정단계(지대별 구분)에 대한 설명으로 틀린 것은?
① 분해지대 : 유기성 부유물의 침전과 환원 및 분해에 의한 탄산가스의 방출이 일어난다.
② 분해지대 : 용존산소의 감소가 현저하다.
③ 활발한 분해지대 : 수중환경은 혐기성 상태가 되어 침전저니는 흑갈색 또는 황색을 띤다.
④ 활발한 분해지대 : 오염에 강한 실지렁이가 나타나고 혐기성 곰팡이가 증식한다.

해설 활발한 분해지대
DO의 농도가 매우 낮거나 거의 없고, BOD가 감소되고 탁도가 높으며 (회색 또는 흑색) CO_2 농도가 높고 H_2S와 NH_3-N와 PO_4^{3-}의 농도가 높다.

04 미생물과 그 특성에 관한 설명으로 가장 거리가 먼 것은?
① Algae : 녹조류와 규조류 등은 조류 중 진핵조류에 해당한다.
② Fungi : 곰팡이와 효모를 총칭하며, 경험적 조성식이 $C_7H_{14}O_3N$이다.
③ Bacteria : 아주 작은 단세포생물로서 호기성 박테리아의 경험적 조성식은 $C_5H_7O_2N$이다.
④ Protozoa : 대개 호기성이며 크기가 $100\mu m$ 이내가 많다.

해설 Fungi : $C_{10}H_{17}O_6N$

05 우리나라의 수자원 이용현황 중 가장 많은 용도로 사용하는 용수는?
① 생활용수
② 공업용수
③ 농업용수
④ 유지용수

해설 우리나라에서는 농업용수의 이용률이 가장 높고, 그 다음은 발전 및 하천유지용수, 생활용수, 공업용수 순이다.

1. ② 2. ① 3. ④ 4. ② 5. ③ | ANSWER

06 해수에서 영양염류가 수온이 낮은 곳에 많고 수온이 높은 지역에 적은 이유로 가장 거리가 먼 것은?

① 수온이 낮은 바다의 표층수는 원래 영양염류가 풍부한 극지방의 심층수로부터 기원하기 때문이다.
② 수온이 높은 바다의 표층수는 적도 부근의 표층수로부터 기원하므로 영양염류가 결핍되어 있다.
③ 수온이 낮은 바다는 겨울에 표층수가 냉각되어 밀도가 커지므로 침강작용이 일어나지 않기 때문이다.
④ 수온이 높은 바다는 수계의 안정으로 수직혼합이 일어나지 않아 표층수의 영양염류가 플랑크톤에 의해 소비되기 때문이다.

해설 수온이 낮은 바다는 겨울에 표층수가 냉각되어 밀도가 커지므로 침강작용이 일어난다.

07 무더운 늦여름에 급증식하는 조류로서 수화현상(Water Bloom)과 가장 관련이 있는 것은?

① 청-녹조류 ② 갈조류
③ 규조류   ④ 적조류

해설 수화현상은 호소나 하천의 하류 등 정체수역에서 식물 플랑크톤이 대량 번식하여 수표면에 막층 또는 플록을 형성하는 현상을 말하며, 청록조류가 주종을 이룬다.

08 150kL/day의 분뇨를 산기관을 이용하여 포기하였더니 BOD의 20%가 제거되었다. BOD 1kg을 제거하는 데 필요한 공기공급량을 40m³이라 했을 때 하루당 공기공급량(m³)은?(단, 연속포기, 분뇨의 BOD =20,000mg/L)

① 2,400   ② 12,000
③ 24,000 ④ 36,000

해설 공기공급량(m³)
$= \dfrac{150kL}{day} \Big| \dfrac{20,000mg}{L} \Big| \dfrac{10^3 L}{kL} \Big| \dfrac{kg}{10^6 mg} \Big| \dfrac{40m^3}{1kg} \Big| \dfrac{20}{100}$
$= 24,000 m^3$

09 물의 일반적인 성질에 관한 설명으로 가장 거리가 먼 것은?

① 물의 밀도는 수온, 압력에 따라 달라진다.
② 물의 점성은 수온 증가에 따라 달라진다.
③ 물의 표면장력은 수온 증가에 따라 감소한다.
④ 물의 온도가 증가하면 포화증기압도 증가한다.

해설 물의 점성은 수온 증가에 따라 감소한다.

10 미생물 중 세균(Bacteria)에 관한 특징으로 가장 거리가 먼 것은?

① 원시적 엽록소를 이용하여 부분적인 탄소동화작용을 한다.
② 용해된 유기물을 섭취하며 주로 세포분열로 번식한다.
③ 수분 80%, 고형물 20% 정도로 세포가 구성되며 고형물 중 유기물이 99%를 차지한다.
④ 환경인자(pH, 온도)에 대하여 민감하며 열보다 낮은 온도에서 저항성이 높다.

해설 세균(Bacteria)은 탄소동화작용을 하지 않는다.

11 40°C에서 순수한 물 1L의 몰 농도(mole/L)는?(단, 40°C의 물의 밀도=0.9455kg/L)

① 25.4   ② 37.6
③ 48.8   ④ 52.5

해설 $M\left(\dfrac{mol}{L}\right) = \dfrac{1 mol}{18g} \Big| \dfrac{0.9455 kg}{L} \Big| \dfrac{1,000g}{1kg}$
$= 52.53 (mol/L)$

12 글루코스($C_6H_{12}O_6$) 300g을 35°C 혐기성 소화조에서 완전분해시킬 때 발생 가능한 메탄가스의 양(L)은?(단, 메탄가스는 1기압 35°C로 발생 가정)

① 약 112   ② 약 126
③ 약 154   ④ 약 174

ANSWER | 6.③ 7.① 8.③ 9.② 10.① 11.④ 12.②

해설
$C_6H_{12}O_6 \rightarrow 3CH_4 + 3CO_2$
180(g) : 3×22.4(L) (STP)
300(g) : X(L)
∴ X = 112(L) (STP)
35℃ 상태로 온도보정을 하면,
$X(L \text{ as } 35℃) = \dfrac{112L}{273K} \left| \dfrac{(273+35)K}{} \right.$
= 126.36(L as 35℃)

13 호수나 저수지 등에 오염된 물이 유입될 경우, 수온에 따른 밀도차에 의하여 형성되는 성층현상에 대한 설명으로 틀린 것은?

① 표수층(Epilimnion)과 수온약층(Thermocline)의 깊이는 대개 7M 정도이며 그 이하는 저수층(Hypolimnion)이다.
② 여름에는 가벼운 물이 밀도가 큰 물 위에 놓이게 되며 온도차가 커져서 수직운동은 점차 상부층에만 국한된다.
③ 저수지 물이 급수원으로 이용될 경우 봄, 가을, 즉 성층현상이 뚜렷하지 않을 경우가 유리하다.
④ 봄과 가을의 저수지 물의 수직운동은 대기 중의 바람에 의해서 더욱 가속된다.

해설 저수지 물이 급수원으로 이용될 경우 여름, 겨울, 즉 성층현상이 뚜렷할 때가 유리하다.

14 호수의 성층 중에서 부영양화(Eutro-phication)가 주로 발생하는 곳은?

① Epilimnion
② Thermocline
③ Hypolimnion
④ Mesolimnion

해설 Epilimnion(순환층)은 최상부층으로 온도차에 따른 물의 유동은 없으나 바람에 의해 순환류를 형성할 수 있는 층으로서 일명 표수층이라고도 한다. 부영양화는 각종 영양염류가 수체 내로 과다유입됨으로써 미생물활동에 의한 생산과 소비의 균형이 파괴되어 물의 이용가치 저하 및 조류의 이상번식에 따른 자연적 늪지현상이라고 말할 수 있는데, 표수층에서 주로 발생한다.

15 지하수의 수질을 분석한 결과가 다음과 같을 때 지하수의 이온강도(I)는?(단, $Ca^{2+} : 3 \times 10^{-4}$ mole/L, $Na^+ : 5 \times 10^{-4}$ mole/L, $Mg^{2+} : 5 \times 10^{-5}$ mole/L, $CO_3^{2-} : 2 \times 10^{-5}$ mole/L)

① 0.0099 ② 0.00099
③ 0.0085 ④ 0.00085

해설 이온강도(Ionic Strength : μ)는 용액 중에 있는 이온의 전체 농도를 나타내는 척도로서 다음 식으로 계산된다.
$$I = \frac{1}{2}\sum_i C_i \cdot Z_i^2$$
여기서, C_i : 이온의 몰농도
Z_i : 이온의 전하
$\mu = \frac{1}{2}[(3 \times 10^{-4}) \times (+2)^2 + (5 \times 10^{-4}) \times (+1)^2 + (5 \times 10^{-5}) \times (+2)^2 + (2 \times 10^{-5}) \times (-2)^2] = 9.9 \times 10^{-4}$

16 다음 물질 중 산화제가 아닌 것은?
① 오존 ② 염소
③ 아황산나트륨 ④ 브롬

해설 아황산나트륨은 환원제이다.

17 원생동물(Protozoa)의 종류에 관한 내용으로 옳은 것은?

① Paramecia는 자유롭게 수영하면서 고형물질을 섭취한다.
② Vorticella는 불량한 활성슬러지에서 주로 발견된다.
③ Sarcodina는 나팔의 입에서 물흐름을 일으켜 고형물질만 걸러서 먹는다.
④ Suctoria는 몸통을 움직이면서 위족으로 고형물질을 몸으로 싸서 먹는다.

해설 Vorticella는 활성슬러지가 양호할 때 나타나는 미생물이다.

18 물의 전도도(도전율)에 대한 설명으로 틀린 것은?

① 함유 이온이나 염의 농도를 종합적으로 표시하는 지표이다.
② 0℃에서 단면 $1cm^2$, 길이 1cm 용액의 대면간의 비저항치로 표시된다.
③ 하구와 같이 담수와 해수가 혼합되어 있으면 그 분포를 해석함에 있어 전도도 조사가 간편하다.
④ 증류수나 탈이온화수의 광물 함량도의 평가에 이용된다.

해설 물의 전도도는 단위면적당 단위시간에 흐르는 열량을 의미한다.

19 10가지 오염물질 즉 DO, pH, 대장균군, 비전도도, 알칼리도, 염소이온농도, CCE, 용해성물질 보정계수 등을 대상으로 각기 가중치를 주어 계산하는 수질오염평가지수는?

① Dinins Social Accounting System
② Prati's Implicit Index of pollution
③ NSF water Quality Index
④ Horton's Quality Index

20 직경이 0.1mm인 모관에서 10℃일 때 상승하는 물의 높이(cm)는?(단, 공기밀도 $1.25 \times 10^3 g \cdot cm^3$ (10℃일 때), 접촉각은 0°, h(상승높이)=$4\sigma/[gr(Y-Y_a)]$, 표면장력 $74.2 dyne \cdot cm^{-1}$)

① 30.3 ② 42.5
③ 51.7 ④ 63.9

해설 $\Delta H = \dfrac{4 \cdot \sigma \cdot \cos\beta}{\gamma \cdot d}$

$= \dfrac{4}{0.1mm} \left| \dfrac{74.2g \cdot cm}{s^2 \cdot cm} \right| \dfrac{cm^3}{1g} \left| \dfrac{s^2}{980cm} \right| \dfrac{10mm}{1cm} \left| \dfrac{100cm}{1m} \right|$

$= 30.29(cm)$

SECTION 02 상하수도계획

21 기존의 하수처리시설에 고도처리시설을 설치하고자 할 때 검토사항으로 틀린 것은?

① 표준활성슬러지법이 설치된 기존 처리장의 고도처리 개량은 개선 대상 오염물질별 처리특성을 감안하여 효율적인 설계가 되어야 한다.
② 시설개량은 시설개량방식을 우선 검토하되 방류수 수질기준 준수가 곤란한 경우에 한해 운전개선방식을 함께 추진하여야 한다.
③ 기본설계과정에서 처리장의 운영실태 정밀분석을 실시한 후 이를 근거로 사업추진방향 및 범위 등을 결정하여야 한다.
④ 기존 시설물 및 처리공정을 최대한 활용하여야 한다.

해설 기존 하수처리시설의 고도처리시설 설치사업은 운전개선방식에 의한 추진방향을 우선적으로 검토하되 방류수 수질기준 준수가 곤란한 경우 시설개량방식으로 추진하여야 한다.

22 상수도 시설 중 침사지에 관한 설명으로 틀린 것은?

① 지의 길이는 폭의 3~8배를 표준으로 한다.
② 지의 상단높이는 고수위보다 0.6~1m의 여유고를 둔다.
③ 지의 유효수심은 5~7m를 표준으로 한다.
④ 표면부하율은 200~500mm/min을 표준으로 한다.

해설 침사지의 유효수심은 3~4m를 표준으로 하고, 퇴사심도는 0.5~1m로 한다.

23 강우 배수구역이 다음 표와 같은 경우 평균 유출계수는?

구분	유출계수	면적
주거지역	0.4	2ha
상업지역	0.6	3ha
녹지지역	0.2	7ha

① 0.22 ② 0.33
③ 0.44 ④ 0.55

ANSWER | 18. ② 19. ④ 20. ① 21. ② 22. ③ 23. ②

해설 총괄유출계수$(C) = \dfrac{\sum_{i=1}^{\infty} 유출계수 \times 공종의\ 면적}{\sum_{i=1}^{\infty} 공종의\ 면적}$

$= \dfrac{0.4 \times 2 + 0.6 \times 3 + 0.2 \times 7}{2+3+7} = 0.33$

24 취수탑 설치 위치는 갈수기에도 최소 수심이 얼마 이상이어야 하는가?

① 1m ② 2m
③ 3m ④ 3.5m

해설 취수탑은 연간을 통하여 최소수심 2m 이상으로 하천에 설치하는 경우에는 유심이 제방에 되도록 근접한 지점으로 한다.

25 우수배제계획의 수립 중 우수유출량의 억제에 대한 계획으로 옳지 않은 것은?

① 우수유출량의 억제방법은 크게 우수저류형, 우수침투형 및 토지이용의 계획적 관리로 나눌 수 있다.
② 우수저류형 시설 중 On-site 시설은 단지 내 저류 및 우수조정지, 우수체수지 등이 있다.
③ 우수침투형은 우수유출총량을 감소시키는 효과로서 침투 지하매설관, 침투성 포장 등이 있다.
④ 우수저류형은 우수유출총량은 변하지 않으나 첨두유출량을 감소시키는 효과가 있다.

해설 우수유출량의 저감(억제)방법
㉠ 우수저류형 : 우수유출총량은 변하지 않으나 유출량을 평균화시켜 첨두유출량을 감소시키는 효과를 발휘한다. 이 저류형에는 강우장소에서 우수를 저류하는 on-site 저류(공원 내 저류, 학교운동장 내 저류, 광장 내 저류, 주차장 내 저류, 건물 사이 내의 저류, 집 사이 내의 저류 등)와 유출한 우수를 집수하여 별도의 장소에서 저류하는 off-site저류(우수조정지, 다목적유수지, 우수저류관 등)가 있다.
㉡ 우수침투형 : 우수를 지중에 침투시키므로 우수유출총량을 감소시키는 효과를 발휘한다. 이 침투형에는 침투받이, 침투트렌치, 침투측구, 투수성포장 등이 있다.

26 정수처리방법 중 트리할로메탄(Trihalomethane)을 감소 또는 제거시킬 수 있는 방법으로 가장 거리가 먼 것은?

① 중간염소처리
② 전염소처리
③ 활성탄처리
④ 결합염소처리

해설 트리할로메탄을 감소 또는 제거시킬 수 있는 방법
㉠ 활성탄처리
㉡ 중간염소처리
㉢ 결합염소처리

27 정수시설인 착수정의 용량기준으로 적절한 것은?

① 체류시간 : 0.5분 이상, 수심 : 2~4m 정도
② 체류시간 : 1.0분 이상, 수심 : 2~4m 정도
③ 체류시간 : 1.5분 이상, 수심 : 3~5m 정도
④ 체류시간 : 1.0분 이상, 수심 : 3~5m 정도

해설 착수정의 용량은 체류시간 1.5분 이상으로 하고 수심 3~5m 정도로 한다.

28 하수관거시설인 우수토실에 관한 설명으로 틀린 것은?

① 우수월류량은 계획하수량에서 우천 시 계획오수량을 뺀 양으로 한다.
② 우수토실의 오수유출관거에는 소정의 유량 이상이 흐르도록 하여야 한다.
③ 우수토실은 위어형 이외에 수직오리피스, 기계식 수동 수문 및 자동식 수문, 볼텍스 밸브류 등을 사용할 수 있다.
④ 우수토실을 설치하는 위치는 차집관거의 배치, 방류수면 및 방류지역의 주변환경 등을 고려하여 선정한다.

해설 우수토실의 오수유출관거에는 소정의 유량 이상은 흐르지 않도록 한다.

24. ② 25. ② 26. ② 27. ③ 28. ② | ANSWER

29 막 여과 정수처리설비에 대한 내용으로 옳은 것은?
① 막 여과유속은 경제성 및 보수성을 종합적으로 고려하여 최저치를 설정한다.
② 회수율은 취수조건 등과 상관없이 일정하게 운영하는 것이 효율적이고 경제적이다.
③ 구동압방식과 운전제어방식은 구동압이나 막의 종류, 배수(配水)조건 등을 고려하여 최적방식을 선정한다.
④ 막 여과방식은 막 공급수질을 제외한 막 여과수량과 막의 종별 등의 조건을 고려하여 최적방식을 선정한다.

해설 여과막 설비
㉠ 막여과유속은 경제성 및 보수성을 종합적으로 고려하여 적절한 값을 설정한다.
㉡ 회수율은 취수조건이나 막공급수질, 역세척, 세척배출 수처리 등의 여러 가지 조건을 고려하여 효율성과 경제성 등을 종합적으로 검토하여 설정한다.
㉢ 막여과방식은 막공급수질이나 막의 종별 등의 조건을 고려하여 최적의 방식을 선정한다.

30 정수시설의 플록형성지에 관한 설명으로 틀린 것은?
① 플록형성지는 혼화지와 침전지 사이에 위치하게 하고 침전지에 붙여서 설치한다.
② 플록형성지는 응집된 미소플록을 크게 성장시키기 위하여 기계식 교반이나 우류식교반이 필요하다.
③ 기계식 교반에서 플록큐레이터의 주변속도는 15~80cm/s로 하고, 우류식 교반에서는 평균유속 15~30cm/s를 표준으로 한다.
④ 플록형성지 내의 교반강도는 하류로 갈수록 점차 증가시켜 플록 간 접촉횟수를 높인다.

해설 플록형성지 내의 교반강도는 하류로 갈수록 점차 감소시키는 것이 바람직하다.

31 펌프의 흡입관 설치요령으로 틀린 것은?
① 흡입관은 각 펌프마다 설치해야 한다.
② 저수위로부터 흡입구까지의 수심은 흡입관 직경의 1.5배 이상으로 한다.
③ 흡입관과 취수정 벽의 유격은 직경의 1.5배 이상으로 한다.
④ 흡입관과 취수정 바닥까지의 깊이는 직경의 1.5배 이상으로 유격을 둔다.

32 정수처리시설 중에서, 이상적인 침전지에서의 효율을 검증하고자 한다. 실험결과 입자의 침전속도가 0.15 cm/s이고 유량이 30,000m³/day로 나타났을 때 침전효율(제거율, %)은?(단, 침전지의 유효표면적은 100m²이고 수심은 4m이며 이상적 흐름상태 가정)
① 73.2 ② 63.2
③ 53.2 ④ 43.2

해설 $\eta = \dfrac{V_g}{V_o}$
㉠ $V_g = 0.15 \text{cm/sec}$
㉡ $V_o = \dfrac{30{,}000\text{m}^3}{\text{day}} \left|\dfrac{}{100\text{m}^2}\right| \dfrac{100\text{cm}}{1\text{m}} \left|\dfrac{1\text{day}}{86{,}400\text{sec}}\right|$
$= 0.347 \text{cm/sec}$
$\therefore \eta = \dfrac{0.15\text{cm/sec}}{0.347\text{cm/sec}} \times 100 = 43.23(\%)$

33 길이가 500m이고 안지름 50cm인 관을 안지름 30cm인 등치관으로 바꾸면 길이(m)는?(단, Williams – Hazen식 적용)
① 35.45 ② 41.55
③ 43.55 ④ 45.45

해설 $L_2 = L_1 \times \left(\dfrac{D_2}{D_1}\right)^{4.87}$
$= 500 \times \left(\dfrac{30}{50}\right)^{4.87} = 41.55(\text{m})$

34 상수시설인 배수시설 중 배수지의 유효수심(표준)으로 적절한 것은?
① 6~8m ② 3~6m
③ 2~3m ④ 1~2m

해설 배수지의 유효수심은 배수관의 동수압이 적절하게 유지될 수 있도록 3~6m 정도로 한다.

ANSWER | 29. ③ 30. ④ 31. ④ 32. ④ 33. ② 34. ②

35 하수관거를 매설하기 위해 굴토한 도랑의 폭이 1.8m 이다. 매설지점의 표토는 젖은 진흙으로서 흙의 밀도가 $2.0t/m^3$이고, 흙의 종류와 관의 깊이에 따라 결정되는 계수 $C_1=1.5$이었다. 이때 매설관이 받는 하중(t/m)은?(단, Marston공식에 의해 계산)
① 2.5
② 5.8
③ 7.4
④ 9.7

해설 $W = C_1 \times \gamma \times B^2$
$= 1.5 \left| \dfrac{2t}{m^3} \right| (1.8m)^2 = 9.72(t/m)$

36 하수관의 최소관경 기준이 바르게 연결된 것은?
① 오수관거 : 150mm, 우수관거 및 합류관거 : 200mm
② 오수관거 : 200mm, 우수관거 및 합류관거 : 250mm
③ 오수관거 : 250mm, 우수관거 및 합류관거 : 300mm
④ 오수관거 : 300mm, 우수관거 및 합류관거 : 350mm

해설 하수관거의 최소관경 기준에 의하면 오수관거는 200mm, 우수관거 및 합류관거는 250mm를 표준으로 한다.

37 정수시설 중 약품침전지에 대한 설명으로 틀린 것은?
① 각 지마다 독립하여 사용 가능한 구조로 하여야 한다.
② 고수위에서 침전지 벽체 상단까지의 여유고는 30cm 이상으로 한다.
③ 지의 형상은 직사각형으로 하고 길이는 폭의 3~8배 이상으로 한다.
④ 유효수심은 2~2.5m로 하고 슬러지 퇴적심도는 50cm 이하를 고려하되 구조상 합리적으로 조정할 수 있다.

해설 약품침전지의 유효수심은 3~5.5m로 하고 슬러지 퇴적심도로서 30cm 이상을 고려하되 슬러지 제거설비와 침전지의 구조상 필요한 경우에는 합리적으로 조정할 수 있다.

38 수원 선정 시 고려하여야 할 사항으로 옳지 않은 것은?
① 수량이 풍부하여야 한다.
② 수질이 좋아야 한다.
③ 가능한 한 높은 곳에 위치해야 한다.
④ 수돗물 소비지에서 먼 곳에 위치해야 한다.

해설 수원의 구비조건
㉠ 수량이 풍부해야 한다.
㉡ 수질이 좋아야 한다.
㉢ 가능한 한 높은 곳에 위치해야 한다.
㉣ 수돗물 소비지에서 가까운 곳에 위치해야 한다.

39 캐비테이션 방지대책으로 틀린 것은?
① 펌프의 설치위치를 가능한 한 낮춘다.
② 펌프의 회전속도를 낮게 한다.
③ 흡입 측 밸브를 조금만 개방하고 펌프를 운전한다.
④ 흡입관의 손실을 가능한 한 적게 한다.

해설 공동현상(Cavitation)은 펌프의 임펠러 입구에서 특정요인에 의해 물이 증발하거나 흡입관으로부터 공기가 혼입됨으로써 공동이 발생하는 현상으로 방지방법은 다음과 같다.
㉠ 펌프의 설치위치를 가능한 한 낮추어 흡입양정을 짧게 한다.
㉡ 펌프의 회전수를 감소시킨다.
㉢ 성능에 크게 영향을 미치지 않는 범위 내에서 흡입관의 직경을 증가시킨다.
㉣ 두 대 이상의 펌프를 사용하거나 회전차를 수중에 완전히 잠기게 한다.
㉤ 양흡입 펌프·압축형 펌프·수중펌프의 사용을 검토한다.

40 상수시설에서 급수관을 배관하고자 할 경우의 고려사항으로 옳지 않은 것은?
① 급수관을 공공도로에 부설할 경우에는 다른 매설물과의 간격을 30cm 이상 확보한다.
② 수요가의 대지 내에서 가능한 한 직선배관이 되도록 한다.
③ 가급적 건물이나 콘크리트의 기초 아래를 횡단하여 배관하도록 한다.
④ 급수관이 개거를 횡단하는 경우에는 가능한 한 개거의 아래로 부설한다.

35.④ 36.② 37.④ 38.④ 39.③ 40.③

해설 급수관의 부설은 가능한 배수관에서 분기하여 수도미터 보호통까지 직선으로 배관해야 하나, 하수나 호수조 등에 의하여 수돗물이 오염될 우려가 있는 장소는 가능한 한 멀리 우회한다. 또 건물이나 콘크리트의 기초 아래를 횡단하는 배관은 피해야 한다.

SECTION 03 수질오염방지기술

41 다음에서 설명하는 분리방법으로 가장 적합한 것은?

- 막형태 : 대칭형 다공성막
- 구동력 : 정수압차
- 분리형태 : Pore size 및 흡착현상에 기인한 체거름
- 적용분야 : 전자공업의 초순수 제조, 무균수 제조식품의 무균여과

① 역삼투 ② 한외여과
③ 정밀여과 ④ 투석

42 물 5m³의 DO가 9.0mg/L이다. 이 산소를 제거하는데 필요한 아황산나트륨의 양(g)은?

① 256.5 ② 354.7
③ 452.6 ④ 488.8

해설 $Na_2SO_3 + 0.5O_2 \rightarrow Na_2SO_4$
126(g) : 0.5×32(g)
X(mg/L) : 9(mg/L)
X = 70.875(mg/L)
∴ 아황산나트륨의 양(g)
$= \frac{70.875mg}{L} \left| \frac{1g}{10^3mg} \right| \frac{5m^3}{1} \left| \frac{10^3L}{1m^3} \right.$
= 354.375(g)

43 생물학적 인제거공정에서 설계 SRT가 상대적으로 짧으며, 높은 유기부하율을 설계에 사용할 수 있는 장점이 있고, 타 공법에 비해 운전이 비교적 간단하고 폐슬러지의 인 함량이 높아(3~5%) 비료의 가치를 가지는 것은?

① A/O 공정
② 개량 Bardenpho 공정
③ 연속회분식반응조(SBR) 공정
④ UTC공법

44 폐수 시료에 대해 BOD 시험을 수행하여 얻은 결과가 다음과 같을 때 시료의 BOD(mg/L)는?

시료 번호	1	2	3
희석률(%)	1	2	3
용존산소 감소(mg/L)	2.7	4.9	7.2

① 약 115 ② 약 190
③ 약 250 ④ 약 300

해설 $BOD(mg/L) = (D_1 - D_2) \times P$
㉠ 시료 1 $BOD(mg/L) = 2.7 \times \frac{100}{1} = 270(mg/L)$
㉡ 시료 2 $BOD(mg/L) = 4.9 \times \frac{100}{2} = 245(mg/L)$
㉢ 시료 3 $BOD(mg/L) = 7.2 \times \frac{100}{3} = 240(mg/L)$
∴ $BOD = \frac{270 + 245 + 240}{3} = 251.67(mg/L)$

45 다음 공정에서 처리될 수 있는 폐수의 종류는?

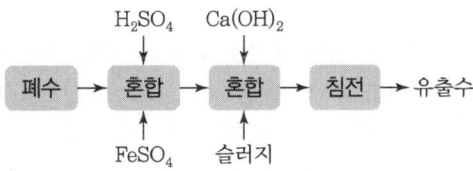

① 크롬폐수 ② 시안폐수
③ 비소폐수 ④ 방사능폐수

46 원형 1차침전지를 설계하고자 할 때 가장 적당한 침전지의 직경(m)은?(단, 평균유량=9,000m³/day, 평균표면부하율=45m³/m²·day, 최대유량=2.5×평균유량, 최대표면부하율=100m³/m²·day)

① 12 ② 15
③ 17 ④ 20

ANSWER | 41. ③ 42. ② 43. ① 44. ③ 45. ① 46. ③

해설 침전조의 직경은 최대유량을 기준으로 산정한다.
㉠ 최대유량 = 2.5 × 평균유량
= 2.5 × 9,000
= 22,500(m³/day)
㉡ 최대유량을 이용하여 최대소요표면적을 산출하면 다음과 같다.

최대표면부하율 $100(m^3/m^2 \cdot day)$
$= \dfrac{22,5000 m^3}{day} \Big| \dfrac{}{A_{최대}(m^2)}$
$A_{최대} = 225 m^2$
$= \dfrac{\pi D^2}{4} = 225(m^2)$
∴ D(침전조의 직경) = 16.93(m)

47 CSTR 반응조를 일차반응조건으로 설계하고, A의 제거 또는 전환율이 90%가 되게 하고자 한다. 반응상수 k가 0.35/hr일 때 CSTR 반응조의 체류시간(hr)은?

① 12.5 ② 25.7
③ 32.5 ④ 43.7

해설 $Q(C_o - C_t) = K \cdot \forall \cdot C_t$
$t\left(\dfrac{\forall}{Q}\right) = \dfrac{C_o - C_t}{K \cdot C_t} = \dfrac{1 - 0.1}{0.35 \times 0.1} = 25.71(hr)$

48 산기식 포기장치가 수심 4.5m의 곳에 설치되어 있고, 유입하수의 수온은 20℃, 포기조 산소흡수율이 10%인 포기장치에 대한 산소포화농도값(C_s, mg/L)은?(단, 20℃일 때 증류수의 포화용존산소농도 = 9.02mg/L, β = 0.95)

① 8.9 ② 9.9
③ 10.09 ④ 12.3

해설 $C_s = C_A\left(1 + \dfrac{H/2}{10.24}\right)$
$= 9.02 \times \left(1 + \dfrac{4.5/2}{10.24}\right) = 11.00$
$C_s = 11.00 \times 0.95 = 10.45(mg/L)$

49 활성슬러지의 2차 침전조에 대한 설명으로 틀린 것은?
① 고형물 부하로만 설계한다.
② 미생물(Biomass)의 보관창고 역할을 한다.
③ 슬러지 농축의 역할을 한다.
④ 고액 분리의 역할을 한다.

50 소독을 위한 자외선 방사에 관한 설명으로 틀린 것은?
① 5~400nm 스펙트럼 범위의 단파장에서 발생하는 전자기 방사를 말한다.
② 미생물이 사멸되며 수중에 잔류방사량(잔류살균력이 있음)이 존재한다.
③ 자외선 소독은 화학물질 소비가 없고 해로운 부산물도 생성되지 않는다.
④ 물과 수중의 성분은 자외선의 전달 및 흡수에 영향을 주며 Beer-Lambert 법칙이 적용된다.

해설 자외선 방사는 잔류효과가 없는 단점이 있다.

51 생물학적 처리법 가운데 살수여상법에 대한 설명으로 가장 거리가 먼 것은?
① 슬러지일령은 부유성장 시스템보다 높아 100일 이상의 슬러지일령에 쉽게 도달된다.
② 총괄 관측수율은 전형적인 활성슬러지공정의 60~80% 정도이다.
③ 덮개 없는 여상의 재순환율을 증대시키면 실제로 여상 내의 평균온도가 높아진다.
④ 정기적으로 여상에 살충제를 살포하거나 여상을 침수토록 하여 파리문제를 해결할 수 있다.

해설 덮개 없는 여상의 재순환율을 증대시키면 실제로 여상 내의 평균온도가 낮아질 수 있다.

52 연속회분식 활성슬러지법인 SBR(Sequencing Batch Reactor)에 대한 설명으로 '최대의 수량을 포기조 내에 유지한 상태에서 운전 목적에 따라 포기와 교반을 하는 단계'는?
① 유입기 ② 반응기
③ 침전기 ④ 유출기

47. ② 48. ③ 49. ① 50. ② 51. ③ 52. ② | ANSWER

해설 연속회분식 활성슬러지법(SBR ; Sequencing Batch Reactor) 주입(fill) – 반응(react) – 침전(settle) – 제거(draw) – 휴지(idle), 또는 유입기 – 반응기 – 침전기 – 유출기로 구분할 수 있다. 문제에서 "최대의 수량을 포기조 내에 유지한 상태에서 운전 목적에 따라 포기와 교반응하는 단계"는 반응기에 해당된다.

53 평균유량이 20,000m³/day인 도시하수처리장의 1차 침전지를 설계하고자 한다. 최대유량/평균유량=2.75 이라면 침전조의 직경(m)은? (단, 1차 침전지에 대한 권장 설계기준 : 최대표면부하율=50m³/m² · day, 평균표면부하율=20m³/m² · day)

① 32.7　　② 37.4
③ 42.5　　④ 48.7

해설 침전조의 직경은 최대유량을 기준으로 산정한다.
최대유량 = 2.75 × 평균유량
　　　　 = 2.75 × 20,000
　　　　 = 55,000(m³/day)
최대유량을 이용하여 최대소요표면적을 산출하면 다음과 같다.
최대 표면부하율 = 50(m³/m² · day)
$$= \frac{55,000 m^3}{day} \Big| \frac{1}{A_{최대}(m^2)}$$
$A_{최대} = 1,100 m^2$
$$= \frac{\pi D^2}{4} = 1,100(m^2)$$
∴ D(침전조의 직경) = 37.4(m)

54 하수 내 질소 및 인을 생물학적으로 처리하는 UCT 공법의 경우 다른 공법과는 달리 침전지에서 반송되는 슬러지를 혐기조로 반송하지 않고 무산소조로 반송하는데, 그 이유로 가장 적합한 것은?

① 혐기조에 질산염의 부하를 감소시킴으로써 인의 방출을 증대시키기 위해
② 호기조에서 질산화된 질소의 일부를 잔류 유기물을 이용하여 탈질시키기 위해
③ 무산소조에 유입되는 유기물 부하를 감소시켜 탈질을 증대시키기 위해
④ 후속되는 호기조의 질산화를 증대시키기 위해

55 활성슬러지 공정의 2차 침전지에서 나타나는 일반적인 고형물 농도와 침전속도의 관계를 바르게 나타낸 그래프는?

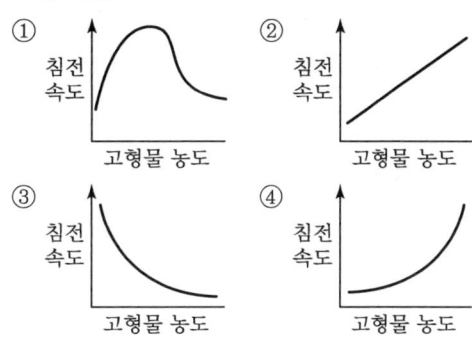

56 탈질소 공정에서 폐수에 첨가하는 약품은?
① 응집제
② 질산
③ 소석회
④ 메탄올

해설 통성혐기성 미생물은 종속영양미생물이므로 반드시 탈질미생물이 이용할 수 있는 유기물(탄소공급원)이 있어야 하는데, 분해되기 쉬운 유기물일수록 탈질효율이 높아지기 때문에 메탄올 등이 이용된다.

57 폐수처리 후 나머지 BOD 25kg과 인 1.5kg을 호수로 방류하였다. 1mg의 인은 0.1g의 algae를 합성하고 1g의 algae가 부패하면 140mg의 DO를 소비한다. 이 처리로 인한 호수의 DO 소비량(kg)은?(단, BOD 1kg=O₂ 1kg이다.)

① 21　　② 25
③ 46　　④ 55

해설 $DO(kg) = \frac{1.5kg \cdot 인}{} \Big| \frac{0.1g \cdot algae}{1mg \cdot 인} \Big| \frac{140mg \cdot O_2}{1g \cdot algae}$
　　　　= 21(kg)
∴ DO소비량 = 21(kg) + 25(kg) = 46(kg)

ANSWER | 53. ② 54. ① 55. ③ 56. ④ 57. ③

58 유기물의 감소반응이 2차 반응($V_C = -KC^2$)이라 할 때 반응 후 초기 농도($C_0=1$)에 대하여 유출 농도($C_e=0.2$)가 80% 감소되도록 하는 데 필요한 CFSTR(완전혼합반응기)와 PFR(플럭흐름반응기)의 부피비는?(단, CFSTR의 물질수지식 : $O = QC_0 - QC_e - VKC_e^2$(정상 상태), PFR은 정상상태에서 $V = \dfrac{Q}{K}\left(\dfrac{1}{C_e} - \dfrac{1}{C_0}\right)$의 식으로 표현)

① CFSTR : PFR = 5 : 1
② CFSTR : PFR = 7 : 1
③ CFSTR : PFR = 10 : 1
④ CFSTR : PFR = 15 : 1

해설 ㉠ CFSTR
$$\forall = \dfrac{Q(C_0 - C_e)}{K \cdot C_e^2} = \dfrac{Q}{K}\left(\dfrac{1-0.2}{0.2^2}\right) = 20\dfrac{Q}{K}$$
㉡ PFR
$$\forall = \dfrac{Q}{K}\left(\dfrac{1}{C_e} - \dfrac{1}{C_0}\right) = \dfrac{Q}{K}\left(\dfrac{1}{0.2} - \dfrac{1}{1}\right) = 4\dfrac{Q}{K}$$
∴ CFSTR : PFR = 5 : 1

59 음용수 중 철과 망간의 기준 농도에 맞추기 위한 제거공정으로 알맞지 않은 것은?

① 포기에 의한 침전 ② 생물학적 여과
③ 제올라이트 수착 ④ 인산염에 의한 산화

해설 철과 망간의 제거공정
폭기법, 생물학적 여과, 제올라이트법 외에 과망간산칼륨의 주입에 의한 산화법, 접촉산화법, 전해법, 이온교환법 등이 있다.

60 농축슬러지를 혐기성 소화로 안정화시키고자 할 때 메탄 생성량(kg/day)은?(단, 농축슬러지에 포함된 유기성분은 모두 글루코오스($C_6H_{12}O_6$)이며 미생물에 의해 100% 분해, 소화조에서 모두 메탄과 이산화탄소로 전환된다고 가정, 농축슬러지 BOD=480mg/L, 유입유량=200m³/day)

① 18   ② 24
③ 32   ④ 41

해설 글루코스의 산화반응으로 글루코스(유기물)의 양을 구하고, 글루코스의 혐기성 분해 반응식을 이용하여 메탄생성량을 구한다.
㉠ $C_6H_{12}O_6 + 6O_2 \rightarrow 6CO_2 + 6H_2O$
　　180(g) : 6×32(g)
　　X(kg) : $\dfrac{0.48\text{kg}}{\text{m}^3} \bigg| \dfrac{200\text{m}^3}{\text{day}}$
　　X(=$C_6H_{12}O_6$) = 90(kg/day)
㉡ $C_6H_{12}O_6 \rightarrow 3CH_4 + 3CO_2$
　　180(g) : 3×16(g)
　　90(kg/day) : X(kg)
　　∴ X(=CH_4) = 24(kg)

SECTION 04 수질오염공정시험기준

61 배출허용기준 적합 여부 판정을 위해 자동 시료채취기로 시료를 채취하는 방법의 기준은?

① 6시간 이내에 30분 이상 간격으로 2회 이상 채취하여 일정량의 단일 시료로 한다.
② 6시간 이내에 1시간 이상 간격으로 2회 이상 채취하여 일정량의 단일 시료로 한다.
③ 8시간 이내에 1시간 이상 간격으로 2회 이상 채취하여 일정량의 단일 시료로 한다.
④ 8시간 이내에 2시간 이상 간격으로 2회 이상 채취하여 일정량의 단일 시료로 한다.

62 수질분석용 시료 채취 시 유의사항과 가장 거리가 먼 것은?

① 시료 채취 용기는 시료를 채우기 전에 깨끗한 물로 3회 이상 씻은 다음 사용한다.
② 유류 또는 부유물질 등이 함유된 시료는 시료의 균일성이 유지될 수 있도록 채취하여야 하며 침전물 등이 부상하여 혼입되어서는 안 된다.
③ 용존가스, 환원성 물질, 휘발성 유기화합물, 냄새, 유류 및 수소이온 등을 측정하는 시료는 시료 용기에 가득 채워야 한다.
④ 시료 채취량은 보통 3~5L 정도여야 한다.

[해설] 시료 채취 용기는 시료를 채우기 전에 시료로 3회 이상 씻은 다음 사용하며, 시료를 채울 때에는 어떠한 경우에도 시료의 교란이 일어나서는 안 되며 가능한 한 공기와 접촉하는 시간을 짧게 하여 채취한다.

63 원자흡수분광광도법의 용어에 관한 설명으로 틀린 것은?

① 공명선 : 원자가 외부로부터 빛을 흡수했다가 다시 처음 상태로 돌아갈 때 방사하는 스펙트럼선
② 역화 : 불꽃의 연소속도가 크고 혼합기체의 분출속도가 작을 때 연소현상이 내부로 옮겨지는 것
③ 다음극 중공음극램프 : 두 개 이상의 중공음극을 갖는 중공음극램프
④ 선프로파일 : 파장에 대한 스펙트럼선의 근접도를 나타내는 곡선

[해설] 선프로파일
파장에 대한 스펙트럼선의 강도를 나타내는 곡선

64 알킬수은 화합물의 분석방법으로 옳은 것은?(단, 수질오염공정시험기준)

① 기체크로마토그래피법
② 자외선/가시선 분광법
③ 이온크로마토그래피법
④ 유도결합플라스마 – 원자발광분광법

[해설] 알킬수은 화합물의 분석방법
㉠ 기체크로마토그래피
㉡ 원자흡수분광광도법

65 시험관법으로 분원성 대장균군을 측정하는 방법으로 ( )에 옳은 내용은?

> 물속에 존재하는 분원성 대장균군을 측정하기 위하여 ( )을 이용하는 추정시험과 백금이를 이용하는 확정시험으로 나뉘며 추정시험이 양성일 경우 확정시험을 시행하는 방법이다.

① 배양시험관   ② 다람시험관
③ 페트리시험관 ④ 멸균시험관

[해설] 물속에 존재하는 분원성 대장균군을 측정하기 위하여 다람시험관을 이용하는 추정시험과 백금이를 이용하는 확정시험으로 나뉘며 추정시험이 양성일 경우 확정시험을 시행하는 방법이다.

66 수질오염공정시험기준상 질산성 질소의 측정법으로 가장 적절한 것은?

① 자외선/가시선 분광법(디아조화법)
② 이온크로마토그래피법
③ 이온전극법
④ 카드뮴 환원법

[해설] 질산성 질소의 적용가능한 시험방법
㉠ 이온크로마토그래피
㉡ 자외선/가시선 분광법 (부루신법)
㉢ 자외선/가시선 분광법(활성탄흡착법)
㉣ 데발다합금 환원증류법

67 크롬을 원자흡수분광광도법으로 분석할 때 0.02M – $KMnO_4$(MW=158.03) 용액을 조제하는 방법은?

① $KMnO_4$ 8.1g을 정제수에 녹여 전량을 100mL로 한다.
② $KMnO_4$ 3.4g을 정제수에 녹여 전량을 100mL로 한다.
③ $KMnO_4$ 1.8g을 정제수에 녹여 전량을 100mL로 한다.
④ $KMnO_4$ 0.32g을 정제수에 녹여 전량을 100mL로 한다.

[해설] 과망간산칼륨용액(0.02M)
과망간산칼륨(Potassium Permanganate, $KMnO_4$, 분자량 : 158.03) 0.32g을 정제수에 녹여 100mL로 한다.

68 물벼룩을 이용한 급성 독성 시험법에 관한 내용으로 틀린 것은?

① 물벼룩은 배양 상태가 좋을 때 7~10일 사이에 첫 부화된 건강한 새끼를 시험에 사용한다.
② 시험하기 2시간 전에 먹이를 충분히 공급하여 시험 중 먹이가 주는 영향을 최소화 한다.
③ 시험생물은 물벼룩인 Daphnia magna straus를 사용하며, 출처가 명확하고 건강한 개체를 사용한다.
④ 보조먹이로 YCT(Yeast, Chlorophyll, Trout Chow)를 첨가하여 사용할 수 있다.

해설 물벼룩은 배양 상태가 좋을 때 7~10일 사이에 첫 새끼를 부화하게 되는데, 이때 부화된 새끼는 시험에 사용하지 않고 같은 어미가 약 네 번째 부화한 새끼부터 시험에 사용하여야 한다.

69 수질오염공정시험기준상 시료의 보존방법이 다른 항목은?

① 클로로필 a ② 색도
③ 부유물질 ④ 음이온계면활성제

해설 크로로필 a : 즉시 여과하여 −20℃ 이하에서 보관, 색도, 부유물질, 음이온계면활성제 : 4℃ 보관

70 기준전극과 비교전극으로 구성된 pH 측정기를 사용하여 수소이온농도를 측정할 때 간섭물질에 관한 내용으로 옳지 않은 것은?

① pH는 온도변화에 따라 영향을 받는다.
② pH 10 이상에서 나트륨에 의한 오차가 발생할 수 있는데 이는 낮은 나트륨 오차 전극을 사용하여 줄일 수 있다.
③ 일반적으로 유리전극은 산화 및 환원성 물질, 염도에 의해 간섭을 받는다.
④ 기름층이나 작은 입자상이 전극을 피복하여 pH 측정을 방해할 수 있다.

해설 간섭물질
㉠ 일반적으로 유리전극은 용액의 색도, 탁도, 콜로이드성 물질들, 산화 및 환원성 물질들 그리고 염도에 의해 간섭을 받지 않는다.
㉡ pH 10 이상에서 나트륨에 의해 오차가 발생할 수 있는데, 이는 "낮은 나트륨 오차 전극"을 사용하여 줄일 수 있다.
㉢ 기름층이나 작은 입자상이 전극을 피복하여 pH 측정을 방해할 수 있는데, 이 피복물을 부드럽게 문질러 닦아내거나 세척제로 닦아낸 후 증류수로 세척하여 부드러운 천으로 물기를 제거하여 사용한다. 염산(1+9)을 사용하여 피복물을 제거할 수 있다.
㉣ pH는 온도변화에 따라 영향을 받는다. 대부분의 pH 측정기는 자동으로 온도를 보정하나 수동으로 보정할 수 있다.

71 유기물 함량이 비교적 높지 않고 금속의 수산화물, 산화물, 인산염 및 황화물을 함유하는 시료의 전처리(산분해법) 방법으로 가장 적합한 것은?

① 질산법 ② 황산법
③ 질산-황산법 ④ 질산-염산법

해설 산분해법
㉠ 질산법 : 유기 함량이 비교적 높지 않은 시료의 전처리에 사용한다.
㉡ 질산-염산법 : 유기물 함량이 비교적 높지 않고 금속의 수산화물, 산화물, 인산염 및 황화물을 함유하고 있는 시료에 적용되며 휘발성 또는 난용성 염화물을 생성하는 금속물질의 분석에는 주의한다.
㉢ 질산-황산법 : 유기물 등을 많이 함유하고 있는 대부분의 시료에 적용된다. 그러나 칼슘, 바륨, 납 등을 다량 함유한 시료는 난용성의 황산염을 생성하여 다른 금속성분을 흡착하므로 주의한다.
㉣ 질산-과염소산법 : 유기물을 다량 함유하고 있으면서 산분해가 어려운 시료에 적용된다.
㉤ 질산-과염소산-불화수소산법 : 다량의 점토질 또는 규산염을 함유한 시료에 적용된다.

72 불소화합물 측정에 적용 가능한 시험방법과 가장 거리가 먼 것은?(단, 수질오염공정시험기준)

① 자외선/가시선 분광법
② 원자흡수분광광도법
③ 이온전극법
④ 이온크로마토그래피

해설 불소화합물의 적용 가능한 시험방법
㉠ 자외선/가시선 분광법
㉡ 이온전극법
㉢ 이온크로마토그래피

73 용매추출/기체크로마토그래피를 이용한 휘발성 유기화합물 측정에 관한 내용으로 틀린 것은?

① 채수한 시료를 헥산으로 추출하여 기체크로마토그래피를 이용하여 분석하는 방법이다.
② 검출기는 전자포획검출기를 선택하여 측정한다.
③ 운반기체는 질소로 유량은 20~40mL/min이다.
④ 컬럼온도는 35~250℃이다.

해설 운반기체는 순도 99.999% 이상의 질소로 유량은 0.5~2 mL/min, 시료도입부 온도는 150~250℃, 컬럼온도는 35~250℃, 검출기온도는 250~280℃로 사용한다.

74 유량산출의 기초가 되는 수두측정치는 영점 수위측정치에서 무엇을 뺀 값인가?

① 흐름의 수위측정치
② 웨어의 수두
③ 유속측정치
④ 수로의 폭

75 시험과 관련된 총칙에 관한 설명으로 옳지 않은 것은?

① "방울수"라 함은 0℃에서 정제수 20방울을 적하할 때 그 부피가 약 10mL 되는 것을 뜻한다.
② "찬 곳"은 따로 규정이 없는 한 0~15℃의 곳을 뜻한다.
③ "감압 또는 진공"이라 함은 따로 규정이 없는 한 15mmHg 이하를 말한다.
④ "약"이라 함은 기재된 양에 대하여 ±10% 이상의 차가 있어서는 안 된다.

해설 방울수라 함은 20℃에서 정제수 20방울을 적하할 때, 그 부피가 약 1mL 되는 것을 뜻한다.

76 용존산소를 적정법으로 측정하고자 할 때 Fe(Ⅲ)(100~200mg/L)이 함유되어 있는 시료의 전처리방법으로 적절한 것은?

① 황산의 첨가 후 플루오린화칼륨용액(100g/L) 1mL를 가한다.
② 황산의 첨가 후 플루오린화칼륨용액(300g/L) 1mL를 가한다.
③ 황산의 첨가 전 플루오린화칼륨용액(100g/L) 1mL를 가한다.
④ 황산의 첨가 전 플루오린화칼륨용액(300g/L) 1mL를 가한다.

해설 Fe(Ⅲ) 100~200mg/L가 함유되어 있는 시료의 경우, 황산을 첨가하기 전에 플루오린화칼륨용액 1mL를 가한다.

77 자외선/가시선 분광법으로 시안을 정량할 때 시료에 포함되어 분석에 영향을 미치는 물질과 이를 제거하기 위해 사용되는 시약을 틀리게 연결한 것은?

① 유지류 : 클로로폼
② 황화합물 : 아세트산아연용액
③ 잔류염소 : 아비산나트륨용액
④ 질산염 : L-아스코르빈산

78 기체크로마토그래피로 측정되지 않는 것은?

① 염소이온
② 알킬수은
③ PCB
④ 휘발성 저급염소화탄화수소류

해설 염소이온의 적용 가능한 시험방법
㉠ 이온크로마토그래피, ㉡ 적정법, ㉢ 이온전극법

79 자외선/가시선 분광법으로 하는 크롬 측정에 관한 내용으로 틀린 것은?

① 3가 크롬은 과망간산칼륨을 첨가하여 6가 크롬으로 산화시킨다.
② 정량한계는 0.04mg/L이다.
③ 적자색 착화물의 흡광도를 620nm에서 측정한다.
④ 몰리브덴, 수은, 바나듐, 철, 구리 이온이 과량 함유되어 있는 경우, 방해 영향이 나타날 수 있다.

해설 크롬-자외선/가시선 분광법
물속에 존재하는 크롬을 자외선/가시선 분광법으로 측정하는 것으로, 3가 크롬은 과망간산칼륨을 첨가하여 6가 크롬으로 산화시킨 후, 산성 용액에서 다이페닐카바자이드와 반응하여 생성하는 적자색 착화합물의 흡광도를 540nm에서 측정한다.

80 유속 면적법을 이용하여 하천유량을 측정할 때 적용 적합 지점에 관한 내용으로 틀린 것은?

① 가능하면 하상이 안정되어 있고 식생의 성장이 없는 지점
② 합류나 분류가 없는 지점
③ 교량 등 구조물 근처에서 측정할 경우 교량의 상류 지점
④ 대규모 하천을 제외하고 가능한 부자(浮子)로 측정할 수 있는 지점

해설 대규모 하천을 제외하고 가능하면 도섭으로 측정할 수 있는 지점

SECTION 05 수질환경관계법규

81 5년 이하의 징역 또는 5천만 원 이하의 벌금형에 처하는 경우가 아닌 것은?

① 공공수역에 특정수질 유해물질 등을 누출·유출시키거나 버린 자
② 배출시설에서 배출되는 수질오염물질을 방지시설에 유입하지 않고 배출한 자
③ 배출시설의 조업정지 또는 폐쇄명령을 위반한 자
④ 신고를 하지 아니하거나 거짓으로 신고를 하고 배출시설을 설치하거나 그 배출시설을 이용하여 조업한 자

해설 특정수질유해물질 등을 누출·유출하거나 버린 자는 3년 이하의 징역 또는 3천만 원 이하의 벌금에 처한다.

82 배출부과금 부과 시 고려사항이 아닌 것은?

① 배출허용기준 초과 여부
② 배출되는 수질오염물질의 종류
③ 수질오염물질의 배출기간
④ 수질오염물질의 위해성

해설 배출부과금 부과 시 고려사항
㉠ 배출허용기준 초과 여부

㉡ 배출되는 수질오염물질의 종류
㉢ 수질오염물질의 배출기간
㉣ 수질오염물질의 배출량
㉤ 자가측정 여부

83 산업폐수의 배출규제에 관한 설명으로 옳은 것은?

① 폐수배출시설에서 배출되는 수질오염물질의 배출허용기준은 대통령이 정한다.
② 시·도 또는 인구 50만 이상의 시는 지역환경기준을 유지하기가 곤란하다고 인정할 때에는 시·도지사가 특별배출허용기준을 정할 수 있다.
③ 특별대책지역의 수질오염방지를 위해 필요하다고 인정할 때는 엄격한 배출허용기준을 정할 수 있다.
④ 시·도 안에 설치되어 있는 폐수무방류 배출시설은 조례에 의해 배출허용기준을 적용한다.

해설 산업폐수의 배출규제
㉠ 폐수배출시설에서 배출되는 수질오염물질의 배출허용기준은 환경부령으로 정한다.
㉡ 시·도 또는 인구 50만 이상의 시는 지역환경기준을 유지하기가 곤란하다고 인정할 때에는 배출허용기준보다 엄격한 배출허용기준을 정할 수 있다.
㉢ 시·도 안에 설치되어 있는 폐수무방류 배출시설은 배출허용기준을 적용하지 아니한다.

84 공공폐수처리시설의 유지·관리기준에 따라 처리시설의 관리·운영자가 실시하여야 하는 방류수 수질검사의 주기는?(단, 시설의 규모는 1일당 2,000m³이며, 방류수 수질이 현저하게 악화되지 않은 상황임)

① 월 2회 이상   ② 주 2회 이상
③ 월 1회 이상   ④ 주 1회 이상

해설 처리시설의 관리·운영자는 방류수 수질기준 항목에 대한 방류수 수질검사를 다음과 같이 실시하여야 한다.
㉠ 처리시설의 적정 운영 여부를 확인하기 위하여 방류수 수질검사를 월 2회 이상 실시하되, 1일당 2천 세제곱미터 이상인 시설은 주 1회 이상 실시하여야 한다. 다만, 생태독성(TU) 검사는 월 1회 이상 실시하여야 한다.
㉡ 방류수의 수질이 현저하게 악화되었다고 인정되는 경우에는 수시로 방류수 수질검사를 하여야 한다.

80. ④ 81. ① 82. ④ 83. ③ 84. ④ | ANSWER

85. 발생폐수를 공공폐수처리시설로 유입하고자 하는 배출시설 설치자는 배수관거 등 배수 설비를 기준에 맞게 설치하여야 한다. 배수설비의 설치방법 및 구조기준으로 틀린 것은?
① 배수관의 관경은 내경 150mm 이상으로 하여야 한다.
② 배수관은 우수관과 분리하여 빗물이 혼합되지 아니하도록 설치하여야 한다.
③ 배수관 입구에는 유효간격 10mm 이하의 스크린을 설치하여야 한다.
④ 배수관의 기점·종점·합류점·굴곡점과 관경·관종이 달라지는 지점에는 유출구를 설치하여야 하며, 직선인 부분에는 내경의 200배 이하의 간격으로 맨홀을 설치하여야 한다.

해설 배수관의 기점·종점·합류점·굴곡점과 관경(管徑)·관종(管種)이 달라지는 지점에는 맨홀을 설치하여야 하며, 직선인 부분에는 내경의 120배 이하의 간격으로 맨홀을 설치하여야 한다.

86. 환경정책기본법에서 지하·지표 및 지상의 모든 생물과 이들을 둘러싸고 있는 비생물적인 것을 포함한 자연의 상태를 의미하는 것은?
① 생활환경 ② 대자연
③ 자연환경 ④ 환경보전

87. 사업장별 환경기술인의 자격기준에 관한 설명으로 ( )에 맞는 것은?

환경산업기사 이상의 자격이 있는 자를 임명하여야 하는 사업장에서 환경기술인을 바꾸어 임명하는 경우로서 자격이 있는 구직자를 찾기 어려운 경우 등 부득이한 사유가 있는 경우에는 잠정적으로 ( ) 이내의 범위에서는 제4종사업장·제5종사업장의 환경기술인 자격에 준하는 자를 그 자격을 갖춘 자로 보아 신고를 할 수 있다.

① 6월 ② 90일
③ 60일 ④ 30일

88. 초과배출부과금의 부과 대상이 되는 수질오염물질이 아닌 것은?
① 유기인화합물 ② 시안화합물
③ 대장균 ④ 유기물질

해설 초과배출부과금 부과 대상 수질오염물질의 종류
㉠ 유기물질 ㉡ 구리 및 그 화합물
㉢ 부유물질 ㉣ 크롬 및 그 화합물
㉤ 카드뮴 및 그 화합물 ㉥ 페놀류
㉦ 시안화합물 ㉧ 트리클로로에틸렌
㉨ 유기인화합물 ㉩ 테트라클로로에틸렌
㉪ 납 및 그 화합물 ㉫ 망간 및 그 화합물
㉬ 6가크롬화합물 ㉭ 아연 및 그 화합물
㉮ 비소 및 그 화합물 ㉯ 총 질소
㉰ 수은 및 그 화합물 ㉱ 총 인
㉲ 폴리염화비페닐

89. 수질오염방지시설 중 생물화학적 처리시설이 아닌 것은?
① 살균시설 ② 접촉조
③ 안정조 ④ 폭기시설

해설 살균시설은 화학적 처리시설이다.

90. 시·도지사 등이 환경부장관에게 보고할 사항 중 보고 횟수가 연 1회에 해당되는 것은?(단, 위임업무 보고사항)
① 기타 수질오염원 현황
② 폐수위탁·사업장 내 처리현황 및 처리실적
③ 골프장 맹·고독성 농약 사용 여부 확인 결과
④ 비점오염원의 설치신고 및 현황

해설 보고 횟수가 연 1회에 해당되는 것은 폐수위탁·사업장 내 처리현황 및 처리실적과 환경기술인의 자격별·업종별 현황이다.

91 다음에 해당되는 수질오염 감시경보 단계는?

> 생물감시 측정값이 생물감시 경보기준 농도를 30분 이상 지속적으로 초과하고, 전기전도도, 휘발성유기화합물, 페놀, 중금속(구리, 납, 아연, 카드뮴 등) 항목 중 1개 이상의 항목이 측정항목별 경보기준을 3배 이상 초과하는 경우

① 주의 단계　　② 경계 단계
③ 심각 단계　　④ 발생 단계

92 폐수처리업의 업종구분을 가장 알맞게 짝지은 것은?
① 폐수위탁처리업 – 폐수재활용업
② 폐수수탁처리업 – 측정대행업
③ 폐수위탁처리업 – 방지시설업
④ 폐수수탁처리업 – 폐수재이용업

93 공공수역의 전국적인 수질현황을 파악하기 위해 환경부장관이 설치할 수 있는 측정망의 종류로 틀린 것은?
① 생물 측정망
② 토질 측정망
③ 공공수역 유해물질 측정망
④ 비점오염원에서 배출되는 비점오염물질 측정망

[해설] 환경부장관이 설치할 수 있는 측정망의 종류
㉠ 비점오염원에서 배출되는 비점오염물질 측정망
㉡ 수질오염물질의 총량관리를 위한 측정망
㉢ 대규모 오염원의 하류지점 측정망
㉣ 수질오염경보를 위한 측정망
㉤ 대권역·중권역을 관리하기 위한 측정망
㉥ 공공수역 유해물질 측정망
㉦ 퇴적물 측정망
㉧ 생물 측정망
㉨ 그 밖에 환경부장관이 필요하다고 인정하여 설치·운영하는 측정망

94 환경부장관이 지정할 수 있는 비점오염원관리지역의 지정기준에 관한 내용으로 ( )에 옳은 것은?

> 인구 ( ) 이상인 도시로서 비점오염원관리가 필요한 지역

① 10만 명　　② 30만 명
③ 50만 명　　④ 100만 명

95 오염총량관리 기본방침에 포함되어야 하는 사항으로 틀린 것은?
① 오염총량관리 대상지역
② 오염원의 조사 및 오염부하량 산정방법
③ 오염총량관리의 대상 수질오염물질 종류
④ 오염총량관리의 목표

[해설] 오염총량관리 기본방침에 포함되어야 하는 사항
㉠ 오염총량관리의 목표
㉡ 오염총량관리의 대상 수질오염물질 종류
㉢ 오염원의 조사 및 오염부하량 산정방법
㉣ 오염총량관리기본계획의 주체, 내용, 방법 및 시한
㉤ 오염총량관리시행계획의 내용 및 방법

96 배출시설에 대한 일일기준초과배출량 산정 시 적용되는 일일유량의 산정방법으로 ( )에 맞는 것은?

> 일일조업시간은 측정하기 전 최근 조업한 (㉠)간의 배출시설의 조업시간의 평균치로서 (㉡)으로 표시한다.

① ㉠ 3월, ㉡ 분　　② ㉠ 3월, ㉡ 시간
③ ㉠ 30일, ㉡ 분　　④ ㉠ 30일, ㉡ 시간

97 방지시설을 설치하지 아니한 자에 대한 1차 행정처분 기준 중 개선명령에 해당되는 것은?(단, 항상 배출허용기준 이하로 배출된다는 사유 및 위탁처리한다는 사유로 방지시설을 설치하지 아니한 경우)
① 폐수를 위탁하지 아니하고 그냥 배출한 경우
② 폐수 성상별 저장시설을 설치하지 아니한 경우
③ 개선계획서를 제출하지 아니하고 배출허용 기준을 초과하여 수질오염물질을 배출한 경우
④ 폐수위탁처리 시 실적을 기간 내에 보고하지 아니한 경우

98 대권역 수질 및 수생태계 보전계획의 수립 시 포함되어야 하는 사항으로 틀린 것은?
① 수질 및 수생태계 변화 추이 및 목표기준
② 수질오염원 발생원 대책
③ 수질오염 예방 및 저감대책
④ 상수원 및 물 이용현황

해설 대권역 수질 및 수생태계 보전계획의 수립 시 포함되어야 하는 사항
㉠ 수질 및 수생태계 변화 추이 및 목표기준
㉡ 상수원 및 물 이용현황
㉢ 점오염원, 비점오염원 및 기타수질오염원의 분포현황
㉣ 점오염원, 비점오염원 및 기타수질오염원에서 배출되는 수질오염물질의 양
㉤ 수질오염 예방 및 저감 대책
㉥ 수질 및 수생태계 보전조치의 추진방향
㉦ 기후변화에 대한 적응대책
㉧ 그 밖에 환경부령으로 정하는 사항

99 특별시장·광역시장·특별자치시장·특별자치도지사가 오염총량관리 시행계획을 수립할 때 포함하여야 하는 사항으로 틀린 것은?

① 해당 지역 개발계획의 내용
② 수질예측 산정자료 및 이행 모니터링 계획
③ 연차별 오염부하량 삭감 목표 및 구체적 삭감 방안
④ 오염원 현황 및 예측

해설 오염총량관리 시행계획을 수립할 때 포함하여야 하는 사항
㉠ 오염총량관리 시행계획 대상 유역의 현황
㉡ 오염원 현황 및 예측
㉢ 연차별 지역개발계획으로 인하여 추가로 배출되는 오염부하량 및 해당 개발계획의 세부 내용
㉣ 연차별 오염부하량 삭감목표 및 구체적 삭감방안
㉤ 오염부하량 할당 시설별 삭감량 및 그 이행 시기
㉥ 수질예측 산정자료 및 이행 모니터링 계획

100 비점오염저감시설 중 장치형 시설이 아닌 것은?

① 생물학적 처리형 시설
② 응집·침전 처리형 시설
③ 와류형 시설
④ 침투형 시설

해설 비점오염저감시설 중 장치형 시설
㉠ 여과형시설
㉡ 와류형 시설
㉢ 스크린형 시설
㉣ 응집·침전 처리형 시설
㉤ 생물학적 처리형 시설

2018년 1회 수질환경기사

SECTION 01 수질오염개론

01 수자원의 순환에서 가장 큰 비중을 차지하는 것은?
① 해양으로의 강우   ② 증발
③ 증산   ④ 육지로의 강우

해설 수자원의 순환에서 가장 큰 비중을 차지하는 것은 증발이며 비중이 가장 적은 것은 식물의 흡수 및 증산작용이다.

02 C_2H_6 15g이 완전 산화하는 데 필요한 이론적 산소량(g)은?
① 약 46   ② 약 56
③ 약 66   ④ 약 76

해설 $C_2H_6 + 3.5O_2 \rightarrow 2CO_2 + 3H_2O$
30(g) : 3.5×32(g)
15(g) : X
∴ X=56(g)

03 $PbSO_4$가 25℃ 수용액 내에서 용해도가 0.075g/L 이라면 용해도적은?(단, Pb 원자량=207)
① 3.4×10^{-9} ② 4.7×10^{-9}
③ 5.8×10^{-8} ④ 6.1×10^{-8}

해설 $PbSO_4 \rightleftharpoons Pb^{2+} + SO_4^{2-}$
$L_m = \dfrac{0.075g}{L} \bigg| \dfrac{1mol}{303g}$
$= 2.475 \times 10^{-4} (mol/L)$
용해도적$(K_{sp}) = [Pb^{2+}][SO_4^{2-}]$
∴ $K_{sp} = 2.475 \times 10^{-4} \times 2.475 \times 10^{-4}$
$= 6.13 \times 10^{-8}$

04 하천의 자정계수(f)에 관한 설명으로 맞는 것은?(단, 기타 조건은 같다고 가정함)
① 수온이 상승할수록 자정계수는 작아진다.
② 수온이 상승할수록 자정계수는 커진다.
③ 수온이 상승하여도 자정계수는 변화가 없이 일정하다.
④ 수온이 20℃인 경우, 자정계수는 가장 크며 그 이상의 수온에서는 점차로 낮아진다.

해설 수온이 상승하면 자정계수(f)는 작아진다.
정계수(f)=K_2/K_1이며, 수온이 상승하면 재포기계수(K_2)와 탈산소계수(K_1)가 모두 증가하게 되나 재포기계수에 비해 탈산소계수의 증가율이 높기 때문에 자정계수는 감소하게 된다.
$f = \dfrac{K_2}{K_1} = \dfrac{K_{2(20℃)} \times 1.024^{(T-20)}}{K_{1(20℃)} \times 1.047^{(T-20)}}$

05 하천수의 수온은 10℃이다. 20℃의 탈산소계수 K(상용대수)가 0.1day^{-1}일 때 최종 BOD에 대한 BOD_6의 비는?(단, $K_T = K_{20} \times 1.047^{(T-20)}$)
① 0.42   ② 0.58
③ 0.63   ④ 0.83

해설 소모 BOD공식을 이용한다.
㉠ 온도변화에 따른 K값을 보정하면
$K_{(T)} = K_{20} \times 1.047^{(T-20)}$
$= 0.1 \times 1.047^{(10-20)}$
$= 0.0632 (day^{-1})$
㉡ $BOD_6 = BOD_u (1 - 10^{-0.0632 \times 6})$
∴ $\dfrac{BOD_6}{BOD_u} = (1 - 10^{-0.0632 \times 6}) = 0.58$

06 피부점막, 호흡기로 흡입되어 국소 및 전신마비, 피부염, 색소 침착을 일으키며 안료, 색소, 유리공업 등이 주요 발생원인 중금속은?
① 비소   ② 납
③ 크롬   ④ 구리

ANSWER 1.② 2.② 3.④ 4.① 5.② 6.①

[해설] 비소는 혈관 내 용혈을 일으키며 두통, 오심, 흉부압박감을 호소하기도 한다. 10ppm 정도에 폭로되면 혼미, 혼수, 사망에 이른다. 대표적 3대 증상으로는 복통, 황달, 빈뇨 등이며, 만성적인 폭로에 의한 국소증상으로는 손·발바닥에 나타나는 각화증, 각막궤양, 비중격 천공, 탈모 등을 들 수 있다.

07 연못의 수면에 용존산소 농도가 11.3mg/L이고 수온이 20℃인 경우, 가장 적절한 판단이라 볼 수 있는 것은?

① 수면의 난류로 계속 폭기가 일어나 DO가 계속 높아질 가능성이 있다.
② 연못에 산화제가 유입되었을 가능성이 있다.
③ 조류가 번식하여 DO가 과포화되었을 가능성이 있다.
④ 물속에 수산화물과 (중)탄산염을 포함하여 완충능력이 클 가능성이 있다.

[해설] 일반적으로 20℃에서 물의 포화용존산소량은 약 9.17mg/L 정도인데 현재 용존산소량이 11.3mg/L이므로 조류(Algae)의 광합성에 의한 산소의 공급이 이루어졌을 가능성이 높다.

08 효소 및 기질이 효소-기질을 형성하는 가역반응과 생성물 P를 이탈시키는 착화합물의 비가역 분해과정인 다음의 식에서 Michaelis 상수 K_m은?(단, $K_1=1.0\times10^7 M^{-1}s^{-1}$, $K_{-1}=1.0\times10^2 s^{-1}$, $K_2=3.0\times10^2 s^{-1}$)

$$E+S \underset{k_{-1}}{\overset{k_1}{\rightleftharpoons}} ES \overset{k_2}{\rightarrow} E+P$$

① 1.0×10^{-5}M   ② 2.0×10^{-5}M
③ 3.0×10^{-5}M   ④ 4.0×10^{-5}M

[해설] 효소반응과정의 특성을 설명하면,
$$E+S \underset{K_2}{\overset{K_1}{\rightleftharpoons}} ES \overset{K_3}{\rightarrow} E+P$$
효소 E는 속도상수 K_1으로 S와 결합하여 ES 복합체를 형성한다. ES 복합체는 속도상수 K_2로써 E와 S로 해리할 수도 있고 속도상수 K_3로써 생성물 P를 만드는 반응으로 진행할 수 있다. 생성물은 전혀 초기상태의 기질로 되돌아가지 않는다고 가정하면 반응속도 V는 ES 복합체의 농도와 K_3의 곱에 비례한다. 여기서 Michaelis 상수 K_m은 다음과 같이 정의된다.

$$K_m = \frac{K_2+K_3}{K_1}$$

문제에 나오는 기호로 표시하면,

$$\therefore K_m = \frac{K_{-1}+K_2}{K_1}$$
$$= \frac{(1.0\times10^2)+(3.0\times10^2)}{1.0\times10^7}$$
$$= 4.0\times10^{-5}M$$

09 다음 설명과 가장 관계있는 것은?

> 유리산소가 존재해야만 생장하며, 최적온도는 20~30℃, 최적 pH는 4.5~6.0이다. 유기산과 암모니아를 생성해 pH를 상승 또는 하강시킬 때도 있다.

① 박테리아   ② 균류
③ 조류   ④ 원생동물

10 Formaldehyde(CH_2O)의 COD/TOC의 비는?

① 1.37   ② 1.67
③ 2.37   ④ 2.67

[해설]
$$CH_2O + O_2 \rightarrow H_2O + CO_2$$
1mol 기준   30g   32g
COD : 32g
TOC : 12g
따라서 TOC/COD = 32/12 = 약 2.67

11 0.2N CH_3COOH 100mL를 NaOH로 적정하고자 하여 0.2N NaOH 97.5mL를 가했을 때 이 용액의 pH는?(단, CH_3COOH의 해리상수 $K_a=1.8\times10^{-5}$)

① 3.67   ② 5.56
③ 6.34   ④ 6.87

[해설] 불완전중화
$$N_o = \frac{N_1V_1-N_2V_2}{V_1+V_2}$$
$$= \frac{0.2\times100-0.2\times97.5}{100+97.5}$$
$$= 2.53\times10^{-3}N$$
$$CH_3COOH \rightleftharpoons CH_3COO^- + H^+$$

ANSWER | 7.③ 8.④ 9.② 10.④ 11.①

$$\rightarrow K_a = \frac{[H^+][CH_3COO^-]}{[CH_3COOH]} = 1.8 \times 10^{-5}$$

$$\frac{[H^+]^2}{2.53 \times 10^{-3}} = 1.8 \times 10^{-5},$$

$$[H^+]^2 = 1.8 \times 10^{-5} \times 2.53 \times 10^{-3}$$
$$= 4.554 \times 10^{-8}$$

$$[H^+] = 2.134 \times 10^{-4} \, (mol/L)$$

$$pH = \log \frac{1}{2.134 \times 10^{-4}} = 3.67$$

12 수질오염물질 중 중금속에 관한 설명으로 틀린 것은?

① 카드뮴 : 인체 내에서 투과성이 높고 이동성이 있는 독성 메틸 유도체로 전환된다.
② 비소 : 인산염 광물에 존재해서 인 화합물형태로 환경 중에 유입된다.
③ 납 : 급성독성은 신장, 생식계통, 간 그리고 뇌와 충주신경계에 심각한 장애를 유발한다.
④ 수은 : 수은 중독은 BAL, Ca_2EDTA로 치료할 수 있다.

해설 카드뮴은 식품으로부터 가장 많이 섭취되며 대표적인 질환으로 이타이이타이병이 있다.

13 분뇨를 퇴비화 처리할 때 초기의 최적환경조건으로 가장 거리가 먼 것은?

① 축분에 수분 조정을 위해 부자재를 혼합할 때 퇴비재료의 적정 C/N비는 25~30이 좋다.
② 부자재를 혼합하여 수분함량이 20~30%되도록 한다.
③ 퇴비화는 호기성 미생물을 활용하는 기술이므로 산소 공급을 충분히 한다.
④ 초기 재료의 pH는 6.0~8.0으로 조정한다.

해설 퇴비화 조건
㉠ 수분량 : 50~60(wt%)
㉡ C/N비 : 30이 적정범위
㉢ 온도 : 적절한 온도 50~60℃
㉣ 입경 : 가장 적당한 입자 크기는 5cm 이하
㉤ pH : 약알칼리 상태(pH 6~8)
㉥ 공기 : 호기적 산화 분해로 산소의 존재가 필수적. 산소함량(5~15%), 공기주입률(50~200L/min · m³)

14 부영양화 현상을 억제하는 방법으로 가장 거리가 먼 것은?

① 비료나 합성세제의 사용을 줄인다.
② 축산폐수의 유입물을 막는다.
③ 과잉번식된 조류(algae)는 황산망간($MnSO_4$)을 살포하여 제거 또는 억제할 수 있다.
④ 하수처리장에서 질소와 인을 제거하기 위해 고도 처리공정을 도입하여 질소, 인의 호소 유입을 막는다.

해설 조류 제거를 의한 화학약품은 일반적으로 황산동($CuSO_4$)을 사용한다.

15 보통 농업용수의 수질평가 시 SAR로 정의하는데 이에 대한 설명으로 틀린 것은?

① SAR의 값은 20 정도이면 Na^+가 토양에 미치는 영향이 적다.
② SAR의 값은 Na^+, Ca^{2+}, Mg^{2+} 농도와 관계가 있다.
③ 경수가 연수보다 토양에 더 좋은 영향을 미친다고 볼 수 있다.
④ SAR의 계산식에 사용되는 이온의 농도는 meq/L를 사용한다.

해설 SAR의 값이 10 이하인 경우는 경작토양으로 문제가 발생하지 않는다.

16 팔당호나 의암호와 같이 짧은 체류시간, 호수 수질의 수평적 균일성의 특징을 가지는 호수의 형태는?

① 하천형 호수   ② 가지형 호수
③ 저수지형 호수   ④ 하구형 호수

17 분체증식을 하는 미생물을 회분배양하는 경우 미생물은 시간에 따라 5단계를 거치게 된다. 5단계 중 생존한 미생물의 중량보다 미생물 원형질의 전체 중량이 더 크게 되며, 미생물 수가 최대가 되는 단계로 가장 적합한 것은?

① 증식단계   ② 내수성장단계
③ 감소성장단계   ④ 내생성장단계

18 공장의 COD가 5,000mg/L, BOD₅가 2,100mg/L 이었다면 이 공장의 NBDCOD (mg/L)는?(단, K=BODu/BOD₅=1.5)

① 1,850   ② 1,550
③ 1,450   ④ 1,250

해설 NBDCOD = COD − BDCOD(BODu)
= 5,000 − 2,100 × 1.5 = 1,850(mg/L)

19 일차 반응에서 반응물질의 반감기가 5일 이라고 한다면 물질의 90%가 소모되는 데 소요되는 시간(일)은?

① 약 14   ② 약 17
③ 약 19   ④ 약 22

해설 $\ln\dfrac{C_t}{C_o} = -K \cdot t$ $\ln\dfrac{0.5C_o}{C_o} = -K \cdot 5\text{day}$

∴ K = 0.1386day⁻¹
따라서 A 물질의 90%가 소모되는 데 소요되는 시간은
$\ln\dfrac{10}{100} = -0.1386 \cdot t$
∴ t = 16.61day ≒ 17day

20 공장폐수의 BOD를 측정하였을 때 초기 DO는 8.4 mg/L이고, 20℃에서 5일간 보관한 후 측정한 DO는 3.6mg/L이었다. BOD 제거율이 90%가 되는 활성슬러지 처리시설에서 처리하였을 경우 방류수의 BOD(mg/L)는?(단, BOD 측정 시 희석배율=50배)

① 12   ② 16
③ 21   ④ 24

해설 BOD = (DO₁ − DO₂) × P
= (8.4 − 3.6) × 50
= 240(mg/L)
∴ 방류수의 BOD = 240 × (1 − 0.9)
= 24(mg/L)

SECTION 02 상하수도계획

21 펌프의 회전수 N=2,400rpm, 최고 효율점의 토출량 Q=162m³/hr, 전양정 H=90m인 원심펌프의 비회전도는?

① 약 115   ② 약 125
③ 약 135   ④ 약 145

해설 펌프의 비회전도는 다음 식으로 계산된다. 이때 주의사항은 유량을 m³/min으로 환산해야 한다. $N_s = N \times \dfrac{Q^{1/2}}{H^{3/4}}$

$Q = \dfrac{162\text{m}^3}{\text{hr}} \left| \dfrac{1\text{hr}}{60\text{min}} \right. = 2.7\text{m}^3/\text{min}$

∴ $N_s = N \times \dfrac{Q^{1/2}}{H^{3/4}} = 2,400 \times \dfrac{2.7^{1/2}}{90^{3/4}}$
= 134.96(회)

22 펌프의 공동현상(Cavitation)에 관한 설명 중 틀린 것은?

① 공동현상이 생기면 소음이 발생한다.
② 공동 속의 압력은 절대로 0이 되지는 않는다.
③ 장시간이 경과하면 재료의 침식을 생기게 한다.
④ 펌프의 흡입양정이 작아질수록 공동현상이 발생하기 쉽다.

해설 펌프의 흡입양정이 클 경우 공동현상이 발생하기 쉽다.

23 펌프의 토출유량은 1,800m³/hr, 흡입구의 유속은 4m/sec일 때 펌프의 흡입구경(mm)은?

① 약 350   ② 약 400
③ 약 450   ④ 약 500

해설 Q = AV
$\dfrac{1,800\text{m}^3}{\text{hr}} = A \times \dfrac{4\text{m}}{\text{sec}} \left| \dfrac{3,600\text{sec}}{1\text{hr}} \right.$
A = 0.125m²
$A = \dfrac{\pi D^2}{4}$
D = 0.3989m ≒ 400mm

ANSWER | 18. ① 19. ② 20. ④ 21. ③ 22. ④ 23. ②

24 하수관거 개·보수계획 수립 시 포함되어야 할 사항이 아닌 것은?

① 불명수량 조사
② 개·보수 우선순위의 결정
③ 개·보수공사 범위의 설정
④ 주변 인근 신설관거 현황조사

해설 하수관거 개·보수계획
하수관로 개·보수계획은 관로의 중요도, 계획의 시급성, 환경성 및 기존관로 현황 등을 고려하여 수립하되 다음과 같은 사항을 포함한다.
㉠ 기초자료 분석 및 조사우선순위 결정
㉡ 불명수량 조사
㉢ 기존관로 현황조사
㉣ 개·보수 우선순위의 결정
㉤ 개·보수공사 범위의 설정
㉥ 개·보수공법의 선정

25 단면 ①(지름 0.5m)에서 유속이 2m/sec일 때, 단면 ②(지름 0.2m)에서의 유속(m/sec)은?(단, 만관 기준이며 유량은 변화 없음)

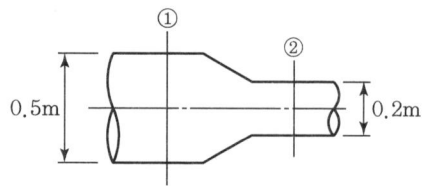

① 약 5.5   ② 약 8.5
③ 약 9.5   ④ 약 12.5

해설 $A_1V_1 = A_2V_2$
$\dfrac{\pi(0.5)^2}{4} \times 2 = \dfrac{\pi(0.2)^2}{4} \times V_2$
$V_2 = 12.5\text{m/sec}$

26 상수도 취수시설 중 취수틀에 관한 설명으로 옳지 않은 것은?

① 구조가 간단하고 시공도 비교적 용이하다.
② 수중에 설치되므로 호소표면수는 취수할 수 없다.
③ 단기간에 완성하고 안정된 취수가 가능하다.
④ 보통 대형 취수에 사용되면 수위변화에 영향이 적다.

해설 취수틀은 가장 간단한 취수시설로서 소량 취수에 사용된다. 호소·하천 등의 수중에 설치되는 취수설비로서 하상 또는 호상의 변화가 심한 곳은 부적당하다. 또한 단기간에 축조할 수 있으며 비교적 안정된 취수를 할 수 있으나 홍수 시 매몰, 유실될 우려가 있다.

27 다음 하수관로에서 평균유속이 2.5m/sec일 때 흐르는 유량(m³/sec)은?

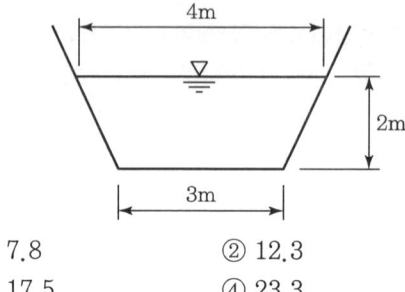

① 7.8   ② 12.3
③ 17.5   ④ 23.3

해설 $Q = A \cdot V = 7\text{m}^2 \times 2.5\text{m/sec} = 17.5\text{m}^3/\text{sec}$
여기서, $A = 8 - 1 = 7\text{m}^2$

28 관경 1,100mm 역사이펀 관거 내의 동수경사 2.4‰, 유속 2.15m/sec, 역사이펀 관거의 길이 L=76m일 때, 역사이펀의 손실수두(m)는?(단, β=1.5, α=0.05m이다.)

① 0.29   ② 0.39
③ 0.49   ④ 0.59

해설 $H(\text{m}) = i \times L + (1.5 \times V^2/2g) + \alpha$
$= \dfrac{2.4}{1,000} \times 76 + \left(1.5 \times \dfrac{2.15^2}{2 \times 9.8}\right) + 0.05$
$= 0.586(\text{m})$

29 24시간 이상 장시간의 강우강도에 대해 가까운 저류시설 등을 계획할 경우에 적용하는 강우강도식은?

① Cleveland형   ② Japanese형
③ Talbot형   ④ Sherman형

해설 유달시간이 짧은 관거 등의 유하시설을 계획할 경우에는 원칙적으로 Talbot형을 채용하는 것이 좋으며, 24시간 우량 등의 장시간 강우강도에 대해서는 Cleveland형이 가깝다. 저류시설 등을 계획하는 경우에도 Cleveland형을 채용하는 것이 좋다.

30 하수배제방식이 합류식인 경우 중계펌프장의 계획하수량으로 가장 옳은 것은?
① 우천 시 계획오수량 ② 계획우수량
③ 계획시간최대오수량 ④ 계획1일최대오수량

해설 하수배제방식에 따른 펌프장시설의 계획하수량은 다음과 같다.

하수배제방식	펌프장의 종류	계획하수량
분류식	중계펌프장 처리장 내 펌프장	계획시간 최대오수량
	빗물펌프장	계획우수량
합류식	중계펌프장 처리장 내 펌프장	우천 시 계획오수량
	빗물펌프장	계획하수량 - 우천 시 계획오수량

31 우물의 양수량 결정 시 적용되는 "적정 양수량"의 정의로 옳은 것은?
① 최대양수량의 70% 이하
② 최대양수량의 80% 이하
③ 한계양수량의 70% 이하
④ 한계양수량의 80% 이하

해설 지하수(우물)의 양수량 결정 시 적정 양수량은 한계양수량은 70% 이하의 양수량으로 구한다.

32 우리나라 대규모 상수도의 수원으로 가장 많이 이용되며 오염물질에 노출을 주의해야 하는 수원은?
① 지표수   ② 지하수
③ 용천수   ④ 복류수

33 계획송수량과 계획도수량의 기준이 되는 수량은?
① 계획송수량 : 계획1일최대급수량
   계획도수량 : 계획시간최대급수량
② 계획송수량 : 계획시간최대급수량
   계획도수량 : 계획1일최대급수량

③ 계획송수량 : 계획취수량
   계획도수량 : 계획1일최대급수량
④ 계획송수량 : 계획최대급수량
   계획도수량 : 계획취수량

34 정수처리시설인 응집지 내의 플록형성지에 관한 설명 중 틀린 것은?
① 플록형성지는 혼화지와 침전지 사이에 위치하고 침전지에 붙여서 설치한다.
② 플록형성은 응집된 미소플록을 크게 성장시키기 위해 적당한 기계식 교반이나 우류식 교반이 필요하다.
③ 플록형성지 내의 교반강도는 하류로 갈수록 점차 증가시키는 것이 바람직하다.
④ 플록형성지는 단락류나 정체부가 생기지 않으면서 충분하게 교반될 수 있는 구조로 한다.

해설 플록형성지 내의 교반강도는 하류로 갈수록 점차 감소시키는 것이 바람직하다.

35 상수도 기본계획 수립 시 기본적 사항인 계획1일최대급수량에 관한 내용으로 적절한 것은?
① 계획1일평균사용수량/계획유효율
② 계획1일평균사용수량/계획부하율
③ 계획1일평균급수량/계획유효율
④ 계획1일평균급수량/계획부하율

해설 계획 1일 최대급수량 = 계획 1일 평균급수량/계획부하율

36 취수시설 중 취수보의 위치 및 구조에 대한 고려사항으로 옳지 않은 것은?
① 유심이 취수구에 가까우며 안정되고 홍수에 의한 하상변화가 적은 지점으로 한다.
② 원칙적으로 철근콘크리트 구조로 한다.
③ 침수 및 홍수 시 수면 상승으로 인하여 상류에 위치한 하천공작물 등에 미치는 영향이 적은 지점에 설치한다.
④ 원칙적으로 홍수의 유심방향과 평행인 직선형으로 가능한 한 하천의 곡선부에 설치한다.

ANSWER | 30. ① 31. ③ 32. ① 33. ④ 34. ③ 35. ④ 36. ④

해설 원칙적으로 홍수의 유심방향과 직각의 직선형으로 가능한 한 하천의 직선부에 설치한다.

37 길이 1.2km의 하수관이 2‰의 경사로 매설되어 있을 경우, 이 하수관 양 끝단 간의 고저차(m)는?(단, 기타 사항은 고려하지 않음)
① 0.24　　② 2.4
③ 0.6　　　④ 6.0

해설 고저차(m) = I(경사) × L(유로길이)
$H = \frac{2}{1,000} \times 1,200 = 2.4(m)$

38 도수관을 설계할 때 평균유속 기준으로 옳은 것은?

자연유하식인 경우에는 허용최대한도를 (㉠)로 하고, 도수관의 평균유속의 최소한도는 (㉡)로 한다.

① ㉠ 1.5m/s, ㉡ 0.3m/s
② ㉠ 1.5m/s, ㉡ 0.6m/s
③ ㉠ 3.0m/s, ㉡ 0.3m/s
④ ㉠ 3.0m/s, ㉡ 0.6m/s

해설 도수관의 평균유속 기준
자연유하식인 경우에는 허용최대한도를 3.0m/s로 하고, 도수관의 평균유속의 최소한도는 0.3m/s로 한다.

39 하수 관거시설인 빗물받이의 설치에 관한 설명으로 틀린 것은?
① 협잡물 및 토사의 유입을 저감할 수 있는 방안을 고려하여야 한다.
② 설치위치는 보·차도 구분이 없는 경우에는 도로와 사유지의 경계에 설치한다.
③ 도로 옆의 물이 모이기 쉬운 장소나 L형 측구의 유하방향 하단부에 설치한다.
④ 우수침수방지를 위하여 횡단보도 및 가옥의 출입구 앞에 설치함을 원칙으로 한다.

해설 빗물받이는 도로 옆의 물이 모이기 쉬운 장소나 L형 측구의 유하방향 하단부에 반드시 설치한다(단, 횡단보도 및 가옥의 출입구 앞에는 가급적 설치하지 않는 것이 좋다).

40 상수처리를 위한 약품침전지의 구성과 구조로 틀린 것은?
① 슬러지의 퇴적심도로서 30cm 이상을 고려한다.
② 유효수심은 3~5.5m로 한다.
③ 침전지 바닥은 슬러지 배제에 편리하도록 배수구를 향하여 경사지게 한다.
④ 고수위에서 침전지 벽체 상단까지의 여유고는 10cm 정도로 한다.

해설 고수위에서 침전지 벽체 상단까지의 여유고는 30cm 이상으로 한다.

SECTION 03 수질오염방지기술

41 정수장 응집 공정에 사용되는 화학약품 중 나머지 셋과 그 용도가 다른 하나는?
① 오존　　　　② 명반
③ 폴리비닐아민　④ 황산제일철

해설 오존은 소독제이고 나머지는 응집제이다.

42 처리유량이 200m³/hr이고, 염소요구량이 9.5mg/L, 잔류 염소농도가 0.5mg/L일 때 하루에 주입되는 염소의 양(kg/day)은?
① 2　　② 12
③ 22　　④ 48

해설 염소주입량 = 염소요구량 + 염소잔류량
　　　　　　 = 9.5(mg/L) + 0.5(mg/L)
　　　　　　 = 10(mg/L)
∴ 하루에 주입되는 염소의 양(kg/day)
$= \frac{10mg}{L} \left| \frac{200m^3}{hr} \right| \frac{10^3 L}{1m^3} \left| \frac{1kg}{10^6 mg} \right| \frac{24hr}{day}$
= 48(kg/day)

37. ② 38. ③ 39. ④ 40. ④ 41. ① 42. ④ | ANSWER

43 폐수를 처리하기 위해 시료 200mL를 취하여 Jar Test하여 응집제와 응집보조제의 최적 주입농도를 구한 결과, $Al_2(SO_4)_3$ 200mg/L, $Ca(OH)_2$ 500mg/L였다. 폐수량 500m³/day을 처리하는 데 필요한 $Al_2(SO_4)_3$의 양(kg/day)은?
① 50 ② 100
③ 150 ④ 200

해설 $Al_2(SO_4)_3 (kg/day) = \dfrac{200mg}{L} \Big| \dfrac{500m^3}{day} \Big| \dfrac{1kg}{10^6 mg} \Big| \dfrac{1,000L}{1m^3}$
$= 100(kg/day)$

44 분뇨 소화슬러지 발생량은 1일 분뇨투입량의 10%이다. 발생된 소화슬러지의 탈수 전 함수율이 96%라고 하면 탈수된 소화슬러지의 1일 발생량(m³)은?(단, 분뇨투입량=360kL/day, 탈수된 소화 슬러지의 함수율=72%, 분뇨 비중=1.0)
① 2.47 ② 3.78
③ 4.21 ④ 5.14

해설 $SL\left(\dfrac{m^3}{day}\right) = \dfrac{360kL}{day} \Big| \dfrac{10}{100} \Big| \dfrac{(100-96) \cdot TS}{100 \cdot \text{탈수 전 } SL}$
$\Big| \dfrac{100 \cdot \text{탈수 후 } SL}{(100-72) \cdot TS}$
$= 5.14(m^3/day)$

45 유기물을 함유한 유체가 완전혼합연속반응조를 통과할 때 유기물의 농도가 200mg/L에서 20mg/L로 감소한다. 반응조 내의 반응이 일차반응이고 반응조 체적이 20m³이며 반응속도상수가 $0.2day^{-1}$이라면 유체의 유량(m³/day)은?
① 0.11 ② 0.22
③ 0.33 ④ 0.44

해설 $Q(C_o - C_t) = K \cdot \forall \cdot C_t^1$
$Q(m^3/day) = \dfrac{K \cdot \forall \cdot C_t}{(C_o - C_t)}$
$= \dfrac{0.2}{day} \Big| \dfrac{20m^3}{} \Big| \dfrac{20mg}{L} \Big| \dfrac{L}{(200-20)mg}$
$= 0.44(m^3/day)$

46 BOD 400mg/L, 폐수량 1,500m³/day의 공장폐수를 활성슬러지법으로 처리하고자 한다. BOD-MLSS 부하를 0.25kg/kg-day, MLSS 2,500mg/L로 운전한다면 포기조의 크기(m³)는?
① 2,000 ② 1,500
③ 1,250 ④ 960

해설 $F/M = \dfrac{BOD_i \times Q}{\forall \cdot X}$
$\forall = \dfrac{BOD_i \times Q}{F/M \times X}$
$= \dfrac{400mg}{L} \Big| \dfrac{1,500m^3}{day} \Big| \dfrac{kg \cdot day}{0.25kg} \Big| \dfrac{L}{2,500mg}$
$= 960m^3$

47 고농도의 액상 PCB 처리방법으로 가장 거리가 먼 것은?
① 방사선조사(코발트 60에 의한 γ선 조사)
② 연소법
③ 자외선조사법
④ 고온 고압 알칼리 분해법

해설 방사선 조사법은 저농도 PCB 처리방법이다.

48 일반적으로 염소계 산화제를 사용하여 무해한 물질로 산화 분해시키는 처리방법을 사용하는 폐수의 종류는?
① 납을 함유한 폐수
② 시안을 함유한 폐수
③ 유기인을 함유한 폐수
④ 수은을 함유한 폐수

해설 시안을 함유한 폐수를 처리하는 방법에는 알칼리 염소처리법, 오존산화법, 전해산화법, 미생물학적 처리법, 감청법 등이 있으며, 가장 많이 사용되는 방법은 알칼리 염소처리법이다.

ANSWER | 43. ② 44. ④ 45. ④ 46. ④ 47. ① 48. ②

49 SS가 55mg/L, 유량이 13,500m³/day인 흐름에 황산제이철(Fe₂(SO₄)₃)을 응집제로 사용하여 50mg/L가 되도록 투입한다. 응집제를 투입하는 흐름에 알칼리도가 없는 경우, 황산제이철과 반응시키기 위해 투입하여야 하는 이론적인 석회(Ca(OH)₂)의 양(kg/day)은?(단, Fe=55.8, S=32, O=16, Ca=40, H=1)

① 285　② 375
③ 465　④ 545

해설 황산제이철과 수산화칼슘의 반응식을 이용한다.
$Fe_2(SO_4)_3 + 3Ca(OH)_2 \rightarrow 2Fe(OH)_{3(s)} + 3CaSO_4$
　　$Fe_2(SO_4)_3$　：　$3Ca(OH)_2$
　　　399.6g　：　222g
$0.05kg/m^3 \times 13,500m^3/day$: x
x = 375kg/day

50 바퀴모양의 극미동물이며, 상당히 양호한 생물학적 처리에 대한 지표미생물은?

① Psychodidae　② Rotifera
③ Vorticella　④ Sphaerotillus

51 시공계획의 수립 시 준비단계에서 고려할 사항 중 가장 거리가 먼 것은?

① 계약조건, 설계도, 시방서 및 공사조건을 충분히 검토한 후 시공할 작업의 범위를 결정
② 이용 가능한 자원을 최대로 활용할 수 있도록 현장의 각종 제약조건을 분석
③ 계획, 실시, 검토, 통제의 단계를 거쳐 작성
④ 예정공기를 벗어나지 않는 범위 내에서 가장 경제적인 시공이 될 수 있는 공법과 공정계획 수립

52 MLSS의 농도가 1,500mg/L인 슬러지를 부상법(Flotation)에 의해 농축시키고자 한다. 압축 탱크의 유효전달 압력이 4기압이며 공기의 밀도를 1.3g/L, 공기의 용해량이 18.7mL/L일 때 Air/Solid(A/S)비는?(단, 유량은 300m³/day이며, f=0.5, 처리수의 반송은 없다.)

① 0.008　② 0.010
③ 0.016　④ 0.020

해설 A/S 비는 다음 식에 의해 계산된다.
$A/S\ 비 = \dfrac{1.3 \cdot C_{air}(f \cdot P - 1)}{SS}$
$= \dfrac{1.3 \times 18.7 \times (0.5 \times 4 - 1)}{1500}$
$= 0.0162$

53 연속회분식 활성슬러지법(SBR ; Sequencing Batch Reactor)에 대한 설명으로 잘못된 것은?

① 단일 반응조에서 1주기(cycle) 중에 호기-무산소-혐기 등의 조건을 설정하여 질산화와 탈질화를 도모할 수 있다.
② 충격부하 또는 첨두유량에 대한 대응성이 약하다.
③ 처리용량이 큰 처리장에는 적용하기 어렵다.
④ 질소(N)와 인(P)의 동시 제거 시 운전의 유연성이 크다.

해설 부하변동이 큰 소규모 시설에서는 운전의 유연성 등을 고려하여 저부하형으로 한다.

54 혐기성 처리와 호기성 처리의 비교 설명으로 가장 거리가 먼 것은?

① 호기성 처리가 혐기성 처리보다 유출수의 수질이 더 좋다.
② 혐기성 처리가 호기성 처리보다 슬러지 발생량이 더 적다.
③ 호기성 처리에서는 1차 침전지가 필요하지만 혐기성 처리에서는 1차 침전지가 필요 없다.
④ 주어진 기질량에 대한 영양물질의 필요성은 호기성 처리보다 혐기성 처리에서 더 크다.

55 부피가 2,649m³인 탱크에서 G값을 50/s로 유지하기 위해 필요한 이론적 소요동력(W)과 패들 면적(m²)은?(단, 유체 점성계수 $1.139 \times 10^{-3} N \cdot S/m^2$, 밀도 1,000 kg/m³, 직사각형 패들의 항력계수 1.8, 패들 주변속도 0.6m/s, 패들 상대속도=패들 주변속도×0.75로 가정하며 패들 면적은 $A=[2P/C \cdot \rho \cdot V^3]$식을 적용)

① 8,543, 104　② 8,543, 92
③ 7,543, 104　④ 7,543, 92

49. ② 50. ② 51. ③ 52. ③ 53. ② 54. ④ 55. ④ | ANSWER

해설 속도경사(G) 계산식을 이용한다.

$G = \sqrt{\dfrac{P/\forall}{\mu}} \cdots (\sec^{-1})$

㉠ $P(watt) = G^2 \times \forall \times \mu$

$= \dfrac{(50)^2}{\sec^2} \left| 2{,}649\text{m}^3 \right|$

$\dfrac{1.139 \times 10^{-3}\text{N} \cdot \sec}{\text{m}^2} \left| \dfrac{1\text{kg} \cdot \text{m}}{1\text{N} \cdot \sec^2} \right|$

$= 7{,}543.03(\text{watt})$

㉡ 패들의 면적은 주어진 식을 이용한다.

$A = [2P/C \cdot \rho \cdot V^3]$

P : 소요동력
C : 항력계수
V : 상대속도=패들 주변속도×0.75
 $= 0.6 \times 0.75 = 0.45(\text{m/sec})$

$\therefore A = \dfrac{2 \times 7543.03 \text{kg} \cdot \text{m}^2}{\sec^3} \left| \dfrac{1}{1.8} \right|$

$\dfrac{\text{m}^3}{1{,}000\text{kg}} \left| \dfrac{\sec^3}{(0.45)^3 \text{m}^3} \right| = 91.97(\text{m}^2)$

56 생물학적 질소 및 인 동시제거공정으로서 혐기조, 무산소조, 호기조로 구성되며, 혐기조에서 인 방출, 무산소조에서 탈질화, 호기조에서 질산화 및 인 섭취가 일어나는 공정은?

① A^2/O 공정
② Phostrip 공정
③ Modified Bardenphor 공정
④ Modified UCT 공정

57 혐기성 공법 중 혐기성 유동상의 장점이라 볼 수 없는 것은?

① 짧은 수리학적 체류시간과 높은 부하율로 운전이 가능하다.
② 유출수의 재순환이 필요 없으므로 공정이 간단하다.
③ 매질의 첨가나 제거가 쉽다.
④ 독성 물질에 대한 완충능력이 좋다.

해설 혐기성 유동상은 유출수의 재순환 필요로 공정이 복잡하다.

58 하·폐수를 통하여 배출되는 계면활성제에 대한 설명 중 잘못된 것은?

① 계면활성제는 메틸렌블루 활성물질이라고도 한다.
② 계면활성제는 주로 합성세제로부터 배출되는 것이다.
③ 물에 약간 녹으며 폐수처리 플랜트에서 거품을 만들게 한다.
④ ABS는 생물학적으로 분해가 매우 쉬우나 LAS는 생물학적으로 분해가 어려운 난분해성 물질이다.

해설 ABS 세제는 세척력은 우수하지만 부작용이 크다. 물속에 존재하는 미생물은 탄소화합물을 분해해 정화하는 능력이 있는데 ABS 세제처럼 가지 달린 탄소화합물은 쉽게 분해하지 못한다. 그래서 ABS 세제 대신 개발된 것이 LAS(선형 알킬벤젠술폰산 나트륨) 세제다.

59 오존을 이용한 소독에 관한 설명으로 틀린 것은?

① 오존은 화학적으로 불안정하여 현장에서 직접 제조하여 사용해야 한다.
② 오존은 산소의 동소체로서 HOCl보다 더 강력한 산화제이다.
③ 오존은 20℃ 증류수에서 반감기가 20~30분이고 용액 속에 산화제를 요구하는 물질이 존재하면 반감기는 더욱 짧아진다.
④ 잔류성이 강하여 2차 오염을 방지하며 냄새 제거에 매우 효과적이다.

해설 오존은 잔류성이 없어 상수에 대해서는 염소처리의 병용이 필요하다.

60 pH=3.0인 산성폐수 $1{,}000\text{m}^3/\text{day}$를 도시하수시스템으로 방출하는 공장이 있다. 도시하수의 유량은 $10{,}000\text{m}^3/\text{day}$이고, pH=8.0이다. 하수와 폐수의 온도는 20℃이고 완충작용이 없다면 산성폐수 첨가 후 하수의 pH는?

① 3.2
② 3.5
③ 3.8
④ 4.0

ANSWER | 56. ① 57. ② 58. ④ 59. ④ 60. ④

해설 $N_o = \dfrac{N_1V_1 - N_2V_2}{V_1 + V_2}$

$= \dfrac{10^{-3} \times 1{,}000 - 10^{-8} \times 10{,}000}{1{,}000 + 10{,}000}$

$= 9.09 \times 10^{-5} N(M)$

$pH = \log \dfrac{1}{[H^+]}$

$= \log \dfrac{1}{9.09 \times 10^{-5}}$

$= 4.04$

SECTION 04 수질오염공정시험기준

61 알칼리성 $KMnO_4$법으로 COD를 측정하기 위하여 사용하는 표준적정액은?

① NaOH ② $KMnO_4$
③ $Na_2S_2O_3$ ④ $Na_2C_2O_4$

해설 알칼리성 $KMnO_4$법으로 COD를 측정할 경우 티오황산나트륨용액(0.025M)으로 무색이 될 때까지 적정한다.

62 수질오염공정시험기준상 탁도 측정에 관한 설명으로 틀린 것은?

① 파편과 입자가 큰 침전이 존재하는 시료를 빠르게 침전시킬 경우, 탁도값이 낮게 측정된다.
② 물에 색깔이 있는 시료는 잠재적으로 측정값이 높게 분석된다.
③ 시료 속에 거품은 빛을 산란시키고 높은 측정값을 나타낸다.
④ 탁도를 측정하기 위해서는 탁도계를 이용하여 물의 흐림 정도를 측정한다.

해설 물에 색깔이 있는 시료는 색이 빛을 흡수하기 때문에 잠재적으로 측정값이 낮게 분석된다.

63 pH미터의 유지관리에 대한 설명으로 틀린 것은?

① 전극이 더러워졌을 때는 유리전극을 묽은 염산에 잠시 담갔다가 증류수로 씻는다.
② 유리전극을 사용하지 않을 때는 증류수에 담가둔다.
③ 유지, 그리스, 등이 전극표면에 부착되면 유기용매로 적신 부드러운 종이로 전극을 닦고 증류수로 씻는다.
④ 전극에 발생하는 조류나 미생물은 전극을 보호하는 작용이므로 떨어지지 않게 주의한다.

64 분원성 대장균군-막여과법에서 배양온도 유지기준은?

① $25 \pm 0.2℃$ ② $30 \pm 0.5℃$
③ $35 \pm 0.5℃$ ④ $44.5 \pm 0.2℃$

해설 배양기 또는 항온수조는 배양온도를 $(44.5 \pm 0.2)℃$로 유지할 수 있는 것을 사용한다.

65 35% HCl(비중 1.19)을 10% HCl으로 만들려면 35% HCl과 물의 용량비는?

① 1 : 1.5 ② 3 : 1
③ 1 : 3 ④ 1.5 : 1

66 채취된 시료를 즉시 실험할 수 없을 때 4℃에서 NaOH로 pH 12 이상으로 보존해야 하는 항목은?

① 시안 ② 클로로필 a
③ 페놀류 ④ 노말헥산추출물질

67 퇴적물의 완전연소가능량 측정에 관한 내용으로 ( ) 안에 옳은 것은?

> 110℃에서 건조시킨 시료를 도가니에 담고 무게를 측정한 다음 (㉠)℃에서 (㉡)시간 가열한 후 다시 무게를 측정한다.

① ㉠ 400, ㉡ 1 ② ㉠ 400, ㉡ 2
③ ㉠ 550, ㉡ 1 ④ ㉠ 550, ㉡ 2

해설 퇴적물 측정망의 완전연소가능량을 측정하기 위한 방법으로, 110℃에서 건조시킨 시료를 도가니에 담고 무게를 측정한 다음 550℃에서 2시간 가열한 후 다시 무게를 측정한다.

61. ③ 62. ② 63. ④ 64. ④ 65. ③ 66. ① 67. ④ | ANSWER

68 폐수 20mL를 취하여 산성과망간산칼륨법으로 분석하였더니 0.005M-KMnO₄ 용액의 적정량이 4mL였다. 이 폐수의 COD(mg/L)는?(단, 공시험값=0 mL, 0.005M-KMnO₄ 용액의 f=1.00)

① 16　　② 40
③ 60　　④ 80

해설 $COD(mg/L) = (b-a) \times f \times \dfrac{1,000}{V} \times 0.2$

㉠ a : 바탕시험 적정에 소비된 과망간산칼륨용액(0.005M)의 양 = 0(mL)
㉡ b : 시료의 적정에 소비된 과망간산칼륨용액(0.005 M)의 양 = 4(mL)
㉢ f : 과망간산칼륨용액(0.005M) 농도계수(factor) = 1
㉣ V : 시료의 양 = 20(mL)

∴ $COD(mg/L) = (4-0) \times 1 \times \dfrac{1,000}{20} \times 0.2$
$= 40(mg/L)$

69 총유기탄소 분석기기 내 산화부에서 유기탄소를 이산화탄소로 산화하는 방법으로 옳게 짝지은 것은?

① 고온연소 산화법, 저온연소 산화법
② 고온연소 산화법, 전기전도도 산화법
③ 고온연소 산화법, 과황산 열 산화법
④ 고온연소 산화법, 비분산적외선 산화법

해설 총유기탄소 분석기기 내 산화부에서 유기탄소를 이산화탄소로 산화하는 방법
㉠ 고온연소산화법
㉡ 과황산 열 산화법

70 "정확히 취하여"라고 하는 것은 규정한 양의 액체를 무엇으로 눈금까지 취하는 것을 말하는가?

① 메스실린더　　② 뷰렛
③ 부피피펫　　　④ 눈금 비이커

해설 "정확히 취하여"라 하는 것은 규정한 양의 액체를 부피피펫으로 눈금까지 취하는 것을 말한다.

71 ppm을 설명한 것으로 틀린 것은?

① ppb농도의 1,000배이다.
② 백만분율이라고 한다.
③ mg/kg이다.
④ %농도의 1/1,000이다.

해설 ppm은 %농도의 1/10,000이다.

72 BOD 측정 시 산성 또는 알칼리성 시료에 대하여 전처리를 할 때 중화를 위해 넣어주는 산 또는 알칼리의 양은 시료량의 몇 %가 넘지 않도록 하여야 하는가?

① 0.5　　② 1.0
③ 2.0　　④ 3.0

해설 pH가 6.5~8.5의 범위를 벗어나는 산성 또는 알칼리성 시료는 염산용액(1M) 또는 수산화나트륨용액(1M)으로 시료를 중화하여 pH 7~7.2로 맞춘다. 다만 이때 넣어주는 염산 또는 수산화나트륨의 양이 시료량의 0.5%가 넘지 않도록 하여야 한다. pH가 조정된 시료는 반드시 식종을 실시한다.

73 수질오염공정시험기준에서 기체크로마토그래피로 측정하지 않는 항목은?

① 유기인
② 음이온계면활성제
③ 폴리클로리네이티드비페닐
④ 알킬수은

해설 음이온계면활성제 적용 가능한 시험방법
㉠ 자외선/가시선 분광법
㉡ 연속흐름법

74 총 질소-연속흐름법에 관한 내용으로 (　)에 옳은 것은?

> 시료 중 모든 질소화합물을 산화분해하여 질산성질소 형태로 변화시킨 다음 (　)을 통과시켜 아질산성질소의 양을 550nm 또는 기기에서 정해진 파장에서 측정하는 방법

① 수산화나트륨(0.025N)용액 칼럼
② 무수황산나트륨 환원 칼럼
③ 환원증류·킬달 칼럼
④ 카드뮴-구리환원 칼럼

해설 총 질소-연속흐름법
시료 중 모든 질소화합물을 산화분해하여 질산성질소(NO_3^-) 형태로 변화시킨 다음 카드뮴-구리환원 칼럼을 통과시켜 아질산성 질소의 양을 550nm 또는 기기에서 정해진 파장에서 측정하는 방법이다.

75 하수 및 폐수 종말처리장 등의 원수, 공정수, 배출수 등의 개수로의 유량을 측정하는 데 사용하는 웨어의 정확도 기준은?(단, 실제유량에 대한 %)
① ±5% ② ±10%
③ ±15% ④ ±25%

해설 유량계에 따른 정밀/정확도 및 최대유속과 최소유속의 비율

유량계	범위 (최대유량 : 최소유량)	정확도 (실제유량에 대한, %)	정밀도 (최대유량에 대한, %)
웨어(weir)	500 : 1	±5	±0.5
파샬수로(flume)	10 : 1~75 : 1	±5	±0.5

76 시료의 전처리 방법 중 유기물을 다량 함유하고 있으면서 산분해가 어려운 시료에 적용하는 방법은?
① 질산-염산 산분해법
② 질산 산분해법
③ 마이크로파 산분해법
④ 질산-황산 산분해법

77 일반적으로 기체크로마토그래피의 열전도도 검출기에서 사용하는 운반가스의 종류는?
① 헬륨 ② 질소
③ 산소 ④ 이산화탄소

78 카드뮴을 자외선/가시선 분광법으로 측정할 때 사용되는 시약으로 가장 거리가 먼 것은?
① 수산화나트륨용액 ② 요오드화칼륨용액
③ 시안화칼륨용액 ④ 타타르산용액

해설 카드뮴을 자외선/가시선 분광법으로 측정할 때 사용되는 시약
㉠ 디티존·사염화탄소용액(0.005%)
㉡ 사이트르산이암모늄용액(10%)
㉢ 수산화나트륨용액(10%)
㉣ 시안화칼륨용액(1%)
㉤ 염산(1+10)
㉥ 염산하이드록실아민용액(10%)
㉦ 타타르산용액(2%)

79 전기전도도 측정에 관한 설명으로 틀린 것은?
① 용액이 전류를 운반할 수 있는 정도를 말한다.
② 온도차에 의한 영향이 적어 폭 넓게 적용된다.
③ 용액에 담겨있는 2개의 전극에 일정한 전압을 가해주면 가한 전압이 전류를 흐르게 하며, 이때 흐르는 전류의 크기는 용액의 전도도에 의존한다는 사실을 이용한다.
④ 용액 중의 이온세기를 신속하게 평가할 수 있는 항목으로 국제적으로 S(Siemens)단위가 통용되고 있다.

해설 전기전도도는 온도차에 의한 영향이 크므로 측정결과치의 통일을 기하기 위하여 25℃에서의 값으로 환산하여 기록한다.

80 자외선/가시선 분광법으로 아연을 정량하는 방법으로 ( )에 옳은 내용은?

> 물속에 존재하는 아연을 측정하기 위하여 아연이온이 pH 약 ( )에서 진콘과 반응하여 생성하는 청색 킬레이트 화합물의 흡광도를 측정한다.

① 4 ② 9
③ 10 ④ 12

해설 물속에 존재하는 아연을 측정하기 위하여 아연이온이 pH 약 9에서 진콘(2-카르복시-2'-하이드록시(hydroxy)-5'-술포포마질-벤젠·나트륨염)과 반응하여 생성하는 청색 킬레이트 화합물의 흡광도를 620nm에서 측정하는 방법이다.

SECTION 05 수질환경관계법규

81 사업장의 규모별 구분에 관한 내용으로 ( )에 맞는 내용은?

> 최초 배출시설 설치허가 시의 폐수배출량은 사업계획에 따른 ( )을 기준으로 산정한다.

① 예상용수사용량 ② 예상폐수배출량
③ 예상하수배출량 ④ 예상희석수사용량

해설 최초 배출시설 설치허가시의 폐수배출량은 사업계획에 따른 예상용수사용량을 기준으로 산정한다.

82 환경정책기본법령에 의한 수질 및 수생태계 상태를 등급으로 나타내는 경우 "좋음" 등급에 대해 설명한 것은?(단, 수질 및 수생태계 하천의 생활 환경기준)

① 용존산소가 풍부하고 오염물질이 거의 없는 청정상태에 근접한 생태계로 침전 등 간단한 정수처리 후 생활용수로 상용할 수 있음
② 용존산소가 풍부하고 오염물질이 거의 없는 청정상태에 근접한 생태계로 여과·침전 등 간단한 정수처리 후 생활용수로 사용할 수 있음
③ 용존산소가 많은 편이고 오염물질이 거의 없는 청정상태에 근접한 생태계로 여과·침전·살균 등 일반적인 정수처리 후 생활용수로 사용할 수 있음
④ 용존산소가 많은 편이고 오염물질이 거의 없는 청정상태에 근접한 생태계로 활성탄 투입 등 일반적인 정수처리 후 생활용수로 사용할 수 있음

해설 등급별 수질 및 수생태계 상태
㉠ 매우 좋음: 용존산소(溶存酸素)가 풍부하고 오염물질이 없는 청정상태의 생태계로 여과·살균 등 간단한 정수처리 후 생활용수로 사용할 수 있음
㉡ 좋음: 용존산소가 많은 편이고 오염물질이 거의 없는 청정상태에 근접한 생태계로 여과·침전·살균 등 일반적인 정수처리 후 생활용수로 사용할 수 있음
㉢ 약간 좋음: 약간의 오염물질은 있으나 용존산소가 많은 상태의 다소 좋은 생태계로 여과·침전·살균 등 일반적인 정수처리 후 생활용수 또는 수영용수로 사용할 수 있음

83 조치명령 또는 개선명령을 받지 아니한 사업자가 배출허용기준을 초과하여 오염물질을 배출하게 될 때 환경부장관에게 제출하는 개선계획서에 기재할 사항이 아닌 것은?

① 개선사유
② 개선내용
③ 개선기간 중의 수질오염물질 예상배출량 및 배출농도
④ 개선 후 배출시설의 오염물질 저감량 및 저감효과

해설 조치명령 또는 개선명령을 받지 아니한 사업자가 배출허용기준을 초과하여 오염물질을 배출하게 될 때 개선사유, 개선기간, 개선내용, 개선기간 중의 수질오염물질 예상배출량 및 배출농도 등을 적어 환경부장관에게 제출하고 그 배출시설 등을 개선할 수 있다.

84 공공폐수처리시설 배수설비의 설치방법 및 구조기준에 관한 내용으로 ( )에 맞는 것은?

> 시간당 최대폐수량이 일평균폐수량의 (㉠) 이상인 사업자와 순간수질과 일평균수질과의 격차가 (㉡) mg/L 이상인 시설의 사업자는 자체적으로 유량조정조를 설치하여 폐수종말 처리시설 가동에 지장이 없도록 폐수배출량 및 수질을 조정한 후 배수하여야 한다.

① ㉠ 2배, ㉡ 100   ② ㉠ 2배, ㉡ 20
③ ㉠ 3배, ㉡ 100   ④ ㉠ 3배, ㉡ 20

해설 시간당 최대폐수량이 일평균폐수량의 2배 이상인 사업자와 순간수질과 일평균수질과의 격차가 리터당 100밀리그램 이상인 시설의 사업자는 자체적으로 유량조정조를 설치하여 공공폐수처리시설 가동에 지장이 없도록 폐수배출량 및 수질을 조정한 후 배수하여야 한다.

85 수질오염방지시설 중 화학적 처리시설이 아닌 것은?

① 농축시설   ② 살균시설
③ 흡착시설   ④ 소각시설

해설 농축시설은 물리적 처리시설이다.

ANSWER | 81. ① 82. ③ 83. ④ 84. ① 85. ①

86 총량관리 단위유역의 수질 측정방법 중 측정수질에 관한 내용으로 ( )에 맞는 것은?

> 산정 시점으로부터 과거 ( ) 측정한 것으로 하며, 그 단위는 리터당 밀리그램(mg/L)으로 표시한다.

① 1년간　　② 2년간
③ 3년간　　④ 5년간

해설 측정수질은 산정 시점으로부터 과거 3년간 측정한 것으로 하며, 그 단위는 리터당 밀리그램(mg/L)으로 표시한다.

87 폐수무방류배출시설의 세부 설치기준으로 틀린 것은?

① 특별대책지역에 설치되는 경우 폐수배출량이 200 m³/day 이상이면 실시간 확인 가능한 원격유량 감시장치를 설치하여야 한다.
② 폐수는 고정된 관로를 통하여 수집·이송·처리·저장되어야 한다.
③ 특별대책지역에 설치되는 시설이 1일 24시간 연속하여 가동되는 것이면 배출폐수를 전량 처리할 수 있는 예비 방지시설을 설치하여야 한다.
④ 폐수를 고체 상태의 폐기물로 처리하기 위하여 증발·농축·건조·탈수 또는 소각시설을 설치하여야 하며, 탈수 등 방지시설에서 발생하는 폐수가 방지시설에 재유입되지 않도록 하여야 한다.

해설 폐수를 고체 상태의 폐기물로 처리하기 위하여 증발·농축·건조·탈수 또는 소각시설을 설치하여야 하며, 탈수 등 방지시설에서 발생하는 폐수가 방지시설에 재유입하도록 하여야 한다.

88 수계영향권별 물환경 보전에 관한 설명으로 옳은 것은?

① 환경부장관은 공공수역의 관리·보전을 위하여 국가 물환경관리기본계획을 10년마다 수립하여야 한다.
② 시·도지사는 수계영향권별로 오염원의 종류, 수질오염물질 발생량 등을 정기적으로 조사하여야 한다.
③ 환경부장관은 국가 물환경기본계획에 따라 중권역의 물환경관리계획을 수립하여야 한다.
④ 수생태계 복원계획의 내용 및 수립 절차 등에 필요한 사항은 환경부령으로 정한다.

89 중점관리저수지의 관리자와 그 저수지의 소재지를 관할하는 시·도지사가 수립하는 중점관리저수지의 수질오염 방지 및 수질 개선에 관한 대책에 포함되어야 하는 사항으로 ( )에 옳은 것은?

> 중점관리저수지의 경계로부터 반경 ( )의 거주 인구 등 일반현황

① 500m 이내　　② 1km 이내
③ 2km 이내　　④ 5km 이내

해설 중점관리저수지의 관리자와 그 저수지의 소재지를 관할하는 시·도지사는 공동으로 대책을 수립하여 제출할 수 있다.
㉠ 중점관리저수지의 설치목적, 이용현황 및 오염현황
㉡ 중점관리저수지의 경계로부터 반경 2킬로미터 이내의 거주인구 등 일반현황
㉢ 중점관리저수지의 수질 관리목표
㉣ 중점관리저수지의 수질 오염 예방 및 수질 개선방안
㉤ 그 밖에 중점관리저수지의 적정 관리를 위하여 필요한 사항

90 대권역 물환경관리계획의 수립 시 포함되어야 할 사항으로 틀린 것은?

① 상수원 및 물 이용현황
② 물환경의 변화 추이 및 물환경 목표기준
③ 물환경 보전조치의 추진방향
④ 물환경 관리 우선순위 및 대책

해설 대권역 물환경관리계획의 수립 시 포함되어야 할 사항
㉠ 물환경의 변화 추이 및 물환경 목표기준
㉡ 상수원 및 물 이용현황
㉢ 점오염원, 비점오염원 및 기타 수질오염원의 분포현황
㉣ 점오염원, 비점오염원 및 기타 수질오염원에서 배출되는 수질오염물질의 양
㉤ 수질오염 예방 및 저감대책
㉥ 물환경 보전조치의 추진방향
㉦ 「저탄소 녹색성장 기본법」제2조 제12호에 따른 기후변화에 대한 적응대책
㉧ 그 밖에 환경부령으로 정하는 사항

91 시·도지사가 측정망을 이용하여 수질오염도를 상시 측정하거나 수생태계 현황을 조사한 경우, 결과를 며칠 이내에 환경부장관에게 보고하여야 하는지 ( )에 맞는 것은?

- 수질오염도 : 측정일이 속하는 달의 다음 달 (㉠) 이내
- 수생태계 현황 : 조사 종료일부 (㉡) 이내

① ㉠ 5일, ㉡ 1개월　② ㉠ 5일, ㉡ 3개월
③ ㉠ 10일, ㉡ 1개월　④ ㉠ 10일, ㉡ 3개월

해설 ㉠ 수질오염도 : 측정일이 속하는 달의 다음 달 10일 이내
㉡ 수생태계 현황 : 조사 종료일부터 3개월 이내

92 특별자치시장·특별자치도지사·시장·군수·구청장이 하천·호소의 이용목적 및 수질상황 등을 고려하여 대통령령이 정하는 바에 따라 낚시금지구역 또는 낚시제한구역을 지정할 경우 누구와 협의하여야 하는가?

① 수면관리자　② 지방의회
③ 해양수산부장관　④ 지방환경청장

해설 특별자치시장·특별자치도지사·시장·군수·구청장은 하천·호소의 이용목적 및 수질상황 등을 고려하여 대통령령으로 정하는 바에 따라 낚시금지구역 또는 낚시제한구역을 지정할 수 있다. 이 경우 수면관리자와 협의하여야 한다.

93 시·도지사는 오염총량관리기본계획을 수립하거나 오염총량관리기본계획 중 대통령령이 정하는 중요한 사항을 변경하는 경우 환경부장관의 승인을 얻어야 한다. 중요한 사항에 해당되지 않는 것은?

① 해당 지역 개발계획의 내용
② 지방자치단체별·수계구간별 오염부하량의 할당
③ 관할 지역에서 배출되는 오염부하량의 총량 및 저감계획
④ 최종방류구별·단위기간별 오염부하량 할당 및 배출량 지정

해설 오염총량관리 기본계획을 수립
㉠ 해당 지역 개발계획의 내용

㉡ 지방자치단체별·수계구간별 오염부하량(汚染負荷量)의 할당
㉢ 관할 지역에서 배출되는 오염부하량의 총량 및 저감계획
㉣ 해당 지역 개발계획으로 인하여 추가로 배출되는 오염부하량 및 그 저감계획

94 특정 수질유해물질로만 구성된 것은?
① 시안화합물, 셀레늄과 그 화합물, 벤젠
② 시안화합물, 바륨화합물, 페놀류
③ 벤젠, 바륨화합물, 구리와 그 화합물
④ 6가크롬 화합물, 페놀류, 니켈과 그 화합물

95 공공수역에 분뇨·가축분뇨 등을 버린 자에 대한 벌칙기준은?
① 5년 이하의 징역 또는 5천만 원 이하의 벌금
② 3년 이하의 징역 또는 3천만 원 이하의 벌금
③ 2년 이하의 징역 또는 2천만 원 이하의 벌금
④ 1년 이하의 징역 또는 1천만 원 이하의 벌금

96 위임업무 보고사항 중 업무내용에 따른 보고횟수가 연 1회에 해당되는 것은?
① 기타 수질오염원 현황
② 환경기술인의 자격별·업종별 현황
③ 폐수무방류배출시설의 설치허가 현황
④ 폐수처리업에 대한 등록·지도단속실적 및 처리실적 현항

97 물환경보전법에서 사용하는 용어의 정의로 틀린 것은?
① 비점오염원 : 도시, 도로, 농지, 산지, 공사장 등으로서 불특정 장소에서 불특정하게 수질오염물질을 배출하는 배출원을 말한다.
② 기타 수질오염원 : 점오염원 및 비점오염원으로 관리되지 아니하는 수질오염물질 배출원으로 대통령령으로 정하는 것을 말한다.
③ 폐수 : 물에 액체성 또는 고체성의 수질오염물질이 혼입되어 그대로 사용할 수 없는 물을 말한다.
④ 강우유출수 : 비점오염원의 수질오염물질이 섞여 유출되는 빗물 또는 눈 녹은 물 등을 말한다.

ANSWER | 91. ④ 92. ① 93. ④ 94. ① 95. ④ 96. ② 97. ②

관련기관	조치사항
홍수통제소장, 한국수자원공사사장 (홍수통제소장, 한국수자원공사사장)	기상상황, 하천수문 등을 고려한 방류량 산정
한국환경공단이사장 (한국환경공단이사장)	1) 환경기초시설 및 폐수배출사업장 관계기관 합동점검 시 지원 2) 하천구간 조류 제거에 관한 사항 지원 3) 환경기초시설 수질자동측정자료 모니터링 강화

해설 "기타 수질오염원"이란 점오염원 및 비점오염원으로 관리되지 아니하는 수질오염물질을 배출하는 시설 또는 장소로서 환경부령으로 정하는 것을 말한다.

98 오염총량초과부과금 산정방법 및 기준에서 적용되는 측정유량(일일유량 산정 시 적용)단위로 옳은 것은?

① m^3/min ② L/min
③ m^3/sec ④ L/sec

99 수질오염물질의 배출허용기준에서 '나' 지역의 화학적 산소요구량(COD)의 기준(mg/L 이하)은?(단, 1일 폐수 배출량이 2,000m^3 미만인 경우)

① 150 ② 130
③ 120 ④ 90

100 수질오염경보의 종류별 · 경보단계별 조치사항 중 상수원 구간에서 조류경보 "경계" 단계 발령 시 조치사항이 아닌 것은?

① 정수의 독소분석 실시
② 황토 등 흡착제 살포 등을 이용한 조류제거 조치 실시
③ 주변오염원에 대한 단속 강화
④ 어패류 어획 · 식용, 가축 방목 등의 자제 권고

해설 경계

관련기관	조치사항
4대강 물환경연구소장 (시 · 도 보건환경연구원장 또는 수면관리자)	1) 주 2회 이상 시료 채취 및 분석(남조류 세포수, 클로로필-a, 냄새물질, 독소) 2) 시험분석 결과를 발령기관으로 신속하게 통보
수면관리자 (수면관리자)	취수구와 조류가 심한 지역에 대한 차단막 설치 등 조류 제거조치 실시
취수장 · 정수장 관리자(취수장 · 정수장 관리자)	1) 조류증식 수심 이하로 취수구 이동 2) 정수처리 강화(활성탄처리, 오존처리) 3) 정수의 독소분석 실시
유역 · 지방 환경청장 (시 · 도지사)	1) 경계경보 발령 및 대중매체를 통한 홍보 2) 주변오염원에 대한 단속 강화 3) 낚시 · 수상스키 · 수영 등 친수활동, 어패류 어획 · 식용, 가축 방목 등의 자제 권고 및 이에 대한 공지(현수막 설치 등)

2018년 2회 수질환경기사

SECTION 01 수질오염개론

01 유기화합물에 대한 설명으로 옳지 않은 것은?
① 유기화합물들은 일반적으로 녹는 점과 끓는 점이 낮다.
② 유기화합물들은 하나의 분자식에 대하여 여러 종류의 화합물이 존재할 수 있다.
③ 유기화합물들은 대체로 이온반응보다는 분자반응을 하므로 반응속도가 빠르다.
④ 대부분의 유기화합물은 박테리아의 먹이가 될 수 있다.

해설 유기화합물들은 대체로 이온반응보다는 분자반응을 하므로 반응속도가 느리다.

02 도시에서 DO 0mg/L, BOD_U 200mg/L, 유량 1.0 m³/sec, 온도 20℃의 하수를 유량 6m³/sec인 하천에 방류하고자 한다. 방류지점에서 몇 km 하류에서 DO 농도가 가장 낮아지겠는가?(단, 하천의 온도 20℃, BOD_U 1mg/L, DO 9.2mg/L, 방류 후 혼합된 유량의 유속 3.6km/hr이며, 혼합수의 k_1=0.1/day, k_2=0.2/day, 20℃에서 산소포화농도는 9.2mg/L이다. 상용대수기준)
① 약 243   ② 약 258
③ 약 273   ④ 약 292

해설 L = V(유속) × t(임계점 도달시간)
㉠ V = 3.6km/hr
㉡ $t_c = \dfrac{1}{K_1(f-1)} \log\left[f\left\{1-(f-1)\dfrac{D_o}{L_o}\right\}\right]$

f = 자정계수 = $\dfrac{K_2}{K_1} = \dfrac{0.2/day}{0.1/day} = 2$

D_o = 초기 산소부족량
  = $C_s - D_o$ = 9.2 − 7.89 = 1.31(mg/L)

DO = $\dfrac{(1.0 \times 0) + (6.0 \times 9.2)}{1.0+6.0}$ = 7.89(mg/L)

$L_o = \dfrac{(1.0 \times 200) + (6 \times 1)}{1+6}$ = 29.43(mg/L)

∴ $t_c = \dfrac{1}{0.1 \times (2-1)}$
   $\log\left[2\left\{1-(2-1) \times \dfrac{(9.2-7.89)}{29.43}\right\}\right]$
   = 2.81(day)

∴ L = V × t = $\dfrac{3.6km}{hr} \left| \dfrac{2.81day}{} \right| \dfrac{24hr}{1day}$
   = 242.78(km)

03 직경 3mm인 모세관의 표면장력이 0.0037kgf/m이라면 물 기둥의 상승높이(cm)는?(단, h = $\dfrac{4r\cos\beta}{w \cdot d}$, 접촉각 β=5°)
① 0.26   ② 0.38
③ 0.49   ④ 0.57

해설 h = $\dfrac{4r\cos\beta}{w \cdot d}$ = $\dfrac{4}{} \left| \dfrac{0.0037kg_f}{m} \right| \dfrac{\cos 5°}{} \left| \dfrac{m^3}{1,000kg_f} \right|$
$\dfrac{}{3mm} \left| \dfrac{10^3 mm}{1m} \right| \dfrac{100cm}{1m}$
= 0.49(cm)

04 산화–환원에 대한 설명으로 알맞지 않은 것은?
① 산화는 전자를 받아들이는 현상을 말하며, 환원은 전자를 잃는 현상을 말한다.
② 이온 원자가나 공유원자가에 (+)나 (−)부호를 붙인 것을 산화수라 한다.
③ 산화는 산화수의 증가를 말하며, 환원은 산화수의 감소를 말한다.
④ 산화는 수소화합물에서 수소를 잃는 현상이며 환원은 수소와 화합하는 현상을 말한다.

해설 산화란 원래는 산화된 물질을 본래의 물질로 되돌리는 것을 뜻하지만 수소 및 전자를 빼앗기는 변화 또는 그것에 수반되는 화학적 반응을 말한다.

ANSWER | 1. ③ 2. ① 3. ③ 4. ①

05 해수의 특성으로 틀린 것은?
① 해수는 HCO_3^-를 포화시킨 상태로 되어 있다.
② 해수의 밀도는 염분비 일정 법칙에 따라 항상 균일하게 유지된다.
③ 해수 내 전체 질소 중 약 35% 정도는 암모니아성 질소와 유기 질소의 형태이다.
④ 해수의 Mg/Ca 비는 3~4 정도로 담수에 비하여 크다.

해설 해수의 밀도는 수온, 염분, 수압의 함수이며 수심이 깊을수록 증가한다.

06 배양기의 제한기질농도(S)가 100mg/L, 세포 최대 비증식계수(μ_{max})가 $0.35hr^{-1}$일 때 Monod 식에 의한 세포의 비증식계수(μ, hr^{-1})는?(단, 제한기질 반포화농도(K_s)=30mg/L)
① 약 0.27   ② 약 0.34
③ 약 0.42   ④ 약 0.54

해설 Monod식을 이용한다.
$$\mu = \mu_{max} \times \frac{S}{K_s + S}$$
$$= 0.35(hr^{-1}) \times \frac{100}{30+100} = 0.269(hr^{-1})$$

07 유리산소가 존재하는 상태에서 발육하기 어려운 미생물로 가장 알맞은 것은?
① 호기성 미생물
② 통성혐기성 미생물
③ 편성혐기성 미생물
④ 미호기성 미생물

08 자체의 염분농도가 평균 20mg/L인 폐수에 시간당 4kg의 소금을 첨가시킨 후 하류에서 측정한 염분의 농도가 55mg/L이었을 때 유량(m^3/sec)은?
① 0.0317   ② 0.317
③ 0.0634   ④ 0.634

해설
$$C(mg/L) = \frac{Q_1 \cdot C_1 + Q_2 \cdot C_2}{Q_1 + Q_2}$$
$$55(mg/L) = \frac{20(mg/L) \times Q_1 + 4(kg/hr)}{Q_1 + 0}$$
$$35(mg/L)Q_1 = 4(kg/hr)$$
$$Q_1(m^3/sec) = \frac{4kg}{hr} \left| \frac{L}{35mg} \right| \frac{10^6 mg}{1kg} \left| \frac{1m^3}{10^3 L} \right|$$
$$\frac{1hr}{3,600sec} = 0.0317(m^3/sec)$$

09 방사성 물질인 스트론튬(Sr^{90})의 반감기가 29년이라면 주어진 양의 스트론튬(Sr^{90})이 99% 감소하는 데 걸리는 시간(년)은?
① 143   ② 193
③ 233   ④ 273

해설 1차반응식을 이용한다.
$$\ln\frac{C_t}{C_o} = -K \cdot t$$
㉠ $t=29$년일 때 $C_o = 100$,
$C_t = 50$이므로 반응속도상수 K와의 관계식을 만들면
$$\ln\frac{50}{100} = -K \cdot 29(year)$$
$$\therefore K = 0.0239(year^{-1})$$
㉡ 따라서 99%의 반감기를 구하면
$$t = \frac{\ln(C_t/C_o)}{-K} = \frac{\ln(1/100)}{-0.0239}$$
$$= 192.68 \fallingdotseq 193년$$

10 우리나라 호수들의 형태에 따른 분류와 그 특성을 나타낸 것으로 가장 거리가 먼 것은?
① 하천형 : 긴 체류시간
② 가지형 : 복잡한 연안구조
③ 가지형 : 호수 내 만의 발달
④ 하구형 : 높은 오염부하량

해설 하천형은 수심이 얕고 유입・유출량이 저수량에 비해 상대적으로 크므로 수온이나 용존산소의 수직분포가 거의 일정하여 성층의 발달이 미약하고 짧은 체류시간으로 인해 유역의 강우와 오염물질 부하에 직접적인 영향을 받는다.

5. ② 6. ① 7. ③ 8. ① 9. ② 10. ① | ANSWER

11 일반적으로 처리조 설계에 있어서 수리모형으로 plug flow형과 완전혼합형이 있다. 다음의 혼합 정도를 나타내는 표시항 중 이상적인 plug flow형일 때 얻어지는 값은?

① 분산수 : 0
② 통계학적 분산 : 1
③ Morrill지수 : 1보다 크다.
④ 지체시간 : 0

해설 혼합의 흐름 정도 표시

혼합 정도의 표시	완전혼합 흐름상태	플러그 흐름상태
분산	1일 때	0일 때
분산수	d=∞ 무한대일 때	d=0일 때
모릴지수	M_o 값이 클수록 근접	M_o 값이 1에 가까울수록
지체시간	0	이론적 체류시간과 같을 때

12 수산화칼슘($Ca(OH)_2$)은 중탄산칼슘($Ca(HCO_3)_2$)과 반응하여 탄산칼슘($CaCO_3$)의 침전을 형성한다고 할 때 10g의 $Ca(OH)_2$에 대하여 몇 g의 $CaCO_3$가 생성되는가?(단, 원자량 Ca : 40)

① 37 ② 27
③ 17 ④ 7

해설 $Ca(OH)_2 + Ca(HCO_3)_2 \rightarrow 2CaCO_3 + 2H_2O$
74(g) : 2×100(g)
10(g) : X
∴ X($CaCO_3$) = 27.02(g)

13 수온이 20℃인 저수지의 용존산소 농도가 12.4mg/L이었을 때 저수지의 상태를 가장 적절하게 평가한 것은?

① 물이 깨끗하다.
② 대기로부터의 산소 재폭기가 활발히 일어나고 있다.
③ 조류가 많이 번성하고 있다.
④ 수생동물이 많다.

해설 일반적으로 20℃에서 물의 포화용존산소량은 약 9.17mg/L 정도인데 현재 용존산소량이 12.4mg/L이므로 조류(Algae)의 광합성에 의한 산소의 공급이 이뤄졌을 가능성이 높다.

14 호소의 부영양화를 방지하기 위해서 호소로 유입되는 영양염류의 저감과 성장조류를 제거하는 수면관리대책을 동시에 수립하여야 하는데, 유입저감대책으로 바르지 않은 것은?

① 배출허용기준의 강화
② 약품에 의한 영양염류의 침전 및 황산동 살포
③ 하·폐수의 고도처리
④ 수변구역의 설정 및 유입배수의 우회

해설 약품에 의한 영양염류의 침전 및 황산동 살포는 유입저감대책이라 할 수 없다.

15 생물학적 질화 중 아질산화에 관한 설명으로 옳지 않은 것은?

① 반응속도가 매우 빠르다.
② 관련 미생물은 독립영양성 세균이다.
③ 에너지원은 화학에너지이다.
④ 산소가 필요하다.

해설 독성이 가장 강하고, 반응속도가 매우 느리다.

16 일반적으로 적용되는 부영양화모델의 방정식 $\frac{\partial \chi}{\partial t}$=f($\chi$, u, a, p)의 설명으로 틀린 것은?

① a : 호수생태계의 특색을 나타내는 상수 vector
② f : 유입, 유출, 호수 내에서의 이류, 확산 등 상태 변수의 변화속도
③ p : 수량부하, 일사량 등에 관련되는 입력함수
④ χ : 호수 및 저니 속의 어떤 지점에서의 물리적, 화학적, 생물학적인 상태량

해설 ㉠ u : 입력함수(수량부하, 일사량, 풍력에너지의 대응)
㉡ p : 확률적인 요인

17 미생물에 의한 산화·환원 반응에 있어 전자 수용체에 속하지 않는 것은?

① O_2 ② CO_2
③ NH_3 ④ 유기물

ANSWER | 11. ① 12. ② 13. ③ 14. ② 15. ① 16. ③ 17. ③

18 바다에서 발생되는 적조현상에 관한 설명과 가장 거리가 먼 것은?

① 적조 조류의 독소에 의한 어패류의 피해가 발생한다.
② 해수 중 용존산소의 결핍에 의한 어패류의 피해가 발생한다.
③ 갈수기 해수 내 염소량이 높아질 때 발생된다.
④ 플랑크톤의 번식에 충분한 광량과 영양염류가 공급될 때 발생된다.

해설 적조현상은 강우에 따른 하천수의 유입으로 염분량이 낮아지고, 물리적 자극물질이 보급될 때 발생한다.

19 물의 특성을 설명한 것으로 적절치 못한 것은?

① 상온에서 알칼리금속, 알칼리토금속, 철과 반응하여 수소를 발생시킨다.
② 표면장력은 불순물농도가 낮을수록 감소한다.
③ 표면장력은 수온이 증가하면 감소한다.
④ 점도는 수온과 불순물의 농도에 따라 달라지는데 수온이 증가할수록 점도는 낮아진다.

해설 표면장력은 분순물의 농도가 높을수록 감소한다.

20 시료의 BOD_5가 200mg/L이고 탈산소계수값이 0.15 day^{-1}일 때 최종 BOD(mg/L)는?

① 약 213
② 약 223
③ 약 233
④ 약 243

해설 $BOD_5 = BOD_u(1-10^{-k \cdot t})$
$200 = BOD_u(1-10^{-0.15 \times 5})$
$\therefore BOD_u = 243.26(mg/L)$

SECTION 02 상하수도계획

21 배수지의 고수위와 저수위와의 수위차, 즉 배수지의 유효수심의 표준으로 적절한 것은?

① 1~2m   ② 2~4m
③ 3~6m   ④ 5~8m

해설 배수지의 유효수심은 배수관의 동수압이 적절하게 유지될 수 있도록 3~6m 정도로 한다.

22 오수관로의 유속 범위로 알맞은 것은?(단, 계획시간 최대오수량 기준)

① 최소 0.2m/sec, 최대 2.0m/sec
② 최소 0.3m/sec, 최대 2.0m/sec
③ 최소 0.6m/sec, 최대 3.0m/sec
④ 최소 0.8m/sec, 최대 3.0m/sec

해설 오수관거는 계획시간최대오수량에 대해 유속은 최소 0.6m/sec, 최대 3.0m/sec로 한다.

23 정수시설 중 응집을 위한 시설인 플록형성지의 플록형성시간은 계획정수량에 대하여 몇 분을 표준으로 하는가?

① 0.5~1분   ② 1~3분
③ 5~10분   ④ 20~40분

해설 플록형성시간은 원칙적으로 계획정수량에 대하여 20~40분간을 표준으로 한다.

24 응집시설 중 완속교반시설에 관한 설명으로 틀린 것은?

① 완속교반기는 패들형과 터빈형이 사용된다.
② 완속교반 시 속도경사는 40~100초$^{-1}$ 정도로 낮게 유지한다.
③ 조의 형태는 폭 : 길이 : 깊이 = 1 : 1 : 1~1.2가 적당하다.
④ 체류시간은 5~10분이 적당하고 3~4개의 실로 분리하는 것이 좋다.

해설 완속교반 시 설계인자
체류시간은 통상 20~30분이 적당하며, 조는 3~4개의 실로 분리하는 것이 좋다.

25 비교회전도가 700~1,200인 경우에 사용되는 하수도용 펌프 형식으로 옳은 것은?

① 터빈펌프 ② 볼류트펌프
③ 축류펌프 ④ 사류펌프

해설 펌프의 형식과 비교회전도의 관계

형식	Ns
터빈펌프	100~250
사류펌프	700~1,200
축류펌프	1,100~2,000

26 하수관로의 유속과 경사는 하류로 갈수록 어떻게 되도록 설계하여야 하는가?

① 유속 : 증가, 경사 : 감소
② 유속 : 증가, 경사 : 증가
③ 유속 : 감소, 경사 : 증가
④ 유속 : 감소, 경사 : 감소

해설 하수 중의 오물이 차례로 관거에 침전되는 것을 막기 위하여 하류방향으로 내려감에 따라 유속을 점차 증기하도록 해야 하며, 경사는 하류로 갈수록 감소시켜야 한다.

27 원형 원심력 철근콘크리트관에 만수된 상태로 송수된다고 할 때 Manning 공식에 의한 유속(m/sec)은?(단, 조도계수=0.013, 동수경사=0.002, 관지름 d=250mm)

① 0.24 ② 0.54
③ 0.72 ④ 1.03

해설 Manning 공식을 이용한다.
$$V = \frac{1}{n} \cdot R^{\frac{2}{3}} \cdot I^{\frac{1}{2}}$$
㉠ n = 0.013
㉡ $R = \frac{D}{4} = \frac{0.25}{4} = 0.0625$
㉢ I = 0.002
$$\therefore V = \frac{1}{0.013} \times (0.0625)^{\frac{2}{3}} \times (0.002)^{\frac{1}{2}}$$
$$= 0.54(\text{m/sec})$$

28 취수탑의 위치에 관한 내용으로 ( )에 옳은 것은?

연간을 통하여 최소수심이 ( ) 이상으로 하천에 설치하는 경우에는 유심이 제방에 되도록 근접한 지점으로 한다.

① 1m ② 2m
③ 3m ④ 4m

해설 연간을 통하여 최소 수심이 2m 이상으로 하천에 설치하는 경우에는 유심이 제방에 되도록 근접한 지점으로 한다.

29 상향류식 경사판 침전지의 표준 설계요소에 관한 설명으로 잘못된 것은?

① 표면부하율은 4~9mm/min로 한다.
② 침강장치는 1단으로 한다.
③ 경사각은 55~60°로 한다.
④ 침전지 내의 평균상승유속은 250mm/min 이하로 한다.

해설 상향류식 경사판을 설치하는 경우에는 다음을 표준으로 한다.
㉠ 표면부하율은 12~28mm/min로 한다.
㉡ 경사각은 55~60°로 한다.
㉢ 침강장치는 1단으로 한다.
㉣ 침전지 내의 평균상승유속은 250mm/min 이하로 한다.

30 지하수(복류수 포함)의 취수시설 중 집수매거에 관한 설명으로 옳지 않은 것은?

① 복류수의 유황이 좋으면 안정된 취수가 가능하다.
② 하천의 대소에 영향을 받으며 주로 소하천에 이용된다.
③ 침투된 물을 취수하므로 토사 유입은 거의 없고 대개는 수질이 좋다.
④ 하천바닥의 변동이나 강바닥의 저하가 큰 지점은 노출될 우려가 크므로 적당하지 않다.

ANSWER | 25.④ 26.① 27.② 28.② 29.① 30.②

해설 지하수 취수시설 중 집수매거는 하천의 대소에 관계없이 이용된다.

31 저수댐의 위치에 관한 설명으로 틀린 것은?
① 댐 지점 및 저수지의 지질이 양호하여야 한다.
② 가장 작은 댐의 크기로서 필요한 양의 물 저수할 수 있어야 한다.
③ 유역면적이 작고 수원보호상 유리한 지형이어야 한다.
④ 저수지 용지 내에 보상해야 할 대상물이 적어야 한다.

32 계획우수량을 정할 때 고려하여야 할 사항 중 틀린 것은?
① 하수관거의 확률연수는 원칙적으로 10~30년으로 한다.
② 유입시간은 최소단위 배수구의 지표면 특성을 고려하여 구한다.
③ 유출계수는 지형도를 기초로 답사를 통하여 충분히 조사하고 장래 개발계획을 고려하여 구한다.
④ 유하시간은 최상류관거의 끝으로부터 하류관거의 어떤 지점까지의 거리를 계획유량에 대응한 유속으로 나누어 구하는 것을 원칙으로 한다.

해설 유출계수는 토지이용도별 기초유출계수로부터 총괄유출계수를 구하는 것을 원칙으로 한다.

33 $I = \dfrac{3,660}{t+15}$ mm/hr, 면적 2.0km², 유입시간 6분, 유출계수 C=0.65, 관내 유속이 1m/sec인 경우, 관 길이 600m인 하수관에서 흘러나오는 우수량(m³/sec)은?(단, 합리식 적용)
① 약 31   ② 약 38
③ 약 43   ④ 약 52

해설 $Q = \dfrac{1}{360} C \cdot I \cdot A$
㉠ C = 0.65
㉡ t = 유입시간 + 유하시간
$= 6\text{min} + \dfrac{600\text{m}}{1\text{m/sec}} \times \dfrac{\text{min}}{60\text{sec}}$
$= 16\text{min}$
㉢ $I = \dfrac{3,660}{16\text{min}+15} = 118.06\text{mm/hr}$
㉣ $A = 2.0\text{km}^2 = 2.0\text{km}^2 \times \dfrac{100\text{ha}}{\text{km}^2}$
$= 200\text{ha}$
∴ 우수량(m²/sec)
$= 1/360 \times 0.65 \times 118.06\text{mm/hr} \times 200\text{ha}$
$= 42.63\text{m}^3/\text{sec}$

34 하수의 배제방식에 대한 설명으로 잘못된 것은?
① 하수의 배제방식에는 분류식과 합류식이 있다.
② 하수의 배제방식의 결정은 지역의 특성이나 방류수역의 여건을 고려해야 한다.
③ 제반 여건상 분류식이 어려운 경우 합류식으로 설치할 수 있다.
④ 분류식 중 오수관로는 소구경 관로로 폐쇄 염려가 있고, 청소가 어려우며, 시간이 많이 소요된다.

해설 분류식의 오수관거에서는 소구경 관거에 의한 폐쇄의 우려가 있으나 청소는 비교적 용이하다. 측구가 있는 경우는 관리에 시간이 걸리고 불충분한 경우가 많다.

35 1분당 300m³의 물을 150m 양정(전양정)할 때 최고효율점에 달하는 펌프가 있다. 이때의 회전수가 1,500rpm이라면, 이 펌프의 비속도(비교회전도)는?
① 약 512   ② 약 554
③ 약 606   ④ 약 658

해설 $N_s = N \times \dfrac{Q^{1/2}}{H^{3/4}} = 1,500 \times \dfrac{300^{1/2}}{150^{3/4}} = 606.15$

36 계획오수량에 관한 내용으로 틀린 것은?
① 지하수 유입량은 토질, 지하수위, 공법에 따라 다르지만 1인 1일 평균오수량의 10~20% 정도로 본다.
② 계획 1일 최대오수량은 1인1일 최대오수량에 계획인구를 곱한 후 여기에 공장폐수량, 지하수량 및 기타 배수량을 가산한 것으로 한다.
③ 계획 1일 평균오수량은 계획1일 최대오수량의 70~80%를 표준으로 한다.
④ 계획시간 최대오수량은 계획1일 최대오수량의 1시간당의 수량의 1.3~1.8배를 표준으로 한다.

해설 지하수량은 1인 1일 최대오수량의 10~20%이다.

37 상수도시설의 등급별 내진설계 목표에 대한 내용으로 ( )에 옳은 내용은?

> 상수도시설물의 내진성능 목표에 따른 설계지진강도는 붕괴방지 수준에서 시설물의 내진등급이 Ⅰ등급인 경우에는 재현주기 (㉠), Ⅱ등급인 경우에는 (㉡)에 해당되는 지진지반운동으로 한다.

① ㉠ 100년, ㉡ 50년
② ㉠ 200년, ㉡ 100년
③ ㉠ 500년, ㉡ 200년
④ ㉠ 1,000년, ㉡ 500년

해설 상수도시설물의 내진성능 목표에 따른 설계지진강도는 붕괴방지 수준에서 시설물의 내진등급이 Ⅰ등급인 경우에는 재현주기 1,000년, Ⅱ등급인 경우에는 500년에 해당하는 지진지반운동으로 한다.

38 하수처리시설의 계획유입수질 산정방식으로 옳은 것은?

① 계획오염부하량을 계획1일평균오수량으로 나누어 산정한다.
② 계획오염부하량을 계획시간평균오수량으로 나누어 산정한다.
③ 계획오염부하량을 계획1일최대오수량으로 나누어 산정한다.
④ 계획오염부하량을 계획시간최대오수량으로 나누어 산정한다.

해설 하수의 계획유입수질 산정은 계획오염부하량을 계획 1일 평균오수량으로 나눈 값으로 한다.

39 정수시설인 급속여과지의 표준 여과속도(m/day)는?
① 120~150
② 150~180
③ 180~250
④ 250~300

해설 급속여과지의 여과속도는 120~150m/day를 표준으로 한다.

40 지하수의 취수지점 산정에 관련한 설명 중 틀린 것은?
① 연해부의 경우에는 해수의 영향을 받지 않아야 한다.
② 얕은 우물인 경우에는 오염원으로부터 5m 이상 떨어져서 장래에도 오염의 영향을 받지 않는 지점이어야 한다.
③ 기존 우물 또는 집수매거의 취수에 영향을 주지 않아야 한다.
④ 복류수인 경우에 장래에 일어날 수 있는 유로변화 또는 하상저하 등을 고려하고 하천개수계획에 지장이 없는 지점을 선정한다.

해설 얕은 우물이나 복류수인 경우에는 오염원으로부터 15m 이상 떨어져서 장래에도 오염의 영향을 받지 않는 지점이어야 한다.

SECTION 03 수질오염방지기술

41 하수처리방식 중 회전원판법에 관한 설명으로 가장 거리가 먼 것은?
① 활성슬러지법에 비해 2차 침전지에서 미세한 SS가 유출되기 쉽고, 처리수의 투명도가 나쁘다.
② 운전관리상 조작이 간단한 편이다.
③ 질산화가 거의 발생하지 않으며, pH 저하도 거의 없다.
④ 소비 전력량이 소규모 처리시설에서는 표준활성슬러지법에 비하여 적은 편이다.

해설 질산화가 일어나기 쉬우며 pH가 저하되는 경우가 있다.

42 무기물이 0.30g/g VSS로 구성된 생물성 VSS를 나타내는 폐수의 경우, 혼합액 중의 TSS와 VSS 농도가 각각 2,000mg/L, 1,480mg/L라 하면 유입수로부터 기인된 불활성 고형물에 대한 혼합액 중의 농도(mg/L)는?(단, 유입된 불활성 부유 고형물질의 용해는 전혀 없다고 가정)
① 76
② 86
③ 96
④ 116

ANSWER | 37. ④ 38. ① 39. ① 40. ② 41. ③ 42. ①

43 반지름이 8cm인 원형 관로에서 유체의 유속이 20m/sec일 때 반지름이 40cm인 곳에서의 유속(m/sec)은?(단, 유량 동일, 기타 조건은 고려하지 않음)

① 0.8 ② 1.6
③ 2.2 ④ 3.4

해설 $A_1V_1 = A_2V_2$

$$\frac{\pi(0.16)^2}{4} \times 20 = \frac{\pi(0.8)^2}{4} \times V_2$$

$V_2 = 0.8(\text{m/sec})$

44 포기조 부피가 $1,000\text{m}^3$이고 MLSS 농도가 3,500 mg/L일 때, MLSS 농도를 2,500mg/L로 운전하기 위해 추가로 폐기시켜야 할 잉여슬러지량(m^3)은? (단, 반송슬러지 농도=8,000mg/L)

① 65 ② 85
③ 105 ④ 125

해설 $Q_wX_w = \Delta x \cdot \forall$

$Q_w = \dfrac{\Delta x \cdot \forall}{X_w}$

$= \dfrac{(3,500-2,500)\text{mg/L} \times 1,000\text{m}^3}{8,000\text{mg/L}}$

$= 125(\text{m}^3)$

45 활성슬러지 공정에서 폭기조 유입 BOD가 180mg/L, SS가 180mg/L, BOD-슬러지 부하가 0.6kg BOD/kg MLSS·day일 때, MLSS 농도(mg/L)는?(단, 폭기조 수리학적 체류시간=6시간)

① 1,100 ② 1,200
③ 1,300 ④ 1,400

해설 $F/M = \dfrac{BOD_i \cdot Q_i}{\forall \cdot X}$

$\dfrac{0.6}{\text{day}} = \dfrac{180\text{mg}}{L} \Big| \dfrac{24\text{hr}}{6\text{hr}} \Big| \dfrac{L}{1\text{day}} \Big| \dfrac{L}{MLSS \cdot \text{mg}}$

∴ $X(=MLSS) = 1,200(\text{mg/L})$

46 폐수로부터 암모니아를 제거하는 방법의 하나로 천연 제올라이트를 사용하기로 한다. 천연 제올라이트로 암모니아를 제거할 경우 재생방법을 가장 적절하게 나타낸 것은?

① 깨끗한 증류수로 세척한다.
② 황산이나 질산 등 산성 용액으로 재생한다.
③ NaOH나 석회수 등 알칼리성 용액으로 재생한다.
④ LAS 등 세제로 세척한 후 가열하여 재생한다.

47 폐수의 고도처리에 관한 다음의 기술 중 옳지 않은 것은?

① Cl^-, SO_4^{2-} 등의 무기염류의 제거에는 전기투석법이 이용된다.
② 활성탄 흡착법에서 폐수 중의 인산은 제거되지 않는다.
③ 모래여과법은 고도처리 중에서 흡착법이나 전기투석법의 전처리로써 이용된다.
④ 폐수 중의 무기성 질소화합물은 철염에 의한 응집침전으로 완전히 제거된다.

해설 질소는 탈기법과 이온교환, 생물학적 처리법으로 제거가 가능하다.

48 총 잔류염소 농도를 3.05mg/L에서 1.00mg/L로 탈염시키기 위해 유량 $4,350\text{m}^3$/day인 물에 가해주는 아황산염(SO_3^{2-})의 양(kg/day)은?(단, 원자량 : Cl=35.5, S=32.1)

① 약 6 ② 약 8
③ 약 10 ④ 약 12

해설 $2Cl \equiv SO_3^{2-}$

$2 \times 35.5(\text{g}) : 80.1(\text{g})$

$\dfrac{2.05\text{mg}}{L} \Big| \dfrac{4,350\text{m}^3}{\text{day}} \Big| \dfrac{10^3 L}{1\text{m}^3} \Big| \dfrac{1\text{kg}}{10^6\text{mg}}$: X

∴ X = 10.06(kg/day)

49 슬러지의 열처리에 대해 기술한 것으로 옳지 않은 것은?
① 슬러지의 열처리는 탈수의 전처리로서 한다.
② 슬러지의 열처리에 의해, 슬러지의 탈수성과 침강성이 좋아진다.
③ 슬러지의 열처리에 의해, 슬러지 중의 유기물이 가수분해되어 가용화된다.
④ 슬러지의 열처리에 의한 분리액은 BOD가 낮으므로 그대로 방류할 수 있다.

해설 열처리법은 약품 첨가에 의한 슬러지량의 증가는 없고 탈수 케이크 중의 미생물이 사멸되는 이점이 있는 반면, 상징수의 수질이 나쁘며 가열 중에 악취가 나는 경우도 있음을 고려해야 한다.

50 길이 : 폭의 비가 3 : 1인 장방형 침전조에 유량 850 m³/day의 흐름이 도입된다. 깊이는 4.0m이고 체류시간은 1.92hr이라면 표면부하율(m³/m²·day)은?(단, 흐름은 침전조 단면적에 균일하게 분배)
① 20   ② 30
③ 40   ④ 50

해설 표면부하율 = $\dfrac{\text{유입유량}(m^3/day)}{\text{침전조 표면적}(m^2)}$

$= \dfrac{850 m^3}{day} \Big| \dfrac{1}{(2.38 \times 7.14)m^2}$

$= 50.02(m^3/m^2 \cdot day)$

㉠ 유입유량 $= 850 m^3/day$
㉡ 침전조의 표면적(A) = W(폭)×L(길이)
  ∀(m³) = Q×t
  $= \dfrac{850 m^3}{day} \Big| \dfrac{1.92hr}{} \Big| \dfrac{1 day}{24hr}$
  $= 68(m^3)$
  ∀ = W×L×H = W×3W×4 = 68(m³)
  ∴ W = 2.38(m)
    L = 3W = 3×2.38 = 7.14(m)

51 수질 성분이 부식에 미치는 영향으로 틀린 것은?
① 높은 알칼리도는 구리와 납의 부식을 증가시킨다.
② 암모니아는 착화물 형성을 통해 구리, 납 등의 금속용해도를 증가시킬 수 있다.
③ 잔류염소는 Ca와 반응하여 금속의 부식을 감소시킨다.
④ 구리는 갈바닉 전지를 이룬 배관상에 흠집(구멍)을 야기한다.

해설 잔류염소는 용존산소와 반응하여 금속 부식을 더욱 활성화시킨다.

52 잔류염소 농도 0.6mg/L에서 3분간에 90%의 세균이 사멸되었다면 같은 농도에서 95% 살균을 위해서 필요한 시간(분)은?(단, 염소소독에 의한 세균의 사멸이 1차반응속도식을 따른다고 가정)
① 2.6   ② 3.2
③ 3.9   ④ 4.5

해설 1차반응식을 이용한다.
$\ln \dfrac{C_t}{C_o} = -K \cdot t$

㉠ $\ln \dfrac{(100-90)}{100} = -K \times 3 min$
   $K = 0.7678(min^{-1})$

㉡ $\ln \dfrac{(100-95)}{100} = \dfrac{-0.7678}{min} \Big| t(min)$

∴ t = 3.9(min)

53 1차 처리결과 슬러지의 함수율이 80%, 고형물 중 무기성 고형물질이 30%, 유기성 고형물질이 70%, 유기성 고형물질의 비중 1.1, 무기성 고형물질의 비중이 2.2일 때 슬러지의 비중은?
① 1.017   ② 1.023
③ 1.032   ④ 1.047

해설 $\dfrac{m_{SL}}{\rho_{SL}} = \dfrac{m_{TS}}{\rho_{TS}} + \dfrac{m_w}{\rho_w} = \dfrac{m_{FS}}{\rho_{FS}} + \dfrac{m_{VS}}{\rho_{VS}} + \dfrac{m_w}{\rho_w}$

$\dfrac{100}{\rho_{SL}} = \dfrac{100 \times (1-0.8) \times 0.3}{2.2}$
$+ \dfrac{100 \times (1-0.8) \times 0.7}{1.1} + \dfrac{80}{1.0}$

∴ $\rho_{SL} = 1.047$

ANSWER | 49. ④ 50. ④ 51. ③ 52. ③ 53. ④

54 생물학적 3차 처리를 위한 A/O 공정을 나타낸 것으로 각 반응조 역할을 가장 적절하게 설명한 것은?

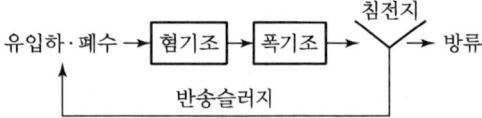

① 혐기조에서 유기물 제거와 인의 방출이 일어나고, 폭기조에서는 인의 과잉섭취가 일어난다.
② 폭기조에서는 유기물 제거가 일어나고, 혐기조에서는 질산화 및 탈질이 동시에 일어난다.
③ 제거율을 높이기 위해서는 외부탄소원인 메탄올 등을 폭기조에 주입한다.
④ 혐기조에서는 인의 과잉섭취가 일어나며, 폭기조에서는 질산화가 일어난다.

55 여섯 개의 납작한 날개를 가진 터빈임펠러로 탱크의 내용물을 교반하려 한다. 교반은 난류 영역에서 일어나며 임펠러의 직경은 3m이고 깊이 20m, 바닥에서 4m 위에 설치되어 있다. 30rpm으로 임펠러가 회전할 때 소요되는 동력(kg·m/s)은?(단, $P = k\rho n^3 D^5 /g_c$식 적용, 소요 동력을 나타내는 계수 k=3.3)

① 9,356
② 10,228
③ 12,350
④ 15,421

해설 $P = K \cdot \rho \cdot n^3 \cdot D^5/g_c$

$= \dfrac{3.3}{} \bigg| \dfrac{1{,}000\text{kg}}{\text{m}^3} \bigg| \dfrac{30^3 \text{cycle}^3}{60^3 \text{sec}^3} \bigg| \dfrac{3^5 \text{m}^5}{9.8\text{m/sec}^2}$

$= 10{,}228.32 (\text{kg} \cdot \text{m/sec})$

여기서, P : 소요동력
K : 상수
ρ : 유체의 밀도
n : 임펠러 회전속도
D : 임펠러 직경

56 하수로부터 인 제거를 위한 화학제의 선택에 영향을 미치는 인자가 아닌 것은?
① 유입수의 인 농도
② 슬러지 처리시설
③ 알칼리도
④ 다른 처리공정과의 차별성

57 무기수은계 화합물을 함유한 폐수의 처리방법이 아닌 것은?
① 황화물 침전법
② 활성탄 흡착법
③ 산화분해법
④ 이온교환법

해설 무기수은은 황화물 침전법, 활성탄 흡착법, 이온교환법 등으로 처리할 수 있다.

58 하수처리과정에서 소독 방법 중 염소와 자외선 소독의 장·단점을 비교할 때 염소소독의 장·단점으로 틀린 것은?
① 암모니아의 첨가에 의해 결합잔류염소가 형성된다.
② 염소접촉조로부터 휘발성 유기물이 생성된다.
③ 처리수의 총용존고형물이 감소한다.
④ 처리수의 잔류독성이 탈염소 과정에 의해 제거되어야 한다.

해설 염소소독을 하면 처리수의 총용존 고형물이 증가하고, 하수의 염화물 함유량이 증가한다. 한편 염소 접촉조로부터 휘발성 유기물이 생성된다.

59 질소 제거를 위한 파괴점 염소 주입법에 관한 설명과 가장 거리가 먼 것은?
① 적절한 운전으로 모든 암모니아성 질소의 산화가 가능하다.
② 시설비가 낮고 기존 시설에 적용이 용이하다.
③ 수생생물에 독성을 끼치는 잔류염소농도가 높아진다.
④ 독성물질과 온도에 민감하다.

60 CFSTR에서 물질을 분해하여 효율 95%로 처리하고자 한다. 이 물질은 0.5차 반응으로 분해되며, 속도상수는 $0.05(\text{mg/L})^{1/2}/\text{h}$이다. 유량은 500L/h이고 유입농도는 250mg/L로 일정하다면 CFSTR의 필요부피(m^3)는?(단, 정상상태 가정)

① 약 520
② 약 570
③ 약 620
④ 약 670

[해설] $Q_o(C_o - C_t) = K \forall C_t^m$,

$\forall = \dfrac{Q(C_o - C_t)}{K \cdot C_t^m}$

$= \dfrac{500L}{hr} \left| \dfrac{(250-12.5)mg}{L} \right| \dfrac{1}{0.05(mg/L)^{1/2}}$

$\overline{(12.5mg/L)^{1/2}} = 671.75(m^3)$

SECTION 04 수질오염공정시험기준

61 수질분석용 시료의 보존 방법에 관한 설명 중 틀린 것은?

① 6가크롬 분석용 시료는 $c-HNO_3$ 1mL/L를 넣어 보관한다.
② 페놀분석용 시료는 인산을 넣어 pH 4 이하로 조정한 후, 황산구리(1g/L)를 첨가하여 4℃에서 보관한다.
③ 시안 분석용 시료는 수산화나트륨으로 pH 12 이상으로 하여 4℃에서 보관한다.
④ 화학적 산소요구량 분석용 시료는 황산으로 pH 2 이하로 하여 4℃에서 보관한다.

[해설] 6가크롬 분석용 시료는 4℃에서 보관한다.

62 BOD 측정 시 표준 글루코오스 및 글루타민산 용액의 적정 BOD값(mg/L)이 아닌 것은?(단, 글루코오스 및 글루타민산을 각 150mg씩 물에 녹여 1,000mL로 함)

① 200
② 215
③ 230
④ 260

[해설] BOD용 희석수 및 BOD용 식종희석수의 검토
글루코오스 및 글루타민산 각 150mg씩을 취하여 물에 녹여 1,000mL로 한 액 5~10mL를 3개의 300mL BOD병에 넣고 BOD용 희석수(또는 BOD용 식종희석수)를 완전히 채운 다음 BOD시험방법에 따라 시험한다. 이때 측정하여 얻은 BOD 값은 (200±30)mg/L의 범위 안에 있어야 한다.

63 0.1mgN/mL 농도의 NH_3-N 표준원액을 1L 조제하고자 할 때 요구되는 NH_4Cl의 양(mg/L)은?(단, NH_4Cl의 MW=53.5)

① 227
② 382
③ 476
④ 591

[해설] $NH_4Cl(mg) = \dfrac{0.1mg \cdot N}{mL} \left| \dfrac{1,000mL}{} \right| \dfrac{53.5g \cdot NH_4Cl}{14g \cdot NH_3-N}$
$= 382.14(mg)$

64 불소 측정시험 시 수증기 증류법으로 전처리하지 않아도 되는 것은?

① 색도가 30도인 시료
② PO_4^{3-}의 농도가 4mg/L 시료
③ Al^{3+}의 농도가 2mg/L 시료
④ Fe^{2+}의 농도가 7mg/L 시료

65 전기전도도의 정밀도 기준으로 ( )에 옳은 것은?

| 측정값의 % 상대표준편차(RSD)로 계산하며 측정값이 ( ) 이내이어야 한다. |

① 15%
② 20%
③ 25%
④ 30%

66 pH 표준액의 온도 보정은 온도별 표준액의 pH값을 표에서 구하고 또한 표에 없는 온도의 pH값은 내삽법으로 구한다. 다음 중 20℃에서 가장 낮은 pH값을 나타내는 표준액은?

① 붕산염 표준액
② 프탈산염 표준액
③ 탄산염 표준액
④ 인산염 표준액

[해설] pH 표준액의 종류와 농도

명칭	농도	pH
수산염 표준액	0.05M	1.68
프탈산염 표준액	0.05M	4.00
인산염 표준액	0.025M	6.88
붕산염 표준액	0.01M	9.22
탄산염 표준액	0.025M	10.07
수산화칼슘 표준액	0.02M	12.68

ANSWER | 61. ① 62. ④ 63. ② 64. ④ 65. ② 66. ②

67 20℃ 이하에서 BOD 측정 시료의 용존산소가 과포화 되어 있을 때 처리하는 방법은?
① 시료의 산소 과포화되어 있어도 배양 전 용존 산소 값으로 측정됨으로 상관이 없다.
② 시료의 수온을 23~25℃로 하여 15분간 통기하고 방랭한 후 수온을 20℃로 한다.
③ 아황산나트륨을 적당량 넣어 산소를 소모시킨다.
④ 5℃ 이하로 냉각시켜 냉암소에서 15분간 잘 저어준다.

해설 수온이 20℃ 이하일 때의 용존산소가 과포화 되어 있을 경우에는 수온을 23℃~25℃로 상승시킨 이후에 15분간 통기하고 방치하고 냉각하여 수온을 다시 20℃로 한다.

68 자외선/가시선 분광법을 적용하여 페놀류를 측정할 때 사용되는 시약은?
① 4-아미노안티피린
② 인도 페놀
③ o-페난트로린
④ 디티존

69 시료 중 구리, 아연, 납, 카드뮴, 니켈, 철, 망간, 6가크롬, 코발트 및 은등 측정에 적용되고 이들을 암모니아수로 색을 변화 시킨 후 다시 산으로 처리하는 전처리 방법은?
① DDTC-MIBK법
② 디티존-MIBK법
③ 디티존-사염화탄소법
④ APDC-MIBK법

70 수질오염공정시험기준상 기체크로마토그래피법으로 정량하는 물질은?
① 불소 ② 유기인
③ 수은 ④ 비소

71 "항량으로 될 때까지 강열한다."는 의미에 해당하는 것은?
① 강열할 때 전후무게의 차가 g당 0.1mg 이하일 때
② 강열할 때 전후무게의 차가 g당 0.3mg 이하일 때
③ 강열할 때 전후무게의 차가 g당 0.5mg 이하일 때
④ 강열할 때 전후무게의 차가 없을 때

72 온도에 관한 내용으로 옳지 않은 것은?
① 찬 곳은 따로 규정이 없는 한 0~15℃의 곳을 뜻한다.
② 냉수는 15℃ 이하를 말한다.
③ 온수는 70~90℃를 말한다.
④ 상온은 15~25℃를 말한다.

해설 온수는 60~70℃를 말한다.

73 흡광광도 측정에서 입사광의 60%가 흡수되었을 때의 흡광도는?
① 약 0.6 ② 약 0.5
③ 약 0.4 ④ 약 0.3

해설 흡광도$(A) = \log \frac{1}{t} = \log \frac{1}{0.4} = 0.4$

74 자외선/가시선 분광법을 이용한 철의 정량에 관한 내용으로 틀린 것은?
① 등적색 철착염의 흡광도를 측정하여 정량한다.
② 측정파장은 510nm이다.
③ 염산 히드록실아민에 의해 산화제이철로 산화된다.
④ 철이온을 암모니아 알칼리성으로 하여 수산화제이철로 침전분리한다.

해설 철-자외선/가시선 분광법
물속에 존재하는 철 이온을 수산화제이철로 침전분리하고 염산하이드록실아민으로 제일철로 환원한 다음, o-페난트로린을 넣어 약산성에서 나타나는 등적색 철착염의 흡광도를 510nm에서 측정하는 방법이다.

75 시료를 채취해 얻은 결과가 다음과 같고, 시료량이 50mL였을 때 부유고형물의 농도(mg/L)와 휘발성 부유고형물의 농도(mg/L)는?

- Whatman GF/C 여과지 무게 = 1.5433g
- 105℃ 건조 후 Whatman GF/C 여과지의 잔여무게 = 1.5553g
- 550℃ 소각 후 Whatman GF/C 여과지의 잔여무게 = 1.5531g

① 44, 240   ② 240, 44
③ 24, 4.4   ④ 4.4, 24

해설 ㉠ SS = 1.5553 − 1.5433 = 0.012g = 12mg

$$\therefore SS(mg/L) = \frac{12mg}{50mL} \middle| \frac{10^3 mL}{1L}$$
$$= 240(mg/L)$$

㉡ VS = 1.5553 − 1.5531 = 0.0022g = 2.2mg

$$\therefore VS(mg/L) = \frac{2.2mg}{50mL} \middle| \frac{10^3 mL}{1L}$$
$$= 44(mg/L)$$

76 다음 중 용량분석법으로 측정하지 않는 항목은?
① 용존산소   ② 부유물질
③ 화학적산소요구량 ④ 염소이온

77 시료 채취 시 유의사항으로 틀린 것은?
① 채취 용기는 시료를 채우기 전에 시료로 3회 이상 씻은 다음 사용한다.
② 시료 채취 용기에 시료를 채울 때에는 어떠한 경우에도 시료의 교란이 일어나서는 안 된다.
③ 지하수 시료는 취수정 내에 고여 있는 물과 원래 지하수의 성상이 달라질 수 있으므로 고여 있는 물을 충분히 퍼낸 다음 새로 나온 물을 채취한다.
④ 시료채취량은 시험항목 및 시험횟수의 필요량의 3~5배 채취를 원칙으로 한다.

해설 시료채취량은 시험항목 및 시험횟수에 따라 차이가 있으나 보통 3~5L 정도이어야 한다.

78 COD 측정에서 최초의 첨가한 $KMnO_4$량의 1/2 이상이 남도록 첨가하는 이유는?
① $KMnO_4$ 잔류량이 1/2 이하로 되면 유기물의 분해온도가 저하한다.
② $KMnO_4$ 잔류량이 1/2 이상이면 모든 유기물의 산화가 완료한다.
③ $KMnO_4$ 잔류량이 많을 경우 유기물의 산화속도가 저하한다.
④ $KMnO_4$ 농도가 저하되면 유기물의 산화율이 저하한다.

79 원자흡수분광광도법을 적용하여 비소를 분석할 때 수소화비소를 직접적으로 발생시키기 위해 사용하는 시약은?
① 염화제일주석   ② 아연
③ 요오드화칼륨   ④ 과망간산칼륨

80 $0.1N\ Na_2S_2O_3$ 용액 100ml에 증류수를 가해 500ml로 한 다음, 여기서 250ml을 취하여 다시 증류수로 전량 500ml로 하면 용액의 규정농도(N)는?
① 0.01   ② 0.02
③ 0.04   ④ 0.05

해설 $X(eq/L) = \frac{0.1eq}{L} \middle| \frac{0.1L}{} \middle| \frac{0.25L}{0.5L} \middle| \frac{}{0.5L}$
$= 0.01(eq/L)$

SECTION 05 수질환경관계법규

81 사업자가 환경기술인을 바꾸어 임명하는 경우는 그 사유가 발생한 날부터 며칠 이내에 신고하여야 하는가?
① 3일   ② 5일
③ 7일   ④ 10일

해설 환경기술인의 임명
㉠ 최초로 배출시설을 설치한 경우 : 가동시작 신고와 동시
㉡ 환경기술인을 바꾸어 임명하는 경우 : 그 사유가 발생한 날부터 5일 이내

ANSWER | 75. ② 76. ② 77. ④ 78. ④ 79. ② 80. ① 81. ②

82 공공수역에 정당한 사유 없이 특정수질유해물질 등을 누출·유출시키거나 버린 자에 대한 처벌기준은?

① 1년 이하의 징역 또는 1천만 원 이하의 벌금
② 2년 이하의 징역 또는 2천만 원 이하의 벌금
③ 3년 이하의 징역 또는 3천만 원 이하의 벌금
④ 5년 이하의 징역 또는 5천만 원 이하의 벌금

83 공공폐수처리시설의 유지·관리기준에 관한 내용으로 ( )에 맞는 것은?

> 처리시설의 관리·운영자는 처리시설의 적정 운영 여부를 확인하기 위한 방류수수질 검사를 (㉠)실시하되 2,000m³/일 이상 규모의 시설은 (㉡) 실시하여야 한다.

① ㉠ 분기 1회 이상, ㉡ 월 1회 이상
② ㉠ 월 1회 이상, ㉡ 월 2회 이상
③ ㉠ 월 2회 이상, ㉡ 주 1회 이상
④ ㉠ 주 1회 이상, ㉡ 수시

해설 처리시설의 관리·운영자는 방류수 수질기준 항목에 대한 방류수 수질검사를 다음과 같이 실시하여야 한다.
㉠ 처리시설의 적정 운영 여부를 확인하기 위하여 방류수 수질검사를 월 2회 이상 실시하되, 1일당 2천 세제곱미터 이상인 시설은 주 1회 이상 실시하여야 한다. 다만, 생태독성(TU) 검사는 월 1회 이상 실시하여야 한다.
㉡ 방류수의 수질이 현저하게 악화되었다고 인정되는 경우에는 수시로 방류수 수질검사를 하여야 한다.

84 물환경보전법상 용어의 정의 중 틀린 것은?

① 폐수라 함은 물에 액체성 또는 고체성의 수질오염물질이 혼입되어 그대로 사용할 수 없는 물을 말한다.
② 수질오염물질이라 함은 수질오염의 요인이 되는 물질로서 환경부령으로 정하는 것을 말한다.
③ 폐수배출시설이라 함은 수질오염물질을 공공수역에 배출하는 시설물·기계·기구·장소 기타 물체로서 환경부령으로 정하는 것을 말한다.
④ 수질오염방지시설이라 함은 폐수배출시설로부터 배출되는 수질오염물질을 제거하거나 감소시키는 시설로서 환경부령으로 정하는 것을 말한다.

해설 "폐수배출시설"이란 수질오염물질을 배출하는 시설물, 기계, 기구, 그 밖의 물체로서 환경부령으로 정하는 것을 말한다.

85 기본배출부과금 산정에 필요한 지역별 부과계수로 옳은 것은?

① 청정지역 및 가 지역 : 1.5
② 청정지역 및 가 지역 : 1.2
③ 나 지역 및 특례지역 : 1.5
④ 나 지역 및 특례지역 : 1.2

해설 지역별 부과계수

청정지역 및 가 지역	나 지역 및 특례지역
1.5	1

86 오염총량관리기본방침에 포함되어야 할 사항으로 틀린 것은?

① 오염원의 조사 및 오염부하량 산정방법
② 오염총량관리시행 대상 유역현황
③ 오염총량관리의 대상 수질오염물질 종류
④ 오염총량관리의 목표

해설 오염총량관리 기본방침에 포함되어야 할 사항
㉠ 오염총량관리의 목표
㉡ 오염총량관리의 대상 수질오염물질 종류
㉢ 오염원의 조사 및 오염부하량 산정방법
㉣ 오염총량관리 기본계획의 주체, 내용, 방법 및 시한
㉤ 오염총량관리 시행계획의 내용 및 방법

87 다음은 배출시설의 설치허가를 받은 자가 배출시설의 변경허가를 받아야 하는 경우에 대한 기준이다. ( )에 들어갈 내용으로 옳은 것은?

> 폐수배출량이 허가 당시보다 100분의 50(특정수질유해물질이 배출되는 시설의 경우에는 100분의 30) 이상 또는 ( ) 이상 증가하는 경우

① 1일 500세제곱미터
② 1일 600세제곱미터
③ 1일 700세제곱미터
④ 1일 800세제곱미터

해설 폐수배출량이 허가 당시보다 100분의 50(특정수질유해물질이 제1항제1호에 따른 기준 이상으로 배출되는 배출시설의 경우에는 100분의 30) 이상 또는 1일 700세제곱미터 이상 증가하는 경우

88 폐수수탁처리업에서 사용하는 폐수운반차량에 관한 설명으로 틀린 것은?
① 청색으로 도색한다.
② 차량 양쪽 옆면과 뒷면에 폐수운반차량, 회사명, 등록번호, 전화번호 및 용량을 표시하여야 한다.
③ 차량에 표시는 흰색 바탕에 황색 글씨로 한다.
④ 운송 시 안전을 위한 보호구, 중화제 및 소화기를 갖추어 두어야 한다.

해설 폐수운반차량은 청색으로 도색하고, 양쪽 옆면과 뒷면에 가로 50센티미터, 세로 20센티미터 이상 크기의 노란색 바탕에 검은색 글씨로 폐수운반차량, 회사명, 등록번호, 전화번호 및 용량을 지워지지 아니하도록 표시하여야 한다.

89 위임업무 보고사항 중 "골프장 맹·고독성 농약 사용여부 확인 결과"의 보고횟수 기준은?
① 수시   ② 연 4회
③ 연 2회 ④ 연 1회

90 대권역 물환경관리계획에 포함되지 않는 것은?
① 상수원 및 물 이용 현황
② 수질오염 예방 및 저감대책
③ 기후변화에 대한 적응대책
④ 폐수배출시설의 설치 제한계획

해설 대권역 물환경관리계획에 포함되어야 하는 사항
㉠ 물환경의 변화 추이 및 물환경목표기준
㉡ 상수원 및 물 이용현황
㉢ 점오염원, 비점오염원 및 기타 수질오염원의 분포현황
㉣ 점오염원, 비점오염원 및 기타 수질오염원에서 배출되는 수질오염물질의 양
㉤ 수질오염 예방 및 저감대책
㉥ 물환경 보전조치의 추진방향
㉦ 기후변화에 대한 적응대책
㉧ 그 밖에 환경부령으로 정하는 사항

91 수질오염 방지시설 중 화학적 처리시설에 해당되는 것은?
① 침전물 개량시설   ② 혼합시설
③ 응집시설   ④ 증류시설

해설 화학적 처리시설
㉠ 화학적 침강시설   ㉡ 중화시설
㉢ 흡착시설   ㉣ 살균시설
㉤ 이온교환시설   ㉥ 소각시설
㉦ 산화시설   ㉧ 환원시설
㉨ 침전물 개량시설

92 시·도지사는 공공수역의 수질보전을 위하여 환경부령이 정하는 해발고도 이상에 위치한 농경지 중 환경부령이 정하는 경사도 이상의 농경지를 경작하는 자에 대하여 경작방식의 변경, 농약·비료의 사용량 저감, 휴경 등을 권고할 수 있다. 위에서 언급한 환경부령이 정하는 해발고도와 경사도 기준은?
① 400미터, 15퍼센트   ② 400미터, 25퍼센트
③ 600미터, 15퍼센트   ④ 600미터, 25퍼센트

해설 "환경부령으로 정하는 해발고도"는 해발 400미터를 말하고 "환경부령으로 정하는 경사도는" 15퍼센트이다.

93 현장에서 배출허용기준 또는 방류수수질기준의 초과 여부를 판정할 수 있는 수질오염물질 항목으로 나열한 것은?
① 수소이온농도, 화학적 산소요구량, 총질소, 부유물질량
② 수소이온농도, 화학적 산소요구량, 용존산소, 총인
③ 총유기탄소, 화학적 산소요구량, 용존산소, 총인
④ 총유기탄소, 생물학적 산소요구량, 총질소, 부유물질량

해설 현장에서 배출허용기준 등의 초과 여부를 판정할 수 있는 수질오염물질
㉠ 수소이온농도
㉡ COD
㉢ SS
㉣ 총질소(T-N)
㉤ 총인(T-P)

94 초과부과금 산정 시 적용되는 위반횟수별 부과계수에 관한 내용으로 ( )에 맞는 것은?(단, 폐수무방류 배출시설의 경우)

> 처음 위반의 경우 (㉠), 다음 위반부터는 그 위반직전의 부과계수에 (㉡)를 곱한 것으로 한다.

① ㉠ 1.5, ㉡ 1.3 ② ㉠ 1.5, ㉡ 1.5
③ ㉠ 1.8, ㉡ 1.3 ④ ㉠ 1.8, ㉡ 1.5

해설 폐수무방류배출시설에 대한 위반횟수별 부과계수 처음 위반한 경우 1.8로 하고, 다음 위반부터는 그 위반 직전의 부과계수에 1.5를 곱한 것으로 한다.

95 1일 200톤 이상으로 특정수질유해물질을 배출하는 산업단지에서 설치하여야 할 시설은?

① 무방류배출시설   ② 완충저류시설
③ 폐수고도처리시설 ④ 비점오염저감시설

해설 완충저류시설의 설치대상
㉠ 면적이 150만제곱미터 이상인 공업지역 또는 산업단지
㉡ 특정수질유해물질이 포함된 폐수를 1일 200톤 이상 배출하는 공업지역 또는 산업단지
㉢ 폐수배출량이 1일 5천톤 이상인 경우로서 다음 각 목의 어느 하나에 해당하는 지역에 위치한 공업지역 또는 산업단지

96 환경정책기본법령에 따른 수질 및 수생태계 환경기준 중 하천의 생활환경 기준으로 옳지 않은 것은?(단, 등급은 매우 좋음 기준)

① 수소이온 농도(pH) : 6.5~8.5
② 용존산소량 DO(mg/L) : 7.5 이상
③ 부유물질량(mg/L) : 25 이하
④ 총인(mg/L) : 0.1 이하

97 오염총량관리 기본계획 수립 시 포함되지 않는 내용은?

① 해당 지역 개발계획의 내용
② 지방자치단체별·수계구간별 오염부하량의 할당
③ 관할 지역에서 배출되는 오염부하량의 총량 및 저감계획
④ 오염총량초과부과금의 산정방법과 산정기준

해설 오염총량관리 기본계획에 포함되어야 할 사항
㉠ 해당 지역 개발계획의 내용
㉡ 지방자치단체별·수계구간별 오염부하량(汚染負荷量)의 할당
㉢ 관할 지역에서 배출되는 오염부하량의 총량 및 저감계획
㉣ 해당 지역 개발계획으로 인하여 추가로 배출되는 오염부하량 및 그 저감계획

98 비점오염저감시설의 설치와 관련된 사항으로 틀린 것은?

① 도시의 개발, 산업단지의 조성 등 사업을 하는 자는 환경부령이 정하는 기간 내에 비점오염저감시설을 설치하여야 한다.
② 강우유출수의 오염도가 항상 배출허용기준 이내로 배출되는 사업장은 비점오염저감시설을 설치하지 아니할 수 있다.
③ 한강대권역의 완충저류시설에 유입하여 강우유출수를 처리할 경우 비점오염저감시설을 설치하지 아니할 수 있다.
④ 대통령령으로 정하는 규모 이상의 사업장에 제철시설, 섬유염색시설, 그 밖에 대통령령으로 정하는 폐수배출시설을 설치하는 자는 비점오염저감시설을 설치하여야 한다.

99 폐수처리방법이 생물화학적 처리방법인 경우 시운전 기간 기준은?(단, 가동시작일은 2월 3일이다.)

① 가동시작일부터 50일로 한다.
② 가동시작일부터 60일로 한다.
③ 가동시작일부터 70일로 한다.
④ 가동시작일부터 90일로 한다.

해설 시운전기간
㉠ 폐수처리방법이 생물화학적 처리방법인 경우 : 가동시작일부터 50일. 다만, 가동시작일이 11월 1일부터 다음 연도 1월 31일까지에 해당하는 경우에는 가동시작일부터 70일로 한다.
㉡ 폐수처리방법이 물리적 또는 화학적 처리방법인 경우 : 가동시작일부터 30일

100 환경부장관이 수질 등의 측정자료를 관리·분석하기 위하여 측정기기 부착사업자 등이 부착한 측정기기와 연결, 그 측정결과를 전산 처리할 수 있는 전산망 운영을 위한 수질원격 감시체계 관제센터를 설치·운영할 수 있는 곳은?
① 국립환경과학원
② 유역환경청
③ 한국환경공단
④ 시·도 보건환경연구원

해설 환경부장관은 전산망을 운영하기 위하여 「한국환경공단법」에 따른 한국환경공단에 수질원격감시체계 관제센터(이하 "관제센터"라 한다)를 설치·운영할 수 있다.

ANSWER | 100. ③

2018년 3회 수질환경기사

SECTION 01 수질오염개론

01 알칼리도가 수질환경에 미치는 영향에 관한 설명으로 가장 거리가 먼 것은?
① 높은 알칼리도를 갖는 물은 쓴맛을 낸다.
② 알칼리도가 높은 물은 다른 이온과의 반응성이 좋아 관 내에 scale을 형성할 수 있다.
③ 알칼리도는 물속에서 수중생물의 성장에 중요한 역할을 하므로 물의 생산력을 추정하는 변수로 활용한다.
④ 자연수 중 알칼리도의 형태는 대부분 수산화물의 형태이다.

해설 수중에서 알칼리도를 유발할 수 있는 주요 물질은 수산화물[OH^-], 중탄산염(HCO_3^-), 탄산염(CO_3^{2-}) 등이 있다. 자연수의 경우 중탄산염에 의한 알칼리도가 지배적이다.

02 성층현상에 관한 설명으로 틀린 것은?
① 수심에 따른 온도변화로 발생되는 물의 밀도차에 의해 발생된다.
② 봄, 가을에는 저수지의 수직혼합이 활발하여 분명한 층의 구별이 없어진다.
③ 여름에는 수심에 따른 연직온도경사와 산소구배가 반대 모양을 나타내는 것이 특징이다.
④ 겨울과 여름에는 수직운동이 없어 정체현상이 생기며 수심에 따라 온도와 용존산소농도의 차이가 크다.

해설 여름에는 수심에 따른 연직온도경사와 산소구배가 같은 모양을 나타내는 것이 특징이다.

03 다음 물질 중 이온화도가 가장 큰 것은?
① CH_3COOH ② H_2CO_3
③ HNO_3 ④ NH_3

해설 강산일수록 이온화도가 크다. 따라서 질산이 이온화도가 가장 크다.

04 수산화칼슘[$Ca(OH)_2$]이 중탄산칼슘[$Ca(HCO_3)_2$]과 반응하여 탄산칼슘($CaCO_3$)의 침전이 형성될 때 10g의 $Ca(OH)_2$에 대하여 생성되는 $CaCO_3$의 양(g)은?(단, 칼슘 원자량=40)
① 17 ② 27
③ 37 ④ 47

해설 $Ca(OH)_2 + Ca(HCO_3)_2 \rightarrow 2CaCO_3 + 2H_2O$
74(g) : 2×100(g)
10(g) : X(g)
∴ X(=$CaCO_3$) = 27.03(g)

05 2,000mg/L $Ca(OH)_2$ 용액의 pH는?(단, $Ca(OH)_2$는 완전 해리, Ca 원자량=40)
① 12.13 ② 12.43
③ 12.73 ④ 12.93

해설 pH의 정의는 수소이온 역수의 log 값으로 다음식으로 계산된다.
$$pH = \log\frac{1}{[H^+]} \quad \text{or} \quad pH = 14 - \log\frac{1}{[OH^-]}$$
① $Ca(OH)_2$의 분자량은 74이고 1mol은 74g이다. 따라서 $Ca(OH)_2$의 mol 농도를 먼저 구하면
$$X\left(\frac{mol}{L}\right) = \frac{2,000mg}{L} \left|\frac{1g}{10^3 mg}\right| \frac{1mol}{74g}$$
$$= 2.7 \times 10^{-2} (mol/L)$$
② $Ca(OH)_2$가 100% 전리된다면 전리된 [OH^-] (mol/L)은 mol 농도의 2배가 된다. 그러므로 위의 pH 계산식에 이를 대입하여 pH를 구하면
$$\therefore pH = 14 - \log\frac{1}{[OH^-]}$$
$$= 14 - \log\frac{1}{2 \times 2.7 \times 10^{-2}} = 12.73$$

1. ④ 2. ③ 3. ③ 4. ② 5. ③ | ANSWER

06 다음 반응식 중 환원 상태가 되면 가장 나중에 일어나는 반응은?(단, ORP 값 기준)

① $SO_4^{2-} \to S^{2-}$
② $NO_2^- \to NH_3$
③ $Fe^{3+} \to Fe^{2+}$
④ $NO_3^- \to NO_2^-$

해설 환원 상태가 되면 가장 나중에 일어나는 반응은 $SO_4^{2-} \to S^{2-}$이며, 가장 먼저 일어나는 반응은 $NO_3^- \to NO_2^-$이다.

07 부영양호의 수면관리 대책으로 틀린 것은?

① 수생식물의 이용
② 준설
③ 약품에 의한 영양염류의 침전 및 황산동 살포
④ N, P 유입량의 증대

해설 N, P는 부영양호의 원인물질이다.

08 카드뮴이 인체에 미치는 영향으로 가장 거리가 먼 것은?

① 칼슘 대사기능 장해
② Hunter-Russell 장해
③ 골연화증
④ Fanconi 씨 증후군

해설 Hunter-Russell 장해는 수은에 의한 영향이다.

09 알칼리도에 관한 반응 중 가장 부적절한 것은?

① $CO_2 + H_2O \to H_2CO_3 \to HCO_3^- + H^+$
② $HCO_3^- \to CO_3^{-2} + H^+$
③ $CO_3^{-2} + H_2O \to HCO_3^- + OH^-$
④ $HCO_3^- + H_2O \to H_2CO_3 + OH^-$

해설 물과 이산화탄소의 반응
① $CO_2 + H_2O \to H_2CO_3 \to HCO_3^- + H^+$
② $HCO_3^- \to CO_3^{-2} + H^+$
③ $CO_3^{-2} + H_2O \to HCO_3^- + OH^-$
④ $M(HCO_3)_2 \to M^{2+} + 2HCO_3^-$

10 BOD 1kg의 제거에 보통 1kg의 산소가 필요하다면 1.45ton의 BOD가 유입된 하천에서 BOD를 완전히 제거하고자 할 때 요구되는 공기량(m^3)은?[단, 물의 공기 흡수율은 7%(부피기준)이며, 공기 $1m^3$은 0.236kg의 O_2를 함유한다고 하고 하천의 BOD는 고려하지 않음]

① 약 84,773
② 약 85,773
③ 약 86,773
④ 약 87,773

해설 BOD 1kg당 1kg의 산소가 필요하다면, BOD 1.45ton당 필요한 산소는 1.45ton이다.

$$Air(m^3) = \frac{1.45ton \cdot O_2}{1ton} \Big| \frac{10^3 kg}{} \Big| \frac{1m^3 \cdot Air}{0.236 kg \cdot O_2} \Big| \frac{100}{7}$$
$$= 87,772.4(m^3)$$

11 소수성 콜로이드의 특성으로 틀린 것은?

① 물속에서 에멀션으로 존재함
② 염에 아주 민감함
③ 물에 반발하는 성질이 있음
④ 소량의 염을 첨가하여도 응결 침전됨

해설 소수성 콜로이드는 현탁상태(sol)로 존재한다.

12 하수나 기타 물질에 의해서 수원이 오염 되었을 때에 물은 일련의 변화과정을 거친다. fungi와 같은 정도로 청록색 내지 녹색 조류가 번식하고, 하류로 내려갈수록 규조류가 성장하는 지대는?

① 분해지대
② 활발한 분해지대
③ 회복지대
④ 정수지대

13 25℃, 4atm의 압력에 있는 메탄가스 15kg을 저장하는 데 필요한 탱크의 부피(m^3)는?(단, 이상기체의 법칙 적용, 표준상태 기준, R=0.082 L·atm/mol·K)

① 4.42
② 5.73
③ 6.54
④ 7.45

해설 이상기체방정식(Ideal Gas Equation)을 이용한다.
$PV = n \cdot R \cdot T$

ANSWER | 6.① 7.④ 8.② 9.④ 10.④ 11.① 12.③ 13.②

$$V(m^3) = \frac{n \cdot R \cdot T}{P}$$
$$= \frac{937.5\text{mol}}{} \Big| \frac{0.082\text{L} \cdot \text{atm}}{\text{mol} \cdot \text{K}} \Big| \frac{(273+25)\text{K}}{2\text{atm}}$$
$$= 5727.19(\text{L}) = 5.73(\text{m}^3)$$

여기서, $n(\text{mol}) = \dfrac{M}{M_w}$
$$= \frac{15\text{kg}}{} \Big| \frac{1\text{mol}}{16\text{g}} \Big| \frac{10^3\text{g}}{1\text{kg}}$$
$$= 937.5(\text{mol})$$

14 수원의 종류 중 지하수에 관한 설명으로 틀린 것은?
① 수온 변동이 적고 탁도가 높다.
② 미생물이 거의 없고 오염물이 적다.
③ 유속이 빠르고, 광역적인 환경조건의 영향을 받아 정화되는 데 오랜 기간이 소요된다.
④ 무기염류 농도와 경도가 높다.

해설 지하수는 탁도가 낮고, 유속이 느리며 국지적인 환경조건에 영향을 크게 받는다.

15 Fungi(균류, 곰팡이류)에 관한 설명으로 틀린 것은?
① 원시적 탄소동화작용을 통하여 유기물질을 섭취하는 독립영양계 생물이다.
② 폐수 내의 질소와 용존산소가 부족한 경우에도 잘 성장하며 pH가 낮은 경우에도 잘 성장한다.
③ 구성물질의 75~80%가 물이며 $C_{10}H_{17}O_6N$을 화학구조식으로 사용한다.
④ 폭이 약 5~10μm로서 현미경으로 쉽게 식별되며 슬러지 팽화의 원인이 된다.

해설 Fungi(균류, 곰팡이류)는 탄소동화작용을 하지 않는 미생물로서 곰팡이류, 효모, 사상균 등이 여기에 속한다.

16 내경 5mm인 유리관을 정수 중에 연직으로 세울 때 유리관 내의 모세관 높이(cm)는?(단, 물의 수온=15℃, 이때의 표면장력=0.076g/cm, 물과 유리의 접촉각 =8°)
① 0.5
② 0.6
③ 0.7
④ 0.8

해설 $h = \dfrac{4r\cos\beta}{w \cdot d}$
$$h(\text{cm}) = \frac{4}{} \Big| \frac{0.076\text{g}}{\text{cm}} \Big| \frac{\cos 8°}{} \Big| \frac{\text{cm}^3}{1g} \Big| \frac{1}{5\text{mm}} \Big| \frac{10\text{mm}}{1\text{cm}}$$
$$= 0.6(\text{cm})$$

17 미생물 세포의 비증식 속도를 나타내는 식에 대한 설명이 잘못된 것은?

$$\mu = \mu_{\max} \times \frac{[S]}{[S]+K_s}$$

① $\mu_{\max}$는 최대 비증식 속도로 시간$^{-1}$ 단위이다.
② K_s는 반속도 상수로서 최대 성장률이 1/2일 때의 기질의 농도이다.
③ $\mu = \mu_{\max}$인 경우, 반응속도가 기질농도에 비례하는 1차 반응을 의미한다.
④ [S]는 제한기질 농도이고 단위는 mg/L이다.

해설 μ는 비성장률로 단위는 시간$^{-1}$이다.

18 세균(Bacteria)의 경험적 분자식으로 옳은 것은?
① $C_5H_7O_2N$
② $C_5H_8O_2N$
③ $C_7H_8O_5N$
④ $C_8H_9O_5N$

해설 호기성 박테리아의 경험적 분자식은 $C_5H_7NO_2$이다.

19 수은(Hg)에 관한 설명으로 틀린 것은?
① 아연 정련업, 도금공장, 도자기 제조업에서 주로 발생한다.
② 대표적 만성질환으로는 미나마타병, 헌터－러셀 증후군이 있다.
③ 유기수은은 금속상태의 수은보다 생물체내에 흡수력이 강하다.
④ 상온에서 액체 상태로 존재하며, 인체에 노출 시 중추신경계에 피해를 준다.

해설 수은은 온도계, 전구 제조업, 제련공업, 농약 살포, 전기계 기공업 등에서 주로 발생한다.

20 pH 2.5인 용액을 pH 6.0의 용액으로 희석할 때 용량비를 1 : 9로 혼합하면 혼합액의 pH는?

① 3.1   ② 3.3
③ 3.5   ④ 3.7

해설 $[H^+] = \dfrac{10^{-2.5} \times 1 + 10^{-6} \times 9}{1+9}$
$= 3.17 \times 10^{-4} (mol/L)$
∴ $pH = -\log(3.17 \times 10^{-4}) = 3.5$

SECTION 02 상하수도계획

21 용해성 성분으로 무기물인 불소(처리 대상 물질)를 제거하기 위해 유효한 고도정수처리 방법으로 가장 거리가 먼 것은?

① 응집침전   ② 골탄
③ 이온교환   ④ 전기분해

해설 용해성 성분으로 무기물인 불소(처리 대상 물질)를 제거하기 위해 유효한 고도정수처리 방법
㉠ 응집침전   ㉡ 활성알루미나
㉢ 골탄   ㉣ 전기분해
㉤ 막처리(역삼투)

22 하수도계획의 목표연도는 원칙적으로 몇 년으로 설정하는가?

① 15년   ② 20년
③ 25년   ④ 30년

해설 하수도계획의 목표연도는 원칙적으로 20년이다.

23 길이가 100m, 직경이 40cm인 하수관로의 하수유속을 1m/sec로 유지하기 위한 하수관로의 동수경사는?(단, 만관 기준, Manning 식의 조도계수 n= 0.012)

① 1.2×10^{-3} ② 2.3×10^{-3}
③ 3.1×10^{-3} ④ 4.6×10^{-3}

해설 Manning 공식 $V(m/sec) = \dfrac{1}{n} \times R^{\frac{2}{3}} \times I^{\frac{1}{2}}$

$1 = \dfrac{1}{0.012} \times 0.1^{\frac{2}{3}} \times I^{\frac{1}{2}}$

∴ $I = 3.1 \times 10^{-3}$

여기서, $R(경심) = \dfrac{A(단면적)}{P(윤변)}$
$= \dfrac{D}{4} = \dfrac{0.4}{4} = 0.1$

24 복류수나 자유수면을 갖는 지하수를 취수하는 시설인 집수매거에 관한 설명으로 틀린 것은?

① 집수매거의 길이는 시험우물 등에 의한 양수시험 결과에 따라 정한다.
② 집수매거의 매설깊이는 1.0m 이하로 한다.
③ 집수매거는 수평 또는 흐름 방향으로 향하여 완경사로 하고 집수매거의 유출단에서 매거 내의 평균 유속은 1.0m/s 이하로 한다.
④ 세굴의 우려가 있는 제외지에 설치할 경우에는 철근 콘크리트 틀 등으로 방호한다.

해설 집수매거의 매설깊이는 5m를 표준으로 한다.

25 계획오수량에 관한 설명으로 틀린 것은?

① 지하수량은 1인 1일 최대오수량의 20% 이하로 한다.
② 계획시간최대오수량은 계획 1일 최대오수량의 1시간당 수량의 1.3~1.8배를 표준으로 한다.
③ 합류식에서 우천 시 계획오수량은 원칙적으로 계획시간최대오수량의 3배 이상으로 한다.
④ 계획 1일 평균오수량은 계획 1일 최대오수량의 50~60%를 표준으로 한다.

해설 계획 1일 평균 오수량은 계획 1일 최대오수량의 70~80%를 표준으로 한다.

26 표준 맨홀의 형상별 용도에서 내경 1,500 mm 원형에 해당하는 것은?

① 1호 맨홀   ② 2호 맨홀
③ 3호 맨홀   ④ 4호 맨홀

ANSWER | 20.③ 21.③ 22.② 23.③ 24.② 25.④ 26.③

해설 표준 맨홀의 형상별 용도

명칭	치수 및 형상	용도
1호 맨홀	내경 900mm 원형	관거의 기점 및 600mm 이하의 관거 중간지점 또는 내경 400mm까지의 관거 합류지점
2호 맨홀	내경 1,200mm 원형	내경 900mm 이하의 관거 중간지점 및 내경 600mm 이하의 관거 합류지점
3호 맨홀	내경 1,500mm 원형	내경 1,200mm 이하의 관거 중간지점 및 내경 800mm 이하의 관거 합류지점
4호 맨홀	내경 1,800mm 원형	내경 1,500mm 이하의 관거 중간지점 및 내경 900mm 이하의 관거 합류지점
5호 맨홀	내경 2,100mm 원형	내경 1,800mm 이하의 관거 중간지점

27 비교회전도(N_s)에 대한 설명으로 틀린 것은?
① 펌프는 N_s 값에 따라 그 형식이 변한다.
② N_s 값이 같으면 펌프의 크기에 관계없이 같은 형식의 펌프로 하고 특성도 대체로 같아진다.
③ 수량과 전양정이 같다면 회전수가 많을수록 N_s 값이 커진다.
④ 일반적으로 N_s 값이 작으면 유량이 큰 저양정의 펌프가 된다.

해설 일반적으로 비교회전도가 크면 유량이 많은 저양정의 펌프가 된다.

28 하수관이 부식하기 쉬운 곳은?
① 바닥 부분
② 양 옆 부분
③ 하수관 전체
④ 관정부(Crown)

29 상수도 취수관거의 취수구에 관한 설명으로 틀린 것은?
① 높이는 배사문의 바닥높이보다 0.5~1m 이상 낮게 한다.
② 유입속도는 0.4~0.8m/s를 표준으로 한다.
③ 제수문의 전면에는 스크린을 설치한다.
④ 계획취수위는 취수구로부터 도수기점까지의 손실수두를 계산하여 결정한다.

해설 취수보의 취수구에 관한 설명이므로 전 항 정답

30 우수배제 계획에서 계획우수량을 산정할 때 고려할 사항이 아닌 것은?
① 유출계수
② 유속계수
③ 배수면적
④ 유달시간

해설 우수배제 계획에서 계획우수량을 산정할 때 고려할 사항
㉠ 우수유출량
㉡ 유출계수
㉢ 확률연수
㉣ 유달시간
㉤ 배수면적

31 상수도 급수배관에 관한 설명으로 틀린 것은?
① 급수관을 공공도로에 부설할 경우에는 도로 관리자가 정한 점용위치와 깊이에 따라 배관해야 하고 다른 매설물의 깊이에 따라 배관해야 하며 다른 매설물과의 간격을 30cm 이상 확보한다.
② 급수관을 부설하고 되메우기를 할 때에는 양질토 또는 모래를 사용하여 적절하게 다짐하여 관을 보호한다.
③ 급수관이 개거를 횡단하는 경우에는 가능한 한 개거의 위로 부설한다.
④ 동결이나 결로의 우려가 있는 급수설비의 노출부분에 대해서는 적절한 방한조치나 결로방지조치를 강구한다.

해설 급수관이 개거를 횡단하는 경우에는 가능한 한 개거의 아래로 부설한다.

32 상수도시설인 완속여과지에 관한 설명으로 틀린 것은?
① 여과지 깊이는 하부집수장치의 높이에 자갈층 두께와 모래층 두께까지 2.5~3.5m를 표준으로 한다.
② 완속여과지의 여과속도는 4~5m/day를 표준으로 한다.
③ 모래층의 두께는 70~90cm를 표준으로 한다.
④ 여과지의 모래면 위의 수심은 90~120cm를 표준으로 한다.

해설 여과지의 깊이는 하부집수장치의 높이에 자갈층 두께, 모래층 두께, 모래면 위의 수심과 여유고를 더하여 2.5~3.5m를 표준으로 한다.

33 전양정에 대한 펌프의 형식 중 틀린 것은?

① 전양정 5m 이하는 펌프구경 400mm 이상의 축류펌프를 사용한다.
② 전양정 3~12m 이하는 펌프구경 400mm 이상의 원심펌프를 사용한다.
③ 전양정 5~20m 이하는 펌프구경 300mm 이상의 원심사류펌프를 사용한다.
④ 전양정 4m 이하는 펌프구경 80mm 이상의 원심펌프를 사용한다.

해설 전양정 3~12m 이하는 펌프구경 400mm 이상의 사류펌프를 사용한다.

34 펌프의 규정회전수는 10회/sec, 규정토출량은 $0.3m^3$/sec, 규정양정은 5m일 때 비교회전도는?

① 642 ② 761
③ 836 ④ 935

해설 펌프의 비교회전도는 다음 식으로 계산된다. 이때 주의사항은 초당 회전수를 분당 회전수(rpm)로 전환시켜야 한다는 것이다.

$N_s = N \times \dfrac{Q^{1/2}}{H^{3/4}} = (10 \times 60) \times \dfrac{(0.3 \times 60)^{1/2}}{(5)^{3/4}}$
$= 761.31 (회)$

35 계획우수량 산정 시 고려하는 하수관로의 설계강우로 알맞은 것은?

① 30~50년 빈도 ② 10~30년 빈도
③ 10~15년 빈도 ④ 5~10년 빈도

36 상수도 송수시설의 계획송수량 산정에 기준이 되는 수량은?

① 계획 1일 최대급수량
② 계획 1일 평균급수량
③ 계획 1일 시간 최대급수량
④ 계획 1일 시간 평균급수량

해설 송수시설의 계획송수량은 계획 1일 최대급수량을 기준으로 하여 산정하는 것이 원칙이다.

37 정수처리를 위해 완속여과방식(불용해성 성분의 처리방식)만을 선택하였을 때 거의 처리할 수 없는 항목(물질)은?

① 탁도 ② 철분, 망간
③ ABS ④ 농약

해설 농약은 활성탄과 오존으로 처리할 수 있다.

38 관로의 접합과 관련된 고려 사항으로 틀린 것은?

① 접합의 종류에는 관정접합, 관중심접합, 수면접합, 관저접합 등이 있다.
② 관로의 관경이 변화하는 경우의 접합방법은 원칙적으로 수면접합 또는 관정접합으로 한다.
③ 2개의 관로가 합류하는 경우 중심교각은 되도록 60° 이상으로 한다.
④ 지표의 경사가 급한 경우에는 관경변화의 유무에 관계없이 원칙적으로 단차접합 또는 계단접합을 한다.

해설 하수관거 접합 시 2개의 관거가 합류하는 경우 중심교각은 되도록 60° 이하로 하고, 곡선을 갖고 합류하는 경우의 곡률 반경은 내경의 5배 이상으로 한다.

39 정수시설의 착수정 구조와 형상에 관한 설계기준으로 틀린 것은?

① 착수정은 분할을 원칙으로 하며 고수위 이상으로 유지되도록 월류관이나 월류위어를 설치한다.
② 형상은 일반적으로 직사각형 또는 원형으로 하고 유입구에는 제수밸브 등을 설치한다.
③ 착수정의 고수위와 주변 벽체의 상단 간에는 60cm 이상의 여유를 두어야 한다.
④ 부유물이나 조류 등을 제거할 필요가 있는 장소에는 스크린을 설치한다.

해설 착수정은 2지 이상으로 분할하는 것이 원칙이나 분할하지 않는 경우에는 반드시 우회관과 배수설비를 설치하며, 수위가 고수위 이상으로 올라가지 않도록 월류관이나 월류위어를 설치한다.

ANSWER | 33. ② 34. ② 35. ② 36. ① 37. ④ 38. ③ 39. ①

40 펌프를 선정할 때 고려 사항으로 적당치 않는 것은?

① 펌프를 최대효율점 부근에서 운전할 수 있도록 용량 및 대수를 결정한다.
② 펌프의 설치대수는 유지관리상 가능한 한 적게 하고 동일 용량의 것으로 한다.
③ 펌프는 저용량일수록 효율이 높으므로 가능한 한 저용량으로 한다.
④ 내부에서 막힘이 없고, 부식 및 마모가 적어야 한다.

해설 펌프는 용량이 클수록 효율이 높으므로 가능한 한 대용량의 것으로 하며, 유입 오수량에 따라 대응운전이 가능한 대·중·소 조합운전이 되도록 한다.

SECTION 03 수질오염방지기술

41 활성슬러지법의 변법인 접촉안정화법에 대한 설명으로 가장 거리가 먼 것은?

① 활성슬러지를 하수와 약 5~20분간의 비교적 짧은 시간 동안 접촉조에서 폭기, 혼합한다.
② 활성슬러지를 안정조에서 3~6시간 폭기하여 흡수, 흡착된 유기물질을 산화시킨다.
③ 침전지에서는 접촉조에서 유기물을 흡수, 흡착한 슬러지를 분리한다.
④ 유기물의 상당량이 콜로이드 상태로 존재하는 도시하수처리에 적합하다.

해설 활성슬러지를 하수와 30~60분간 혼합 접촉시켜 유기물을 흡착, 제거한다.

42 소독제로서 오존(O_3)의 효율성에 대한 설명으로 가장 거리가 먼 것은?

① 오존은 대단히 반응성이 큰 산화제이다.
② 오존은 매우 효과적인 바이러스 사멸제이다.
③ 오존처리는 용존 고형물을 증가시키지 않는다.
④ pH가 높을 때 소독효과가 좋다.

해설 오존처리는 pH 변화에 상관없이 강력한 살균력을 발휘할 수 있다.

43 호기성 미생물에 의하여 발생되는 반응은?

① 포도당 → 알코올
② 초산 → 메탄
③ 아질산염 → 질산염
④ 포도당 → 초산

44 난분해성 폐수처리에 이용되는 펜톤 시약은?

① H_2O_2 + 철염
② 알루미늄염 + 철염
③ H_2O_2 + 알루미늄염
④ 철염 + 고분자 응집제

해설 펜톤 시약(H_2O_2 + 철염)은 생물학적으로 난분해성인 물질을 생분해가 가능한 물질로 전환하거나 독성을 함유한 폐수의 독성을 감소시킨다. 생물학적 처리가 어려운 폐수에 적합하다.

45 BOD 250mg/L인 폐수를 살수여상법으로 처리할 때 처리수의 BOD는 80mg/L, 온도는 20℃였다. 만일 온도가 23℃로 된다면 처리수의 BOD 농도(mg/L)는? (단, 온도 이외의 처리조건은 같음, $E_t = E_{20} \times C_i^{T-20}$, E : 처리효율, $C_i = 1.035$)

① 약 46
② 약 53
③ 약 62
④ 약 71

해설 효율공식을 이용한다.
$$\eta = \left(1 - \frac{C_o}{C_i}\right) \times 100$$

① 20℃에서의 살수여상의 효율을 알아보면
$$\eta = \left(1 - \frac{C_o}{C_i}\right) \times 100$$
$$= \left(1 - \frac{80}{250}\right) \times 100 = 68(\%)$$

→ 주어진 식을 토대로 23℃에서의 효율로 환산한다.
$$E_t = E_{20} \times C_i^{T-20} = 68 \times 1.035^{(23-20)}$$
$$= 75.39(\%)$$

② 효율이 75.39%일 때 처리수의 BOD 농도는
$$75.39(\%) = \left(1 - \frac{C_i}{250}\right) \times 100$$
$$C_i = 61.53(\text{mg/L})$$

46 흡착장치 중 고정상 흡착장치의 역세척에 관한 설명으로 가장 알맞은 것은?

(㉠) 동안 먼저 표면세척을 한 다음 (㉡) m³/m² · hr의 속도로 역세척수를 사용하여 층을 (㉢) 정도 부상시켜 실시한다.

① ㉠ 24시간, ㉡ 14~28, ㉢ 25~30%
② ㉠ 24시간, ㉡ 24~28, ㉢ 10~50%
③ ㉠ 짧은 시간, ㉡ 14~28, ㉢ 25~30%
④ ㉠ 짧은 시간, ㉡ 24~28, ㉢ 10~50%

해설 짧은 시간 동안 먼저 표면세척을 한 다음 24~28m³/m² · hr의 속도로 역세척수를 사용하여 층을 10~50% 정도 부상시켜 실시한다.

47 정수장의 침전조 설계 시 어려운 점은 물의 흐름은 수평방향이고 입자 침강방향은 중력방향이어서 두 방향의 운동을 해석해야 한다는 점이다. 이상적인 수평흐름 장방형 침전지(제I형 침전)설계를 위한 기본 가정 중 틀린 것은?

① 유입부의 깊이에 따라 SS 농도는 선형으로 높아진다.
② 슬러지 영역에서는 유체 이동이 전혀 없다.
③ 슬러지 영역 상부에 사영역이나 단락류가 없다.
④ 플러그 흐름이다.

해설 각 입경별 SS 농도는 수심, 깊이에 관계없이 균일하게 분포된다. 동일한 표면적을 가진 침전지는 깊이가 달라지더라도 효율은 동일하다.

48 아래의 공정은 A²/O 공정을 나타낸 것이다. 각 반응조의 주요 기능으로 옳은 것은?

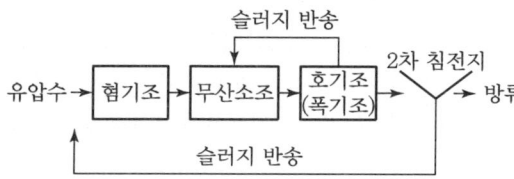

① 혐기조 : 인 방출, 무산소조 : 질산화
  폭기조 : 탈질, 인 과잉섭취
② 혐기조 : 인 방출, 무산소조 : 탈질
  폭기조 : 인 과잉섭취, 질산화
③ 혐기조 : 탈질, 무산소조 : 질산화
  폭기조 : 인 방출 및 과잉섭취
④ 혐기조 : 탈질, 무산소조 : 인 과잉섭취
  폭기조 : 질산화, 인 방출

49 폐수의 고도처리에 관한 설명으로 가장 거리가 먼 것은?

① 염수 등 무기염류의 제거에는 전기투석, 역삼투 등을 사용한다.
② 질소제거는 소석회 등을 사용하여 pH 10.8~11.5에서 암모니아 스트리핑을 한다.
③ 인산 이온은 수산화나트륨 등으로 중화하여 침전처리한다.
④ 잔류 COD는 급속사여과 후 활성탄 흡착처리 한다.

50 Bar rack의 설계조건이 다음과 같을 때 손실수두(m)는?[단, $h_L = 1.79 \left(\dfrac{W}{b}\right)^{4/3} \cdot \dfrac{V^2}{2g} \sin\theta$, 원형봉의 지름=20mm, bar의 유효간격=25 mm, 수평설치각도=50°, 접근유속=1.0 m/sec]

① 0.0427
② 0.0482
③ 0.0519
④ 0.0599

해설
$h_L = 1.79 \left(\dfrac{W}{b}\right)^{4/3} \cdot \dfrac{V^2}{2g} \sin\theta$
$= 1.79 \left(\dfrac{0.02}{0.025}\right)^{4/3} \cdot \dfrac{1^2}{2 \times 9.8} \times \sin 50°$
$= 0.0519 (m)$

51 화학적 인 제거 방법인 정석탈인법에 사용되는 것은?

① Al
② Fe
③ Ca
④ Mg

해설 정석탈인법은 정인산 이온(PO_4^{3-})이 칼슘이온(Ca^{2+})과 반응하여 하이드록시아파타이트를 생성하는 반응을 이용한 방법이다.

ANSWER 46. ④ 47. ① 48. ② 49. ③ 50. ③ 51. ③

52 특정의 반응물을 포함하는 폐수가 연속혼합 반응조를 통과할 때 반응물의 농도가 250mg/L에서 25mg/L로 감소하였다. 반응조 내의 반응은 일차반응이고, 폐수의 유량이 1일 5,000m³이면 반응조의 체적(m³)은?(단, 반응속도상수 K=0.2day⁻¹)

① 45,000
② 90,000
③ 112,500
④ 214,286

해설 완전혼합 반응조(CFSTR)의 1차 반응식을 이용한다.
$Q(C_o - C_t) = K \cdot \forall \cdot C_t^m$
여기서, m=반응차수=1차
$Q(C_o - C_t) = K \cdot \forall \cdot C_t^1$ 에서
$\forall (m^3) = \dfrac{Q(C_o - C_t)}{K \cdot C_t}$
$= \dfrac{5,000m^3}{day} \left| \dfrac{(250-25)mg}{L} \right| \dfrac{day}{0.2} \left| \dfrac{L}{25mg} \right.$
$= 225,000(m^3)$

단서조항으로 제시된 반응속도상수 값으로 계산하면 225,000(m³)이 된다.

53 살수여상 처리공정에서 생성되는 슬러지의 농도는 4.5%이며 하루에 생성되는 고형물의 양은 1,000kg이다. 중력을 이용하여 농축할 때 중력 농축조의 직경(m)은?(단, 농축조의 형태는 원형, 깊이=3m, 중력 농축조의 고형물 부하량=25kg/m²·day, 비중=1.0)

① 3.55
② 5.10
③ 6.72
④ 7.14

해설 농축조의 고형물 부하 = $\dfrac{농축조로 유입되는 고형물량(kg/day)}{농축조의 수면적(m^2)}$

① 농축조로 유입되는 고형물의 양 : 1,000kg/day
② 농축조의 고형물 부하량=25kg/m²·day
$25kg/m^2 \cdot day = \dfrac{1,000kg/day}{A(m^2)}$
$A = 40m^2$
$\dfrac{\pi}{4} D^2 = 40m^2$
∴ $D = 7.14(m)$

54 혐기성 소화조 내의 pH가 낮아지는 원인이 아닌 것은?

① 유기물 과부하
② 과도한 교반
③ 중금속 등 유해물질 유입
④ 온도 저하

해설 혐기성 소화조 내의 pH가 낮아지는 원인
㉠ 유기물의 과부하로 인한 소화의 불균형
㉡ 온도 급저하
㉢ 교반 부족
㉣ 메탄균 활성을 저해하는 독물 또는 중금속 투입

55 정수장에 적용되는 완속여과의 장점이라 볼 수 없는 것은?

① 여과 시스템의 신뢰성이 높고 양질의 음용수를 얻을 수 있다.
② 수량과 탁질의 급격한 부하변동에 대응할 수 있다.
③ 고도의 지식이나 기술을 가진 운전자를 필요로 하지 않고 최소한의 전력만 필요로 한다.
④ 여과지를 간헐적으로 사용하여도 양질의 여과수를 얻을 수 있다.

해설 완속여과방식은 유지관리가 간단하고 고도의 기술을 요구하지 않으면서 안정된 양질의 처리수를 얻을 수 있다는 장점이 있으나, 여과속도가 느리기 때문에 넓은 면적이 필요하고 많은 인력이 필요한 단점이 있다.

56 막공법에 관한 설명으로 가장 거리가 먼 것은?

① 투석은 선택적 투과막을 통해 용액 중에 다른 이온 혹은 분자의 크기가 다른 용질을 분리시키는 것이다.
② 투석에 대한 추진력은 막을 기준으로 한 용질의 농도 차이다.
③ 한외여과 및 미여과의 분리는 주로 여과작용에 의한 것으로 역삼투 현상에 의한 것이 아니다.
④ 역삼투는 반투막으로 용매를 통과시키기 위해 동수압을 이용한다.

해설 역삼투법은 반투과성 멤브레인(막)과 정수압을 이용하여 염용액으로부터 물과 같은 용매를 분리하는 방법으로 추진력은 정압 차이다.

57 수질 성분이 금속 하수도관의 부식에 미치는 영향으로 가장 거리가 먼 것은?

① 잔류염소는 용존산소와 반응하여 금속부식을 억제시킨다.
② 용존산소는 여러 부식반응속도를 증가시킨다.
③ 고농도의 염화물이나 황산염은 철, 구리, 납의 부식을 증가시킨다.
④ 암모니아는 착화물의 형성을 통하여 구리, 납 등의 용해도를 증가시킬 수 있다.

해설 잔류염소는 용존산소와 반응하여 금속 부식을 더욱 활성화시킨다.

58 포기조의 MLSS 농도가 3,000mg/L이고, 1L 실린더에 30분 동안 침전시킨 후 슬러지 부피가 150mL이면 슬러지의 SVI는?

① 20 ② 50
③ 100 ④ 150

해설 SVI 계산식을 이용한다.
$$SVI = \frac{SV(mL/L)}{MLSS(mg/L)} \times 10^3 = \frac{150}{3,000} \times 10^3 = 50$$

59 인구가 10,000명인 마을에서 발생되는 하수를 활성슬러지법으로 처리하는 처리장에 저율 혐기성 소화조를 설계하려고 한다. 생슬러지(건조고형물 기준) 발생량은 0.11kg/인·일이며, 휘발성 고형물은 건조고형물의 70%이다. 가스 발생량은 0.94 m³/VSS·kg이고 휘발성 고형물의 65%가 소화된다면 일일 가스발생량(m³/day)은?

① 약 345 ② 약 471
③ 약 563 ④ 약 644

해설
$$X\left(\frac{m^3}{day}\right) = \frac{10,000명}{} \left|\frac{0.11kg \cdot TS}{인 \cdot 일}\right| \frac{0.94m^3}{kg \cdot TS}$$
$$\left|\frac{70 \cdot VS}{100 \cdot TS}\right| \frac{65}{100}$$
$$= 470.47(m^3/day)$$

60 폐수로부터 질소물질을 제거하는 주요 물리화학적 방법이 아닌 것은?

① Phostrip법
② 암모니아스트리핑법
③ 파과점염소처리법
④ 이온교환법

해설 물리적 질소제거방법
㉠ 암모니아스트리핑법
㉡ 파과점염소처리법
㉢ 이온교환법

SECTION 04 수질오염공정시험기준

61 원자흡수분광광도법에서 일어나는 간섭에 대한 설명으로 틀린 것은?

① 광학적 간섭 : 분석하고자 하는 원소의 흡수파장과 비슷한 다른 원소의 파장이 서로 겹쳐 비이상적으로 높게 측정되는 경우
② 물리적 간섭 : 표준용액과 시료, 또는 시료와 시료 간의 물리적 성질(점도, 밀도, 표면장력 등)의 차이 또는 표준물질과 시료의 매질(Matrix) 차이에 의해 발생
③ 화학적 간섭 : 불꽃의 온도가 분자를 들뜬 상태로 만들기에 충분히 높지 않아서, 해당 파장을 흡수하지 못하여 발생
④ 이온화 간섭 : 불꽃 온도가 너무 낮을 경우 중성원자에서 전자를 빼앗아 이온이 생성될 수 있으며 이 경우 양(+)의 오차가 발생

해설 ④ 이온화 간섭 : 불꽃 온도가 너무 높을 경우 중성 원자에서 전자를 빼앗아 이온이 생성될 수 있으며 이 경우 음(-)의 오차가 발생

ANSWER | 57. ① 58. ② 59. ② 60. ① 61. ④

62 자외선/가시선 분광법을 이용하여 아연을 측정하는 원리로 ( )에 옳은 내용은?

> 아연 이온이 ( )에서 진콘과 반응하여 생성하는 청색의 킬레이트 화합물의 흡광도를 620nm에서 측정하는 방법이다.

① pH 약 2
② pH 약 4
③ pH 약 9
④ pH 약 11

해설 아연 이온이 pH 약 9에서 진콘[2-카르복시-2'-하이드록시(Hydroxy)-5'-술포포마질벤젠·나트륨염]과 반응하여 생성하는 청색 킬레이트 화합물의 흡광도를 620nm에서 측정하는 방법이다.

63 하천수의 시료 채취 지점에 관한 내용으로 ( )에 공통으로 들어갈 내용은?

> 하천의 단면에서 수심이 가장 깊은 수면의 지점과 그 지점을 중심으로 하여 좌우로 수면 폭을 2등분한 각각의 지점의 수면으로부터 수심 ( ) 미만일 때에는 수심의 1/3에서, 수심 ( ) 이상일 때에는 수심의 1/3 및 2/3에서 각각 채수한다.

① 2m
② 3m
③ 5m
④ 6m

해설 하천의 단면에서 수심이 가장 깊은 수면의 지점과 그 지점을 중심으로 하여 좌우로 수면 폭을 2등분한 각각의 지점의 수면으로부터 수심 2m 미만일 때에는 수심의 1/3에서, 수심이 2m 이상일 때에는 수심의 1/3 및 2/3에서 각각 채수한다.

64 불꽃원자흡수분광광도법 분석절차 중 가장 먼저 수행되는 것은?

① 최적의 에너지 값을 얻도록 선택 파장을 최적화한다.
② 버너헤드를 설치하고 위치를 조정한다.
③ 바탕시료를 주입하여 영점 조정을 한다.
④ 공기와 아세틸렌을 공급하면서 불꽃을 발생시키고 최대 감도를 얻도록 유량을 조절한다.

해설 불꽃원자흡수분광광도법 분석절차
㉠ 분석하고자 하는 원소의 속빈음극램프를 설치하고 프로그램상에서 분석 파장을 선택한 후 슬릿 너비를 설정한다.
㉡ 기기를 가동하여 속빈음극램프에 전류가 흐르게 하고 에너지 레벨이 안정될 때까지 10~20분간 예열한다.
㉢ 최적 에너지 값(gain)을 얻도록 선택 파장을 최적화한다.
㉣ 버너헤드를 설치하고 위치를 조정한다.
㉤ 공기와 아세틸렌을 공급하면서 불꽃을 발생시키고, 최대 감도를 얻도록 유량을 조절한다.
㉥ 바탕시료를 주입하여 영점 조정을 하고, 시료 분석을 수행한다.

65 기기분석법에 관한 설명으로 틀린 것은?

① 유도결합플라스마(ICP)는 시료도입부, 고주파전원부, 광원부, 분광부, 연산처리부 및 기록부로 구성되어 있다.
② 원자흡수분광광도법은 시료 중의 유해 중금속 및 기타 원소의 분석에 적용한다.
③ 흡광광도법은 파장 200~900nm에서의 액체의 흡광도를 측정한다.
④ 기체크로마토그래피법의 검출기 중 열전도도 검출기는 인 또는 유황화합물의 선택적 검출에 주로 사용된다.

해설 열전도도 검출기는 금속물질 분석에 사용되며, 인 또는 유황화합물은 염광광도 검출기를 주로 사용한다.

66 기체크로마토그래피법의 전자포획검출기에 관한 설명으로 ( )에 알맞은 것은?

> 방사선 동위원소로부터 방출되는 ( )이 운반기체를 전리하여 미소전류를 흘려보낼 때 시료 중의 할로겐이나 산소와 같이 전자포획력이 강한 화합물에 의하여 전자가 포획되어 전류가 감소하는 것을 이용하는 방법이다.

① α(알파)선
② β(베타)선
③ γ(감마)선
④ 중성자선

해설 전자포획검출기(ECD, Electron Capture Detector)는 방사선 동위원소(^{63}Ni, ^{3}H 등)로부터 방출되는 β선이 운반기

체를 전리하여 미소전류를 흘려보낼 때 시료 중의 할로겐이나 산소와 같이 전자포획력이 강한 화합물에 의하여 전자가 포획되어 전류가 감소하는 것을 이용하여 검출하는 검출기로 유기할로겐화합물, 니트로화합물 및 유기금속화합물을 선택적으로 검출할 수 있다.

67 시료 중 분석 대상물의 농도가 낮거나 복잡한 매질 중에서 분석 대상물만을 선택적으로 추출하여 분석하고자 할 때 사용되는 전처리 방법으로 가장 적당한 것은?

① 마이크로파 산분해법
② 전기회화로법
③ 산분해법
④ 용매추출법

68 분석물질의 농도변화에 대한 지시값을 나타내는 검정곡선방법에 대한 설명으로 옳은 것은?

① 검정곡선법은 시료의 농도와 지시값의 상관성을 검정곡선 식에 대입하여 작성하는 방법으로, 직선성이 유지되는 농도범위 내에서 제조농도 3~5개를 사용한다.
② 표준물첨가법은 시료와 동일한 매질에 일정량의 표준물질을 첨가하여 검정곡선을 작성하는 것으로, 시험분석 절차, 기기 또는 시스템의 변동으로 발생하는 오차를 보정하기 위해 사용한다.
③ 내부표준법은 표준용액과 시료에 동일한 양의 내부표준물질을 첨가하여 검정곡선을 작성하는 것으로, 매질 효과가 큰 시험 분석방법에서 분석 대상 시료와 동일한 매질의 시료를 확보하지 못한 경우에 매질효과를 보정하기 위해 사용한다.
④ 검정곡선의 검증은 방법검출한계의 2~5배 또는 검정곡선의 중간 농도에 해당하는 표준용액에 대한 측정값이 검정곡선 작성 시의 지시값과 10% 이내에서 일치하여야 한다.

해설 검정곡선방법
㉠ 표준물첨가법은 시료와 동일한 매질에 일정량의 표준물질을 첨가하여 검정곡선을 작성하는 것으로, 매질 효과가 큰 시험분석 방법에서 분석 대상 시료와 동일한 매질의 시료를 확보하지 못한 경우에 매질 효과를 보정하기 위해 사용한다.

㉡ 내부표준법은 표준용액과 시료에 동일한 양의 내부표준물질을 첨가하여 검정곡선을 작성하는 것으로, 시험분석 절차, 기기 또는 시스템의 변동으로 발생하는 오차를 보정하기 위해 사용한다.
㉢ 검정곡선의 검증은 방법검출한계의 5~50배 또는 검정곡선의 중간 농도에 해당하는 표준용액에 대한 측정값이 검정곡선 작성 시의 지시값과 10 % 이내에서 일치하여야 한다.

69 막여과법에 의한 총대장균군 측정방법에 대한 설명으로 틀린 것은?

① 패트리 접시에 배지를 올려놓은 다음 배양 후 금속성 광택을 띠는 적색이나 진한 적색 계통의 집락을 계수하는 방법이다.
② 총대장균군은 그람음성, 무아포성의 간균으로서 락토스를 분해하여 가스 또는 산을 발생하는 모든 호기성 또는 통성혐기성균을 말한다.
③ 양성 대조군은 E. Coli 표준균주를 사용하고 음성 대조군은 멸균 희석수를 사용하도록 한다.
④ 고체배지는 에탄올(90%) 20mL를 포함한 정제수 1L에 배지를 정해진 고체배지 조성대로 넣고 완전히 녹을 때까지 저어주면서 끓인다. 이때 고압증기 멸균한다.

해설 고체배지는 에탄올(95%) 20mL를 포함한 정제수 1L에 배지를 고체배지 조성대로 넣고 pH(7.2±0.2)를 확인한 다음 완전히 녹을 때까지 저어주면서 끓인다. 이때 고압증기 멸균하지 않는다.

70 웨어의 수두가 0.25m, 수로의 폭이 0.8m, 수로의 밑면에서 절단 하부점까지의 높이가 0.7m인 직각 3각 웨어의 유량(m^3/min)은?[단, 유량계수 $k=81.2+\dfrac{0.24}{h}+\left(8.4+\dfrac{12}{\sqrt{D}}\right)\times\left(\dfrac{h}{B}-0.09\right)^2$]

① 1.4   ② 2.1
③ 2.6   ④ 2.9

해설 $Q(m^3/min) = kh^{\frac{5}{2}}$

$k = 81.2 + \dfrac{0.24}{0.25} + \left(8.4 + \dfrac{12}{\sqrt{0.7}}\right) \times \left(\dfrac{0.25}{0.8} - 0.09\right)^2 = 83.29$

∴ $Q(m^3/min) = 83.29 \times 0.25^{\frac{5}{2}}$
$= 2.6(m^3/min)$

ANSWER | 67. ④ 68. ① 69. ④ 70. ③

71 원자흡수분광광도법에 의한 크롬 측정에 관한 설명으로 ( )에 맞는 것은?

> 공기-아세틸렌 불꽃에 주입하여 분석하며 정량한계는 ( )nm에서의 산처리법은 ( )mg/L, 용매추출법은 ( )mg/L이다.

① 357.9, 0.01, 0.001
② 357.9, 0.001, 0.01
③ 715.8, 0.01, 0.001
④ 715.8, 0.001, 0.01

해설 크롬은 공기-아세틸렌 불꽃에 주입하여 분석하며 정량한계는 357.9nm에서의 산처리법은 0.01mg/L, 용매추출법은 0.001mg/L이다.

72 유기물 함량이 낮은 깨끗한 하천수나 호소수 등의 시료 전처리 방법으로 이용되는 것은?

① 질산에 의한 분해
② 염산에 의한 분해
③ 황산에 의한 분해
④ 아세트산에 의한 분해

해설 전처리 방법 중 질산법은 유기물 함량이 비교적 높지 않은 시료의 전처리에 사용한다.

73 수질오염공정시험기준 총칙에서 용어의 정의가 틀린 것은?

① 무게를 "정확히 단다"라 함은 규정된 수치의 무게를 0.1mg까지 다는 것을 말한다.
② 시험조작 중 "즉시"란 30초 이내에 표시된 조작을 하는 것을 뜻한다.
③ "바탕시험을 하여 보정한다"라 함은 시료를 사용하여 같은 방법으로 조작한 측정치를 보정하는 것을 말한다.
④ "정확히 취하여"라 하는 것은 규정한 양의 액체를 부피피펫으로 눈금까지 취하는 것을 말한다.

해설 ③ "바탕시험을 하여 보정한다"라 함은 시료에 대한 처리 및 측정을 할 때, 시료를 사용하지 않고 같은 방법으로 조작한 측정치를 빼는 것을 뜻한다.

74 유도결합플라스마-원자발광분광법에 의해 측정할 수 있는 항목이 아닌 것은?

① 6가 크롬   ② 비소
③ 불소   ④ 망간

해설 유도결합플라스마-원자발광분광법은 중금속을 분석하는 방법이며 분석이 불가능한 중금속은 셀레늄과 수은이다.

75 총대장균군 측정 시에 사용하는 배양기의 배양온도 기준으로 옳은 것은?

① 20±1℃   ② 25±0.5℃
③ 30±1℃   ④ 35±0.5℃

해설 총대장균군 측정 시에 사용하는 배양기의 배양온도를 (35±0.5)℃로 유지할 수 있는 것을 사용한다.

76 산화성 물질이 함유된 시료나 착색된 시료에 적합하며 특히 윙클로-아자이드화나트륨 변법에 사용할 수 없는 폐하수의 용존산소 측정에 유용하게 사용할 수 있는 측정법은?

① 이온크로마토그래피법
② 기체크로마토그래피법
③ 알칼리비색법
④ 전극법

77 자외선/가시선 분광법을 적용한 페놀류 측정에 관한 내용으로 옳은 것은?

① 정량한계는 클로로폼 측정법일 때 0.025mg/L이다.
② 정량범위는 직접 측정법일 때 0.025~0.05mg/L이다.
③ 증류한 시료에 염화암모늄-암모니아 완충액을 넣어 pH 10으로 조절한다.
④ 4-아미노안티피린과 페리시안칼륨을 넣어 생성된 청색의 안티피린계 색소의 흡광도를 측정하는 방법이다.

해설 페놀류(자외선/가시선 분광법)
㉠ 정량한계는 클로로폼 추출법일 때 0.005 mg/L, 직접 측정법일 때 0.05mg/L이다.
㉡ 4-아미노안티피린과 헥사시안화철(Ⅱ)산칼륨을 넣어 생성된 붉은색의 안티피린계 색소의 흡광도를 측정하는 방법으로 수용액에서는 510nm, 클로로폼 용액에서는 460 nm에서 측정한다.

78 환원제인 $FeSO_4$ 용액 25mL을 H_2SO_4 산성에서 $0.1N-K_2Cr_2O_7$으로 산화시키는 데 31.25mL 소비되었다. $FeSO_4$ 용액 200mL를 0.05N 용액으로 만들려고 할 때 가하는 물의 양(mL)은?
① 200   ② 300
③ 400   ④ 500

해설 $NV = N'V'$
$0.1N \times 31.25mL = xN \times 25mL$ x = 0.125
$0.125N \times 200mL = 0.05N \times XmL$ X = 500
따라서 0.125N 농도 200mL에 물 300mL를 주입하면 0.05N 500mL가 된다.

79 용기에 의한 유량 측정방법 중 최대유량 $1m^3$/분 이상인 경우에 관한 내용으로 ( )에 맞는 것은?

> 수조가 큰 경우는 유입시간에 있어서 유수의 부피는 상승한 수위와 상승 수면의 평균 표면적의 계측에 의하여 유량을 산출한다. 이 경우 측정시간은 (㉠) 정도, 수위의 상승속도는 적어도 (㉡) 이상이어야 한다.

① ㉠ 1분, ㉡ 매분 1cm
② ㉠ 1분, ㉡ 매분 3cm
③ ㉠ 5분, ㉡ 매분 1cm
④ ㉠ 5분, ㉡ 매분 3cm

해설 수조가 큰 경우는 유입시간에 있어서 유수의 부피는 상승한 수위와 상승 수면의 평균표면적(平均表面積)의 계측에 의하여 유량을 산출한다. 이 경우 측정시간은 5분 정도, 수위의 상승속도는 적어도 매분 1cm 이상이어야 한다.

80 자외선/가시선 분광법(인도페놀법)으로 암모니아성 질소를 측정할 때 암모늄 이온이 차아염소산의 공존 아래에서 페놀과 반응하여 생성하는 인도페놀의 색깔과 파장은?
① 적자색, 510nm   ② 적색, 540nm
③ 청색, 630nm   ④ 황갈색, 610nm

해설 자외선/가시선 분광법에 의한 암모니아성 질소 측정
물속에 존재하는 암모니아성 질소를 측정하기 위하여 암모늄 이온이 하이포염소산의 존재하에서, 페놀과 반응하여 생성하는 인도페놀의 청색을 630nm에서 측정하는 방법이다.

SECTION 05 수질환경관계법규

81 환경정책기본법에 따른 환경기준에서 하천의 생활환경기준에 포함되지 않는 검사항목은?
① TP   ② TN
③ DO   ④ TOC

해설 환경기준에서 하천의 생활환경기준에 포함되지 않는 검사항목
① pH, ② BOD, ③ TOC, ④ SS, ⑤ DO,
⑥ T-P, ⑦ 총대장균군, ⑧ 분원성 대장균군

82 거짓이나 그 밖의 부정한 방법으로 폐수배출시설 설치허가를 받았을 때의 행정처분 기준은?
① 개선명령   ② 허가취소 또는 폐쇄명령
③ 조업정지 5일   ④ 조업정지 30일

83 규정에 의한 관계공무원의 출입·검사를 거부·방해 또는 기피한 폐수무방류배출시설을 설치·운영하는 사업자에게 적용하는 벌칙 기준은?
① 3년 이하의 징역 또는 3천만 원 이하의 벌금
② 2년 이하의 징역 또는 2천만 원 이하의 벌금
③ 1년 이하의 징역 또는 1천만 원 이하의 벌금
④ 500만 원 이하의 벌금

ANSWER | 78. ② 79. ③ 80. ③ 81. ② 82. ② 83. ③

84 환경부령으로 정하는 폐수무방류배출시설의 설치가 가능한 특정수질유해물질이 아닌 것은?

① 디클로로메탄 ② 구리 및 그 화합물
③ 카드뮴 및 그 화합물 ④ 1, 1-디클로로에틸렌

해설 폐수무방류배출시설의 설치가 가능한 특정수질유해물질
㉠ 구리 및 그 화합물
㉡ 디클로로메탄
㉢ 1, 1-디클로로에틸렌

85 사업장별 환경기술인의 자격기준 중 제2종 사업장에 해당하는 환경기술인의 기준은?

① 수질환경기사 1명 이상
② 수질환경산업기사 1명 이상
③ 환경기능사 1명 이상
④ 2년 이상 수질 분야에 근무한 자 1명 이상

해설 사업장별 환경기술인의 자격기준

구분	환경기술인
제1종 사업장	수질환경기사 1명 이상
제2종 사업장	수질환경산업기사 1명 이상
제3종 사업장	수질환경산업기사, 환경기능사 또는 3년 이상 수질분야 환경 관련 업무에 직접 종사한 자 1명 이상
제4종 사업장·제5종 사업장	배출시설 설치허가를 받거나 배출시설 설치신고가 수리된 사업자 또는 배출시설 설치허가를 받거나 배출시설 설치신고가 수리된 사업자가 그 사업장의 배출시설 및 방지시설업무에 종사하는 피고용인 중에서 임명하는 자 1명 이상

86 비점오염저감시설 중 자연형 시설인 인공습지 설치기준으로 틀린 것은?

① 인공습지의 유입구에서 유출구까지의 유로는 최대한 길게 하고 길이 대 폭의 비율은 2 : 1 이상으로 한다.
② 유입부에서 유출부까지의 경사는 0.5% 이상 1.0% 이하의 범위를 초과하지 아니하도록 한다.
③ 침전물로 인하여 토양의 공극이 막히지 아니하는 구조로 설계한다.
④ 생물의 서식 공간을 창출하기 위하여 5종부터 7종까지의 다양한 식물을 심어 생물다양성을 증가시킨다.

해설 인공습지 설치기준
㉠ 인공습지의 유입구에서 유출구까지의 유로는 최대한 길게 하고, 길이 대 폭의 비율은 2 : 1 이상으로 한다.
㉡ 다양한 생태환경을 조성하기 위하여 인공습지 전체 면적 중 50퍼센트는 얕은 습지(0~0.3미터), 30퍼센트는 깊은 습지(0.3~1.0미터), 20퍼센트는 깊은 못(1~2미터)으로 구성한다.
㉢ 유입부에서 유출부까지의 경사는 0.5퍼센트 이상 1.0퍼센트 이하의 범위를 초과하지 아니하도록 한다.
㉣ 물이 습지의 표면 전체에 분포할 수 있도록 적당한 수심을 유지하고, 물 이동이 원활하도록 습지의 형상 등을 설계하며, 유량과 수위를 정기적으로 점검한다.
㉤ 습지는 생태계의 상호작용 및 먹이사슬로 수질정화가 촉진되도록 정수식물, 침수식물, 부엽식물 등의 수생식물과 조류, 박테리아 등의 미생물, 소형 어패류 등의 수중생태계를 조성하여야 한다.
㉥ 습지에는 물이 연중 항상 있을 수 있도록 유량공급대책을 마련하여야 한다.
㉦ 생물의 서식 공간을 창출하기 위하여 5종부터 7종까지의 다양한 식물을 심어 생물 다양성을 증가시킨다.
㉧ 부유성 물질이 습지에서 최종 방류되기 전에 하류수역으로 유출되지 아니하도록 출구 부분에 자갈쇄석, 여과망 등을 설치한다.

87 수질오염방지시설 중 물리적 처리시설에 해당되지 않는 것은?

① 혼합시설 ② 흡착시설
③ 응집시설 ④ 유수분리시설

해설 흡착시설은 화학적 처리시설에 해당한다.

88 공공폐수처리시설의 유지·관리기준에 따라 처리시설의 관리·운영자가 실시하여야 하는 방류수수질검사의 횟수기준은?(단, 시설의 규모는 1,500m³/day, 처리시설의 적정 운영을 확인하기 위한 검사이다.)

① 2월 1회 이상 ② 월 1회 이상
③ 월 2회 이상 ④ 주 1회 이상

해설 처리시설의 관리·운영자는 방류수수질검사를 다음과 같이 실시하여야 한다.
㉠ 처리시설의 적정 운영 여부를 확인하기 위하여 방류수수질검사를 월 2회 이상 실시하되, 1일당 2천 세제곱미터 이상인 시설은 주 1회 이상 실시하여야 한다. 다만, 생태

독성(TU) 검사는 월 1회 이상 실시하여야 한다.
ⓒ 방류수의 수질이 현저하게 악화되었다고 인정되는 경우에는 수시로 방류수수질검사를 하여야 한다.

89 공공폐수처리시설의 유지·관리기준에 관한 내용으로 ( )에 맞는 것은?

> 처리시설의 가동시간, 폐수방류량, 약품투입량, 관리·운영자, 그 밖에 처리시설의 운영에 관한 주요사항을 사실대로 매일 기록하고 이를 최종 기록한 날부터 ( ) 보존하여야 한다.

① 1년간 ② 2년간
③ 3년간 ④ 5년간

해설 사업자 또는 수질오염방지시설을 운영하는 자는 폐수배출시설 및 수질오염방지시설의 가동시간, 폐수배출량, 약품투입량, 시설관리 및 운영자, 그 밖에 시설운영에 관한 중요사항을 운영일지에 매일 기록하고, 최종 기록일부터 1년간 보존하여야 한다. 다만, 폐수무방류배출시설의 경우에는 운영일지를 3년간 보존하여야 한다.

90 수질오염방지기술 중 생물화학적 처리시설이 아닌 것은?
① 접촉조   ② 살균시설
③ 돈사톱밥발효시설   ④ 폭기시설

해설 살균시설은 화학적 처리시설에 해당한다.

91 폐수배출시설을 설치하려고 할 때 수질오염물질의 배출허용기준을 적용받지 않는 시설은?
① 폐수무방류배출시설
② 일 50톤 미만의 폐수처리시설
③ 일 10톤 미만의 폐수처리시설
④ 공공폐수처리시설로 유입되는 폐수처리시설

해설 폐수배출시설을 설치하려고 할 때 수질오염물질의 배출허용기준을 적용받지 않는 시설은 폐수무방류배출시설이다.

92 폐수배출시설 외에 수질오염물질을 배출하는 시설 또는 장소로서 환경부령이 정하는 것(기타 수질오염원)의 대상시설과 규모기준에 관한 내용으로 틀린 것은?
① 자동차 폐차장시설 : 면적 1,000m² 이상
② 수조식 육상양식어업시설 : 수조면적 합계 500m² 이상
③ 골프장 : 면적 3만 m² 이상
④ 무인자동식 현상, 인화, 정착시설 : 1대 이상

해설 자동차 폐차장시설 : 면적 1,500m² 이상

93 특정수질유해물질이 아닌 것은?
① 구리 및 그 화합물
② 셀레늄 및 그 화합물
③ 플루오르 화합물
④ 테트라클로로에틸렌

94 수질오염경보 중 수질오염감시경보 대상 항목이 아닌 것은?
① 용존산소   ② 전기전도도
③ 부유물질   ④ 총유기탄소

해설 수질오염경보 중 수질오염감시경보 대상 항목
수소이온농도, 용존산소, 총 질소, 총 인, 전기전도도, 총 유기탄소, 휘발성 유기화합물, 페놀, 중금속(구리, 납, 아연, 카드뮴 등), 클로로필-a, 생물감시

95 물환경보전법상 폐수에 대한 정의로 ( )에 맞는 것은?

> "폐수"란 물에 ( )의 수질오염물질이 섞여 있어 그대로는 사용할 수 없는 물을 말한다.

① 액체성 또는 고체성
② 기체성, 액체성 또는 고체성
③ 기체성 또는 가연성
④ 고체성

ANSWER | 89. ① 90. ② 91. ① 92. ① 93. ③ 94. ③ 95. ①

96 폐수처리방법이 물리적 또는 화학적 처리방법인 경우 적정 시운전 기간은?

① 가동개시일부터 70일
② 가동개시일부터 50일
③ 가동개시일부터 30일
④ 가동개시일부터 15일

해설 시운전 기간
㉠ 폐수처리방법이 생물화학적 처리방법인 경우 : 가동개시일부터 50일. 다만, 가동개시일이 11월 1일부터 다음 연도 1월 31일까지에 해당하는 경우에는 가동개시일부터 70일로 한다.
㉡ 폐수처리방법이 물리적 또는 화학적 처리방법인 경우 : 가동개시일부터 30일

97 할당오염부하량 등을 초과하여 배출한 자로부터 부과·징수하는 오염총량초과부과금 산정방법으로 ( )에 들어갈 내용은?

> 오염총량초과부과금 = 초과배출이익 × ( ) − 감액대상 배출부과금 및 과징금

① 초과율별 부과계수
② 초과율별 부과계수 × 지역별 부과계수
③ 지역별 부과계수 × 위반횟수별 부과계수
④ 초과율별 부과계수 × 지역별 부과계수 × 위반횟수별 부과계수

98 국립환경과학원장이 설치할 수 있는 측정망이 아닌 것은?

① 도심하천 측정망
② 공공수역 유해물질 측정망
③ 퇴적물 측정망
④ 생물 측정망

해설 국립환경과학원장이 설치할 수 있는 측정망
㉠ 비점오염원에서 배출되는 비점오염물질 측정망
㉡ 수질오염물질의 총량관리를 위한 측정망
㉢ 대규모 오염원의 하류지점 측정망
㉣ 수질오염경보를 위한 측정망
㉤ 대권역·중권역을 관리하기 위한 측정망
㉥ 공공수역 유해물질 측정망
㉦ 퇴적물 측정망
㉧ 생물 측정망
㉨ 그 밖에 국립환경과학원장이 필요하다고 인정하여 설치·운영하는 측정망

99 초과부과금 산정기준에서 수질오염물질 1킬로그램당 부과 금액이 가장 적은 것은?

① 카드뮴 및 그 화합물
② 수은 및 그 화합물
③ 유기인 화합물
④ 비소 및 그 화합물

해설 수질오염물질 1킬로그램당 부과 금액
㉠ 카드뮴 및 그 화합물(500,000원)
㉡ 수은 및 그 화합물(1,250,000원)
㉢ 유기인 화합물(150,000원)
㉣ 비소 및 그 화합물(100,000원)

100 정당한 사유 없이 공공수역에 분뇨, 가축분뇨, 동물의 사체, 폐기물(지정폐기물 제외) 또는 오니를 버리는 행위를 하여서는 아니 된다. 이를 위반하여 분뇨·가축분뇨 등을 버린 자에 대한 벌칙 기준은?

① 6월 이하의 징역 또는 5백만 원 이하의 벌금
② 1년 이하의 징역 또는 1천만 원 이하의 벌금
③ 2년 이하의 징역 또는 2천만 원 이하의 벌금
④ 3년 이하의 징역 또는 3천만 원 이하의 벌금

2019년 1회 수질환경기사

SECTION 01 수질오염개론

01 물의 특성에 관한 설명으로 옳지 않은 것은?
① 물은 2개의 수소원자가 산소원자를 사이에 두고 104.5°의 결합각을 가진 구조로 되어 있다.
② 물은 극성을 띠지 않아 다양한 물질의 용매로 사용된다.
③ 물은 유사한 분자량의 다른 화합물보다 비열이 매우 커 수온의 급격한 변화를 방지해 준다.
④ 물의 밀도는 4℃에서 가장 크다.

해설 물분자는 H^+와 OH^-로 극성을 이루므로 모든 용질에 대하여 가장 유효한 용매이다.

02 하천의 자정작용에 관한 설명으로 옳지 않은 것은?
① 하천의 자정작용은 일반적으로 겨울보다 수온이 상승하여 자정계수(f)가 커지는 여름에 활발하다.
② β중부수성 수역(초록색)의 수질은 평지의 일반 하천에 상당하며 많은 종류의 조류가 출현한다.(Kolkwitz-Marson법 기준)
③ 하천에서 활발한 분해가 일어나는 지대는 혐기성 세균이 호기성 세균을 교체하며 fungi는 사라진다.(Whipple의 4지대 기준)
④ 하천이 회복되고 있는 지대는 용존산소가 포화될 정도로 증가한다.(Whipple의 4지대 기준)

해설 미생물은 온도가 높을수록 활동력이 커지므로 겨울보다 여름의 자정능력이 높고, 자정계수(f)는 작아진다.

03 오염물질의 희석 및 확산작용에 대한 내용으로 틀린 것은?
① 수계에 오염물질이 유입되면 Brown 운동, 밀도차, 온도차, 농도차로 인해 발생된 밀도 흐름이나 난류에 의해서 희석 및 확산된다.
② 폐쇄성 수역은 수질밀도류보다는 난류가 희석에 큰 영향을 준다.
③ 바다는 오염물질의 방류지점에서 생긴 분출확산, 밀도류, 밀물, 썰물, 파도, 표층부의 난류확산으로 희석된다.
④ 하천수는 상류에서 하류로의 오염물질 이동이 희석에 큰 영향을 준다.

해설 폐쇄성 수역에서는 난류보다는 수질밀도류가 희석에 큰 영향을 준다.

04 다음의 기체 법칙 중 옳은 것은?
① Boyle의 법칙 : 일정한 압력에서 기체의 부피는 절대온도에 정비례한다.
② Henry의 법칙 : 기체와 관련된 화학반응에서는 반응하는 기체와 생성되는 기체의 부피 사이에 정수관계가 있다.
③ Graham의 법칙 : 기체의 확산속도(조그마한 구멍을 통한 기체의 탈출)는 기체 분자량의 제곱근에 반비례한다.
④ Gay-Lussac의 결합 부피 법칙 : 혼합 기체 내의 각 기체의 부분압력은 혼합물 속의 기체의 양에 비례한다.

해설 기체 법칙
㉠ Boyle의 법칙 : 일정 온도에서 기체의 압력과 그 부피는 서로 반비례한다.
㉡ Henry의 법칙 : 일정 온도에서 일정 부피의 액체 용매에 녹는 기체의 질량, 즉 용해도는 용매와 평형을 이루고 있는 그 기체의 부분압력에 비례한다.
㉢ Gay-Lussac의 결합 부피 법칙 : 동일한 온도와 압력 하에서 기체들이 반응할 때 반응에 관여한 기체와 생성된 기체들의 부피 사이에는 간단한 정수비가 성립된다.

ANSWER | 1. ② 2. ① 3. ② 4. ③

05 수은(Hg) 중독과 관련이 없는 것은?
① 난청, 언어장애, 구심성 시야 협착, 정신장애를 일으킨다.
② 이타이이타이병을 유발한다.
③ 유기수은은 무기수은보다 독성이 강하며 신경계통에 장해를 준다.
④ 무기수은은 황화물 침전법, 활성탄 흡착법, 이온교환법 등으로 처리할 수 있다.

해설 수은은 제련공업, 살충제, 온도계·압력계 제조공업 등에서 발생되며 미나마타병, 신경장애, 지각장애 등을 일으킨다.

06 지하수의 특성에 관한 설명으로 옳지 않은 것은?
① 염분 함량이 지표수보다 낮다.
② 주로 세균(혐기성)에 의한 유기물 분해작용이 일어난다.
③ 국지적인 환경조건의 영향을 크게 받는다.
④ 빗물로 인하여 광물질이 용해되어 경도가 높다.

해설 지하수는 염분 함량이 지표수보다 약 30% 이상 높다.

07 호수의 성층현상에 대한 설명으로 틀린 것은?
① 수심에 따른 온도 변화로 인해 발생되는 물의 밀도차에 의하여 발생한다.
② Thermocline(약층)은 순환층과 정체층의 중간층으로 깊이에 따른 온도 변화가 크다.
③ 봄이 되면 얼음이 녹으면서 수표면 부근의 수온이 높아지게 되고 따라서 수직운동이 활발해져 수질이 악화된다.
④ 여름이 되면 연직에 따른 온도경사와 용존산소 경사가 반대 모양을 나타낸다.

해설 여름철 연직 온도경사는 분자 확산에 의한 산소구배(DO구배)와 같은 모양을 나타내는 것이 특징이다.

08 해수의 특성에 대한 설명으로 옳은 것은?
① 염분은 적도해역과 극해역이 다소 높다.
② 해수의 주요성분 농도비는 수온, 염분의 함수로 수심이 깊어질수록 증가한다.
③ 해수의 Na/Ca 비는 3~4 정도로 담수보다 매우 높다.
④ 해수 내 전체 질소 중 35% 정도는 암모니아성 질소, 유기질소 형태이다.

해설 ① 염분은 적도해역에서는 높고, 남·북 양극(兩極)해역에서는 다소 낮다.
② 해수의 주요성분 농도비(濃度比)는 항상 일정하다.
③ 해수의 Mg/Ca 비는 3~4 정도로 담수의 0.1~0.3에 비하여 월등하게 높다.

09 수질오염물질별 인체영향(질환)이 틀리게 짝지어진 것은?
① 비소 : 반상치(법랑 반점)
② 크롬 : 비중격 연골천공
③ 아연 : 기관지 자극 및 폐렴
④ 납 : 근육과 관절의 장애

해설 비소의 급성적인 영향은 구토, 설사, 복통, 탈수증, 위장염, 혈압 저하, 혈변, 순환기장애 등이며, 만성중독은 국소 및 전신마비, 피부염, 발암, 색소침착, 간장비대 등의 순환기장애를 유발한다. 법랑 반점은 불소의 중독증상이다.

10 탈질화와 가장 관계가 깊은 미생물은?
① Nitrosomonas
② Pseudomonas
③ Thiobacillus
④ Vorticella

해설 탈질미생물에는 Pseudomonas, Micrococcus, Acromobacter, Bacillus가 있다.

11 섬유상 유황박테리아로 에너지원으로 황화수소를 이용하며 균체에 황 입자를 축적하는 것은?
① Sphaerotilus
② Zooglea
③ Cyanophyia
④ Beggiatoa

해설 유황박테리아 : Beggiatoa

12 3g의 아세트산(CH_3COOH)을 증류수에 녹여 1L로 하였을 때 수소이온 농도(mol/L)는?(단, 이온화 상수값=1.75×10^{-5})

① 6.3×10^{-4} ② 6.3×10^{-5}
③ 9.3×10^{-4} ④ 9.3×10^{-5}

해설 $CH_3COOH \left(\dfrac{mol}{L}\right) = \dfrac{3g}{L} \Big| \dfrac{1mol}{60g} = 0.05 (mol/L)$

$K = \dfrac{[CH_3COO^-][H^+]}{[CH_3COOH]}$

$1.75 \times 10^{-5} = \dfrac{X^2}{0.05}$

∴ $X (= CH_3COO^- = H^+) = 9.35 \times 10^{-4} (mol/L)$

13 최근 해양에서의 유류 유출로 인한 피해가 증가하고 있는데, 유출된 유류를 제어하는 방법으로 적당하지 않은 것은?

① 계면활성제를 살포하여 기름을 분산시키는 방법
② 미생물을 이용하여 기름을 생화학적으로 분해하는 방법
③ 오일펜스를 띄워 기름의 확산을 차단하는 방법
④ 누출된 기름의 막이 두꺼워졌을 때 연소시키는 방법

14 물의 순환과 이용에 관한 설명으로 틀린 것은?

① 지구 전체의 강수량은 대략 $4 \times 10^{14} m^3$/년으로서 그 중 약 1/4 가량이 육지에 떨어진다.
② 지구상 존재하는 물의 약 97%가 해수이다.
③ 물의 순환은 물의 이동이 일정하게 연속적으로 이루어진다는 의미를 갖는다.
④ 자연계에서 물을 순환하게 하는 근원은 태양에너지이다.

해설 물의 순환은 물이 분포장소를 이동하는 자연적인 물의 이동현상을 말한다.

15 이상적 plug flow에 관한 내용으로 옳은 것은?

① 분산=0, 분산수=0
② 분산=0, 분산수=1
③ 분산=1, 분산수=0
④ 분산=1, 분산수=1

해설 이상적 plug flow 상태는 분산과 분산수가 0이다.

16 바닷물에 0.054M의 $MgCl_2$가 포함되어 있을 때 바닷물 250mL에 포함되어 있는 $MgCl_2$의 양(g)은? (단, 원자량 Mg=24.3, Cl=35.5)

① 약 0.8 ② 약 1.3
③ 약 2.6 ④ 약 3.9

해설 $X(MgCl_2) = \dfrac{0.054mol}{L} \Big| \dfrac{0.25L}{} \Big| \dfrac{95.3g}{1mol}$
$= 1.29 (g)$

17 $BaCO_3$와 용해도적 $Ksp = 8.1 \times 10^{-9}$일 때 순수한 물에서 $BaCO_3$의 몰용해도(mol/L)는?

① 0.7×10^{-4} ② 0.7×10^{-5}
③ 0.9×10^{-4} ④ 0.8×10^{-5}

해설 $BaCO_3 \rightleftarrows Ba^{2+} + CO_3^{2-}$

$L_m (mol/L) = \sqrt{K_{sp}} = \sqrt{8.1 \times 10^{-9}}$
$= 9.0 \times 10^{-5} (mol/L)$

18 BOD_5가 270mg/L이고, COD가 450mg/L인 경우, 탈산소계수(K_1)의 값이 0.1/day일 때, 생물학적으로 분해 불가능한 COD(mg/L)는?(단, BDCOD=BOD_u, 상용대수 기준)

① 약 55 ② 약 65
③ 약 75 ④ 약 85

해설 NBDCOD = COD - BDCOD
㉠ COD : 450mg/L
㉡ BDCOD = BOD_u
$BOD_5 = BOD_u \times (1 - 10^{-k_1 \cdot t})$
$270 = BOD_u \times (1 - 10^{-0.1 \times 5})$
∴ BDCOD(BOD_u) = 394.87 (mg/L)
∴ NBDCOD = COD - BDCOD
$= 450 - 394.87$
$= 55.13 (mg/L)$

ANSWER | 12. ③ 13. ④ 14. ③ 15. ① 16. ② 17. ③ 18. ①

19 하천의 단면적이 350m², 유량이 428,400 m³/h, 평균수심이 1.7m일 때, 탈산소계수가 0.12/day인 지점의 자정계수는?(단, $K_2 = 2.2 \times \dfrac{V}{H^{1.33}}$, 단위는 V [m/sec], H[m])

① 0.3
② 1.6
③ 2.4
④ 3.1

해설
$V = \dfrac{Q}{A} = \dfrac{428,400 m^3}{hr} \Big| \dfrac{1}{350 m^2} \Big| \dfrac{1hr}{3,600 sec}$
$= 0.34 (m/sec)$
$K_2 = 2.2 \times \dfrac{V}{H^{1.33}}$
$= 2.2 \times \dfrac{0.34}{1.7^{1.33}} = 0.367$
$= 0.367$
$\therefore f = \dfrac{K_2}{K_1} = \dfrac{0.369}{0.12}$
$= 3.078$

20 NBDCOD가 0일 경우 탄소(C)의 최종 BOD와 TOC 간의 비(BODᵤ/TOC)는?

① 0.37
② 1.32
③ 1.83
④ 2.67

SECTION 02 상하수도계획

21 말굽형 하수관로의 장점으로 옳지 않은 것은?
① 대구경 관로에 유리하며 경제적이다.
② 수리학적으로 유리하다.
③ 단면형상이 간단하여 시공성이 우수하다.
④ 상반부의 아치작용에 의해 역학적으로 유리하다.

해설 ③ 단면형상이 복잡하므로 시공성이 열악하다.

22 강우강도에 대한 설명 중 틀린 것은?
① 강우강도는 그 지점에 내린 우량을 mm/hr 단위로 표시한 것이다.
② 확률강우강도는 강우강도의 확률적 빈도를 나타낸 것이다.
③ 범람의 피해가 적을 것으로 예상될 때는 재현기간 2~5년의 확률강우강도를 채택한다.
④ 강우강도가 큰 강우일수록 빈도가 높다.

해설 ④ 강우강도가 클수록 그 강우가 지속되는 기간이 짧다는 의미이다.

23 하수배제방식 중 합류식에 관한 설명으로 알맞지 않은 것은?
① 관로계획 : 우수를 신속히 배수하기 위해 지형조건에 적합한 관거망이 된다.
② 청천 시의 월류 : 없음
③ 관로오접 : 없음
④ 토지이용 : 기존의 측구를 폐지할 경우는 뚜껑의 보수가 필요하다.

해설 ④ 토지이용 : 기존의 측구를 폐지할 경우는 도로폭을 유용하게 이용할 수 있다.

24 급속여과지에 대한 설명으로 잘못된 것은?
① 여과 및 여과층의 세척이 충분하게 이루어질 수 있어야 한다.
② 급속여과지는 중력식과 압력식이 있으며 압력식을 표준으로 한다.
③ 여과면적은 계획정수량을 여과속도로 나누어 계산한다.
④ 여과지 1지의 여과면적은 150m² 이하로 한다.

해설 ② 급속여과지는 중력식과 압력식이 있으며 중력식을 표준으로 한다.

25 상수처리를 위한 응집지의 플록형성지에 대한 설명 중 틀린 것은?
① 플록형성지는 혼화지와 침전지 사이에 위치하고 침전지에 붙여서 설치한다.
② 플록 형성시간은 계획정수량에 대하여 20~40분간을 표준으로 한다.
③ 플록형성지 내의 교반강도는 하류로 갈수록 점차 감소시키는 것이 바람직하다.
④ 플록형성지에 저류벽이나 정류벽 등을 설치하면 단락류가 생겨 유효저류시간을 줄일 수 있다.

해설 플록형성지는 단락류나 정체부가 생기지 않으면서 충분하게 교반될 수 있는 구조로 한다.

26 하수처리계획에서 계획오염부하량 및 계획유입수질에 관한 설명으로 틀린 것은?
① 계획유입수질 : 하수의 계획유입수질은 계획오염부하량을 계획1일평균오수량으로 나눈 값으로 한다.
② 공장폐수에 의한 오염부하량 : 폐수배출 부하량이 큰 공장은 업종별 오염부하량 원단위를 기초로 추정하는 것이 바람직하다.
③ 생활오수에 의한 오염부하량 : 1인1일당 오염부하량 원단위를 기초로 하여 정한다.
④ 관광오수에 의한 오염부하량 : 당일 관광과 숙박으로 나누고 각각의 원단위에서 추정한다.

해설 공장폐수에 의한 오염부하량
폐수배출 부하량이 큰 공장에 대해서는 부하량을 실측하는 것이 바람직하며, 실측치를 얻기 어려운 경우에 대해서는 업종별의 출하액당 오염부하량 원단위에 기초를 두고 추정한다.

27 펌프의 형식 중 베인의 양력작용에 의하여 임펠러 내의 물에 압력 및 속도에너지를 주고 가이드베인으로 속도에너지의 일부를 압력으로 변환하여 양수작용을 하는 펌프는?
① 원심펌프 ② 축류펌프
③ 사류펌프 ④ 플랜지펌프

28 상수시설 중 배수지에 관한 설명 중 틀린 것은?
① 유효용량은 시간변동 조정용량, 비상대처 용량을 합하여 급수구역의 계획1일최대 급수량의 12시간분 이상을 표준으로 한다.
② 배수지는 가능한 한 급수지역의 중앙 가까이 설치한다.
③ 유효수심은 1~2m 정도를 표준으로 한다.
④ 자연유하식 배수지의 표고는 최소동수압이 확보되는 높이여야 한다.

해설 배수지의 유효수심은 배수관의 동수압이 적절하게 유지될 수 있도록 3~6m 정도로 한다.

29 펌프의 운전 시 발생되는 현상이 아닌 것은?
① 공동현상 ② 수격작용(수충작용)
③ 노크현상 ④ 맥동현상

30 유출계수가 0.65인 $1km^2$의 분수계에서 흘러내리는 우수의 양(m^3/sec)은?(단, 강우강도=3mm/min, 합리식 적용)
① 1.3 ② 6.5
③ 21.7 ④ 32.5

해설 $Q = \frac{1}{360}CIA$
㉠ C : 유출계수 = 0.65
㉡ A : 유역면적 = $\frac{1km^2}{} \times \frac{100ha}{1km^2} = 100(ha)$
㉢ I = $\frac{3mm}{min} \times \frac{60min}{1hr} = 180(mm/hr)$
∴ $Q = \frac{1}{360}CIA = \frac{1}{360} \times 0.65 \times 180 \times 100$
$= 32.5(m^3/sec)$

31 표준활성슬러지법에 관한 내용으로 틀린 것은?
① 수리학적 체류시간은 6~8시간을 표준으로 한다.
② 반응조 내 MLSS 농도는 1,500~2,500mg/L를 표준으로 한다.
③ 포기조의 유효수심은 심층식의 경우 10m를 표준으로 한다.
④ 포기조의 여유고는 표준식의 경우 30~60cm 정도를 표준으로 한다.

ANSWER 25. ④ 26. ② 27. ② 28. ③ 29. ③ 30. ④ 31. ④

해설 여유고는 표준식은 80cm 정도를, 심층식은 송풍관 구경이 크므로 송풍관 공간을 고려하여 100cm 정도를 표준으로 한다.

32 상수처리를 위한 침사지 구조에 관한 기준으로 옳지 않은 것은?
① 지의 상단높이는 고수위보다 0.3~0.6m의 여유고를 둔다.
② 지내 평균유속은 2~7cm/s를 표준으로 한다.
③ 표면부하율은 200~500nm/min을 표준으로 한다.
④ 지의 유효수심은 3~4m를 표준으로 하고 퇴사심도를 0.5~1m로 한다.

해설 지의 상단높이는 고수위보다 0.6~1m의 여유고를 둔다.

33 호소, 댐을 수원으로 하는 취수문에 관한 설명으로 틀린 것은?
① 일반적으로 중·소량 취수에 쓰인다.
② 일반적으로 취수량을 조정하기 위한 수문 또는 수위조절판(stop log)을 설치한다.
③ 파랑, 결빙 등의 기상조건에 영향이 거의 없다.
④ 하천의 표류수나 호소의 표층수를 취수하기 위하여 물가에 만들어지는 취수시설이다.

해설 갈수 시, 홍수 시, 결빙 시에는 취수량 확보 조치 및 조정이 필요하다.

34 계획급수량 결정 시, 사용수량의 내역이나 다른 기초자료가 정비되어 있지 않은 경우 산정의 기초로 사용할 수 있는 것은?
① 계획1인1일최대급수량
② 계획1인1일평균급수량
③ 계획1인1일평균사용수량
④ 계획1인1일최대사용수량

35 농축 후 소화를 하는 공정이 있다. 농축조에서의 건조 슬러지가 $1m^3$이고, 소화공정에서 VSS 60%, 소화율 50%, 소화 후 슬러지의 함수율이 96%일 때 소화 후 슬러지의 부피(m^3)는?
① 0.7 ② 9
③ 18 ④ 36

해설 $SL(m^3) = \dfrac{1m^3 |(0.4+0.6\times 0.5)|}{} \dfrac{100}{(100-96)}$
$= 17.5(m^3)$

36 슬러지 탈수방법 중 가압식 벨트프레스 탈수기에 관한 내용으로 옳지 않은 것은?(단, 원심탈수기와 비교)
① 소음이 적다. ② 동력이 적다.
③ 부대장치가 적다. ④ 소모품이 적다.

37 정수방법인 완속여과방식에 관한 설명으로 틀린 것은?
① 약품처리가 필요 없다.
② 완속여과의 정화는 주로 생물작용에 의한 것이다.
③ 비교적 양호한 원수에 알맞은 방식이다.
④ 소요 부지면적이 적다.

해설 완속여과방식은 소요 부지면적이 넓다.

38 화학적 응집에 영향을 미치는 인자의 설명 중 잘못된 내용은?
① 수온 : 수온 저하 시 플록 형성에 소요되는 시간이 길어지고, 응집제의 사용량도 많아진다.
② pH : 응집제의 종류에 따라 최적의 pH 조건을 맞추어 주어야 한다.
③ 알칼리도 : 하수의 알칼리도가 많으면 플록을 형성하는 데 효과적이다.
④ 응집제 양 : 응집제 양을 많이 넣을수록 응집효율이 좋아진다.

해설 응집에 영향을 미치는 인자에는 수온, pH, 알칼리도, 용존물질의 성분, 교반조건 등이 있다.

32. ① 33. ③ 34. ③ 35. ③ 36. ③ 37. ④ 38. ④ | **ANSWER**

39 토출량 20m³/min, 전양정 6m, 회전속도 1,200rpm인 펌프의 비교회전도(비속도)는?

① 약 1,300
② 약 1,400
③ 약 1,500
④ 약 1,600

해설 $N_s = N \times \dfrac{Q^{1/2}}{H^{3/4}} = 1,200 \times \dfrac{20^{1/2}}{6^{3/4}} = 1,399.9$

여기서, ㉠ N=펌프의 회전수
　　　　　　=1,200(회/min)
　　　　㉡ Q=펌프의 규정토출량
　　　　　　=20m³/min
　　　　㉢ H=6(m)

40 정수시설 중 플록형성지에 관한 설명으로 틀린 것은?

① 기계식 교반에서 플록큐레이터(Flocculator)의 주변속도는 5~10cm/sec를 표준으로 한다.
② 플록형성시간은 계획정수량에 대하여 20~40분간을 표준으로 한다.
③ 직사각형이 표준이다.
④ 혼화지와 침전지 사이에 위치하고 침전지에 붙여서 설치한다.

해설 기계식 교반에서 플록큐레이터의 주변속도는 15~80cm/sec로 하고 우류식 교반에서는 평균유속을 15~30cm/sec를 표준으로 한다.

SECTION 03 수질오염방지기술

41 염소 소독의 특징으로 틀린 것은?(단, 자외선 소독과 비교)

① 소독력 있는 잔류염소를 수송관로 내에 유지시킬 수 있다.
② 처리수의 총용존고형물이 감소한다.
③ 염소접촉조로부터 휘발성 유기물이 생성된다.
④ 처리수의 잔류독성이 탈염소과정에 의해 제거되어야 한다.

해설 염소소독은 처리 후 처리수의 총용존고형물이 증가하고, 하수의 염화물 함유량이 증가하는 단점이 있다. 또한 안전상 화학적 제거시설이 필요할 수도 있다.

42 활성슬러지법과 비교하여 생물막 공법의 특징이 아닌 것은?

① 적은 에너지를 요구한다.
② 단순한 운전이 가능하다.
③ 2차침전지에서 슬러지 벌킹의 문제가 없다.
④ 충격독성부하로부터 회복이 느리다.

해설 생물막 공법은 충격부하, 독성부하에 강하다.

43 질산화 미생물의 전자공여체로 가장 거리가 먼 것은?

① 메탄올
② 암모니아
③ 아질산염
④ 환원된 무기성 화합물

44 포기조 내의 혼합액 중 부유물 농도(MLSS)가 2,000g/m³, 반송슬러지의 부유물 농도가 9,576g/m³이면 슬러지 반송률(%)은?

① 23.2
② 26.4
③ 28.6
④ 32.8

해설 $R_p = \dfrac{X}{X_r - X} \times 100 = \dfrac{2,000}{9,576 - 2,000} \times 100 = 26.4(\%)$

45 정수처리 시 적용되는 랑게리아 지수에 관한 내용으로 틀린 것은?

① 랑게리아 지수란 물의 실제 pH와 이론적 pH(pHs : 수중의 탄산칼슘이 용해되거나 석출되지 않는 평형상태로 있을 때의 pH)와의 차이를 말한다.
② 랑게리아 지수가 양(+)의 값으로 절대치가 클수록 탄산칼슘피막 형성이 어렵다.
③ 랑게리아 지수가 음(-)의 값으로 절대치가 클수록 물의 부식성이 강하다.
④ 물의 부식성이 강한 경우의 랑게리아 지수는 pH, 칼슘경도, 알칼리도를 증가시킴으로써 개선할 수 있다.

ANSWER | 39.② 40.① 41.② 42.④ 43.① 44.② 45.②

해설 랑겔리아 지수가 정(+)의 값으로 절대치가 클수록 탄산칼슘의 석출이 일어나기 쉽고, 0이면 평형관계에 있고, 부(−)의 값에서는 탄산칼슘피막은 형성되지 않고 그 절대치가 커질수록 물의 부식성은 강하다.

46 하수고도처리공법 중 생물학적 방법으로 질소와 인을 동시에 제거하기 위한 것은?
① Phostrip   ② 4단계 Bardenpho
③ A/O   ④ A^2/O

47 연속회분식 반응조(Sequencing Batch Reactor)에 관한 설명으로 틀린 것은?
① 하나의 반응조 안에서 호기성 및 혐기성 반응 모두를 이룰 수 있다.
② 별도의 침전조가 필요없다.
③ 기본적인 처리계통도는 5단계로 이루어지며 요구하는 유출수에 따라 운전 Mode를 채택할 수 있다.
④ 기존 활성슬러지 처리에서의 시간개념을 공간개념으로 전환한 것이라 할 수 있다.

해설 연속회분식 반응조(SBR)는 기존 활성슬러지 처리에서의 공간개념을 시간개념으로 전환한 것이라 할 수 있다.

48 분리막을 이용한 다음의 폐수처리 방법 중 구동력이 농도차에 의한 것은?
① 역삼투(Reverse Osmosis)
② 투석(Dialysis)
③ 한외여과(Ultrafiltration)
④ 정밀여과(Microfiltration)

해설 정밀여과, 한외여과, 역삼투의 구동력은 정수압차이며, 투석의 구동력은 농도차이다.

49 폐수처리에 관련된 침전현상으로 입자 간에 작용하는 힘에 의해 주변 입자들의 침전을 방해하는 중간 정도 농도 부유액에서의 침전은?
① 제1형 침전(독립입자침전)
② 제2형 침전(응집침전)
③ 제3형 침전(계면침전)
④ 제4형 침전(압밀침전)

50 포기조의 MLSS 농도를 3,000mg/L로 유지하기 위한 재순환율(%)은?(단, SVI=120, 유입 SS 고려하지 않고, 방류수 SS=0mg/L)
① 36.3   ② 46.3
③ 56.3   ④ 66.3

해설 $R = \dfrac{X}{\dfrac{10^6}{SVI} - X} = \dfrac{3,000\text{mg/L}}{\dfrac{10^6}{120} - 3,000\text{mg/L}}$
$= 0.5625$
$R(\%) = 0.5625 \times 100 = 56.25(\%)$

51 하수소독 시 적용되는 UV 소독방법에 관한 설명으로 틀린 것은?(단, 오존 및 염소소독 방법과 비교)
① pH 변화에 관계없이 지속적인 살균이 가능하다.
② 유량과 수질의 변동에 대해 적응력이 강하다.
③ 설치가 복잡하고, 전력 및 램프 수가 많이 소요되므로 유지비가 높다.
④ 물이 혼탁하거나 탁도가 높으면 소독능력에 영향을 미친다.

해설 자외선 소독은 소독비용이 저렴하고, 유지관리비가 적게 든다.

52 공장에서 배출되는 pH 2.5인 산성 폐수 500m³/day를 인접 공장 폐수와 혼합처리하고자 한다. 인접 공장 폐수 유량은 10,000m³/day이고, pH는 6.5이다. 두 폐수를 혼합한 후의 pH는?
① 1.61   ② 3.82
③ 7.64   ④ 9.54

해설 $[H^+]z = \dfrac{10^{-2.5} \times 500 + 10^{-6.5} \times 10,000}{500 + 10,000}$
$= 1.509 \times 10^{-4} (\text{mol/L})$
$\therefore \text{pH} = -\log[H^+] = -\log(1.509 \times 10^{-4})$
$= 3.82$

53 활성슬러지를 탈수하기 위하여 98%(중량비)의 수분을 함유하는 슬러지에 응집제를 가했더니 [상등액 : 침전 슬러지]의 용적비가 2 : 1이 되었다. 이때 침전 슬러지의 함수율(%)은?(단, 응집제의 양은 매우 적고, 비중=1.0)

① 92　② 93
③ 94　④ 95

해설
$V_1(100-W_1) = V_2(100-W_2)$
$100(100-98) = 100 \times \frac{1}{3}(100-W_2)$
∴ $W_2 = 94(\%)$

54 생물화학적 인 및 질소 제거공법 중 인 제거만을 주목적으로 개발된 공법은?

① Phostrip　② A^2/O
③ UCT　④ Bardenpho

해설 인 제거만을 주목적으로 개발된 공법에는 Phostrip 공법과 A/O 공법이 있다.

55 펜톤처리공정에 관한 설명으로 가장 거리가 먼 것은?

① 펜톤시약의 반응시간은 철염과 과산화수소수의 주입 농도에 따라 변화를 보인다.
② 펜톤시약을 이용하여 난분해성 유기물을 처리하는 과정은 대체로 산화반응과 함께 pH 조절, 펜톤산화, 중화 및 응집, 침전으로 크게 4단계로 나눌 수 있다.
③ 펜톤시약의 효과는 pH 8.3~10 범위에서 가장 강력한 것으로 알려져 있다.
④ 폐수의 COD는 감소하지만 BOD는 증가할 수 있다.

해설 펜톤시약의 효과는 pH 3~4.5 범위에서 가장 강력한 것으로 알려져 있다.

56 생물학적 폐수처리 반응과 그것을 주도하는 미생물 분류 중에서 틀린 것은?

① 활성 슬러지 : 화학유기 영양계
② 질산화 : 화학무기 영양계
③ 탈질산화 : 화학유기 영양계
④ 회전원판(생물막) : 광유기 영양계

해설 활성슬러지, 탈질산화, 생물막 등에 관여하는 미생물은 화학유기 영양계 미생물이다.

57 $300m^3/day$의 도금공장 폐수 중 CN^-이 150mg/L 함유되어, 다음 반응식을 이용하여 처리하고자 할 때 필요한 NaClO의 양(kg)은?

$2NaCN + 5NaClO + H_2O \rightarrow 2NaHCO_3 + N_2 + 5NaCl$

① 180.4　② 300.5
③ 322.4　④ 344.8

해설
CN^-　　　　　 : 5NaOCl
$2 \times 26(g)$　　　 : $5 \times 74.5(g)$

$\frac{150mg}{L} \left| \frac{300m^3}{day} \right| \frac{10^3 L}{1m^3} \left| \frac{1kg}{10^6 mg} \right.$: X(kg/day)

∴ X(NaOCl) = 322.36(kg/day)

58 함수율 98%, 유기물 함량이 62%인 슬러지 $100m^3$/day를 25일 소화하여 유기물의 2/3를 가스화 및 액화하여 함수율 95%의 소화슬러지로 추출하는 경우 소화조의 필요 용량(m^3)은?(단, 슬러지 비중=1.0)

① 1,244　② 1,344
③ 1,444　④ 1,544

해설 소화조의 용량(m^3) = $\frac{Q_1+Q_2}{2} \times t$

㉠ Q_1 : 유입슬러지양 = $100m^3$/day
㉡ Q_2 : 소화슬러지양
$= \frac{100m^3}{day} \left| \frac{2}{100} \right| \frac{(0.38+0.62 \times 1/3)}{} \left| \frac{100}{5} \right.$
$= 23.47(m^3/day)$

∴ 소화조의 용량(m^3) = $\frac{100+23.47}{2} \times 25$
$= 1,543.33(m^3)$

ANSWER | 53.③ 54.① 55.③ 56.④ 57.③ 58.④

59 유해물질인 시안(CN) 처리방법에 관한 설명으로 틀린 것은?

① 오존산화법 : 오존은 알칼리성 영역에서 시안화합물을 N_2로 분해시켜 무해화한다.
② 전해법 : 유가(有價) 금속류를 회수할 수 있는 장점이 있다.
③ 충격법 : 시안을 pH 3 이하의 강산성 영역에서 강하게 폭기하여 산화하는 방법이다.
④ 감청법 : 알칼리성 영역에서 과잉의 황산 알루미늄을 가하여 공침시켜 제거하는 방법이다.

해설 감청법(청침법)은 산성 영역에서 제거하는 방법이다.

60 역삼투장치로 하루에 600,000L의 3차 처리된 유출수를 탈염하고자 할 때 10℃에서 요구되는 막 면적 (m^2)은?

- 25℃에서 물질전달계수 = 0.2068L/(day · m^2)(kPa)
- 유입수와 유출수의 압력차 = 2,400kPa
- 유입수와 유출수의 삼투압차 = 310kPa
- 최저운전온도 = 10℃, $A_{10℃} = 1.3 A_{25℃}$

① 약 1,200 ② 약 1,400
③ 약 1,600 ④ 약 1,800

해설 $Q_F = K(\Delta P - \Delta \pi)$

$$\frac{600,000L}{day} \bigg| \frac{1}{A(m^2)} \bigg| \frac{1m^3}{10^3 L}$$

$$= \frac{0.2068L}{day \cdot m^2 \cdot kPa} \bigg| \frac{(2,400-310)kPa}{} \bigg| \frac{1m^3}{10^3 L}$$

∴ $A_{25℃} = 1,388.21 m^2$
∴ $A_{10℃} = A_{25℃} \times 1.3 = 1,388.21 \times 1.3$
     $= 1,804.67(m^2)$

SECTION 04 수질오염공정시험기준

61 기체크로마토그래피법에서 검출기와 사용되는 운반가스를 틀리게 짝지은 것은?

① 열전도도형 검출기 - 질소
② 열전도도형 검출기 - 헬륨
③ 전자포획형 검출기 - 헬륨
④ 전자포획형 검출기 - 질소

해설 열전도도형 검출기의 운반가스는 순도 99.9% 이상의 수소 또는 헬륨이다.

62 적정법으로 용존산소를 정량 시 0.01N $Na_2S_2O_3$ 용액 1mL가 소요되었을 때 이것 1mL는 산소 몇 mg에 상당하겠는가?

① 0.08 ② 0.16
③ 0.2   ④ 0.8

해설 $O_2(mg) = \dfrac{0.01eq}{L} \bigg| \dfrac{1mL}{} \bigg| \dfrac{1L}{1,000mL}$

$\bigg| \dfrac{8 \times 10^3 mg}{1eq} = 0.08(mg)$

63 시료채취 방법 중 옳지 않은 것은?

① 지하수 시료는 물을 충분히 퍼낸 다음, pH와 전기전도도를 연속적으로 측정하여 각각의 값이 평형을 이룰 때 채취한다.
② 시료채취 용기에 시료를 채울 때에는 어떠한 경우라도 시료교란이 일어나서는 안 된다.
③ 시료채취량은 시험항목 및 시험횟수에 따라 차이가 있으나 보통 1~2L 정도이어야 한다.
④ 채취용기는 시료를 채우기 전에 대상시료로 3회 이상 씻은 다음 사용한다.

해설 시료채취량은 시험항목 및 시험회수에 따라 차이가 있으나 보통 3~5L 정도이다.

64 수질오염공정시험기준상 총대장균군의 시험방법이 아닌 것은?
① 현미경계수법 ② 막여과법
③ 시험관법   ④ 평판집락법

해설 총대장균군 시험방법에는 막여과법, 시험관법, 평판집락법이 있다.

65 시료를 적절한 방법으로 보존할 때 최대 보존기간이 다른 항목은?
① 시안   ② 노말헥산추출물질
③ 화학적 산소요구량   ④ 총인

해설 최대 보존기간
㉠ 시안 : 14일
㉡ 노말헥산추출물질 : 28일
㉢ 화학적 산소요구량 : 28일
㉣ 총인 : 28일

66 총대장균군-시험관법의 정량방법에 대한 설명으로 틀린 것은?
① 용량 1~25mL의 멸균된 눈금피펫이나 자동 피펫을 사용한다.
② 안지름 6mm, 높이 30mm 정도의 다람시험관을 사용한다.
③ 고리의 안지름이 10mm인 백금이를 사용한다.
④ 배양온도를 (35±0.5)℃로 유지할 수 있는 배양기를 사용한다.

해설 고리의 안지름이 3mm인 백금이를 사용한다.

67 냄새 측정 시 잔류염소 제거를 위해 첨가하는 용액은?
① L-아스코빈산나트륨
② 티오황산나트륨
③ 과망간산칼륨
④ 질산은

해설 잔류염소 냄새는 측정에서 제외한다. 따라서 잔류염소가 존재하면 티오황산나트륨 용액을 첨가하여 잔류염소를 제거한다.

68 잔류염소(비색법)를 측정할 때 크롬산(2mg/L 이상)으로 인한 종말점 간섭을 방지하기 위해 가하는 시약은?
① 염화바륨
② 황산구리
③ 염산용액(25%)
④ 과망간산칼륨

해설 2mg/L 이상의 크롬산은 종말점에서 간섭을 하는데, 이때 염화바륨을 가하여 침전시켜 제거한다.

69 자외선/가시선 분광법을 적용한 페놀류 측정에 관한 내용으로 옳지 않은 것은?
① 붉은 색의 안티피린계 색소의 흡광도를 측정한다.
② 수용액에서는 510nm, 클로로폼 용액에서는 460nm에서 측정한다.
③ 정량한계는 클로로폼 추출법일 때 0.05mg, 직접법일 때 0.5mg이다.
④ 시료 중의 페놀을 종류별로 구분하여 정량할 수 없다.

해설 자외선/가시선 분광법 : 정량한계는 추출법일 때 0.005mg, 직접법일 때 0.05mg이다.

70 채수된 폐수시료의 보존에 관한 설명으로 옳은 것은?
① BOD 검정용 시료는 동결하면 장기간 보존할 수 있다.
② COD 검정용 시료는 황산을 가하여 약산성으로 한다.
③ 노말헥산추출물질 검정용 시료는 염산으로 pH 4 이하로 한다.
④ 부유물질 검정용 시료는 황산을 가하여 pH 4로 한다.

해설 수질오염공정시험기준 시료의 보존에 관한 설명으로 전항 정답이 된다.

ANSWER | 64. ① 65. ① 66. ③ 67. ② 68. ① 69. ③ 70. [전항정답]

71 용존산소의 정량에 관한 설명으로 틀린 것은?
① 전극법은 산화성 물질이 함유된 시료나 착색된 시료에 적합하다.
② 일반적으로 온도가 일정할 때 용존산소 포화량은 수중의 염소이온량이 클수록 크다.
③ 시료가 착색, 현탁된 경우는 시료에 칼륨명반 용액과 암모니아수를 주입한다.
④ Fe(III) 100~200mg/L가 함유되어 있는 시료의 경우 황산을 첨가하기 전에 플루오린화칼륨용액 1mL을 가한다.

72 물속에 존재하는 비소의 측정방법으로 틀린 것은?
① 수소화물 생성 – 원자흡수분광광도법
② 자외선/가시선 분광법
③ 양극벗김전압전류법
④ 이온크로마토그래피법

해설 비소의 측정방법
㉠ 수소화물 생성 – 원자흡수분광광도법
㉡ 자외선/가시선 분광법
㉢ 유도결합플라스마 – 원자발광분광법
㉣ 유도결합플라스마 – 질량분석법
㉤ 양극벗김전압전류법

73 다음 설명 중 틀린 것은?
① 현장 이중시료는 동일 위치에서 동일한 조건으로 중복 채취한 시료를 말한다.
② 검정곡선은 분석물질의 농도 변화에 따른 지시값을 나타낸 것을 말한다.
③ 정량범위라 함은 시험분석 대상을 정량화할 수 있는 측정값을 말한다.
④ 기기검출한계(IDL)란 시험분석 대상물질을 기기가 검출할 수 있는 최소한의 농도 또는 양을 의미한다.

해설 정량한계(LOQ, Limit of Quantification)란 시험분석 대상을 정량화할 수 있는 측정값을 말한다.

74 30배 희석한 시료를 15분간 방치한 후와 5일간 배양한 후의 DO가 각각 8.6mg/L, 3.6 mg/L이었고, 식종액의 BOD를 측정할 때 식종액의 배양 전과 후의 DO가 각각 7.5mg/L, 3.7mg/L이었다면 이 시료의 BOD(mg/L)는?(단, 희석시료 중의 식종액 함유율과 희석한 식종액 중의 식종액 함유율의 비는 0.1임)
① 139
② 143
③ 147
④ 150

해설 $BOD = [(D_1 - D_2) - (B_1 - B_2) \times f] \times P$
$= [(8.6 - 3.6) - (7.5 - 3.7) \times 0.1] \times 30$
$= 138.6 (mg/L)$

75 질산성 질소와 자외선/가시선 분광법 중 부루신법에 대한 설명으로 틀린 것은?
① 이 시험기준은 지표수, 지하수, 폐수 등에 적용할 수 있으며 정량한계는 0.1mg/L이다.
② 용존 유기물질이 황산산성에서 착색이 선명하지 않을 수 있으며 이때 부루신 설퍼닐산을 포함한 모든 시약을 추가로 첨가하여야 한다.
③ 바닷물과 같이 염분이 높은 경우 바탕 시료와 표준용액에 염화나트륨용액(30%)을 첨가하여 염분의 영향을 제거한다.
④ 잔류염소는 이산화비소산나트륨으로 제거할 수 있다.

해설 용존 유기물질이 황산산성에서 착색이 선명하지 않을 수 있으며 이때 부루신 설퍼닐산을 제외한 모든 시약을 추가로 첨가하여야 한다.

76 COD 측정에 있어서 COD 값에 영향을 주는 인자가 아닌 것은?
① 온도
② MnO_4 농도
③ 황산량
④ 가열시간

77 수질오염공정시험기준에서 사용하는 용어에 대한 설명으로 틀린 것은?

① "항량으로 될 때까지 건조한다"라 함은 같은 조건에서 1시간 더 건조하여 전후 차가 g당 0.3mg 이하일 때를 말한다.
② 시험조작 중 "즉시"란 30초 이내에 표시된 조작을 하는 것을 뜻한다.
③ "기밀용기"라 함은 취급 또는 저장하는 동안에 이물질이 들어가거나 또는 내용물이 손실되지 아니하도록 보호하는 용기를 말한다.
④ "방울수"라 함은 20℃에서 정제수 20방울을 적하할 때 그 부피가 약 1mL가 되는 것을 뜻한다.

[해설] '기밀용기'라 함은 취급 또는 저장하는 동안에 밖으로부터의 공기, 다른 가스가 침입하지 아니하도록 내용물을 보호하는 용기를 말한다.

78 자외선/가시선 분광법에 관한 설명으로 틀린 것은?

① 측정 파장은 원칙적으로 최고의 흡광도가 얻어질 수 있는 최대 흡수파장을 선정한다.
② 대조액은 일반적으로 용매 또는 바탕시험액을 사용한다.
③ 측정된 흡광도는 되도록 1.0~1.5의 범위에 들도록 시험용액의 농도 및 흡수셀의 길이를 선정한다.
④ 부득이 흡광도를 0.1 미만에서 측정할 때는 눈금확대기를 사용하는 것이 좋다.

[해설] 측정된 흡광도는 되도록 0.2~0.8의 범위에 들도록 시험용액의 농도 및 흡수셀의 길이를 선정한다.

79 음이온 계면활성제를 자외선/가시선 분광법으로 분석하고자 할 때 음이온 계면활성제와 메틸렌블루가 반응하여 생성된 청색의 착화합물을 추출하는 데 사용하는 용액은?

① 디티존
② 디티오카르바민산
③ 메틸이소부틸케톤
④ 클로로폼

PART 02 | 과년도 기출문제(2019. 3. 3. 시행)

[해설] 음이온 계면활성제 자외선/가시선 분광법
물속에 존재하는 음이온 계면활성제를 측정하기 위하여 메틸렌블루와 반응시켜 생성된 청색의 착화합물을 클로로폼으로 추출하여 흡광도를 650nm에서 측정하는 방법이다.

80 유도결합플라스마 – 원자발광분광법에 의한 원소별 정량한계로 틀린 것은?

① Cu : 0.006mg/L   ② Pb : 0.004mg/L
③ Ni : 0.015mg/L   ④ Mn : 0.002mg/L

[해설] 납(Pb)의 정량한계는 0.002mg/L이다.

SECTION 05 수질환경관계법규

81 시·도지사가 오염총량관리 기본계획의 승인을 받으려는 경우, 오염총량관리 기본계획 안에 첨부하여 환경부장관에게 제출하여야 하는 서류가 아닌 것은?

① 유역환경의 조사·분석 자료
② 오염원의 자연증감에 관한 분석 자료
③ 오염총량관리계획 목표에 관한 자료
④ 오염부하량의 저감계획을 수립하는 데 사용한 자료

[해설] 시·도지사는 오염총량관리 기본계획의 승인을 받으려는 경우에는 오염총량관리 기본계획안에 다음 각 호의 서류를 첨부하여 환경부장관에게 제출하여야 한다.
㉠ 유역환경의 조사·분석 자료
㉡ 오염원의 자연증감에 관한 분석 자료
㉢ 지역개발에 관한 과거와 장래의 계획에 관한 자료
㉣ 오염부하량의 산정에 사용한 자료
㉤ 오염부하량의 저감계획을 수립하는 데 사용한 자료

82 수질오염물질 중 초과배출부과금의 부과 대상이 아닌 것은?

① 디클로로메탄
② 페놀류
③ 테트라클로로에틸렌
④ 폴리염화비페닐

해설 과배출부과금 부과대상 수질오염물질의 종류
㉠ 유기물질
㉡ 부유물질
㉢ 카드뮴 및 그 화합물
㉣ 시안화합물
㉤ 유기인화합물
㉥ 납 및 그 화합물
㉦ 6가크롬화합물
㉧ 비소 및 그 화합물
㉨ 수은 및 그 화합물
㉩ 폴리염화비페닐[Polychlorinated Biphenyl]
㉪ 구리 및 그 화합물
㉫ 크롬 및 그 화합물
㉬ 페놀류
㉭ 트리클로로에틸렌
㉮ 테트라클로로에틸렌
㉯ 망간 및 그 화합물
㉰ 아연 및 그 화합물
㉱ 총 질소
㉲ 총 인

83 사업자가 배출시설 또는 방지시설의 설치를 완료하여 당해 배출시설 및 방지시설을 가동하고자 하는 때에는 환경부령이 정하는 바에 의하여 미리 환경부장관에게 가동개시신고를 하여야 한다. 이를 위반하여 가동개시신고를 하지 아니하고 조업한 자에 대한 벌칙 기준은?

① 2백만 원 이하의 벌금
② 3백만 원 이하의 벌금
③ 5백만 원 이하의 벌금
④ 1년 이하의 징역 또는 1천만 원 이하의 벌금

84 환경부장관 또는 시·도지사가 배출시설에 대하여 필요한 보고를 명하거나 자료를 제출하게 할 수 있는 자가 아닌 사람은?

① 사업자
② 공공폐수처리시설을 설치·운영하는 자
③ 기타 수질오염원의 설치·관리 신고를 한 자
④ 배출시설 환경기술인

85 사업자 및 배출시설과 방지시설에 종사하는 자는 배출시설과 방지시설의 정상적인 운영, 관리를 위한 환경기술인의 업무를 방해하여서는 아니 되며, 그로부터 업무 수행에 필요한 요청을 받은 때에는 정당한 사유가 없는 한 이에 응하여야 한다. 이 규정을 위반하여 환경기술인의 업무를 방해하거나 환경기술인의 요청을 정당한 사유 없이 거부한 자에 대한 벌칙기준은?

① 100만 원 이하의 벌금
② 200만 원 이하의 벌금
③ 300만 원 이하의 벌금
④ 500만 원 이하의 벌금

86 폐수수탁처리업자의 등록기준(시설 및 장비 현황)으로 옳지 않은 것은?

① 폐수저장시설의 용량은 1일 8시간(1일 8시간 이상 가동할 경우 1일 최대 가동시간으로 한다) 최대 처리량의 3일분 이상의 규모이어야 하며, 반입 폐수의 밀도를 고려하여 전체 용적의 90% 이내로 저장될 수 있는 용량으로 설치하여야 한다.
② 폐수운반장비는 용량 5m^3 이상의 탱크로리, 2m^3 이상의 철제 용기가 고정된 차량이어야 한다.
③ 폐수운반차량은 청색[색번호 10B5-12(1016)]으로 도색한다.
④ 폐수운반차량은 양쪽 옆면과 뒷면에 가로 50cm, 세로 20cm 이상 크기의 노란색 바탕에 검은색 글씨로 폐수운반차량, 회사명, 등록번호, 전화번호 및 용량을 지워지지 아니하도록 표시하여야 한다.

해설 폐수운반장비는 용량 2m^3 이상의 탱크로리, 1m^3 이상의 합성수지제 용기가 고정된 차량이어야 한다.

87 수질오염경보의 종류별, 경보단계별 조치사항에 관한 내용 중 조류경보(조류 대발생 경보 단계) 시 취수장, 정수장 관리자의 조치사항으로 틀린 것은?

① 정수의 독소분석 실시
② 정수처리 강화(활성탄 처리, 오존 처리)
③ 취수구와 조류가 심한 지역에 대한 방어막 설치
④ 조류증식 수심 이하로 취수구 이동

83. ④ 84. ④ 85. ① 86. ② 87. ③ | ANSWER

해설 조류경보의 단계가 [조류 대발생 경보]인 경우 취수장, 정수장 관리자의 조치사항
  ㉠ 조류증식 수심 이하로 취수구 이동
  ㉡ 정수처리 강화(활성탄 처리, 오존 처리)
  ㉢ 정수의 독소분석 실시

88 비점오염저감시설을 자연형과 장치형 시설로 구분할 때 장치형 시설에 해당하지 않는 것은?
  ① 생물학적 처리형 시설
  ② 여과형 시설
  ③ 와류형 시설
  ④ 저류형 시설

해설 비점오염저감시설 중 장치형 시설
  ㉠ 여과형 시설
  ㉡ 와류형 시설
  ㉢ 스크린형 시설
  ㉣ 응집·침전 처리형 시설
  ㉤ 생물학적 처리형 시설

89 물환경보전법에서 사용하는 용어의 설명이 틀린 것은?
  ① 수질오염물질이란 수질오염의 요인이 되는 물질로서 대통령령으로 정하는 것을 말한다.
  ② 점오염원이란 폐수배출시설, 하수발생시설, 축사 등으로서 관거·수로 등을 통하여 일정한 지점으로 수질오염물질을 배출하는 배출원을 말한다.
  ③ 공공수역이란 하천, 호소, 항만, 연안해역, 그 밖에 공공용으로 사용되는 수역과 이에 접속하여 공공용으로 사용되는 환경부령으로 정하는 수로를 말한다.
  ④ 강우유출수란 비점오염원의 수질오염물질이 섞여 유출되는 빗물 또는 눈 녹은 물 등을 말한다.

해설 수질오염물질이란 수질오염의 요인이 되는 물질로서 '환경부령'으로 정하는 것을 말한다.

90 위임업무 보고사항의 업무내용 중 보고횟수가 연 1회에 해당되는 것은?
  ① 환경기술인의 자격별·업종별 현황
  ② 폐수무방류 배출시설의 설치허가(변경허가) 현황
  ③ 골프장 맹·고독성 농약 사용 여부 확인 결과
  ④ 비점오염원의 설치신고 및 방지시설 설치 현황 및 행정처분 현황

91 시행자(환경부장관은 제외)가 공공폐수처리시설을 설치하거나 변경하려는 경우 환경부장관에게 승인받아야 하는 기본계획에 포함되어야 하는 사항이 아닌 것은?
  ① 토지 등의 수용, 사용에 관한 사항
  ② 오염원 분포 및 폐수배출량과 그 예측에 관한 사항
  ③ 오염원 인자에 대한 사업비의 분담에 관한 사항
  ④ 공공폐수처리시설에서 처리하려는 대상 지역에 관한 사항

해설 공공폐수처리시설 기본계획 포함사항
  ㉠ 폐수종말처리시설에서 처리하려는 대상 지역에 관한 사항
  ㉡ 오염원 분포 및 폐수배출량과 그 예측에 관한 사항
  ㉢ 폐수종말처리시설의 폐수처리계통도, 처리능력 및 처리방법에 관한 사항
  ㉣ 폐수종말처리시설에서 처리된 폐수가 방류수역의 수질에 미치는 영향에 관한 평가
  ㉤ 폐수종말처리시설의 설치·운영자에 관한 사항
  ㉥ 폐수종말처리시설 부담금의 비용 부담에 관한 사항
  ㉦ 총사업비, 분야별 사업비 및 그 산출근거
  ㉧ 연차별 투자계획 및 자금조달계획
  ㉨ 토지 등의 수용·사용에 관한 사항
  ㉩ 그 밖에 폐수종말처리시설의 설치·운영에 필요한 사항

92 청정지역에서 1일 폐수배출량이 1,000m³ 이하로 배출하는 배출시설에 적용되는 배출 허용기준 중 화학적 산소요구량(mg/L)은? (기준변경)
  ① 30 이하
  ② 40 이하
  ③ 50 이하
  ④ 60 이하

ANSWER 88. ④ 89. ① 90. ① 91. ③ 92. ③

해설 항목별 배출허용기준

지역 구분 \ 항목	1일 폐수배출량 2천 세제곱미터 이상		
	생물화학적 산소요구량 (mg/L)	총유기 탄소량 (mg/L)	부유물질량 (mg/L)
청정지역	30 이하	25 이하	30 이하
가 지역	60 이하	40 이하	60 이하
나 지역	80 이하	50 이하	80 이하
특례지역	30 이하	25 이하	30 이하

지역 구분 \ 항목	1일 폐수배출량 2천 세제곱미터 미만		
	생물화학적 산소요구량 (mg/L)	총유기 탄소량 (mg/L)	부유물질량 (mg/L)
청정지역	40 이하	30 이하	40 이하
가 지역	80 이하	50 이하	80 이하
나 지역	120 이하	75 이하	120 이하
특례 지역	30 이하	25 이하	30 이하

93 폐수무방류 배출시설의 운영일지 보존기간은?

① 최종 기록일부터 6월
② 최종 기록일부터 1년
③ 최종 기록일부터 3년
④ 최종 기록일부터 5년

해설 폐수배출시설 및 수질오염방지시설의 운영기록 보존
사업자 또는 수질오염방지시설을 운영하는 자(공동방지시설의 대표자를 포함한다.)는 폐수배출시설 및 수질오염방지시설의 가동시간, 폐수배출량, 약품투입량, 시설관리 및 운영자, 그 밖에 시설운영에 관한 중요사항을 운영일지에 매일 기록하고, 최종 기록일부터 1년간 보존하여야 한다. 다만, 폐수무방류배출시설의 경우에는 운영일지를 3년간 보존하여야 한다.

94 기본배출부과금에 관한 설명으로 ( )에 알맞은 것은?

> 공공폐수처리시설 또는 공공하수처리시설에서 배출되는 폐수 중 수질오염물질이 ( )하는 경우

① 배출허용기준을 초과
② 배출허용기준을 미달
③ 방류수수질기준을 초과
④ 방류수수질기준을 미달

해설 기본배출부과금
㉠ 배출시설에서 배출되는 폐수 중 수질오염물질이 배출허용기준 이하로 배출되나, 방류수 수질기준을 초과하는 경우
㉡ 공공폐수처리시설 또는 공공하수처리시설에서 배출되는 폐수 중 수질오염물질이 방류수 수질기준을 초과하는 경우

95 물환경보전법에서 규정하고 있는 기타 수질오염원의 기준으로 틀린 것은?

① 취수능력 $10m^3$/일 이상인 먹는 물 제조시설
② 면적 $30,000m^2$ 이상인 골프장
③ 면적 $1500m^2$ 이상인 자동차 폐차장 시설
④ 면적 $200,000m^2$ 이상인 복합물류터미널 시설

96 공공수역의 물환경 보전을 위하여 특정 농작물의 경작 권고를 할 수 있는 자는?

① 대통령
② 유역·지방환경청장
③ 환경부장관
④ 시·도지사

해설 시·도지사 또는 대도시의 장은 공공수역의 물환경 보전을 위하여 필요하다고 인정하는 경우에는 하천·호소 구역에서 농작물을 경작하는 사람에게 경작 대상 농작물의 종류 및 경작방식의 변경과 휴경(休耕) 등을 권고할 수 있다.

97 환경부장관이 공공수역의 물환경을 관리·보전하기 위하여 대통령령으로 정하는 바에 따라 수립하는 국가 물환경관리기본계획의 수립 주기는?

① 매년
② 2년
③ 3년
④ 10년

해설 환경부장관은 공공수역의 관리·보전을 위하여 국가 물환경관리기본계획을 10년마다 수립하여야 한다.

93. ③ 94. ③ 95. ① 96. ④ 97. ④ | ANSWER

98 수변생태구역의 매수·조성 등에 관한 다음 내용의 ( )에 옳은 것은?

> 환경부장관은 하천·호소 등의 물환경 보전을 위하여 필요하다고 인정할 때에는 (㉠)으로 정하는 기준에 해당하는 수변습지 및 수변토지를 매수하거나 (㉡)으로 정하는 바에 따라 생태적으로 조성·관리할 수 있다.

① ㉠ 환경부령, ㉡ 대통령령
② ㉠ 대통령령, ㉡ 환경부령
③ ㉠ 환경부령, ㉡ 총리령
④ ㉠ 총리령, ㉡ 환경부령

해설 수변생태구역의 매수·조성
환경부장관은 하천·호소 등의 수질 및 수생태계 보전을 위하여 필요하다고 인정할 때에는 대통령령으로 정하는 기준에 해당하는 수변습지 및 수변토지(이하 "수변생태구역"이라 한다)를 매수하거나 환경부령으로 정하는 바에 따라 생태적으로 조성·관리할 수 있다.

99 하천의 등급별 수질 및 수생태계 상태를 바르게 설명한 것은?

① 매우 좋음 : 용존산소가 많은 편이고 오염물질이 거의 없는 청정상태에 근접한 생태계로 여과·침전·살균 등 일반적인 정수처리 후 생활용수로 사용할 수 있음
② 좋음 : 오염물질은 있으나 용존산소가 많은 상태의 다소 좋은 생태계로 여과·침전·살균 등 일반적인 정수처리 후 공업용수 또는 수영용수로 사용할 수 있음
③ 보통 : 용존산소가 소모되는 일반 생태계로 여과, 침전, 활성탄 투입, 살균 등 고도의 정수처리 후 생활용수로 이용하거나 일반적 정수처리 후 공업용수로 사용할 수 있음
④ 나쁨 : 상당량의 오염물질로 인하여 용존산소가 소모되는 생태계로 농업용수로 사용하거나 여과, 침전, 활성탄 투입, 살균 등 고도의 정수처리 후 공업용수로 사용할 수 있음

해설 등급별 수질 및 수생태계 상태
㉠ 매우 좋음 : 용존산소(溶存酸素)가 풍부하고 오염물질이 없는 청정상태의 생태계로 여과·살균 등 간단한 정수처리 후 생활용수로 사용할 수 있음
㉡ 좋음 : 용존산소가 많은 편이고 오염물질이 거의 없는 청정상태에 근접한 생태계로 여과·침전·살균 등 일반적인 정수처리 후 생활용수로 사용할 수 있음
㉢ 약간 좋음 : 약간의 오염물질은 있으나 용존산소가 많은 상태의 다소 좋은 생태계로 여과·침전·살균 등 일반적인 정수처리 후 생활용수 또는 수영용수로 사용할 수 있음
㉣ 보통 : 보통의 오염물질로 인하여 용존산소가 소모되는 일반 생태계로 여과, 침전, 활성탄 투입, 살균 등 고도의 정수처리 후 생활용수로 이용하거나 일반적 정수처리 후 공업용수로 사용할 수 있음
㉤ 약간 나쁨 : 상당량의 오염물질로 인하여 용존산소가 소모되는 생태계로 농업용수로 사용하거나 여과, 침전, 활성탄 투입, 살균 등 고도의 정수처리 후 공업용수로 사용할 수 있음
㉥ 나쁨 : 다량의 오염물질로 인하여 용존산소가 소모되는 생태계로 산책 등 국민의 일상생활에 불쾌감을 주지 않으며, 활성탄 투입, 역삼투압 공법 등 특수한 정수처리 후 공업용수로 사용할 수 있음
㉦ 매우 나쁨 : 용존산소가 거의 없는 오염된 물로 물고기가 살기 어려움

100 수질 및 수생태계 환경기준 중 하천에서의 사람의 건강보호기준으로 옳은 것은?

① 6가크롬 – 0.5mg/L 이하
② 비소 – 0.05mg/L 이하
③ 음이온계면활성제 – 0.1mg/L 이하
④ 테트라클로로에틸렌 – 0.02mg/L 이하

해설 ㉠ 6가크롬 : 0.05mg/L 이하
㉡ 음이온계면활성제 : 0.5mg/L 이하
㉢ 테트라클로로에틸렌 : 0.04mg/L 이하

2019년 2회 수질환경기사

SECTION 01 수질오염개론

01 물의 물리적 특성을 나타내는 용어의 단위가 잘못된 것은?
① 밀도 : g/cm^3
② 동점성계수 : cm^2/sec
③ 표면장력 : $dyne/cm^2$
④ 점성계수 : $g/cm \cdot sec$

해설 표면장력의 단위는 $dyne/cm$이다.

02 산성강우에 대한 설명으로 틀린 것은?
① 주요 원인물질은 유황산화물, 질소산화물, 염산을 들 수 있다.
② 대기오염이 혹심한 지역에 국한되는 현상으로 비교적 정확한 예보가 가능하다.
③ 초목의 잎과 토양으로부터 Ca^{++}, Mg^{++}, K^+ 등의 용출 속도를 증가시킨다.
④ 보통 대기 중 탄산가스와 평형상태에 있는 순수한 빗물은 pH 약 5.6의 산성을 띤다.

해설 산성강우는 광역적으로 발생하며 정확한 예보가 곤란하다.

03 적조(red tide)에 관한 설명으로 틀린 것은?
① 갈수기로 인하여 염도가 증가된 정체 해역에서 주로 발생한다.
② 수중 용존산소 감소에 의한 어패류의 폐사가 발생된다.
③ 수괴의 연직 안정도가 크고 독립해 있을 때 발생한다.
④ 해저에 빈산소층이 형성될 때 발생한다.

해설 적조현상은 강우에 따른 하천수의 유입으로 염분량이 낮아지고, 물리적 자극물질이 보급될 때 발생한다.

04 연속류 교반 반응조(CFSTR)에 관한 내용으로 틀린 것은?
① 충격부하에 강하다.
② 부하변동에 강하다.
③ 유입된 액체의 일부분은 즉시 유출된다.
④ 동일 용량 PFR에 비해 제거효율이 좋다.

해설 CFSTR 반응조는 동일 용량 PFR에 비해 제거효율이 낮다.

05 하천 모델 중 다음의 특징을 가지는 것은?
- 유속, 수심, 조도계수에 의한 확산계수 결정
- 하천과 대기 사이의 열복사, 열교환 고려
- 음해법으로 미분방정식의 해를 구함

① QUAL-1
② WQRRS
③ DO SAG-1
④ HSPE

해설 설명에 해당하는 하천 모델은 QUAL-1이다.

06 곰팡이(Fungi)류의 경험적 분자식은?
① $C_{12}H_7O_4N$
② $C_{12}H_8O_5N$
③ $C_{10}H_{17}O_6N$
④ $C_{10}H_{18}O_4N$

해설 곰팡이(Fungi)류의 경험적 분자식은 $C_{10}H_{17}O_6N$이다.

07 호소의 부영양화에 대한 일반적 영향으로 틀린 것은?
① 부영양화가 진행된 수원을 농업용수로 사용하면 영양염류의 공급으로 농산물 수확량이 지속적으로 증가한다.
② 조류나 미생물에 의해 생성된 용해성 유기물질이 불쾌한 맛과 냄새를 유발한다.
③ 부영양화 평가모델은 인(P) 부하모델인 Vollenweider 모델 등이 대표적이다.
④ 심수층의 용존산소량이 감소한다.

1. ③ 2. ② 3. ① 4. ④ 5. ① 6. ③ 7. ① **| ANSWER**

해설 부영양화가 진행된 수원을 농업용수로 사용하면 영양염류의 공급으로 농산물 수확량이 지속적으로 감소한다.

08 미생물 영양원 중 유황(Sulfur)에 관한 설명으로 틀린 것은?

① 황환원세균은 편성 혐기성 세균이다.
② 유황을 함유한 아미노산은 세포 단백질의 필수 구성원이다.
③ 미생물세포에서 탄소 대 유황의 비는 100 : 1 정도이다.
④ 유황고정, 유황화합물 환원, 산화 순으로 변환된다.

해설 황의 순환
㉠ 황의 광물질화
유기황화합물 $\xrightarrow{\text{미생물의 분해작용}}$ 무기인
㉡ 동화작용
무기황산염 $\xrightarrow{\text{조류 포함 미생물}}$ 유기황화합물
㉢ 산화작용
환원된 황 $\xrightarrow{\text{독립영양성 황산화 박테리아}}$ 황산염
㉣ 환원반응
황산염 $\xrightarrow{\text{종속영양균에 의한 환원}}$ 황화수소

09 호수의 수질특성에 관한 설명으로 가장 거리가 먼 것은?

① 표수층에서 조류의 활발한 광합성 활동 시 호수의 pH는 8~9 혹은 그 이상을 나타낼 수 있다.
② 호수의 유기물량 측정을 위한 항목은 COD보다 BOD와 클로로필-a를 많이 이용한다.
③ 수심별 전기전도도의 차이는 수온의 효과와 용존된 오염물질의 농도차로 인한 결과이다.
④ 표수층에서 조류의 활발한 광합성 활동 시에는 무기탄소원인 HCO_3^-나 CO_3^{2-}을 흡수하고 OH^-를 내보낸다.

해설 호수는 조류의 영향으로 BOD 값의 오차가 나오는 경우가 많아 유기물량 측정을 위해 COD를 측정한다.

10 0℃에서 DO 7.0mg/L인 물의 DO 포화도(%)는?
[단, 대기의 화학적 조성 중 O_2=21%(V/V), 0℃에서 순수한 물의 공기 용해도=38.46mL/L, 1기압 기준]

① 약 61   ② 약 74
③ 약 82   ④ 약 87

해설 DO 포화도는 다음 식으로 계산된다.
$$DO\ 포화도(\%) = \frac{현재\ DO}{포화\ DO} \times 100$$
㉠ 현재 DO = 7mg/L
㉡ 포화 DO = $\frac{38.46mL}{L} \left| \frac{21}{100} \right| \frac{32mg}{22.4mL}$
= 11.58mg/L
∴ DO 포화도(%) = $\frac{7}{11.58} \times 100$
= 60.45(%)

11 다음 유기물 1mole이 완전산화될 때 이론적인 산소요구량(ThOD)이 가장 적은 것은?

① C_6H_6 ② $C_6H_{12}O_6$
③ C_2H_5OH ④ CH_3COOH

해설
① C_6H_6 : $7.5O_2$
X = 7.5g/mol(ThOD)
② $C_6H_{12}O_6$: $6O_2$
X = 6g/mol(ThOD)
③ C_2H_5OH : $3O_2$
X = 3g/mol(ThOD)
④ CH_3COOH : $2O_2$
X = 2g/mol(ThOD)

12 건조고형물량이 3,000kg/day인 생슬러지를 저율 혐기성 소화조로 처리할 때 휘발성 고형물은 건조고형물의 70%이고 휘발성 고형물의 60%는 소화에 의해 분해된다. 소화된 슬러지의 총고형물(kg/day)은?

① 1,040   ② 1,740
③ 2,040   ④ 2,440

해설 소화 후 슬러지의 총고형물
= 소화 후 VS + 소화 후 FS
㉠ 소화 후 VS = $\frac{3,000kg}{day} \left| \frac{70}{100} \right| \frac{40}{100}$ = 840(kg/day)
㉡ 소화 후 FS = $\frac{3,000kg}{day} \left| \frac{30}{100} \right.$ = 900(kg/day)

ANSWER | 8. ④ 9. ② 10. ① 11. ④ 12. ②

∴ 소화 후 슬러지의 총고형물
= 840 + 900 = 1,740(kg/day)

13 소수성 콜로이드의 특성으로 틀린 것은?
① 물과 반발하는 성질을 가진다.
② 물속에 현탁상태로 존재한다.
③ 아주 작은 입자로 존재한다.
④ 염에 큰 영향을 받지 않는다.

해설 소수성 콜로이드는 염에 아주 민감하다.

14 생물농축에 대한 설명으로 가장 거리가 먼 것은?
① 수생생물 체내의 각종 중금속 농도는 환경수중의 농도보다는 높은 경우가 많다.
② 생물체중의 농도와 환경수중의 농도비를 농축비 또는 농축계수라고 한다.
③ 수생물의 종류에 따라서 중금속의 농축비가 다르게 되어 있는 것이 많다.
④ 농축비는 먹이사슬 과정에서 높은 단계의 소비자에 상당하는 생물일수록 낮게 된다.

해설 농축비는 먹이사슬 과정에서 높은 단계의 소비자에 상당하는 생물일수록 높게 된다.

15 25℃, 2atm의 압력에 있는 메탄가스 5.0kg을 저장하는 데 필요한 탱크의 부피(m^3)는?(단, 이상기체법칙 적용, R=0.082L · atm/mol · K)
① 약 3.8
② 약 5.3
③ 약 7.6
④ 약 9.2

해설 이상기체방정식(Ideal Gas Equation)을 이용한다.
$PV = n \cdot R \cdot T$

$V(m^3) = \dfrac{n \cdot R \cdot T}{P} = \dfrac{312.5 \text{mol}}{} \left| \dfrac{0.082 \text{L} \cdot \text{atm}}{\text{mol} \cdot \text{K}} \right| \dfrac{(273+25)\text{K}}{} \left| \dfrac{}{2\text{atm}} \right| \dfrac{1\text{m}^3}{10^3 \text{L}} = 3.82(\text{m}^3)$

여기서, $n(\text{mol}) = \dfrac{M}{M_w} = \dfrac{5\text{kg}}{} \left| \dfrac{1\text{mol}}{16\text{g}} \right| \dfrac{10^3\text{g}}{1\text{kg}}$
$= 312.5(\text{mol})$

16 우리나라 연평균강수량은 약 1,300mm 정도로 세계 연평균강수량 970mm에 비해 많은 편이지만, UN에서는 물 부족 국가로 인정하고 있다. 이는 우리나라 하천의 특성에 의한 것인데, 그러한 이유로 타당하지 않은 것은?
① 계절적인 강우분포의 차이가 크다.
② 하상계수가 작다.
③ 하천의 경사도가 급하다.
④ 하천의 유역면적이 작고 길이가 짧다.

해설 우리나라의 하천은 최대유량과 최소유량의 비인 하상계수가 크다.

17 호소의 성층현상에 관한 설명으로 옳지 않은 것은?
① 수온 약층은 순환층과 정체층의 중간층에 해당되고 변온층이라고도 하며 수온이 수심에 따라 크게 변화된다.
② 호소수의 성층현상은 연직 방향의 밀도차에 의해 층상으로 구분되는 것을 말한다.
③ 겨울 성층은 표층수의 냉각에 의한 성층이며 역성층이라고도 한다.
④ 여름 성층은 뚜렷한 층을 형성하며 연직 온도경사와 분자확산에 의한 DO 구배가 반대 모양을 나타낸다.

해설 여름에는 수심에 따른 연직 온도경사와 산소구배가 같은 모양을 나타낸다.

18 프로피온산(C_2H_5COOH) 0.1M용액이 4%로 이온화된다면 이온화 정수는?
① 1.7×10^{-4}
② 7.6×10^{-4}
③ 8.3×10^{-5}
④ 9.3×10^{-5}

해설 프로피온산의 이온화에서
$C_2H_5COOH \rightleftarrows C_2H_5COO^- + H^+$
이온화 전 : 0.1M : 0M : 0M
이온화 후 : (0.1×0.96)M : (0.1×0.04)M : (0.1×0.04)M

$K = \dfrac{[C_2H_5COO^-][H^+]}{[C_2H_5COOH]} = \dfrac{(0.1 \times 0.04)^2}{(0.1 \times 0.96)}$
$= 1.67 \times 10^{-4}$

13. ④ 14. ④ 15. ① 16. ② 17. ④ 18. ① | ANSWER

19 1차 반응에서 반응 초기의 농도가 100mg/L이고, 4시간 후에 10mg/L로 감소되었다. 반응 2시간 후의 농도(mg/L)는?

① 17.8 ② 24.8
③ 31.6 ④ 42.8

해설 1차 반응식을 이용한다.
$$\ln\frac{C_t}{C_o} = -K \cdot t$$
$$\ln\frac{10}{100} = -K \cdot 4hr, \ K = 0.5756(hr^{-1})$$
$$\therefore \ \ln\frac{C_t}{100} = \frac{-0.5756}{hr}\bigg|\frac{2hr}{}$$
$$\therefore \ C_t = 100 \times e^{-0.5756 \times 2} = 31.63(mg/L)$$

20 Formaldehyde(CH_2O) 500mg/L의 이론적 COD 값(mg/L)은?

① 약 512 ② 약 533
③ 약 553 ④ 약 576

해설 $CH_2O + O_2 \rightarrow H_2O + CO_2$
  30g : 32g
  500mg/L : X
  ∴ X(COD) = 533.33(mg/L)

SECTION 02 상하수도계획

21 계획오수량에 관한 설명으로 틀린 것은?
① 계획시간최대오수량은 계획 1일 최대오수량의 1시간당 수량의 1.3~1.8배를 표준으로 한다.
② 지하수량은 1인 1일 최대오수량의 20% 이하로 한다.
③ 합류식에서 우천 시 계획오수량은 원칙적으로 계획 1일 최대오수량의 1.5배 이상으로 한다.
④ 계획 1일 평균오수량은 계획 1일 최대오수량의 70~80%를 표준으로 한다.

해설 합류식에서 우천 시 계획오수량은 원칙적으로 계획시간 최대오수량의 3배 이상으로 한다.

22 취수지점으로부터 정수장까지 원수를 공급하는 시설 배관은?
① 취수관 ② 송수관
③ 도수관 ④ 배수관

해설 취수틀은 호소의 중소량 취수시설로 많이 사용되고 구조가 간단하며 시공도 비교적 용이하나 수중에 설치되므로 호소의 표면수는 취수할 수 없다.

23 호소, 댐을 수원으로 하는 경우의 취수시설인 취수틀에 관한 설명으로 틀린 것은?
① 하천이나 호소 바닥이 안정되어 있는 곳에 설치한다.
② 선박의 항로에서 벗어나 있어야 한다.
③ 호소의 표면수를 안정적으로 취수할 수 있다.
④ 틀의 본체를 하천이나 호소 바닥에 견고하게 고정시킨다.

24 우수배제계획에서 계획우수량의 설계강우에 관한 내용으로 ( )에 알맞은 것은?

> 하수관로의 설계강우는 10~30년 빈도, 빗물 펌프장의 설계강우는 ( ) 빈도를 원칙으로 하며, 지역의 특성 또는 방재상 필요성, 기후 변화로 인한 강우특성의 변화추세에 따라 이보다 크게 또는 작게 정할 수 있다.

① 15~20년 ② 20~30년
③ 30~50년 ④ 50~100년

해설 하수관로의 설계강우는 10~30년 빈도, 빗물 펌프장의 설계강우는 30~50년 빈도를 원칙으로 한다.

ANSWER | 19. ③ 20. ② 21. ③ 22. ③ 23. ③ 24. ③

25 하수처리시설 중 소독시설에서 사용하는 오존의 장·단점으로 틀린 것은?

① 병원균에 대하여 살균작용이 강하다.
② 철 및 망간의 제거능력이 크다.
③ 경제성이 좋다.
④ 바이러스의 불활성화 효과가 크다.

해설 오존소독 시 오존발생장치가 필요하며, 전력비용이 과다하여 경제성이 좋지 않다.

26 하수관로시설인 오수관로의 유속범위기준으로 옳은 것은?

① 계획시간 최대오수량에 대하여 유속을 최소 0.3 m/sec, 최대 3.0m/sec로 한다.
② 계획시간 최대오수량에 대하여 유속을 최소 0.6 m/sec, 최대 3.0m/sec로 한다.
③ 계획 1일 최대오수량에 대하여 유속을 최소 0.3 m/sec, 최대 3.0m/sec로 한다.
④ 계획 1일 최대오수량에 대하여 유속을 최소 0.6 m/sec, 최대 3.0m/sec로 한다.

해설 오수관로는 계획시간 최대오수량에 대해 유속은 최소 0.6 m/sec, 최대 3.0m/sec로 한다.

27 강우강도가 2mm/min, 면적이 1km², 유입시간이 6분, 유출계수가 0.65인 경우 우수량(m³/sec)은? (단, 합리식 적용)

① 21.7 ② 0.217
③ 1.30 ④ 13.0

해설 $Q = \dfrac{1}{360}CIA$

㉠ C : 유출계수=0.65
㉡ A : 유역면적 = $1km^2 \left| \dfrac{100ha}{1km^2} \right. = 100(ha)$
㉢ I = $\dfrac{2mm}{min} \left| \dfrac{60min}{1hr} \right. = 120(mm/hr)$

∴ Q = $\dfrac{1}{360}CIA = \dfrac{1}{360} \times 0.65 \times 120 \times 100$
= 21.67(m³/sec)

28 막여과법을 정수처리에 적용하는 주된 선정 이유로 가장 거리가 먼 것은?

① 응집제를 사용하지 않거나 또는 적게 사용하기 때문이다.
② 막의 특성에 따라 원수 중의 현탁물질, 콜로이드, 세균류, 크립토스포리디움 등 일정한 크기 이상의 불순물을 제거할 수 있기 때문이다.
③ 부지면적이 종래보다 적을 뿐 아니라 시설의 건설공사기간도 짧기 때문이다.
④ 막의 교환이나 세척 없이 반영구적으로 자동운전이 가능하여 유지관리 측면에서 에너지를 절약할 수 있기 때문이다.

해설 막여과법은 정기점검이나 막의 약품세척, 막의 교환 등이 필요하지만, 자동운전이 용이하고 다른 처리법에 비하여 일상적인 운전과 유지관리에서 에너지를 절약할 수 있다.

29 약품주입설비와 점검에 대한 설명으로 틀린 것은?

① 응집약품을 납품받고 저장하기 위하여 적절한 검수용 계량장비를 설치한다.
② 약품저장설비는 구조적으로 안전하고 약품의 종류와 성상에 따라 적절한 재질로 한다.
③ 저장설비의 용량은 계획정수량에 각 약품의 최대주입률을 곱하여 산정한다.
④ 저장설비 용량은 응집제는 30일분 이상, 응집보조제는 10일분 이상으로 한다.

해설 저장설비의 용량은 계획정수량에 각 약품의 평균주입률을 곱하여 산정하고 다음 각 호를 표준으로 한다.
㉠ 응집제는 30일분 이상으로 한다.
㉡ 알칼리제는 연속 주입할 경우 30일분 이상, 간헐 주입할 경우에는 10일분 이상으로 한다.
㉢ 응집보조제는 10일분 이상으로 한다.

30 하수처리시설의 계획하수량에 관한 설명으로 옳은 것은?
① 합류식 하수도에서 일차 침전지까지 처리장 내 연결관로는 계획시간 최대오수량으로 한다.
② 합류식 하수도에서 우천 시에는 계획시간 최대오수량을 유입시켜 2차 처리해야 한다.
③ 합류식 하수도는 우천 시 일차 침전지의 침전시간을 0.5시간 이상 확보하도록 한다.
④ 합류식 하수도의 소독시설 계획하수량은 계획시간 최대오수량으로 한다.

31 상수처리시설 중 플록형성지의 플록형성 표준시간은?(단, 계획정수량 기준)
① 5~10분간
② 10~20분간
③ 20~40분간
④ 40~60분간

해설 플록형성지는 혼화지와 침전지 사이에 위치하고 침전지에 접속하여 설치하여야 한다. 플록형성시간은 계획정수량에 대하여 20~40분간을 표준으로 하며, 플록큐레이터의 주변속도는 15~80cm/sec로 한다. 플록형성지에서의 교반강도는 상류는 강하게, 하류로 갈수록 그 강도를 약하게 하여야 한다.

32 생물막을 이용한 처리방식의 하나인 접촉 산화법을 적용하여 오수를 처리할 때 반응조 내 오수의 교반과 용존산소 유지를 위한 송풍량에 관한 내용으로 ( )에 옳은 것은?

| 접촉재를 전면에 설치하는 경우, 계획 오수량에 대하여 ( )를 표준으로 한다. |

① 2배
② 4배
③ 6배
④ 8배

해설 접촉재를 전면에 설치하는 경우, 계획 오수량에 대하여 8배를 표준으로 한다.

33 펌프의 수격작용(Water hammer)에 관한 설명으로 가장 거리가 먼 것은?
① 관내 물의 속도가 급격히 변하여 수압의 심한 변화를 야기하는 현상이다.
② 정전 등의 사고에 의하여 운전 중인 펌프가 갑자기 구동력을 소실할 경우에 발생할 수 있다.
③ 펌프계에서의 수격현상은 역회전 역류, 정회전 역류, 정회전 정류의 단계로 진행된다.
④ 펌프가 급정지할 때는 수격작용 유무를 점검해야 한다.

34 상수처리를 위한 정수시설인 급속여과지에 관한 설명으로 틀린 것은?
① 여과속도는 120~150m/day를 표준으로 한다.
② 플록의 질이 일정한 것으로 가정하였을 때 여과층의 필요두께는 여재입경에 반비례한다.
③ 여과면적은 계획정수량을 여과속도로 나누어 계산한다.
④ 여과지 1지의 여과면적은 150m² 이하로 한다.

35 취수시설인 침사지에 관한 설명으로 틀린 것은?
① 표면부하율은 500~800mm/min을 표준으로 한다.
② 지내 평균유속은 2~7cm/sec를 표준으로 한다.
③ 지의 상단높이는 고수위보다 0.6~1m의 여유고를 둔다.
④ 지의 유효수심은 3~4m를 표준으로 하고, 퇴사심도를 0.5~1m로 한다.

해설 침사지의 표면부하율은 200~500mm/min을 표준으로 한다.

36 상수관로에서 조도계수 0.014, 동수경사 1/100, 관경 400mm일 때 이 관로의 유량(m³/min)은?(단, Manning 공식 적용, 만관 기준)
① 3.8
② 6.2
③ 9.3
④ 11.6

해설 Manning 공식을 사용한다.

$Q = A(단면적) \times V(유속) = A \times \frac{1}{n} R^{\frac{2}{3}} I^{\frac{1}{2}}$

㉠ $A = \frac{\pi D^2}{4} = \frac{\pi \times (0.4m)^2}{4} = 0.1257(m^2)$

㉡ $V = \frac{1}{n} \cdot R^{\frac{2}{3}} \cdot I^{\frac{1}{2}}$ 에서

→ $R(경심) = \frac{A(단면적)}{P(윤변)}$
$= \frac{D}{4} = \frac{0.4}{4} = 0.1$

→ $I = \frac{1}{100}$

∴ $Q = A \times \frac{1}{n} \cdot R^{\frac{2}{3}} \cdot I^{\frac{1}{2}} = 0.1257(m^2)$
$\times \frac{1}{0.014} \times (0.1)^{\frac{2}{3}} \times \left(\frac{1}{100}\right)^{\frac{1}{2}}$
$= 0.1934(m^3/sec) = 11.6(m^3/min)$

37 직경 200cm인 원형관로에 물이 1/2 차서 흐를 경우, 이 관로의 경심(cm)은?
① 15 ② 25
③ 50 ④ 100

해설 경심(R) = $\frac{유수단면적(A)}{윤변(S)} = \frac{\frac{\pi D^2}{4} \times \frac{1}{2}}{\pi D \times \frac{1}{2}}$
$= \frac{D}{4} = \frac{200cm}{4} = 50cm$

38 케이싱 내에서 임펠러를 회전시켜 유체를 이송하는 터보형 펌프에 속하지 않는 것은?
① 회전펌프 ② 원심펌프
③ 사류펌프 ④ 축류펌프

39 취수보의 취수구 표준 유입속도(m/s)로 가장 적절한 것은?
① 0.1~0.4 ② 0.4~0.8
③ 0.8~1.2 ④ 1.2~1.6

해설 취수보의 취수구 유입속도는 0.4~0.8m/sec를 표준으로 한다.

40 하수슬러지 개량방법과 특징으로 틀린 것은?
① 고분자응집제 첨가 : 슬러지 성상을 그대로 두고 탈수성, 농축성의 개선을 도모한다.
② 무기약품 첨가 : 무기약품은 슬러지의 pH를 변화시켜 무기질 비율을 증가시키고 안정화를 도모한다.
③ 열처리 : 슬러지 성분의 일부를 용해시켜 탈수개선을 도모한다.
④ 세정 : 혐기성 소화슬러지의 알칼리도를 증가시켜 탈수개선을 도모한다.

해설 슬러지의 알칼리도를 400~600mg/L 정도로 낮추기 위하여 최종처리수 등을 이용하여 세정한다.

SECTION 03 수질오염방지기술

41 SBR 공법의 일반적인 운전단계 순서는?
① 주입(Fill) → 휴지(Idle) → 반응(React) → 침전(Settle) → 제거(Draw)
② 주입(Fill) → 반응(React) → 휴지(Idle) → 침전(Settle) → 제거(Draw)
③ 주입(Fill) → 반응(React) → 침전(Settle) → 휴지(Idle) → 제거(Draw)
④ 주입(Fill) → 반응(React) → 침전(Settle) → 제거(Draw) → 휴지(Idle)

해설 연속 회분식 반응조(SBR ; Sequencing Batch Reactor) 반응조에 시차를 두고 유입, 반응, 혼합액의 침전, 상징수의 배수, 침전슬러지의 배출 등 각 과정을 거치도록 되어 있다.

42 혐기성 소화 시 소화가스 발생량 저하의 원인이 아닌 것은?
① 저농도 슬러지 유입
② 소화슬러지 과잉 배출
③ 소화가스 누적
④ 조내 온도 저하

37. ③ 38. ① 39. ② 40. ④ 41. ④ 42. ③ | ANSWER

해설 소화가스 발생량 저하의 원인
 ㉠ 저농도 슬러지 유입
 ㉡ 소화슬러지 과잉 배출
 ㉢ 조내 온도 저하
 ㉣ 소화가스 누출
 ㉤ 과다한 산생성

43 경사판 침전지에서 경사판의 효과가 아닌 것은?
① 수면적 부하율의 증가효과
② 침전지 소요면적의 저감효과
③ 고형물의 침전효율 증대효과
④ 처리효율의 증대효과

해설 경사판 침전지에서는 수면적 부하율이 감소한다.

44 상향류 혐기성 슬러지상(UASB)공법에 대한 설명으로 틀린 것은?
① BOD 및 SS 농도가 높은 폐수의 처리가 가능하다.
② HRT가 작아 반응조 용량을 작게 할 수 있다.
③ 상향류이므로 반응기 하부에 폐수의 분산을 위한 장치가 필요하다.
④ 기계적인 교반이나 여재가 불필요하다.

해설 고형물 농도가 높은 경우 SS로서 유실될 수 있다.

45 하수의 인 제거 처리공정 중 인 제거율(%)이 가장 높은 것은?
① 역삼투   ② 여과
③ RBC   ④ 탄소흡착

46 수은계 폐수 처리방법으로 틀린 것은?
① 수산화물침전법   ② 흡착법
③ 이온교환법   ④ 황화물침전법

해설 수은 함유 폐수를 처리하는 방법
황화물 침전법, 아말감법, 이온교환법, 흡착법 등이 있다.
※ 수산화물 침전법은 주로 Pb, Cd, Cr^{6+} 처리에 이용한다.

47 유량 4,000m³/day, 부유물질 농도 220mg/L인 하수를 처리하는 일차 침전지에서 발생되는 슬러지의 양(m³/day)은?[단, 슬러지 단위 중량(비중)=1.03, 함수율=94%, 일차 침전지 체류시간=2시간, 부유물질 제거효율=60%, 기타 조건은 고려하지 않음]
① 6.32   ② 8.54
③ 10.72   ④ 12.53

해설 $SL(m^3/day)$
$= \dfrac{4,000m^3}{day} \Big| \dfrac{0.22kg}{m^3} \Big| \dfrac{100}{100-94} \Big| \dfrac{60}{100} \Big| \dfrac{m^3}{1,030kg}$
$= 8.54(m^3/day)$

48 슬러지 탈수방법에 관한 설명으로 틀린 것은?
① 원심 분리기 : 고농도의 부유성 고형물에 적합함
② 벨트형 여과기 : 슬러지 특성에 민감함
③ 원심 분리기 : 건조한 슬러지 케이크를 생산함
④ 벨트형 여과기 : 유입부에 슬러지 분쇄기 설치가 필요함

해설 원심 분리 탈수방법
슬러지를 회전시켜 원심력을 부여하고 슬러지로부터 고형물을 분리하는 방법으로 슬러지 중 고형물이 물보다 비중이 큰 물질에 유리하며, 고농도의 부유성 고형물의 탈수에는 부적합하다.

49 표면적이 2m²이고 깊이가 2m인 침전지에 유량 48m³/day의 폐수가 유입될 때 폐수의 체류시간(hr)은?
① 2   ② 4
③ 6   ④ 8

해설 $t(hr) = \dfrac{2m^3}{} \Big| \dfrac{2m}{} \Big| \dfrac{day}{48m^3} \Big| \dfrac{24hr}{day} = 2(hr)$

50 환원처리공법으로 크롬 함유 폐수를 수산화물 침전법으로 처리하고자 할 때 침전을 위한 적정 pH 범위는?(단, $Cr^{+3} + 3OH^- \rightarrow Cr(OH)_3 \downarrow$)
① pH 4.0~4.5   ② pH 5.5~6.5
③ pH 8.0~8.5   ④ pH 11.0~11.5

ANSWER | 43.① 44.① 45.① 46.① 47.② 48.① 49.① 50.③

해설 크롬 함유 폐수를 수산화물 침전법으로 처리할 때에는 pH 8~10으로 한다.

51 생물학적 원리를 이용하여 질소, 인을 제거하는 공정인 5단계 Bardenpho 공법에 관한 설명으로 옳지 않은 것은?

① 인 제거를 위해 혐기성 조가 추가된다.
② 조 구성은 혐기조, 무산소조, 호기조, 무산소조, 호기조 순이다.
③ 내부반송률은 유입유량 기준으로 100~200% 정도이며 2단계 무산소조로부터 1단계 무산소조로 반송된다.
④ 마지막 호기성 단계는 폐수 내 잔류 질소가스를 제거하고 최종 침전지에서 인의 용출을 최소화하기 위하여 사용한다.

해설 5단계 Bardenpho 공법의 내부반송률은 유입유량 기준으로 100~200% 정도이며 1단계 호기조로부터 1단계 무산소조로 반송된다.

52 물속의 휘발성유기화합물(VOC)을 에어스트리핑으로 제거할 때 제거 효율 관계를 설명한 것으로 옳지 않은 것은?

① 액체 중의 VOC 농도가 클수록 효율이 증가한다.
② 이염되지 않은 공기를 주입할 때 제거효율은 증가한다.
③ K_{La}가 감소하면 효율이 증가한다.
④ 온도가 상승하면 효율이 증가한다.

53 단면이 직사각형인 하천의 깊이가 0.2m이고 깊이에 비하여 폭이 매우 넓을 때 동수반경(m)은?

① 0.2   ② 0.5
③ 0.8   ④ 1.0

해설 $R = \dfrac{a \times b}{a + 2b}$

a(폭)≫b(깊이)이므로 $R = \dfrac{a \times b}{a} = 0.2(m)$

54 수량이 30,000m³/day, 수심이 3.5m, 하수 체류시간이 2.5hr인 침전지의 수면부하율(또는 표면부하율, m³/m²·day)은?

① 67.1
② 54.2
③ 41.5
④ 33.6

해설 수면부하율 = $\dfrac{\text{유입유량}(m^3/day)}{\text{수면적}(m^2)} = \dfrac{Q}{A}$

㉠ 유입유량(m³/day) = 30,000m³/day
㉡ 수면적(m²) = $\dfrac{\text{부피}(m^3)}{\text{수심}(m)}$

$= \dfrac{30,000m^3}{day} \bigg| \dfrac{2.5hr}{} \bigg| \dfrac{1day}{24hr} \bigg| \dfrac{1}{3.5m}$

$= 892.86(m^2)$

∴ 수면부하율(m³/m²·day)

$= \dfrac{30,000(m^3/day)}{892.86(m^2)} = 33.6(m^3/m^2 \cdot day)$

55 NH₃를 제거하기 위한 방법으로 적당하지 못한 것은?

① Air Stripping을 설치한다.
② Break Point 염소처리를 한다.
③ 질산화-탈질산화를 실시한다.
④ 명반을 이용하여 응집침전 처리를 한다.

56 월류 부하가 200m³/m·day인 원형 침전지에서 1일 4,000m³를 처리하고자 한다. 원형 침전지의 적당한 직경(m)은?

① 5.4
② 6.4
③ 7.4
④ 8.4

해설 원주의 길이(m) = $\dfrac{4,000m^3}{day} \bigg| \dfrac{m^2 \cdot day}{200m^3} = 20m$

$20m = \pi \cdot D$
∴ $D = 6.4(m)$

57 응집을 이용하여 하수를 처리할 때 하수온도가 응집반응에 미치는 영향을 설명한 내용으로 틀린 것은?

① 수온이 높으면 반응속도가 증가한다.
② 수온이 높으면 물의 점도저하로 응집제의 화학반응이 촉진된다.
③ 수온이 낮으면 입자가 커지고 응집제 사용량도 적어진다.
④ 수온이 낮으면 플록 형성에 소요되는 시간이 길어진다.

해설 수온이 낮아지면 플록 형성의 소요시간이 증가하고, 입자가 작아지고, 응집제의 사용량이 증가한다.

58 활성슬러지 공정 운영에 대한 설명으로 잘못된 것은?

① 폭기조 내의 미생물 체류시간을 증가시키기 위해 잉여슬러지 배출량을 감소시켰다.
② F/M 비를 낮추기 위해 잉여슬러지 배출량을 줄이고 반송유량을 증가시켰다.
③ 2차 침전지에서 슬러지가 상승하는 현상이 나타나 잉여슬러지 배출량을 증가시켰다.
④ 핀 플록(pin floc) 현상이 발생하여 잉여슬러지 배출량을 감소시켰다.

해설 SRT가 너무 길게 되면 pin floc 현상이 발생하는데, 이때 슬러지의 반송률을 낮추어 반응조의 MLSS 농도를 낮게 유지하고 잉여슬러지 배출량을 증가시킨다.

59 역삼투 장치로 하루에 500m³의 3차 처리된 유출수를 탈염시키고자 할 때 요구되는 막면적(m²)은?[단, 25℃에서 물질전달계수 : 0.2068L/(day · m²)(kPa), 유입수와 유출수 사이의 압력차 : 2,400kPa, 유입수와 유출수의 삼투압차 : 310kPa, 최저 운전온도 : 10℃, $A_{10℃}$=1.28 $A_{25℃}$, A : 막면적]

① 약 1,130
② 약 1,280
③ 약 1,330
④ 약 1,480

해설 $Q_F = K(\Delta P - \Delta \pi)$

$$\frac{500m^3/day}{A(m^2)} = \frac{0.2068L}{day \cdot m^2 \cdot kPa} \left| \frac{(2,400-310)kPa}{} \right| \frac{1m^3}{10^3L}$$

$A_{25℃} = 1,156.84m$
∴ $A_{10℃} = A_{25℃} \times 1.28 = 1,156.84 \times 1.28 = 1,480.75(m^2)$

60 증류수를 가하여 25mL로 희석된 10mL의 시료를 표준 시험법에 따라 분석하였다. 소모된 중크롬산염(DC)이 3.12×10^{-4}몰로 측정되었을 때 시료의 COD(mg O_2/L)는?(단, 증류수 희석은 유기물 존재량에 영향을 미치지 않으며, DC와 산소에 대한 반응으로부터 DC 1몰은 6전자 당량, O_2 1몰은 4당량을 가지고, 산소의 당량은 32.0g/4eq=8.0g/eq이다.)

① 1,273
② 1,498
③ 2,038
④ 2,251

해설 COD(mg · O_2/L)
$= \frac{3.12 \times 10^4 mol}{10mL} \left| \frac{6eq}{1mol} \right| \frac{8g}{1eq} \left| \frac{10^3mg}{1g} \right| \frac{10^3mL}{1L}$
$= 1,497.6(mg/L)$

SECTION 04 수질오염공정시험기준

61 기체크로마토그래피법으로 유기인 시험을 할 때 사용되는 검출기로 가장 일반적인 것은?

① 열전도도 검출기
② 불꽃 이온화 검출기
③ 전자 포집형 검출기
④ 불꽃 광도형 검출기

해설 기체크로마토그래피법으로 유기인 시험을 할 때 일반적으로 불꽃 광도형 검출기를 이용한다.

ANSWER | 57. ③ 58. ④ 59. ④ 60. ② 61. ④

62 다음 설명에 해당하는 기체크로마토그래피법의 정량법은?

> 크로마토그램으로부터 얻은 시료 각 성분의 봉우리 면적을 측정하고 그것들의 합을 100으로 하여 이에 대한 각각의 봉우리 넓이 비를 각 성분의 함유율로 한다.

① 내부표준 백분율법
② 보정성분 백분율법
③ 성분 백분율법
④ 넓이 백분율법

63 총인을 자외선/가시선 분광법으로 정량하는 방법에 대한 설명으로 가장 거리가 먼 것은?

① 분해되기 쉬운 유기물을 함유한 시료는 질산 – 과염소산으로 전처리한다.
② 다량의 유기물을 함유한 시료는 질산 – 황산으로 전처리한다.
③ 전처리로 유기물을 산화분해시킨 후 몰리브덴산암모늄 · 아스코르빈산 혼액 2mL를 넣고 흔들어 섞는다.
④ 정량한계는 0.005mg/L이며, 상대표준편차는 ±25% 이내이다.

해설 분해되기 쉬운 유기물을 함유한 시료는 과황산칼륨으로 전처리한다.

64 카드뮴을 자외선/가시선 분광법을 이용하여 측정할 때에 관한 설명으로 ( )에 옳은 것은?

> 물속에 존재하는 카드뮴이온을 시안화칼륨이 존재하는 알칼리성에서 디티존과 반응하여 생성하는 카드뮴 착염을 사염화탄소로 추출하고, 추출한 카드뮴착염을 (㉠)으로 역추출한 다음 다시 (㉡)과(와) 시안화칼륨을 넣어 디티존과 반응하여 생성하는 (㉢)의 카드뮴착염을 사염화탄소로 추출하고 그 흡광도를 측정하는 방법이다.

① ㉠ 타타르산용액, ㉡ 수산화나트륨, ㉢ 적색
② ㉠ 아스코르빈산용액, ㉡ 염산(1+15), ㉢ 적색
③ ㉠ 타타르산용액, ㉡ 수산화나트륨, ㉢ 청색
④ ㉠ 아스코르빈산용액, ㉡ 염산(1+15), ㉢ 청색

해설 카드뮴(자외선/가시선 분광법)
물속에 존재하는 카드뮴이온을 시안화칼륨이 존재하는 알칼리성에서 디티존과 반응시켜 생성하는 카드뮴착염을 사염화탄소로 추출하고, 추출한 카드뮴 착염을 타타르산용액으로 역추출한 다음 다시 수산화나트륨과 시안화칼륨을 넣어 디티존과 반응하여 생성하는 적색의 카드뮴착염을 사염화탄소로 추출하고 그 흡광도를 530nm에서 측정하는 방법이다.

65 수질분석을 위한 시료 채취 시 유의사항과 가장 거리가 먼 것은?

① 채취용기는 시료를 채우기 전에 맑은 물로 3회 이상 씻은 다음 사용한다.
② 용존가스, 환원성 물질, 휘발성 유기물질 등의 측정을 위한 시료는 운반 중 공기와의 접촉이 없도록 가득 채워야 한다.
③ 지하수 시료는 취수정 내에 고여 있는 물을 충분히 퍼낸(고여 있는 물의 4~5배 정도나 pH 및 전기전도도를 연속적으로 측정하여 이 값이 평형을 이룰 때까지로 한다.) 다음 새로 나온 물을 채취한다.
④ 시료채취량은 시험항목 및 시험횟수에 따라 차이가 있으나 보통 3~5L 정도이어야 한다.

해설 시료채취용기는 시료를 채우기 전에 시료로 3회 이상 씻은 다음 사용한다.

66 불소를 자외선/가시선 분광법으로 분석할 경우, 간섭 물질로 작용하는 알루미늄 및 철의 방해를 제거할 수 있는 방법은?

① 산화
② 증류
③ 침전
④ 환원

해설 알루미늄 및 철의 방해가 크나 증류하면 영향이 없다.

62. ④ 63. ① 64. ① 65. ① 66. ② | ANSWER

67 다음 용어의 정의로 틀린 것은?
① 감압 또는 진공 : 따로 규정이 없는 한 15mmHg 이하를 뜻한다.
② 바탕시험 : 시료에 대한 처리 및 측정을 할 때 시료를 사용하지 않고 같은 방법으로 조작한 측정치를 더한 것을 뜻한다.
③ 용기 : 시험용액 또는 시험에 관계된 물질을 보존, 운반 또는 조작하기 위하여 넣어두는 것으로 시험에 지장을 주지 않도록 깨끗한 것을 뜻한다.
④ 정밀히 단다 : 규정된 양의 시료를 취하여 화학저울 또는 미량저울로 칭량함을 말한다.

해설 '바탕시험을 하여 보정한다'는 것은 시료에 대한 처리 및 측정을 할 때, 시료를 사용하지 않고 같은 방법으로 조작한 측정치를 빼는 것을 말한다.

68 백분율(W/V, %)에 대한 설명으로 옳은 것은?
① 용액 100g 중의 성분무게(g)를 표시
② 용액 100mL 중의 성분용량(mL)을 표시
③ 용액 100mL 중의 성분무게(g)를 표시
④ 용액 100g 중의 성분용량(mL)을 표시

69 흡광광도분석장치 중 파장선택부에 거름종이를 사용한 것으로 단광속형이 많고 비교적 구조가 간단하여 작업 분석용에 적당한 것은?
① 광전광도계   ② 광전자증배관
③ 광전도셀   ④ 광전분광광도계

70 암모니아성 질소를 분석할 때에 관한 설명으로 ( )에 옳은 것은?

암모니아성 질소를 자외선/가시선 분광법으로 측정하고자 할 때 측정파장은 (㉠)으로, 이온전극법으로 측정하고자 할 때 암모늄 이온을 암모니아로 변화시킬 때의 시료의 적정 pH 범위는 (㉡)으로 한다.

① ㉠ 630nm, ㉡ 4~6
② ㉠ 540nm, ㉡ 4~6
③ ㉠ 630nm, ㉡ 11~13
④ ㉠ 540nm, ㉡ 11~13

71 총유기탄소(TOC)의 공정시험기준에 준하여 시험을 수행하였을 때 잘못된 것은?
① 용존성 유기탄소(DOC)를 측정하기 위하여 0.45 μm 여과지를 사용하였다.
② 비정화성 유기탄소(NPOC)를 측정하기 위하여 pH를 4로 조절하였다.
③ 부유물질 정도관리를 위하여 셀룰로오스를 사용하였다.
④ 탄소를 검출하기 위하여 고온연소산화법을 적용하였다.

해설 비정화성 유기탄소(NPOC)는 총탄소 중 pH 2 이하에서 포기에 의해 정화되지 않는 탄소를 말한다.

72 자외선/가시선 분광법으로 폐수 중의 Cu를 측정할 때 다음 시약과 그 사용목적을 잘못 연결한 것은?
① 사이트르산이암모늄 – 철의 억제 목적
② 암모니아수(1+1) – pH 9.0 이상으로 조절 목적
③ 아세트산부틸 – 구리착염화합물의 추출 목적
④ EDTA – 구리착염의 발생 증가 목적

73 분원성 대장균군 – 막여과법의 측정방법으로 ( )에 옳은 것은?

물속에 존재하는 분원성 대장균군을 측정하기 위하여 페트리접시에 배지를 올려놓은 다음 배양 후 여러 가지 색조를 띠는 ( )의 집락을 계수하는 방법이다.

① 황색   ② 녹색
③ 적색   ④ 청색

해설 분원성 대장균군-막여과법
물속에 존재하는 분원성 대장균군을 측정하기 위하여 페트리접시에 배지를 올려놓은 다음 배양 후 여러 가지 색조를 띠는 청색의 집락을 계수하는 방법이다.

74 수질오염공정시험기준에서 아질산성 질소를 자외선/가시선 분광법으로 측정하는 흡광도 파장(nm)은?
① 540   ② 620
③ 650   ④ 690

75 다음의 금속류 중 원자형광법으로 측정할 수 있는 것은?(단, 수질오염공정시험기준을 기준으로 한다.)
① 수은 ② 납
③ 6가 크롬 ④ 바륨

해설 원자형광법으로 측정할 수 있는 중금속은 수은이다.

76 음이온 계면활성제를 자외선/가시선 분광법으로 측정할 때 사용되는 시약으로 옳은 것은?
① 메틸 레드
② 메틸 오렌지
③ 메틸렌 블루
④ 메틸렌 옐로

77 노말헥산 추출물질 정량에 관한 내용으로 가장 거리가 먼 것은?
① 시료를 pH 4 이하 산성으로 한다.
② 정량한계는 0.5mg/L이다.
③ 상대표준편차가 ±25% 이내이다.
④ 시료용기는 노말헥산 20mL씩으로 1회 씻는다.

해설 시료의 용기는 노말헥산 20mL씩으로 2회 씻어서 씻은 액을 분별깔때기에 합하고 마개를 하여 2분간 세게 흔들어 섞고 정치하여 노말헥산층을 분리한다.

78 36%의 염산(비중 1.18)을 가지고 1N의 HCl 1L를 만들려고 한다. 36%의 염산 몇 mL를 물로 희석해야 하는가?(단, 염산을 물로 희석하는 데 용량 변화는 없다.)
① 70.4 ② 75.9
③ 80.4 ④ 85.9

해설 $NV = N'V'$
$1eq/L \times 1L = \dfrac{1.18g}{mL} \bigg| \dfrac{36}{100} \bigg| \dfrac{XmL}{} \bigg| \dfrac{1eq}{36.5g}$
∴ $X = 85.9 (mL)$

79 식물성 플랑크톤 측정에 관한 설명으로 틀린 것은?
① 시료가 육안으로 녹색이나 갈색으로 보일 경우 정제수로 적절한 농도로 희석한다.
② 물속의 식물성 플랑크톤을 평판집락법을 이용하여 면적당 분포하는 개체수를 조사한다.
③ 식물성 플랑크톤은 운동력이 없거나 극히 적어 수체의 유동에 따라 수체 내에 부유하면서 생활하는 단일개체, 집락성, 선상형태의 광합성 생물을 총칭한다.
④ 시료의 개체수는 계수면적당 10~40 정도가 되도록 희석 또는 농축한다.

해설 물속에 부유생물인 식물성 플랑크톤을 현미경계수법을 이용하여 개체수를 조사하는 방법이다.

80 예상 BOD치에 대한 사전경험이 없는 경우 오염된 하천수의 희석 검액 조제방법은?
① 0.1~1.0%의 시료가 함유되도록 희석 제조
② 1~5%의 시료가 함유되도록 희석 제조
③ 5~25%의 시료가 함유되도록 희석 제조
④ 25~100%의 시료가 함유되도록 희석 제조

해설 예상 BOD치에 대한 사전경험이 없을 때 다음과 같이 희석하여 검액을 조제한다.
㉠ 강한 공장폐수 : 시료를 0.1~1.0% 넣는다.
㉡ 처리하지 않은 공장폐수와 침전된 하수 : 시료를 1~5% 넣는다.
㉢ 처리하여 방류된 공장폐수 : 시료를 5~25% 넣는다.
㉣ 오염된 하천수 : 시료를 25~100% 넣는다.

SECTION 05 수질환경관계법규

81 방류수 수질기준 초과율이 70% 이상 80% 미만일 때 부과계수로 적절한 것은?
① 2.8 ② 2.6
③ 2.4 ④ 2.2

75. ① 76. ③ 77. ④ 78. ④ 79. ② 80. ④ 81. ③ | ANSWER

해설 방류수 수질기준 초과율별 부과계수

초과율	10% 미만	10% 이상 20% 미만	20% 이상 30% 미만	30% 이상 40% 미만	40% 이상 50% 미만
부과계수	1	1.2	1.4	1.6	1.8
초과율	50% 이상 60% 미만	60% 이상 70% 미만	70% 이상 80% 미만	80% 이상 90% 미만	90% 이상 100% 까지
부과계수	2.0	2.2	2.4	2.6	2.8

82 초과부과금 산정기준 시 1킬로그램당 부과금액이 가장 높은 수질오염물질은?

① 카드뮴 및 그 화합물
② 수은 및 그 화합물
③ 납 및 그 화합물
④ 테트라클로로에틸렌

해설 수질오염물질 1킬로그램당 부과 금액
㉠ 카드뮴 및 그 화합물 : 500,000원
㉡ 수은 및 그 화합물 : 1,250,000원
㉢ 납 및 그 화합물 : 150,000원
㉣ 테트라클로로에틸렌 : 300,000원

83 어패류의 섭취 및 물놀이 등의 행위를 제한할 수 있는 권고기준으로 적합한 것은?

• 어패류의 섭취 제한 권고기준 : 어패류 체내에 총 수은이 (㉠) 이상인 경우
• 물놀이 등의 제한 권고기준 : 대장균이 (㉡) 이상인 경우

① ㉠ 0.1mg/kg, ㉡ 300(개체수/100mL)
② ㉠ 0.2mg/kg, ㉡ 400(개체수/100mL)
③ ㉠ 0.3mg/kg, ㉡ 500(개체수/100mL)
④ ㉠ 0.4mg/kg, ㉡ 600(개체수/100mL)

해설 물놀이 등의 행위제한 권고기준

대상행위	항목	기준
수영 등 물놀이	대장균	500(개체수/100mL) 이상
어패류 등 섭취	어패류 체내 총수은(Hg)	0.3(mg/kg) 이상

84 총량관리 단위유역의 수질 측정 방법 중 목표수질지점별 연간 측정횟수는?

① 10회 이상
② 20회 이상
③ 30회 이상
④ 60회 이상

해설 목표수질지점별로 연간 30회 이상 측정하여야 한다.

85 물환경보전법에 따라 유역환경청장이 수립하는 대권역별 대권역 물환경관리계획의 수립주기와 협의주체로 맞는 것은?

① 5년, 관계 시·도지사 및 관계수계관리위원회
② 10년, 관계 시·도지사 및 관계수계관리위원회
③ 5년, 대권역별 환경관리위원회
④ 10년, 대권역별 환경관리위원회

해설 대권역 물환경관리계획의 수립
㉠ 유역환경청장은 국가 물환경관리기본계획에 따라 제22조제2항에 따른 대권역별로 대권역 물환경관리계획(이하 "대권역계획"이라 한다)을 10년마다 수립하여야 한다.
㉡ 유역환경청장은 대권역계획을 수립할 때에는 관계 시·도지사 및 4대강수계법에 따른 관계 수계관리위원회와 협의하여야 한다.

86 일일기준초과배출량 및 일일유량산정방법에 관한 설명으로 옳지 않은 것은?

① 특정수질유해물질의 배출허용기준 초과 일일오염물질 배출량은 소수점 이하 넷째자리까지 계산한다.
② 배출농도의 단위는 리터당 밀리그램으로 한다.
③ 일일조업시간은 측정하기 전 최근 조업한 30일간의 배출시간의 조업시간 평균치로서 시간으로 표시한다.
④ 일일유량산정을 위한 측정유량의 단위는 분당 리터로 한다.

해설 일일조업시간은 측정하기 전 최근 조업한 30일간의 배출시설의 조업시간의 평균치로서 분으로 표시한다.

ANSWER | 82. ② 83. ③ 84. ③ 85. ② 86. ③

87 청정지역에서 1일 폐수배출량이 2,000m³ 미만으로 배출되는 배출시설에 적용되는 화학적 산소요구량 (mg/L)의 기준은? (기준변경)
① 30 이하 ② 40 이하
③ 50 이하 ④ 60 이하

해설 항목별 배출허용 기준

1일 폐수배출량 2천 세제곱미터 미만			
항목	BOD(mg/L)	TOC(mg/L)	SS(mg/L)
청정지역	40 이하	30 이하	40 이하
가지역	80 이하	50 이하	80 이하
나지역	120 이하	75 이하	120 이하
특례지역	30 이하	25 이하	30 이하

88 공공수역의 수질보전을 위하여 환경부령이 정하는 휴경 등 권고대상 농경지의 해발고도 및 경사도 기준으로 옳은 것은?
① 해발 400m, 경사도 15%
② 해발 400m, 경사도 30%
③ 해발 800m, 경사도 15%
④ 해발 800m, 경사도 30%

해설 "환경부령으로 정하는 해발고도"란 해발 400미터이고, "환경부령으로 정하는 경사도"란 15퍼센트이다.

89 비점오염저감시설 중 장치형 시설에 해당되는 것은?
① 침투형 시설 ② 저류형 시설
③ 인공습지형 시설 ④ 생물학적 처리형 시설

해설 비점오염저감시설의 구분 중 장치형 시설
㉠ 여과형 시설 ㉡ 와류형 시설
㉢ 스크린형 시설 ㉣ 응집·침전 처리형 시설
㉤ 생물학적 처리형 시설

90 환경부장관 또는 시·도지사가 측정망을 설치하거나 변경하려는 경우, 측정망설치 계획에 포함되어야 하는 사항으로 틀린 것은?
① 측정망 운영방법 ② 측정자료의 확인방법
③ 측정망 배치도 ④ 측정망 설치시기

해설 수질오염측정망 설치계획 포함사항
㉠ 측정망 설치시기
㉡ 측정망 배치도
㉢ 측정망을 설치할 토지 또는 건축물의 위치 및 면적
㉣ 측정망 운영기관
㉤ 측정자료의 확인방법

91 폐수무방류배출시설의 세부 설치기준으로 옳지 않은 것은?
① 배출시설에서 분리·집수시설로 유입하는 폐수의 관로는 육안으로 관찰할 수 있도록 설치하여야 한다.
② 폐수무방류배출시설에서 발생된 폐수를 폐수처리장으로 유입·재처리할 수 있도록 세정식·응축식 대기오염 방지기술 등을 설치하여야 한다.
③ 폐수는 고정된 관로를 통하여 수집·이송·처리·저장되어야 한다.
④ 배출시설의 처리공정도 및 폐수 배관도는 폐수처리장 내 사무실에 비치하여 내부 직원만 열람할 수 있도록 하여야 한다.

해설 배출시설의 처리공정도 및 폐수 배관도는 누구나 알아볼 수 있도록 주요 배출시설의 설치장소와 폐수처리장에 부착하여야 한다.

92 골프장의 맹독성·고독성 농약 사용 여부의 확인에 대한 설명으로 틀린 것은?
① 특별자치도지사·시장·군수·구청장은 매년 분기마다 골프장에 대한 농약잔류량 검사를 실시하여야 한다.
② 농약사용량 조사 및 농약잔류량 검사 등에 관하여 필요한 사항은 환경부장관이 정하여 고시한다.
③ 유출수가 흐르지 않을 경우에는 최종 유출수 전단의 집수조 또는 연못 등에서 시료를 채취한다.
④ 유출수 시료채수는 골프장 부지경계선의 최종 유출구에서 1개 지점 이상 채취한다.

해설 특별자치도지사·시장·군수·구청장은 매년 반기마다 골프장에 대한 농약잔류량 검사를 실시하여야 한다.

87. ③ 88. ① 89. ④ 90. ① 91. ④ 92. ① | ANSWER

93 수질환경기준(하천) 중 사람의 건강보호를 위한 전수역에서 각 성분별 환경기준으로 옳은 것은?

① 비소(As) : 0.1mg/L 이하
② 납(Pb) : 0.01mg/L 이하
③ 6가 크롬(Cr^{+6}) : 0.05mg/L 이하
④ 음이온 계면활성제(ABS) : 0.01mg/L 이하

[해설] 사람의 건강을 보호하기 위한 하천의 환경기준
㉠ 비소(As) : 0.05(mg/L) 이하
㉡ 납(Pb) : 0.05(mg/L) 이하
㉢ 6가 크롬(Cr^{6+}) : 0.05(mg/L) 이하
㉣ 음이온 계면활성제(ABS) : 0.5(mg/L) 이하

94 조업정지 명령에 대신하여 과징금을 징수할 수 있는 시설과 가장 거리가 먼 것은?

① 의료법에 따른 의료기관의 배출시설
② 발전소의 발전설비
③ 도시가스사업법 규정에 의한 가스공급시설
④ 제조업의 배출시설

[해설] 조업정지처분에 갈음한 과징금 처분대상 배출시설
㉠ 「의료법」에 따른 의료기관의 배출시설
㉡ 발전소의 발전설비
㉢ 「초·중등교육법」 및 「고등교육법」에 따른 학교의 배출시설
㉣ 제조업의 배출시설
㉤ 그 밖에 대통령령으로 정하는 배출시설

95 물환경보전법상 수면관리자에 관한 정의에서 ㉠과 ㉡의 내용으로 옳은 것은?

(㉠)에 따라 호소를 관리하는 자를 말한다. 이 경우 동일한 호소를 관리하는 자가 둘 이상인 경우에는 (㉡)가 수면관리자가 된다.

① ㉠ 물환경보전법
  ㉡ 상수도법에 따른 하천관리청의 자
② ㉠ 물환경보전법
  ㉡ 상수도법에 따른 하천관리청 외의 자
③ ㉠ 다른 법령
  ㉡ 하천법에 따른 하천관리청의 자
④ ㉠ 다른 법령
  ㉡ 하천법에 따른 하천관리청 외의 자

[해설] 수면관리자란 다른 법령에 따라 호소를 관리하는 자를 말한다. 이 경우 동일한 호소를 관리하는 자가 둘 이상인 경우에는 하천법에 따른 하천관리청 외의 자가 수면관리자가 된다.

96 국립환경과학원장이 설치할 수 있는 측정망과 가장 거리가 먼 것은?

① 비점오염원에서 배출되는 비점오염물질 측정망
② 대규모 오염원의 하류지점 측정망
③ 퇴적물 측정망
④ 도심하천 유해물질 측정망

[해설] 국립환경과학원장이 설치할 수 있는 측정망
㉠ 비점오염원에서 배출되는 비점오염물질 측정망
㉡ 수질오염물질의 총량관리를 위한 측정망
㉢ 대규모 오염원의 하류지점 측정망
㉣ 수질오염경보를 위한 측정망
㉤ 대권역·중권역을 관리하기 위한 측정망
㉥ 공공수역 유해물질 측정망
㉦ 퇴적물 측정망
㉧ 생물 측정망
㉨ 그 밖에 국립환경과학원장이 필요하다고 인정하여 설치·운영하는 측정망

97 폐수의 원래 상태로는 처리가 어려워 희석하여야만 수질오염물질의 처리가 가능하다고 인정을 받고자 할 때 첨부하여야 하는 자료가 아닌 것은?

① 희석처리의 불가피성
② 희석배율 및 희석량
③ 처리하려는 폐수의 농도 및 특성
④ 희석방법

[해설] 오염물질 희석처리의 인정을 받으려는 자가 시·도지사에게 제출하여야 하는 서류
㉠ 처리하려는 폐수의 농도 및 특성
㉡ 희석처리의 불가피성
㉢ 희석배율 및 희석량

ANSWER | 93. ③ 94. ③ 95. ④ 96. ④ 97. ④

98 물환경보전법에서 사용하는 용어의 정의 중 호소에 해당되지 않는 지역은?[단, 만수위(댐의 경우에는 계획홍수위를 말한다.) 구역 안의 물과 토지를 말한다.]

① 제방('사방사업법'에 의한 사방시설 포함)에 의해 물이 가두어진 곳
② 댐·보 또는 둑 등을 쌓아 하천 또는 계곡에 흐르는 물을 가두어 놓은 곳
③ 하천에 흐르는 물이 자연적으로 가두어진 곳
④ 화산활동 등으로 인하여 함몰된 지역에 물이 가두어진 곳

해설 "호소"란 다음의 어느 하나에 해당하는 지역으로서 만수위(滿水位)[댐의 경우에는 계획홍수위(計劃洪水位)를 말한다] 구역 안의 물과 토지를 말한다.
㉠ 댐·보(洑) 또는 둑(「사방사업법」에 따른 사방시설은 제외한다) 등을 쌓아 하천 또는 계곡에 흐르는 물을 가두어 놓은 곳
㉡ 하천에 흐르는 물이 자연적으로 가두어진 곳
㉢ 화산활동 등으로 인하여 함몰된 지역에 물이 가두어진 곳

99 환경부장관이 물환경을 보전할 필요가 있다고 지정·고시하고 물환경을 정기적으로 조사·측정 및 분석하여야 하는 호소의 기준으로 틀린 것은?

① 1일 30만 톤 이상의 원수를 취수하는 호소
② 만수위일 때 면적이 30만 제곱미터 이상인 호소
③ 수질오염이 심하여 특별한 관리가 필요하다고 인정되는 호소
④ 동식물의 서식지·도래지이거나 생물다양성이 풍부하여 특별히 보전할 필요가 있다고 인정되는 호소

해설 환경부장관은 다음의 어느 하나에 해당하는 호소로서 수질 및 수생태계를 보전할 필요가 있는 호소를 지정·고시하고, 그 호소의 수질 및 수생태계를 정기적으로 조사·측정하여야 한다.
㉠ 1일 30만 톤 이상의 원수(原水)를 취수하는 호소
㉡ 동식물의 서식지·도래지이거나 생물다양성이 풍부하여 특별히 보전할 필요가 있다고 인정되는 호소
㉢ 수질오염이 심하여 특별한 관리가 필요하다고 인정되는 호소

100 소권역 물환경관리계획에 관한 내용으로 ( )에 알맞은 것은?

> 소권역계획 수립 대상 지역이 같은 시·도의 관할구역 내의 둘 이상의 시·군·구에 걸쳐 있는 경우 ( )(이)가 수립할 수 있다.

① 유역환경청장 또는 지방환경청장
② 광역시장 또는 구청장
③ 환경부장관 또는 시·도지사
④ 중권역수립권자

2019년 3회 수질환경기사

SECTION 01 수질오염개론

01 부조화형 호수가 아닌 것은?
① 부식영양형 호수 ② 부영양형 호수
③ 알칼리영양형 호수 ④ 산영양형 호수

[해설] 부(비)조화형 호수
㉠ 부식영양형
㉡ 산영양형
㉢ 알칼리영양형

02 물의 이온화적(K_w)에 관한 설명으로 옳은 것은?
① 25℃에서 물의 K_w가 1.0×10^{-14}이다.
② 물은 강전해질로서 거의 모두 전리된다.
③ 수온이 높아지면 감소하는 경향이 있다.
④ 순수의 pH는 7.0이며 온도가 상승할수록 pH는 높아진다.

[해설] 순수한 물은 비전해질이며, 물의 이온화적(K_w)은 수온에 비례하고, pH에 반비례한다.

03 진핵세포 미생물과 원핵세포 미생물로 구분할 때 원핵세포에서는 없고 진핵세포에만 있는 것은?
① 리보솜 ② 세포소기관
③ 세포벽 ④ DNA

[해설] 원핵세포는 세포소기관이 없다.

04 수중의 물질이동확산에 관한 설명으로 옳은 것은?
① 해역에서의 난류확산은 수평방향이 심하고 수직방향은 비교적 완만하다.
② 일정한 온도에서 일정량의 물에 용해하는 기체의 부피는 그 기체의 분압에 비례한다.
③ 수중에서 오염물질의 확산속도는 분자량이 커질수록 작아지며, 기체 밀도의 제곱근에 반비례한다.
④ 하천, 호수, 해역 등에 유입된 오염물질은 분자확산, 여과, 전도현상 등에 의해 점점 농도가 높아진다.

[해설] ㉠ 헨리의 법칙 : 일정한 온도에서 일정량의 물에 용해하는 기체의 질량은 그 기체의 분압에 비례한다.
㉡ Graham의 법칙 : 일정한 온도와 압력상태에서 기체의 확산속도는 그 기체분자량의 제곱근(밀도의 제곱근)에 반비례한다.
㉢ 하천, 호수, 해역 등에 유입된 오염물질은 분자확산, 여과, 전도현상 등에 의해 점점 농도가 낮아진다.

05 Alkalinity의 정의에서 물속에 Carbonate만 있는 경우에 대한 설명으로 가장 거리가 먼 것은?
① pH는 약 9.5 이상이다.
② 페놀프탈레인 종말점은 Total Alkalinity의 절반이 된다.
③ Carbonate Alkalinity는 Total Alkalinity와 같다.
④ 산을 주입시키면 사실상 페놀프탈레인 종말점만 찾을 수 있다.

[해설] 물속에 Carbonate만 있는 경우에 산을 주입시키면 페놀프탈레인 종말점과 메틸오렌지 종말점을 찾을 수 있다.

06 금속수산화물 $M(OH)_2$의 용해도적(K_{sp})이 4.0×10^{-9}이면 $M(OH)_2$의 용해도(g/L)는?(단, M은 2가, $M(OH)_2$의 분자량=80)
① 0.04 ② 0.08
③ 0.12 ④ 0.16

[해설] $M(OH)_2 \rightleftarrows M^{2+} + 2OH^-$
$L_m (mol/L) = \sqrt[3]{K_{sp}/2^2}$
$= \sqrt[3]{4.0 \times 10^{-9}/2^2}$
$= 1.0 \times 10^{-3} (mol/L)$
∴ 용해도(g/L) = $\dfrac{1.0 \times 10^{-3} mol}{L} \Big| \dfrac{80g}{1mol}$
$= 0.08 (g/L)$

ANSWER | 1.② 2.① 3.② 4.① 5.④ 6.②

07 하수의 BOD_3가 140mg/L이고 탈산소계수 K(상용대수)가 0.2/day일 때 최종 BOD(mg/L)는?

① 약 164   ② 약 172
③ 약 187   ④ 약 196

해설 BOD 소모공식을 이용한다.
$BOD_t = BOD_u(1-10^{-k \cdot t})$
$140 = BOD_u(1-10^{-0.2 \times 3})$
$BOD_u = 186.96(mg/L)$

08 세포의 형태에 따른 세균의 종류를 올바르게 짝지은 것은?

① 구형 – Vibro cholera
② 구형 – Spirillum volutans
③ 막대형 – Bacillus subtilis
④ 나선형 – Streptococcus

해설 ① 나선형 – Vibro cholera
② 나선형 – Spirillum volutans
④ 구형 – Streptococcus

09 미생물의 종류를 분류할 때 탄소 공급원에 따른 분류는?

① Aerobic, Anaerobic
② Thermophilic, Psychrophilic
③ Phytosynthetic, Chemosynthetic
④ Autotrophic, Heterotrophic

해설 미생물은 탄소 공급원에 따라 Autotrophic과 Heterotrophic으로 분류할 수 있다.

10 생분뇨의 BOD는 19,500ppm, 염소이온 농도는 4,500ppm이다. 정화조 방류수의 염소이온 농도가 225ppm이고 BOD농도가 30ppm일 때 정화조의 BOD 제거 효율(%)은?(단, 희석 적용, 염소는 분해되지 않음)

① 96   ② 97
③ 98   ④ 99

해설 $\eta = \left(1 - \dfrac{C_o}{C_i}\right) \times 100$

㉠ 염소이온의 농도를 이용하여 희석배수를 구하면,
$\dfrac{4,500}{225} = 20$배
㉡ $C_i = 19,500$ppm
㉢ $C_o = 30 \times 20 = 600$ppm
∴ $\eta = \left(1 - \dfrac{C_o}{C_i}\right) \times 100 = \left(1 - \dfrac{600}{19,500}\right) \times 100$
$= 96.92(\%)$

11 Glycine($CH_2(NH_2)COOH$) 7몰을 분해하는 데 필요한 이론적 산소 요구량(g O_2/mol)은? (단, 최종산물은 HNO_3, CO_2, H_2O)

① 724   ② 742
③ 768   ④ 784

해설 $CH_2(NH_2)COOH + 3.5O_2$
1mol : $3.5 \times 32(gO_2)$
7mol : $X(gO_2)$
→ $2CO_2 + HNO_3 + 2H_2O$
∴ $X = 784 gO_2$

12 아세트산(CH_3COOH) 1,000mg/L, 용액의 pH가 3.0일 때 용액의 해리상수(K_a)는?

① 2×10^{-5} ② 3×10^{-5}
③ 4×10^{-5} ④ 6×10^{-5}

해설 해리정수$(K_a) = \dfrac{[CH_3COO^-][H^+]}{[CH_3COOH]}$
$= \dfrac{(10^{-3})^2}{0.0167} = 6.0 \times 10^{-5}$

㉠ $[H^+] = 10^{-pH} = 10^{-3}(mol/L)$
㉡ $CH_3COOH\left(\dfrac{mol}{L}\right) = \dfrac{1,000mg}{L} \bigg| \dfrac{1g}{10^3 mg} \bigg| \dfrac{1mol}{60g}$
$= 0.0167(mol/L)$

13 오염물질 중 생분해성 유기물이 아닌 것은?

① 알코올   ② PCB
③ 전분   ④ 에스테르

7. ③ 8. ③ 9. ④ 10. ② 11. ④ 12. ④ 13. ② | ANSWER

14 아래와 같은 반응에 관여하는 미생물은?

$$2NO_3^- + 5H_2 \rightarrow N_2 + 2OH^- + 4H_2O$$

① Pseudomonas ② Sphaerotilus
③ Acinetobacter ④ Nitrosomonas

해설 탈질미생물에는 Pseudomonas, Micrococcus, Acromobacter, Bacillus가 있다.

15 하천이 바다로 유입되는 지역으로 반폐쇄성 수역인 하구에서 물의 흐름에 대한 설명으로 틀린 것은?

① 밀도류에 의해 흐름이 발생한다.
② 조류의 증가나 감소에 의해 흐름이 발생한다.
③ 간조나 만조 사이에 물의 이동방향은 하류방향이다.
④ 간조 시에는 담수의 흐름이 바다로 향한 이동에 적용한다.

16 지구상에 분포하는 수량 중 빙하(만년설 포함) 다음으로 가장 높은 비율을 치지하고 있는 것은?(단, 담수 기준)

① 하천수 ② 지하수
③ 대기습도 ④ 토양수

해설 지구상에 분포하는 수량 중 가장 많은 비율을 차지하는 순으로 구분하면 해수(97.2%) > 빙하(2.15%) > 지하수(0.62%) > 담수호(0.009%) > 염수호(0.008%) > 토양수(0.005%) > 대기(0.001%) > 하천수(0.00009%)이다.

17 지하수의 특성에 대한 설명으로 틀린 것은?

① 지하수는 국지적인 환경조건의 영향을 크게 받는다.
② 지하수의 염분농도는 지표수 평균농도보다 낮다.
③ 주로 세균에 의한 유기물 분해작용이 일어난다.
④ 지하수는 토양수 내 유기물질 분해에 따른 탄산가스의 발생과 약산성의 빗물로 인하여 광물질이 용해되어 경도가 높다.

해설 지하수의 염분농도는 지표수 평균농도보다 높다.

18 0.1N HCl 용액 100mL에 0.2N NaOH 용액 75mL를 섞었을 때 혼합용액의 pH는?(단, 전리도는 100% 기준)

① 약 10.1 ② 약 10.4
③ 약 11.3 ④ 약 12.5

해설 $N_o = \dfrac{N_1V_1 - N_2V_2}{V_1 + V_2} = \dfrac{0.2 \times 75 - 0.1 \times 100}{75 + 100}$
$= 0.02857 N (NaOH)$
$pOH = -\log[OH^-] = -\log(0.02857) = 1.544$
∴ $pH = 14 - pOH = 14 - 1.544 ≒ 12.5$

19 Streeter-Phelps식의 기본가정이 틀린 것은?

① 오염원은 점오염원
② 하상퇴적물의 유기물 분해를 고려하지 않음
③ 조류의 광합성은 무시, 유기물의 분해는 1차 반응
④ 하천의 흐름 방향 분산을 고려

해설 모든 방향에 대하여 확산은 무시한다.

20 하천수의 난류확산 방정식과 상관성이 적은 인자는?

① 유량 ② 침강속도
③ 난류확산계수 ④ 유속

해설 하천수의 난류확산 방정식

$$\frac{\partial C}{\partial t} + \frac{\partial(uC)}{\partial x} + \frac{\partial(vC)}{\partial y} + \frac{\partial(wC)}{\partial z}$$
$$= \frac{\partial}{\partial x}\left(D_x \frac{\partial C}{\partial x}\right) + \frac{\partial}{\partial y}\left(D_y \frac{\partial C}{\partial y}\right) + \frac{\partial}{\partial z}\left(D_z \frac{\partial C}{\partial z}\right)$$
$$+ w_o \frac{\partial C}{\partial z} - KC$$

여기서, C : 하천수의 오염물질 농도(mg/L)
u, v, w : x(유하), y(수평), z(수직) 방향의 유속
D_x, D_y, D_z : x, y, z 방향의 확산계수
w_o : 대상오염물질의 침강속도(m/sec)
K : 대상오염물질의 자기감쇄계수

ANSWER | 14. ① 15. ③ 16. ② 17. ② 18. ④ 19. ④ 20. ①

SECTION 02 상하수도계획

21 관경 1,100mm, 동수경사 2.4‰, 유속 1.63m/sec, 연장 L=30.6일 때 역사이폰의 손실수두(m)는?(단, 손실수두에 관한 여유 α =0.042m)

① 0.42　　② 0.32
③ 0.25　　④ 0.16

해설 $H = i \cdot L + \dfrac{1.5V^2}{2 \cdot g} + \alpha$

$= \dfrac{2.4}{1,000} \times 30.6 + \dfrac{1.5 \times 1.63^2}{2 \times 9.8} + 0.042$

$= 0.3167(m)$

22 상수도시설인 배수지 용량에 대한 설명이다. ( )의 내용으로 옳은 것은?

> 유효용량은 시간변동조정용량과 비상대처 용량을 합하여 급수구역의 ( ) 이상을 표준으로 한다.

① 계획시간최대급수량의 8시간분
② 계획시간최대급수량의 12시간분
③ 계획1일최대급수량의 8시간분
④ 계획1일최대급수량의 12시간분

해설 배수지의 유효용량은 시간변동조정용량과 비상대처용량을 합하여 급수구역의 계획1일최대급수량의 12시간분 이상을 표준으로 하여야 하며, 지역특성과 상수도시설의 안정성 등을 고려하여 결정한다.

23 저수시설을 형태적으로 분류할 때의 구분과 가장 거리가 먼 것은?

① 지하댐　　② 하구둑
③ 유수지　　④ 저류지

해설 저수시설을 형태적으로 분류하면 댐, 호소, 유수지, 하구둑, 저수지, 지하댐 등의 형식이 있다.

24 지하수 취수 시 적용되는 양수량 중에서 적정양수량의 정의로 옳은 것은?

① 최대양수량의 80% 이하의 양수량
② 한계양수량의 80% 이하의 양수량
③ 최대양수량의 70% 이하의 양수량
④ 한계양수량의 70% 이하의 양수량

해설 적정양수량은 한계양수량의 70% 이하의 양수량을 말한다.

25 유역면적 40ha, 유출계수 0.7, 유입시간 15분, 유하시간 10분인 지역에서의 합리식에 의한 우수관거 설계유량(m^3/sec)은?(단, 강우강도 공식 $I = \dfrac{3,640}{t+40}$)

① 4.36　　② 5.09
③ 5.60　　④ 7.01

해설 합리식 = $\dfrac{1}{360} \cdot C \cdot I \cdot A$

㉠ C = 0.7
㉡ t = 유입시간 + 유하시간
　 = 10min + 15min = 25min
㉢ $I = \dfrac{3,640}{t+40} = \dfrac{3,640}{25+40} = 56(mm/hr)$
㉣ A = 40ha

∴ 우수량(m^3/sec) = $\dfrac{1}{360} \times 0.7 \times 40 \times 56$

　　　　　　　 = 4.36(m^3/sec)

26 수돗물의 랑게리아지수에 관한 설명으로 틀린 것은?

① 랑게리아지수는 pH, 칼슘경도, 알칼리도를 증가시킴으로써 개선할 수 있다.
② 물의 실제 pH와 이론적 pH(pHs : 수중의 탄산칼슘이 용해되거나 석출되지 않는 평형상태로 있을 때의 pH)와의 차이를 말한다.
③ 지수가 양(+)의 값으로 절대치가 클수록 탄산칼슘의 석출이 일어나기 어렵다.
④ 소석회·이산화탄소병용법은 칼슘경도, 유리탄산, 알칼리도가 낮은 원수의 랑게리아지수 개선에 알맞다.

해설 랑게리아 정(+)의 값으로 절대치가 클수록 탄산칼슘의 석출이 일어나기 쉽다.

27 정수시설의 "착수정"에 관한 설명으로 틀린 것은?
① 형상은 일반적으로 직사각형 또는 원형으로 하고 유입구에는 제수밸브 등을 설치한다.
② 착수정의 고수위와 주변벽체의 상단 간에는 60cm 이상의 여유를 두어야 한다.
③ 용량은 체류시간을 30~60분 정도로 한다.
④ 수심은 3~5m 정도로 한다.

해설 착수정의 용량은 체류시간을 1.5분 이상으로 한다.

28 정수처리를 위한 막여과설비에서 적절한 막여과의 유속 결정 시 고려사항으로 틀린 것은?
① 막의 종류
② 막공급의 수질과 최고 수온
③ 전처리설비의 유무와 방법
④ 입지조건과 설치공간

해설 막여과의 유속 설정 시 고려사항
㉠ 막의 종류
㉡ 막공급의 수질과 최저 수온
㉢ 전처리설비의 유무와 방법
㉣ 입지조건과 설치공간

29 지름 2,000mm의 원심력 철근콘크리트관이 포설되어 있다. 만관으로 흐를 때의 유량(m³/sec)은?(단, 조도계수=0.015, 동수구배=0.001, Manning 공식 이용)
① 4.17
② 2.45
③ 1.67
④ 0.66

해설 Q = A(단면적) × V(유속)
$= A \times \frac{1}{n} R^{\frac{2}{3}} I^{\frac{1}{2}}$
㉠ $A = \frac{\pi D^2}{4} = \frac{\pi \times (2m)^2}{4} = 3.14(m^2)$
㉡ n = 0.015
㉢ $R(경심) = \frac{A(단면적)}{P(윤변)} = \frac{D}{4} = \frac{2}{4} = 0.5$
㉣ $I = \frac{1}{1,000}$

㉤ $V(m/sec) = \left(\frac{1}{0.015}\right) \times (0.5)^{\frac{2}{3}} \times \left(\frac{1}{1,000}\right)^{\frac{1}{2}}$
$= 1.328(m/sec)$
∴ Q = A(단면적) × V(유속)
$= 3.14 \times 1.328$
$= 4.17(m^3/sec)$

30 취수탑의 취수구에 관한 설명으로 가장 거리가 먼 것은?
① 단면형상은 정방형을 표준으로 한다.
② 취수탑의 내측이나 외측에 슬루스게이트(제수문), 버터플라이밸브 또는 제수밸브 등을 설치한다.
③ 전면에는 협잡물을 제거하기 위한 스크린을 설치해야 한다.
④ 최하단에 설치하는 취수구는 계획최저수위를 기준으로 하고 갈수 시에도 계획취수량을 확실하게 취수할 수 있는 것으로 한다.

해설 단면형상은 장방형 또는 원형으로 한다.

31 양수량(Q) 14m³/min, 전양정(H) 10m, 회전수(N) 1,100rpm인 펌프의 비교회전도(N_s)는?
① 412
② 732
③ 1,302
④ 1,416

해설 $N_s = N \times \frac{Q^{1/2}}{H^{3/4}} = 1,100 \times \frac{14^{1/2}}{10^{3/4}}$
$= 731.91(회/분)$

32 도수시설인 접합정에 관한 설명으로 옳지 않은 것은?
① 접합정은 충분한 수밀성과 내구성을 지니며, 용량은 계획도수량의 1.5분 이상으로 한다.
② 유입속도가 큰 경우에는 접합정 내에 월류벽 등을 설치한다.
③ 수압이 높은 경우에는 필요에 따라 수압제어용 밸브를 설치한다.
④ 유출관의 유출구 중심높이는 저수위에서 관경의 2배 이상 높게 하는 것을 원칙으로 한다.

ANSWER | 27. ③ 28. ② 29. ① 30. ① 31. ② 32. ④

해설 유출관의 유출구 중심높이는 저수위에서 관경의 2배 이상 낮게 하는 것을 원칙으로 한다.

33 정수시설인 막여과시설에서 막모듈의 파울링에 해당하는 것은?
① 막모듈의 공급유로 또는 여과수 유로가 고형물로 폐색되어 흐르지 않는 상태
② 미생물과 막 재질의 자화 또는 분비물의 작용에 의한 변화
③ 건조되거나 수축으로 인한 막 구조의 비가역적인 변화
④ 원수 중의 고형물이나 진동에 의한 막 면의 상처나 마모, 파단

해설 파울링
막 자체의 변질이 아닌 외적 인자로 생긴 막 성능의 저하를 말한다.

34 펌프의 제원 결정 시 고려하여야 할 사항이 아닌 것은?
① 전양정
② 비속도
③ 토출량
④ 구경

35 정수장의 플록형성지에 관한 설명으로 틀린 것은?
① 플록형성지는 혼화지와 침전지 사이에 위치하고 침전지에 붙여서 설치한다.
② 플록형성시간은 계획정수량에 대하여 20~40분 간을 표준으로 한다.
③ 플록큐레이터의 주변속도는 15~80cm/sec로 한다.
④ 플록형성지 내의 교반강도는 상류, 하류를 동일하게 유지하여 일정한 강도의 플록을 형성시킨다.

해설 플록형성지 내의 교반강도는 하류로 갈수록 점차 감소시키는 것이 바람직하다.

36 우수관거 및 합류관거의 최소관경에 관한 내용으로 옳은 것은?
① 200mm를 표준으로 한다.
② 250mm를 표준으로 한다.
③ 300mm를 표준으로 한다.
④ 350mm를 표준으로 한다.

해설 하수관거의 최소관경은 오수관거는 200mm, 우수관거 및 합류관거는 250mm를 표준으로 한다.

37 상수도 취수 시 계획취수량의 기준은?
① 계획1일최대급수량의 10% 정도 증가된 수량으로 정함
② 계획1일평균급수량의 10% 정도 증가된 수량으로 정함
③ 계획1시간최대급수량의 10% 정도 증가된 수량으로 정함
④ 계획1시간평균급수량의 10% 정도 증가된 수량으로 정함

해설 계획취수량은 계획1일최대급수량을 기준으로 하며, 기타 필요한 작업용수를 포함하여 5~10%의 여유를 둔다.

38 하수관거 연결방법의 특징에 관한 설명 중 틀린 것은?
① 소켓(Socket)연결은 시공이 쉽고 고무링이나 압축조인트를 사용하는 경우에는 배수가 곤란한 곳에서도 시공이 가능하고 수밀성도 높다.
② 맞물림(Butt)연결은 중구경 및 대구경의 시공이 쉽고 배수가 곤란한 곳에서도 시공이 가능하다.
③ 맞물림연결은 수밀성도 있지만 연결부의 관 두께가 얇기 때문에 연결부가 약하고 고무링으로 연결 시 누출의 원인이 된다.
④ 맞대기연결(수밀밴드 사용)은 흄관의 Butt 연결을 대체하는 방법으로 수밀성이 크게 향상된 수밀밴드 등을 사용하여 시공한다.

해설 맞대기연결(수밀밴드 사용)은 흄관의 칼라연결을 대체하는 방법으로서 수밀성을 보장받을수 있는 수밀밴드 등을 사용하여 시공한다.

33. ① 34. ② 35. ④ 36. ② 37. ① 38. ④ | ANSWER

39 펌프의 흡입(하수)관에 관한 설명으로 옳은 것은?
① 흡입관은 각 펌프마다 설치할 필요는 없다.
② 흡입관을 수평으로 부설하는 것은 피한다.
③ 횡축펌프의 토출관 끝은 마중물의 수중에 잠기지 않도록 한다.
④ 연결부나 기타 부근에서는 공기가 흡입되도록 한다.

해설 펌프의 흡입관
㉠ 흡입관은 펌프 1대당 하나로 한다.
㉡ 흡입관을 수평으로 부설하는 것은 피한다.
㉢ 흡입관은 연결부나 기타 부분으로부터 절대로 공기가 흡입하지 않도록 한다.
㉣ 흡입관의 끝은 나팔 모양으로 한다.
㉤ 흡입관이 길 때에는 중간에 진동방지대를 설치할 수 있다.
㉥ 횡축펌프의 토출관 끝은 마중물을 고려하여 수중에 잠기는 구조로 한다.

40 계획오염부하량 및 계획유입수질에 관한 내용으로 틀린 것은?
① 관광오수에 의한 오염부하량은 당일관광과 숙박으로 나누고 각각의 원단위에서 추정한다.
② 영업오수에 의한 오염부하량은 업무의 종류 및 오수의 특징 등을 감안하여 결정한다.
③ 생활오수에 의한 오염부하량은 1인 1일당 오염부하량 원단위를 기초로 하여 정한다.
④ 하수의 계획유입수질은 계획오염부하량을 계획1일최대오수량으로 나눈 값으로 한다.

해설 하수의 계획유입수질은 계획오염부하량을 계획1일평균오수량으로 나눈 값으로 한다.

SECTION 03 수질오염방지기술

41 암모니아 제거방법 중 파과점염소처리의 단점으로 가장 거리가 먼 것은?
① 용존성 고형물 증가
② 많은 경비 소비
③ pH를 10 이상으로 높여야 함
④ THM 등 건강에 해로운 물질 생성

42 BOD에 대한 설명으로 가장 거리가 먼 것은?
① 최종 BOD가 같다고 해도 시간과 반응계수(K)에 따라 달라진다.
② 반응계수가 클수록 시간에 대한 산소소비율은 커진다.
③ 질산화 박테리아의 성장이 늦기 때문에 반응 초기에 많은 양의 질산화 박테리아가 존재하여도 5일 BOD 실험에는 방해가 되지 않는다.
④ 질산화 반응을 억제하기 위한 억제제(Inhibitory Agent)로는 Methylene Blue, Thiourea 등이 있다.

해설 시료 중 질산화 미생물이 충분히 존재할 경우 유기 및 암모니아성 질소 등의 환원상태 질소화합물질이 BOD 결과를 높게 만든다. 따라서 적절한 질산화 억제 시약을 사용하여 질소에 의한 산소 소비를 방지한다.

43 고농도의 유기물질(BOD)이 오염이 적은 수계에 배출될 때 나타나는 현상으로 가장 거리가 먼 것은?
① pH의 감소
② DO의 감소
③ 박테리아의 증가
④ 조류의 증가

44 소화조 슬러지 주입률 100m³/day, 슬러지의 SS 농도 6.47%, 소화조 부피 1,250m³, SS 내 VS 함유율 85%일 때 소화조에 주입되는 VS의 용적부하율(kg/m³ · day)은?
① 1.4
② 2.4
③ 3.4
④ 4.4

해설 VS의 용적부하 $\left(\dfrac{kg}{m^3 \cdot day}\right)$

$= \dfrac{\text{유입 VS의 양(kg/day)}}{\text{소화조의 용적(m}^3\text{)}}$

$= \dfrac{100m^3(SL)}{day} \bigg| \dfrac{6.47(TS)}{100(SL)} \bigg| \dfrac{85(VS)}{100(TS)}$

$\bigg| \dfrac{1}{1,250m^3} \bigg| \dfrac{1,000kg}{m^3}$

$= 4.4(kg/m^3 \cdot day)$

ANSWER | 39. ② 40. ④ 41. ③ 42. ③ 43. ④ 44. ④

45 일차흐름반응인 분산 플러그 흐름 반응조 A물질의 전환율이 90%이고, 플러그 흐름 반응조에 대한 효율식을 사용하면 체류시간이 6.58hr이다. 만일, 확산계수 d=1.0이라면 분산 플러그 흐름 반응조에 대한 반응조 체류시간(hr)은? (단, $\frac{\theta_{dpf}}{\theta_{pf}}$=2.2)

① 11.4 ② 14.5
③ 23.1 ④ 45.7

46 다음 조건의 활성슬러지조에서 1일 발생하는 잉여슬러지양(kg/day)은?(단, 유입수량= 10,500m³/day, 유입수 BOD=200mg/L, 유출수 BOD=20mg/L, Y=0.6, K_d=0.05/day, θ_c=10일)

① 624 ② 756
③ 847 ④ 966

해설 $Q_w X_w = \frac{YQ(S_i - S_o)}{(1 + K_d \times \theta_c)}$

$= \frac{0.6 \times 10,500 \times (200 - 20) \times 10^{-3}}{1 + 0.05 \times 10}$

$= 756(kg/day)$

47 유량 3,000m³/day, BOD농도가 400mg/L인 폐수를 활성슬러지법으로 처리할 때 내호흡률(K_d, /day)은?(단, 포기시간=8시간, 처리수 농도(BOD=30mg/L, SS=30mg/L), MLSS농도=4,000mg/L, 잉여슬러지 발생량=50m³/day, 잉여슬러지농도=0.9%, 세포증식 계수=0.8)

① 약 0.052 ② 약 0.087
③ 약 0.123 ④ 약 0.183

해설 $SRT = \frac{X \cdot \forall}{Q_W \cdot X_W + Q_o \cdot X_o}$

$\forall = Q \cdot t = \frac{3,000m^3}{day} \Big| \frac{day}{24hr} \Big| \frac{8hr}{} = 1,000m^3$

$X_W = X_r = 0.9\% \times 10^4 = 9,000mg/L$

$SRT = \frac{1,000m^3 \times 4,000mg/L}{(9,000mg/L \times 50m^3/day + 2,950m^3/day \times 30mg/L)}$

$\frac{1}{SRT} = \frac{YQ(S_i - S_o)}{\forall \cdot X} - K_d$

$\frac{1}{7.428} = \frac{0.8 \times 3,000 \times (400 - 30)}{1,000 \times 4,000} - K_d$

∴ $K_d = 0.087/day$

48 A^2/O공법에 대한 설명으로 틀린 것은?
① 혐기조–무산소조–호기조–침전조 순으로 구성된다.
② A^2/O공정은 내부순환이 있다.
③ 미생물에 의한 인의 섭취는 주로 혐기조에서 일어난다.
④ 무산소조에서는 질산성 질소가 질소가스로 전환된다.

해설 혐기조에서는 인방출, 무산소조에서는 탈질, 폭기조에서는 질산화 및 인의 과잉흡수가 일어난다.

49 50m³/day의 폐수를 배출하는 도금공장에서 폐수 중에 CN^-가 150g/m³ 함유되어 있다면 배출허용농도를 1mg/L 이하로 처리할 때 필요한 NaClO의 양(kg/day)은?(단, 분자량 : NaCN 49, NaClO 74.5, 반응식 : $2NaCN + 5NaOCl + H_2O \rightarrow 2NaHCO_3 + N_2 + 5NaCl$)

① 약 35 ② 약 42
③ 약 47 ④ 약 53

해설
$2CN^- : 5NaOCl$
$2 \times 26(g) : 5 \times 74.5(g)$
$\frac{150g}{m^3} \Big| \frac{50m^3}{day} : X(g/day)$

∴ $X(NaOCl) = 53,726(g/day)$
$= 53.73(kg/day)$

50 분뇨의 생물학적 처리공법으로서 호기성 미생물이 아닌 혐기성 미생물을 이용한 혐기성처리공법을 주로 사용하는 근본적인 이유는?
① 분뇨에는 혐기성 미생물이 살고 있기 때문에
② 분뇨에 포함된 오염물질은 혐기성 미생물만이 분해할 수 있기 때문에
③ 분뇨의 유기물 농도가 너무 높아 포기에 너무 많은 비용이 들기 때문에
④ 혐기성 처리공법으로 발생되는 메탄가스가 공법에 필수적이기 때문에

45. ② 46. ② 47. ② 48. ③ 49. ④ 50. ③ | ANSWER

51 Langmuir 등온 흡착식을 유도하기 위한 가정으로 옳지 않은 것은?

① 한정된 표면만이 흡착에 이용된다.
② 표면에 흡착된 용질물질은 그 두께가 분자 한 개 정도의 두께이다.
③ 흡착은 비가역적이다.
④ 평형조건이 이루어졌다.

해설 Langmuir 등온 흡착식은 다음과 같은 가정하에 식이 유도된다.
㉠ 한정된 표면만이 흡착에 이용된다.
㉡ 표면에 흡착된 용질물질은 그 두께가 분자 한 개 정도의 두께이다.
㉢ 흡착은 가역적이다.
㉣ 평형조건이 이루어진다.

52 하수 고도처리 도입 이유로 가장 거리가 먼 것은?

① 개방형 수역의 부영양화 촉진
② 방류수역의 수질환경기준의 달성
③ 방류수역의 이용도 향상
④ 처리수의 재이용

해설 고도처리를 도입하는 이유
㉠ 방류수역의 수질환경기준의 달성
㉡ 폐쇄성 수역의 부영양화 방지
㉢ 방류수역의 이용도 향상
㉣ 처리수의 재이용

53 폐수 중에 함유된 콜로이드 입자의 안정성은 Zeta 전위의 크기에 의존한다. Zeta 전위를 표시한 식으로 알맞은 것은?(단, q=단위면적당 전하, δ=전하가 영향을 미치는 전단표면 주위의 층의 두께, D=액체의 도전상수)

① $4\pi\delta q/D$ ② $4\pi q D/\delta$
③ $\pi\delta q/4D$ ④ $\pi q D/4\delta$

54 유효수심 3.5m, 체류시간 3시간인 일차침전지의 수면적 부하(m³/m²·day)는?

① 14 ② 28
③ 56 ④ 112

해설 수면적 부하 = $\dfrac{\text{유입부하량}(Q)}{\text{수면적}(A)}$

$= \dfrac{W \times H \times V}{W \times L} = \dfrac{H \times V}{L}$

$= \dfrac{3.5\text{m}}{3\text{hr}} = 1.167(\text{m/hr})$

$= 28(\text{m/day})$

55 하수슬러지를 감량하고 혐기성 소화조의 처리효율을 증대하기 위해 다양한 슬러지 가용화 방법이 개발 및 적용되고 있다. 하수슬러지 가용화의 방법으로 적당하지 않은 것은?

① 오존처리 ② 초음파처리
③ 열적처리 ④ 염소처리

해설 슬러지 감량화 방법
㉠ 초음파처리 ㉡ 오존처리
㉢ 기계적(물리적) 처리 ㉣ 수리동력학적 처리
㉤ 열처리

56 폐수를 살수여상법으로 처리할 때 처리효율이 가장 좋은 것은?

① 저속여상(low-rate)
② 중속여상(intermediate-rate)
③ 고속여상(high-rate)
④ 초고속여상(super-rate)

57 활성슬러지 혼합액의 고형물을 0.26%에서 3%까지 농축하고자 할 때 가압순환 흐름이 있는 경우 부상농축기를 설계하고자 한다. 다음의 조건하에서 소요 순환유량(m³/day)은?(단, A/S= 0.06, 온도=20℃, 공기용해도=18.7mL/L, 압력=3.7atm, 용존 공기 비율=0.5, 슬러지 유량=400m³/day)

① 약 2,500 ② 약 3,000
③ 약 3,500 ④ 약 4,000

해설 $A/S = \dfrac{1.3 \cdot S_a \cdot (f \cdot P - 1)}{SS} \times \left(\dfrac{Q_R}{Q}\right)$

$0.06 = \dfrac{1.3 \times 18.7 \times (0.5 \times 3.7 - 1)}{2,600} \times \left(\dfrac{Q_R}{400}\right)$

∴ $Q_R = 3,019.8(\text{m}^3/\text{day})$

ANSWER | 51. ③ 52. ① 53. ① 54. ② 55. ④ 56. ① 57. ②

58 기계식 봉 스크린을 0.64m/s로 흐르는 수로에 설치하고자 한다. 봉의 두께는 10mm이고, 간격이 30mm라면 봉 사이로 지나는 유속(m/s)은?

① 0.75
② 0.80
③ 0.85
④ 0.90

해설 $V_1 \times A_1 = V_2 \times A_2$
$V_1 = 0.64$m/s
$A_1 = 40$mm $\times$ D (깊이) → 봉설치 전 면적
$A_2 = 30$mm $\times$ D (깊이) → 봉설치 후 감소된 면적
0.64m/s $\times 40$mm $\times$ D $= V_2 \times 30$mm $\times$ D
$V_2 = \dfrac{0.64\text{m/s} \times 40\text{mm} \times D}{30\text{mm} \times D} ≒ 0.85$m/s

59 슬러지 안정화방법 중 슬러지 내 중금속을 제거시키는 방법으로 가장 알맞은 것은?

① 석회석 안정법
② 습식 산화법
③ 염소 산화법
④ 혐기성 소화

60 회전원판법의 장단점에 대한 설명으로 틀린 것은?

① 단회로 현상의 제어가 어렵다.
② 폐수량 변화에 강하다.
③ 파리는 발생하지 않으나 하루살이가 발생하는 수가 있다.
④ 활성슬러지법에 비해 최종침전지에서 미세한 부유물질이 유출되기 쉽다.

해설 회전원판법은 단회로 변상을 제어하기 쉽다.

SECTION 04 수질오염공정시험기준

61 수질오염공정시험기준상 냄새 측정에 관한 내용으로 틀린 것은?

① 물속의 냄새를 측정하기 위하여 측정자의 후각을 이용하는 방법이다.
② 잔류염소의 냄새는 측정에서 제외한다.
③ 냄새역치는 냄새를 감지할 수 있는 최대 희석배수를 말한다.
④ 각 판정요원의 냄새의 역치를 산술평균하여 결과로 보고한다.

해설 냄새역치(TON ; Threshold Odor Number)를 구하는 경우 사용한 시료의 부피와 냄새 없는 희석수의 부피를 사용하여 다음과 같이 계산한다.
냄새역치(TON) $= \dfrac{A+B}{A}$
여기서, A : 시료 부피(mL)
B : 무취 정제수 부피(mL)

62 식물성 플랑크톤의 정량시험 중 저배율에 의한 방법은?(단, 200배율 이하)

① 스트립 이용 계수
② 팔머-말로니 챔버 이용 계수
③ 혈구계수기 이용 계수
④ 최적확수 이용 계수

해설 식물성 플랑크톤의 정량시험 중 저배율(200배율 이하)에 의한 방법
㉠ 스트립 이용 계수
㉡ 격자 이용 계수

63 예상 BOD 값에 대한 사전경험이 없을 때에는 희석하여 시료를 제조한다. 처리하지 않은 공장폐수와 침전된 하수가 시료에 함유되는 정도는?

① 0.1~1.0%
② 1~5%
③ 5~25%
④ 25~100%

해설 예상 BOD 값에 대한 사전경험이 없을 때 다음과 같이 희석하여 검액을 조제한다.
㉠ 강한 공장폐수 : 시료를 0.1~1.0% 넣는다.
㉡ 처리하지 않은 공장폐수와 침전된 하수 : 시료를 1~5% 넣는다.
㉢ 처리하여 방류된 공장폐수 : 시료를 5~25% 넣는다.
㉣ 오염된 하천수 : 시료를 25~100% 넣는다.

64 이온전극법에 대한 설명으로 틀린 것은?

① 시료용액의 교반은 이온전극의 응답속도 이외의 전극범위, 정량한계값에는 영향을 미치지 않는다.
② 전극과 비교전극을 사용하여 전위를 측정하고 그 전위차로부터 정량하는 방법이다.
③ 이온전극법에 사용하는 장치의 기본구성은 비교전극, 이온전극, 자석교반기, 저항전위계, 이온측정기 등으로 되어 있다.
④ 이온전극의 종류는 유리막 전극, 고체막 전극, 격막형 전극으로 구분된다.

해설 시료용액의 교반은 이온전극의 전극범위, 응답속도, 정량한계값에 영향을 미친다.

65 수산화나트륨 1g을 증류수에 용해시켜 400mL로 하였을 때 이 용액의 pH는?

① 13.8
② 12.8
③ 11.8
④ 10.8

해설 pH = 14 − pOH, pOH = −log[OH⁻]

$$NaOH(mol/L) = \frac{1g}{0.4L} \left| \frac{1mol}{40g} \right. = 0.0625(mol/L)$$

pOH = −log[0.0625] = 1.204
∴ pH = 14 − 1.204 ≒ 12.8

66 퍼지·트랩 – 기체크로마토그래프법(질량분석법)으로 분석하는 휘발성 저급탄화수소와 가장 거리가 먼 것은?

① 벤젠
② 사염화탄소
③ 폴리클로리네이티드비페닐
④ 1.1 – 다이클로로에틸렌

67 페놀류 – 자외선/가시선 분광법의 분석에 대한 측정 원리에 관한 설명으로 (   )에 옳은 것은?

증류한 시료에 염화암모늄 – 암모니아 완충용액을 넣어 (   )으로 조절한 다음 4 – 아미노안티피린과 헥사시안화철(II)산칼륨을 넣어 생성된 붉은색의 안티피린계 색소의 흡광도를 측정한다.

① pH 7
② pH 8
③ pH 9
④ pH 10

해설 자외선/가시선 분광법에 의한 페놀류 측정원리
물속에 존재하는 페놀류를 측정하기 위하여 증류한 시료에 염화암모늄 – 암모니아 완충용액을 넣어 pH 10으로 조절한 다음 4 – 아미노안티피린과 헥사시안화철(II)산칼륨을 넣어 생성된 안티피린계 흡광도를 측정한다.

68 용존산소 측정 시 티오황산나트륨 표준용액을 표정할 때 표준물질로 사용되는 KIO_3는 아래와 같은 반응을 한다.

$$IO_3^- + 5I^- + 6H^+ = 3I_2 + 3H_2O$$

이때 0.1N KIO_3 용액을 만들려면 KIO_3 몇 g을 달아 물에 녹여 1L로 만들면 되는가?(단, 분자량 KIO_3 =214)

① 21.4
② 4.28
③ 3.57
④ 2.14

해설 $X(g/L) = \frac{0.1eq}{L} \left| \frac{(214/6)g}{1eq} \right. = 3.57(g/L)$

69 총인을 아스코르빈산 환원법에 의해 흡광도를 측정할 때 880nm에서 측정이 불가능한 경우, 어느 파장 (nm)에서 측정할 수 있는가?

① 560
② 660
③ 710
④ 810

해설 총인을 아스코르빈산 환원법에 의해 흡광도를 측정할 때 880nm에서 측정이 불가능한 경우 710nm에서 측정한다.

ANSWER | 64. ① 65. ② 66. ③ 67. ④ 68. ③ 69. ③

70 고형물질이 많아 관을 메울 우려가 있는 폐·하수의 관내 유량을 측정하는 장치로 가장 옳은 것은?

① 자기식 유량측정기(Magnetic Flow Meter)
② 유량측정용 노즐(Nozzle)
③ 파샬플룸(Parshall Flume)
④ 피토(Pitot)관

71 시료채취 시 유의사항에 관한 내용으로 가장 거리가 먼 것은?

① 채취용기는 시료를 채우기 전에 시료로 3회 이상 세척 후 사용한다.
② 수소이온을 측정하기 위한 시료를 채취할 때에는 운반 중 공기와 접촉이 없도록 용기에 가득 채운다.
③ 휘발성유기화합물 분석용 시료를 채취할 때에는 뚜껑에 격막이 생성되지 않도록 주의한다.
④ 시료채취량은 시험항목 및 시험횟수에 따라 차이가 있으나 보통 3~5리터 정도이다.

해설 휘발성유기화합물 분석용 시료를 채취할 때에는 뚜껑의 격막을 만지지 않도록 주의하여야 한다.

72 중금속 측정을 위하여 물 250mL를 비커에 취하여 질산(비중:1.409, 70%)을 5mL 첨가하고, 가열하여 액량을 5mL로 증발 농축한 후, 방랭한 다음 여과하여 물을 첨가하여 정확히 100mL로 할 경우 규정농도(N)는?(단, 질산의 손실은 없다고 가정)

① 0.04
② 0.07
③ 0.35
④ 0.78

해설 $X(eq/L) = \dfrac{1.409kg}{L} \Big| \dfrac{70}{100} \Big| \dfrac{5mL}{100mL} \Big| \dfrac{1eq}{63g} \Big| \dfrac{10^3 g}{1kg}$
$= 0.783(N)$

73 물의 알칼리도를 측정하기 위해 50mL의 시료를 N/50 황산으로 측정하여 Phenolphthalein 지시약의 종점에서 4.3mg, Methyl Orange 지시약의 종점에서 13.5mg이었다. 이 물의 총 알칼리도(mg/L CaCO₃)는?(단, 1/50 황산의 역가=1)

① 68
② 120
③ 186
④ 270

해설 $AlK = \dfrac{1/50eq}{L} \Big| \dfrac{13.5mL}{50mL} \Big| \dfrac{50,000mg}{1eq}$
$= 270(mg/L\ CaCO_3)$

74 자외선/가시선 분광법에 의한 페놀류의 측정원리를 설명한 내용으로 옳지 않은 것은?

① 수용액에서는 510nm에서 흡광도를 측정한다.
② 클로로폼용액에서는 460nm에서 흡광도를 측정한다.
③ 추출법의 정량한계는 0.1mg/L이다.
④ 황 화합물의 간섭이 있는 경우 인산(H_3PO_4)이 사용된다.

해설 자외선/가시선 분광법에 의한 페놀류의 측정원리
물속에 존재하는 페놀류를 측정하기 위하여 증류한 시료에 염화암모늄-암모니아 완충용액을 넣어 pH 10으로 조절한 다음 4-아미노안티피린과 헥사시안화철(Ⅱ)산칼륨을 넣어 생성된 붉은색의 안티피린계 색소의 흡광도를 측정하는 방법으로 수용액에서는 510nm, 클로로폼용액에서는 460nm에서 측정한다. 추출법의 정량한계는 0.005mg/L이다.

75 I_0 단색광이 정색액을 통과할 때 그 빛의 50%가 흡수된다면 이 경우 흡광도는?

① 0.6
② 0.5
③ 0.3
④ 0.2

해설 흡광도$(A) = \log\dfrac{1}{t} = \log\dfrac{1}{0.5} = 0.3$

76 다음 용어의 정의로 옳지 않은 것은?

① 밀폐용기 : 취급 또는 저장하는 동안에 이물질이 들어가거나 또는 내용물이 손실되지 아니하도록 보호하는 용기를 말한다.
② 즉시 : 30초 이내에 표시된 조작을 하는 것을 뜻한다.
③ 정확히 단다. : 규정된 수치의 무게를 0.001mg까지 다는 것을 말한다.
④ 냄새가 없다. : 냄새가 없거나 또는 거의 없는 것을 표시하는 것이다.

해설 무게를 "정확히 단다."라 함은 규정된 수치의 무게를 0.1mg까지 다는 것을 말한다.

77 지하수 시료는 취수정 내에 고여 있는 물과 원래 지하수의 성상이 달라질 수 있으므로 고여 있는 물을 충분히 퍼낸 다음 새로 나온 물을 채취한다. 이 경우 퍼내는 양은?
① 고여 있는 물의 절반 정도
② 고여 있는 물의 전체량 정도
③ 고여 있는 물의 2~3배 정도
④ 고여 있는 물의 4~5배 정도

해설 지하수 시료는 취수정 내에 고여 있는 물과 원래 지하수의 성상이 달라질 수 있으므로 고여 있는 물을 충분히 퍼낸 다음 새로 나온 물을 채취한다. 이 경우 퍼내는 양은 고여 있는 물의 4~5배 정도이나 pH 및 전기전도도를 연속적으로 측정하여 이 값이 평형을 이룰 때까지로 한다.

78 검정곡선 작성용 표준용액과 시료에 동일한 양의 내부표준물질을 첨가하여 시험분석 절차, 기기 또는 시스템의 변동으로 발생하는 오차를 보정하기 위해 사용하는 방법은?
① 검량선법
② 표준물첨가법
③ 절대검량선법
④ 내부표준법

해설 내부표준법(Internal Standard Calibration)
검정곡선 작성용 표준용액과 시료에 동일한 양의 내부표준물질을 첨가하여 시험분석 절차, 기기 또는 시스템의 변동으로 발생하는 오차를 보정하기 위해 사용하는 방법이다.

79 폐수의 유량 측정법에 있어 최대 유량이 $1m^3/min$ 미만으로 폐수유량이 배출될 경우 용기에 의한 측정방법에 관한 내용으로 ( )에 옳은 것은?

> 용기는 용량 100~200L인 것을 사용하여 유수를 채우는 데에 요하는 시간을 스톱워치로 잰다. 용기에 물을 받아 넣는 시간을 (   )이 되도록 용량을 결정한다.

① 10초 이상
② 20초 이상
③ 30초 이상
④ 40초 이상

해설 용기는 용량 100~200L인 것을 사용하여 유수를 채우는 데에 요하는 시간을 스톱워치(stop watch)로 잰다. 용기에 물을 받아 넣는 시간을 20sec 이상이 되도록 용량을 결정한다.

80 다음 시험항목 중 측정할 때 증류장치가 필요하지 않은 것은?
① 암모니아성 질소 시험법
② 아질산성 질소 시험법
③ 페놀류 시험법
④ 시안 시험법

해설 아질산성 질소는 증류장치가 필요하지 않다. 전처리에서 증류시키는 항목에는 불소, 시안, 페놀, 암모니아성 질소가 있다.

SECTION 05 수질환경관계법규

81 시·도지사 등은 수질오염물질 배출량 등의 확인을 위한 오염도검사를 통보를 받은 날부터 며칠 이내에 사업자에게 배출농도 및 일일유량에 관한 사항을 통보해야 하는가?
① 5일
② 10일
③ 15일
④ 20일

해설 의뢰한 오염도검사의 결과를 통보받은 시·도지사 등은 통보를 받은 날부터 10일 이내에 사업자 등에게 검사결과 중 배출농도와 일일유량에 관한 사항을 알려야 한다.

82 기술요원 또는 환경기술인의 교육기관으로 알맞게 짝지어진 것은?
① 국립환경과학원 - 환경보전협회
② 환경관리협회 - 시도보건환경연구원
③ 국립환경인력개발원 - 환경보전협회
④ 환경관리협회 - 국립환경과학원

해설 환경기술인 등의 교육기관
㉠ 환경기술인 : 환경보전협회
㉡ 기술요원 : 국립환경인력개발원

ANSWER | 77. ④ 78. ④ 79. ② 80. ② 81. ② 82. ③

83 폐수배출시설에 대한 변경허가를 받지 아니하거나 거짓으로 변경허가를 받아 배출시설을 변경하거나 그 배출시설을 이용하여 조업한 자에 대한 처벌기준은?

① 7년 이상의 징역 또는 7천만 원 이하의 벌금
② 5년 이상의 징역 또는 5천만 원 이하의 벌금
③ 3년 이상의 징역 또는 3천만 원 이하의 벌금
④ 1년 이상의 징역 또는 1천만 원 이하의 벌금

84 조류경보 단계의 종류와 경보단계별 발령, 해제기준으로 틀린 것은?(단, 상수원 구간 기준)

① 관심 – 2회 연속 채취 시 남조류 세포수가 1,000세포/mL 이상 10,000세포/mL 미만인 경우
② 경계 – 2회 연속 채취 시 남조류 세포수가 10,000세포/mL 이상 1,000,000세포/mL 미만인 경우
③ 조류 대발생 – 2회 연속 채취 시 남조류 세포수가 1,000,000세포/mL 이상인 경우
④ 해제 – 2회 연속 채취 시 남조류 세포수가 1,000세포/mL 이상인 경우

[해설] 조류경보(상수원 구간)

경보단계	발령 · 해제 기준
관심	2회 연속 채취 시 남조류 세포수가 1,000세포/mL 이상 10,000세포/mL 미만인 경우
경계	2회 연속 채취 시 남조류 세포수가 10,000세포/mL 이상 1,000,000세포/mL 미만인 경우
조류 대발생	2회 연속 채취 시 남조류 세포수가 1,000,000세포/mL 이상인 경우
해제	2회 연속 채취 시 남조류 세포수가 1,000세포/mL 미만인 경우

85 환경부장관이 수립하는 대권역 수질 및 수생태계 보전을 위한 기본계획에 포함되어야 하는 사항으로 틀린 것은?

① 수질오염관리 기본 및 시행계획
② 점오염원, 비점오염원 및 기타수질오염원에서 배출되는 수질오염물질의 양
③ 점오염원, 비점오염원 및 기타 수질오염원의 분포현황
④ 물환경의 변화 추이 및 물환경목표기준

[해설] 대권역 계획에 포함되어야 할 사항
㉠ 물환경의 변화 추이 및 물환경목표기준
㉡ 상수원 및 물 이용현황
㉢ 점오염원, 비점오염원 및 기타수질오염원의 분포현황
㉣ 점오염원, 비점오염원 및 기타수질오염원에서 배출되는 수질오염물질의 양
㉤ 수질오염 예방 및 저감 대책
㉥ 물환경 보전조치의 추진방향
㉦「저탄소 녹색성장 기본법」에 따른 기후변화에 대한 적응대책
㉧ 그 밖에 환경부령으로 정하는 사항

86 기타 수질오염원의 설치 · 관리자가 하여야 할 조치에 관한 내용으로 ( )에 옳은 것은?

[수산물 양식시설 : 가두리 양식어장]
사료를 준 후 2시간 지났을 때 침전되는 양이 ( ) 미만인 부상(浮上)사료를 사용한다. 다만, 10센티미터 미만의 치어 또는 종묘에 대한 사료는 제외한다.

① 10% ② 20%
③ 30% ④ 40%

[해설] 사료를 준 후 2시간 지났을 때 침전되는 양이 10% 미만인 부상사료를 사용한다. 다만, 10cm 미만의 치어 또는 종묘에 대한 사료는 제외한다.

87 배출시설에 대한 일일기준초과배출량 산정에 적용되는 일일유량은 (측정유량×일일조업시간)이다. 일일유량을 구하기 위한 일일조업시간에 대한 설명으로 ( )에 맞는 것은?

측정하기 전 최근 조업한 30일간의 배출시설 조업시간의 (㉠)로서 (㉡)으로 표시한다.

① ㉠ 평균치, ㉡ 분(min)
② ㉠ 평균치, ㉡ 시간(hr)
③ ㉠ 최대치, ㉡ 분(min)
④ ㉠ 최대치, ㉡ 시간(hr)

[해설] 일일유량 산정을 위한 일일조업시간은 측정하기 전 최근 조업한 30일간의 배출시설 조업시간의 평균치로서 분(min)으로 표시한다.

88 수질 및 수생태계 중 하천의 생활환경기준으로 틀린 것은?(단, 등급 : 약간 좋음, 단위 : mg/L)
① TOC : 2 이하　② BOD : 3 이하
③ SS : 25 이하　④ DO : 5.0 이상

해설　하천의 생활환경기준(약간 좋음)으로 TOC는 4(mg/L) 이하이다.

89 수질오염방지시설 중 물리적 처리시설에 해당하는 것은?
① 폭기시설
② 산화시설(산화조 또는 산화지)
③ 이온교환시설
④ 부상시설

해설　폭기시설과 산화시설(산화조 또는 산화지)은 생물화학적 처리시설이고, 이온교환시설은 화학적 처리시설이다.

90 환경부장관 또는 시·도지사가 측정망을 설치하기 위한 측정망 설치계획에 포함시켜야 하는 사항과 가장 거리가 먼 것은?
① 측정망 배치도　② 측정망 설치시기
③ 측정자료의 확인방법　④ 측정망 운영방안

해설　수질오염측정망 설치계획에 포함되어야 할 사항
㉠ 측정망 설치시기
㉡ 측정망 배치도
㉢ 측정망을 설치할 토지 또는 건축물의 위치 및 면적
㉣ 측정망 운영기관
㉤ 측정자료의 확인방법

91 수변생태구역의 매수·조성 등에 관한 내용으로 ( )에 옳은 것은?

> 환경부장관은 하천·호소 등의 수질 및 수생태계 보전을 위하여 필요하다고 인정하는 때에는 (㉠)으로 정하는 기준에 해당하는 수변습지 및 수변토지를 매수하거나 (㉡)으로 정하는 바에 따라 생태적으로 조성·관리할 수 있다.

① ㉠ 환경부령, ㉡ 대통령령
② ㉠ 대통령령, ㉡ 환경부령
③ ㉠ 환경부령, ㉡ 국무총리령
④ ㉠ 국무총리령, ㉡ 환경부령

해설　수변생태구역의 매수·조성
환경부장관은 하천·호소 등의 수질 및 수생태계 보전을 위하여 필요하다고 인정하는 때에는 대통령령으로 정하는 기준에 해당하는 수변습지 및 수변토지를 매수하거나 환경부령으로 정하는 바에 따라 생태적으로 조성·관리할 수 있다.

92 오염총량관리 조사·연구반의 수행 업무와 가장 거리가 먼 것은?
① 오염총량관리기본계획에 대한 검토
② 오염총량관리시행계획에 대한 검토
③ 오염총량관리 성과지표에 대한 검토
④ 오염총량목표수질 설정을 위하여 필요한 수계특성에 대한 조사·연구

해설　오염총량관리 조사·연구반의 수행 업무
㉠ 오염총량목표수질에 대한 검토·연구
㉡ 오염총량관리기본방침에 대한 검토·연구
㉢ 오염총량관리기본계획에 대한 검토
㉣ 오염총량관리시행계획에 대한 검토
㉤ 오염총량관리시행계획에 대한 전년도의 이행사항 평가보고서 검토
㉥ 오염총량목표수질 설정을 위하여 필요한 수계특성에 대한 조사·연구
㉦ 오염총량관리제도의 시행과 관련한 제도 및 기술적 사항에 대한 검토·연구

93 간이공공하수처리시설에서 배출하는 하수·분뇨 찌꺼기 성분 검사주기는?
① 월 1회 이상
② 분기 1회 이상
③ 반기 1회 이상
④ 연 1회 이상

해설　하수도법 시행규칙 제12조
하수 찌꺼기 성분의 검사주기는 연 1회 이상이다.

ANSWER | 88. ① 89. ④ 90. ④ 91. ② 92. ③ 93. ④

94 공공폐수처리시설의 유지·관리기준 중 처리시설의 관리·운영자가 실시하여야 하는 방류수 수질검사에 관한 내용으로 ( )에 옳은 것은?(단, 방류수 수질은 현저하게 악화되지 않음)

> 처리시설의 적정 운영 여부를 확인하기 위하여 방류수 수질검사를 (㉠) 실시하되, 1일당 2천 세제곱미터 이상인 시설은 (㉡) 실시하여야 한다. 다만, 생태독성(TU) 검사는 (㉢) 실시하여야 한다.

① ㉠ 월 1회 이상, ㉡ 주 1회 이상, ㉢ 월 2회 이상
② ㉠ 월 1회 이상, ㉡ 월 2회 이상, ㉢ 주 1회 이상
③ ㉠ 월 2회 이상, ㉡ 주 1회 이상, ㉢ 월 1회 이상
④ ㉠ 월 2회 이상, ㉡ 월 1회 이상, ㉢ 주 1회 이상

해설 처리시설의 적정 운영 여부를 확인하기 위하여 방류수 수질검사를 월 2회 이상 실시하되, 1일당 2천 세제곱미터 이상인 시설은 주 1회 이상 실시하여야 한다. 다만, 생태독성(TU) 검사는 월 1회 이상 실시하여야 한다.

95 물환경보전법상 호소 및 해당 지역에 관한 설명으로 틀린 것은?

① 제방(사방사업법의 사방시설 포함)을 쌓아 하천에 흐르는 물이 가두어진 곳
② 하천에 흐르는 물이 자연적으로 가두어진 곳
③ 화산활동 등으로 인하여 함몰된 지역에 물이 가두어진 곳
④ 댐·보를 쌓아 하천에 흐르는 물을 가두어 놓은 곳

해설 호소란 다음 어느 하나에 해당하는 지역으로서 만수위(댐의 경우에는 계획홍수위를 말한다.) 구역 안의 물과 토지를 말한다.
㉠ 댐·보 또는 둑(「사방사업법」에 따른 사방시설은 제외한다) 등을 쌓아 하천 또는 계곡에 흐르는 물을 가두어 놓은 곳
㉡ 하천에 흐르는 물이 자연적으로 가두어진 곳
㉢ 화산활동 등으로 인하여 함몰된 지역에 물이 가두어진 곳

96 환경부장관이 수질 및 수생태계를 보전할 필요가 있다고 지정, 고시하고 수질 및 수생태계를 정기적으로 조사, 측정하여야 하는 호소의 기준으로 틀린 것은?

① 1일 30만 톤 이상의 원수를 취수하는 호소
② 만수위일 때 면적이 10만 제곱미터 이상인 호소
③ 수질오염이 심하여 특별한 관리가 필요하다고 인정되는 호소
④ 동식물의 서식지·도래지이거나 생물다양성이 풍부하여 특별히 보전할 필요가 있다고 인정되는 호소

해설 환경부장관은 다음 어느 하나에 해당하는 호소로서 수질 및 수생태계를 보전할 필요가 있는 호소를 지정·고시하고, 그 호소의 수질 및 수생태계를 정기적으로 조사·측정하여야 한다.
㉠ 1일 30만 톤 이상의 원수(原水)를 취수하는 호소
㉡ 동식물의 서식지·도래지이거나 생물다양성이 풍부하여 특별히 보전할 필요가 있다고 인정되는 호소
㉢ 수질오염이 심하여 특별한 관리가 필요하다고 인정되는 호소

97 수질 및 수생태계 보전에 관한 법률상 용어의 정의로 옳지 않은 것은?

① 비점오염저감시설이란 수질오염방지시설 중 비점오염원으로부터 배출되는 수질오염물질을 제거하거나 감소하게 하는 시설로서 환경부령이 정하는 것을 말한다.
② 공공수역이란 하천, 호소, 항만, 연안 해역, 그 밖의 공공용으로 사용되는 수역과 이에 접속하여 공공용으로 사용되는 환경부령으로 정하는 수로를 말한다.
③ 비점오염원이란 도시, 도로, 농지, 산지, 공사장 등으로서 불특정 장소에서 불특정하게 수질오염물질을 배출하는 배출원을 말한다.
④ 기타수질오염원이란 비점오염원으로 관리되지 아니하는 특정수질오염물질만을 배출하는 시설을 말한다.

해설 기타수질오염원이란 점오염원 및 비점오염원으로 관리되지 아니하는 수질오염물질을 배출하는 시설 또는 장소로서 환경부령으로 정하는 것을 말한다.

98 수질자동측정기기 및 부대시설을 모두 부착하지 아니할 수 있는 시설의 기준으로 옳은 것은?

① 연간 조업일수가 60일 미만인 사업장
② 연간 조업일수가 90일 미만인 사업장
③ 연간 조업일수가 120일 미만인 사업장
④ 연간 조업일수가 150일 미만인 사업장

해설 다음 어느 하나에 해당하는 시설에는 수질자동측정기기 및 부대시설을 모두 부착하지 아니할 수 있다.
㉠ 폐수가 최종 방류구를 거치기 전에 일정한 관로를 통하여 생산공정에 폐수를 순환시키거나 재이용하는 등의 경우로서 최대 폐수배출량이 1일 200세제곱미터 미만인 사업장 또는 공동방지시설
㉡ 사업장에서 배출되는 폐수를 법 제35조 제4항에 따른 공동방지시설에 모두 유입시키는 사업장
㉢ 폐수종말처리시설 또는 공공하수처리시설에 폐수를 모두 유입시키거나 대부분의 폐수를 유입시키고 1일 200세제곱미터 미만의 폐수를 공공수역에 직접 방류하는 사업장 또는 공동방지시설(기본계획의 승인을 받거나 공공하수도 설치인가를 받은 폐수종말처리시설이나 공공하수처리시설에 배수설비를 연결하여 처리할 예정인 시설을 포함한다)
㉣ 방지시설설치의 면제기준에 해당되는 사업장
㉤ 배출시설의 폐쇄가 확정·승인·통보된 시설 또는 시·도지사가 제35조 제2항에 따른 측정기기의 부착 기한으로부터 1년 이내에 폐쇄할 배출시설로 인정한 시설
㉥ 연간 조업일수가 90일 미만인 사업장
㉦ 사업장에서 배출하는 폐수를 회분식(Batch type, 2개 이상 회분식 처리시설을 설치·운영하는 경우에는 제외한다)으로 처리하는 수질오염방지시설을 설치·운영하고 있는 사업장
㉧ 그 밖에 자동측정기기에 의한 배출량 등의 측정이 어려워 부착을 면제할 필요가 있다고 환경부장관이 인정하는 시설

99 수질오염방지시설 중 생물학적 처리시설이 아닌 것은?

① 접촉조   ② 살균시설
③ 폭기시설 ④ 살수여과상

해설 살균시설은 화학적 처리시설이다.

100 비점오염원으로부터 배출되는 수질오염물질을 제거하거나 감소하게 하는 비점오염저감시설을 자연형 시설과 장치형 시설로 구분할 때 바르게 나열한 것은?

① 자연형 시설 : 여과형 시설, 와류형 시설
② 장치형 시설 : 스크린형 시설, 생물학적 처리형 시설
③ 자연형 시설 : 식생형 시설, 와류형 시설
④ 장치형 시설 : 저류시설, 침투시설

해설 자연형 비점오염저감시설의 종류
㉠ 저류시설
㉡ 인공습지
㉢ 침투시설
㉣ 식생형 시설

장치형 비점오염저감시설의 종류
㉠ 여과형 시설
㉡ 와류형 시설
㉢ 스크린형 시설
㉣ 응집·침전시설
㉤ 생물학적 처리형시설

2020년 1·2회 수질환경기사

SECTION 01 수질오염개론

01 수질분석결과 Na$^+$=10mg/L, Ca^{+2}=20mg/L, Mg^{+2}=24mg/L, Sr^{+2}=2.2mg/L일 때, 총경도(mg/L as CaCO$_3$)는?(단, 원자량 : Na=23, Ca=40, Mg=24, Sr=87.6)

① 112.5　　② 132.5
③ 152.5　　④ 172.5

해설 경도 유발물질은 Fe^{2+}, Mg^{2+}, Ca^{2+}, Mn^{2+}, Sr^{2+}이다.

$$TH = \sum M_C^{2+} \times \frac{50}{Eq}$$

$$= 20(mg/L) \times \frac{50}{\frac{40}{2}} + 24(mg/L)$$

$$\times \frac{50}{\frac{24}{2}} + 2.2 \times \frac{50}{\frac{87.6}{2}}$$

$$= 152.51(mg/L \text{ as } CaCO_3)$$

02 DO 포화농도가 8mg/L인 하천에서 t=0일 때 DO가 5mg/L이라면 6일 유하했을 때의 DO 부족량(mg/L)은?(단, BOD$_u$=20mg/L, K$_1$=0.1day^{-1}, K$_2$=0.2 day^{-1} 상용대수)

① 약 2　　② 약 3
③ 약 4　　④ 약 5

해설 DO 부족량 공식을 이용한다.

$$D_t = \frac{K_1 \cdot L_o}{K_2 - K_1}(10^{-K_1 \cdot t} - 10^{-K_2 \cdot t})$$
$$+ D_o \cdot 10^{-K_2 \cdot t}$$

$$= \frac{0.1 \times 20}{0.2 - 0.1}(10^{-0.1 \times 6} - 10^{-0.2 \times 6})$$
$$+ (8-5) \times 10^{-0.2 \times 6}$$

$$= 3.95(mg/L)$$

03 하천수질모형의 일반적인 가정 조건이 아닌 것은?

① 오염물질이 하천에 유입되자마자 즉시 완전 혼합된다.
② 정상상태이다.
③ 확산에 의한 영향을 무시한다.
④ 오염물질의 농도분포는 흐름방향으로 이루어진다.

해설 하천 모형화의 일반적인 가정조건
㉠ 오염물질의 농도분포는 흐름방향으로 이루어진다.
㉡ 정상상태이다.
㉢ 확산에 의한 영향을 무시한다.
㉣ 오염물질의 특성이 보전성과 비보전성이다.

04 호수 내의 성층현상에 관한 설명으로 가장 거리가 먼 것은?

① 여름성층의 연직 온도경사는 분자확산에 의한 DO구배와 같은 모양이다.
② 성층의 구분 중 약층(Thermocline)은 수심에 따른 수온변화가 적다.
③ 겨울성층은 표층수 냉각에 의한 성층이어서 역성층이라고도 한다.
④ 전도현상은 가을과 봄에 일어나며 수괴의 연직혼합이 왕성하다.

해설 Thermocline(수온약층)은 수심에 따른 수온이 심하게 변한다고 붙여진 이름이다. 따라서 약층 또는 순환층과 정체층의 중간이라 하여 '중간층'이라고도 하며, 수온이 수심 1m당 최대 ±0.9℃ 이상 변화하기 때문에 변온층 또는 변화수층이라고도 한다. 따라서 깊이에 따른 수온차이는 표층수에 비해 매우 크다.

05 물의 물리적 특성으로 가장 거리가 먼 것은?

① 물의 표면장력이 낮을수록 세탁물의 세정효과가 증가한다.
② 물이 얼면 액체상태보다 밀도가 커진다.
③ 물의 융해열은 다른 액체보다 높은 편이다.
④ 물의 여러 가지 특성은 물분자의 수소결합 때문에 나타난다.

1. ③　2. ③　3. ①　4. ②　5. ② | ANSWER

해설 물이 얼면 액체상태보다 밀도가 낮아져서 물 위에 뜬다.

06 분뇨의 특징에 관한 설명으로 틀린 것은?
① 분뇨 내 질소화합물은 알칼리도를 높게 유지시켜 pH의 강하를 막아준다.
② 분과 뇨의 구성비는 약 1 : 8~1 : 10 정도이며 고액분리가 용이하다.
③ 분의 경우 질소산화물은 전체 VS의 12~20% 정도 함유되어 있다.
④ 분뇨는 다량의 유기물을 함유하며, 점성이 있는 반고상 물질이다.

해설 분과 뇨의 구성비는 약 1 : 8~1 : 10 정도이며 고액분리가 어렵다.

07 콜로이드 입자가 분산매 분자들과 충돌하여 불규칙하게 움직이는 현상은?
① 투석현상(Dialysis)
② 틴들현상(Tyndall)
③ 브라운운동(Brown Motion)
④ 반발력(Zeta Potential)

08 급성독성을 평가하기 위하여 일반적으로 사용되는 기준은?
① TLm(Median Tolerance Limit)
② Micro Tox
③ Daphnia
④ ORP(Oxidation-Reduction Potential)

09 생물학적 변환(생분해)을 통한 유기물의 환경에서의 거동 또는 처리에 관한 내용으로 옳지 않은 것은?
① 케톤은 알데하이드보다 분해되기 어렵다.
② 다환 방향족 탄화수소의 고리가 3개 이상이면 생분해가 어렵다.
③ 포화지방족 화합물은 불포화지방족 화합물(이중결합)보다 쉽게 분해된다.
④ 벤젠고리에 첨가된 염소나 나이트로기의 수가 증가할수록 생분해에 대한 저항이 크고 독성이 강해진다.

해설 불포화지방족 화합물이 포화지방족 화합물보다 반응성이 커서 쉽게 분해된다.

10 암모니아를 처리하기 위해 살균제로 차아염소산을 반응시켜 Mono-chloramine이 형성되었다. 이때 각 반응물질이 50% 감소하였다면 반응속도는 몇 % 감소하는가?(단, 반응속도식 : $-\frac{d[HOCl]}{(dt)_{나중}}=Kxy$)
① 75
② 60
③ 50
④ 25

11 생물학적 오탁지표들에 대한 설명으로 틀린 것은?
① BIP(Biological Index of Pollution) : 현미경적 생물을 대상으로 전생물 수에 대한 동물성 생물수의 백분율을 나타낸 것으로 값이 클수록 오염이 심하다.
② BI(Biotix Index) : 육안적 동물을 대상으로 전생물 수에 대한 청수성 및 광범위 출현 미생물의 백분율을 나타낸 것으로, 값이 클수록 깨끗한 물로 판정된다.
③ TSI(Trophic State Index) : 투명도에 대한 부영양화지수와 투명도-클로로필농도의 상관관계에 의한 부영양화지수, 클로로필농도-총인의 상관관계를 이용한 부영양화지수가 있다.
④ SDI(Species Diversity Index) : 종의 수와 개체 수의 비로 물의 오염도를 나타내는 지표로 값이 클수록 종의 수는 적고 개체 수는 많다.

해설 슬러지 밀도지수(SDI)
활성슬러지의 침강성을 보여주는 지표로 혼합액 100mL 중 부유물질(g)로 표시하며 값이 클수록 침강성이 우수하다.

ANSWER | 6. ② 7. ③ 8. ① 9. ③ 10. ① 11. ④

12 다음에 기술한 반응식에 관여하는 미생물 중에서 전자수용체가 다른 것은?
① $H_2S + 2O_2 \rightarrow H_2SO_4$
② $2NH_3 + 3O_2 \rightarrow 2HNO_2^- + 2H_2O$
③ $NO_3^- \rightarrow N_2$
④ $Fe^{2+} + O_2 \rightarrow Fe^{3+}$

13 지구상의 담수 중 차지하는 비율이 가장 큰 것은?
① 빙하 및 빙산   ② 하천수
③ 지하수   ④ 수증기

해설 담수 중 가장 많은 양을 차지하는 것은 빙하나 극지방의 얼음이다.

14 하천의 자정작용 단계 중 회복지대에 대한 설명으로 틀린 것은?
① 물이 비교적 깨끗하다.
② DO가 포화농도의 40% 이상이다.
③ 박테리아가 크게 번성한다.
④ 원생동물 및 윤충이 출현한다.

해설 회복지대는 광합성을 하는 조류가 번식하고 원생동물, 윤충, 갑각류가 번식한다.

15 자체의 염분농도가 평균 20mg/L인 폐수에 시간당 4kg의 소금을 첨가시킨 후 하류에서 측정한 염분의 농도가 55mg/L이었을 때 유량(m^3/sec)은?
① 0.0317   ② 0.317
③ 0.0634   ④ 0.634

해설 $C_m = \dfrac{C_1Q_1 + C_2Q_2}{Q_1 + Q_2}$

$55(\text{mg/L}) = \dfrac{20(\text{mg/L}) \times x + 4(\text{kg/hr})}{x}$

$55(\text{mg/L}) \times x = 20(\text{mg/L}) + 4(\text{kg/hr})$
$35(\text{mg/L}) \times x = 4(\text{kg/hr})$

$\therefore X(m^3/\text{sec}) = \dfrac{4\text{kg}}{\text{hr}} \left| \dfrac{L}{35\text{mg}} \right| \dfrac{10^6\text{mg}}{1\text{kg}} \left| \dfrac{1m^3}{10^3L} \right|$
$\left| \dfrac{1\text{hr}}{3,600\text{sec}} \right|$
$= 0.0317(m^3/\text{sec})$

16 생체 내에 필수적인 금속으로 결핍 시에는 인슐린의 저하를 일으킬 수 있는 유해물질은?
① Cd   ② Mn
③ CN   ④ Cr

해설 크롬은 피혁, 합금 제조업, 크롬 도금공업, 화학공업(안료, 촉매, 방청제), 금속제품 제조업 등에서 배출되며, 생체 내에 필수적인 금속으로 결핍 시 인슐린의 저하로 인한 것과 같은 탄수화물의 대사장해를 일으킨다.

17 금속을 통해 흐르는 전류의 특성으로 가장 거리가 먼 것은?
① 금속의 화학적 성질은 변하지 않는다.
② 전류는 전자에 의해 운반된다.
③ 온도의 상승은 저항을 증가시킨다.
④ 대체로 전기저항이 용액의 경우보다 크다.

해설 용액 내에서는 전기저항이 금속보다 대체로 크다.

18 평균 단면적 $400m^2$, 유량 $5,478,600m^3$/day, 평균 수심 1.5m, 수온 20℃인 강의 재포기 계수(K_2, day^{-1})는?(단, $K_2 = 2.2 \times (V/H^{1.33})$로 가정)
① 0.20   ② 0.23
③ 0.26   ④ 0.29

해설 $v = \dfrac{Q}{A}$

$= \dfrac{5,478,600m^3}{\text{day}} \left| \dfrac{1}{400m^2} \right| \dfrac{1\text{day}}{86,400\text{sec}}$
$= 0.1585(m/\text{sec})$

$\therefore K_2 = 2.2 \times \left(\dfrac{0.1585}{1.5^{1.33}} \right) = 0.203$

19 $Na^+ = 360$mg/L, $Ca^{2+} = 80$mg/L, $Mg^{2+} = 96$mg/L인 농업용수의 SAR값은?(단, 원자량 : Na=23, Ca=40, Mg=24)
① 약 4.8   ② 약 6.4
③ 약 8.2   ④ 약 10.6

해설 $SAR = \dfrac{Na^+}{\sqrt{\dfrac{Mg^{2+} + Ca^{2+}}{2}}}$

(단, 모든 단위는 meq/L이다.)

㉠ $Na^+ = \dfrac{360mg}{L} \Big| \dfrac{1meq}{23mg} = 15.62 meq/L$

㉡ $Ca^{2+} = \dfrac{80mg}{L} \Big| \dfrac{2meq}{40mg} = 4 meq/L$

㉢ $Mg^{2+} = \dfrac{96mg}{L} \Big| \dfrac{2meq}{24mg} = 8 meq/L$

$SAR = \dfrac{15.62}{\sqrt{\dfrac{4+8}{2}}} = 6.38$

20 카드뮴에 대한 내용으로 틀린 것은?
① 카드뮴은 은백색이며 아연 정련업, 도금공업 등에서 배출된다.
② 골연화증이 유발된다.
③ 만성폭로로 인한 흔한 증상은 단백뇨이다.
④ 월슨씨병 증후군과 소인증이 유발된다.

해설 카드뮴은 식품으로부터 가장 많이 섭취되며 대표적인 질환으로 이타이이타이병이 있다. 칼슘 대사기능장해로 칼슘(Ca)의 소실·체내 칼슘(Ca)의 불균형에 의한 골연화증, 위장장애가 유발되며, 발암작용은 아직 알려진 바 없다.

SECTION 02 상하수도계획

21 상수처리시설 중 장방형 침사지의 구조에 관한 설명으로 틀린 것은?
① 지의 길이는 폭의 3~8배를 표준으로 한다.
② 지의 고수위는 계획취수량이 유입될 수 있도록 취수구의 계획최저수위 이하로 정한다.
③ 지내평균유속은 2~7cm/sec를 표준으로 한다.
④ 침사지 바닥경사는 1/20 이상의 경사를 두어야 한다.

해설 바닥은 모래배출을 위하여 중앙에 배수로(pit)를 설치하고, 길이방향에는 배수구로 향하여 1/100, 가로방향은 중앙배수로를 향하여 1/50 정도의 경사를 둔다.

22 하수관로의 접합방법을 정할 때의 고려 사항으로 (   )에 가장 적합한 것은?

2개의 관로가 합류하는 경우의 중심교각은 되도록 (㉠) 이하로 하고, 곡선을 갖고 합류하는 경우의 곡률반경은 내경의 (㉡) 이상으로 한다.

① ㉠ 60°, ㉡ 5배 ② ㉠ 60°, ㉡ 3배
③ ㉠ 30~45°, ㉡ 5배 ④ ㉠ 30~45°, ㉡ 5배

해설 물의 흐름을 원활하게 하고 유속이 커지는 것을 방지하기 위하여 2개의 관로가 합류하는 경우의 중심교각은 되도록 30~45°로 하고 장애물 등이 있을 경우에는 60° 이하로 한다. 대구경관에 합류하는 소구경관은 대구경관 지름의 1/2 이하이고 수면접합 또는 관정접합으로 붙이는 경우의 중심교각은 90° 이내로 할 수 있으며, 곡선을 갖고 합류하는 경우의 곡률반경은 내경의 5배 이상으로 한다.

23 도시의 인구가 매년 일정한 비율로 증가한 결과라면 연 평균 증가율은?(단, 현재인구 450,000명, 10년 전 인구 200,000명, 장래에 크게 발전할 가망성이 있는 도시)
① 0.225 ② 0.084
③ 0.438 ④ 0.076

해설 $P_n = P_o(1+r)^n$

$\dfrac{450,000}{200,000} = (1+r)^{10}$

$1.08447 = 1 + r$

∴ $r = 0.0845$

24 펌프의 토출량이 12m³/min, 펌프의 유효흡입수두 8m, 규정 회전수 2,000회/분인 경우 이 펌프의 비교회전도는?(단, 양흡입의 경우가 아님)
① 892 ② 1,045
③ 1,286 ④ 1,457

해설 $N_s = N \times \dfrac{Q^{1/2}}{H^{3/4}} = 2,000 \times \dfrac{12^{1/2}}{8^{3/4}} = 1,456.5$

여기서, N : 펌프의 회전수 = 2,000(회/min)
Q : 펌프의 규정토출량 = 12m³/min
H : 8(m)

ANSWER | 20. ④ 21. ④ 22. ③ 23. ② 24. ④

25 하수의 계획오염부하량 및 계획유입수질에 관한 내용으로 틀린 것은?

① 계획유입수질 : 계획오염부하량을 계획1일 최대오수량으로 나눈 값으로 한다.
② 생활오수에 의한 오염부하량 : 1인 1일당 오염부하량 원단위를 기초로 하여 정한다.
③ 관광오수에 의한 오염부하량 : 당일관광과 숙박으로 나누고 각각의 원단위에서 추정한다.
④ 영업오수에 의한 오염부하량 : 업무의 종류 및 오수의 특징 등을 감안하여 결정한다.

해설 하수의 계획유입수질은 계획오염부하량을 계획 1일 평균오수량으로 나눈 값으로 한다.

26 상수도시설인 급속여과지에 관한 내용으로 옳지 않은 것은?

① 여과속도는 단층의 경우 120~150m/d를 표준으로 한다.
② 여과지 1지의 여과면적은 100㎡ 이하로 한다.
③ 여과면적은 계획정수량을 여과속도로 나누어 계산한다.
④ 급속여과지는 중력식과 압력식이 있으며 중력식을 표준으로 한다.

해설 여과지 1지의 여과면적은 150㎡ 이하로 한다.

27 취수관로 구조 결정 시 바람직하지 않은 것은?

① 취수관로를 고수부지에 부설하는 경우, 그 매설깊이는 원칙적으로 계획고수부지고에서 2m 이상 깊게 매설한다.
② 관로에 작용하는 내압 및 외압에 견딜 수 있는 구조로 한다.
③ 사고 등에 대비하기 위하여 가능한 한 2열 이상으로 부설한다.
④ 취수관로가 제방을 횡단하는 경우, 취수관로는 원지반보다는 가능한 한 성토부분에 매설하여 제방을 횡단하도록 한다.

해설 관거가 제방을 횡단하는 경우에는 원칙적으로 유연(柔軟)한 구조로 한다. 또 비상시에 지수가 확실하고 용이하게 이루어지도록 원칙적으로 제수밸브 등을 설치한다.

28 하수도시설인 유량조정조에 관한 내용으로 틀린 것은?

① 조의 용량은 체류시간 3시간을 표준으로 한다.
② 유효수심은 3~5m를 표준으로 한다.
③ 유량조정조의 유출수는 침사지에 반송하거나 펌프로 일차 침전지 혹은 생물반응조에 송수한다.
④ 조내에 침전물의 발생 및 부패를 방지하기 위해 교반장치 및 산기장치를 설치한다.

해설 조의 용량은 처리장에 유입되는 하수량의 시간변동에 의해 정한다.

29 하수관로에 관한 내용으로 틀린 것은?

① 도관은 내산 및 내알칼리성이 뛰어나고 마모에 강하며 이형관을 제조하기 쉽다.
② 폴리에틸렌관은 가볍고 취급이 용이하여 시공성은 좋으나 산, 알칼리에 약한 단점이 있다.
③ 덕타일주철관은 내압성 및 내식성이 우수하다.
④ 파형강관은 용융아연도금된 강판을 스파이럴형으로 제작한 강관이다.

해설 폴리에틸렌관은 가볍고 취급이 용이하여 시공성이 좋다. 또한 내산·내알칼리성이 우수한 장점이 있다.

30 상수도시설인 도수시설의 도수노선에 관한 설명으로 틀린 것은?

① 원칙적으로 공공도로 또는 수도 용지로 한다.
② 수평이나 수직방향의 급격한 굴곡을 피한다.
③ 관로상 어떤 지점도 동수경사선보다 낮게 위치하지 않도록 한다.
④ 몇 개의 노선에 대하여 건설비 등의 경제성, 유지관리의 난이도 등을 비교·검토하고 종합적으로 판단하여 결정한다.

해설 도수관의 노선은 관로가 항상 동수경사선 이하가 되도록 설정하고 항상 정압이 되도록 계획한다.

31 급속여과지의 여과모래에 대한 설명으로 가장 거리가 먼 것은?

① 유효경은 0.45~1.0mm의 범위 내에 있어야 한다.
② 균등계수는 1.7 이하로 한다.
③ 마모율은 3% 이하로 한다.
④ 신규투입 여과사의 세척탁도는 5~10도 범위 내에 있어야 한다.

해설 세척탁도는 30도 이하로 한다.

32 콘크리트조의 장방형 수로(폭 2m, 깊이 2.5m)가 있다. 이 수로의 유효수심이 2m인 경우의 평균유속(m/sec)은?(단, Manning 공식 이용, 동수경사=1/2,000, 조도계수=0.017)

① 1.01 ② 1.42
③ 1.53 ④ 1.73

해설 Manning 공식

$V(m/sec) = \left(\frac{1}{n}\right) \times R^{\frac{2}{3}} \times I^{\frac{1}{2}}$

㉠ n = 0.017
㉡ I = 1/2,000
㉢ $R = \frac{\text{단면적}}{\text{윤변}} = \frac{2m \times 2m}{2 \times 2m + 2m} = 0.67m$

$\therefore V(m/s) = \frac{1}{0.017} \times (0.67)^{2/3} \times \left(\frac{1}{2,000}\right)^{1/2}$
$= 1.01 \, m/s$

33 단면형태가 직사각형인 하수관로의 장·단점으로 옳은 것은?

① 시공장소의 흙두께 및 폭원에 제한을 받는 경우에 유리하다.
② 만류가 되기까지는 수리학적으로 불리하다.
③ 철근이 해를 받았을 경우에도 상부하중에 대하여 대단히 안정적이다.
④ 현장 타설의 경우, 공사기간이 단축된다.

해설 직사각형관거는 철근이 해를 받았을 경우 상부하중에 대해 대단히 불안하게 되며, 현장 타설일 경우에는 공사기간이 지연된다. 따라서 공사의 신속성을 도모하기 위해 상부를 따로 제작해 나중에 덮는 방법을 사용할 수 있다.

34 유역면적이 100ha이고 유입시간(Time of Inlet)이 8분, 유출계수(C)가 0.38일 때 최대계획우수유출량(m³/sec)은?(단, 하수관거의 길이(L)=400m, 관유속=1.2m/sec로 되도록 설계, $I = \frac{655}{\sqrt{t}+0.09}$ (mm/hr), 합리식 적용)

① 약 18 ② 약 24
③ 약 36 ④ 약 42

해설 $Q = \frac{1}{360}CIA$

여기서, $I = \frac{655}{\sqrt{t}+0.09}$ 에서

$t = t_1 + \frac{L}{V} = 8min + \frac{400m}{1.2m} \left|\frac{sec}{}\right| \frac{1min}{60sec}$
$= 13.56 min$

$\therefore I = \frac{655}{\sqrt{t}+0.09} = \frac{655}{\sqrt{13.56}+0.09}$
$= 173.63 (mm/hr)$

$\therefore Q = \frac{1}{360}CIA$
$= \frac{1}{360} \times 0.38 \times 173.63 \times 100$
$= 18.33 (m^3/sec)$

35 상수도시설 중 저수시설인 하구둑에 관한 설명으로 틀린 것은?(단, 전용댐, 다목적댐과 비교)

① 개발수량 : 중소규모의 개발이 기대된다.
② 경제성 : 일반적으로 댐보다 저렴하다.
③ 설치지점 : 수요지 가까운 하천의 하구에 설치하여 농업용수에 바닷물의 침해방지기능을 겸하는 경우가 많다.
④ 저류수의 수질 : 자체관리로 비교적 양호한 수질을 유지할 수 있어 염소이온 농도에 대한 주의가 필요 없다.

해설 저류수의 수질은 하구둑의 경우 염소이온 농도에 주의를 요한다.

ANSWER | 31. ④ 32. ① 33. ① 34. ① 35. ④

36 상수취수를 위한 저수시설 계획기준년에 관한 내용으로 ( )에 알맞은 것은?

> 계획취수량을 확보하기 위하여 필요한 저수용량의 결정에 사용하는 계획기준년은 원칙적으로 ( )를 표준으로 한다.

① 7개년에 제1위 정도의 갈수
② 10개년에 제1위 정도의 갈수
③ 7개년에 제1위 정도의 홍수
④ 10개년에 제1위 정도의 홍수

해설 계획취수량을 확보하기 위하여 필요한 저수용량의 결정에 사용하는 계획기준년은 원칙적으로 10개년에 제1위 정도의 갈수를 표준으로 한다.

37 펌프효율 $\eta=80\%$, 전양정 H=16m인 조건하에서 양수량 Q=12L/sec로 펌프를 회전시킨다면 이 때 필요한 축동력(kW)은?(단, 전동기는 직결, 물의 밀도 $\gamma=1,000kg/m^3$)

① 1.28 ② 1.73
③ 2.35 ④ 2.88

해설
$$P_a(kW) = \frac{\gamma \cdot Q \cdot TDH}{102 \cdot \eta} \times \alpha$$
$$= \frac{1,000 \times 0.012 \times 16}{102 \times 0.8}$$
$$= 2.353(kW)$$

38 하수관시설의 황화수소 부식 대책으로 가장 거리가 먼 것은?

① 관거를 청소하고 미생물의 생식 장소를 제거한다.
② 환기에 의해 관내 황화수소를 희석한다.
③ 황산염환원세균의 활동을 촉진시켜 황화수소 발생을 억제한다.
④ 방식재료를 사용하여 관을 보호한다.

해설 황화수소에 의한 부식 대책
㉠ 황화수소의 생성을 방지한다.
㉡ 관거를 청소하고 미생물의 생식 장소를 제거한다.
㉢ 황화수소를 희석한다.
㉣ 기상 중으로 확산을 방지한다.
㉤ 황산염환원세균의 활동을 억제한다.
㉥ 유황산화 세균의 활동을 억제한다.
㉦ 방식재료를 사용하여 관을 보호한다.

39 공동현상(Cavitation)이 발생하는 것을 방지하기 위한 대책으로 틀린 것은?

① 흡입 측 밸브를 완전히 개방하고 펌프를 운전한다.
② 흡입관의 손실을 가능한 크게 한다.
③ 펌프의 위치를 가능한 한 낮춘다.
④ 펌프의 회전속도를 낮게 선정한다.

해설 흡입관의 손실을 가능한 작게 하여 가용유효흡입수두를 크게 한다.

40 계획우수유출량이 산정방법으로 쓰이는 합리식 $Q=\frac{1}{360}C \cdot I \cdot A$에 대한 설명으로 틀린 것은?

① C는 유출계수이다.
② 우수유출량 산정에 있어 가장 기본이 되는 공식이다.
③ I는 유달시간(t)내의 평균강우강도이다.
④ A는 우수배제관거의 통수단면적이다.

해설 합리식에서 A는 지형도를 기초로 도로, 철도, 및 기존 하천의 배치 등을 답사를 통해 충분히 조사하고 장래의 개발계획도 고려하여 구한다.

SECTION 03 수질오염방지기술

41 다음 활성슬러지 포기조의 수질 측정값에 대한 설명으로 옳은 것은?(단, 수온=27℃, pH 6.5, DO=1mg/L, MLSS=2,500mg/L, 유입수 BOD=100mg/L, 유입수 NH_3-N=6mg/L, 유입수 $PO_4^{3-}-P$=2mg/L, 유입수 CN^-=5mg/L)

① F/M비가 너무 낮으므로 MLSS농도를 1,000mg/L 정도로 낮춘다.
② 수온은 15℃ 정도, pH는 8.5 정도, DO는 2mg/L 정도로 조정하는 것이 좋다.
③ 미생물의 원활한 성장을 위해 질소와 인을 추가 공급할 필요가 있다.
④ CN^-는 포기조에 유입되지 않도록 하는 것이 좋다.

해설 호기성 처리 기본조건
  ㉠ 영양조건 : BOD : N : P = 100 : 5 : 1
  ㉡ 온도 : 중온(20~30℃)
  ㉢ pH : 6~8
  ㉣ 용존산소 : 0.5~5ppm
  ㉤ MLSS : 1,500~2,500mg/L
  ㉥ 독성물질이 없어야 한다.

42 부유입자에 의한 백색광 산란을 설명하는 Raleigh의 법칙은?(단, I : 산란광의 세기, V : 입자의 체적, λ : 빛의 파장, n : 입자의 수)

① $I \propto \dfrac{V^2}{\lambda^4} n$ ② $I \propto \dfrac{V}{\lambda^2} n$

③ $I \propto \dfrac{V}{\lambda} n^2$ ④ $I \propto \dfrac{V}{\lambda^2} n^2$

해설 레일리 산란의 산란강도는 파장의 4승에 반비례한다.

43 1일 10,000m³의 폐수를 급속혼화지에서 체류시간 60sec, 평균속도경사(G) 400sec⁻¹인 기계식 고속 교반장치를 설치하여 교반하고자 한다. 이 장치에 필요한 소요 동력(W)은?(단, 수온 10℃, 점성계수 (μ)=1.307×10⁻³kg/m·s)

① 약 2,621 ② 약 2,226
③ 약 1,842 ④ 약 1,452

해설 $G = \sqrt{\dfrac{P}{\mu \forall}}$ 에서

동력(P) = $G^2 \times \mu \times \forall$
  = $400^2 \times 1.307 \times 10^{-3} \times 6.944$
  = 1,452.13(W)

여기서, $\forall = Q \times t$

$\forall = \dfrac{10,000m^3}{day} \Big| \dfrac{60sec}{} \Big| \dfrac{1day}{86,400sec}$
  = 6.944m³

44 유량 20,000m³/day, BOD 2mg/L인 하천에 유량 500m³/day, BOD 500mg/L인 공장 폐수를 폐수처리시설로 유입하여 처리 후 하천으로 방류시키고자 한다. 완전히 혼합된 후 합류지점의 BOD를 3mg/L 이하로 하고자 한다면 폐수처리시설의 BOD 제거율(%)은?(단, 혼합 후의 기타 변화는 없다고 가정)

① 61.8 ② 76.9
③ 87.2 ④ 91.4

해설 $C_m = \dfrac{Q_1 C_1 + Q_2 C_2}{Q_1 + Q_2}$

$3 = \dfrac{2 \times 20,000 + 500 \times C_2}{20,000 + 500}$ $C_2 = 43mg/L$

∴ $\eta = \left(1 - \dfrac{C_o}{C_i}\right) \times 100$
  = $\left(1 - \dfrac{43}{500}\right) \times 100$
  = 91.4(%)

45 입자의 침전속도가 작게 되는 경우는?(단, 기타 조건은 동일하며 침전속도는 스톡스법칙에 따른다.)

① 부유물질 입자 밀도가 클 경우
② 부유물질 입자의 입경이 클 경우
③ 처리수의 밀도가 작을 경우
④ 처리수의 점성도가 클 경우

해설 $V_g = \dfrac{d_p^2 (\rho_p - \rho) g}{18\mu}$
처리수의 점성도가 클수록 입자의 침전속도는 작아진다.

46 수처리 과정에서 부유되어 있는 입자의 응집을 초래하는 원인으로 가장 거리가 먼 것은?

① 제타 포텐셜의 감소
② 플록에 의한 체거름 효과
③ 정전기 전하 작용
④ 가교현상

해설 응집의 원인
  ㉠ 이중층 압축
  ㉡ 전하중화
  ㉢ 이질응집

ANSWER | 42. ① 43. ④ 44. ④ 45. ④ 46. ③

ⓔ 가교현상
ⓜ 체거름 효과

47 생물학적 처리공정에서 질산화 반응은 다음의 총괄 반응식으로 나타낼 수 있다.

$$NH_4^+ + 2O_2 \xrightarrow{\text{질산화}} NO_3^- + 2H^+ + H_2O$$

$NH_4^+ - N$ 3mg/L가 질산화되는 데 요구되는 산소의 양(mg/L)은?

① 11.2   ② 13.7
③ 15.3   ④ 18.4

해설 주어진 반응식을 이용한다.
$NH_4^+ - N + 2O_2 \xrightarrow{\text{질산화}} NO_3^- + 2H^+ + H_2O$
14(g)   : 2×32(g)
3(mg/L) : X(mg/L)
∴ X = 13.71(mg/L)

48 지름이 0.05mm이고 비중이 0.6인 기름방울은 비중이 0.8인 기름방울보다 수중에서의 부상속도가 얼마나 더 큰가?(단, 물의 비중=1.0)

① 1.5배   ② 2.0배
③ 2.5배   ④ 3.0배

해설 $V_F = \dfrac{d_p^2(\rho_w - \rho_p)g}{18\mu} \Rightarrow V_F = K(\rho_w - \rho_p)$
$V_{F\,0.6} = K(\rho_w - \rho_p) = K(1-0.6) = 0.4K$
$V_{F\,0.8} = K(\rho_w - \rho_p) = K(1-0.8) = 0.2K$
∴ $\dfrac{V_{F0.6}}{V_{F0.8}} = \dfrac{0.4K}{0.2K} = 2$

49 활성탄 흡착 처리 공정의 효율이 가장 낮은 것은?
① 음용수의 맛과 냄새물질 제거 공정
② 트리할로메탄, 농약, 유기 염소 화합물과 같은 미량 유기 물질 제거 공정
③ 처리된 폐수의 잔존 유기물 제거 공정
④ 산업폐수 및 침출수 처리

해설 활성탄 흡착공정은 냄새, 유기물 및 농약류 처리에 적합하다.

50 유입 폐수량 50m³/hr, 유입수 BOD 농도 200g/m³, MLVSS 농도 2kg/m³, F/M 비 0.5kg BOD/kg MLVSS·day일 때, 포기조 용적(m³)은?

① 240   ② 380
③ 430   ④ 520

해설 $F/M = \dfrac{BOD_i \times Q_i}{\forall \cdot X}$

$\forall = \dfrac{BOD_i \times Q}{F/M \times X} = \dfrac{0.2\text{kg}}{\text{m}^3} \left| \dfrac{50\text{m}^3}{\text{hr}} \right.$

$\left. \dfrac{\text{kg} \cdot \text{MLSS} \cdot \text{day}}{0.5\text{kg} \cdot \text{BOD}} \right| \dfrac{\text{m}^3}{2\text{kg}} \left| \dfrac{24\text{hr}}{1\text{day}} \right.$

$= 240(\text{m}^3)$

51 대장균의 사멸속도는 현재의 대장균 수에 비례한다. 대장균의 반감기는 1시간이며, 시료의 대장균 수는 1,000개/mL라면, 대장균의 수가 10개/mL가 될 때까지 걸리는 시간(hr)은?

① 약 4.7   ② 약 5.7
③ 약 6.7   ④ 약 7.7

해설 1차 반응식을 이용한다.
$\ln\dfrac{C_t}{C_o} = -K \cdot t$
㉠ $\ln\dfrac{0.5}{1} = -K \cdot 1(\text{hr})$
∴ $K = 0.693(\text{hr}^{-1})$
㉡ $\ln\dfrac{10}{1,000} = -0.693 \cdot t(\text{hr})$
∴ t = 6.645(hr)

52 폐수처리시설을 설치하기 위한 설계 기준이 다음과 같을 때 필요한 활성슬러지 반응조의 수리학적 체류시간(HRT, hr)은?(단, 일 폐수량=40L, BOD 농도=20,000mg/L, MLSS=5,000 mg/L, F/M=1.5 kg BOD/kg MLSS·day)

① 24   ② 48
③ 64   ④ 88

47. ② 48. ② 49. ④ 50. ① 51. ③ 52. ③ | ANSWER

해설
$$F/M = \frac{BOD_i \times Q_i}{\forall \cdot X}$$

$$\frac{\forall}{Q}(HRT) = \frac{BOD_i}{F/M \cdot X}$$

$$\frac{\forall}{Q} = \frac{20kg}{m^3} \left| \frac{kg \cdot day}{1.5kg} \right| \frac{m^3}{5kg} \left| \frac{24hr}{1day} \right. = 64(hr)$$

53 다음 중 폐수처리방법으로 가장 적절하지 않은 것은?
① 시안(CN) 함유 폐수를 처리하기 위해 pH를 4 이하로 조정하고 차아염소산나트륨(NaClO)을 사용하였다.
② 카드뮴(Cd) 함유 폐수를 처리하기 위해 pH를 10 정도로 조정하고 수산화나트륨(NaOH)을 사용하였다.
③ 크롬(Cr) 함유 폐수를 처리하기 위해 pH를 3정도로 조정하고 황산철($FeSO_4$)을 사용하였다.
④ 납(Pb) 함유 폐수를 처리하기 위해 pH를 10 정도로 조정하고 수산화나트륨(NaOH)을 사용하였다.

해설 시안(CN) 함유 폐수를 처리하기 위해 pH 3 이하의 산성으로 하여 공기를 격렬하게 주입시켜 HCN가스를 대기 중에 발산시켜 제거한다.

54 폐수를 활성슬러지법으로 처리하기 위한 실험에서 BOD를 90% 제거하는 데 6시간의 Aeration이 필요하였다. 동일한 조건으로 BOD를 95% 제거하는 데 요구되는 포기 시간(hr)은?(단, BOD 제거반응은 1차 반응(base 10)에 따른다.)
① 7.31   ② 7.81
③ 8.31   ④ 8.81

해설 1차 반응식을 이용한다.
$$\ln\frac{C_t}{C_o} = -K \cdot t$$
㉠ $\ln\frac{0.1}{1} = -K \cdot 6(hr)$
∴ $K = 0.3838(hr^{-1})$
㉡ $\ln\frac{0.05}{1} = -0.3838 \cdot t(hr)$
∴ $t = 7.81(hr)$

55 미처리 폐수에서 냄새를 유발하는 화합물과 냄새의 특징으로 가장 거리가 먼 것은?
① 황화수소 : 썩은 달걀냄새
② 유기 황화물 : 썩은 채소냄새
③ 스카톨 : 배설물 냄새
④ 디아민류 : 생선 냄새

해설 디아민류($NH_2(CH_2)_nNH_2$)는 고기 썩은 냄새가 난다.

56 플록을 형성하여 침강하는 입자들이 서로 방해를 받으므로 침전속도는 점차 감소하게 되며 침전하는 부유물과 상등수 간에 뚜렷한 경계면이 생기는 침전형태는?
① 지역침전   ② 압축침전
③ 압밀침전   ④ 응집침전

57 심층포기법의 장점으로 옳지 않은 것은?
① 지하에 건설되므로 부지면적이 작게 소요되며, 외기와 접하는 부분이 작아 온도 영향이 적다.
② 고압에서 산소전달을 하므로 산소전달률이 높다.
③ 산소전달률이 높아 MLSS를 높일 수 있어 농도가 높은 폐수를 처리할 수 있고, BOD용적부하를 증가시킬 수 있어 단위 체적당 처리량을 증가시킬 수 있다.
④ 깊은 하부에 MLSS와 폐수를 같이 순환시키는 데 에너지가 적게 소요된다.

해설 심층포기조는 산기수심을 깊게 할수록 단위 송풍량당 압축동력은 증대하지만, 산소용해력 증대에 따라 송풍량이 감소하기 때문에 소비동력은 증가하지 않는다.

58 유입유량 $500,000m^3/day$, BOD_5 200mg/L인 폐수를 처리하기 위해 완전혼합형 활성슬러지 처리장을 설계하려고 한다. 1차 침전지에서 제거된 유입수 BOD_5 34%, MLVSS 3,000mg/L, 반응속도상수(K) 1.0L/g MLVSS·hr이라면, 일차 반응일 경우 F/M 비(kg BOD/kg MLVSS·day)는?(단, 유출수 BOD_5 =10mg/L)
① 0.24   ② 0.28
③ 0.32   ④ 0.36

해설 $F/M(day^{-1}) = \dfrac{\text{유입 BOD량}}{\text{포기조 내의 미생물량}}$
$= \dfrac{S_i \cdot Q_i}{X \cdot \forall} = \dfrac{S_i}{\theta \cdot X}$

$\theta = \dfrac{S_i - S_t}{K \cdot X \cdot S_t}$

여기서, $S_i = 200(1-0.34) = 132 mg/L$
$S_t = 10 mg/L$

$= \dfrac{(132-10)mg/L}{1.0 L/g \cdot MLVSS \cdot hr \times 3g/L \times 10 mg/L}$
$= 4.067 hr = 0.17 day$

$F/M = \dfrac{S_i}{X \cdot \theta}$
$= \dfrac{132 mg/L}{3,000 mg/L \times 0.17 day}$
$= 0.259 (kg \cdot BOD/kg \cdot MLVSS \cdot day)$

59 기체가 물에 녹을 때 Henry법칙이 적용된다. 다음 설명 중 적합하지 않은 것은?
① 수온이 증가할수록 기체의 포화용존 농도는 높아진다.
② 염분의 농도가 증가할수록 기체의 포화용존 농도는 낮아진다.
③ 기체의 포화용존 농도는 기체상태의 분압에 비례한다.
④ 물에 용해되어 이온화하는 기체에는 적용되지 않는다.

해설 Henry의 법칙
일정한 온도에서 일정 부피의 액체 용매에 녹는 기체의 질량, 즉 용해도는 용매와 평형을 이루고 있는 그 기체의 부분압력에 비례한다. 수온이 증가할수록 기체의 포화용존 농도는 낮아진다.

60 생물학적 질소, 인 제거공정에서 포기조의 기능과 가장 거리가 먼 것은?
① 질산화   ② 유기물 제거
③ 탈질   ④ 인 과잉섭취

해설 탈질반응은 무산소조에서 일어난다.

SECTION 04 수질오염공정시험기준

61 원자흡수분광광도법에서 공존물질과 작용하여 해리하기 어려운 화합물이 생성되어 흡광에 관계하는 기저상태의 원자 수가 감소하는 경우 일어나는 화학적 간섭을 피하는 방법이 아닌 것은?
① 이온교환이나 용매추출 등을 이용하여 방해물질을 제거한다.
② 과량의 간섭원소를 첨가한다.
③ 간섭을 피하는 양이온, 음이온 또는 은폐제, 킬레이트제 등을 첨가한다.
④ 표준시료와 분석시료와의 조성을 같게 한다.

해설 화학간섭을 피하는 방법
㉠ 이온교환이나 용매추출 등을 이용하여 방해물질의 제거
㉡ 과량의 간섭원소를 첨가
㉢ 간섭을 피하는 양이온, 음이온 또는 은폐제, 킬레이트제 등을 첨가
㉣ 목적원소의 용매추출
㉤ 표준첨가법의 이용

62 자외선/가시선 분광법으로 불소 시험 중 탈색현상이 나타났을 때 원인이 될 수 있는 것은?
① 황산이 분해되어 유출된 경우
② 염소이온이 다량 함유되어 있을 경우
③ 교반속도가 일정하지 않았을 경우
④ 시료 중 불소함량이 정량범위를 초과할 경우

해설 시료 중 불소함량이 정량범위를 초과할 경우 탈색현상이 나타날 수도 있다.

63 시료 채취 시 유의사항으로 틀린 것은?

① 시료 채취 용기는 시료를 채우기 전에 시료로 3회 이상 씻은 다음 사용한다.
② 유류 또는 부유물질 등이 함유된 시료는 균질성이 유지될 수 있도록 채취해야 하며, 침전물 등이 부상하여 혼입되어서는 안 된다.
③ 심부층의 지하수 채취 시에는 고속양수펌프를 이용하여 채취시간을 최소화함으로써 수질의 변질을 방지하여야 한다.
④ 용존가스, 환원성 물질, 휘발성유기화합물, 냄새, 유류 및 수소이온 등을 측정하기 위한 시료를 채취할 때는 운반 중 공기와의 접촉이 없도록 시료 용기에 가득 채운 후 빠르게 뚜껑을 닫는다.

해설 지하수 시료채취 시 심부층의 경우 저속양수펌프 등을 이용하여 반드시 저속시료채취하여 시료 교란을 최소화하여야 하며, 천부층의 경우 저속양수펌프 또는 정량이송펌프 등을 사용한다.

64 시료의 용기를 폴리에틸렌병으로 사용하여도 무방한 항목은?

① 노말헥산추출물질
② 페놀류
③ 유기인
④ 음이온계면활성제

해설 노말헥산추출물질, 페놀류, 유기인은 글라스를 사용한다.

65 다이메틸글리옥심을 이용하여 정량하는 금속은?

① 아연   ② 망간
③ 니켈   ④ 구리

해설 니켈 – 자외선/가시선 분광법
물속에 존재하는 니켈이온을 암모니아의 약 알칼리성에서 다이메틸글리옥심과 반응시켜 생성한 니켈착염을 클로로폼으로 추출하고 이것을 묽은 염산으로 역추출한다.

66 자외선/가시선 분광법을 적용하여 페놀류를 측정할 때 간섭물질에 관한 설명으로 ( )에 옳은 것은?

> 황 화합물의 간섭을 받을 수 있는데, 이는 ( )을 사용하여 pH 4로 산성화하여 교반하면 황화수소, 이산화황으로 제거할 수 있다.

① 염산   ② 질산
③ 인산   ④ 과염소산

해설 황 화합물의 간섭을 받을 수 있는데, 이는 인산(H_3PO_4)을 사용하여 pH 4로 산성화하여 교반하면 황화수소(H_2S)나 이산화황(SO_2)으로 제거할 수 있다. 황산구리($CuSO_4$)를 첨가하여 제거할 수도 있다.

67 배수로에 흐르는 폐수의 유량을 부유체를 사용하여 측정했다. 수로의 평균단면적은 $0.5m^2$, 표면 최대속도는 $6m/s$일 때 이 폐수의 유량(m^3/min)은?(단, 수로의 구성, 재질, 수로단면의 형상, 기울기 등이 일정하지 않은 개수로)

① 115   ② 135
③ 185   ④ 245

해설 단면형상이 불일정한 경우의 유량계산

$Q(m^3/min) = A_m \times 0.75 V_{max}$

㉠ $A_m = 0.5m^2$
㉡ $V_m = 0.75 \times V_{max}$
   $= 0.75 \times 6m/sec$
   $= 4.5m/sec$

∴ $Q(m^3/min) = \dfrac{0.5m^2 \times 4.5m \times 60sec}{sec \times 1min}$
   $= 135(m^3/min)$

68 유도결합 플라스마 발광분석장치의 측정 시 플라스마 발광부 관측 높이는 유도 코일 상단으로부터 얼마의 범위(mm)에서 측정하는가?(단, 알칼리 원소는 제외)

① 15~18   ② 35~38
③ 55~58   ④ 75~78

ANSWER | 63. ③ 64. ④ 65. ③ 66. ③ 67. ② 68. ①

69 유리전극에 의한 pH측정에 관한 설명으로 알맞지 않은 것은?

① 유리전극을 미리 정제수에 수 시간 담가둔다.
② pH 전극 보정 시 측정기의 전원을 켜고 시험 시작까지 30분 이상 예열한다.
③ 전극을 프탈산염 표준용액(pH 6.88)또는 pH 7.00 표준용액에 담그고 표시된 값을 보정한다.
④ 온도보정 시 pH 4 또는 10 표준용액에 전극을 담그고 표준용액의 온도를 10~30℃ 사이로 변화시켜 5℃ 간격으로 pH를 측정하여 차이를 구한다.

해설 전극을 프탈산염 표준용액(pH 4.00) 또는 pH 4.01 표준용액에 담그고 표시된 값을 보정한다.

70 퇴적물 채취기 중 포나 그랩(Ponar Grab)에 관한 설명으로 틀린 것은?

① 모래가 많은 지점에서도 채취가 잘되는 중력식 채취기이다.
② 채취기를 바닥 퇴적물 위에 내린 후 메신저를 투하하면 장방형 상자의 밑판이 닫힌다.
③ 부드러운 펄층이 두터운 경우에는 깊이 빠져 들어가기 때문에 사용하기 어렵다.
④ 원래의 모델은 무게가 무겁고 커서 윈치 등이 필요하지만 소형의 포나 그랩은 윈치 없이 내리고 올릴 수 있다.

해설 포나 그랩(Ponar Grab)
모래가 많은 지점에서도 채취가 잘되는 중력식 채취기로서, 조심스럽게 수면 아래로 내려 보내다가 채취기가 바닥에 닿아 줄의 장력이 감소하면 아래 날(Jaws)이 닫히도록 되어 있다. 부드러운 펄층이 두터운 경우에는 깊이 빠져 들어가기 때문에 사용하기 어렵다. 원래의 모델은 무게가 무겁고 커서 윈치 등이 필요하지만 소형의 포나 그랩은 윈치 없이 내리고 올릴 수 있다.

71 수질분석 관련 용어의 설명 중 잘못된 것은?

① 수욕상 또는 수욕 중에서 가열한다라 함은 따로 규정이 없는 한 수온 100℃에서 가열함을 뜻한다.
② 용액의 산성, 중성 또는 알칼리성을 검사할 때는 따로 규정이 없는 한 유리전극법에 의한 pH미터로 측정하고 구체적으로 표시할 때는 pH값을 쓴다.
③ 진공이라 함은 $15mmH_2O$ 이하의 진공도를 말한다.
④ 분석용 저울은 0.1mg까지 달 수 있는 것이어야 한다.

해설 "감압 또는 진공"이라 함은 따로 규정이 없는 한 15mmHg 이하를 뜻한다.

72 시료의 전처리 방법인 피로리딘다이티오카바민산 암모늄 추출법에서 사용하는 지시약으로 알맞은 것은?

① 티몰블루·에틸알코올용액
② 메타이소부틸 에틸알코올용액
③ 브로모페놀블루·에틸알코올용액
④ 메타크레졸퍼플 에틸알코올용액

해설 피로리딘다이티오카바민산 암모늄 추출법에서 사용하는 지시약은 브로모페놀블루·에틸알코올용액(0.1%)이다.

73 기체크로마토그래피에 의한 알킬수은의 분석방법으로 ( )에 알맞은 것은?

> 알킬수은화합물을 (㉠)으로 추출하여 (㉡)에 선택적으로 역추출하고 다시 (㉠)으로 추출하여 기체크로마토그래프로 측정하는 방법이다.

① ㉠ 헥산, ㉡ 염화메틸수은용액
② ㉠ 헥산, ㉡ 크로모졸브용액
③ ㉠ 벤젠, ㉡ 펜에이트용액
④ ㉠ 벤젠, ㉡ L-시스테인용액

해설 알킬수은화합물을 벤젠으로 추출하여 L-시스테인용액에 선택적으로 역추출하고 다시 벤젠으로 추출하여 기체크로마토그래프로 측정하는 방법이다.

74 자외선/가시선 분광법으로 분석할 때 측정파장이 가장 긴 것은?

① 구리　　② 아연
③ 카드뮴　④ 크롬

해설 아연(620nm)>크롬(540nm)>카드뮴(530nm)>구리(440nm)

75 공장폐수의 BOD를 측정하기 위해 검수에 희석을 가하여 50배로 희석하여 20℃, 5일 배양하였다. 희석 후 초기 DO를 측정하기 위해 소모된 0.025N-Na₂S₂O₃의 양은 4.0mL였으며 5일 배양 후 DO를 측정하는 데 0.025N-Na₂S₂O₃ 2.0mL 소모되었을 때 공장폐수의 BOD(mg/L)는?(단, BOD병=285mL, 적정에 사용된 액량=100mL, BOD병에 가한 시약은 황산망간과 아지드나트륨 용액=총 2mL, 적정시액의 factor=1)

① 201.5　② 211.5
③ 221.5　④ 231.5

해설
$$DO(mg/L) = a \times f \times \frac{V_1}{V_2} \times \frac{1,000}{V_1 - R} \times 0.2$$

$$DO_1(mg/L) = 4 \times 1 \times \frac{285}{100} \times \frac{1,000}{285-2} \times 0.2$$
$$= 8.057(mg/L)$$

$$DO_2(mg/L) = 2 \times 1 \times \frac{285}{100} \times \frac{1,000}{285-2} \times 0.2$$
$$= 4.028(mg/L)$$

$$BOD = (D_1 - D_2) \times P$$
$$= (8.057 - 4.028) \times 50$$
$$= 201.45(mg/L)$$

76 이온전극법에서 격막형 전극을 이용하여 측정하는 이온이 아닌 것은?

① F^-　　② CN^-
③ NH_4^+　④ NO_2^-

해설 격막형으로 측정 가능한 이온은 NH_4^+, NO_2^-, CN^-가 있다.

77 반드시 유리시료용기를 사용하여 시료를 보관해야 하는 항목은?

① 염소이온　② 총인
③ 시안　　　④ 유기인

해설 염소이온, 총인, 시안은 폴리에틸렌용기나 유리용기를 사용할 수 있다.

78 불소화합물의 분석방법과 가장 거리가 먼 것은?(단, 수질오염공정시험기준 기준)

① 자외선/가시선 분광법
② 이온전극법
③ 이온크로마토그래피
④ 불꽃 원자흡수분광광도법

해설 불소화합물의 분석방법에는 자외선/가시선 분광법, 이온전극법, 이온크로마토그래피가 있다.

79 총질소의 측정원리에 관한 내용으로 ( )에 알맞은 것은?

> 시료 중 모든 질소화합물을 알칼리성 ( )을 사용하여 120℃ 부근에서 유기물과 함께 분해하여 질산이온으로 산화시킨 후 산성상태로 하여 흡광도를 220nm에서 측정하여 총질소를 정량하는 방법이다.

① 과황산칼륨　② 몰리브덴산 암모늄
③ 염화제일주석산　④ 이스코르빈산

해설 시료 중 모든 질소화합물을 알칼리성 과황산칼륨을 사용하여 120℃ 부근에서 유기물과 함께 분해하여 질산이온으로 산화시킨 후 산성상태로 하여 흡광도를 220nm에서 측정하여 총질소를 정량하는 방법이다.

80 NaOH 0.01M은 몇 mg/L인가?

① 40　　② 400
③ 4,000　④ 40,000

해설
$$X(mg/L) = \frac{0.01mol}{L} \left| \frac{40g}{1mol} \right| \frac{10^3 mg}{1g}$$
$$= 400(mg/L)$$

ANSWER | 74. ② 75. ① 76. ① 77. ④ 78. ④ 79. ① 80. ②

SECTION 05 수질환경관계법규

81 비점오염원의 변경신고 기준으로 옳지 않은 것은?
① 상호, 대표자, 사업명 또는 업종의 변경
② 총 사업면적, 개발면적 또는 사업장 부지 면적이 처음 신고면적의 100분의 30 이상 증가하는 경우
③ 비점오염저감시설의 종류, 위치, 용량이 변경되는 경우
④ 비점오염원 또는 비점오염저감시설의 전부 또는 일부를 폐쇄하는 경우

해설 비점오염원 변경신고
㉠ 상호, 대표자, 사업명 또는 업종의 변경
㉡ 총 사업면적, 개발면적 또는 사업장 부지 면적이 처음 신고면적의 100분의 15 이상 증가하는 경우
㉢ 비점오염저감시설의 종류, 위치, 용량이 변경되는 경우
㉣ 비점오염원 또는 비점오염저감시설의 전부 또는 일부를 폐쇄하는 경우

82 1일 폐수배출량이 2천m³ 이상인 사업장에서 생물화학적산소요구량의 농도가 25mg/L의 폐수를 배출하였다면, 이 업체의 방류수수질기준 초과에 따른 부과계수는?(단, 배출허용기준에 적용되는 지역은 청정지역임)
① 2.0　　② 2.2
③ 2.4　　④ 2.6

해설 방류수 수질기준 초과율별 부과계수

초과율	10% 미만	10% 이상 20% 미만	20% 이상 30% 미만	30% 이상 40% 미만	40% 이상 50% 미만
부과계수	1	1.2	1.4	1.6	1.8
초과율	50% 이상 60% 미만	60% 이상 70% 미만	70% 이상 80% 미만	80% 이상 90% 미만	90% 이상 100% 까지
부과계수	2.0	2.2	2.4	2.6	2.8

방류수 수질기준 초과율(%)
$= \dfrac{(\text{배출농도} - \text{방류수수질기준})}{(\text{배출허용기준} - \text{방류수 수질기준})} \times 100$
여기서, 배출농도 : 25mg/L
　　　　방류수 수질기준 : 10mg/L
　　　　배출허용기준(청정지역) : 30mg/L
$= \dfrac{(25-10)}{(30-10)} \times 100 = 75(\%)$

83 제2종 사업장에 해당되는 폐수배출량은?
① 1일 배출량이 50m³ 이상, 200m³ 미만
② 1일 배출량이 100m³ 이상, 300m³ 미만
③ 1일 배출량이 500m³ 이상, 2,000m³ 미만
④ 1일 배출량이 700m³ 이상, 2,000m³ 미만

해설 사업장 규모별 구분

종류	배출규모
제1종 사업장	1일 폐수배출량이 2,000m³ 이상인 사업장
제2종 사업장	1일 폐수배출량이 700m³ 이상 2,000m³ 미만인 사업장
제3종 사업장	1일 폐수배출량이 200m³ 이상 700m³ 미만인 사업장
제4종 사업장	1일 폐수배출량이 50m³ 이상 200m³ 미만인 사업장
제5종 사업장	위 제1종부터 제4종까지의 사업장에 해당하지 아니하는 배출시설

84 수질 및 수생태계 환경기준에서 해역의 생활환경 기준으로 옳지 않은 것은?
① 수소이온농도(pH) : 6.5~8.5
② 용매추출유분(mg/L) : 0.01 이하
③ 총대장균군(총대장균군수/100mL) : 1,000이하
④ 총인(mg/L) : 0.05 이하

해설 총인은 해역의 생활환경 기준 대상이 아니다.

85 기본배출부과금의 부과 대상이 되는 수질오염물질은?
① 유기물질　　② BOD
③ 카드뮴　　④ 구리

해설 기본배출부과금 부과 대상 수질오염물질의 종류
㉠ 유기물질
㉡ 부유물질

86 수질오염 방지시설 중 생물화학적 처리시설이 아닌 것은?
① 살균시설
② 폭기시설
③ 산화시설(산화조 또는 산화지)
④ 안정조

해설 살균시설은 화학적 처리시설이다.

81. ② 82. ③ 83. ④ 84. ④ 85. ① 86. ① | ANSWER

87 시 · 도지사가 오염총량관리기본계획의 승인을 받으려는 경우 오염총량관리기본계획안에 첨부하여 환경부장관에게 제출하여야 하는 서류가 아닌 것은?

① 유역환경의 조사 · 분석 자료
② 오염부하량의 저감계획을 수립하는 데에 사용한 자료
③ 오염총량목표수질을 수립하는 데에 사용한 자료
④ 오염부하량의 산정에 사용한 자료

해설 시 · 도지사는 오염총량관리기본계획의 승인을 받으려는 경우에는 오염총량관리기본계획안에 다음 각 호의 서류를 첨부하여 환경부장관에게 제출하여야 한다.
㉠ 유역환경의 조사 · 분석 자료
㉡ 오염원의 자연증감에 관한 분석 자료
㉢ 지역개발에 관한 과거와 장래의 계획에 관한 자료
㉣ 오염부하량의 산정에 사용한 자료
㉤ 오염부하량의 저감계획을 수립하는 데에 사용한 자료

88 공공폐수처리시설 배수설비의 설치방법 및 구조기준으로 옳지 않은 것은?

① 배수관의 관경은 안지름 150mm 이상으로 하여야 한다.
② 배수관은 우수관과 합류하여 설치하여야 한다.
③ 배수관의 기점 · 종점 · 합류점 · 굴곡점과 관경 · 관 종류가 달라지는 지점에는 맨홀을 설치하여야 한다.
④ 배수관 입구에는 유효간격 10mm 이하의 스크린을 설치하여야 한다.

해설 배수관은 우수관과 분리하여 빗물이 혼합되지 아니하도록 설치하여야 한다.

89 폐수재이용업의 등록기준에 대한 설명 중 틀린 것은?

① 저장시설 : 원폐수 및 재이용 후 발생되는 폐수 저장시설의 용량은 1일 8시간 최대처리량의 3일분 이상의 규모이어야 한다.
② 건조시설 : 건조 잔류물이 외부로 누출되지 않는 구조로 건조잔류물의 수분 함량이 75% 이하의 성능이어야 한다.
③ 소각시설 : 소각시설의 연소실 출구 배출가스 온도조건은 최소 850℃ 이상, 체류시간은 최소 1초 이상이어야 한다.
④ 운반장비 : 폐수운반차량은 흑색으로 도색하고 노란색 글씨로 폐수운반차량, 회사명, 등록번호 및 용량 등을 일정한 크기로 표시하여야 한다.

해설 폐수운반차량은 청색으로 도색하고 양쪽 옆면과 뒷면에 가로 50cm, 세로 20cm 이상 크기의 노란색 바탕에 검은색 글씨로 폐수운반차량, 회사명, 등록번호, 전화번호 및 용량을 지워지지 아니하도록 표시하여야 한다.

90 중권역 환경관리위원회의 위원으로 될 수 없는 자는?

① 수자원 관계 기관의 임직원
② 지방의회의원
③ 관계 행정기관의 공무원
④ 영리 민간단체에서 추천한 자

해설 중권역위원회는 위원장 1명을 포함한 30명 이내의 위원으로 구성하고 중권역위원의 위원장은 유역환경청장 또는 지방환경청장이 된다. 중권역위원회의 위원장은 다음의 사람 중에서 위촉하거나 임명한다.

91 수질오염경보(조류경보)단계 중 다음 발령 · 해제 기준의 설명에 해당하는 단계는?(단, 상수원 구간)

| 2회 연속 채취 시 남조류 세포 수가 1,000세포/mL 이상 10,000세포/mL 미만인 경우 |

① 관심   ② 경보
③ 조류대발생 ④ 해제

해설 조류경보(상수원 구간)

경보단계	발령 · 해제 기준
관심	2회 연속 채취 시 남조류 세포 수가 1,000세포/mL 이상 10,000세포/mL 미만인 경우
경계	2회 연속 채취 시 남조류 세포 수가 10,000세포/mL 이상 1,000,000세포/mL 미만인 경우
조류 대발생	2회 연속 채취 시 남조류 세포 수가 1,000,000세포/mL 이상인 경우
해제	2회 연속 채취 시 남조류 세포 수가 1,000세포/mL 미만인 경우

ANSWER | 87. ③ 88. ② 89. ④ 90. ④ 91. ①

92 위임업무 보고사항 중 보고 횟수가 연 4회에 해당되는 것은?
① 측정기기 부착사업자에 대한 행정처분 현황
② 측정기기 부착사업장 관리 현황
③ 비점오염원의 설치신고 및 방지시설 설치 현황 및 행정처분 현황
④ 과징금 부과 실적

해설 ③을 제외한 나머지는 연 2회이다.

93 수질오염경보(조류경보) 발령 단계 중 조류 대발생 시 취수장·정수장 관리자의 조치사항은?
① 주 2회 이상 시료채취 분석
② 정수의 독소분석 실시
③ 발령기관에 대한 시험분석결과의 신속한 통보
④ 취수구 및 조류가 심한 지역에 대한 방어막 설치 등 조류 제거 조치 실시

해설 조류경보

단계	관계 기관	조치사항
조류 대발생	취수장·정수장 관리자 (취수장·정수장 관리자)	• 조류증식 수심 이하로 취수구 이동 • 정수 처리 강화(활성탄 처리, 오존 처리) • 정수의 독소분석 실시

94 낚시제한구역에서의 낚시방법의 제한사항 기준으로 옳은 것은?
① 1개의 낚싯대에 4개 이상의 낚싯바늘을 떡밥과 뭉쳐서 미끼로 던지는 행위
② 1개의 낚싯대에 5개 이상의 낚싯바늘을 떡밥과 뭉쳐서 미끼로 던지는 행위
③ 1명당 2대 이상의 낚싯대를 사용하는 행위
④ 1명당 3대 이상의 낚싯대를 사용하는 행위

해설 낚시제한구역에서의 제한사항
㉠ 낚싯바늘에 끼워서 사용하지 아니하고 물고기를 유인하기 위하여 떡밥·어분 등을 던지는 행위
㉡ 어선을 이용한 낚시행위 등 「낚시 관리 및 육성법」에 따른 낚시어선업을 영위하는 행위
㉢ 1명당 4대 이상의 낚싯대를 사용하는 행위
㉣ 1개의 낚싯대에 5개 이상의 낚싯바늘을 떡밥과 뭉쳐서 미끼로 던지는 행위
㉤ 쓰레기를 버리거나 취사행위를 하거나 화장실이 아닌 곳에서 대·소변을 보는 등 수질오염을 일으킬 우려가 있는 행위
㉥ 고기를 잡기 위하여 폭발물·배터리·어망 등을 이용하는 행위

95 비점오염방지시설의 유형별 기준 중 자연형 시설이 아닌 것은?
① 저류시설
② 침투시설
③ 식생형시설
④ 스크린형 시설

해설 자연형 시설
㉠ 저류시설
㉡ 인공습지
㉢ 침투시설
㉣ 식생형 시설

96 중점관리저수지의 관리자와 그 저수지의 소재지를 관할하는 시·도지사가 수립하는 중점관리저수지의 수질오염방지 및 수질개선에 관한 대책에 포함되어야 하는 사항으로 ( )에 옳은 것은?

중점관리저수지의 경계로부터 반경 ( )의 거주인구 등 일반현황

① 500m 이내
② 1km 이내
③ 2km 이내
④ 5km 이내

해설 중점관리저수지의 관리자와 그 저수지의 소재지를 관할하는 시·도지사는 공동으로 대책을 수립하여 제출할 수 있다.
㉠ 중점관리저수지의 설치목적, 이용현황 및 오염현황
㉡ 중점관리저수지의 경계로부터 반경 2km 이내의 거주인구 등 일반현황
㉢ 중점관리저수지의 수질 관리목표
㉣ 중점관리저수지의 수질 오염 예방 및 수질 개선방안
㉤ 그 밖에 중점관리저수지의 적정관리를 위하여 필요한 사항

92. ③ 93. ② 94. ② 95. ④ 96. ③ | ANSWER

97 대권역 물환경관리계획에 포함되어야 할 사항으로 틀린 것은?

① 상수원 및 물 이용현황
② 점오염원, 비점오염원 및 기타 수질오염원의 분포현황
③ 점오염원, 비점오염원 및 기타 수질오염원의 수질오염 저감시설 현황
④ 점오염원, 비점오염원 및 기타 수질오염원에서 배출되는 수질오염물질의 양

해설 대권역 물환경관리계획의 수립 시 포함되어야 할 사항
㉠ 물환경의 변화 추이 및 물환경목표기준
㉡ 상수원 및 물 이용현황
㉢ 점오염원, 비점오염원 및 기타 수질오염원의 분포현황
㉣ 점오염원, 비점오염원 및 기타 수질오염원에서 배출되는 수질오염물질의 양
㉤ 수질오염 예방 및 저감 대책
㉥ 물환경 보전조치의 추진방향
㉦ 「저탄소 녹색성장 기본법」제2조 제12호에 따른 기후변화에 대한 적응대책
㉧ 그 밖에 환경부령으로 정하는 사항

98 폐수무방류배출시설의 세부설치기준에 관한 내용으로 ( )에 옳은 내용은?

> 특별대책지역에 설치되는 폐수무방류배출시설의 경우 1일 24시간 연속하여 가동되는 것이면 배출 폐수를 전량 처리할 수 있는 예비 방지시설을 설치하여야 하고 1일 최대 폐수발생량이 ( )m³ 이상이면 배출 폐수의 무방류 여부를 실시간으로 확인할 수 있는 원격유량감시장치를 설치하여야 한다.

① 100　② 200
③ 300　④ 500

해설 특별대책지역에 설치되는 경우 폐수배출량이 200m³/day 이상이면 실시간 확인 가능한 원격유량감시장치를 설치하여야 한다.

99 초과부과금 산정 시 적용되는 수질오염물질 1킬로그램당 부과금액이 가장 낮은 것은?

① 크롬 및 그 화합물　② 유기인화합물
③ 시안화합물　④ 비소 및 그 화합물

해설 ㉠ 크롬 및 그 화합물 : 75,000원
㉡ 유기인화합물 : 150,000원
㉢ 시안화합물 : 150,000원
㉣ 비소 및 그 화합물 : 100,000원

100 시·도지사가 설치할 수 있는 측정망의 종류에 해당하는 것은?

① 비점오염원에서 배출되는 비점오염물질 측정망
② 퇴적물 측정망
③ 도심하천 측정망
④ 공공수역 유해물질 측정망

해설 시·도지사가 설치할 수 있는 측정망의 종류
㉠ 소권역을 관리하기 위한 측정망
㉡ 도심하천 측정망
㉢ 그 밖에 유역환경청장이나 지방환경청장과 협의하여 설치·운영하는 측정망

ANSWER | 97.③ 98.② 99.① 100.③

2020년 3회 수질환경기사

SECTION 01 수질오염개론

01 자연계의 질소순환에 대한 설명으로 가장 거리가 먼 것은?

① 대기의 질소는 방전작용, 질소고정세균 그리고 조류에 의하여 끊임없이 소비된다.
② 소변 속의 질소는 주로 요소로 바로 탄산암모늄으로 가수 분해된다.
③ 유기질소는 부패균이나 곰팡이의 작용으로 암모니아성 질소로 변환된다.
④ 암모니아성 질소는 혐기성 상태에서 환원균에 의해 바로 질소가스로 변환된다.

해설 암모니아성 질소가 호기성 상태에서 질산성 질소로 변환되고, 질산성 질소가 혐기성 상태에서 아질산성 질소로 변환 후 질소가스로 변환된다.

02 20℃에서 K_1이 0.16/day(base 10)이라 하면, 10℃에 대한 BOD_5/BOD_u 비는?(단, $\theta=1.047$)

① 0.63
② 0.68
③ 0.73
④ 0.78

해설 소모 BOD 공식을 이용한다.
① 온도변화에 따른 K값을 보정하면
$K_{(T)} = K_{20} \times 1.047^{(10-20)}$
$= 0.16(day^{-1}) \times 1.047^{(10-20)}$
$= 0.101(day^{-1})$
② $BOD_t = BOD_u(1-10^{-K \cdot t})$
$\rightarrow BOD_5 = BOD_u(1-10^{-0.101 \times 5})$
$\dfrac{BOD_5}{BOD_u} = (1-10^{-0.101 \times 5}) = 0.687$

03 유량 400,000m³/day의 하천에 인구 20만명의 도시로부터 30,000m³/day의 하수가 유입되고 있다. 하수 유입 전 하천의 BOD는 0.5mg/L이고, 유입 후 하천의 BOD를 2mg/L로 하기 위해서 하수처리장을 건설하려고 한다면 이 처리장의 BOD 제거효율(%)은?(단, 인구 1인당 BOD 배출량=20g/day)

① 약 84
② 약 87
③ 약 90
④ 약 93

해설 ㉠ 도시 → 하수처리장으로 유입되는 BOD 농도를 구하면
$C_i = \dfrac{20g}{인 \cdot 일} \left| \dfrac{200,000인}{} \right| \dfrac{day}{30,000m^3}$
$\left| \dfrac{10^3 mg}{1g} \right| \dfrac{1m^3}{10^3 L}$
$= 133.33(mg/L)$
㉡ 혼합점의 2mg/L를 조건으로 하수처리장 방류구에서 하천으로 유입가능한 허용 BOD 농도를 구하면
$2(mg/L) = \dfrac{(400,000 \times 0.5) + (30,000 \times C_o)}{400,000+30,000}$
$C_o = 22(mg/L)$
$\therefore \eta = \left(1-\dfrac{C_t}{C_o}\right) \times 100 = \left(1-\dfrac{22}{133.33}\right) \times 100$
$= 83.5(\%)$

04 에탄올(C_2H_5OH) 300mg/L가 함유된 폐수의 이론적 COD값(mg/L)은?(단, 기타 오염물질은 고려하지 않음)

① 312
② 453
③ 578
④ 626

해설 $C_2H_5OH + 3O_2 \rightarrow 2CO_2 + 3H_2O$
46g : 3×32g
300mg/L : X
$\therefore X(COD) = 626.09(mg/L)$

1. ④ 2. ② 3. ① 4. ④ | ANSWER

05 유량 4.2m³/sec, 유속 0.4m/sec, BOD 7mg/L인 하천이 흐르고 있다. 이 하천에 유량 25.2m³/min, BOD 500mg/L인 공장폐수가 유입되고 있다면 하천수와 공장폐수의 합류지점의 BOD(mg/L)는?(단, 완전 혼합이라 가정)

① 약 33 ② 약 45
③ 약 52 ④ 약 67

해설
$$C_m = \frac{Q_1C_1 + Q_2C_2}{Q_1 + Q_2}$$

$$C_m(mg/L) = \frac{4.2 \times 7 + 0.42 \times 500}{4.2 + 0.42} = 51.82(mg/L)$$

여기서, $Q_2 = \frac{25.2m^3}{min} \Big| \frac{1min}{60sec} = 0.42(m^3/sec)$

06 Glucose($C_6H_{12}O_6$) 500mg/L 용액을 호기성 처리 시 필요한 이론적인 인(P) 농도(mg/L)는?(단 BOD_5 : N : P=100 : 5 : 1, K_1=0.1day^{-1}, 상용대수기준, 완전분해기준, BOD_u=COD)

① 약 3.7 ② 약 5.6
③ 약 8.5 ④ 약 12.8

해설
㉠ $C_6H_{12}O_6 + 6O_2 \rightarrow 6CO_2 + 6H_2O$
　　180g　　　：6×32g
　　500(mg/L)：X
　　X(=BOD_u)=533.33(mg/L)
㉡ $BOD_t = BOD_u(1-10^{-K \cdot t}) \rightarrow BOD_5$
　　＝533.33×(1−10$^{-1.5 \times 5}$)
　　BOD_5=364.68(mg/L)
　　BOD_5 : P=100 : 1=364.68 : P
　　P=3.6468≒3.7(mg/L)

07 Graham의 기체법칙에 관한 내용으로 (　)에 알맞은 것은?

수소의 확산속도에 비해 염소는 약 (㉠), 산소는 (㉡) 정도의 확산속도를 나타낸다.

① ㉠ 1/6, ㉡ 1/4　② ㉠ 1/6, ㉡ 1/9
③ ㉠ 1/4, ㉡ 1/6　④ ㉠ 1/9, ㉡ 1/6

해설 Graham의 법칙은 일정한 온도와 압력상태에서 기체의 확산속도는 그 기체분자량의 제곱근(밀도의 제곱근)에 반비례한다는 법칙이다. 따라서, 수소의 확산속도에 비해 염소의

확산속도＝$\frac{1}{\sqrt{\frac{71.5}{2}}} = \frac{1}{6}$ 정도의 확산속도를 나타내고,

산소의 확산속도＝$\frac{1}{\sqrt{\frac{32}{2}}} = \frac{1}{4}$ 정도의 확산속도를 나타낸다.

08 적조현상에 의해 어패류가 폐사하는 원인과 가장 거리가 먼 것은?

① 적조생물이 어패류의 아가미에 부착하여
② 적조류의 광범위한 수면막 형성으로 인해
③ 치사성이 높은 유독물질을 분비하는 조류로 인해
④ 적조류의 사후분해에 의한 수중 부패 독의 발생으로 인해

09 우리나라의 수자원에 관한 설명으로 가장 거리가 먼 것은?

① 강수량의 지역적 차이가 크다.
② 주요 하천 중 한강의 수자원 보유량이 가장 많다.
③ 하천의 유역면적은 크지만 하천경사는 급하다.
④ 하천의 하상계수가 크다.

해설 하천의 유역면적이 작고 길이가 짧다.

10 세균의 구조에 대한 설명이 올바르지 못한 것은?

① 세포벽 : 세포의 기계적인 보호
② 협막과 점액층 : 건조 혹은 독성물질로부터 보호
③ 세포막 : 호흡대사 기능을 발휘
④ 세포질 : 유전에 관계되는 핵산 포함

해설 세포질은 세포의 모양 및 항상성을 유지하며, 세포소기관을 지탱해주는 역할을 한다.

11 화학흡착에 관한 내용으로 옳지 않은 것은?
① 흡착된 물질은 표면에 농축되어 여러 개의 겹쳐진 층을 형성함
② 흡착 분자는 표면의 한 부위에서 다른 부위로의 이동이 자유롭지 못함
③ 흡착된 물질 제거를 위해 일반적으로 흡착제를 높은 온도로 가열함
④ 거의 비가역적임

해설 화학적 흡착은 흡착력은 단분자층의 영향을 받는다.

12 크롬에 관한 설명으로 틀린 것은?
① 만성 크롬중독인 경우에는 미나마타병이 발생한다.
② 3가 크롬은 비교적 안정하나 6가 크롬 화합물은 자극성이 강하고 부식성이 강하다.
③ 3가 크롬은 피부흡수가 어려우나 6가 크롬은 쉽게 피부를 통과한다.
④ 만성 중독 현상으로는 비점막염증이 나타난다.

해설 미나마타병은 수은(Hg)의 대표적인 만성질환이다.

13 자정계수(f)의 영향 인자에 관한 설명으로 옳은 것은?
① 수심이 깊을수록 자정계수는 커진다.
② 수온이 높을수록 자정계수는 작아진다.
③ 유속이 완만할수록 자정계수는 커진다.
④ 바닥구배가 클수록 자정계수는 작아진다.

해설 자정계수(f)의 영향 인자
㉠ 수온이 높을수록 자정계수는 작아진다.
㉡ 수심이 얕을수록 자정계수는 커진다.
㉢ 유속이 빨라지면 자정계수는 커진다.
㉣ 바닥구배가 클수록 자정계수는 커진다.
㉤ 재폭기계수와 탈산소계수의 비로 정의된다.

14 물질대사 중 동화작용을 가장 알맞게 나타낸 것은?
① 잔여영양분+ATP → 세포물질+ADP+무기인+배설물
② 잔여영양분+ADP+무기인 → 세포물질+ATP+배설물
③ 세포 내 영양분의 일부+ATP → ADP+무기인+배설물
④ 세포 내 영양분의 일부+ADP+무기인 → ATP+배설물

해설 동화작용(Anabolism)
㉠ 세포를 합성하는 작용을 말한다.
㉡ 잔여영양분+ADP → 세포물질+ATP+무기인+배설물

15 유해물질과 그 중독증상(영향)의 관계로 가장 거리가 먼 것은?
① Mn : 흑피증
② 유기인 : 현기증, 동공축소
③ Cr^{6+} : 피부궤양
④ PCB : 카네미유증

해설 망간(Mn)은 파킨슨씨 증후군과 유사한 증상이 나타난다.

16 수자원의 순환에서 가장 큰 비중을 차지하는 것은?
① 해양으로의 강우
② 증발
③ 증산
④ 육지로의 강우

해설 수자원의 순환에서 가장 큰 비중을 차지하는 것은 증발이며 비중이 가장 작은 것은 식물의 흡수 및 증산작용이다.

17 Formaldehyde(CH_2O)의 COD/TOC 비는?
① 1.37
② 1.67
③ 2.37
④ 2.67

해설 $CH_2O + O_2 \rightarrow H_2O + CO_2$
30g 32g (1mol 기준)
COD : 32g
TOC : 12g
따라서 $\dfrac{TOC}{COD} = \dfrac{32}{12} =$ 약 2.67

11. ① 12. ① 13. ② 14. ① 15. ① 16. ② 17. ④ **ANSWER**

PART 02 | 과년도 기출문제(2020. 8. 22. 시행)

18 경도에 관한 관계식으로 틀린 것은?
① 총경도－비탄산경도=탄산경도
② 총경도－탄산경도=마그네슘경도
③ 알칼리도＜총경도일 때 탄산경도=비탄산경도
④ 알칼리도 ≥ 총경도일 때 탄산경도=총경도

해설 총경도＞알칼리도일 때 탄산경도=총경도

19 하구의 혼합 형식 중 하상구배와 조차가 작아서 염수와 담수의 2층 밀도류가 발생되는 것은?
① 강 혼합형
② 약 혼합형
③ 중 혼합형
④ 완 혼합형

해설 하구(Estuary)
㉠ 약 혼합형 : 하상구배와 조차가 작아 염수와 담수의 밀도류가 발생한다.
㉡ 완 혼합형 : 하상구배가 어느 정도 크고, 조차가 적당히 있을 때 난류성분에 의해 밀도 경계면이 명확하지 않으며, 연직방향의 밀도차가 작아진다.
㉢ 강 혼합형 : 하상구배와 조차가 매우 커서 난류성분이 발달하여 연직혼합을 촉진시키며, 유하방향으로의 밀도차가 확실해진다.

20 150kL/day의 분뇨를 포기하여 BOD의 20%를 제거하였다. BOD 1kg을 제거하는 데 필요한 공기공급량이 60m³이라 했을 때 시간당 공기공급량(m³)은?
(단, 연속포기, 분뇨의 BOD=20,000mg/L)
① 100   ② 500
③ 1,000 ④ 1,500

해설 공기공급량$(m^3/hr) = \dfrac{150kL}{day}\bigg|\dfrac{20,000mg}{L}\bigg|\dfrac{10^3L}{kL}$
$\bigg|\dfrac{kg}{10^6mg}\bigg|\dfrac{60m^3}{1kg}\bigg|\dfrac{20}{100}\bigg|\dfrac{1day}{24hr}$
$= 1,500(m^3/hr)$

SECTION 02 상하수도계획

21 계획취수량을 확보하기 위하여 필요한 저수용량의 결정에 사용하는 계획기준년의 표준으로 가장 적절한 것은?
① 3개년에 제1위 정도의 갈수
② 5개년에 제1위 정도의 갈수
③ 7개년에 제1위 정도의 갈수
④ 10개년에 제1위 정도의 갈수

해설 계획취수량을 확보하기 위하여 필요한 저수용량의 결정에 사용하는 계획기준년은 원칙적으로 10개년에 제1위 정도의 갈수를 표준으로 한다.

22 수격작용을 방지 또는 줄이는 방법이라 할 수 없는 것은?
① 펌프에 플라이휠을 붙여 펌프의 관성을 증가시킨다.
② 흡입 측 관로에 압력조절수조를 설치하여 부압을 유지시킨다.
③ 펌프 토출구 부근에 공기탱크를 두거나 부압 발생 지점에 흡기밸브를 설치하여 압력강하 시 공기를 넣어준다.
④ 관내 유속을 낮추거나 관거상황을 변경한다.

해설 수격작용은 관로의 밸브를 급히 제동하거나 펌프의 급제동으로 인하여 순간유속이 제로(0)가 되면서 압력파가 발생하게 되고, 이 압력파는 관내를 일정한 전파속도로 왕복하면서 충격을 주게 되는 현상을 말하며 방지방법은 다음과 같다.
㉠ 관내의 유속을 낮추거나 관경을 크게 한다.
㉡ 펌프의 속도가 급격히 변화하는 것을 방지한다.
㉢ 수압을 조절할 수 있는 수조를 관선에 설치한다.
㉣ 밸브를 펌프 송출구 가까이 설치하여 적절히 제어할 수 있도록 한다.

ANSWER | 18. ③ 19. ② 20. ④ 21. ④ 22. ②

23 도수관을 설계할 때 평균유속 기준으로 ( )에 옳은 것은?

> 자연유하식인 경우에는 허용최대한도를 (㉠)로 하고, 도수관의 평균유속의 최소한도는 (㉡)로 한다.

① ㉠ 1.5m/s, ㉡ 0.3m/s
② ㉠ 1.5m/s, ㉡ 0.6m/s
③ ㉠ 3.0m/s, ㉡ 0.3m/s
④ ㉠ 3.0m/s, ㉡ 0.6m/s

해설 도수관의 평균유속
자연유하식인 경우에는 허용최대한도를 3.0m/s로 하고, 도수관의 평균유속의 최소한도는 0.3m/s로 한다.

24 펌프의 캐비테이션(공동현상) 발생을 방지하기 위한 대책으로 옳은 것은?

① 펌프의 설치위치를 가능한 한 높게 하여 가용유효 흡입수두를 크게 한다.
② 흡입관의 손실을 가능한 한 작게 하여 가용유효흡입수두를 크게 한다.
③ 펌프의 회전속도를 높게 선정하여 필요유효흡입수두를 작게 한다.
④ 흡입 측 밸브를 완전히 폐쇄하고 펌프를 운전한다.

해설 Cavitation의 방지방법
㉠ 펌프의 설치위치를 가능한 한 낮추어 가용유효흡입수두를 크게 한다.
㉡ 흡입관의 손실을 가능한 한 작게 하여 가용 유효흡입수두를 크게 한다.
㉢ 펌프의 회전수를 감소시킨다.
㉣ 성능에 크게 영향을 미치지 않는 범위 내에서 흡입관의 직경을 증가시킨다.
㉤ 두 대 이상의 펌프를 사용하거나 회전차를 수중에 완전히 잠기게 한다.
㉥ 양흡입 펌프 · 입축형 펌프 · 수중펌프의 사용을 검토한다.
㉦ 펌프의 회전속도를 낮게 하여 펌프의 필요유효흡입수두를 작게 한다.
㉧ 흡입 측 밸브를 완전히 개방하고 펌프를 운전한다.

25 피압수 우물에서 영향원 직경 1km, 우물직경 1m, 피압대 수층의 두께 20m, 투수계수 20m/day로 추정되었다면, 양수정에서의 수위 강하를 5m로 유지하기 위한 양수량(m³/sec)은?(단, $Q=2\pi kb \dfrac{H-h_o}{2.3\log_{10}\dfrac{R}{r_o}}$)

① 약 0.005   ② 약 0.02
③ 약 0.05   ④ 약 0.1

해설 $Q = 2\pi kb \dfrac{H-h_o}{2.3\log_{10}\dfrac{R}{r_o}}$

$= 2\times\pi\times 20\times 2.315\times 10^{-4} \times \dfrac{5}{2.3\log_{10}\dfrac{500}{0.5}}$

$= 0.02(\text{m}^3/\text{sec})$

여기서, 투수계수(K) $= \dfrac{20\text{m}}{\text{day}}\bigg|\dfrac{1\text{day}}{86,400\text{sec}}$
$= 2.315\times 10^{-4}(\text{m/sec})$

26 지표수의 취수를 위해 하천수를 수원으로 하는 경우의 취수탑에 관한 설명으로 옳지 않은 것은?

① 대량 취수 시 경제적인 것이 특징이다.
② 취수보와 달리 토사유입을 방지할 수 있다.
③ 공사비는 일반적으로 크다.
④ 시공 시 가물막이 등 가설공사는 비교적 소규모로 할 수 있다.

27 상수의 도수관로의 자연부식 중 매크로셀 부식에 해당하지 않는 것은?

① 이종금속   ② 간섭
③ 산소농담(통기차)   ④ 콘크리트 · 토양

해설 매크로셀 부식
㉠ 콘크리트 · 토양
㉡ 산소농담(통기차)
㉢ 이종금속

28 우수배제계획 수립에 적용되는 하수관거의 계획우수량 결정을 위한 확률연수는?

① 5~10년   ② 10~15년
③ 10~30년   ④ 30~50년

23. ③ 24. ② 25. ② 26. ② 27. ② 28. ③

해설 하수관거의 확률연수는 원칙적으로 10~30년으로 한다.

29 취수시설에서 취수된 원수를 정수시설까지 끌어들이는 시설은?
① 배수시설   ② 급수시설
③ 송수시설   ④ 도수시설

해설 취수시설에서 취수된 원수를 정수시설까지 끌어들이는 시설은 도수시설이다.

30 상수도관으로 사용되는 관종 중 스테인리스강관에 관한 특징으로 틀린 것은?
① 강인성이 뛰어나고 충격에 강하다.
② 용접접속에 시간이 걸린다.
③ 라이닝이나 도장을 필요로 하지 않는다.
④ 이종금속과의 절연처리가 필요 없다.

해설 ㉠ 스테인리스강관은 이종금속과의 절연처리가 필요하다.
㉡ 스테인리스강관의 장단점

장점	단점
• 강도가 크고 내구성이 있다. • 내식성이 우수하다. • 강인성이 뛰어나고 충격에 강하다. • 라이닝이나 도장을 필요로 하지 않는다.	• 용접접속에 시간이 걸린다. • 이종금속과의 절연처리를 필요로 한다.

31 계획송수량과 계획도수량의 기준이 되는 수량은?
① 계획송수량 : 계획 1일 최대급수량
  계획도수량 : 계획시간 최대급수량
② 계획송수량 : 계획시간 최대급수량
  계획도수량 : 계획 1일 최대급수량
③ 계획송수량 : 계획취수량
  계획도수량 : 계획 1일 최대급수량
④ 계획송수량 : 계획 1일 최대급수량
  계획도수량 : 계획취수량

32 원수의 냄새물질(2-MIB, geosmin 등), 색도, 미량 유기물질, 소독부산물전구물질, 암모니아성 질소, 음이온 계면활성제, 휘발성 유기물질 등을 제거하기 위한 수처리 공정으로 가장 적합한 것은?
① 완속여과   ② 급속여과
③ 막여과   ④ 활성탄여과

33 하수 펌프장 시설인 스크루펌프(Screw Pump)의 일반적인 장단점으로 틀린 것은?
① 회전수가 낮기 때문에 마모가 적다.
② 수중의 협잡물이 물과 함께 떠올라 폐쇄 가능성이 크다.
③ 기동에 필요한 물채움장치나 밸브 등 부대시설이 없어 자동운전이 쉽다.
④ 토출 측의 수로를 압력관으로 할 수 없다.

해설 수중의 협잡물이 물과 함께 떠올라 폐쇄가 적다.

34 계획오수량에 관한 설명으로 옳지 않은 것은?
① 계획 1일 최대오수량은 1인 1일 최대오수량에 계획인구를 곱한 후, 여기에 공장 폐수량, 지하수량 및 기타 배수량을 더한 것으로 한다.
② 합류식에서 우천 시 계획오수량은 원칙적으로 계획시간 최대오수량의 3배 이상으로 한다.
③ 지하수량은 1인 1일 평균오수량의 5~10%로 한다.
④ 계획시간 최대오수량은 계획 1일 최대오수량의 1시간당 수량의 1.3~1.8배를 표준으로 한다.

해설 지하수량은 1인 1일 최대오수량의 10~20%로 한다.

35 하수관거 배수설비에 관한 설명으로 옳지 않은 것은?
① 배수설비는 공공하수도의 일종이다.
② 배수설비 중의 물받이의 설치는 배수구역 경계지점 또는 배수구역 안에 설치하는 것을 기본으로 한다.
③ 결빙으로 인한 우·오수 흐름의 지장이 발생되지 않도록 하여야 한다.
④ 배수관은 암거로 하며, 우수만을 배수하는 경우에는 개거도 가능하다.

ANSWER | 29. ④ 30. ④ 31. ④ 32. ④ 33. ② 34. ③ 35. ①

해설 하수관거 배수설비란 하수를 공공하수도에 유입시키기 위하여 필요한 배수관, 물받이 및 기타의 설비를 말한다.

36 호소의 중소량 취수시설로 많이 사용되고 구조가 간단하며 시공도 비교적 용이하나 수중에 설치되므로 호소의 표면수는 취수할 수 없는 것은?
① 취수틀   ② 취수보
③ 취수관거 ④ 취수문

해설 취수틀은 호소의 중소량 취수시설로 많이 사용되고 구조가 간단하며 시공도 비교적 용이하나 수중에 설치되므로 호소의 표면수는 취수할 수 없다.

37 상수도시설 일반구조의 설계하중 및 외력에 대한 고려사항으로 틀린 것은?
① 풍압은 풍량에 풍력계수를 곱하여 산정한다.
② 얼음 두께에 비하여 결빙 면이 작은 구조물의 설계에는 빙압을 고려한다.
③ 지하수위가 높은 곳에 설치하는 지상 구조물은 비웠을 경우의 부력을 고려한다.
④ 양압력은 구조물의 전후에 수위차가 생기는 경우에 고려한다.

해설 풍압은 속도압에 풍력계수를 곱하여 산정한다.

38 직경 1m의 원형 콘크리트관에 하수가 흐르고 있다. 동수구배(I)가 0.01이고, 수심이 0.5m일 때 유속(m/sec)은?(단, 조도계수(n)=0.013, Manning 공식 적용, 만관 기준)
① 2.1   ② 2.7
③ 3.1   ④ 3.7

해설 Manning 공식
$$V(m/sec) = \left(\frac{1}{n}\right) \times R^{\frac{2}{3}} \times I^{\frac{1}{2}}$$
n = 0.013
I = 0.01
$R = \frac{D}{4} = \frac{1}{4} = 0.25$

$$\therefore V(m/s) = \frac{1}{0.013} \times (0.25)^{2/3} \times (0.01)^{1/2}$$
$$= 3.05(m/s)$$

39 상수도시설인 취수탑의 취수구에 관한 내용과 가장 거리가 먼 것은?
① 계획취수위는 취수구로부터 도수기점까지의 수두손실을 계산하여 결정한다.
② 취수탑의 내측이나 외측에 슬루스게이트(제수문), 버터플라이밸브 또는 제수밸브 등을 설치한다.
③ 전면에는 협잡물을 제거하기 위한 스크린을 설치해야 한다.
④ 단면형상은 장방형 또는 원형으로 한다.

해설 취수탑의 취수구는 계획최저수위인 경우에도 계획취수량을 확실히 취수할 수 있는 설치위치로 한다.

40 자유수면을 갖는 천정호(반경 r_o=0.5m, 원지하수위 H=7.0m)에 대한 양수시험결과 양수량이 0.03m³/sec일 때 정호의 수심 h_o=5.0m, 영향반경 R=200m에서 평형이 되었다. 이때 투수계수 k(m/sec)는?
① 4.5×10^{-4} ② 2.4×10^{-3}
③ 3.5×10^{-3} ④ 1.6×10^{-2}

해설 $Q = \frac{\pi k(H^2 - h^2)}{2.3\log(R/r)}$
$0.03(m^3/sec) = \frac{\pi k(7^2 - 5^2)m^2}{2.3\log(200/0.5)}$
$k = 2.38 \times 10^{-3}(m/sec)$

SECTION 03 수질오염방지기술

41 막분리 공법을 이용한 정수처리의 장점으로 가장 거리가 먼 것은?
① 부산물이 생기지 않는다.
② 정수장 면적을 줄일 수 있다.
③ 시설의 표준화로 부품관리 시공이 간편하다.
④ 자동화, 무인화가 용이하다.

해설 막분리 공법의 단점
㉠ 막의 수명이 짧다.
㉡ 돌발적인 수질사고 시 대응이 쉽지 않다.
㉢ 초기 설치비가 고가이다.
㉣ 시공 및 부품관리 등에서 신기술이 필요하다.

42 포기조 유효용량이 1,000m³이고, 잉여슬러지 배출량이 25m³/day로 운전되는 활성슬러지 공정이 있다. 반송슬러지의 SS 농도(X_r)에 대한 MLSS 농도(X)의 비(X/X_r)가 0.25일 때 평균 미생물 체류시간(day)은?(단, 2차 침전지 유출수의 SS 농도는 무시)

① 7 ② 8
③ 9 ④ 10

해설 $SRT = \dfrac{\forall \cdot X}{Q_w X_w}$

$\forall = 1,000m^3$
$Q_w = 25m^3/day$
$\dfrac{X}{X_w} = 0.25$

∴ $SRT = \dfrac{\forall \cdot X}{Q_w X_w} = \dfrac{1,000m^3}{25m^3} \bigg| \dfrac{day}{} \bigg| \dfrac{0.25}{}$
$= 10(day)$

43 인이 8mg/L 들어 있는 하수의 인 침전(인을 침전시키는 실험에서 인 1몰당 알루미늄 1.5몰이 필요)을 위해 필요한 액체 명반($Al_2(SO_4)_3 \cdot 18H_2O$)의 양(L/day)은?(단, 액체 명반의 순도=48%, 단위중량=1,281kg/m³, 명반 분자량=666.7, 알루미늄 원자량=26.98, 인 원자량=31, 유량=10,000m³/day)

① 약 2,100 ② 약 2,800
③ 약 3,200 ④ 약 3,700

해설 P ≡ 2Al
31(g) : 54(g)

$X(L/day) = \dfrac{8mg}{L} \bigg| \dfrac{10,000m^3}{day} \bigg| \dfrac{1.5 \times 27g}{31g}$
$\bigg| \dfrac{666.7g}{53.96g} \bigg| \dfrac{m^3}{1,281kg} \bigg| \dfrac{100}{48}$
$\bigg| \dfrac{10^3 L}{1m^3} \bigg| \dfrac{10^3 L}{1m^3} \bigg| \dfrac{1kg}{10^6 mg}$
$= 2,100.16(L/day)$

44 농도 5,500mg/L인 폭기조 활성슬러지 1L를 30분간 정치시킨 후 침강슬러지의 부피가 45%를 차지하였을 때의 SDI는?

① 1.22 ② 1.48
③ 1.61 ④ 1.83

해설 $SVI = \dfrac{SV_{30}(\%)}{MLSS(mg/L)} \times 10^4$
$= \dfrac{45}{5,500} \times 10^4 = 81.81$

$SDI(g/100mL) = \dfrac{100}{SVI} = \dfrac{100}{81.81} = 1.22$

45 하수처리과정에서 염소소독과 자외선소독을 비교할 때 염소소독의 장단점으로 틀린 것은?

① 암모니아의 첨가에 의해 결합잔류염소가 형성된다.
② 염소접촉조로부터 휘발성 유기물이 생성된다.
③ 처리수의 총용존고형물이 감소한다.
④ 처리수의 잔류독성이 탈염소과정에 의해 제거되어야 한다.

해설 염소소독은 처리 후 처리수의 총용존고형물이 증가하고, 하수의 염화물 함유량이 증가하는 단점이 있다. 또한 안전상 화학적 제거시설이 필요할 수도 있다.

46 침전지에서 입자의 침강속도가 증대되는 원인이 아닌 것은?

① 입자 비중의 증가 ② 액체 점성계수의 증가
③ 수온의 증가 ④ 입자 직경의 증가

해설 액체의 점성계수가 감소할 때 침강속도는 증가한다.

47 바이오 센서와 수질오염공정시험기준에서 독성평가에 사용되기도 하는 생물종에 가장 가까운 것은?

① Leptodora ② Monia
③ Daphnia ④ Alona

해설 바이오 센서와 수질오염공정시험기준에서 독성평가에 사용되기도 하는 생물종은 물벼룩(Daphnia)이다.

48 다음 공정에서 처리될 수 있는 폐수의 종류는?

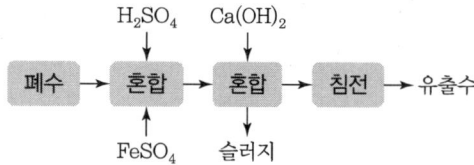

① 크롬폐수   ② 시안폐수
③ 비소폐수   ④ 방사능폐수

49 활성슬러지 공정을 사용하여 BOD 200mg/L의 하수 2,000m³/day를 BOD 30mg/L까지 처리하고자 한다. 포기조의 MLSS를 1,600 mg/L로 유지하고, 체류시간을 8시간으로 하고자 할 때의 F/M 비(kg BOD/kg MLSS · day)는?

① 0.12   ② 0.24
③ 0.38   ④ 0.43

해설 $F/M = \dfrac{BOD_i \times Q_i}{\forall \cdot X} = \dfrac{BOD_i}{t \cdot X}$

$\therefore F/M = \dfrac{200\text{mg}}{L} \Big| \dfrac{L}{1,600\text{mg}} \Big| \dfrac{1}{8\text{hr}} \Big| \dfrac{24\text{hr}}{1\text{day}}$

$= 0.375 \,(\text{kg BOD/kg MLSS} \cdot \text{day})$

50 활성탄 흡착단계를 설명한 것으로 가장 거리가 먼 것은?

① 흡착제 주위의 막을 통하여 피흡착제의 분자가 이동하는 단계
② 피흡착제의 극성에 의해 제타포텐셜(Zeta Potential)이 적용되는 단계
③ 흡착제 공극을 통하여 피흡착제가 확산하는 단계
④ 흡착이 되면서 흡착제와 피흡착제 사이에 결합이 일어나는 단계

해설 흡착의 메커니즘
㉠ 1단계 : 유기물질이 물을 통해 고액경계면까지 이동하는 단계
㉡ 2단계 : 유기물질이 흡착제의 공극을 통해 분산 확산하는 단계
㉢ 3단계 : 확산된 유기물질이 입자의 미세공극의 표면 위에 흡착되는 단계

51 음용수 중 철과 망간의 기준 농도에 맞추기 위한 그 제거 공정으로 알맞지 않은 것은?

① 포기에 의한 침전   ② 생물학적 여과
③ 제올라이트 수착   ④ 인산염에 의한 산화

해설 철과 망간의 제거 공정
폭기법, 생물학적 여과, 제올라이트법 외에 과망간산칼륨의 주입에 의한 산화법, 접촉산화법, 전해법, 이온교환법 등이 있다.

52 하수처리방식 중 회전원판법에 관한 설명으로 가장 거리가 먼 것은?

① 활성슬러지법에 비해 2차 침전지에서 미세한 SS가 유출되기 쉽고, 처리수의 투명도가 나쁘다.
② 운전관리상 조작이 간단한 편이다.
③ 질산화가 거의 발생하지 않으며, pH 저하도 거의 없다.
④ 소비 전력량이 소규모 처리시설에서는 표준 활성슬러지법에 비하여 적은 편이다.

해설 질산화가 일어나기 쉬우며, pH가 저하되는 경우가 있다.

53 하·폐수를 통하여 배출되는 계면활성제에 대한 설명 중 잘못된 것은?

① 계면활성제는 메틸렌블루 활성물질이라고도 한다.
② 계면활성제는 주로 합성세제로부터 배출되는 것이다.
③ 물에 약간 녹으며 폐수처리 플랜트에서 거품을 만들게 된다.
④ ABS는 생물학적으로 분해가 매우 쉬우나 LAS는 생물학적으로 분해가 어려운 난분해성 물질이다.

해설 ABS 세제는 세척력이 우수하지만 큰 부작용이 있다. 물속에 존재하는 미생물은 탄소화합물을 분해해 정화하는 능력이 있는데 ABS 세제처럼 가지 달린 탄소화합물은 쉽게 분해하지 못한다. 그래서 ABS 세제 대신 개발된 것이 LAS(선형 알킬벤젠술폰산나트륨) 세제이다.

54 폐수유량 1,000m³/day, 고형물농도 2,700 mg/L 인 슬러지를 부상법에 의해 농축시키고자 한다. 압축 탱크의 압력이 4기압이며 공기의 밀도 1.3g/L, 공기의 용해량 29.2cm³/L일 때 air/solid비는?(단, f=0.5, 비순환방식 기준)

① 0.009 ② 0.014
③ 0.019 ④ 0.025

해설
$$A/S비 = \frac{1.3 \cdot C_{air}(f \cdot P - 1)}{SS}$$
$$= \frac{1.3 \times 29.2 \times (0.5 \times 4 - 1)}{2,700}$$
$$= 0.014$$

55 접촉매체를 이용한 생물막공법에 대한 설명으로 틀린 것은?

① 유지관리가 쉽고, 유기물 농도가 낮은 기질 제거에 유효하다.
② 수온의 변화나 부하변동에 강하고 처리효율에 나쁜 영향을 주는 슬러지 팽화문제를 해결할 수 있다.
③ 공극 폐쇄 시에도 양호한 처리수질을 얻을 수 있으며 세정조작이 용이하다.
④ 슬러지 발생량이 적고 고도처리에도 효과적이다.

56 무기수은계 화합물을 함유한 폐수의 처리방법이 아닌 것은?

① 황화물 침전법   ② 활성탄 흡착법
③ 산화분해법   ④ 이온교환법

해설 무기수은은 황화물 침전법, 활성탄 흡착법, 이온교환법 등으로 처리할 수 있다.

57 9.0kg의 글루코스(Glucose)로부터 발생 가능한 0℃, 1atm에서의 CH_4 가스의 용적(L)은?(단, 혐기성 분해 기준)

① 3,160   ② 3,360
③ 3,560   ④ 3,760

해설 $C_6H_{12}O_6 \rightarrow 3CH_4 + 3CO_2$

180(g) : 3×22.4(L)
9,000(g) : X(L)
∴ X(=CH_4)=3,360(L, STP)

58 2,000m³/day의 하수를 처리하는 하수처리장의 1차 침전지에서 침전고형물이 0.4ton/day, 2차 침전지에서 0.3ton/day가 제거되며 이때 각 고형물의 함수율은 98%, 99.5%이다. 체류시간을 3일로 하여 고형물을 농축시키려면 농축조의 크기(m³)는?(단, 고형물의 비중=1.0 가정)

① 80   ② 240
③ 620   ④ 1,860

해설 소화조의 용적(∀)=처리유량(Q)×체류시간(t)

$$Q_1(m^3/day) = \frac{400kg}{day} \bigg| \frac{100}{2} \bigg| \frac{m^3}{1,000kg}$$
$$= 20(m^3/day)$$

$$Q_2(m^3/day) = \frac{300kg}{day} \bigg| \frac{100}{0.5} \bigg| \frac{m^3}{1,000kg}$$
$$= 60(m^3/day)$$

∴ 소화조의 용적(∀)=(20+60)m³/day×3day
=240(m³)

59 하수처리를 위한 소독방식의 장단점에 관한 내용으로 틀린 것은?

① ClO_2 : 부산물에 의해 청색증이 유발될 수 있다.
② ClO_2 : pH 변화에 따른 영향이 적다.
③ NaOCl : 잔류효과가 적다.
④ NaOCl : 유량이나 탁도 변동에서 적응이 쉽다.

60 Monod 식을 이용한 세포의 비증식속도(hr^{-1})는? (단, 제한기질농도=200mg/L, 1/2 포화농도=50mg/L, 세포의 비증식속도 최대치=0.1hr^{-1})

① 0.08   ② 0.12
③ 0.16   ④ 0.24

해설
$$\mu = \mu_{max} \times \frac{[S]}{K_s + [S]}$$
$$= 0.1 \times \frac{200}{50+200}$$
$$= 0.08(hr^{-1})$$

ANSWER | 54. ② 55. ③ 56. ③ 57. ② 58. ② 59. ③ 60. ①

SECTION 04 수질오염공정시험기준

61 정도관리 요소 중 정밀도를 옳게 나타낸 것은?
① 정밀도(%)=(연속적으로 n회 측정한 결과의 평균값/표준편차)×100
② 정밀도(%)=(표준편차/연속적으로 n회 측정한 결과의 평균값)×100
③ 정밀도(%)=(상대편차/연속적으로 n회 측정한 결과의 평균값)×100
④ 정밀도(%)=(연속적으로 n회 측정한 결과의 평균값/상대편차)×100

해설 정밀도는 시험분석 결과의 반복성을 나타내는 것으로 반복시험하여 얻은 결과를 상대표준편차로 나타내며, 연속적으로 n회 측정한 결과의 평균값($\bar{x}$)과 표준편차(s)로 구한다.

62 수산화나트륨(NaOH) 10g을 물에 녹여서 500mL로 하였을 경우 용액의 농도(N)는?
① 0.25
② 0.5
③ 0.75
④ 1.0

해설 $X(eq/L) = \frac{10g}{0.5L} \Big| \frac{1eq}{40g} = 0.5(eq/L)$

63 수질오염공정시험기준에 의해 분석할 시료를 채수 후 측정시간이 지연될 경우 시료를 보존하기 위해 4℃에 보관하고, 염산으로 pH를 5~9 정도로 유지하여야 하는 항목은?
① 부유물질
② 망간
③ 알킬수은
④ 유기인

64 산성과망간산칼륨법에 의한 화학적 산소요구량 측정 시 황산은(Ag₂SO₄)을 첨가하는 이유는?
① 발색조건을 균일하게 하기 위해서
② 염소이온의 방해를 억제하기 위해서
③ pH를 조절하여 종말점을 분명하게 하기 위해서
④ 과망간산칼륨의 산화력을 증가시키기 위해서

해설 염소이온은 과망간산에 의해 정량적으로 산화되어 양의 오차를 유발하므로 황산은을 첨가하여 염소이온의 간섭을 제거한다.

65 다이페닐카바자이드와 반응하여 생성하는 적자색 착화합물의 흡광도를 540nm에서 측정하는 중금속은?
① 6가 크롬
② 인산염인
③ 구리
④ 총인

66 정량한계(LOQ)를 옳게 표시한 것은?
① 정량한계=3×표준편차
② 정량한계=3.3×표준편차
③ 정량한계=5×표준편차
④ 정량한계=10×표준편차

해설 정량한계(LOQ, Limit of Quantification)란 시험분석 대상을 정량화할 수 있는 측정값으로서, 제시된 정량한계 부근의 농도를 포함하도록 시료를 준비하고 이를 반복 측정하여 얻은 결과의 표준편차(s)에 10배 한 값을 사용한다.
정량한계=10×s

67 수질오염공정시험기준 총칙 중 관련 용어의 정의로 틀린 것은?
① 용기 : 시험에 관련된 물질을 보호하고 이물질이 들어가는 것을 방지할 수 있는 것을 말한다.
② 바탕시험을 하여 보정한다 : 시료에 대한 처리 및 측정을 할 때, 시료를 사용하지 않고 같은 방법으로 조작한 측정치를 빼는 것을 말한다.
③ 정확히 취하여 : 규정한 양의 액체를 부피피펫으로 눈금까지 취하는 것을 말한다.
④ 정밀히 단다 : 규정된 양의 시료를 취하여 화학저울 또는 미량저울로 칭량함을 말한다.

해설 "용기"라 함은 시험용액 또는 시험에 관계된 물질을 보존, 운반 또는 조작하기 위하여 넣어두는 것으로 시험에 지장을 주지 않도록 깨끗한 것을 뜻한다.

61. ② 62. ② 63. ④ 64. ② 65. ① 66. ④ 67. ① | ANSWER

68 막여과법에 의한 총대장균군 시험의 분석절차에 대한 설명으로 틀린 것은?

① 멸균된 핀셋으로 여과막을 눈금이 위로 가게 하여 여과장치의 지지대 위에 올려 놓은 후 막여과장치의 깔대기를 조심스럽게 부착시킨다.
② 페트리접시에 20~80개의 세균 집락을 형성하도록 시료를 여과관 상부에 주입하면서 흡인여과하고 멸균수 20~30mL로 씻어준다.
③ 여과하여야 할 예상 시료량이 10mL보다 적을 경우에는 멸균된 희석액으로 희석하여 여과하여야 한다.
④ 총대장균군수를 예측할 수 없는 경우에는 여과량을 달리하여 여러 개의 시료를 분석하고 한 여과 표면 위에 모든 형태의 집락수가 200개 이상의 집락이 형성되도록 하여야 한다.

해설 총대장균군수를 예측할 수 없는 경우에는 여과량을 달리하여 여러 개의 시료를 분석하고, 한 여과 표면 위의 모든 형태의 집락수가 200개 이상의 집락이 형성되지 않도록 하여야 한다.

69 자외선/가시선 분광법에 의한 페놀류 시험방법에 대한 설명으로 틀린 것은?

① 정량한계는 클로로폼 추출법일 때 0.005mg/L, 직접측정법일 때 0.05mg/L이다.
② 완충액을 시료에 가하여 pH 10으로 조절한다.
③ 붉은색의 안티피린계 색소의 흡광도를 측정한다.
④ 흡광도를 측정하는 방법으로 수용액에서는 460nm, 클로로폼 용액에서는 510nm에서 측정한다.

해설 페놀류(자외선/가시선 분광법)
㉠ 정량한계는 클로로폼 추출법일 때 0.005mg/L, 직접측정일 때 0.05mg/L이다.
㉡ 4-아미노안티피린과 헥사시안화철(Ⅱ)산칼륨을 넣어 생성된 붉은색의 안티피린계 색소의 흡광도를 측정하는 방법으로 수용액에서는 510nm, 클로로폼 용액에서는 460nm에서 측정한다.

70 금속성분을 측정하기 위한 시료의 전처리 방법 중 유기물을 다량 함유하고 있으면서 산분해가 어려운 시료에 적용되는 방법은?

① 질산-염산에 의한 분해
② 질산-불화수소산에 의한 분해
③ 질산-과염소산에 의한 분해
④ 질산-과염소산-불화수소산에 의한 분해

해설 전처리 방법

전처리 방법	적용 시료
질산법	유기 함량이 비교적 높지 않은 시료의 전처리에 사용한다.
질산-염산법	유기물 함량이 비교적 높지 않고 금속의 수산화물, 산화물, 인산염 및 황화물을 함유하고 있는 시료에 적용된다.
질산-황산법	유기물 등을 많이 함유하고 있는 대부분의 시료에 적용된다.
질산-과염소산법	유기물을 다량 함유하고 있으면서 산분해가 어려운 시료에 적용된다.
질산-과염소산-불화수소산법	다량의 점토질 또는 규산염을 함유한 시료에 적용된다.

71 예상 BOD치에 대한 사전경험이 없을 때 오염정도가 심한 공장폐수의 희석배율(%)은?

① 25~100 ② 5~25
③ 1~5   ④ 0.1~1.0

해설 예상 BOD치에 대한 사전경험이 없을 때 다음과 같이 희석하여 검액을 조제한다.
㉠ 오염 정도가 심한 공장폐수 : 시료를 0.1~1.0% 넣는다.
㉡ 처리하지 않은 공장폐수와 침전된 하수 : 시료를 1~5% 넣는다.
㉢ 처리하여 방류된 공장폐수 : 시료를 5~25% 넣는다.
㉣ 오염된 하천수 : 시료를 25~100% 넣는다.

72 수은을 냉증기-원자흡수분광광도법으로 측정할 때 유리염소를 환원시키기 위해 사용하는 시약과 잔류하는 염소를 통기시켜 추출하기 위해 사용하는 가스는?

① 염산하이드록실아민, 질소
② 염산하이드록실아민, 수소
③ 과망간산칼륨, 질소
④ 과망간산칼륨, 수소

해설 시료 중 염화물이온이 다량 함유된 경우에는 산화 조작 시 유리염소를 발생하여 253.7nm에서 흡광도를 나타낸다. 이때는 염산하이드록실아민 용액을 과잉으로 넣어 유리염소를 환원시키고 용기 중에 잔류하는 염소는 질소 가스를 통기시켜 추출한다.

73 자외선/가시선 분광법의 이론적 기초가 되는 Lambert–Beer의 법칙을 나타낸 것은?(단, I_0 : 입사광의 강도, I_t : 투사광의 강도, C : 농도, l : 빛의 투과거리, ε : 흡광계수)

① $I_t = I_0 \cdot 10^{-\varepsilon Cl}$ ② $I_t = I_0 \cdot (-\varepsilon Cl)$
③ $I_t = I_0 / (10^{-\varepsilon Cl})$ ④ $I_t = I_0 / -\varepsilon Cl$

해설 Lambert – Beer의 법칙
$I_t = I_0 \cdot 10^{-\varepsilon Cl}$

74 시료채취 시 유의사항으로 틀린 것은?
① 유류 또는 부유물질 등이 함유된 시료는 시료의 균일성이 유지될 수 있도록 채취해야 하며 침전물 등이 부상하여 혼입되어서는 안 된다.
② 퍼클로레이트를 측정하기 위한 시료를 채취할 때 시료의 공기접촉이 없도록 시료병에 가득 채운다.
③ 시료채취량은 시험항목 및 시험횟수에 따라 차이가 있으나 보통 3~5L 정도이어야 한다.
④ 휘발성유기화합물 분석용 시료를 채취할 때에는 뚜껑의 격막을 만지지 않도록 주의하여야 한다.

해설 퍼클로레이트를 측정하기 위한 시료채취 시 시료 용기를 질산 및 정제수로 씻은 후 사용하며 시료병의 $\frac{2}{3}$를 채운다.

75 금속류–유도결합플라스마–원자발광분광법의 간섭물질 중 발생 가능성이 가장 낮은 것은?
① 물리적 간섭
② 이온화 간섭
③ 분광 간섭
④ 화학적 간섭

해설 금속류–유도결합플라스마–원자발광분광법의 간섭물질
㉠ 물리적 간섭
㉡ 이온화 간섭
㉢ 분광 간섭
㉣ 기타(플라스마의 높은 온도와 비활성으로 화학적 간섭의 발생 가능성은 낮으나, 출력이 낮은 경우 일부 발생할 수 있다.)

76 기체크로마토그래프법을 이용한 유기인 측정에 관한 내용으로 틀린 것은?
① 크로마토그램을 작성하여 나타난 피크의 유지시간에 따라 각 성분의 농도를 정량한다.
② 유기인 화합물 중 이피엔, 파라티온, 메틸디메톤, 다이아지논 및 펜토에이트 측정에 적용한다.
③ 불꽃광도 검출기 또는 질소인 검출기를 사용한다.
④ 운반기체는 질소 또는 헬륨을 사용하며 유량은 0.5~3mL/min을 사용한다.

해설 유기인(기체크로마토그래프법)
물속에 존재하는 유기계 농약성분 중 다이아지논, 파라티온, 이피엔, 메틸디메톤 및 펜토에이트를 측정하기 위한 것으로, 채수한 시료를 헥산으로 추출하여 필요시 실리카겔 또는 플로리실 컬럼을 통과시켜 정제한다. 이 액을 농축시켜 기체크로마토그래프에 주입하고 크로마토그램을 작성하여 유기인을 확인하고 정량하는 방법이다.

77 유량계 중 최대유량/최소유량 비가 가장 큰 것은?
① 벤투리미터 ② 오리피스
③ 자기식 유량측정기 ④ 피토관

해설 유량계에 따른 정밀 / 정확도 및 최대유속과 최소유속의 비율

유량계	범위 (최대유량 : 최소유량)	정확도 (실제유량에 대한 %)	정밀도 (최대유량에 대한 %)
벤투리미터(Venturi Meter)	4 : 1	±1	±0.5
유량측정용노즐(Nozzle)	4 : 1	±0.3	±0.5
오리피스(Orifice)	4 : 1	±1	±1
피토(Pitot)관	3 : 1	±3	±1
자기식 유량측정기 (Magnetic Flow Meter)	10 : 1	±1~2	±0.5

73. ① 74. ② 75. ④ 76. ① 77. ③ | ANSWER

78 0.1M KMnO₄ 용액을 용액층의 두께가 10mm 되도록 용기에 넣고 5,400Å의 빛을 비추었을 때 그 30%가 투과되었다. 같은 조건하에서 40%의 빛을 흡수하는 KMnO₄ 용액 농도(M)는?

① 0.02 ② 0.03
③ 0.04 ④ 0.05

해설 흡광도는 투과도 역수의 대수로 나타낼 수 있다.
$$A = \log\frac{1}{t} = \log\frac{1}{I_t/I_o} = \varepsilon \cdot C \cdot L$$
$$\log\frac{1}{0.3} : 0.1M = \log\frac{1}{0.6} : X$$
$$\therefore X = 0.04(M)$$

79 노말헥산추출물질 분석에 관한 설명으로 틀린 것은?

① 시료를 pH 4 이하의 산성으로 하여 노말헥산층에 용해되는 물질을 노말헥산으로 추출한다.
② 폐수 중의 비교적 휘발되지 않는 탄화수소, 탄화수소유도체, 그리스유상물질 및 광유류를 함유하고 있는 시료를 측정대상으로 한다.
③ 광유류의 양을 시험하고자 할 경우에는 활성규산마그네슘 컬럼으로 광유류를 흡착한 후 추출한다.
④ 지표수, 지하수, 폐수 등에 적용할 수 있으며, 정량한계는 0.5mg/L이다.

해설 광유류의 양을 시험하고자 할 경우, 활성규산마그네슘 컬럼을 이용하여 동식물유지류를 흡착, 제거한다.

80 웨어의 수두가 0.8m, 절단의 폭이 5m인 4각 웨어를 사용하여 유량을 측정하고자 한다. 유량계수가 1.6일 때 유량(m³/day)은?

① 약 4,345 ② 약 6,925
③ 약 8,245 ④ 약 10,370

해설
$$Q(m^3/min) = K \cdot b \cdot h^{\frac{3}{2}}$$
$$= 1.6 \times 5 \times 0.8^{\frac{3}{2}}$$
$$= 5.72(m^3/min)$$
$$= 8,243(m^3/day)$$

SECTION 05 수질환경관계법규

81 폐수처리업자의 준수사항으로 틀린 것은?

① 증발농축시설, 건조시설, 소각시설의 대기 오염물질 농도를 매월 1회 자가측정하여야 하며, 분기마다 악취에 대한 자가측정을 실시하여야 한다.
② 처리 후 발생하는 슬러지의 수분함량은 85% 이하이어야 한다.
③ 수탁한 폐수는 정당한 사유 없이 5일 이상 보관할 수 없으며 보관폐수의 전체량이 저장시설 저장능력의 80% 이상 되게 보관하여서는 아니 된다.
④ 기술인력을 그 해당 분야에 종사하도록 하여야 하며, 폐수처리시설을 16시간 이상 가동할 경우에는 해당 처리시설의 현장 근무 2년 이상의 경력자를 작업현장에 책임 근무하도록 하여야 한다.

해설 수탁한 폐수는 정당한 사유 없이 10일 이상 보관할 수 없으며 보관폐수의 전체량이 저장시설 저장능력의 90% 이상 되게 보관하여서는 아니 된다.

82 오염총량관리시행계획에 포함되어야 하는 사항으로 가장 거리가 먼 것은?

① 오염원 현황 및 예측
② 오염도 조사 및 오염부하량 산정방법
③ 연차별 오염부하량 삭감 목표 및 구체적 삭감 방안
④ 수질예측 산정자료 및 이행 모니터링 계획

해설 오염총량관리시행계획을 수립할 때 포함하여야 하는 사항
㉠ 오염총량관리시행계획 대상 유역의 현황
㉡ 오염원 현황 및 예측
㉢ 연차별 지역 개발계획으로 인하여 추가로 배출되는 오염부하량 및 해당 개발계획의 세부 내용
㉣ 연차별 오염부하량 삭감 목표 및 구체적 삭감 방안
㉤ 오염부하량 할당 시설별 삭감량 및 그 이행 시기
㉥ 수질예측 산정자료 및 이행 모니터링 계획

83 폐수처리 시 희석처리를 인정받고자 하는 자가 이를 입증하기 위해 시·도지사에게 제출하여야 하는 사항이 아닌 것은?

① 처리하려는 폐수의 농도 및 특성
② 희석처리의 불가피성
③ 희석배율 및 희석량
④ 희석처리 시 환경에 미치는 영향

해설 오염물질 희석처리의 인정을 받으려는 자가 시·도지사에게 제출하여야 하는 서류
㉠ 처리하려는 폐수의 농도 및 특성
㉡ 희석처리의 불가피성
㉢ 희석배율 및 희석량

84 낚시제한구역에서 과태료 처분을 받는 행위에 속하지 않는 것은?

① 1명당 4대 이상의 낚싯대를 사용하는 행위
② 낚싯바늘에 떡밥을 뭉쳐서 미끼로 던지는 행위
③ 고기를 잡기 위하여 폭발물을 이용하는 행위
④ 낚시어선업을 영위하는 행위

해설 낚시제한구역에서의 제한사항
㉠ 낚싯바늘에 끼워서 사용하지 아니하고 물고기를 유인하기 위하여 떡밥·어분 등을 던지는 행위
㉡ 어선을 이용한 낚시행위 등 「낚시 관리 및 육성법」에 따른 낚시어선업을 영위하는 행위
㉢ 1명당 4대 이상의 낚싯대를 사용하는 행위
㉣ 1개의 낚싯대에 5개 이상의 낚싯바늘을 떡밥과 뭉쳐서 미끼로 던지는 행위
㉤ 쓰레기를 버리거나 취사행위를 하거나 화장실이 아닌 곳에서 대·소변을 보는 등 수질오염을 일으킬 우려가 있는 행위
㉥ 고기를 잡기 위하여 폭발물·배터리·어망 등을 이용하는 행위

85 위임업무 보고사항 중 보고횟수가 연 1회에 해당하는 것은?

① 기타 수질오염원 현황
② 폐수위탁·사업장 내 처리현황 및 처리실적
③ 과징금 징수 실적 및 체납처분 현황
④ 폐수처리업에 대한 등록·지도단속실적 및 처리실적 현황

해설 위임업무 보고사항
㉠ 기타 수질오염원 현황(연 2회)
㉡ 폐수위탁·사업장 내 처리현황 및 처리실적 (연 1회)
㉢ 과징금 징수 실적 및 체납처분 현황(연 2회)
㉣ 폐수처리업에 대한 등록·지도단속실적 및 처리실적 현황(연 2회)

86 농약사용 제한 규정에 대한 설명으로 ( )에 들어갈 기간은?

> 시·도지사는 골프장의 농약사용 제한 규정에 따라 골프장의 맹독성·고독성 농약의 사용 여부를 확인하기 위하여 ( )마다 골프장별로 농약사용량을 조사하고 농약잔류량을 검사하여야 한다.

① 한 달
② 분기
③ 반기
④ 1년

해설 시·도지사는 골프장의 농약사용 제한 규정에 따라 골프장의 맹독성·고독성 농약의 사용 여부를 확인하기 위하여 반기마다 골프장별로 농약사용량을 조사하고 농약잔류량을 검사하여야 한다.

87 오염총량관리지역의 수계 이용상황 및 수질 상태 등을 고려하여 대통령령이 정하는 바에 따라 수계구간별로 오염총량관리의 목표가 되는 수질을 정하여 고시하여야 하는 자는?

① 대통령
② 환경부장관
③ 특별 및 광역시장
④ 도지사 및 군수

해설 환경부장관은 수계 이용상황 및 수질상태 등을 고려하여 대통령령으로 정하는 바에 따라 수계구간별로 오염총량관리의 목표가 되는 수질을 정하여 고시하여야 한다.

88 배출부과금 부과 시 고려사항이 아닌 것은?(단, 환경부령으로 정하는 사항은 제외한다.)

① 배출허용기준 초과 여부
② 배출되는 수질오염물질의 종류
③ 수질오염물질의 배출기간
④ 수질오염물질의 위해성

ANSWER 83.④ 84.② 85.② 86.③ 87.② 88.④

해설 배출부과금을 부과할 때 고려하여야 하는 사항
㉠ 배출허용기준 초과 여부
㉡ 배출되는 수질오염물질의 종류
㉢ 수질오염물질의 배출기간
㉣ 수질오염물질의 배출량
㉤ 자가측정 여부

89 비점오염저감시설의 시설유형별 기준에서 자연형 시설이 아닌 것은?
① 저류시설
② 인공습지
③ 여과형 시설
④ 식생형 시설

해설 자연형 시설
㉠ 저류시설
㉡ 인공습지
㉢ 침투시설
㉣ 식생형 시설

90 물환경보전법령상 용어 정의가 틀린 것은?
① 폐수 : 물에 액체성 또는 고체성의 수질오염물질이 섞여 있어 그대로는 사용할 수 없는 물
② 수질오염물질 : 사람의 건강, 재산이나 동·식물 생육에 위해를 줄 수 있는 물질로 환경부령으로 정하는 것
③ 강우유출수 : 비점오염원의 수질오염물질이 섞여 유출되는 빗물 또는 눈 녹은 물 등
④ 기타 수질오염원 : 점오염원 및 비점오염원으로 관리되지 아니하는 수질오염물질을 배출하는 시설 또는 장소로서 환경부령으로 정하는 것

해설 "수질오염물질"이란 수질오염의 요인이 되는 물질로서 환경부령으로 정하는 것을 말한다.

91 공공수역의 물환경 보전을 위하여 고랭지경작지에 대한 경작방법을 권고할 수 있는 기준(환경부령으로 정함)이 되는 해발고도와 경사도는?
① 300m 이상, 10% 이상
② 300m 이상, 15% 이상
③ 400m 이상, 10% 이상
④ 400m 이상, 15% 이상

해설 "환경부령으로 정하는 해발고도"란 해발 400미터를 말하고, "환경부령으로 정하는 경사도"란 경사도 15퍼센트를 말한다.

92 수질오염경보의 종류별·경보단계별 조치사항 중 상수원 구간에서 조류경보의 "관심" 단계일 때 유역·지방 환경청장의 조치사항인 것은?
① 관심경보 발령
② 대중매체를 통한 홍보
③ 조류 제거 조치 실시
④ 시험분석 결과를 발령기관으로 통보

해설

단계	관계 기관	조치사항
관심	유역·지방 환경청장 (시·도지사)	1) 관심경보 발령 2) 주변 오염원에 대한 지도·단속

93 폐수처리방법이 생물화학적 처리방법인 경우 환경부령으로 정하는 시운전 기간은?(단, 가동시작일은 5월 1일이다.)
① 가동시작일부터 30일
② 가동시작일부터 50일
③ 가동시작일부터 70일
④ 가동시작일부터 90일

해설 시운전 기간
㉠ 폐수처리방법이 생물화학적 처리방법인 경우 : 가동시작일부터 50일. 다만, 가동시작일이 11월 1일부터 다음 연도 1월 31일까지에 해당하는 경우에는 가동시작일부터 70일로 한다.
㉡ 폐수처리방법이 물리적 또는 화학적 처리방법인 경우 : 가동시작일부터 30일

94 수질 및 수생태계 환경기준 중 하천의 사람의 건강보호 기준항목인 6가 크롬 기준(mg/L)으로 옳은 것은?
① 0.01 이하
② 0.02 이하
③ 0.05 이하
④ 0.08 이하

해설 수질 및 수생태계 환경기준 중 하천의 사람의 건강보호 기준항목인 6가 크롬 기준은 0.05mg/L 이하이다.

ANSWER | 89. ③ 90. ② 91. ④ 92. ① 93. ② 94. ③

95 비점오염원관리지역의 지정기준으로 틀린 것은?
① 환경기준에 미달하는 하천으로 유달부하량 중 비점오염원이 30% 이상인 지역
② 비점오염물질에 의하여 자연생태계에 중대한 위해가 초래되거나 초래될 것으로 예상되는 지역
③ 인구 100만 명 이상인 도시로서 비점오염원 관리가 필요한 지역
④ 지질이나 지층 구조가 특이하여 특별한 관리가 필요하다고 인정되는 지역

해설 비점오염원관리지역의 지정기준
㉠ 환경기준에 미달하는 하천으로 유달부하량 중 비점오염원이 50% 이상인 지역
㉡ 비점오염물질에 의하여 자연생태계에 중대한 위해가 초래되거나 초래될 것으로 예상되는 지역
㉢ 인구 100만 명 이상인 도시로서 비점오염원 관리가 필요한 지역
㉣ 국가산업단지, 일반산업단지로 지정된 지역으로 비점오염원 관리가 필요한 지역
㉤ 지질이나 지층 구조가 특이하여 특별한 관리가 필요하다고 인정되는 지역

96 측정기기의 부착 대상 및 종류 중 부대시설에 해당되는 것으로 옳게 짝지은 것은?
① 자동시료채취기, 자료수집기
② 자동측정분석기기, 자동시료채취기
③ 용수적산유량계, 적산전력계
④ 하수·폐수적산유량계, 적산전력계

해설 측정기기의 부착 대상 및 종류 중 부대시설의 종류
㉠ 자동시료채취기
㉡ 자료수집기

97 초과배출부과금의 부과 대상이 되는 오염물질의 종류에 포함되지 않는 것은?
① 페놀류
② 테트라클로로에틸렌
③ 망간 및 그 화합물
④ 플루오르(불소)화합물

해설 초과배출부과금 부과 대상 수질오염물질의 종류
㉠ 유기물질
㉡ 부유물질
㉢ 카드뮴 및 그 화합물
㉣ 시안화합물
㉤ 유기인화합물
㉥ 납 및 그 화합물
㉦ 6가 크롬 화합물
㉧ 비소 및 그 화합물
㉨ 수은 및 그 화합물
㉩ 폴리염화비페닐[polychlorinated biphenyl]
㉪ 구리 및 그 화합물
㉫ 크롬 및 그 화합물
㉬ 페놀류
㉭ 트리클로로에틸렌
㉮ 테트라클로로에틸렌
㉯ 망간 및 그 화합물
㉰ 아연 및 그 화합물
㉱ 총 질소
㉲ 총 인

98 중점관리 저수지의 지정 기준으로 옳은 것은?
① 총저수용량이 1백만m³ 이상인 저수지
② 총저수용량이 1천만m³ 이상인 저수지
③ 총저수면적이 1백만m³ 이상인 저수지
④ 총저수면적이 1천만m³ 이상인 저수지

해설 중점관리 저수지의 지정 기준
㉠ 총저수용량이 1천만세제곱미터 이상인 저수지
㉡ 오염 정도가 대통령령으로 정하는 기준을 초과하는 저수지
㉢ 그 밖에 환경부장관이 상수원 등 해당 수계의 수질보전을 위하여 필요하다고 인정하는 경우

99 수질오염방지시설 중 물리적 처리시설이 아닌 것은?
① 혼합시설
② 침전물 개량시설
③ 응집시설
④ 유수분리시설

해설 침전물 개량시설은 화학적 처리시설이다.

100 초과부과금의 산정에 필요한 수질오염물질과 1킬로그램당 부과금액이 옳게 연결된 것은?

① 유기물질 - 500원
② 총질소 - 30,000원
③ 페놀류 - 50,000원
④ 유기인화합물 - 150,000원

해설 수질오염물질 1킬로그램당 부과 금액
  ㉠ 유기물질(250원)
  ㉡ 총질소(500원)
  ㉢ 페놀류(150,000원)
  ㉣ 유기인화합물(150,000원)

ANSWER | 100. ④

2020년 4회 수질환경기사

SECTION 01 수질오염개론

01 호수에 부하되는 인산량을 적용하여 대상 호수의 영양상태를 평가, 예측하는 모델 중 호수내의 인의 물질수지 관계식을 이용하여 평가하는 방법으로 가장 널리 이용되는 것은?

① Vollenweider Model
② Streeter-Phelps Model
③ 2차원 POM
④ ISC Model

해설 부영양화 평가모델은 인(P)부하모델인 Vollenweider 모델 등이 대표적이다.

02 우리나라의 수자원 이용현황 중 가장 많이 이용되어 온 용수는?

① 공업용수
② 농업용수
③ 생활용수
④ 유지용수(하천)

해설 우리나라에서는 농업용수의 이용률이 가장 높고, 그 다음으로 발전 및 하천유지용수, 생활용수, 공업용수 순이다.

03 일차 반응에서 반응물질의 반감기가 5일이라고 한다면 물질의 90%가 소모되는 데 소요되는 시간(일)은?

① 약 14
② 약 17
③ 약 19
④ 약 22

해설
$\ln \dfrac{C_t}{C_o} = -K \cdot t$

$\ln \dfrac{0.5 C_o}{C_o} = -K \cdot 5\text{day}$

$\therefore K = 0.1386 (\text{day}^{-1})$

따라서 A 물질의 90%가 소모되는 데 소요되는 시간은
$\ln \dfrac{10}{100} = -0.1386 \cdot t$

$\therefore t = 16.61(\text{day}) ≒ 17(\text{day})$

04 Fungi(균류, 곰팡이류)에 관한 설명으로 틀린 것은?

① 원시적 탄소동화작용을 통하여 유기물질을 섭취하는 독립영양계 생물이다.
② 폐수 내의 질소와 용존산소가 부족한 경우에도 잘 성장하며 pH가 낮은 경우에도 잘 성장한다.
③ 구성물질의 75~80%가 물이며 $C_{10}H_{17}O_6N$을 화학구조식으로 사용한다.
④ 폭이 약 5~10μm로서 현미경으로 쉽게 식별되며 슬러지 팽화의 원인이 된다.

해설 Fungi(균류, 곰팡이류)는 탄소동화작용을 하지 않는 미생물로서 곰팡이류, 효모, 사상균 등이 여기에 속한다.

05 하천수에서 난류확산에 의한 오염물질의 농도분포를 나타내는 난류확산 방정식을 이용하기 위하여 일차적으로 고려해야 할 인자와 가장 관련이 적은 것은?

① 대상 오염물질의 침강속도(m/sec)
② 대상 오염물질의 자기감쇠계수
③ 유속(m/sec)
④ 하천수의 난류지수(Re. No)

해설 하천수의 난류확산 방정식

$\dfrac{\partial C}{\partial t} + \dfrac{\partial (uC)}{\partial x} + \dfrac{\partial (vC)}{\partial y} + \dfrac{\partial (wC)}{\partial z}$
$= \dfrac{\partial}{\partial x}\left(D_x \dfrac{\partial C}{\partial x}\right) + \dfrac{\partial}{\partial y}\left(D_y \dfrac{\partial C}{\partial y}\right)$
$+ \dfrac{\partial}{\partial z}\left(D_z \dfrac{\partial C}{\partial z}\right) + w_o \dfrac{\partial C}{\partial z} - KC$

여기서, C : 하천수의 오염물질 농도(mg/L)
u, v, w : x(유하), y(수평), z(수직)방향의 유속
D_x, D_y, D_z : x, y, z 방향의 확산계수
w_o : 대상 오염물질의 침강속도(m/sec)
K : 대상 오염물질의 자기감쇠계수

1. ① 2. ② 3. ② 4. ① 5. ④ | **ANSWER**

06
직경이 0.1mm인 모관에서 10℃일 때 상승하는 물의 높이(cm)는?(단, 공기밀도는 $1.25 \times 10^3 g/cm^3$ (10℃일 때), 접촉각은 0°, h(상승높이)=$4\sigma/[gr(Y-Ya)]$, 표면장력은 74.2dyne/cm)

① 30.3　　② 42.5
③ 51.7　　④ 63.9

해설 $\Delta H = \dfrac{4 \cdot \sigma \cdot \cos\beta}{\gamma \cdot d}$

$\Delta H(cm) = \dfrac{4}{1} \left|\dfrac{74.2g \cdot cm}{s^2 \cdot cm}\right| \dfrac{cm^3}{1g} \left|\dfrac{s^2}{980cm}\right|$
$\left|\dfrac{1}{0.1mm}\right| \dfrac{10mm}{1cm}$
$= 30.29(cm)$

07
다음 수질을 가진 농업용수의 SAR값으로 판단할 때 Na^+가 흙에 미치는 영향은?(단, 수질농도 : Na^+=230mg/L, Ca^{2+}=60mg/L, Mg^{2+}=36mg/L, PO_4^{3-}=1,500mg/L, Cl^-=200mg/L, 원자량 : 나트륨=23, 마그네슘=24, 인=31, 칼슘=40)

① 영향이 작다.
② 영향이 중간 정도이다.
③ 영향이 비교적 크다.
④ 영향이 매우 크다.

해설 $SAR = \dfrac{Na^+}{\sqrt{\dfrac{Mg^{2+} + Ca^{2+}}{2}}}$

(단, 모든 단위는 meq/L이다.)

㉠ $Na^+ = \dfrac{230mg}{L} \left|\dfrac{1meq}{23mg}\right| = 10meq/L$

㉡ $Ca^{2+} = \dfrac{60mg}{L} \left|\dfrac{2meq}{40mg}\right| = 3meq/L$

㉢ $Mg^{2+} = \dfrac{36mg}{L} \left|\dfrac{2meq}{24mg}\right| = 3meq/L$

$SAR = \dfrac{10}{\sqrt{\dfrac{3+3}{2}}} = 5.77$

관개용수의 SAR이 10 이하이면 식물에 영향이 적다.

08
확산의 기본법칙인 Fick's 제1법칙을 가장 알맞게 설명한 것은?(단, 확산에 의해 어떤 면적요소를 통과하는 물질의 이동속도 기준)

① 이동속도는 확산물질의 조성비에 비례한다.
② 이동속도는 확산물질의 농도경사에 비례한다.
③ 이동속도는 확산물질의 분자확산계수와 반비례한다.
④ 이동속도는 확산물질의 유입과 유출의 차이만큼 축적된다.

해설 Fick의 제 1법칙(정상상태 확산)은 용액 속에서 용질의 확산이 일어나는 방향에 수직인 단위 넓이를 통하여 단위 시간에 확산하는 용질의 양은 그 장소에서의 농도의 기울기에 비례한다는 법칙이다.

09
C_2H_6 15g이 완전 산화하는 데 필요한 이론적 산소량(g)은?

① 약 46　　② 약 56
③ 약 66　　④ 약 76

해설 $C_2H_6 + 3.5O_2 \rightarrow 2CO_2 + 3H_2O$
30(g) : 3.5×32(g)
15(g) : X
∴ X = 56(g)

10
콜로이드 응집의 기본 메커니즘과 가장 거리가 먼 것은?

① 이중층의 분산　　② 전하의 중화
③ 침전물에 의한 포착　　④ 입자 간의 가교 현상

해설 콜로이드 응집의 기본 메커니즘
㉠ 전하의 중화　　㉡ 이중층의 압축
㉢ 침전물에 의한 포착　　㉣ 입자 간의 가교 형성

11
탈산소계수가 0.15/day이면 BOD_5와 BOD_u의 비(BOD_5/BOD_u)는?(단, 밑수는 상용대수이다.)

① 약 0.69　　② 약 0.74
③ 약 0.82　　④ 약 0.91

해설
$BOD_t = BOD_u(1 - 10^{-K \cdot t})$
$BOD_5 = BOD_u(1 - 10^{-0.15 \times 5})$
$\dfrac{BOD_5}{BOD_u} = (1 - 10^{-0.15 \times 5}) = 0.822$

12 회전원판법(RBC)에서 원판면적의 약 몇 %가 폐수 속에 잠겨서 운전하는 것이 가장 좋은가?
① 20　　② 30
③ 40　　④ 50

해설 회전원판법은 살수여상보다 발전된 폐수처리법으로 회전축에 수직으로 가까이 배치한 얇은 원형 판들을 폐수가 흐르는 물통에 약 40% 정도가 잠기게 한 후 수직축을 1rpm 속도로 회전시킨다.

13 미생물 세포의 비증식 속도를 나타내는 식에 대한 설명이 잘못된 것은?

$$\mu = \mu_{max} \times \dfrac{[S]}{[S] + K_s}$$

① μ_{max}는 최대 비증식속도로 시간$^{-1}$ 단위이다.
② K_s는 반속도상수로서 최대 성장률이 1/2일 때의 기질의 농도이다.
③ $\mu = \mu_{max}$인 경우, 반응속도가 기질 농도에 비례하는 1차 반응을 의미한다.
④ [S]는 제한기질 농도이고 단위는 mg/L이다.

해설 μ는 비성장률로 단위로 시간$^{-1}$이다.

14 수질예측모형의 공간성에 따른 분류에 관한 설명으로 틀린 것은?
① 0차원 모형 : 식물성 플랑크톤의 계절적 변동사항에 주로 이용된다.
② 1차원 모형 : 하천이나 호수를 종방향 또는 횡방향의 연속교반 반응조로 가정한다.
③ 2차원 모형 : 수질의 변동이 일방향성이 아닌 이방향성으로 분포하는 것으로 가정한다.
④ 3차원 모형 : 대호수의 순환 패턴분석에 이용된다.

해설 0차원 모형
식물성 플랑크톤의 계절적 변동사항에는 적용하기 곤란하다.

15 화학합성균 중 독립영양균에 속하는 호기성균으로서 대표적인 황산화세균에 속하는 것은?
① Sphaerotilus　　② Crenothrix
③ Thiobacillus　　④ Leptothrix

해설 황산화세균에 대표적인 것은 티오바실러스(Thiobacillus)이다.

16 0.1ppb Cd 용액 1L 중에 들어 있는 Cd의 양(g)은?
① 1×10^{-6}　　② 1×10^{-7}
③ 1×10^{-8}　　④ 1×10^{-9}

해설 $Cd(g/L) = \dfrac{0.1 \times 10^{-3}mg}{L} \Big| \dfrac{1g}{10^3 mg}$
$= 1.0 \times 10^{-7}(g/L)$

17 μ(세포비증가율)가 μ_{max}의 80%일 때 기질농도(S_{80})와 μ_{max}의 20%일 때 기질농도(S_{20})와의 S_{80}/S_{20} 비는?(단, 배양기 내의 세포비증가율은 Monod 식을 적용한다.)
① 4　　② 8
③ 16　　④ 32

해설 Monod 계산식
$$\mu = \mu_{max} \times \dfrac{S}{K_s + S}$$
㉠ μ가 μ_{max}의 80%일 경우
$80 = 100 \times \dfrac{S_{80}}{K_s + S_{80}}$
$100 S_{80} = 80(K_s + S_{80})$
$80 K_s = 20 S_{80} \rightarrow S_{80} = 4K_s$
㉡ μ가 μ_{max}의 20%일 경우
$20 = 100 \times \dfrac{S_{20}}{K_s + S_{20}}$
$100 S_{20} = 20(K_s + S_{20})$
$20 K_s = 80 S_{20} \rightarrow S_{20} = 0.25 K_s$
$\therefore \dfrac{S_{80}}{S_{20}} = \dfrac{4K_s}{0.25 K_s} = 16$

18 부영양화의 영향으로 틀린 것은?
① 부영양화가 진행되면 상품가치가 높은 어종들이 사라져 수산업의 수익성이 저하된다.
② 부영양화된 호수의 수질은 질소와 인 등 영양염류의 농도가 높으나 이외 과잉공급은 농작물의 이상 성장을 초래하고 병충해에 대한 저항력을 약화시킨다.
③ 부영양호의 pH는 중성 또는 약산성이나 여름에는 일시적으로 강산성을 나타내어 저니층의 용출을 유발한다.
④ 조류로 인해 정수공정의 효율이 저하된다.

해설 부영양호의 pH는 중성에서 약알칼리성이고 여름에는 일시적으로 강알칼리성을 나타내어 저니층의 용출을 유발한다.

19 산소 포화농도가 9mg/L인 하천에서 처음의 용존산소 농도가 7mg/L라면 3일간 흐른 후 하천 하류지점에서의 용존산소 농도(mg/L)는?(단, BOD_u=10mg/L, 탈산소계수=$0.1day^{-1}$, 재폭기계수=$0.2day^{-1}$, 상용대수 기준)
① 4.5   ② 5.0
③ 5.5   ④ 6.0

해설 $D_t = \dfrac{L_o \cdot K_1}{K_2 - K_1}(10^{-K_1 t} - 10^{-K_2 t}) + D_o \times 10^{-K_2 t}$

$D_o = 9mg/L - 7mg/L = 2mg/L$

$D_t = \dfrac{10 \times 0.1}{0.2 - 0.1}(10^{-0.1 \times 3} - 10^{-0.2 \times 3}) + 2 \times 10^{-0.2 \times 3}$
$= 3.0mg/L$

3시간 흐른 뒤 산소 농도= 9mg/L - 3.0mg/L = 6.0(mg/L)

20 바다에서 발생되는 적조현상에 관한 설명과 가장 거리가 먼 것은?
① 적조 조류의 독소에 의한 어패류의 피해가 발생한다.
② 해수 중 용존산소의 결핍에 의한 어패류의 피해가 발생한다.
③ 갈수기 해수 내 염소량이 높아질 때 발생한다.
④ 플랑크톤의 번식에 충분한 광량과 영양염류가 공급될 때 발생된다.

해설 적조현상은 강우에 따른 하천수의 유입으로 염분량이 낮아지고 물리적 자극물질이 보급될 때 발생한다.

SECTION 02 상하수도계획

21 자연부식 중 매크로셀 부식에 해당하는 것은?
① 산소농담(통기차)
② 특수토양부식
③ 간섭
④ 박테리아부식

해설 관의 부식
㉠ 자연부식
 • 미크로셀 부식 : 일반토양부식, 특수토양부식, 박테리아부식
 • 매크로셀 부식 : 콘크리트·토양, 산소농담(통기차), 이종금속
㉡ 전식 : 전철의 미주전류, 간섭

22 복류수를 취수하는 집수매거의 유출단에서 매거 내의 평균유속 기준은?
① 0.3m/sec 이하
② 0.5m/sec 이하
③ 0.8m/sec 이하
④ 1.0m/sec 이하

해설 집수매거는 수평 또는 흐름방향을 향하여 완경사로 하고 집수매거의 유출단에서 매거 내의 평균유속은 1m/sec 이하로 한다.

ANSWER | 18. ③ 19. ④ 20. ③ 21. ① 22. ④

23 상수시설의 급수설비 중 급수관 접속 시 설계기준과 관련한 고려사항(위험한 접속)으로 옳지 않은 것은?

① 급수관은 수도사업자가 관리하는 수도관 이외의 수도관이나 기타 오염의 원인으로 될 수 있는 관과 직접 연결해서는 안 된다.
② 급수관을 방화수조, 수영장 등 오염원의 원인이 될 우려가 있는 시설과 연결하는 경우에는 급수관의 토출구를 만수면보다 25mm 이상의 높이에 설치해야 한다.
③ 대변기용 세척밸브는 유효한 진공파괴설비를 설치한 세척밸브나 대변기를 사용하는 경우를 제외하고는 급수관에 직결해서는 안 된다.
④ 저수조를 만들 경우에 급수관의 토출구는 수조의 만수면에서 급수관경 이상의 높이에 만들어야 한다. 다만, 관경이 50mm 이하의 경우는 그 높이를 최소 50mm로 한다.

해설 급수관을 방화수조, 수영장 등 오염원의 원인이 될 우려가 있는 시설과 연결하는 경우에는 급수관의 토출구를 만수면보다 200mm 이상의 높이에 설치해야 한다. 다만, 관경이 50mm 이하인 경우에는 그 높이를 최소 50mm로 한다.

24 펌프의 비교회전도에 관한 설명으로 옳은 것은?

① 비교회전도가 크게 될수록 흡입성능이 나쁘고 공동현상이 발생하기 쉽다.
② 비교회전도가 크게 될수록 흡입성능은 나쁘나 공동현상이 발생하기 어렵다.
③ 비교회전도가 크게 될수록 흡입성능이 좋고 공동현상이 발생하기 어렵다.
④ 비교회전도가 크게 될수록 흡입성능은 좋으나 공동현상이 발생하기 쉽다.

해설 비교회전도(N_s)가 클수록 흡입성능이 나쁘고 공동현상이 발생하기 쉽다.

25 수평부설한 직경 300mm, 길이 3,000m의 주철관에 8,640m³/day로 송수 시 관로 끝에서의 손실수두(m)는?(단, 마찰계수 f=0.03, g=9.8m/sec², 마찰손실만 고려)

① 약 10.8m   ② 약 15.3m
③ 약 21.6m   ④ 약 30.6m

해설
$$H_L = f \times \frac{L}{D} \times \frac{V^2}{2g}$$
$$H_L = 0.03 \times \frac{3,000}{0.3} \times \frac{1.415^2}{2 \times 9.8} = 30.65(m)$$

여기서, $V = \frac{Q}{A}$

$$= \frac{8,640 m^3}{day} \bigg| \frac{4}{\pi \times 0.3^2} \bigg| \frac{1 day}{86,400 sec}$$
$$= 1.415(m/sec)$$

26 하천수를 수원으로 하는 경우, 취수시설인 취수문에 대한 설명으로 틀린 것은?

① 취수지점은 일반적으로 상류부의 소하천에 사용하고 있다.
② 하상변동이 작은 지점에서 취수할 수 있어 복단면의 하천 취수에 유리하다.
③ 시공조건에서 일반적으로 가물막이를 하고 임시 하도 설치 등을 고려해야 한다.
④ 기상조건에서 파랑에 대하여 특히 고려할 필요는 없다.

해설 취수문은 하상변동이 작은 지점에서만 취수할 수 있으며, 복단면의 하천에는 적당하지 않다.

27 정수시설인 배수관의 수압에 관한 내용으로 옳은 것은?

① 급수관을 분기하는 지점에서 배수관 내의 최대 정수압은 150kPa(약 1.6kgf/cm²)을 초과하지 않아야 한다.
② 급수관을 분기하는 지점에서 배수관 내의 최대 정수압은 250kPa(약 2.6kgf/cm²)을 초과하지 않아야 한다.
③ 급수관을 분기하는 지점에서 배수관 내의 최대 정수압은 450kPa(약 4.6kgf/cm²)을 초과하지 않아야 한다.
④ 급수관을 분기하는 지점에서 배수관 내의 최대 정수압은 700kPa(약 7.1kgf/cm²)을 초과하지 않아야 한다.

23. ② 24. ① 25. ④ 26. ② 27. ④ | ANSWER

해설 급수관을 분기하는 지점에서 배수관 내의 최대정수압은 700kPa을 초과하지 않아야 한다.

28 화학적 처리를 위한 응집시설 중 급속혼화시설에 관한 설명으로 ( )에 옳은 내용은?

> 기계식 급속혼화시설을 채택하는 경우에는 ( ) 이내의 체류시간을 갖는 혼화지에 응집제를 주입한 다음 즉시 급속교반시킬 수 있는 혼화장치를 설치한다.

① 30초　② 1분
③ 3분　④ 5분

해설 기계식 급속혼화시설을 채택하는 경우에는 1분 이내의 체류시간을 갖는 혼화지에 응집제를 주입한 다음 즉시 급속교반시킬 수 있는 혼화장치를 설치한다.

29 상수도시설 중 침사지에 관한 설명으로 틀린 것은?
① 위치는 가능한 한 취수구에 근접하여 제내지에 설치한다.
② 지의 유효수심은 2~3m를 표준으로 한다.
③ 지의 상단높이는 고수위보다 0.6~1m의 여유고를 둔다.
④ 지내 평균유속은 2~7cm/sec를 표준으로 한다.

해설 침사지의 유효수심은 3~4m가 표준이며, 0.5~1m의 여유를 둔다.

30 해수담수화시설 중 역삼투설비에 관한 설명으로 옳지 않은 것은?
① 해수담수화시설에서 생산된 물은 pH나 경도가 낮기 때문에 필요에 따라 적절한 약품을 주입하거나 다른 육지의 물과 혼합하여 수질을 조정한다.
② 막모듈은 플러싱과 약품세척 등을 조합하여 세척한다.
③ 고압펌프를 정지할 때에는 드로백이 유지 되도록 체크밸브를 설치하여야 한다.
④ 고압펌프는 효율과 내식성이 좋은 기종으로 하며 그 형식은 시설규모 등에 따라 선정한다.

해설 고압펌프가 정지할 때에 발생하는 드로백에 대처하기 위하여 필요에 따라 드로백수조를 설치한다.

31 계획취수량은 계획 1일 최대급수량의 몇 % 정도의 여유를 두고 정하는가?
① 5%　② 10%
③ 15%　④ 20%

해설 계획취수량의 기준은 계획 1일 최대급수량의 10% 정도 증가된 수량으로 한다.

32 관경 1,100mm 역사이펀 관거 내의 동수경사 2.4‰, 유속 2.15m/sec, 역사이펀 관거의 길이 L=76m일 때, 역사이펀의 손실수두(m)는?(단, β=1.5, α=0.05m이다.)
① 0.29　② 0.39
③ 0.49　④ 0.59

해설 $H(m) = i \times L + (1.5 \times V^2/2g) + \alpha$
$= \dfrac{2.4}{1,000} \times 76 + \left(1.5 \times \dfrac{2.15^2}{2 \times 9.8}\right) + 0.05$
$= 0.586(m)$

33 하수도계획의 목표연도는 원칙적으로 몇 년 정도로 하는가?
① 10년　② 15년
③ 20년　④ 25년

해설 하수도계획의 목표연도는 원칙적으로 20년 정도로 한다.

34 원형 원심력 철근콘크리트관에 만수된 상태로 송수된다고 할 때 Manning 공식에 의한 유속(m/sec)은?(단, 조도계수=0.013, 동수경사=0.002, 관지름=250mm)
① 0.24　② 0.54
③ 0.72　④ 1.03

ANSWER | 28. ② 29. ② 30. ③ 31. ② 32. ④ 33. ③ 34. ②

해설 Manning 공식

$$V = \frac{1}{n} \cdot R^{\frac{2}{3}} \cdot I^{\frac{1}{2}}$$

$n = 0.013$

$R = \frac{D}{4} = \frac{0.25}{4} = 0.0625$

$I = 0.002$

$\therefore V = \frac{1}{0.013} \times (0.0625)^{\frac{2}{3}} \times (0.002)^{\frac{1}{2}}$
$= 0.54 \text{(m/sec)}$

35 상수도 취수보의 취수구에 관한 설명으로 틀린 것은?
① 높이는 배사문의 바닥높이보다 0.5~1m 이상 낮게 한다.
② 유입속도는 0.4~0.8m/sec를 표준으로 한다.
③ 제수문의 전면에는 스크린을 설치한다.
④ 계획취수위는 취수구로부터 도수기점까지의 손실수두를 계산하여 결정한다.

해설 높이는 배사문의 바닥높이보다 0.5~1m 이상 높게 한다.

36 상수시설에서 급수관을 배관하고자 할 경우의 고려사항으로 옳지 않은 것은?
① 급수관을 공공도로에 부설할 경우에는 다른 매설물과의 간격을 30cm 이상 확보한다.
② 수요가의 대지 내에서 가능한 한 직선배관이 되도록 한다.
③ 가급적 건물이나 콘크리트의 기초 아래를 횡단하여 배관하도록 한다.
④ 급수관이 개거를 횡단하는 경우에는 가능한 한 개거의 아래로 부설한다.

해설 급수관 부설은 가능한 한 배수관에서 분기하여 수도미터 보호통까지 직선으로 배관해야 하나, 하수나 오수조 등에 의하여 수돗물이 오염될 우려가 있는 장소는 가능한 한 멀리 우회한다. 또 건물이나 콘크리트의 기초 아래를 횡단하는 배관은 피해야 한다.

37 합류식에서 우천 시 계획오수량은 원칙적으로 계획시간 최대오수량의 몇 배 이상으로 고려하여야 하는가?
① 1.5배 ② 2.0배
③ 2.5배 ④ 3.0배

해설 합류식에서 우천 시 계획오수량은 원칙적으로 계획시간 최대오수량의 3배 이상으로 한다.

38 상수도시설인 착수정에 관한 설명으로 ( )에 옳은 것은?

| 착수정의 용량은 체류시간을 ( ) 이상으로 한다. |

① 0.5분 ② 1.0분
③ 1.5분 ④ 3.0분

해설 착수정의 용량은 체류시간을 1.5분 이상으로 하고 수심은 3~5m로 한다.

39 하수관거시설이 황화수소에 의하여 부식되는 것을 방지하기 위한 대책으로 틀린 것은?
① 관거를 청소하고 미생물의 생식 장소를 제거한다.
② 염화제2철을 주입하여 황화물을 고정화한다.
③ 염소를 주입하여 ORP를 저하시킨다.
④ 환기에 의해 관내 황화수소를 희석한다.

해설 황화수소에 의한 부식방지 대책
㉠ 산화방법 : 하수 중의 황화수소를 산화시키는 방법으로 공기와 산소 또는 과산화수소 및 염소, 과망간산칼륨 등을 주입하는 방법이다.
㉡ 침전방법 : 금속염으로 석출하는 방법으로 염화철($FeCl_2$) 및 황산철($FeSO_4$)을 주입하는 방법이다.
㉢ pH 조절방법 : 가성소다 등을 일시에 다량 투입하여 pH를 높이는 방법이다.

40 유역면적이 2km²인 지역에서의 우수유출량을 산정하기 위하여 합리식을 사용하였다. 다음과 같은 조건일 때 관거 길이 1,000m인 하수관의 우수유출량은?(단, 강우강도 I(mm/hr)=$\frac{3,660}{t+30}$, 유입시간은 6분, 유출계수는 0.7, 관내의 평균 유속은 1.5m/sec이다.)

① 약 25 ② 약 30
③ 약 35 ④ 약 40

해설 합리식에 의해 우수유출량을 계산하면

$Q = \frac{1}{360}CIA$

C : 유출계수=0.7

A : 유역면적=$\frac{2km^2}{1} \cdot \frac{100ha}{1km^2}$
  = 200(ha)

I : $\frac{3,660}{t+30} = \frac{3,660}{17.11+30}$
  = 77.69(mm/hr)

t=유입시간+유하시간
 = $t_i + \frac{L}{V}$
 = $6\min + \frac{1,000m}{1.5m} \cdot \frac{sec}{} \cdot \frac{1\min}{60sec}$
 = 17.11(min)

∴ $Q = \frac{1}{360} \cdot C \cdot I \cdot A$
  = $\frac{1}{360} \times 0.7 \times 77.69 \times 200$
  = 30.21(m³/sec)

SECTION 03 수질오염방지기술

41 응집에 관한 설명으로 옳지 않은 것은?
① 황산알루미늄을 응집제로 사용할 때 수산화물 플록을 만들기 위해서는 황산알루미늄과 반응할 수 있도록 물에 충분한 알칼리도가 있어야 한다.
② 응집제로 황산알루미늄은 대개 철염에 비해 가격이 저렴한 편이다.
③ 응집제로 황산알루미늄은 철염보다 넓은 pH 범위에서 적용이 가능하다.
④ 응집제로 황산알루미늄을 사용하는 경우, 적당한 pH 범위는 대략 4.5에서 8이다.

해설 황산알루미늄은 가격이 저렴하고 거의 모든 현탁성 물질이나 부유물의 제거에 유효하나 적정 pH 폭이 좁고, 플록이 가벼운 단점이 있다.

42 1차 침전지의 유입 유량은 1,000m³/day이고 SS 농도는 350mg/L이다. 1차 침전지에서의 SS 제거효율이 60%일 때 하루에 1차 침전지에서 발생하는 슬러지 부피(m³)는?(단, 슬러지의 비중=1.05, 함수율=94%, 기타 조건은 고려하지 않음)

① 2.3 ② 2.5
③ 2.7 ④ 3.3

해설 $SL = \frac{1,000m^3 \cdot 폐수}{day} \cdot \frac{0.35kg \cdot TS}{m^3 \cdot 폐수} \cdot \frac{60}{100}$
$\cdot \frac{100 \cdot SL}{(100-94) \cdot TS} \cdot \frac{m^3}{1.05 \times 1,000kg}$
= 3.33(m³/day)

43 도시 폐수의 침전시간에 따라 변화하는 수질인자의 종류와 거리가 먼 것은?
① 침전성 부유물 ② 총부유물
③ BOD₅ ④ SVI 변화

44 무기물이 0.30g/g VSS로 구성된 생물성 VSS를 나타내는 폐수의 경우, 혼합액 중의 TSS와 VSS 농도가 각각 2,000mg/L, 1,480mg/L라 하면 유입수로부터 기인된 불활성 고형물에 대한 혼합액 중의 농도(mg/L)는?(단, 유입된 불활성 부유 고형물질의 용해는 전혀 없다고 가정)

① 76 ② 86
③ 96 ④ 116

해설 FSS = TSS − VSS
  = 2,000mg/L − 1,480mg/L
  = 520(mg/L)

ANSWER | 40. ② 41. ③ 42. ④ 43. ③ 44. ①

VSS 중 무기물 농도(FS) = VSS × 0.3g/g
                    = 1,480mg/L × 0.3g/g
                    = 444(mg/L)
∴ 불활성 고형물(FSS − FS) = 520 − 444
                        = 76(mg/L)

45 부피가 4,000m³인 포기조의 MLSS 농도가 2,000 mg/L, 반송슬러지의 SS 농도가 8,000mg/L, 슬러지 체류시간(SRT)이 5일이면 폐슬러지의 유량(m³/day)은?(단, 2차 침전지 유출수 중의 SS는 무시한다.)
① 125   ② 150
③ 175   ④ 200

해설 $SRT = \dfrac{X \cdot \forall}{Q_w \cdot X_w}$

$5(day) = \dfrac{2,000 \times 4,000}{Q_w \times 8,000}$

∴ Q_w(= 슬러지 폐기량) = 200(m³/day)

46 폐수 내 시안화합물 처리방법인 알칼리염소법에 관한 설명과 가장 거리가 먼 것은?
① CN의 분해를 위해 유지되는 pH는 10 이상이다.
② 니켈과 철의 시안착염이 혼입된 경우 분해가 잘 되지 않는다.
③ 산화제의 투입량이 과잉인 경우에는 염화시안이 발생하므로 산화제는 약간 부족하게 주입한다.
④ 염소처리 시 강알칼리성 상태에서 1단계로 염소를 주입하여 시안화합물을 시안산화물로 변화시킨 후 중화하고 2단계로 염소를 재주입하여 N_2와 CO_2로 분해시킨다.

해설 pH가 10 이하일 때 염화시안(CNCl)이 발생한다.

47 생물학적 3차 처리를 위한 A/O 공정을 나타낸 것으로 각 반응조 역할을 가장 적절하게 설명한 것은?

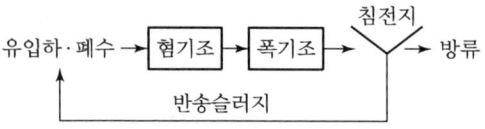

① 혐기조에서는 유기물 제거와 인의 방출이 일어나고, 폭기조에서는 인의 과잉섭취가 일어난다.
② 폭기조에서는 유기물 제거가 일어나고, 혐기조에서는 질산화 및 탈질이 동시에 일어난다.
③ 제거율을 높이기 위해서는 외부 탄소원인 메탄올 등을 폭기조에 주입한다.
④ 혐기조에서는 인의 과잉섭취가 일어나며, 폭기조에서는 질산화가 일어난다.

해설 A/O 공정의 특징
㉠ 혐기조에서 미생물에 의한 유기물의 흡수가 일어나면서 인이 방출된다.
㉡ 폭기조 내에서 인의 과잉흡수가 일어난다.
㉢ 잉여슬러지 내의 인 농도가 높아 비료의 가치가 있다.
㉣ 표준 활성슬러지 공법의 반응조 전반 20~40% 정도를 혐기반응조로 하는 것이 표준이다.

48 정수장 응집 공정에 사용되는 화학약품 중 나머지 셋과 그 용도가 다른 하나는?
① 오존
② 명반
③ 폴리비닐아민
④ 황산제일철

해설 오존은 산화제(소독제)이다.

49 수량 36,000m³/day의 하수를 폭 15m, 길이 30m, 깊이 2.5m의 침전지에서 표면적 부하 40m³/m² · day의 조건으로 처리하기 위한 침전지 수(개)는?(단, 병렬 기준)
① 2   ② 3
③ 4   ④ 5

해설 침전지 수 = $\dfrac{36,000\text{m}^3}{\text{day}} \Big| \dfrac{\text{m}^2 \cdot \text{day}}{40\text{m}^3} \Big| \dfrac{1}{15 \times 30\text{m}^2}$
= 2(개)

50 생물학적 질소 및 인 동시제거공정으로서 혐기조, 무산소조, 호기조로 구성되며, 혐기조에서 인 방출, 무산소조에서 탈질화, 호기조에서 질산화 및 인 섭취가 일어나는 공정은?

① A_2/O
② Phostrip 공정
③ Modified Bardenphor 공정
④ Modified UCT 공정

51 공단 내에 새 공장을 건립할 계획이 있다. 공단 폐수처리장은 현재 876L/s의 폐수를 처리하고 있다. 공단 폐수처리장에서 Phenol을 제거할 조치를 강구치 않는다면 폐수처리장의 방류수 내 Phenol의 농도 (mg/L)는?(단, 새 공장에서 배출될 Phenol의 농도는 $10g/m^3$이고, 유량은 87.6L/s이며 새 공장 외에는 Phenol 배출 공장이 없다.)

① 0.51
② 0.71
③ 0.91
④ 1.11

해설
$$C_m = \frac{Q_1C_1 + Q_2C_2}{Q_1 + Q_2}$$
$$= \frac{876 \times 0 + 87.6 \times 10}{876 + 87.6}$$
$$= 0.909(g/m^3) = 0.909(mg/L)$$

52 Chick's Law에 의하면 염소소독에 의한 미생물 사멸률은 1차 반응에 따른다고 한다. 미생물의 80%가 0.1mg/L, 잔류 염소로 2분 내에 사멸된다면 99.9%를 사멸시키기 위해서 요구되는 접촉시간은?

① 5.7분
② 8.6분
③ 12.7분
④ 14.2분

해설 1차 반응식을 이용한다.
$$\ln\frac{N_t}{N_o} = -k \cdot t$$
$$\ln\frac{20}{100} = -k \cdot 2min$$
$$k = 0.8047min^{-1}$$
$$\ln\frac{0.1}{100} = -0.8047 \cdot t$$
$$\therefore t = 8.58(min)$$

53 질산화 박테리아에 대한 설명으로 옳지 않은 것은?

① 절대호기성이어서 높은 산소농도를 요구한다.
② Nitrobacter는 암모늄이온의 존재하에서 pH 9.5 이상이면 생장이 억제된다.
③ 질산화 반응의 최적온도는 25℃이며 20℃이하, 40℃ 이상에서는 활성이 없다.
④ Nitrosomonas는 알칼리성 상태에서는 활성이 크지만 pH 6.0 이하에서는 생장이 억제된다.

해설 질산화 반응은 온도에 강하게 영향을 받는 것으로 알려져 있으며 대략 4~45℃의 온도범위에서 일어난다. 최적의 반응온도는 Nitrosomonas의 경우 35℃, Nitrobacter의 경우 35~42℃이다.

54 활성슬러지 공정 중 핀플록이 주로 많이 발생하는 공정은?

① 심층폭기법
② 장기폭기법
③ 점감식 폭기법
④ 계단식 폭기법

55 고농도의 액상 PCB 처리방법으로 가장 거리가 먼 것은?

① 방사선조사(코발트 60에 의한 γ선 조사)
② 연소법
③ 자외선조사법
④ 고온 고압 알칼리 분해법

56 살수여상 상단에서 연못화(ponding)가 일어나는 원인으로 가장 거리가 먼 것은?

① 여재가 너무 작을 때
② 여재가 견고하지 못하고 부서질 때
③ 탈락된 생물막이 공극을 폐쇄할 때
④ BOD 부하가 낮을 때

ANSWER | 50. ① 51. ③ 52. ② 53. ③ 54. ② 55. ① 56. ④

해설 연못화(ponding) 현상의 원인
  ㉠ 여재의 크기가 균일하지 않거나 너무 작을 때
  ㉡ 여재가 파괴되었을 때
  ㉢ 유기물의 부하량이 과도할 때
  ㉣ 미처리된 고형물이 대량 유입할 때

57 CFSTR에서 물질을 분해하여 효율 95%로 처리하고자 한다. 이 물질은 0.5차 반응으로 분해되며, 속도상수는 $0.05(mg/L)^{1/2}/h$이다. 유량은 500L/h이고 유입농도는 250mg/L로서 일정하다면 CFSTR의 필요 부피는?(단, 정상상태 가정)
  ① 약 520m^3
  ② 약 570m^3
  ③ 약 620m^3
  ④ 약 670m^3

해설 CFSTR의 물질수지식을 이용한다.
$$Q_o(C_o - C_t) = K \forall C_t^m$$
$$\forall = \frac{Q_o(C_o - C_t)}{K \cdot C_t^{0.5}}$$
$$= \frac{500(L/hr) \times (250-12.5)(mg/L)}{0.05(mg/L)^{0.5}/hr \times (12.5mg/L)^{0.5} \times 10^3 L/m^3}$$
$$= 671.75(m^3)$$

58 회전생물막접촉기(RBC)에 관한 설명으로 틀린 것은?
  ① 재순환이 필요 없고 유지비가 적게 든다.
  ② 메디아는 전형적으로 약 40%가 물에 잠긴다.
  ③ 운영변수가 적어 모델링이 간단하고 편리하다.
  ④ 설비는 경량재료로 만든 원판으로 구성되며 1~2 rpm의 속도로 회전한다.

해설 회전생물막접촉기(RBC)는 운영변수가 많아 모델링이 복잡한 단점이 있다.

59 1차 처리된 분뇨의 2차 처리를 위해 폭기조, 2차 침전지로 구성된 표준 활성슬러지를 운영하고 있다. 운영 조건이 다음과 같을 때 고형물 체류시간(SRT, day)은?(단, 유입유량=1,000m^3/day, 폭기조 수리학적 체류시간=6시간, MLSS 농도=3,000mg/L, 잉여슬러지 배출량=30m^3/day, 잉여슬러지 SS 농도=10,000 mg/L, 2차 침전지 유출수 SS 농도=5mg/L)
  ① 약 2
  ② 약 2.5
  ③ 약 3
  ④ 약 3.5

해설 $SRT = \frac{\forall \cdot X}{Q_w X_w + Q_o X_o}$

여기서, $\forall(m^3) = Q \times t = \frac{1,000m^3}{day} \left| \frac{6hr}{} \right| \frac{1day}{24hr}$
$$= 250(m^3)$$
$$X = 3,000(mg/L)$$
$$Q_w X_w = \frac{30m^3}{day} \left| \frac{10,000mg}{L} \right| \frac{1kg}{10^6 mg} \left| \frac{10^3 L}{1m^3} \right.$$
$$= 300(kg/day)$$
$$Q_o = Q_i - Q_w = 1,000 - 30 = 970(m^3/day)$$
$$Q_o X_o = \frac{970m^3}{day} \left| \frac{5mg}{L} \right| \frac{1kg}{10^6 mg} \left| \frac{10^3 L}{1m^3} \right.$$
$$= 4.85(kg/day)$$
$$\therefore SRT = \frac{\forall \cdot X}{Q_w X_w + Q_o X_o}$$
$$= \frac{day}{(300+4.85)kg} \left| \frac{250m^3}{} \right|$$
$$\left| \frac{3,000mg}{L} \right| \frac{1kg}{10^6 mg} \left| \frac{10^3 L}{1m^3} \right.$$
$$= 2.46(day)$$

60 생물학적 인 제거를 위한 A/O 공정에 관한 설명으로 옳지 않은 것은?
  ① 폐슬러지 내의 인의 함량이 비교적 높고 비료의 가치가 있다.
  ② 비교적 수리학적 체류시간이 짧다.
  ③ 낮은 BOD/P비가 요구된다.
  ④ 추운 기후의 운전조건에서 성능이 불확실하다.

해설 A/O 공정은 온도가 낮은 경우 높은 BOD/P비가 요구된다.

SECTION 04 수질오염공정시험기준

61 물벼룩을 이용한 급성 독성시험법에서 사용하는 용어의 정의로 틀린 것은?

① 치사 : 일정비율로 준비된 시료에 물벼룩을 투입하고 24시간 경과 후 시험용기를 살며시 움직여 주고 15초 후 관찰했을 때 아무 반응이 없는 경우를 "치사"라 판정한다.
② 유영저해 : 독성물질에 의해 영향을 받아 일부 기관(촉각, 후복부 등)이 움직임이 없을 경우를 "유영저해"로 판정한다.
③ 반수영양농도 : 투입 시험생물의 50%가 치사 혹은 유영저해를 나타낸 농도이다.
④ 지수식 시험방법 : 시험기장 중 시험용액을 교환하여 농도를 지수적으로 계산하는 시험을 말한다.

해설 지수식 시험방법
시험기간 중 시험용액을 교환하지 않는 시험을 말한다.

62 시료량 50mL를 취하여 막여과법으로 총대장균군수를 측정하려고 배양을 한 결과, 50개의 집락수가 생성되었을 때 총대장균군수/100mL는?

① 10
② 100
③ 1,000
④ 10,000

해설 총대장균군수/100mL = $\dfrac{C}{V} \times 100$

여기서, C = 생성된 집락수
V = 여과한 시료량(mL)

배양 후 금속성 광택을 띠는 적색이나 진한 적색 계통의 집락을 계수하며, 집락수가 20~80의 범위에 드는 것을 선정하여 다음의 식에 의해 계산한다.

총대장균군수/100mL = $\dfrac{50}{50\text{mL}} \times 100$
= 100(/100mL)

63 폐수의 부유물질(SS)을 측정하였더니 1,312mg/L이었다. 시료 여과 전 유리섬유여지의 무게가 1.2113g이고, 이때 사용된 시료량이 100mL이었다면 시료 여과 후 건조시킨 유리섬유여지의 무게(g)는?

① 1.2242
② 1.3425
③ 2.5233
④ 3.5233

해설 SS(mg/L) = (b−a) × $\dfrac{1,000}{V}$

SS = 1,312mg/L
a = 1.2113g
V = 100mL

1,312mg/L = (b−1.2113g) × $\dfrac{1,000}{100\text{mL}}$
(b−1.2113g) = 1,312mg/L × 0.1L
b = 131.2mg + 1.2113g
= 131.2mg × $\dfrac{1\text{g}}{10^3\text{mg}}$ + 1.2113g
= 1.3425(g)

64 흡광도 측정에서 투과율이 30%일 때 흡광도는?

① 0.37
② 0.42
③ 0.52
④ 0.63

해설 흡광도(A) = $\log\dfrac{1}{t} = \log\dfrac{1}{0.3} = 0.52$

65 BOD 측정용 시료를 희석할 때 식종 희석수를 사용하지 않아도 되는 시료는?

① 잔류염소를 함유한 폐수
② pH 4 이하의 산성으로 된 폐수
③ 화학공장 폐수
④ 유기물질이 많은 가정 하수

해설 BOD 측정용 식종 희석수
시료 중에 유기물질을 산화시킬 수 있는 미생물의 양이 충분하지 못할 때 미생물을 시료에 넣어준 것을 말한다.

ANSWER | 61. ④ 62. ② 63. ② 64. ③ 65. ④

66 예상 BOD값에 대한 사전경험이 없을 때, 희석하여 시료를 조제하는 기준으로 알맞은 것은?

① 오염 정도가 심한 공장폐수 : 0.01~0.05%
② 오염된 하천수 : 10~20%
③ 처리하여 방류된 공장폐수 : 50~70%
④ 처리하지 않은 공장폐수 : 1~5%

해설 예상 BOD값에 대한 사전경험이 없을 때에는 희석하여 시료를 조제한다.
㉠ 오염 정도가 심한 공장폐수 : 0.1~1.0%
㉡ 처리하지 않은 공장폐수와 침전된 하수 : 1~5%
㉢ 처리하여 방류된 공장폐수 : 5~25%
㉣ 오염된 하천수 : 25~100%

67 하천수의 시료 채취 지점에 관한 내용으로 ( )에 공통으로 들어갈 내용은?

> 하천의 단면에서 수심이 가장 깊은 수면의 지점과 그 지점을 중심으로 하여 좌우로 수면폭을 2등분한 각각의 지점의 수면으로부터 수심 ( ) 미만일 때에는 수심의 1/3에서, 수심 ( ) 이상일 때에는 수심의 1/3 및 2/3에서 각각 채수한다.

① 2m ② 3m
③ 5m ④ 6m

해설 하천의 단면에서 수심이 가장 깊은 수면의 지점과 그 지점을 중심으로 하여 좌우로 수면폭을 2등분한 각각의 지점의 수면으로부터 수심 2m미만일 때에는 수심의 1/3에서, 수심 2m 이상일 때에는 수심의 1/3 및 2/3에서 각각 채수한다.

68 2N와 7N HCl 용액을 혼합하여 5N-HCl 1L를 만들고자 한다. 각각 몇 mL씩을 혼합해야 하는가?

① 2N-HCl 400mL와 7N-HCl 600mL
② 2N-HCl 500mL와 7N-HCl 400mL
③ 2N-HCl 300mL와 7N-HCl 700mL
④ 2N-HCl 700mL와 7N-HCl 300mL

해설 $N_o = \dfrac{N_1V_1 + N_2V_2}{V_1 + V_2}$

$5 = \dfrac{2 \times x + 7 \times (1-x)}{x + (1-x)}$

$x(2N) = 0.4(L)$

∴ 2N-HCl 400mL와 7N-HCl 600mL를 혼합하면 5N-HCl 1L가 만들어진다.

69 데발다 합금 환원 증류법으로 질산성 질소를 측정하는 원리에 대한 설명으로 틀린 것은?

① 데발다 합금으로 질산성 질소를 암모니아성 질소로 환원한다.
② 지표수, 지하수, 폐수 등에 적용할 수 있으며, 정량한계는 중화적정법은 0.1mg/L, 흡광도법은 0.5mg/L이다.
③ 아질산성 질소는 설파민산으로 분해 제거 한다.
④ 암모니아성 질소 및 일부 분해되기 쉬운 유기질소는 알칼리성에서 증류 제거한다.

해설 데발다 합금 환원 증류법은 지표수, 지하수, 폐수 등에 적용할 수 있으며, 정량한계는 중화적정법은 0.5mg/L, 흡광도법은 0.1mg/L이다.

70 분원성 대장균군(막여과법) 분석 시험에 관한 내용으로 틀린 것은?

① 분원성 대장균군이란 온혈동물의 배설물에서 발견되는 그람음성·무아포성의 간균이다.
② 물속에 존재하는 분원성 대장균군을 측정하기 위하여 페트리 접시에 배지를 올려놓은 다음 배양 후 여러 가지 색조를 띠는 청색의 집락을 계수하는 방법이다.
③ 배양기 또는 항온수조는 배양온도를 25 ± 0.5℃로 유지할 수 있는 것을 사용한다.
④ 실험결과는 "분원성 대장균군수/100mL"로 표기한다.

해설 배양기 또는 항온수조는 배양온도를 44.5 ± 0.2℃로 유지할 수 있는 것을 사용한다.

66. ④ 67. ① 68. ① 69. ② 70. ③ | ANSWER

71 석유계 총탄화수소 용매추출/기체크로마토그래프에 대한 설명으로 틀린 것은?

① 컬럼은 안지름 0.20~0.35mm, 필름두께 0.1~3.0μm, 길이 15~60m의 DB-1, DB-5 및 DB-624 등의 모세관이나 동등한 분리 성능을 가진 모세관으로 대상 분석 물질의 분리가 양호한 것을 택하여 시험한다.
② 운반기체는 순도 99.999% 이상의 헬륨으로서(또는 질소) 유량은 0.5~5mL/min로 한다.
③ 검출기는 불꽃광도 검출기(FPD)를 사용한다.
④ 시료 주입부 온도는 280~320℃, 컬럼온도는 40~320℃로 사용한다.

해설 검출기는 불꽃이온화 검출기(FID, Flame Ionization Detector)를 280~320℃로 사용한다.

72 카드뮴을 자외선/가시선 분광법으로 측정할 때 사용되는 시약으로 가장 거리가 먼 것은?

① 수산화나트륨 용액
② 요오드화칼륨 용액
③ 시안화칼륨 용액
④ 타타르산 용액

해설 카드뮴을 자외선/가시선 분광법으로 측정할 때 사용되는 시약
㉠ 디티존·사염화탄소 용액(0.005%)
㉡ 사이트르산이암모늄 용액(10%)
㉢ 수산화나트륨 용액(10%)
㉣ 시안화칼륨 용액(1%)
㉤ 염산(1+10)
㉥ 염산하이드록실아민 용액(10%)
㉦ 타타르산 용액(2%)

73 연속흐름법으로 시안 측정 시 사용되는 흐름 주입분석기에 관한 설명으로 옳지 않은 것은?

① 연속흐름분석기의 일종이다.
② 다수의 시료를 연속적으로 자동분석하기 위하여 사용된다.
③ 기본적인 본체의 구성은 분할흐름분석기와 같으나 용액의 흐름 사이에 공기방울을 주입하지 않는 것이 차이점이다.
④ 시료의 연속흐름에 따라 상호 오염을 미연에 방지할 수 있다.

해설 흐름주입분석기(FIA, Flow Injection Analyzer)
연속흐름분석기의 일종으로 다수의 시료를 연속적으로 자동분석하기 위하여 사용한다. 기본적인 본체의 구성은 분할흐름분석기와 같으나 용액의 흐름 사이에 공기방울을 주입하지 않는 것이 차이점이다. 공기방울 미주입에 따라 시료의 분산 및 연속흐름에 따른 상호 오염의 우려가 있으나 분석시간이 빠르고 기계장치가 단순화되는 장점이 있다.

74 감응계수를 옳게 나타낸 것은?(단, 검정곡선 작성용 표준용액의 농도 : C, 반응값 : R)

① 감응계수=R/C
② 감응계수=C/R
③ 감응계수=R×C
④ 감응계수=C-R

해설 감응계수는 검정곡선 작성용 표준용액의 농도(C)에 대한 반응값(R, response)으로 다음과 같이 구한다.
감응계수 = $\dfrac{R}{C}$

75 수질오염물질을 측정함에 있어 측정의 정확성과 통일성을 유지하기 위한 제반사항에 관한 설명으로 틀린 것은?

① 시험에 사용하는 시약은 따로 규정이 없는 한 1급 이상 또는 이와 동등한 규격의 시약을 사용한다.
② "항량으로 될 때까지 건조한다"라는 의미는 같은 조건에서 1시간 더 건조할 때 전후 무게의 차가 g당 0.3mg 이하일 때를 말한다.
③ 기체 중의 농도는 표준상태(0℃, 1기압)로 환산하여 표시한다.
④ "정확히 취하여"라 하는 것은 규정한 양의 시료를 부피피펫으로 0.1mL까지 취하는 것을 말한다.

해설 "정확히 취하여"라 하는 것은 규정한 양의 액체를 부피피펫으로 눈금까지 취하는 것을 말한다.

76 유도결합플라스마 원자발광분광법으로 금속류를 측정할 때 간섭에 관한 내용으로 옳지 않은 것은?

① 물리적 간섭 : 시료 도입부의 분무과정에서 시료의 비중, 점성도, 표면장력의 차이에 의해 발생한다.
② 분광간섭 : 측정원소의 방출선에 대해 플라스마의 기체성분이나 공존 물질에서 유래하는 분광학적 요인에 의해 원래의 방출선의 세기 변동 및 다른 원자 혹은 이온의 방출선과의 겹침 현상이 발생할 수 있다.
③ 이온화 간섭 : 이온화 에너지가 큰 나트륨 또는 칼륨 등 알칼리 금속이 공존원소로 시료에 존재 시 플라스마의 전자밀도를 감소시킨다.
④ 물리적 간섭 : 시료의 종류에 따라 분무기의 종류를 바꾸거나 시료의 희석, 매질 일치법, 내부표준법, 농축분리법을 사용하여 간섭을 최소화한다.

해설 유도결합플라스마 원자발광분광법으로 금속류를 측정할 때 간섭에는 물리적 간섭, 이온화 간섭, 분광간섭 등이 있다.

77 다음 중 관내의 유량 측정 방법이 아닌 것은?

① 오리피스
② 자기식 유량 측정기(Magnetic Flow Meter)
③ 피토(Pitot)관
④ 위어(Weir)

해설 관(Pipe) 내의 유량측정 방법에는 벤투리미터(Venturi Meter), 유량측정용 노즐(Nozzle), 오리피스(Orifice), 피토(Pitot)관, 자기식 유량측정기(Magnetic Flow Meter)가 있다.

78 측정항목 중 H_2SO_4를 이용하여 pH를 2이하로 한 후 4℃에서 보존하는 것이 아닌 것은?

① 화학적 산소요구량
② 질산성 질소
③ 암모니아성 질소
④ 총질소

79 수질오염공정시험기준에서 시료보존 방법이 지정되어 있지 않은 측정항목은?

① 용존산소(윙클러법)
② 불소
③ 색도
④ 부유물질

80 금속류 – 불꽃 원자흡수분광도법에서 일어나는 간섭 중 광학적 간섭에 관한 설명으로 맞는 것은?

① 표준용액과 시료 또는 시료와 시료 간의 물리적 성질(점도, 밀도, 표면장력 등)의 차이 또는 표준물질과 시료의 매질 차이에 의해 발생한다.
② 불꽃온도가 너무 높을 경우 중성원자에서 전자를 빼앗아 이온이 생성될 수 있으며 이 경우 음(-)의 오차가 발생하게 된다.
③ 분석하고자 하는 원소의 흡수파장과 비슷한 다른 원소의 파장이 서로 겹쳐 비이상적으로 높게 측정되는 경우이다.
④ 불꽃의 온도가 분자를 들뜬 상태로 만들기에 충분히 높지 않아서, 해당 파장을 흡수하지 못하여 발생한다.

해설 광학적 간섭
㉠ 분석하고자 하는 원소의 흡수파장과 비슷한 다른 원소의 파장이 서로 겹쳐 비이상적으로 높게 측정되는 경우이다.
㉡ 시료 중에 유기물의 농도가 높을 경우 이들에 의한 복사선 흡수가 일어나 양(+)의 오차를 유발하게 되므로 바탕선 보정(Back-ground Correction)을 실시하거나 분석 전에 유기물을 제거하여야 한다.
㉢ 용존 고체물질 농도가 높으면 빛 산란 등 비원자적 흡수현상이 발생하여 간섭이 발생할 수 있다. 바탕 값이 높아서 보정이 어려울 경우 다른 파장을 선택하여 분석한다.

SECTION 05 수질환경관계법규

81 초과부과금을 산정할 때 1kg당 부과금액이 가장 높은 수질오염물질은?

① 크롬 및 그 화합물
② 카드뮴 및 그 화합물
③ 구리 및 그 화합물
④ 시안화합물

해설 1킬로그램당 부과금액
㉠ 크롬 및 그 화합물(75,000원)
㉡ 카드뮴 및 그 화합물(500,000원)
㉢ 구리 및 그 화합물(50,000원)
㉣ 시안화합물(150,000원)

76. ③ 77. ④ 78. ② 79. ② 80. ③ 81. ② | ANSWER

82 환경부령으로 정하는 폐수무방류배출시설의 설치가 가능한 특정수질유해물질이 아닌 것은?

① 디클로로메탄
② 구리 및 그 화합물
③ 카드뮴 및 그 화합물
④ 1,1-디클로로에틸렌

해설 폐수무방류배출시설의 설치가 가능한 특정수질유해물질
㉠ 구리 및 그 화합물
㉡ 디클로로메탄
㉢ 1,1-디클로로에틸렌

83 사업장의 규모별 구분에 관한 내용으로 ( )에 맞는 내용은?

> 최초 배출시설 설치허가 시의 폐수배출량은 사업계획에 따른 ( )을 기준으로 산정한다.

① 예상용수사용량
② 예상폐수배출량
③ 예상하수배출량
④ 예상희석수사용량

해설 최초 배출시설 설치허가 시의 폐수배출량은 사업계획에 따른 예상용수사용량을 기준으로 산정한다.

84 비점오염저감시설의 관리·운영기준으로 옳지 않은 것은?(단, 자연형 시설)

① 인공습지 : 동절기(11월부터 다음 해 3월까지를 말한다.)에는 인공습지에서 말라 죽은 식생을 제거·처리하여야 한다.
② 인공습지 : 식생대가 50퍼센트 이상 고사하는 경우에는 추가로 수생식물을 심어야 한다.
③ 식생형 시설 : 식생수로 바닥의 퇴적물이 처리용량의 25퍼센트를 초과하는 경우에는 침전된 토사를 제거하여야 한다.
④ 식생형 시설 전처리를 위한 침사지는 주기적으로 협잡물과 침전물을 제거하여야 한다.

해설 식생형 시설
침전물질이 식생을 덮거나 생물학적 여과시설의 용량을 감소시키기 시작하면 침전물을 제거하여야 한다.

85 비점오염원 관리지역의 지정 기준으로 옳은 것은?

① 하천 및 호소의 수생태계에 관한 환경기준에 미달하는 유역으로 유달부하량 중 비점오염 기여율이 50% 이하인 지역
② 관광지구 지정으로 비점오염원 관리가 필요한 지역
③ 인구 50만 명 이상인 도시로서 비점오염원 관리가 필요한 지역
④ 지질이나 지층구조가 특이하여 특별한 관리가 필요하다고 인정되는 지역

해설 비점오염원 관리지역의 지정 기준
㉠ 하천 및 호소의 수생태계에 관한 환경기준에 미달하는 유역으로 유달부하량 중 비점오염 기여율이 50% 이상인 지역
㉡ 비점오염물질에 의하여 자연생태계에 중대한 위해가 초래되거나 초래될 것으로 예상되는 지역
㉢ 인구 100만 명 이상인 도시로서 비점오염원관리가 필요한 지역
㉣ 국가산업단지, 일반산업단지로 지정된 지역으로 비점오염원 관리가 필요한 지역
㉤ 지질이나 지층구조가 특이하여 특별한 관리가 필요하다고 인정되는 지역
㉥ 그 밖에 환경부령으로 정하는 지역

86 환경부장관이 폐수처리업자에게 등록을 취소하거나 6개월 이내의 기간을 정하여 영업정지를 명할 수 있는 경우에 대한 기준으로 틀린 것은?

① 고의 또는 중대한 과실로 폐수처리영업을 부실하게 한 경우
② 영업정지처분 기간에 영업행위를 한 경우
③ 1년에 2회 이상 영업정지처분을 받은 경우
④ 등록 후 1년 이상 계속하여 영업실적이 없는 경우

해설 폐수처리업자에게 등록을 취소하거나 6개월 이내의 기간을 정하여 영업정지를 명할 수 있는 경우
㉠ 다른 사람에게 등록증을 대여한 경우
㉡ 1년에 2회 이상 영업정지처분을 받은 경우
㉢ 고의 또는 중대한 과실로 폐수처리영업을 부실하게 한 경우
㉣ 영업정지처분 기간에 영업행위를 한 경우

ANSWER | 82. ③ 83. ① 84. ④ 85. ④ 86. ④

87 비점오염저감시설의 설치기준에서 자연형시설 중 인공습지의 설치기준으로 틀린 것은?

① 습지에는 물이 연중 항상 있을 수 있도록 유량공급대책을 마련하여야 한다.
② 인공습지의 유입구에서 유출구까지의 유로는 최대한 길게 하고, 길이 대 폭의 비율은 2 : 1 이상으로 한다.
③ 유입부에서 유출부까지의 경사는 1.0~5.0%를 초과하지 아니하도록 한다.
④ 생물의 서식 공간을 창출하기 위하여 5종부터 7종까지의 다양한 식물을 심어 생물다양성을 증가시킨다.

해설 유입부에서 유출부까지의 경사는 0.5~1.0%를 초과하지 아니하도록 한다.

88 최종 방류구에 방류하기 전에 배출시설에서 배출하는 폐수를 재이용하는 사업장에 부과하는 배출부과금 감면율이 틀린 것은?

① 재이용률이 10% 이상 30% 미만 : 100분의 20
② 재이용률이 30% 이상 60% 미만 : 100분의 50
③ 재이용률이 60% 이상 90% 미만 : 100분의 70
④ 재이용률이 90% 이상 : 100분의 90

해설 폐수 재이용률별 감면율 기준
㉠ 재이용률이 10퍼센트 이상 30퍼센트 미만인 경우 : 100분의 20
㉡ 재이용률이 30퍼센트 이상 60퍼센트 미만인 경우 : 100분의 50
㉢ 재이용률이 60퍼센트 이상 90퍼센트 미만인 경우 : 100분의 80
㉣ 재이용률이 90퍼센트 이상인 경우 : 100분의 90

89 비점오염원 설치신고 또는 변경신고를 할 때 제출하는 비점오염저감계획서에 포함되어야 하는 사항과 가장 거리가 먼 것은?

① 비점오염원 관련 현황
② 비점오염저감시설 설치계획
③ 비점오염원 관리 및 모니터링 방안
④ 비점오염원 저감방안

해설 비점오염저감계획서에 포함되어야 할 사항
㉠ 비점오염원 관련 현황
㉡ 비점오염원 저감방안
㉢ 비점오염저감시설 설치계획
㉣ 비점오염저감시설 유지관리 및 모니터링 방안

90 다음 위반행위에 따른 벌칙기준 중 1년 이하의 징역 또는 1천만 원 이하의 벌금에 처하는 경우는?

① 허가를 받지 아니하고 폐수배출시설을 설치한 자
② 폐수무방류배출시설에서 배출되는 폐수를 오수 또는 다른 배출시설에서 배출되는 폐수와 혼합하여 처리하는 행위를 한 자
③ 환경부장관에게 신고하지 아니하고 기타 수질오염원을 설치한 자
④ 배출시설의 설치를 제한하는 지역에서 배출시설을 설치한 자

91 오염총량관리기본방침에 포함되어야 하는 사항으로 틀린 것은?

① 오염총량관리의 목표
② 오염총량관리의 대상 수질오염물질 종류
③ 오염원의 조사 및 오염부하량 산정방법
④ 오염총량관리 현황

해설 오염총량관리기본방침에 포함되어야 할 사항
㉠ 오염총량관리의 목표
㉡ 오염총량관리의 대상 수질오염물질 종류
㉢ 오염원의 조사 및 오염부하량 산정방법
㉣ 오염총량관리기본계획의 주체, 내용, 방법 및 시한
㉤ 오염총량관리시행계획의 내용 및 방법

92 기타 수질오염원의 시설구분으로 틀린 것은?

① 수산물 양식시설
② 농축산물 단순가공시설
③ 금속 도금 및 세공시설
④ 운수장비 정비 또는 폐차장 시설

해설 기타 수질오염원의 시설구분
  ㉠ 수산물 양식시설
  ㉡ 골프장
  ㉢ 운수장비 정비 또는 폐차장 시설
  ㉣ 농축산물 단순가공시설
  ㉤ 사진처리 또는 X-ray 시설
  ㉥ 금은판매점의 세공시설이나 안경점
  ㉦ 복합물류터미널 시설
  ㉧ 거점소독 시설

93 공공폐수처리시설의 설치 부담금의 부과·징수와 관련한 설명으로 틀린 것은?

① 공공폐수처리시설을 설치·운영하는 자는 그 사업에 드는 비용의 전부 또는 일부에 충당하기 위하여 원인자로부터 공공폐수처리시설의 설치 부담금을 부과·징수할 수 있다.
② 공공폐수처리시설 부담금의 총액은 시행자가 해당 시설의 설치와 관련하여 지출하는 금액을 초과하여서는 아니 된다.
③ 원인자에게 부과되는 공공폐수처리시설 설치 부담금은 각 원인자의 사업의 종류·규모 및 오염물질의 배출 정도 등을 기준으로 하여 정한다.
④ 국가와 지방자치단체는 세제상 또는 금융상 필요한 지원 조치를 할 수 없다.

해설 국가와 지방자치단체는 중소기업자의 비용부담으로 인하여 중소기업자의 생산활동과 투자의욕이 위축되지 아니하도록 세제상 또는 금융상 필요한 지원 조치를 할 수 있다.

94 1일 800m³의 폐수가 배출되는 사업장의 환경기술인의 자격에 관한 기준은?

① 수질환경기사 1명 이상
② 수질환경산업기사 1명 이상
③ 환경기능사 1명 이상
④ 2년 이상 수질분야 환경 관련 업무에 직접 종사한 자 1명 이상

해설 사업장별 환경기술인의 자격기준

구분	환경기술인
제1종 사업장	수질환경기사 1명 이상
제2종 사업장	수질환경산업기사 1명 이상
제3종 사업장	수질환경산업기사, 환경기능사 또는 3년 이상 수질분야 환경 관련 업무에 직접 종사한 자 1명 이상
제4종 사업장·제5종 사업장	배출시설 설치허가를 받거나 배출시설 설치신고가 수리된 사업자 또는 배출시설 설치허가를 받거나 배출시설 설치신고가 수리된 사업자가 그 사업장의 배출시설 및 방지시설업무에 종사하는 피고용인 중에서 임명하는 자 1명 이상

95 초과배출부과금 산정 시 적용되는 기준이 아닌 것은?

① 기준초과배출량
② 수질오염물질 1킬로그램당의 부과금액
③ 지역별 부과계수
④ 사업장의 연간 매출액

해설 초과배출부과금 = 기준초과배출량 × 수질오염물질 1킬로그램당의 부과금액 × 연도별 부과금산정지수 × 지역별 부과계수 × 배출허용기준초과율별 부과계수 × 배출허용기준 위반횟수별 부과계수

96 폐수종말처리시설의 방류수 수질기준으로 틀린 것은?(단, Ⅰ지역, 2020년 1월 1일 이후 기준, ( ) 안은 농공단지 폐수종말처리시설의 방류수 수질기준임)

① BOD : 10(10)mg/L 이하
② COD : 20(30)mg/L 이하
③ 총질소(T-N) : 20(20)mg/L 이하
④ 생태독성(TU) : 1(1) 이하

해설 방류수 수질기준(2020년 1월 1일부터 적용)

구분	수질기준			
	Ⅰ지역	Ⅱ지역	Ⅲ지역	Ⅳ지역
생물화학적산소요구량(BOD) (mg/L)	10(10) 이하	10(10) 이하	10(10) 이하	10(10) 이하
총유기탄소량(TOC) (mg/L)	15(25) 이하	15(25) 이하	25(25) 이하	25(25) 이하
부유물질(SS)(mg/L)	10(10) 이하	10(10) 이하	10(10) 이하	10(10) 이하
총질소(T-N) (mg/L)	20(20) 이하	20(20) 이하	20(20) 이하	20(20) 이하
총인(T-P) (mg/L)	0.2(0.2) 이하	0.3(0.3) 이하	0.5(0.5) 이하	2(2) 이하

구분	수질기준			
	I지역	II지역	III지역	IV지역
총대장균군수 (개/mL)	3,000 (3,000) 이하	3,000 (3,000) 이하	3,000 (3,000) 이하	3,000 (3,000) 이하
생태독성 (TU)	1(1) 이하	1(1) 이하	1(1) 이하	1(1) 이하

97 폐수배출시설 외에 수질오염물질을 배출하는 시설 또는 장소로서 환경부령으로 정하는 것(기타 수질오염원)의 대상시설과 규모기준에 관한 내용으로 틀린 것은?

① 자동차폐차장시설 : 면적 1,000m² 이상
② 수조식 양식어업시설 : 수조면적 합계 500m² 이상
③ 골프장 : 면적 3만m² 이상
④ 무인자동식 현상, 인화, 장착시설 : 1대 이상

해설 자동차폐차장시설 : 면적 1,500m² 이상

98 초과부과금 산정 시 적용되는 위반횟수별 부과계수에 관한 내용으로 ( )에 맞는 것은?(단, 폐수무방류배출시설의 경우)

처음 위반한 경우 (㉠)로 하고, 다음 위반부터는 그 위반 직전의 부과계수에 (㉡)를 곱한 것으로 한다.

① ㉠ 1.5, ㉡ 1.3
② ㉠ 1.5, ㉡ 1.5
③ ㉠ 1.8, ㉡ 1.3
④ ㉠ 1.8, ㉡ 1.5

해설 폐수무방류배출시설에 대한 위반횟수별 부과계수
처음 위반한 경우 1.8로 하고, 다음 위반부터는 그 위반 직전의 부과계수에 1.5를 곱한 것으로 한다.

99 방지시설설치의 면제기준에 관한 설명으로 틀린 것은?

① 수질오염물질이 항상 배출허용기준 이하로 배출되는 경우
② 새로운 수질오염물질이 발생되어 배출시설 또는 방지시설의 개선이 필요한 경우
③ 폐수를 전량 위탁처리하는 경우
④ 폐수를 전량 재이용하는 등 방지시설을 설치하지 아니하고도 수질오염물질을 적정하게 처리할 수 있는 경우

해설 방지시설설치의 면제기준
㉠ 배출시설의 기능 및 공정상 수질오염물질이 항상 배출허용기준 이하로 배출되는 경우
㉡ 폐수처리업의 등록을 한 자 또는 환경부장관이 인정하여 고시하는 관계 전문기관에 환경부령으로 정하는 폐수를 전량 위탁처리하는 경우

100 휴경 등 권고대상 농경지의 해발고도 및 경사도의 기준은?

① 해발고도 : 해발 200미터, 경사도 : 10%
② 해발고도 : 해발 400미터, 경사도 : 15%
③ 해발고도 : 해발 600미터, 경사도 : 20%
④ 해발고도 : 해발 800미터, 경사도 : 25%

해설 "환경부령으로 정하는 해발고도"란 해발 400미터를 말하고, "환경부령으로 정하는 경사도"란 경사도 15퍼센트를 말한다.

97. ① 98. ④ 99. ② 100. ②

2021년 1회 수질환경기사

SECTION 01 수질오염개론

01 미생물 중 세균(Bacteria)에 관한 특징으로 가장 거리가 먼 것은?

① 원시적 엽록소를 이용하여 부분적인 탄소동화작용을 한다.
② 용해된 유기물을 섭취하며 주로 세포분열로 번식한다.
③ 수분 80%, 고형물 20% 정도로 세포가 구성되며 고형물 중 유기물이 90%를 차지한다.
④ pH, 온도에 대하여 민감하며, 열보다 낮은 온도에서 저항성이 높다.

해설 세균(Bacteria)은 탄소동화작용을 하지 않는다.

02 우리나라의 수자원 이용현황 중 가장 많은 용도로 사용하는 용수는?

① 생활용수 ② 공업용수
③ 농업용수 ④ 유지용수

해설 우리나라는 농업용수의 이용률이 가장 높고, 그 다음은 발전 및 하천 유지용수, 생활용수, 공업용수 순이다.

03 하천의 탈산소계수를 조사한 결과 20℃에서 0.19/day이었다. 하천수의 온도가 25℃로 증가되었다면 탈산소계수(/day)는?(단, 온도보정계수=1.047)

① 0.22 ② 0.24
③ 0.26 ④ 0.28

해설 $K_T = K_{20} \times 1.047^{(T-20)}$
$K_{25} = 0.19 \times 1.047^{(25-20)} = 0.239/day$

04 수은주 높이 150mm는 수주로 몇 mm인가?

① 약 2,040 ② 약 2,530
③ 약 3,240 ④ 약 3,530

해설 1기압(atm) = 760mmHg = 10,332mmH$_2$O
760mmHg : 10,332mmH$_2$O = 150mmHg : X(mmH$_2$O)
∴ X = 2,039.21(mmH$_2$O)

05 원생동물(Protozoa)의 종류에 관한 내용으로 옳은 것은?

① Paramecia는 자유롭게 수영하면서 고형물질을 섭취한다.
② Vorticella는 불량한 활성 슬러지에서 주로 발견된다.
③ Sarcodina는 나팔의 입에서 물흐름을 일으켜 고형물질만 걸러서 먹는다.
④ Suctoria는 몸통을 움직이면서 위쪽으로 고형물질을 몸으로 싸서 먹는다.

해설 Vorticella는 활성 슬러지가 양호할 때 나타나는 미생물이다.

06 호소수의 전도현상(Turnover)이 호소수 수질환경에 미치는 영향을 설명한 내용 중 옳지 않은 것은?

① 수괴의 수직운동 촉진으로 호소 내 환경용량이 제한되어 물의 자정능력이 감소된다.
② 심층부까지 조류의 혼합이 촉진되어 상수원의 취수 심도에 영향을 끼치게 되므로 수도의 수질이 악화된다.
③ 심층부의 영양염이 상승하게 됨에 따라 표층부에 규조류가 번성하게 되어 부영양화가 촉진된다.
④ 조류의 다량 번식으로 물의 탁도가 증가되고 여과지가 폐색되는 등의 문제가 발생한다.

해설 호소수의 전도현상이란 연직 방향의 수온 차에 따른 순환인 밀도류가 발생하거나, 강한 수면풍의 작용으로 수괴의 연직 안정도가 불안정해지는 현상을 말한다.

ANSWER | 1.① 2.③ 3.② 4.① 5.① 6.①

07 2차 처리 유출수에 함유된 10mg/L의 유기물을 활성탄흡착법으로 3차 처리하여 농도가 1mg/L인 유출수를 얻고자 한다. 이때 폐수 1L당 필요한 활성탄의 양(g)은?(단, Freundlich 등온식 사용, K=0.5, n=2)

① 9   ② 12
③ 16   ④ 18

해설 Freundlich 등온흡착식을 이용한다.

$$\frac{X}{M} = K \cdot C^{\frac{1}{n}}$$

$$\frac{(10-1)}{M} = 0.5 \times 1^{\frac{1}{2}}$$

$$M = 18 \text{(mg/L)}$$

08 열수 배출에 의한 피해현상으로 가장 거리가 먼 것은?

① 발암물질 생성   ② 부영양화
③ 용존산소의 감소   ④ 어류의 폐사

해설 열수가 수계에 유입되면 식물성 플랑크톤이 대량 번식하여 수표면에 막층 또는 플록(floc)을 형성하여 용존산소가 감소하고, 어패류가 폐사하며 청록조류가 번식한다.

09 하천수질모델 중 WQRRS에 관한 설명으로 가장 거리가 먼 것은?

① 하천 및 호소의 부영양화를 고려한 생태계 모델이다.
② 유속, 수심, 조도계수에 의해 확산계수를 결정한다.
③ 호수에는 수심별 1차원 모델이 적용된다.
④ 정적 및 동적인 하천의 수질, 수문학적 특성이 광범위하게 고려된다.

해설 유속, 수심, 조도계수에 의해 확산계수를 결정하는 것은 QUAL-1 모델이다.

10 농업용수의 수질을 분석할 때 이용되는 SAR(Sodium Absorption Ratio)과 관계없는 것은?

① Na^+ ② Mg^{2+}
③ Ca^{2+} ④ Fe^{2+}

해설 $SAR = \dfrac{Na^+}{\sqrt{\dfrac{Ca^{2+} + Mg^{2+}}{2}}}$ 이므로

Na^+, Ca^{2+}, Mg^{2+}이 포함된다.

11 글루코스($C_6H_{12}O_6$) 1,000mg/L를 혐기성 분해시킬 때 생산되는 이론적 메탄양(mg/L)은?

① 227   ② 247
③ 267   ④ 287

해설 $C_6H_{12}O_6 \rightarrow 3CH_4 + 3CO_2$
180g : 3×16g = 1,000mg/L : X(mg/L)
∴ X = 266.667(mg/L)

12 피부점막, 호흡기로 흡입되어 국소 및 전신마비, 피부염, 색소침착을 일으키며 안료, 색소, 유리공업 등이 주요 발생원인 중금속은?

① 비소   ② 납
③ 크롬   ④ 구리

해설 비소는 혈관 내 용혈을 일으키며 두통, 오심, 흉부압박감을 유발하기도 한다. 10ppm 정도에 폭로되면 혼미, 혼수, 사망에 이른다. 대표적인 3대 증상은 복통, 황달, 빈뇨이며, 만성적인 폭로에 의한 국소증상으로 손·발바닥에 나타나는 각화증, 각막궤양, 비중격천공, 탈모 등을 들 수 있다.

13 유기화합물에 대한 설명으로 옳지 않은 것은?

① 유기화합물들은 일반적으로 녹는점과 끓는점이 낮다.
② 유기화합물들은 하나의 분자식에 대하여 여러 종류의 화합물이 존재할 수 있다.
③ 유기화합물들은 대체로 이온반응보다는 분자반응을 하므로 반응속도가 빠르다.
④ 대부분의 유기화합물은 박테리아의 먹이가 될 수 있다.

해설 유기화합물들은 대체로 이온반응보다는 분자반응을 하므로 반응속도가 느리다.

7. ④ 8. ① 9. ② 10. ④ 11. ③ 12. ① 13. ③ | ANSWER

14 25℃, 4atm의 압력에 있는 메탄가스 15kg을 저장하는 데 필요한 탱크의 부피(m³)는?(단, 이상기체의 법칙 적용, 표준상태 기준, R= 0.082L · atm/mol · K)

① 4.42 ② 5.73
③ 6.54 ④ 7.45

해설 이상기체방정식(Ideal Gas Equation)을 이용한다.
$PV = n \cdot R \cdot T$

$V(m^3) = \dfrac{n \cdot R \cdot T}{P} = \dfrac{937.5 mol}{} \left| \dfrac{0.082 L \cdot atm}{mol \cdot K} \right|$
$\dfrac{(273+25)K}{4 atm}$
$= 5,727.19(L) = 5.73(m^3)$

여기서, $n(mol) = \dfrac{M}{M_w}$
$= \dfrac{15 kg}{} \left| \dfrac{1 mol}{16 g} \right| \dfrac{10^3 g}{1 kg}$
$= 937.5 (mol)$

15 다음이 설명하는 일반적 기체법칙은?

> 여러 물질이 혼합된 용액에서 어느 물질의 증기압(분압)은 혼합액에서 그 물질의 몰분율에 순수한 상태에서 그 물질의 증기압을 곱한 것과 같다.

① 라울의 법칙 ② 게이-루삭의 법칙
③ 헨리의 법칙 ④ 그레함의 법칙

해설 Raoult의 법칙은 다음과 같다.
$P = X \cdot P^0$
여기서, P : 용액에 있는 용매의 증기압
X : 용액에 있는 용매의 몰분율
P^0 : 순수한 용매의 증기압

16 적조현상에 관한 설명으로 틀린 것은?
① 수괴의 연직안정도가 작을 때 발생한다.
② 강우에 따른 하천수의 유입으로 해수의 염분량이 낮아지고 영양염류가 보급될 때 발생한다.
③ 적조 조류에 의한 아가미 폐색과 어류의 호흡장애가 발생한다.
④ 수중 용존산소 감소에 의한 어패류의 폐사가 발생한다.

해설 적조는 수괴의 연직안정도가 클 때, 정체성 수역일 때, 염분 농도가 낮을 때 잘 발생한다.

17 산과 염기의 정의에 관한 설명으로 옳지 않은 것은?
① Arrhenius는 수용액에서 수산화이온을 내어 놓는 물질을 염기라고 정의하였다.
② Lewis는 전자쌍을 받는 화학종을 염기라고 정의하였다.
③ Arrhenius는 수용액에서 양성자를 내어 놓는 것을 산이라고 정의하였다.
④ Bronsted-Lowry는 수용액에서 양성자를 내어 주는 물질을 산이라고 정의하였다.

해설 Lewis는 전자쌍을 받는 화학종을 산, 전자쌍을 주는 화학종을 염기라고 정의하였다.

산 · 염기의 정의

학자	산	염기
아레니우스 (Arrhenius)	H^+을 내는 물질 $HA \rightleftharpoons H^+ + A^-$	H^-을 내는 물질 $BOH \rightleftharpoons B^+ + OH^-$
브뢴스테드와 로우리 (Bronsted-Lowry)	양성자(H^+)를 주는 이온 또는 분자	양성자(H^+)를 받는 이온 또는 분자
루이스(Lewis)	전자쌍의 수용체 (받는 화학종)	전자쌍의 공여체 (주는 화학종)

18 Colloid 중에서 소량의 전해질에서 쉽게 응집이 일어나는 것으로서 주로 무기물질의 Colloid는?
① 서스펜션 Colloid ② 에멀션 Colloid
③ 친수성 Colloid ④ 소수성 Colloid

해설 소수성 콜로이드는 염에 아주 민감하므로, 소량의 염을 첨가하여도 응결, 침전된다.

19 다음 설명과 가장 관계있는 것은?

> 유리산소가 존재해야만 생장하며, 최적 온도는 20~30℃, 최적 pH는 4.5~6.0이다. 유기산과 암모니아를 생성해 pH를 상승 또는 하강시킬 때도 있다.

① 박테리아 ② 균류
③ 조류 ④ 원생동물

ANSWER | 14. ② 15. ① 16. ① 17. ② 18. ④ 19. ②

20 BOD가 2,000mg/L인 폐수를 제거율 85%로 처리한 후 몇 배 희석하면 방류수 기준에 맞는가?(단, 방류수 기준은 40mg/L이라고 가정)

① 4.5배 이상 ② 5.5배 이상
③ 6.5배 이상 ④ 7.5배 이상

해설 $C_o = C_i \times (1-\eta)$
$= 2,000(1-0.85) = 300(\text{mg/L})$
희석배수 $= \dfrac{300}{40} = 7.5(\text{배})$

SECTION 02 상하수도계획

21 상수도 시설 중 완속여과지의 여과속도 표준범위는?

① 4~5m/day ② 5~15m/day
③ 15~25m/day ④ 25~50m/day

해설 완속여과지의 여과속도는 4~5m/day를 표준으로 한다.

22 표준활성슬러지법에 관한 설명으로 잘못된 것은?

① 수리학적 체류시간(HRT)은 6~8시간을 표준으로 한다.
② 수리학적 체류시간(HRT)은 계획하수량에 따라 결정하며, 반송 슬러지양을 고려한다.
③ MLSS 농도는 1,500~2,500mg/L를 표준으로 한다.
④ MLSS 농도가 너무 높으면 필요산소량이 증가하거나 이차 침전지의 침전효율이 악화될 우려가 있다.

해설 표준활성슬러지법의 HRT는 6~8시간을 표준으로 하나, 유입수온이 낮거나 유입수질농도(용해성 BOD, SS)가 높아 처리수질을 만족할 수 없는 경우에는 필요한 SRT로부터 HRT를 구한다.

23 하수관로 개·보수계획 수립 시 포함되어야 할 사항이 아닌 것은?

① 불명수량 조사
② 개·보수 우선순위의 결정
③ 개·보수공사 범위의 설정
④ 주변 인근 신설 관로 현황 조사

해설 하수관거 개·보수계획
하수관로 개·보수계획은 관로의 중요도, 계획의 시급성, 환경성 및 기존 관로 현황 등을 고려하여 수립하되 다음과 같은 사항을 포함한다.
㉠ 기초자료 분석 및 조사 우선순위 결정
㉡ 불명수량 조사
㉢ 기존 관로 현황 조사
㉣ 개·보수 우선순위의 결정
㉤ 개·보수공사 범위의 설정
㉥ 개·보수공법의 선정

24 하수처리공법 중 접촉산화법에 대한 설명으로 틀린 것은?

① 반송 슬러지가 필요하지 않으므로 운전 관리가 용이하다.
② 생물상이 다양하고 처리효과가 안정적이다.
③ 부착생물량의 임의 조정이 어려워 조작조건 변경에 대응하기 쉽지 않다.
④ 접촉제가 조 내에 있기 때문에 부착생물량의 확인이 어렵다.

해설 접촉산화법의 특징은 다음과 같다.
㉠ 반송 슬러지가 필요하지 않으므로 운전 관리가 용이하다.
㉡ 비표면적이 큰 접촉재를 사용하여, 부착생물량을 다량으로 보유할 수 있기 때문에, 유입기질의 변동에 유연히 대응할 수 있다.
㉢ 생물상이 다양하여 처리효과가 안정적이다.
㉣ 슬러지의 자산화가 기대되어, 잉여 슬러지양이 감소한다.
㉤ 부착생물량을 임의로 조정할 수 있어서 조작조건의 변경에 대응하기 쉽다.
㉥ 접촉제가 조 내에 있기 때문에, 부착생물량의 확인이 어렵다.
㉦ 고부하에서 운전하면 생물막이 비대화되어 접촉제가 막히는 경우가 발생한다.

25 하수시설에서 우수조정지 구조형식이 아닌 것은?
① 댐식(제방높이 15m 미만)
② 저하식(관 내 저류 포함)
③ 굴착식
④ 유하식(자연 호소 포함)

해설 우수조정지의 구조형식은 댐식, 굴착식, 저하식이다.

26 분류식 하수배제방식에서, 펌프장 시설의 계획하수량 결정 시 유입·방류 펌프장 계획하수량으로 옳은 것은?
① 계획시간최대오수량
② 계획우수량
③ 우천시계획오수량
④ 계획일최대오수량

해설 하수배제방식에 따른 펌프장 시설의 계획하수량

하수배제방식	펌프장의 종류	계획하수량
분류식	중계펌프장 처리장 내 펌프장	계획시간최대오수량
	빗물펌프장	계획우수량
합류식	중계펌프장 처리장 내 펌프장	우천시계획오수량
	빗물펌프장	계획하수량 - 우천시계획오수량

27 계획오수량에 관한 설명으로 틀린 것은?
① 지하수량은 1인1일최대오수량의 10~20%로 한다.
② 계획시간최대오수량은 계획1일최대오수량의 1시간당 수량의 1.3~1.8배를 표준으로 한다.
③ 합류식에서 우천시계획오수량은 원칙적으로 계획시간최대오수량의 3배 이상으로 한다.
④ 계획1일평균오수량은 계획1일최대오수량의 50~60%를 표준으로 한다.

해설 계획1일평균오수량은 계획1일최대오수량의 70~80%를 표준으로 한다.

28 수원에 관한 설명으로 틀린 것은?
① 복류수는 대체로 수질이 양호하며 대개의 경우 침전지를 생략하는 경우도 있다.
② 용천수는 지하수가 종종 자연적으로 지표에 나타난 것으로 그 성질은 대개 지표수와 비슷하다.
③ 우리나라의 일반적인 하천수는 연수인 경우가 많으므로 침전과 여과에 의하여 용이하게 정화되는 경우가 많다.
④ 호소수는 하천의 유수보다 자정작용이 큰 것이 특징이다.

해설 용천수는 지하에서 물이 흐르는 층을 따라 이동하던 지하수가 암석이나 지층의 틈을 통해 지표면으로 솟아오르는 것을 말하며, 지하수의 일종이다.

29 상수의 소독(살균)설비 중 저장시설에 관한 내용으로 (   )에 가장 적합한 것은?

액화염소의 저장량은 항상 1일 사용량의 (   ) 이상으로 한다.

① 5일분   ② 10일분
③ 15일분   ④ 30일분

해설 액화염소의 저장량은 항상 1일 사용량의 10일분 이상으로 한다.

30 상수도 급수배관에 관한 설명으로 틀린 것은?
① 급수관을 공공도로에 부설할 경우에는 도로관리자가 정한 점용위치와 깊이에 따라 배관해야 하며 다른 매설물과의 간격을 30cm 이상 확보한다.
② 급수관을 부설하고 되메우기를 할 때에는 양질토 또는 모래를 사용하여 적절하게 다짐하여 관을 보호한다.
③ 급수관이 개거를 횡단하는 경우에는 가능한 한 개거의 위로 부설한다.
④ 동결이나 결로의 우려가 있는 급수설비의 노출부분에 대해서는 적절한 방한조치나 결로방지조치를 강구한다.

ANSWER | 25. ④ 26. ① 27. ④ 28. ② 29. ② 30. ③

해설 급수관이 개거를 횡단하는 경우에는 가능한 한 개거의 아래로 부설한다.

31 계획취수량을 확보하기 위하여 필요한 저수용량의 결정에 사용하는 계획기준년은?
① 원칙적으로 5개년에 제1위 정도의 갈수를 표준으로 한다.
② 원칙적으로 7개년에 제1위 정도의 갈수를 표준으로 한다.
③ 원칙적으로 10개년에 제1위 정도의 갈수를 표준으로 한다.
④ 원칙적으로 15개년에 제1위 정도의 갈수를 표준으로 한다.

해설 계획취수량을 확보하기 위하여 필요한 저수용량의 결정에 사용하는 계획기준년은 원칙적으로 10개년에 제1위 정도의 갈수를 기준년으로 한다.

32 $I = \dfrac{3,660}{t+15}$ mm/hr, 면적 2.0km², 유입시간 6분, 유출계수 C=0.65, 관내유속 1m/s인 경우, 관 길이 600m인 하수관에서 흘러나오는 우수량(m³/sec)은?(단, 합리식 적용)
① 약 31   ② 약 38
③ 약 43   ④ 약 52

해설 $Q = \dfrac{1}{360} C \cdot I \cdot A$
㉠ C = 0.65
㉡ t = 유입시간 + 유하시간
  $= 6\min + \dfrac{600\mathrm{m}}{1\mathrm{m/sec}} \times \dfrac{\min}{60\sec}$
  $= 16\min$
  $\therefore I = \dfrac{3,660}{16\min + 15} = 118.06\mathrm{mm/hr}$
㉢ $A = 2.0\mathrm{km}^2 = 2.0\mathrm{km}^2 \times \dfrac{100\mathrm{ha}}{\mathrm{km}^2} = 200\mathrm{ha}$
$\therefore$ 우수량(m³/sec) $= \dfrac{1}{360} \times 0.65 \times 118.06\mathrm{mm/hr} \times 200\mathrm{ha}$
  $= 42.63\mathrm{m}^3/\sec$

33 우수배제계획의 수립 중 우수유출량의 억제에 대한 계획으로 옳지 않은 것은?
① 우수유출량의 억제방법은 크게 우수저류형, 우수침투형 및 토지이용의 계획적 관리로 나눌 수 있다.
② 우수저류형 시설 중 On-site 시설은 단지 내 저류, 우수조정지, 우수체수지 등이 있다.
③ 우수침투형은 우수를 지중에 침투시키므로 우수유출총량을 감소시키는 효과를 발휘한다.
④ 우수저류형은 우수유출총량은 변하지 않으나 첨두유출량을 감소시키는 효과가 있다.

해설 우수유출량의 저감(억제)방법은 크게 우수저류형과 우수침투형으로 나눌 수 있다.
㉠ 우수저류형 : 우수유출총량은 변하지 않으나 유출량을 평균화시켜 첨두유출량을 감소시키는 효과를 발휘한다. 저류형에는 강우장소에서 우수를 저류하는 On-site 저류(공원 내 저류, 학교운동장 내 저류, 광장 내 저류, 주차장 내 저류, 건물 사이 내의 저류, 집 사이 내의 저류 등)와 유출한 우수를 집수하여 별도의 장소에서 저류하는 Off-site저류(우수조정지, 다목적유수지, 우수저류관 등)가 있다.
㉡ 우수침투형 : 우수를 지중에 침투시키므로 우수유출총량을 감소시키는 효과를 발휘한다. 침투형에는 침투받이, 침투 트렌치, 침투측구, 투수성 포장 등이 있다.

34 비교회전도(N_s)에 대한 설명 중 틀린 것은?
① 펌프의 규정 회전수가 증가하면 비교회전도도 증가한다.
② 펌프의 규정 양정이 증가하면 비교회전도는 감소한다.
③ 일반적으로 비교회전도가 크면 유량이 많은 저양정의 펌프가 된다.
④ 비교회전도가 크게 될수록 흡입성능이 좋아지고 공동현상 발생이 줄어든다.

해설 비교회전도가 커질수록 흡입성능이 나빠지고 공동현상이 발생하기 쉽다.

31. ③ 32. ③ 33. ② 34. ④ | ANSWER

35 길이 1.2km의 하수관이 2‰의 경사로 매설되어 있을 경우 이 하수관 양 끝단 간의 고저차(m)는?(단, 기타 사항은 고려하지 않음)

① 0.24　　② 2.4
③ 0.6　　④ 6.0

해설 고저차 H(m) = 경사 I × 유로길이 L
$$H = \frac{2}{1,000} \times 1,200 = 2.4(m)$$

36 상수처리를 위한 약품침전지의 구성과 구조로 틀린 것은?

① 슬러지의 퇴적 심도로서 30cm 이상을 고려한다.
② 유효수심은 3~5.5m로 한다.
③ 침전지 바닥에는 슬러지 배제에 편리하도록 배수구를 향하여 경사지게 한다.
④ 고수위에서 침전지 벽체 상단까지의 여유고는 10cm 정도로 한다.

해설 약품침전지의 구성과 구조
㉠ 침전지의 수는 원칙적으로 2지 이상으로 한다.
㉡ 배치는 각 침전지에 균등하게 유출입될 수 있도록 수리적으로 고려하여 결정한다.
㉢ 각 지마다 독립하여 사용 가능한 구조로 한다.
㉣ 침전지의 형상은 직사각형으로 하고 길이는 폭의 3~8배 이상으로 한다.
㉤ 유효수심은 3~3.5m로 하고 슬러지 퇴적 심도로서 30cm 이상을 고려하되 슬러지 제거설비와 침전지의 구조상 필요한 경우에는 합리적으로 조정할 수 있다.
㉥ 고수위에서 침전지 벽체 상단까지의 여유고는 30cm 이상으로 한다.
㉦ 침전지 바닥에는 슬러지 배제에 편리하도록 배수구를 향하여 경사지게 한다.
㉧ 필요에 따라 복개 등을 한다.

37 집수정에서 가정까지의 급수계통을 순서대로 나열한 것으로 옳은 것은?

① 취수 → 도수 → 정수 → 송수 → 배수 → 급수
② 취수 → 도수 → 정수 → 배수 → 송수 → 급수
③ 취수 → 송수 → 도수 → 송수 → 배수 → 급수
④ 취수 → 송수 → 배수 → 송수 → 도수 → 급수

38 펌프의 회전수 N=2,400rpm, 최고 효율점의 토출량 Q=162m³/hr, 전양정 H=90m인 원심펌프의 비회전도는?

① 약 115　　② 약 125
③ 약 135　　④ 약 145

해설 펌프의 비회전도는 다음 식으로 계산하며, 이때 유량을 m³/min으로 환산해야 한다.
$$N_s = N \times \frac{Q^{1/2}}{H^{3/4}}$$
$$Q = \frac{162m^3}{hr} \bigg| \frac{1hr}{60min} = 2.7m^3/min$$
$$\therefore N_s = 2,400 \times \frac{2.7^{1/2}}{90^{3/4}} = 134.96$$

39 하수처리시설의 계획유입수질 산정방식으로 옳은 것은?

① 계획오염부하량을 계획1일평균오수량으로 나누어 산정한다.
② 계획오염부하량을 계획시간평균오수량으로 나누어 산정한다.
③ 계획오염부하량을 계획1일최대오수량으로 나누어 산정한다.
④ 계획오염부하량을 계획시간최대오수량으로 나누어 산정한다.

해설 하수의 계획유입수질은 계획오염부하량을 계획1일평균오수량으로 나눈 값으로 한다.

40 24시간 이상 장시간의 강우강도에 대해 가까운 저류시설 등을 계획할 경우에 적용하는 강우강도공식은?

① Cleveland형　　② Japanese형
③ Talbot형　　④ Sherman형

해설 유달시간이 짧은 관거 등의 유하시설을 계획할 경우에는 원칙적으로 Talbot형을 채용하는 것이 좋다. 24시간 우량 등의 장시간 강우강도에 대해서는 Cleveland형이 가깝다. 저류시설 등을 계획하는 경우에도 Cleveland형을 채용하는 것이 좋다.

ANSWER | 35. ② 36. ④ 37. ① 38. ③ 39. ① 40. ①

SECTION 03 수질오염방지기술

41 침전하는 입자들이 너무 가까이 있어서 입자 간의 힘이 이웃 입자의 침전을 방해하게 되고 동일한 속도로 침전하며 최종침전지 중간 정도의 깊이에서 일어나는 침전형태는?

① 지역침전 ② 응집침전
③ 독립침전 ④ 압축침전

해설 간섭침전이란 플록을 형성하여 침강하는 입자들이 서로 방해를 받아 침전속도가 감소하는 침전이다. 중간 정도의 농도로서 침전하는 부유물과 상징수 간에 경계면을 형성하면서 침강한다. 일명 방해, 장애, 집단, 계면, 지역 침전 등으로 칭하며 상향류식 부유물 접촉 침전지, 농축조가 이에 해당한다.

42 수질 성분이 부식에 미치는 영향으로 틀린 것은?

① 높은 알칼리도는 구리와 납의 부식을 증가시킨다.
② 암모니아는 착화물 형성을 통해 구리, 납 등의 금속용해도를 증가시킬 수 있다.
③ 잔류염소는 Ca와 반응하여 금속의 부식을 감소시킨다.
④ 구리는 갈바닉 전지를 이룬 배관상에 흠집(구멍)을 야기한다.

해설 염소는 병원성 미생물을 제어하는 데 가장 일반적으로 이용되는 소독제이다. 염소가 물에 유입되어 HOCl과 HCl이 되어 물의 pH를 낮추면 부식성을 증가시켜 많은 금속에 대해 부식 방지 피막의 형성을 방해하기도 한다.

43 생물학적 인, 질소 제거공정에서 호기조, 무산소조, 혐기조 공정의 주된 역할을 가장 올바르게 설명한 것은?(단, 유기물 제거는 고려하지 않으며, 호기조 – 무산소조 – 혐기조 순서임)

① 질산화 및 인의 과잉흡수–탈질소–인의 용출
② 질산화–탈질소 및 인의 과잉흡수–인의 용출
③ 질산화 및 인의 용출–인의 과잉흡수–탈질소
④ 질산화 및 인의 용출–탈질소–인의 과잉흡수

해설 각 공정의 주된 역할
㉠ 호기조 : 질산화 및 인의 과잉섭취(흡수)
㉡ 무산소조 : 탈질
㉢ 혐기조 : 인의 방출(용출)

44 다음에서 설명하는 분리방법으로 가장 적합한 것은?

- 막 형태 : 대칭형 다공성 막
- 구동력 : 정수압 차
- 분리 형태 : Pore Size 및 흡착성 현상에 기인한 체거름
- 적용 분야 : 전자공업의 초순수 제조, 무균수 제조식품의 무균여과

① 역삼투 ② 한외여과
③ 정밀여과 ④ 투석

해설 정밀여과는 정밀여과막을 사용하여 체거름 원리에 따라 입자를 분리하는 여과법이다.

45 Freundlich 등온흡착식($X/M=KC_e^{1/n}$)에 대한 설명으로 틀린 것은?

① X는 흡착된 용질의 양을 나타낸다.
② K, n은 상숫값으로 평형농도에 적용한 단위에 상관없이 동일하다.
③ C_e는 용질의 평형농도(질량/체적)를 나타낸다.
④ 한정된 범위의 용질농도에 대한 흡착평형값을 나타낸다.

해설 K, n은 상숫값으로 K 값이 크면 활성탄 흡착능이 커지며, 1/n 값이 2보다 클 때 흡착량이 크게 줄어든다.

46 탈기법을 이용, 폐수 중의 암모니아성 질소를 제거하기 위하여 폐수의 pH를 조절하고자 한다. 수중 암모니아를 NH_3(기체분자의 형태) 98%로 하기 위한 pH는?(단, 암모니아성 질소의 수중에서의 평형은 다음과 같다. $NH_3+H_2O \leftrightarrow NH_4^+ +OH^-$, 평형상수 $K=1.8\times10^{-5}$)

① 11.25 ② 11.03
③ 10.94 ④ 10.62

41. ① 42. ③ 43. ① 44. ③ 45. ② 46. ③ | ANSWER

해설 폐수 중 NH_3의 백분율은 다음과 같이 나타낼 수 있다.

$$NH_3(\%) = \frac{NH_3}{NH_3 + NH_4^+} \times 100 = \frac{100}{1+(NH_4^+/NH_3)}$$

$$98\% = \frac{100}{1+NH_4^+/NH_3}$$

$$\therefore NH_4^+/NH_3 = 0.02$$

$$K_b = \frac{[NH_4^+][OH^-]}{[NH_3]}$$

$$1.8 \times 10^{-5} = 0.02 \times [OH^-]$$

$$[OH^-] = 9.0 \times 10^{-4} (mol/L)$$

$$\therefore pH = 14 - pOH = 14 - \log\frac{1}{[OH^-]}$$

$$= 14 - \log\frac{1}{9.0 \times 10^{-4}}$$

$$= 10.95$$

47 폐수의 고도처리에 관한 다음의 기술 중 옳지 않은 것은?

① Cl^-, SO_4^{2-} 등의 무기염류의 제거에는 전기투석법이 이용된다.
② 활성탄흡착법에서 폐수 중의 인산은 제거되지 않는다.
③ 모래여과법은 고도처리 중에서 흡착법이나 전기투석법의 전처리로써 이용된다.
④ 폐수 중의 무기성 질소화합물은 철염에 의한 응집침전으로 완전히 제거된다.

해설 질소는 탈기법과 이온교환, 생물학적 처리법으로 제거가 가능하다.

48 반지름이 8cm인 원형 관로에서 유체의 유속이 20m/sec일 때 반지름이 40cm인 곳에서의 유속(m/sec)은?(단, 유량은 동일함, 기타 조건은 고려하지 않음)

① 0.8 ② 1.6
③ 2.2 ④ 3.4

해설 $A_1V_1 = A_2V_2$

$$\frac{\pi(0.16)^2}{4} \times 20 = \frac{\pi(0.8)^2}{4} \times V_2$$

$$\therefore V_2 = 0.8(m/sec)$$

49 길이 : 폭 비가 3 : 1인 장방형 침전조에 유량 850 m^3/day의 흐름이 도입된다. 깊이는 4.0m, 체류시간은 2.4hr라면 표면부하율($m^3/m^2 \cdot day$)?

① 20 ② 30
③ 40 ④ 50

해설 표면부하율 = $\frac{\text{유입유량}(m^3/day)}{\text{침전조의 표면적}(m^2)}$

㉠ 유입유량 = $850m^3$/day
㉡ 침전조의 표면적 A = W(폭) × L(길이)

$\forall (m^3) = Q \times t$

$$= \frac{850m^3}{day} \left| \frac{2.4hr}{} \right| \frac{1day}{24hr}$$

$$= 85(m^3)$$

$\forall = W \times L \times H$
$= W \times 3W \times 4 = 85(m^3)$

$\therefore W = 2.66(m)$
$L = 3W = 3 \times 2.66 = 7.98(m)$

$\therefore A = 2.66 \times 7.98 = 21.2268(m^2)$

$\therefore$ 표면부하율 = $\frac{850m^3}{day} \left| \frac{}{21.2268m^2} \right.$

$= 40.04(m^3/m^2 \cdot day)$

50 호기성 미생물에 의하여 발생되는 반응은?

① 포도당 → 알코올 ② 초산 → 메탄
③ 아질산염 → 질산염 ④ 포도당 → 초산

51 폐수량 500m^3/day, BOD 300mg/L인 폐수를 표준 활성슬러지공법으로 처리하여 최종방류수 BOD 농도를 20mg/L 이하로 유지하고자 한다. 최초침전지 BOD 제거효율이 30%일 때 포기조와 최종침전지, 즉 2차 처리공정에서 유지되어야 하는 최저 BOD 제거효율(%)은?

① 약 82.5 ② 약 85.5
③ 약 90.5 ④ 약 94.5

해설 $300mg/L \times (1-0.3) \times (1-X) = 20mg/L$
$300mg/L \times 0.7 \times (1-X) = 20mg/L$

$$1-X = \frac{20mg/L}{300mg/L \times 0.7}$$

$$X = 1 - \frac{20mg/L}{300mg/L \times 0.7} = 0.90476 = 90.48\%$$

ANSWER | 47. ④ 48. ① 49. ③ 50. ③ 51. ③

52 용수응집시설의 급속혼합조를 설계하고자 한다. 혼합조의 설계유량은 18,480m³/day이며 정방형으로 하고 깊이는 폭의 1.25배를 한다면 교반을 위한 필요동력(kW)은?(단, μ = 0.00131N·s/m², 속도구배 =900sec⁻¹, 체류시간 30초)

① 약 4.3 ② 약 5.6
③ 약 6.8 ④ 약 7.3

해설 속도경사(G) 계산식을 이용한다.

$$G = \sqrt{\frac{P}{\mu \cdot \forall}}$$

$$P = G^2 \cdot \mu \cdot \forall$$

$$= \frac{900^2}{\sec^2} \left| \frac{0.00131N \cdot \sec}{m^2} \right| 6.41m^3$$

$$= 6,801.6(W) = 6.8(kW)$$

여기서, $\forall = \frac{18,480m^3}{day} \left| \frac{30\sec}{} \right| \frac{1day}{24 \times 3,600\sec}$

$$= 6.41(m^3)$$

53 활성슬러지 공정의 폭기조 내 MLSS 농도 2,000 mg/L, 폭기조의 용량 5m³, 유입폐수의 BOD 농도 300mg/L, 폐수유량이 15m³/day일 때, F/M비 (kgBOD/kgMLSS·day)는?

① 0.35 ② 0.45
③ 0.55 ④ 0.65

해설 $F/M = \frac{BOD_i \times Q}{\forall \cdot X} = \frac{300 \times 15}{5 \times 2,000}$

$= 0.45$(kgBOD/kgMLSS·day)

54 하수처리를 위한 회전원판법에 관한 설명으로 틀린 것은?

① 질산화가 일어나가 쉬우며 pH가 저하되는 경우가 있다.
② 원판의 회전으로 인해 부착생물과 회전판 사이에 전단력이 생긴다.
③ 살수여상과 같이 여상에 파리는 발생하지 않으나 하루살이가 발생하는 수가 있다.
④ 활성슬러지법에 비해 이차 침전지 SS 유출이 적어 처리수의 투명도가 좋다.

해설 회전원판법은 활성슬러지법에 비해 2차 침전지에서 미세한 SS가 유출되기 쉽고, 처리수의 투명도가 나쁘다.

55 질산화 반응의 알칼리도 변화는?

① 감소한다. ② 증가한다.
③ 변화하지 않는다. ④ 증가 후 감소한다.

해설 질산화 반응과정에서 질산화미생물의 세포 합성을 위하여 HCO_3^- 가 소비되면서 pH는 저하된다.

56 하수로부터 인 제거를 위한 화학제의 선택에 영향을 미치는 인자가 아닌 것은?

① 유입수의 인 농도
② 슬러지 처리시설
③ 알칼리도
④ 다른 처리공정과의 차별성

57 반송 슬러지의 탈인 제거공정에 관한 설명으로 틀린 것은?

① 탈인조 상징액은 유입수량에 비하여 매우 적다.
② 인을 침전시키기 위해 소요되는 석회의 양은 순수 화학처리방법보다 적다.
③ 유입수의 유기물 부하에 따른 영향이 크다.
④ 대표적인 인 제거공법으로는 Phostrip Process 가 있다.

해설 탈인 제거공정은 비교적 유입수의 유기물 부하에 영향을 받지 않는다.

58 살수여상 공정으로부터 유출되는 유출수의 부유물질을 제거하고자 한다. 유출수의 평균유량은 12,300 m³/day, 여과지의 여과속도는 17L/m²·min이고 4개의 여과지(병렬 기준)를 설계하고자 할 때 여과지 하나의 면적(m²)은?

① 약 75 ② 약 100
③ 약 125 ④ 약 150

52. ③ 53. ② 54. ④ 55. ① 56. ④ 57. ③ 58. ③ | ANSWER

해설 Q = AV
A = $\frac{Q}{V}$
= $\frac{12,300m^3}{day} \left| \frac{m^2 \cdot min}{17L} \right| \frac{day}{1440min} \left| \frac{10^3 L}{m^3} \right| \frac{1}{4}$
= 125.61m²

59 농도 4,000mg/L인 포기조 내 활성슬러지 1L를 30분간 정치시켰을 때, 침강 슬러지 부피가 40%를 차지하였다. 이때 SDI는?

① 1   ② 2
③ 10   ④ 100

해설 SDI(g/100mL) = $\frac{100}{SVI}$
SVI = $\frac{SV(\%)}{MLSS(mg/L)} \times 10^4 = \frac{40}{4,000} \times 10^4 = 100$
SDI(g/100mL) = $\frac{100}{SVI} = \frac{100}{100} = 1(g/100mL)$

60 CSTR 반응조를 일차반응조건으로 설계하고, A의 제거 또는 전환율이 90%가 되게 하고자 한다. 반응상수 K가 0.35/hr일 때 CSTR 반응조의 체류시간(hr)은?

① 12.5   ② 25.7
③ 32.5   ④ 43.7

해설 $Q(C_o - C_t) = K \cdot \forall \cdot C_t$
$t\left(\frac{\forall}{Q}\right) = \frac{C_o - C_t}{K \cdot C_t} = \frac{1 - 0.1}{0.35 \times 0.1} = 25.71(hr)$

SECTION 04 수질오염공정시험기준

61 0.005M-KMnO₄ 400mL를 조제하려면 KMnO₄ 약 몇 g을 취해야 하는가?(단, 원자량은 K=39, Mn=55)

① 약 0.32   ② 약 0.63
③ 약 0.84   ④ 약 0.98

해설 X(g) = $\frac{0.005mol}{L} \left| \frac{0.4L}{} \right| \frac{158g}{1mol} = 0.316(g)$

62 알칼리성에서 다이에틸다이티오카르바민산나트륨과 반응하여 생성하는 황갈색의 킬레이트 화합물을 초산부틸로 추출하여 흡광도 440nm에서 정량하는 측정원리를 갖는 것은? (단, 자외선/가시선 분광법 기준)

① 아연   ② 구리
③ 크롬   ④ 납

해설 구리의 측정(자외선/가시선 분광법 기준)원리
구리이온이 알칼리성에서 다이에틸다이티오카르바민산나트륨과 반응하여 생성하는 황갈색의 킬레이트 화합물을 아세트산부틸로 추출하여 흡광도를 440nm에서 측정한다.

63 0.025N 과망간산칼륨 표준용액의 농도계수를 구하기 위해 0.025N 수산나트륨 용액 10mL을 정확히 취해 종점까지 적정하는 데 0.025N 과망간산칼륨 용액이 10.15mL 소요되었다. 0.025N 과망간산칼륨 표준용액의 농도계수(F)는?

① 1.015   ② 1.000
③ 0.9852   ④ 0.025

해설 NVf = N'V'f'
f = $\frac{N'V'f'}{NV} = \frac{0.025 \times 10 \times 1}{0.025 \times 10.15} = 0.9852$

64 유속-면적법에 의한 하천유량을 구하기 위한 소구간 단면에 있어서의 평균유속 V_m을 구하는 식은? (단, $V_{0.2}$, $V_{0.4}$, $V_{0.5}$, $V_{0.6}$, $V_{0.8}$은 각각 수면으로부터 전 수심의 20%, 40%, 50%, 60%, 80%인 점의 유속이다.)

① 수심이 0.4m 미만일 때 $V_m = V_{0.5}$
② 수심이 0.4m 미만일 때 $V_m = V_{0.8}$
③ 수심이 0.4m 이상일 때 $V_m (V_{0.2}+V_{0.8}) \times 1/2$
④ 수심이 0.4m 이상일 때 $V_m (V_{0.4}+V_{0.6}) \times 1/2$

ANSWER | 59. ① 60. ② 61. ① 62. ② 63. ③ 64. ③

해설 하천의 유속은 수심 0.4m를 기점으로 하여 다음과 같이 평균유속을 구한다.
㉠ 수심이 0.4m 이상일 때 $V_m = (V_{20\%} + V_{80\%})/2$
㉡ 수심이 0.4m 미만일 때 $V_m = V_{60\%}$

65 이온크로마토그래피에 관한 설명 중 틀린 것은?
① 물 시료 중 음이온의 정성 및 정량분석에 이용된다.
② 기본구성은 용리액조, 시료주입부, 펌프, 분리컬럼, 검출기 및 기록계로 되어있다.
③ 시료의 주입량은 보통 10~100μL 정도이다.
④ 일반적으로 음이온 분석에는 이온교환 검출기를 사용한다.

해설 일반적으로 음이온 분석에는 전기전도도 검출기를 사용한다.

66 대장균(효소이용정량법) 측정에 관한 내용으로 ( )에 옳은 것은?

> 물속에 존재하는 대장균을 분석하기 위한 것으로, 효소기질 시약과 시료를 혼합하여 배양한 후 ( ) 검출기로 측정하는 방법이다.

① 자외선 ② 적외선
③ 가시선 ④ 기전력

해설 효소이용정량법
물속에 존재하는 대장균을 분석하기 위한 것으로 효소기질 시약과 시료를 혼합하여 배양한 후 자외선 검출기로 측정하는 방법이다.

67 BOD 실험에서 배양기간 중에 4.0mg/L의 DO 소모를 바란다면 BOD 200mg/L로 예상되는 폐수를 실험할 때 300mL 병에 몇 mL 넣어야 하는가?
① 2.0 ② 4.0
③ 6.0 ④ 8.0

해설 $BOD(mg/L) = (D_1 - D_2) \times P$
$200(mg/L) = 4 \times \dfrac{300}{X}$
∴ $X = 6(mL)$

68 시안(CN⁻) 분석용 시료를 보관할 때 20% NaOH 용액을 넣어 pH 12의 알칼리성으로 보관하는 이유는?
① 산성에서는 CN⁻ 이온이 HCN으로 되어 휘산하기 때문
② 산성에서는 탄산염을 형성하기 때문
③ 산성에서는 시안이 침전되기 때문
④ 산성에서나 중성에서는 시안이 분해 변질되기 때문

69 원자흡수분광광도법으로 셀레늄을 측정할 때 수소화셀레늄을 발생시키기 위해 전처리한 시료에 주입하는 것은?
① 염화제일주석 용액
② 아연 분말
③ 요오드화나트륨 분말
④ 수산화나트륨 용액

해설 아연 분말 약 3g 또는 나트륨붕소수화물(1%) 용액 15mL를 신속히 반응용기에 넣고 자석교반기로 교반하여 수소화셀레늄을 발생시킨다.

70 기체크로마토그래피 검출기에 관한 설명으로 틀린 것은?
① 열전도도 검출기는 금속 필라멘트 또는 전기저항체를 검출소자로 한다.
② 수소염이온화 검출기의 본체는 수소연소노즐, 이온수집기, 대극, 배기구로 구성된다.
③ 알칼리열이온화 검출기는 함유 할로겐화합물 및 함유 황화물을 고감도로 검출할 수 있다.
④ 전자포획형 검출기는 많은 니트로화합물, 유기금속화합물 등을 선택적으로 검출할 수 있다.

71 "항량으로 될 때까지 건조한다."라 함은 같은 조건에서 어느 정도 더 건조시켜 전후 무게차가 g당 0.3mg 이하일 때를 말하는가?
① 30분 ② 60분
③ 120분 ④ 240분

해설 "항량으로 될 때까지 건조한다."라는 의미는 같은 조건에서 1시간 더 건조할 때 전후 무게의 차가 g당 0.3mg 이하일 때를 말한다.

72 용해성 망간을 측정하기 위해 시료를 채취 후 속히 여과해야 하는 이유는?

① 망간을 공침시킬 우려가 있는 현탁 물질을 제거하기 위해
② 망간 이온을 접촉적으로 산화, 침전시킬 우려가 있는 이산화망간을 제거하기 위해
③ 용존상태에서 존재하는 망간과 침전상태에서 존재하는 망간을 분리하기 위해
④ 단시간 내에 석출, 침전할 우려가 있는 콜로이드 상태의 망간을 제거하기 위해

73 하천유량 측정을 위한 유속면적법의 적용범위로 틀린 것은?

① 대규모 하천을 제외하고 가능하면 도섭으로 측정할 수 있는 지점
② 교량 등 구조물 근처에서 측정할 경우 교량의 상류지점
③ 합류나 분류되는 지점
④ 선정된 유량 측정 지점에 말뚝을 박아 동일 단면에서 유량 측정을 수행할 수 있는 지점

해설 하천유량 측정을 위한 유속면적법의 적용범위
㉠ 균일한 유속분포를 확보하기 위한 충분한 길이(약 100m 이상)의 직선 하도(河道) 확보가 가능하고 횡단면상의 수심이 균일한 지점
㉡ 모든 유량 규모에서 하나의 하도로 형성되는 지점
㉢ 가능하면 하상이 안정되어 있고, 식생의 성장이 없는 지점
㉣ 유속계나 부자가 어디에서나 유효하게 잠길 수 있을 정도의 충분한 수심이 확보되는 지점
㉤ 합류나 분류가 없는 지점
㉥ 교량 등 구조물 근처에서 측정할 경우 교량의 상류지점
㉦ 대규모 하천을 제외하고 가능하면 도섭으로 측정할 수 있는 지점
㉧ 선정된 유량 측정 지점에 말뚝을 박아 동일 단면에서 유량 측정을 수행할 수 있는 지점

74 4각 위어에 의하여 유량을 측정하려고 한다. 위어의 수두가 0.5m, 전단의 폭이 4m이면 유량(m^3/분)은? (단, 유량계수=4.8)

① 약 4.3 ② 약 6.8
③ 약 8.1 ④ 약 10.4

해설 4각 위어의 유량 $Q(m^3/min) = K \cdot b \cdot h^{3/2}$
$= 4.8 \times 4 \times 0.5^{3/2}$
$= 6.788(m^3/min)$

75 배출허용기준 적합 여부 판정을 위한 시료채취 시 복수시료채취방법 적용을 제외할 수 있는 경우가 아닌 것은?

① 환경오염사고 또는 취약시간대의 환경오염 감시 등 신속한 대응이 필요한 경우
② 부득이 복수시료채취방법으로 할 수 없을 경우
③ 유량이 일정하며 연속적으로 발생되는 폐수가 방류되는 경우
④ 사업장 내에서 발생하는 폐수를 회분식 등 간헐적으로 처리하여 방류하는 경우

해설 복수시료채취방법 적용을 제외할 수 있는 경우
㉠ 환경오염사고 또는 취약시간대(일요일, 공휴일 및 평일 18:00~09:00 등)의 환경오염 감시 등 신속한 대응이 필요한 경우 제외할 수 있다.
㉡ 수질환경보전법 제15조 제1항의 규정에 의한 비정상적 행위를 할 경우 제외할 수 있다.
㉢ 사업장 내에서 발생하는 폐수를 회분식(batch식) 등 간헐적으로 처리하여 방류하는 경우 제외할 수 있다.
㉣ 기타 부득이 복수시료채취방법으로 시료를 채취할 수 없을 경우 제외할 수 있다.

76 측정항목과 측정방법에 관한 설명으로 옳지 않은 것은?

① 불소 : 란탄-알리자린 콤플렉손에 의한 착화합물의 흡광도를 측정한다.
② 시안 : pH 12~13의 알칼리성에서 시안이온전극과 비교전극을 사용하여 전위를 측정한다.
③ 크롬 : 산성용액에서 다이페닐카바자이드와 반응하여 생성하는 착화합물의 흡광도를 측정한다.
④ 망간: 황산산성에서 과황산칼륨으로 산화하여 생성된 과망간산 이온의 흡광도를 측정한다.

ANSWER | 72. ③ 73. ③ 74. ② 75. ③ 76. ④

해설 망간 – 자외선/가시선 분광법
물속에 존재하는 망간 이온을 황산산성에서 과요오드산칼륨으로 산화하여 생성된 과망간산 이온의 흡광도를 525nm에서 측정하는 방법이다.

77 복수시료채취방법에 대한 설명으로 ( )에 옳은 것은?(단, 배출허용기준 적합 여부 판정을 위한 시료채취 시)

> 자동시료채취기로 시료를 채취할 경우에는 (㉠) 이내에 30분 이상 간격으로 (㉡) 이상 채취하여 일정량의 단일시료로 한다.

① ㉠ 6시간, ㉡ 2회 ② ㉠ 6시간, ㉡ 4회
③ ㉠ 8시간, ㉡ 2회 ④ ㉠ 8시간, ㉡ 4회

해설 복수시료채취방법
자동시료채취기로 시료를 채취할 경우에 6시간 이내에 30분 이상 간격으로 2회 이상 채취하여 일정량의 단일시료로 한다.

78 총질소 실험방법과 가장 거리가 먼 것은?(단, 수질오염공정시험기준 적용)

① 연속흐름법
② 자외선/가시선 분광법 – 활성탄흡착법
③ 자외선/가시선 분광법 – 카드뮴·구리환원법
④ 자외선/가시선 분광법 – 환원증류·킬달법

해설 총질소 실험방법
㉠ 자외선/가시선 분광법
 • 산화법
 • 카드뮴·구리환원법
 • 환원증류·킬달법
㉡ 연속흐름법

79 수질연속자동측정기기의 설치방법 중 시료 채취 지점에 관한 내용으로 ( )에 옳은 것은?

> 취수구의 위치는 수면하 10cm 이상, 바닥으로부터 ( )cm 이상을 유지하여 동절기의 결빙을 방지하고 바닥 퇴적물이 유입되지 않도록 하되, 불가피한 경우는 수면하 5cm에서 채취할 수 있다.

① 5   ② 15
③ 25 ④ 35

해설 시료 채취 지점
취수구의 위치는 수면하 10cm 이상, 바닥으로부터 15cm를 유지하여 동절기의 결빙을 방지하고 바닥 퇴적물이 유입되지 않도록 하되, 불가피한 경우는 수면하 5cm에서 채수할 수 있다.

80 pH 미터의 유지 관리에 대한 설명으로 틀린 것은?

① 전극이 더러워졌을 때는 유리전극을 묽은 염산에 잠시 담갔다가 증류수로 씻는다.
② 유리전극을 사용하지 않을 때는 증류수에 담가 둔다.
③ 유지, 그리스 등이 전극 표면에 부착되면 유기용매로 적신 부드러운 종이로 전극을 닦고 증류수로 씻는다.
④ 전극에 발생하는 조류나 미생물은 전극을 보호하는 작용이므로 떨어지지 않게 주의한다.

SECTION 05 수질환경관계법규

81 수질자동측정기기 또는 부대시설의 부착 면제를 받은 대상 사업장이 면제 대상에서 해제된 경우 그 사유가 발생한 날로부터 몇 개월 이내에 수질자동측정기기 및 부대시설을 부착해야 하는가?

① 3개월 이내
② 6개월 이내
③ 9개월 이내
④ 12개월 이내

해설 수질자동측정기기 또는 부대시설의 부착면제를 받은 사업장이나 공동방지시설이 면제 대상에 해당하지 않게 된 경우에는 그 사유가 발생한 날부터 9개월 이내에 해당 수질자동측정기기 또는 부대시설을 부착해야 한다.

82. 방류수 수질기준 초과율별 부과계수의 구분이 잘못된 것은?

① 20% 이상 30% 미만 – 1.4
② 30% 이상 40% 미만 – 1.8
③ 50% 이상 60% 미만 – 2.0
④ 80% 이상 90% 미만 – 2.6

해설 방류수 수질기준 초과율별 부과계수

초과율	10% 미만	10% 이상 20% 미만	20% 이상 30% 미만	30% 이상 40% 미만	40% 이상 50% 미만
부과계수	1	1.2	1.4	1.6	1.8
초과율	50% 이상 60% 미만	60% 이상 70% 미만	70% 이상 80% 미만	80% 이상 90% 미만	90% 이상 100% 까지
부과계수	2.0	2.2	2.4	2.6	2.8

83. 환경정책기본법령에 의한 수질 및 수생태계 상태를 등급으로 나타내는 경우 "좋음" 등급에 대해 설명한 것은?(단, 수질 및 수생태계 하천의 생활환경기준)

① 용존산소가 풍부하고 오염물질이 거의 없는 청정상태에 근접한 생태계로 침전 등 간단한 정수처리 후 생활용수로 사용할 수 있음
② 용존산소가 풍부하고 오염물질이 거의 없는 청정상태에 근접한 생태계로 여과·침전 등 간단한 정수처리 후 생활용수로 사용할 수 있음
③ 용존산소가 많은 편이고 오염물질이 거의 없는 청정상태에 근접한 생태계로 여과·침전·살균 등 일반적인 정수처리 후 생활용수로 사용할 수 있음
④ 용존산소가 많은 편이고 오염물질이 거의 없는 청정상태에 근접한 생태계로 활성탄투입 등 일반적인 정수처리 후 생활용수로 사용할 수 있음

해설 등급별 수질 및 수생태계 상태
㉠ 매우 좋음 : 용존산소(溶存酸素)가 풍부하고 오염물질이 없는 청정상태의 생태계로 여과·살균 등 간단한 정수처리 후 생활용수로 사용할 수 있음
㉡ 좋음 : 용존산소가 많은 편이고 오염물질이 거의 없는 청정상태에 근접한 생태계로 여과·침전·살균 등 일반적인 정수처리 후 생활용수로 사용할 수 있음
㉢ 약간 좋음 : 약간의 오염물질은 있으나 용존산소가 많은 상태의 다소 좋은 생태계로 여과·침전·살균 등 일반적인 정수처리 후 생활용수 또는 수영용수로 사용할 수 있음

㉣ 보통 : 보통의 오염물질로 인하여 용존산소가 소모되는 일반 생태계로 여과, 침전, 활성탄 투입, 살균 등 고도의 정수처리 후 생활용수로 이용하거나 일반적 정수처리 후 공업용수로 사용할 수 있음
㉤ 약간 나쁨 : 상당량의 오염물질로 인하여 용존산소가 소모되는 생태계로 농업용수로 사용하거나 여과, 침전, 활성탄 투입, 살균 등 고도의 정수처리 후 공업용수로 사용할 수 있음
㉥ 나쁨 : 다량의 오염물질로 인하여 용존산소가 소모되는 생태계로 산책 등 국민의 일상생활에 불쾌감을 주지 않으며, 활성탄 투입, 역삼투압 공법 등 특수한 정수처리 후 공업용수로 사용할 수 있음
㉦ 매우 나쁨 : 용존산소가 거의 없는 오염된 물로 물고기가 살기 어려움

84. 물환경보전법령에 적용되는 용어의 정의로 틀린 것은?

① 폐수무방류배출시설 : 폐수배출시설에서 발생하는 폐수를 해당 사업장에서 수질오염방지시설을 이용하여 처리하거나 동일 배출시설에 재이용하는 등 공공수역으로 배출하지 아니하는 폐수배출시설을 말한다.
② 수면관리자 : 호소를 관리하는 자를 말하며, 이 경우 동일한 호소를 관리하는 자가 3인 이상인 경우에는 하천법에 의한 하천의 관리청의 자가 수면관리자가 된다.
③ 특정수질유해물질 : 사람의 건강, 재산이나 동식물의 생육에 직접 또는 간접으로 위해를 줄 우려가 있는 수질오염물질로서 환경부령이 정하는 것을 말한다.
④ 공공수역 : 하천, 호소, 항만, 연안해역, 그 밖의 공공용으로 사용되는 수역과 이에 접속하여 공공용으로 사용되는 환경부령으로 정하는 수로를 말한다.

해설 수면관리자란 다른 법령에 따라 호소를 관리하는 자를 말한다. 이 경우 동일한 호소를 관리하는 자가 둘 이상인 경우에는 하천법에 따른 하천관리청 외의 자가 수면관리자가 된다.

ANSWER | 82. ② 83. ③ 84. ②

85 다음 중 법령에서 규정하고 있는 기타 수질오염원의 기준으로 틀린 것은?
① 취수능력 10m³/day 이상인 먹는 물 제조시설
② 면적 30,000m² 이상인 골프장
③ 면적 1,500m² 이상인 자동차 폐차장 시설
④ 면적 200,000m² 이상인 복합물류터미널 시설

해설 취수능력 10m³/day 이상인 먹는 물 제조시설은 기타 수질오염원에 해당하지 않는다.

86 수질오염물질 총량관리를 위하여 시·도지사가 오염총량관리기본계획을 수립하여 환경부장관에게 승인을 얻어야 한다. 계획수립 시 포함되는 사항으로 가장 거리가 먼 것은?
① 해당 지역 개발계획의 내용
② 시·도지사가 설치·운영하는 측정망 관리계획
③ 관할 지역에서 배출되는 오염부하량의 총량 및 저감계획
④ 해당 지역 개발계획으로 인하여 추가로 배출되는 오염부하량 및 그 저감계획

해설 오염총량관리기본계획을 수립
㉠ 해당 지역 개발계획의 내용
㉡ 지방자치단체별·수계구간별 오염부하량의 할당
㉢ 관할 지역에서 배출되는 오염부하량의 총량 및 저감계획
㉣ 해당 지역 개발계획으로 인하여 추가로 배출되는 오염부하량 및 그 저감계획

87 폐수배출시설에서 배출되는 수질오염물질인 부유물질량의 배출허용기준은?(단, 나지역, 1일 폐수배출량 2천 세제곱미터 미만 기준)
① 80mg/L 이하
② 90mg/L 이하
③ 120mg/L 이하
④ 130mg/L 이하

해설 항목별 배출허용기준

대상규모 지역구분	1일 폐수배출량 2천 세제곱미터 이상			1일 폐수배출량 2천 세제곱미터 미만		
항목	생물화학적산소요구량 (mg/L)	총유기탄소량 (mg/L)	부유물질량 (mg/L)	생물화학적산소요구량 (mg/L)	총유기탄소량 (mg/L)	부유물질량 (mg/L)
청정지역	30 이하	25 이하	30 이하	40 이하	30 이하	40 이하
가지역	60 이하	40 이하	60 이하	80 이하	50 이하	80 이하
나지역	80 이하	50 이하	80 이하	120 이하	75 이하	120 이하
특례지역	30 이하	25 이하	30 이하	30 이하	25 이하	30 이하

88 폐수처리업자의 준수사항에 관한 설명으로 ( )에 옳은 것은?

수탁한 폐수는 정당한 사유 없이 (㉠) 보관할 수 없으며, 보관폐수의 전체량이 저장시설 저장능력의 (㉡) 이상 되게 보관하여서는 아니 된다.

① ㉠ 10일 이상, ㉡ 80%
② ㉠ 10일 이상, ㉡ 90%
③ ㉠ 30일 이상, ㉡ 80%
④ ㉠ 30일 이상, ㉡ 90%

해설 수탁한 폐수는 정당한 사유 없이 10일 이상 보관할 수 없으며, 보관폐수의 전체량이 저장시설 저장능력의 90% 이상 되게 보관하여서는 아니 된다.

89 수질오염물질의 배출허용기준의 지역구분에 해당되지 않는 것은?
① 나지역
② 다지역
③ 청정지역
④ 특례지역

해설 배출허용기준의 지역구분
㉠ 청정지역   ㉡ 가지역
㉢ 나지역   ㉣ 특례지역

90 공공폐수처리시설의 유지·관리기준에 관한 내용으로 ( )에 옳은 것은?

> 처리시설의 가동시간, 폐수방류량, 약품투입량, 관리·운영자, 그 밖에 처리시설의 운영에 관한 주요사항을 사실대로 매일 기록하고 이를 최종 기록한 날부터 ( ) 보존하여야 한다.

① 1년간 ② 2년간
③ 3년간 ④ 5년간

해설 공공폐수처리시설을 운영하는 자는 처리시설의 가동시간, 폐수방류량, 약품투입량, 관리·운영자, 그 밖에 처리시설의 운영에 관한 주요사항을 사실대로 매일 기록하고 이를 최종 기록한 날부터 1년간 보존하여야 한다.

91 정당한 사유 없이 공공수역에 분뇨, 가축분뇨, 동물의 사체, 폐기물(지정폐기물 제외) 또는 오니를 버리는 행위를 하여서는 아니 된다. 이를 위반하여 분뇨, 가축분뇨 등을 버린 자에 대한 벌칙 기준은?

① 6개월 이하의 징역 또는 5백만 원 이하의 벌금
② 1년 이하의 징역 또는 1천만 원 이하의 벌금
③ 2년 이하의 징역 또는 2천만 원 이하의 벌금
④ 3년 이하의 징역 또는 3천만 원 이하의 벌금

92 발생폐수를 공공폐수처리시설로 유입하고자 하는 배출시설 설치자는 배수관로 등 배수설비를 기준에 맞게 설치하여야 한다. 배수설비의 설치방법 및 구조기준으로 틀린 것은?

① 배수관의 관경은 안지름 150mm 이상으로 하여야 한다.
② 배수관은 우수관과 분리하여 빗물이 혼합되지 아니하도록 설치하여야 한다.
③ 배수관 입구에는 유효간격 10mm 이하의 스크린을 설치하여야 한다.
④ 배수관의 기점·종점·합류점·굴곡점과 관경·관종이 달라지는 지점에는 유출구를 설치하여야 하며, 직선인 부분에는 내경의 200배 이하의 간격으로 맨홀을 설치하여야 한다.

해설 배수관의 기점·종점·합류점·굴곡점과 관경(管徑)·관종(管種)이 달라지는 지점에는 맨홀을 설치하여야 하며, 직선인 부분에는 내경의 120배 이하의 간격으로 맨홀을 설치하여야 한다.

93 오염총량초과부과금 산정 방법 및 기준에서 적용되는 측정유량(일일유량 산정 시 적용)단위로 옳은 것은?

① m^3/min ② L/min
③ m^3/sec ④ L/sec

해설 측정유량의 단위는 분당 리터(L/min)로 한다.

94 폐수의 배출시설 설치허가신청 시 제출해야 할 첨부서류가 아닌 것은?

① 폐수배출공정 흐름도
② 원료의 사용명세서
③ 방지시설의 설치명세서
④ 배출시설 설치 신고필증

해설 폐수의 배출시설 설치허가신청 시 제출해야 할 첨부서류
㉠ 배출시설의 위치도 및 폐수배출공정흐름도
㉡ 원료(용수를 포함한다)의 사용명세 및 제품의 생산량과 발생할 것으로 예측되는 수질오염물질의 내역서
㉢ 방지시설의 설치명세서와 그 도면. 다만, 설치신고를 하는 경우에는 도면을 배치도로 갈음할 수 있다.
㉣ 배출시설 설치허가증(변경허가를 받는 경우에만 제출한다.)

95 사업장별 환경기술인의 자격기준 중 제2종 사업장에 해당하는 환경기술인의 기준은?

① 수질환경기사 1명 이상
② 수질환경산업기사 1명 이상
③ 환경기능사 1명 이상
④ 2년 이상 수질분야에 근무한 자 1명 이상

ANSWER | 90. ① 91. ② 92. ④ 93. ② 94. ④ 95. ②

해설 사업장별 환경기술인의 자격기준

구분	환경기술인
제1종 사업장	수질환경기사 1명 이상
제2종 사업장	수질환경산업기사 1명 이상
제3종 사업장	수질환경산업기사, 환경기능사 또는 3년 이상 수질분야 환경 관련 업무에 직접 종사한 자 1명 이상
제4종 사업장 · 제5종 사업장	배출시설 설치허가를 받거나 배출시설 설치신고가 수리된 사업자 또는 배출시설 설치허가를 받거나 배출시설 설치신고가 수리된 사업자가 그 사업장의 배출시설 및 방지시설업무에 종사하는 피고용인 중에서 임명하는 자 1명 이상

96 기본배출부과금 산정 시 청정지역 및 가지역의 지역별 부과계수는?

① 2.0　　② 1.5
③ 1.0　　④ 0.5

해설 지역별 부과계수

청정지역 및 가지역	나지역 및 특례지역
1.5	1

97 위임업무 보고사항 중 보고 횟수가 다른 업무내용은?

① 폐수처리업에 대한 허가 · 지도단속실적 및 처리실적 현황
② 폐수위탁 · 사업장 내 처리현황 및 치리실적
③ 기타 수질오염원 현황
④ 과징금 부과 실적

해설 위임업무 보고사항

업무내용	보고 횟수	보고기일
폐수처리업에 대한 등록 · 지도단속실적 및 처리실적 현황	연 2회	매반기 종료 후 15일 이내
폐수위탁 · 사업장 내 처리현황 및 처리실적	연 1회	다음 해 1월 15일까지
기타 수질오염원 현황	연 2회	매반기 종료 후 15일 이내
과징금 부과 실적	연 2회	매반기 종료 후 10일 이내

98 오염총량관리기본계획에 포함되어야 하는 사항과 가장 거리가 먼 것은?

① 관할 지역에서 배출되는 오염부하량의 총량 및 저감계획
② 해당 지역 개발계획으로 인하여 추가로 배출되는 오염부하량 및 그 저감계획
③ 해당 지역별 및 개발계획에 따른 오염부하량의 할당
④ 해당 지역 개발계획의 내용

해설 오염총량관리기본계획의 포함 사항
㉠ 해당 지역 개발계획의 내용
㉡ 지방자치단체별 · 수계구간별 오염부하량(汚染負荷量)의 할당
㉢ 관할 지역에서 배출되는 오염부하량의 총량 및 저감계획
㉣ 해당 지역 개발계획으로 인하여 추가로 배출되는 오염부하량 및 그 저감계획

99 기본배출부과금 산정 시 적용되는 사업장별 부과계수로 옳은 것은?

① 제1종 사업장(10,000m³/day 이상) : 2.0
② 제2종 사업장 : 1.5
③ 제3종 사업장 : 1.3
④ 제4종 사업장 : 1.1

해설 사업장별 부과계수

사업장 규모	제1종 사업장(단위 : m³/일)					제2종 사업장	제3종 사업장	제4종 사업장
	10,000 이상	8,000 이상 10,000 미만	6,000 이상 8,000 미만	4,000 이상 6,000 미만	2,000 이상 4,000 미만			
부과계수	1.8	1.7	1.6	1.5	1.4	1.3	1.2	1.1

100 대권역 물환경관리계획을 수립하는 경우 포함되어야 할 사항 중 가장 거리가 먼 것은?

① 점오염원, 비점오염원 및 기타 수질오염원에서 배출되는 수질오염물질의 양
② 상수원 및 물 이용현황
③ 점오염원, 비점오염원 및 기타 수질오염원 분포현황
④ 점오염원 확대 계획 및 저감시설 현황

해설 대권역 물환경관리계획의 수립 시 포함되어야 할 사항
㉠ 물환경의 변화 추이 및 물환경 목표 기준
㉡ 상수원 및 물 이용현황
㉢ 점오염원, 비점오염원 및 기타 수질오염원의 분포현황
㉣ 점오염원, 비점오염원 및 기타 수질오염원에서 배출되는 수질오염물질의 양
㉤ 수질오염 예방 및 저감 대책
㉥ 물환경 보전조치의 추진방향
㉦ 「저탄소 녹색성장 기본법」 제2조제12호에 따른 기후변화에 대한 적응대책
㉧ 그 밖에 환경부령으로 정하는 사항

ANSWER | 100. ④

2021년 2회 수질환경기사

SECTION 01 수질오염개론

01 자당(Sucrose, $C_{12}H_{22}O_{11}$)이 완전히 산화될 때 이론적인 ThOD/TOC 비는?

① 2.67 ② 3.83
③ 4.43 ④ 5.68

해설 ㉠ ThOD 계산
$C_{12}H_{22}O_{11} + 12O_2 \rightarrow 12CO_2 + 11H_2O$
　　1mol　　　：　12×32(g)
∴ ThOD = 12×32(g)
㉡ TOC 계산
$C_{12}H_{22}O_{11} \rightarrow 12C$
　1mol　：　12×12(g)
∴ TOC = 12(g)
∴ $\dfrac{ThOD}{TOC} = \dfrac{12 \times 32(g)}{12 \times 12(g)} = 2.67$

02 하천의 수질관리를 위하여 1920년대 초에 개발된 수질예측모델로 BOD와 DO 반응, 즉 유기물 분해로 인한 DO 소비와 대기로부터 수면을 통해 산소가 재공급되는 재폭기만 고려한 것은?

① DO SAG-Ⅰ 모델
② QUAL-Ⅰ 모델
③ WQRRS 모델
④ Streeter-Phelps 모델

03 해양오염에 관한 설명으로 가장 거리가 먼 것은?

① 육지와 인접해 있는 대륙붕은 오염되기 쉽다.
② 유류오염은 산소의 전달을 억제한다.
③ 원유가 바다에 유입되면 해면에 엷은 막을 형성하며 분산된다.
④ 해수 중에서 오염물질의 확산은 일반적으로 수직방향이 수평방향보다 더 빠르게 진행된다.

해설 해수 중에서 오염물질의 확산은 일반적으로 수평방향이 수직방향보다 더 빠르게 진행된다.

04 유기화합물이 무기화합물과 다른 점을 올바르게 설명한 것은?

① 유기화합물들은 대체로 이온반응보다는 분자반응을 하므로 반응속도가 느리다.
② 유기화합물들은 대체로 분자반응보다는 이온반응을 하므로 반응속도가 느리다.
③ 유기화합물들은 대체로 이온반응보다는 분자반응을 하므로 반응속도가 빠르다.
④ 유기화합물들은 대체로 분자반응보다는 이온반응을 하므로 반응속도가 빠르다.

해설 유기화합물들은 대체로 이온반응보다는 분자반응을 하므로 반응속도가 느리다.

05 약산인 $0.01N - CH_3COOH$가 18% 해리될 때 수용액의 pH는?

① 약 2.15 ② 약 2.25
③ 약 2.45 ④ 약 2.75

해설　　　$CH_3COOH \rightarrow CH_3COO^- + H^+$
해리 전　0.01N　　　0N　　0N
해리 후　0.01N×0.82　0.01N×0.18　0.01N×0.18
$pH = \log \dfrac{1}{[H^+]} = \log \dfrac{1}{0.01 \times 0.18} = 2.74$

06 식물과 조류세포의 엽록체에서 광합성의 명반응과 암반응을 담당하는 곳은?

① 틸라코이드와 스트로마
② 스트로마와 그라나
③ 그라나와 내막
④ 내막과 외막

해설 광합성은 엽록체에서 일어나며, 이산화탄소와 물을 원료로 포도당과 산소를 합성하는 동화작용이다. 빛을 필요로 하는 명반응은 빛에너지를 화학에너지로 전환하는 반응으로 엽록체의 틸라코이드 또는 그라나에서 일어난다. 암반응은 명반응에서 생성된 물질과 이산화탄소를 이용하여 포도당을 합성하는 반응으로 엽록체의 스트로마에서 일어난다.

1.① 2.④ 3.④ 4.① 5.④ 6.① | ANSWER

07 호소의 영양상태를 평가하기 위한 Carlson 지수를 산정하기 위해 요구되는 인자가 아닌 것은?

① Chlorophyll-a　　② SS
③ 투명도　　　　　④ T-P

해설 부영양화도지수는 Carlson에 의해 개발되어 Carlson 지수라고도 한다. Carlson 지수는 경험적으로 만든 연속적인 부영양화도지수로서 투명도(SD)에 대한 부영양화도지수[TSI(SD)]와 투명도(SD)-클로로필 농도(Chl-a)의 상관관계에 의한 부영양화도지수[TSI(Chl-a)], 클로로필 농도(Chl-a)-총인(T-P)의 상관관계를 이용한 부영양화도지수[TSI(T-P)]가 있다.

08 25℃, 2기압의 메탄가스 40kg을 저장하는 데 필요한 탱크의 부피(m^3)는?(단, 이상기체의 법칙, R=0.082L·atm/mol·K 적용)

① 20.6　　② 25.3
③ 30.5　　④ 35.3

해설 이상기체방정식(Ideal Gas Equation)을 이용한다.
$PV = n \cdot R \cdot T$

$V(m^3) = \dfrac{n \cdot R \cdot T}{P}$

$= \dfrac{2,500 \text{mol}}{} \Big| \dfrac{0.082 \text{L} \cdot \text{atm}}{\text{mol} \cdot \text{K}} \Big| \dfrac{(273+25)\text{K}}{} \Big| \dfrac{}{2\text{atm}} \Big| \dfrac{1\text{m}^3}{10^3 \text{L}}$

$= 30.6 (m^3)$

여기서, $n(\text{mol}) = \dfrac{M}{M_w}$

$= \dfrac{40\text{kg}}{} \Big| \dfrac{1\text{mol}}{16\text{g}} \Big| \dfrac{10^3 \text{g}}{1\text{kg}}$

$= 2,500(\text{mol})$

09 광합성의 영향인자와 가장 거리가 먼 것은?

① 빛의 강도　　② 빛의 파장
③ 온도　　　　④ O_2 농도

해설 광합성에 영향을 미치는 인자
㉠ 빛의 파장　　㉡ 빛의 세기
㉢ 온도　　　　㉣ CO_2 농도

10 황조류로 엽록소 a, c와 크산토필의 색소를 가지고 있고 세포벽이 형태상 독특한 단세포 조류이며, 찬물 속에서도 잘 자라 북극지방에서나 겨울철에 번성하는 것은?

① 녹조류　　　② 갈조류
③ 규조류　　　④ 쌍편모조류

해설 조류의 종류
(1) 규조류
　㉠ 봄, 가을에 급성장을 보여 호수와 성층현상에 관련 있는 것으로 보이며 단세포이고 드물게 군락을 이루고 있는 경우도 있다.
　㉡ 황조류로 엽록소 a, c와 크산토필의 색소를 가지고 있는 세포벽을 가지고 있어 형태상 세포벽이 독특한 단세포 조류며, 찬물에서도 잘 자란다.
(2) 남조류
　㉠ 세포벽의 형태와 구조가 박테리아와 유사하다.
　㉡ 섬유상, 군락상의 단세포로 편모가 없고 엽록소가 세포 전체에 퍼져있는 원핵생물이다.
　㉢ 내부기관이 발달되어 있지 않아 박테리아에 가깝고 엽록소를 가져 광합성을 한다.
　㉣ 호기성 신진대사를 하며 전자공여체로 물을 이용한다.
　㉤ 대기로부터 질소를 암모니아로 전환하는 질소고정능력을 가진다.
(3) 녹조류
　㉠ 조류 중 가장 큰 문(Division)이다.
　㉡ 세포벽이 엽록소이며 클로로필 a, b를 가지고 있다.
　㉢ 단세포와 다세포가 있으며 일부는 유영편모를 갖춰 운동성이 있다.

11 물의 특성에 관한 설명으로 틀린 것은?

① 수소와 산소의 공유결합 및 수소결합으로 되어 있다.
② 수온이 감소하면 물의 점성도가 감소한다.
③ 물의 점성도는 표준상태에서 대기의 대략 100배 정도이다.
④ 물분자 사이의 수소결합으로 큰 표면장력을 갖는다.

해설 수온이 감소하면 물의 점성도가 증가한다.

ANSWER | 7. ② 8. ③ 9. ④ 10. ③ 11. ②

12 자연계 내에서 질소를 고정할 수 있는 생물과 가장 거리가 먼 것은?
① Blue Green Algae
② Rhizobium
③ Azotobacter
④ Flagellates

해설 질소고정 세균은 대기 속에 존재하는 유리질소를 유기물 합성에 이용할 수 있는 세균이며, 단생질소고정균과 공생질소고정균으로 나눌 수 있다.

13 시료의 대장균 수가 5,000/mL라면 대장균 수가 20/mL가 될 때까지 소요되는 시간(hr)은?(단, 일차 반응 기준, 대장균의 반감기는 2시간)
① 약 16   ② 약 18
③ 약 20   ④ 약 22

해설 1차 반응식을 이용한다.
$$\ln\frac{N_t}{N_o} = -K \cdot t$$
㉠ $\ln\frac{2,500}{5,000} = -K \cdot 2hr$
∴ $K = 0.3466(hr^{-1})$
㉡ $\ln\frac{20}{5,000} = \frac{-0.3466}{hr}\Big|t(hr)$
∴ $t = 15.93(hr)$

14 보통 농업용수의 수질평가 시 SAR로 정의하는데 이에 대한 설명으로 틀린 것은?
① SAR의 값은 20 정도이면 Na^+가 토양에 미치는 영향이 적다.
② SAR의 값은 Na^+, Ca^{2+}, Mg^{2+} 농도와 관계가 있다.
③ 경수가 연수보다 토양에 더 좋은 영향을 미친다고 볼 수 있다.
④ SAR의 계산식에 사용되는 이온의 농도는 meq/L를 사용한다.

해설 SAR의 값이 20 정도이면 Na^+가 토양에 미치는 영향이 비교적 크다.

15 분뇨에 관한 설명으로 옳지 않은 것은?
① 분뇨는 다량의 유기물과 대장균을 포함하고 있다.
② 도시하수에 비하여 고형물 함유도와 점도가 높다.
③ 분과 요의 혼합비는 1 : 10이다.
④ 분과 요의 고형물비는 약 1 : 1이다.

해설 분과 요의 구성비는 대략 부피비로 1 : 10 정도이고, 고형물의 비는 7 : 1 정도이다.

16 호소의 조류생산잠재력조사(AGP 시험)를 적용한 대표적 응용사례와 가장 거리가 먼 것은?
① 제한 영양염의 추정
② 조류 증식에 대한 저해물질의 유무 추정
③ 1차 생산량 측정
④ 방류수역의 부영양화에 미치는 배수의 영향평가

해설 조류생산잠재력조사(AGP 시험)의 이용목적
㉠ 부영양화 정도의 판정
㉡ 제한 영양염의 추정
㉢ 배수처리에 있어서 탈질소, 탈인 등 처리 조작의 효율평가
㉣ 방출수역의 부영양화에 미치는 폐수의 영향평가
㉤ 조류가 이용 가능한 영양염의 양적 추정
㉥ 조류증식에 대한 저해물질의 유무 추정

17 3mol의 글리신[Glycine, $CH_2(NH_2)COOH$]이 분해되는 데 필요한 이론적 산소요구량(gO_2)은?

- 1단계 : 유기탄소는 이산화탄소(CO_2), 유기질소는 암모니아(NH_3)로 전환된다.
- 2, 3단계 : 암모니아는 산화과정을 통하여 아질산, 최종적으로 질산염까지 전환된다.

① 317   ② 336
③ 362   ④ 392

해설 글리신의 이론적 산화반응을 이용한다.
$C_2H_5O_2N + 3.5O_2 \rightarrow 2CO_2 + 2H_2O + HNO_3$
1mol : 3.5×32g
3mol : X(g)
∴ 이론적 산소요구량(ThOD) = 336(g)

18 1차 반응식이 적용될 때 완전혼합반응기(CFSTR) 체류시간은 압출형 반응기(PFR) 체류시간의 몇 배가 되는가?(단, 1차 반응에 의해 초기농도의 70%가 감소되었고, 자연대수로 계산하며 속도상수는 같다고 가정함)

① 1.34　② 1.51
③ 1.72　④ 1.94

해설 ㉠ PFR의 경우

$t = \ln\dfrac{C_t}{C_o}/(-K) = \ln\dfrac{0.3C_o}{C_o}/(-K)$

$= 1.204/K$

㉡ CFSTR의 경우

$t = \dfrac{C_o - C_t}{K \cdot C_t} = \dfrac{C_o - 0.3C_o}{K \cdot 0.3C_o} = 2.33/K$

∴ 체류시간의 비

$\dfrac{CFSTR(t)}{PFR(t)} = \dfrac{2.33/K}{1.204/K} = 1.94$

19 해수에 관한 다음의 설명 중 옳은 것은?

① 해수의 중요한 화학적 성분 7가지는 Cl^-, Na^+, Mg^{2+}, SO_4^{2-}, HCO_3^-, K^+, Ca^{2+}이다.
② 염분은 적도해역에서 낮고 남북 양극해역에서 높다.
③ 해수의 Mg/Ca 비는 담수보다 작다.
④ 해수의 밀도는 수심이 깊을수록 염농도가 감소함에 따라 작아진다.

해설 ② 염분은 적도해역에서는 높고, 남북 양극 해역에서는 다소 낮다.
③ 해수의 Mg/Ca 비는 3~4 정도로 담수의 0.1~0.3에 비하여 월등하게 크다.
④ 해수의 밀도는 1.02~1.07g/cm³ 범위로서 수온, 염분, 수압의 함수이며 수심이 깊을수록 증가한다.

20 아세트산(CH_3COOH) 120mg/L 용액의 pH는?(단, 아세트산 $K_a = 1.8 \times 10^{-5}$)

① 4.65　② 4.21
③ 3.72　④ 3.52

해설 $CH_3COOH \rightarrow CH_3COO^- + H^+$

$K_a = \dfrac{[CH_3COO^-][H^+]}{[CH_3COOH]}$

$CH_3COOH(mol/L) = \dfrac{120mg}{L} \left| \dfrac{1mol}{60g} \right| \dfrac{1g}{10^3 mg}$

$= 2.0 \times 10^{-3} (mol/L)$

$[CH_3COO^-] = [H^+]$

∴ $1.8 \times 10^{-5} = \dfrac{[H^+]^2}{0.002M}$

$[H^+] = 1.897 \times 10^{-4} M$

∴ $pH = \log\dfrac{1}{[H^+]} = \log\dfrac{1}{1.897 \times 10^{-4}} \fallingdotseq 3.72$

SECTION 02 상하수도계획

21 상수시설 중 도수거에서의 최소유속(m/sec)은?

① 0.1　② 0.3
③ 0.5　④ 1.0

해설 도수거에서 평균유속의 최대한도는 3.0m/s로 하고 최소유속은 0.3m/s로 한다.

22 슬러지 탈수방법 중 가압식 벨트프레스 탈수기에 관한 내용으로 옳지 않은 것은?(단, 원심탈수기와 비교)

① 소음이 적다.　② 동력이 적다.
③ 부대장치가 적다.　④ 소모품이 적다.

해설 벨트프레스 탈수기의 특징
㉠ 소음이 적고, 동력이 작다.
㉡ 설치가 간단하고 설치면적이 작다.
㉢ 유지 관리가 용이하고 소모품이 적다.

23 응집지(정수시설) 내 급속혼화시설의 급속혼화방식과 가장 거리가 먼 것은?

① 공기식　② 수류식
③ 기계식　④ 펌프 확산에 의한 방법

해설 급속혼화는 수류식이나 기계식 및 펌프 확산에 의한 방법으로 달성할 수 있다.

ANSWER | 18. ④ 19. ① 20. ③ 21. ② 22. ③ 23. ①

24 하수 고도처리를 위한 급속여과법에 관한 설명과 가장 거리가 먼 것은?
① 여층의 운동방식에 의해 고정상형 및 이동상형으로 나눌 수 있다.
② 여층의 구성은 유입수와 여과수의 수질, 역세척 주기 및 여과면적을 고려하여 정한다.
③ 여과속도는 유입수와 여과수의 수질, SS의 포획 능력 및 여과지속시간을 고려하여 정한다.
④ 여재는 종류, 공극률, 비표면적, 균등계수 등을 고려하여 정한다.

해설 여재 및 여층의 구성은 SS 제거율, 유지 관리의 편의성 및 경제성을 고려하여 정한다.

25 상수의 취수시설에 관한 설명 중 틀린 것은?
① 취수탑은 탑의 설치위치에서 갈수 수심이 최소 2m 이상이어야 한다.
② 취수보의 취수구의 유입유속은 1m/sec 이상이 표준이다.
③ 취수탑의 취수구 단면 형상은 장방형 또는 원형으로 한다.
④ 취수문을 통한 유입속도가 0.8m/sec 이하가 되도록 취수문의 크기를 정한다.

해설 취수보의 취수구의 유입유속은 0.4~0.8m/sec를 표준으로 한다.

26 상수처리시설인 침사지의 구조 기준으로 틀린 것은?
① 표면부하율은 200~500mm/min을 표준으로 한다.
② 지내평균유속은 30cm/sec를 표준으로 한다.
③ 지의 상단 높이는 고수위보다 0.6~1m의 여유고를 둔다.
④ 지의 유효수심은 3~4m를 표준으로 한다.

해설 지내평균유속은 2~7cm/s를 표준으로 한다.

27 복류수나 자유수면을 갖는 지하수를 취수하는 시설인 집수매거에 관한 설명으로 틀린 것은?
① 집수매거의 길이는 시험우물 등에 의한 양수시험 결과에 따라 정한다.
② 집수매거의 매설깊이는 1.0m 이하로 한다.
③ 집수매거는 수평 또는 흐름 방향으로 향하여 완경사로 하고 집수매거의 유출단에서 매거 내의 평균유속은 1.0m/sec 이하로 한다.
④ 세굴의 우려가 있는 제외지에 설치할 경우에는 철근콘크리트 틀 등으로 방호한다.

해설 집수매거는 노출되거나 유실될 우려가 없도록 충분한 깊이로 매설한다.

28 계획오수량에 대한 설명 중 바르지 않은 것은?
① 합류식에서 우천 시 계획오수량은 원칙적으로 계획시간최대오수량의 3배 이상으로 한다.
② 계획1일최대오수량은 1인1일평균오수량에 계획인구를 곱한 후, 여기에 공장폐수량, 지하수량 및 기타 배수량을 더한 것으로 한다.
③ 계획1일평균오수량은 계획1일최대오수량의 70~80%를 표준으로 한다.
④ 계획시간최대오수량은 계획1일최대오수량의 1시간당 수량의 1.3~1.8배를 표준으로 한다.

해설 계획1일최대오수량은 1인1일최대오수량에 계획인구를 곱한 후, 여기에 공장폐수량, 지하수량 및 기타 배수량을 더한 것으로 한다.

29 도시의 장래하수량 추정을 위해 인구증가현황을 조사한 결과 매년 증가율이 5%로 나타났다. 이 도시의 20년 후의 추정 인구(명)는?(단, 현재의 인구는 73,000명이다.)
① 약 132,000 ② 약 162,000
③ 약 183,000 ④ 약 194,000

해설 $P_n = P_o(1+r)^n$
$= 73,000(1+0.05)^{20}$
$= 193,691$(명)

24. ② 25. ② 26. ② 27. ② 28. ② 29. ④ | ANSWER

30 해수담수화를 위해 해수를 취수할 때 취수위치에 따른 장단점으로 틀린 것은?

① 해중취수(10m 이상) : 기상변화, 해조류의 영향이 적다.
② 해안취수(10m 이내) : 계절별 수질, 수온변화가 심하다.
③ 염지하수 취수 : 추가적 전처리 비용이 발생한다.
④ 해안취수(10m 이내) : 양적으로 가장 경제적이다.

해설 해수 취수위치별 장단점

구분	장점	단점
해안 취수 (10m 이내)	• 양적으로 가장 경제적이다. • 비교적 시공이 단순하다.	• 기상변화, 해조류 등에 영향이 크다. • 계절별 수질·수온 변화가 심하다.
해중 취수 (10m 이상)	• 기상변화, 해조류 등에 영향이 적다. • 수질, 수온이 비교적 안정적이다.	• 건설비용이 많이 소요된다. • 시공이 어렵다.
염지 하수 취수	• 수질, 수온이 매우 안정적이다. • 전처리 비용을 절감할 수 있다.	• 지역적인 영향을 받는다. • 양적인 제한을 받는다.

31 펌프의 캐비테이션이 발생하는 것을 방지하기 위한 대책으로 볼 수 없는 것은?

① 펌프의 설치위치를 가능한 한 높게 하여 펌프의 필요유효흡입수두를 작게 한다.
② 펌프의 회전속도를 낮게 선정하여 펌프의 필요유효흡입수두를 작게 한다.
③ 흡입관의 손실을 가능한 한 작게 하여 펌프의 가용유효흡입수두를 크게 한다.
④ 흡입 측 밸브를 완전히 개방하고 펌프를 운전한다.

해설 Cavitation의 방지방법
㉠ 펌프의 설치위치를 가능한 한 낮추어 흡입양정을 짧게 한다.
㉡ 펌프의 회전수를 감소시킨다.
㉢ 성능에 크게 영향을 미치지 않는 범위 내에서 흡입관의 직경을 증가시킨다.
㉣ 두 대 이상의 펌프를 사용하거나 회전차를 수중에 완전히 잠기게 한다.
㉤ 양흡입 펌프, 입축형 펌프, 수중 펌프의 사용을 검토한다.
㉥ 펌프의 회전속도를 낮게 하여 펌프의 필요유효흡입수두를 작게 한다.

32 정수장에서 송수를 받아 해당 배수구역으로 배수하기 위한 배수지에 대한 설명(기준)으로 틀린 것은?

① 유효용량은 시간변동조정용량과 비상대처용량을 합한다.
② 유효용량은 급수구역의 계획1일최대급수량의 6시간분 이상을 표준으로 한다.
③ 배수지의 유효수심은 3~6m 정도를 표준으로 한다.
④ 고수위로부터 정수지 상부 슬래브까지는 30cm 이상의 여유고를 둔다.

해설 유효용량은 시간변동조정용량, 비상대처용량을 합하여 급수구역의 계획 1일 최대급수량의 12시간분 이상을 표준으로 한다.

33 오수관거를 계획할 때 고려할 사항으로 맞지 않은 것은?

① 분류식과 합류식이 공존하는 경우에는 원칙적으로 양 지역의 관거는 분리하여 계획한다.
② 관거는 원칙적으로 암거로 하며, 수밀한 구조로 하여야 한다.
③ 관거 단면 형상 및 경사는 관거 내에 침전물이 퇴적하지 않도록 적당한 유속을 확보한다.
④ 관거의 역사이펀이 발생하도록 계획한다.

해설 오수관거와 우수관거가 교차하여 역사이펀을 피할 수 없는 경우, 오수관거를 역사이펀으로 하는 것이 좋다.

34 펌프의 특성곡선에서 펌프의 양수량과 양정 간의 관계를 가장 잘 나타낸 곡선은?

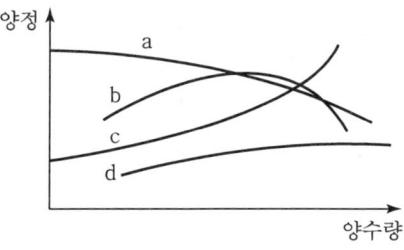

① a 곡선　　② b 곡선
③ c 곡선　　④ d 곡선

ANSWER | 30. ③ 31. ① 32. ② 33. ④ 34. ①

35 강우강도 I=$\frac{3,970}{t+31}$ mm/hr, 유역면적 3km², 유입시간 180sec, 관거길이 1km, 유출계수 1.1, 하수관의 유속 33m/min일 경우 우수유출량(m³/sec)은? (단, 합리식 적용)

① 약 29
② 약 33
③ 약 48
④ 약 57

해설 Q=$\frac{1}{360}$CIA
㉠ 유출계수 C=1.1
㉡ 유역면적 A=$\frac{3km^2}{1km^2}\bigg|\frac{100ha}{1}$ = 300(ha)
㉢ t = 유입시간 + 유하시간 = $t_i + \frac{L}{V}$
= $\frac{180sec}{60sec}\bigg|\frac{1min}{1}+\frac{min}{33m}\bigg|\frac{1km}{1}\bigg|\frac{10^3m}{1km}$
= 33.3(min)
I = $\frac{3,970}{t+31}$mm/hr = $\frac{3,970}{33.3+31}$mm/hr
= 61.74(mm/hr)
∴ Q = $\frac{1}{360}$×1.1×61.74×300
= 56.60(m³/sec)

36 하수도계획 수립 시 포함되어야 하는 사항과 가장 거리가 먼 것은?

① 침수방지계획
② 슬러지 처리 및 자원화 계획
③ 물관리 및 재이용 계획
④ 하수도 구축지역 계획

해설 하수도계획 수립 시 포함되어야 하는 사항
㉠ 침수방지계획
㉡ 수질보존계획
㉢ 물관리 및 재이용 계획
㉣ 슬러지 처리 및 자원화 계획

37 정수시설인 완속여과지에 관한 내용으로 옳지 않은 것은?

① 주위 벽 상단은 지반보다 60cm 이상 높여 여과지 내로 오염수나 토사 등의 유입을 방지한다.
② 여과속도는 4~5m/day를 표준으로 한다.
③ 모래층의 두께는 70~90cm를 표준으로 한다.
④ 여과면적은 계획정수량을 여과속도로 나누어 구한다.

해설 주위 벽 상단은 지반보다 15cm 이상 높여 여과지 내로 오염수나 토사 등의 유입을 방지한다.

38 유출계수가 0.65인 1km²의 분수계에서 흘러내리는 우수의 양(m³/sec)은?(단, 강우강도=3mm/min, 합리식 적용)

① 1.3
② 6.5
③ 21.7
④ 32.5

해설 Q=$\frac{1}{360}$CIA
㉠ 유출계수 C=0.65
㉡ 유역면적 A=$\frac{1km^2}{1km^2}\bigg|\frac{100ha}{1}$ = 100(ha)
㉢ I = $\frac{3mm}{min}\bigg|\frac{60min}{1hr}$ = 180(mm/hr)
∴ Q = $\frac{1}{360}$×0.65×180×100
= 32.5(m³/sec)

39 하수시설인 중력식 침사지에 대한 설명 중 옳은 것은?

① 체류시간은 3~6분을 표준으로 한다.
② 수심은 유효수심에 모래 퇴적부의 깊이를 더한 것으로 한다.
③ 오수침사지의 표면부하율은 3,600m³/m²·day 정도로 한다.
④ 우수침사지의 표면부하율은 1,800m³/m²·day 정도로 한다.

해설 침사지의 표면부하율은 오수침사지의 경우 1,800m³/m²·day 정도로 하고, 우수침사지의 경우 3,600m³/m²·day 정도로 한다. 체류시간은 30~60초를 표준으로 한다.

40 펌프를 선정할 때 고려사항으로 적당치 않은 것은?
① 펌프를 최대효율점 부근에서 운전하도록 용량 및 대수를 결정한다.
② 펌프의 설치대수는 유지 관리상 가능한 한 적게 하고 동일 용량의 것으로 한다.
③ 펌프는 저용량일수록 효율이 높으므로 가능한 한 저용량으로 한다.
④ 내부에서 막힘이 없고, 부식 및 마모가 적어야 한다.

해설 펌프는 용량이 클수록 효율이 높으므로 가능한 한 대용량의 것으로 하며, 유입오수량에 따라 대응운전이 가능한 대·중·소 조합운전이 되도록 한다.

SECTION 03 수질오염방지기술

41 포기조에 공기를 $0.6m^3/m^3$(물)으로 공급할 때 물 단위 부피당 기포 표면적(m^2/m^3)은? (단, 기포의 평균지름=0.25cm, 상승속도=18cm/sec로 균일, 물의 유량=30,000m³/day, 포기조 안의 체류시간=15min, 포기조의 수심=2.8m)
① 24.9   ② 35.2
③ 43.6   ④ 49.3

해설 $A(m^2) = \dfrac{Q}{\forall} \times \pi \times d^2 \times \dfrac{H}{V_f}$

㉠ $Q(m^3/hr) = \dfrac{30,000m^3}{day} \Big| \dfrac{0.6m^3}{m^3} \Big| \dfrac{1day}{24hr}$
  $= 750(m^3/hr)$

㉡ $\forall(m^3) = \dfrac{\pi \times d^3}{6} = \dfrac{\pi \times 0.0025^3}{6}$
  $= 8.18 \times 10^{-9}(m^3)$

㉢ $V_f(m/hr) = \dfrac{0.18m}{sec} \Big| \dfrac{3,600sec}{hr}$
  $= 648(m/hr)$

∴ $A(m^2) = \dfrac{750m^3}{hr} \Big| \dfrac{1}{8.18 \times 10^{-9}m^3}$
  $\Big| \dfrac{\pi \times 0.0025^2 m^2}{1} \Big| \dfrac{2.8m}{648(m/hr)}$
  $= 7,778.95(m^2)$

∴ 물 단위 부피당 기포 표면적(m^2/m^3)
  $= \dfrac{7,778.95m^2}{30,000m^3} \Big| \dfrac{day}{15min} \Big| \dfrac{1,440min}{1day}$
  $= 24.89(m^2/m^3)$

42 하수처리장에서 발생되는 슬러지를 혐기성 소화조에서 처리하는 도중 소화가스양이 급격하게 감소하였다. 소화가스의 발생량이 감소하는 원인에 대한 설명 중 틀린 것은?
① 유기산이 과도하게 축적되는 경우
② 적정 온도 범위가 유지되지 않거나 독성물질이 유입될 경우
③ 알칼리도가 크게 낮아진 경우
④ pH가 증가된 경우

해설 소화가스 발생량 저하의 원인
㉠ 저농도 슬러지 유입
㉡ 소화 슬러지 과잉 배출
㉢ 조 내 온도 저하
㉣ 소화가스 누출
㉤ 과다한 산 생성

43 다음 조건과 같이 혐기성 반응을 시킬 때 세포생산량(kg세포/day)은?

- 세포생산계수(Y) = 0.04g세포/gBOD$_L$
- 폐수유량(Q)=1,000m³/day,
- BOD 제거효율(E) = 0.7
- 세포 내 호흡계수(K$_d$) = 0.015/day
- 세포체류시간(θ_c) = 20일
- 폐수유기물질농도(S$_o$) = 10gBOD$_L$/L

① 84   ② 182
③ 215   ④ 334

해설 $\dfrac{1}{SRT} = \dfrac{Y \cdot Q \cdot S_i \cdot \eta}{\forall \cdot X} - K_d$

$\dfrac{1}{20} = \dfrac{0.04 \times 1,000 \times 10 \times 0.7}{\forall \cdot X} - 0.015$

$\forall X = 4,307.69(kg)$

$Q_w \cdot X_r = Y \cdot BOD \cdot Q \cdot \eta - K_d \cdot \forall \cdot X$
  $= 0.04 \times 10 \times 1,000 \times 0.7 - 0.015 \times 4,307.69$
  $= 215.39(kg/day)$

ANSWER | 40. ③ 41. ① 42. ④ 43. ③

44 응집과정 중 교반의 영향에 관한 설명으로 알맞지 않은 것은?
① 교반에 따른 응집효과는 입자의 농도가 높을수록 좋다.
② 교반에 따른 응집효과는 입자의 지름이 불균일할수록 좋다.
③ 교반을 위한 동력은 응결지 부피와 비례한다.
④ 교반을 위한 동력은 속도경사와 반비례한다.

해설 $G = \sqrt{\dfrac{P}{\mu \cdot \forall}}$, $P = G^2 \cdot \mu \cdot \forall$
동력은 속도경사의 제곱에 비례한다.

45 활성 슬러지 폭기조의 유효용적이 1,000m³, MLSS 농도는 3,000mg/L이고 MLVSS는 MLSS 농도의 75%이다. 유입하수의 유량은 4,000m³/day이고, 합성계수 Y는 0.63mg MLVSS/mg $-BOD_{removed}$, 내생분해계수 k는 $0.05day^{-1}$, 1차 침전조 유출수의 BOD는 200mg/L, 폭기조 유출수의 BOD는 20mg/L일 때, 슬러지 생성량(kg/day)은?
① 301 ② 321
③ 341 ④ 361

해설 $Q_w \cdot X_w = Y \cdot BOD \cdot \eta \cdot Q - k \cdot \forall \cdot X$
$= 0.63 \times 0.2 \times 0.9 \times 4,000$
$- 0.05 \times 1,000 \times (3 \times 0.75) = 341.1(kg/day)$

46 평균입도 3.2mm인 균일한 층 30cm에서의 Reynolds 수는?(단, 여과속도=160L/m² · min, 동점성계수= $1.003 \times 10^{-6} m^2/sec$)
① 8.5 ② 11.6
③ 15.9 ④ 18.3

해설 $Re = \dfrac{D \cdot V \cdot \rho}{\mu} = \dfrac{D \cdot V}{\nu}$
$= \dfrac{3.2 \times 10^{-3}m}{} \left| \dfrac{160L}{m^2 \cdot min} \right|$
$\dfrac{sec}{1.003 \times 10^{-6}m^2} \left| \dfrac{1m^3}{10^3 L} \right| \dfrac{1min}{60sec} = 8.5$

47 농축조에 함수율 99%인 일차 슬러지를 투입하여 함수율 96%의 농축 슬러지를 얻었다. 농축 후의 슬러지양은 초기 일차 슬러지양의 몇 %로 감소하였는가?(단, 비중은 1.0 기준)
① 50 ② 33
③ 25 ④ 20

해설 건조 · 농축 · 탈수 전후의 Mass Balance를 이용한다.
$V_1(100 - W_1) = V_2(100 - W_2)$
$100(100 - 99) = V_2(100 - 96)$
$V_2 = 25$
$\therefore \dfrac{V_2}{V_1} = \dfrac{25}{100} = 0.25 = 25\%$

48 하수처리에 관련된 침전현상(독립, 응집, 간섭, 압밀)의 종류 중 "간섭침전"에 관한 설명과 가장 거리가 먼 것은?
① 생물학적 처리시설과 함께 사용되는 2차 침전시설 내에서 발생한다.
② 입자 간에 작용하는 힘에 의해 주변 입자들의 침전을 방해하는 중간 정도 농도의 부유액에서의 침전을 말한다.
③ 입자 등은 서로 간의 간섭으로 상대적 위치를 변경시켜 입자들이 한 개의 단위로 침전한다.
④ 함께 침전하는 입자들의 상부에 고체와 액체의 경계면이 형성된다.

해설 간섭침전은 입자 등이 서로 간의 상대적 위치를 변경시키려 하지 않고 전체 입자들이 한 개의 단위로 침전하는 형태이다.

49 농약을 제조하는 공장의 폐수 중에는 유기인이 함유되고 있는 경우가 많다. 이들을 처리하는 데 가장 적당한 처리방법은?
① 활성탄 흡착
② 이온교환수지법
③ 황산알루미늄으로 응집
④ 염화철로 응집

해설 유기인 함유 폐수 처리
㉠ 생물학적 처리법
㉡ 화학적 처리법
㉢ 흡착처리법

50 침전지 내에서 기타의 모든 조건이 같다면 비중이 0.3인 입자에 비하여 0.8인 입자의 부상속도는 얼마나 되는가?
① 7/2배 늘어난다. ② 8/3배 늘어난다.
③ 2/7로 줄어든다. ④ 3/8로 줄어든다.

해설 $V_F = \dfrac{d_p^2(\rho_w - \rho_p)g}{18\mu} \Rightarrow V_F = K(\rho_w - \rho_p)$
$V_{F0.3} = K(\rho_w - \rho_p) = K(1-0.3) = 0.7K$
$V_{F0.8} = K(\rho_w - \rho_p) = K(1-0.8) = 0.2K$
$\therefore \dfrac{V_{F0.8}}{V_{F0.3}} = \dfrac{0.2K}{0.7K} = \dfrac{2}{7}$

51 생물학적 폐수처리공정에서 생물반응조에 슬러지를 반송시키는 주된 이유는?
① 폐수처리에 필요한 미생물을 공급하기 위하여
② 폐수에 들어있는 독성물질을 중화시키기 위하여
③ 활성슬러지가 자라는 데 필요한 영양소를 공급하기 위하여
④ 슬러지처리공정으로 들어가는 잉여 슬러지의 양을 증가시키기 위하여

52 연속회분식(SBR)의 운전단계에 관한 설명으로 틀린 것은?
① 주입 : 주입단계 운전의 목적은 기질(원폐수 또는 1차 유출수)을 반응조에 주입하는 것이다.
② 주입 : 주입단계는 총 Cycle 시간의 약 25% 정도이다.
③ 반응 : 반응단계는 총 Cycle 시간의 약 65% 정도이다.
④ 침전 : 연속흐름식 공정에 비하여 일반적으로 더 효율적이다.

해설 반응단계는 총 Cycle 시간의 약 35% 정도이다.

53 혐기성 소화조 내의 pH가 낮아지는 원인이 아닌 것은?
① 유기물 부하
② 과도한 교반
③ 중금속 등 유해물질 유입
④ 온도 저하

해설 혐기성 소화조 내의 pH가 낮아지는 원인
㉠ 유기물의 과부하로 소화의 불균형
㉡ 온도 급저하
㉢ 교반 부족
㉣ 메탄균 활성을 저해하는 독물 또는 중금속 투입

54 일반적으로 염소계 산화제를 사용하여 무해한 물질로 산화 분해시키는 처리방법을 사용하는 폐수의 종류는?
① 납을 함유한 폐수
② 시안을 함유한 폐수
③ 유기인을 함유한 폐수
④ 수은을 함유한 폐수

해설 시안을 함유한 폐수를 처리하는 방법에는 알칼리 염소처리법, 오존산화법, 전해산화법, 미생물학적 처리법, 감청법 등이 있으며, 가장 많이 사용되는 방법은 알칼리 염소처리법이다.

55 처리유량이 200m³/hr이고, 염소요구량이 9.5mg/L, 잔류염소농도가 0.5mg/L일 때 하루에 주입되는 염소의 양(kg/day)은?
① 2   ② 12
③ 22   ④ 48

해설 염소주입량 = 염소요구량 + 염소잔류량
= 9.5(mg/L) + 0.5(mg/L)
= 10(mg/L)
∴ 하루에 주입되는 염소의 양(kg/day)
= $\dfrac{10\text{mg}}{\text{L}} \bigg| \dfrac{200\text{m}^3}{\text{hr}} \bigg| \dfrac{10^3\text{L}}{1\text{m}^3} \bigg| \dfrac{1\text{kg}}{10^6\text{mg}} \bigg| \dfrac{24\text{hr}}{\text{day}}$
= 48(kg/day)

ANSWER | 50. ③ 51. ① 52. ③ 53. ② 54. ② 55. ④

56 상향류 혐기성 슬러지상(UASB)에 관한 설명으로 틀린 것은?

① 미생물 부착을 위한 여재를 이용하여 혐기성 미생물을 슬러지 층으로 축적시켜 폐수를 처리하는 방식이다.
② 수리학적 체류시간을 짧게 할 수 있어 반응조 용량이 축소된다.
③ 폐수의 성상에 의하여 슬러지의 입상화가 크게 영향을 받는다.
④ 고형물의 농도가 높을 경우 고형물 및 미생물이 유실될 우려가 있다.

해설 향류 혐기성 슬러지상(UASB)은 생물막공법이지만 다른 공법과 달리 부착매체가 없다.

57 회전원판법(RBC)에서 근접 배치한 얇은 원형 판들은 폐수가 흐르는 통에 몇 % 정도가 잠기는 것(침적율)이 가장 적합한가?

① 20%   ② 30%
③ 40%   ④ 50%

해설 회전원판법(RBC)은 회전축(Shaft)에 수직으로 가까이 배치한 얇은 원형 판들을 폐수가 흐르는 물통에 약 40% 정도가 잠기게 한 후 수직축을 1rpm 속도로 회전시킨다.

58 활성 슬러지 포기조 용액을 사용한 실험값으로부터 얻은 결과에 대한 설명으로 가장 거리가 먼 것은?

> MLSS 농도가 1,600mg/L인 용액 1리터를 30분간 침강시킨 후 슬러지의 부피가 400mL이었다.

① 최종침전지에서 슬러지의 침강성이 양호하다.
② 슬러지 밀도지수(SDI)는 0.5 이하이다.
③ 슬러지 용량지수(SVI)는 200 이상이다.
④ 실 모양의 미생물이 많이 관찰된다.

해설 SVI 계산식을 이용한다.
$$SVI = \frac{SV(mL/L)}{MLSS(mg/L)} \times 10^3$$
$$= \frac{400}{1,600} \times 10^3 = 250$$

적절한 SVI인 50~150mL/g일 때 침강성이 좋아지며 200 이상으로 과대할 경우 슬러지 팽화가 발생한다.

59 1,000m³의 하수로부터 최초침전지에서 생성되는 슬러지양(m³)은?(단, 최초침전지 체류시간=2시간, 부유물질 제거효율=60%, 부유물질농도=220mg/L, 부유물질 분해 없음, 슬러지 비중=1.0, 슬러지 함수율=97%)

① 2.4   ② 3.2
③ 4.4   ④ 5.2

해설 $SL(m^3) = \dfrac{1,000m^3}{} \Big| \dfrac{0.22kg}{m^3} \Big| \dfrac{60}{100} \Big| \dfrac{100}{3} \Big| \dfrac{m^3}{1,000kg}$
$= 4.4(m^3)$

60 급속교반 탱크에 유입되는 폐수를 6평날 터빈 임펠러로 완전 혼합하고자 한다. 임펠러의 직경은 2.0m이고, 깊이 6.0m인 탱크의 바닥으로부터 1.2m높이에서 설치되었다. 수온 30℃에서 임펠러의 회전속도가 30rpm일 때 동력소비량(kW)은?(단, $P = k\rho n^3 D^5$, 30℃ 액체의 밀도=995.7kg/m³, k=6.3)

① 약 115
② 약 86
③ 약 54
④ 약 25

해설 $P = K \cdot \rho \cdot n^3 \cdot D^5/g_c$
$= \dfrac{6.3}{} \Big| \dfrac{995.7kg}{m^3} \Big| \dfrac{30^3 cycle^3}{60^3 sec^3} \Big| \dfrac{2^5 m^5}{}$
$= 25,091.64(W) = 25.1(kW)$
여기서, P : 소요동력
K : 상수
ρ : 유체의 밀도
n : 임펠러 회전속도
D : 임펠러 직경

SECTION 04 수질오염공정시험기준

61 개수로 유량 측정에 관한 설명으로 틀린 것은?(단, 수로의 구성, 재질, 단면의 형상, 기울기 등이 일정하지 않은 개수로의 경우)

① 수로는 되도록 직선적이며 수면이 물결치지 않는 곳을 고른다.
② 10m를 측정구간으로 하여 2m마다 유수의 횡단면적을 측정하고, 산술평균값을 구하여 유수의 평균단면적으로 한다.
③ 유속의 측정은 부표를 사용하여 100m 구간을 흐르는 데 걸리는 시간을 스톱워치로 재며 이때 실측유속을 표면최대유속으로 한다.
④ 총 평균유속(m/s)은 [0.75×표면최대유속(m/s)] 식으로 계산된다.

해설 유속의 측정은 부표를 사용하여 10m 구간을 흐르는 시간을 스톱워치로 재며 이때 실측유속을 표면최대유속으로 한다.

62 "정확히 취하여"라고 하는 것은 규정한 양의 액체를 무엇으로 눈금까지 취하는 것을 말하는가?

① 메스실린더
② 뷰렛
③ 부피 피펫
④ 눈금 비커

해설 "정확히 취하여"라 하는 것은 규정한 양의 액체를 부피 피펫으로 눈금까지 취하는 것을 말한다.

63 자외선/가시선 흡광광도계의 구성 순서로 가장 적합한 것은?

① 광원부 – 파장선택부 – 시료부 – 측광부
② 광원부 – 파장선택부 – 단색화부 – 측광부
③ 시료도입부 – 광원부 – 파장선택부 – 측광부
④ 시료도입부 – 광원부 – 검출부 – 측광부

해설 자외선/가시선 흡광광도계의 구성 순서
광원부 – 파장선택부 – 시료부 – 측광부

64 부유물질 측정 시 간섭물질에 관한 설명으로 틀린 것은?

① 증발잔류물이 1,000mg/L 이상인 경우의 해수, 공장폐수 등은 특별히 취급하지 않을 경우 높은 부유물질 값을 나타낼 수 있다.
② 5mm 금속망을 통과시킨 큰 입자들은 부유물질 측정에 방해를 주지 않는다.
③ 철 또는 칼슘이 높은 시료는 금속침전이 발생하며 부유물질 측정에 영향을 줄 수 있다.
④ 유지 및 혼합되지 않는 유기물도 여과지에 남아 부유물질 측정값을 높게 할 수 있다.

해설 나뭇조각, 큰 모래입자 등과 같은 큰 입자들은 부유물질 측정에 방해를 주며, 이 경우 직경 2mm 금속망에 먼저 통과시킨 후 분석을 실시한다.

65 폐수 20mL를 취하여 산성과망간산칼륨법으로 분석하였더니 0.005M – $KMnO_4$ 용액의 적정량이 4mL이었다. 이 폐수의 COD(mg/L)는? (단, 공시험값= 0mL, 0.005M – $KMnO_4$ 용액의 f=1.00)

① 16
② 40
③ 60
④ 80

해설 $COD(mg/L) = (b-a) \times f \times \dfrac{1,000}{V} \times 0.2$

㉠ a : 바탕시험 적정에 소비된 과망간산칼륨 용액(0.005M)의 양=0(mL)
㉡ b : 시료의 적정에 소비된 과망간산칼륨 용액(0.005M)의 양=4(mL)
㉢ f : 과망간산칼륨 용액(0.005M)의 농도계수(factor)=1
㉣ V : 시료의 양=20(mL)

∴ $COD(mg/L) = (4-0) \times 1 \times \dfrac{1,000}{20} \times 0.2$
$= 40(mg/L)$

ANSWER | 61. ③ 62. ③ 63. ① 64. ② 65. ②

66 수질분석용 시료 채취 시 유의사항과 가장 거리가 먼 것은?

① 채취 용기는 시료를 채우기 전에 깨끗한 물로 3회 이상 씻은 다음 사용한다.
② 유류 또는 부유물질 등이 함유된 시료는 시료의 균일성이 유지될 수 있도록 채취해야 하며, 침전물 등이 부상하여 혼입되어서는 안 된다.
③ 용존가스, 환원성 물질, 휘발성유기화합물, 냄새, 유류 및 수소이온 등을 측정하기 위한 시료를 채취할 때에는 운반 중 공기와의 접촉이 없도록 시료 용기에 가득 채워야 한다.
④ 시료채취량은 보통 3~5L 정도이어야 한다.

해설 시료 채취 용기는 시료를 채우기 전에 시료로 3회 이상 씻은 다음 사용한다.

67 기체크로마토그래피법으로 유기인계 농약 성분인 다이아지논을 측정할 때 사용되는 검출기는?

① ECD ② FID
③ FPD ④ TCD

68 시료 보존 시 반드시 유리병을 사용하여야 하는 측정 항목이 아닌 것은?

① 노말헥산 추출물질
② 음이온계면활성제
③ 유기인
④ PCB

해설 음이온계면활성제는 폴리에틸렌과 유리병을 사용하여 측정한다.

69 NO_3^-(질산성 질소) 0.1mgN/L의 표준용액을 만들려고 한다. KNO_3 몇 mg을 달아 증류수에 녹여 1L로 제고하여야 하는가?(단, KNO_3 분자량=101.1)

① 0.1 ② 0.5
③ 0.72 ④ 5.0

해설 $NO_3\left(\dfrac{mg}{L}\right) = \dfrac{0.1mg \cdot N}{L} \left| \dfrac{101.1g \cdot KNO_3}{14g \cdot N} \right.$
$= 0.72 (mg/L)$

70 노말헥산 추출물질의 정량한계(mg/L)는?

① 0.1 ② 0.5
③ 1.0 ④ 5.0

해설 노말헥산 추출물질의 정량한계는 0.5mg/L이다.

71 식물성 플랑크톤을 현미경계수법으로 측정할 때 저배율방법(200배율 이하) 적용에 관한 내용으로 틀린 것은?

① 세즈윅-라프터 챔버는 조작은 어려우나 재현성이 높아서 중배율 이상에서도 관찰이 용이하여 미소 플랑크톤의 검경에 적절하다.
② 시료를 챔버에 채울 때 피펫은 입구가 넓은 것을 사용하는 것이 좋다.
③ 계수 시 스트립을 이용할 경우, 양쪽 경계면에 걸린 개체는 하나의 경계면에 대해서만 계수한다.
④ 계수 시 격자의 경우 격자 경계면에 걸린 개체는 4면 중 2면에 걸린 개체는 계수하고 나머지 2면에 들어온 개체는 계수하지 않는다.

해설 세즈윅-라프터 챔버는 조작이 편리하고 재현성이 높은 반면 중배율 이상에서는 관찰이 어렵기 때문에 미소 플랑크톤(Nano Plankton)의 검경에는 적절하지 않다.

72 수질오염공정시험기준상 음이온계면활성제 실험방법으로 옳은 것은?

① 자외선/가시선 분광법
② 원자흡수분광광도법
③ 기체크로마토그래피법
④ 이온전극법

해설 음이온계면활성제 분석방법
㉠ 자외선/가시선 분광법
㉡ 연속흐름법

73 공정시험기준의 내용으로 가장 거리가 먼 것은?

① 온수는 60~70℃, 냉수는 15℃ 이하를 말한다.
② 방울수는 20℃에서 정제수 20방울을 적하할 때 그 부피가 약 1mL가 되는 것을 뜻한다.
③ "정밀히 단다."라 함은 규정된 수치의 무게를 0.1mg까지 다는 것을 말한다.
④ 시험에 쓰는 물은 따로 규정이 없는 한 증류수 또는 정제수로 한다.

해설 "정밀히 단다."라 함은 규정된 양의 시료를 취하여 화학저울 또는 미량저울로 칭량함을 말한다.

74 자외선/가시선 분광법을 적용한 크롬 측정에 관한 내용으로 ( )에 옳은 것은?

3가 크롬은 (㉠)을 첨가하여 6가 크롬으로 산화시킨 후 산성용액에서 다이페닐카바자이드와 반응하여 생성되는 (㉡) 착화합물의 흡광도를 측정한다.

① ㉠ 과망간산칼륨, ㉡ 황색
② ㉠ 과망간산칼륨, ㉡ 적자색
③ ㉠ 티오황산나트륨, ㉡ 적색
④ ㉠ 티오황산나트륨, ㉡ 황갈색

해설 3가 크롬은 과망간산칼륨을 첨가하여 6가 크롬으로 산화시킨 후, 산성용액에서 다이페닐카바자이드와 반응하여 생성하는 적자색 착화합물의 흡광도를 540nm에서 측정한다.

75 직각 3각 위어에서 위어의 수두 0.2m, 수로폭 0.5m, 수로의 밑면으로부터 절단 하부점까지의 높이 0.9m일 때, 아래의 식을 이용하여 유량(m^3/min)을 구하면?

$$K = 81.2 + 0.24/h + [(8.4 + 12/\sqrt{D}) \times (h/B - 0.09)^2]$$

① 1.0　　② 1.5
③ 2.0　　④ 2.5

해설 $K = 81.2 + \dfrac{0.24}{0.2} + \left\{\left(8.4 + \dfrac{12}{\sqrt{0.9}}\right) \times \left(\dfrac{0.2}{0.5} - 0.09\right)^2\right\}$
$= 82.61$

직각삼각위어의 유량 $Q\left(\dfrac{m^3}{min}\right)$
$= Kh^{5/2} = 82.61 \times 0.2^{5/2} = 1.48(m^3/min)$

76 환원제인 $FeSO_4$ 용액 25mL를 H_2SO_4 산성에서 $0.1N - K_2Cr_2O_7$으로 산화시키는 데 31.25mL 소비되었다. $FeSO_4$ 용액 200mL를 0.05N 용액으로 만들려고 할 때 가하는 물의 양(mL)은?

① 200　　② 300
③ 400　　④ 500

해설 $NV = N'V'$
㉠ $0.1N \times 31.25mL = XN \times 25mL$
　　$X = 0.125(N)$
㉡ $0.125N \times 200mL = 0.05N \times XmL$
　　$X = 500mL$
따라서 0.125N 농도 200mL에 물 300mL를 주입하면 0.05N 500mL가 된다.

77 시료의 최대보존기간이 다른 측정항목은?

① 시안　　② 불소
③ 염소이온　　④ 노말헥산추출물질

해설 최대보존기간
㉠ 시안 : 14일
㉡ 불소, 염소이온, 노말헥산추출물질 : 28일

78 취급 또는 저장하는 동안에 이물질이 들어가거나 내용물이 손실되지 아니하도록 보호하는 용기는?

① 밀봉용기　　② 밀폐용기
③ 기밀용기　　④ 압밀용기

79 기체크로마토그래피법으로 PCB를 정량할 때 관련이 없는 것은?

① 전자포획형 검출기
② 석영가스 흡수 셀
③ 실리카겔 컬럼
④ 질소 캐리어 가스

ANSWER | 73. ③　74. ②　75. ②　76. ②　77. ①　78. ②　79. ②

80 알킬수은 화합물을 기체크로마토그래피에 따라 정량하는 방법에 관한 설명으로 가장 거리가 먼 것은?

① 전자포획형 검출기(ECD)를 사용한다.
② 알킬수은화합물을 벤젠으로 추출한다.
③ 운반기체는 순도 99.999% 이상의 질소 또는 헬륨을 사용한다.
④ 정량한계는 0.05mg/L이다.

해설 정량한계는 0.0005mg/L이다.

SECTION 05 수질환경관계법규

81 환경정책기본법령상 환경기준에서 하천의 생활환경 기준에 포함되지 않는 검사항목은?

① TP ② TN
③ DO ④ TOC

해설 환경기준에서 하천의 생활환경기준에 포함되지 않는 검사항목
㉠ pH   ㉡ BOD
㉢ TOC   ㉣ SS
㉤ DO   ㉥ T-P
㉦ 총대장균군 ㉧ 분원성 대장균군

82 과징금에 대한 내용으로 ( )에 옳은 것은?

> 환경부장관은 폐수처리업의 허가를 받은 자에 대하여 영업정지를 명하여야 하는 경우로서 그 영업정지가 주민의 생활이나 그 밖의 공익에 현저한 지장을 줄 우려가 있다고 인정되는 경우에는 영업정지처분에 갈음하여 매출액에 ( )를 곱한 금액을 초과하지 아니하는 범위에서 과징금을 부과할 수 있다.

① 100분의 1   ② 100분의 5
③ 100분의 10   ④ 100분의 20

해설 환경부장관은 폐수처리업의 허가를 받은 자에 대하여 영업정지를 명하여야 하는 경우로서 그 영업정지가 주민의 생활이나 그 밖의 공익에 현저한 지장을 줄 우려가 있다고 인정되는 경우에는 영업정지처분에 갈음하여 매출액에 100분의 5를 곱한 금액을 초과하지 아니하는 범위에서 과징금을 부과할 수 있다.

83 배출부과금을 부과하는 경우, 당해 배출부과금 부과 기준일 전 6개월 동안 방류수 수질기준을 초과하는 수질오염물질을 배출하지 아니한 사업자에 대하여 방류수 수질기준을 초과하지 아니하고 수질오염물질을 배출한 기간별로, 당해 부과기간에 부과하는 기본 배출부과금의 감면율은?

① 6개월 이상 1년 내 : 100분의 10
② 1년 이상 2년 내 : 100분의 30
③ 2년 이상 3년 내 : 100분의 50
④ 3년 이상 : 100분의 60

해설 기본배출부과금의 감면율
㉠ 6개월 이상 1년 내 : 100분의 20
㉡ 1년 이상 2년 내 : 100분의 30
㉢ 2년 이상 3년 내 : 100분의 40
㉣ 3년 이상 : 100분의 50

84 폐수처리업의 허가를 받을 수 없는 결격사유에 해당하지 않는 것은?

① 폐수처리업의 허가가 취소된 후 2년이 지나지 아니한 자
② 파산선고를 받고 복권된 지 2년이 지나지 아니한 자
③ 피성년후견인
④ 피한정후견인

해설 다음 각 호의 어느 하나에 해당하는 자는 폐수처리업의 허가를 받을 수 없다.
㉠ 피성년후견인 또는 피한정후견인
㉡ 파산선고를 받고 복권되지 아니한 자
㉢ 폐수처리업의 허가가 취소된 후 2년이 지나지 아니한 자
㉣ 「대기환경보전법」, 「소음·진동관리법」을 위반하여 징역의 실형을 선고받고 그 형의 집행이 끝나거나 집행을 받지 아니하기로 확정된 후 2년이 지나지 아니한 사람
㉤ 임원 중에 ㉠~㉣의 어느 하나에 해당하는 사람이 있는 법인

85 수질오염방지시설 중 생물화학적 처리시설이 아닌 것은?

① 살균시설 ② 접촉조
③ 안정조 ④ 폭기시설

해설 생물화학적 처리시설
㉠ 살수여과상
㉡ 폭기시설
㉢ 산화시설(산화조 또는 산화지를 말한다.)
㉣ 혐기성·호기성 소화시설
㉤ 접촉조
㉥ 안정조
㉦ 돈사톱밥발효시설

86 사업장별 환경관리인의 자격기준으로 알맞지 않은 것은?

① 특정수질유해물질이 포함된 수질오염물질을 배출하는 제4종 또는 5종 사업장은 제4종 사업장에 해당하는 환경관리인을 두어야 한다. 다만, 특정수질유해물질이 함유된 1일 20m³ 이하의 폐수를 배출하는 경우에는 그러지 아니한다.
② 방지시설 설치 면제 대상인 사업장과 배출시설에서 배출되는 수질오염물질 등을 공동방지시설에서 처리하게 하는 사업장은 제4종 사업장, 제5종 사업장에 해당하는 환경기술인을 둘 수 있다.
③ 공동방지시설의 경우에는 폐수배출량이 제4종 또는 제5종 사업장의 규모에 해당하면 제3종 사업장에 해당하는 환경기술인을 두어야 한다.
④ 공공폐수처리시설에 폐수를 유입시켜 처리하는 제1종 또는 제2종 사업장은 제3종 사업장에 해당하는 환경기술인을, 제3종 사업장은 제4종 사업장, 제5종 사업장에 해당하는 환경기술인을 둘 수 있다.

해설 특정수질유해물질이 포함된 수질오염물질을 배출하는 제4종 또는 5종 사업장은 제3종 사업장에 해당하는 환경관리인을 두어야 한다. 다만, 특정수질유해물질이 함유된 1일 10m³ 이하 폐수를 배출하는 경우에는 그러하지 아니한다.

87 비점오염저감시설 중 장치형 시설이 아닌 것은?

① 생물학적 처리형 시설
② 응집·침전 처리형 시설
③ 소용돌이형 시설
④ 침투형 시설

해설 비점오염저감시설의 구분 중 장치형 시설
㉠ 여과형 시설
㉡ 와류형 시설
㉢ 스크린형 시설
㉣ 응집·침전 처리형 시설
㉤ 생물학적 처리형 시설

88 중점관리 저수지의 지정기준으로 옳은 것은?

① 총저수용량이 1만 세제곱미터 이상인 저수지
② 총저수용량이 10만 세제곱미터 이상인 저수지
③ 총저수면적이 1백만 세제곱미터 이상인 저수지
④ 총저수면적이 1천만 세제곱미터 이상인 저수지

해설 중점관리 저수지의 지정기준
㉠ 총저수용량이 1천만 세제곱미터 이상인 저수지
㉡ 오염 정도가 대통령령으로 정하는 기준을 초과하는 저수지
㉢ 그 밖에 환경부장관이 상수원 등 해당 수계의 수질보전을 위하여 필요하다고 인정하는 경우

89 사업장별 부과계수를 알맞게 짝지은 것은?

① 1종 사업장(10,000m³/일 이상) − 2.0
② 2종 사업장 − 1.6
③ 3종 사업장 − 1.3
④ 4종 사업장 − 1.1

해설 사업장별 부과계수

사업장 규모	제1종 사업장(단위 : m³/일)					제2종 사업장	제3종 사업장	제4종 사업장
	10,000 이상	8,000 이상 10,000 미만	6,000 이상 8,000 미만	4,000 이상 6,000 미만	2,000 이상 4,000 미만			
부과 계수	1.8	1.7	1.6	1.5	1.4	1.3	1.2	1.1

90 환경부장관이 공공수역의 물환경을 관리·보전하기 위하여 대통령령으로 정하는 바에 따라 수립하는 국가 물환경관리기본계획의 수립주기는?

① 매년　　　　② 2년
③ 3년　　　　④ 10년

해설 환경부장관은 공공수역의 관리·보전을 위하여 국가 물환경관리기본계획을 10년마다 수립하여야 한다.

91 오염총량초과부과금 납부통지는 부과 사유가 발생한 날부터 며칠 이내에 하여야 하는가?

① 15　　　　② 30
③ 45　　　　④ 60

해설 오염총량초과부과금의 납부통지는 부과 사유가 발생한 날부터 60일 이내에 하여야 한다.

92 청정지역에서 1일 폐수배출량 1,000m³ 이하로 배출하는 배출시설에 적용되는 배출허용기준 중 생물학적 산소요구량(mg/L)은?(단, 2020년 1월 1일부터 적용되는 기준)

① 30 이하　　　② 40 이하
③ 50 이하　　　④ 60 이하

해설 항목별 배출허용기준

대상규모 지역구분	1일 폐수배출량 2천 세제곱미터 이상			1일 폐수배출량 2천 세제곱미터 미만		
	생물화학적 산소요구량(mg/L)	총유기탄소량(mg/L)	부유물질량(mg/L)	생물화학적 산소요구량(mg/L)	총유기탄소량(mg/L)	부유물질량(mg/L)
청정지역	30 이하	25 이하	30 이하	40 이하	30 이하	40 이하
가지역	60 이하	40 이하	60 이하	80 이하	50 이하	80 이하
나지역	80 이하	50 이하	80 이하	120 이하	75 이하	120 이하
특례지역	30 이하	25 이하	30 이하	30 이하	25 이하	30 이하

93 시장·군수·구청장(자치구의 구청장을 말한다.)이 낚시금지구역 또는 낚시제한구역을 지정하는 경우 고려할 사항으로 거리가 먼 것은?

① 용수의 목적
② 오염원 현황
③ 낚시터 인근에서의 쓰레기 발생 현황 및 처리 여건
④ 계절별 낚시 인구 현황

해설 낚시금지구역 또는 낚시제한구역을 지정하고자 하는 경우 고려하여야 할 사항
㉠ 용수의 목적
㉡ 오염원 현황
㉢ 수질오염도
㉣ 낚시터 인근에서의 쓰레기 발생 현황 및 처리 여건

94 배출시설의 설치를 제한할 수 있는 지역의 범위 기준으로 틀린 것은?

① 취수시설이 있는 지역
② 환경정책기본법 제38조에 따라 수질보전을 위해 지정·고시한 특별대책지역
③ 수도법 제7조의2제1항에 따라 공장의 설립이 제한되는 지역
④ 수질보전을 위해 지정·고시한 특별대책지역의 하류지역

해설 배출시설 설치 제한지역
㉠ 취수시설이 있는 지역
㉡ 「환경정책기본법」 제38조에 따라 수질보전을 위해 지정·고시한 특별대책지역
㉢ 「수도법」 제7조의2제1항에 따라 공장의 설립이 제한되는 지역
㉣ ㉠~㉢에 해당하는 지역의 상류지역(제31조제1항제1호에 따른 배출시설의 경우만 해당한다)

95 산업폐수의 배출규제에 관한 설명으로 옳은 것은?

① 폐수배출시설에서 배출되는 수질오염물질의 배출허용기준은 대통령령이 정한다.
② 시·도 또는 인구 50만 이상의 시는 지역환경기준을 유지하기가 곤란하다고 인정할 때에는 시·도지사가 특별배출허용기준을 정할 수 있다.
③ 특별대책지역의 수질오염 방지를 위해 필요하다고 인정할 때는 엄격한 배출허용기준을 정할 수 있다.
④ 시·도 안에 설치되어 있는 폐수 무방류 배출시설은 조례에 의해 배출허용기준을 적용한다.

90. ④　91. ④　92. ②　93. ④　94. ④　95. ③　| ANSWER

해설 산업폐수의 배출규제
㉠ 폐수배출시설에서 배출되는 수질오염물질의 배출허용기준은 환경부령으로 정한다.
㉡ 시·도 또는 인구 50만 이상의 시는 지역환경기준을 유지하기가 곤란하다고 인정할 때에는 배출허용기준보다 엄격한 배출허용기준을 정할 수 있다.
㉢ 시·도 안에 설치되어 있는 폐수 무방류 배출시설은 배출허용기준을 적용하지 아니한다.

96 중권역 물환경관리계획에 관한 내용으로 ( )의 내용으로 옳은 것은?

(㉠)는(은) 중권역계획을 수립하였을 때에는 (㉡)에게 통보하여야 한다.

① ㉠ 관계 시·도지사, ㉡ 지방환경관서의 장
② ㉠ 지방환경관서의 장, ㉡ 관계 시·도지사
③ ㉠ 유역환경청장, ㉡ 지방환경관서의 장
④ ㉠ 지방환경관서의 장, ㉡ 유역환경청장

97 시도지사가 오염총량관리기본계획의 승인을 받으려는 경우, 오염총량관리기본계획안에 첨부하여 환경부장관에게 제출하여야 하는 서류가 아닌 것은?

① 유역환경의 조사, 분석 자료
② 오염원의 자연 증감에 관한 분석 자료
③ 오염총량관리계획 목표에 관한 자료
④ 오염부하량의 저감계획을 수립하는 데에 사용한 자료

해설 시·도지사는 오염총량관리기본계획의 승인을 받으려는 경우에는 오염총량관리기본계획안에 다음 각 호의 서류를 첨부하여 환경부장관에게 제출하여야 한다.
㉠ 유역환경의 조사·분석 자료
㉡ 오염원의 자연증감에 관한 분석 자료
㉢ 지역개발에 관한 과거와 장래의 계획에 관한 자료
㉣ 오염부하량의 산정에 사용한 자료
㉤ 오염부하량의 저감계획을 수립하는 데에 사용한 자료

98 골프장의 잔디 및 수목 등에 맹·고독성 농약을 사용한 자에 대한 벌금 또는 과태료 부과 기준은?

① 3백만 원 이하의 벌금
② 5백만 원 이하의 벌금
③ 3백만 원 이하의 과태료 부과
④ 1천만 원 이하의 과태료 부과

해설 다음 각 호의 어느 하나에 해당하는 자에게는 1천만 원 이하의 과태료를 부과한다.
㉠ 측정기기를 부착하지 아니하거나 측정기기를 가동하지 아니한 자
㉡ 측정 결과를 기록·보존하지 아니하거나 거짓으로 기록·보존한 자
㉢ 방지시설의 설치면제 및 면제의 준수사항 규정에 의한 준수사항을 지키지 아니한 자
㉣ 환경기술인을 임명하지 아니하거나 임명에 대한 신고를 하지 아니한 자
㉤ 골프장의 잔디 및 수목 등에 맹·고독성 농약을 사용한 자
㉥ 폐수처리업의 규정에 의한 준수사항을 지키지 아니한 폐수처리업자

99 사업자 및 배출시설과 방지시설에 종사하는 자는 배출시설과 방지시설의 정상적인 운영, 관리를 위한 환경기술인의 업무를 방해하여서는 아니 되며, 그로부터 업무수행에 필요한 요청을 받은 때에는 정당한 사유가 없으면 이에 따라야 한다. 이 규정을 위반하여 환경기술인의 업무를 방해하거나 환경기술인의 요청을 정당한 사유가 없이 거부한 자에 대한 벌칙기준은?

① 100만 원 이하의 벌금
② 200만 원 이하의 벌금
③ 300만 원 이하의 벌금
④ 500만 원 이하의 벌금

100 위임업무 보고사항 중 업무내용에 따른 보고횟수가 연 1회에 해당되는 것은?

① 환경기술인의 자격별·업종별 현황
② 폐수무방류배출시설의 설치허가(변경허가) 현황
③ 골프장 맹·고독성 농약 사용 여부 확인 결과
④ 비점오염원의 설치신고 및 방지시설 설치 현황 및 행정처분 현황

ANSWER | 96. ② 97. ③ 98. ④ 99. ① 100. ①

2021년 3회 수질환경기사

SECTION 01 수질오염개론

01 글루코스($C_6H_{12}O_6$) 100mg/L인 용액을 호기성 처리할 때 이론적으로 필요한 질소량(mg/L)은?[단, K_1(상용대수)=0.1/day, BOD_5 : N=100 : 5, BOD_u=ThOD로 가정]

① 약 3.7　　② 약 4.2
③ 약 5.3　　④ 약 6.9

해설 ㉠ 글루코스의 산화반응을 이용한다.
$C_6H_{12}O_6 + 6O_2 \rightarrow 6CO_2 + 6H_2O$
180(g) : 6×32(g)
100(mg/L) : X
∴ $X(=BOD_u) = 106.67$(mg/L)
㉡ $BOD_5 = BOD_u \times (1-10^{-k \cdot t})$
　　　$= 106.67(1-10^{-0.1 \times 5})$
　　　$= 72.94$(mg/L)
　　　BOD_5 : N
　　　100 : 5
　　　72.94(mg/L) : X_2
∴ $X_2(=N) = 3.65$(mg/L)

02 농도가 A인 기질을 제거하기 위한 반응조를 설계하려고 한다. 요구되는 기질의 전환율이 90%일 경우에 회분식 반응조에서의 체류시간(hr)은?[단, 반응은 1차 반응(자연대수기준)이며, 반응상수 K는 0.45/hr임]

① 5.12　　② 6.58
③ 13.16　　④ 19.74

해설 일차반응식을 이용한다.
$\ln \frac{C_t}{C_o} = -k \cdot t$
$C_o = 100$ (가정)
$C_t = 100-90$ (전환율 90)
k = 0.45(/hr)
∴ $\ln \frac{10}{100} = -0.45(/hr) \cdot t$
$t = -\left(\frac{\ln(0.1)}{0.45/hr}\right) = 5.12$(hr)

03 오염된 지하수를 복원하는 방법 중 오염물질의 유발요인이 한 지점에 집중적이고 오염된 면적이 비교적 작을 때 적용할 수 있는 적합한 방법은?

① 현장공기추출법
② 유해물질 굴착제거법
③ 오염된 지하수의 양수처리법
④ 토양 내 미생물을 이용한 처리법

해설 유해물질 굴착제거법
오염 면적이 비교적 좁을 때 쉽고 경제적으로 처리할 수 있으며, 처리비용이 고가이고 파낸 흙과 물을 다시 처리해야 한다는 단점이 있다.

04 연속류 교반 반응조(CFSTR)에 관한 내용으로 틀린 것은?

① 충격부하에 강하다.
② 부하변동에 강하다.
③ 유입된 액체의 일부분은 즉시 유출된다.
④ 동일 용량 PFR에 비해 제거효율이 좋다.

해설 CFSTR 반응조는 동일 용량 PFR에 비해 제거효율이 낮다.

05 미생물 영양원 중 유황(Sulfur)에 관한 설명으로 틀린 것은?

① 황환원세균은 편성 혐기성 세균이다.
② 유황을 함유한 아미노산은 세포 단백질의 필수 구성원이다.
③ 미생물세포에서 탄소 대 유황의 비는 100 : 1 정도이다.
④ 유황고정, 유황화합물 환원, 산화 순으로 변환된다.

해설 황의 순환
㉠ 황의 광물질화
　　유기황화합물 —미생물의 분해작용→ 무기인
㉡ 동화작용
　　무기황산염 —조류 포함 미생물→ 유기황화합물

1. ① 2. ① 3. ② 4. ④ 5. ④ | ANSWER

㉢ 산화작용

환원된 황 $\xrightarrow{\text{독립영양성 황산화 박테리아}}$ 황산염

㉣ 환원반응

황산염 $\xrightarrow{\text{종속영양균에 의한 환원}}$ 황화수소

06 하천의 길이가 500km이며, 유속은 65m/min이다. 상류지점의 BOD_u가 280ppm이라면 상류지점에서부터 378km 되는 하류지점의 BOD(mg/L)는?(단, 상용대수기준, 탈산소계수는 0.1/day, 수온은 20℃, 기타 조건은 고려하지 않음)

① 45 ② 68
③ 95 ④ 132

해설 $BOD_t = BOD_u \times 10^{-k \cdot t}$

$t = \dfrac{L}{V} = \dfrac{378{,}000m}{56m} \Big| \dfrac{min}{} \Big| \dfrac{1day}{1{,}440min} = 4.6875(day)$

$BOD_t = 280 \times 10^{-0.1 \times 4.6875} = 95.15(mg/L)$

07 하천의 자정단계와 오염의 정도를 파악하는 Whipple의 자정단계(지대별 구분)에 대한 설명으로 틀린 것은?

① 분해지대 : 유기성 부유물의 침전과 환원 및 분해에 의한 탄산가스의 방출이 일어난다.
② 분해지대 : 용존산소의 감소가 현저하다.
③ 활발한 분해지대 : 수중환경은 혐기성 상태가 되어 침전 저니는 흑갈색 또는 황색을 띤다.
④ 활발한 분해지대 : 오염에 강한 실지렁이가 나타나고 혐기성 곰팡이가 증식한다.

해설 활발한 분해지대는 DO의 농도가 매우 낮거나 거의 없고, BOD가 감소하고 탁도가 높으며(회색 또는 흑색) CO_2 농도가 높고 H_2S와 NH_3-N와 PO_4^{3-}의 농도가 높다.

08 수중에 유기질소가 유입되었을 때 유기질소는 미생물에 의하여 여러 단계를 거치면서 변화된다. 정상적으로 변화되는 과정에서 가장 적은 양으로 존재하는 것은?

① 유기질소 ② NO_2^-
③ NO_3^- ④ NH_4^+

09 소수성 콜로이드의 특성으로 틀린 것은?

① 물과 반발하는 성질을 가진다.
② 물속에 현탁 상태로 존재한다.
③ 아주 작은 입자로 존재한다.
④ 염에 큰 영향을 받지 않는다.

해설 소수성 Colloid는 염에 아주 민감하다.

10 공장폐수의 시료 분석 결과가 다음과 같을 때 NBDICOD(Non-biodegradable Insoluble COD) 농도(mg/L)는?(단, K는 1.72를 적용할 것)

COD=857mg/L, SCOD=380mg/L
BOD_5=468mg/L, $SBOD_5$=214mg/L
TSS=384mg/L, VSS=318mg/L

① 24.68 ② 32.56
③ 40.12 ④ 52.04

해설 NBDICOD = COD − BDCOD − NBDSCOD
㉠ COD = 857(mg/L)
㉡ BDCOD = BOD_u = $BOD_5 \times K$
   = 468 × 1.72 = 804.96(mg/L)
㉢ NBDSCOD = SCOD − BDSCOD
   = SCOD − $SBOD_u$
   = SCOD − ($SBOD_5 \times K$)
   = 380 − (214 × 1.72)
   = 11.92(mg/L)
∴ NBDICOD = 857 − 804.96 − 11.92
   = 40.12(mg/L)

11 최종 BOD가 20mg/L, DO가 5mg/L인 하천의 상류지점으로부터 3일 유하 거리의 하류지점에서의 DO 농도(mg/L)는?(단, 온도 변화는 없으며 DO 포화농도는 9mg/L이고, 탈산소계수는 0.1/day, 재폭기계수는 0.2/day, 상용대수 기준임)

① 약 4.0 ② 약 4.5
③ 약 3.0 ④ 약 2.5

해설 '용존산소 농도 = 포화농도 − 산소부족량'으로 계산한다.
$DO(mg/L) = C_s - D_t$
㉠ C_s (포화농도) = 9(mg/L)

ANSWER | 6.③ 7.④ 8.② 9.④ 10.③ 11.③

ⓒ D_t(산소부족량)의 계산

$$D_t = \frac{K_1 \cdot L_o}{K_2 - K_1}(10^{-K_1 \cdot t} - 10^{-K_2 \cdot t}) + D_o \cdot 10^{-K_2 \cdot t}$$

$$= \frac{0.1 \times 20}{0.2 - 0.1}(10^{-0.1 \times 3} - 10^{-0.2 \times 3}) + 4 \times 10^{-0.2 \times 3}$$

$$\fallingdotseq 6.004(mg/L)$$

∴ 용존산소농도(DO) ≒ 9 − 6.004
　　　　　　　　　= 2.996(mg/L)

---

12 다음 유기물 1M이 완전산화될 때 이론적인 산소요구량(ThOD)이 가장 적은 것은?

① C_6H_6　　　　　② $C_6H_{12}O_6$
③ C_2H_5OH　　　④ CH_3COOH

[해설]
① $C_6H_6 : 7.5O_2 \Rightarrow 78g : 240g = 1g : X$
　　　　　X = 3.08g(ThOD)
② $C_6H_{12}O_6 : 6O_2 \Rightarrow 180g : 192g = 1g : X$
　　　　　X = 1.067g(ThOD)
③ $C_2H_5OH : 3O_2 \Rightarrow 46g : 96g = 1g : X$
　　　　　X = 2.087g(ThOD)
④ $CH_3COOH : 2O_2 \Rightarrow 60 : 64g = 1g : X$
　　　　　X = 1.067g(ThOD)

---

13 해수의 Holy Seven에서 가장 농도가 낮은 것은?

① Cl^-　　　　　② Mg^{2+}
③ Ca^{2+}　　　　④ HCO_3^-

[해설] 해수의 주성분인 Holy Seven을 가장 많이 함유된 순으로 나열하면 $Cl^- > Na^+ > SO_4^{2-} > Mg^{2+} > Ca^{2+} > K^+ > HCO_3^-$ 이다.

---

14 분체 증식을 하는 미생물을 회분 배양하는 경우 미생물은 시간에 따라 5단계를 거치게 된다. 5단계 중 생존한 미생물의 중량보다 미생물 원형질의 전체 중량이 더 크게 되며, 미생물수가 최대가 되는 단계로 가장 적합한 것은?

① 증식단계　　　　② 내수성장단계
③ 감소성장단계　　④ 내생성장단계

---

15 담수와 해수에 대한 일반적인 설명으로 틀린 것은?

① 해수의 용존산소 포화도는 담수보다 작은데 주로 해수 중의 염류 때문이다.
② Up Welling은 담수가 해수의 표면으로 상승하는 현상이다.
③ 해수의 주성분으로는 Cl^-, Na^+, SO_4^{2-} 등이 가장 많다.
④ 하구에서는 담수와 해수가 쐐기 형상으로 교차한다.

[해설] 상승류(Upwelling Current)는 바람에 의한 전단응력과 지구의 전향력에 의해 발생한다. 심층수가 표층으로 올라오는 현상으로 수온이 낮고, 밀도가 높으며, 영양염이 풍부하다.

---

16 Formaldehyde(CH_2O) 500mg/L의 이론적 COD값(mg/L)은?

① 약 512　　　　② 약 533
③ 약 553　　　　④ 약 576

[해설] $CH_2O + O_2 \rightarrow H_2O + CO_2$
　　　　30g　　32g
500mg/L : X
∴ X(COD) = 533.33(mg/L)

---

17 생물농축에 대한 설명으로 가장 거리가 먼 것은?

① 생물농축은 생태계에서 영양단계가 낮을수록 현저하게 나타난다.
② 독성물질뿐 아니라 영양물질도 똑같이 물질 순환을 통해 축적될 수 있다.
③ 생물체 내의 오염물질 농도는 환경수중의 농도보다 일반적으로 높다.
④ 생물체는 서식장소에 존재하는 물질의 필요 유무에 관계없이 섭취한다.

[해설] 생물 농축(Biological Concentration)이란 먹이 피라미드 상위로 갈수록 오염물질의 체내 농축이 심해지는 현상을 말한다.

18 건조고형물량이 3,000kg/day인 생슬러지를 저율 혐기성소화조로 처리한다. 휘발성고형물은 건조고형물의 70%이고 휘발성고형물의 60%는 소화에 의해 분해된다. 소화된 슬러지의 총고형물은 몇 kg/day인가?

① 1,040kg/day ② 1,740kg/day
③ 2,040kg/day ④ 2,440kg/day

해설 $TS_{소화후} = FS_{소화후} + VS_{소화후}$
$TS_{소화후} = 3,000 \times 0.3 + 3,000 \times 0.7 \times (1-0.6)$
$= 1,740 (kg/day)$

19 3g의 아세트산(CH_3COOH)을 증류수에 녹여 1L로 하였을 때 수소이온농도(mol/L)는?(단, 이온화 상수 값=1.75×10^{-5})

① 6.3×10^{-4} ② 6.3×10^{-5}
③ 9.3×10^{-4} ④ 9.3×10^{-5}

해설 $CH_3COOH\left(\dfrac{mol}{L}\right) = \dfrac{3g}{L} \left|\dfrac{1mol}{60g}\right. = 0.05(mol/L)$

$K = \dfrac{[CH_3COO^-][H^+]}{[CH_3COOH]}$

$1.75 \times 10^{-5} = \dfrac{X^2}{0.05}$

$\therefore X(=CH_3COO^- = H^+) = 9.35 \times 10^{-4} (mol/L)$

20 이상적 완전혼합형 반응조 내 흐름(혼합)에 관한 설명으로 틀린 것은?

① 분산수(Dispersion Number)가 0에 가까울수록 완전혼합흐름 상태라 할 수 있다.
② Morrill 지수의 값이 클수록 이상적인 완전혼합 흐름 상태에 가깝다.
③ 분산(Variance)이 1일 때 완전혼합흐름 상태라 할 수 있다.
④ 지체시간(Lag Time)이 0이다.

해설 반응조 혼합 정도의 척도는 분산(Variance), 분산수(Dispersion Number), Morrill 지수로 나타낼 수 있다.

혼합 정도의 표시	완전혼합 흐름상태	플러그 흐름상태
분산(Variance)	1일 때	0일 때
분산수 (Dispersion Number)	d=∞일 때	d=0일 때
모릴지수(Morill Index)	Mo 값이 클수록 근접	Mo 값이 1에 가까울수록 근접

SECTION 02 상하수도계획

21 다음 중 생물막법과 가장 거리가 먼 것은?
① 살수여상법 ② 회전원판법
③ 접촉산화법 ④ 산화구법

해설 산화구법은 부유생물막법의 일종이다.

22 $I = \dfrac{3,660}{t+15}$ mm/hr, 면적 $3.0km^2$, 유입시간 6분, 유출계수 C=0.65, 관내유속이 1m/sec인 경우 관 길이 600m인 하수관에서 흘러나오는 우수량(m^3/sec)은?

① 64 ② 76
③ 82 ④ 91

해설 $Q = \dfrac{1}{360} C \cdot I \cdot A$

㉠ C=0.65
㉡ t=유입시간+유하시간
$= 6min + \dfrac{600m}{1m/sec} \times \dfrac{min}{60sec} = 16min$
㉢ $I = \dfrac{3,660}{16min + 15} = 118.06 mm/hr$
㉣ $A = 2.0km^2 = 3.0km^2 \times \dfrac{100ha}{km^2} = 300ha$

$\therefore$ 우수량(m^3/sec) $= \dfrac{1}{360} \times 0.65 \times 118.06mm/hr \times 300ha$
$= 63.95 m^3/sec$

23 양정변화에 대하여 수량의 변동이 적고 또 수량변동에 대하여 동력의 변화도 적으므로 우수용 펌프 등 수위변동이 큰 곳에 적합한 펌프는?
① 원심펌프 ② 사류펌프
③ 축류펌프 ④ 스크루펌프

24 막여과시설에서 막모듈의 열화에 대한 내용으로 틀린 것은?
① 미생물과 막 재질의 자화 또는 분비물의 작용에 의한 변화
② 산화제에 의하여 막 재질의 특성변화나 분해
③ 건조되거나 수축으로 인한 막 구조의 비가역적인 변화
④ 응집제 투입에 따른 막모듈의 공급유로가 고형물로 폐쇄

해설 막의 열화는 막 자체의 비가역적인 변질로 생기는 성능변화로 성능이 회복되지 않으며, 막의 열화의 종류는 다음과 같다.
㉠ 물리적 열화(압밀화, 손상, 건조)
 • 장기적인 압력부하에 의한 막 구조의 압밀화(Creep 변형)
 • 원수 중의 고형물이나 진동에 의한 막 면의 상처나 마모, 파단
 • 건조되거나 수축으로 인한 막 구조의 비가역적인 변화
㉡ 화학적 열화(가수분해, 산화)
 • 막의 pH나 온도 등의 작용에 의한 분해
 • 산화제에 의한 막 재질의 특성변화나 분해
㉢ 생물화학적 변화
 미생물과 막 재질의 자화 또는 분비물의 작용에 의한 변화

25 정수시설인 배수지에 관한 내용으로 ( )에 옳은 내용은?

유효용량은 시간변동조정용량과 비상대처용량을 합하여 급수구역의 계획1일최대급수량의 ( )을 표준으로 하여야 하며 지역 특성과 상수도시설의 안정성 등을 고려하여 결정한다.

① 4시간분 이상 ② 8시간분 이상
③ 12시간분 이상 ④ 24시간분 이상

해설 유효용량은 시간변동조정용량, 비상대처용량을 합하여 급수구역의 계획1일최대급수량의 12시간분 이상을 표준으로 한다.

26 상수도 수요량 산정 시 불필요한 항목은?
① 계획1인1일최대사용량
② 계획1인1일평균급수량
③ 계획1인1일최대급수량
④ 계획1인당시간최대급수량

해설 상수도 수요량 산정 시 필요한 항목
㉠ 계획1인1일평균급수량
㉡ 계획1인1일최대급수량
㉢ 계획1인당시간최대급수량
㉣ 계획인구예측

27 취수탑의 위치에 관한 내용으로 ( )에 옳은 것은?

연간을 통하여 최소수심이 ( ) 이상으로 하천에 설치하는 경우에는 유심이 제방에 되도록 근접한 지점으로 한다.

① 1m ② 2m
③ 3m ④ 4m

해설 연간을 통하여 최소 수심이 2m 이상으로 하천에 설치하는 경우에는 유심이 제방에 되도록 근접한 지점으로 한다.

28 활성슬러지법에서 사용하는 수중형 포기장치에 관한 설명으로 틀린 것은?
① 저속터빈과 압력튜브 혹은 보통관을 통한 압축공기를 주입하는 형식이다.
② 혼합 정도가 좋으며 단위용량당 주입량이 크다.
③ 깊은 반응조에 적용하며 운전에 융통성이 있다.
④ 송풍조의 규모를 줄일 수 있어 전기료가 적게 소요된다.

해설 수중형 포기장치는 기어 감속기와 송풍기가 소요되어 전력비가 많이 든다.

29 계획우수량을 정할 때 고려하여야 할 사항 중 틀린 것은?

① 하수관거의 확률연수는 원칙적으로 10~30년으로 한다.
② 유입시간은 최소단위배수구의 지표면특성을 고려하여 구한다.
③ 유출계수는 지형도를 기초로 답사를 통하여 충분히 조사하고 장래 개발계획을 고려하여 구한다.
④ 유하시간은 최상류관거의 끝으로부터 하류관거의 어떤 지점까지의 거리를 계획유량에 대응한 유속으로 나누어 구하는 것을 원칙으로 한다.

해설 유출계수는 토지이용도별 기초유출계수로부터 총괄유출계수를 구하는 것을 원칙으로 한다.

30 고도정수처리 시 해당물질의 처리방법으로 가장 거리가 먼 것은?

① pH가 낮은 경우에는 플록형성 후에 알칼리제를 주입하여 pH를 조정한다.
② 색도가 높을 경우에는 응집침전처리, 활성탄처리 또는 오존처리를 한다.
③ 음이온 계면활성제를 다량 함유한 경우에는 응집 또는 염소처리를 한다.
④ 원수 중에 불소가 과량으로 포함된 경우에는 응집처리, 활성알루미나, 골탄, 전해 등의 처리를 한다.

해설 음이온 계면활성제를 다량 함유한 경우에는 활성탄, 오존, 생물처리를 한다.

31 정수시설인 허니콤방식에 관한 설명으로 틀린 것은?(단, 회전원판방식과 비교 기준)

① 체류시간 : 2시간 정도
② 손실수두 : 거의 없음
③ 폭기설비 : 필요 없음
④ 처리수조의 깊이 : 5~7m

해설 허니콤 방식은 반응조에 벌집 모양의 집합체(허니콤)를 두고 그 안에 부착된 생물막과 접촉하도록 물을 순환시켜 처리하는 방식이다. 폭기시설은 물을 순환하기 위해 필요하다.

32 면적 $3.0km^2$, 유입시간 5분, 유출계수 C=0.65, 관내 유속 1m/sec로 관 길이 1,200m인 하수관으로 우수가 흐르는 경우 유달시간(분)은?

① 10
② 15
③ 20
④ 25

해설 유달시간=유입시간+유하시간
$5min + \dfrac{1,200m}{1m} \left| \dfrac{sec}{} \right| \dfrac{1min}{60sec} = 25(분)$

33 취수보의 위치와 구조 결정 시 고려할 사항으로 적절하지 않은 것은?

① 유심이 취수구에 가까우며, 홍수에 의한 하상변화가 적은 지점으로 한다.
② 홍수의 유심방향과 직각의 직선형으로 가능한 한 하천의 직선부에 설치한다.
③ 고정보의 상단 또는 가동보의 상단 높이는 유하단면 내에 설치한다.
④ 원칙적으로 철근콘크리트구조로 한다.

해설 고정보의 상단 또는 가동보의 상단 높이는 계획하상높이, 현재의 하상높이 및 장래의 하상변동 등을 고려하여 유수소통에 지장이 없는 높이로 한다.

34 정수시설인 착수정의 용량기준으로 적절한 것은?

① 체류시간 : 0.5분 이상, 수심 : 2~4m 정도
② 체류시간 : 1.0분 이상, 수심 : 2~4m 정도
③ 체류시간 : 1.5분 이상, 수심 : 3~5m 정도
④ 체류시간 : 1.0분 이상, 수심 : 3~5m 정도

해설 착수정의 용량은 체류시간을 1.5분 이상으로 하고 수심은 3~5m로 한다.

ANSWER | 29. ③ 30. ③ 31. ③ 32. ④ 33. ③ 34. ③

35 하수도계획에 대한 설명으로 옳은 것은?
① 하수도계획의 목표연도는 원칙적으로 30년으로 한다.
② 하수도계획구역은 행정상의 경계구역을 중심으로 수립한다.
③ 새로운 시가지의 개발에 따른 하수도계획구역은 기존 시가지를 포함한 종합적인 하수도계획의 일환으로 수립한다.
④ 하수처리구역의 경계는 자연유하에 의한 하수 배제를 위해 배수구역 경계와 교차하도록 한다.

해설 하수도계획의 기본적 사항
㉠ 하수도계획의 목표연도는 원칙적으로 20년으로 한다.
㉡ 하수도계획구역은 원칙적으로 관할 행정구역 전체를 대상으로 하되, 자연 및 지역조건을 충분히 고려하여 필요시에는 행정경계 이외 구역도 광역적, 종합적으로 정한다.
㉢ 처리구역의 경계는 자연유하에 의한 하수 배제를 위해 배수구역 경계와 교차하지 않는 것을 원칙으로 하고, 처리구역 외의 산지 등 배수구역으로부터의 우수 유입을 고려하여 계획한다.

36 상수시설 중 배수시설을 설계하고 정비할 때에 설계상의 기본적인 사항 중 옳은 것은?
① 배수지의 용량은 시간변동조정용량, 비상시대처용량, 소화용수량 등을 고려하여 계획시간최대급수량의 24시간분 이상을 표준으로 한다.
② 배수관을 계획할 때에 지역의 특성과 상황에 따라 직결급수의 범위를 확대하는 것 등을 고려하여 최대정수압을 결정하며, 수압의 기준점은 시설물의 최고높이로 한다.
③ 배수본관은 단순한 수지상 배관으로 하지 말고 가능한 한 상호 연결된 관망 형태로 구성한다.
④ 배수지관의 경우 급수관을 분기하는 지점에서 배수관 내의 최대정수압은 150kPa을 넘지 않도록 한다.

해설 배수시설 설계 · 정비 시 설계상 기본사항
㉠ 배수지의 용량은 시간변동조정용량, 비상시대처용량, 소화용수량 등을 고려하여 계획시간최대급수량의 12시간분 이상을 표준으로 한다.
㉡ 배수관을 계획할 때에 지역의 특성과 상황에 따라 직결급수의 범위를 확대하는 것 등을 고려하여 최소동수압을 결정한다. 또한 수압의 기준점은 지표면상으로 한다.
㉢ 배수본관은 단순한 수지상(樹枝狀) 배관으로 하지 말고 가능한 한 상호 연결된 관망 형태로 구성한다. 하지만 상호 연결이 불가능할 경우에는 복선화도 고려하여 비상시 대응능력을 확보한다.
㉣ 배수지관의 경우 급수관을 분기하는 지점에서 배수관 내의 최소동수압은 150kPa(약 1.53kgf/cm^2) 이상의 적정한 수압을 확보한다.

37 펌프의 캐비테이션이 발생하는 것을 방지하기 위한 대책으로 잘못된 것은?
① 펌프의 설치위치를 가능한 한 낮추어 가용유효흡입수두를 크게 한다.
② 흡입관의 손실을 가능한 한 작게 하여 가용유효흡입수두를 크게 한다.
③ 펌프의 회전속도를 높게 선정하여 필요유효흡입수두를 크게 한다.
④ 흡입 측 밸브를 완전히 개방하고 펌프를 운전한다.

해설 공동현상을 방지하려면 펌프의 회전수를 감소시켜야 한다.

38 취수구 시설에서 스크린, 수문 또는 수위조절판(Stop Log)을 설치하여 일체가 되어 작동하게 되는 취수시설은?
① 취수보　　② 취수탑
③ 취수문　　④ 취수관거

해설 취수문
취수문은 하천의 표류수나 호소의 표층수를 취수하기 위하여 물가에 만들어지는 취수시설로서 취수문을 지나서 취수된 원수는 접속되는 터널 또는 관로 등에 의하여 도수된다. 일반적으로 구조는 문(門) 모양이고 철근콘크리트제로 하며 각형 또는 말발굽형 등의 유입구에 취수량을 조정하기 위한 수문 또는 수위조절판(Stop Log)을 설치하고 그 전면에는 유목 등의 유입을 방지하기 위하여 스크린을 부착한다.

39 하수의 배제방식 중 합류식에 관한 설명으로 틀린 것은?

① 관거 내의 보수 : 폐쇄의 염려가 없다.
② 토지이용 : 기존의 측구를 폐지할 경우는 도로폭을 유효하게 이용할 수 있다.
③ 관거오접 : 철저한 감시가 필요하다.
④ 시공 : 대구경관거가 되면 좁은 도로에서의 매설에 어려움이 있다.

[해설] 합류식은 관거오접이 없다.

40 펌프의 토출량이 $1,200 m^3/hr$, 흡입구의 유속이 $2.0 m/sec$인 경우 펌프의 흡입구경(mm)은?

① 약 262 ② 약 362
③ 약 462 ④ 약 562

[해설] $D_s = 146\sqrt{\dfrac{Q_m}{V_s}} = 146\sqrt{\dfrac{1,200/60}{2.0}}$
$= 461.69(mm)$
[별해]
Q=AV
$\dfrac{1,200 m^3}{hr} = A \times \dfrac{2m}{sec} \Big| \dfrac{3,600 sec}{1hr}$
$A = 0.1667(m^2)$
$A = \dfrac{\pi D^2}{4}$
$D = 0.4606(m) = 460.4(mm)$

SECTION 03 수질오염방지기술

41 직사각형 급속여과지의 설계조건이 다음과 같을 때, 필요한 급속여과지의 수(개)는?(단, 설계조건 : 유량 $30,000 m^3/day$, 여과속도 $120 m/day$, 여과지 1지의 길이 10m, 폭 7m, 기타 조건은 고려하지 않음)

① 2 ② 4
③ 6 ④ 8

[해설] 여과지 수 = $\dfrac{여과유량}{1지\ 유량}$

$= \dfrac{30,000 m^3/day}{10m \times 7m \times 120 m/day}$
$= 3.57 ≒ 4(지)$

42 폐수 처리시설에서 직경 0.01cm, 비중 2.5인 입자를 중력 침강시켜 제거하고자 한다. 수온 4.0℃에서 물의 비중은 1.0, 점성계수는 $1.31 \times 10^{-2} g/cm \cdot sec$일 때, 입자의 침강속도(m/hr)는?(단, 입자의 침강속도는 Stokes 식에 따른다.)

① 12.2 ② 22.4
③ 31.6 ④ 37.6

[해설] $V_g = \dfrac{d_p^2(\rho_p - \rho)g}{18\mu}$

$\therefore V_g\left(\dfrac{m}{hr}\right) = \dfrac{(0.01)^2 cm^2}{18} \Big| \dfrac{(2.5-1)g}{cm^3}$
$\Big| \dfrac{980 cm}{sec} \Big| \dfrac{cm \cdot sec}{1.31 \times 10^{-2} g}$
$\Big| \dfrac{3,600 sec}{1hr} \Big| \dfrac{m}{100 cm}$
$= 22.44 (m/hr)$

43 물속의 휘발성유기화합물(VOC)을 에어스트리핑으로 제거할 때 제거효율 관계를 설명한 것으로 옳지 않은 것은?

① 액체 중의 VOC 농도가 높을수록 효율이 증가한다.
② 오염되지 않은 공기를 주입할 때 제거효율은 증가한다.
③ K_{La}가 감소하면 효율이 증가한다.
④ 온도가 상승하면 효율이 증가한다.

[해설] 물속의 휘발성유기화합물(VOC)을 Air-stripping법으로 제거하는 방법은 단지 액상의 오염물질을 기상으로 방출시키는 것으로 K_{La}가 감소하면 효율이 감소된다.

44 혐기성 소화조 설계 시 고려해야 할 사항과 관계가 먼 것은?

① 소요산소량
② 슬러지 소화 정도
③ 슬러지 소화를 위한 온도
④ 소화조에 주입되는 슬러지의 양과 특성

ANSWER | 39. ③ 40. ③ 41. ② 42. ② 43. ③ 44. ①

해설 혐기성 소화조를 설계할 경우에는 다음 사항을 고려하여 조의 크기를 정한다.
  ㉠ 소화조에 유입되는 찌꺼기(슬러지)의 양과 특성
  ㉡ 고형물의 체류시간 및 온도
  ㉢ 소화조의 운전방법
  ㉣ 소화조 내에서의 찌꺼기(슬러지) 농축, 상징수의 형성 및 찌꺼기(슬러지) 저장을 위하여 요구되는 부피

45 생물학적 방법을 이용하여 하수 내 인과 질소를 동시에 효과적으로 제거할 수 있다고 알려진 공법과 가장 거리가 먼 것은?
① A^2/O 공법
② 5단계 Bardenpho 공법
③ Phostrip 공법
④ SBR 공법

해설 A/O 공정, Phostrip 공정은 인만 제거하는 공정이다.

46 표면적이 $2m^2$이고 깊이가 2m인 침전지에 유량 $48m^3/day$의 폐수가 유입될 때 폐수의 체류시간(hr)은?
① 2
② 4
③ 6
④ 8

해설 $t = \dfrac{A \times H}{Q} = \dfrac{2m^2 \times 2m}{48m^3/day}$
$= 0.083(day) = 2(hr)$

47 생물막을 이용한 하수처리방식인 접촉산화법의 설명으로 틀린 것은?
① 분해속도가 낮은 기질 제거에 효과적이다.
② 난분해성물질 및 유해물질에 대한 내성이 높다.
③ 고부하 시에도 매체의 공극으로 인하여 폐쇄 위험이 적다.
④ 매체에 생성되는 생물량은 부하조건에 의하여 결정된다.

해설 접촉산화법은 고부하 시 매체의 폐쇄 위험이 크기 때문에 부하조건에 한계가 있다.

48 막공법에 관한 설명으로 가장 거리가 먼 것은?
① 투석은 선택적 투과막을 통해 용액 중에 다른 이온, 혹은 분자 크기가 다른 용질을 분리시키는 것이다.
② 투석에 대한 추진력은 막을 기준으로 한 용질의 농도차이다.
③ 한외여과 및 미여과의 분리는 주로 여과작용에 의한 것으로 역삼투 현상에 의한 것이 아니다.
④ 역삼투는 반투막으로 용매를 통과시키기 위해 동수압을 이용한다.

해설 역삼투법은 반투과성 멤브레인막과 정수압을 이용하여 염용액으로부터 물과 같은 용매를 분리하는 방법으로 추진력은 정압차이다.

49 만일 혐기성 처리공정에서 제거된 1kg의 용해성 COD가 혐기성 미생물 0.15kg의 순생산을 나타낸다면 표준상태에서의 이론적인 메탄생성 부피(m^3)는?
① 0.3
② 0.4
③ 0.5
④ 0.6

해설 최종 BOD 1kg당 $0.35m^3$의 CH_4가 발생한다.
$CH_4(Sm^3/day)$
= BOD의 메탄가스 전환계수 × 생물분해 가능한 BOD 양
= $0.35 \times$ [용해성 유기용량(BOD_u) − ($1.42 \times$ 세포량)]
$= \dfrac{0.35m^3 \cdot CH_4}{1kg \cdot BOD_u} \times \left[1kg \cdot BOD_u - \dfrac{1.42kg \cdot BOD_u}{1kg \cdot VSS} \times 0.15kg \cdot VSS \right]$
$= 0.3(m^3)$

50 정수장의 침전조 설계 시 어려운 점은 물의 흐름은 수평방향이고 입자 침강방향은 중력방향이어서 두 방향의 운동을 해석해야 한다는 점이다. 이상적인 수평 흐름 장방형 침전지(제 I 형 침전) 설계를 위한 기본 가정 중 틀린 것은?
① 유입부의 깊이에 따라 SS 농도는 선형으로 높아진다.
② 슬러지 영역에서는 유체 이동이 전혀 없다.
③ 슬러지 영역 상부에 사영역이나 단락류가 없다.
④ 플러그 흐름이다.

해설 각 입경별 SS 농도는 수심, 깊이에 관계없이 균일하게 분포된다. 동일한 표면적을 가진 침전지는 깊이가 달라지더라도 효율은 동일하다.

51 하수관거가 매설되어 있지 않은 지역에 위치한 500개의 단독주택(정화조 설치)에서 생성된 정화조 슬러지를 소규모 하수처리장에 운반하여 처리할 경우, 이로 인한 BOD 부하량 증가율(질량기준, 유입일 기준, %)은?

- 정화조는 연 1회 슬러지 수거
- 각 정화조에서 발생되는 슬러지 : $3.8m^3$
- 연간 250일 동안 일정량의 정화조 슬러지를 수거, 운반, 하수처리장 유입처리
- 정화조 슬러지 BOD 농도 : 6,000mg/L
- 하수처리장 유량 및 BOD 농도 : $3,800m^3$/day 및 220mg/L
- 슬러지 비중 1.0 가정

① 약 3.5   ② 약 5.5
③ 약 7.5   ④ 약 9.5

해설 BOD 부하량 증가율
$= \dfrac{3.8m^3/년 \times 6kg/m^3 \times 500}{3,800m^3/day \times 0.22kg/m^3 \times 250day/년} \times 100$
$= 5.4545(\%)$

52 유량이 $500m^3$/day, SS 농도가 220mg/L인 하수가 체류시간이 2시간인 최초침전지에서 60%의 제거효율을 보였다. 이때 발생되는 슬러지 양(m^3/day)은? (단, 슬러지 비중은 1.0, 함수율은 98%, SS만 고려함)

① 약 4.2   ② 약 3.3
③ 약 2.4   ④ 약 1.8

해설 $SL(m^3/1,000m^3)$
$= \dfrac{0.22kg \cdot TS}{m^3} \Big| \dfrac{60}{100} \Big| \dfrac{100 \cdot SL}{(100-98) \cdot TS}$
$\Big| \dfrac{500m^3}{} \Big| \dfrac{m^3}{1,000kg} = 3.3(m^3/1,000m^3)$

53 슬러지 내 고형물 무게의 1/3이 유기물질, 2/3가 무기물질이며, 이 슬러지 함수율은 80%, 유기물질 비중이 1.0, 무기물질 비중은 2.5라면 슬러지 전체의 비중은?

① 1.072   ② 1.087
③ 1.095   ④ 1.112

해설 슬러지의 밀도(비중)수지 식을 이용한다.
$\dfrac{W_{SL}}{\rho_{SL}} = \dfrac{W_{TS}}{\rho_{TS}} + \dfrac{W_W}{\rho_W} = \dfrac{W_{FS}}{\rho_{FS}} + \dfrac{W_{VS}}{\rho_{VS}} + \dfrac{W_W}{\rho_W}$

$\dfrac{100}{\rho_{SL}} = \dfrac{100 \times (1-0.8) \times (2/3)}{2.5}$
$+ \dfrac{100 \times (1-0.8) \times (1/3)}{1.0} + \dfrac{80}{1.0}$

$\therefore \rho_{SL} = 1.087$

54 상수처리를 위한 사각 침전조에 유입되는 유량은 $30,000m^3$/day이고 표면부하율은 $24m^3/m^2 \cdot day$이며 체류시간은 6시간이다. 침전조의 길이와 폭의 비는 2 : 1이라면 조의 크기는?

① 폭 : 20m, 길이 : 40m, 깊이 : 6m
② 폭 : 20m, 길이 : 40m, 깊이 : 4m
③ 폭 : 25m, 길이 : 50m, 깊이 : 6m
④ 폭 : 25m, 길이 : 50m, 깊이 : 4m

해설 ㉠ 표면부하율 $= \dfrac{유량(Q)}{표면적(A)}$

표면적(A) $= \dfrac{유량}{표면부하율}$
$= \dfrac{30,000m^3/day}{24m^3/m^2 \cdot day} = 1,250(m^2)$

$1,250m^2 = 2W \times W$
$\therefore W(폭) = 25m, L(길이) = 50(m)$

㉡ 체적(V) $= 유량(Q) \times 시간(t)$
$= 30,000m^3/day \times day/24hr \times 6hr$
$= 7,500(m^3)$

㉢ 깊이(D) $= \dfrac{\forall}{A} = \dfrac{7,500m^3}{1,250m^2} = 6(m)$

ANSWER | 51. ② 52. ② 53. ② 54. ③

55 염소이온 농도 500mg/L, BOD 2,000mg/L인 폐수를 희석하여 활성슬러지법으로 처리한 결과 염소이온 농도와 BOD는 각각 50mg/L이었다. 이때의 BOD 제거율(%)은?(단, 희석수의 BOD, 염소이온 농도는 0이다.)

① 85 ② 80
③ 75 ④ 70

해설 염소이온의 농도를 이용하여 희석배수를 구하고, BOD 제거 효율을 구한다.

56 정수장에서 사용하는 소독제의 특성과 가장 거리가 먼 것은?

① 미잔류성
② 저렴한 가격
③ 주입조작 및 취급이 쉬울 것
④ 병원성 미생물에 대한 효과적 살균

해설 소독제는 잔류성이 있어야 한다.

57 미생물을 이용하여 폐수에 포함된 오염물질인 유기물, 질소, 인을 동시에 처리하는 공법은 대체로 혐기조, 무산소조, 포기조로 구성되어 있다. 이 중 혐기조에서의 주된 생물학적 오염물질 제거반응은?

① 인 방출 ② 인 과잉흡수
③ 질산화   ④ 탈질화

해설 혐기조에서는 유기물이 제거되고 인이 방출된다.

58 하수 내 함유된 유기물질뿐 아니라 영양물질까지 제거하기 위하여 개발된 A^2/O 공법에 관한 설명으로 틀린 것은?

① 인과 질소를 동시에 제거할 수 있다.
② 혐기조에서는 인의 방출이 일어난다.
③ 폐슬러지 내의 인 함량은 비교적 높아서(3~5%) 비료의 가치가 있다.
④ 무산소조에서는 인의 과잉섭취가 일어난다.

해설 A^2/O 공법에서 무산소조의 역할은 탈질화이다.

59 직경이 다른 두 개의 원형입자를 동시에 20℃의 물에 떨어뜨려 침강실험을 했다. 입자 A의 직경은 2×10^{-2} cm이며 입자 B의 직경은 5×10^{-2} cm라면 입자 A와 입자 B의 침강속도의 비율(V_A/V_B)은?(단, 입자 A와 B의 비중은 같으며, Stokes 공식을 적용, 기타 조건은 같음)

① 0.28 ② 0.23
③ 0.16 ④ 0.12

해설 ㉠ 먼저 중력침강속도 계산식을 이용한다.
$$V_g = \frac{d_p^2(\rho_p-\rho)\cdot g}{18\cdot\mu}$$
㉡ 문제의 조건은 단지 입자직경만 제시되어 있으므로 직경을 제외한 나머지를 상수로 취급하면
침강속도$(m/hr) = K\times d_p^2$
㉢ 이제 입자 A, B에 대한 조건을 ㉡의 식에 대입하고 정리해 보면
$V_A(m/sec) = K\times(2\times10^{-2})^2$
$V_B(m/sec) = K\times(5\times10^{-2})^2$
$\therefore \frac{V_A}{V_B} = \frac{(2\times10^{-2})^2}{(5\times10^{-2})^2} = 0.16$

60 폐수를 처리하기 위해 시료 200mL를 취하여 Jar Test 하여 응집제와 응집보조제의 최적 주입농도를 구한 결과, $Al_2(SO_4)_3$ 200mg/L, $Ca(OH)_2$ 500mg/L였다. 폐수량 500m³/day를 처리하는 데 필요한 $Al_2(SO_4)_3$의 양(kg/day)은?

① 50   ② 100
③ 150 ④ 200

해설 $Al_2(SO_4)_3$ (kg/day)
$= \frac{200mg}{L}\left|\frac{500m^3}{day}\right|\frac{1kg}{10^6mg}\left|\frac{1,000L}{1m^3}\right.$
$= 100(kg/day)$

SECTION 04 수질오염공정시험기준

61 하천의 일정 장소에서 시료를 채수하고자 한다. 그 단면의 수심이 2m 미만일 때 채수 위치는 수면으로부터 수심의 어느 위치인가?

① 1/2 지점
② 1/3 지점
③ 1/3 지점과 2/3 지점
④ 수면상과 1/2 지점

해설 하천수 채수 위치
하천의 단면에서 수심이 가장 깊은 수면의 지점과 그 지점을 중심으로 하여 좌우로 수면폭을 2등분 한 각각의 지점의 수면으로부터 수심이 2m 미만일 때에는 수심의 1/3에서, 수심이 2m 이상일 때에는 수심의 1/3 및 2/3에서 각각 채수한다.

62 램버트-비어(Lambert-Beer)의 법칙에서 흡광도의 의미는?(단, I_o=입사광의 강도, I_t=투사광의 강도, t=투과도)

① $\dfrac{I_t}{I_o}$
② $t \times 100$
③ $\log \dfrac{1}{t}$
④ $I_t \times 10^{-1}$

해설 흡광도(A) = $\log \dfrac{1}{t}$

63 백분율(W/V, %)의 설명으로 옳은 것은?

① 용액 100g 중의 성분무게(g)를 표시
② 용액 100mL 중의 성분용량(mL)을 표시
③ 용액 100mL 중의 성분무게(g)을 표시
④ 용액 100g 중의 성분용량(mL)을 표시

해설 백분율(W/V, %)은 용액 100mL 중의 성분무게(g)를 표시한다.

64 질산성 질소의 정량시험방법 중 정량범위가 0.1mg NO_3-N/L가 아닌 것은?

① 이온크로마토그래피법
② 자외선/가시선 분광법(부루신법)
③ 자외선/가시선 분광법(활성탄흡착법)
④ 데발다 합금 환원 증류법(분광법)

해설 자외선/가시선 분광법(활성탄흡착법)의 정량범위는 0.3 mg/L이다.

65 전기전도도의 측정에 관한 설명으로 잘못된 것은?

① 온도차에 의한 영향은 ±5%/℃ 정도이며 측정 결과값의 통일을 위하여 보정하여야 한다.
② 측정단위는 $\mu S/cm$로 한다.
③ 전기전도도는 용액이 전류를 운반할 수 있는 정도를 말한다.
④ 전기전도도 셀은 항상 수중에 잠긴 상태에서 보존하여야 하며, 정기적으로 점검한 후 사용한다.

해설 전기전도도의 측정 시 온도차에 의한 영향(± 2%/℃)이 크므로 측정 결과값의 통일을 기하기 위하여 25℃에서의 값으로 환산하여 기록한다.

66 위어의 수두가 0.25m, 수로의 폭이 0.8m, 수로의 밑면에서 절단 하부점까지의 높이가 0.7m인 직각 3각웨어의 유량(m^3/min)은?[단, 유량계수 k=81.2 + $\dfrac{0.24}{h}$ + $\left(8.4+\dfrac{12}{\sqrt{D}}\right) \times \left(\dfrac{h}{B}-0.09\right)^2$]

① 1.4
② 2.1
③ 2.6
④ 2.9

해설 $Q(m^3/min) = Kh^{\frac{5}{2}}$

$K = 81.2 + \dfrac{0.24}{0.25} + \left(8.4 + \dfrac{12}{\sqrt{0.7}}\right)$
$\quad \times \left(\dfrac{0.25}{0.8} - 0.09\right)^2$
$= 83.526$

∴ $Q\left(\dfrac{m^3}{min}\right) = 83.526 \times 0.25^{(5/2)}$
$= 2.6(m^3/min)$

67 식물성 플랑크톤 시험방법으로 옳은 것은?(단, 수질오염공정시험기준 기준)
① 현미경계수법   ② 최적확수법
③ 평판집락계수법   ④ 시험관정량법

해설 식물성 플랑크톤은 현미경계수법으로 분석한다.

68 수질오염공정시험기준상 양극벗김전압전류법으로 측정하는 금속은?
① 구리   ② 납
③ 니켈   ④ 카드뮴

해설 양극벗김전압전류법으로 측정이 가능한 금속
㉠ 납, ㉡ 비소, ㉢ 수은, ㉣ 아연

69 유량이 유체의 탁도, 점성, 온도의 영향은 받지 않고, 유속에 의해 결정되며 손실수두가 적은 유량계는?
① 피토관   ② 오리피스
③ 벤투리미터   ④ 자기식 유량측정기

70 폐수의 BOD를 측정하기 위하여 다음과 같은 자료를 얻었다. 이 폐수의 BOD(mg/L)는?(단, F=1.0)

> BOD병의 부피는 300mL이고, BOD병에 주입된 폐수량 5mL, 희석된 식종액의 배양 전 및 배양 후의 DO는 각각 7.6mg/L, 7.0mg/L, 희석한 시료용액을 15분간 방치한 후 DO 및 5일간 배양한 다음의 희석한 시료용액의 DO는 각각 7.6mg/L, 4.0mg/L이었다.

① 180   ② 216
③ 246   ④ 270

해설 $BOD = [(D_1 - D_2) - (B_1 - B_2) \times f] \times P$
$= [(7.6 - 7.0) - (7.6 - 4.0) \times 1.0] \times 60$
$= 180(mg/L)$

여기서, $P(희석배수) = \dfrac{300mL}{5mL} = 60(배)$

71 수질오염공정시험기준의 구리시험법(원자흡수분광광도법)에서 사용하는 조연성 가스는?
① 수소   ② 아르곤
③ 아산화질소   ④ 아세틸렌 공기

해설 구리시험법에서는 공기와 아세틸렌을 공급하면서 불꽃을 발생시키고, 최대 감도를 얻도록 유량을 조절한다.

72 벤투리미터(Venturi Meter)의 유량 측정공식, $Q = \dfrac{C \cdot A}{\sqrt{1-[(\text{ㄱ})]^4}} \cdot \sqrt{2g \cdot H}$ 에서 (ㄱ)에 들어갈 내용으로 옳은 것은?[단, Q=유량(cm^3/sec), C=유량계수, A=목 부분의 단면적(cm^2), g=중력가속도(980cm/sec^2), H=수두차(cm)]

① 유입부의 직경/목(throat)부의 직경
② 목(throat)부의 직경/유입부의 직경
③ 유입부 관 중심부에서의 수두/목(throat)부의 수두
④ 목(throat)부의 수두/유입부 관 중심부에서의 수두

해설 벤투리미터의 유량(Q) 측정 공식
$Q = \dfrac{C \cdot A}{\sqrt{1-\left(\dfrac{D_2}{D_1}\right)^4}} \cdot \sqrt{2g \cdot H}$

여기서, D_1 : 유입관의 직경
D_2 : Throat부의 직경

73 클로로필 a 양을 계산할 때 클로로필 색소를 추출하여 흡광도를 측정한다. 이때 색소 추출에 사용하는 용액은?
① 아세톤 용액   ② 클로로포름 용액
③ 에탄올 용액   ④ 포르말린 용액

해설 클로로필 a 측정법
물속의 클로로필 a의 양을 측정하는 방법으로 아세톤 용액을 이용하여 시료를 여과한 여과지로부터 클로로필 색소를 추출하고, 추출액의 흡광도를 663, 645, 630 및 750nm에서 측정하여 클로로필 a의 양을 계산하는 방법이다.

74 윙클러법으로 용존산소를 측정할 때 0.025N 티오황산나트륨 용액 5mL에 해당되는 용존산소량(mg)은?

① 0.02
② 0.20
③ 1.00
④ 5.00

해설 $O_2(mg) = \dfrac{0.025eq}{L} \Big| \dfrac{5mL}{} \Big| \dfrac{1L}{10^3 mL} \Big| \dfrac{8 \times 10^3 mg}{1eq}$
$= 1.0(mg)$

75 시료 전처리방법 중 중금속 측정을 위한 용매 추출법인 피로리딘다이티오카르바민산 암모늄 추출법에 관한 설명으로 알맞지 않은 것은?

① 크롬은 3가 크롬과 6가 크롬 상태로 존재할 경우에 추출된다.
② 망간은 측정하기 위해 전처리한 경우는 망간착화합물의 불안정성 때문에 추출 즉시 측정하여야 한다.
③ 철의 농도가 높은 경우에는 다른 금속 추출에 방해를 줄 수 있다.
④ 시료 중 구리, 아연, 납, 카드뮴, 니켈, 코발트 및 은 등의 측정에 적용된다.

해설 피로리딘다이티오카르바민산 암모늄
(1–PyrroliDinecarbodithioic Acid Ammonium Salt) 추출법
시료 중 구리, 아연, 납, 카드뮴, 니켈, 철, 망간, 6가 크롬, 코발트 및 은 등의 측정에 적용된다. 다만 망간은 착화합물 상태에서 매우 불안정하므로 추출 즉시 측정하여야 하며, 크롬은 6가 크롬 상태로 존재할 경우에만 추출된다. 또한 철의 농도가 높을 경우에는 다른 금속의 추출을 방해할 수 있으므로 주의해야 한다.

76 최적응집제 주입량을 결정하는 실험을 하려고 한다. 다음 중 실험에 반드시 필요한 것이 아닌 것은?

① 비커
② pH 완충용액
③ Jar Tester
④ 시계

77 수질측정기기 중에서 현장에서 즉시 측정하기 위한 것이 아닌 것은?

① DO meter
② pH meter
③ TOC meter
④ Thermometer

해설 수소이온농도(pH), 수온, DO는 현장에서 즉시 측정해야 한다.

78 물벼룩을 이용한 급성 독성 시험법에서 사용하는 용어의 정의로 옳지 않은 것은?

① 치사 : 일정 비율로 준비된 시료에 물벼룩을 투입하고 12시간 경과 후 시험용기를 살며시 움직여 주고, 30초 후 관찰했을 때 아무 반응이 없는 경우를 판정한다.
② 유영저해 : 독성물질에 의해 영향을 받아 일부 기관(촉각, 후복부 등)이 움직임이 없을 경우를 판정한다.
③ 표준독성물질 : 독성시험이 정상적인 조건에서 수행되는지를 주기적으로 확인하기 위하여 사용하며 다이크롬산포타슘을 이용한다.
④ 지수식 시험방법 : 시험기간 중 시험용액을 교환하지 않는 시험을 말한다.

해설 치사(death)
일정 비율로 준비된 시료에 물벼룩을 투입하고 24시간 경과 후 시험용기를 살며시 움직여주고, 15초 후 관찰했을 때 아무 반응이 없는 경우를 '치사'라 판정한다.

79 기체크로마토그래피에 사용되는 운반기체 중 분리도가 큰 순서대로 나타낸 것은?

① $N_2 > He > H_2$
② $He > H_2 > N_2$
③ $N_2 > H_2 > He$
④ $H_2 > He > N_2$

해설 분리도가 큰 순서
$H_2 > He > N_2$

80 수질오염공정시험기준에서 아질산성 질소를 자외선/가시선 분광법으로 측정하는 흡광도 파장(nm)은?

① 540
② 620
③ 650
④ 690

ANSWER | 74. ③ 75. ① 76. ② 77. ③ 78. ① 79. ④ 80. ①

[해설] 아질산성 질소 – 자외선/가시선 분광법
물속에 존재하는 아질산성 질소를 측정하기 위하여, 시료 중 아질산성 질소를 설퍼닐아마이드와 반응시켜 디아조화하고 α-나프틸에틸렌디아민이염산염과 반응시켜 생성된 디아조화합물의 붉은색의 흡광도 540nm에서 측정하는 방법이다.

SECTION 05 수질환경관계법규

81 비점오염방지시설의 시설유형별 기준에서 장치형 시설이 아닌 것은?
① 침투 시설 ② 여과형 시설
③ 스크린형 시설 ④ 소용돌이형 시설

[해설] 비점오염저감시설의 구분 중 장치형 시설
㉠ 여과형 시설
㉡ 소용돌이형 시설
㉢ 스크린형 시설
㉣ 응집·침전 처리형 시설
㉤ 생물학적 처리형 시설

82 환경기술인 또는 기술요원 등의 교육에 관한 설명 중 틀린 것은?
① 환경기술인이 이수하여야 할 교육과정은 환경기술인과정, 폐수처리기술요원과정이다.
② 교육기간은 5일 이내로 하며, 정보통신 매체를 이용한 원격교육도 5일 이내로 한다.
③ 환경기술인은 1년 이내에 최초교육과 최초교육 후 3년마다 보수교육을 이수하여야 한다.
④ 교육기관에서 작성한 교육계획에는 교재편찬계획 및 교육성적의 평가방법 등이 포함되어야 한다.

[해설] 교육과정의 교육기간은 5일 이내로 한다. 다만, 정보통신매체를 이용하여 원격교육을 실시하는 경우에는 환경부장관이 인정하는 기간으로 한다.

83 사업장의 규모별 구분에 관한 설명으로 틀린 것은?
① 1일 폐수배출량이 1,000m^3인 사업장은 제2종 사업장에 해당된다.
② 1일 폐수배출량이 100m^3인 사업장은 제4종 사업장에 해당된다.
③ 폐수배출량은 최근 90일 중 가장 많이 배출한 날을 기준으로 한다.
④ 최초 배출시설 설치허가 시 폐수배출량은 사업계획에 따른 예상용수사용량을 기준으로 산정한다.

[해설] 사업장의 규모별 구분은 1년간 가장 많이 배출한 날을 기준으로 정한다.

84 1,000,000m^3/day 이상의 하수를 처리하는 공공하수처리시설에 적용되는 방류수의 수질기준 중에서 가장 기준(농도)이 낮은 검사항목은?
① 총질소 ② 총인
③ SS ④ BOD

[해설] 방류수 수질기준

구분	수질기준			
	Ⅰ지역	Ⅱ지역	Ⅲ지역	Ⅳ지역
BOD(mg/L)	10(10) 이하	10(10) 이하	10(10) 이하	10(10) 이하
TOC(mg/L)	15(25) 이하	15(25) 이하	25(25) 이하	25(25) 이하
SS(mg/L)	10(10) 이하	10(10) 이하	10(10) 이하	10(10) 이하
T-N(mg/L)	20(20) 이하	20(20) 이하	20(20) 이하	20(20) 이하
T-P(mg/L)	0.2(0.2) 이하	0.3(0.3) 이하	0.5(0.5) 이하	2(2) 이하
총대장균군수 (개/mL)	3,000 (3,000)	3,000 (3,000)	3,000 (3,000)	3,000 (3,000)
생태독성(TU)	1(1) 이하	1(1) 이하	1(1) 이하	1(1) 이하

※ ( )는 농공단지 공공폐수처리시설 수질기준

85 기술진단에 관한 설명으로 ( )에 알맞은 것은?

> 공공폐수처리시설을 설치·운영하는 자는 공공폐수처리시설의 관리상태를 점검하기 위하여 ( )년마다 해당 공공폐수처리시설에 대하여 기술진단을 하고, 그 결과를 환경부장관에게 통보하여야 한다.

① 1 ② 5
③ 10 ④ 15

해설 기술진단
시행자는 공공폐수처리시설의 관리상태를 점검하기 위하여 5년마다 공공폐수처리시설에 대하여 기술진단을 하고, 그 결과를 환경부장관에게 통보해야 한다.

86 사업장에서 배출되는 폐수에 대한 설명 중 위탁처리를 할 수 없는 폐수는?
① 해양환경관리법상 지정된 폐기물배출해역에 배출하는 폐수
② 폐수배출시설의 설치를 제한할 수 있는 지역에서 1일 50세제곱미터 미만으로 배출되는 폐수
③ 아파트형 공장에서 고정된 관망을 이용하여 이송 처리하는 폐수(폐수량에 제한을 받지 않는다.)
④ 성상이 다른 폐수가 수질오염방지시설에 유입될 경우 처리가 어려운 폐수로서 1일 50세제곱미터 미만으로 배출되는 폐수

해설 위탁처리대상 폐수
㉠ 1일 50세제곱미터 미만(폐수배출시설의 설치를 제한할 수 있는 지역에서는 20세제곱미터 미만)으로 배출되는 폐수. 다만, 아파트형 공장에서 고정된 관망을 이용하여 이송 처리하는 경우에는 폐수량의 제한을 받지 아니하고 위탁 처리할 수 있다.
㉡ 사업장에 있는 폐수배출시설에서 배출되는 폐수 중 다른 폐수와 그 성상(性狀)이 달라 수질오염방지시설에 유입될 경우 적정한 처리가 어려운 폐수로서 1일 50세제곱미터 미만(폐수배출시설의 설치를 제한할 수 있는 지역에서는 20세제곱미터 미만)으로 배출되는 폐수
㉢ 「해양환경관리법」에 따라 지정된 폐기물배출해역에 배출할 수 있는 폐수
㉣ 수질오염방지시설의 개선이나 보수 등과 관련하여 배출되는 폐수로서 시·도지사와 사전 협의된 기간에만 배출되는 폐수
㉤ 그 밖에 환경부장관이 위탁처리 대상으로 하는 것이 적합하다고 인정하는 폐수

87 다음은 배출시설의 설치허가를 받은 자가 배출시설의 변경허가를 받아야 하는 경우에 대한 기준이다. ( )에 들어갈 내용으로 옳은 것은?

> 폐수배출량이 허가 당시보다 100분의 50(특정수질유해물질이 배출되는 시설의 경우에는 100분의 30)이상 또는 ( ) 이상 증가하는 경우

① 1일 500세제곱미터 ② 1일 600세제곱미터
③ 1일 700세제곱미터 ④ 1일 800세제곱미터

해설 배출시설의 변경허가를 받아야 하는 경우
㉠ 폐수배출량이 허가 당시보다 100분의 50(특정수질유해물질이 기준 이상으로 배출되는 배출시설의 경우에는 100분의 30) 이상 또는 1일 700세제곱미터 이상 증가하는 경우
㉡ 배출허용기준을 초과하는 새로운 수질오염물질이 발생되어 배출시설 또는 수질오염방지시설의 개선이 필요한 경우
㉢ 허가를 받은 폐수무방류배출시설로서 고체 상태의 폐기물로 처리하는 방법에 대한 변경이 필요한 경우

88 수질오염경보 중 수질오염감시경보 대상 항목이 아닌 것은?
① 용존산소
② 전기전도도
③ 부유물질
④ 총유기탄소

해설 수질오염경보 중 수질오염감시경보 대상 항목
수소이온농도, 용존산소, 총질소, 총인, 전기전도도, 총유기탄소, 휘발성유기화합물, 페놀, 중금속(구리, 납, 아연, 카드뮴 등), 클로로필-a, 생물감시

89 특례지역에 위치한 폐수시설의 부유물질량 배출허용기준(mg/L 이하)은?(단, 1일 폐수배출량 1,000세제곱미터)
① 30 ② 40
③ 50 ④ 60

ANSWER | 86. ② 87. ③ 88. ③ 89. ①

해설

대상규모\항목 지역구분	1일 폐수배출량 2천 세제곱미터 이상		
	생물화학적 산소요구량 (mg/L)	화학적 산소요구량 (mg/L)	부유물질량 (mg/L)
청정지역	30 이하	40 이하	30 이하
가 지역	60 이하	70 이하	60 이하
나 지역	80 이하	90 이하	80 이하
특례지역	30 이하	40 이하	30 이하

대상규모\항목 지역구분	1일 폐수배출량 2천 세제곱미터 미만		
	생물화학적 산소요구량 (mg/L)	화학적 산소요구량 (mg/L)	부유물질량 (mg/L)
청정지역	40 이하	50 이하	40 이하
가 지역	80 이하	90 이하	80 이하
나 지역	120 이하	130 이하	120 이하
특례 지역	30 이하	40 이하	30 이하

90 비점오염원 관리지역에 대한 관리대책을 수립할 때 포함될 사항으로 거리가 먼 것은?

① 관리목표
② 관리대상 수질오염물질의 종류
③ 관리대상 수질오염물질의 분석방법
④ 관리대상 수질오염물질의 저감 방안

해설 비점오염원 관리지역에 대한 관리대책을 수립할 때 포함될 사항
㉠ 관리목표
㉡ 관리대상 수질오염물질의 종류 및 발생량
㉢ 관리대상 수질오염물질의 발생 예방 및 저감 방안
㉣ 그 밖에 관리지역을 적정하게 관리하기 위하여 환경부령으로 정하는 사항

91 물환경보전법령상 "호소"에 관한 설명으로 틀린 것은?

① 댐·보 또는 둑(「사방사업법」에 따른 사방시설은 제외한다.) 등을 쌓아 하천 또는 계곡에 흐르는 물을 가두어 놓은 곳
② 화산활동 등으로 인하여 함몰된 지역에 물이 가두어진 곳
③ 댐의 갈수위를 기준으로 구역 내 가두어진 곳
④ 하천에 흐르는 물이 자연적으로 가두어진 곳

해설 호소 및 해당 지역
㉠ 댐·보(洑) 또는 둑(「사방사업법」에 따른 사방시설은 제외한다) 등을 쌓아 하천 또는 계곡에 흐르는 물을 가두어 놓은 곳
㉡ 하천에 흐르는 물이 자연적으로 가두어진 곳
㉢ 화산활동 등으로 인하여 함몰된 지역에 물이 가두어진 곳

92 공공폐수처리시설의 관리·운영자가 처리시설의 적정 운영 여부 확인을 위한 방류수 수질검사 실시기준으로 옳은 것은?(단, 시설규모는 $1,000m^3/day$이며, 수질은 현저히 악화되지 않았음)

① 방류수 수질검사 월 2회 이상
② 방류수 수질검사 월 1회 이상
③ 방류수 수질검사 매분기 1회 이상
④ 방류수 수질검사 매반기 1회 이상

해설 처리시설의 적정 운영 여부를 확인하기 위하여 방류수수질검사를 월 2회 이상 실시하되, 1일당 2천 세제곱미터 이상인 시설은 주 1회 이상 실시하여야 한다. 다만, 생태독성(TU)검사는 월 1회 이상 실시하여야 한다.

93 기본배출부과금과 초과배출부과금에 공통적으로 부과대상이 되는 수질오염물질은?

가. 총질소	나. 유기물질
다. 총인	라. 부유물질

① 가, 나, 다, 라 ② 가, 나
③ 나, 라 ④ 가, 다

해설 기본배출부과금과 초과배출부과금에 공통적으로 부과대상이 되는 수질오염물질은 유기물질과 부유물질이다.

94 공공수역의 수질보전을 위하여 환경부령이 정하는 휴경 등 권고대상 농경지의 해발고도 및 경사도 기준으로 옳은 것은?

① 해발 400m, 경사도 15%
② 해발 400m, 경사도 30%
③ 해발 800m, 경사도 15%
④ 해발 800m, 경사도 30%

90. ③ 91. ③ 92. ① 93. ③ 94. ① | ANSWER

해설 "환경부령으로 정하는 해발고도"란 해발 400m를 말하고 "환경부령으로 정하는 경사도"란 15%이다.

95 폐수무방류배출시설의 세부 설치기준으로 틀린 것은?
① 특별대책지역에 설치되는 경우 폐수배출량이 200 m³/day 이상이면 실시간 확인 가능한 원격유량감시장치를 설치하여야 한다.
② 폐수는 고정된 관로를 통하여 수집·이송·처리·저장되어야 한다.
③ 특별대책지역에 설치되는 시설이 1일 24시간 연속하여 가동되는 것이면 배출 폐수를 전량 처리할 수 있는 예비 방지시설을 설치하여야 한다.
④ 폐수를 고체 상태의 폐기물로 처리하기 위하여 증발·농축·건조·탈수 또는 소각시설을 설치하여야 하며, 탈수 등 방지시설에서 발생하는 폐수가 방지시설에 재유입되지 않도록 하여야 한다.

해설 폐수를 고체 상태의 폐기물로 처리하기 위하여 증발·농축·건조·탈수 또는 소각시설을 설치하여야 하며, 탈수 등 방지시설에서 발생하는 폐수가 방지시설에 재유입하도록 하여야 한다.

96 수질환경기준(하천) 중 사람의 건강보호를 위한 전 수역에서의 각 성분별 환경기준으로 맞는 것은?
① 비소(As) : 0.1mg/L 이하
② 납(Pb) : 0.01 mg/L 이하
③ 6가 크롬(Cr^{+6}) : 0.05mg/L 이하
④ 음이온계면활성제(ABS) : 0.01mg/L 이하

해설 사람의 건강보호 기준(하천)
㉠ 비소(As) : 0.05(mg/L) 이하
㉡ 납(Pb) : 0.05(mg/L) 이하
㉢ 음이온계면활성제(ABS) : 0.5(mg/L) 이하

97 환경기준인 수질 및 수생태계 상태별 생물학적 특성 이해 표 중 생물등급이 '좋음~보통'일 때의 생물지표종(어류)으로 틀린 것은?
① 버들치   ② 쉬리
③ 갈겨니   ④ 은어

해설 수질 및 수생태계 상태별 생물학적 특성 이해 표

생물등급	생물 지표종		서식지 및 생물 특성
	저서생물(底棲生物)	어류	
좋음 ~ 보통	다슬기, 넓적거머리, 강하루살이, 동양하루살이, 등줄하루살이, 등딱지하루살이, 물삿갓벌레, 큰줄날도래	쉬리, 갈겨니, 은어, 쏘가리 등	• 물이 맑으며, 유속은 약간 빠르거나 보통임 • 바닥은 주로 자갈과 모래로 구성됨 • 부착 조류(藻類)가 약간 있음

98 배출시설에서 배출되는 수질오염물질을 방지시설에 유입하지 아니하고 배출한 경우(폐수무방류 배출시설의 설치허가 또는 변경허가를 받은 사업자는 제외)에 대한 벌칙 기준은?
① 2년 이하의 징역 또는 2천만 원 이하의 벌금
② 3년 이하의 징역 또는 3천만 원 이하의 벌금
③ 5년 이하의 징역 또는 5천만 원 이하의 벌금
④ 7년 이하의 징역 또는 7천만 원 이하의 벌금

99 오염총량관리 기본방침에 포함되어야 하는 사항으로 거리가 먼 것은?
① 오염총량관리 대상 지역의 수생태계 현황 조사 및 수생태계 건강성 평가 계획
② 오염원의 조사 및 오염부하량 산정방법
③ 오염총량관리의 대상 수질오염물질 종류
④ 오염총량관리의 목표

해설 오염총량관리 기본방침에 포함되어야 할 사항
㉠ 오염총량관리의 목표
㉡ 오염총량관리의 대상 수질오염물질 종류
㉢ 오염원의 조사 및 오염부하량 산정방법
㉣ 오염총량관리기본계획의 주체, 내용, 방법 및 시한
㉤ 오염총량관리시행계획의 내용 및 방법

ANSWER | 95. ④ 96. ③ 97. ① 98. ③ 99. ①

100 오염총량관리 조사·연구반에 관한 내용으로 ( )에 옳은 내용은?

> 법에 따른 오염총량관리 조사·연구반은 ( )에 둔다.

① 유역환경청
② 한국환경공단
③ 국립환경과학원
④ 수질환경 원격조사센터

해설 오염총량관리 조사·연구반은 국립환경과학원에 둔다.

2022년 1회 수질환경기사

SECTION 01 수질오염개론

01 미생물에 의한 영양대사과정 중 에너지 생성반응으로 기질이 세포에 의해 이용되고, 복잡한 물질에서 간단한 물질로 분해되는 과정(작용)은?
① 이화 ② 동화
③ 환원 ④ 동기화

해설 이화작용은 에너지를 생산하는 작용으로 세포합성에 필요한 전구물질과 에너지를 얻기 위해 수행되는 화학반응을 말한다.

02 다음 산화제(또는 환원제) 중 g당량이 가장 큰 화합물은?(단, Na, K, Cr, Mn, I, S의 원자량은 각각 23, 39, 52, 55, 32)
① $Na_2S_2O_3$ ② $K_2Cr_2O_7$
③ $KMnO_4$ ④ KIO_3

해설 g당량이라 함은 당량에 그램을 붙인 양(1g당량 : 1Gram Equivalent)이라고 하며, 이것은 그램당량이란 단위의 명칭을 나타낸 것이다.
① $Na_2S_2O_3 = 158g/1 = 158g$
② $K_2Cr_2O_7 = 294g/6 = 49g$
③ $KMnO_4 = 158g/5 = 31.6g$
④ $KIO_3 = 214g/6 = 35.67g$

03 하천 모델 중 다음의 특징을 가지는 것은?

- 유속, 수심, 조도계수에 의한 확산계수 결정
- 하천과 대기 사이의 열복사, 열교환 고려
- 음해법으로 미분방정식의 해를 구함

① QUAL-1 ② WQRRS
③ DO SAG-1 ④ HSPE

해설 설명에 적합한 하천 모델은 QUAL-Ⅰ 모델이다.

04 다음 중 수자원에 대한 특성으로 옳은 것은?
① 지하수는 지표수에 비하여 자연, 인위적인 국지 조건에 따른 영향이 크다.
② 해수는 염분, 온도, pH 등 물리·화학적 성상이 불안정하다.
③ 하천수는 주변 지질의 영향이 적고 유기물을 많이 함유하는 경우가 거의 없다.
④ 우수의 주성분은 해수의 주성분과 거의 동일하다.

해설 우수의 주성분은 해수의 주성분과 거의 동일하다.

05 수온이 20℃인 하천은 대기로부터 용존산소 공급량이 $0.06mgO_2/L \cdot hr$라고 한다. 이 하천의 평상시 용존산소 농도가 4.8mg/L로 유지되고 있다면 이 하천의 산소전달계수(/hr)는?(단, α, β 값은 각각 0.75이며, 포화용존산소 농도는 9.2mg/L이다.)
① 3.8×10^{-1} ② 3.8×10^{-2}
③ 3.8×10^{-3} ④ 3.8×10^{-4}

해설 $K_{LA}(hr^{-1}) = \dfrac{\gamma}{\alpha(\beta C_s - C)}$

$= \dfrac{0.06mg \cdot O_2}{L \cdot hr} \Big| \dfrac{L}{0.75(0.75 \times 9.2 - 4.8)mg}$

$= 3.8 \times 10^{-2}(hr^{-1})$

06 BOD 곡선에서 탈산소계수를 구하는 데 적용되는 방법으로 가장 알맞은 것은?
① O Connor-Dobbins식
② Thomas 도해법
③ Rippl법
④ Tracer법

ANSWER | 1.① 2.① 3.① 4.④ 5.② 6.②

07 수질오염물질별 인체영향(질환)이 틀리게 짝지어진 것은?

① 비소 : 반상치(법랑반점)
② 크롬 : 비중격 연골천공
③ 아연 : 기관지 자극 및 폐렴
④ 납 : 근육과 관절의 장애

해설 비소의 급성적인 영향은 구토, 설사, 복통, 탈수증, 위장염, 혈압저하, 혈변, 순환기장애 등이며, 만성중독은 국소 및 전신마비, 피부염, 발암, 색소침착, 간장비대 등의 순환기장애를 유발한다. 법랑반점은 불소의 중독증상이다.

08 알칼리도에 관한 반응 중 가장 부적절한 것은?

① $CO_2 + H_2O \rightarrow H_2CO_3 \rightarrow HCO_3^- + H^+$
② $HCO_3^- \rightarrow CO_3^{2-} + H^+$
③ $CO_3^{2-} + H_2O \rightarrow HCO_3^- + OH^-$
④ $HCO_3^- + H_2O \rightarrow H_2CO_3 + OH^-$

해설 물과 이산화탄소의 반응
① $CO_2 + H_2O \rightarrow H_2CO_3 \rightarrow HCO_3^- + H^+$
② $HCO_3^- \rightarrow CO_3^{-2} + H^+$
③ $CO_3^{-2} + H_2O \rightarrow HCO_3^- + OH^-$
④ $M(HCO_3)_2 \rightarrow M^{2+} + 2HCO_3^-$

09 하천모델의 종류 중 DO SAG-Ⅰ, Ⅱ, Ⅲ에 관한 설명으로 틀린 것은?

① 2차원 정상상태 모델이다.
② 점오염원 및 비점오염원이 하천의 용존산소에 미치는 영향을 나타낼 수 있다.
③ Streeter-Phelps 식을 기본으로 한다.
④ 저질의 영향이나 광합성 작용에 의한 용존산소 반응을 무시한다.

해설 DO SAG-Ⅰ, Ⅱ, Ⅲ모델은 1차원 정상모델로 점오염원 및 비점오염원이 하천의 DO에 미치는 영향을 나타낼 수 있다.

10 혐기성 미생물의 성장을 알아보기 위해 혐기성 배양을 하는 방법으로 분석하고자 할 때 가장 적합한 기술은?

① 평판계수법
② 단백질 농도 측정법
③ 광학밀도 측정법
④ 용존산소 소모율 측정법

11 녹조류(Green Algae)에 관한 설명으로 틀린 것은?

① 조류 중 가장 큰 문(Division)이다.
② 저장물질은 라미나린(다당류)이다.
③ 세포벽은 섬유소이다.
④ 클로로필 a, b를 가지고 있다.

해설 라미나린은 갈조류의 세포이다.

12 응집제 투여량이 많으면 많을수록 응집효과가 커지게 되는 Schulze-Hardy 법칙의 크기를 옳게 나타낸 것은?

① $Al^{3+} > Ca^{2+} > K^+$
② $K^+ > Ca^{2+} > Al^{3+}$
③ $K^+ > Al^{3+} > Ca^{2+}$
④ $Ca^{2+} > K^+ > Al^{3+}$

해설 Schulze-Hardy 법칙
콜로이드의 침전은 콜로이드 입자의 전하에 반대되는 부호의 전하를 가진 첨가된 전해질 이온에 영향을 받으며, 이 영향은 그 이온이 지니고 있는 전하의 수에 따라 현저하게 증가한다.

13 길이가 500km이고 유속이 1m/sec인 하천에서 상류 지점의 BOD_u 농도가 250mg/L이면 이 지점부터 300km 하류 지점의 잔존 BOD 농도(mg/L)는?(단, 탈산소계수는 0.1/day, 수온 20℃, 상용대수 기준, 기타 조건은 고려하지 않음)

① 약 51
② 약 82
③ 약 113
④ 약 138

해설 BOD 잔류공식을 이용한다.
$BOD_t = BOD_u \times 10^{-k \cdot t}$

7.① 8.④ 9.① 10.② 11.② 12.① 13.③ | ANSWER

① $BOD_u = 250(mg/L)$
② $K = 0.1/day$
③ $t = \dfrac{L}{V} = \dfrac{300,000m}{1m} \left| \dfrac{sec}{86,400sec} \right| \dfrac{1day}{}$
  $= 3.47(day)$
∴ $BOD_t = 250 \times 10^{-0.1 \times 3.47} = 112.45(mg/L)$

14 카드뮴이 인체에 미치는 영향으로 가장 거리가 먼 것은?

① 칼슘 대사기능 장해
② Hunter-Russel 장해
③ 골연화증
④ Fanconi씨 증후군

해설 Hunter-Russel 장해는 수은에 의한 영향이다.

15 우리나라의 수자원 특성에 대한 설명으로 잘못된 것은?

① 우리나라의 연간 강수량은 약 1,274mm로서 이는 세계 평균 강수량의 1.2배에 이른다.
② 우리나라의 1인당 강수량은 세계 평균량의 1/11 정도이다.
③ 우리나라 수자원의 총 이용률은 9% 이내로 OECD 국가에 비해 적은 편이다.
④ 수자원 이용현황은 농업용수가 가장 많은 비율을 차지하고 하천유지용수, 생활용수, 공업용수의 순이다.

16 완충용액에 대한 설명으로 틀린 것은?

① 완충용액의 작용은 화학평형원리로 쉽게 설명된다.
② 완충용액은 한도 내에서 산을 가했을 때 pH에 약간의 변화만 준다.
③ 완충용액은 보통 약산과 그 약산의 짝염기의 염을 함유한 용액이다.
④ 완충용액은 보통 강염기와 그 염기의 강산의 염이 함유된 용액이다.

해설 완충용액은 보통 강염기와 그 염기의 약산의 염이 함유된 용액이다.

17 간격 0.5cm의 평행평판 사이에 점성계수가 0.04 poise인 액체가 가득 차 있다. 한쪽 평판을 고정하고 다른 쪽 평판을 2m/sec의 속도로 움직이고 있을 때 고정판에 작용하는 전단응력(g/cm²)은?

① 1.61×10^{-2}
② 4.08×10^{-2}
③ 1.61×10^{-5}
④ 4.08×10^{-5}

해설 $\tau = \mu \times \dfrac{du}{dy}$
$= \dfrac{0.04 dyne \cdot sec}{cm^2} \left| \dfrac{200cm}{sec} \right| \dfrac{1}{0.5cm}$
$= 16 dyne/cm^2$
$1 dyne = 1g \cdot cm/sec^2$
힘(F) = 질량(m) × 가속도(a)
질량(m) = 힘(F)/가속도(a)
∴ 전단응력(g/cm²) $= \dfrac{16g \cdot cm}{sec^2 \cdot cm^2} \left| \dfrac{sec^2}{980cm} \right.$
$= 0.0163(g/cm^2)$

18 수은(Hg) 중독과 관련이 없는 것은?

① 난청, 언어장애, 구심성 시야협착, 정신장애를 일으킨다.
② 이따이이따이병을 유발한다.
③ 유기수은은 무기수은보다 독성이 강하며 신경계통에 장해를 준다.
④ 무기수은은 황화물 침전법, 활성탄 흡착법, 이온 교환법 등으로 처리할 수 있다.

해설 수은은 제련공업, 살충제, 온도계, 압력계 제조공업 등에서 발생되며 미나마타병, 신경장애, 지각장애 등을 일으킨다.

19 완전혼합 흐름 상태에 관한 설명 중 옳은 것은?

① 분산이 1일 때 이상적 완전혼합 상태이다.
② 분산수가 0일 때 이상적 완전혼합 상태이다.
③ 모릴(Morrill) 지수 값이 1에 가까울수록 이상적 완전혼합 상태이다.
④ 지체시간이 이론적 체류시간과 동일할 때 이상적 완전혼합 상태이다.

해설 반응조 혼합 정도의 척도는 분산(Variance), 분산수(Dispersion Number), 모릴(Morill)지수로 나타낼 수 있다.

ANSWER | 14. ② 15. ③ 16. ④ 17. ① 18. ② 19. ①

20 하천수의 분석결과 다음과 같을 때 총경도(mg/L as CaCO₃)는?(단, 원자량 : Ca 40, Mg 24, Na 23, Sr 88)

> 분석결과 :
> $Na^+(25mg/L)$, $Mg^{2+}(11mg/L)$,
> $Ca^{2+}(8mg/L)$, $Sr^{2+}(2mg/L)$

① 약 68 ② 약 78
③ 약 88 ④ 약 98

해설 $TH = \sum M_C{}^{2+} \times \dfrac{50}{Eq}$

$= 8(mg/L) \times \dfrac{50}{40/2} + 11(mg/L) \times \dfrac{50}{24/2}$

$\quad + 2(mg/L) \times \dfrac{50}{88/2}$

$= 68.11(mg/L\ CaCO_3)$

SECTION 02 상하수도계획

21 하천표류수를 수원으로 할 때 하천기준수량은?
① 평수량 ② 갈수량
③ 홍수량 ④ 최대홍수량

해설 하천표류수를 수원으로 할 때 하천기준수량은 갈수량이다.

22 펌프의 크기를 나타내는 구경을 산정하는 식은?[단, D=펌프의 구경(mm), Q=펌프의 토출량(m³/min), v=흡입구 또는 토출구의 유속(m/sec)]

① $D = 146\sqrt{\dfrac{Q}{v}}$

② $D = 146\sqrt{\dfrac{Q}{2v}}$

③ $D = 148\sqrt{\dfrac{Q}{v}}$

④ $D = 148\sqrt{\dfrac{Q}{2v}}$

23 정수처리시설 중에서 이상적인 침전지에서의 효율을 검증하고자 한다. 실험결과 입자의 침전속도가 0.15 cm/sec이고 유량이 30,000m³/day로 나타났을 때 침전효율(제거율, %)은?(단, 침전지의 유효표면적 =100m², 수심=4m, 이상적 흐름 상태로 가정)
① 73.2 ② 63.2
③ 53.2 ④ 43.2

해설 $\eta = \dfrac{V_g}{V_o}$

㉠ $V_g = 0.15(cm/sec)$

㉡ $V_o = \dfrac{30{,}000m^3}{day} \left| \dfrac{100cm}{100m^2} \right| \dfrac{1day}{1m} \left| \dfrac{1day}{86{,}400sec} \right.$

$= 0.347 cm/sec$

∴ $\eta = \dfrac{0.15 cm/sec}{0.347 cm/sec} \times 100 = 43.23(\%)$

24 상수처리를 위한 정수시설 중 착수정에 관한 내용으로 틀린 것은?
① 수위가 고수위 이상으로 올라가지 않도록 월류관이나 월류위어를 설치한다.
② 착수정의 고수위와 주변 벽체의 상단 간에는 60cm 이상의 여유를 두어야 한다.
③ 착수정의 용량은 체류시간을 30분 이상으로 한다.
④ 필요에 따라 분말활성탄을 주입할 수 있는 장치를 설치하는 것이 바람직하다.

해설 착수정의 용량은 체류시간을 1.5분 이상으로 한다.

25 하수처리수 재이용 처리시설에 대한 계획으로 적합하지 않은 것은?
① 처리시설의 위치는 공공하수처리시설 부지 내에 설치하는 것을 원칙으로 한다.
② 재이용수 공급관로는 계획시간최대유량을 기준으로 계획한다.
③ 처리시설에서 발생되는 농축수는 공공하수처리시설로 반류하지 않도록 한다.
④ 재이용수 저장시설 및 펌프장은 일최대공급유량을 기준으로 한다.

20. ① 21. ② 22. ① 23. ④ 24. ③ 25. ③ **| ANSWER**

해설 하수처리수의 재이용 처리시설의 계획 시 고려사항
㉠ 처리시설의 위치는 공공하수처리시설 부지 내에 설치하는 것을 원칙으로 한다.
㉡ 처리시설의 규모는 시설설치비, 운영관리비 등의 경제성과 수처리의 효율성, 공급수의 수질 변동성 등을 종합적으로 고려하여 합리적으로 정한다.
㉢ 처리시설의 부지면적은 장래요구량이 있을 경우 확장을 고려하여 계획한다.
㉣ 처리시설은 이상 수위에서도 침수되지 않는 지반고에 설치하거나 방호시설을 설치한다.
㉤ 처리시설에서 발생되는 농축수(역세척수, R/O 농축수 등)는 해당 처리장의 영향을 고려하여 반류하도록 한다.
㉥ 처리시설은 유지관리가 쉽고 확실하도록 계획하며, 주변의 환경조건에 대하여 충분히 고려한다.
㉦ 재이용수 저장시설 및 펌프장은 일최대 공급유량을 기준으로 공급에 차질이 없도록 계획한다.
㉧ 재이용수 공급관로는 계획시간최대유량을 기준으로 계획한다.
㉨ 재이용시설 유입 및 공급유량계를 설치하여 배수설비 등에 설치한 수위계 또는 펌프장과 연동하여 운전할 수 있는 시스템 구성을 검토한다.

26 계획오수량에 관한 설명으로 틀린 것은?

① 계획시간최대오수량은 계획 1일 최대 오수량의 1시간당 수량의 1.3~1.8배를 표준으로 한다.
② 지하수량은 1인 1일 최대 오수량의 20% 이하로 한다.
③ 합류식에서 우천시 계획오수량은 원칙적으로 계획 1일 최대 오수량의 1.5배 이상으로 한다.
④ 계획1일 평균오수량은 계획1일최대오수량의 70~80%를 표준으로 한다.

해설 합류식에서 우천 시 계획오수량은 원칙적으로 계획시간최대오수량의 3배 이상으로 한다.

27 펌프의 수격작용을 방지하기 위한 방법으로 틀린 것은?

① 펌프의 플라이휠을 제거하는 방법
② 토출관 쪽에 조압수조를 설치하는 방법
③ 펌프 토출 측에 완폐체크밸브를 설치하는 방법
④ 관 내 유속을 낮추거나 관로상황을 변경하는 방법

해설 수격작용은 관로의 밸브를 급히 제동하거나 펌프의 급제동으로 인하여 순간유속이 제로(0)가 되면서 압력파가 발생하게 되고, 이 압력파는 관 내를 일정한 전파속도로 왕복하면서 충격을 주게 되는 현상을 말하며 방지방법은 다음과 같다.
㉠ 관 내의 유속을 낮추거나 관경을 크게 한다.
㉡ 유속이 급격히 변화하는 것을 방지한다.
㉢ 수압을 조절할 수 있는 수조를 관선에 설치한다.
㉣ 밸브를 펌프 송출구 가까이 설치하여 적절히 제어할 수 있도록 한다.

28 하수도시설인 우수조정지의 여수토구에 관한 설명으로 ( )에 옳은 것은?

여수토구는 확률연수 (㉠)년 강우의 최대우수유출량의 (㉡)배 이상의 유량을 방류시킬 수 있는 것으로 한다.

① ㉠ 10, ㉡ 1.2
② ㉠ 10, ㉡ 1.44
③ ㉠ 100, ㉡ 1.2
④ ㉠ 100, ㉡ 1.44

해설 여수토구는 확률연수 100년 강우의 최대우수유출량의 1.44배 이상의 유량을 방류시킬 수 있는 것으로 한다.

29 하수도시설의 설치 목적과 가장 거리가 먼 것은?

① 침수 방지
② 하수의 배제와 이에 따른 생활환경의 개선
③ 공공수역의 수질보전과 건전한 물순환의 회복
④ 폐수의 적정 처리와 이에 따른 산업단지 환경 개선

해설 하수도시설의 설치 목적
㉠ 하수의 배제와 이에 따른 생활환경의 개선
㉡ 침수 방지
㉢ 공공수역의 수질보전과 건전한 물순환의 회복
㉣ 지속발전 가능한 도시 구축에 기여

30 하수처리에 사용되는 생물학적 처리공정 중 부유미생물을 이용한 공정이 아닌 것은?

① 산화구법
② 접촉산화법
③ 질산화 내생탈질법
④ 막분리활성슬러지법

ANSWER | 26. ③ 27. ① 28. ④ 29. ④ 30. ②

해설 접촉산화법은 부착생물막 공법이다.

31 하천의 제내지나 제외지 혹은 호소 부근에 매설되어 복류수를 취수하기 위하여 사용하는 집수매거에 관한 설명으로 거리가 먼 것은?
① 집수매거의 방향은 통상 복류수의 흐름방향에 직각이 되도록 한다.
② 집수매거의 매설깊이는 5m를 표준으로 한다.
③ 집수매거의 유출단에서 매거 내의 평균유속은 1m/sec 이하로 한다.
④ 집수구멍의 직경은 2~8mm로 하며, 그 수는 관거표면적 $1m^2$당 200~300개 정도로 한다.

해설 집수구멍의 직경은 10~20mm로 하며 그 수는 관거표면적 $1m^2$당 20~30개 정도로 한다.

32 정수방법인 완속여과방식에 관한 설명으로 틀린 것은?
① 약품 처리가 필요 없다.
② 완속여과의 정화는 주로 생물작용에 의한 것이다.
③ 비교적 양호한 원수에 알맞은 방식이다.
④ 소요 부지면적이 작다.

해설 완속여과방식은 소요 부지면적이 넓다.

33 펌프의 흡입관 설치요령으로 틀린 것은?
① 흡입관은 펌프 1대당 하나로 한다.
② 흡입관이 길 때에는 중간에 진동방지대를 설치할 수도 있다.
③ 흡입관은 연결부나 기타 부분으로부터 절대로 공기가 흡입하지 않도록 한다.
④ 흡입관과 취수정 바닥까지의 깊이는 흡입관 직경의 1.5배 이상으로 유격을 둔다.

해설 흡입관 끝에서 흡수정(취수정) 바닥까지의 깊이는 흡입관 직경의 0.5배 이상으로 한다.

34 막여과법을 정수처리에 적용하는 주된 선정 이유로 가장 거리가 먼 것은?
① 응집제를 사용하지 않거나 또는 적게 사용한다.
② 막의 특성에 따라 원수 중의 현탁물질, 콜로이드, 세균류, 트립토스포리디움 등 일정한 크기 이상의 불순물을 제거할 수 있다.
③ 부지 면적이 종래보다 작을 뿐 아니라 시설의 건설공사 기간도 짧다.
④ 막의 교환이나 세척 없이 반영구적으로 자동운전이 가능하여 유지관리 측면에서 에너지를 절약할 수 있다.

해설 막여과법은 정기점검이나 막의 약품세척, 막의 교환 등이 필요하지만, 자동운전이 용이하고 다른 처리법에 비하여 일상적인 운전과 유지관리 측면에서 에너지를 절약할 수 있다.

35 계획우수량의 설계강우 산정 시 측정된 강우자료 분석을 통해 고려해야 하는 지선관로의 최소 설계빈도는?
① 50년   ② 30년
③ 10년   ④ 5년

해설 측정된 강우자료 분석을 통해 하수도 시설물별 최소 설계빈도는 지선관로 10년, 간선관로 30년, 빗물펌프장 30년으로 한다.

36 상수처리를 위한 정수시설인 급속여과지에 관한 설명으로 틀린 것은?
① 여과속도는 120~150m/day를 표준으로 한다.
② 플록의 질이 일정한 것으로 가정하였을 때 여과층의 필요두께는 여재입경에 반비례한다.
③ 여과면적은 계획정수량을 여과속도로 나누어 계산한다.
④ 여과지 1지의 여과면적은 $150m^2$ 이하로 한다.

해설 여과층의 두께는 L(층깊이)/De(유효경) 비의 합이 1,000 이상을 표준으로 한다.

31. ④ 32. ④ 33. ④ 34. ④ 35. ③ 36. ② | ANSWER

37 정수시설의 시설능력에 관한 설명으로 ( )에 옳은 것은?

> 소비자에게 고품질의 수도 서비스를 중단 없이 제공하기 위하여 정수시설은 유지보수, 사고대비, 시설 개량 및 확장 등에 대비하여 적절한 예비용량을 갖춤으로써 수도시스템으로의 안정성을 높여야 한다. 이를 위하여 예비용량을 감안한 정수시설의 가동률은 ( ) 내외가 적당하다.

① 70% ② 75%
③ 80% ④ 85%

해설 소비자에게 고품질의 상수도 서비스를 중단 없이 제공하기 위하여 정수시설은 유지보수, 각종사고, 시설개량 및 갱신 등에 대비하고 정수장내 사용되는 작업용수와 기타 용수를 고려하여 예비용량을 확보하도록 계획하여 어떠한 경우에도 계획정수량 공급이 가능하도록 하여야 한다. 정수장 예비용량은 시설용량의 25% 정도를 표준으로 하고, 이 경우 정수시설의 가동률은 시설용량의 75% 내외가 적정하다.

38 상수도 취수시설 중 취수틀에 관한 설명으로 옳지 않은 것은?

① 구조가 간단하고 시공도 비교적 용이하다.
② 수중에 설치되므로 호소 표면수는 취수할 수 없다.
③ 단기간에 완성되고 안정된 취수가 가능하다.
④ 보통 대형 취수에 사용되며 수위 변화에 영향이 적다.

해설 취수틀은 가장 간단한 취수시설로서 소량 취수에 사용된다. 호소·하천 등의 수중에 설치되는 취수설비로서 하상 또는 호상의 변화가 심한 곳은 부적당하다. 또한 단기간에 축조할 수 있으며 비교적 안정된 취수를 할 수 있으나 홍수 시 매몰, 유실될 우려가 있다.

39 하수관로에서 조도계수 0.014, 동수경사 1/100이고 관경이 400mm일 때 이 관로의 유량(m³/sec)은?(단, 만관 기준, Manning 공식에 의함)

① 약 0.08 ② 약 0.12
③ 약 0.15 ④ 약 0.19

해설 Manning 공식을 사용한다.
Q = A(단면적)×V(유속)
$= A \times \frac{1}{n} \cdot R^{\frac{2}{3}} \cdot I^{\frac{1}{2}}$

㉠ $A = \frac{\pi D^2}{4} = \frac{\pi \times (0.4m)^2}{4} = 0.1257(m^2)$

㉡ $V = \frac{1}{n} \cdot R^{\frac{2}{3}} \cdot I^{\frac{1}{2}}$ 에서

→ $R(경심) = \frac{A(단면적)}{P(윤변)} = \frac{D}{4}$

$= \frac{0.4}{4} = 0.1$

→ $I = \frac{1}{100}$

∴ $Q = A \times \frac{1}{n} \cdot R^{\frac{2}{3}} \cdot I^{\frac{1}{2}}$

$= 0.1257(m^2) \times \frac{1}{0.014} \times (0.1)^{\frac{2}{3}}$

$\times \left(\frac{1}{100}\right)^{\frac{1}{2}} = 0.1934(m^3/sec)$

40 하수도 관로의 접합방법 중 아래 설명에 해당되는 것은?

> 굴착 깊이를 얕게 함으로써 공사비용을 줄일 수 있으며, 수위 상승을 방지하고 양정고를 줄일 수 있어 펌프로 배수하는 지역에 적합하나 상류부에서는 동수경사선이 관정보다 높이 올라갈 우려가 있음

① 수면접합 ② 관저접합
③ 동수접합 ④ 관정접합

SECTION 03 수질오염방지기술

41 분뇨 소화슬러지 발생량은 1일 분뇨 투입량의 10%이다. 발생된 소화슬러지의 탈수 전 함수율이 96%라고 하면 탈수된 소화슬러지의 1일 발생량(m³)은? (단, 분뇨 투입량=360kL/day, 탈수된 소화슬러지의 함수율=72%, 분뇨 비중=1.0)

① 2.47 ② 3.78
③ 4.21 ④ 5.14

ANSWER | 37.② 38.④ 39.④ 40.② 41.④

해설 $SL\left(\dfrac{m^3}{day}\right) = \dfrac{360kL}{day} \left| \dfrac{10}{100} \right| \dfrac{(100-96) \cdot TS}{100 \cdot 탈수\ 전\ SL} $
$\left| \dfrac{100 \cdot 탈수후\ SL}{(100-72) \cdot TS} \right.$
$= 5.14 (m^3/day)$

42 표준활성슬러지법에서 포기조의 MLSS 농도를 3,000mg/L로 유지하기 위한 슬러지 반송률(%)은?(단, 반송 슬러지의 SS 농도=8,000mg/L)

① 40 ② 50
③ 60 ④ 70

해설 $R = \dfrac{X}{X_r - X} \times 100$
$= \dfrac{3,000}{8,000 - 3,000} \times 100 = 60(\%)$

43 폐수량 1,000m³/day, BOD 300mg/L인 폐수를 완전혼합 활성슬러지공법으로 처리하는데 포기조 MLSS 농도 3,000mg/L, 반송슬러지 농도 8,000mg/L로 유지하고자 한다. 이때 슬러지 반송률은?(단, 폐수 및 방류수의 MLSS 농도는 0, 미생물 생장률과 사멸률은 같다.)

① 0.6 ② 0.7
③ 0.8 ④ 0.9

해설 $R = \dfrac{X}{X_r - X} \times 100 = \dfrac{3,000}{8,000 - 3,000} = 0.6$

44 수은계 폐수 처리방법으로 틀린 것은?

① 수산화물침전법
② 흡착법
③ 이온교환법
④ 황화물침전법

해설 수은 함유 폐수를 처리하는 방법에는 황화물침전법, 아말감법, 이온교환법, 흡착법 등이 있다. 수산화물 침전법은 주로 Pb, Cd, Cr^{6+} 처리에 이용한다.

45 생물학적 질소, 인 처리공정인 5단계 Bardenpho 공법에 관한 설명으로 틀린 것은?

① 폐슬러지 내 인의 농도가 높다.
② 1차 무산소조에서는 탈질화 현상으로 질소제거가 이루어진다.
③ 호기성조에서는 질산화와 인의 방출이 이루어진다.
④ 2차 무산소조에서는 잔류 질산성 질소가 제거된다.

해설 호기성조에서는 질산화와 인의 과잉 섭취가 나타난다.

46 활성슬러지를 탈수하기 위하여 98%(중량비)의 수분을 함유하는 슬러지에 응집제를 가했더니 [상등액 : 침전 슬러지]의 용적비가 2 : 1이 되었다. 이때 침전 슬러지의 함수율(%)은?(단, 응집제의 양은 매우 적고, 비중=1.0)

① 92 ② 93
③ 94 ④ 95

해설 $SL = TS + W$
$100 = 2 + 98$
$V_1(100 - W_1) = V_2(100 - W_2)$
$100(100 - 98) = 100 \times \dfrac{1}{3}(100 - W_2)$
$\therefore W_2 = 94(\%)$

47 활성슬러지 공법으로 폐수를 처리할 경우 산소요구량 결정에 중요한 인자가 아닌 것은?

① 유입수의 BOD와 처리수의 BOD
② 포기시간과 고형물 체류시간
③ 포기조 내의 MLSS 중 미생물 농도
④ 유입수의 SS와 DO

48 질소 제거를 위한 파과점 염소 주입법에 관한 설명과 가장 거리가 먼 것은?

① 적절한 운전으로 모든 암모니아성 질소의 산화가 가능하다.
② 시설비가 저렴하고 기존 시설에 적용이 용이하다.
③ 수생생물에 독성을 끼치는 잔류염소 농도가 높아진다.
④ 독성 물질과 온도에 민감하다.

42. ③ 43. ① 44. ① 45. ③ 46. ③ 47. ④ 48. ④ | ANSWER

49 정수장에 적용되는 완속여과의 장점이라 볼 수 없는 것은?
① 여과시스템의 신뢰성이 높고 양질의 음용수를 얻을 수 있다.
② 수량과 탁질의 급격한 부하 변동에 대응할 수 있다.
③ 고도의 지식이나 기술을 가진 운전자를 필요로 하지 않고 최소한의 전력만 필요로 한다.
④ 여과지를 간헐적으로 사용하여도 양질의 여과수를 얻을 수 있다.

해설 완속여과방식은 유지관리가 간단하고 고도의 기술을 요구하지 않으면서 안정된 양질의 처리수를 얻을 수 있다는 장점이 있으나, 여과속도가 느리기 때문에 넓은 면적과 많은 인력이 필요한 단점이 있다.

50 생물학적 질소, 인 제거를 위한 A^2/O 공종 중 호기조의 역할로 옳게 짝지은 것은?
① 질산화, 인 방출   ② 질산화, 인 흡수
③ 탈질화, 인 방출   ④ 탈질화, 인 흡수

51 생물학적 처리 중 호기성 처리법이 아닌 것은?
① 활성슬러지법   ② 혐기성소화법
③ 산화지법   ④ 살수여상법

52 바 랙(Bar Rack)의 수두손실은 바 모양 및 바 사이 흐름의 속도수두의 함수이다. Kischmer는 손실수두를 $h_L = \beta(w/b)^{4/3} h_v \sin\theta$로 나타내었다. 여기서 바 형성인자($\beta$)에 의해 수두손실이 달라지는데 수두손실이 가장 큰 형성인자(β)는?
① 끝이 예리한 장방형
② 상류 면이 반원형인 장방형
③ 원형
④ 상류 및 하류 면이 반원형인 장방형

53 초심층포기법(Deep Shaft Aeration System)에 대한 설명 중 틀린 것은?
① 기포와 미생물이 접촉하는 시간이 표준활성슬러지법보다 길어서 산소전달효율이 높다.
② 순환류의 유속이 매우 빠르기 때문에 난류상태가 되어 산소전달률을 증가시킨다.
③ F/M비는 표준활성슬러지공법에 비하여 낮게 운전한다.
④ 표준활성슬러지공법에 비하여 MLSS 농도를 높게 운전한다.

해설 F/M 비는 표준활성슬러지공법에 비하여 높게 운전한다.

54 자외선 살균효과가 가장 높은 파장의 범위(nm)는?
① 680~710   ② 510~530
③ 250~270   ④ 180~200

55 질산염(NO_3^-) 40mg/L가 탈질되어 질소로 환원될 때 필요한 이론적인 메탄올(CH_3OH)의 양(mg/L)은?
① 17.2   ② 36.6
③ 58.4   ④ 76.2

해설 $6NO_3^- + 5CH_3OH \rightarrow 5CO_2 + 3N_2 + 7H_2O + 6OH^-$
$6NO_3^-$: $5CH_3OH$
6×62 : 5×32
$40(mg/L)$: X
$X \fallingdotseq 17.2(mg/L)$

56 활성슬러지법 변형법 중 폐수를 여러 곳으로 유입시켜 Plug Flow System이지만 F/M비를 포기조 내에서 유지하는 것은?
① 계단식 포기법(Step Aeration)
② 점감식 포기법(Tapered Aeration)
③ 접촉안정법(Contact Stablization)
④ 단기(개량) 포기법(Short or Modified Aeration)

해설 계단식 포기법(Step Aeration)
표준 활성슬러지법에서는 유입구 부근에 유기물의 과부하

ANSWER | 49. ④ 50. ② 51. ② 52. ① 53. ③ 54. ③ 55. ① 56. ①

에 따른 DO 부족 현상이 나타나고 유출구 부근에서 유기물이 적어지며 DO가 과부하되는 현상이 발생한다. 이러한 단점을 보완하기 위해서 유입수를 포기조의 전체 길이에 분할하여 유입시킨다.

57 흡착장치 중 고정상 흡착장치의 역세척에 관한 설명으로 가장 알맞은 것은?

(㉠) 동안 먼저 표면 세척을 한 다음 (㉡)m³/m²·hr의 속도로 역세척수를 사용하여 층을 (㉢) 정도 부상시켜 실시한다.

① ㉠ 24시간, ㉡ 14~48, ㉢ 25~30%
② ㉠ 24시간, ㉡ 24~28, ㉢ 10~50%
③ ㉠ 10~15분, ㉡ 14~48, ㉢ 25~30%
④ ㉠ 10~15분, ㉡ 24~28, ㉢ 10~50%

해설 짧은 시간(10~15분) 동안 먼저 표면 세척을 한 다음 24~28m³/m²·hr의 속도로 역세척수를 사용하여 층을 10~50% 정도 부상시켜 실시한다.

58 침사지의 설치 목적으로 잘못된 것은?
① 펌프나 기계설비의 마모 및 파손 방지
② 관의 폐쇄 방지
③ 활성슬러지조의 Dead Space 등에 사석이 쌓이는 것 방지
④ 침전지와 슬러지 소화조 내의 축적

해설 침사지는 일반적으로 하수 중의 직경 0.2mm 이상의 비부패성 무기물 및 입자가 큰 부유물을 제거하여 방류수역의 오염 및 토사의 침전을 방지하거나 펌프 및 처리시설의 파손이나 폐쇄를 방지하여 처리작업을 원활히 하도록 펌프 및 처리시설의 앞에 설치한다.

59 기계적으로 청소가 되는 바(bar)스크린의 바 두께는 5mm이고, 바 간의 거리는 20mm이다. 바를 통과하는 유속이 0.9m/sec라고 한다면 스크린을 통과하는 수두손실(m)은?(단, H=[($V_b^2 - V_a^2$)/2g][1/0.7])
① 0.0157 ② 0.0212
③ 0.0317 ④ 0.0438

해설 먼저 스크린 통과 후 유속(V_A)을 구한다.
$V_B \times A_A = V_A \times A_B$
$0.9 m/s \times 20mm \times D = V_A \times 25mm \times D$
$V_A = 0.72 m/s$
$\therefore h_L = \frac{V_B^2 - V_A^2}{2g} \times \frac{1}{0.7}$
$= \frac{(0.9 m/s)^2 - (0.72 m/s)^2}{2 \times 9.8 m/s^2} \times \frac{1}{0.7}$
$= 0.0212(m)$

60 바닥 면적이 1km²인 호수의 물 깊이는 5m로 측정되었다. 한 달(30일) 사이 호수 물의 인 농도가 250μg/L에서 40μg/L로 감소하고 감소한 인은 모두 침강된 것으로 추정될 때 인의 침전율(mg/m²·day)은? (단, 호수의 유입, 유출은 고려하지 않음)
① 26.6 ② 35.0
③ 48.0 ④ 52.3

해설 $X\left(\frac{mg}{m^2 \cdot day}\right) = \frac{(250-40)\mu g}{L} \left| \frac{1km^2}{(1km^2 \times 5m)} \right| \frac{1}{30day} \left| \frac{10^3 L}{1m^3} \right| \frac{1mg}{10^3 \mu g}$
$= 35(mg/m^2 \cdot day)$

SECTION 04 수질오염공정시험기준

61 95.5% H₂SO₄(비중 1.83)을 사용하여 0.5N-H₂SO₄ 250mL를 만들려면 95.5% H₂SO₄ 몇 mL가 필요한가?
① 17 ② 14
③ 8.5 ④ 3.5

해설 $NV = N'V'$
$X(eq/L) = \frac{1.83 kg}{L} \left| \frac{1eq}{49g} \right| \frac{10^3 g}{1kg} \left| \frac{95.5}{100} \right|$
$= 35.67 (eq/L)$
$0.5 \times 250 = 35.67 \times x$
$\therefore x = 3.5(mL)$

62 노말헥산 추출물질의 정도관리로 맞는 것은?

① 정량한계는 0.5mg/L로 설정하였다.
② 상대표준편차가 ±35% 이내이면 만족하다.
③ 정확도가 110%여서 재시험을 수행하였다.
④ 정밀도가 10%여서 재시험을 수행하였다.

해설 정도관리 목푯값

정도관리 항목	정도관리 목표
정량한계	0.5mg/L
정밀도	상대표준편차가 ±25% 이내
정확도	75~125%

63 투명도 측정에 관한 내용으로 틀린 것은?

① 투명도판(백색 원판)의 지름은 30cm이다.
② 투명도판에 뚫린 구멍의 지름은 5cm이다.
③ 투명도판에는 구멍이 8개 뚫려 있다.
④ 투명도판의 무게는 약 2kg이다.

해설 투명도판의 무게는 약 3kg이다.

64 노말헥산 추출물질을 측정할 때 시험과정 중 지시약으로 사용되는 것은?

① 메틸레드 ② 메틸오렌지
③ 메틸렌블루 ④ 페놀프탈레인

해설 시료적당량(노말헥산 추출물질로서 5~200mg 해당량)을 분별깔때기에 넣고 메틸오렌지용액(0.1%) 2~3방울을 넣은 후 황색이 적색으로 변할 때까지 염산(1+1)을 넣어 시료의 pH를 4 이하로 조절한다.

65 배출허용기준 적합 여부 판정을 위해 자동시료채취기로 시료를 채취하는 방법의 기준은?

① 6시간 이내에 30분 이상 간격으로 2회 이상 채취하여 일정량의 단일 시료로 한다.
② 6시간 이내에 1시간 이상 간격으로 2회 이상 채취하여 일정량의 단일 시료로 한다.
③ 8시간 이내에 1시간 이상 간격으로 2회 이상 채취하여 일정량의 단일 시료로 한다.
④ 8시간 이내에 2시간 이상 간격으로 2회 이상 채취하여 일정량의 단일 시료로 한다.

해설 자동시료채취기로 시료를 채취할 경우에는 6시간 이내에 30분 이상 간격으로 2회 이상 채취(Composite Sample)하여 일정량의 단일 시료로 한다.

66 수중 시안을 측정하는 방법으로 가장 거리가 먼 것은?

① 자외선/가시선 분광법
② 이온전극법
③ 이온크로마토그래피법
④ 연속흐름법

해설 시안의 적용 가능한 시험방법
㉠ 자외선/가시선 분광법
㉡ 이온전극법
㉢ 연속흐름법

67 시료의 전처리를 위한 산분해법 중 질산-과염소산법에 관한 설명으로 옳지 않은 것은?

① 과염소산을 넣을 경우 질산이 공존하지 않으면 폭발할 위험이 있으므로 반드시 질산을 먼저 넣어주어야 한다.
② 납을 측정할 경우 과염소산에 따른 납 증기 발생으로 측정치에 손실을 가져온다.
③ 유기물을 다량 함유하고 있으면서 산분해가 어려운 시료들에 적용한다.
④ 유기물을 함유한 뜨거운 용액에 과염소산을 넣어서는 안 된다.

해설 납을 측정할 경우, 시료 중에 황산이온(SO_4^{2-})이 다량 존재하면 불용성의 황산납이 생성되어 측정값에 손실을 가져온다.

68 물 1L에 NaOH 0.8g이 용해되었을 때의 농도(몰)는?

① 0.1 ② 0.2
③ 0.01 ④ 0.02

해설 $X(mol/L) = \dfrac{0.8g}{1L} \bigg| \dfrac{1mol}{40g} = 0.02(mol/L)$

69 이온전극법에 대한 설명으로 틀린 것은?
① 시료용액의 교반은 이온전극의 응답속도 이외의 전극범위, 정량한계에는 영향을 미치지 않는다.
② 전극과 비교전극을 사용하여 전위를 측정하고 그 전위차로부터 정량하는 방법이다.
③ 이온전극법에 사용하는 장치의 기본구성은 비교전극, 이온전극, 자석교반기, 저항전위계, 이온측정기 등으로 되어 있다.
④ 이온전극의 종류에는 유리막 전극, 고체막전극, 격막형 전극이 있다.

[해설] 시료용액의 교반은 이온전극의 전극범위, 응답속도, 정량한계값에 영향을 나타낸다.

70 분원성 대장균군(시험관법) 측정에 관한 내용으로 틀린 것은?
① 분원성 대장균군 시험은 추정시험과 확정시험으로 한다.
② 최적확수시험 결과는 분원성 대장균군 수/1,000mL로 표시한다.
③ 확정시험에서 가스가 발생한 시료는 분원성 대장균군 양성으로 판정한다.
④ 분원성 대장균군은 온혈동물의 배설물에서 발견된 그람음성·무아포성의 간균으로서 44.5°C에서 락토오스를 분해하여 가스 또는 산을 생성하는 모든 호기성 또는 통기성 혐기성균을 말한다.

[해설] 분원성 대장균군 시험관법 시험결과는 확률적인 수치인 최적확수로 나타나지만, 결과는 '분원성 대장균군수/100mL'로 표기한다.

71 용존산소의 정량에 관한 설명으로 틀린 것은?
① 전극법은 산화성 물질이 함유된 시료나 착색된 시료에 적합하다.
② 일반적으로 온도가 일정할 때 용존산소 포화량은 수중의 염소이온량이 클수록 크다.
③ 시료가 착색, 현탁된 경우는 시료에 칼륨명반 용액과 암모니아수를 주입한다.
④ Fe(Ⅲ) 100~200mg/L가 함유되어 있는 시료의 경우 황산을 첨가하기 전에 플루오린화칼륨용액 1mL를 가한다.

[해설] 일반적으로 온도가 일정할 때 용존산소 포화량은 수중의 염소이온량이 클수록 작다.

72 공장폐수 및 하수 유량 – 관(Pipe) 내의 유량 측정장치인 벤투리미터의 범위(최대유량 : 최소유량)로 옳은 것은?
① 2 : 1
② 3 : 1
③ 4 : 1
④ 5 : 1

[해설] 유량계에 따른 정밀/정확도 및 최대유속과 최소유속의 비율

유량계	범위 (최대유량 : 최소유량)	정확도 (실제 유량에 대한 %)	정밀도 (최대유량에 대한 %)
벤투리미터 (Venturi Meter)	4 : 1	±1	±0.5
유량측정용 노즐 (Nozzle)	4 : 1	±0.3	±0.5
오리피스(Orifice)	4 : 1	±1	±1
피토(Pitot)관	3 : 1	±3	±1
자기식 유량측정기 (Magnetic Flow Meter)	10 : 1	±1~2	±0.5

73 기체크로마토그래피를 적용할 알킬수은 정량에 관한 내용으로 틀린 것은?
① 검출기는 전자포획형 검출기를 사용하고 검출기의 온도는 140~200°C로 한다.
② 정량한계는 0.0005mg/L이다.
③ 알킬수은화합물을 사염화탄소로 추출한다.
④ 정밀도(% RSD)는 ±25%이다.

[해설] 알킬수은화합물을 벤젠으로 추출한다.

74 자외선/가시선을 이용한 음이온 계면활성제 측정에 관한 내용으로 ( )에 옳은 내용은?

> 물속에 존재하는 음이온 계면활성제를 측정하기 위해 (㉠)와 반응시켜 생성된 (㉡)의 착화합물을 클로로폼으로 추출하여 흡광도를 측정하는 방법이다.

① ㉠ 메틸레드, ㉡ 적색
② ㉠ 메틸레드, ㉡ 적자색
③ ㉠ 메틸오렌지, ㉡ 황색
④ ㉠ 메틸렌블루, ㉡ 청색

해설 물속에 존재하는 음이온 계면활성제를 측정하기 위해 메틸렌블루와 반응시켜 생성된 청색의 착화합물을 클로로폼으로 추출하여 흡광도를 측정하는 방법이다.

75 식물성 플랑크톤(조류) 분석 시 즉시 시험하기 어려울 경우 시료 보존을 위해 사용되는 것은?(단, 침강성이 좋지 않은 남조류나 파괴되기 쉬운 와편모 조류인 경우)

① 사염화탄소용액
② 에틸알코올용액
③ 메틸알코올용액
④ 루골용액

해설 식물성 플랑크톤을 즉시 시험하는 것이 어려울 경우 포르말린용액을 시료의 3~5(V/V%) 가하여 보존한다. 침강성이 좋지 않은 남조류나 파괴되기 쉬운 와편모조류와 황갈조류 등은 글루타르알데히드나 루골용액을 시료의 1~2(V/V%) 가하여 보존한다.

76 염소이온 측정방법 중 질산은 적정법의 정량한계 (mg/L)는?

① 0.1
② 0.3
③ 0.5
④ 0.7

해설 염소이온의 측정에서 적정법의 경우 정량범위는 0.7mg/L 이상이고 이온크로마토그래피법의 경우 0.1mg/L 이상이다.

77 수질분석을 위한 시료 채취 시 유의사항으로 옳지 않은 것은?

① 채취용기는 시료를 채우기 전에 맑은 물로 3회 이상 씻은 다음 사용한다.
② 용존가스, 환원성 물질, 휘발성 유기물질 등의 측정을 위한 시료는 운반 중 공기와의 접촉이 없도록 가득 채워야 한다.
③ 지하수 시료는 착수정 내에 고여 있는 물을 충분히 퍼낸(고여 있는 물의 4~5배 정도나 pH 및 전기전도도를 연속적으로 측정하여 이 값이 평형을 이룰 때까지로 한다.) 다음 새로 나온 물을 채취한다.
④ 시료채취량은 시험항목 및 시험횟수에 따라 차이가 있으나 보통 3~5L 정도이어야 한다.

78 기체크로마토그래피법의 전자포획검출기에 관한 설명으로 ( )에 알맞은 것은?

> 방사선 동위원소로부터 방출되는 ( )이 운반가스를 전리하여 미소전류를 흘려보낼 때 시료 중의 할로겐이나 산소와 같이 전자포획력이 강한 화합물에 의하여 전자가 포획되어 전류가 감소하는 것을 이용하는 방법이다.

① α(알파)선
② β(베타)선
③ γ(감마)선
④ 중성자선

해설 전자포획검출기(ECD, Electron Capture Detector)는 방사선 동위원소(63Ni, 3H 등)로부터 방출되는 β선이 운반기체를 전리하여 미소전류를 흘려보낼 때 시료 중의 할로겐이나 산소와 같이 전자포획력이 강한 화합물에 의하여 전자가 포착되어 전류가 감소하는 것을 이용하여 검출하는 검출기로 유기할로겐화합물, 니트로화합물 및 유기금속화합물을 선택적으로 검출할 수 있다.

79 현재 널리 사용되고 있는 유도결합플라스마의 고주파 전원으로 알맞은 것은?

① 라디오고주파 발생기의 27.12MHz로 1kW 출력
② 라디오고주파 발생기의 40.68MHz로 5kW 출력
③ 라디오고주파 발생기의 27.12MHz로 100kW 출력
④ 라디오고주파 발생기의 40.68MHz로 1,000kW 출력

해설 라디오고주파(RF, Radio Frequency) 발생기는 출력범위 750~1,200W 이상의 것을 사용하며, 이때에는 27.12MHz 또는 40.68MHz의 주파수를 사용한다.

ANSWER | 74. ④ 75. ④ 76. ④ 77. ① 78. ② 79. ①

80 중금속 측정을 위한 시료 전처리 방법 중 용매추출법인 피로리딘다이티오카르바민산 암모늄 추출법에 대한 설명으로 옳지 않은 것은?

① 시료 중의 구리, 아연, 납, 카드뮴, 니켈, 코발트 및 은 등의 측정에 이용되는 방법이다.
② 철의 농도가 높을 때에는 다른 금속 추출에 방해를 줄 수 있다.
③ 망간은 착화합물 상태에서 매우 안정적이기 때문에 추출되기 어렵다.
④ 크롬은 6가 크롬 상태로 존재할 경우에만 추출된다.

해설 피로리딘다이티오카르바민산암모늄 추출법
시료 중 구리, 아연, 납, 카드뮴, 니켈, 철, 망간, 6가 크롬, 코발트 및 은 등의 측정에 적용된다. 다만, 망간은 착화합물 상태에서 매우 불안정하므로 추출 즉시 측정해야 하며, 크롬은 6가 크롬 상태로 존재할 경우에만 추출된다. 또한 철의 농도가 높을 경우에는 다른 금속의 추출에 방해를 줄 수 있으므로 주의해야 한다.

SECTION 05 수질환경관계법규

81 Ⅲ지역에 있는 공공폐수처리시설의 방류수 수질기준으로 알맞은 것은?(단, 단위 : mg/L)

① SS : 10 이하, 총질소 : 20 이하, 총인 : 0.5 이하
② SS : 10 이하, 총질소 : 30 이하, 총인 : 1 이하
③ SS : 30 이하, 총질소 : 30 이하, 총인 : 2 이하
④ SS : 30 이하, 총질소 : 60 이하, 총인 : 4 이하

해설 방류수 수질기준(2020년 1월 1일부터 적용)

구분	수질기준			
	Ⅰ지역	Ⅱ지역	Ⅲ지역	Ⅳ지역
생물화학적 산소요구량 (BOD)(mg/L)	10(10) 이하	10(10) 이하	10(10) 이하	10(10) 이하
총유기탄소량 (TOC)(mg/L)	15(25) 이하	15(25) 이하	25(25) 이하	25(25) 이하
부유물질(SS) (mg/L)	10(10) 이하	10(10) 이하	10(10) 이하	10(10) 이하
총질소(T-N) (mg/L)	20(20) 이하	20(20) 이하	20(20) 이하	20(20) 이하

구분	수질기준			
	Ⅰ지역	Ⅱ지역	Ⅲ지역	Ⅳ지역
총인(T-P) (mg/L)	0.2(0.2) 이하	0.3(0.3) 이하	0.5(0.5) 이하	2(2) 이하
총대장균군수 (개/mL)	3,000 (3,000) 이하	3,000 (3,000) 이하	3,000 (3,000) 이하	3,000 (3,000) 이하
생태독성 (TU)	1(1) 이하	1(1) 이하	1(1) 이하	1(1) 이하

82 환경부장관은 물환경보전법의 목적을 달성하기 위하여 필요하다고 인정하는 때에는 관계기관의 협조를 요청할 수 있다. 이 각 호에 해당하는 항 중에서 대통령령이 정하는 사항에 해당되지 않는 것은?

① 도시개발제한구역의 지정
② 녹지지역, 풍치지구 및 공지지구의 지정
③ 관광시설이나 산업시설 등의 설치로 훼손된 토지의 원상복구
④ 수질이 악화되어 수도용수의 취수가 불가능하여 댐저류수의 방류가 필요한 경우의 방류량 조절

해설 관계기관의 협조사항(대통령령으로 정하는 사항)
㉠ 도시개발제한구역의 지정
㉡ 관광시설이나 산업시설 등의 설치로 훼손된 토지의 원상복구
㉢ 수질오염 사고가 발생하거나 수질이 악화되어 수도용수의 취수가 불가능하여 댐저류수의 방류가 필요한 경우의 방류량 조절

83 제1종 사업장으로서 배출허용기준을 처음 위반한 경우 배출부과금 산정 시 부과되는 계수는?(단, 사업장 규모 : 10,000m³/day 이상인 경우)

① 2.0   ② 1.8
③ 1.6   ④ 1.4

해설 사업장별 부과계수

사업장 규모	제1종 사업장(단위 : m³/일)					제2종 사업장	제3종 사업장	제4종 사업장
	10,000 이상	8,000 이상 10,000 미만	6,000 이상 8,000 미만	4,000 이상 6,000 미만	2,000 이상 4,000 미만			
부과 계수	1.8	1.7	1.6	1.5	1.4	1.3	1.2	1.1

80. ③ 81. ① 82. ② 83. ② | ANSWER

84 낚시제한구역의 낚시방법 제한사항에 관한 기준이 아닌 것은?

① 1명당 4대 이상의 낚싯대를 사용하는 행위
② 낚싯바늘에 끼워서 사용하지 아니하고 떡밥 등을 던지는 행위
③ 1개의 낚싯대에 3개의 낚싯바늘을 떡밥과 뭉쳐서 미끼로 던지는 행위
④ 어선을 이용한 낚시 행위 등 「낚시 관리 및 육성법」에 따른 낚시어선업을 영위하는 행위

해설 낚시제한구역에서의 제한사항
㉠ 낚싯바늘에 끼워서 사용하지 아니하고 물고기를 유인하기 위하여 떡밥·어분 등을 던지는 행위
㉡ 어선을 이용한 낚시행위 등 「낚시 관리 및 육성법」에 따른 낚시어선업을 영위하는 행위
㉢ 1명당 4대 이상의 낚싯대를 사용하는 행위
㉣ 1개의 낚싯대에 5개 이상의 낚싯바늘을 떡밥과 뭉쳐서 미끼로 던지는 행위
㉤ 쓰레기를 버리거나 취사행위를 하거나 화장실이 아닌 곳에서 대·소변을 보는 등 수질오염을 일으킬 우려가 있는 행위
㉥ 고기를 잡기 위하여 폭발물·배터리·어망 등을 이용하는 행위

85 공공폐수처리시설의 유지·관리기준에 관한 내용으로 ( )에 맞는 것은?

> 처리시설의 가동시간, 폐수방류량, 약품투입량, 관리·운영자, 그 밖에 처리시설의 운영에 관한 주요 사항을 사실대로 매일 기록하고 이를 최종 기록한 날부터 ( ) 보존하여야 한다.

① 1년간 ② 2년간
③ 3년간 ④ 5년간

해설 사업자 또는 수질오염 방지시설을 운영하는 자는 폐수배출시설 및 수질오염 방지시설의 가동시간, 폐수배출량, 약품투입량, 시설관리 및 운영자, 그 밖에 시설 운영에 관한 주요 사항을 운영일지에 매일 기록하고, 최종 기록일부터 1년간 보존하여야 한다. 다만, 폐수무방류배출시설의 경우에는 운영일지를 3년간 보존하여야 한다.

86 수질 및 수생태계 환경기준 중 하천의 "사람의 건강보호 기준"으로 옳은 것은?(단, 단위는 mg/L)

① 벤젠 : 0.03 이하
② 클로로포름 : 0.08 이하
③ 비소 : 검출되어서는 안 됨(검출한계 0.01)
④ 음이온계면활성제 : 0.1 이하

해설 사람의 건강보호 기준(하천)

항목	기준값(mg/L)
카드뮴(Cd)	0.005 이하
비소(As)	0.05 이하
시안(CN)	검출되어서는 안 됨 (검출한계 0.01)
수은(Hg)	검출되어서는 안 됨 (검출한계 0.001)
유기인	검출되어서는 안 됨 (검출한계 0.0005)
폴리클로리네이티드비페닐(PCB)	검출되어서는 안 됨 (검출한계 0.0005)
납(Pb)	0.05 이하
6가 크롬(Cr^{6+})	0.05 이하
음이온 면활성제(ABS)	0.5 이하
사염화탄소	0.004 이하
1,2-디클로로에탄	0.03 이하
테트라클로로에틸렌(PCE)	0.04 이하
디클로로메탄	0.02 이하
벤젠	0.01 이하
클로로포름	0.08 이하
디에틸헥실프탈레이트(DEHP)	0.008 이하
안티몬	0.02 이하
1,4-다이옥세인	0.05 이하
포름알데히드	0.5 이하
헥사클로로벤젠	0.00004 이하

87 사업장별 환경기술인의 자격기준에 관한 내용으로 틀린 것은?

① 대기환경기술인으로 임명된 자가 수질환경기술인의 자격을 함께 갖춘 경우에는 수질환경기술인을 겸임할 수 있다.
② 공동방지시설에 있어서 폐수 배출량이 1, 2종 사업장 규모인 경우에는 3종 사업장에 해당하는 환경기술인을 선임할 수 있다.
③ 연간 90일 미만 조업하는 1, 2, 3종 사업장은 4, 5종 사업장에 해당하는 환경기술인을 선임할 수 있다.
④ 특정수질유해물질이 포함된 수질오염물질을 배출하는 4, 5종 사업장은 3종 사업장에 해당하는 환경기술인을 두어야 한다. 다만, 특정수질유해물질이 포함된 1일 10m³ 이하의 폐수를 배출하는 사업장의 경우에는 그러하지 아니하다.

해설 공동방지시설에 있어서 폐수 배출량이 4종 및 5종 사업장의 규모에 해당하는 경우에는 3종 사업장에 해당하는 환경기술인을 두어야 한다.

88 시·도지사는 공공수역의 수질 보전을 위하여 환경부령이 정하는 해발고도 이상에 위치한 농경지 중 환경부령이 정하는 경사도 이상의 농경지를 경작하는 자에 대하여 경작방식의 변경, 농약·비료의 사용량 저감, 휴경 등을 권고할 수 있다. 위에서 언급한 환경부령이 정하는 해발고도와 경사도 기준은?

① 400미터, 15퍼센트   ② 400미터, 25퍼센트
③ 600미터, 15퍼센트   ④ 600미터, 25퍼센트

해설 "환경부령으로 정하는 해발고도"란 해발 400미터를 말하고 "환경부령으로 정하는 경사도란" 15퍼센트이다.

89 국립환경과학원, 유역환경청장, 지방환경청장이 설치할 수 있는 측정망과 가장 거리가 먼 것은?

① 생물 측정망
② 공공수역 유해물질 측정망
③ 도심하천 측정망
④ 퇴적물 측정망

해설 국립환경과학원, 유역환경청장, 지방환경청장이 설치할 수 있는 측정망
㉠ 비점오염원에서 배출되는 비점오염물질 측정망
㉡ 수질오염물질의 총량관리를 위한 측정망
㉢ 대규모 오염원의 하류지점 측정망
㉣ 수질오염 경보를 위한 측정망
㉤ 대권역·중권역을 관리하기 위한 측정망
㉥ 공공수역 유해물질 측정망
㉦ 퇴적물 측정망
㉧ 생물 측정망
㉨ 그 밖에 국립환경과학원장이 필요하다고 인정하여 설치·운영하는 측정망

90 기본재출부과금에 관한 설명으로 (   )에 알맞은 것은?

> 공공폐수처리시설 또는 공공하수처리시설에서 배출되는 폐수 중 수질오염물질이 (   )하는 경우

① 배출허용기준을 초과
② 배출허용기준을 미달
③ 방류수수질기준을 초과
④ 방류수수질기준을 미달

해설 기본배출부과금 부과 기준
㉠ 배출시설에서 배출되는 폐수 중 수질오염물질이 배출허용기준 이하로 배출되나, 방류수 수질기준을 초과하는 경우
㉡ 공공폐수처리시설 또는 공공하수처리시설에서 배출되는 폐수 중 수질오염물질이 방류수수질기준을 초과하는 경우

91 환경부장관 또는 시·도지사는 수질오염피해가 우려되는 하천·호소를 선정하여 수질오염경보를 단계별로 발령할 수 있다. 수질오염경보의 단계별 발령 및 해제기준이 바르지 않은 것은?

① 관심: 2회 연속채취 시 남조류 세포 수 1,000세포/mL 이상 10,000세포/mL 미만인 경우
② 경계: 2회 연속채취 시 남조류 세포 수 10,000세포/mL 이상 1,000,000세포/mL 미만인 경우
③ 조류 대발생: 2회 연속채취 시 남조류 세포수 1,000,000세포/mL 이상인 경우
④ 해제: 2회 연속채취 시 남조류 세포 수 500세포/mL 미만인 경우

87. ② 88. ① 89. ③ 90. ③ 91. ④ | ANSWER

해설 수질오염경보(조류경보) - 상수원 구간

경보단계	발령·해제 기준
관심	2회 연속 채취 시 남조류 세포 수가 1,000세포/mL 이상 10,000세포/mL 미만인 경우
경계	2회 연속 채취 시 남조류 세포 수가 10,000세포/mL 이상 1,000,000세포/mL 미만인 경우
조류 대발생	2회 연속 채취 시 남조류 세포 수가 1,000,000 세포/mL 이상인 경우
해제	2회 연속 채취 시 남조류 세포 수가 1,000세포/mL 미만인 경우

92 상수원을 오염시킬 우려가 있는 물질을 수송하는 자동차의 통행을 제한하고자 한다. 표지판을 설치해야 하는 자는?

① 경찰청장
② 환경부장관
③ 대통령
④ 지자체장

해설 경찰청장은 자동차의 통행제한을 위하여 필요하다고 인정할 때에는 다음 각 호에 해당하는 조치를 하여야 한다.
㉠ 자동차 통행제한 표지판의 설치
㉡ 통행제한 위반 자동차의 단속

93 폐수종말처리시설의 배수설비 설치방법 및 구조기준으로 옳지 않은 것은?

① 배수관의 관경은 10mm 이상으로 하여야 한다.
② 배수관은 우수관과 분리하여 빗물이 혼합되지 않도록 설치하여야 한다.
③ 배수관이 직선인 부분에는 내경의 120배 이하의 간격으로 맨홀을 설치하여야 한다.
④ 배수관 입구에는 유효간격 10mm 이하의 스크린을 설치하여야 한다.

해설 배수관의 관경은 내경 150mm 이상으로 하여야 한다.

94 특정수질유해물질에 해당되지 않는 것은?

① 트리클로로메탄
② 1,1-디클로로에틸렌
③ 디클로로메탄
④ 펜타클로로페놀

해설 특정수질유해물질
• 구리와 그 화합물
• 납과 그 화합물
• 비소와 그 화합물
• 수은과 그 화합물
• 시안화합물
• 유기인 화합물
• 6가 크롬 화합물
• 카드뮴과 그 화합물
• 테트라클로로에틸렌
• 트리클로로에틸렌
• 삭제 〈2016. 5. 20.〉
• 폴리클로리네이티드바이페닐
• 셀레늄과 그 화합물
• 벤젠
• 사염화탄소
• 디클로로메탄
• 1,1-디클로로에틸렌
• 1,2-디클로로에탄
• 클로로포름
• 1,4-다이옥산
• 디에틸헥실프탈레이트(DEHP)
• 염화비닐
• 아크릴로니트릴
• 브로모포름
• 아크릴아미드
• 나프탈렌
• 폼알데하이드
• 에피클로로하이드린
• 페놀
• 펜타클로로페놀
• 스티렌
• 비스(2-에틸헥실)아디페이트
• 안티몬

95 수질(하천)의 생활환경기준 항목이 아닌 것은?

① 수소이온 농도
② 부유물질량
③ 용매 추출유분
④ 총대장균군

해설 수질(하천)의 생활환경기준 항목
㉠ 수소이온 농도(pH)
㉡ 생물화학적산소요구량(BOD)
㉢ 총유기탄소량(TOC)
㉣ 부유물질량(SS)
㉤ 용존산소량(DO)
㉥ 총인(T-P)

ANSWER | 92. ① 93. ① 94. ① 95. ③

ⓐ 총대장균군
ⓒ 분원성 대장균군

96 오염총량관리기본계획 수립 시 포함되지 않는 내용은?
① 해당 지역 개발계획의 내용
② 지방자치단체별·수계구간별 오염부하량의 할당
③ 관할 지역에서 배출되는 오염부하량의 총량 및 저감계획
④ 오염총량초과부과금의 산정방법과 산정기준

해설 오염총량관리기본계획에 포함되는 사항
㉠ 해당 지역 개발계획의 내용
㉡ 지방자치단체별·수계구간별 오염부하량(汚染負荷量)의 할당
㉢ 관할 지역에서 배출되는 오염부하량의 총량 및 저감계획
㉣ 해당 지역 개발계획으로 인하여 추가로 배출되는 오염부하량 및 그 저감계획

97 폐수처리업자의 준수사항 내용으로 ( )에 알맞은 것은?

> 수탁한 폐수는 정당한 사유 없이 ( ) 이상 보관할 수 없다.

① 10일 ② 15일
③ 30일 ④ 45일

해설 수탁한 폐수는 정당한 사유 없이 10일 이상 보관할 수 없으며 보관폐수의 전체 양이 저장시설 저장능력의 90% 이상 되게 보관하여서는 아니 된다.

98 배출시설에 대한 일일기준 초과배출량 산정에 적용되는 일일유량은 (측정유량×일일조업시간)이다. 일일유량을 구하기 위한 일일조업시간에 대한 설명으로 ( )에 맞는 것은?

> 측정하기 전 최근 조업한 30일간의 배출시설 조업시간의 (㉠)로서 (㉡)으로 표시한다.

① ㉠ 평균치, ㉡ 분(min)
② ㉠ 평균치, ㉡ 시간(hr)
③ ㉠ 최대치, ㉡ 분(min)
④ ㉠ 최대치, ㉡ 시간(hr)

해설 일일조업시간은 측정하기 전 최근 조업한 30일간의 배출시설 조업시간의 평균치로서 분으로 표시한다.

99 하수도법에서 사용하는 용어에 대한 정의가 틀린 것은?
① 분뇨는 수거식 화장실에서 수거되는 액체성 또는 고체성의 오염물질이다.
② 합류식 하수관로는 오수와 하수도로 유입되는 빗물·지하수가 함께 흐르도록 하기 위한 하수관로이다.
③ 분뇨처리시설은 분뇨를 침전·분해 등의 방법으로 처리하는 시설이다.
④ 배수구역은 하수를 공공하수처리시설에 유입하여 처리할 수 있는 지역이다.

해설 "배수구역"이라 함은 공공하수도에 의하여 하수를 유출시킬 수 있는 지역으로서 공고된 구역을 말한다.

100 오염총량관리시행계획에 포함되지 않는 것은?
① 대상 유역의 현황
② 연차별 오염부하량 삭감 목표 및 구체적 삭감 방안
③ 수질과 오염원의 관계
④ 수질예측 산정사료 및 이행 모니터링 계획

해설 오염총량관리시행계획에 포함되어야 할 사항
㉠ 오염총량관리시행계획 대상 유역의 현황
㉡ 오염원 현황 및 예측
㉢ 연차별 지역 개발계획으로 인하여 추가로 배출되는 오염부하량 및 해당 개발계획의 세부 내용
㉣ 연차별 오염부하량 삭감 목표 및 구체적 삭감 방안
㉤ 오염부하량 할당 시설별 삭감량 및 그 이행 시기
㉥ 수질예측 산정자료 및 이행 모니터링 계획

2022년 2회 수질환경기사

SECTION 01 수질오염개론

01 하수가 유입된 하천의 자정작용을 하천 유하거리에 따라 분해지대, 활발한 분해지대, 회복지대, 정수지대의 4단계로 분류하여 나타내는 경우, 회복지대의 특성으로 틀린 것은?
① 세균 수가 감소한다.
② 발생된 암모니아성 질소가 질산화된다.
③ 용존산소의 농도가 포화될 정도로 증가한다.
④ 규조류가 사라지고 윤충류, 갑각류도 감소한다.

해설 회복지대는 광합성을 하는 조류가 번식하고 원생동물, 윤충, 갑각류가 번식한다.

02 강우의 pH에 관한 설명으로 틀린 것은?
① 보통 대기 중의 이산화탄소와 평형상태에 있는 물은 약 pH 5.7의 산성을 띠고 있다.
② 산성 강우의 주요 원인 물질로 황산화물, 질소산화물 및 염소산화물을 들 수 있다.
③ 산성 강우현상은 대기오염이 혹심한 지역에 국한되어 나타난다.
④ 강우는 부유재(Fly Ash)로 인하여 때때로 알칼리성을 띨 수 있다.

해설 산성 강우는 광역적으로 발생하며 정확한 예보가 곤란하다.

03 호소의 부영양화에 대한 일반적 영향으로 틀린 것은?
① 부영양화가 진행된 수원을 농업용수로 사용하면 영양염류의 공급으로 농산물 수확량이 지속적으로 증가한다.
② 조류나 미생물에 의해 생성된 용해성 유기물질이 불쾌한 맛과 냄새를 유발한다.
③ 부영양화 평가모델은 인(P) 부하모델인 Vollen-weider 모델 등이 대표적이다.
④ 심수층의 용존산소량이 감소한다.

해설 부영양화는 각종 영양염류(특히 N, P)가 수체내로 과다유입됨으로써 미생물 활동에 의한 생산과 소비의 균형이 파괴되어 물의 이용가치 저하 및 조류의 이상번식에 따른 자연적 늪지현상으로, 부영양화된 호수에서 취수한 상수원수는 질소와 인을 통제하기 위해서 고도처리를 해야 한다.

04 수질오염물질 중 중금속에 관한 설명으로 틀린 것은?
① 카드뮴 : 인체 내에서 투과성이 높고 이동성이 있는 독성 메틸 유도체로 전환된다.
② 비소 : 인산염 광물에 존재해서 인 화합물의 형태로 환경 중에 유입된다.
③ 납 : 급성독성은 신장, 생식계통, 간 그리고 뇌와 중추신경계에 심각한 장애를 유발한다.
④ 수은 : 수은 중독은 BAL, Ca_2EDTA로 치료할 수 있다.

해설 카드뮴은 식품으로부터 가장 많이 섭취되며 대표적인 질환으로 이따이이따이병이 있다.

05 광합성에 대한 설명으로 틀린 것은?
① 호기성 광합성(녹색식물의 광합성)은 진조류와 청녹조류를 위시하여 고등식물에서 발견된다.
② 녹색식물의 광합성은 탄산가스와 물로부터 산소와 포도당(또는 포도당 유도산물)을 생성하는 것이 특징이다.
③ 세균활동에 의한 광합성은 탄산가스의 산화를 위하여 물 이외의 화합물질이 수소원자를 공여, 유리산소를 형성한다.
④ 녹색식물의 광합성 시 광은 에너지를, 그리고 물은 환원반응에 수소를 공급해 준다.

해설 세균의 광합성은 황화수소와 수소를 수소원으로 하며, 따라서 산소(O_2)를 발생하지 않는다. 화학합성은 무기물을 산화시킬 때 방출되는 에너지를 이용하는 방법으로 H_2O를 수소원으로 하여 산소를 발생하는 합성이다.

ANSWER | 1.④ 2.③ 3.① 4.① 5.③

06 물의 특성에 대한 설명으로 옳지 않은 것은?
① 기화열이 크기 때문에 생물의 효과적인 체온 조절이 가능하다.
② 비열이 크기 때문에 수온의 급격한 변화를 방지해 줌으로써 생물활동이 가능한 기온을 유지한다.
③ 융해열이 작기 때문에 생물체의 결빙이 쉽게 일어나지 않는다.
④ 빙점과 비점 사이가 100℃나 되므로 넓은 범위에서 액체 상태를 유지할 수 있다.

해설 물은 융해열이 크기 때문에 생물체의 결빙을 막아 준다.

07 생물 농축에 대한 설명으로 가장 거리가 먼 것은?
① 수생생물체 내의 각종 중금속 농도는 환경수중의 농도보다는 높은 경우가 많다.
② 생물체중의 농도와 환경수중의 농도비를 농축비 또는 농축계수라고 한다.
③ 수생생물의 종류에 따라서 중금속의 농축비가 다른 경우가 많다.
④ 농축비는 먹이사슬 과정에서 높은 단계의 소비자에 상당하는 생물일수록 낮게 된다.

해설 생물 농축(Biological Concentration)이란 먹이 피라미드의 상위로 갈수록 오염물질의 체내 농축이 심해지는 현상을 말한다.

08 벤젠, 톨루엔, 에틸벤젠, 자일렌이 같은 몰수로 혼합된 용액이 라울트 법칙을 따른다고 가정하면 혼합액의 총 증기압(25℃ 기준, atm)은?(단, 벤젠, 톨루엔, 에틸벤젠, 자일렌의 25℃에서 순수액체의 증기압은 각각 0.126, 0.038, 0.0126, 0.01177atm이며, 기타 조건은 고려하지 않음)
① 0.047 ② 0.057
③ 0.067 ④ 0.077

해설 라울의 법칙(Raoult's Law)은 유기용매에 유기화합물을 용해한 경우에 실험적으로 발견한 법칙으로, 묽은 용액에 대해 그 증기압력 내림의 크기가 용액 중 용질의 몰분율에 비례한다는 관계를 나타낸 것이다.
$P = X \cdot P°$

여기서, P : 용액에 있는 용매의 증기압(atm)
X : 용액에 있는 용매의 몰분율
$P°$: 순수한 용매의 증기압(atm)

∴ 혼합액의 총 증기압
$= \left(0.126 \times \frac{1}{4}\right) + \left(0.038 \times \frac{1}{4}\right) + \left(0.0126 \times \frac{1}{4}\right)$
$+ \left(0.01177 \times \frac{1}{4}\right) = 0.047(\text{atm})$

09 BOD_5가 270mg/L이고, COD가 450mg/L인 경우, 탈산소계수(K_1)의 값이 0.1/day일 때, 생물학적으로 분해 불가능한 COD(mg/L)는?(단, BDCOD=BOD_u, 상용대수 기준)
① 약 55 ② 약 65
③ 약 75 ④ 약 85

해설 생물학적으로 분해 불가능한 COD, 즉 NBDCOD는 다음 식에 의해 계산된다.
NBDCOD = COD − BDCOD
㉠ COD : 450mg/L
㉡ BDCOD = BOD_u
$BOD_5 = BOD_u \times (1 - 10^{-k_1 \cdot t})$
$270 = BOD_u \times (1 - 10^{-0.1 \times 5})$
∴ BDCOD(BOD_u) = 394.87(mg/L)
∴ NBDCOD = COD − BDCOD
= 450 − 394.8 = 55.13(mg/L)

10 다음은 수질조사에서 얻은 결과인데, Ca^{2+} 결과치의 분실로 인하여 기재가 되지 않았다. 주어진 자료로부터 구한 Ca^{2+} 농도(mg/L)는?

양이온(mg/L)		음이온(mg/L)	
Na^+	46	Cl^-	71
Ca^{2+}	−	HCO_3^-	122
Mg^{2+}	36	SO_4^{2-}	192

① 20 ② 40
③ 60 ④ 80

해설 양이온의 노르말 농도와 음이온의 노르말 농도의 차가 Ca^{2+}의 노르말 농도가 된다.
㉠ Na^+ (eq/L) $= \dfrac{46\text{mg}}{\text{L}} \left|\dfrac{1\text{eq}}{23\text{g}}\right| \dfrac{1\text{g}}{10^3\text{mg}}$
$= 0.002(\text{eq/L})$

ⓒ $Mg^{2+}(eq/L) = \dfrac{36mg}{L} \left| \dfrac{1eq}{(24/2)g} \right| \dfrac{1g}{10^3 mg}$
　　　　　　 $= 0.003(eq/L)$

ⓓ $Cl^-(eq/L) = \dfrac{71mg}{L} \left| \dfrac{1eq}{35.5g} \right| \dfrac{1g}{10^3 mg}$
　　　　　　 $= 0.002(eq/L)$

ⓔ $HCO_3^-(eq/L) = \dfrac{122mg}{L} \left| \dfrac{1eq}{61g} \right| \dfrac{1g}{10^3 mg}$
　　　　　　 $= 0.002(eq/L)$

ⓕ $SO_4^{2-}(eq/L) = \dfrac{192mg}{L} \left| \dfrac{1eq}{96g} \right| \dfrac{1g}{10^3 mg}$
　　　　　　 $= 0.002(eq/L)$

∴ $Ca^{2+}(mg/L) = \dfrac{0.001eq}{L} \left| \dfrac{(40/2)g}{1eq} \right| \dfrac{10^3 mg}{1g}$
　　　　　　 $= 20(mg/L)$

11 부영양화가 진행된 호소에 대한 수면관리대책으로 틀린 것은?
① 수중 폭기한다.
② 퇴적층을 준설한다.
③ 수생식물을 이용한다.
④ 살조제는 황산알루미늄을 주로 많이 쓴다.

해설 살조제는 황산구리를 주로 많이 쓴다.

12 생물학적 질화 중 아질산화에 관한 설명으로 틀린 것은?
① Nitrobacter에 의해 수행된다.
② 수율은 $0.04 \sim 0.13mg\ VSS/mg\ NH_4^+-N$ 정도 이다.
③ 관련 미생물은 독립영양성 세균이다.
④ 산소가 필요하다.

해설 단백질은 효소에 의해 가수분해되어 글리신 등의 아미노산이 된다. 아미노산은 암모니아성 질소(NH_3-N) 상태에서 질산화균(Nitrosomonas)에 의해 아질산성질소(NO_2-N)로 산화되고 다시 질산화균(Nitrobacter)에 의해 질산성 질소(NO_3-N)로 산화된다.

13 0.01M-KBr과 0.02M-ZnSO₄ 용액의 이온강도는?(단, 완전 해리 기준)
① 0.08　　　　② 0.09
③ 0.12　　　　④ 0.14

해설 $I = \dfrac{1}{2} \sum_i C_i \cdot Z_i^2$

C_i : 이온의 몰농도, Z_i : 이온의 전하

∴ $I = \dfrac{1}{2}[0.01 \times (+1)^2 + 0.01 \times (-1)^2$
　　　　$+ 0.02 \times (+2)^2 + 0.02 \times (-2)^2] = 0.09$

14 바닷물에 0.054M의 MgCl₂가 포함되어 있을 때 바닷물 250mL에 포함되어 있는 MgCl₂의 양(g)은? (단, 원자량 Mg=24.3, Cl=35.5)
① 약 0.8　　　　② 약 1.3
③ 약 2.6　　　　④ 약 3.9

해설 $X(MgCl_2) = \dfrac{0.054mol}{L} \left| \dfrac{0.25L}{} \right| \dfrac{95.3g}{1mol}$
　　　　$= 1.29(g)$

15 반응속도에 관한 설명으로 알맞지 않은 것은?
① 영차 반응 : 반응물의 농도에 독립적인 속도로 진행하는 반응이다.
② 일차 반응 : 반응속도가 시간에 따른 반응물의 농도 변화 정도에 반비례하여 진행하는 반응이다.
③ 이차 반응 : 반응속도가 한 가지 반응물 농도의 제곱에 비례하여 진행하는 반응이다.
④ 실험치에 따라 특정 반응속도의 차수를 구하기 위해서는 시간에 따른 농도 변화를 그래프로 그리고 직선으로부터의 편차를 구하여 평가한다.

해설 일차 반응
반응속도가 시간에 따른 반응물의 농도 변화 정도에 비례하여 진행하는 반응이다.

16 방사성 물질인 스트론튬(Sr^{90})의 반감기가 29년이라면 주어진 양의 스트론튬(Sr^{90})이 99% 감소하는 데 걸리는 시간(년)은?
① 143　　　　② 193
③ 233　　　　④ 273

해설 1차 반응식을 이용한다.
$\ln \dfrac{C_t}{C_o} = -K \cdot t$

ANSWER | 11. ④ 12. ① 13. ② 14. ② 15. ② 16. ②

㉠ t=29년일 때 C_o=100, C_t=50이므로 반응속도상수 K와의 관계식을 만들면,

$\ln \frac{50}{100} = -K \cdot 29(\text{year})$

∴ $K = 0.0239(\text{year}^{-1})$

㉡ 따라서 99%의 반감기를 구하면,

$t = \frac{\ln(C_t/C_o)}{-K} = \frac{\ln(1/100)}{-0.0239} = 192.68$
$= 193$년

17 다음 중 수질 모델링을 위한 절차에 해당하는 항목으로 거리가 먼 것은?

① 변수 추정   ② 수질예측 및 평가
③ 보정   ④ 감응도 분석

해설 수질모델링의 절차상 주요 내용
㉠ 모델의 설계 및 자료수집 : 대상수계의 지역특성, 형상, 수문학적 요소 등을 고려하여 모델을 설계한다.
㉡ 모델링 프로그램(CODE) 선택 및 운영 : 모델링 프로그램은 모델을 산술적으로 풀어나가기 위한 알고리즘을 포함한 컴퓨터 프로그램을 말한다.
㉢ 보정 : 모델에 의한 예측치가 실측치를 제대로 반영할 수 있도록 각종 매개변수의 값을 조정하는 과정을 말한다. 예측치와 실측치의 차이가 10~20%를 넘지 않도록 보정한다.
㉣ 검증 : 보정이 완료되면 보정 시에 사용되지 않았던 유입지천의 유량과 수질 또는 오염부하량 본류수질 등의 입력자료를 이용하여 모델을 검증한다. 이 과정에서 예측치와 실측치 간의 차이가 클 경우에는 모델의 보정과 검증을 반복하여 최종적으로 검증한다.
㉤ 감응도 분석 : 수질 관련 반응계수, 수리학적 입력계수, 유입 지천의 유량과 수질 또는 오염부하량 등의 입력자료의 변화 정도가 수질항목 농도에 미치는 영향을 분석하는 것이다. 어떤 수질항목의 변화율이 입력자료의 변화율보다 클 경우에는 그 수질항목은 입력자료에 대하여 민감하다고 볼 수 있다.
㉥ 수질예측 및 평가 : 완성된 모델에 대하여 미래에 발생이 예상되는 오염물질 관련 자료를 입력함으로써 예측을 실시한다.

18 다음과 같은 수질을 가진 농업용수의 SAR 값은?(단, Na^+=460mg/L, PO_4^{3-}=1,500mg/L, Cl^-=108mg/L, Ca^{2+}=600mg/L, Mg^{2+}=240mg/L, NH_3-N=380mg/L, Na 원자량 : 23, P 원자량 : 31, Cl 원자량 : 35.5, Ca 원자량 : 40, Mg 원자량 : 24)

① 2   ② 4
③ 6   ④ 8

해설 SAR(Sodium Adsorption Ratio)은 관개용수의 Na^+ 함량 기준으로 다음과 같이 계산된다.

$SAR = \dfrac{Na^+}{\sqrt{\dfrac{Mg^{2+} + Ca^{2+}}{2}}}$

(단, 모든 단위는 meq/L이다.)

㉠ $Na^+\left(\dfrac{meq}{L}\right) = \dfrac{460mg}{L} \left| \dfrac{1meq}{(23/1)mg}\right.$
$= 20(meq/L)$

㉡ $Ca^{2+}\left(\dfrac{meq}{L}\right) = \dfrac{600mg}{L} \left| \dfrac{1meq}{(40/2)mg}\right.$
$= 30(meq/L)$

㉢ $Mg^{2+}\left(\dfrac{meq}{L}\right) = \dfrac{240mg}{L} \left| \dfrac{meq}{(24/2)mg}\right.$
$= 20(meq/L)$

∴ $SAR = \dfrac{20}{\sqrt{\dfrac{20+30}{2}}} = 4$

19 다음의 기체법칙 중 옳은 것은?

① Boyle의 법칙 : 일정한 압력에서 기체의 부피는 절대온도에 정비례한다.
② Henry의 법칙 : 기체와 관련된 화학반응에서는 반응하는 기체와 생성되는 기체의 부피 사이에 정수관계가 있다.
③ Graham의 법칙 : 기체의 확산속도(조그마한 구멍을 통한 기체의 탈출)는 기체 분자량의 제곱근에 반비례한다.
④ Gay-Lussac의 결합 부피 법칙 : 혼합 기체 내 각 기체의 부분압력은 혼합물 속의 기체의 양에 비례한다.

해설 기체법칙
① Boyle의 법칙 : 일정 온도에서 기체의 압력과 그 부피는 서로 반비례한다.

17. ① 18. ② 19. ③ | ANSWER

② Henry의 법칙 : 일정 온도에서 일정 부피의 액체 용매에 녹는 기체의 질량, 즉 용해도는 용매와 평형을 이루고 있는 그 기체의 부분압력에 비례한다.
④ Gay-Lussac의 결합 부피 법칙 : 동일한 온도와 압력하에서 기체들이 반응할 때 반응에 관여한 기체와 생성된 기체들의 부피 사이에는 간단한 정수비가 성립된다는 법칙이다.

20 시료의 BOD_5가 200mg/L이고 탈산소계수 값이 $0.15day^{-1}$일 때 최종 BOD(mg/L)는?

① 약 213
② 약 223
③ 약 233
④ 약 243

해설 $BOD_5 = BOD_u(1 - 10^{-k \cdot t})$
$200 = BOD_u(1 - 10^{(-0.15 \times 5)})$
∴ $BOD_u = 243.26(mg/L)$

SECTION 02 상하수도계획

21 계획오수량에 관한 설명으로 ( )에 알맞은 내용은?

합류식에서 우천 시 계획오수량은 ( ) 이상으로 한다.

① 원칙적으로 계획1일최대오수량의 2배
② 원칙적으로 계획1일최대오수량의 3배
③ 원칙적으로 계획시간최대오수량의 2배
④ 원칙적으로 계획시간최대오수량의 3배

해설 합류식에서 우천 시 계획오수량은 원칙적으로 계획시간최대오수량의 3배 이상으로 한다.

22 하수 배제방식의 특징에 대한 설명으로 옳지 않은 것은?

① 분류식은 우천 시에 월류가 없다.
② 분류식은 강우 초기 노면 세정수가 하천 등으로 유입되지 않는다.
③ 합류식 시설의 일부를 개선 또는 개량하면 강우 초기의 오염된 우수를 수용해서 처리할 수 있다.
④ 합류식은 우천 시 일정량 이상이 되면 오수가 월류한다.

해설 분류식은 강우 초기에 비교적 오염된 노면 배수가 우수관거를 통해 직접 공공수역에 방류되는 점, 도로폭이 좁고 여러 가지 지하매설물이 교차되어 있는 기존 시가지에서 우수관거와 오수관거를 모두 신설할 경우에 시공상 곤란한 점 등의 문제점이 있다.

23 정수 처리방법인 중간염소처리에서 염소의 주입지점으로 가장 적절한 것은?

① 혼화지와 침전지 사이
② 침전지와 여과지 사이
③ 착수정과 혼화지 사이
④ 착수정과 도수관 사이

해설 중간염소처리는 오염된 원수의 정수 처리대책의 일환(세균 제거, 철·망간 제거, 맛·냄새 제거)으로 침전지와 여과지 사이에 주입하는 경우가 이에 해당한다.

24 계획취수량을 확보하기 위하여 필요한 저수용량의 결정에 사용되는 계획기준년에 관한 내용으로 ( )에 적절한 것은?

원칙적으로 ( )에 제1위 정도의 갈수를 표준으로 한다.

① 5개년
② 7개년
③ 10개년
④ 15개년

해설 저수시설
계획취수량을 확보하기 위하여 필요한 저수용량의 결정에 사용하는 계획기준년은 원칙적으로 10개년에 제1위 정도의 갈수를 표준으로 한다.

25 하수관로에 관한 설명 중 옳지 않은 것은?

① 우수관로에서 계획하수량은 계획우수량으로 한다.
② 합류식 관로에서 계획하수량은 계획시간 최대오수량에 계획우수량을 합한 것으로 한다.
③ 차집관로에서 계획하수량은 계획시간최대오수량으로 한다.
④ 지역 실정에 따라 계획하수량에 여유율을 둘 수 있다.

ANSWER | 20.④ 21.④ 22.② 23.② 24.③ 25.③

해설 차집관거에서는 우천 시 계획오수량으로 한다.

26 기존의 하수처리시설에 고도처리시설을 설치하고자 할 때 검토사항으로 틀린 것은?
① 표준활성슬러지법이 설치된 기존 처리장의 고도처리 개량은 개선대상 오염물질별 처리특성을 감안하여 효율적인 설계가 되어야 한다.
② 시설개량은 시설개량방식을 우선 검토하되 방류수 수질기준 준수가 곤란한 경우에 한해 운전개선방식을 함께 추진하여야 한다.
③ 기본설계과정에서 처리장의 운영실태 정밀분석을 실시한 후 이를 근거로 사업 추진방향 및 범위 등을 결정하여야 한다.
④ 기존 시설물 및 처리공정을 최대한 활용하여야 한다.

해설 기존 하수처리시설의 고도처리시설 설치사업은 운전개선방식에 의한 추진방향을 우선적으로 검토하되 방류수 수질기준 준수가 곤란한 경우 시설개량방식으로 추진하여야 한다.

27 해수담수화방식 중 상(相)변화방식인 증발법에 해당되는 것은?
① 가스수화물법 ② 다중효용법
③ 냉동법 ④ 전기투석법

해설 해수담수화 방식 중 상(相)변화방식에는 증발법과 결정법이 있으며, 증발법에는 다단플래시법, 다중효용법, 증기압축법, 투과기화법이 있고, 결정법에는 냉동법, 가스수화물법이 있다.

28 1분당 300m³의 물을 150m 양정(전양정)할 때 최고 효율점에 달하는 펌프가 있다. 이 때의 회전수가 1,500rpm이라면 이 펌프의 비속도(비교회전도)는?
① 약 512 ② 약 554
③ 약 606 ④ 약 658

해설 $N_s = N \times \dfrac{Q^{1/2}}{H^{3/4}} = 1,500 \times \dfrac{300^{1/2}}{150^{3/4}} = 606.15$
여기서, ㉠ N = 펌프의 회전수 = 1,500(회/min)
㉡ Q = 펌프의 규정토출량 = 300(m³/min)
㉢ H = 150(m)

29 펌프의 토출량이 0.2m³/sec, 흡입구의 유속이 3m/sec일 경우 펌프의 흡입구경(mm)은?
① 약 198 ② 약 292
③ 약 323 ④ 약 413

해설 유량 계산식을 이용한다.
$Q = A \times V$
$A = \dfrac{Q}{V} = \dfrac{0.2m^3}{sec} \bigg| \dfrac{sec}{3m} = 0.067(m^2)$
$A = \dfrac{\pi D^2}{4} = 0.067(m^2)$
$D = 0.292m = 292(mm)$

30 막모듈의 열화와 가장 거리가 먼 것은?
① 장기적인 압력부하에 의한 막 구조의 압밀화
② 건조수축으로 인한 막 구조의 비가역적인 변화
③ 원수 중의 고형물이나 진동에 의한 막 면의 상처, 마모, 파단
④ 막 다공질부의 흡착, 석출, 포착 등에 의한 폐색

해설 막의 열화는 막 자체의 비가역적인 변질로 생기는 성능 변화로 성능이 회복되지 않으며, 막 열화의 종류는 다음과 같다.

분류	정의		내용
열화	막 자체의 변질로 생긴 비가역적인 막 성능의 저하	물리적 열화 압밀화 손상 건조	• 장기적인 압력부하에 의한 막 구조의 압밀화(Creep 변형)원수 중의 고형물이나 진동에 의한 막 면의 상처나 마모, 파단 건조나 수축으로 인한 막 구조의 비가역적인 변화
		화학적 열화 가수분해 산화	• pH나 온도 등의 작용에 의한 막 분해 • 산화제에 의하여 막 재질의 특성 변화나 분해
		생물화학적 변화	• 미생물과 막 재질의 자화 또는 분비물의 작용에 의한 변화

31 상수도 계획급수량과 관련된 내용으로 잘못된 것은?
① 계획1일평균급수량 = 계획 1일 평균 사용수량/계획유효율
② 계획1일최대급수량 = 계획 1일 평균 급수량 × 계획첨두율
③ 일반적인 산정절차는 각 용도별 1일 평균 사용수량(실적) → 각 계획용도별 1일 평균 사용수량 → 계획 1일 평균 사용수량 → 계획 1일 평균 급수량 → 계획1일최대급수량으로 한다.
④ 일반적으로 소규모 도시일수록 첨두율 값이 작다.

26. ② 27. ② 28. ③ 29. ② 30. ④ 31. ④ | ANSWER

해설 일반적으로 소규모 도시일수록 급수량의 변화가 커서 첨두율 값이 커진다.

구분	개요도
단점	• 실양정이 4m 이상일 경우 추가적인 장치 필요 • 국내적용실적이 다른 시스템에 비해 적음 • 일반관리자의 초기 교육 필요

32 오수 이송방법에는 자연유하식, 압력식, 진공식이 있다. 이 중 압력식(다중압송)에 관한 내용으로 옳지 않은 것은?

① 지형 변화에 대응이 어렵다.
② 지속적인 유지관리가 필요하다.
③ 저지대가 많은 경우 시설이 복잡하다.
④ 정전 등 비상대책이 필요하다.

해설 오수 이송방법 비교

구분	개요도
자연유하식	장점: • 기기류가 적어 유지관리 용이 • 신규개발지역 오수 유입 용이 • 유량 변동에 따른 대응 가능 • 기술 수준의 제한이 없음 단점: • 평탄지는 매설심도가 깊어짐 • 지장물에 대한 대응 곤란 • 최소유속 확보의 어려움
압력식 (다중 압송)	장점: • 지형 변화에 대응 용이 • 공사점용면적 최소화 가능 • 공사기간 및 민원의 최소화 • 최소유속 확보 단점: • 저지대가 많은 경우 시설 복잡 • 지속적인 유지관리 필요 • 정전 등 비상대책 필요
진공식	장점: • 지형 변화에 대응 용이 • 다수의 중계펌프장을 1개의 진공 펌프장으로 축소 가능 • 최소유속 확보

33 도수거에 관한 설명으로 옳지 않은 것은?

① 수리학적으로 자유 수면을 갖고 중력 작용으로 경사진 수로를 흐르는 시설이다.
② 개거나 암거인 경우에는 대개 300~500m간격으로 시공조인트를 겸한 신축조인트를 설치한다.
③ 균일한 동수경사(통상 1/3,000~1/1,000)로 도수하는 시설이다.
④ 도수거의 평균유속의 최대한도는 3.0m/sec로 하고 최소유속은 0.3m/sec로 한다.

해설 도수거의 구조와 형식
㉠ 개거와 암거는 구조상 안전하고 충분한 수밀성과 내구성을 가지고 있어야 한다.
㉡ 도수거는 한랭지에서뿐만 아니라 기타 장소에서도 될 수 있으면 암거로 설치한다. 부득이 개거로 할 경우에는 수질오염을 방지하고 위험을 방지하기 위한 조치를 강구해야 한다.
㉢ 개거나 암거인 경우에는 대개 30~50m 간격으로 시공조인트를 겸한 신축조인트를 설치한다.
㉣ 지층의 변화점, 수로교, 둑, 통문 등의 전후에는 플렉시블한 신축조인트를 설치한다.
㉤ 암거에는 환기구를 설치한다.

34 하수처리를 위한 산화구법에 관한 설명으로 틀린 것은?

① 용량은 HRT가 24~48시간이 되도록 정한다.
② 형상은 장원형무한수로로 하며 수심은 1.0~3.0m, 수로 폭은 2.0~6.0m 정도가 되도록 한다.
③ 저부하조건의 운전으로 SRT가 길어 질산화 반응이 진행되기 때문에 무산소 조건을 적절히 만들면 70% 정도의 질소 제거가 가능하다.
④ 산화구 내의 혼합상태가 균일하여도 구 내에서 MLSS, 알칼리도 농도의 구배는 크다.

해설 산화구법은 산화구 내의 혼합상태에 따른 용존산소의 농도는 흐름의 방향에 따라 농도구배가 발생하지만 MLSS 농도, 알칼리도 등은 구 내에서 균일하다.

ANSWER | 32. ① 33. ② 34. ④

35 취수시설에서 침사지에 관한 설명으로 옳지 않은 것은?
① 지의 위치는 가능한 한 취수구에 근접하여 제내지에 설치한다.
② 지의 상단높이는 고수위보다 0.3~0.6m의 여유고를 둔다.
③ 지의 고수위는 계획취수량이 유입될 수 있도록 취수구의 계획최저수위 이하로 정한다.
④ 지의 길이는 폭의 3~8배, 지 내 평균유속은 2~7cm/sec를 표준으로 한다.

해설 침사지의 유효수심은 3~4m가 표준이며, 0.5~1m의 여유를 둔다.

36 상수의 공급과정을 바르게 나타낸 것은?
① 취수 → 도수 → 정수 → 송수 → 배수 → 급수
② 취수 → 도수 → 송수 → 정수 → 배수 → 급수
③ 취수 → 송수 → 정수 → 배수 → 도수 → 급수
④ 취수 → 송수 → 배수 → 정수 → 도수 → 급수

37 계획취수량이 $10m^3/sec$, 유입수심이 5m, 유입속도가 0.4m/sec인 지역에 취수구를 설치하고자 할 때 취수구의 폭(m)은?(단, 취수보 설계 기준)
① 0.5
② 1.25
③ 2.5
④ 5.0

해설 취수구의 폭(B) = $\dfrac{Q}{H \times V}$
여기서, Q : 계획취수량(m^3/sec)
H : 유입수심(m)
V : 유입속도(m/sec)
∴ 취수구의 폭(B) = $\dfrac{10}{5 \times 0.4}$ = 5.0(m)

38 정수시설 중 플록 형성지에 관한 설명으로 틀린 것은?
① 기계식 교반에서 플록큐레이터(Flocculator)의 주변속도는 5~10cm/sec를 표준으로 한다.
② 플록 형성시간은 계획정수량에 대하여 20~40분간을 표준으로 한다.
③ 직사각형이 표준이다.
④ 혼화지와 침전지 사이에 위치하고 침전지에 붙여서 설치한다.

해설 기계식 교반에서 플록큐레이터의 주변속도는 15~80cm/sec로 하고 우류식 교반에서는 평균유속을 15~30cm/sec를 표준으로 한다.

39 오수관거계획 시 기준이 되는 오수량은?
① 계획시간최대오수량
② 계획1일최대오수량
③ 계획시간평균오수량
④ 계획1일평균오수량

해설 오수관로는 계획시간최대오수량을 기준으로 계획한다.

40 천정호(얕은 우물)의 경우 양수량 Q = $\dfrac{\pi k(H^2 - h^2)}{2.3 \log(R/r)}$ 으로 표시된다. 반경 0.5m의 천정호 시험정에서 H=6m, h=4m, R=50m의 경우에 Q=$0.6m^3/sec$의 양수량을 얻었다. 이 조건에서 투수계수(k, m/sec)는?
① 0.044
② 0.073
③ 0.086
④ 0.146

해설 Q = $\dfrac{\pi k(H^2 - h^2)}{2.3 \log(R/r)}$
$0.6(m^3/sec) = \dfrac{\pi k(6^2 - 4^2)m^2}{2.3 \log(50/0.5)}$
∴ k = 0.044(m/sec)

SECTION 03 수질오염방지기술

41 탈질소 공정에서 폐수에 탄소원 공급용으로 가해지는 약품은?
① 응집제
② 질산
③ 소석회
④ 메탄올

해설 통성혐기성 미생물은 종속영양미생물이므로 반드시 탈질미생물이 이용할 수 있는 유기물(탄소공급원)이 있어야 하는데, 분해되기 쉬운 유기물일수록 탈질효율이 높아지기 때문에 메탄올 등이 이용된다.

42 MLSS의 농도가 1,500mg/L인 슬러지를 부상법으로 농축시키고자 한다. 압축탱크의 유효전달 압력이 4기압이며 공기의 밀도가 1.3g/L, 공기의 용해량이 18.7mL/L일 때 A/s비는?(단, 유량=300m³/day, f=0.5, 처리수의 반송은 없다.)

① 0.008   ② 0.010
③ 0.016   ④ 0.020

해설 $A/S \text{ 비} = \frac{1.3 \cdot C_{air}(f \cdot P - 1)}{SS}$
$= \frac{1.3 \times 18.7 \times (0.5 \times 4 - 1)}{1,500} = 0.0162$

43 포기조 내에 혼합액의 SVI가 100이고, MLSS 농도를 2,200mg/L로 유지하려면 적정한 슬러지의 반송률(%)은?(단, 유입수의 SS는 무시한다.)

① 23.6   ② 28.2
③ 33.6   ④ 38.3

해설 $R = \frac{X}{X_r - X} \times 100 = \frac{X}{(10^6/SVI) - X} \times 100$
$= \frac{2,200}{(10^6/100) - 2,200} \times 100 = 28.2(\%)$

44 기계적으로 청소가 되는 바 스크린의 바(bar) 두께는 5mm이고, 바 간의 거리는 30mm이다. 바를 통과하는 유속이 0.90m/s일 때, 스크린을 통과하는 수두 손실(m)은? [단, $h_L = \left(\frac{V_B^2 - V_A^2}{2g}\right)\left(\frac{1}{0.7}\right)$]

① 0.0157   ② 0.0238
③ 0.0325   ④ 0.0452

해설 먼저 스크린 통과 후 유속(V_A)을 구한다.
$V_B \times A_A = V_A \times A_B$
$0.9\text{m/s} \times 30\text{mm} \times D = V_A \times 35\text{mm} \times D$
$V_A = 0.77\text{m/s}$
$\therefore h_L = \frac{V_B^2 - V_A^2}{2g} \times \frac{1}{0.7}$
$= \frac{(0.9\text{m/s})^2 - (0.77\text{m/s})^2}{2 \times 9.8\text{m/s}^2} \times \frac{1}{0.7}$
$= 0.0157\text{m}$

45 경사판 침전지에서 경사판의 효과가 아닌 것은?

① 수면적 부하율의 증가효과
② 침전지 소요면적의 저감효과
③ 고형물의 침전효율 증대효과
④ 처리효율의 증대효과

해설 경사판의 효과
㉠ 침전지 소요면적의 저감효과
㉡ 고형물의 침전효율 증대효과
㉢ 처리효율의 증대효과
㉣ 침전시간 단축효과

46 분뇨의 생물학적 처리공법으로서 호기성 미생물이 아닌 혐기성 미생물을 이용한 혐기성처리공법을 주로 사용하는 근본적인 이유는?

① 분뇨에는 혐기성 미생물이 살고 있기 때문에
② 분뇨에 포함된 오염물질은 혐기성 미생물만이 분해할 수 있기 때문에
③ 분뇨의 유기물 농도가 너무 높아 포기에 너무 많은 비용이 들기 때문에
④ 혐기성 처리공법으로 발생되는 메탄가스가 공법에 필수적이기 때문에

47 크롬 함유 폐수를 환원처리공법 중 수산화물침전법으로 처리하고자 할 때 침전을 위한 적정 pH 범위는? (단, $Cr^{3+} + 3OH^- \rightarrow Cr(OH)_3 \downarrow$)

① pH 4.0~4.5   ② pH 5.5~6.5
③ pH 8.0~8.5   ④ pH 11.0~11.5

해설 크롬 함유 폐수를 수산화물 침전법으로 처리할 때에는 pH 8~10으로 한다.

48 Side Stream을 적용하여 생물학적 방법과 화학적 방법으로 인을 제거하는 공정은?

① 수정 Bardenpho 공정
② Phostrip 공정
③ SBR 공정
④ UCT 공정

해설 Side Stream법은 화학적 인 제거와 생물학적 인 제거의 조합으로 혐기성 상태의 탈인조로 유입시켜 혐기성 상태에서 인을 방출 및 분리한 후 상징액으로부터 과량 함유된 인을 화학 침전제거시키는 방법이다. Side Stream법에는 수정포스트립(Phostrip)법, P/L 프로세스 등이 있다.

49 이온교환막 전기투석법에 관한 설명 중 옳지 않은 것은?

① 칼슘, 마그네슘 등 경도 물질의 제거효율은 높지만 인 제거율은 상대적으로 낮다.
② 콜로이드성 현탁물질 제거에 주로 적용된다.
③ 배수 중의 용존염분을 제거하여 양질의 처리수를 얻는다.
④ 소요전력은 용존염분 농도에 비례하여 증가한다.

해설 용존성 물질 제거나 콜로이드성 현탁물질 제거에는 역삼투법이 이용된다.

50 분리막을 이용한 수처리방법 중 추진력이 정수압차가 아닌 것은?

① 투석 ② 정밀여과
③ 역삼투 ④ 한외여과

해설 투석(Dialysis)의 추진력은 농도차이다.

51 폐수 처리에 관련된 침전현상으로 입자 간에 작용하는 힘에 의해 주변 입자들의 침전을 방해하는 중간 정도 농도 부유액에서의 침전은?

① 제1형 침전(독립침전)
② 제2형 침전(응집침전)
③ 제3형 침전(계면침전)
④ 제4형 침전(압밀침전)

해설 간섭침전이란 플록을 형성하여 침강하는 입자들이 서로 방해를 받아 침전속도가 감소하는 침전이다. 중간 정도의 농도로서 침전하는 부유물과 상징수 간에 경계면을 지키면서 침강한다. 일명 방해, 장애, 집단, 계면, 지역 침전 등으로 칭하며 상향류식 부유물 접촉 침전지, 농축조가 이에 해당한다.

52 생물학적 원리를 이용하여 질소, 인을 제거하는 공정인 5단계 Bardenpho 공법에 관한 설명으로 옳지 않은 것은?

① 인 제거를 위해 혐기성 조가 추가된다.
② 조 구성은 혐기조, 무산소조, 호기조 무산소조, 호기조 순이다.
③ 내부반송률은 유입유량 기준으로 100~200% 정도이며, 2단계 무산소조로부터 1단계 무산소조로 반송된다.
④ 마지막 호기성 단계는 폐수 내 잔류 질소가스를 제거하고 최종 침전지에서 인의 용출을 최소화하기 위하여 사용한다.

해설 5단계 Bardenpho 공법에서는 내부반송률이 유입유량 기준으로 400% 정도이며, 1단계 호기조에서 1단계 무산소조로 반송된다.

53 회전원판법(RBC)의 장점으로 가장 거리가 먼 것은?

① 미생물에 대한 산소 공급 소요전력이 적다.
② 고정메디아로 높은 미생물 농도 및 슬러지일령을 유지할 수 있다.
③ 기온에 따른 처리효율의 영향이 적다.
④ 재순환이 필요 없다.

해설 회전원판법(RBC)은 한랭한 기후에 영향을 받는다.

54 상향류 혐기성 슬러지장의 장점이라고 볼 수 없는 것은?

① 미생물 체류시간을 적절히 조절하면 저농도 유기성 폐수의 처리도 가능하다.
② 기계적인 교반이나 여재가 필요 없기 때문에 비용이 적게 든다.
③ 고액 및 기액분리장치를 제외하면 전체적으로 구조가 간단하다.
④ 폐수 성상이 슬러지 입상화에 미치는 영향이 적어 안정된 처리가 가능하다.

해설 폐수 성상에 의해 슬러지 입상화가 크게 영향을 받는다.

55 하수 고도처리공법인 Phostrip 공정에 관한 설명으로 옳지 않은 것은?

① 기존 활성슬러지 처리장에 쉽게 적용 가능하다.
② 인 제거 시 BOD/P 비에 의하여 조절되지 않는다.
③ 최종 침전지에서 인 용출을 위해 용존산소를 낮춘다.
④ Mainstream 화학침전에 비하여 약품 사용량이 적다.

해설 최종침전지에서 인 방출을 억제하기 위해 혼합액의 DO 농도를 높여 주어야 한다.

56 생물학적 처리법 가운데 살수여상법에 대한 설명으로 가장 거리가 먼 것은?

① 슬러지일령은 부유성장 시스템보다 높아 100일 이상의 슬러지일령에 쉽게 도달된다.
② 총괄 관측수율은 전형적인 활성슬러지 공정의 60~80% 정도이다.
③ 덮개 없는 여상의 재순환율을 증대시키면 실제로 여상 내의 평균온도가 높아진다.
④ 정기적으로 여상에 살충제를 살포하거나 여상을 침수토록 하여 파리 문제를 해결할 수 있다.

해설 덮개 없는 여상의 재순환율을 증대시키면 실제로 여상 내의 평균온도가 낮아질 수 있다.

57 평균 유입하수량이 10,000m³/day인 도시하수처리장의 1차 침전지를 설계하고자 한다. 1차 침전지의 표면부하율을 50m³/m²−day로 하여 원형 침전지를 설계한다면 침전지의 직경(m)은?

① 약 14 ② 약 16
③ 약 18 ④ 약 20

해설 수면적 부하 계산식을 이용한다.

표면부하율(V_o) = $\dfrac{처리유량}{침전지\ 표면적}$

$\dfrac{50m^3}{m^2 \cdot day} = \dfrac{10,000m^3}{day} \Big| \dfrac{1}{Am^2}$

$\therefore A = 200(m^2) = \dfrac{\pi D^2}{4}$

$\therefore D(=침전지의\ 직경) = 15.96(m)$

58 수온이 20℃일 때, pH가 6.0이면 응결에 효과적이다. pOH를 일정하게 유지하는 경우, 5℃일 때의 pH는?(단, 20℃일 때 Kw=0.68×10⁻¹⁴)

① 4.34 ② 6.47
③ 8.31 ④ 10.22

해설 문제의 조건이 부족하다.
만약 5℃의 Kw=0.19×10⁻¹⁴라면
20℃ Kw = [H⁺][OH⁻] = 0.68×10⁻¹⁴
[OH⁻] = $\dfrac{0.68 \times 10^{-14}}{10^{-6}}$ = 6.8×10⁻⁹
5℃ Kw = [H⁺][OH⁻] = 1.9×10⁻¹⁴
[H⁺] = $\dfrac{0.19 \times 10^{-14}}{6.8 \times 10^{-9}}$ = 2.794×10⁻⁷
∴ pH = −log(H⁺) = −log(2.794×10⁻⁷)
= 6.55

59 2차 처리 유출수에 포함된 25mg/L의 유기물을 분말활성탄 흡착법으로 3차 처리하여 2mg/L될 때까지 제거하고자 할 때 폐수 3m³ 당 몇 g의 활성탄이 필요한가?(단, 오염물질의 흡착량과 흡착 제거량의 관계는 Freundlich 등온식에 따르며 k=0.5, n=1이다.)

① 69g ② 76g
③ 84g ④ 91g

해설 Freundlich 등온흡착식을 이용한다.

$\dfrac{X}{M} = K \cdot C^{\frac{1}{n}}$

$\dfrac{(25-2)}{M} = 0.5 \times 2^{\frac{1}{1}}$

M = 23(mg/L)

$\therefore M(g/3m^3) = \dfrac{23mg}{L} \Big| \dfrac{g}{10^3 mg} \Big| \dfrac{3 \times 10^3 L}{3 \times m^3}$
= 69(g/3m³)

60 수온 20℃에서 평균직경 1mm인 모래 입자의 침전 속도는?(단, 동점성값은 1.003×10⁻⁶m²/sec, 모래 비중은 2.5, Stoke's 법칙 이용)

① 0.414m/s ② 0.614m/s
③ 0.814m/s ④ 1.014m/s

ANSWER | 55. ③ 56. ③ 57. ② 58. ② 59. ① 60. ③

해설 $V_g = \dfrac{d_p^2 \cdot (\rho_p - \rho_w) \cdot g}{18 \cdot \mu}$

㉠ $d_p(m) = 1.0 \times 10^{-3}$
㉡ $\rho_p(kg/m^3) = 2,500$
㉢ 20℃ $\rho_w(kg/m^3) = 998$
㉣ $g(m/sec^2) = 9.8$
㉤ $\mu(kg/m \cdot sec) = \nu(동점도) \times \rho(밀도)$
  $= 1.003 \times 10^{-6} (m^2/sec) \times 998(kg/m^3)$
  $= 1.00 \times 10^{-3}$

∴ $V_g = \dfrac{d_p^2 \cdot (\rho_p - \rho_w) \cdot g}{18 \cdot \mu}$
  $= \dfrac{(1.0 \times 10^{-3})^2 (2,500 - 998) \times 9.8}{18 \times 1.00 \times 10^{-3}}$
  $= 0.818 (m/sec)$

SECTION 04 수질오염공정시험기준

61 시료의 보존방법으로 틀린 것은?

① 아질산성 질소 : 4℃ 보관, H_2SO_4로 pH 2 이하
② 총질소(용존질소) : 4℃ 보관, H_2SO_4로 pH 2 이하
③ 화학적 산소요구량 : 4℃ 보관, H_2SO_4로 pH 2 이하
④ 암모니아성 질소 : 4℃ 보관, H_2SO_4로 pH 2 이하

해설 아질산성 질소 : 4℃ 보관

62 원자흡수분광광도법에서 일어나는 간섭에 대한 설명으로 틀린 것은?

① 광학적 간섭 : 분석하고자 하는 원소의 흡수파장과 비슷한 다른 원소의 파장이 서로 겹쳐 비이상적으로 높게 측정되는 경우
② 물리적 간섭 : 표준용액과 시료 또는 시료와 시료 간의 물리적 성질(점도, 밀도, 표면장력 등)의 차이 또는 표준물질과 시료의 매질(Matrix) 차이에 의해 발생
③ 화학적 간섭 : 불꽃 온도가 분자를 들뜬 상태로 만들기에 충분히 높지 않아서, 해당 파장을 흡수하지 못하여 발생
④ 이온화 간섭 : 불꽃 온도가 너무 낮을 경우 중성원자에서 전자를 빼앗아 이온이 생성될 수 있으며, 이 경우 양(+)의 오차 발생

해설 이온화 간섭
불꽃 온도가 너무 높을 경우 중성원자에서 전자를 빼앗아 이온이 생성될 수 있으며, 이 경우 음(-)의 오차가 발생된다.

63 공장의 폐수 100mL를 취하여 산성 100℃에서 $KMnO_4$에 의한 화학적 산소 소비량을 측정하였다. 시료의 적정에 소비된 0.025N $KMnO_4$의 양이 7.5mL였다면 이 폐수의 COD(mg/L)는 약 얼마인가?(단, 0.025N $KMnO_4$ factor 1.02, 바탕시험 적정에 소비된 0.025N $KMnO_4$ 1.00mL)

① 13.3
② 16.7
③ 24.8
④ 32.2

해설 $COD(mg/L) = (b-a) \times f \times \dfrac{1,000}{V} \times 0.2$

㉠ a : 바탕시험(공시험) 적정에 소비된
  0.025N $KMnO_4 = 1.00(mL)$
㉡ b : 시료의 적정에 소비된
  0.025N $KMnO_4 = 7.5(mL)$
㉢ f : 0.025N $KMnO_4$ 역가(factor) = 1.02
㉣ V : 시료의 양(mL) = 100mL

∴ $COD(mg/L) = (7.5 - 1.0) \times 1.02 \times \dfrac{1,000}{100} \times 0.2$
  $= 13.26 (mg/L)$

64 35% HCl(비중 1.19)을 10% HCl으로 만들기 위해 필요한 35% HCl과 물의 용량비는?

① 1 : 1.5
② 3 : 1
③ 1 : 3
④ 1.5 : 1

해설 $MV = M'V'$

$\dfrac{35g}{100mL} \bigg| \dfrac{mL}{1.19g} \times 1 = 10\% : x$

∴ $x = 2.941$
∴ HCl : 물 = 1 : 2.941

65 분원성 대장균군 – 막여과법에서 배양온도 유지기준은?
① 25±0.2℃ ② 30±0.5℃
③ 35±0.5℃ ④ 44.5±0.2℃

해설 배양기 또는 항온수조는 배양온도를 (44.5 ± 0.2)℃로 유지할 수 있는 것을 사용한다.

66 ppm을 설명한 것으로 틀린 것은?
① ppb 농도의 1,000배이다.
② 백만분율이라고 한다.
③ mg/kg이다.
④ %농도의 1/1,000이다.

해설 ppm은 %농도의 1/10,000이다.

67 유도결합 플라스마 – 원자발광분광법에 의한 원소별 정량한계로 틀린 것은?
① Cu : 0.006mg/L ② Pb : 0.004mg/L
③ Ni : 0.015mg/L ④ Mn : 0.002mg/L

해설 Pb : 0.04mg/L

68 수질오염공정시험기준상 이온크로마토그래피법을 정량분석에 이용할 수 없는 항목은?
① 염소이온 ② 아질산성 질소
③ 질산성 질소 ④ 암모니아성 질소

해설 암모니아성 질소의 적용 가능한 시험방법
㉠ 자외선/가시선 분광법
㉡ 이온전극법
㉢ 적정법

69 자외선/가시선 분광법을 적용한 음이온계면활성제 측정에 관한 설명으로 틀린 것은?
① 정량한계는 0.02mg/L이다.
② 시료 중의 계면활성제를 종류별로 구분하여 측정할 수 없다.
③ 시료 속에 미생물이 있는 경우 일부의 음이온 계면활성제가 신속히 변할 가능성이 있으므로 가능한 한 빠른 시간 안에 분석을 하여야 한다.
④ 양이온 계면활성제가 존재할 경우 양의 오차가 발생한다.

해설 양이온 계면활성제 혹은 아민과 같은 양이온 물질이 존재할 경우 음의 오차가 발생할 수 있다.

70 적절한 보존방법을 적용한 경우 시료의 최대보존기간이 가장 긴 항목은?
① 시안 ② 용존 총인
③ 질산성 질소 ④ 암모니아성 질소

해설 시료의 최대보존기간
㉠ 시안 : 14일
㉡ 용존 총인 : 28일
㉢ 질산성 질소 : 48시간
㉣ 암모니아성 질소 : 28일

71 용존산소(DO) 측정 시 시료가 착색, 현탁된 경우에 사용하는 전처리 시약은?
① 칼륨명반용액, 암모니아수
② 황산구리, 술퍼민산용액
③ 황산, 불화칼륨용액
④ 황산제이철용액, 과산화수소

해설 시료가 현저히 착색되어 있거나 현탁되어 있는 경우 칼륨명반용액 10mL와 암모니아수 1~2mL를 유리병의 위로부터 넣고, 공기(피펫의 공기)가 들어가지 않도록 주의하면서 마개를 닫고 조용히 상하를 바꾸어 가면서 1분간 흔들어 섞은 후 10분간 정치하여 현탁물을 침강시킨다.

72 수질오염공정시험기준상 총대장균군의 시험방법이 아닌 것은?
① 현미경계수법 ② 막여과법
③ 시험관법 ④ 평판집락법

해설 총대장균군 시험방법에는 막여과법, 시험관법, 평판집락법이 있다.

ANSWER | 65. ④ 66. ④ 67. ② 68. ④ 69. ④ 70. ②, ④ 71. ① 72. ①

73 노말헥산 추출물질 측정을 위한 시험방법에 관한 설명으로 ( )에 옳은 것은?

> 시료 적당량을 분액깔때기에 넣고 ( ) 변할 때까지 염산(1+1)을 넣어 pH 4 이하로 조절한다.

① 메틸오렌지용액(0.1%) 2~3방울을 넣고 황색이 적색으로
② 메틸오렌지용액(0.1%) 2~3방울을 넣고 적색이 황색으로
③ 메틸레드용액(0.5%) 2~3방울을 넣고 황색이 적색으로
④ 메틸레드용액(0.5%) 2~3방울을 넣고 적색이 황색으로

해설 시료 적당량을 분액깔때기에 넣고 메틸오렌지용액(0.1%) 2~3방울을 넣고 황색이 적색으로 변할 때까지 염산(1+1)을 넣어 pH 4 이하로 조절한다.

74 전기전도도 측정에 관한 설명으로 틀린 것은?

① 용액이 전류를 운반할 수 있는 정도를 말한다.
② 온도차에 의한 영향이 적어 폭넓게 적용된다.
③ 용액에 담겨 있는 2개의 전극에 일정한 전압을 가하면 가한 전압이 전류를 흐르게 하며, 이때 흐르는 전류의 크기는 용액의 전도도에 의존한다는 사실을 이용한다.
④ 용액 중의 이온 세기를 신속하게 평가할 수 있는 항목으로 국제적으로 S(Siemens)단위가 통용되고 있다.

해설 전기전도도는 온도차에 의한 영향이 크므로 측정결과치의 통일을 기하기 위하여 25℃에서의 값으로 환산하여 기록한다.

75 크롬-원자흡수분광광도법의 정량한계에 관한 내용으로 ( )에 옳은 것은?

> 357.9nm에서의 산처리법은 (㉠)mg/L, 용매추출법은 (㉡)mg/L이다.

① ㉠ 0.1, ㉡ 0.01
② ㉠ 0.01, ㉡ 0.1
③ ㉠ 0.01, ㉡ 0.001
④ ㉠ 0.001, ㉡ 0.01

해설 크롬-원자흡수분광광도법의 정량한계
㉠ 산처리법 : 0.01mg/L
㉡ 용매추출법 : 0.001mg/L

76 온도에 관한 내용으로 옳지 않은 것은?

① 찬 곳은 따로 규정이 없는 한 0~15℃의 곳을 뜻한다.
② 냉수는 15℃ 이하를 말한다.
③ 온수는 70~90℃를 말한다.
④ 상온은 15~25℃를 말한다.

해설 온수는 60~70℃를 말한다.

77 "항량으로 될 때 까지 건조한다"의 정의 중 ( )에 해당하는 것은?

> 같은 조건에서 1시간 더 건조할 때 전후 무게의 차가 g당 ( )mg 이하일 때

① 0
② 0.1
③ 0.3
④ 0.5

78 냄새역치(TON)의 계산식으로 옳은 것은?[단, A : 시료 부피(mL), B : 무취 정제수 부피(mL)]

① (A+B)/B
② (A+B)/A
③ A/(A+B)
④ B/(A+B)

해설 냄새역치(TON, Threshold Odor Number)를 구하는 경우 사용한 시료의 부피와 냄새 없는 희석수의 부피를 사용하여 다음과 같이 계산한다.
냄새역치(TON) = $\frac{A+B}{A}$
여기서, A : 시료 부피(mL)
B : 무취 정제수 부피(mL)

79 취급 또는 저장하는 동안에 기체 또는 미생물이 침입하지 아니하도록 내용물을 보호하는 용기는?

① 밀봉용기
② 밀폐용기
③ 기밀용기
④ 차폐용기

80 공장폐수 및 하수 유량 – 관(Pipe) 내의 유량 측정방법 중 오리피스에 관한 설명으로 옳지 않은 것은?

① 설치에 비용이 적게 소요되며 비교적 유량 측정이 정확하다.
② 오리피스판의 두께에 따라 흐름의 수로 내외에 설치가 가능하다.
③ 오리피스 단면에 커다란 수두손실이 일어나는 단점이 있다.
④ 단면이 축소되는 목부분을 조절함으로써 유량이 조절된다.

해설 오리피스는 설치에 비용이 적게 들고 비교적 유량 측정이 정확하여 얇은 판 오리피스가 널리 이용되고 있으며 흐름의 수로 내에 설치한다.

SECTION 05 수질환경관계법규

81 물놀이 등의 행위제한 권고기준 중 대상 행위가 "어패류 등 섭취"인 경우인 것은?

① 어패류 체내 총 카드뮴 : 0.3mg/kg 이상
② 어패류 체내 총 카드뮴 : 0.03mg/kg 이상
③ 어패류 체내 총 수은 : 0.3mg/kg 이상
④ 어패류 체내 총 수은 : 0.03mg/kg 이상

해설 물놀이 등의 행위제한 권고기준

대상행위	항목	기준
수영 등 물놀이	대장균	500(개체수/100mL) 이상
어패류 등 섭취	어패류 체내 총 수은(Hg)	0.3(mg/kg) 이상

82 기본배출부과금 산정에 필요한 지역별 부과계수로 옳은 것은?

① 청정지역 및 가 지역 : 1.5
② 청정지역 및 가 지역 : 1.2
③ 나 지역 및 특례지역 : 1.5
④ 나 지역 및 특례지역 : 1.2

해설 지역별 부과계수

청정지역 및 가 지역	나 지역 및 특례지역
1.5	1

83 사업장별 환경기술인의 자격기준에 관한 설명으로 옳지 않은 것은?

① 방지시설 설치면제대상인 사업장과 배출시설에서 배출되는 수질오염물질 등을 공동방지시설에서 처리하게 하는 사업장은 제3종 사업장에 해당하는 환경기술인을 두어야 한다.
② 연간 90일 미만 조업하는 제1종부터 제3종까지의 사업장은 제4종 사업장·제5종 사업장에 해당하는 환경기술인을 선임할 수 있다.
③ 공동방지시설에 있어서 폐수배출량이 제4종·제5종 사업장에 해당하는 환경기술인을 선임할 수 있다.
④ 대기환경기술인으로 임명된 자가 수질환경기술인의 자격을 함께 갖춘 경우에는 수질환경기술인을 겸임할 수 있다.

해설 방지시설 설치면제대상인 사업장과 배출시설에서 배출되는 수질오염물질 등을 공동방지시설에서 처리하게 하는 사업장은 제4종 사업장·제5종 사업장에 해당하는 환경기술인을 둘 수 있다.

84 폐수수탁처리업에서 사용하는 폐수운반차량에 관한 설명으로 틀린 것은?

① 청색으로 도색한다.
② 차량 양쪽 옆면과 뒷면에 폐수운반차량, 회사명, 등록번호, 전화번호 및 용량을 표시하여야 한다.
③ 차량에 표시는 흰색 바탕에 황색 글씨로 한다.
④ 운송 시 안전을 위한 보호구, 중화제 및 소화기를 갖추어 두어야 한다.

해설 폐수운반차량은 청색으로 도색하고, 양쪽 옆면과 뒷면에 가로 50센티미터, 세로 20센티미터 이상 크기의 노란색 바탕에 검은색 글씨로 폐수운반차량, 회사명, 등록번호, 전화번호 및 용량을 지워지지 아니하도록 표시하여야 한다.

ANSWER | 80. ② 81. ③ 82. ① 83. ① 84. ③

85 기술인력 등의 교육에 관한 설명으로 ( )에 들어갈 기간은?

> 환경기술인 또는 폐수처리업에 종사하는 기술요원의 최초 교육은 최초로 업무에 종사한 날부터 ( ) 이내에 실시하여야 한다.

① 6개월 ② 1년
③ 2년 ④ 3년

해설 환경기술인 또는 폐수처리업에 종사하는 기술요원의 최초 교육은 최초로 업무에 종사한 날부터 1년 이내에 실시하여야 한다.

86 조치명령 또는 개선명령을 받지 아니한 사업자가 배출허용기준을 초과하여 오염물질을 배출하게 될 때 환경부장관에게 제출하는 개선계획서에 기재할 사항이 아닌 것은?

① 개선사유
② 개선내용
③ 개선기간 중의 수질오염물질 예상배출량 및 배출농도
④ 개선 후 배출시설의 오염물질 저감량 및 저감효과

해설 조치명령 또는 개선명령을 받지 아니한 사업자가 배출허용기준을 초과하여 오염물질을 배출하게 될 때 개선사유, 개선기간, 개선내용, 개선기간 중의 수질오염물질 예상배출량 및 배출농도 등을 적어 환경부장관에게 제출하고 그 배출시설 등을 개선할 수 있다.

87 환경부장관이 배출시설을 설치·운영하는 사업자에 대하여(조업정지를 하는 경우로서) 조업정지 처분에 갈음하여 과징금을 부과할 수 있는 대상 배출시설이 아닌 것은?

① 의료기관의 배출시설
② 발전소의 발전설비
③ 제조업의 배출시설
④ 기타 환경부령으로 정하는 배출시설

해설 조업정지처분에 갈음한 과징금 처분대상 배출시설
① 「의료법」에 따른 의료기관의 배출시설
② 발전소의 발전설비
③ 「초·중등교육법」 및 「고등교육법」에 따른 학교의 배출시설
④ 제조업의 배출시설
⑤ 그 밖에 대통령령으로 정하는 배출시설

88 수질오염 감시경보단계 중 경계단계의 발령기준으로 ( )에 옳은 내용은?

> 생물감시 측정값이 생물감시 경보기준 농도를 30분 이상 지속적으로 초과하고 전기전도도, 휘발성 유기화합물, 페놀, 중금속(구리, 납, 아연, 카드뮴 등) 항목 중 (㉠) 이상의 항목이 측정항목별 경보기준을 (㉡) 이상 초과하는 경우

① ㉠ 1개, ㉡ 2배 ② ㉠ 1개, ㉡ 3배
③ ㉠ 2개, ㉡ 2배 ④ ㉠ 2개, ㉡ 3배

해설 생물감시 측정값이 생물감시 경보기준 농도를 30분 이상 지속적으로 초과하고, 전기전도도, 휘발성 유기화합물, 페놀, 중금속(구리, 납, 아연, 카드뮴 등) 항목 중 1개 이상의 항목이 측정항목별 경보기준을 3배 이상 초과하는 경우

89 낚시제한구역에서의 제한사항이 아닌 것은?

① 1명당 3대의 낚싯대를 사용하는 행위
② 1개의 낚싯대에 5개 이상의 낚싯바늘을 떡밥과 뭉쳐서 미끼로 던지는 행위
③ 낚싯바늘에 끼워서 사용하지 아니하고 물고기를 유인하기 위하여 떡밥·어분 등을 던지는 행위
④ 어선을 이용한 낚시 행위 등 「낚시 관리 및 육성법」에 따른 낚시어선업을 영위하는 행위(「내수면어업법 시행령」에 따른 외줄낚시는 제외한다.)

해설 낚시제한구역에서의 제한사항
㉠ 낚싯바늘에 끼워서 사용하지 아니하고 물고기를 유인하기 위하여 떡밥·어분 등을 던지는 행위
㉡ 어선을 이용한 낚시행위 등 「낚시 관리 및 육성법」에 따른 낚시어선업을 영위하는 행위
㉢ 1명당 4대 이상의 낚싯대를 사용하는 행위
㉣ 1개의 낚싯대에 5개 이상의 낚싯바늘을 떡밥과 뭉쳐서 미끼로 던지는 행위
㉤ 쓰레기를 버리거나 취사 행위를 하거나 화장실이 아닌 곳에서 대·소변을 보는 등 수질오염을 일으킬 우려가 있는 행위
㉥ 고기를 잡기 위하여 폭발물·배터리·어망 등을 이용하는 행위

90 폐수처리업에 종사하는 기술요원에 대한 교육기관으로 옳은 것은?

① 국립환경인재개발원 ② 국립환경과학원
③ 한국환경공단 ④ 환경보전협회

해설 환경기술인 등의 교육기관
㉠ 환경기술인 : 환경보전협회
㉡ 기술요원 : 국립환경인력개발원

91 공공수역에 정당한 사유 없이 특정수질유해물질 등을 누출·유출시키거나 버린 자에 대한 처벌기준은?

① 1년 이하의 징역 또는 1천만 원 이하의 벌금
② 2년 이하의 징역 또는 2천만 원 이하의 벌금
③ 3년 이하의 징역 또는 3천만 원 이하의 벌금
④ 5년 이하의 징역 또는 5천만 원 이하의 벌금

92 대권역 물환경관리계획의 수립 시 포함되어야 할 사항으로 틀린 것은?

① 상수원 및 물 이용 현황
② 물환경의 변화 추이 및 물환경 목표기준
③ 물환경 보전조치의 추진방향
④ 물환경 관리 우선순위 및 대책

해설 대권역 물환경관리계획의 수립 시 포함되어야 할 사항
㉠ 물환경의 변화 추이 및 물환경 목표기준
㉡ 상수원 및 물 이용 현황
㉢ 점오염원, 비점오염원 및 기타 수질오염원의 분포 현황
㉣ 점오염원, 비점오염원 및 기타 수질오염원에서 배출되는 수질오염물질의 양
㉤ 수질오염 예방 및 저감대책
㉥ 물환경 보전조치의 추진방향
㉦ 「저탄소 녹색성장 기본법」 제2조 제12호에 따른 기후변화에 대한 적응대책
㉧ 그 밖에 환경부령으로 정하는 사항

93 초과부과금 산정기준으로 적용되는 수질오염물질 킬로그램당 부과금액이 가장 높은(많은) 것은?

① 카드뮴 및 그 화합물 ② 6가크롬 화합물
③ 납 및 그 화합물 ④ 수은 및 그 화합물

해설 수질오염물질 1킬로그램당 부과금액
① 카드뮴 및 그 화합물 : 500,000원
② 6가크롬 화합물 : 300,000원
③ 납 및 그 화합물 : 150,000원
④ 수은 및 그 화합물 : 1,250,000원

94 수계영향권별 물환경 보전에 관한 설명으로 옳은 것은?

① 환경부장관은 공공수역의 물환경을 관리·보전하기 위하여 국가물환경관리기본계획을 10년마다 수립하여야 한다.
② 유역환경청장은 수계영향권별로 오염원의 종류, 수질오염물질 발생량 등을 정기적으로 조사하여야 한다.
③ 환경부장관은 국가 물환경기본계획에 따라 중권역의 물환경관리계획을 수립하여야 한다.
④ 수생태계 복원계획의 내용 및 수립 절차 등에 필요한 사항은 환경부령으로 정한다.

95 물환경보전법에 사용하는 용어의 뜻으로 틀린 것은?

① 점오염원이란 폐수배출시설, 하수발생시설, 축사 등으로서 관로·수로 등을 통하여 일정한 지점으로 수질오염물질을 배출하는 배출원을 말한다.
② 공공수역이란 하천, 호소, 항만, 연안해역, 그 밖에 공공용으로 사용되는 대통령령으로 정하는 수역을 말한다.
③ 폐수란 물에 액체성 또는 고체성의 수질오염물질이 섞여 있어 그대로는 사용할 수 없는 물을 말한다.
④ 폐수무방류배출시설이란 폐수배출시설에서 발생하는 폐수를 해당 사업장에서 수질오염 방지시설을 이용하여 처리하거나 동일 폐수배출시설에 재이용하는 등 공공수역으로 배출하지 아니하는 폐수배출시설을 말한다.

해설 공공수역이란 하천, 호소, 항만, 연안해역, 그 밖에 공공용으로 사용되는 수역과 이에 접속하여 공공용으로 사용되는 환경부령으로 정하는 수로를 말한다.

96 수질오염물 방지시설 중 물리적 처리시설에 해당되지 않는 것은?

① 유수분리시설
② 혼합시설
③ 침전물 개량시설
④ 응집시설

해설 침전물 개량시설은 화학적 처리시설이다.

97 일일기준 초과 배출량 산정 시 적용되는 일일유량의 산정방법은 [측정유량×일일조업시간]이다. 측정유량의 단위는?

① 초당 리터
② 분당 리터
③ 시간당 리터
④ 일당 리터

해설 일일유량 산정방법
일일유량=측정유량×일일조업시간
㉠ 측정유량의 단위는 분당 리터(L/min)로 한다.
㉡ 일일조업시간은 측정하기 전 최근 조업한 30일간의 배출시설 조업시간의 평균치로서 분으로 표시한다.

98 하천(생활환경기준)의 등급별 수질 및 수생태계의 상태에 대한 설명으로 다음에 해당되는 등급은?

> 수질 및 수생태계 상태 : 상당량의 오염물질로 인하여 용존산소가 소모되는 생태계로 농업용수로 사용하거나 여과, 침전, 활성탄 투입, 살균 등 고도의 정수처리 후 공업용수로 사용할 수 있음

① 보통
② 약간 나쁨
③ 나쁨
④ 매우 나쁨

해설 등급별 수질 및 수생태계 상태
㉠ 매우 좋음 : 용존산소(溶存酸素)가 풍부하고 오염물질이 없는 청정상태의 생태계로 여과·살균 등 간단한 정수처리 후 생활용수로 사용할 수 있음
㉡ 좋음 : 용존산소가 많은 편이고 오염물질이 거의 없는 청정상태에 근접한 생태계로 여과·침전·살균 등 일반적인 정수처리 후 생활용수로 사용할 수 있음
㉢ 약간 좋음 : 약간의 오염물질은 있으나 용존산소가 많은 상태의 다소 좋은 생태계로 여과·침전·살균 등 일반적인 정수처리 후 생활용수 또는 수영용수로 사용할 수 있음
㉣ 보통 : 보통의 오염물질로 인하여 용존산소가 소모되는 일반 생태계로 여과, 침전, 활성탄 투입, 살균 등 고도의 정수처리 후 생활용수로 이용하거나 일반적 정수처리 후 공업용수로 사용할 수 있음
㉤ 약간 나쁨 : 상당량의 오염물질로 인하여 용존산소가 소모되는 생태계로 농업용수로 사용하거나 여과, 침전, 활성탄 투입, 살균 등 고도의 정수처리 후 공업용수로 사용할 수 있음
㉥ 나쁨 : 다량의 오염물질로 인하여 용존산소가 소모되는 생태계로 산책 등 국민의 일상생활에 불쾌감을 주지 않으며, 활성탄 투입, 역삼투압 공법 등 특수한 정수처리 후 공업용수로 사용할 수 있음
㉦ 매우 나쁨 : 용존산소가 거의 없는 오염된 물로 물고기가 살기 어려움

99 공공수역의 전국적인 수질 현황을 파악하기 위해 설치할 수 있는 측정망의 종류로 틀린 것은?

① 생물 측정망
② 토질 측정망
③ 공공수역 유해물질 측정망
④ 비점오염원에서 배출되는 비점오염물질 측정망

해설 국립환경과학원, 유역환경청장, 지방환경청장
㉠ 비점오염원에서 배출되는 비점오염물질 측정망
㉡ 수질오염물질의 총량 관리를 위한 측정망
㉢ 대규모 오염원의 하류지점 측정망
㉣ 수질오염경보를 위한 측정망
㉤ 대권역·중권역을 관리하기 위한 측정망
㉥ 공공수역 유해물질 측정망
㉦ 퇴적물 측정망
㉧ 생물 측정망
㉨ 그 밖에 국립환경과학원장이 필요하다고 인정하여 설치·운영하는 측정망

100 위임업무 보고사항 중 업무내용에 따른 보고횟수가 연 1회에 해당되는 것은?

① 기타 수질오염원 현황
② 환경기술인의 자격별·업종별 현황
③ 폐수무방류배출시설의 설치허가 현황
④ 폐수처리업에 대한 허가·지도단속실적 및 처리실적 현황

96. ③ 97. ② 98. ② 99. ② 100. ②

해설 위임업무 보고사항

업무내용	보고 횟수	보고기일
기타 수질오염원 현황	연 2회	매반기 종료 후 15일 이내
환경기술인의 자격별·업종별 현황	연 1회	다음 해 1월 15일까지
폐수무방류배출시설의 설치허가 현황	수시	허가(변경허가) 후 10일 이내
폐수처리업에 대한 허가·지도단속실적 및 처리실적 현황	연 2회	매반기 종료 후 15일 이내

2022년 3회 수질환경기사

SECTION 01 수질오염개론

01 바다에서 발생되는 적조현상에 관한 설명과 가장 거리가 먼 것은?
① 갈수기 해수 내 염소량이 높아질 때 발생된다.
② 플랑크톤의 번식에 충분한 광량과 영양염류가 공급될 때 발생된다.
③ 해수 중 용존산소의 결핍에 의한 어패류의 피해가 발생한다.
④ 적조 조류의 독소에 의한 어패류의 피해가 발생한다.

해설 적조현상은 강우에 따른 하천수의 유입으로 염분량이 낮아지고 물리적 자극물질이 보급될 때 발생한다.

02 하천의 자정작용에 관한 설명으로 틀린 것은?
① 생물학적 자정작용인 혐기성 분해는 중간 화합물이 휘발성이므로 유해한 경우가 많으며 호기성 분해에 비하여 장시간이 요구된다.
② 자정작용 중 가장 큰 비중을 차지하는 것은 생물학적 작용이라 할 수 있다.
③ 자정계수는 탈산소계수/재폭기계수를 뜻한다.
④ 화학적 자정작용인 응집작용은 흡수된 산소에 의해 오염물질이 분해될 때 발생되는 탄산가스가 물의 pH를 증가시켜 수산화물의 생성을 촉진시키므로 용해되어 있는 철이나 망간 등을 침전시킨다.

해설 자정계수(f)는 재폭기계수/탈산소계수이다.

03 약품응집침전법의 설명 중 옳지 않은 것은?
① 황산알루미늄은 철염에 비해 플록이 가볍고 적정 pH 폭이 좁다.
② 3가의 응집제는 2가의 응집제보다 효과가 적다.
③ 제타(Zeta)전위가 클수록 입자 간 응집력이 커진다.
④ 알칼리도가 낮으면 응집이 잘 일어나지 않는다.

해설 제타전위는 콜로이드 전단면에서 정전기 전위를 말하며 중화되지 않은 잉여전위의 크기로서 콜로이드 입자 간의 반발력을 나타내는 지표로 사용된다. 그 크기는 분산매인 액체와 입자하전의 차에 비례하여 증가한다. 따라서 계산된 제타전위가 작을수록 응집성이 증가하게 된다.

04 다음 중 몰(M)농도가 가장 큰 것은?(단, Na, Cl 원자량은 각각 23, 35.5)
① 130g 수산화나트륨/4L
② 3.6g 황산/30mL
③ 0.4kg 염화나트륨/10L
④ 5.2g 염산/0.1L

해설 M농도를 구하면 다음과 같다.
① $X\left(\dfrac{mol}{L}\right) = \dfrac{130g}{4L}\bigg|\dfrac{1mol}{40g}$
$= 0.8125(mol/L)$
② $X\left(\dfrac{mol}{L}\right) = \dfrac{3.6g}{30mL}\bigg|\dfrac{10^3 mL}{1L}\bigg|\dfrac{1mol}{98g}$
$= 1.22(mol/L)$
③ $X\left(\dfrac{mol}{L}\right) = \dfrac{0.4kg}{10L}\bigg|\dfrac{10^3 g}{1kg}\bigg|\dfrac{1mol}{58.5g}$
$= 0.68(mol/L)$
④ $X\left(\dfrac{mol}{L}\right) = \dfrac{5.2g}{0.1L}\bigg|\dfrac{1mol}{36.5g}$
$= 1.42(mol/L)$

05 하천수의 난류확산 방정식과 상관성이 적은 인자는?
① 유속   ② 난류확산계수
③ 침강속도   ④ 유량

해설 하천수의 난류확산 방정식
$$\dfrac{\partial C}{\partial t} + \dfrac{\partial(uC)}{\partial x} + \dfrac{\partial(vC)}{\partial y} + \dfrac{\partial(wC)}{\partial z}$$
$$= \dfrac{\partial}{\partial x}\left(D_x\dfrac{\partial C}{\partial x}\right) + \dfrac{\partial}{\partial y}\left(D_y\dfrac{\partial C}{\partial y}\right) + \dfrac{\partial}{\partial z}\left(D_z\dfrac{\partial C}{\partial z}\right)$$
$$+ w_o\dfrac{\partial C}{\partial z} - KC$$
여기서, C : 하천수의 오염물질 농도(mg/L)
u, v, w : x(유하), y(수평), z(수직) 방향의 유속

1. ① 2. ③ 3. ③ 4. ④ 5. ④ | ANSWER

D_x, D_y, D_z : x, y, z 방향의 확산계수
w_o : 대상오염물질의 침강속도(m/sec)
K : 대상오염물질의 자기감쇄계수

06 0℃에서 DO 4mg/L인 물(액상)의 DO 포화도(%)는?(단, 대기 화학조성 중 O_2 21%, 0℃에서 순수한 물의 용해도는 40mL/L라 가정한다. 1대기압 기준)
① 31.5 ② 33.3
③ 37.5 ④ 39.2

해설 DO 포화도(%) = $\frac{\text{현재 DO}}{\text{포화 DO}} \times 100$
㉠ 현재 DO = 4(mg/L)
㉡ 포화 DO = $\frac{40\text{mL}}{\text{L}} \Big| \frac{21}{100} \Big| \frac{32\text{mg}}{22.4\text{mL}}$
  = 12(mg/L)
∴ DO 포화도(%) = $\frac{4}{12} \times 100$
  = 33.33(%)

07 생물학적 질화 중 아질산화에 관한 설명으로 틀린 것은?
① Nitrobacter에 의해 수행된다.
② 수율은 0.04~0.13mg VSS/mg $NH_4^+ - N$ 정도이다.
③ 관련 미생물은 독립영양성 세균이다.
④ 산소가 필요하다.

해설 단백질은 효소에 의해 가수분해되어 글리신 등의 아미노산이 된다. 아미노산은 암모니아성 질소(NH_3-N) 상태에서 질산화균(Nitrosomonas)에 의해 아질산성 질소(NO_2-N)로 산화되고 다시 질산화균(Nitrobacter)에 의해 질산성 질소(NO_3-N)로 산화된다.

08 다음 반응식 중 환원상태가 되면 가장 나중에 일어나는 반응은?(단, ORP 기준)
① $NO_2^- \rightarrow NH_3$ ② $SO_4^{2-} \rightarrow S^{2-}$
③ $Fe^{3+} \rightarrow Fe^{2+}$ ④ $NO_3^- \rightarrow NO_2^-$

해설 환원상태가 되면 가장 나중에 일어나는 반응은 $SO_4^{2-} \rightarrow S^{2-}$이며, 가장 먼저 일어나는 반응은 $NO_3^- \rightarrow NO_2^-$이다.

09 미생물을 진핵세포와 원핵세포로 나눌 때 원핵세포에는 없고 진핵세포에만 있는 것은?
① 리보솜 ② 세포소기관
③ 세포벽 ④ DNA

해설 세포소기관(미토콘드리아, 엽록체, 액포 등)은 진핵세포에만 존재한다.

10 pH 7인 물에서 CO_2의 해리상수는 4.3×10^{-7}이고 $[HCO_3^-] = 8.6 \times 10^{-3}$몰/L일 때 CO_2 농도는?
① 68mg/L ② 78mg/L
③ 88mg/L ④ 98mg/L

해설 $H_2O + CO^2 = HCO_3^- + H^+$
$k = \frac{[HCO_3^-][H^+]}{[CO_2][H_2O]} = \frac{[HCO_3^-][H^+]}{[CO_2]}$
$k = 4.3 \times 10^{-7}$, $HCO_3^- = 8.6 \times 10^{-3}$M
H^+ = pH가 7이므로 10^{-7}M
$[4.3 \times 10^{-7}] = \frac{[8.6 \times 10^{-3}][10^{-7}]}{[CO_2]}$
$[CO_2] = \frac{[8.6 \times 10^{-3}][10^{-7}]}{[4.3 \times 10^{-7}]} = 0.002$M
∴ CO_2 농도(mg/L) = $\frac{0.002\text{mol}}{\text{L}} \Big| \frac{44\text{g}}{1\text{mol}} \Big| \frac{10^3\text{mg}}{\text{g}}$
  = 88mg/L

11 유기화합물에 대한 설명으로 옳지 않은 것은?
① 유기화합물들은 일반적으로 녹는점과 끓는점이 낮다.
② 유기화합물들은 하나의 분자식에 대하여 여러 종류의 화합물이 존재할 수 있다.
③ 유기화합물들은 대체로 이온반응보다는 분자반응을 하므로 반응속도가 빠르다.
④ 대부분의 유기화합물은 박테리아의 먹이가 될 수 있다.

해설 유기화합물들은 대체로 이온반응보다는 분자반응을 하므로 반응속도가 느리다.

12 Ca(OH)₂ 용액 50mL를 중화시키는 데 0.02N HCl 용액이 32.5mL 소요되었다. Ca(OH)₂ 용액의 경도(CaCO₃ 기준, mg/L)는?

① 450　　② 350
③ 650　　④ 550

해설
㉠ 중화적정식을 이용하여 Ca(OH)₂의 규정농도를 구하면,
$NV = N'V' \rightarrow N \times 50 = 0.02 \times 32.5$
$N(Ca(OH)_2) = 0.013(eq/L)$
㉡ 이를 CaCO₃ 상당 농도로 환산하면,
$$X(mg/L) = \frac{0.013(eq)}{L} \left| \frac{74/2(g)}{1(eq)} \right| \frac{100(g)}{74(g)} \left| \frac{10^3(mg)}{1(g)} \right.$$
$= 650(mg/L)$

13 환경미생물에 관한 설명으로 가장 거리가 먼 것은?

① 미생물계에 있어서 진핵세포와 원핵세포의 차이는 핵막의 유무뿐만 아니라 세포구조의 다른 점에도 있다.
② 미생물의 성장단계 중 가장 성장이 빠른 단계인 대수성장단계로 수처리에 주로 적용하고 있다.
③ 박테리아는 미세한 단세포 생물로서 분열에 의해서 증식한다.
④ 진균류는 다핵의 진핵생물이며 비광합성이고 호기성이다.

해설 수처리에 주로 이용되는 것은 감소성장단계와 내생성장단계에 걸쳐 있는 미생물이다.

14 우리나라의 수자원 이용현황 중 가장 많은 용도로 사용하는 용수는?

① 생활용수
② 공업용수
③ 농업용수
④ 유지용수

해설 우리나라에서는 농업용수의 이용률이 가장 높고, 그 다음은 발전 및 하천유지용수, 생활용수, 공업용수 순이다.

15 반감기가 3일인 방사성 폐수의 농도가 10mg/L라면 감소속도 정수(day⁻¹)는?(단, 1차반응속도 기준, 자연대수 기준)

① 0.132　　② 0.231
③ 0.326　　④ 0.430

해설 1차 반응식을 이용한다.
$\ln \frac{0.5C_o}{C_o} = -K \cdot t$
$\ln 0.5 = -K \times 3day$
$\therefore K = 0.231(day^{-1})$

16 25℃, 4atm의 압력에 있는 메탄가스 15kg을 저장하는 데 필요한 탱크의 부피(m³)는?(단, 이상기체의 법칙 적용, 표준상태 기준, R=0.082 L·atm/mol·K)

① 4.42　　② 5.73
③ 6.54　　④ 7.45

해설 이상기체방정식(Ideal Gas Equation)을 이용한다.
$PV = n \cdot R \cdot T$
$$V(m^3) = \frac{n \cdot R \cdot T}{P} = \frac{937.5 mol}{} \left| \frac{0.082 L \cdot atm}{mol \cdot K} \right| \frac{(273+25)K}{} \left| \frac{1}{4atm} \right.$$
$= 5,727.19(L) = 5.73(m^3)$

여기서, $n(mol) = \frac{M}{M_w} = \frac{15kg}{} \left| \frac{1mol}{16g} \right| \frac{10^3 g}{1kg}$
$= 937.5(mol)$

17 미생물 중 세균(Bacteria)에 관한 특징으로 가장 거리가 먼 것은?

① 원시적 엽록소를 이용하여 부분적인 탄소동화작용을 한다.
② 용해된 유기물을 섭취하며 주로 세포분열로 번식한다.
③ 수분 80%, 고형물 20% 정도로 세포가 구성되며 고형물 중 유기물이 99%를 차지한다.
④ 환경인자(pH, 온도)에 대하여 민감하며 열보다 낮은 온도에서 저항성이 높다.

해설 세균(Bacteria)은 탄소동화작용을 하지 않는다.

18 경도(Hardness)에 관한 설명으로 옳지 않은 것은?
① 표토층이 얇거나 석회암층이 적게 존재하는 곳에서 경도가 높은 물이 생성된다.
② 탄산경도 성분은 물을 끓일 때 제거되므로 일시경도라 한다.
③ 경도는 물의 세기 정도를 말하며, 2가 이상 양이온 금속의 함량을 탄산칼슘($CaCO_3$)으로 환산한 값이다.
④ 일반적으로 칼슘이온과 마그네슘이온이 경도의 주원인이 된다.

해설 표토층이 얇거나 석회암층이 적게 존재하는 곳은 층이 깊은 곳에 비해 상대적으로 경도가 낮은 물이 생성된다.

19 농업용수의 수질을 분석할 때 이용되는 SAR(Sodium Adsorption Ratio)과 관계없는 것은?
① Mg^{2+} ② Fe^{2+}
③ Ca^{2+} ④ Na^+

해설 $SAR = \dfrac{Na^+}{\sqrt{\dfrac{Ca^{2+} + Mg^{2+}}{2}}}$ 이므로
Na^+, Ca^{2+}, Mg^{2+}

20 카드뮴이 인체에 미치는 영향으로 가장 거리가 먼 것은?
① 칼슘 대사기능 장해
② Hunter-Russel 장해
③ 골연화증
④ Fanconi씨 증후군

해설 Hunter-Russel 장해는 수은에 의한 영향이다.

SECTION 02 상하수도계획

21 하수 관거의 접합방법 중 유수는 원활한 흐름이 되지만 굴착 깊이가 증가됨으로써 공사비가 증대되고 펌프로 배수하는 지역에서는 양정이 높게 되는 단점이 있는 것은?
① 수면접합 ② 관정접합
③ 중심접합 ④ 관저접합

22 상수시설 중 배수지에 관한 설명으로 틀린 것은?
① 유효용량은 시간변동조정용량, 비상대처용량을 합하여 급수구역의 계획1일최대급수량의 12시간분 이상을 표준으로 한다.
② 배수지는 가능한 한 급수지역의 중앙 가까이 설치한다.
③ 유효수심은 1~2m 정도를 표준으로 한다.
④ 자연유하식 배수지의 표고는 최소동수압이 확보되는 높이여야 한다.

해설 배수지의 유효수심은 배수관의 동수압이 적절하게 유지될 수 있도록 3~6m 정도로 한다.

23 도수거에 대한 설명으로 맞는 것은?
① 도수거의 개수로 경사는 일반적으로 1/100~1/300의 범위에서 선정된다.
② 개거나 암거인 경우에는 대개 30~50m 간격으로 시공조인트를 겸한 신축조인트를 설치한다.
③ 도수거에서 평균유속의 최대한도는 2.0m/s로 한다.
④ 도수거에서 최소유속은 0.5m/s로 한다.

해설 **도수거의 구조와 형식**
㉠ 개거와 암거는 구조상 안전하고 충분한 수밀성과 내구성을 가지고 있어야 한다.
㉡ 도수거는 한랭지에서뿐만 아니라 기타 장소에서도 될 수 있으면 암거로 설치한다. 부득이 개거로 할 경우에는 수질오염을 방지하고 위험을 방지하기 위한 조치를 강구해야 한다.

ANSWER | 18. ① 19. ② 20. ② 21. ② 22. ③ 23. ②

ⓒ 개거나 암거인 경우에는 대개 30~50m 간격으로 시공조인트를 겸한 신축조인트를 설치한다.
ⓓ 지층의 변화점, 수로교, 둑, 통문 등의 전후에는 플렉시블한 신축조인트를 설치한다.
ⓔ 암거에는 환기구를 설치한다.

24 우물의 양수량 결정 시 적용되는 "적정 양수량"의 정의로 옳은 것은?

① 최대양수량의 70% 이하
② 최대양수량의 80% 이하
③ 한계양수량의 70% 이하
④ 한계양수량의 80% 이하

해설 지하수(우물)의 양수량 결정 시 적용되는 적정양수량은 한계양수량의 70% 이하의 양수량으로 구한다.

25 캐비테이션 방지대책으로 틀린 것은?

① 펌프의 설치위치를 가능한 한 낮춘다.
② 펌프의 회전속도를 낮게 한다.
③ 흡입 측 밸브를 조금만 개방하고 펌프를 운전한다.
④ 흡입관의 손실을 가능한 한 적게 한다.

해설 공동현상(Cavitation)은 펌프의 임펠러 입구에서 특정 요인에 의해 물이 증발하거나 흡입관으로부터 공기가 혼입됨으로써 공동이 발생하는 현상으로 방지방법은 다음과 같다.
ⓐ 펌프의 설치위치를 가능한 한 낮추어 흡입양정을 짧게 한다.
ⓑ 펌프의 회전수를 감소시킨다.
ⓒ 성능에 크게 영향을 미치지 않는 범위 내에서 흡입관의 직경을 증가시킨다.
ⓓ 두 대 이상의 펌프를 사용하거나 회전차를 수중에 완전히 잠기게 한다.
ⓔ 양흡입 펌프·압축형 펌프·수중 펌프의 사용을 검토한다.

26 하수도시설인 중력식 침사지에 대한 설명으로 틀린 것은?

① 침사지의 평균유속은 0.3m/초를 표준으로 한다.
② 저부경사는 보통 1/500~1/1,000로 하며 그리트 제거설비의 종류별 특성에 따라 범위가 적용된다.
③ 침사지의 표면부하율은 오수침사지의 경우 1,800 m³/m²·일, 우수침사지의 경우 3,600m³/m²·일 정도로 한다.
④ 침사지 수심은 유효수심에 모래 퇴적부의 깊이를 더한 것으로 한다.

해설 중력식 침사지의 저부경사는 보통 1/100~1/200로 하나, 그리트 제거설비의 종류별 특성에 따라서는 이 범위가 적용되지 않을 수도 있다.

27 상수도 기본계획 수립 시 기본적 사항인 계획1일최대급수량에 관한 산정식으로 적절한 것은?

① 계획1일평균사용수량/계획유효율
② 계획1일평균사용수량/계획부하율
③ 계획1일평균급수량/계획유효율
④ 계획1일평균급수량/계획부하율

해설 계획1일최대급수량 = $\dfrac{계획1일평균급수량}{계획부하율}$

28 계획오수량에 관한 내용으로 틀린 것은?

① 지하수 유입량은 토질, 지하수위, 공법에 따라 다르지만 1인1일평균오수량의 10~20% 정도로 본다.
② 계획1일최대오수량은 1인1일최대오수량에 계획인구를 곱한 후 여기에 공장폐수량, 지하수량 및 기타 배수량을 가산한 것으로 한다.
③ 계획1일평균오수량은 계획1일최대오수량의 70~80%를 표준으로 한다.
④ 계획시간최대오수량은 계획1일최대오수량의 1시간당 수량의 1.3~1.8배를 표준으로 한다.

해설 지하수량은 1인1일최대오수량의 10~20%이다.

29 천정호(얕은 우물)의 경우 양수량 $Q = \dfrac{\pi k(H^2 - h^2)}{2.3\log(R/r)}$ 으로 표시된다. 반경 0.5m의 천정호 시험정에서 H=6m, h=4m, R=50m의 경우에 Q=10L/sec의 양수량을 얻었다. 이 조건에서 투수계수 k는?

① 0.043m/분
② 0.073m/분
③ 0.086m/분
④ 0.146m/분

해설 $Q = \dfrac{\pi k(H^2 - h^2)}{2.3\log(R/r)}$

$10 \times 10^{-3}(\text{m}^3/\text{sec}) = \dfrac{\pi k(6^2 - 4^2)\text{m}^2}{2.3\log(50/0.5)}$

∴ $k = 7.32 \times 10^{-4}(\text{m/sec})$

30 상수도시설의 내진설계 방법이 아닌 것은?
① 등가정정해석법
② 다중회귀법
③ 응답변위법
④ 동적해석법

해설 수도시설의 내진설계법으로 진도법(수정진도법을 포함), 응답변위법 및 동적해석법이 있다.

31 정수시설인 급속여과지 시설기준에 관한 설명으로 옳지 않은 것은?
① 여과면적은 계획정수량을 여과속도로 나누어 구한다.
② 1지의 여과면적은 200m² 이상으로 한다.
③ 여과모래의 유효경이 0.45~0.7mm의 범위인 경우에는 모래층의 두께는 60~70cm를 표준으로 한다.
④ 여과속도는 120~150m/day를 표준으로 한다.

해설 1지의 여과면적은 150m² 이하로 한다.

32 직경 2m인 하수관을 매설하려 한다. 성토에 의하여 관에 가해지는 하중을 Marston의 방법에 의해 계산하면?(단, 흙의 단위중량 1.9kN/m³, C1=1.86, 관의 상부 90° 부분에서의 관 매설을 위해 굴토한 도랑의 폭=3.3m)

① 약 25.7kN/m
② 약 38.5kN/m
③ 약 45.7kN/m
④ 약 52.9kN/m

해설 $W = C_1 \times \gamma \times B^2$

$\dfrac{1.86}{} \bigg| \dfrac{1.9\text{KN}}{\text{m}^3} \bigg| \dfrac{(3.3\text{m})^2}{} = 38.5(\text{KN/m})$

33 취수시설 중 취수보의 위치 및 구조에 대한 고려사항으로 옳지 않은 것은?
① 유심이 취수구에 가까우며 안정되고 홍수에 의한 하상 변화가 적은 지점으로 한다.
② 원칙적으로 철근콘크리트 구조로 한다.
③ 침수 및 홍수 시 수면 상승으로 인하여 상류에 위치한 하천공작물 등에 미치는 영향이 적은 지점에 설치한다.
④ 원칙적으로 홍수의 유심방향과 평행인 직선형으로 가능한 한 하천의 곡선부에 설치한다.

해설 원칙적으로 홍수의 유심방향과 직각의 직선형으로 가능한 한 하천의 직선부에 설치한다.

34 관거 직선부에서 하수도 맨홀의 최대간격 표준은? (단, 600mm 이하의 관 기준)
① 50m
② 75m
③ 100m
④ 150m

해설 ㉠ 맨홀은 관거의 기점, 방향, 경사 및 관경 등이 변하는 곳, 단차가 발생하는 곳, 관거가 합류하는 곳이나 관거의 유지관리상 필요한 장소에 반드시 설치한다.
㉡ 관거 직선부는 관경에 따라 적당한 간격마다 설치한다.

관경(mm)	600 이하	600~1,000	1,000~1,500	1,650 이상
최대간격(m)	75	100	150	200

ANSWER | 29. ① 30. ② 31. ② 32. ② 33. ④ 34. ②

35 배수관로 상에 유리관을 세웠을 때 다음 그림과 같은 상태였다. 이때 배수관 내의 유속(m/sec)은?(단, 수면의 차이는 10cm)

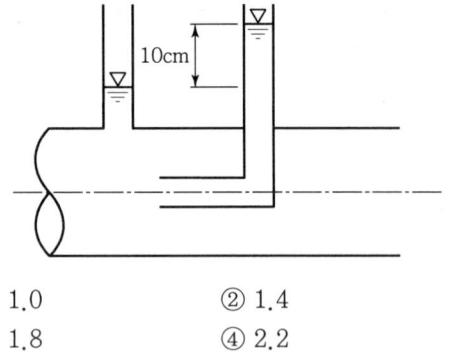

① 1.0 ② 1.4
③ 1.8 ④ 2.2

해설
$V = \sqrt{2 \cdot g \cdot H}$
$= \sqrt{(2 \times 9.8 \times 0.1)}$
$= 1.4 (m/sec)$

36 최근 정수장에서 응집제로서 많이 사용되고 있는 폴리염화알루미늄(PACl)에 대한 설명으로 옳은 것은?
① 일반적으로 황산알루미늄보다 적정 주입 pH의 범위가 넓으며 알칼리도의 감소가 적다.
② 일반적으로 황산알루미늄보다 적정 주입 pH의 범위가 좁으며 알칼리도의 감소가 적다.
③ 일반적으로 황산알루미늄보다 적정 주입 pH의 범위가 좁으며 알칼리도의 감소가 크다.
④ 일반적으로 황산알루미늄보다 적정 주입 pH의 범위가 넓으며 알칼리도의 감소가 크다.

해설 폴리염화알루미늄(PACl)은 액체로서 그 액체 자체가 가수분해되어 중합체로 되어 있으므로 일반적으로 황산알루미늄보다 응집성이 우수하고 적정 주입 pH의 범위가 넓으며 알칼리도의 저하가 적다는 점 등의 특징이 있다.

37 하수배제방식이 합류식인 경우 중계펌프장의 계획하수량으로 가장 옳은 것은?
① 우천 시 계획오수량 ② 계획우수량
③ 계획시간최대오수량 ④ 계획1일최대오수량

해설 하수배제방식에 따른 펌프장시설의 계획하수량은 다음과 같다.

하수배제방식	펌프장의 종류	계획하수량
분류식	중계펌프장 처리장 내 펌프장	계획시간최대오수량
	빗물펌프장	계획우수량
합류식	중계펌프장 처리장 내 펌프장	우천 시 계획오수량
	빗물펌프장	계획하수량-우천 시 계획오수량

38 수격작용(Water Hammer)을 방지 또는 줄이는 방법이라 할 수 없는 것은?
① 펌프에 플라이 휠(Fly Wheel)을 붙여 펌프의 관성을 증가시킨다.
② 흡입 측 관로에 압력조절수조(Surge Tank)를 설치하여 부압을 유지시킨다.
③ 펌프 토출구 부근에 공기탱크를 두거나 부압 발생 지점에 흡기밸브를 설치하여 압력강하 시 공기를 넣어 준다.
④ 관내유속을 낮추거나 관거상황을 변경한다.

해설 수격작용은 관로의 밸브를 급히 제동하거나 펌프의 급제동으로 인하여 순간유속이 제로(0)가 되면서 압력파가 발생하게 되고, 이 압력파는 관 내를 일정한 전파속도로 왕복하면서 충격을 주게 되는 현상을 말하며 방지방법은 다음과 같다.
㉠ 관 내의 유속을 낮추거나 관경을 크게 한다.
㉡ 펌프의 속도가 급격히 변화하는 것을 방지한다.
㉢ 수압을 조절할 수 있는 수조를 관선에 설치한다.
㉣ 밸브를 펌프 송출구 가까이 설치하여 적절히 제어할 수 있도록 한다.

39 복류수나 자유수면을 갖는 지하수를 취수하는 시설인 집수매거에 관한 설명으로 틀린 것은?
① 집수매거의 길이는 시험우물 등에 의한 양수시험 결과에 따라 정한다.
② 집수매거의 매설깊이는 1.0m 이하로 한다.
③ 집수매거는 수평 또는 흐름방향으로 향하여 완경사로 하고 집수매거의 유출단에서 매거 내의 평균유속은 1.0m/s 이하로 한다.
④ 세굴의 우려가 있는 제외지에 설치할 경우에는 철근콘크리트틀 등으로 방호한다.

해설 집수매거의 매설깊이는 5m를 표준으로 한다.

40 취수시설 중 취수보의 위치 및 구조에 대한 고려사항으로 옳지 않은 것은?

① 유심이 취수구에 가까우며 안정되고 홍수에 의한 하상 변화가 적은 지점으로 한다.
② 원칙적으로 철근콘크리트 구조로 한다.
③ 침수 및 홍수 시 수면 상승으로 인하여 상류에 위치한 하천공작물 등에 미치는 영향이 적은 지점에 설치한다.
④ 원칙적으로 홍수의 유심방향과 평행인 직선형으로 가능한 한 하천의 곡선부에 설치한다.

해설 원칙적으로 홍수의 유심방향과 직각의 직선형으로 가능한 한 하천의 직선부에 설치한다.

SECTION 03 수질오염방지기술

41 MLSS의 농도가 1,500mg/L인 슬러지를 부상법(Flotation)에 의해 농축시키고자 한다. 압축 탱크의 유효전달 압력이 4기압이며 공기의 밀도가 1.3g/L, 공기의 용해량이 18.7mL/L일 때 Air/Solid(A/S)비는?(단, 유량은 300m³/day이며, f=0.5, 처리수의 반송은 없다.)

① 0.008   ② 0.010
③ 0.016   ④ 0.020

해설 $A/S\ 비 = \dfrac{1.3 \cdot C_{air}(f \cdot P - 1)}{SS}$
$= \dfrac{1.3 \times 18.7 \times (0.5 \times 4 - 1)}{1,500} = 0.0162$

42 용해성 BOD_5가 250mg/L인 폐수가 완전혼합활성슬러지 공정으로 처리된다. 유출수의 용해성 BOD_5는 7.4mg/L이다. 유량이 18,925m³/day일 때 포기조의 용적(m³)은?

⟨조건⟩
• MLVSS = 4,000mg/L
• Y = 0.65kg 미생물/kg 소모된 BOD_5
• K_d = 0.06/day
• 미생물 평균 체류시간 θ_c = 10day
• 24시간 연속폭기

① 3,330   ② 4,663
③ 5,330   ④ 6,270

해설 $\dfrac{1}{SRT} = \dfrac{Y \cdot Q(S_i - S_o)}{\forall \cdot X} - K_d$
㉠ $SRT(\theta_c) = 10$day
㉡ Y = 0.65(kg 미생물/kg 소모된 BOD_5)
㉢ Q = 18,925(m³/day)
㉣ K_d = 0.06/day
이를 위의 계산식에 대입하면,
$\dfrac{1}{10} = \dfrac{0.65 \times (250 - 7.4) \times 18,925}{\forall \times 4,000} - 0.06$
∴ 포기조 용적($\forall$) = 4,663(m³)

43 MLSS 농도 3,000mg/L, F/M 비가 0.4인 포기조에 BOD 350mg/L의 폐수가 3,000m³/day로 유입되고 있다. 포기조 내 체류시간(hr)은?

① 5   ② 7
③ 9   ④ 11

해설 $F/M(day^{-1}) = \dfrac{BOD_i \cdot Q_i}{\forall \cdot X} = \dfrac{BOD_i}{t \cdot X}$
$t = \dfrac{BOD}{F/M \cdot X}$
$= \dfrac{350(mg/L)}{0.4 \times 3,000(mg/L)}$
$= 0.292(day) = 7(hr)$

44 슬러지를 진공 탈수시켜 부피가 50% 감소되었다. 유입슬러지 함수율이 98%이었다면 탈수 후 슬러지의 함수율(%)은?(단, 슬러지 비중은 1.0 기준)

① 90   ② 92
③ 94   ④ 96

해설 $V_1(1 - W_1) = V_2(1 - W_2)$
$1(1 - 0.98) = 0.5(1 - W_2)$

ANSWER | 40. ④ 41. ③ 42. ② 43. ② 44. ④

$0.02 = 0.5(1-W_2)$
$\therefore W_2 = 0.96 = 96(\%)$

45 하수의 고도처리를 위한 생물학적 공법 중 인 제거만을 주목적으로 개발된 것은?

① Bardenpho Process
② A^2/O Process
③ 수정 Bardenpho Process
④ A/O Process

46 5단계 Bardenpho 공법에 관한 설명으로 틀린 것은?

① 슬러지 생산량은 비교적 많으나 반응조의 규모가 작다.
② 호기조에서 1차 무산소조로 내부반송을 한다.
③ 효과적인 인 제거를 위해서는 혐기조에 질산성 질소가 유입되지 않아야 한다.
④ 인 제거는 과잉의 인을 섭취한 슬러지를 폐기함으로써 이루어진다.

해설 5단계 Bardenpho 공법은 슬러지 생산량이 가장 적고, 큰 규모의 반응조를 필요로 한다.

47 소화조 슬러지 주입률 100m³/day, 슬러지의 SS 농도 6.47%, 소화조 부피 1,250m³, SS 내 VS 함유율 85%일 때 소화조에 주입되는 VS의 용적부하(kg/m³ · day)는?(단, 슬러지의 비중=1.0)

① 1.4
② 2.4
③ 3.4
④ 4.4

해설 소화조에 유입되는 VS의 용적부하 $\left(\dfrac{kg}{m^3 \cdot day}\right)$

$= \dfrac{\text{소화조로 유입되는 VS의 양(kg/day)}}{\text{소화조의 용적(m}^3\text{)}}$

$= \dfrac{100m^3 \cdot SL}{day} \bigg| \dfrac{6.47 \cdot TS}{100 \cdot SL} \bigg| \dfrac{85 \cdot VS}{100 \cdot TS}$
$\quad \bigg| \dfrac{1}{1,250m^3} \bigg| \dfrac{1,000kg}{m^3}$

$= 4.4(kg/m^3 \cdot day)$

48 하수 처리방식 중 회전원판법에 관한 설명으로 가장 거리가 먼 것은?

① 활성슬러지법에 비해 2차 침전지에서 미세한 SS가 유출되기 쉽고, 처리수의 투명도가 나쁘다.
② 운전관리상 조작이 간단한 편이다.
③ 질산화가 거의 발생하지 않으며, pH 저하도 거의 없다.
④ 소비 전력량이 소규모 처리시설에서는 표준활성슬러지법에 비하여 적은 편이다.

해설 질산화가 일어나기 쉬우며 pH가 저하되는 경우가 있다.

49 역삼투장치로 하루에 600,000L의 3차 처리된 유출수를 탈염하고자 한다. 조건이 다음과 같을 때 요구되는 막 면적(m²)은?

- 25℃에서 물질전달계수=0.2068L/(day−m²)(kPa)
- 유입수와 유출수의 압력차=2,400kPa
- 유입수와 유출수의 삼투압차=310kPa
- 최저운전온도=10℃, $A_{10℃} = 1.3 A_{25℃}$

① 약 1,200
② 약 1,400
③ 약 1,600
④ 약 1,800

해설 ㉠ 막의 단위면적당 유출수량(Q_F)은 압력과 다음의 관계식이 성립된다.
$Q_F = K(\Delta P - \Delta \pi)$
여기서, K : 막의 물질전달계수(L/(day−m²)(kPa))
ΔP : 유입수와 유출수 사이의 압력(kPa)
$\Delta \pi$: 유입수와 유출수의 삼투압(kPa)

㉡ 조건을 대입하여 관계식을 만들면,
$\dfrac{600,000L}{day} \bigg| \dfrac{1}{A(m^2)}$
$= \dfrac{0.2068L}{m^2 \cdot day \cdot kPa} \bigg| (2,400-310)kPa$
$\therefore A_{25℃} = 1,388.2(m^2)$

㉢ 최저운전온도(10℃) 상태로 막의 소요면적을 온도보정하면,
$\therefore A_{10℃} = 1.3 \times A_{25℃} = 1.3 \times 1,388.2$
$= 1,804.7(m^2)$

45. ④ 46. ① 47. ④ 48. ③ 49. ④ | ANSWER

50 흡착등온 관련 식과 가장 거리가 먼 것은?
① BET ② Michaelius-Menton
③ Langmuir ④ Freundlich

해설 흡착 관련 주요 등온흡착식에는 Langmuir식, Freundlich식, BET식 등이 있다.

51 물리·화학적으로 질소를 효과적으로 제거하는 방법이 아닌 것은?
① 금속염(Al, Fe) 첨가법
② 공기 탈기법(Air Stripping)
③ 선택적 이온교환법
④ 파괴점 염소주입법

해설 금속염(Al, Fe) 첨가법은 인 제거방법이다.

52 포기조의 MLSS 농도가 3,000mg/L이고, 1L 실린더에 30분 동안 침전시킨 후 슬러지 부피가 150mL이면 슬러지의 SVI는?
① 20 ② 50
③ 100 ④ 150

해설 SVI 계산식을 이용한다.
$$SVI = \frac{SV(mL/L)}{MLSS(mg/L)} \times 10^3$$
$$= \frac{150}{3,000} \times 10^3 = 50$$

53 하수 내 함유된 유기물질뿐 아니라 영양물질까지 제거하기 위하여 개발된 A^2/O 공법에 관한 설명으로 틀린 것은?
① 인과 질소를 동시에 제거할 수 있다.
② 혐기조에서는 인의 방출이 일어난다.
③ 폐슬러지(Sludge) 내의 인 함량은 비교적 높아서 (3~5%) 비료의 가치가 있다.
④ 무산소조에서는 인의 과잉섭취가 일어난다.

해설 A^2/O 공법에서 무산소조의 역할은 탈질화이다.

54 펜톤 처리공정에 관한 설명으로 가장 거리가 먼 것은?
① 펜톤시약의 반응시간은 철염과 과산화수소수의 주입 농도에 따라 변화를 보인다.
② 펜톤시약을 이용하여 난분해성 유기물을 처리하는 과정은 대체로 산화반응과 함께 pH 조절, 펜톤산화, 중화 및 응집, 침전으로 크게 4단계로 나눌 수 있다.
③ 펜톤시약의 효과는 pH 8.3~10 범위에서 가장 강력한 것으로 알려져 있다.
④ 폐수의 COD는 감소하지만 BOD는 증가할 수 있다.

해설 펜톤시약의 효과는 pH 3~4.5 범위에서 가장 강력한 것으로 알려져 있다.

55 막공법에 관한 설명으로 가장 거리가 먼 것은?
① 투석은 선택적 투과막을 통해 용액 중 다른 이온 혹은 분자의 크기가 다른 용질을 분리시키는 것이다.
② 투석에 대한 추진력은 막을 기준으로 한 용질의 농도차이다.
③ 한외여과 및 미여과의 분리는 주로 여과작용에 의한 것으로 역삼투 현상에 의한 것이 아니다.
④ 역삼투는 반투막으로 용매를 통과시키기 위해 동수압을 이용한다.

해설 역삼투법은 반투과성 멤브레인막과 정수압을 이용하여 염용액으로부터 물과 같은 용매를 분리하는 방법으로 추진력은 정압차이다.

56 인구가 10,000명인 마을에서 발생되는 하수를 활성슬러지법으로 처리하는 처리장에 저율혐기성 소화조를 설계하려고 한다. 생슬러지(건조고형물 기준) 발생량은 0.11kg/인·일이며, 휘발성 고형물은 건조고형물의 70%이다. 가스발생량은 $0.94m^3$/VSS kg이고 휘발성 고형물의 65%가 소화된다면 일일 가스 발생량(m^3/day)은?
① 약 471 ② 약 345
③ 약 563 ④ 약 644

해설 $X\left(\dfrac{m^3}{day}\right) = \dfrac{10,000명}{인 \cdot 일} \left|\dfrac{0.11kg \cdot TS}{kg \cdot TS}\right| \dfrac{0.94m^3}{kg \cdot TS} \left|\dfrac{70 \cdot VS}{100 \cdot TS}\right|$

$\dfrac{65}{100} = 470.47(m^3/day)$

57 함수율이 90%인 슬러지 겉보기 비중이 1.02였다. 이 슬러지를 탈수하여 함수율이 60%인 슬러지를 얻었다면 탈수된 슬러지가 갖는 비중은?(단, 물의 비중은 1.0으로 한다.)

① 약 1.09 ② 약 1.19
③ 약 1.29 ④ 약 1.39

해설 슬러지의 밀도(비중) 수지식을 이용한다.

$\dfrac{m_{SL}}{\rho_{SL}} = \dfrac{m_{TS}}{\rho_{TS}} + \dfrac{m_W}{\rho_W}$

㉠ 함수율이 90%일 때

$\dfrac{100}{1.02} = \dfrac{10}{\rho_{TS}} + \dfrac{90}{1.0}$ ∴ $\rho_{TS} = 1.244$

㉡ 함수율이 60%일 때

$\dfrac{100}{\rho_{SL}} = \dfrac{40}{1.244} + \dfrac{60}{1.0}$ ∴ $\rho_{SL} = 1.085$

58 SBR의 장점이 아닌 것은?

① BOD 부하의 변동폭이 큰 경우에 잘 견딘다.
② 처리용량이 큰 처리장에 적용이 용이하다.
③ 슬러지 반송을 위한 펌프가 필요 없어 배관과 동력이 절감된다.
④ 질소와 인의 효율적인 제거가 가능하다.

해설 SBR는 소규모 처리장에 적합하다.

59 혐기성 소화법과 비교한 호기성 소화법의 장·단점으로 옳지 않은 것은?

① 운전이 용이하다.
② 소화슬러지 탈수가 용이하다.
③ 가치 있는 부산물이 생성되지 않는다.
④ 저온 시의 효율이 저하된다.

해설 소화슬러지 탈수가 용이한 것은 혐기성 소화법의 장점이다.

60 어떤 물질이 1차 반응으로 분해되며, 속도상수는 $0.05d^{-1}$이다. 유량이 395m³/day일 때, 이 물질의 90%를 제거하는 데 필요한 PFR 부피(m³)는?

① 17,250 ② 18,190
③ 19,530 ④ 20,350

해설 $\ln\dfrac{C_t}{C_o} = -K \cdot t$

$\ln\dfrac{0.1}{1} = -0.05 \times t$

$t = 46.05(day)$

$\forall (m^3) = Q \times t = \dfrac{395m^3}{day} \left|\dfrac{46.05day}{}\right.$

$= 18,190(m^3)$

SECTION 04 수질오염공정시험기준

61 분원성 대장균군 - 막여과법의 측정방법으로 ( )에 옳은 내용은?

> 물속에 존재하는 분원성 대장균군을 측정하기 위하여 페트리 접시에 배지를 올려놓은 다음 배양 후 여러 가지 색조를 띠는 ( )의 집락을 계수하는 방법이다.

① 황색 ② 녹색
③ 적색 ④ 청색

해설 분원성 대장균군 - 막여과법
물속에 존재하는 분원성 대장균군을 측정하기 위하여 페트리 접시에 배지를 올려놓은 다음 배양 후 여러 가지 색조를 띠는 청색의 집락을 계수하는 방법이다.

62 수질오염공정시험기준상 총대장균군의 시험방법이 아닌 것은?

① 현미경계수법 ② 막여과법
③ 시험관법 ④ 평판집락법

해설 총대장균군 시험방법에는 막여과법, 시험관법, 평판집락법이 있다.

63 막여과법에 의한 총대장균군을 측정하기 위해, 시료를 10mL, 1mL, 0.1mL 취해 시험한 결과 40, 9 및 1로 집락이 계수되었을 경우 총 대장균군 수는?

① 390/100mL   ② 400/100mL
③ 410/100mL   ④ 440/100mL

해설 총대장균군 수/100mL = $\frac{C}{V} \times 100$

여기서, C = 생성된 집락수
V = 여과한 시료량(mL)

배양 후 금속성 광택을 띠는 적색이나 진한 적색 계통의 집락을 계수하며, 집락수가 20~80의 범위에 드는 것을 선정하여 다음의 식에 의해 계산한다.

$\frac{\text{총대장균군 수}}{100\text{mL}} = \frac{40}{10\text{mL}} \times 100 = \frac{400}{100\text{mL}}$

64 유기물을 다량 함유하고 있으면서 산 분해가 어려운 시료에 적용되는 전처리법은?

① 질산-염산법   ② 질산-황산법
③ 질산-초산법   ④ 질산-과염소산법

해설 전처리 방법

전처리 방법	적용 시료
질산법	유기 함량이 비교적 높지 않은 시료의 전처리에 사용한다.
질산-염산법	유기물 함량이 비교적 높지 않고 금속의 수산화물, 산화물, 인산염 및 황화물을 함유하고 있는 시료에 적용된다.
질산-황산법	유기물 등을 많이 함유하고 있는 대부분의 시료에 적용된다.
질산-과염소산법	유기물을 다량 함유하고 있으면서 산분해가 어려운 시료에 적용된다.
질산-과염소산-불화수소산법	다량의 점토질 또는 규산염을 함유한 시료에 적용된다.

65 실험 일반 총칙에 관한 내용과 가장 거리가 먼 것은?

① 공정시험기준 이외의 방법이라도 측정결과가 같거나 그 이상의 정확도가 있다고 국내·외에서 공인된 방법은 이를 사용할 수 있다.
② 하나 이상의 공정시험기준으로 시험한 결과가 서로 달라 제반 기준의 적부에 영향을 줄 경우 항목별 공정시험기준의 주 시험법에 의한 분석 성적에 의하여 판정한다.
③ 연속측정 또는 현장측정의 목적으로 사용되는 측정기기는 표준물질에 대한 보정을 행한 후 사용할 수 있다.
④ 시험결과의 표시는 정량한계의 결과 표시 자리수를 따르며 정량한계 미만은 불검출된 것으로 간주한다.

해설 연속측정 또는 현장측정의 목적으로 사용하는 측정기기는 공정시험기준에 의한 측정치와의 정확한 보정을 행한 후 사용할 수 있다.

66 I_o 단색광이 정색액을 통과할 때 그 빛의 50%가 흡수된다면 이 경우 흡광도는?

① 0.6   ② 0.5
③ 0.3   ④ 0.2

해설 흡광도는 투과도 역수의 log 값이므로 다음 식으로 계산된다.

흡광도(A) = $\log \frac{1}{I_t/I_o} = \log \frac{1}{t} = \log \frac{1}{T/100}$
= εCL

∴ 흡광도(A) = $\log \frac{1}{t} = \log \frac{1}{0.5} = 0.301$

67 기체크로마토그래피법으로 인 또는 유황화합물을 선택적으로 검출하려 할 때 사용되는 검출기는?

① ECD   ② FID
③ FPD   ④ TCD

68 불소화합물 측정에 적용 가능한 시험방법과 가장 거리가 먼 것은?(단, 수질오염공정시험기준 기준)

① 이온크로마토그래피법
② 자외선/가시선 분광법
③ 이온전극법
④ 원자흡수분광광도법

해설 불소화합물의 분석방법에는 자외선/가시선 분광법, 이온전극법, 이온크로마토그래피법이 있다.

ANSWER | 63. ② 64. ④ 65. ③ 66. ③ 67. ③ 68. ④

69 자외선/가시선 분광법에 관한 설명으로 틀린 것은?
① 측정파장은 원칙적으로 최고의 흡광도가 얻어질 수 있는 최대 흡수파장을 선정한다.
② 대조액은 일반적으로 용매 또는 바탕시험액을 사용한다.
③ 측정된 흡광도는 되도록 1.0~1.5의 범위에 들도록 시험용액의 농도 및 흡수셀의 길이를 선정한다.
④ 부득이 흡광도를 0.1 미만에서 측정할 때는 눈금확대기를 사용하는 것이 좋다.

해설 측정된 흡광도는 되도록 0.2~0.8의 범위에 들도록 시험용액의 농도 및 흡수셀의 길이를 선정한다.

70 시험할 때 사용되는 용어의 정의로 옳지 않은 것은?
① 감압 또는 진공 : 따로 규정이 없는 한 15mmHg 이하를 뜻한다.
② 바탕시험 : 시료에 대한 처리 및 측정 시 시료를 사용하지 않고 같은 방법으로 조작한 측정치를 빼는 것을 뜻한다.
③ 용기 : 시험용액 또는 시험에 관계된 물질을 보존, 운반 또는 조작하기 위하여 넣어두는 것으로 시험에 지장을 주지 않도록 깨끗한 것을 뜻한다.
④ 정밀히 단다 : 규정된 양의 시료를 취하여 화학저울 또는 미량저울로 칭량함을 말한다.

해설 "바탕시험을 하여 보정한다"라 함은 시료에 대한 처리 및 측정을 할 때, 시료를 사용하지 않고 같은 방법으로 조작한 측정치를 빼는 것을 뜻한다.

71 다음 중 관 내의 유량 측정방법이 아닌 것은?
① 오리피스
② 자기식 유량 측정기(Magnetic Flow Meter)
③ 피토(Pitot)관
④ 위어(Weir)

해설 관(Pipe) 내의 유량 측정방법에는 벤투리미터(Venturi Meter), 유량 측정용 노즐(Nozzle), 오리피스(Orifice), 피토(Pitot)관, 자기식 유량측정기(Magnetic Flow Meter)가 있다.

72 4각 웨어에 의하여 유량을 측정하려고 한다. 웨어의 수두 0.5m, 절단 폭이 4m이면 유량(m^3/분)은?(단, 유량계수는 4.8이다.)
① 약 4.3
② 약 6.8
③ 약 8.1
④ 약 10.4

해설 4각 위어의 유량
$$Q(m^3/min) = K \cdot b \cdot h^{3/2}$$
$$= 4.8 \times 4 \times 0.5^{3/2} = 6.788(m^3/min)$$

73 폐수 20mL를 취하여 산성과망간산칼륨법으로 분석하였더니 0.005M-KMnO₄ 용액의 적정량이 4mL였다. 이 폐수의 COD(mg/L)는?(단, 공시험값=0 mL, 0.005M-KMnO₄ 용액의 f=1.00)
① 16
② 40
③ 60
④ 80

해설 $COD(mg/L) = (b-a) \times f \times \dfrac{1,000}{V} \times 0.2$
㉠ a : 바탕시험 적정에 소비된 과망간산칼륨용액(0.005M)의 양=0(mL)
㉡ b : 시료의 적정에 소비된 과망간산칼륨용액(0.005M)의 양=4(mL)
㉢ f : 과망간산칼륨용액(0.005M) 농도계수 (factor)=1
㉣ V : 시료의 양=20(mL)
∴ $COD(mg/L) = (4-0) \times 1 \times \dfrac{1,000}{20} \times 0.2$
$= 40(mg/L)$

74 시료의 최대보존기간이 가장 짧은 항목은?
① 색도
② 셀레늄
③ 전기전도도
④ 클로로필 a

해설 시료의 최대보존기간
① 색도 : 48시간
② 셀레늄 : 6개월
③ 전기전도도 : 24시간
④ 클로로필 a : 7일

75 NaOH 0.01M은 몇 mg/L인가?
① 40
② 400
③ 4,000
④ 40,000

해설
$$X(mg/L) = \frac{0.01\,mol}{L} \cdot \frac{40\,g}{1\,mol} \cdot \frac{10^3\,mg}{1\,g}$$
$$= 400\,mg/L$$

76 시료 채취 시 유의사항에 관한 내용으로 옳지 않은 것은?
① 채취용기는 시료를 채우기 전에 시료로 3회 세척 후 사용한다.
② 수소이온을 측정하기 위한 시료를 채취할 때에는 운반 중 공기와 접촉이 없도록 용기에 가득 채운다.
③ 휘발성 유기화합물 분석용 시료를 채취할 때에는 뚜껑에 격막이 생성되지 않도록 주의한다.
④ 시료채취량은 시험항목 및 시험횟수에 따라 차이가 있으나 보통 3~5리터 정도이다.

해설 용존가스, 환원성 물질, 휘발성 유기화합물, 냄새, 유류 및 수소이온 등을 측정하기 위한 시료를 채취할 때에는 운반 중 공기와의 접촉이 없도록 시료 용기에 가득 채운 후 빠르게 뚜껑을 닫는다.

77 인산염인(자외선/가시선 분광법 – 아스코빈산환원법) 측정방법에 관한 내용으로 ( )에 옳은 내용은?

> 물속에 존재하는 인산염인을 측정하기 위하여 몰리브덴산암모늄과 반응하여 생성된 몰리브덴산인암모늄을 아스코빈산으로 환원한 후 생성된 몰리브덴산 ( )에서 측정하여 인산염인을 정량하는 방법이다.

① 청의 흡광도를 880nm
② 적색의 흡광도를 540nm
③ 적색의 흡광도를 460nm
④ 청의 흡광도를 660nm

해설 물속에 존재하는 인산염인을 측정하기 위하여 몰리브덴산암모늄과 반응하여 생성된 몰리브덴산인암모늄을 아스코빈산으로 환원한 후 생성된 몰리브덴산 청의 흡광도를 880nm에서 측정하여 인산염인을 정량하는 방법이다.

78 페놀류 측정 시 적색의 안티피린계 색소의 흡광도를 측정하는 방법 중 클로로폼 용액에서는 몇 nm에서 측정하는가?
① 460nm ② 480nm
③ 510nm ④ 540nm

해설 물속에 존재하는 페놀류를 측정하기 위하여 증류한 시료에 염화암모늄–암모니아 완충용액을 넣어 pH 10으로 조절한 다음 4–아미노안티피린과 헥사시안화철(Ⅱ)산칼륨을 넣어 생성된 붉은색의 안티피린계 색소의 흡광도를 측정하는 방법으로 수용액에서는 510nm, 클로로폼용액에서는 460nm에서 측정한다.

79 배출허용기준 적합 여부 판정을 위한 시료채취기준으로 옳은 것은?(단, 자동시료채취기를 사용하여 복수시료 채취)
① 2시간 이내에 30분 이상 간격으로 2회 이상 채취하여 일정량의 단일 시료로 한다.
② 4시간 이내에 30분 이상 간격으로 2회 이상 채취하여 일정량의 단일 시료로 한다.
③ 6시간 이내에 30분 이상 간격으로 2회 이상 채취하여 일정량의 단일 시료로 한다.
④ 8시간 이내에 30분 이상 간격으로 2회 이상 채취하여 일정량의 단일 시료로 한다.

해설 자동시료채취기로 시료를 채취할 경우에는 6시간 이내에 30분 이상 간격으로 2회 이상 채취(Composite Sample)하여 일정량의 단일 시료로 한다.

80 공장폐수 및 하수 유량[관(Pipe) 내의 유량 측정방법] 측정방법 중 오리피스에 관한 설명으로 옳지 않은 것은?
① 설치에 비용이 적게 소요되며 비교적 유량측정이 정확하다.
② 오리피스 판의 두께에 따라 흐름의 수로 내외에 설치가 가능하다.
③ 오리피스 단면에 커다란 수두손실이 일어나는 단점이 있다.
④ 단면이 축소되는 목부분을 조절함으로써 유량이 조절된다.

해설 오리피스는 설치에 비용이 적게 들고 비교적 유량 측정이 정확하여 얇은 판 오리피스가 널리 이용되고 있으며 흐름의 수로 내에 설치한다.

ANSWER | 76. ③ 77. ① 78. ① 79. ③ 80. ②

SECTION 05 수질환경관계법규

81 폐수종말처리시설의 유지 · 관리기준에 관한 사항으로 ( )에 옳은 내용은?

> 처리시설의 관리 · 운영자는 처리시설의 적정운영 여부를 확인하기 위하여 방류수 수질검사를 (㉠) 실시하되, 1일당 2천 세제곱미터 이상인 시설은 주 1회 이상 실시하여야 한다. 다만, 생태독성(TU) 검사는 (㉡) 실시하여야 한다.

① ㉠ 월 2회 이상, ㉡ 월 1회 이상
② ㉠ 월 1회 이상, ㉡ 월 2회 이상
③ ㉠ 월 2회 이상, ㉡ 월 2회 이상
④ ㉠ 월 1회 이상, ㉡ 월 1회 이상

해설 처리시설의 적정 운영 여부를 확인하기 위하여 방류수수질검사를 월 2회 이상 실시하되, 1일당 2천 세제곱미터 이상인 시설은 주 1회 이상 실시하여야 한다. 다만, 생태독성(TU) 검사는 월 1회 이상 실시하여야 한다.

82 초과부과금 산정기준에서 수질오염물질 1킬로그램당 부과 금액이 가장 적은 것은?

① 카드뮴 및 그 화합물
② 수은 및 그 화합물
③ 유기인 화합물
④ 비소 및 그 화합물

해설 수질오염물질 1킬로그램당 부과금액
① 카드뮴 및 그 화합물 : 500,000원
② 수은 및 그 화합물 : 1,250,000원
③ 유기인 화합물 : 150,000원
④ 비소 및 그 화합물 : 100,000원

83 환경부장관이 수립하는 대권역 수질 및 수생태계 보전을 위한 기본계획에 포함되어야 하는 사항으로 틀린 것은?

① 수질오염관리 기본 및 시행계획
② 점오염원, 비점오염원 및 기타 수질오염원에 의한 수질오염물질의 양
③ 점오염원, 비점오염원 및 기타 수질오염원의 분포 현황
④ 수질 및 수생태계 변화 추이 및 목표기준

해설 대권역 물환경관리계획의 수립 시 포함되어야 할 사항
㉠ 물환경의 변화 추이 및 물환경 목표기준
㉡ 상수원 및 물 이용 현황
㉢ 점오염원, 비점오염원 및 기타수질오염원의 분포 현황
㉣ 점오염원, 비점오염원 및 기타 수질오염원에서 배출되는 수질오염물질의 양
㉤ 수질오염 예방 및 저감대책
㉥ 물환경 보전조치의 추진방향
㉦ 「저탄소 녹색성장 기본법」 제2조 제12호에 따른 기후 변화에 대한 적응대책
㉧ 그 밖에 환경부령으로 정하는 사항

84 환경기술인 등의 교육기간 · 대상자 등에 관한 내용으로 틀린 것은?

① 최초교육 : 환경기술인 등이 최초로 업무에 종사한 날부터 1년 이내에 실시하는 교육
② 보수교육 : 최초 교육 후 3년마다 실시하는 교육
③ 환경기술인 교육기관 : 환경관리협회
④ 기술요원 교육기관 : 국립환경인재개발원

해설 환경기술인 교육기관 : 환경보전협회

85 수질환경기준(하천) 중 사람의 건강보호를 위한 전 수역에서 각 성분별 환경기준으로 맞는 것은?

① 비소(As) : 0.1mg/L 이하
② 납(Pb) : 0.01mg/L 이하
③ 6가 크롬(Cr^{+6}) : 0.05mg/L 이하
④ 음이온계면활성제(ABS) : 0.01mg/L 이하

해설 사람의 건강보호 기준(하천)

항목	기준값(mg/L)
카드뮴(Cd)	0.005 이하
비소(As)	0.05 이하
시안(CN)	검출되어서는 안 됨 (검출한계 0.01)
수은(Hg)	검출되어서는 안 됨 (검출한계 0.001)
유기인	검출되어서는 안 됨 (검출한계 0.0005)

81. ① 82. ④ 83. ① 84. ③ 85. ③ | ANSWER

항목	기준값(mg/L)
폴리클로리네이티드비페닐(PCB)	검출되어서는 안 됨 (검출한계 0.0005)
납(Pb)	0.05 이하
6가 크롬(Cr^{6+})	0.05 이하
음이온 계면활성제(ABS)	0.5 이하
사염화탄소	0.004 이하
1,2-디클로로에탄	0.03 이하
테트라클로로에틸렌(PCE)	0.04 이하
디클로로메탄	0.02 이하
벤젠	0.01 이하
클로로포름	0.08 이하
디에틸헥실프탈레이트(DEHP)	0.008 이하
안티몬	0.02 이하
1,4-다이옥세인	0.05 이하
포름알데히드	0.5 이하
헥사클로로벤젠	0.00004 이하

86 수질오염 방지시설 중 물리적 처리시설에 해당되지 않는 것은?

① 혼합시설
② 흡착시설
③ 응집시설
④ 유수분리시설

해설 흡착시설은 화학적 처리시설에 해당한다.

87 공공수역에 정당한 사유 없이 특정수질유해물질 등을 누출·유출시키거나 버린 자에 대한 처벌기준은?

① 1년 이하의 징역 또는 1천만 원 이하의 벌금
② 2년 이하의 징역 또는 2천만 원 이하의 벌금
③ 3년 이하의 징역 또는 3천만 원 이하의 벌금
④ 5년 이하의 징역 또는 5천만 원 이하의 벌금

88 오염총량초과부과금 산정방법 및 기준에 관련된 내용으로 옳지 않은 것은?

① 일일초과오염배출량의 단위는 킬로그램(kg)으로 하되, 소수점 이하 첫째 자리까지 계산한다.
② 할당오염부하량과 지정배출량의 단위는 1일당 킬로그램(kg/일)과 1일당 리터(L/일)로 한다.
③ 일일조업시간은 측정하기 전 최근 조업한 30일간의 오수 및 폐수 배출시설의 조업시간 평균치로서 분으로 표시한다.
④ 측정유량의 단위는 시간당 리터(L/hr)로 한다.

해설 측정유량의 단위는 분당 리터(L/min)로 한다.

89 휴경 등 권고대상 농경지의 해발고도 및 경사도는?

① 해발고도: 해발 200미터, 경사도: 10%
② 해발고도: 해발 400미터, 경사도: 15%
③ 해발고도: 해발 600미터, 경사도: 20%
④ 해발고도: 해발 800미터, 경사도: 25%

해설 "환경부령으로 정하는 해발고도"란 해발 400미터를 말하고 "환경부령으로 정하는 경사도"란 경사도 15퍼센트를 말한다.

90 폐수처리업자의 준수사항에 관한 설명으로 ( )에 옳은 것은?

> 수탁한 폐수는 정당한 사유 없이 (㉠) 보관할 수 없으며, 보관폐수의 전체 양이 저장시설 저장능력의 (㉡) 이상 되게 보관하여서는 아니 된다.

① ㉠ 10일 이상, ㉡ 80%
② ㉠ 10일 이상, ㉡ 90%
③ ㉠ 30일 이상, ㉡ 80%
④ ㉠ 30일 이상, ㉡ 90%

해설 수탁한 폐수는 정당한 사유 없이 10일 이상 보관할 수 없으며, 보관폐수의 전체 양이 저장시설 저장능력의 90% 이상 되게 보관하여서는 아니 된다.

91 낚시제한구역에서의 낚시방법 제한사항에 관한 기준으로 틀린 것은?

① 1명당 4대 이상의 낚싯대를 사용하는 행위
② 낚싯바늘에 끼워서 사용하지 아니하고 떡밥 등을 3회 이상 던지는 행위
③ 1개의 낚싯대에 5개 이상의 낚싯바늘을 떡밥과 뭉쳐서 미끼로 던지는 행위
④ 어선을 이용한 낚시행위 등 「낚시 관리 및 육성법」에 따른 낚시어선업을 영위하는 행위

해설 낚시제한구역에서의 제한사항
㉠ 낚싯바늘에 끼워서 사용하지 아니하고 물고기를 유인하기 위하여 떡밥·어분 등을 던지는 행위

ANSWER | 86.② 87.③ 88.④ 89.② 90.② 91.②

ⓒ 어선을 이용한 낚시행위 등 「낚시 관리 및 육성법」에 따른 낚시어선업을 영위하는 행위
ⓒ 1명당 4대 이상의 낚싯대를 사용하는 행위
ⓔ 1개의 낚싯대에 5개 이상의 낚싯바늘을 떡밥과 뭉쳐서 미끼로 던지는 행위
ⓜ 쓰레기를 버리거나 취사행위를 하거나 화장실이 아닌 곳에서 대·소변을 보는 등 수질오염을 일으킬 우려가 있는 행위
ⓑ 고기를 잡기 위하여 폭발물·배터리·어망 등을 이용하는 행위

92. 국립환경과학원장이 설치할 수 있는 측정망이 아닌 것은?

① 도심하천 측정망
② 공공수역 유해물질 측정망
③ 퇴적물 측정망
④ 생물 측정망

해설 국립환경과학원, 유역환경청장, 지방환경청장
ⓐ 비점오염원에서 배출되는 비점오염물질 측정망
ⓑ 수질오염물질의 총량관리를 위한 측정망
ⓒ 대규모 오염원의 하류지점 측정망
ⓓ 수질오염경보를 위한 측정망
ⓔ 대권역·중권역을 관리하기 위한 측정망
ⓕ 공공수역 유해물질 측정망
ⓖ 퇴적물 측정망
ⓗ 생물 측정망
ⓘ 그 밖에 국립환경과학원장이 필요하다고 인정하여 설치·운영하는 측정망

93. 현장에서 배출허용기준 또는 방류수수질기준의 초과 여부를 판정할 수 있는 수질오염물질 항목으로 나열한 것은?

① 수소이온 농도, 화학적 산소요구량, 총질소, 부유물질량
② 수소이온 농도, 화학적 산소요구량, 용존산소, 총인
③ 총유기탄소, 화학적 산소요구량, 용존산소, 총인
④ 총유기탄소, 생물학적 산소요구량, 총질소, 부유물질량

해설 현장에서 배출허용기준 등의 초과 여부를 판정할 수 있는 수질오염물질
ⓐ 수소이온 농도
ⓑ COD
ⓒ SS
ⓓ 총질소(T-N)
ⓔ 총인(T-P)

94. 위임업무 보고사항 중 보고 횟수가 연 4회에 해당되는 것은?

① 측정기기 부착 사업자에 대한 행정처분 현황
② 측정기기 부착사업장 관리 현황
③ 비점오염원의 설치신고 및 방지시설 설치 현황 및 행정처분 현황
④ 과징금 부과 실적

해설 위임업무 보고사항

업무내용	보고횟수	보고기일
측정기기 부착사업자에 대한 행정처분 현황	연 2회	매 반기 종료 후 15일 이내
측정기기 부착사업장 관리 현황	연 2회	매 반기 종료 후 15일 이내
비점오염원의 설치신고, 및 방지시설 설치 현황 및 행정처분 현황	연 4회	매 분기 종료 후 15일 이내
과징금 부과 실적	연 2회	매 반기 종료 후 10일 이내

95. 폐수수탁처리업에서 사용하는 폐수운반차량에 관한 설명으로 틀린 것은?

① 청색으로 도색한다.
② 차량 양쪽 옆면과 뒷면에 폐수운반차량, 회사명, 등록번호, 전화번호 및 용량을 표시하여야 한다.
③ 차량에 표시는 흰색 바탕에 황색 글씨로 한다.
④ 운송 시 안전을 위한 보호구, 중화제 및 소화기를 갖추어 두어야 한다.

해설 폐수운반차량은 청색으로 도색하고, 양쪽 옆면과 뒷면에 가로 50센티미터, 세로 20센티미터 이상 크기의 노란색 바탕에 검은색 글씨로 폐수운반차량, 회사명, 등록번호, 전화번호 및 용량을 지워지지 아니하도록 표시하여야 한다.

96 공공폐수처리시설 기본계획에 포함되어야 할 사항으로 틀린 것은?

① 오염원 분포 및 폐수 배출량과 그 예측에 관한 사항
② 공공폐수처리시설에서 배출허용기준 적합여부 및 근거에 관한 사항
③ 공공폐수처리시설의 설치·운영자에 관한 사항
④ 공공폐수처리시설의 폐수처리계통도, 처리능력 및 처리방법에 관한 사항

해설 공공폐수처리시설 기본계획에 포함되어야 할 사항
㉠ 공공폐수처리시설에서 처리하려는 대상 지역에 관한 사항
㉡ 오염원분포 및 폐수배출량과 그 예측에 관한 사항
㉢ 공공폐수처리시설의 폐수처리계통도, 처리능력 및 처리방법에 관한 사항
㉣ 공공폐수처리시설에서 처리된 폐수가 방류수역의 수질에 미치는 영향에 관한 평가
㉤ 공공폐수처리시설의 설치·운영자에 관한 사항
㉥ 공공폐수처리시설 부담금의 비용부담에 관한 사항
㉦ 총사업비, 분야별 사업비 및 그 산출근거
㉧ 연차별 투자계획 및 자금조달계획
㉨ 토지 등의 수용·사용에 관한 사항
㉩ 그 밖에 폐수종말처리시설의 설치·운영에 필요한 사항

97 특정수질유해물질로만 구성된 것은?

① 시안화합물, 셀레늄과 그 화합물, 벤젠
② 시안화합물, 바륨화합물, 페놀류
③ 벤젠, 바륨화합물, 구리와 그 화합물
④ 6가 크롬 화합물, 페놀류, 니켈과 그 화합물

해설 특정수질유해물질
- 구리와 그 화합물
- 납과 그 화합물
- 비소와 그 화합물
- 수은과 그 화합물
- 시안화합물
- 유기인 화합물
- 6가 크롬 화합물
- 카드뮴과 그 화합물
- 테트라클로로에틸렌
- 트리클로로에틸렌
- 삭제〈2016. 5. 20.〉
- 폴리클로리네이티드바이페닐
- 셀레늄과 그 화합물
- 벤젠
- 사염화탄소
- 디클로로메탄
- 1,1-디클로로에틸렌
- 1,2-디클로로에탄
- 클로로포름
- 1,4-다이옥산
- 디에틸헥실프탈레이트(DEHP)
- 염화비닐
- 아크릴로니트릴
- 브로모포름
- 아크릴아미드
- 나프탈렌
- 폼알데하이드
- 에피클로로하이드린
- 페놀
- 펜타클로로페놀
- 스티렌
- 비스(2-에틸헥실)아디페이트
- 안티몬

98 폐수종말처리시설의 방류수 수질기준 중 생태독성(TU) 기준으로 옳은 것은?(단, 2013. 1. 1. 이후 수질기준, 보기 항의 ( ) 내 기준은 농공단지 폐수종말처리시설의 방류수 수질 기준)

① 1(1) 이하
② 1(2) 이하
③ 2(2) 이하
④ 2(3) 이하

해설 방류수 수질기준

구분	수질기준			
	I 지역	II 지역	III 지역	IV 지역
생물화학적 산소요구량 (BOD)(mg/L)	10(10) 이하	10(10) 이하	10(10) 이하	10(10) 이하
화학적 산소요구량 (COD)(mg/L)	20(40) 이하	20(40) 이하	40(40) 이하	40(40) 이하
부유물질(SS) (mg/L)	10(10) 이하	10(10) 이하	10(10) 이하	10(10) 이하
총질소(T-N) (mg/L)	20(20) 이하	20(20) 이하	20(20) 이하	20(20) 이하
총인(T-P) (mg/L)	0.2(0.2) 이하	0.3(0.3) 이하	0.5(0.5) 이하	2(2) 이하
총대장균군수 (개/mL)	3,000 (3,000) 이하	3,000 (3,000) 이하	3,000 (3,000) 이하	3,000 (3,000) 이하
생태독성 (TU)	1(1) 이하	1(1) 이하	1(1) 이하	1(1) 이하

ANSWER | 96. ② 97. ① 98. ①

99 시·도지사는 오염총량관리기본계획을 수립하거나 오염총량관리기본계획 중 대통령령이 정하는 중요한 사항을 변경하는 경우 환경부장관의 승인을 얻어야 한다. 중요한 사항에 해당되지 않는 것은?
① 해당 지역 개발계획의 내용
② 지방자치단체별·수계구간별 오염부하량의 할당
③ 관할지역에서 배출되는 오염부하량의 총량 및 저감계획
④ 최종방류구별·단위기간별 오염부하량 할당 및 배출량 지정

해설 오염총량관리기본계획 수립 시 환경부장관의 승인을 얻어야 하는 경우
㉠ 해당 지역 개발계획의 내용
㉡ 지방자치단체별·수계구간별 오염부하량(汚染負荷量)의 할당
㉢ 관할 지역에서 배출되는 오염부하량의 총량 및 저감계획
㉣ 해당 지역 개발계획으로 인하여 추가로 배출되는 오염부하량 및 그 저감계획

100 환경기술인 등의 교육기관을 맞게 짝지은 것은?
① 국립환경과학원 – 환경보전협회
② 국립환경과학원 – 한국환경공단
③ 국립환경인재개발원 – 환경보전협회
④ 국립환경인재개발원 – 한국환경공단

해설 환경기술인 등의 교육기관
㉠ 환경기술인 : 환경보전협회
㉡ 기술요원 : 국립환경인재개발원

2023년 1회 수질환경기사

SECTION 01 수질오염개론

01 바다에서 발생되는 적조현상에 관한 설명과 가장 거리가 먼 것은?

① 갈수기 해수 내 염소량이 높아질 때 발생된다.
② 플랑크톤의 번식에 충분한 광량과 영양염류가 공급될 때 발생된다.
③ 해수 중 용존산소의 결핍에 의한 어패류의 피해가 발생한다.
④ 적조 조류의 독소에 의한 어패류의 피해가 발생한다.

해설 적조현상은 강우에 따른 하천수의 유입으로 염분량이 낮아지고 물리적 자극물질이 보급될 때 발생한다.

02 탈산소계수(K_1)와 재폭기계수(K_2) 사이의 관계를 적절히 표현한 Graph를 고르면?(단, 자정계수는 점차 커진다고 가정함)

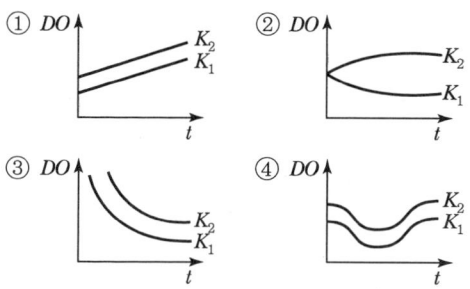

해설 수온이 증가하면 재폭기계수(K_2)와 탈산소계수(K_1) 모두 증가한다.

03 약품응집침전법의 설명 중 옳지 않은 것은?

① 황산알루미늄은 철염에 비해 플록이 가볍고 적정 pH 폭이 좁다.
② 3가의 응집제는 2가의 응집제보다 효과가 적다.
③ 제타(Zeta)전위가 클수록 입자 간 응집력이 커진다.
④ 알칼리도가 낮으면 응집이 잘 일어나지 않는다.

해설 제타전위는 콜로이드 전단면에서 정전기 전위를 말하며 중화되지 않은 잉여전위의 크기로서 콜로이드 입자 간의 반발력을 나타내는 지표로 사용된다. 그 크기는 분산매인 액체와 입자 하전의 차에 비례하여 증가한다. 따라서 계산된 제타전위가 작을수록 응집성이 증가하게 된다.

04 다음 중 몰(M)농도가 가장 큰 것은?(단, Na, Cl 원자량은 각각 23, 35.5)

① 130g 수산화나트륨/4L
② 3.6g 황산/30mL
③ 0.4kg 염화나트륨/10L
④ 5.2g 염산/0.1L

해설 M농도를 구하면 다음과 같다.

① $X\left(\dfrac{mol}{L}\right) = \dfrac{130g}{4L} \bigg| \dfrac{1mol}{40g} = 0.8125(mol/L)$

② $X\left(\dfrac{mol}{L}\right) = \dfrac{3.6g}{30mL} \bigg| \dfrac{10^3 mL}{1L} \bigg| \dfrac{1mol}{98g} = 1.22(mol/L)$

③ $X\left(\dfrac{mol}{L}\right) = \dfrac{0.4kg}{10L} \bigg| \dfrac{10^3 g}{1kg} \bigg| \dfrac{1mol}{58.5g} = 0.68(mol/L)$

④ $X\left(\dfrac{mol}{L}\right) = \dfrac{5.2g}{0.1L} \bigg| \dfrac{1mol}{36.5g} = 1.42(mol/L)$

05 하천수의 난류확산 방정식과 상관성이 적은 인자는?

① 유속   ② 난류확산계수
③ 침강속도   ④ 유량

해설 하천수의 난류확산 방정식

$\dfrac{\partial C}{\partial t} + \dfrac{\partial (uC)}{\partial x} + \dfrac{\partial (vC)}{\partial y} + \dfrac{\partial (wC)}{\partial z}$
$= \dfrac{\partial}{\partial x}\left(D_x \dfrac{\partial C}{\partial x}\right) + \dfrac{\partial}{\partial y}\left(D_y \dfrac{\partial C}{\partial y}\right) + \dfrac{\partial}{\partial z}\left(D_z \dfrac{\partial C}{\partial z}\right)$
$+ w_o \dfrac{\partial C}{\partial z} - KC$

여기서, C : 하천수의 오염물질 농도(mg/L)
u, v, w : x(유하), y(수평), z(수직) 방향의 유속
D_x, D_y, D_z : x, y, z 방향의 확산계수
w_o : 대상오염물질의 침강속도(m/sec)
K : 대상오염물질의 자기감쇄계수

ANSWER | 1. ① 2. ① 3. ③ 4. ④ 5. ④

06 0℃에서 DO 4mg/L인 물(액상)의 DO 포화도(%)는?(단, 대기 화학조성 중 O_2는 21%, 0℃에서 순수한 물의 용해도는 40mL/L라 가정한다. 대기압 1기압 기준)

① 31.5　　② 33.3
③ 37.5　　④ 39.2

해설 DO 포화도는 다음 식으로 계산된다.

DO 포화도(%) = $\frac{현재\ DO}{포화\ DO} \times 100$

㉠ 현재 DO = 4mg/L
㉡ 포화 DO = $\frac{40mL}{L} \left| \frac{21}{100} \right| \frac{32mg}{22.4mL}$
　　　　　 = 12mg/L

∴ DO 포화도(%) = $\frac{4}{12} \times 100 = 33.33(\%)$

07 사람이나 가축의 장관에서 배출되는 세균이 아닌 것은?

① Escherichia Coli　② Salmonella
③ Acetobacter　　　④ Shigella

해설 Acetobacter는 산소가 있는 상태에서 에탄올을 아세트산으로 전환하는 특징이 있다.

08 다음 반응식 중 환원상태가 되면 가장 나중에 일어나는 반응은?(단, ORP 기준)

① $NO_2^- \rightarrow NH_3$　　② $SO_4^{2-} \rightarrow S^{2-}$
③ $Fe^{3+} \rightarrow Fe^{2+}$　　④ $NO_3^- \rightarrow NO_2^-$

해설 환원상태가 되면 가장 나중에 일어나는 반응은 $SO_4^{2-} \rightarrow S^{2-}$이며, 가장 먼저 일어나는 반응은 $NO_3^- \rightarrow NO_2^-$이다.

09 박테리아 세포에서 발견되는 기관으로 호흡에 관여하는 효소가 존재하는 것은?

① 리보솜(Ribosome)
② 볼루틴 과립(Volutin Granules)
③ 협막(Capsule)
④ 메소솜(Mesosome)

해설 메소솜(Mesosome)은 세포의 호흡기능이 집중된 부위로서 DNA 합성과 단백질을 분비하는 기능을 한다.

10 염소가스를 물에 녹여 pH가 7이고 염소이온의 농도가 71mg/L이면 자유염소와 차아염소산 간의 비([HOCl]/[Cl_2])는?[단, 차아염소산은 해리되지 않는 것으로 가정, 전리상수 값은 4.5×10^{-4}mol/L(25℃)]

① 2.25×10^6　　② 3.57×10^7
③ 2.27×10^7　　④ 3.25×10^6

해설 $Cl_2 + H_2O \rightleftarrows HOCl + H^+ + Cl^-$에서

평형상수(K) = $\frac{[HOCl][H^+][Cl^-]}{[Cl_2]}$

㉠ 자유염소[Cl^-]의 몰농도 [Cl^-]
　= $\frac{71mg}{L} \left| \frac{1mol}{35.5 \times 10^3 mg} \right.$
　= 2×10^{-3} (mol/L)

㉡ 수소이온[H^+]의 몰농도 [H^+]
　= $10^{-pH} = 10^{-7}$ (mol/L)

이를 위의 식에 대입하면,

$4.5 \times 10^{-4} = \frac{[HOCl][10^{-7}][2 \times 10^{-3}]}{[Cl_2]}$

∴ $\frac{[HOCl]}{[Cl_2]} = 2.25 \times 10^6$

11 다음의 유기화합물에 관한 설명 중에서 옳지 않은 것은?

① 유기화합물들은 대체로 가연성이다.
② 유기화합물은 일반적으로 녹는점과 끓는점이 높다.
③ 유기화합물들은 대체로 이온반응보다는 분자반응을 하므로 반응속도가 느리다.
④ 대부분의 유기화합물은 박테리아의 먹이로 될 수 있다.

해설 유기화합물들은 일반적으로 녹는점과 끓는점이 낮다.

12 $Ca(OH)_2$ 용액 50mL를 중화시키는 데 0.02N HCl 용액이 32.5mL 소요되었다. $Ca(OH)_2$ 용액의 경도($CaCO_3$ 기준, mg/L)는?

① 450　　② 350
③ 650　　④ 550

해설 ㉠ 중화적정식을 이용하여 $Ca(OH)_2$의 규정농도를 구하면,
NV = N'V' → N×50 = 0.02×32.5
N($Ca(OH)_2$) = 0.013(eq/L)

6.② 7.③ 8.② 9.④ 10.① 11.② 12.③ **| ANSWER**

ⓒ 이를 $CaCO_3$ 상당 농도로 환산하면,

$$X(mg/L) = \frac{0.013(eq)}{L} \left| \frac{74/2(g)}{1(eq)} \right| \frac{100(g)}{74(g)} \left| \frac{10^3(mg)}{1(g)} \right.$$
$$= 650(mg/L)$$

13 환경미생물에 관한 설명으로 가장 거리가 먼 것은?

① 미생물계에 있어서 진핵세포와 원핵세포의 차이는 핵막의 유무뿐만 아니라 세포구조의 다른 점에도 있다.
② 미생물의 성장단계 중 가장 성장이 빠른 단계인 대수성장단계로 수처리에 주로 적용하고 있다.
③ 박테리아는 미세한 단세포 생물로서 분열에 의해서 증식한다.
④ 진균류는 다핵의 진핵생물이며 비광합성이고 호기성이다.

해설 수처리에 주로 이용되는 것은 감소성장단계와 내생성장단계에 걸쳐 있는 미생물이다.

14 수자원의 순환에서 가장 큰 비중을 차지하는 것은?

① 육지로의 강우 ② 증산
③ 증발 ④ 해양으로의 강우

해설 수자원의 순환에서 가장 큰 비중을 차지하는 것은 증발이며, 비중이 가장 작은 것은 식물의 흡수 및 증산작용이다.

15 반응속도에 관한 설명으로 알맞지 않은 것은?

① 실험치에 따라 특정 반응속도의 차수를 구하기 위해서는 시간에 따른 농도 변화를 그래프로 그리고 직선으로부터의 편차를 구하여 평가한다.
② 이차 반응 : 반응속도가 한 가지 반응물 농도의 제곱에 비례하여 진행하는 반응이다.
③ 영차 반응 : 반응물의 농도에 독립적인 속도로 진행하는 반응이다.
④ 일차 반응 : 반응속도가 시간에 따른 반응물의 농도 변화 정도에 반비례하여 진행하는 반응이다.

해설 일차 반응 : 반응속도가 하나의 반응물 농도에 직접적으로 비례하는 반응을 말한다.

16 수중의 물질이동확산에 관한 설명으로 옳은 것은?

① 하천, 호수, 해역 등에 유입된 오염물질은 분자 확산, 여과, 전도현상 등에 의해 점점 농도가 높아진다.
② 일정한 온도에서 일정량의 물에 용해하는 기체의 부피는 그 기체의 분압에 비례한다.
③ 해역에서의 난류 확산은 수평방향이 심하고, 수직방향은 비교적 완만하다.
④ 수중에서 오염물질의 확산속도는 분자량이 커질수록 작아지며, 기체 밀도의 제곱근에 반비례한다.

해설 ① 하천, 호수, 해역 등에 유입된 오염물질은 분자 확산, 여과, 전도현상 등에 의해 점점 농도가 낮아진다.
② 헨리의 법칙 : 일정한 온도에서 일정량의 물에 용해하는 기체의 질량은 그 기체의 분압에 비례한다.
④ Graham의 법칙 : 일정한 온도와 압력상태에서 기체의 확산속도는 그 기체분자량의 제곱근(밀도의 제곱근)에 반비례한다는 법칙이다.

17 원생생물(Protists)에 포함되지 않는 것은?

① 조류(Algae)
② 박테리아(Bacteria)
③ 바이러스(Virus)
④ 방선균(Antinomycetes)

해설 미생물은 바이러스(Virus)와 원생생물(Protists)로 구분할 수 있다. 원생생물은 원핵생물(Procaryotes)과 진핵생물(Eucaryotes)로 나누어진다.
㉠ 진핵생물 : 원생동물, 조류, 균류
㉡ 원핵생물 : 박테리아, 방선균, 남조류

18 경도(Hardness)에 관한 설명으로 옳지 않은 것은?

① 표토층이 얇거나 석회암층이 적게 존재하는 곳에서 경도가 높은 물이 생성된다.
② 탄산경도 성분은 물을 끓일 때 제거되므로 일시경도라 한다.
③ 경도는 물의 세기 정도를 말하며, 2가 이상 양이온 금속의 함량을 탄산칼슘($CaCO_3$)으로 환산한 값이다.
④ 일반적으로 칼슘이온과 마그네슘이온이 경도의 주원인이 된다.

ANSWER | 13. ② 14. ③ 15. ④ 16. ③ 17. ③ 18. ①

해설) 표토층이 얇거나 석회암층이 적게 존재하는 곳은 층이 깊은 곳에 비해 상대적으로 경도가 낮은 물이 생성된다.

19 농업용수의 수질을 분석할 때 이용되는 SAR(Sodium Adsorption Ratio)과 관계없는 것은?

① Mg^{2+}　　② Fe^{2+}
③ Ca^{2+}　　④ Na^+

해설) $SAR = \dfrac{Na^+}{\sqrt{\dfrac{Ca^{2+} + Mg^{2+}}{2}}}$

20 카드뮴에 대한 내용으로 틀린 것은?

① 카드뮴은 은백색이며 아연 정련업, 도금공업 등에서 배출된다.
② 윌슨씨병 증후군과 소인증이 유발된다.
③ 만성폭로로 인한 흔한 증상은 단백뇨이다.
④ 골연화증이 유발된다.

해설) 카드뮴은 식품으로부터 가장 많이 섭취되며 대표적인 질환으로 이타이이타이병이 있다. 칼슘 대사기능장해로 칼슘(Ca)의 소실·체내 칼슘(Ca)의 불균형에 의한 골연화증, 위장장애가 유발되며, 발암작용은 아직 알려진 바 없다.

SECTION 02 상하수도계획

21 하수도 관로의 접합방법 중 아래 설명에 해당되는 것은?

> 굴착 깊이를 얕게 하므로 공사비용을 줄일 수 있으며, 수위 상승을 방지하고 양정도를 줄일 수 있어 펌프로 배수하는 지역에 적합하나 상류부에서는 동수경사선이 관정보다 높이 올라갈 우려가 있다.

① 관정접합　　② 수면접합
③ 동수경사　　④ 관저접합

해설) 관저접합은 관거의 내면 바닥이 일치되도록 접합하는 방법으로 굴착 깊이가 얕고, 공사비가 절감되며 펌프로 양수하는 경우 양정이 감소되는 장점이 있으나 상류부에서는 관거가 동수경사선보다 높아질 우려가 있다.

22 배수지에 관한 설명으로 부적합한 것은?

① 자연유하식 배수지의 표고는 최대동수압이 확보되는 높이여야 한다.
② 배수지는 가능한 한 급수지역의 중앙 가까이 설치한다.
③ 배수지의 유효수심은 3~6m 정도를 표준으로 한다.
④ 배수지는 정수장에서 송수를 받아 해당 배수구역의 수요량에 따라 배수하기 위한 저류지이다.

해설) 배수지는 소비지로부터 근접되고, 적당한 표고의 확보로 자연유하방식에 의해 배수구역내 적정수압(최소수압 1.5~2kgf/cm²)을 유지할 수 있는 장소가 가장 이상적인 배수지의 입지조건이 된다.

23 도수거에 관한 설명으로 옳지 않은 것은?

① 개거나 암거인 경우 대개 300~500m 간격으로 시공조인트를 겸한 신축조인트를 설치한다.
② 도수거의 평균유속의 최대한도는 3.0m/sec로 하고, 최소유속은 0.3m/sec로 한다.
③ 균일한 동수경사(통상 1/1,000~1/3,000)로 도수하는 시설이다.
④ 수리학적으로 자유 수면을 갖고 중력 작용으로 경사진 수로를 흐르는 시설이다.

해설) 개거나 암거인 경우 대개 30~50m 간격으로 시공조인트를 겸한 신축조인트를 설치한다.

24 적정양수량의 정의에 관한 내용으로 ( )에 옳은 것은?

한계양수량의 ( ) 이하의 양수량

① 60%　　② 70%
③ 80%　　④ 90%

해설 지하수(우물)의 양수량 결정 시 적정양수량은 한계양수량은 70% 이하의 양수량으로 구한다.

25 펌프의 공동현상(Cavitation)에 관한 설명으로 옳은 것은?

① 공동현상이 생기더라도 펌프의 손상과는 관계가 없다.
② 공동현상이 발생해야만 소음이 발생하지 않는다.
③ 공동현상은 펌프의 임펠러 입구에서 발생하기 쉽다.
④ 공동현상은 수격작용 때문에 발생한다.

해설 공동현상(Cavitation)은 펌프의 임펠러 입구에서 특정 요인에 의해 물이 증발하거나 흡입관으로부터 공기가 혼입됨으로써 공동이 발생하는 현상이다.

26 슬러지 농축방법의 특징에 관한 설명으로 옳지 않은 것은?(단, 중력식·부상식·원심분리·중력벨트 농축방식 비교 기준)

① 부상식 농축 : 약품 주입 없이도 운전이 가능하나 실내에 설치할 경우 부식문제를 유발할 수 있다.
② 중력벨트 농축 : 소요면적이 크고 규격(용량)이 한정된다.
③ 원심분리 농축 : 악취가 적고 운전조작이 용이하며 고농도 농축이 가능하다.
④ 중력식 농축 : 구조가 간단하고, 유지관리가 용이하며, 잉여슬러지 농축에 적합하다.

해설 중력식 농축방법은 구조가 간단하고, 유지관리가 용이하며, 1차 슬러지에 적합하다.

27 취수·도수·정수·송수 설비의 설계기준이 되는 급수량은?

① 계획 1일 시간 최대급수량
② 계획 1일 최대평균급수량
③ 계획 1일 평균급수량
④ 계획 1일 최대급수량

해설 취수·도수·정수·송수 설비의 설계기준이 되는 급수량은 계획 1일 최대급수량이다.

28 계획오수량에 관한 설명으로 틀린 것은?

① 계획시간 최대오수량은 계획 1일 최대오수량의 1시간당 수량의 1.3~1.8배를 표준으로 한다.
② 합류식에서 우천 시 계획오수량은 원칙적으로 계획 1일 최대오수량의 1.5배 이상으로 한다.
③ 지하수량은 1인 1일 최대오수량의 20% 이하로 한다.
④ 계획 1일 평균오수량은 계획 1일 최대오수량의 70~80%를 표준으로 한다.

해설 합류식에서 우천 시 계획오수량은 원칙적으로 계획시간 최대오수량의 3배 이상으로 한다.

29 피압수 우물에서 영향원 직경 1km, 우물직경 1m, 피압대 수층의 두께 20m, 투수계수 20m/day로 추정되었다면, 양수정에서의 수위 강하를 5m로 유지하기 위한 양수량(m³/sec)은?(단, $Q = 2\pi kb \dfrac{H-h_o}{2.3\log_{10}\dfrac{R}{r_o}}$)

① 약 0.005   ② 약 0.02
③ 약 0.05   ④ 약 0.1

해설
$Q = 2\pi kb \dfrac{H-h_o}{2.3\log_{10}\dfrac{R}{r_o}}$

$= 2 \times \pi \times 20 \times 2.315 \times 10^{-4} \times \dfrac{5}{2.3\log_{10}\dfrac{500}{0.5}}$

$= 0.02 (\text{m}^3/\text{sec})$

여기서, 투수계수$(k) = \dfrac{20\text{m}}{\text{day}} \bigg| \dfrac{1\text{day}}{86,400\text{sec}}$
$= 2.315 \times 10^{-4} (\text{m/sec})$

30 상수도시설의 내진설계 방법이 아닌 것은?

① 등가정적해석법   ② 동적해석법
③ 다중회귀법   ④ 응답변위법

해설 수도시설의 내진설계법으로 진도법(수정진도법을 포함), 응답변위법, 동적해석법, 등가정적해석법이 있다.

ANSWER | 25. ③ 26. ④ 27. ④ 28. ② 29. ② 30. ③

31 상수도에서 적용되는 급속여과지에 관한 설명으로 옳지 않은 것은?

① 1지의 여과면적은 50m² 이하로 한다.
② 여과속도는 120~150m/day를 표준으로 한다.
③ 여과면적은 계획정수량을 여과속도로 나누어 구한다.
④ 급속여과지는 중력식, 형상은 직사각형을 표준으로 한다.

해설 1지의 여과면적은 150m² 이하로 한다.

32 하수관로를 매설하기 위해 굴토한 도랑의 폭이 1.8m 이다. 매설지점의 표토는 젖은 진흙으로서 흙의 밀도가 2.0ton/m³, 흙의 종류와 관의 깊이에 따라 결정되는 계수 C_1 = 1.5이었다. 이때 매설관이 받은 하중(ton/m)은?(단, Marston공식에 의해 계산)

① 2.5   ② 5.8
③ 7.4   ④ 9.7

해설 $W = C_1 \times \gamma \times B^2$
$= 1.5 \times \dfrac{2t}{m^3} \times (1.8m)^2 = 9.72(t/m)$

33 취수·도수시설 계획 시 적절하지 않은 것은?

① 원수조정지의 저류량은 가능한 한 크게 설정하는 것이 바람직하다.
② 복수의 취수시설이 설치될 경우, 이들 시설이 상호 연결되지 않도록 해야 한다.
③ 도수관은 비상시에 대비하여 복선화하는 것이 바람직하다.
④ 계획취수량은 계획 1일 최대급수량에 10% 정도의 여유를 고려한다.

해설 복수의 취수시설이 설치될 경우에는 근접한 다른 상수도사업 등을 포함하여 이들 시설을 상호 연결하기 위한 원수연결시설이 설치되는 것도 바람직하다.

34 하수관로시설인 우수토실의 우수월류위어의 위어 길이(L)를 계산하는 식으로 맞는 것은?(단, L(m) : 위어 길이, Q(m³/sec) : 우수월류량, H(m) : 월류 수심(위어 길이 간의 평균값))

① $L = \dfrac{Q}{1.2H^{\frac{3}{2}}}$ ② $L = \dfrac{Q}{1.2H^{\frac{1}{2}}}$

③ $L = \dfrac{Q}{1.8H^{\frac{3}{2}}}$ ④ $L = \dfrac{Q}{1.8H^{\frac{1}{2}}}$

해설 우수월류위어의 위어 길이 계산식
$L = \dfrac{Q}{1.8H^{\frac{3}{2}}}$

35 단면 ㉠(지름 0.5m)에서 유속이 2m/sec일 때, 단면 ㉡(지금 0.2m)에서의 유속(m/sec)은?(단, 만관 기준이며, 유량은 변화 없음)

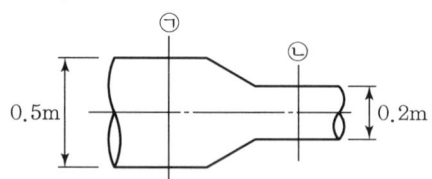

① 5.5   ② 9.5
③ 8.5   ④ 12.5

해설 $A_1 V_1 = A_2 V_2$
$\dfrac{\pi (0.5)^2}{4} \times 2 = \dfrac{\pi (0.2)^2}{4} \times V_2$
∴ $V_2 = 12.5$m/sec

36 정수장에서 응집제로서 많이 사용되고 있는 폴리염화알루미늄(PACl)에 대한 설명으로 ( )에 옳은 것은?

> 일반적으로 황산알루미늄보다 적정 주입 pH의 범위가 (㉠) 알칼리도의 감소가 (㉡).

① ㉠ 넓으며, ㉡ 크다
② ㉠ 넓으며, ㉡ 적다
③ ㉠ 좁으며, ㉡ 적다
④ ㉠ 좁으며, ㉡ 크다

31. ① 32. ④ 33. ② 34. ③ 35. ④ 36. ② | ANSWER

해설 폴리염화알루미늄(PACl)은 액체로서 그 액체 자체가 가수분해되어 중합체로 되어 있으므로 일반적으로 황산알루미늄보다 응집성이 우수하고 적정 주입 pH의 범위가 넓으며 알칼리도의 감소가 적다는 점 등의 특징이 있다. 그러므로 최근에는 처리가 쉬워서 소규모시설과 한랭지의 상수도에서도 상시 사용하는 곳이 많아졌다. 다만, 폴리염화알루미늄의 산화알루미늄의 농도가 10~18%이고, -20℃ 이하에서는 결정이 석출되므로 한랭지에서는 보온장치를 필요로 한다.

37 하수배제방식이 합류식인 경우 중계펌프장의 계획하수량으로 가장 옳은 것은?
① 계획우수량
② 계획시간 최대오수량
③ 계획 1일 최대오수량
④ 우천 시 계획오수량

해설 하수배제방식에 따른 펌프장시설의 계획하수량은 다음과 같다.

하수배제방식	펌프장의 종류	계획하수량
분류식	중계펌프장 처리장 내 펌프장	계획시간 최대오수량
	빗물펌프장	계획우수량
합류식	중계펌프장 처리장 내 펌프장	우천 시 계획오수량
	빗물펌프장	계획하수량 - 우천 시 계획오수량

38 펌프의 수격작용을 방지하기 위한 방법으로 틀린 것은?
① 관 내 유속을 낮추거나 관로상황을 변경하는 방법
② 토출관 쪽에 조압수조를 설치하는 방법
③ 펌프 토출 측에 완폐체크밸브를 설치하는 방법
④ 펌프의 플라이휠을 제거하는 방법

해설 수격작용은 관로의 밸브를 급히 제동하거나 펌프의 급제동으로 인하여 순간유속이 제로(0)가 되면서 압력파가 발생하게 되고, 이 압력파는 관 내를 일정한 전파속도로 왕복하면서 충격을 주게 되는 현상을 말하며, 방지방법은 다음과 같다.
㉠ 관 내의 유속을 낮추거나 관경을 크게 한다.
㉡ 펌프의 속도가 급격히 변화하는 것을 방지한다.
㉢ 수압을 조절할 수 있는 수조를 관선에 설치한다.
㉣ 밸브를 펌프 송출구 가까이 설치하여 적절히 제어할 수 있도록 한다.
㉤ 펌프에 플라이휠을 설치하여 펌프 정지 시에도 관성력이 유지되게 한다.

39 복류수를 취수하는 집수매거의 유출단에서 매거 내의 평균유속 기준은?
① 0.8m/sec 이하
② 0.3m/sec 이하
③ 0.5m/sec 이하
④ 1.0m/sec 이하

해설 집수매거는 수평 또는 흐름방향으로 향하여 완경사로 하고 집수매거의 유출단에서 매거 내의 평균유속은 1.0m/s 이하로 한다.

40 상수의 취수시설에 관한 설명 중 틀린 것은?
① 취수탑은 탑의 설치 위치에서 갈수 수심이 최소 2m 이상이어야 한다.
② 취수보의 취수구의 유입 유속은 1m/sec 이상이 표준이다.
③ 취수문을 통한 유입속도가 0.8m/sec 이하가 되도록 취수문의 크기를 정한다.
④ 취수탑의 취수구 단면형상은 장방형 또는 원형으로 한다.

해설 취수보의 취수구 유입속도는 0.4~0.8m/sec를 표준으로 한다.

SECTION 03 수질오염방지기술

41 폐수유량 1,000m³/day, 고형물농도 2,700mg/L인 슬러지를 부상법에 의해 농축시키고자 한다. 압축탱크의 압력이 4기압이며 공기의 밀도 1.3g/L, 공기의 용해량 29.2cm³/L일 때 Air/Solid비는?(단, f = 0.5, 비순환방식 기준)
① 0.009
② 0.025
③ 0.019
④ 0.014

해설
$$A/S비 = \frac{1.3 \times S_a(fP-1)}{SS} \times R$$
$$= \frac{1.3 \times 29.2 \times (0.5 \times 4 - 1)}{2,700} = 0.014$$

42 유입 폐수량 50m³/hr, 제거된 BOD 농도 200g/m³, MLVSS 농도 2kg/m³, F/M비 0.5kg · BOD/kg · MLVSS · day일 때 포기조 용적(m³)은?

① 240　　② 380
③ 520　　④ 430

해설
$$F/M = \frac{BOD_i \times Q}{\forall \cdot X}$$

여기서, $Q = 50m^3/hr$
$BOD_i = 200g/m^3$
MLVSS $= 2kg/m^3$

$$\frac{0.5kg \cdot BOD}{kg \cdot MLVSS \cdot day} = \frac{200g}{m^3} \left| \frac{50m^3}{hr} \right| \frac{m^3}{\forall (m^3)} \left| \frac{1kg}{2kg} \right| \frac{1kg}{10^3 g} \left| \frac{24hr}{1day} \right.$$

$\therefore \forall = 240(m^3)$

43 수온 10℃, 침전조 수심 3.0m라 가정하고, 침전조에서 다음 입자를 제거하는 데 필요한 이론적 체류시간(hr)은?(단, 점성계수 $\mu = 1.307 \times 10^{-3}$ kg/m · sec, 예비침전조에서 제거하려는 상대밀도 = 2.65, 지름 0.001cm인 모래입자, 독립입자 침강이라 가정)

① 12　　② 18
③ 24　　④ 36

해설 이론적 체류시간은 (수심/침전속도)로 구할 수 있다.

$$V_g = \frac{d_p^2 \cdot (\rho_p - \rho) \cdot g}{18 \cdot \mu}$$

$$= \frac{(1.0 \times 10^{-5})^2 \times (2,650 - 1,000) \times 9.8}{18 \times 1.307 \times 10^{-3}}$$

$= 6.78 \times 10^{-5}$ (m/sec)

$\therefore t = \frac{3m}{6.7832 \times 10^{-5} m} \left| \frac{sec}{} \right| \frac{1hr}{3,600sec}$

$= 12.12$ (hr)

여기서, $d_p = 0.001(cm) = 1.0 \times 10^{-5}(m)$
$\rho_p = 2,650(kg/m^3)$
$\rho = 1.0(g/cm^3) = 1,000(kg/m^3)$
$\mu = 1.307 \times 10^{-3}(kg/m \cdot sec)$

44 3%(V/V%) 고형물 함량의 슬러지 30m³를 10%(V/V%) 고형물 함량의 슬러지 케이크로 탈수하면 탈수 케이크의 용적(m³)은?(단, 슬러지 비중 = 1.0)

① 3.4　　② 8.2
③ 9.0　　④ 14.5

해설
$V_1(1 - W_1) = V_2(1 - W_2)$
$30 \times 0.03 = X \times 0.1$
$\therefore X = 9.0(m^3)$

45 생물학적으로 질소를 제거하기 위해 질산화 탈질공정을 운영함에 있어, 호기성 상태에서 산화된 NO_3^- 60mg/L를 탈질시키는 데 소모되는 이론적인 메탄올 농도는?

$$\frac{5}{6}CH_3OH + NO_3^- + \frac{1}{6}H_2CO_3$$
$$\rightarrow \frac{1}{2}N_2 + HCO_3^- + \frac{4}{3}H_2O$$

① 약 14　　② 약 18
③ 약 22　　④ 약 26

해설 메탄올의 반응식은 다음과 같다.
$6NO_3^- + 5CH_3OH \rightarrow 5CO_2 + 3N_2 + 7H_2O + 6OH^-$

$6NO_3^-$: $5CH_3OH$
6×62 : 5×32
60mg/L : X

$\therefore X ≒ 25.8(mg/L)$

46 물리 · 화학적으로 질소 제거 공정인 파괴점 염소주입에 관한 내용으로 옳지 않은 것은?(단, 기타 방법과 비교 내용임)

① 기존 시설에 적용이 용이하다.
② 수생생물에 독성을 끼치는 잔류 염소농도가 높아진다.
③ 고도의 질소 제거를 위하여 여타 질소 제거공정 다음에 사용 가능하다.
④ pH에 영향이 없어 염소투여요구량이 일정하다.

해설 파괴점 염소주입은 pH에 대한 영향이 크다.

47 소화조 슬러지 주입률 100m³/day, 슬러지의 SS 농도 6.47%, 소화조 부피 1,250m³, SS 내 VS 함유율 85%일 때 소화조에 주입되는 VS의 용적부하(kg/m³·day)는?(단, 슬러지의 비중 = 1.0)

① 1.4 ② 2.4
③ 3.4 ④ 4.4

해설 소화조에 주입되는 VS의 용적부하는 다음 식으로 계산된다.

소화조에 유입되는 VS의 용적부하$\left(\frac{kg}{m^3 \cdot day}\right)$

$= \frac{\text{소화조로 유입되는 VS의 양(kg/day)}}{\text{소화조의 용적(m}^3\text{)}}$

$= \frac{100m^3 \cdot SL}{day} \left| \frac{6.47 \cdot TS}{100 \cdot SL} \right| \frac{85 \cdot VS}{100 \cdot TS} \left| \frac{1}{1,250m^3} \right| \frac{1,000kg}{m^3}$

$= 4.4(kg/m^3 \cdot day)$

48 회전원판법의 특징에 해당되지 않는 것은?

① 운전관리상 조작이 간단하고, 소비전력량은 소규모 처리시설에서는 표준활성슬러지법에 비하여 적다.
② 살수여상과 같이 파리는 발생하지 않으나 하루살이가 발생하는 수가 있다.
③ 질산화가 일어나기 쉬우며, 이로 인하여 처리수의 BOD가 낮아진다.
④ 활성슬러지법에 비해 이차 침전지에서 미세한 SS가 유출되기 쉽고 처리수의 투명도가 나쁘다.

해설 질산화가 일어나기 쉬우며, 이로 인하여 처리수의 BOD가 높아진다.

49 물속의 휘발성 유기화합물(VOC)을 에어스트리핑으로 제거할 때 제거효율 관계를 설명한 것으로 옳지 않은 것은?

① 온도가 상승하면 효율이 증가한다.
② K_{La}가 감소하면 효율이 증가한다.
③ 오염되지 않은 공기를 주입할 때 제거효율은 증가한다.
④ 액체 중의 VOC 농도가 높을수록 효율이 증가한다.

해설 물속의 휘발성 유기화합물(VOC)을 에어 스트리핑(Air Stripping)법으로 제거하는 방법은 단지 액상의 오염물질을 기상으로 방출시키는 것으로 K_{La}가 감소하면 효율이 감소된다.

50 흡착등온 관련 식과 가장 거리가 먼 것은?

① Langmuir
② Michaelis-Menton
③ BET
④ Freundlich

해설 흡착 관련 주요 등온흡착식에는 Langmuir식, Freundlich식, BET식 등이 있다.

51 물리적 질소 제거 공정인 암모니아 공기탈기법에 대한 설명이 아닌 것은?

① 온도에 민감하다.
② 암모니아성 질소만 제거가 가능하다.
③ 운전 시 소음 및 심미적(악취) 문제가 발생할 수 있다.
④ 동력 소모량이 많지 않다.

해설 암모니아 공기탈기법의 특징
㉠ 가장 경제적인 질소 제거 방법으로 알려지고 있다.
㉡ 동절기에는 적용하기 곤란하다.(수온이 저하되면 NH_3의 용해도가 높아져 제거효율이 현저히 저하됨)
㉢ 암모니아성 질소만 처리가 가능하다.
㉣ 공기탈기(Air Stripping)에 따른 동력 소모량이 많다.
 (물 : 공기 = 1 : 3,000~5,000)
㉤ 소음이 심하고, 암모니아 유출에 따른 주변의 악취문제가 유발될 수 있다.
㉥ 탈기된 유출수는 pH가 높기 때문에 CO_2 흡기법 등으로 pH를 다시 낮추어야 한다.
㉦ 잉여 칼슘이온은 CO_2와 반응하여 탄산칼슘을 형성하므로 스케일 발생의 원인이 된다.

52 활성슬러지 혼합액 1L를 취하여 30분간 정치한 후 슬러지 부피가 300mL였다. MLSS 농도가 2,000mg/L인 SVI는?

① 200 ② 90
③ 120 ④ 150

ANSWER | 47. ④ 48. ③ 49. ② 50. ② 51. ④ 52. ④

해설 SVI 계산식을 이용한다.

$$SVI = \frac{SV(mL/L)}{MLSS(mg/L)} \times 10^3$$

$$= \frac{300}{2,000} \times 10^3 = 150$$

53 폐수의 암모니아성 질소가 10mg/L, 유기탄소는 없다. 처리장의 유량이 1,000m³/day라면 미생물에 의한 암모니아의 완전한 동화작용에 하루 동안 소요되는 메탄올의 양(kg/day)은?

$$20CH_3OH + 15O_2 + 3NH_3 \rightarrow 3C_5H_7NO_2 + 5CO_2 + 34H_2O$$

① 125.5 ② 152.4
③ 252.4 ④ 352.4

해설 $20CH_3OH \equiv 3NH_3 - N$

$20 \times 32kg : 3 \times 14kg$
$X : 10kg/day$

$X(CH_3OH, kg/day)$
$= \frac{20 \times 32kg \times 10kg/day}{3 \times 14kg}$
$= 152.38(kg/day)$

여기서,
처리수에 포함된 암모니아성 질소의 질량(kg)
$= \frac{10mg}{L} \left| \frac{1,000m^3}{day} \right| \frac{10^3L}{1m^3} \left| \frac{1kg}{10^6mg} \right.$
$= 10kg/day\}$

54 이온교환막 전기투석법에 관한 설명 중 옳지 않은 것은?

① 소요전력은 용존염분 농도에 비례하여 증가한다.
② 칼슘, 마그네슘 등 경도 물질의 제거효율은 높지만, 인 제거율은 상대적으로 낮다.
③ 배수 중의 용존염분을 제거하여 양질의 처리수를 얻는다.
④ 콜로이드성 현탁물질 제거에 주로 적용된다.

해설 용존성 물질 제거나 콜로이드성 현탁물질 제거에는 역삼투법이 이용된다.

55 활성슬러지 포기조 용액을 사용한 실험값으로부터 얻은 결과에 대한 설명으로 가장 거리가 먼 것은?

MLSS 농도가 1,600mg/L인 용액 1L를 30분간 침강시킨 후 슬러지의 부피가 400mL이었다.

① 최종침전지에서 슬러지의 침강성이 양호하다.
② 슬러지 밀도지수(SDI)는 0.5 이하이다.
③ 슬러지 용량지수(SVI)는 200 이상이다.
④ 실 모양의 미생물이 많이 관찰된다.

해설 SVI 계산식을 이용한다.

$$SVI = \frac{SV(mL/L)}{MLSS(mg/L)} \times 10^3 = \frac{400}{1,600} \times 10^3 = 250$$

적절한 SVI는 50~150mL/g을 맞춰줘야 침강성이 좋아지며, 200 이상으로 과대할 경우 슬러지 팽화가 발생한다.

56 인구가 10,000명인 마을에서 발생되는 하수를 활성슬러지법으로 처리하는 처리장에 저율혐기성 소화조를 설계하려고 한다. 생슬러지(건조고형물 기준) 발생량은 0.11kg/인·일이며, 휘발성 고형물은 건조고형물의 70%이다. 가스발생량은 0.94m³/VSS·kg이고 휘발성 고형물의 65%가 소화된다면 일일 가스발생량(m³/day)은?

① 약 471 ② 약 345
③ 약 563 ④ 약 644

해설 $X\left(\frac{m^3}{day}\right)$

$= \frac{10,000명}{} \left| \frac{0.11kg \cdot TS}{인 \cdot 일} \right| \frac{0.94m^3}{kg \cdot TS} \left| \frac{70 \cdot VS}{100 \cdot TS} \right| \frac{65}{100}$

$= 470.47(m^3/day)$

57 6개의 납작한 날개를 가진 터빈 임펠러로 탱크의 내용물을 교반하려고 한다. 교반은 난류영역에서 일어나며 임펠러의 직경은 3m이고 깊이 20m, 바닥에서 4m 위에 설치되어 있다. 30rpm으로 임펠러가 회전할 때 소요되는 동력(kg·m/sec)은?(단, $P = k\rho n^3 D^5/g_c$ 식 적용, 소요동력을 나타내는 계수 K = 3.3)

① 9,356 ② 10,228
③ 12,350 ④ 15,421

53. ② 54. ④ 55. ① 56. ① 57. ② | ANSWER

해설 $P = K \cdot \rho \cdot n^3 \cdot D^5 / g_c$

$= \dfrac{3.3}{} \left| \dfrac{1,000\text{kg}}{\text{m}^3} \right| \dfrac{30^3 \text{cycle}^3}{60^3 \text{sec}^3} \left| \dfrac{3^5 \text{m}^5}{9.8 \text{m/sec}^2} \right.$

$= 10,228.32 \text{(kg} \cdot \text{m/sec)}$

여기서, P : 소요동력, K : 상수
ρ : 유체의 밀도, n : 임펠러 회전속도
D : 임펠러 직경

58 연속회분식 반응조(SBR)의 장점에 대한 설명으로 옳지 않은 것은?

① 수리학적 과부하 시 MLSS의 누출이 많다.
② 질소와 인의 동시 제거 시 운전의 유연성이 크다.
③ 소유량에 적합하다.
④ 현장 적용 사례가 많이 있다.

해설 연속회분식 반응조(SBR)는 수리학적 과부하에도 MLSS 누출이 없고, 사상성 미생물에 의한 Bulking 조절이 가능한 특징을 가지고 있다.

59 $C_{4.2}H_{6.1}N_{0.8}O_2$로 표현 가능한 유기물 농도 159mg/L인 시료의 BOD_5(mg/L)는?(단, 반응속도 상수는 0.14/day(밑수 10), 최종 분해 물질은 CO_2, H_2O, NH_3, 질산화는 6일 이후에 일어나며, 기타 조건은 고려하지 않음)

① 143.0 ② 168.1
③ 180.5 ④ 242.2

해설 $C_{4.2}H_{6.1}N_{0.8}O_2 + 4.125O_2$
$\rightarrow 4.2CO_2 + 1.85H_2O + 0.8NH_3$
99.7g : 4.125×32g
159mg/L : X
X = 210.51(mg/L)
∴ $BOD_5 = BOD_u (1 - 10^{-K_1 \cdot t})$
$= 210.51 \times (1 - 10^{-0.14 \times 5})$
$= 168.1 \text{(mg/L)}$

60 도시하수 슬러지의 혐기성 소화에 저해되는 유독물질의 농도(mg/L) 범위는?

① K : 2,000~2,400 ② Na : 5,000~8,000
③ Mg : 800~900   ④ Ca : 1,000~1,500

해설 도시하수 슬러지의 혐기성 소화에 저해되는 유독물질의 농도(mg/L) 범위
① K : 4,000~10,000
③ Mg : 1,200~3,500
④ Ca : 2,000~6,000

SECTION 04 수질오염공정시험기준

61 분원성 대장균군(막여과법) 분석 시험에 관한 내용으로 틀린 것은?

① 배양기 또는 항온수조는 배양온도를 (25±0.5)℃로 유지할 수 있는 것을 사용한다.
② 분원성 대장균군이란 온혈동물의 배설물에서 발견되는 그람음성·무아포성의 간균이다.
③ 물속에 존재하는 분원성 대장균군을 측정하기 위하여 페트리 접시에 배지를 올려놓은 다음 배양 후 여러 가지 색조를 띠는 청색의 집락을 계수하는 방법이다.
④ 실험결과는 "분원성 대장균군수/100mL"로 표기한다.

해설 배양기 또는 항온수조는 배양온도를 (44.5±0.2)℃로 유지할 수 있는 것을 사용한다.

62 분원성 대장균군의 측정에 관한 설명으로 틀린 것은?

① 분원성 대장균군은 온혈동물의 배설물에서 발견된다.
② 막여과 시험방법의 실험기간은 시험관법의 기간과 동일하다.
③ 분원성 대장균군은 그람음성·무아포성의 간균이다.
④ 시험관법 시 정성시험은 추정·확정·완전시험으로 한다.

해설 시험관법 시 정성시험은 추정·확정시험으로 한다.

ANSWER | 58.① 59.② 60.② 61.① 62.④

63 시료량 50mL를 취하여 막여과법으로 총대장균군수를 측정하려고 배양을 한 결과, 50개의 집락수가 생성되었을 때 총대장균군수/100mL는?

① 10　　　　② 100
③ 1,000　　　④ 10,000

해설 총대장균군수/100mL = $\dfrac{C}{V} \times 100$

여기서, C : 생성된 집락수
　　　　V : 여과한 시료량(mL)

배양 후 금속성 광택을 띠는 적색이나 진한 적색 계통의 집락을 계수하며, 집락수가 20~80의 범위에 드는 것을 선정하여 다음의 식에 의해 계산한다.

∴ 총대장균군수/100mL = $\dfrac{50}{50mL} \times 100$
　　　　　　　　　　　= 100/100mL

64 시료의 전처리 방법으로 가장 거리가 먼 것은?

① 자외선/가시선 분광법에 의한 용매추출법
② 마이크로파에 의한 유기물 분해
③ 질산-황산에 의한 분해
④ 불화수소산-과염소산에 의한 분해법

해설 전처리 방법

전처리 방법	적용 시료
질산법	유기 함량이 비교적 높지 않은 시료의 전처리에 사용한다.
질산-염산법	유기물 함량이 비교적 높지 않고 금속의 수산화물, 산화물, 인산염 및 황화물을 함유하고 있는 시료에 적용된다.
질산-황산법	유기물 등을 많이 함유하고 있는 대부분의 시료에 적용된다.
질산-과염소산법	유기물을 다량 함유하고 있으면서 산분해가 어려운 시료에 적용된다.
질산-과염소산-불화수소산법	다량의 점토질 또는 규산염을 함유한 시료에 적용된다.

65 실험 총칙에 관한 내용으로 알맞지 않은 것은?

① 유효측정농도의 정량한계 미만은 불검출된 것으로 간주한다.
② 현장이중시료는 동일한 조건에서 측정한 두 시료의 측정값 차를 두 시료 측정값의 평균값으로 나누어 상대편차백분율로 구한다.
③ 정량한계는 제시된 정량한계 부근의 농도가 포함된 시료를 반복 측정하여 얻은 결과의 표준편차를 10배 한 값을 사용한다.
④ 정확도는 반복 시험하여 얻은 결과를 상대표준편차로 나타낸다.

해설 정밀도와 정확도
㉠ 정밀도 : 시험분석 결과의 반복성을 나타내는 것으로, 반복 시험하여 얻은 결과를 상대표준편차로 나타낸다.
㉡ 정확도 : 시험분석 결과가 참값에 얼마나 근접하는가를 나타내는 것이다.

66 측정항목과 기체크로마토그래피의 검출기(Detector)가 잘못 연결된 것은?

① 인화합물 - FPD
② 황화합물 - FPD
③ 유기염소 화합물 - ECD
④ 유기금속 화합물 - ECD

해설 유기염소 화합물을 불꽃열이온화검출기(FTD)로 분석한다.

67 BOD 측정에 사용되는 희석수의 구비조건으로 틀린 것은?

① (15±1)℃에서 용존산소는 4.84mg/L일 것
② (20±1)℃, 5일간 용존산소 감소가 0.2mg/L 이하일 것
③ 희석수는 용존산소가 포화될수록 충분한 기간을 두거나 흔들어서 포화시켜둔다.
④ pH는 7.2로 조절한다.

해설 희석수의 구비조건
㉠ (20±1)℃에서 용존산소가 포화될 것(포화될 때 DO는 8.84mg/L)
㉡ pH는 7.2로 조절한다.
㉢ 희석수는 용존산소가 포화될수록 충분한 기간을 두거나 흔들어서 포화시켜 둔다.
㉣ (20±1)℃, 5일간 용존산소 감소가 0.2mg/L 이하일 것
㉤ 호기성 미생물 증식에 필요한 영양소(Ca, Mg, Fe, P, N 등)를 함유할 것
㉥ 생물 증식을 저해하는 잔류염소, 중금속 등을 제거할 것

68 불소화합물 측정에 적용 가능한 시험방법과 가장 거리가 먼 것은?(단, 수질오염공정시험기준 기준)

① 이온크로마토그래피
② 자외선/가시선 분광법
③ 이온전극법
④ 원자흡수분광광도법

해설 불소화합물의 분석방법에는 자외선/가시선 분광법, 이온전극법, 이온크로마토그래피가 있다.

69 기기분석법에 관한 설명으로 틀린 것은?

① 기체크로마토그래피법의 검출기 중 열전도도검출기는 인 또는 유황화합물의 선택적 검출에 주로 사용된다.
② 흡광광도법은 파장 200~900nm에서의 액체의 흡광도를 측정한다.
③ 원자흡수분광광도법은 시료 중의 유해 중금속 및 기타 원소의 분석에 적용한다.
④ 유도결합플라스마(ICP)는 시료도입부, 고주파전원부, 광원부, 분광부, 연산처리부 및 기록부로 구성되어 있다.

해설 열전도도검출기는 금속물질 분석에 사용되며, 인 또는 유황화합물은 염광광도 검출기를 주로 사용한다.

70 시험관법으로 분원성 대장균군을 측정하는 방법으로 ( )에 옳은 내용은?

> 물속에 존재하는 분원성 대장균군을 측정하기 위하여 ( )을 이용하는 추정시험과 백금이를 이용하는 확정시험으로 나뉘며, 추정시험이 양성일 경우 확정시험을 시행하는 방법이다.

① 멸균시험관　② 배양시험관
③ 다람시험관　④ 페트리시험관

해설 물속에 존재하는 분원성 대장균군을 측정하기 위하여 다람시험관을 이용하는 추정시험과 백금이를 이용하는 확정시험으로 나뉘며, 추정시험이 양성일 경우 확정시험을 시행하는 방법이다.

71 자외선/가시선 분광법에 의해 구리를 정량하는 방법에 관한 설명으로 옳지 않은 것은?

① 다이에틸다이티오카르바민산법을 적용한다.
② 시료 중에 시안화합물이 함유되어 있으면 염산 산성으로 하여 끓여 시안화물을 완전히 분해·제거한다.
③ 시료 중 음이온 계면활성제가 존재하면 구리의 추출이 불완전하다.
④ 비스무트(Bi)는 미량 포함되어 있어도 청색으로 발색되어 방해물질로 작용한다.

해설 비스무트(Bi)가 구리의 양보다 2배 이상 존재할 경우에는 황색을 나타내어 방해한다.

72 산소전달계수를 구하기 위하여 DO 농도와 시간을 기록할 때, 관계 도표를 그리기 위한 가장 적합한 용지는?

① Semi-log 그래프 용지
② Arithmetic 그래프 용지
③ Log 그래프 용지
④ 백지

해설 Semi-log 그래프 용지는 지수 함수관계에 있는 데이터들을 나타내는 데 사용하며, 한 변수가 큰 폭으로 변하는 반면 다른 값은 작은 폭으로 변할 때 유용하다.

73 알칼리성 100℃에서 과망간산칼륨에 의한 COD 측정에 관한 내용으로 ( )에 맞는 것은?

> 시료를 알칼리성으로 하여 과망간산칼륨 일정량을 넣고 ( ) 수욕상에서 가열반응시키고 요오드화칼륨 및 황산을 넣어 남아 있는 과망간산칼륨에 의하여 유리된 요오드의 양으로부터 산소의 양을 측정하는 방법이다.

① 15분간　② 30분간
③ 60분간　④ 120분간

해설 시료를 알칼리성으로 하여 과망간산칼륨 일정량을 넣고 60분간 수욕상에서 가열반응시키고 요오드화칼륨 및 황산을 넣어 남아 있는 과망간산칼륨에 의하여 유리된 요오드의 양으로부터 산소의 양을 측정하는 방법이다.

74 채취된 시료를 적절한 보존방법으로 보존할 때 최대 보존기간이 다른 항목은?

① 불소
② 인산염인
③ 화학적 산소요구량
④ 총질소

해설 최대보존기간은 불소(28일), 인산염인(48시간), 화학적 산소요구량(28일), 총질소(28일)이다.

75 NaOH 0.01M은 몇 mg/L인가?

① 40
② 400
③ 4,000
④ 40,000

해설 $X(mg/L) = \dfrac{0.01 mol}{L} \bigg| \dfrac{40g}{1mol} \bigg| \dfrac{10^3 mg}{1g}$
$= 400 mg/L$

76 시료채취 시 유의사항으로 틀린 것은?

① 시료채취량은 시험항목 및 시험횟수에 따라 차이가 있으나 보통 3~5L 정도이어야 한다.
② 퍼클로레이트를 측정하기 위한 시료를 채취할 때 시료의 공기접촉이 없도록 시료병에 가득 채운다.
③ 유류 또는 부유물질 등이 함유된 시료는 시료의 균일성이 유지될 수 있도록 채취해야 하며, 침전물 등이 부상하여 혼입되어서는 안 된다.
④ 휘발성 유기화합물 분석용 시료를 채취할 때에는 뚜껑의 격막을 만지지 않도록 주의하여야 한다.

해설 퍼클로레이트를 측정하기 위한 시료채취 시 시료 용기를 질산 및 정제수로 씻은 후 사용하며, 시료채취 시 시료병의 2/3를 채운다.

77 인산염인(자외선/가시선 분광법-아스코빈산환원법) 측정방법에 관한 내용으로 ( )에 옳은 내용은?

> 물속에 존재하는 인산염인을 측정하기 위하여 몰리브덴산암모늄과 반응하여 생성된 몰리브덴산인암모늄을 아스코빈산으로 환원하여 생성된 몰리브덴산 ( )에서 측정하여 인산염인을 정량하는 방법이다.

① 청의 흡광도를 880nm
② 적색의 흡광도를 540nm
③ 적색의 흡광도를 460nm
④ 청의 흡광도를 660nm

해설 물속에 존재하는 인산염인을 측정하기 위하여 몰리브덴산암모늄과 반응하여 생성된 몰리브덴산인암모늄을 아스코빈산으로 환원하여 생성된 몰리브덴산 청의 흡광도를 880nm에서 측정하여 인산염인을 정량하는 방법이다.

78 자외선/가시선 분광법에 의한 페놀류 시험방법에 대한 설명으로 틀린 것은?

① 붉은색의 안티피린계 색소의 흡광도를 측정한다.
② 정량한계는 클로로폼 추출법일 때 0.005mg/L, 직접측정법일 때 0.05mg/L이다.
③ 흡광도를 측정하는 방법으로 수용액에서는 460nm, 클로로폼 용액에서는 510nm에서 측정한다.
④ 완충액을 시료에 가하여 pH 10으로 조절한다.

해설 자외선/가시선 분광법에 의한 페놀류의 측정원리
물속에 존재하는 페놀류를 측정하기 위하여 증류한 시료에 염화암모늄-암모니아 완충용액을 넣어 pH 10으로 조절한 다음 4-아미노안티피린과 헥사시안화철(Ⅱ)산칼륨을 넣어 생성된 붉은색의 안티피린계 색소의 흡광도를 측정하는 방법으로 수용액에서는 510nm, 클로로폼 용액에서는 460nm에서 측정한다.

79 배출허용기준 적합 여부 판정을 위한 시료채취 시 복수시료채취방법 적용을 제외할 수 있는 경우가 아닌 것은?

① 환경오염사고 또는 취약시간대의 환경오염 감시 등 신속한 대응이 필요한 경우
② 유량이 일정하며 연속적으로 발생되는 폐수가 방류되는 경우
③ 부득이 복수시료채취방법으로 할 수 없을 경우
④ 사업장 내에서 발생하는 폐수를 회분식 등 간헐적으로 처리하여 방류하는 경우

해설 복수시료채취방법 적용을 제외할 수 있는 경우
㉠ 환경오염사고 또는 취약시간대(일요일, 공휴일 및 평일 18:00~09:00 등)의 환경오염 감시 등 신속한 대응이

필요한 경우
ⓒ 물환경보전법 규정에 의한 비정상적인 행위를 할 경우
ⓒ 사업장 내에서 발생하는 폐수를 회분식(Batch식) 등 간헐적으로 처리하여 방류하는 경우
ⓔ 기타 부득이 복수시료채취방법으로 시료를 채취할 수 없을 경우

80 부유물질이 적은 대형관 내에서 효율적인 유량측정 기기로서 왼쪽 관은 정수압을 측정하고, 오른쪽 관은 유속이 0인 정체압력을 측정한다. 마노미터에 나타나는 수두 차에 의해 유속을 계산하는 관 내의 유량측정방법은?

① 벤츄리미터 ② 피토관
③ 오리피스 ④ 유량측정용 노즐

해설 피토관
㉠ 부유물질이 적은 대형관에서 효율적인 유량측정기이다.
㉡ 피토관의 유속은 마노미터에 나타나는 수두 차에 의하여 계산한다.
㉢ 피토관으로 측정할 때는 반드시 일직선상의 관에서 이루어져야 한다.
㉣ 관의 설치장소는 엘보우(Elbow), 티(Tee) 등 관이 변화하는 지점으로부터 최소한 관지름의 15~50배 정도 떨어진 지점이어야 한다.

SECTION 05 수질환경관계법규

81 공공폐수처리시설 방류수 수질검사의 항목 중 생태독성에 대한 검사주기는?

① 월 1회 이상 ② 분기 1회 이상
③ 반기 1회 이상 ④ 연 1회 이상

해설 방류수 수질검사
처리시설의 적정 운영 여부를 확인하기 위하여 방류수 수질검사를 월 2회 이상 실시하되, 1일당 2천 세제곱미터 이상인 시설은 주 1회 이상 실시하여야 하다. 다만, 생태독성(TU) 검사는 월 1회 이상 실시하여야 한다.

82 초과부과금의 산정기준인 1킬로그램당 부과액이 가장 큰 오염물질은?

① 수은 및 그 화합물
② 트리클로로에틸렌
③ 비소 및 그 화합물
④ 카드뮴 및 그 화합물

해설 ① 수은 및 그 화합물(1,250,000원)
② 트리클로로에틸렌(300,000원)
③ 비소 및 그 화합물(100,000원)
④ 카드뮴 및 그 화합물(500,000원)

83 대권역 물환경관리계획에 포함되어야 할 사항으로 틀린 것은?

① 점오염원, 비점오염원 및 기타 수질오염원의 수질오염 저감시설 현황
② 점오염원, 비점오염원 및 기타 수질오염원의 분포현황
③ 상수원 및 물 이용현황
④ 점오염원, 비점오염원 및 기타 수질오염원에서 배출되는 수질오염물질의 양

해설 대권역 물환경관리계획의 수립 시 포함되어야 할 사항
㉠ 물환경의 변화 추이 및 물환경목표기준
㉡ 상수원 및 물 이용현황
㉢ 점오염원, 비점오염원 및 기타 수질오염원의 분포현황
㉣ 점오염원, 비점오염원 및 기타 수질오염원에서 배출되는 수질오염물질의 양
㉤ 수질오염 예방 및 저감 대책
㉥ 물환경 보전조치의 추진방향
㉦ 「기후위기 대응을 위한 탄소중립·녹색성장 기본법」에 따른 기후변화에 대한 적응대책
㉧ 그 밖에 환경부령으로 정하는 사항

84 기술인력 등의 교육에 관한 설명으로 ( )에 들어갈 기간은?

> 환경기술인 또는 폐수처리업에 종사하는 기술요원의 최초교육은 최초로 업무에 종사한 날부터 ( ) 이내에 실시하여야 한다.

① 6개월 ② 1년
③ 2년 ④ 3년

해설 기술인력의 교육
㉠ 최초교육 : 기술인력 등이 최초로 업무에 종사한 날부터 1년 이내에 실시하는 교육
㉡ 보수교육 : 최초 교육 후 3년마다 실시하는 교육

85 수질 및 수생태계 환경기준 중 하천에서의 사람의 건강보호기준으로 옳은 것은?

① 음이온 계면활성제 — 0.1mg/L 이하
② 비소 — 0.05mg/L 이하
③ 6가 크롬 — 0.5mg/L 이하
④ 테트라클로로에틸렌 — 0.02mg/L 이하

해설 사람의 건강보호기준(하천)

항목	기준값(mg/L)
카드뮴(Cd)	0.005 이하
비소(As)	0.05 이하
시안(CN)	검출되어서는 안 됨(검출한계 0.01)
수은(Hg)	검출되어서는 안 됨(검출한계 0.001)
유기인	검출되어서는 안 됨(검출한계 0.0005)
폴리클로리네이티드비페닐(PCB)	검출되어서는 안 됨(검출한계 0.0005)
납(Pb)	0.05 이하
6가 크롬(Cr^{6+})	0.05 이하
음이온 계면활성제(ABS)	0.5 이하
사염화탄소	0.004 이하
1,2-디클로로에탄	0.03 이하
테트라클로로에틸렌(PCE)	0.04 이하
디클로로메탄	0.02 이하
벤젠	0.01 이하
클로로포름	0.08 이하
디에틸헥실프탈레이트(DEHP)	0.008 이하
안티몬	0.02 이하
1,4-다이옥세인	0.05 이하
포름알데히드	0.5 이하
헥사클로로벤젠	0.00004 이하

86 수질오염방지시설 중 물리적 처리시설에 해당되지 않는 것은?

① 흡착시설   ② 혼합시설
③ 응집시설   ④ 유수분리시설

해설 물리적 처리시설
㉠ 스크린   ㉡ 분쇄기
㉢ 침사(沈砂)시설   ㉣ 유수분리시설
㉤ 유량조정시설(집수조) ㉥ 혼합시설
㉦ 응집시설   ㉧ 침전시설
㉨ 부상시설   ㉩ 여과시설
㉪ 탈수시설   ㉫ 건조시설
㉬ 증류시설   ㉭ 농축시설

87 다음 위반행위에 따른 벌칙기준 중 1년 이하의 징역 또는 1천만 원 이하의 벌금에 처하는 경우는?

① 허가를 받지 아니하고 폐수배출시설을 설치한 자
② 배출시설의 설치를 제한하는 지역에서 배출시설을 설치한 자
③ 환경부장관에게 신고하지 아니하고 기타 수질오염원을 설치한 자
④ 폐수무방류배출시설에서 배출되는 폐수를 오수 또는 다른 배출시설에서 배출되는 폐수와 혼합하여 처리하는 행위를 한 자

88 오염할당사업자 등에 대한 과징금 부과 시 비점오염저감시설에 대한 부과계수로 옳은 것은?

① 1.5   ② 2.0
③ 1.0   ④ 0.7

89 환경부장관이 수질 등의 측정자료를 관리·분석하기 위하여 측정기기 부착사업자 등이 부착한 측정기기와 연결, 그 측정결과를 전산처리할 수 있는 전산망 운영을 위한 수질원격감시체계 관제센터를 설치·운영할 수 있는 곳은?

① 국립환경과학원
② 한국환경공단
③ 시·도 보건환경연구원
④ 유역환경청

해설 환경부장관은 전산망을 운영하기 위하여 「한국환경공단법」에 따른 한국환경공단에 수질원격감시체계 관제센터를 설치·운영할 수 있다.

90 폐수처리업자의 준수사항에 관한 설명으로 ( )에 옳은 것은?

> 수탁한 폐수는 정당한 사유 없이 (㉠) 보관할 수 없으며, 보관폐수의 전체량이 저장시설 저장능력의 (㉡) 이상 되게 보관하여서는 아니 된다.

① ㉠ 30일 이상, ㉡ 80%
② ㉠ 10일 이상, ㉡ 80%
③ ㉠ 30일 이상, ㉡ 90%
④ ㉠ 10일 이상, ㉡ 90%

해설 수탁한 폐수는 정당한 사유 없이 10일 이상 보관할 수 없으며, 보관폐수의 전체량이 저장시설 저장능력의 90% 이상 되게 보관하여서는 아니 된다.

91 낚시제한구역에서의 환경부령으로 제한되는 행위기준으로 틀린 것은?

① 낚시바늘에 끼워서 사용하지 아니하고 물고기를 유인하기 위하여 떡밥, 어분 등을 던지는 행위
② 고기를 잡기 위하여 폭발물, 베터리, 어망 등을 이용하는 행위
③ 1개의 낚시대에 5개 이상의 낚시바늘을 떡밥과 뭉쳐서 미끼로 던지는 행위
④ 1명당 2대 이상의 낚시대를 사용하는 행위

해설 낚시제한구역에서의 제한사항
㉠ 낚시바늘에 끼워서 사용하지 아니하고 물고기를 유인하기 위하여 떡밥·어분 등을 던지는 행위
㉡ 어선을 이용한 낚시행위 등 「낚시 관리 및 육성법」에 따른 낚시어선업을 영위하는 행위
㉢ 1명당 4대 이상의 낚시대를 사용하는 행위
㉣ 1개의 낚시대에 5개 이상의 낚시바늘을 떡밥과 뭉쳐서 미끼로 던지는 행위
㉤ 쓰레기를 버리거나 취사행위를 하거나 화장실이 아닌 곳에서 대·소변을 보는 등 수질오염을 일으킬 우려가 있는 행위
㉥ 고기를 잡기 위하여 폭발물·배터리·어망 등을 이용하는 행위

92 공공수역의 수질 및 수생태계 보전을 위해 국립환경과학원장이 설치·운영하는 측정망의 종류가 아닌 것은?

① 생물 측정망
② 퇴적물 측정망
③ 공공수역 유해물질 측정망
④ 소권역 관리를 위한 측정망

해설 국립환경과학원장이 설치·운영할 수 있는 측정망
㉠ 비점오염원에서 배출되는 비점오염물질 측정망
㉡ 수질오염물질의 총량관리를 위한 측정망
㉢ 대규모 오염원의 하류지점 측정망
㉣ 수질오염경보를 위한 측정망
㉤ 대권역·중권역을 관리하기 위한 측정망
㉥ 공공수역 유해물질 측정망
㉦ 퇴적물 측정망
㉧ 생물 측정망
㉨ 그 밖에 국립환경과학원장이 필요하다고 인정하여 설치·운영하는 측정망

93 호소 안의 쓰레기 수거·처리에 관한 설명으로 적절하지 못한 것은?

① 당해 호소를 관할하는 시장·군수·구청장은 수거된 쓰레기를 운반·처리하여야 한다.
② 수면관리자와 관계 자치단체의 장은 호소 안의 쓰레기의 운반·처리에 드는 비용을 분담하기 위한 협약이 체결되지 아니하는 경우에는 대통령에게 조정을 신청할 수 있다.
③ 호소 안의 쓰레기 수거 의무자는 수면관리자이다.
④ 수면관리자 및 시장·군수·구청장은 쓰레기의 운반·처리 주체 및 쓰레기의 운반·처리에 드는 비용을 분담하기 위한 협약을 체결하여야 한다.

해설 수면관리자 및 특별자치시장·특별자치도지사·시장·군수·구청장은 쓰레기의 운반·처리에 드는 비용을 분담하기 위한 협약이 체결되지 아니하는 경우에는 환경부장관에게 조정을 신청할 수 있다.

ANSWER | 90.④ 91.④ 92.④ 93.②

94 위임업무 보고사항 중 보고횟수가 연 2회에 해당되지 않는 것은?

① 배출업소의 지도 · 점검 및 행정처분 실적
② 기타 수질오염원 현황
③ 배출부과금 징수 실적 및 체납처분 현황
④ 폐수처리업에 대한 허가 · 지도단속실적 및 처리실적 현황

해설 ① 배출업소의 지도 · 점검 및 행정처분 실적(연 4회)
② 기타 수질오염원 현황(연 2회)
③ 배출부과금 징수 실적 및 체납처분 현황(연 2회)
④ 폐수처리업에 대한 허가 · 지도단속실적 및 처리실적 현황(연 2회)

95 폐수처리업 중 폐수수탁처리업의 폐수운반차량에 표시하는 글씨(바탕 포함)의 색 기준은?

① 흰색 바탕에 청색 글씨
② 청색 바탕에 흰색 글씨
③ 검은색 바탕에 노란색 글씨
④ 노란색 바탕에 검은색 글씨

해설 폐수운반차량은 청색으로 도색하고, 양쪽 옆면과 뒷면에 가로 50센티미터, 세로 20센티미터 이상 크기의 노란색 바탕에 검은색 글씨로 폐수운반차량, 회사명, 등록번호, 전화번호 및 용량을 지워지지 아니하도록 표시하여야 한다.

96 공공폐수처리시설 기본계획에 포함되어야 할 사항으로 틀린 것은?

① 오염원 분포 및 폐수배출량과 그 예측에 관한 사항
② 공공폐수처리시설에서 배출허용기준 적합여부 및 근거에 관한 사항
③ 공공폐수처리시설의 설치 · 운영자에 관한 사항
④ 공공폐수처리시설의 폐수처리계통도, 처리능력 및 처리방법에 관한 사항

해설 공공폐수처리시설 기본계획에 포함되어야 할 사항
㉠ 공공폐수처리시설에서 처리하려는 대상 지역에 관한 사항
㉡ 오염원 분포 및 폐수배출량과 그 예측에 관한 사항
㉢ 공공폐수처리시설의 폐수처리계통도, 처리능력 및 처리방법에 관한 사항
㉣ 공공폐수처리시설에서 처리된 폐수가 방류수역의 수질에 미치는 영향에 관한 평가
㉤ 공공폐수처리시설의 설치 · 운영자에 관한 사항
㉥ 공공폐수처리시설 부담금 및 공공폐수처리시설 사용료의 비용부담에 관한 사항
㉦ 총사업비, 분야별 사업비 및 그 산출근거
㉧ 연차별 투자계획 및 자금조달계획
㉨ 토지 등의 수용 · 사용에 관한 사항
㉩ 그 밖에 공공폐수처리시설의 설치 · 운영에 필요한 사항

97 특정수질유해물질이 아닌 것은?

① 벤젠
② 디클로로메탄
③ 플루오르 화합물
④ 구리와 그 화합물

해설 특정수질유해물질
• 구리와 그 화합물
• 납과 그 화합물
• 비소와 그 화합물
• 수은과 그 화합물
• 시안화합물
• 유기인 화합물
• 6가 크롬 화합물
• 카드뮴과 그 화합물
• 테트라클로로에틸렌
• 트리클로로에틸렌
• 폴리클로리네이티드바이페닐
• 셀레늄과 그 화합물
• 벤젠
• 사염화탄소
• 디클로로메탄
• 1,1-디클로로에틸렌
• 1,2-디클로로에탄
• 클로로포름
• 1,4-다이옥산
• 디에틸헥실프탈레이트(DEHP)
• 염화비닐
• 아크릴로니트릴
• 브로모포름
• 아크릴아미드
• 나프탈렌
• 폼알데하이드
• 에피클로로하이드린
• 페놀
• 펜타클로로페놀
• 스티렌
• 비스(2-에틸헥실)아디페이트
• 안티몬

94.① 95.④ 96.② 97.③ | ANSWER

98
1일 폐수배출량이 2천m³ 이상인 사업장에서 생물화학적 산소요구량의 농도가 25mg/L인 폐수를 배출하였다면, 이 업체의 방류수 수질기준 초과율에 따른 부과계수는?(단, 배출허용기준에 적용되는 지역은 청정지역임)

① 2.0
② 2.4
③ 2.6
④ 2.2

해설 방류수 수질기준 초과율별 부과계수

초과율	10% 미만	10% 이상 20% 미만	20% 이상 30% 미만	30% 이상 40% 미만	40% 이상 50% 미만
부과계수	1	1.2	1.4	1.6	1.8
초과율	50% 이상 60% 미만	60% 이상 70% 미만	70% 이상 80% 미만	80% 이상 90% 미만	90% 이상 100% 까지
부과계수	2.0	2.2	2.4	2.6	2.8

방류수 수질기준 초과율(%)
$$= \frac{(배출농도 - 방류수\ 수질기준)}{(배출허용기준 - 방류수\ 수질기준)} \times 100$$
㉠ 배출농도 : 25mg/L
㉡ 방류수 수질기준 : 10mg/L
㉢ 배출허용기준(청정지역) : 30mg/L
방류수 수질기준 초과율(%)
$$= \frac{(25-10)}{(30-10)} \times 100 = 75(\%)$$

99
오염총량관리지역의 수계 이용상황 및 수질상태 등을 고려하여 대통령령이 정하는 바에 따라 수계구간별로 오염총량관리의 목표가 되는 수질을 정하여 고시하여야 하는 자는?

① 도지사 및 군수
② 특별 및 광역시장
③ 환경부장관
④ 대통령

해설 환경부장관 오염총량관리지역의 수계 이용상황 및 수질상태 등을 고려하여 대통령령이 정하는 바에 따라 수계구간별로 오염총량관리의 목표가 되는 수질을 정하여 고시하여야 한다.

100
폐수처리업에 종사하는 기술요원에 대한 교육기관으로 옳은 것은?

① 국립환경인재개발원
② 환경보전협회
③ 한국환경공단
④ 국립환경과학원

해설 교육기관
㉠ 측정기기 관리대행업에 등록된 기술인력 : 국립환경인재개발원 또는 한국상하수도협회
㉡ 폐수처리업에 종사하는 기술요원 : 국립환경인재개발원
㉢ 환경기술인 : 환경보전협회

ANSWER | 98. ② 99. ③ 100. ①

2024년 1회 수질환경기사

SECTION 01 수질오염개론

01 물의 동점성계수를 가장 알맞게 나타낸 것은?
① 전단력 τ와 점성계수 μ를 곱한 값이다.
② 전단력 τ와 밀도 ρ를 곱한 값이다.
③ 점성계수 μ를 전단력 τ로 나눈 값이다.
④ 점성계수 μ를 밀도 ρ로 나눈 값이다.

해설 동점성계수는 점성계수를 밀도로 나눈 값을 말한다. SI 단위에서는 m^2/sec를 사용한다. cm^2/sec 등으로도 나타낼 수 있다.

02 우리나라의 수자원 이용현황 중 가장 많은 용도로 사용하는 용수는?
① 생활용수   ② 공업용수
③ 농업용수   ④ 유지용수

해설 우리나라에서는 농업용수의 이용률이 가장 높고, 그 다음은 발전 및 하천 유지용수, 생활용수, 공업용수 순이다.

03 지구상의 담수 중 차지하는 비율이 가장 큰 것은?
① 빙하 및 빙산   ② 하천수
③ 지하수   ④ 수증기

해설 담수 중 가장 많은 양을 차지하는 것은 빙하나 극지방의 얼음이다.

04 수질오염물질별 인체영향(질환)이 틀리게 짝지어진 것은?
① 비소 : 반상치(법랑반점)
② 크롬 : 비중격 연골천공
③ 아연 : 기관지 자극 및 폐렴
④ 납 : 근육과 관절의 장애

해설 비소의 급성적인 영향은 구토, 설사, 복통, 탈수증, 위장염, 혈압저하, 혈변, 순환기장애 등이며, 만성중독은 국소 및 전신마비, 피부염, 발암, 색소침착, 간장비대 등의 순환기장애를 유발한다. 법랑반점은 불소의 중독증상이다.

05 크롬 중독에 관한 설명으로 틀린 것은?
① 크롬에 의한 급성중독의 특징은 심한 신장장애를 일으키는 것이다.
② 3가 크롬은 피부 흡수가 어려우나 6가 크롬은 쉽게 피부를 통과한다.
③ 자연 중의 크롬은 주로 3가 형태로 존재한다.
④ 만성크롬 중독인 경우에는 BAL 등의 금속배설촉진제의 효과가 크다.

해설 만성크롬 중독
㉠ 폭로 중단 이외에 특별한 방법이 없다.
㉡ BAL, EDTA는 아무런 효과가 없다.

06 다음 유기물 1M이 완전산화될 때 이론적인 산소요구량(ThOD)이 가장 큰 것은?
① C_6H_6 ② $C_6H_{12}O_6$
③ C_2H_5OH ④ CH_3COOH

해설 ① $C_6H_6 : 7.5O_2 \Rightarrow 78g : 240g = 1g : X$
  $X = 3.08g(ThOD)$
② $C_6H_{12}O_6 : 6O_2 \Rightarrow 180g : 192g = 1g : X$
  $X = 1.067g(ThOD)$
③ $C_2H_5OH : 3O_2 \Rightarrow 46g : 96g = 1g : X$
  $X = 2.087g(ThOD)$
④ $CH_3COOH : 2O_2 \Rightarrow 60g : 64g = 1g : X$
  $X = 1.067g(ThOD)$

07 K_1(탈산소계수, base = 상용대수)가 0.1/day인 물질의 BOD_5 = 400mg/L이고, COD = 800mg/L라면 NBDCOD(mg/L)는?(단, BDCOD = BOD_u)
① 215   ② 235
③ 255   ④ 275

1.④ 2.③ 3.① 4.① 5.④ 6.① 7.① | ANSWER

해설 $BOD_t = BOD_u \times (1-10^{-K_1 \cdot t})$

$BOD_u = \dfrac{BOD_t}{(1-10^{-K_1 \cdot t})} = \dfrac{400}{(1-10^{-0.1 \times 5})}$

$= 548.99 (mg/L)$

$COD = BDCOD + NBDCOD$

$NBDCOD = COD - BDCOD(BOD_u)$

$NBDCOD = 800 - 584.99 = 215.01 (mg/L)$

08 다음은 수질조사에서 얻은 결과인데, Ca^{2+} 결과치의 분실로 인하여 기재가 되지 않았다. 주어진 자료로부터 Ca^{2+} 농도(mg/L)는?

양이온(mg/L)		음이온(mg/L)	
Na^+	46	Cl^-	71
Ca^{2+}	–	HCO_3^-	122
Mg^{2+}	36	SO_4^{2-}	192

① 20 ② 40
③ 60 ④ 80

해설 양이온의 노르말농도와 음이온의 노르말농도의 차가 Ca^{2+}의 노르말농도가 된다.

㉠ $Na^+ (eq/L) = \dfrac{46mg}{L} \left| \dfrac{1eq}{23g} \right| \dfrac{1g}{10^3mg} = 0.002(eq/L)$

㉡ $Mg^{2+} (eq/L) = \dfrac{36mg}{L} \left| \dfrac{1eq}{(24/2)g} \right| \dfrac{1g}{10^3mg} = 0.003(eq/L)$

㉢ $Cl^- (eq/L) = \dfrac{71mg}{L} \left| \dfrac{1eq}{35.5g} \right| \dfrac{1g}{10^3mg} = 0.002(eq/L)$

㉣ $HCO_3^- (eq/L) = \dfrac{122mg}{L} \left| \dfrac{1eq}{61g} \right| \dfrac{1g}{10^3mg} = 0.002(eq/L)$

㉤ $SO_4^{2-} (eq/L) = \dfrac{192mg}{L} \left| \dfrac{1eq}{(96/2)g} \right| \dfrac{1g}{10^3mg}$

$= 0.004(eq/L)$

∴ $Ca^{2+} (mg/L) = \dfrac{0.003eq}{L} \left| \dfrac{(40/2)g}{1eq} \right| \dfrac{10^3mg}{1g} = 60(mg/L)$

09 전해질 M_2X_3의 용해도적 상수에 대한 표현으로 옳은 것은?

① $K_{sp} = [M^{3+}]^2[X^{2-}]^3$
② $K_{sp} = [2M^{3+}][3X^{2-}]$
③ $K_{sp} = [2M^{3+}]^2[3X^{2-}]^3$
④ $K_{sp} = [M^{3+}][X^{2-}]$

해설 $M_2X_3 \rightarrow 2M^{3+} + 3X^{2-}$

$K_{sp} = [M^{3+}]^2[X^{2-}]^3$

10 아세트산(CH_3COOH) 120mg/L 용액의 pH는?(단, 아세트산 $K_a = 1.8 \times 10^{-5}$)

① 4.65 ② 4.21
③ 3.72 ④ 3.52

해설 $CH_3COOH \rightarrow CH_3COO^- + H^+$

$CH_3COOH \left(\dfrac{mol}{L} \right) = \dfrac{120mg}{L} \left| \dfrac{1mol}{60g} \right| \dfrac{1g}{10^3mg}$

$= 2.0 \times 10^{-3} (mol/L)$

$K_a = \dfrac{[CH_3COO^-][H^+]}{[CH_3COOH]}$

$1.8 \times 10^{-5} = \dfrac{[CH_3COO^-][H^+]}{[CH_3COOH]} = \dfrac{[CH_3COO^-][H^+]}{0.002M}$

$[CH_3COO^-] = [H^+] = X$

$1.8 \times 10^{-5} = \dfrac{X^2}{0.002M}$

$X = 1.897 \times 10^{-4} M$

$pH = \log \dfrac{1}{[H^+]}$

∴ $pH = \log \dfrac{1}{1.897 \times 10^{-4}} ≒ 3.72$

11 콜로이드(Colloid) 용액이 갖는 일반적인 특성으로 틀린 것은?

① 광선을 통과시키면 입자가 빛을 산란하며 빛의 진로를 볼 수 없게 된다.
② 콜로이드 입자가 분산매 및 다른 입자와 충돌하여 불규칙한 운동을 하게 된다.
③ 콜로이드 입자는 질량에 비해서 표면적이 크므로 용액 속에 있는 다른 입자를 흡착하는 힘이 크다.
④ 콜로이드 용액에서는 콜로이드 입자가 양이온 또는 음이온을 띠고 있다.

해설 콜로이드는 틴들현상을 가지고 있는 것이 특징이다. 틴들현상은 콜로이드 용액에 빛을 통과시키면, 콜로이드 입자가 빛을 산란시켜 빛의 진로가 보이는 현상을 말한다.

ANSWER | 8. ③ 9. ① 10. ③ 11. ①

12 이상적 완전혼합형 반응조 내 흐름(혼합)에 관한 설명으로 틀린 것은?

① 분산수(Dispersion Number)가 0에 가까울수록 완전혼합 흐름상태라 할 수 있다.
② Morrill 지수의 값이 클수록 이상적인 완전혼합 흐름상태에 가깝다.
③ 분산(Variance)이 1일 때 완전혼합 흐름상태라 할 수 있다.
④ 지체시간(Lag Time)이 0이다.

해설 반응조 혼합 정도의 척도

혼합 정도의 표시	완전혼합 흐름상태	플러그 흐름상태
분산(Variance)	1일 때	0일 때
분산수(Dispersion Number)	d=∞일 때	d=0일 때
모릴지수(Morrill Index)	Mo 값이 클수록 근접	Mo 값이 1에 가까울수록 근접

13 완전혼합 흐름 상태에 관한 설명 중 옳은 것은?

① 분산이 1일 때 이상적 완전혼합 상태이다.
② 분산수가 0일 때 이상적 완전혼합 상태이다.
③ Morrill 지수 값이 1에 가까울수록 이상적 완전혼합 상태이다.
④ 지체시간이 이론적 체류시간과 동일할 때 이상적 완전혼합 상태이다.

14 하천의 자정작용 단계 중 회복지대에 대한 설명으로 틀린 것은?

① 물이 비교적 깨끗하다.
② DO가 포화농도의 40% 이상이다.
③ 박테리아가 크게 번성한다.
④ 원생동물 및 윤충이 출현한다.

해설 회복지대는 광합성을 하는 조류가 번식하고 원생동물, 윤충, 갑각류가 번식한다.

15 분뇨의 특성에 관한 설명으로 틀린 것은?

① 분과 뇨의 구성비는 대략 부피비로 1 : 10 정도이고, 고형물의 비는 7 : 1 정도이다.
② 음식문화의 차이로 인하여 우리나라와 일본의 분뇨 특성이 다르다.
③ 1인 1일 분뇨생산량은 분이 약 0.12L, 뇨가 2L 정도로서 합계 2.12L이다.
④ 분뇨 내의 BOD와 SS는 COD의 1/3~1/2 정도를 나타낸다.

해설 1인 1일 분뇨생산량은 분이 약 0.14L, 뇨가 0.9L 정도로서 합계 1.04L이다.

16 피부점막, 호흡기로 흡입되어 국소 및 전신마비, 피부염, 색소 침착율을 일으키며 안료, 색소, 유리공업 등이 주요 발생원인 중금속은?

① 비소   ② 납
③ 크롬   ④ 구리

해설 비소는 혈관 내 용혈을 일으키며 두통, 오심, 흉부압박감을 호소하기도 한다. 10ppm 정도에 폭로되면 혼미, 혼수, 사망에 이른다. 대표적 3대 증상으로는 복통, 황달, 빈뇨 등이며, 만성적인 폭로에 의한 국소증상으로는 손·발바닥에 나타나는 각화증, 각막궤양, 비중격 천공, 탈모 등을 들 수 있다.

17 분체 증식을 하는 미생물을 회분 배양하는 경우 미생물은 시간에 따라 5단계를 거치게 된다. 5단계 중 생존한 미생물의 중량보다 미생물 원형질의 전체 중량이 더 크게 되며, 미생물수가 최대가 되는 단계로 가장 적합한 것은?

① 증식단계
② 내수성장단계
③ 감소성장단계
④ 내생성장단계

12. ① 13. ① 14. ③ 15. ③ 16. ① 17. ③ **| ANSWER**

18 다음 중 박테리아 세포에서만 발견되는 기관으로 호흡에 관여하는 효소가 존재하는 것은?

① 메소솜(Mesosome)
② 볼루틴 과립(Volutin Granules)
③ 협막(Capsule)
④ 리보솜(Ribosome)

해설 메소솜은 세포의 호흡기능이 집중된 부위를 말한다.

19 물질대사 중 동화작용을 가장 알맞게 나타낸 것은?

① 잔여영양분+ATP → 세포물질+ADP+무기인+배설물
② 잔여영양분+ADP+무기인 → 세포물질+ATP+배설물
③ 세포 내 영양분의 일부+ATP → ADP+무기인+배설물
④ 세포 내 영양분의 일부+ADP+무기인 → ATP+배설물

해설 동화작용(Anabolism) : 세포를 합성하는 작용을 말한다.
잔여영양분+ATP → 세포물질+ADP+무기인+배설물

20 미생물 세포의 비증식 속도를 나타내는 식에 대한 설명이 잘못된 것은?

$$\mu = \mu_{max} \times \frac{[S]}{[S]+K_s}$$

① μ_{max}는 최대 비증식속도로 시간−1 단위이다.
② K_s는 반속도상수로서 최대 성장률이 1/2일 때의 기질의 농도이다.
③ $\mu = \mu_{max}$인 경우, 반응속도가 기질 농도에 비례하는 1차 반응을 의미한다.
④ [S]는 제한기질 농도이고 단위는 mg/L이다.

해설 μ는 비성장률로, 단위는 시간−1이다.

SECTION 02 상하수도계획

21 정수시설인 급속여과지 시설기준에 관한 설명으로 옳지 않은 것은?

① 여과면적은 계획정수량을 여과속도로 나누어 구한다.
② 여과지 1지의 여과면적은 200m² 이상으로 한다.
③ 여과모래의 유효경이 0.45~0.7mm의 범위인 경우에는 모래층의 두께는 60~70cm를 표준으로 한다.
④ 여과속도는 120~150m/day를 표준으로 한다.

해설 여과지 1지의 여과면적은 150m² 이하로 한다.

22 하수도계획의 목표연도는 원칙적으로 몇 년으로 설정하는가?

① 15년　② 20년
③ 25년　④ 30년

해설 하수도계획의 목표연도는 원칙적으로 20년이다.

23 복류수 취수방법으로 적당한 것은?

① 랜니　② 셔안
③ 리플　④ 합리식

해설 복류수 취수에는 대표적으로 Fossl(Ranney)법을 사용한다.

24 강우 배수구역이 다음 표와 같은 경우 평균 유출계수는?

구분	유출계수	면적
주거지역	0.4	2ha
상업지역	0.6	3ha
녹지지역	0.2	7ha

① 0.22　② 0.33
③ 0.44　④ 0.55

해설 총괄유출계수(C) = $\dfrac{\sum_{i=1}^{\infty} 유출계수 \times 공종의\ 면적}{\sum_{i=1}^{\infty} 공종의\ 면적}$

$= \dfrac{0.4 \times 2 + 0.6 \times 3 + 0.2 \times 7}{2+3+7}$

$= 0.33$

25 직경 200cm 원형 관로에 물이 1/2 차서 흐를 경우, 이 관로의 경심은?

① 15cm   ② 25cm
③ 50cm   ④ 100cm

해설 경심(R) = $\dfrac{유수단면적(A)}{윤변(S)} = \dfrac{\dfrac{\pi D^2}{4} \times \dfrac{1}{2}}{\pi D \times \dfrac{1}{2}}$

$= \dfrac{D}{4} = \dfrac{200cm}{4} = 50(cm)$

26 상수관로에서 조도계수 0.014, 동수경사 1/100이고, 관경이 400mm일 때 이 관로의 유량은?(단, 만관 기준, Manning 공식에 의함)

① 3.8m³/min   ② 6.2m³/min
③ 9.3m³/min   ④ 11.6m³/min

해설 Manning 공식을 사용한다.
Q = A(단면적) × V(유속)
$= A \times \dfrac{1}{n} \cdot R^{\frac{2}{3}} \cdot I^{\frac{1}{2}}$

㉠ $A = \dfrac{\pi D^2}{4} = \dfrac{\pi \times (0.4m)^2}{4} = 0.1257(m^2)$

㉡ $V = \dfrac{1}{n} \cdot R^{\frac{2}{3}} \cdot I^{\frac{1}{2}}$ 에서

→ R(경심) = $\dfrac{A(단면적)}{P(윤변)} = \dfrac{D}{4} = \dfrac{0.4}{4} = 0.1$

→ $I = \dfrac{1}{100}$

∴ $Q = A \times \dfrac{1}{n} \cdot R^{\frac{2}{3}} \cdot I^{\frac{1}{2}}$

$= 0.1257(m^2) \times \dfrac{1}{0.014} \times (0.1)^{\frac{2}{3}} \times \left(\dfrac{1}{100}\right)^{\frac{1}{2}}$

$= 0.1934(m^3/sec) = 11.6(m^3/min)$

27 $I = \dfrac{3,660}{t+15}$ mm/hr, 면적 2.0km², 유입시간 6분, 유출계수 C = 0.65, 관내유속이 1m/sec인 경우, 관 길이 600m인 하수관에서 흘러나오는 우수량(m³/sec)은?(단, 합리식 적용)

① 약 31   ② 약 38
③ 약 43   ④ 약 52

해설 $Q = \dfrac{1}{360} C \cdot I \cdot A$

㉠ C = 0.65
㉡ t = 유입시간 + 유하시간
$= 6min + \dfrac{600m}{1m/sec} \times \dfrac{min}{60sec}$
$= 16min$
∴ $I = \dfrac{3,660}{16min+15} = 118.06$mm/hr

㉢ $A = 2.0km^2 \times \dfrac{100ha}{km^2} = 200ha$

∴ 우수량(m³/sec)
$= \dfrac{1}{360} \times 0.65 \times 118.06mm/hr \times 200ha$
$= 42.63(m^3/sec)$

28 직경 2m인 하수관을 매설하려고 한다. 성토에 의하여 관에 가해지는 하중을 Marston의 방법에 의해 계산하면?(단, 흙의 단위중량 1.9kN/m³, $C_1 = 1.86$, 관의 상부 90° 부분에서의 관 매설을 위해 굴토한 도랑의 폭 = 3.3m)

① 약 25.7kN/m   ② 약 38.5kN/m
③ 약 45.7kN/m   ④ 약 52.9kN/m

해설 $W = C_1 \times \gamma \times B^2$

$\dfrac{1.86}{} \left| \dfrac{1.9kN}{m^3} \right| \dfrac{(3.3m)^2}{} = 38.5(kN/m)$

29 하수 관거의 접합방법 중 유수는 원활한 흐름이 되지만, 굴착 깊이가 증가됨으로써 공사비가 증대되고 펌프로 배수하는 지역에서는 양정이 높게 되는 단점이 있는 것은?

① 수면접합   ② 관정접합
③ 중심접합   ④ 관저접합

25. ③ 26. ④ 27. ③ 28. ② 29. ② | ANSWER

30 하수의 배제방식 중 분류식(합류식과 비교)에 대한 설명으로 옳지 않은 것은?

① 우천 시의 월류 : 일정량 이상이 되면 우천 시 오수가 월류한다.
② 처리장으로의 토사 유입 : 토사의 유입이 있지만 합류식 정도는 아니다.
③ 관거오접 : 철저한 감시가 필요하다.
④ 관거 내 퇴적 : 관거 내의 퇴적이 적으며, 수세효과는 기대할 수 없다.

해설 "우천 시의 월류 : 일정량 이상이 되면 우천 시 오수가 월류한다."는 합류식에 대한 설명이다.

31 펌프의 캐비테이션이 발생하는 것을 방지하기 위한 대책으로 볼 수 없는 것은?

① 펌프의 설치위치를 가능한 한 높게 하여 펌프의 필요유효흡입수두를 작게 한다.
② 펌프의 회전속도를 낮게 선정하여 펌프의 필요유효흡입수두를 작게 한다.
③ 흡입관의 손실을 가능한 한 작게 하여 펌프의 가용유효흡입수두를 크게 한다.
④ 흡입 측 밸브를 완전히 개방하고 펌프를 운전한다.

해설 캐비테이션(Cavitation)의 방지방법
㉠ 펌프의 설치위치를 가능한 한 낮추어 흡입양정을 짧게 한다.
㉡ 펌프의 회전수를 감소시킨다.
㉢ 성능에 크게 영향을 미치지 않는 범위 내에서 흡입관의 직경을 증가시킨다.
㉣ 두 대 이상의 펌프를 사용하거나 회전차를 수중에 완전히 잠기게 한다.
㉤ 양흡입 펌프·입축형 펌프·수중펌프의 사용을 검토한다.
㉥ 펌프의 회전속도를 낮게 하여 펌프의 필요유효흡입수두를 작게 한다.

32 캐비테이션(공동현상)의 방지대책에 관한 설명으로 틀린 것은?

① 펌프의 설치위치를 가능한 한 낮추어 가용 유효흡입수두를 크게 한다.
② 흡입관의 손실을 가능한 한 작게 하여 가용 유효흡입수두를 크게 한다.
③ 펌프의 회전속도를 낮게 선정하여 필요유효흡입수두를 크게 한다.
④ 흡입 측 밸브를 완전히 개방하고 펌프를 운전한다.

해설 공동현상을 방지하려면 펌프의 회전수를 감소시켜야 한다.

33 비교회전도(N_s)에 대한 설명으로 틀린 것은?

① 펌프는 N_s 값에 따라 그 형식이 변한다.
② N_s 값이 같으면 펌프의 크기에 관계없이 같은 형식의 펌프로 하고 특성도 대체로 같아진다.
③ 수량과 전양정이 같다면 회전수가 많을수록 N_s 값이 커진다.
④ 일반적으로 N_s 값이 작으면 유량이 많은 저양정의 펌프가 된다.

해설 일반적으로 비교회전도가 크면 유량이 많은 저양정의 펌프가 된다.

34 펌프의 비교회전도에 관한 설명으로 옳은 것은?

① 비교회전도가 크게 될수록 흡입성능이 나쁘고 공동현상이 발생하기 쉽다.
② 비교회전도가 크게 될수록 흡입성능은 나쁘나 공동현상이 발생하기 어렵다.
③ 비교회전도가 크게 될수록 흡입성능이 좋고 공동현상이 발생하기 어렵다.
④ 비교회전도가 크게 될수록 흡입성능은 좋으나 공동현상이 발생되기 쉽다.

해설 비교회전도(N_s)가 클수록 흡입성능이 나쁘고 공동현상이 발생하기 쉽다.

ANSWER | 30. ① 31. ① 32. ③ 33. ④ 34. ①

35 연평균 강우량이 1,135mm인 지역에 필요한 저수지의 용량(day)은?(단, 가정법 적용)

① 약 126 ② 약 146
③ 약 166 ④ 약 186

해설 저수용량(가정법)

$C = \dfrac{5,000}{\sqrt{0.8 \times R}}$ [R : 연평균 강우량(mm)]

$= \dfrac{5,000}{\sqrt{0.8 \times 1,135}}$

$= 165.93$(일)

36 하천 표류수를 수원으로 할 때 기준으로 할 하천수량은 다음 중 어느 것인가?

① 갈수량 ② 평수량
③ 홍수량 ④ 최대 홍수량

해설 하천 표류수를 수원으로 할 때 기준 하천수량은 갈수량을 기준으로 한다.

37 다음 수량과 수위에 대한 설명 중 잘못된 것은?

① 홍수량, 홍수위는 홍수 기간 중 지속되는 하천의 유량과 수위를 말한다.
② 평수량, 평수위는 1년 중 185일은 이보다 낮지 않은 수량과 수위
③ 갈수량, 갈수위는 1년 중 355일은 이보다 낮지 않은 수량과 수위
④ 저수량, 저수위는 해마다 최저수량과 수위를 말한다.

해설 저수량, 저수위는 1년 중 275일은 이보다 낮지 않는 수량과 수위를 말한다.

38 복류수나 자유수면을 갖는 지하수를 취수하는 시설인 집수매거에 관한 설명으로 틀린 것은?

① 집수매거의 길이는 시험우물 등에 의한 양수시험 결과에 따라 정한다.
② 집수매거의 매설깊이는 1.0m 이하로 한다.
③ 집수매거는 수평 또는 흐름방향으로 향하여 완경사로 하고 집수매거의 유출단에서 매거 내의 평균 유속은 1.0m/s 이하로 한다.
④ 세굴의 우려가 있는 제외지에 설치할 경우에는 철근콘크리트틀 등으로 방호한다.

해설 집수매거의 매설깊이는 5m를 표준으로 한다.

39 상수처리를 위한 침사지 구조에 관한 기준으로 옳지 않은 것은?

① 지의 상단높이는 고수위보다 0.3~0.6m의 여유고를 둔다.
② 지 내 평균유속은 2~7cm/s를 표준으로 한다.
③ 표면부하율은 200~500nm/min을 표준으로 한다.
④ 지의 유효수심은 3~4m를 표준으로 하고, 퇴사심도를 0.5~1m로 한다.

해설 지의 상단높이는 고수위보다 0.6~1m의 여유고를 둔다.

40 천정호(얕은 우물)의 경우 양수량 $Q = \dfrac{\pi k(H^2 - h^2)}{2.3\log(R/r)}$으로 표시된다. 반경 0.5m의 천정호 시험정에서 H = 6m, h = 4m, R = 50m의 경우에 Q = 10L/sec의 양수량을 얻었다. 이 조건에서 투수계수 k는?

① 0.043m/min ② 0.073m/min
③ 0.086m/min ④ 0.146m/min

해설 $Q = \dfrac{\pi k(H^2 - h^2)}{2.3\log(R/r)}$

$10 \times 10^{-3}(\text{m}^3/\text{sec}) = \dfrac{\pi k(6^2 - 4^2)\text{m}^2}{2.3\log(50/0.5)}$

∴ $k = 7.32 \times 10^{-4}$(m/sec)
$= 0.04392$(m/min)

SECTION 03 수질오염방지기술

41 상수처리를 위한 사각 침전조에 유입되는 유량은 30,000m³/day이고 표면부하율은 24m³/m²·day이며 체류시간은 6시간이다. 침전조의 길이와 폭의 비는 2 : 1이라면 조의 크기는?

① 폭 : 20m, 길이 : 40m, 깊이 : 6m
② 폭 : 20m, 길이 : 40m, 깊이 : 4m
③ 폭 : 25m, 길이 : 50m, 깊이 : 6m
④ 폭 : 25m, 길이 : 50m, 깊이 : 4m

해설
㉠ 침전지 면적(A) = $\frac{30,000m^3}{day} \cdot \frac{m^2 \cdot day}{24m^3}$ = 1,250(m²)

1,250m² = 2W×W
∴ W(폭) = 25m, L(길이) = 50m

㉡ 조의 부피(∀) = Q×T = $\frac{30,000m^3}{day} \cdot \frac{6hr}{} \cdot \frac{1day}{24hr}$
= 7,500(m³)

㉢ 깊이(D) = $\frac{\forall}{A}$ = $\frac{7,500m^3}{1,250m^2}$ = 6m

42 침전지에서 입자의 침강 속도가 증대되는 원인이 아닌 것은?

① 입자 비중의 증가
② 액체 점성계수 증가
③ 수온의 증가
④ 입자 직경의 증가

해설 액체의 점성계수가 감소할 때 침강속도는 증가한다.

43 침전지로 유입되는 부유물질의 침전속도 분포가 다음 표와 같다. 표면적 부하가 4,032 m³/m²·day일 때, 전체 제거효율(%)은?

침전속도(m/min)	3.0	2.8	2.5	2.0
남아 있는 중량비율	0.55	0.46	0.35	0.3

① 74 ② 64
③ 54 ④ 44

해설 표면부하율(V_o) = $\frac{4,032m^3}{m^2 \cdot day} \cdot \frac{day}{1,440min}$ = 2.8m/min
남아 있는 중량비율이 0.46이므로 제거효율은 0.54(54%)이다.

44 폐수유량 1,000m³/day, 고형물농도 2,700mg/L인 슬러지를 부상법에 의해 농축시키고자 한다. 압축탱크의 압력이 4기압이며 공기의 밀도 1.3g/L, 공기의 용해량 29.2cm³/L일 때 Air/Solid비는?(단, f = 0.5, 비순환방식 기준)

① 0.009 ② 0.025
③ 0.019 ④ 0.014

해설 A/S비 = $\frac{1.3 \times S_a(f \cdot P - 1)}{SS} \times R$
= $\frac{1.3 \times 29.2 \times (0.5 \times 4 - 1)}{2,700}$
= 0.014

45 정수장 응집 공정에 사용되는 화학 약품 중 나머지 셋과 그 용도가 다른 하나는?

① 오존
② 명반
③ 폴리비닐아민
④ 황산제일철

해설 오존은 소독제이고, 나머지는 응집제이다.

46 다음 공정에서 처리될 수 있는 폐수의 종류는?

폐수 → 혼합(H_2SO_4, $FeSO_4$) → 혼합($Ca(OH)_2$, 슬러지) → 침전 → 유출수

① 크롬폐수 ② 시안폐수
③ 비소폐수 ④ 방사능폐수

ANSWER | 41. ③ 42. ② 43. ③ 44. ④ 45. ① 46. ①

47 흡착등온 관련 식과 가장 거리가 먼 것은?
① BET
② Michaelis-Menten
③ Langmuir
④ Freundlich

해설 흡착 관련 주요 등온흡착식에는 Langmuir식, Freundlich식, BET식 등이 있다.

48 활성슬러지 포기조 용액을 사용한 실험값으로부터 얻은 결과에 대한 설명으로 가장 거리가 먼 것은?

> MLSS 농도가 1,600mg/L인 용액 1리터를 30분간 침강시킨 후 슬러지의 부피가 400mL이었다.

① 최종침전지에서 슬러지의 침강성이 양호하다.
② 슬러지 밀도지수(SDI)는 0.5 이하이다.
③ 슬러지 용량지수(SVI)는 200 이상이다.
④ 실 모양의 미생물이 많이 관찰된다.

해설 SVI 계산식을 이용한다.
$$SVI = \frac{SV(mL/L)}{MLSS(mg/L)} \times 10^3$$
$$= \frac{400}{1,600} \times 10^3 = 250$$
적절한 SVI가 50~150mg/L일 때 침강성이 좋아지며, 200 이상으로 과대할 경우 슬러지팽화가 발생한다.

49 활성슬러지 혼합액 1L를 취하여 30분간 정치한 후 슬러지 부피가 300mL이었다. MLSS 농도가 2,000 mg/L인 SVI는?
① 200 ② 90
③ 120 ④ 150

해설 SVI 계산식을 이용한다.
$$SVI = \frac{SV(mL/L)}{MLSS(mg/L)} \times 10^3$$
$$= \frac{300}{2,000} \times 10^3 = 150$$

50 초심층표기법(Deep Shaft Aeration System)에 대한 설명 중 틀린 것은?
① 기포와 미생물이 접촉하는 시간이 표준활성슬러지법보다 길어서 산소전달효율이 높다.
② 순환류의 유속이 매우 빠르기 때문에 난류상태가 되어 산소전달률을 증가시킨다.
③ F/M비는 표준활성슬러지공법에 비하여 낮게 운전한다.
④ 표준활성슬러지공법에 비하여 MLSS 농도를 높게 운전한다.

해설 초심층표기법은 고부하운전이 가능하다.

51 질소 제거를 위한 파괴점 염소 주입법에 관한 설명과 가장 거리가 먼 것은?
① 적절한 운전으로 모든 암모니아성 질소의 산화가 가능하다.
② 시설비가 낮고 기존 시설에 적용이 용이하다.
③ 수생생물에 독성을 끼치는 잔류염소농도가 높아진다.
④ 독성물질과 온도에 민감하다.

52 생물학적 방법과 화학적 방법을 함께 이용한 고도처리 방법은?
① 수정 Bardenpho 공정
② Phostrip 공정
③ SBR 공정
④ UCT 공정

53 질산염(NO_3^-) 40mg/L가 탈질되어 질소로 환원될 때 필요한 이론적인 메탄올(CH_3OH)의 양(mg/L)은?
① 17.2 ② 36.6
③ 58.4 ④ 76.2

해설 $6NO_3^- + 5CH_3OH \rightarrow 5CO_2 + 3N_2 + 7H_2O + 6OH^-$
$6NO_3^-$: $5CH_3OH$
6×62 : 5×32
40mg/L : X
∴ X ≒ 17.2mg/L

47. ② 48. ① 49. ④ 50. ③ 51. ④ 52. ② 53. ① | ANSWER

54 물 5m³의 DO가 9.0mg/L이다. 이 산소를 제거하는 데 필요한 아황산나트륨의 양(g)은?

① 256.5   ② 354.4
③ 452.6   ④ 488.8

해설
$Na_2SO_3 + 0.5O_2 \rightarrow Na_2SO_4$
126(g) : 0.5×32(g)
X(mg/L) : 9(mg/L)
X = 70.875(mg/L)
∴ 아황산나트륨의 양(g)
$= \dfrac{70.875mg}{L} \Big| \dfrac{1g}{10^3mg} \Big| \dfrac{5m^3}{1} \Big| \dfrac{10^3L}{1m^3}$
= 354.375(g)

55 Monod식을 이용한 세포의 비증식속도(Specific Growth Rate, hr⁻¹)는?(단, 제한기질농도 200 mg/L, 1/2 포화농도(K_s) 50mg/L, 세포의 비증식속도 최대치 0.1hr⁻¹)

① 0.08   ② 0.12
③ 0.16   ④ 0.24

해설 Michaelis-Menten의 비증식속도 계산식을 이용한다.
$\mu = \mu_{max} \times \dfrac{[S]}{K_s + [S]} = 0.1 \times \dfrac{200}{50+200}$
= 0.08(hr⁻¹)

56 일반적인 슬러지 처리공정을 순서대로 배치한 것은?

① 농축 → 약품 조정(개량) → 유기물의 안정화 → 건조 → 탈수 → 최종처분
② 농축 → 유기물의 안정화 → 약품 조정(개량) → 탈수 → 건조 → 최종처분
③ 약품 조정(개량) → 농축 → 유기물의 안정화 → 탈수 → 건조 → 최종처분
④ 유기물의 안정화 → 농축 → 약품 조정(개량) → 탈수 → 건조 → 최종처분

해설 슬러지 처리 계통도
농축 → 소화(안정화) → 개량 → 탈수 → 건조 → 최종처분

57 혐기성 소화법과 비교한 호기성 소화법의 장·단점으로 옳지 않은 것은?

① 운전이 용이하다.
② 소화슬러지 탈수가 용이하다.
③ 가치 있는 부산물이 생성되지 않는다.
④ 저온 시의 효율이 저하된다.

해설 소화슬러지 탈수가 용이한 것은 혐기성 소화법의 장점이다.

58 1,000m³의 하수로부터 최초침전지에서 생성되는 슬러지의 양은?

- 최초침전지 체류시간 : 2시간
- 부유물질 제거효율 : 60%
- 부유물질농도 : 220mg/L
- 부유물질 분해 없음
- 슬러지 비중 : 1.0
- 슬러지 함수율 : 97%

① 2.4m³/1,000m³   ② 3.2m³/1,000m³
③ 4.4m³/1,000m³   ④ 5.2m³/1000m³

해설 SL(m³/1,000m³)
$= \dfrac{0.22kg \cdot TS}{m^3} \Big| \dfrac{60}{100} \Big| \dfrac{100 \cdot SL}{(100-97) \cdot TS} \Big| \dfrac{1,000m^3}{1} \Big| \dfrac{m^3}{1,000kg}$
= 4.4(m³/1,000m³)

59 소화조 슬러지 주입율이 100m³/day이고, 슬러지의 SS 농도가 6.47%, 소화조 부피가 1,250m³, SS 내 VS 함유율이 85%일 때 소화조에 주입되는 VS의 용적부하(kg/m³·day)는?(단, 슬러지의 비중은 1.0이다.)

① 1.4   ② 2.4
③ 3.4   ④ 4.4

해설 소화조에 유입되는 VS의 용적부하$\left(\dfrac{kg}{m^3 \cdot day}\right)$
$= \dfrac{\text{소화조로 유입되는 VS의 양(kg/day)}}{\text{소화조의 용적(m}^3)}$
$= \dfrac{100m^3 \cdot SL}{day} \Big| \dfrac{6.47 \cdot TS}{100 \cdot SL} \Big| \dfrac{85 \cdot VS}{100 \cdot TS} \Big| \dfrac{1}{1,250m^3} \Big| \dfrac{1,000kg}{m^3}$
= 4.4(kg/m³·day)

ANSWER | 54. ② 55. ① 56. ② 57. ② 58. ③ 59. ④

60 하수관의 부식과 가장 관계가 깊은 것은?
① NH_3 가스 ② H_2S 가스
③ CO_2 가스 ④ CH_4 가스

해설 하수관의 부식에 가장 영향을 주는 물질은 H_2S 가스이다.

SECTION 04 수질오염공정시험기준

61 ppm을 설명한 것으로 틀린 것은?
① ppb 농도의 1,000배이다.
② 백만분율이라고 한다.
③ mg/kg이다.
④ %농도의 1/1,000이다.

해설 ppm은 %농도의 1/10,000이다.

62 수질오염공정시험기준 관련 용어 정의가 잘못된 것은?
① '감압 또는 진공'이라 함은 따로 규정이 없는 한 15mmH₂O 이하를 뜻한다.
② '냄새가 없다'라고 기재한 것은 냄새가 없거나, 또는 거의 없는 것을 표시하는 것이다.
③ '약'이라 함은 기재된 양에 대하여 ±10%이상의 차가 있어서는 안 된다.
④ 시험조작 중 '즉시'란 30초 이내에 표시된 조작을 하는 것을 뜻한다.

해설 '감압 또는 진공'이라 함은 따로 규정이 없는 한 15mmHg 이하를 뜻한다.

63 ["정확히 단다"라 함은 규정된 양의 시료를 취하여 분석용 저울로 ( )까지 다는 것을 말한다.] ( ) 안에 알맞은 내용은?
① 0.001mg ② 0.01mg
③ 0.1mg   ④ 1mg

64 취급 또는 저장하는 동안에 이물질이 들어가거나 또는 내용물이 손실되지 아니하도록 보호하는 용기는?
① 밀봉용기 ② 밀폐용기
③ 기밀용기 ④ 압밀용기

65 감응계수를 옳게 나타낸 것은?(단, 검정곡선 작성용 표준용액의 농도 : C, 반응값 : R)
① 감응계수=R/C ② 감응계수=C/R
③ 감응계수=R×C ④ 감응계수=C-R

66 정도관리 요소 중 정밀도를 옳게 나타낸 것은?(단, n : 연속적으로 측정한 횟수)
① 정밀도(%)=(n회 측정한 결과의 평균값/표준편차)×100
② 정밀도(%)=(표준편차/n회 측정한 결과의 평균값)×100
③ 정밀도(%)=(상대편차/n회 측정한 결과의 평균값)×100
④ 정밀도(%)=(n회 측정한 결과의 평균값/상대편차)×100

해설 정밀도는 시험분석 결과의 반복성을 나타내는 것으로 반복 시험하여 얻은 결과를 상대표준편차로 나타내며, 연속적으로 n회 측정한 결과의 평균값($\bar{x}$)과 표준편차(s)로 구한다.

67 수질분석용 시료채취 시 유의사항과 가장 거리가 먼 것은?
① 채취 용기는 시료를 채우기 전에 깨끗한 물로 3회 이상 씻은 다음 사용한다.
② 유류 또는 부유물질 등이 함유된 시료는 시료의 균일성이 유지될 수 있도록 채취해야 하며, 침전물 등이 부상하여 혼입되어서는 안 된다.
③ 용존가스, 환원성 물질, 휘발성 유기화합물, 냄새, 유류 및 수소이온 등을 측정하기 위한 시료를 채취할 때에는 운반 중 공기와의 접촉이 없도록 시료 용기에 가득 채워야 한다.
④ 시료채취량은 보통 3~5L 정도이어야 한다.

[해설] 시료채취 용기는 시료를 채우기 전에 시료로 3회 이상 씻은 다음 사용한다.

68 시료채취 시 유의사항으로 옳지 않은 것은?
① 유류 또는 부유물질 등이 함유된 시료는 시료의 균일성이 유지될 수 있도록 채취해야 하며 침전물 등이 부상하여 혼입되어서는 안 된다.
② 퍼클로레이트를 측정하기 위한 시료를 채취할 때 시료의 공기접촉이 없도록 시료병에 가득 채운다.
③ 시료채취량은 시험항목 및 시험횟수에 따라 차이가 있으나 보통 3~5L 정도이어야 한다.
④ 휘발성 유기화합물 분석용 시료를 채취할 때에는 뚜껑의 격막을 만지지 않도록 주의하여야 한다.

[해설] 퍼클로레이트를 측정하기 위한 시료채취 시 시료 용기를 질산 및 정제수로 씻은 후 사용하며, 시료채취 시 시료병의 2/3를 채운다.

69 하천수 채수위치로 적합하지 않은 지점은?

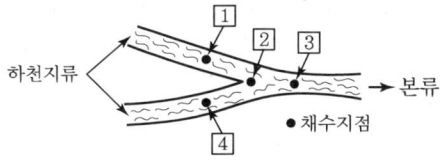

① 1지점   ② 2지점
③ 3지점   ④ 4지점

70 공장폐수 및 하수유량(관 내의 유량측정방법)을 측정하는 장치 중 공정수(Process Water)에 적용하지 않는 것은?
① 유량측정용 노즐   ② 오리피스
③ 벤츄리미터   ④ 자기식 유량측정기

71 유속-면적법에 의한 하천유량을 구하기 위한 소구간 단면에 있어서의 평균유속 V_m을 구하는 식으로 맞는 것은?(단, $V_{0.2}$, $V_{0.4}$, $V_{0.5}$, $V_{0.6}$, $V_{0.8}$은 각각 수면으로부터 전 수심의 20%, 40%, 50%, 60% 및 80%인 점의 유속이다.)

① 수심이 0.4m 미만일 때 $V_m = V_{0.5}$
② 수심이 0.4m 미만일 때 $V_m = V_{0.8}$
③ 수심이 0.4m 이상일 때 $V_m = (V_{0.2} + V_{0.8}) \times 1/2$
④ 수심이 0.4m 이상일 때 $V_m = (V_{0.4} + V_{0.6}) \times 1/2$

[해설] 하천의 유속은 수심 0.4m를 기점으로 하여 다음과 같이 평균유속을 구한다.
㉠ 수심이 0.4m 이상일 때 $V_m = (V_{20\%} + V_{80\%})/2$
㉡ 수심이 0.4m 미만일 때 $V_m = V_{60\%}$

72 유기물을 다량 함유하고 있으면서 산분해가 어려운 시료에 적용되는 전처리법은?
① 질산-염산법   ② 질산-황산법
③ 질산-초산법   ④ 질산-과염소산법

[해설] 전처리 방법

전처리 방법	적용 시료
질산법	유기 함량이 비교적 높지 않은 시료의 전처리에 사용한다.
질산-염산법	유기물 함량이 비교적 높지 않고 금속의 수산화물, 산화물, 인산염 및 황화물을 함유하고 있는 시료에 적용된다.
질산-황산법	유기물 등을 많이 함유하고 있는 대부분의 시료에 적용된다.
질산-과염소산법	유기물을 다량 함유하고 있으면서 산분해가 어려운 시료에 적용된다.
질산-과염소산-불화수소산법	다량의 점토질 또는 규산염을 함유한 시료에 적용된다.

73 투명도 측정에 관한 설명으로 적절하지 못한 것은?
① 투명도판을 천천히 끌어올리면서 보이기 시작한 깊이를 1.0m 단위로 읽어 투명도를 측정한다.
② 투명도판은 무게가 약 3kg인 지름 30cm의 백색 원판에 지름 5cm의 구멍 8개가 뚫려 있다.
③ 흐름이 있어 줄이 기울어질 경우에는 2kg 정도의 추를 달아서 줄을 세워야 한다.
④ 투명도판의 색조차는 투명도에 미치는 영향이 적지만 원판의 광반사능도 투명도에 영향을 미치므로 표면이 더러울 때에는 다시 색칠하여야 한다.

[해설] 투명도판을 천천히 끌어올리면서 보이기 시작한 깊이를 0.1m 단위로 읽어 투명도를 측정한다.

ANSWER | 68. ② 69. ② 70. ③ 71. ③ 72. ④ 73. ①

74 폐수의 부유물질(SS)을 측정하였더니 1,312 mg/L 이었다. 시료 여과 전 유리섬유지의 무게가 1.2113g 이고, 이때 사용된 시료량이 100mL이었다면 시료 여과 후 건조시킨 유리섬유지의 무게는 얼마인가?

① 1.2242g ② 1.3425g
③ 2.5233g ④ 3.5233g

해설 $SS(mg/L) = (b-a) \times \dfrac{1,000}{V}$

$SS = 1,312 mg/L$, $a = 1.2113g$, $V = 100mL$

$1,312 mg/L = (b - 1.2113g) \times \dfrac{1,000}{100mL}$

$(b - 1.2113g) = 1,312 mg/L \times 0.1L$

$\therefore b = 131.2 mg + 1.2113g$

$= 131.2 mg \times \dfrac{g}{10^3 mg} + 1.2113g$

$= 1.3425g$

75 예상 BOD치에 대한 사전경험이 없을 때 오염된 하천수의 검액조제 방법은?

① 25~100%의 시료가 함유되도록 희석 조제한다.
② 15~25%의 시료가 함유되도록 희석 조제한다.
③ 5~15%의 시료가 함유되도록 희석 조제한다.
④ 1~5%의 시료가 함유되도록 희석 조제한다.

해설 예상 BOD치에 대한 사전경험이 없을 때 다음과 같이 희석하여 검액을 조제한다.
㉠ 강한 공장폐수 : 시료를 0.1~1.0% 넣는다.
㉡ 처리하지 않은 공장폐수와 침전된 하수 : 시료를 1~5% 넣는다.
㉢ 처리하여 방류된 공장폐수 : 시료를 5~25% 넣는다.
㉣ 오염된 하천수 : 시료를 25~100% 넣는다.

76 기준전극과 비교전극으로 구성된 pH 측정기를 사용하여 수소이온농도를 측정할 때 간섭물질에 관한 내용으로 옳지 않은 것은?

① pH는 온도 변화에 따라 영향을 받는다.
② pH 10 이상에서 나트륨에 의한 오차가 발생할 수 있는데, 이는 낮은 나트륨 오차 전극을 사용하여 줄일 수 있다.
③ 일반적으로 유리전극은 산화 및 환원성 물질, 염도에 의해 간섭을 받는다.
④ 기름층이나 작은 입자상이 전극을 피복하여 pH 측정을 방해할 수 있다.

해설 일반적으로 유리전극은 용액의 색도, 탁도, 콜로이드성 물질들, 산화 및 환원성 물질들 그리고 염도에 의해 간섭을 받지 않는다.

77 노말헥산추출물질을 측정할 때 시험과정 중 지시약으로 사용되는 것은?

① 메틸레드 ② 메틸오렌지
③ 메틸렌블루 ④ 페놀프탈레인

해설 시료적당량(노말헥산추출물질로서 5~200mg 해당량)을 분별깔때기에 넣고 메틸오렌지용액(0.1%) 2~3방울을 넣고 황색이 적색으로 변할 때까지 염산(1+1)을 넣어 시료의 pH를 4 이하로 조절한다.

78 음이온류 이온전극법의 비교전극에 관한 설명이다. ( ) 안에 알맞은 것은?

> 이온전극과 조합하여 이온농도에 대응하는 전위차를 나타낼 수 있는 것으로 표준전위가 안정된 전극이 필요하다. 일반적으로 내부전극으로 염화제일수은 전극(칼로멜 전극) 또는 ( )이 많이 사용된다.

① 은-염화은 전극
② 은-염화수은 전극
③ 염화제이수은 전극
④ 격막형 전극

해설 이온전극과 조합하여 이온농도에 대응하는 전위차를 나타낼 수 있는 것으로 표준전위가 안정된 전극이 필요하다. 일반적으로 내부전극으로 염화제일수은 전극(칼로멜 전극) 또는 은-염화은 전극이 많이 사용된다.

79 암모니아성 질소의 분석방법과 가장 거리가 먼 것은?(단, 수질오염공정시험기준)

① 자외선/가시선 분광법
② 연속흐름법
③ 이온전극법
④ 적정법

74. ② 75. ① 76. ③ 77. ② 78. ① 79. ② | ANSWER

[해설] 암모니아성 질소의 분석방법에는 자외선/가시선 분광법, 이온전극법, 적정법이 있다.

80 수질오염공정시험기준상 자외선/가시선 분광법을 적용한 페놀류 측정에 관한 내용으로 틀린 것은?
① 정량한계는 클로로폼 추출법일 때 0.005mg/L 이다.
② 정량범위는 직접측정법일 때 0.05mg/L이다.
③ 증류한 시료에 염화암모늄-암모니아 완충액을 넣어 pH 10으로 조절한다.
④ 4-아미노안티피린과 헥사시안화철(Ⅱ)산칼륨을 넣어 생성된 청색의 안티피린계 색소의 흡광도를 측정하는 방법이다.

[해설] 페놀류(자외선/가시선 분광법)
㉠ 정량한계는 클로로폼 추출법일 때 0.005mg/L, 직접측정법일 때 0.05mg/L이다.
㉡ 4-아미노안티피린과 헥사시안화철(Ⅱ)산칼륨을 넣어 생성된 붉은색의 안티피린계 색소의 흡광도를 측정하는 방법으로 수용액에서는 510nm, 클로로폼 용액에서는 460 nm에서 측정한다.

SECTION 05 수질환경관계법규

81 공공폐수처리시설 방류수 수질검사의 항목 중 생태독성에 대한 검사주기는?
① 월 1회 이상   ② 분기 1회 이상
③ 반기 1회 이상 ④ 연 1회 이상

[해설] 방류수 수질검사
처리시설의 적정 운영 여부를 확인하기 위하여 방류수 수질검사를 월 2회 이상 실시하되, 1일당 2천 세제곱미터 이상인 시설은 주 1회 이상 실시하여야 한다. 다만, 생태독성(TU) 검사는 월 1회 이상 실시하여야 한다.

82 초과부과금의 산정기준인 1킬로그램당 부과액이 가장 큰 오염물질은?
① 수은 및 그 화합물   ② 트리클로로에틸렌
③ 비소 및 그 화합물   ④ 카드뮴 및 그 화합물

[해설] ① 수은 및 그 화합물(1,250,000원)
② 트리클로로에틸렌(300,000원)
③ 비소 및 그 화합물(100,000원)
④ 카드뮴 및 그 화합물(500,000원)

83 대권역 물환경관리계획에 포함되어야 할 사항으로 틀린 것은?
① 점오염원, 비점오염원 및 기타 수질오염원의 수질오염 저감시설 현황
② 점오염원, 비점오염원 및 기타 수질오염원의 분포현황
③ 상수원 및 물 이용현황
④ 점오염원, 비점오염원 및 기타 수질오염원에서 배출되는 수질오염물질의 양

[해설] 대권역 물환경관리계획의 수립 시 포함되어야 할 사항
㉠ 물환경의 변화 추이 및 물환경목표기준
㉡ 상수원 및 물 이용현황
㉢ 점오염원, 비점오염원 및 기타 수질오염원의 분포현황
㉣ 점오염원, 비점오염원 및 기타 수질오염원에서 배출되는 수질오염물질의 양
㉤ 수질오염 예방 및 저감 대책
㉥ 물환경 보전조치의 추진방향
㉦ 「기후위기 대응을 위한 탄소중립·녹색성장 기본법」에 따른 기후변화에 대한 적응대책
㉧ 그 밖에 환경부령으로 정하는 사항

84 기술인력 등의 교육에 관한 설명으로 ( )에 들어갈 기간은?

| 환경기술인 또는 폐수처리업에 종사하는 기술요원의 최초교육은 최초로 업무에 종사한 날부터 ( ) 이내에 실시하여야 한다. |

① 6개월   ② 1년
③ 2년   ④ 3년

해설 기술인력의 교육
  ㉠ 최초교육 : 기술인력 등이 최초로 업무에 종사한 날부터 1년 이내에 실시하는 교육
  ㉡ 보수교육 : 최초 교육 후 3년마다 실시하는 교육

85 수질 및 수생태계 환경기준 중 하천에서의 사람의 건강보호기준으로 옳은 것은?
① 음이온 계면활성제－0.1mg/L 이하
② 비소－0.05mg/L 이하
③ 6가 크롬－0.5mg/L 이하
④ 테트라클로로에틸렌－0.02mg/L 이하

해설 사람의 건강보호기준(하천)

항목	기준값(mg/L)
카드뮴(Cd)	0.005 이하
비소(As)	0.05 이하
시안(CN)	검출되어서는 안 됨(검출한계 0.01)
수은(Hg)	검출되어서는 안 됨(검출한계 0.001)
유기인	검출되어서는 안 됨(검출한계 0.0005)
폴리클로리네이티드비페닐 (PCB)	검출되어서는 안 됨(검출한계 0.0005)
납(Pb)	0.05 이하
6가 크롬(Cr^{6+})	0.05 이하
음이온 계면활성제(ABS)	0.5 이하
사염화탄소	0.004 이하
1,2－디클로로에탄	0.03 이하
테트라클로로에틸렌(PCE)	0.04 이하
디클로로메탄	0.02 이하
벤젠	0.01 이하
클로로포름	0.08 이하
디에틸헥실프탈레이트(DEHP)	0.008 이하
안티몬	0.02 이하
1,4－다이옥세인	0.05 이하
포름알데히드	0.5 이하
헥사클로로벤젠	0.00004 이하

86 수질오염방지시설 중 물리적 처리시설에 해당되지 않는 것은?
① 흡착시설
② 혼합시설
③ 응집시설
④ 유수분리시설

해설 물리적 처리시설
㉠ 스크린 ㉡ 분쇄기
㉢ 침사(沈砂)시설 ㉣ 유수분리시설
㉤ 유량조정시설(집수조) ㉥ 혼합시설
㉦ 응집시설 ㉧ 침전시설
㉨ 부상시설 ㉩ 여과시설
㉪ 탈수시설 ㉫ 건조시설
㉬ 증류시설 ㉭ 농축시설

87 다음 위반행위에 따른 벌칙기준 중 1년 이하의 징역 또는 1천만 원 이하의 벌금에 처하는 경우는?
① 허가를 받지 아니하고 폐수배출시설을 설치한 자
② 배출시설의 설치를 제한하는 지역에서 배출시설을 설치한 자
③ 환경부장관에게 신고하지 아니하고 기타 수질오염원을 설치한 자
④ 폐수무방류배출시설에서 배출되는 폐수를 오수 또는 다른 배출시설에서 배출되는 폐수와 혼합하여 처리하는 행위를 한 자

88 오염할당사업자 등에 대한 과징금 부과 시 비점오염저감시설에 대한 부과계수로 옳은 것은?
① 1.5
② 2.0
③ 1.0
④ 0.7

89 환경부장관이 수질 등의 측정자료를 관리·분석하기 위하여 측정기기 부착사업자 등이 부착한 측정기기와 연결, 그 측정결과를 전산처리할 수 있는 전산망 운영을 위한 수질원격감시체계 관제센터를 설치·운영할 수 있는 곳은?
① 국립환경과학원
② 한국환경공단
③ 시·도 보건환경연구원
④ 유역환경청

해설 환경부장관은 전산망을 운영하기 위하여 「한국환경공단법」에 따른 한국환경공단에 수질원격감시체계 관제센터를 설치·운영할 수 있다.

90 폐수처리업자의 준수사항에 관한 설명으로 ( )에 옳은 것은?

> 수탁한 폐수는 정당한 사유 없이 (㉠) 보관할 수 없으며, 보관폐수의 전체량이 저장시설 저장능력의 (㉡) 이상 되게 보관하여서는 아니 된다.

① ㉠ 30일 이상, ㉡ 80%
② ㉠ 10일 이상, ㉡ 80%
③ ㉠ 30일 이상, ㉡ 90%
④ ㉠ 10일 이상, ㉡ 90%

해설 수탁한 폐수는 정당한 사유 없이 10일 이상 보관할 수 없으며, 보관폐수의 전체량이 저장시설 저장능력의 90% 이상 되게 보관하여서는 아니 된다.

91 낚시제한구역에서의 환경부령으로 제한되는 행위기준으로 틀린 것은?

① 낚시바늘에 끼워서 사용하지 아니하고 물고기를 유인하기 위하여 떡밥, 어분 등을 던지는 행위
② 고기를 잡기 위하여 폭발물, 배터리, 어망 등을 이용하는 행위
③ 1개의 낚시대에 5개 이상의 낚시바늘을 떡밥과 뭉쳐서 미끼로 던지는 행위
④ 1명당 2대 이상의 낚시대를 사용하는 행위

해설 낚시제한구역에서의 제한사항
㉠ 낚시바늘에 끼워서 사용하지 아니하고 물고기를 유인하기 위하여 떡밥 · 어분 등을 던지는 행위
㉡ 어선을 이용한 낚시행위 등 「낚시 관리 및 육성법」에 따른 낚시어선업을 영위하는 행위
㉢ 1명당 4대 이상의 낚시대를 사용하는 행위
㉣ 1개의 낚시대에 5개 이상의 낚시바늘을 떡밥과 뭉쳐서 미끼로 던지는 행위
㉤ 쓰레기를 버리거나 취사행위를 하거나 화장실이 아닌 곳에서 대 · 소변을 보는 등 수질오염을 일으킬 우려가 있는 행위
㉥ 고기를 잡기 위하여 폭발물 · 배터리 · 어망 등을 이용하는 행위

92 공공수역의 수질 및 수생태계 보전을 위해 국립환경과학원장이 설치 · 운영하는 측정망의 종류가 아닌 것은?

① 생물 측정망
② 퇴적물 측정망
③ 공공수역 유해물질 측정망
④ 소권역 관리를 위한 측정망

해설 국립환경과학원장이 설치 · 운영할 수 있는 측정망
㉠ 비점오염원에서 배출되는 비점오염물질 측정망
㉡ 수질오염물질의 총량관리를 위한 측정망
㉢ 대규모 오염원의 하류지점 측정망
㉣ 수질오염경보를 위한 측정망
㉤ 대권역 · 중권역을 관리하기 위한 측정망
㉥ 공공수역 유해물질 측정망
㉦ 퇴적물 측정망
㉧ 생물 측정망
㉨ 그 밖에 국립환경과학원장이 필요하다고 인정하여 설치 · 운영하는 측정망

93 호소 안의 쓰레기 수거 · 처리에 관한 설명으로 적절하지 못한 것은?

① 당해 호소를 관할하는 시장 · 군수 · 구청장은 수거된 쓰레기를 운반 · 처리하여야 한다.
② 수면관리자와 관계 자치단체의 장은 호소 안의 쓰레기의 운반 · 처리에 드는 비용을 분담하기 위한 협약이 체결되지 아니하는 경우에는 대통령에게 조정을 신청할 수 있다.
③ 호소 안의 쓰레기 수거 의무자는 수면관리자이다.
④ 수면관리자 및 시장 · 군수 · 구청장은 쓰레기의 운반 · 처리 주체 및 쓰레기의 운반 · 처리에 드는 비용을 분담하기 위한 협약을 체결하여야 한다.

해설 수면관리자 및 특별자치시장 · 특별자치도지사 · 시장 · 군수 · 구청장은 쓰레기의 운반 · 처리에 드는 비용을 분담하기 위한 협약이 체결되지 아니하는 경우에는 환경부장관에게 조정을 신청할 수 있다.

ANSWER | 90. ④ 91. ④ 92. ④ 93. ②

94 위임업무 보고사항 중 보고횟수가 연 2회에 해당되지 않는 것은?

① 배출업소의 지도 · 점검 및 행정처분 실적
② 기타 수질오염원 현황
③ 배출부과금 징수 실적 및 체납처분 현황
④ 폐수처리업에 대한 허가 · 지도단속실적 및 처리실적 현황

해설
① 배출업소의 지도 · 점검 및 행정처분 실적(연 4회)
② 기타 수질오염원 현황(연 2회)
③ 배출부과금 징수 실적 및 체납처분 현황(연 2회)
④ 폐수처리업에 대한 허가 · 지도단속실적 및 처리실적 현황(연 2회)

95 폐수처리업 중 폐수수탁처리업의 폐수운반차량에 표시하는 글씨(바탕 포함)의 색 기준은?

① 흰색 바탕에 청색 글씨
② 청색 바탕에 흰색 글씨
③ 검은색 바탕에 노란색 글씨
④ 노란색 바탕에 검은색 글씨

해설 폐수운반차량은 청색으로 도색하고, 양쪽 옆면과 뒷면에 가로 50센티미터, 세로 20센티미터 이상 크기의 노란색 바탕에 검은색 글씨로 폐수운반차량, 회사명, 등록번호, 전화번호 및 용량을 지워지지 아니하도록 표시하여야 한다.

96 공공폐수처리시설 기본계획에 포함되어야 할 사항으로 틀린 것은?

① 오염원 분포 및 폐수배출량과 그 예측에 관한 사항
② 공공폐수처리시설에서 배출허용기준 적합여부 및 근거에 관한 사항
③ 공공폐수처리시설의 설치 · 운영자에 관한 사항
④ 공공폐수처리시설의 폐수처리계통도, 처리능력 및 처리방법에 관한 사항

해설 공공폐수처리시설 기본계획에 포함되어야 할 사항
㉠ 공공폐수처리시설에서 처리하려는 대상 지역에 관한 사항
㉡ 오염원 분포 및 폐수배출량과 그 예측에 관한 사항
㉢ 공공폐수처리시설의 폐수처리계통도, 처리능력 및 처리방법에 관한 사항
㉣ 공공폐수처리시설에서 처리된 폐수가 방류수역의 수질에 미치는 영향에 관한 평가
㉤ 공공폐수처리시설의 설치 · 운영자에 관한 사항
㉥ 공공폐수처리시설 부담금 및 공공폐수처리시설 사용료의 비용부담에 관한 사항
㉦ 총사업비, 분야별 사업비 및 그 산출근거
㉧ 연차별 투자계획 및 자금조달계획
㉨ 토지 등의 수용 · 사용에 관한 사항
㉩ 그 밖에 공공폐수처리시설의 설치 · 운영에 필요한 사항

97 특정수질유해물질이 아닌 것은?

① 벤젠
② 디클로로메탄
③ 플루오르 화합물
④ 구리와 그 화합물

해설 특정수질유해물질
• 구리와 그 화합물
• 납과 그 화합물
• 비소와 그 화합물
• 수은과 그 화합물
• 시안화합물
• 유기인 화합물
• 6가 크롬 화합물
• 카드뮴과 그 화합물
• 테트라클로로에틸렌
• 트리클로로에틸렌
• 폴리클로리네이티드바이페닐
• 셀레늄과 그 화합물
• 벤젠
• 사염화탄소
• 디클로로메탄
• 1,1-디클로로에틸렌
• 1,2-디클로로에탄
• 클로로포름
• 1,4-다이옥산
• 디에틸헥실프탈레이트(DEHP)
• 염화비닐
• 아크릴로니트릴
• 브로모포름
• 아크릴아미드
• 나프탈렌
• 폼알데하이드
• 에피클로로하이드린
• 페놀
• 펜타클로로페놀
• 스티렌
• 비스(2-에틸헥실)아디페이트
• 안티몬

94. ① 95. ④ 96. ② 97. ③ | ANSWER

98
1일 폐수배출량이 2천m³ 이상인 사업장에서 생물화학적 산소요구량의 농도가 25mg/L인 폐수를 배출하였다면, 이 업체의 방류수수질기준 초과율에 따른 부과계수는?(단, 배출허용기준에 적용되는 지역은 청정지역임)

① 2.0
② 2.4
③ 2.6
④ 2.2

해설 방류수 수질기준 초과율별 부과계수

초과율	10% 미만	10% 이상 20% 미만	20% 이상 30% 미만	30% 이상 40% 미만	40% 이상 50% 미만
부과계수	1	1.2	1.4	1.6	1.8
초과율	50% 이상 60% 미만	60% 이상 70% 미만	70% 이상 80% 미만	80% 이상 90% 미만	90% 이상 100% 까지
부과계수	2.0	2.2	2.4	2.6	2.8

방류수 수질기준 초과율(%)
$= \dfrac{(배출농도 - 방류수 수질기준)}{(배출허용기준 - 방류수\ 수질기준)} \times 100$

㉠ 배출농도 : 25mg/L
㉡ 방류수 수질기준 : 10mg/L
㉢ 배출허용기준(청정지역) : 30mg/L

방류수 수질기준 초과율(%)
$= \dfrac{(25-10)}{(30-10)} \times 100 = 75(\%)$

99
오염총량관리지역의 수계 이용상황 및 수질상태 등을 고려하여 대통령령이 정하는 바에 따라 수계구간별로 오염총량관리의 목표가 되는 수질을 정하여 고시하여야 하는 자는?

① 도지사 및 군수
② 특별 및 광역시장
③ 환경부장관
④ 대통령

해설 환경부장관 오염총량관리지역의 수계 이용상황 및 수질상태 등을 고려하여 대통령령이 정하는 바에 따라 수계구간별로 오염총량관리의 목표가 되는 수질을 정하여 고시하여야 한다.

100
폐수처리업에 종사하는 기술요원에 대한 교육기관으로 옳은 것은?

① 국립환경인재개발원
② 환경보전협회
③ 한국환경공단
④ 국립환경과학원

해설 교육기관
㉠ 측정기기 관리대행업에 등록된 기술인력 : 국립환경인재개발원 또는 한국상하수도협회
㉡ 폐수처리업에 종사하는 기술요원 : 국립환경인재개발원
㉢ 환경기술인 : 환경보전협회

수질환경기사 필기 문제풀이
ENGINEER WATER POLLUTION ENVIRONMENTAL

PART

03

CBT 실전모의고사

01회 | CBT 실전모의고사 / 정답 및 해설
02회 | CBT 실전모의고사 / 정답 및 해설
03회 | CBT 실전모의고사 / 정답 및 해설

1과목 수질오염개론

01 기체의 법칙인 Dalton의 부분압력법칙에 관한 내용으로 가장 옳은 것은?
① 공기와 같은 혼합기체 속에서 각 성분 기체는 서로 독립적으로 압력을 나타낸다.
② 일정한 온도에서 기체의 부피는 그 압력에 반비례한다.
③ 기체가 관련된 화학반응에서는 반응하는 기체와 생성된 기체의 부피 사이에는 부분압력에 따른 정수관계가 성립된다.
④ 기체의 확산속도는 기체의 부분압력에 따라 기체 분자량의 제곱근에 반비례한다.

02 호소의 부영양화에 대한 일반적 영향으로 옳지 않은 것은?
① 영양염류의 공급으로 농산물 수확량이 지속적으로 증가한다.
② 조류나 미생물에 의해 생성된 용해성 유기물질이 불쾌한 맛과 냄새를 유발한다.
③ 부영양화 평가모델은 인(P)부하모델인 Vollenweider모델 등이 대표적이다.
④ 심수층의 용존산소량이 감소한다.

03 어느 배양기(培養基)의 제한기질농도(S)가 100mg/L, 세포최대비증식속도(μ_{max})가 0.35/hr일 때 Monod식에 의한 세포의 비증식계수(μ)는?(단, 제한기질 반포화농도(K_s)는 30mg/L이다.)
① 0.13/hr ② 0.18/hr
③ 0.23/hr ④ 0.27/hr

04 생물학적 변화(생분해)를 통한 유기물의 환경에서의 거동 또는 처리에 관여하는 일반적인 법칙에 관한 내용으로 옳지 않은 것은?
① 케톤은 알데하이드보다 분해되기 어렵다.
② 다환 방향족 탄화수소의 고리가 3개 이상이면 생분해가 어렵다.
③ 포화지방족 화합물은 불포화 지방족 화합물(이중결합)보다 쉽게 분해된다.
④ 벤젠고리에 첨가된 염소나 나이트로기의 수가 증가할수록 생분해에 대한 저항이 크고 독성이 강해진다.

05 콜로이드(Colloid)에 관한 설명으로 옳지 않은 것은?

① 콜로이드를 제거하기 위해서는 콜로이드의 안정성을 증가시켜야 한다.
② 콜로이드 입자들은 대단히 작아서 질량에 비해 표면적이 크다.
③ 콜로이드 입자는 모두 전하를 띠고 있다.
④ 콜로이드 입자들이 전기장에 놓이면 입자들은 그 전하의 반대쪽 극으로 이용하며 이를 전기영동이라 한다.

06 아세트산(CH_3COOH) 3,000mg/L 용액의 pH가 3.0이었다면 이 용액의 해리상수(K_a)는?

① 2×10^{-5}
② 3×10^{-5}
③ 4×10^{-5}
④ 5×10^{-5}

07 무기화합물과 유기화합물의 일반적 차이점에 관한 내용으로 옳지 않은 것은?

① 유기화합물은 대체로 가연성이다.
② 유기화합물은 대체로 이온반응보다는 분자반응을 하므로 반응속도가 느리다.
③ 유기화합물은 일반적으로 녹는점과 끓는점이 높다.
④ 대부분의 유기화합물은 박테리아의 먹이로 될 수 있다.

08 C_2H_6 15g이 완전 산화하는 데 필요한 이론적 산소량은?

① 약 46g
② 약 56g
③ 약 66g
④ 약 76g

09 호소의 성층현상에 관한 설명으로 옳지 않은 것은?
① 수온 약층은 순환층과 정체층의 중간층에 해당되고, 변온층이라고도 하며, 수온이 수심에 따라 크게 변화된다.
② 호소수의 성층현상은 연직 방향의 밀도차에 의해 층상으로 구분되어지는 것을 말한다.
③ 겨울 성층은 표층수의 냉각에 의한 성층이며 역성층이라고도 한다.
④ 여름 성층은 뚜렷한 층을 형성하며 연직온도경사와 분자확산에 의한 DO구배가 반대 모양을 나타낸다.

10 용량이 $6,000m^3$인 수조에 $200m^3/hr$의 유량이 유입된다면 수조 내 염소이온 농도가 200mg/L에서 20mg/L될 때까지의 소요시간(hr)은?(단, 유입수 내 염소이온 농도는 0, 완전혼합형(희석효과만 고려함))
① 약 34
② 약 48
③ 약 57
④ 약 69

11 우리나라 호수들의 형태에 따른 분류와 그 특성을 나타낸 것으로 가장 거리가 먼 것은?
① 하천형 : 긴 체류시간
② 가지형 : 복잡한 연안구조
③ 가지형 : 호수 내 만의 발달
④ 하구형 : 높은 오염부하량

12 1차 반응에서 반응물질 A의 반감기가 5일 이라고 한다면 A물질의 90%가 소모되는 데 소요되는 시간은?
① 약 14일
② 약 17일
③ 약 19일
④ 약 22일

13 KH_2PO_4로 100mg/L as P의 500mL 용액을 제조하려면 몇 mg의 KH_2PO_4가 필요한가?(단, K=39, P=31)

① 187.3
② 219.3
③ 329.3
④ 427.3

14 Glucose($C_6H_{12}O_6$) 500mg/L 용액을 호기성 처리시 필요한 이론적인 인(P)의 양(mg/L)은?(단, BOD_5 : N : P = 100 : 5 : 1, $K_1 = 0.1day^{-1}$, 상용대수기준, 완전분해 기준, BOD_u = COD)

① 약 3.7
② 약 5.6
③ 약 8.5
④ 약 12.8

15 미생물에 의한 영양대사과정 중 에너지 생성반응으로서 기질이 세포에 의해 이용되고, 복잡한 물질에서 간단한 물질로 분해되는 과정(작용)을 무엇이라고 하는가?

① 이화
② 동화
③ 동기화
④ 환원

16 해수에 관한 다음의 설명 중 옳은 것은?

① 해수의 주요한 화학적 성분 7가지는 Cl^-, Na^+, Mg^{++}, SO_4^{2-}, HCO_3^-, K^+, Ca^{++} 이다.
② 염분은 적도해역에서 낮고, 남북 양극해역에서 높다.
③ 해수의 Mg/Ca비는 담수보다 작다.
④ 해수의 밀도는 수심이 깊을수록 염농도가 감소함에 따라 작아진다.

17 바다에서 발생되는 적조현상에 관한 설명과 가장 거리가 먼 것은?

① 적조 조류의 독소에 의한 어패류의 피해가 발생한다.
② 해수 중 용존산소의 결핍에 의한 어패류의 피해가 발생한다.
③ 갈수기 해수 내 염소량이 높아질 때 발생된다.
④ 플랑크톤의 번식에 충분한 광량과 영양염류가 공급될 때 발생된다.

18 CaF_2의 용해도적이 3.9×10^{-11}일 때 용적 2,000mL에 녹아 있는 CaF_2의 양(g)은?(단, CaF_2의 분자량은 78)

① 약 0.013 ② 약 0.028
③ 약 0.033 ④ 약 0.048

19 BOD_5가 275mg/L이고, COD가 500mg/L인 경우에 NBDCOD(mg/L)는?(단, 탈산소계수 K_1(밑이 10)=0.15/day)

① 약 114 ② 약 127
③ 약 141 ④ 약 166

20 비점오염원에 대한 설명으로 옳지 않은 것은?

① 넓은 지역에서 면적으로 발생되는 오염부하원이다.
② 오염원을 정확히 파악하기 어려우며, 처리량이 많아 조절하기 어렵다.
③ 도시 합류식관 오수의 월류는 비점오염원이다.
④ 농경기에서 유출되는 빗물은 SS, 및 유해 중금속의 함유도가 높다.

2과목 상하수도계획

21 우수 배제 계획 시 계획 우수량을 정하기 위하여 고려하여야 하는 사항에 대한 내용으로 옳지 않은 것은?

① 유출계수는 관로 형태에 따른 기초유출량계수로부터 총괄 유출계수를 구하는 것을 원칙으로 한다.
② 하수관거의 확률연수는 원칙적으로 10~30년을 원칙으로 한다.
③ 유입시간은 최소단위배수구의 지표면 특성을 고려하여 구한다.
④ 유하시간은 최상류관거의 끝으로부터 하류관거의 어떤 지점까지의 거리를 계획유량에 대응한 유속으로 나누어 구하는 것을 원칙으로 한다.

22. 하수관거에 관한 내용으로 옳지 않은 것은?
① 도관은 내산 및 내알칼리성이 뛰어나고 마모에 강하며 이형관을 제조하기 쉽다.
② 폴리에틸렌관은 가볍고 취급이 용이하여 시공성은 좋으나 산, 알칼리에 약한 단점이 있다.
③ 덕타일주철관은 내압성 및 내식성이 우수하다.
④ 파형강관은 용융아연도금된 강판을 스파이럴형으로 제작한 강관이다.

23. 정수처리시설 중에서, 이상적인 침전지에서의 효율을 검증하고자 한다. 실험결과, 입자의 침전속도가 0.15cm/sec이고 유량이 30,000 m^3/day로 나타났다면 이때 침전효율(제거율)은?(단, 침전지의 유효면적은 100m^2이고 수심은 4m이며 이상적 흐름상태 가정)
① 73.2%   ② 63.2%
③ 53.2%   ④ 43.2%

24. 정수시설인 급속여과지의 표준 여과속도는?
① 120~150m/day   ② 150~180m/day
③ 180~250m/day   ④ 250~300m/day

25. 하수도시설기준상 축류펌프의 비교회전도(N_s)범위로 적절한 것은?
① 100~250   ② 200~850
③ 700~1,200   ④ 1,100~2,000

26. 지하수(복류수포함)의 취수 시설 중 집수매거에 관한 설명으로 옳지 않은 것은?
① 복류수의 유황이 좋으면 안정된 취수가 가능하다.
② 하천의 대소에 영향을 받으며 주로 소하천에 이용된다.
③ 침투된 물을 취수하므로 토사유입은 거의 없고 대개는 수질이 좋다.
④ 하천바닥의 변동이나 강바닥의 저하가 큰 지점은 노출될 우려가 크므로 적당하지 않다.

27 하천수의 취수에 관한 설명으로 옳지 않은 것은?

① 취수보는 안정된 취수와 침사 효과가 큰 것이 특징이다.
② 취수탑(지수지점)은 하천유황이 안정되고 또한 갈수 수위가 2m 이상인 것이 필요하다.
③ 취수문은 하전유황의 영향을 직접 받는다.
④ 취수관거는 지하에 매설하므로 하상변동이 큰 지점에 적당하다.

28 계획취수량을 확보하기 위하여 필요한 저수용량의 결정에 사용하는 계획기준연의 표준으로 가장 적절한 것은?

① 3개년에 제1위 정도의 갈수
② 5개년에 제1위 정도의 갈수
③ 7개년에 제1위 정도의 갈수
④ 10개년에 제1위 정도의 갈수

29 오수이송방법 중 압력식(다중압송)에 관한 내용으로 옳지 않은 것은?(단, 자연유하식, 진공식과 비교 기준)

① 지형변화에 대응이 어렵다.
② 지속적인 유지관리가 필요하다.
③ 저지대가 많은 경우 시설이 복잡하다.
④ 정전 등 비상대책이 필요하다.

30 오수배제계획 시 계획오수량, 오수관거계획에 관하여 고려할 사항으로 옳지 않은 것은?

① 오수관거는 계획1일 최대오수량을 기준으로 계획한다.
② 합류식에서 하수의 차집관거는 우천시 계획오수량을 기준으로 계획한다.
③ 관거는 원칙적으로 암거로 하며 수밀한 구조로 하여야 한다.
④ 오수관거와 우수관거가 교차하여 역사이펀을 피할 수 없는 경우에는 오수관거를 역사이펀으로 하는 것이 바람직하다.

31 원형관수로에 물의 수심이 50%로 흐르고 있다. 경심은?(단, D : 관수로 직경)

① D
② D/2
③ D/4
④ D/8

32 유역면적이 2km²인 지역에서의 우수 유출량을 산정하기 위하여 합리식을 사용하였다. 다음과 같은 조건일 때 관거 길이 1,000m인 하수관의 우수유출량은?(단, 강우강도 $I(mm/hr)=\dfrac{3,600}{t+31}$, 유입시간은 6분, 유출계수는 0.7, 관 내의 평균 유속은 1.5m/sec)

① 약 25m³/sec
② 약 30m³/sec
③ 약 35m³/sec
④ 약 40m³/sec

33 펌프의 수격현상(Water Hammer)의 방지대책으로 옳지 않은 것은?

① 토출 측 관로에 표준형 조압수조(Conventional Surge Tank)를 설치한다.
② 압력수조(Air-Chamber)를 설치한다.
③ 토출 측 관로에 양방향형 조압수조(All-Way Surge Tank)를 설치한다.
④ 펌프에 플라이 휠(Fly-Wheel)을 붙인다.

34 계획오수량에 관한 내용으로 옳지 않은 것은?

① 지하수량은 1인 1일 최대오수량의 10~20%로 한다.
② 계획 1일 평균오수량은 계획 1일 최대오수량의 70~80%를 표준으로 한다.
③ 계획시간최대오수량은 계획 1일 최대오수량의 1시간당 수량의 1.8~2.3배를 표준으로 한다.
④ 합류식에서 우천 시 계획오수량은 원칙적으로 계획시간최대오수량의 3배 이상으로 한다.

35 길이가 100m, 직경이 40cm인 하수관거의 하수유속을 1m/sec로 유지하기 위한 하수관거의 동수경사는?(단, 만관기준, Manning 식의 조도계수 n은 0.012)

① 1.2×10^{-3}
② 2.3×10^{-3}
③ 3.1×10^{-3}
④ 4.6×10^{-3}

36 하수도계획의 목표 연도로 옳은 것은?

① 원칙적으로 10년으로 한다.
② 원칙적으로 15년으로 한다.
③ 원칙적으로 20년으로 한다.
④ 원칙적으로 25년으로 한다.

37 하수재이용수의 제한 조건에 관한 내용으로 옳지 않은 것은?

① 조경용수 – 주거지역 녹지에 대한 관개용수로 공급하는 경우는 식물의 생육에 큰 위해를 주지 않는 수준임
② 공업용수 – 일반적 수질기준 설정 없이 산업체 혹은 세부적인 용도에 따른 수질 항목을 지정함
③ 하천유지용수 – 기존 유지용수 유량 증대가 주목적이므로 수계의 자정용량을 고려하여 재이용수의 수질을 강화시킬 수 있음
④ 지하수충전 – 지하수계의 오염물질 분해 제거율과 축적 가능성을 평가하여 영향이 없도록 공급하여야 함

38 도수시설의 접합정에 관한 설명으로 옳지 않은 것은?

① 접합정은 충분한 수밀성과 내구성을 지니며, 용량은 계획도수량의 1.5분 이상으로 한다.
② 유입속도가 큰 경우에는 접합정 내에 월류벽 등을 설치한다.
③ 수압이 높을 경우에는 필요에 따라 수압제어용 밸브를 설치한다.
④ 유출관의 유출구 중심높이는 저수위에서 관경의 2배 이상 높게 하는 것을 원칙으로 한다.

39 계획분뇨처리량 기준으로 옳은 것은?
① 1일평균 분뇨발생량을 기준으로 한다.
② 연간 분뇨발생량을 기준으로 한다.
③ 계획지역 수거량을 기준으로 한다.
④ 지역별 분뇨처리시설 용량을 기준으로 한다.

40 관거 직선부에서 하수도 맨홀의 최대 간격 표준은?(단, 600mm이하의 관 기준)
① 50m   ② 75m
③ 100m   ④ 420m

3과목 수질오염방지기술

41 폐수량이 6,000m³/d, 부유 고형물의 농도가 150mg/L이다. 공기부상 시험에서 공기와 고형물의 비가 0.05mg air/mg-solid일 때 최적의 부상을 나타낸다. 설계 온도가 20℃이고, 이때의 공기용해도는 18.7mL/L이며, 흡수비(f) 0.5, 부하율이 0.12m³/m²·min일 때 반송이 있으며 운전압력이 3.5기압인 부상조 표면적은?
① 26m²   ② 49m²
③ 57m²   ④ 95m²

42 염소살균에 관한 설명으로 옳지 않은 것은?
① HOCl의 살균력은 OCl⁻의 약 80배 정도 강한 것으로 알려져 있다.
② 수중 용존 염소는 페놀과 반응하여 클로로페놀을 형성하여 불쾌한 맛과 냄새를 유발한다.
③ pH9 이상에서는 물에 주입된 염소는 대부분이 HOCl로 존재한다.
④ 유리잔류염소는 수중의 암모니아나 유기성 질소 화합물이 존재할 경우 이들과 반응하여 결합잔류염소를 형성한다.

43. 활성슬러지공법으로부터 1일 3,000kg(건조고형물기준)이 발생되는 폐슬러지를 호기성으로 소화처리 하고자 할 때 소화조의 용적은?(단, 폐슬러지 농도는 3%, 수온이 20℃, 수리학적 체류시간 23일, 비중은 1.03으로 한다.)
① 약 $1,515m^3$
② 약 $1,725m^3$
③ 약 $1,945m^3$
④ 약 $2,233m^3$

44. A^2/O공법에 대한 설명으로 옳지 않은 것은?
① A^2/O공정은 혐기조 – 무산소조 – 호기조 – 침전조 순으로 구성된다.
② A^2/O공정은 내부순환이 있다.
③ 미생물에 의한 인의섭취는 주로 혐기조에서 일어난다.
④ 무산소조에서는 질산성 질소가 질소가스로 전환된다.

45. 다음에 설명한 분리방법으로 가장 적합한 것은?

- 막형태 : 대칭형 다공성막
- 구동력 : 정수압차
- 분리형태 : Pore Size 및 흡착현상에 기인한 체거름
- 적용분야 : 전자공업의 초순수 제조, 무균수 제조 식품의 무균여과

① 역삼투
② 한외여과
③ 정밀여과
④ 투석

46. 정수처리 시 원수에 질산성 질소가 다량 함유되어 있을 때 처리법과 가장 거리가 먼 것은?
① 이온교환처리
② 응집처리
③ 막처리
④ 생물처리

47. 설계부하가 $37.6m^3/m^2 \cdot day$이고, 처리할 폐수 유량이 $9,568m^3/day$인 경우의 원형 침전조의 직경은?
① 12m
② 14m
③ 16m
④ 18m

48 바닥면적이 1km²인 호수의 물 깊이는 5m로 측정되었다. 한 달(30일) 사이 호수물의 인 농도가 250μg/L에서 40μg/L로 감소하고 감소한 인은 모두 침강된 것으로 추정될 때 인의 침전율(mg/m² · day)은?(단, 호수의 유입, 유출은 고려하지 않음)

① 26.6　　　　　② 35.0
③ 48.0　　　　　④ 52.3

49 침전하는 입자들이 너무 가까이 있어서 입자 간의 힘이 이웃입자의 침전을 방해하게 되고 동일한 속도로 침전하며 활성슬러지공법의 최종침전지 중간 정도의 깊이에서 일어나는 침전형태는?

① 지역침전　　　② 응집침전
③ 독립침전　　　④ 압축침전

50 용수 응집시설의 급속 혼합조를 설계하고자 한다. 혼합조의 설계유량은 18,480 m³/day이며, 정방형으로 하고 깊이는 폭의 1.25배로 한다면 교반을 위한 필요 동력은?(단, $\mu=0.00131N \cdot s/m^2$, 속도구배=$900sec^{-1}$, 체류시간 = 30초이다.)

① 약 4.3kW　　　② 약 5.6kW
③ 약 6.8kW　　　④ 약 7.3kW

51 수량이 30,000m³/d, 수심이 3.5m, 하수 체류시간이 2.5시간인 침전지의 수면부하율(또는 표면부하율)은?

① 67.1m³/m² · day　　② 54.2m³/m² · day
③ 41.5m³/m² · day　　④ 33.6m³/m² · day

52 활성슬러지를 탈수하기 위하여 96.17%(중량비)의 수분을 함유하는 슬러지에 응집제를 가했더니 [상등액 : 침전슬러지]의 용적비가 2 : 1이 되었다. 이때 침전 슬러지의 함수율은?(단, 응집제의 양은 매우 적고, 비중은 1.0으로 가정)

① 86.0%　　　　② 88.5%
③ 90.0%　　　　④ 92.5%

53 응집에 관한 설명으로 옳지 않은 것은?
① 황산알루미늄을 응집제로 사용할 때 수산화물을 만들기 위해서는 황산알루미늄과 반응할 수 있도록 물에 충분한 알칼리도가 있어야 한다.
② 응집제로 황산알루미늄은 대개 철염에 비해 가격이 저렴한 편이다.
③ 응집제로 황산알루미늄은 철염보다 넓은 pH 범위에서 적용이 가능하다.
④ 응집제로 황산알루미늄을 사용하는 경우, 적당한 pH 범위는 대략 5.5~8.5이다.

54 소화조 슬러지 주입률이 100m³/day이고, 슬러지의 SS 농도가 6.4%, 소화조 부피가 1,250 m³, SS 내 VS 함유율이 85%일 때 소화조에 주입되는 VS의 용적부하(kg/m³ – day)는?
① 1.4kg/m³ – day
② 2.4kg/m³ – day
③ 3.4kg/m³ – day
④ 4.4kg/m³ – day

55 폐수량 1,800m³/일, BOD 250mg/L를 활성슬러지공법으로 처리하여 방류수 수질을 20mg/L 이하로 유지하고자 한다. 포기조 용적이 500m³일 때 BOD 용적부하(kg/m³ · day)는?
① 0.9
② 1.0
③ 1.1
④ 1.2

56 혐기성 소화조 운전 중 맥주모양의 이상발포가 발생되었을 때의 대책으로 가장 거리가 먼 것은?
① 슬러지의 유입을 줄이고 배출을 일시 중지한다.
② 소화온도를 높인다.
③ 조 내 교반을 중지한다.
④ 스컴을 파쇄 · 제거한다.

57 활성슬러지공법의 하수처리장으로부터 MLSS 2,450mg/L, 포기조 용적 2,000 m^3, 포기조 혼합액 1L를 30분간에 걸쳐 침전성을 실험한 결과 225mL의 슬러지층이 생겼으며, 1차 침전지 유출수의 BOD가 150mg/L, 1차 침전지 유출수의 SS가 100mg/L, 유량이 8,000m^3/day일 때 SVI는?

① 83
② 92
③ 100
④ 118

58 폐수로부터 암모니아를 처리하는 방법 중 Air Stripping이 아래 반응식에 의해 이루어진다. 25℃, pH 10.3일 때 수중 NH_3의 분율은?(단, 25℃에서의 평형상수 K=1.8×10^{-5}이다.)

반응식 $NH_3 + H_2O \leftrightarrow NH_4^+ + OH^-$

① 약 78%
② 약 84%
③ 약 87%
④ 약 92%

59 회전생물막접촉기(RBC)에 관한 설명으로 가장 거리가 먼 것은?

① RBC 로의 유입수는 스크린시설을 거쳐야 하며, 내부 재순환으로 적정 수질을 유지해야 한다.
② 고정된 메디아로 높은 미생물 농도 및 슬러지일령이 유지된다.
③ RBC조의 메디아는 전형적으로 약 40% 정도가 물에 잠긴다.
④ RBC시스템은 미생물에 대한 산소공급 소요전력이 활성슬러지 시스템에 비해 적은 편이다.

60 포기조 내의 혼합액중 부유물질농도(MLSS)가 2,000g/m^3, 반송슬러지의 부유물농도가 9,576g/m^3이라면 슬러지 반송률은?(단, 유입수 내 SS는 고려하지 않음)

① 23.2%
② 26.4%
③ 28.6%
④ 32.8%

4과목　수질오염공정시험기준

61 다음은 자외선/가시선 분광법에 의한 페놀류 측정에 관한 설명이다. (　) 안에 옳은 내용은?

> 물속에 존재하는 페놀류를 측정하기 위하여 증류한 시료에 염화암모늄-암모니아 완충용액을 넣어 (　)으로 조절한 다음 4-아미노안티피린과 헥사시안화철(Ⅱ)산칼륨을 넣어 생성된 안티피린계 흡광도를 측정하는 방법이다.

① pH 4
② pH 8.3
③ pH 10
④ pH 12

62 정량한계(LOQ)를 옳게 표시한 것은?

① 정량한계=3×표준편차
② 정량한계=3.3×표준편차
③ 정량한계=5×표준편차
④ 정량한계=10×표준편차

63 다음은 인산염인(자외선/가시선 분광법-아스코르빈산환원법) 측정방법에 관한 내용이다. (　) 안에 옳은 내용은?

> 물속에 존재하는 인산염인을 측정하기 위하여 몰리브덴산암모늄과 반응하여 생성된 몰리브덴산인암모늄을 아스코르빈산으로 환원하여 생성된 몰리브덴산 (　)에서 측정하여 인산염인을 정량하는 방법이다.

① 적색의 흡광도를 460nm
② 적색의 흡광도를 540nm
③ 청의 흡광도를 540nm
④ 청의 흡광도를 880nm

64 다음은 용존산소를 전극법으로 측정할 때 정확도에 관한 내용이다. (　) 안의 내용으로 옳은 것은?

> 수중의 용존산소를 윙클러 아자이드화나트륨변법으로 측정한 결과와 비교하여 산출한다. 4회 이상 측정하여 측정 평균값의 상대백분율로서 나타내며 그 값이 (　) 이내이어야 한다.

① 95~105%
② 90~110%
③ 80~120%
④ 75~125%

65 총 유기탄소 측정 시 적용되는 용어 중 비정화성 유기탄소에 관한 내용으로 옳은 것은?

① 총 탄소 중 pH 2 이하에서 포기에 의해 정화되지 않는 탄소를 말한다.
② 총 탄소 중 pH 4 이하에서 포기에 의해 정화되지 않는 탄소를 말한다.
③ 총 탄소 중 pH 10 이하에서 포기에 의해 정화되지 않는 탄소를 말한다.
④ 총 탄소 중 pH 12 이하에서 포기에 의해 정화되지 않는 탄소를 말한다.

66 기준전극과 비교전극으로 구성된 pH 측정기를 사용하여 수소이온농도를 측정할 때 간섭물질에 관한 내용으로 옳지 않은 것은?

① pH는 온도변화에 따라 영향을 받는다.
② pH 10 이상에서 나트륨에 의한 오차가 발생할 수 있는데, 이는 낮은 나트륨 오차 전극을 사용하여 줄일 수 있다.
③ 일반적으로 유리전극은 산화 및 환원성 물질, 염도에 의해 간섭을 받는다.
④ 기름층이나 작은 입자상이 전극을 피복하여 pH 측정을 방해할 수 있다.

67 공장폐수나 하수의 관 내 유량측정방법 중 공정수(Process Water)에 적용하지 않는 것은?

① 유량측정용 노즐
② 벤투리미터
③ 오리피스
④ 자기식 유량측정기

68 감응계수를 옳게 나타낸 것은?(단, 검정곡선 작성용 표준용액의 농도 : C, 반응값 : R)

① 감응계수=R/C
② 감응계수=C/R
③ 감응계수=R×C
④ 감응계수= C−R

69 수은의 측정에 적용 가능한 시험방법과 가장 거리가 먼 것은?

① 냉증기 – 원자흡수분광광도법
② 양극벗김전압전류법
③ 유도결합플라스마 – 원자발광분광법
④ 냉증기 – 원자형광법

70 시료 채취 시 유의사항에 관한 내용으로 옳지 않은 것은?
① 채취용기는 시료를 채우기 전에 시료로 3회 세척 후 사용한다.
② 수소이온을 측정하기 위한 시료를 채취할 때에는 운반 중 공기와 접촉이 없도록 용기에 가득 채운다.
③ 휘발성 유기화합물 분석용 시료를 채취할 때에는 뚜껑에 격막이 생성되지 않도록 주의한다.
④ 시료채취량은 시험항목 및 시험회수에 따라 차이가 있으나 보통 3~5리터 정도이다.

71 냄새 역치(TON)를 옳게 나타낸 것은?(단, A : 시료부피(mL), B : 무취 정제수 부피(mL))
① 냄새 역치(TON)=B/(A+B)
② 냄새 역치(TON)=(A+B)/B
③ 냄새 역치(TON)=A/(A+B)
④ 냄새 역치(TON)=(A+B)/A

72 유도결합플라스마 원자발광분광법으로 금속류를 측정할 때 간섭에 관한 내용으로 옳지 않은 것은?
① 물리적 간섭 : 시료 도입부의 분무과정에서 시료의 비중, 점성도, 표면장력의 차이에 의해 발생한다.
② 분광간섭 : 측정원소의 방출선에 대해 플라스마의 기체성분이나 공존 물질에서 유래하는 분광학적 요인에 의해 원래의 방출선의 세기 변동 및 다른 원자 혹은 이온의 방출선과의 겹침 현상이 발생할 수 있다.
③ 화학적 간섭 : 플라스마의 높은 온도로 화학적 간섭이 발생하며, 출력이 높은 경우에 현저하다.
④ 물리적 간섭 : 시료의 종류에 따라 분무기의 종류를 바꾸거나 시료의 희석, 매질 일치법, 내부표준법, 농축분리법을 사용하여 간섭을 최소화한다.

73 수질오염공정시험기준상 양극벗김전압전류법으로 측정하는 금속은?
① 구리
② 납
③ 니켈
④ 카드뮴

74 냄새 측정을 위한 시료의 최대보존기간은?

① 즉시　　　　　　　② 15분
③ 2시간　　　　　　　④ 6시간

75 다음의 측정항목 중 보존방법이 다른 것은?

① 잔류염소　　　　　② 생물화학적 산소요구량
③ 전기전도도　　　　④ 부유물질

76 다음은 폐수의 유량 측정법에 있어 $1m^3/min$ 이하로 폐수유량이 배출될 경우 용기에 의한 측정방법에 관한 내용이다. ( ) 안에 옳은 내용은?

> 용기는 용량이 100~200L인 것을 사용하여 유수를 채우는 데에 요하는 시간을 스톱워치로 잰다. 용기에 물을 받아 넣는 시간을 (　　)이 되도록 용량을 결정한다.

① 10초 이상　　　　　② 20초 이상
③ 30초 이상　　　　　④ 40초 이상

77 유기물을 다량 함유하고 있고, 산분해가 어려운 시료에 적용하는 전처리 방법으로 가장 적당한 것은?

① 질산법　　　　　　　② 질산-염산법
③ 질산-황산법　　　　④ 질산-과염소산법

78 다음의 용어의 정의로 옳지 않은 것은?

① 밀폐용기 : 취급 또는 저장하는 동안에 이물질이 들어가거나 또는 내용물이 손실되지 아니하도록 보호하는 용기를 말한다.
② 즉시 : 30초 이내에 표시된 조작을 하는 것을 뜻한다.
③ 정밀히 단다. : 규정된 수치의 무게를 0.1mg 까지 다는 것을 말한다.
④ 냄새가 없다. : 냄새가 없거나 또는 거의 없을 것을 표시하는 것이다.

79 위어의 수두가 0.25m, 수로의 폭이 0.8m, 수로의 밑면에서 절단 하부점까지의 높이가 0.7m인 직각 3각 위어의 유량은?(단, 유량계수 $k = 81.2 + \dfrac{0.24}{h} + \left(8.4 + \dfrac{12}{\sqrt{D}}\right)\left(\dfrac{h}{B} - 0.09\right)^2$)

① 2.6m³/min
② 3.4m³/min
③ 4.3m³/min
④ 5.2m³/min

80 석유계 총탄화수소(용매추출/기체크로마토그래피)의 적용범위에 관한 내용으로 옳은 것은?

① 지표수, 지하수, 폐수 등에 적용할 수 있으며 정량한계는 0.05mg/L이다.
② 지표수, 지하수, 폐수 등에 적용할 수 있으며 정량한계는 0.1mg/L이다.
③ 지표수, 지하수, 폐수 등에 적용할 수 있으며 정량한계는 0.2mg/L이다.
④ 지표수, 지하수, 폐수 등에 적용할 수 있으며 정량한계는 0.5mg/L이다.

5과목 수질환경관계법규

81 다음은 폐수종말처리시설의 유지·관리기준에 관한 사항이다. ( ) 안에 옳은 내용은?

> 처리시설의 적정 운영 여부를 확인하기 위하여 방류수수질검사를 월 2회 이상 실시하되, 1일당 2천 세제곱미터 이상인 시설은 주 1회 이상 실시하여야 한다. 다만, 생태독성(TU)검사는 ( ) 이상 실시하여야 한다.

① 주 1회
② 월 2회
③ 월 1회
④ 분기 1회

82 수질 및 수생태계 환경기준에서 해역의 생활환경기준으로 옳지 않은 것은?(단, I 등급(참돔, 방어 및 미역 등 수산생물의 서식, 양식 및 해수욕에 적합한 수질)기준)

(기준변경)

① 용존산소량(mg/L) : 7.5 이상
② 용매추출유량(mg/L) : 0.1 이하
③ COD(mg/L) : 1 이하
④ 총 인(mg/L) : 0.05 이하

83 수질오염방지시설 중 화학적 처리시설에 속하는 것은?
① 응집시설
② 접촉조
③ 폭기시설
④ 살균시설

84 사업장의 규모별 구분에 관한 내용으로 옳지 않은 것은?
① 1일 폐수배출량이 800m³인 사업장은 제2종 사업장이다.
② 1일 폐수배출량이 1,800m³인 사업장은 제2종 사업장이다.
③ 사업장 규모별 구분은 최근 조업한 30일간의 평균배출량을 기준으로 한다.
④ 최초 배출시설 설치 허가 시의 폐수배출량은 사업계획에 따른 예상용수사용량을 기준으로 산정한다.

85 초과부과금의 산정기준인 오염물질 1킬로그램당 부과금액이 가장 낮은 특정유해물질은?
① 6가 크롬화합물
② 카드뮴 및 그 화합물
③ 납 및 그 화합물
④ 트리클로로 에틸렌

86 시도지사가 오염총량관리기본계획의 승인을 받으려는 경우, 오염총량관리기본계획에 첨부하여 환경부장관에게 제출하여야 하는 서류와 가장 거리가 먼 것은?
① 유역환경의 조사, 분석자료
② 지역개발에 따른 오염원 증가 분석자료
③ 오염부하량의 저감계획을 수립하는 데에 사용한 자료
④ 오염부하량의 산정에 사용한 자료

87 기술요원에 대한 교육기관으로 옳은 것은?
① 국립환경인력개발원　② 국립환경과학원
③ 한국환경공단　　　　④ 환경보전협회

88 비점오염저감계획서에 포함될 사항과 가장 거리가 먼 것은?
① 비점오염원 관련 현황
② 비점오염원저감시설 유지관리 및 모니터링 방안
③ 비점오염원 관리방안
④ 비점오염원저감시설 설치계획

89 비점오염원저감시설 중 자연형 시설인 인공습지의 설치기준으로 옳지 않은 것은?
① 인공습지의 유입구에서 유출구까지의 유로는 최대한 길게 하고 길이 대 폭의 비율을 2:1 이상으로 한다.
② 유입부에서 유출부까지의 경사는 0.5% 이상 1.0% 이하의 범위를 초과하지 아니하도록 한다.
③ 습지에서의 침전물로 인하여 토양의 공극이 막히지 아니하는 구조물로 설계한다.
④ 생물의 서식 공간을 창출하기 위하여 5종부터 7종까지의 다양한 식물을 심어 생물다양성을 증가시킨다.

90 기타 수질오염원을 설치 또는 관리하고자 하는 자는 환경부령이 정하는 바에 의하여 환경부장관에게 신고하여야 하며 신고한 사항을 변경하는 때에도 또한 같다. 이 규정에 의한 변경신고를 하지 아니한 자에 대한 과태료 처분 기준은?
① 100만 원 이하의 과태료　② 200만 원 이하의 과태료
③ 300만 원 이하의 과태료　④ 500만 원 이하의 과태료

91 수질오염경보의 종류가 수질오염감시경보로 관심단계일 때 유역, 지방환경청장의 조치사항과 가장 거리가 먼 것은?

① 지속적 모니터링을 통한 감시 요청 ② 원인 조사 및 주변 오염원 단속 강화
③ 수면관리자에게 원인 조사 요청 ④ 관심경보 발령 및 관계 기관 통보

92 일일기준초과 배출량 및 일일유량 산정 방법에 관한 내용으로 옳지 않은 것은?

① 배출농도의 단위는 리터당 밀리그램으로 한다.
② 특정수질유해물질의 배출허용기준 초과 일일오염물질배출량은 소수점 이하 넷째 자리까지 계산한다.
③ 일일유량을 산정하기 위한 측정유량의 단위는 L/min으로 한다.
④ 일일조업시간은 최근 조업한 30일 중 최대 조업시간을 기준으로 분(min)으로 표시한다.

93 다음은 폐수처리업자의 준수사항에 관한 설명이다. ( ) 안의 내용으로 옳은 것은?

> 수탁한 폐수는 적당한 사유 없이 (㉠) 보관할 수 없으며, 보관폐수의 전체량이 저장시설 저장능력의 (㉡) 이상 되게 보관하여서는 아니 된다.

① ㉠ 7일 이상, ㉡ 80%   ② ㉠ 7일 이상, ㉡ 90%
③ ㉠ 10일 이상, ㉡ 80%   ④ ㉠ 10일 이상, ㉡ 90%

94 종말처리시설에 유입된 수질오염물질에 오염되지 아니한 물을 섞어 처리한 종말처리시설 운영자에 대한 벌칙기준은?

① 7년 이하의 징역 또는 7천만 원 이하의 벌금
② 5년 이하의 징역 또는 5천만 원 이하의 벌금
③ 3년 이하의 징역 또는 3천만 원 이하의 벌금
④ 3년 이하의 징역 또는 1천5백만 원 이하의 벌금

95. 환경부장관 또는 시도지사가 측정망을 설치하거나 변경하려는 경우, 측정망설치계획에 포함되어야 하는 사항과 거리가 먼 것은?
① 측정망 운영방법
② 측정자료 확인방법
③ 측정망 배치도
④ 측정망 설치시기

96. 낚시제한구역에서의 낚시방법의 제한사항 기준으로 옳은 것은?
① 1개의 낚싯대에 4개 이상의 낚시바늘을 떡밥과 뭉쳐서 미끼로 던지는 행위
② 1개의 낚싯대에 5개 이상의 낚시바늘을 떡밥과 뭉쳐서 미끼로 던지는 행위
③ 1명당 2대 이상의 낚싯대를 사용하는 행위
④ 1명당 3대 이상의 낚싯대를 사용하는 행위

97. 수질 및 수생태계 환경기준 중 하천에서의 사람의 건강보호 기준으로 옳은 것은?
① 6가 크롬 - 0.05mg/L 이하
② 비소 - 검출되어서는 안 됨(검출한계 0.01)
③ 음이온계면활성제 - 0.1mg/L 이하
④ 테트라클로로에틸렌 - 0.12mg/L 이하

98. 시·도지사가 오염총량관리기본계획 수립시 포함하여야 하는 사항과 가장 거리가 먼 것은?
① 당해 지역 개발계획의 내용
② 관할 지역의 오염원 현황
③ 지방자치단체별·수계구간별 오염부하량의 할당
④ 관할 지역 개발계획으로 인하여 추가로 배출되는 오염부하량 및 저감계획

99. 폐수처리방법이 생물화학적 처리방법인 경우 가동개시신고를 한 사업자의 시운전 기간은?(단, 가동개시일 : 11월 30일)
   ① 가동개시일부터 30일
   ② 가동개시일부터 50일
   ③ 가동개시일부터 70일
   ④ 가동개시일부터 90일

100. 공공수역의 전국적인 수질 및 수생태계의 실태를 파악하기 위해 환경부장관이 설치, 운영하는 측정망의 종류와 가장 거리가 먼 것은?
   ① 생물 측정망
   ② 토질 측정망
   ③ 공공수역 유해물질 측정망
   ④ 비점오염원에서 배출되는 비점오염물질 측정망

CBT 정답 및 해설

01	02	03	04	05	06	07	08	09	10
①	①	④	③	①	①	③	②	④	④
11	12	13	14	15	16	17	18	19	20
①	②	②	①	①	①	③	③	④	④
21	22	23	24	25	26	27	28	29	30
①	②	④	①	②	④	②	③	①	①
31	32	33	34	35	36	37	38	39	40
③	②	③	③	③	③	②	④	③	②
41	42	43	44	45	46	47	48	49	50
②	③	④	③	④	②	④	②	①	③
51	52	53	54	55	56	57	58	59	60
④	②	③	④	①	③	②	④	①	②
61	62	63	64	65	66	67	68	69	70
③	④	④	①	①	③	②	①	③	③
71	72	73	74	75	76	77	78	79	80
④	④	④	②	③	②	③	②	①	④
81	82	83	84	85	86	87	88	89	90
③	④	④	③	②	③	④	③	③	①
91	92	93	94	95	96	97	98	99	100
①	④	④	②	①	②	①	②	③	②

02 정답 | ①

해설 | $\mu = \mu_{max} \times \dfrac{S}{K_s + S}$

$\mu = 0.35 \times \dfrac{100}{30+100} = 0.27 (hr^{-1})$

05 정답 | ①

해설 | 콜로이드의 안정도는 Zeta전위에 따라 결정된다. 제타전위가 작을수록 응집성이 증가하기 때문에 콜로이드를 제거하기 위해서는 콜로이드의 안정성을 감소 시켜야 한다.

06 정답 | ①

해설 | $CH_3COOH \rightleftharpoons CH_3COO^- + H^+$
   1M : 1M : 1M

K_a(산해리상수) $= \dfrac{[H^+][CH_3COO^-]}{[CH_3COOH]}$

㉠ $[H^+] = 10^{-pH} = 10^{-3} (mol/L)$

㉡ $[CH_3COO^-] = 10^{-3} (mol/L)$

㉢ $[CH_3COOH] = \dfrac{3,000mg}{L} \Big| \dfrac{1g}{10^3 mg} \Big| \dfrac{1mol}{60g}$
   $= 0.05 (mol/L)$

∴ $K_a = \dfrac{10^{-3} \times 10^{-3}}{0.05} = 2.0 \times 10^{-5}$

07 정답 | ③

해설 | 탄소원자를 포함한 화합물의 총칭. 단, 일산화탄소, 이산화탄소, 탄산염은 제외한다. 유기화합물의 성분 원소는 주로 탄소, 수소, 산소, 질소, 황, 인, 할로겐으로 되어 있다. 유기화합물에는 예외가 있으며 대체로 다음과 같은 특징이 있다.
① 공기 중에서 완전히 연소하여 기체로 되는 것이 많다(일반적으로 가연성이다).
② 물에 녹기 어려운 것이 많다(일반적으로 난용성이다).
③ 일반적으로 녹는점과 끓는점이 낮다.

08 정답 | ②

해설 | $C_2H_6 + 3.5O_2 \rightarrow 2CO_2 + 3H_2O$
   30g : 3.5×32g
   15g : X(g)
   X = 56(g)

09 정답 | ④

해설 | 여름철 수심에 따른 온도와 용존산소의 변화는 같은 모양을 나타낸다.

10 정답 | ④

해설 | $\ln \dfrac{C_t}{C_o} = -Kt$

㉠ $C_o = 200 (mg/L)$

㉡ $C_t = 20 (mg/L)$

㉢ $K = \dfrac{Q}{\forall} = \dfrac{200m^3}{hr} \Big| \dfrac{1}{6,000m^3} = 0.033 (hr^{-1})$

$\ln \dfrac{20mg/L}{200mg/L} = -0.033 \times t$

t = 69.78(hr)

11 정답 | ①

해설 | 호수의 형태에 따른 분류와 특성

구분	특성
하천형	1. 체류시간이 비교적 짧다. 2. 호수연안이 비교적 단순하다. 3. 호수의 수평적 농도 변화가 작다.
수지형	1. 체류시간이 길다. 2. 호수 연안이 발달되어 만이 형성되어 있다. 3. 호수의 수평적 농도 변화가 크다.
저수지형	1. 체류시간이 비교적 길다. 2. 저수용량이 작다. 3. 수심이 비교적 얕다.

CBT 정답 및 해설

01 | CBT 실전모의고사

구분	특성
하구형	1. 하구에 위치해 있다. 2. 호수의 수평적 농도 변화가 크다. 3. 오염부하량이 크다.

12 정답 | ②

해설 | $\ln \dfrac{C_t}{C_o} = -k \cdot t$

㉠ $\ln 0.5 = -K \cdot 5(day)$ $K = 0.1386(day)$

㉡ $\ln \dfrac{10}{100} = -0.1386(day \cdot t\ day)$

∴ $t = 16.61(day)$

13 정답 | ②

해설 | $KH_2PO_4(mg) = \dfrac{100mg}{L} \Big| \dfrac{500mL}{} \Big| \dfrac{1L}{10^3 mL} \Big| \dfrac{136g}{31g}$

$= 219.35(mg)$

14 정답 | ①

해설 | $C_6H_{12}O_6 + 6O_2 \rightarrow 6CO_2 + 6H_2O$
$\quad 180g \quad : \quad 6 \times 32g$
$\quad 500(mg/L) : \quad X$

$X(=BOD_u) = 533.33(mg/L)$

㉠ $BOD_t = BOD_u(1-10^{-K \cdot t})$

㉡ $BOD_5 = 533.33 \times (1-10^{-0.1 \times 5})$
$BOD_5 = 364.68(mg/L)$

㉢ $BOD_5 : P = 100 : 1 = 364.68 : P$

∴ $P = 3.6468 ≒ 3.6(mg/L)$

18 정답 | ③

해설 | $CaF_2 \rightleftarrows Ca^{2+} + 2F^-$

$L_m = \sqrt[3]{\dfrac{K_{sp}}{4}} = \sqrt[3]{\dfrac{3.9 \times 10^{-11}}{4}}$

$= 2.136 \times 10^{-4}(mol/L)$

∴ $CaF_2\left(\dfrac{g}{L}\right) = \dfrac{2.136 \times 10^{-4} mol}{L} \Big| \dfrac{78g}{1mol} \Big| \dfrac{2L}{}$

$= 0.033(g)$

19 정답 | ④

해설 | $BOD_t = BOD_u \times (1-10^{-K_1 \cdot t})$

㉠ $BOD_5 = 275mg/L$

㉡ $t = 5day$

㉢ $K_1 = 0.15/day$

㉣ $BOD_u = \dfrac{BOD_t}{(1-10^{-k_1 \cdot t})}$

$= \dfrac{275}{(1-10^{-0.15 \times 5})} = 334.48 mg/L$

∴ $NBCOD = COD - BOD_u$
$= (500 - 334.48)mg/L$
$= 165.52(mg/L)$

21 정답 | ①

해설 | 유출계수는 토지이용도별 기초유출계수로부터 총괄 유출계수를 구하는 것을 원칙으로 한다.

22 정답 | ②

해설 | 폴리에틸렌관은 가볍고 시공성이 우수하며, 내산·내알칼리성이 우수하다.

23 정답 | ④

해설 | $\eta = \dfrac{V_g}{V_o}$

$= \dfrac{0.15 cm/sec \times 100 m^2 \times 86,400 sec/day}{30,000 m^3/day \times 100 cm/m}$

$= 0.432 = 43.2(\%)$

25 정답 | ④

해설 | 펌프의 비교회전도(N_s)의 수치가 가장 큰 것은 축류펌프로 1,200~2,000 범위이다.

26 정답 | ②

해설 | 지하수(복류수포함)의 취수 시설 중 집수매거는 중량 취수에 이용되고 있다.

27 정답 | ④

해설 | 취수관거
유황이 안정되고 수위의 변동이 적은 하천에 적합하다. 시설은 지반 이하에 축조되므로 하천의 흐름이나 치수, 선박의 운항 등에 지장이 없다.

28 정답 | ④

해설 | 원칙적으로 10개년에 제1위 정도의 갈수를 표준으로 한다.

29 정답 | ①

해설 | 지형변화에 대응이 쉽다.

30 정답 | ①

해설 | 오수관거는 계획시간 최대오수량을 기준으로 계획한다.

CBT 정답 및 해설

31 정답 | ③

해설 | 경심(R) = $\dfrac{\text{유수단면적}(A)}{\text{윤변}(S)}$

$= \dfrac{\dfrac{\pi D^2}{4} \times 0.5}{\pi D \times 0.5} = \dfrac{D}{4}$

32 정답 | ②

해설 | 〈계산식〉 Q = $\dfrac{1}{360} \cdot C \cdot I \cdot A$

㉠ C : 유출계수 = 0.7
㉡ A : 유역면적 = $2 km^2 \times \dfrac{100 ha}{1 km^2} = 200(ha)$
㉢ I = $\dfrac{3,600}{t+31} = \dfrac{3,600}{17.11+31} = 74.83(mm/hr)$
㉣ t = 유입시간 + 유하시간
 = $t_i + \dfrac{L}{V}$
 = $6 min + 1,000 m \times \dfrac{sec}{1.5 m} \times \dfrac{1 min}{60 sec}$
 = 17.11(min)

∴ Q = $\dfrac{1}{360} \cdot C \cdot I \cdot A$
 = $\dfrac{1}{360} \times 0.7 \times 74.83 \times 200$
 = $29.1(m^3/sec)$

33 정답 | ③

해설 | 수격 작용(Water Hammer) 방지방법
㉠ 펌프에 플라이 휠(Fly-Wheel)을 붙인다.
㉡ 토출 측 관로에 압력조절수조(Surge Tank)를 설치한다.
㉢ 토출 측 관로에 일방향 압력조절수조를 설치한다.
㉣ 펌프토 출구 부근에 압력수조(Air-Cham Ber)를 설치한다.
㉤ 관 내에서 유속을 낮추거나 관거상황을 변경한다.

34 정답 | ③

해설 | 계획시간최대오수량은 계획 1일 최대오수량의 1시간당 수량의 1.3~1.8배를 표준으로 한다.

35 정답 | ③

해설 | $V(m/sec) = \left(\dfrac{1}{n}\right) \times R^{\frac{2}{3}} \times I^{\frac{1}{2}}$

① V = 1(m/sec)
② n = 0.012

③ 경심$\left(\dfrac{\text{단면적}}{\text{윤변}}\right) = \dfrac{D}{4} = \dfrac{0.4}{4} = 0.1$

∴ I = 3.1×10^{-3}

37 정답 | ②

해설 | 재이용수의 용도 구분 및 제한조건

대분류	세분류	대표적 용도
범용재이용수	청소용수	① 주거지역 건물외부 청소 ② 도로 세척 및 살수(撒水) ③ 기타 일반적 시설물 등의 세척
	도시조경용수	① 도시 가로수 등의 관개용수 ② 골프장, 체육시설의 잔디 관개용수
	친수용수	① 도시 및 주거지역에 인공적으로 건설되는 수변 친수(親水)지역의 수량 공급 ② 기존 수변(水邊)지구의 수량증대를 통하여 수변 식물의 성장을 촉진시키기 위하여 보충 공급 ③ 기존 하천 및 저수지 등의 수질 향상을 통하여 수변휴양(물놀이 등) 기능을 향상시킬 목적으로 보충 공급되는 용수

38 정답 | ④

해설 | 유출관의 유출구 중심높이는 저수위에서 관경의 2배 이상 낮게 하는 것을 원칙으로 한다.

39 정답 | ③

해설 | 계획분뇨처리량은 계획지역 수거량을 기준으로 한다.

40 정답 | ②

해설 | 맨홀의 관경별 최대간격

직경(mm)	600 이하	600~1,000	1,000~1,500	1,650 이상
최대간격(m)	75	100	150	200

41 정답 | ②

해설 | 부상조 표면적 = $\dfrac{\text{유입유량}}{\text{부하율}}$

㉠ A/S을 이용하여 반송유량 산정
A/S = $\dfrac{1.3 \cdot C_{air} \cdot (f \cdot p - 1)}{SS} \times \left(\dfrac{Q_r}{Q}\right)$

$0.05 = \dfrac{1.3 \times 18.7 \times (0.5 \times 3.5 - 1)}{150} \times \left(\dfrac{Q_r}{6,000}\right)$

∴ $Q_r = 2468.12(m^3/day)$

㉡ 유입유량 = 6,000 + 2,468.12
 = $8,468.12(m^3/day)$

CBT 정답 및 해설

ⓒ 부상조 표면적 = $\dfrac{유입유량}{부하율}$

$= \dfrac{8,468.12m^3}{day} \left| \dfrac{m^2 \cdot min}{0.12m^3} \right|$

$\left| \dfrac{1day}{1,440min} \right| = 49(m^2)$

42 정답 | ③

해설 | pH가 낮을수록 물에 주입된 염소는 대부분이 HOCl로 존재한다.

43 정답 | ④

해설 | 소화조의 용적(V) = 유량(Q) × 체류시간(t)

ⓐ $Q(m^3/day) = \dfrac{30,00kg(TS)}{day} \left| \dfrac{m^3}{1,030kg} \right| \dfrac{100(SL)}{3(TS)}$

$= 97.09(m^3/day)$

ⓑ t = 23(day)

∴ 소화조의 용적(V) = 97.09(m³/day) × 23day
$= 2,232.61(m^3)$

44 정답 | ③

해설 | 혐기조에서는 인의 방출이 일어난다.

47 정답 | ④

해설 | $A = \dfrac{Q}{V} = \dfrac{9,568m^3}{day} \left| \dfrac{m^2 \cdot day}{37.6m^2} \right| = 254.47(m^2)$

$A = \dfrac{\pi D^2}{4}$

∴ D = 18(m)

48 정답 | ②

해설 | $X\left(\dfrac{mg}{m^2 \cdot day}\right) = \dfrac{(250-40)\mu g}{L} \left| \dfrac{1}{1km^2} \right|$

$\left| \dfrac{(1km^2 \times 5m)}{30day} \right| \dfrac{1mg}{10^3\mu g} \left| \dfrac{10^3 L}{1m^3} \right|$

$= 35.0(mg/m^2 \cdot day)$

50 정답 | ③

해설 | $G = \sqrt{\dfrac{P}{\mu \forall}}$, $P = G^2 \cdot \mu \cdot \forall$

ⓐ $G = 900sec^{-1}$

ⓑ $\mu = 0.00131 N \cdot s/m^2$

ⓒ $V = \dfrac{18,480m^3}{day} \left| \dfrac{30sec}{86,400sec} \right| \dfrac{1day}{}$

$= 6.42(m^3)$

∴ $P = \dfrac{900^2}{sec^2} \left| \dfrac{0.0013 N \cdot sec}{m^2} \right| \dfrac{6.42m^3}{}$

$= 6,760.26(W) = 6.76(kW)$

51 정답 | ④

해설 | 표면부하율 = $\dfrac{유입유량(m^3/day)}{수면적(m^2)}$

ⓐ V = Q × t

$= \dfrac{30,000m^3}{day} \left| \dfrac{2.5hr}{} \right| \dfrac{1day}{24hr} = 3,125m^3$

ⓑ $A = \dfrac{\forall}{D} = \dfrac{3,125m^3}{3.5m} = 892.86m^2$

∴ 표면부하율 = $\dfrac{300,00}{892.86}$

$= 33.6(m^3/m^2 \cdot day)$

52 정답 | ②

해설 | $V_1(100-W_1) = V_2(100-W_2)$

$100(100-96.17) = 100 \times \dfrac{1}{3}(100-W_2)$

∴ $W_2 = 88.51(\%)$

53 정답 | ③

해설 | 적정 pH 폭이 좁은 것은 황산알루미늄의 단점이다 (5.5~8.5).

54 정답 | ④

해설 | VS의 용적부하$\left(\dfrac{kg}{m^3 \cdot day}\right)$

$= \dfrac{유입\ VS의\ 양(kg/day)}{소화조의 용적(m^3)}$

$= \dfrac{100m^3(SL)}{day} \left| \dfrac{6.4(TS)}{100(SL)} \right| \dfrac{85(VS)}{100(TS)} \left| \dfrac{1}{1,250m^3} \right|$

$\left| \dfrac{1,000kg}{m^3} \right| = 4.352(kg/m^3 \cdot day)$

55 정답 | ①

해설 | $L_v = \dfrac{BOD_i \times Q_i}{\forall}$

$= \dfrac{1,800m^3}{day} \left| \dfrac{250mg}{L} \right| \dfrac{1}{500m^3} \left| \dfrac{10^3 L}{1m^3} \right| \dfrac{1kg}{10^6 mg}$

$= 0.9(kg/m^3 \cdot day)$

56 정답 | ③

CBT 정답 및 해설

해설 | 혐기성 소화조 운전시 맥주모양의 이상발포가 발생되는 원인과 대책

원인	대책
① 과다배출로 조 내 슬러지 부족	① 슬러지의 유입을 줄이고 배출을 일시 중지한다.
② 유기물의 과부하	② 조 내 교반을 충분히 한다.
③ 1단계 조의 교반부족	③ 소화온도를 높인다.
④ 온도저하	④ 스컴을 파쇄·제거한다.
⑤ 스컴 및 토사의 퇴적	⑤ 토사의 퇴적은 준설한다.

57 정답 | ②

해설 | $SVI = \dfrac{SV(mL/L)}{MLSS(mg/L)} \times 10^3$

$= \dfrac{225}{2,450} \times 10^3 = 91.84$

58 정답 | ④

해설 | $NH_3 = \dfrac{NH_3}{NH_3 + NH_4^+} \times 100$

$= \dfrac{100}{1 + (NH_4^+/NH_3)}$

$K = \dfrac{[NH_4^+][OH^-]}{[NH_3]}$

$1.8 \times 10^{-5} = \dfrac{[NH_4^+]}{[NH_3]} \times 10^{-3.7}$

$\dfrac{[NH_4^+]}{[NH_3]} = 0.09$

$\therefore NH_3 = \dfrac{100}{1 + (NH_4^+/NH_3)}$

$= \dfrac{100}{1 + 0.09} = 91.7(\%)$

59 정답 | ①

해설 | RBC로의 유입수는 스크린시설을 거쳐야 하며 내부 재순환이 없다.

60 정답 | ②

해설 | $R = \dfrac{X}{X_r - X} \times 100$

$= \dfrac{2,000}{9576 - 2,000} \times 100 = 26.4(\%)$

61 정답 | ③

해설 | 자외선/가시선 분광법에 의한 페놀류 측정원리
물속에 존재하는 페놀류를 측정하기 위하여 증류한 시료에 염화암모늄-암모니아 완충용액을 넣어 pH 10으로 조절한 다음 4-아미노안티피린과 헥사시안화철(Ⅱ)산칼륨을 넣어 생성된 안티피린계 흡광도를 측정하는 방법이다.

63 정답 | ④

해설 | 물속에 존재하는 인산염인을 측정하기 위하여 몰리브덴산암모늄과 반응하여 생성된 몰리브덴산인암모늄을 아스코르빈산으로 환원하여 생성된 몰리브덴산 청의 흡광도를 880nm에서 측정하여 인산염인을 정량하는 방법이다.

65 정답 | ①

해설 | 비정화성 유기탄소(NPOC ; Nonpurgeable Organic Carbon)
총 탄소 중 pH 2 이하에서 포기에 의해 정화(purging) 되지 않는 탄소를 말한다. 과거에는 비휘발성 유기탄소라고 구분하기도 하였다.

66 정답 | ③

해설 | 일반적으로 유리전극은 용액의 색도, 탁도, 콜로이드성 물질들, 산화 및 환원성 물질들 그리고 염도에 의해 간섭을 받지 않는다.

67 정답 | ②

해설 | 폐수처리 공정에서 유량측정장치의 적용

장치	공장폐수원수	1차 처리수	2차 처리수	1차 슬러지	반송 슬러지	농축 슬러지	포기액	공정수
벤투리 미터	O	O	O	O	O	O		
유량측정용 노즐	O	O	O	O	O	O		O
오리피스								O
피토관								O
자기식 유량측정기	O	O	O	O	O	O		O

69 정답 | ③

해설 | 수은의 측정에 적용 가능한 시험방법
① 냉증기-원자흡수분광광도법
② 자외선/가시선 분광법
③ 양극벗김전압전류법
④ 냉증기-원자형광법

70 정답 | ③

해설 | 용존가스, 환원성 물질, 휘발성 유기화합물, 냄새, 유

류 및 수소이온 등을 측정하기 위한 시료를 채취할 때에는 운반 중 공기와의 접촉이 없도록 시료 용기에 가득 채운 후 빠르게 뚜껑을 닫는다.

72 정답 | ③
해설 | 유도결합플라스마 원자발광분광법으로 금속류를 측정할 때 간섭에는 물리적 간섭, 이온화 간섭, 분광간섭 등이 있다.

75 정답 | ①
해설 | 잔류염소의 보존방법은 즉시 분석이고, 나머지는 4℃ 보관이다.

78 정답 | ③
해설 | "정밀히 단다."라 함은 규정된 양의 시료를 취하여 화학저울 또는 미량저울로 칭량함을 말한다.

79 정답 | ①
해설 | 직각 3각 위어 $Q = K \cdot h^{5/2}$

① $k = 81.2 + \dfrac{0.24}{h} + \left(8.4 + \dfrac{12}{\sqrt{D}}\right)$
$\times \left(\dfrac{h}{B} - 0.09L\right)^2$
$= 81.2 + \dfrac{0.24}{0.25} + \left(8.4 + \dfrac{12}{\sqrt{0.7}}\right)$
$\times \left(\dfrac{0.25}{0.8} - 0.09\right)^2 = 82.8$

∴ $Q = 82.8 \times 0.25^{5/2} = 2.59(m^3/min)$

80 정답 | ③
해설 | 석유계 총탄화수소(용매추출/기체크로마토그래피)는 지표수, 지하수, 폐수 등에 적용 할 수 있으며, 정량한계는 0.2mg/L이다.

81 정답 | ③
해설 | 처리시설의 적정 운영 여부를 확인하기 위하여 방류수수질검사를 월 2회 이상 실시하되, 1일당 2천 세제곱미터 이상인 시설은 주 1회 이상 실시하여야 한다. 다만, 생태독성(TU) 검사는 월 1회 이상 실시하여야 한다.

82 정답 | ④
해설 | 기준의 전면 개편으로 해당사항 없음

86 정답 | ②
해설 | 오염총량관리기본계획에 첨부하여 환경부장관에게 제출하여야 하는 서류
㉠ 유역환경의 조사·분석자료
㉡ 오염원의 자연증감에 관한 분석자료
㉢ 지역개발에 관한 과거와 장래의 계획에 관한 자료
㉣ 오염부하량의 산정에 사용한 자료
㉤ 오염부하량의 저감계획을 수립하는 데에 사용한 자료

88 정답 | ③
해설 | 비점오염저감계획서에 포함될 사항
㉠ 비점오염원 관련 현황
㉡ 비점오염원 저감방안
㉢ 비점오염저감시설 설치계획
㉣ 비점오염저감시설 유지관리 및 모니터링 방안

89 정답 | ③
해설 | 습지에는 물이 연중 항상 있을 수 있도록 유량공급대책을 마련하여야 한다.

91 정답 | ①
해설 | 수질오염감시경보

단계	관계 기관	조치사항
관심	한국환경공단 이사장	• 측정기기의 이상 여부 확인 • 유역·지방환경청장에게 보고 – 상황 보고, 원인 조사 및 관심경보 발령 요청 • 지속적 모니터링을 통한 감시
	수면 관리자	• 수체변화 감시 및 원인 조사
	취수장· 정수장 관리자	• 정수 처리 및 수질분석 강화
	유역· 지방환경 청장	• 관심경보 발령 및 관계 기관 통보 • 수면관리자에게 원인 조사 요청 • 원인 조사 및 주변 오염원 단속 강화

92 정답 | ④
해설 | 1일 조업시간은 측정하기 전 최근 조업한 30일간의 오수 및 폐수 배출시설의 조업시간 평균치로서 분으로 표시한다.

93 정답 | ④
해설 | 수탁한 폐수는 정당한 사유 없이 10일 이상 보관할 수 없으며, 보관폐수의 전체량이 저장시설 저장능력의 90% 이상 되게 보관하여서는 아니 된다.

CBT 정답 및 해설

95 정답 | ①
해설 | 환경부장관 또는 시도지사가 측정망을 설치하거나 변경하려는 경우, 측정망설치계획에 포함되어야 하는 사항
㉠ 측정망 설치시기
㉡ 측정망 배치도
㉢ 측정망을 설치할 토지 또는 건축물의 위치 및 면적
㉣ 측정망 운영기관
㉤ 측정자료의 확인방법

96 정답 | ②
해설 | 낚시제한구역에서의 제한사항(낚시방법)
㉠ 낚시바늘에 끼워서 사용하지 아니하고 물고기를 유인하기 위하여 떡밥·어분 등을 던지는 행위
㉡ 어선을 이용한 낚시행위 등 「낚시어선업법」에 따른 낚시어선업을 영위하는 행위(「내수면어업법 시행령」에 따른 외줄낚시는 제외한다)
㉢ 1명당 4대 이상의 낚시대를 사용하는 행위
㉣ 1개의 낚시대에 5개 이상의 낚시바늘을 떡밥과 뭉쳐서 미끼로 던지는 행위
㉤ 쓰레기를 버리거나 취사행위를 하거나 화장실이 아닌 곳에서 대·소변을 보는 등 수질오염을 일으킬 우려가 있는 행위
㉥ 고기를 잡기 위하여 폭발물·배터리·어망 등을 이용하는 행위(「내수면어업법」 제6조·제9조 또는 제11조에 따라 면허 또는 허가를 받거나 신고를 하고 어망을 사용하는 경우는 제외한다)

98 정답 | ②
해설 | 오염총량관리기본계획 수립시 포함하여야 하는 사항
㉠ 당해 지역 개발계획의 내용
㉡ 지방자치단체별·수계구간별 오염부하량(汚染負荷量)의 할당
㉢ 관할 지역에서 배출되는 오염부하량의 총량 및 저감계획
㉣ 당해 지역 개발계획으로 인하여 추가로 배출되는 오염부하량 및 그 저감계획

99 정답 | ③
해설 | 시운전 기간
㉠ 폐수처리방법이 생물화학적 처리방법인 경우 : 가동개시일부터 50일. 다만, 가동개시일이 11월 1일부터 다음 연도 1월 31일까지에 해당하는 경우에는 가동개시일부터 70일로 한다.
㉡ 폐수처리방법이 물리적 또는 화학적 처리방법인 경우 : 가동개시일부터 30일

100 정답 | ②
해설 | 환경부장관이 설치·운영하는 측정망의 종류
㉠ 비점오염원에서 배출되는 비점오염물질 측정망
㉡ 오염총량목표수질 측정망
㉢ 대규모 오염원의 하류지점 측정망
㉣ 수질오염경보를 위한 측정망
㉤ 대권역·중권역을 관리하기 위한 측정망
㉥ 공공수역 유해물질 측정망
㉦ 퇴적물 측정망
㉧ 생물 측정망

1과목 수질오염개론

01 가성소다 제조공장에서 0.2%를 함유한 알칼리성 폐수가 배출되고 있다. 이 폐수 200톤을 완전히 중화하는 데 필요한 90%의 H_2SO_4(비중 1.84)의 요구량은?(단, 폐수의 비중은 1.0이다.)

① 약 $0.3m^3$ ② 약 $0.6m^3$
③ 약 $0.9m^3$ ④ 약 $1.2m^3$

02 방사성 물질인 스트론튬(Sr_{90})의 반감기가 29년이라면 주어진 양의 스트론튬(Sr_{90})이 99% 감소하는 데 걸리는 시간은?

① 143년   ② 193년
③ 233년   ④ 273년

03 다음 화합물($C_5H_7O_2N$)에 대한 이론적인 BOD_{10}/COD는?(단. 탈산소계수 0.1/day, base는 상용대수, 화합물은 100% 산화됨(최종산물은 CO_2, NH_3, H_2O), $COD=BOD_u$)

① 0.80   ② 0.85
③ 0.90   ④ 0.95

04 어느 하천의 DO가 8mg/L, BOD_u는 10mg/L이었다. 이때 용존산소곡선(DO Sag Curve)에서의 임계점에 도달하는 시간은?(단, 온도는 20℃, DO포화도는 9.2mg/L, K_1=0.1/day, K_2=0.2/day $t_c = \dfrac{1}{K_1(f-1)}\log[f \times (1-(f-1)\dfrac{D_o}{L_o})]$)

① 2.46일   ② 2.64일
③ 2.78일   ④ 2.93일

05 하수 등의 유입으로 인한 하천 변화 상태를 Whipple의 4지대로 나타낼 수 있다. 그 중 "활발한 분해지대"에 관한 내용으로 옳지 않은 것은?
① 용존산소가 없어 부패상태이며 물리적으로 이 지대는 회색 내지 흑색으로 나타난다.
② 혐기성 세균과 곰팡이류가 호기성 균과 교체되어 번식한다.
③ 수중의 CO_2 농도나 암모니아성 질소가 증가한다.
④ 화장실 냄새가 H_2S에 의한 달걀 썩는 냄새가 난다.

06 호소의 영양상태를 평가하기 위한 Carlson지수를 산정하기 위해 요구되는 Parameter와 가장 거리가 먼 것은?
① Chlorophyll-a ② SS
③ 투명도 ④ T-P

07 20℃에서 BOD_8가 100mg/L이었다면 이 시료의 BOD_3은?(단, K_1(상용대수)=0.15/일)
① 약 47mg/L ② 약 58mg/L
③ 약 69mg/L ④ 약 76mg/L

08 Glucose($C_6H_{12}O_6$) 100mg/L 용액을 호기성 처리시 필요한 이론적 질소량(mg/L)은?(단, BOD_5 : N=100 : 5, K_1=0.1day^{-1}, 상용대수기준, BOD_u=ThOD로 가정함)
① 약 3.7 ② 약 4.2
③ 약 5.3 ④ 약 6.9

09 산소의 포화농도가 9mg/L인 하천에서 처음의 DO 농도가 6mg/L라면 물이 3일 유하한 후의 하류에서의 DO 부족량(mg/L)은?(단, 최종 BOD=20mg/L이며, K_1과 K_2는 각각 0.1day^{-1}, 0.2day^{-1}, 밑수는 상용대수이다.)
① 약 2.7 ② 약 3.3
③ 약 5.3 ④ 약 5.8

10 25℃, 2atm의 압력에 있는 메탄가스 20kg을 저장하는 데 필요한 탱크의 부피는? (단, 이상기체의 법칙 적용, R=0.082L·atm/mol·K(표준상태))

① 12.4m³
② 15.3m³
③ 17.6m³
④ 18.2m³

11 유량 400,000m³/day의 하천에 인구 20만명의 도시로부터 30,000m³/day의 유량으로 하수가 유입되고 있다. 하수가 유입되기 전 하천의 BOD는 0.5mg/L이고, 유입 후 하천의 BOD를 2mg/L로 하기 위해서 하수처리장을 건설하려고 한다면 이 처리장의 BOD 제거효율은?(단, 인구 1인당 BOD 배출량은 20g/day라 한다.)

① 약 84%
② 약 87%
③ 약 89%
④ 약 92%

12 무기화합물과 유기화합물의 일반적인 차이점으로 옳지 않은 것은?

① 유기화합물은 대체로 가연성이다.
② 유기화합물은 대체로 물에 잘 녹는다.
③ 유기화합물은 일반적으로 녹는점과 끓는점이 낮다.
④ 유기화합물들은 대체로 이온 반응보다는 분자반응을 하므로 반응속도가 느리다.

13 다음의 등온 흡착식 중 (1) 한정된 표면만이 흡착에 이용되고, (2) 표면에 흡착된 용질물질은 그 두께가 분자 한 개 정도의 두께이며, (3) 흡착은 가역적이고 평형조건이 이루어졌다는 가정하에 유도된 식은?

① Freudlich 등온흡착식
② Langmuir 등온흡착식
③ BET 등온흡착식
④ BCT 등온흡착식

14 Glucose($C_6H_{12}O_6$) 100mg/L인 용액의 ThOD /TOC의 비는?

① 0.87
② 1.43
③ 1.83
④ 2.67

15 어떤 시료의 생물학적 분해 가능 유기물질의 농도가 37mg/L이며, 경험적인 분자식이 $C_6H_{11}ON_2$라고 할 때 이 물질의 이론적 최종 BOD는?

$$C_6H_{11}ON_2+(a)O_2 \rightarrow (b)CO_2+(c)H_2O+(d)NH_3$$

① 63mg/L
② 83mg/L
③ 103mg/L
④ 123mg/L

16 호수의 성층현상에 관한 설명으로 옳지 않은 것은?
① 수심에 따른 온도변화로 인해 발생되는 물의 밀도차에 의하여 발생한다.
② Thermocline(약층)은 순환층과 정체층의 중간층으로 깊이에 따른 온도변화가 크다.
③ 봄이 되면 얼음이 녹으면서 수표면 부근의 수온이 높아지게 되고 따라서 수직운동이 활발해져 수질이 악화된다.
④ 여름이 되면 연직에 따른 온도경사와 용존산소 경사가 반대모양을 나타낸다.

17 금속 전도체와 전해질 용액을 통해서 흐르는 전류 중 금속을 통해 흐르는 전류의 특성으로 옳지 않은 것은?
① 금속의 화학적 성질은 변하지 않는다.
② 전류는 전자에 의해 운반된다.
③ 온도의 상승은 저항을 증가시킨다.
④ 대체로 전기저항이 용액의 경우보다 크다.

18 질산화미생물의 일반적 특성과 가장 거리가 먼 것은?
① 독립영양성 미생물이다.
② 질화반응으로 알칼리도를 생성한다.
③ 증식속도가 느리다.
④ 중온성 미생물이다.

19 어떤 하천의 BOD_5가 220mg/L이고, BOD_u가 470mg/L이다. 이 하천의 탈산소계수(K_1) 값은?(단, 상용대수 기준)

① 0.045/day
② 0.055/day
③ 0.065/day
④ 0.075/day

20 Formaldehyde(CH_2O) 500mg/L의 이론적인 COD는?

① 약 512mg/L
② 약 533mg/L
③ 약 553mg/L
④ 약 576mg/L

2과목 상하수도계획

21 비교회전도(N_s)에 대한 설명 중 옳지 않은 것은?

① 펌프는 N_s의 값에 따라 그 형식이 변한다.
② N_s가 같으면 펌프의 크기에 관계없이 같은 형식의 펌프로 하고 특성도 대체로 같게 된다.
③ 수량과 전양정이 같다면 회전수가 많을수록 N_s가 크게 된다.
④ 일반적으로 N_s가 적으면 유량이 큰 저양정의 펌프가 된다.

22 상수처리를 위한 침사지 구조에 관한 기준으로 옳지 않은 것은?

① 표면부하율은 200~500mm/min을 표준으로 한다.
② 지 내 평균유속은 2~7cm/sec를 표준으로 한다.
③ 지의 상단높이는 고수위보다 0.3~0.6m의 여유고를 둔다.
④ 지의 유효수심은 3~4m를 표준으로 하고 퇴사심도를 0.5~1m로 한다.

23 계획오수량에 관한 설명으로 옳지 않은 것은?
① 계획 1일 최대오수량은 1인 1일 최대오수량에 계획인구를 곱한 후, 여기에 공장폐수량, 지하수량 및 기타 배수량을 더한 것으로 한다.
② 합류식에서 우천시 계획오수량은 원칙적으로 계획시간 최대오수량의 3배 이상으로 한다.
③ 지하수량은 1인 1일 최대오수량의 5~10%로 한다.
④ 계획시간 최대오수량은 계획 1일 최대오수량의 1시간당 수량의 1.3배를 표준으로 한다.

24 상수도시설인 완속 여과지에 관한 설명으로 옳지 않은 것은?
① 여과지 깊이는 하부집수장치의 높이에 자갈층 두께와 모래층 두께까지 2.5~3.5m를 표준으로 한다.
② 완속여과지의 여과속도는 4~5m/day를 표준으로 한다.
③ 모래층의 두께는 70~90cm를 표준으로 한다.
④ 여과지의 모래면 위의 수심은 90~120cm를 표준으로 한다.

25 하수 관거의 접합방법 중 유수는 원활한 흐름이 되지만 굴착 깊이가 증가됨으로써 공사비가 증대되고 펌프로 배수하는 지역에서는 양정이 높게 되는 단점이 있는 것은?
① 수면접합 ② 관정접합
③ 중심접합 ④ 관저접합

26 배수면적이 50km^{2}인 지역의 우수량이 800m^3/s일 때 이 지역의 강우강도(I)는 몇 mm/hr인가?(단, 유출계수 : 0.83, 우수량의 산출은 합리식 적용)
① 약 70 ② 약 75
③ 약 80 ④ 약 85

27 하수처리시설인 우수 침사지의 표면 부하율로 옳은 것은?
① 2,400m³/m²·day 정도
② 2,800m³/m²·day 정도
③ 3,200m³/m²·day 정도
④ 3,600m³/m²·day 정도

28 회전수 5회/sec, 토출량 23m³/min, 전양정이 8m인 터빈 펌프의 비속도는?
① 707
② 606
③ 505
④ 303

29 상수도시설의 취수탑의 취수구에 관한 내용과 가장 거리가 먼 것은?
① 계획취수위는 취수구로부터 도수기점까지의 수두손실을 계산하여 결정한다.
② 취수탑의 내측이나 외측에 슬루스게이트(제수문), 버터플라이밸브 또는 제수밸브 등을 설치한다.
③ 전면에서는 협잡물을 제거하기 위한 스크린을 설치해야 한다.
④ 단면형상은 장방형 또는 원형으로 한다.

30 상수 수원인 복류수에 관한 내용으로 옳지 않은 것은?
① 취수량이 증가하면 자연여과 효율이 높아져 취수량 변화에 따른 수질 변화는 적어진다.
② 원류인 하천이나 호소의 수질, 자연여과, 지층의 토질이나 그 두께 그리고 원류의 거리 등에 따라 수질이 변화한다.
③ 복류수는 반드시 가장 가까운 하천이나 호소의 물이 지하에 침투되었다고 할 수 있다.
④ 대체로 양호한 수질을 얻을 수 있어서 그대로 수원으로 사용되는 경우가 많다.

31 하수도 시설기준에 의한 우수관거 및 합류관거의 최소관경 표준은?

① 200mm ② 250mm
③ 300mm ④ 350mm

32 자외선 하수 살균 소독의 장단점과 가장 거리가 먼 것은?

① 물의 혼탁이나 탁도는 소독 능력에 영향을 미치지 않는다.
② 화학적 부작용이 적고 전원의 제거가 용이하다.
③ pH 변화에 관계없이 지속적인 살균이 가능하다.
④ 유량과 수질의 변동에 대해 적응력이 강하다.

33 하천수를 수원으로 하는 경우, 취수시설인 취수보에 관한 설명으로 옳지 않은 것은?

① 보통 대량취수에 적합하나 간이식은 중, 소량 취수에도 사용된다.
② 안정된 취수와 침사효과가 큰 것이 특징이다.
③ 개발이 진행된 하천 등에서 정확한 취수조정이 필요한 경우, 하천의 흐름이 불안정한 경우에 적합하다.
④ 유황이 안정된 하천에서 대량 취수할 때 취수탑에 비해 일반적으로 경제적이다.

34 적정양수량의 정의에 관한 내용으로 옳은 것은?

① 한계양수량의 60% 이하의 양수량
② 한계양수량의 70% 이하의 양수량
③ 한계양수량의 80% 이하의 양수량
④ 한계양수량의 90% 이하의 양수량

35 펌프의 토출량은 200m³/min이며 흡입구의 유속이 2m/sec인 경우에 펌프의 흡입구경(mm)은?

① 1,060 ② 1,260
③ 1,460 ④ 1,660

36 하수도시설인 우수토실 중 수직 오리피스(고정식) 형태에 관한 내용으로 옳지 않은 것은?

① 비교적 작은 부지에 시공 가능하다.
② 우수토실 내 수위 증가에 의한 차집량 조절이 가능하다.
③ 구조가 간단하다.
④ 분류위어에 의해 차집된 오수를 수직 오리피스를 통해 차집하는 방식이다.

37 하수배제방식 중 분류식에 관한 내용으로 옳지 않은 것은?(단, 합류식과 비교 기준)

① 청천시의 월류 : 없다.
② 우천시의 월류 : 없다.
③ 관거오접 : 없다.
④ 관거 내 퇴적 : 관거 내의 퇴적이 적다. 수세효과는 기대할 수 없다.

38 하수관거 중 우수관거 및 합류관거의 유속 기준으로 옳은 것은?

① 계획우수량에 대하여 유속을 최소 0.6m/s, 최대 3m/s로 한다.
② 계획우수량에 대하여 유속을 최소 0.8m/s, 최대 3m/s로 한다.
③ 계획우수량에 대하여 유속을 최소 1.0m/s, 최대 3m/s로 한다.
④ 계획우수량에 대하여 유속을 최소 1.2m/s, 최대 3m/s로 한다.

39 슬러지 탈수방법 중 벨트프레스탈수기에 관한 내용으로 옳지 않은 것은?(단, 가압탈수기, 원심탈수기와 비교)

① 소음이 적다.
② 동력이 적다.
③ 부대장치가 적다.
④ 소모품이 적다.

40 펌프의 비교회전도에 관한 내용으로 옳은 것은?

① 비교회전도가 크게 될수록 흡입성능이 나쁘고 공동현상이 발생하기 쉽다.
② 비교회전도가 크게 될수록 흡입성능이 나쁘나 공동현상이 발생하기 어렵다.
③ 비교회전도가 크게 될수록 흡입성능이 좋고 공동현상이 발생하기 어렵다.
④ 비교회전도가 크게 될수록 흡입성능이 좋으나 공동현상이 발생하기 쉽다.

3과목 수질오염방지기술

41. 1일 평균 유량이 140,000m³인 방류수에 살균시설을 설치하고자 한다. 염소 주입량은 16mg/L, 접촉탱크의 체류시간은 최대유량(평균유량의 2배로 가정)을 기준하여 15분이 되는 크기로 한다. 이때 살균에 필요한 접촉탱크 용적은?

① 2,614m³ ② 2,717m³
③ 2,814m³ ④ 2,917m³

42. 인 제거를 위한 Sidestream 공정에 관한 설명으로 옳지 않은 것은?

① 탈인조 상징액은 유입수량에 비하여 매우 작다.
② 인을 침전시키기 위해 소요되는 석회의 양은 순수 화학처리방법보다 적다.
③ 유입수의 유기물 부하에 따른 영향이 크다.
④ 대표적인 인 제거공법으로는 phostrip 공정이 있다.

43. 질산염(NO_3^-) 20mg/L를 탈질시키는 데 소모되는 메탄올(CH_3OH)의 양은?

① 4.9mg/L ② 6.7mg/L
③ 8.6mg/L ④ 10.2mg/L

44. 역삼투장치로 하루에 600,000L의 3차 처리된 유출수를 탈염하고자 한다. 이에 대한 자료가 다음과 같을 때 요구되는 막 면적은?

- 25°C에서 물질전달계수=0.2068L/(day · m²)(kPa)
- 유입수와 유출수 사이의 압력차=2,400kPa
- 유입수와 유출수의 삼투압차=310kPa
- 최저운전온도=10°C, A10°C=1.3A25°C

① 약 1,200m² ② 약 1,400m²
③ 약 1,600m² ④ 약 1,800m²

45 다음 조건에서 탈질화에 사용되는 Anoxic 반응조의 체류시간(hr)은?

〈조건〉
1. 반응조로의 유입수 질산염 농도 : 28mg/L
2. 반응조로부터 유출수 질산염 농도 : 3mg/L
3. MLVSS : 2000mg/L
4. 온도 : 10℃
5. 용존산소 : 0.1mg/L
6. UDN(20℃) : 0.1(day−1)
7. UDN : UDN(20℃)×1.09(T−20)(1−DO)

① 약 4시간 ② 약 6시간
③ 약 8시간 ④ 약 10시간

46 $C_6H_{12}O_6$를 혐기성 소화할 때 발생되는 가스 중 메탄가스의 부피는 이론적으로 몇 %인가?

① 50% ② 60%
③ 67% ④ 75%

47 BOD 400mg/L, 폐수량 1,500m³/day의 공정폐수를 활성슬러지법으로 처리하고자 한다. BOD−MLSS 부하를 0.25kg/kg · day, MLSS 2,500mg/L로 운전한다면 포기조의 크기는?

① 2,000m³ ② 1,500m³
③ 1,250m³ ④ 960m³

48 염소 소독에 의한 세균의 사멸은 1차 반응 속도식에 따른다. 잔류염소 농도 0.4mg/L에서 2분간에 85%의 세균이 살균되었다면 99.9% 살균을 위해서는 몇 분의 시간이 필요한가?

① 약 5.9분 ② 약 7.3분
③ 약 10.2분 ④ 약 16.7분

49 하수처리를 위해 생물막법의 효과적 적용이 필요한 경우와 가장 거리가 먼 것은?
① 특수한 기능을 가진 미생물을 반응조 내에 고정화해야 할 필요가 있는 경우
② 증식속도가 빨라 고정화하지 않으면 미생물의 유출농도를 제어할 수 없는 경우
③ 활성슬러지로는 대응할 수 없는 정도의 큰 부하변동이 있는 경우
④ 생물반응의 저해물질 혹은 난분해성 물질이 유입되는 경우

50 생물학적 처리공정에서 질산화 반응은 다음의 총괄반응식으로 나타낼 수 있다.

$$NH_4^+ - N + 2O_2 \xrightarrow{\text{질산화}} NO_3^- + 2H^+ + H_2O$$

$NH_4^+ - N$ 3mg/L가 질산화되는 데 요구되는 산소(O_2)의 양 mg/L은?
① 11.2mg/L
② 13.7mg/L
③ 15.3mg/L
④ 18.4mg/L

51 급속 혼화지의 설계 시 속도 경사 G값은 $G = (P/\mu \cdot V)^{0.5}$의 식으로 결정한다. 여기서 G값의 차원은?
① LT^{-2}
② 무차원
③ T^{-1}
④ LT^{-1}

52 최종 BOD_u 1kg을 안정화시킬 때 생산되는 메탄의 양(kg)은?(단, 유기물은 $C_6H_{12}O_6$이며 혐기성 완전분해 기준)
① 0.25
② 0.30
③ 0.35
④ 0.40

53 다음의 분리막을 이용한 수처리방법 중 구동력이 정수압차가 아닌 것은?
① 투석
② 정밀여과
③ 역삼투
④ 한외여과

54 5단계 Barndenpho 프로세스에 관한 설명으로 옳지 않은 것은?

① 혐기조-1차 무산소조-1차 호기조-2차 무산소조-2차 호기조로 이루어져 있다.
② 1차 호기조에서 1차 무산소조로 내부 반송을 한다.
③ 2차 무산소조에서는 미처리된 질산성 질소를 제거한다.
④ 2차 호기조의 질산화를 통해 최종 침전지에서 탈질을 유도한다.

55 염소 소독에 관련된 내용으로 옳지 않은 것은?

① 원소상태의 염소는 보통의 온도와 압력에서 독성이 있는 황록색의 기체이며 수분이 존재하면 부식성이 높다.
② 염소처리된 하수는 수역에 방류되면 해수가 가지고 있는 세균감소작용을 회복시킨다.
③ 병원균은 염소처리에 대하여 대장균보다 강한 내성을 보이기 때문에 대장균이 검출되지 않더라도 병원균은 존재할 수 있다.
④ 염소가스는 비폭발성, 비가연성이지만 250℃의 높은 온도에서는 연소를 도울 수 있다.

56 건조된 슬러지 무게의 1/5이 유기물질, 4/5가 무기물질이며 건조전 슬러지 함수율은 90%, 유기물질 비중은 1.0, 무기물질 비중이 2.5라면 건조 전 슬러지 전체의 비중은?

① 1.051
② 1.106
③ 1.121
④ 1.143

57 질산화 반응에 관한 내용으로 옳은 것은?

① 질산균의 슬러지일령은 짧게 하여야 한다.
② 질산균의 증식속도는 활성슬러지 내 미생물보다 빠르다.
③ 질산균의 질산화 반응에 알칼리도가 필요하다.
④ 용존산소가 0 또는 0mg/L에 가까운 조건이어야 한다.

58. 200mg/L Ethanol(C_2H_5OH)만을 함유한 10,000m³/day의 공장폐수를 일반적 활성슬러지 공법으로 처리하려면 하루에 첨가하여야 하는 이론적인 질소량(kg)은?(단, Ethanol은 미생물에 완전 분해되고 독성이 없으며 이론적 BOD : N : P=100 : 5 : 1)
① 209
② 343
③ 452
④ 578

59. 질소 제거를 위한 파괴점 염소 주입법에 관한 설명과 가장 거리가 먼 것은?
① 적절한 운전으로 모든 암모니아성 질소의 산화가 가능하다.
② 시설비가 낮고 기존 시설에 적용이 용이하다.
③ 수생생물에 독성을 끼치는 잔류염소농도가 높아진다.
④ 독성물질과 온도에 민감하다.

60. Q=1,000m³/day, SS=220mg/L인 하수를 처리하는 최초침전지에서 하루에 생산되는 슬러지의 양은?(단, 최초침전지 체류시간 2시간, SS제거율 60%, 생산 슬러지 비중은 1.08, 함수율은 95%)
① 1.24m³
② 1.84m³
③ 2.44m³
④ 2.84m³

4과목 수질오염공정시험기준

61 다음 중 시료 최대보존기간이 가장 긴 항목은?(단, 적절한 보존방법을 적용한 경우임)

① 시안
② 인산염인
③ 질산성 질소
④ 암모니아성 질소

62 다음은 시험관법으로 분원성 대장균을 측정하는 방법이다. ( ) 안에 옳은 내용은?

> 물속에 존재하는 분원성대장균군을 측정하기 위하여 ( )을 이용하는 추정시험과 백금이를 이용하는 확정시험으로 나뉘며 추정시험이 양성일 경우 확정시험을 시행하는 방법이다.

① 배양시험관
② 다람시험관
③ 페트리시험관
④ 멸균시험관

63 전기전도도 측정계에 관한 내용으로 옳지 않은 것은?

① 전기전도도 셀은 항상 수중에 잠긴 상태에서 보존하여야 하며 정기적으로 점검한 후 사용한다.
② 전도도 셀은 그 형태, 위치, 전극의 크기에 따라 각각 자체의 셀 상수를 가지고 있다.
③ 검출부는 한 쌍의 고정된 전극(보통 백금 전극 표면에 백금흑도금을 한 것)으로 된 전도도셀 등을 사용한다.
④ 지시부는 직류 휘트스톤브리지 회로나 자체 보상회로로 구성된 것을 사용한다.

64 다음 측정항목 중 시료의 보존방법이 다른 것은?

① 유기인
② 화학적 산소요구량
③ 암모니아성 질소
④ 노말헥산추출물질

65 다음은 자외선/가시선을 이용한 음이온 계면활성제 측정에 관한 내용이다. ( ) 안에 옳은 내용은?

> 물속에 존재하는 음이온 계면활성제를 측정하기 위해 (㉠)와 반응시켜 생성된 (㉡)의 착화합물을 클로로폼으로 추출하여 흡광도를 측정하는 방법이다.

① ㉠ 메틸 레드, ㉡ 적색
② ㉠ 메틸렌 레드, ㉡ 적자색
③ ㉠ 메틸 오렌지, ㉡ 황색
④ ㉠ 메틸렌 블루, ㉡ 청색

66 불소화합물 측정에 적용 가능한 시험방법과 가장 거리가 먼 것은?(단, 수질오염공정시험기준 기준)

① 자외선/가시선 분광법
② 원자흡수분광광도법
③ 이온전극법
④ 이온크로마토그래피

67 관 내의 공장폐수 및 하수유량 측정 장치인 벤투리미터 유량계의 [최대유량 : 최소유량] 범위로 옳은 것은?

① 2 : 1
② 3 : 1
③ 4 : 1
④ 5 : 1

68 니켈(Ni)을 자외선/가시선 분광법으로 측정할 때 니켈이온과 암모니아 약알칼리성에서 반응하여 니켈착염을 생성하는 시약은?

① 디티존
② 오페난트로린
③ 다이메틸글리옥심
④ 다이페닐카르자이드

69 생물화학적 산소요구량 측정 시 사용되는 ATU 용액의 용도는?

① 식종수 제조
② 질산화 억제
③ 난분해성 유기물 분해
④ 독성물질 검출

70 자외선/가시선 분광법을 적용한 페놀류 측정에 관한 내용으로 옳지 않은 것은?

① 붉은 색의 안티피린계 색소의 흡광도를 측정한다.
② 수용액에서는 510nm, 클로로폼용액에서는 460nm에서 측정한다.
③ 정량한계는 클로로폼 추출법일 때 0.05mg, 직접법일 때 0.5mg이다.
④ 시료 중의 페놀을 종류별로 구분하여 정량할 수 없다.

71 "정확히 취하여"라는 것은 규정한 양의 액체를 무엇으로 눈금까지 취하는 것을 말하는가?

① 메스실린더　　　　　② 뷰렛
③ 부피피펫　　　　　　④ 눈금 비이커

72 시험할 때 사용되는 용어의 정의로 옳지 않은 것은?

① 감압 또는 진공 : 따로 규정이 없는 한 15mmHg 이하를 뜻한다.
② 바탕시험 : 시료에 대한 처리 및 측정을 할 때 시료를 사용하지 않고 같은 방법으로 조작한 측정치를 빼는 것을 뜻한다.
③ 용기 : 시험용액 또는 시험에 관계된 물질을 보존, 운반 또는 조작하기 위하여 넣어두는 것으로 시험에 지장을 주지 않도록 깨끗한 것을 뜻한다.
④ 정밀히 단다 : 규정된 양의 시료를 취하여 화학저울 또는 미량저울로 칭량함을 말한다.

73 연속흐름법으로 시안 측정 시 사용되는 흐름주입분석기에 관한 설명으로 옳지 않은 것은?

① 연속흐름분석기의 일종이다.
② 다수의 시료를 연속적으로 자동분석하기 위하여 사용된다.
③ 기본적인 본체의 구성은 분할흐름 분석기와 같으나 용액의 흐름 사이에 공기방울을 주입하지 않는 것이 차이점이다.
④ 시료의 연속흐름에 따라 상호 오염을 미연에 방지할 수 있다.

74 자외선/가시선 분광법으로 아연을 측정할 때 사용하는 시약인 아스코르빈산나트륨은 어떤 이온이 공존하는 경우에 검수를 넣어주는가?

① Cr^{2+}
② Na^+
③ Mn^{2+}
④ Cl^-

75 물벼룩을 이용한 급성 독성 시험법에 적용되는 용어정의로 옳지 않은 것은?

① 치사 : 일정 비율로 준비된 시료에 물벼룩을 투입하고 24시간 경과 후 시험용기를 살며시 움직여주고, 15초 후 관찰했을 때 아무 반응이 없는 경우를 치사라 판정한다.
② 유영저해 : 독성물질에 의해 영향을 받아 일부 기관(촉각, 후복부 등)의 움직임이 없을 경우를 유영저해로 판정한다. 이때 촉수를 움직인다하더라도 유영을 하지 못한다면 유영저해로 판정한다.
③ 반수영향농도 : 투입 시험생물의 50%가 치사 혹은 유영저해를 나타낸 농도이다.
④ 생태독성값 : 통계적 방법을 이용하여 계산한 반수영향농도에 생체축적정도를 반영한 값이다.

76 측정항목이 황산이온인 시료의 보존방법 기준으로 옳은 것은?

① 4℃ 보관
② 6℃ 이하 보관
③ 즉시 분석
④ 저온(10℃ 이하) 보관

77 노말헥산 추출물질 시험법에 관한 설명으로 옳지 않은 것은?

① 광유류의 양을 시험하고자 할 경우, 활성규산마그네슘칼럼을 이용하여 동식물유지류를 흡착, 제거한다.
② 시료를 pH 4 이하의 산성으로 하여 노말헥산으로 추출한다.
③ 최종 무게 측정을 방해할 가능성이 있는 입자가 존재할 경우 $0.45\mu m$ 여과지로 여과한다.
④ 정량한계는 0.5~5.0mg/L 범위이다.

78 자외선/가시선으로 크롬 측정시 개요에 관한 내용으로 옳지 않은 것은?

① 3가 크롬은 과망간산칼륨을 첨가하여 6가 크롬으로 산화시킨다.
② 정량한계는 0.04mg/L이다.
③ 적자색 착화물의 흡광도를 620nm에서 측정한다.
④ 몰리브덴, 수은, 바나듐, 철, 구리 이온이 과량 함유되어 있는 경우, 방해 영향이 나타날 수 있다.

79 다음은 비소 – 수소화물생성 – 원자흡수분광광도법에 관한 내용이다. ( ) 안에 옳은 내용은?

> 물속에 존재하는 비소를 측정하는 방법으로 아연 또는 (   )을 넣어 수소화 비소로 포집하여 아르곤(또는 질소) – 수소 불꽃에서 원자화시켜 193.7nm에서 흡광도를 측정한다.

① 나트륨붕소수화물
② 염화제이철수화물
③ 요오드화칼륨수화물
④ 다이에틸디티오카바민산은수화물

80 시료의 전처리를 위한 산분해법 중 질산 – 과염소산법에 관한 설명으로 옳지 않은 것은?

① 과염소산을 넣을 경우 질산이 공존하지 않으면 폭발할 위험이 있으므로 반드시 질산을 먼저 넣어 주어야 한다.
② 납을 측정할 경우 과염소산에 따른 납 증기 발생으로 측정치에 손실을 가져온다.
③ 유기물을 다량 함유하고 있으면서 산분해가 어려운 시료들에 적용한다.
④ 유기물을 함유한 뜨거운 용액에 과염소산을 넣어서는 안 된다.

5과목 수질환경관계법규

81 오염총량초과부과금 산정방법 및 기중에 관련 된 내용으로 옳지 않은 것은?
① 1일 초과오염배출량의 단위는 킬로그램으로 하되 소수점 이하 첫째 자리까지 계산한다.
② 할당 오염부하량과 지정배출량의 단위는 1일당 킬로그램(kg/일)과 1일당 리터(L/일)로 한다.
③ 1일 조업시간은 측정하기 전 최근 조업한 30일간의 오수 및 폐수배출시설의 조업시간 평균치로서 분으로 표시한다.
④ 측정유량의 단위는 시간당 리터(L/hr)로 한다.

82 수질 및 수생태계 정책심의위원회의 위원장을 제외한 위원회의 위원과 가장 거리가 먼 것은?
① 지식경제부차관
② 국토해양부차관
③ 산림청장
④ 농림수산식품부차관

83 수질오염경보의 종류별·경보단계별 조치사항 중 수질오염감시경보(관심단계)의 관계기관별 조치사항기준으로 옳지 않은 것은?
① 한국환경공단이사장 – 측정기기의 이상 여부 확인
② 수면관리자 – 추체변화 감시 및 원인 조사
③ 물환경연구소장 – 원인 조사 및 오염물질 추적 조사 지원
④ 유역, 지방환경청장 – 원인 조사 및 주변 오염원 단속 강화

84 측정기기의 부착 대상 및 종류 중 부대시설에 해당되는 것으로 옳게 짝지은 것은?
① 자동지료채취기, 자료수집기
② 자동측정분석기기, 자동시료채취기
③ 용수적산유량계, 적산전력계
④ 하수, 폐수적산유량계, 적산전력계

85. 위임업무 보고 사항 중 보고 횟수 기준이 연 1회에 해당되는 것은?
   ① 폐수위탁, 사업장 내 처리현황 및 처리실적
   ② 기타 수질오염원 현황
   ③ 폐수처리업의 대한 등록, 지도단속실적 및 처리 실적현황
   ④ 골프장 맹·고독성 농약 사용 여부확인 결과

86. 비점오염저감시설의 관리, 운영기준으로 옳지 않은 것은?(단, 자연형 시설)
   ① 인공습지 : 동절기(11월부터 다음 해 3월까지를 말한다.)에는 인공습지에서 말라 죽은 식생물을 제거, 처리하여야 한다.
   ② 인공습지 : 식생대가 50퍼센트 이상 고사하는 경우 추가로 수생식물을 심어야 한다.
   ③ 식생형시설 : 식생수로 바닥의 퇴적물이 처리용량의 25퍼센트를 초과하는 경우에는 침전된 토사를 제거하여야 한다.
   ④ 식생형시설 : 전처리를 위한 침사지는 주기적으로 협작물과 침전물을 제거하여야 한다.

87. 설치허가를 받아야 하는 폐수배출시설 기준으로 옳은 것은?
   ① 상수원보호구역이 지정되지 아니한 지역 중 상수원 취수시설이 있는 경우에 취수시설로부터 상류로 유하거리 5킬로미터 이내에 설치하는 배출시설
   ② 상수원보호구역이 지정되지 아니한 지역 중 상수원 취수시설이 있는 경우에 취수시설로부터 상류로 유하거리 7킬로미터 이내에 설치하는 배출시설
   ③ 상수원보호구역이 지정되지 아니한 지역 중 상수원 취수시설이 있는 경우에 취수시설로부터 상류로 유하거리 10킬로미터 이내에 설치하는 배출시설
   ④ 상수원보호구역이 지정되지 아니한 지역 중 상수원 취수시설이 있는 경우에 취수시설로부터 상류로 유하거리 15킬로미터 이내에 설치하는 배출시설

88. 시행자(환경부장관은 제외)가 폐수종말처리시설을 설치하거나 변경하려는 경우 환경부장관에게 승인받아야 하는 기본계획에 포함되어야 하는 사항과 가장 거리가 먼 것은?
   ① 토지 등의 수용, 사용에 관한 사항
   ② 오염원분포 및 폐수배출량과 그 예측에 관한 사항
   ③ 오염원인자에 대한 사업비의 분담에 관한 사항
   ④ 폐수종말처리시설에서 처리하려는 대상 지역에 관한 사항

89. 폐수종말처리시설의 방류수 수질 기준 중 총인에 관한 기준으로 옳은 것은?(단, Ⅳ 지역 기준, 2012. 1. 1부터 2012. 12. 31까지 적용( )는 농공단지 폐수종말처리시설의 방류수기준)
   ① 0.5(1.0)mg/L 이하
   ② 1(2)mg/L 이하
   ③ 2(4)mg/L 이하
   ④ 4(8)mg/L 이하

90. 사업자 및 배출시설과 방지시설에 종사하는 자는 배출시설과 방지시설의 정상적인 운영, 관리를 위한 환경기술인의 업무를 방해하여서는 아니 되며, 그로부터 업무수행에 필요한 요청을 받은 때에는 정당한 사유가 없는 한 이에 응하여야 한다. 이 규정을 위반하여 환경기술인의 업무를 방해하거나 환경기술인의 요청을 정당한 사유 없이 거부한 자에 대한 벌칙기준은?
   ① 100만 원 이하의 벌금
   ② 200만 원 이하의 벌금
   ③ 300만 원 이하의 벌금
   ④ 500만 원 이하의 벌금

91. 폐수배출시설에서 배출되는 수질오염물질의 배출허용기준으로 옳지 않은 것은? (단, 2012. 1. 1부터 2013. 12. 31까지 적용되는 기준이며 청정지역 기준)
   ① 페놀류함유량 0.5mg/L 이하
   ② 시안함유량 0.2mg/L 이하
   ③ 유기인함유량 0.2mg/L 이하
   ④ 크롬함유량 0.5mg/L 이하

92. 환경기준(수질 및 수생태계)중 하천의 사람의 건강 보호기준으로 옳은 것은?
   ① 안티몬 : 0.05mg/L
   ② 벤젠 : 0.05mg/L
   ③ 납 : 0.05mg/L
   ④ 카드뮴 : 0.05mg/L

93. 오염총량관리지역을 관할하는 시도지사가 오염총량관리기본계획 수립 시 포함하여야 하는 사항과 가장 거리가 먼 것은?
   ① 당해 지역 개발계획으로 인하여 추가로 배출되는 오염부하량 및 그 저감계획
   ② 지역별 오염총량관리시설 현황 및 추가 계획
   ③ 지방자치단체별, 수계구간별, 오염부하량의 총량 및 저감계획
   ④ 관할 지역에서 배출되는 오염부하량의 총량 및 저감계획

94. 시장, 군수, 구청장(자치구 구청장을 말한다.)이 낚시금지구역 또는 낚시제한구역을 지정하려는 경우 고려하여야 할 사항과 가장 거리가 먼 것은?
   ① 연도별 낚시 인구의 현황
   ② 수질오염도
   ③ 낚시로 인한 쓰레기 추가 발생량 예측
   ④ 서식 어류의 종류 및 양 등 수중 생태계의 현황

95. 오염총량관리시행계획에 포함되어야 하는 사항과 가장 거리가 먼 것은?
   ① 오염원 현황 및 예측
   ② 오염도 조사 및 오염부하량 산정방법
   ③ 연차별 지역 개발계획으로 인하여 추가로 배출되는 오염부하량 및 해당 개발계획의 세부 내용
   ④ 수질 예측 산정자료 및 이행 모니터링 계획

96. 시·도지사가 설치, 운영하는 측정망의 종류로 옳은 것은?
   ① 권역별 생물측정망
   ② 지역 비점오염물질 측정망
   ③ 하천 퇴적물 측정망
   ④ 도심하천 측정망

97. 사업자는 배출시설과 방지시설의 정상적인 운영, 관리를 위하여 환경기술인을 임명하고, 대통령령이 정하는 바에 따라 환경부장관에게 신고하여야 한다. 환경기술인을 바꾸어 임명한 때에도 또한 같다. 이 규정을 위반하여 환경기술인을 임명하지 아니하거나 임명(바꾸어 임명한 것을 포함한다.)에 대한 신고를 하지 아니한 자에 대한 과태료 처분 기준은?
   ① 100만 원 이하
   ② 300만 원 이하
   ③ 500만 원 이하
   ④ 1,000만 원 이하

98. 법에서 사용하는 용어의 정의로 옳지 않은 것은?
   ① 비점오염원 : 도시, 도로, 농지, 산지, 공사장 등으로서 불특정 장소에서 불특정하게 수질오염물질을 배출하는 배출원을 말한다.
   ② 강우유출수 : 점오염원과 비점오염원에서 수질오염물질과 섞인 빗물 또는 눈 녹은 물이 유출되는 것을 말한다.
   ③ 폐수무방류배출시설 : 폐수배출시설에서 발생하는 폐수를 당해 사업장 안에서 수질오염방지시설을 이용하여 처리하거나 동일 배출시설에 재이용하는 등 공공수역으로 배출하지 아니하는 폐수배출시설을 말한다.
   ④ 비점오염저감시설 : 수질오염방지시설 중 비점오염원으로부터 배출되는 수질오염물질을 제거하거나 감소하게 하는 시설로서 환경부령이 정하는 것을 말한다.

99. 환경부 장관은 대권역별로 수질 및 수생태계 보전을 위한 기본계획(대권역 계획)을 수립하여야 한다. 대권역계획에 포함되어야 할 사항과 가장 거리가 먼 것은?
   ① 권역별 수질오염 저감시설 현황 및 계획
   ② 점오염원, 비점오염원 및 기타 수질오염원의 분포현황
   ③ 점오염원, 비점오염원 및 기타 수질오염원에 의한 수질오염물질 발생량
   ④ 수질 및 수생태계 보전조치의 추진방향

100 환경기술인에 대한 교육기관으로 옳은 것은?
① 국립환경인력개발원
② 국립환경과학원
③ 한국환경공단
④ 환경보전협회

01	02	03	04	05	06	07	08	09	10
①	②	③	①	②	②	③	①	④	②
11	12	13	14	15	16	17	18	19	20
①	②	②	④	①	④	④	②	②	②
21	22	23	24	25	26	27	28	29	30
④	③	③	①	②	②	④	④	①	①
31	32	33	34	35	36	37	38	39	40
②	①	④	②	③	③	②	②	③	①
41	42	43	44	45	46	47	48	49	50
④	③	④	④	④	④	④	②	④	②
51	52	53	54	55	56	57	58	59	60
③	①	①	④	②	①	③	①	④	③
61	62	63	64	65	66	67	68	69	70
④	②	④	②	④	③	③	③	②	③
71	72	73	74	75	76	77	78	79	80
③	②	④	③	②	②	②	①	④	②
81	82	83	84	85	86	87	88	89	90
④	①	③	②	①	④	②	③	④	①
91	92	93	94	95	96	97	98	99	100
①	③	②	③	②	②	④	②	①	④

01 정답 | ①

해설 | $NV = N'V'$

$$\frac{0.2g}{100mL} \left| \frac{200ton}{} \right| \frac{1eq}{40g} \left| \frac{L}{1kg} \right| \frac{10^3 kg}{ton} \left| \frac{10^3 mL}{1L} \right.$$

$$= \frac{1.84kg}{L} \left| \frac{90}{100} \right| \frac{1eq}{49g} \left| \frac{10^3 g}{kg} \right| \frac{X(L)}{}$$

∴ $X(H_2SO_4) = 0.2959(m^3)$

02 정답 | ②

해설 | $\ln \frac{C_t}{C_o} = -K \cdot t$

㉠ $\ln 0.5 = -K \cdot 29$ $K = 0.0239$
㉡ $\ln 0.01 = 0.0239 \times t$ $t = 192.68(년)$

03 정답 | ③

해설 | $C_5H_7O_2N + 5O_2 \rightarrow 5CO_2 + 2H_2O + NH_3$
  $1mol : 5 \times 32(g)$
∴ $COD = 160(g)$
  $BOD_t = BOD_u \times (1 - 10^{-kt})$
  $BOD_{10} = 160 \times (1 - 10^{-0.1 \times 10})$
  $= 144(mg/L)$
∴ $BOD_{10}/COD = 144/160 = 0.90$

04 정답 | ①

해설 | 주어진 공식을 이용한다.

$$t_c = \frac{1}{K_1(f-1)} \log \left[f \left\{ 1 - (f-1) \frac{D_0}{L_0} \right\} \right]$$

㉠ $f = $ 자정계수 $= \frac{K_2}{K_1} = \frac{0.2/day}{0.1/day} = 2$

㉡ $D_a = $ 초기 산소부족량
  $= 9.2 - 8 = 1.2(mg/L)$

∴ $t_c = \frac{1}{0.1 \times (2-1)} \log \left[2 \left\{ 1 - (2-1) \times \frac{1.2}{10} \right\} \right]$
  $= 2.455(day)$

05 정답 | ②

해설 | 활발한 분해지대
㉠ 혐기성 상태가 됨$((NH_3, H_2S) \rightarrow$ 악취유발
㉡ 산소농도가 가장 낮음
㉢ Fungi(균류) 사라짐
㉣ 혐기성 박테리아 번식 : 혐기성세균과 곰팡이류가 호기성균과 교체되어 번식하는 지대는 회복지대이다.

06 정답 | ②

해설 | 부영양화지수에는 TIS(SD), TSI(T-P), TSI(Chl-a)가 있다.

07 정답 | ③

해설 | $BOD_t = BOD_u (1 - 10^{-K_1 t})$
  $BOD_8 = BOD_u (1 - 10^{-0.15 \times 8}) = 100(mg/L)$
  $BOD_u = 106.73(mg/L)$
∴ $BOD_3 = 106.73 \times (1 - 10^{-0.15 \times 3})$
  $= 68.86(mg/L)$

08 정답 | ①

해설 | 글루코스의 산화반응을 이용한다.
  $C_6H_{12}O_6 + O_2 \rightarrow 6CO_2 + 6H_2O$
  $180(g) : 6 \times 32(g)$
  $100(mg/L) : X$
∴ $X(=BOD_u) = 106.667(mg/L)$
㉠ $BOD_5 = BOD_u \times (1 - 10^{-kt})$
  $= 106.667(1 - 10^{-0.1 \times 5})$
  $= 72.94(mg/L)$
㉡ BOD_5 : N
  100 : 5
  72.94(mg/L) : X_2
∴ $X_2(=N) = 3.647(mg/L)$

CBT 정답 및 해설

09 정답 | ④

해설 | $D_t = \dfrac{K_1 \cdot L_o}{K_2 - K_1}(10^{-K_1 \cdot t} - 10^{-K_2 \cdot t}) + D_o \cdot 10^{-K_2 \cdot t}$

$= \dfrac{0.1 \times 20}{0.2 - 0.1}(10^{-0.1 \times 3} - 10^{-0.2 \times 3})$
$+ (9-6) \times 10^{-0.2 \times 3} = 5.75(\text{mg/L})$

10 정답 | ②

해설 | $P \forall = n \cdot R \cdot T \quad \forall = \dfrac{n \cdot R \cdot T}{P}$

㉠ $n(\text{mol}) = \dfrac{20\text{kg}}{} \Big| \dfrac{1\text{mol}}{16\text{g}} \Big| \dfrac{10^3\text{g}}{1\text{kg}}$
$= 1,250(\text{mol})$

㉡ $R = 0.082 \text{L} \cdot \text{atm/mol} \cdot \text{K}$

㉢ $T = 273 + 25 = 298(\text{K})$

$\forall = \dfrac{n \cdot R \cdot T}{P} = \dfrac{6,250 \times 0.082 \times 298}{2}$
$= 15,272.5(\text{L}) = 15.27(\text{m}^3)$

11 정답 | ①

해설 | 〈혼합공식〉 $C_m = \dfrac{Q_1 C_1 + Q_o C_o}{Q_1 + Q_o}$

$2 = \dfrac{(400,000 \times 0.5) + (30,000 \times C_o)}{400,000 + 30,000}$

∴ $C_o = 22(\text{mg/L})$

〈효율〉 $\eta = (1 - \dfrac{C_o}{C_i}) \times 100$

$C_i(\text{mg/L}) = \dfrac{20,000\text{mg}}{\text{day} \cdot \text{인}} \Big| \dfrac{200,000\text{인}}{} \Big| \dfrac{\text{day}}{30,000\text{m}^3}$
$\Big| \dfrac{1\text{m}^3}{10^3\text{L}} = 133(\text{mg/L})$

∴ $\eta = (1 - \dfrac{22}{133}) \times 100 = 83.46(\%)$

12 정답 | ②

해설 | 유기화합물은 대체로 물에 잘 녹지 않으나 유기 용매에 잘 녹는다.

14 정답 | ④

해설 | 글루코스의 이론적인 산화반응을 이용한다.

㉠ $C_6H_{12}O_6 + 6O_2 \rightarrow 6CO_2 + 6H_2O$
 $180(\text{g}) \quad : 6 \times 32(\text{g})$
 $100(\text{mg/L}) : \text{ThOD}(\text{mg/L})$
∴ $\text{ThOD} = 106.67(\text{mg/L})$

㉡ $C_6H_{12}O_6 \rightarrow 6C$
 $180(\text{g}) \quad : 6 \times 12(\text{g})$
 $100(\text{mg/L}) : \text{TOC}(\text{mg/L})$
∴ $\text{TOC} = 40(\text{mg/L})$
∴ $\text{ThOD/TOC} = 106.67/40 = 2.67$

15 정답 | ①

해설 | $C_6H_{11}ON_2 + 6.75O_2 \rightarrow 6CO_2 + 2.5H_2O + 2NH_3$
 $127(\text{g}) \quad : 6.75 \times 32(\text{g})$
 $37(\text{mg}) \quad : X$
$X(\text{BODu}) = 62.929(\text{mg/L})$

16 정답 | ④

해설 | 여름이 되면 연직에 따른 온도경사와 용존산소 경사가 같은 모양을 나타낸다.

18 정답 | ②

해설 | 질산화반응으로 알칼리도를 소비한다.

19 정답 | ②

해설 | $\text{BOD}_t = \text{BOD}_u \times (1 - 10^{-K \cdot t})$
$\text{BOD}_5 = \text{BOD}_u \times (1 - 10^{-K \times 5})$
$220 = 470 \times (1 - 10^{-K \times 5})$
∴ $K = 0.0548/\text{day}$

20 정답 | ②

해설 | $CH_2O + O_2 \rightleftarrows CO_2 + H_2O$
 $30\text{g} \quad : 32\text{g}$
 $500\text{mg/L} : X\text{mg/L}$
∴ $X = 533.33(\text{mg/L})$

21 정답 | ④

해설 | 일반적으로 비교회전도가 크면 유량이 많은 저양정의 펌프가 된다.

22 정답 | ③

해설 | 제방상단높이는 고수위보다 0.6~1m의 여유고를 둔다.

23 정답 | ③

해설 | 지하수량은 1인 1일 최대오수량의 10~20%로 한다.

24 정답 | ①

해설 | 여과지의 깊이는 하부집수장치의 높이에 자갈층 두께, 모래층 두께, 모래면 위의 수심과 여유고를 더하여 2.5~3.5m를 표준으로 한다.

CBT 정답 및 해설

25 정답 | ②
해설 | 관정접합을 설명하고 있다.

26 정답 | ①
해설 | $Q(m^3/sec) = \dfrac{1}{360}CIA$
㉠ C : 0.83
㉡ $A(ha) = \dfrac{50km^2}{} \bigg| \dfrac{100ha}{1km^2} = 5,000(ha)$
∴ $800(m^3/sec) = \dfrac{1}{360} \times 0.83 \times I \times 5,000$
∴ $I = 69.40(mm/hr)$

28 정답 | ④
해설 | $N_s = N \times \dfrac{Q^{1/2}}{H^{3/4}}$
㉠ N(회/min) = 5 × 60 = 300(회/min)
㉡ $Q(m^3/min) = 23$
㉢ H(m) = 8
$N_s = 300 \times \dfrac{23^{1/2}}{8^{3/4}} = 302.46$

29 정답 | ①
해설 | 계획최저수위인 경우에도 계획취수량을 확실히 취수할 수 있는 설치위치로 한다.

30 정답 | ①
해설 | 취수량이 많은 경우 자연여과의 효과가 감소하여 복류수가 탁하게 되는 경우도 있다.

31 정답 | ②
해설 | 하수관거의 최소관경은 오수관거는 200mm, 우수관거 및 합류관거는 250mm를 표준으로 한다.

33 정답 | ④
해설 | 취수보는 유황이 불안정한 경우에도 취수가 가능하며, 공사비는 일반적으로 크다.

35 정답 | ③
해설 | $Q = A \times V$
$A = \dfrac{Q}{V} = \dfrac{200m^3}{min} \bigg| \dfrac{sec}{2m} \bigg| \dfrac{1min}{60sec} = 1.667m^2$
$A = \dfrac{\pi D^2}{4} = 1.667(m^2)$
$D = 1.4567(m) = 1,456.7(mm)$

41 정답 | ④
해설 | $\forall = Q \times t$
㉠ $Q = 140,000(m^3/day) \times 2$
$= 280,000(m^3/day)$
㉡ t = 15min
∴ $\forall = \dfrac{280,000m^3}{day} \bigg| \dfrac{15min}{} \bigg| \dfrac{1day}{1,440min}$
$= 2,916.7(m^3)$

42 정답 | ③
해설 | 비교적 유입수의 유기물 부하에 영향을 받지 않는다.

43 정답 | ③
해설 | $6NO_3^- + 5CH_3OH \rightarrow 5CO_2 + 3N_2 + 7H_2O + 6OH^-$
$6NO_3^-$: $5CH_3OH$
6×62 : 5×32
20mg/L : X
X = 8.602(mg/L)

44 정답 | ④
해설 | ㉠ $Q_F = K(\Delta P - \Delta \pi)$
여기서, K : 막의 물질전달계수(L/(day·m²) kPa)
ΔP : 유입수와 유출수 사이의 압력차(kPa)
$\Delta \pi$: 유입수와 유출수의 삼투압차(kPa)
㉡ 식에 대입하면
$\dfrac{600,000L}{A(m^2)} = \dfrac{0.2068L}{m^2 \cdot day \cdot kPa} \bigg| \dfrac{(2,400-310)kPa}{}$
∴ $A_{25℃} = 1,388.21(m^2)$
㉢ 온도보정하면
∴ $A_{10℃} = 1.3 \times A_{25℃} = 1,804.7(m^2)$

45 정답 | ③
해설 | 체류시간$(\theta) = \dfrac{S_i - S_o}{U_{DN} \cdot X}$
㉠ U_{DN} : 10℃에서의 탈질화율
$(mgNO_3^--N/mgVSS \cdot day)$
$U_{DN(10℃)} = U_{DN(20℃)} \times K^{(10-20)}(1-DO)$
$= 0.1 \times 1.09^{(10-20)}(1-0.1)$
$= 0.038(day^{-1})$
㉡ $S_i = 28mg/L$, $S_o = 3mg/L$, X = 2,000mg/L
$\dfrac{28-3}{0.038 \times 2,000} = 0.3289(day) = 7.89(hr)$

CBT 정답 및 해설

47 정답 | ④
해설 | $F/M = \dfrac{BOD_i \times Q}{\forall \cdot X}$
㉠ $Q = 100m^3/hr$
㉡ $BOD_i = 400mg/L$
㉢ $MLSS = 2,500mg/L$
$V(m^3)$
$= \dfrac{400mg}{L} \left| \dfrac{1,500m^3}{day} \right| \dfrac{L}{2,500mg} \left| \dfrac{kg \cdot day}{0.25kg} \right.$
$= 960(m^3)$

48 정답 | ②
해설 | $\ln\dfrac{C_t}{C_o} = -K \cdot t$
㉠ $\ln\dfrac{15}{100} = -K \times 2min$
$K = 0.9486(min^{-1})$
㉡ $\ln\dfrac{0.1}{100} = \dfrac{-0.9486}{min} \left| t(min) \right.$
∴ $t = 7.28(min)$

50 정답 | ②
해설 | $NH_4^+ - N \equiv 2O_2$
$14(g) : 2 \times 32(g)$
$3(mg/L) : X$
∴ $X = 13.7 mg/L$

52 정답 | ①
해설 | $CH_4 + 2O_2 \rightarrow CO_2 + 2H_2O$
$16(g) : 2 \times 32(g)$
$X(kg) : 1(kg)$
∴ $X = 0.25$

53 정답 | ①
해설 | 투석의 구동력은 농도차이다.

54 정답 | ④
해설 | 5단계 Bardenpho 공법에서 각 공정의 기능
㉠ 혐기조 : 유기물 제거, 인 방출
㉡ 1단계 무산소조 : 탈질화
㉢ 1단계 호기조 : 질산화, 인 과잉 흡수
㉣ 2단계 무산소조 : 잔류 질산성 질소 제거
㉤ 2단계 호기조 : 재폭기, 탈질에 의한 슬러지 rising 현상 및 인의 방출 방지

56 정답 | ①
해설 | $\dfrac{W_{SL}}{\rho_{SL}} = \left(\dfrac{W_{VS}}{\rho_{VS}} + \dfrac{W_{FS}}{\rho_{FS}}\right) + \dfrac{W_W}{\rho_W}$
$\dfrac{100}{\rho_{SL}} = \left(\dfrac{10 \times 1/5}{1} + \dfrac{10 \times 4/5}{2.5}\right) + \dfrac{90}{1}$
∴ $\rho_{SL} = 1.05$

58 정답 | ①
해설 | $C_2H_5OH + 3O_2 \rightarrow 2CO_2 + 3H_2O$
$46(g) \quad : \quad 3 \times 32(g)$
$200(mg/L) : \quad X$
∴ $X = 417.4(mg/L)$
$BOD : N = 100 : 5$
$\dfrac{417.4mg}{L} \left| \dfrac{10,000m^3}{day} \right| \dfrac{10^3 L}{1m^3} \left| \dfrac{1kg}{10^6 mg} \right. : X(kg/day)$
∴ $X = 208.7(kg/day)$

60 정답 | ③
해설 | $SL(m^3/day) = Q \times SS_i \times \eta(kg \cdot TS)$
$\times \dfrac{100 \cdot SL}{X_{TS}} \times \dfrac{1}{\rho_{SL}}$
∴ $SL(m^3/day) = \dfrac{1,000m^3}{day} \left| \dfrac{220mg \cdot (TS)}{L} \right| \dfrac{60}{100} \left|$
$\dfrac{L}{1.08kg} \right| \dfrac{1kg}{10^6 mg} \left| \dfrac{100 \cdot (SL)}{(100-95) \cdot (TS)} \right.$
$= 2.44(m^3/day)$

61 정답 | ④
해설 | 최대보존기간
㉠ 시안 : 14일
㉡ 인산염인 : 48시간
㉢ 질산성 질소 : 48시간
㉣ 암모니아성 질소 : 28일

63 정답 | ④
해설 | 지시부는 교류 휘트스톤브리지(Wheatstone Bridge) 회로나 연산 증폭기 회로 등으로 구성된 것을 사용한다.

64 정답 | ①
해설 | 유기인 : 4℃ 보관, HCl로 pH 5~9, 나머지 : 4℃ 보관, H_2SO_4로 pH 2 이하

65 정답 | ④
해설 | 자외선/가시선 분광법
물속에 존재하는 음이온 계면활성제를 측정하기 위하여 메틸렌블루와 반응시켜 생성된 청색의 착화합물을

클로로폼으로 추출하여 흡광도를 650nm에서 측정하는 방법이다.

67 정답 | ③
해설 | ㉠ 벤투리미터(Venturi meter), 유량측정용 노즐(Nozzle), 오리피스(Orifice)는 4 : 1
㉡ 피토(pitot)관은 3 : 1

68 정답 | ③
해설 | 추출물에 브롬과 암모니아수를 넣어 니켈을 산화시키고 다시 암모니아 알칼리성에서 다이메틸글리옥심과 반응시켜 생성한 적갈색 니켈착염의 흡광도 450nm에서 측정하는 방법이다.

70 정답 | ③
해설 | 자외선/가시선 분광법
정량한계는 추출법일 때 0.005mg, 직접법일 때 0.05mg이다.

71 정답 | ③
해설 | "정확히 취하여"라 하는 것은 규정한 양의 액체를 부피피펫으로 눈금까지 취하는 것을 말한다.

72 정답 | ②
해설 | "바탕시험을 하여 보정한다."라 함은 시료에 대한 처리 및 측정을 할 때, 시료를 사용하지 않고 같은 방법으로 조작한 측정치를 빼는 것을 뜻한다.

73 정답 | ④
해설 | 분할흐름분석기(SFA ; Segmented Flow Analyzer)란 연속흐름분석기의 일종으로 다수의 시료를 연속적으로 자동분석하는 분석기다. 본체의 구성은 시료와 시약을 주입할 수 있는 펌프와 튜브, 시료와 시약을 반응시키는 반응기 및 검출기로 구성되어 있으며, 용액의 흐름 사이에 일정한 간격으로 공기방울을 주입하여 시료의 분산 및 연속흐름에 따른 상호 오염을 방지하도록 구성되어 있다.

74 정답 | ③
해설 | 2가 망간이 공존하지 않은 경우에는 아스코르빈산나트륨을 넣지 않는다.

75 정답 | ④
해설 | 생태독성값(TU ; Toxic Unit)
통계적 방법을 이용하여 반수영향농도 EC_{50}을 구한 후 이를 100으로 나눠준 값을 말한다.

77 정답 | ④
해설 | 정량한계는 0.5mg/L이다.

78 정답 | ③
해설 | 자외선/가시선
물속에 존재하는 크롬을 자외선/가시선 분광법으로 측정하는 것으로, 3가 크롬은 과망간산칼륨을 첨가하여 6가 크롬으로 산화시킨 후, 산성 용액에서 다이페닐카바자이드와 반응하여 생성하는 적자색 착화합물의 흡광도를 540 nm에서 측정한다.

80 정답 | ②
해설 | 납을 측정할 경우, 시료 중에 황산이온(SO_4^{2-})이 다량 존재하면 불용성의 황산납이 생성되어 측정값에 손실을 가져온다.

81 정답 | ④
해설 | 1일 유량산정을 위한 측정유량의 단위는 분당 리터 (L/min)로 한다.

82 정답 | ①
해설 | 위원장을 제외한 위원회의 위원은 다음 각 호의 자로 한다.
㉠ 기획재정부차관 · 농림수산식품부차관 · 국토해양부차관 · 산림청장
㉡ 환경부장관이 위촉하는 수질 및 수생태계 관련 전문가 3인
㉢ 농림수산식품부장관 또는 국토교통부장관의 추천을 받아 환경부장관이 위촉하는 수질 및 수생태계 관련 전문가 각 3인

83 정답 | ③
해설 |

단계	관계 기관	조치사항
관심	한국환경공단 이사장	• 측정기기의 이상 여부 확인 • 유역 · 지방환경청장에게 보고 – 상황 보고, 원인 조사 및 관심경보 발령 요청 • 지속적 모니터링을 통한 감시
	수면관리자	• 수체변화 감시 및 원인 조사
	취수장 · 정수장 관리자	• 정수 처리 및 수질분석 강화
	유역 · 지방환경청장	• 관심경보 발령 및 관계 기관 통보 • 수면관리자에게 원인 조사 요청 • 원인 조사 및 주변 오염원 단속 강화

CBT 정답 및 해설

86 정답 | ④
해설 | 식생형 시설
침전물이 식생을 덮거나 생물학적 여과시설의 용량을 감소시키기 시작하면 침전물을 제거하여야 한다.

88 정답 | ③
해설 | 시행자(환경부장관은 제외한다)는 폐수종말처리시설을 설치하거나 변경하려는 경우에는 다음 각 호의 사항이 포함된 기본계획을 수립하여 환경부령으로 정하는 바에 따라 환경부장관의 승인을 받아야 한다.
  ㉠ 폐수종말처리시설에서 처리하려는 대상 지역에 관한 사항
  ㉡ 오염원분포 및 폐수배출량과 그 예측에 관한 사항
  ㉢ 폐수종말처리시설의 폐수처리계통도, 처리능력 및 처리방법에 관한 사항
  ㉣ 폐수종말처리시설에서 처리된 폐수가 방류수역의 수질에 미치는 영향에 관한 평가
  ㉤ 폐수종말처리시설의 설치·운영자에 관한 사항
  ㉥ 폐수종말처리시설 부담금의 비용부담에 관한 사항
  ㉦ 총사업비, 분야별 사업비 및 그 산출근거
  ㉧ 연차별 투자계획 및 자금조달계획
  ㉨ 토지 등의 수용·사용에 관한 사항
  ㉩ 그 밖에 폐수종말처리시설의 설치·운영에 필요한 사항

91 정답 | ①
해설 | 페놀류함유량 1mg/L 이하이다.

92 정답 | ③
해설 | 하천 및 호수에서 사람의 건강보호 기준
  ㉠ 안티몬 : 0.02mg/L
  ㉡ 벤젠 : 0.01mg/L
  ㉢ 카드뮴 : 0.005mg/L

93 정답 | ②
해설 | 오염총량관리기본계획 수립시 포함하여야 하는 사항
  ㉠ 당해 지역 개발계획의 내용
  ㉡ 지방자치단체별·수계구간별 오염부하량(汚染負荷量)의 할당
  ㉢ 관할 지역에서 배출되는 오염부하량의 총량 및 저감계획
  ㉣ 당해 지역 개발계획으로 인하여 추가로 배출되는 오염부하량 및 그 저감계획

94 정답 | ③
해설 | 시장, 군수, 구청장(자치구 구청장을 말한다.)이 낚시 금지구역 또는 낚시제한구역을 지정하려는 경우 고려하여야 할 사항
  ㉠ 용수의 목적
  ㉡ 오염원 현황
  ㉢ 수질오염도
  ㉣ 낚시터 인근에서의 쓰레기 발생 현황 및 처리 여건
  ㉤ 연도별 낚시 인구의 현황
  ㉥ 서식 어류의 종류 및 양 등 수중생태계의 현황

95 정답 | ②
해설 | 오염총량관리시행계획에 포함되어야 하는 사항
  ㉠ 오염총량관리시행계획 대상 유역의 현황
  ㉡ 오염원 현황 및 예측
  ㉢ 연차별 지역 개발계획으로 인하여 추가로 배출되는 오염부하량 및 해당 개발계획의 세부 내용
  ㉣ 연차별 오염부하량 삭감 목표 및 구체적 삭감 방안
  ㉤ 오염부하량 할당 시설별 삭감량 및 그 이행 시기
  ㉥ 수질예측 산정자료 및 이행 모니터링 계획

96 정답 | ④
해설 | 시·도지사가 설치할 수 있는 측정망
  ㉠ 소권역을 관리하기 위한 측정망
  ㉡ 도심하천 측정망
  ㉢ 그 밖에 유역환경청장이나 지방환경청장과 협의하여 설치·운영하는 측정망

98 정답 | ②
해설 | 강우유출수
비점오염원의 수질오염물질이 섞여 유출되는 빗물 또는 눈녹은 물 등을 말한다.

99 정답 | ①
해설 | 대권역계획에 포함되어야 할 사항
  ㉠ 수질 및 수생태계 변화 추이 및 목표기준
  ㉡ 상수원 및 물 이용현황
  ㉢ 점오염원, 비점오염원 및 기타 수질오염원의 분포 현황
  ㉣ 점오염원, 비점오염원 및 기타 수질오염원에 의한 수질오염물질 발생량
  ㉤ 수질오염 예방 및 저감대책
  ㉥ 수질 및 수생태계 보전조치의 추진방향

1과목 수질오염개론

01 지하수의 일반적 특성으로 옳지 않은 것은?
① 수온변동이 적고 탁도가 낮다.
② 미생물이 없고 오염물이 적다.
③ 무기염류농도와 경도가 높다.
④ 자정속도가 빠르다.

02 우리나라 근해의 적조(Red Tide)현상의 발생 조건에 대한 설명으로 가장 적절한 것은?
① 햇빛이 약하고 수온이 낮을 때 이상 균류의 이상 증식으로 발생한다.
② 수괴의 연직 안정도가 적어질 때 발생된다.
③ 정체수역에서 많이 발생된다.
④ 질소, 인 등의 영양분이 부족하여 적색이나 갈색의 적조 미생물이 이상적으로 증식한다.

03 콜로이드를 응집시키는 데 기본 메커니즘과 가장 거리가 먼 것은?
① 전하의 중화
② 이중층의 압축
③ 입자 간의 가교 형성
④ 중력에 따른 전단력 강화

04 150kL/day의 분뇨를 산기관을 이용하여 포기하였는데 분뇨에 함유된 BOD의 20%가 제거되었다. BOD 1kg을 제거하는 데 필요한 공기공급량이 60m^{3}라 했을 때 시간당 공기공급량은?(단, 연속포기, 분뇨의 BOD는 20,000mg/L이다.)
① 100m^3
② 500m^3
③ 1,000m^3
④ 1,500m^3

05 순수한 물의 물리적 특성에 대한 내용으로 옳지 않은 것은?

① 4℃, 1기압에서 밀도는 1,000kg/m³이다.
② 비열은 1.0cal/g · ℃(15℃)이다.
③ 융해열은 79.4cal/g(0℃)이다.
④ 표면장력은 539dyne/cm²(20℃)이다.

06 Formaldehyde(CH_2O)의 COD/TOC비는?

① 1.37　　　　② 1.67
③ 2.37　　　　④ 2.67

07 다음의 내용으로 정의되는 법칙은?

> 여러 물질이 혼합된 용액에서 어느 물질의 증기압(분압)은 혼합액에서 그 물질의 몰분율에 순수한 상태에서 그 물질의 증기압을 곱한 것과 같다.

① Graham's 법칙　　　② Raoult's 법칙
③ Herry's 법칙　　　　④ Dalton's 법칙

08 박테리아를 분류함에 있어 성장을 위한 환경적인 조건에 따라 분류하기도 하는데, 다음 중 바닷물과 비슷한 염 조건하에서 가장 잘 자라는 박테리아(호염균)는?

① Hyperthermophiles　　② Microaerophiles
③ Halophiles　　　　　　④ Chemotrophs

09 DO 포화농도가 8mg/L인 하천에서 t = 0일 때 DO가 5mg/L라면 6일 유하했을 때의 DO 부족량은?(단, BOD_u = 20mg/L, K_1 = 0.1/day, K_2 = 0.2/day, 상용대수)

① 약 2mg/L　　　② 약 3mg/L
③ 약 4mg/L　　　④ 약 5mg/L

10 어느 저수지의 용량이 $2.8 \times 10^8 m^3$고 염분의 농도가 1.25%이며 유량은 $2.4 \times 10^9 m^3$/년이라면 저수지 염분농도가 200mg/L로 될 때까지의 소요시간은?

① 4.6개월
② 5.8개월
③ 6.9개월
④ 7.4개월

11 어떤 시료에 메탄올(CH_3OH) 250mg/L가 함유되어 있다. 이 시료의 ThOD 및 BOD_5의 값은?(단, 메탄올의 BOD_u = ThOD이며 탈산소계수는 0.1/day이고, base는 10이다.)

① ThOD 325mg/L, BOD_5 256mg/L
② ThOD 325mg/L, BOD_5 286mg/L
③ ThOD 375mg/L, BOD_5 256mg/L
④ ThOD 375mg/L, BOD_5 286mg/L

12 어떤 하수의 BOD_3가 140mg/L이고 탈산소계수 K(상용대수)가 0.2/day일 때 최종 BOD(mg/L)는?

① 약 164
② 약 172
③ 약 187
④ 약 196

13 해류와 그것을 일으키게 하는 원인을 기술한 내용으로 옳은 것은?

① 상승류 – 해저의 화산활동
② 조류 – 해저부에서 해상부로 수괴이동작용
③ 쓰나미 – 바람과 해양 및 육지의 상호작용
④ 심해류 – 해수의 밀도차

14 농도가 A인 기질을 제거하기 위하여 반응조를 설계하고자 한다. 요구되는 기질의 전환율이 90%일 경우 회분식 반응조의 체류시간은?(단, 기질의 반응은 1차 반응이며, 반응상수 K는 0.35/hr이다.)

① 6.58hr
② 7.54hr
③ 8.32hr
④ 9.42hr

15 0℃에서 DO 7.0mg/L인 물의 DO포화도는 몇 %인가?(단, 대기의 화학조성 중 O_2는 21%(V/V), 0℃에서 순수한 물의 공기 용해도는 38.46mL/L, 1기압 기준, 기타 조건은 고려하지 않음)

① 약 61%
② 약 74%
③ 약 82%
④ 약 87%

16 산소주입량을 구하기 위하여 먼저 물속의 용존산소농도를 0으로 만들려고 한다. 이를 위하여 용존산소가 포화(포화농도는 11mg/L로 가정)된 물에 소요되는 Na_2SO_3의 첨가량은?(단, Na : 23, 완전 반응하는 경우로 가정함)

① 약 73mg/L
② 약 87mg/L
③ 약 92mg/L
④ 약 103mg/L

17 유해물질과 그 중독증상(영향)과의 관계로 가장 거리가 먼 것은?

① Mn : 흑피증
② 유기인 : 현기증, 동공축소
③ Cr^{6+} : 피부궤양
④ PCB : 카네미유증

18 생물학적 변환을 통한 유기물의 환경에서의 거동 또는 처리에 관한 일반적인 법칙으로 옳지 않은 것은?

① 알데히드는 알코올이나 산보다 독성이 강하다.
② 탄화수소는 알코올, 알데히드, 또는 산보다 산화되기 어렵다.
③ 케톤은 알데히드보다 분해되기 쉽다.
④ 불포화 지방족 화합물(이중결합을 가진 것)은 포화지방족 화합물보다 쉽게 분해된다.

19 Na$^+$ = 360mg/L, Ca^{2+} = 80mg/L, Mg^{2+} = 96mg/L인 농업용수의 SAR치는?
(단, 원자량 Na : 23, Ca : 40, Mg : 24)
① 약 4.8
② 약 6.4
③ 약 8.2
④ 약 10.6

20 화학흡착에 관한 내용으로 옳지 않은 것은?
① 흡착된 물질은 표면에 농축되어 여러 개의 겹쳐진 층을 형성함
② 흡착 분자는 표면에 한 부위에서 다른 부위로의 이동이 자유롭지 못함
③ 흡착된 물질 제거를 위해 일반적으로 흡착제를 높은 온도로 가열함
④ 거의 비가역적임

2과목 상하수도계획

21 하수처리시설의 2차 침전지에 대한 설명으로 틀린 것은?
① 유효수심은 2.5~4m를 표준으로 한다.
② 2차 침전지의 고형물부하율은 40~125kg/m^2·d로 한다.
③ 침전시간은 계획 1일 최대오수량에 따라 정하며 일반적으로 6~8시간으로 한다.
④ 침전지 수면의 여유고는 40~60cm 정도로 한다.

22 정수처리방법인 중간염소처리에서 염소의 주입 지점으로 가장 적절한 것은?
① 혼화지와 침전지 사이에서 주입
② 침전지와 여과지 사이에서 주입
③ 착수정과 혼화지 사이에서 주입
④ 착수정과 도수관 사이에서 주입

23 하수슬러지 개량방법과 특징으로 틀린 것은?

① 고분자응집제 첨가 : 슬러지 성상을 그대로 두고 탈수성, 농축성의 개선을 도모한다.
② 무기약품 첨가 : 무기약품은 슬러지의 pH를 변화시켜 무기질 비율을 증가시키고 안정화를 도모한다.
③ 열처리 : 슬러지 성분의 일부를 용해시켜 탈수개선을 도모한다.
④ 세정 : 혐기성 소화슬러지의 알칼리도를 증가시켜 탈수개선을 도모한다.

24 도수거에 대한 다음 설명 중 적당치 않은 것은?

① 평균유속의 최대한도는 3m/sec이며, 최소유속은 0.3m/sec로 한다.
② 한랭지에서뿐만 아니라 기타 장소에서도 될 수 있으면 암거로 설치한다.
③ 암거인 경우, 대개 300~500m 간격에 신축이음을 설치한다.
④ 암거에는 환기구를 설치한다.

25 호소·댐을 수원으로 하는 경우의 취수시설인 취수틀에 관한 설명으로 틀린 것은?

① 수위변화에 대한 영향이 비교적 작다.
② 호소 등의 대소에는 영향을 받지 않는다.
③ 호소의 표면수를 안전적으로 취수할 수 있다.
④ 구조가 간단하고 시공도 비교적 용이하다.

26 펌프의 토출량이 1,200m³/hr, 흡입구의 유속이 2.0m/sec일 경우 펌프의 흡입구경은?

① 약 262mm
② 약 362mm
③ 약 462mm
④ 약 562mm

27 계획오수량에 관한 설명 중 틀린 것은?

① 계획시간 최대오수량은 계획 1일 최대오수량의 1시간당 수량의 1.3~1.8배를 표준으로 한다.
② 지하수량은 1인 1일 최대 오수량의 10~20%로 한다.
③ 합류식의 우천시 계획오수량은 원칙적으로 계획1일 최대오수량의 3배 이상으로 한다.
④ 계획 1일 평균 오수량은 계획 1일 최대 오수량의 70~80%를 표준으로 한다.

28 순산소활성슬러지법의 특징이 아닌 것은?

① 슬러지의 탈수성이 양호하여 탈수 시 여과속도가 표준활성슬러지법의 2배 이상으로 유지된다.
② MLSS농도는 표준활성슬러지법의 2배 이상으로 유지 가능하다.
③ 포기조 내의 SVI는 보통 100 이하로 유지되고 슬러지의 침강성은 양호하다.
④ 2차침전지에서 스컴이 발생하는 경우가 많다.

29 토출량 $20m^3/min$인 전양정 6m, 회전속도 1,200rpm인 펌프의 비속도는?

① 약 1,300   ② 약 1,400
③ 약 1,500   ④ 약 1,600

30 다음 중 하수도 계획에 대한 설명으로 옳은 것은?

① 하수도 계획의 목표연도는 원칙적으로 30년으로 한다.
② 하수도 계획구역은 행정상의 경계구역을 중심으로 수립한다.
③ 새로운 시가지의 개발에 따른 하수도 계획구역은 기존 시가지를 포함한 종합적인 하수도 계획의 일환으로 수립한다.
④ 하수처리구역의 경계는 자연유하에 의한 하수배제를 위해 배수구역 경계와 교차하도록 한다.

03회 CBT 실전모의고사

31 슬러지 농축방법 중 중력식 농축에 관한 내용으로 틀린 것은?(단, 부상식, 원심분리, 중력밸트 방법과 비교 기준)
① 저장과 농축이 동시에 가능하다.　② 잉여슬러지 농축에 적합하다.
③ 약품을 사용하지 않는다.　　　　④ 설치비와 설치면적이 크다.

32 정수처리를 위해 완속여과방식(불용해성 성분의 처리방식)만을 선택하였을 때 거의 처리할 수 없는 항목(물질)은?
① 탁도　　　　　② 철분, 망간
③ ABS　　　　　④ 농약

33 상수 담수화방식(상변화 방식) 중 증발법에 해당되지 않는 것은?
① 다단플래시법　② 다중효용법
③ 가스수화물법　④ 투과기화법

34 하수의 계획오염부하량 및 계획유입수질에 관한 내용으로 틀린 것은?
① 계획유입수질은 계획오염부하량을 계획 1일 최대오수량으로 나눈 값으로 한다.
② 생활오수에 의한 오염부하량 : 1인 1일당 오염부하량 원단위를 기초로 하여 정한다.
③ 관광오수에 의한 오염부하량 : 당일관광과 숙박으로 나누고 각각의 원단위에서 추정한다.
④ 영업오수에 의한 오염부하량 : 업무의 종류 및 오수의 특징 등을 감안하여 결정한다.

35 하수배제 방식 중 합류식에 관한 설명으로 알맞지 않은 것은?
① 관로계획 : 우수를 신속히 배수하기 위해 지형조건에 적합한 관거망이 된다.
② 청천시의 월류 : 없음
③ 관거오접 : 없음
④ 토지이용 : 기존의 측구를 폐지할 경우 뚜껑의 보수가 필요하다.

36 하수도 관거의 단면형상이 계란형일 때 장단점으로 틀린 것은?
① 유량이 큰 경우, 원형거에 비해 수리학적으로 유리하다.
② 원형거에 비하여 관폭이 작아도 되므로 수직방향의 토압에 유리하다.
③ 재질에 따른 제조비가 늘어나는 경우가 있다.
④ 수직방향의 시공에 정확도가 요구되므로 면밀한 시공이 필요하다.

37 하수 슬러지 소각을 위한 유동층소각로의 장단점으로 틀린 것은?
① 연소효율이 높고 소각되지 않는 양이 적기 때문에 로 잔사매립에 의한 2차 공해가 없다.
② 유동매체로 규소 등을 사용할 때에 손실이 발생하므로 손실보충을 연속적으로 하여야 한다.
③ 노 내 온도의 자동제거 및 열회수가 용이하다.
④ 노 내의 기계적 가동부분이 많아 유지관리가 어렵다.

38 펌프의 형식 중 베인의 양력작용에 의하여 임펠러 내의 물에 압력 및 속도에너지를 주고 가이드베인으로 속도에너지의 일부를 압력으로 변화하여 양수작용을 하는 펌프는?
① 원심펌프
② 축류펌프
③ 사류펌프
④ 플랜지 펌프

39 상수도시설인 도수시설에 관한 설명으로 틀린 것은?
① 도수시설의 계획도수량은 계획정수량을 기준으로 한다.
② 도수노선은 원칙적으로 공공도록 및 수도용지로 한다.
③ 수평이나 수직방향의 급격한 국록을 피하고 어떤 경우에도 최소동수경사선 이하가 되도록 노선을 선정한다.
④ 도수시설은 취수시설에서 취수된 원수를 정수시설까지 끌어들이는 시설이다.

40 펌프의 캐비테이션(공동현상) 발생을 방지하기 위한 대책으로 옳은 것은?
① 펌프의 설치위치를 가능한 한 높게 하여 가용유효흡입수두를 크게 한다.
② 흡입관의 손실을 가능한 한 작게 하여 가용유효흡입 수두를 크게 한다.
③ 펌프의 회전속도를 높게 선정하여 필요유효흡입 수두를 작게 한다.
④ 흡입 측 밸브를 완전히 폐쇄하고 펌프를 운전한다.

3과목 수질오염방지기술

41 Phostrip Process에 관한 설명으로 틀린 것은?
① 질소와 인의 동시 제거시 운전의 유연성이 크다.
② 기존 활성슬러지 처리장에 쉽게 적용 가능하다.
③ 인제거시 BOD/P 비에 의하여 조정되지 않는다.
④ Stripping을 위하여 별도의 반응조가 필요하다.

42 염소이온 농도가 500mg/L이고, BOD 2,000mg/L인 폐수를 희석하여 활성 슬러지법으로 처리한 결과 염소이온 농도와 BOD는 각각 50mg/L이었다. 이때의 BOD 제거율은?(단, 희석수의 BOD, 염소이온 농도는 0이다.)
① 85% ② 80%
③ 75% ④ 70%

43 다음 조건하에서의 포기조 용적은?

- 유입 폐수량 Q=50m³/hr
- MLVSS 농도=2kg/m³
- 유입수 BOD 농도=200g/m³
- F/M비=0.5kg BOD/kgMLVSS · day

① 240m³ ② 380m³
③ 430m³ ④ 520m³

44. 해수처리를 위한 소독방식의 장단점에 관한 내용으로 틀린 것은?

① ClO_2 : 부산물에 의한 청색증이 유발될 수 있다.
② ClO_2 : pH 변화에 따른 영향이 적다.
③ NaOCl : 잔류효과가 작다.
④ NaOCl : 유량이나 탁도 변동에서 적응이 쉽다.

45. 유량이 3,000m³/일이고, SS 농도가 220mg/L인 폐수의 SS처리효율이 60%일 때 처리장에서 하루 발생하는 슬러지의 양은?(단, 슬러지 비중 : 1.03, 함수율 : 94%, 처리된 SS는 모두 슬러지로 발생한다.)

① 약 4.8m³ ② 약 6.4m³
③ 약 8.6m³ ④ 약 10.3m³

46. 반지름이 8cm인 원형 관로에서 유체의 유속이 20m/sec이었을 때 반지름이 40cm인 곳에서의 유속(m/sec)은?(단, 유량은 동일하며 기타 조건은 고려하지 않음)

① 0.8 ② 1.6
③ 2.2 ④ 3.4

47. 하수관거가 매설되어 있지 않은 지역에 위치한 500개의 단독주택(정화조 설치)에서 생성된 정화조 슬러지를 소규모 하수처리장에 운반하여 처리할 경우, 이로 인한 BOD 부하량 증가율(질량기준, 유입일 기준)은?

〈조건〉
• 정화조는 연 1회 슬러지 수거
• 각 정화조에서 발생되는 슬러지 : 3.8m³
• 연간 250일 동안 일정량의 정화조 슬러지를 수거, 운반, 하수처리장 유입 처리
• 정화조 슬러지 BOD농도 : 6000mg/L
• 하수처리장 유량 및 BOD 농도 : 3,800m³/ day 및 220mg/L
• 슬러지 비중 1.0 가정

① 약 3.5% ② 약 5.5%
③ 약 7.5% ④ 약 9.5%

48 포기조의 유입수 BOD = 150mg/L, 유출수 BOD = 10mg/L, MLSS = 3,000mg/L, 미생물 성장계수(y) = 0.7kgMLSS/kgBOD, 내생호흡계수(K_d) = 0.03day^{-1}, 포기시간(t) = 6시간이다. 미생물체류시간(θ)은?

① 약 10day
② 약 12day
③ 약 14day
④ 약 16day

49 5단계 Bardenpho 공법에 관한 설명으로 틀린 것은?

① 슬러지 생산량은 비교적 많으나 반응조의 규모가 작다.
② 호기조에서 1차 무산소조로 내부반송을 한다.
③ 효과적인 인제거를 위해서는 혐기조에 질산성 질소가 유입되지 않아야 한다.
④ 인제거는 과잉의 인을 섭취한 슬러지를 폐기함으로써 이루어진다.

50 함수율 96%인 축산폐수 500m³/day가 혐기성 소화조에 투입되고 있다. 이 축산폐수의 VS/TS비는 50%이며 혐기성 소화 후 VS물질의 80%가 가스로 발생하고 있다. 이 소화조에서 하루 발생한 소화가스의 열량은?(단, 축산폐수의 비중은 1.0, VS 1ton은 25m³의 소화가스를 발생시키며, 소화가스 1m³의 열량은 6,000kcal이다.)

① 130,000kcal/day
② 400,000kcal/day
③ 840,000kcal/day
④ 1,200,000kcal/day

51 연속회분식반응조(SBR)공법은 한 개의 반응조에서 시간별로 운전단계가 변화하며 하폐수를 처리하는 공정이다. 다음 중 SBR공법의 일반적인 운전단계의 순서로 올바른 것은?

① 주입(Fill) → 휴지(Idle) → 반응(React) → 침전(Settle) → 제거(Draw)
② 주입(Fill) → 반응(React) → 휴지(Idle) → 침전(Settle) → 제거(Draw)
③ 주입(Fill) → 반응(React) → 침전(Settle) → 휴지(Idle) → 제거(Draw)
④ 주입(Fill) → 반응(React) → 침전(Settle) → 제거(Draw) → 휴지(Idle)

52. SS가 거의 없고 COD가 1,500mg/L인 산업폐수를 활성슬러지공법으로 처리하여 유출수 COD를 180mg/L로 처리하고자 한다. 아래의 주어진 조건을 이용하여 반응시간 θ를 구한 것으로 적절한 것은?

- MLSS=3,000mg/L
- MLVSS=MLSS×0.7
- K=0.6L/g·hr
- NBDCOD=155mg/L
- 반송 고려한 반응조 유입수 COD=800mg/L
- 완전혼합반응조, 1차 반응 기준

① 16.2hr ② 19.7hr
③ 23.8hr ④ 28.2hr

53. 폭기조의 혼합액을 30분간 침강시킨 후의 침전물 부피는 500mL/L, MLSS농도가 4,000mg/L 였다면 침전지에서의 침전상태는?
① 슬러지 팽화로 침전이 불량하다.
② 슬러지의 계면침강으로 결국 부상현상이 유발된다.
③ 핀 플록 현상으로 슬러지 침강이 불량하다.
④ 정상적이다.

54. 연속회분식반응조공법(SBR)의 장점이 아닌 것은?
① BOD부하의 변화폭이 큰 경우나 충격부하에 잘 견딘다.
② 일반적으로 처리용량이 큰 처리장에 적용된다.
③ 탄소성 유기물산화, 질소 및 인 제거가 가능하다.
④ 슬러지 반송을 위한 펌프가 필요 없다.

55 완전혼합반응기로 A의 농도가 150mg/L, 유량이 380L/min인 유체가 유입되고 있다. 반응은 일차반응이며 반응식은 $-\frac{dC_A}{dt}=kC_A=-\gamma_A$이며 반응속도 상수는 0.40/hr이다. 80% 제거율을 위해 필요한 완전혼합 반응기의 부피는 플러그흐름 반응기의 몇 배인가?(단, $C_{A1}/C_{A0}=e^{-k\cdot t}$, $\theta=(C_{A0}-C_{A1})/KC_{A1}$ 참고)

① 6.3배
② 4.9배
③ 3.6배
④ 2.5배

56 회전원판법(RBC)의 장점과 가장 거리가 먼 것은?
① 미생물에 대한 산소 공급 소요전력이 적다.
② 고정메디아로 높은 미생물 농도 및 슬러지 일령을 유지할 수 있다.
③ 기온에 따른 처리효율의 영향이 적다.
④ 재순환이 필요 없다.

57 살수여상 상단에서 연못화(Ponding)가 일어나는 원인과 가장 거리가 먼 조건은?
① 여재가 너무 작을 때
② 여재가 견고하지 못하고 부서질 때
③ 탈락된 생물막이 공극을 폐쇄할 때
④ BOD부하가 낮을 때

58 슬러지일령(Sludge Age)이란, 슬러지, 즉 고형물인 MLSS가 처리공정에서 머무르는 시간으로서 고형물 체류시간(SRT)을 말한다. 다음과 같은 조건으로 운전되고 있는 완전혼합 활성슬러지공법에서의 슬러지 일령은?(단, 포기조 유입 폐수량 $1,000m^3$/일, 포기조 용량 $500m^3$, 포기조 유입 BOD 250mg/L, 포기조 MLSS농도 3,000mg/L, 잉여슬러지량 $10m^3$/일, 잉여슬러지 농도 8,000mg/L, 방류수 SS농도 10mg/L이다.)

① 약 10.3일
② 약 12.5일
③ 약 14.3일
④ 약 16.7일

59 원형 1차 침전지를 설계하고자 한다. 설계조건이 다음과 같을 때 가장 적당한 침전지 직경은?

- 평균유량 : 9,000m³/day
- 최대유량 : 2.5×평균유량,
- 평균표면부하율 : 45m³/m²·day,
- 최대표면부하율 : 100m³/m²·day

① 12m
② 15m
③ 17m
④ 20m

60 폐수 유량이 2,000m³/day, 부유 고형물의 농도가 200mg/L이다. 공기부상시험에서 A/S비가 0.05일 때 최적의 부상을 나타낸다. 설계온도 20℃, 이때의 공기용해도는 18.7mL/L, 흡수비 0.5, 표면부하율이 120m³/m²·day, 운전압력이 3기압이라면 반송비와 부상조의 필요한 표면적은?(단, 반송이 있는 공기 부상조 기준)

① 0.82, 25m²
② 0.82, 30m²
③ 0.87, 25m²
④ 0.87, 30m²

4과목 수질오염공정시험기준

61 다음은 자외선/가시선 분광법에 의한 페놀류 정량 측정에 관한 내용이다. ( ) 안에 맞는 내용은?

> 증류한 시료에 염화암모늄-암모니아 완충액을 넣어 ( )으로 조절한 다음 4-아미노 안티피린과 헥사시안화철(Ⅱ)산 칼륨을 넣어 생성되는 붉은색의 안티피린계 색소의 흡광도를 측정하는 방법이다.

① pH 8
② pH 9
③ pH 10
④ pH 11

62 화학적 산소요구량(COD)을 적정법-산성 과망간산칼륨법으로 측정할 때 아질산염의 방해가 우려되는 경우, 간섭 제거방법으로 옳은 것은?

① 아질산성 질소 1mg당 10mg의 황산은을 넣는다.
② 아질산성 질소 1mg당 10mg의 질산은을 넣는다.
③ 아질산성 질소 1mg당 10mg의 옥살산나트륨을 넣는다.
④ 아질산성 질소 1mg당 10mg의 설파민산을 넣는다.

63 물속에 존재하는 비등점이 높은 유류에 속하는 석유계 총탄화수소를 다이클로로메탄으로 추출하여 기체크로마토그래피에 따라 확인 및 정량할 때의 정량한계는? (단, 석유계 총탄화수소 용매추출/기체크로마토그래피법)

① 0.2mg/L
② 0.5mg/L
③ 1.0mg/L
④ 2.0mg/L

64 다음은 카드뮴을 자외선/가시선 분광법을 이용하여 측정할 때에 관한 설명이다. ( ) 안에 내용으로 옳은 것은?

> 물속에 존재하는 카드뮴이온을 시안화칼륨이 존재하는 알칼리성에서 디티존과 반응하여 생성하는 카드뮴착염을 사염화탄소로 추출하고, 추출한 카드뮴착염을 (㉠)으로 역추출한 다음 다시 (㉡)과(와) 시안화칼륨을 넣어 디티존과 반응하여 생성하는 (㉢)의 카드뮴착염을 사염화탄소로 추출하고 그 흡광도를 측정하는 방법이다.

① ㉠ 티타르산 용액, ㉡ 수산화나트륨, ㉢ 적색
② ㉠ 아스크르빈산용액, ㉡ 염산(1+15), ㉢ 적색
③ ㉠ 티타르산 용액, ㉡ 수산화나트륨, ㉢ 청색
④ ㉠ 아스크르빈산용액, ㉡ 염산(1+15), ㉢ 청색

65 부유물질(SS) 측정 시, 건조시키는 온도와 시간은?

① 100~105℃, 4시간
② 100~105℃, 2시간
③ 105~110℃, 4시간
④ 105~110℃, 2시간

66 식물성플랑크톤을 현미경계수법으로 측정할 때 분석기기 및 기구에 관한 내용으로 틀린 것은?

① 광학현미경 혹은 위상차 현미경 : 1,000배율까지 확대 가능한 현미경을 사용한다.
② 대물마이크로미터 : 눈금이 새겨져 있는 평평한 판으로 현미경으로 물체의 길이를 측정하고자 할 때 쓰는 도구로 접안마이크로미터 한 눈금의 길이를 계산하는데 사용한다.
③ 혈구계수기 : 슬라이드글라스의 중앙에 격자모양의 계수 구역이 상하 2개로 구분되어 있으며 계수 구역 내의 침전된 조류를 계수한 후 mL당 총 세포수를 환산한다.
④ 접안마이크로미터 : 평평한 유리에 새겨진 눈금으로 접안렌즈에 부착하여 대물마이크로미터 길이 환산에 적용된다.

67 기체크로마토그래피를 적용한 알킬수은 정량에 관한 내용으로 틀린 것은?

① 검출기는 전자포획형 검출기를 사용하고 검출기의 온도는 140~200℃로 한다.
② 정량한계는 0.0005mg/L이다.
③ 알킬수은화합물을 사염화탄소로 추출한다.
④ 정밀도(% RSD)는 ±25%이다.

68 시료의 전처리를 하지 않는 경우로 옳은 것은?

① 무색투명한 탁도 1NTU 이하인 시료의 경우 전처리 과정을 생략
② 무색투명한 탁도 5NTU 이하인 시료의 경우 전처리 과정을 생략
③ 색도 1도 이하, 탁도 5NTU 이하인 시료의 경우 전처리 과정을 생략
④ 색도 2도 이하, 탁도 10NTU 이하인 시료의 경우 전처리 과정을 생략

69 다음 측정항목 중 시료의 보존방법이 다른 것은?

① 총 유기탄소   ② 색도
③ 아질산성 질소   ④ 6가 크롬

70 다음은 총대장균군을 막여과법으로 정량할 때에 관한 설명이다. ( ) 안에 옳은 내용은?

> 물속에 존재하는 총 대장균군을 측정하기 위하여 페트리접시에 배지를 올려놓은 다음 배양 후 금속성 광택을 띠는 ( )의 집락을 계수하는 방법

① 적색이나 진한 적색계통
② 청색이나 진한 청색계통
③ 갈색이나 진한 갈색계통
④ 황색이나 진한 황색계통

71 페놀류 분석용 시료에 산화제가 공존할 경우 시료 보존방법으로 옳은 것은?

① 채수 즉시 황산암모늄철용액을 첨가한다.
② 채수 즉시 티오황산나트륨용액을 첨가한다.
③ 채수 즉시 아스코빈산용액을 첨가한다.
④ 채수 즉시 과황산나트륨을 첨가한다.

72 유량계에 따른 "정밀도, 정확도"로 옳은 것은?(단, 최대유량 : 최소유량 = 4 : 1)

① 벤투리미터 정확도(실제유량에 대한 %) : ±3
② 벤투리미터 정밀도(최대유량에 대한 %) : ±5
③ 오리피스 정확도(실제유량에 대한 %) : ±3
④ 오리피스 정밀도(최대유량에 대한 %) : ±1

73 총칙의 내용(용어의 정의 등)으로 틀린 것은?

① 용기 : 시험에 관련된 물질을 보호하고 이물질이 들어가는 것을 방지할 수 있는 것을 말한다.
② 바탕시험을 하여 보정한다 : 시료에 대한 처리 및 측정을 할 때, 시료를 사용하지 않고 같은 방법으로 조작한 측정치를 빼는 것을 말한다.
③ 정확히 취하여 : 규정한 양의 액체를 부피피펫으로 눈금까지 취하는 것을 말한다.
④ 정밀히 단다 : 규정된 양의 시료를 취하여 화학저울 또는 미량저울로 칭량함을 말한다.

74 음이온계면활성제(자외선/가시선 분광법) 측정에 관한 설명으로 틀린 것은?

① 지표수, 지하수, 폐수 등에 적용할 수 있으며 정량한계는 0.02mg/L이다.
② 주로 철, 아연이 함유한 시료인 경우에 간섭현상이 현저하다.
③ 흡광도를 650nm에서 측정하는 방법이다.
④ 청색의 착화합물을 클로로폼으로 추출한다.

75 시료 채취 시 유의사항으로 틀린 것은?

① 시료채취용기는 시료를 채우기 전에 시료로 3회 이상 씻은 다음 사용한다.
② 유류 또는 부유물질 등이 함유된 시료는 균질성이 유지될 수 있도록 채취하여야 하며 침전물 등이 부상하여 혼입되어서는 안 된다.
③ 심부층의 지하수 채취시에는 고속양수펌프를 이용하여 채취시간을 최소화함으로써 수질의 변질을 방지하여야 한다.
④ 용존가스, 환원성 물질, 휘발성 유기화합물, 냄새, 유류 및 수소이온 등을 측정하기 위한 시료를 채취할 때는 운반 중 공기와의 접촉이 없도록 시료 용기에 가득 채운 후 빠르게 뚜껑을 닫는다.

76 전기전도도 측정계를 이용하여 물 중에 전기전도도를 측정 시 셀 상수 측정을 위한 전도도 표준용액은?

① 염화나트륨 용액
② 염화칼륨 용액
③ 과망간산칼륨 용액
④ 묽은 염산 용액

77 적정법으로 염소이온 측정 시 아황산이온, 티오황산이온, 황산이온의 간섭을 방지하는 방법으로 가장 적절한 것은?

① 황산알루미늄 주입으로 응집 제거함
② 클로로폼으로 추출함
③ 과황산수소로 산화시킴
④ 아세트산아연용액으로 탈이온화

78 물속에 존재하는 셀레늄 측정방법으로 옳은 것은?

① 자외선/가시선 분광법 – 산화법
② 자외선/가시선 분광법 – 환원 증류법
③ 수소화물생성 – 원자흡수분광광도법
④ 양극벗김전압전류법

79 수두차가 작아도 유량측정의 정확도가 양호하며 측정하려는 폐·하수 중의 부유물질 또는 토사 등이 많이 섞여 있는 경우에도 목부분에서의 유속이 상당히 빠르므로 부유물질의 침전이 적고 자연유하가 가능한 특징을 가지는 유량계는?

① 사각웨어
② 벤투리미터
③ 직각 삼각웨어
④ 파샬수로

80 다음은 아연(자외선/가시선 분광법)정량에 관한 내용이다. ( ) 안에 옳은 것은?

> 물속에 존재하는 아연을 측정하기 위하여 아연이온이 약 pH 9에서 진콘과 반응하여 생성하는 ( )에서 측정하는 방법이다.

① 적색 킬레이트 화합물의 흡광도를 520nm
② 청색 킬레이트 화합물의 흡광도를 620nm
③ 황색 킬레이트 화합물의 흡광도를 560nm
④ 적갈색 킬레이트 화합물의 흡광도를 460nm

5과목 수질환경관계법규

81 규정을 위반하여 골프장 안에 잔디 및 수목 등에 맹·고독성 농약을 사용한 자에 대한 법적 처분기준은?

① 500만 원 이하의 벌금
② 300만 원 이하의 벌금
③ 300만 원 이하의 과태료
④ 1,000만 원 이하의 과태료

82 비점오염저감시설의 시설유형인 장치형 시설에 해당되지 않는 것은?

① 침투형 시설
② 여과형 시설
③ 와류형 시설
④ 생물학적 처리형 시설

83 다음은 과징금에 관한 내용이다. ( ) 안에 옳은 내용은?

> 환경부 장관은 폐수처리업의 등록을 한 자에 대하여 영업정지를 명하여야 하는 경우로서 그 영업정지가 주민의 생활 그 밖의 공익에 현저한 지장을 초래할 우려가 있다고 인정되는 경우에는 영업정지처분에 갈음하여 ( )의 과징금을 부과할 수 있다.

① 1억 원 이하
② 2억 원 이하
③ 3억 원 이하
④ 5억 원 이하

84 수질오염경보 중 조류경보의 단계가 [조류경보]인 경우 취수장 정수장 관리자의 조치사항과 가장 거리가 먼 것은?

① 조류증식 수심 이하로 취수구 이동
② 취수구와 조류가 심한 지역에 대한 방어막 설치
③ 정수처리 강화(활성탄 처리, 오존처리)
④ 정수의 독소분석 실시

85 초과배출부과금 부과 대상 수질오염물질이 아닌 것은?

① 트리클로로에틸렌
② 클로로포름
③ 아연 및 그 화합물
④ 테트라클로로에틸렌

86 환경부장관이 비점오염저감계획을 검토하거나 비점오염원 저감시설을 설치하지 아니하여도 되는 사업장을 인정하려는 때에 그 적정성에 관하여 의견을 들을 수 있는 환경부령으로 정한 비점오염 관련 관계전문기관으로 옳은 것은?

① 한국환경정책평가연구원
② 시도보건환경연구원
③ 국립환경과학원
④ 한국환경인력개발원

87 1일 폐수배출량이 500m³인 사업장의 규모별 구분은?

① 2종 사업장
② 3종 사업장
③ 4종 사업장
④ 5종 사업장

88 환경기술인 또는 기술요원이 관련 분야에 따라 이수하여야 할 교육과정의 교육기간 기준은?(단, 정보통신매체를 이용한 원격교육 제외)
① 16시간 이내
② 24시간 이내
③ 3일 이내
④ 5일 이내

89 폐수처리업자의 준수사항으로 틀린 것은?
① 증발농축시설, 건조시설, 소각시설의 대기오염물질 농도를 매월 1회 자가측정하여야 하며 분기마다 악취에 대한 자가측정을 실시하여야 한다.
② 처리 후 발생하는 슬러지의 수분함량은 85% 이하이어야 하며, 처리는 폐기물관리법에 따라 적정하게 처리하여야 한다.
③ 수탁한 폐수는 정당한 사유 없이 5일 이상 보관할 수 없으며, 보관폐수의 전체량이 저장시설 저장능력의 80% 이상 되게 보관하여서는 아니 된다.
④ 기술인력을 그 해당 분야에 종사하도록 하여야 하며, 폐수처리시설을 16시간 이상 가동할 경우에는 해당 처리시설의 현장 근무 2년 이상의 경력자를 작업현장에 책임 근무하도록 하여야 한다.

90 수질오염경보인 조류경보 단계 중 [조류 주의보] 발령 기준으로 옳은 것은?
① 2회 연속 채취 시 클로로필-a 농도 150 mg/m³ 이상이고 남조류의 세포 수가 250세포/mL 이상인 경우
② 2회 연속 채취 시 클로로필-a 농도 15 mg/m³ 이상이고 남조류의 세포 수가 500세포/mL 이상인 경우
③ 2회 연속 채취 시 클로로필-a 농도 25 mg/m³ 이상이고 남조류의 세포 수가 250세포/mL 이상인 경우
④ 2회 연속 채취 시 클로로필-a 농도 25 mg/m³ 이상이고 남조류의 세포 수가 500세포/mL 이상인 경우

91. 다음은 하천(생활환경기준)의 등급별 수질 및 수생태계의 상태에 관한 설명이다. 해당되는 등급은?

> 수질 및 수생태계 상태 : 상당량의 오염물질로 인하여 용존산소가 소모되는 생태계로 농업용수로 사용하거나 여과, 침전, 활성탄 투입, 살균 등 고도의 정수처리 후 공업용수로 사용할 수 있음

① 보통
② 약간 나쁨
③ 나쁨
④ 매우 나쁨

92. 오염총량관리기본방침에 포함되어야 하는 사항과 가장 거리가 먼 내용은?
① 오염총량관리의 목표
② 오염총량관리의 대상 수질오염물질 종류
③ 오염원의 조사 및 오염부하량 산정방법
④ 오염총량관리 현황

93. 다음은 폐수무방류배출시설의 세부 설치기준에 관한 내용이다. ( ) 안에 옳은 내용은?

> 특별대책지역에 설치되는 폐수무방류배출시설의 경우 1일 24시간 연속하여 가동되는 것이면 배출 폐수를 전량 처리할 수 있는 예비 방지시설을 설치하여야 하고, 1일 최대 폐수발생량이 ( ) 이상이면 배출폐수의 무방류 여부를 실시간으로 확인 할 수 있는 원격유량감시장치를 설치하여야 한다.

① $100m^3$
② $200m^3$
③ $300m^3$
④ $500m^3$

94. 수질 및 수생태계 보전에 관한 법률에 사용되는 용어의 정의로 틀린 것은?
① 강우유출수 : 점오염원, 비점오염원, 기타오염원의 수질오염물질이 섞여 유출되는 빗물 또는 눈녹은 물 등을 말한다.
② 비점오염저감시설 : 수질오염방지시설 중 비점오염원으로부터 배출되는 수질오염물질을 제거하거나 감소하게 하는 시설로서 환경부령이 정하는 것을 말한다.
③ 폐수무방류배출시설 : 폐수배출시설에서 발생하는 폐수를 당해 사업장 안에서 수질오염방지시설을 이용하여 처리하거나 동일 배출시설에 재이용하는 등 공공수역으로 배출하지 아니하는 폐수배출시설을 말한다.
④ 수질오염물질 : 수질오염의 요인이 되는 물질로서 환경부령이 정하는 것을 말한다.

95. 낚시 제한구역 내에서의 낚시를 하고자 하는 자에 대한 제한 행위와 가장 거리가 먼 것은?
① 낚싯대 1개당 5개의 낚싯바늘을 사용하는 행위
② 취사행위
③ 낚싯바늘에 끼워서 사용하지 아니하고 물고기를 유인하기 위하여 떡밥, 어분 등을 던지는 행위
④ 화장실이 아닌 곳에서 대, 소변을 보는 행위

96. 폐수종말처리시설의 방류수수질기준 중 생태독성(TU)기준으로 옳은 것은?(단, 2012. 1.1~2012.12.31 수질기준, ( )농공단지 폐수종말처리시설 방류수 수질기준)
① 1(1) 이하   ② 1(2) 이하
③ 2(2) 이하   ④ 2(3) 이하

97 위임업무 보고사항 중 보고 횟수가 "수시"에 해당하는 것은?
① 폐수무방류배출시설의 설치허가(변경허가) 현황
② 기타 수질오염원 현황
③ 배출업소의 지도, 점검 및 행정처분 실적
④ 비점오염원의 설치신고 및 방지시설 설치 현황

98 하천 수질 및 수생태계 상태의 생물등급이 [매우 좋음~좋음]인 경우, 생물 지표종(어종)으로 옳은 것은?
① 쉬리
② 쏘가리
③ 은어
④ 금강모치

99 초과부과금 산정기준에서 수질오염물질 1킬로그램당 부과금액이 가장 적은 것은?
① 카드뮴 및 그 화합물
② 수은 및 그 화합물
③ 유기인 화합물
④ 비소 및 그 화합물

100 수질오염방지시설 중 생물화학적 처리시설이 아닌 것은?
① 살균시설
② 접촉조
③ 안정조
④ 폭기시설

CBT 정답 및 해설

01	02	03	04	05	06	07	08	09	10
④	③	④	④	④	④	②	③	③	②
11	12	13	14	15	16	17	18	19	20
③	③	④	①	①	②	①	③	②	①
21	22	23	24	25	26	27	28	29	30
③	②	④	③	④	③	③	①	②	③
31	32	33	34	35	36	37	38	39	40
②	④	③	①	④	①	④	②	①	②
41	42	43	44	45	46	47	48	49	50
①	③	④	②	①	②	①	①	①	④
51	52	53	54	55	56	57	58	59	60
④	②	②	④	③	④	③	②	③	②
61	62	63	64	65	66	67	68	69	70
③	④	②	①	④	④	③	①	①	①
71	72	73	74	75	76	77	78	79	80
①	④	②	③	②	③	④	④	②	④
81	82	83	84	85	86	87	88	89	90
④	①	④	②	①	②	②	②	③	②
91	92	93	94	95	96	97	98	99	100
②	④	②	①	①	①	①	④	④	①

01 정답 | ④
해설 | 지하수는 자정속도가 느리고 유량변화가 적다.

02 정답 | ③
해설 | 발생원인
㉠ 수온 상승
㉡ 플랑크톤 농도의 증가
㉢ 하천 유입수의 오염도 증가
㉣ 염분 농도가 낮을 때
㉤ 수괴의 안정도가 클 때
㉥ Upwelling 현상 수역

03 정답 | ④
해설 | 콜로이드 응집의 기본 메커니즘은 전하의 중화, 이중층의 압축, 입자 간의 가교 형성이다.

04 정답 | ④
해설 | $X(m^3/day) = \dfrac{150kL}{day} \Big| \dfrac{20kg}{m^3} \Big| \dfrac{20}{100} \Big| \dfrac{60m^3}{1kg} \Big| \dfrac{1day}{24hr}$
$= 1,500(m^3/hr)$

05 정답 | ④
해설 | 물의 표면장력은 72.75dyne/cm(20℃)이다.

06 정답 | ④
해설 | $CH_2O + O_2 \rightarrow CO_2 + H_2O$
∴ $\dfrac{COD}{TOC} = \dfrac{32}{12} = 2.667$

07 정답 | ②
해설 | Raoult's 법칙을 설명하고 있다.

09 정답 | ③
해설 | $D_t = \dfrac{K_1 \cdot L_o}{K_2 - K_1}(10^{-K_1 \cdot t} - 10^{-K_2 \cdot t}) + D_o \cdot 10^{-K_2 \cdot t}$
$= \dfrac{0.1 \times 20}{0.2 - 0.1}(10^{-0.1 \times 6} - 10^{-0.2 \times 6}) + (8-5)$
$\times 10^{-0.2 \times 6} = 3.95(mg/L)$

10 정답 | ②
해설 | $\ln \dfrac{C_t}{C_o} = -K \cdot t$
$K = \dfrac{Q}{\forall} = \dfrac{2.4 \times 10^9 m^3/year}{2.8 \times 10^8 m^3}$
$= 8.5714 year^{-1} = 0.714 month^{-1}$
$\ln \dfrac{200}{1.25 \times 10^4} = -0.714/month \times t$
$t = 5.8$개월

11 정답 | ③
해설 | ㉠ $CH_3OH + 1.5O_2 \rightarrow CO_2 + 2H_2O$
  32g   : 1.5×32g
  250(mg/L) : X(=ThOD)
∴ ThOD(=BOD_u) = 375(mg/L)
㉡ BOD 소모공식을 이용하여 BOD_5를 구한다.
$BOD_5 = BOD_u(1 - 10^{-K \cdot t})$
$= 375 \times (1 - 10^{-0.1 \times 5})$
$= 256.41(mg/L)$

12 정답 | ③
해설 | $BOD_t = BOD_u \times (1 - 10^{-K \cdot t})$
$140 = BOD_u \times (1 - 10^{-0.2 \times 3})$
$BOD_u = 186.96(mg/L)$

14 정답 | ①
해설 | $\ln \dfrac{C_o}{C_t} = -K \cdot t$

    ㉠ K = 0.35/hr

    ㉡ $\ln\dfrac{10}{100} = -0.45/hr \cdot t$,

    ∴ t = 6.58(hr)

15 정답 | ①

해설 | DO포화율(%) $= \dfrac{DO}{DO_t} \times 100$

$DO_t = \dfrac{38.46mL}{L} \Big| \dfrac{21}{100} \Big| \dfrac{32mg}{22.4SmL} = 11.538(mg/L)$

∴ DO포화율(%) $= \dfrac{7}{11.538} \times 100 = 60.67(\%)$

16 정답 | ②

해설 | ⟨반응식⟩ $Na_2SO_3 + 0.5O_2 \rightarrow Na_2SO_4$

    126(g) : 0.5×32(g)

    X(mg/L) : 11(mg/L)

∴ $X(Na_2SO_3) = 88.625(mg/L)$

17 정답 | ①

해설 | 망간의 영향은 파킨슨씨병 중후근과 유사한 증상이 일어난다.

19 정답 | ②

해설 | $SAR = \dfrac{Na^+}{\sqrt{\dfrac{Ca^{2+} + Mg^{2+}}{2}}}$

$= \dfrac{(360/23)}{\sqrt{\dfrac{(80/20) + (96/12)}{2}}} = 6.39$

20 정답 | ①

해설 | 화학적 흡착은 단분자층 흡착이다.

21 정답 | ③

해설 | 침전시간은 계획 1일 최대오수량에 따라 정하며 일반적으로 3~5시간으로 한다.

22 정답 | ②

해설 | 중간염소처리는 침전지와 여과지 사이에서 주입한다.

23 정답 | ④

해설 | 하수슬러지 개량방법중 세정은 혐기성 소화슬러지의 알칼리도를 감소시켜 산성금속염의 주입량을 감소시킨다.

24 정답 | ③

해설 | 개거나 암거인 경우에는 대개 30~50m 간격으로 시공조인트를 겸한 신축조인트를 설치한다.

25 정답 | ③

해설 | 취수틀은 호소의 중소량 취수시설로 많이 사용되고 구조가 간단하며 시공도 비교적 용이하나 수중에 설치되므로 호소의 표면수는 취수할 수 없다.

26 정답 | ③

해설 | $1,200(m^3/hr) = A \times \dfrac{2m}{sec} \Big| \dfrac{3,600sec}{1hr}$

    $A = 0.1667(m^2)$

    $A = \dfrac{\pi D^2}{4}$ ∴ $D = 0.4606m = 460.7(mm)$

27 정답 | ③

해설 | 합류식에서 우천시 계획오수량은 원칙적으로 계획시간 오수량의 3배 이상으로 한다.

28 정답 | ①

해설 | 순산소 활성슬러지법의 특징

    ㉠ 포기시간이 짧다.(표준활성슬러지법의 1/2 정도, 효율은 비슷)

    ㉡ MLSS농도는 표준활성슬러지법의 2배 이상으로 유지가 가능하다.(고농도 폐수에만 적용)

    ㉢ 포기조 내의 SVI는 보통 100 이하로 유지되고, 슬러지의 침강성은 양호하다.

    ㉣ 2차 침전지에서 스컴이 발생하는 경우가 많다.

29 정답 | ②

해설 | $N_s = N \times \dfrac{Q^{1/2}}{H^{3/4}}$

    여기서, N = 펌프의 회전수 = 1,200rpm

    Q = 펌프의 규정토출량

        = 20m³/min

    H = 6(m)

    $N_s = 1,200 \times \dfrac{20^{1/2}}{6^{3/4}} = 1,399.85$

31 정답 | ②

해설 | 중력농축으로 잉여슬러지를 농축하는 것은 부적합하다.

32 정답 | ④

해설 | 완속여과방식으로는 불용해성분을 처리할 수 있다.

CBT 정답 및 해설

33 정답 | ③
해설 | 증발법 : 다단플래시법, 다중효용법, 증기압축법, 투과기화법

34 정답 | ①
해설 | 계획유입수질은 계획오염부하량을 계획 1일 평균오수량으로 나눈 값으로 한다.

35 정답 | ④
해설 | 관거오접은 철저한 감시가 필요하다.

36 정답 | ①
해설 | 하수도 관거의 단면 형상이 계란형일 경우 유량이 크면 원형관거에 비해 수리학적으로 불리하다.

37 정답 | ④
해설 | 유동층소각로는 로 내의 기계적 가동부분이 적어 유지관리가 용이하다.

38 정답 | ②
해설 | 축류펌프에 대한 설명이다.

39 정답 | ①
해설 | 도수시설의 계획도수량은 계획취수량을 기준으로 한다.

41 정답 | ①
해설 | Phostrip Process는 인제거를 위한 공정이다.

42 정답 | ③
해설 | 염소이온의 농도를 이용하여 희석배수를 구하고, BOD 제거효율을 구한다.
① 희석배수 = $\frac{500}{50}$ = 10배
② BOD 제거효율(%) = $\left(1-\frac{BOD_o}{BOD_i}\right) \times 100$
   = $\left(1-\frac{50}{200}\right) \times 100$
   = 75(%)

43 정답 | ①
해설 | F/M = $\frac{BOD_i \times Q}{\forall \cdot X}$
㉠ Q = 100m³/hr
㉡ BOD_i = 200g/m³
㉢ MLVSS = 2kg/m³

$\forall = \frac{BOD \times Q}{F/M \times X}$
= $\frac{0.2kg/m^3 \times 50m^3/hr \times 24hr/day}{0.5kg/kg \cdot day \times 2kg/m^3}$
= 240(m³)

44 정답 | ③
해설 | NaOCl은 소독력이 강하고 잔류효과가 크다.

45 정답 | ②
해설 | SL = $\frac{3,000m^3}{day}\left|\frac{0.22kg \cdot TS}{m^3}\right|\frac{60}{100}\left|\frac{100 \cdot SL}{(100-94) \cdot TS}\right|\frac{m^3}{1.03 \times 1,000kg}$
= 6.407(m³/day)

46 정답 | ①
해설 | $A \times V = A' \times V'$
$\frac{\pi}{4} \times 0.16^2 \times 20 = \frac{\pi}{4} \times 0.8^2 \times X$
∴ X = 0.8(m/sec)

47 정답 | ②
해설 | BOD부하량 증가율
= $\frac{3.8m^3/년 \times 6kg/m^3 \times 500}{3,800m^3/day \times 0.22kg/m^3 \times 250day/년} \times 100$
= 5.4545(%)

48 정답 | ①
해설 | $\frac{1}{SRT} = \frac{Y \cdot Q(S_i - S_o)}{\forall \cdot X} - K_d$
$\frac{1}{SRT} = \frac{0.7 \times (150-10)}{0.25 \times 3,000} - 0.03$
∴ 미생물 체류시간(SRT) = 10day
여기서, $\frac{Q}{\forall} = \frac{1}{t}$, t = 0.25(day)

49 정답 | ①
해설 | 5단계 Bardenpho 공법은 슬러지 생산량은 적으나 비교적 큰 규모의 반응조가 요구된다.

50 정답 | ④
해설 | X(kcal) = $\frac{500m^3}{day}\left|\frac{100-96}{100}\right|\frac{50}{100}\left|\frac{80}{100}\right|\frac{25m^3}{ton}\left|\frac{6,000kcal}{m^3}\right|$ = 1,200,000(kcal)

51 정답 | ④
해설 | 연속 회분식 활성슬러지법인 SBR(Sequencing Batch Reactor)은 주입(Fill)-반응(React)-침전(Settle)-제거(Draw)-휴지(Idle)로 구분할 수 있다.

52 정답 | ②
해설 | $\theta = \dfrac{S_i - S_t}{K \cdot X \cdot S_t}$

㉠ S_i : 혼합액 중 BDCOD = COD_i − NBDCOD
$= 800 - 155 = 645(mg/L)$

㉡ S_t : 유출수 중 BDCOD = COD_t − NBDCOD
$= 180 - 155 = 25(mg/L)$

㉢ X = MLVSS
$= 3,000 \times 0.7 \times 10^{-3} = 2.1(g/L)$

$\theta = \dfrac{645 - 25}{0.6 \times 2.1 \times 25} = 19.682 hr$

53 정답 | ④
해설 | $SVI = \dfrac{SV(mL/L)}{MLSS(mg/L)} \times 10^3$
$= \dfrac{500}{4,000} \times 10^3 = 125$
SVI는 50~150 범위가 적절하다.

54 정답 | ②
해설 | 연속회분식 반응조의 특징
㉠ 단일 반응조에서 1주기(Cycle) 중에 호기-무산소 등의 조건을 설정하여 질산화와 탈질화를 도모할 수 있다.
㉡ 충격부하 또는 첨두유량에 대한 대응성이 강하다.
㉢ 처리용량이 큰 처리장에서는 적용하기 어렵다.
㉣ 자동화를 실시하기가 용이하다.
㉤ 수리학적 과부하에도 MLSS의 누출이 없다.
㉥ 설계자료가 제한적이다.
㉦ 소유량에 적합하다.

55 정답 | ④
해설 | ① PFR의 경우 $\ln \dfrac{C_t}{C_o} = -K \cdot t$

$\forall = \dfrac{\ln \dfrac{C_t}{C_o} \cdot Q}{-K} = \dfrac{\ln \dfrac{30}{150} \times 380}{-0.4}$
$= 1,528.97$

② CFSTR의 경우
$Q(C_o - C_t) = K \cdot \forall \cdot C_t$
$\forall = \dfrac{Q(C_o - C_t)}{K \cdot C_t} = \dfrac{380(150 - 30)}{0.4 \times 30}$
$= 3,800$

$\therefore \dfrac{\forall_{CFSTR}}{\forall_{PFR}} = \dfrac{3,800}{1,528.97} = 2.49(배)$

56 정답 | ③
해설 | 기온에 따라 처리효율에 영향을 받는 것은 회전원판법의 단점이다.

57 정답 | ④
해설 | 연못화(Ponding)의 원인
㉠ 여재의 크기가 균일하지 않거나 너무 작을 때
㉡ 여재가 파괴되었을 때
㉢ 유기물의 부하량이 과도할 때
㉣ 여재의 유기물 부하가 너무 낮을 때

58 정답 | ④
해설 | $SRT = \dfrac{\forall \cdot X}{Q_w X_w + Q_o X_o}$

① $Q_w X_w$ (kg/day)
$= \dfrac{10 m^3}{day} \bigg| \dfrac{8,000 mg}{L} \bigg| \dfrac{10^3 L}{1 m^3} \bigg| \dfrac{1 kg}{10^6 mg}$
$= 80(kg/day)$

② $Q_o X_o$ (kg/day)
$= \dfrac{(1,000 - 10) m^3}{day} \bigg| \dfrac{10 mg}{L} \bigg| \dfrac{10^3 L}{1 m^3}$
$\bigg| \dfrac{1 kg}{10^6 mg} = 9.9(kg/day)$

$\therefore SRT(day) = \dfrac{day}{(80 + 9.9) kg} \bigg| \dfrac{500 m^3}{} \bigg| \dfrac{3,000 mg}{L} \bigg|$
$\bigg| \dfrac{1 kg}{10^6 mg} \bigg| \dfrac{10^3 L}{1 m^3} = 16.7(day)$

59 정답 | ③
해설 | ① 최대유량 = $2.5 \times 9,000 = 22,500(m^3/day)$
② 최대표면부하율 = $100(m^3/m^2 \cdot day)$
$= \dfrac{22,500 m^3}{day} \bigg| \dfrac{}{A(m^2)}$
$A_{최대} = 225 m^2$
$A_{최대} = \dfrac{\pi D^2}{4} = 225(m^2)$
$\therefore D(침전조의 직경) = 16.926(m)$

CBT 정답 및 해설

60 정답 | ②
해설 | $A/S비 = \dfrac{1.3 \times S_a(f \cdot P - 1)}{SS} \times R$

㉠ $0.05 = \dfrac{1.3 \times 18.7 \times (0.5 \times 3 - 1)}{200} \times R$

∴ $R = 0.8227$

㉡ 표면부하율 = 폐수유량/표면적

∴ 표면적$(m^2) = \dfrac{2,000 \times 1.8227 m^3}{day} \Big| \dfrac{m^2 \cdot day}{120 m^3}$
$= 30.38(m^2)$

61 정답 | ③
해설 | 물속에 존재하는 페놀류를 측정하기 위하여 증류한 시료에 염화암모늄-암모니아 완충액을 넣어 pH 10으로 조절한 다음 4-아미노안티피린과 헥사시안화철(Ⅱ)산 칼륨을 넣어 생성되는 붉은색의 안티피린계 색소의 흡광도를 측정하는 방법이다.

62 정답 | ④
해설 | 아질산염은 아질산성 질소 1mg당 1.1mg의 산소를 소모하여 COD 값의 오차를 유발한다. 아질산염의 방해가 우려되면 아질산성 질소 1mg당 10mg의 설파민산을 넣어 간섭을 제거한다.

63 정답 | ①
해설 | 석유계 총탄화수소를 다이클로로메탄으로 추출하여 기체크로마토그래피에 따라 확인 및 정량할 때의 정량한계는 0.2mg/L이다.

64 정답 | ①
해설 | 물속에 존재하는 카드뮴이온을 시안화칼륨이 존재하는 알칼리성에서 디티존과 반응하여 생성하는 카드뮴착염을 사염화탄소로 추출하고, 추출한 카드뮴착염을 타타르산 용액으로 역추출한 다음 다시 수산화나트륨과 시안화칼륨을 넣어 디티존과 반응하여 생성하는 적색의 카드뮴착염을 사염화탄소로 추출하고 그 흡광도를 측정하는 방법이다.

66 정답 | ④
해설 | 접안마이크로미터(Ocular Micrometer)
둥근 유리에 새겨진 눈금으로 접안렌즈에 부착하여 사용한다. 현미경으로 물체의 길이를 측정할 때 사용한다.

67 정답 | ③
해설 | 알킬수은화합물을 벤젠으로 추출하여 L-시스테인용액에 선택적으로 역추출하고 다시 벤젠으로 추출하여 기체크로마토그래프로 측정하는 방법이다.

68 정답 | ①
해설 | 무색투명한 탁도 1 NTU 이하인 시료의 경우 전처리 과정을 생략하고, pH 2 이하로(시료 1 L당 진한 질산 1~3 mL를 첨가)하여 분석용 시료로 한다.

69 정답 | ①
해설 | ㉠ 총유기탄소 : 즉시 분석 또는 H_3PO_4 또는 H_2SO_4를 가한 후(pH < 2) 4 ℃ 냉암소에서 보관
㉡ 색도 : 4 ℃ 보관
㉢ 아질산성 질소 : 4 ℃ 보관
㉣ 6가크롬 : 4 ℃ 보관

70 정답 | ①
해설 | 막여과법
이 시험기준은 물속에 존재하는 총대장균군을 측정하기 위하여 페트리접시에 배지를 올려놓은 다음 배양 후 금속성 광택을 띠는 적색이나 진한 적색계통의 집락을 계수하는 방법이다.

71 정답 | ①
해설 | 페놀류 분석용 시료에 산화제가 공존할 경우 채수 즉시 황산암모늄철용액을 첨가한다.

72 정답 | ④
해설 | 유량계에 따른 정밀/정확도 및 최대유속과 최소유속의 비율

유량계	범위(최대유량 : 최소유량)	정확도(실제유량에 Z대한, %)	정밀도(최대유량에 대한, %)
벤투리미터	4 : 1	±1	±0.5
유량측정용 노즐	4 : 1	±0.3	±0.5
오리피스	4 : 1	±1	±1
피토관	3 : 1	±3	±1
자기식 유량측정기	10 : 1	±1~2	±0.5

73 정답 | ①
해설 | "용기"라 함은 시험용액 또는 시험에 관계된 물질을 보존, 운반 또는 조작하기 위하여 넣어두는 것으로 시험에 지장을 주지 않도록 깨끗한 것을 뜻한다.

75 정답 | ③
해설 | 지하수 시료채취 시 심부층의 경우 저속양수펌프 등을 이용하여 반드시 저속시료채취하여 시료 교란을 최소화하여야 하며, 천부층의 경우 저속양수펌프 또는 정량이 송펌프 등을 사용한다.

76 정답 | ②
해설 | 전도도 셀은 그 형태, 위치, 전극의 크기에 따라 각각 자체의 셀 상수를 가지고 있다. 셀 상수는 전도도 표준용액(염화칼륨용액)을 사용하여 결정하거나 셀 상수가 알려진 다른 전도도 셀과 비교하여 결정할 수 있으나, 일반적으로 기기제작사의 지침서 또는 설명서에 명시되어 있다.

77 정답 | ③
해설 | 아황산이온, 티오황산이온, 황산이온도 방해하지만 과황산수소로 산화시키면 방해되지 않는다.

78 정답 | ③
해설 | 셀레늄 측정방법 : 수소화물생성 – 원자흡수분광광도법, 유도결합플라스마 – 질량분석법

80 정답 | ②
해설 | 물속에 존재하는 아연을 측정하기 위하여 아연이온이 약 pH 9에서 진콘(2-카르복시-2'-하이드록시(Hydroxy)-5' 술포포말질-벤젠·나트륨염)과 반응하여 생성하는 청색 킬레이트 화합물의 흡광도를 620nm에서 측정하는 방법이다.

82 정답 | ①
해설 | 비점오염저감시설의 시설유형인 장치형 시설 : 여과형 시설, 와류형 시설, 스크린형 시설, 응집·침전 처리형 시설, 생물학적 처리형 시설

83 정답 | ②
해설 | 환경부 장관은 폐수처리업의 등록을 한 자에 대하여 영업정지를 명하여야 하는 경우로서 그 영업정지가 주민의 생활 그 밖의 공익에 현저한 지장을 초래할 우려가 있다고 인정되는 경우에는 영업정지처분에 갈음하여 2억 원 이하의 과징금을 부과할 수 있다.

84 정답 | ②
해설 | ②는 수면관리자의 조치사항이다.

87 정답 | ②
해설 | 사업장의 규모별 구분

종류	배출규모
제1종 사업장	1일 폐수배출량이 2,000m^3 이상인 사업장
제2종 사업장	1일 폐수배출량이 700m^3 이상, 2,000m^3 미만인 사업장
제3종 사업장	1일 폐수배출량이 200m^3 이상, 700m^3 미만인 사업장
제4종 사업장	1일 폐수배출량이 50m^3 이상, 200m^3 미만인 사업장
제5종 사업장	위 제1종부터 제4종까지의 사업장에 해당하지 아니하는 배출시설

89 정답 | ③
해설 | 수탁한 폐수는 정당한 사유 없이 10일 이상 보관할 수 없으며, 보관폐수의 전체량이 저장시설 저장능력의 90퍼센트 이상 되게 보관하여서는 아니 된다.

90 정답 | ②
해설 | 조류주의보
2회 연속 채취 시 클로로필 – a 농도 15mg/m^3 이상이고 남조류의 세포 수가 500mL 이상인 경우

92 정답 | ④
해설 | 오염총량관리기본방침에 포함되어야 하는 사항
㉠ 오염총량관리의 목표
㉡ 오염총량관리의 대상 수질오염물질 종류
㉢ 오염원의 조사 및 오염부하량 산정방법
㉣ 오염총량관리기본계획의 주체, 내용, 방법 및 시한
㉤ 오염총량관리시행계획의 내용 및 방법

94 정답 | ①
해설 | "강우유출수"라 함은 비점오염원의 수질오염물질이 섞여 유출되는 빗물 또는 눈 녹은 물 등을 말한다.

95 정답 | ①
해설 | 1개의 낚싯대에 5개 이상의 낚싯바늘을 떡밥과 뭉쳐서 미끼로 던지는 행위

98 정답 | ④
해설 | 산천어, 금강모치, 열목어, 버들치 등

99 정답 | ④
해설 | 수질오염물질 1킬로그램당 부과금액
㉠ 비소(100,000원)
㉡ 유기인(150,000원)
㉢ 카드뮴(500,000원)
㉣ 수은(1,250,000원)

100 정답 | ①
해설 | 살균시설은 화학적 처리시설이다.

수질환경기사 필기 문제풀이

발행일 | 2015. 1. 15. 초판 발행
2016. 3. 10. 개정 1판1쇄
2018. 1. 15. 개정 2판1쇄
2019. 2. 20. 개정 3판1쇄
2020. 1. 20. 개정 4판1쇄
2021. 1. 15. 개정 5판1쇄
2022. 2. 10. 개정 6판1쇄
2023. 1. 10. 개정 7판1쇄
2024. 1. 10. 개정 8판1쇄
2025. 3. 10. 개정 9판1쇄

저 자 | 이철한
발행인 | 정용수
발행처 | 예문사

주 소 | 경기도 파주시 직지길 460(출판도시) 도서출판 예문사
T E L | 031) 955-0550
F A X | 031) 955-0660
등록번호 | 11-76호

- 이 책의 어느 부분도 저작권자나 발행인의 승인 없이 무단 복제하여 이용할 수 없습니다.
- 파본 및 낙장은 구입하신 서점에서 교환하여 드립니다.
- 예문사 홈페이지 http://www.yeamoonsa.com

정가 : 32,000원

ISBN 978-89-274-5745-9 13530